第九届全国 BIM 学术会议论文集

Proceedings of the 9th National BIM Conference

马智亮　主编

林佳瑞　胡振中　郭红领　邓逸川　袁正刚　汪少山　副主编

中国建筑工业出版社

图书在版编目（CIP）数据

第九届全国BIM学术会议论文集 = Proceedings of the 9th National BIM Conference / 马智亮主编；林佳瑞等副主编. — 北京：中国建筑工业出版社，2023.10

ISBN 978-7-112-29202-8

Ⅰ.①第… Ⅱ.①马… ②林… Ⅲ.①建筑设计—计算机辅助设计—应用软件—文集 Ⅳ.①TU201.4-53

中国国家版本馆CIP数据核字(2023)第186407号

中国图学学会建筑信息模型（BIM）专业委员会是中国图学学会的分支机构，致力于促进BIM技术创新、普及应用和人才培养，推动BIM及相关学科的建设和发展。作为实现上述目标的关键一环，在中国图学学会的指导下，建筑信息模型（BIM）专业委员会于2015～2023年，相继在北京、广州、上海、合肥、长沙、太原、重庆和深圳成功举办了八届全国BIM学术会议。第九届全国BIM学术会议于2023年11月在陕西省西安市召开，本书收录了大会84篇优秀论文，内容涵盖基础理论、技术创新、系统研发与工程实践，全面反映了工程建设领域BIM技术研究与应用的最新进展，展示了丰富的研究与实践成果。

责任编辑：徐仲莉　张　磊
责任校对：姜小莲

第九届全国BIM学术会议论文集
Proceedings of the 9th National BIM Conference
马智亮　主编
林佳瑞　胡振中　郭红领　邓逸川　袁正刚　汪少山　副主编

*

中国建筑工业出版社出版、发行(北京海淀三里河路9号)
各地新华书店、建筑书店经销
北京红光制版公司制版
建工社（河北）印刷有限公司印刷

*

开本：880毫米×1230毫米　1/16　印张：30　字数：950千字
2023年10月第一版　2023年10月第一次印刷
定价：**128.00**元
ISBN 978-7-112-29202-8
(41928)

前　言

今年是全面贯彻落实党的二十大精神的开局之年，也是实施“十四五”规划承上启下之年。住房和城乡建设部发布的《“十四五”建筑业发展规划》强调加快推进建筑信息模型（BIM）技术在工程全寿命期的集成应用，健全数据交互和安全标准，强化设计、生产、施工各环节数字化协同，推动工程建设全过程数字化成果交付和应用。建筑行业如何抓住数字经济战略机遇，将以BIM为核心的数字技术与传统建筑业深度融合，推动企业数字化转型与工程建造模式变革，实现高质量发展，成为当前建筑行业发展面临的重大挑战。

中国图学学会建筑信息模型（BIM）专业委员会（以下简称“BIM专委会”）是中国图学学会的分支机构，致力于促进BIM技术创新、普及应用和人才培养，推动BIM及相关学科的建设和发展。作为实现上述目标的关键一环，在中国图学学会的指导下，BIM专委会于2015～2023年，相继在北京、广州、上海、合肥、长沙、太原、重庆和深圳成功举办了八届全国BIM学术会议，论文集已累计收录学术论文620篇，累计参会总人数3700余人，在线参会总人数近50000人。

第九届全国BIM学术会议将于2023年11月在陕西省西安市召开，由广联达科技股份有限公司承办。本届会议论文已被中国知网《中国重要会议论文全文数据库》和中国科学技术协会《重要学术会议指南》收录，论文集由中国建筑工业出版社正式出版，共收录84篇论文，内容涵盖基础理论、技术创新、系统研发与工程实践，全面反映了工程建设领域BIM技术研究与应用的最近进展，展示了丰富的研究与实践成果。

值此第九届全国BIM学术会议论文集出版之际，希望行业相关技术人员和管理人员共同努力，开拓创新，进一步推动我国BIM技术在工程建设领域的深度应用和发展。衷心感谢国内外专家学者的大力支持！

本会议获得中国科学技术协会2023年度全国学会治理现代化示范专项（2023ZLXDH207）支持，特此表示感谢。

中国图学学会建筑信息模型(BIM)专业委员会主任委员　马智亮

目　　录

现代化生猪养殖业项目BIM技术应用研究

韦博文[1]，毛宗均[2]，杨森林[2]

（1. 深圳市城市规划设计研究院股份有限公司，广东 深圳 518000；
2. 吴川市陆陆建筑工程有限公司深圳分公司，广东 深圳 518000）

【摘　要】近年来受非洲猪瘟等因素的影响，猪肉供需关系趋于紧张。为了稳定市场，国家相继出台多项应对政策，将生猪养殖主业布局于广东、广西、海南等粤港澳大湾区核心辐射区域，越来越多的生猪养殖项目加入建设浪潮的队伍中。同时，在如今高质量建设发展环境下，BIM技术作为建筑行业新兴的技术手段已被广泛应用于众多建设工程，然而在养殖业类的建设项目中应用较少。本文以湛江徐闻县某生猪养殖项目为例，通过引入BIM技术，探索BIM技术在现代化生猪养殖项目中的应用，并总结分析存在的主要问题，对BIM技术在未来现代化养殖业领域的发展作出展望。

【关键词】现代化；生猪养殖业；BIM技术应用；猪场项目

1　引言

随着现代生猪养殖业逐渐实现生产规模化和标准化，传统的养猪场已被高标准、现代化的生猪养殖项目所取代。在建设过程中，高标准、现代化生猪养殖项目同样需要高质量的建设，并对新技术的需求更加迫切。作为建筑行业新兴的技术，BIM技术可以更好地帮助项目建设方和参与方管理项目。然而，尽管BIM技术在房屋建筑工程、轨道交通工程、桥梁工程、水利工程等方面有着成熟的应用，但在养殖类项目方面却应用较少。

本文以湛江徐闻县某生猪养殖项目为例，探索BIM技术在现代化生猪养殖业项目中的应用，以帮助项目在实施过程中不断进行改进和优化，提升项目质量，缩短工程建设周期，实现降本增效的目标。

2　基本概况

2.1　项目概况

湛江徐闻县某生猪养殖项目规划建设共分为两期（图1），一期位于徐闻县前山镇，分为东西两个片区，西区占地739亩，东区占地526亩，总建筑面积约18万m^2，主要建设内容包括1条GP祖代种猪生产线、2条PS父母代种猪生产线、1座公猪站以及一组闭群自繁自育一体化楼层饲养模块，规划年出栏50万头商品猪。二期项目位于徐闻县前山镇甲村农场，分为母猪区和保育、育肥区，总占地面积2400多亩，总建筑面积约18万m^2，主要建设内容包括1500头GP祖代种猪生产线1条、6000头PS父母代种猪生产线2条、150头公猪站1座，以及存栏7.2万头的保育、育肥猪舍2组，规划年出栏36万头商品猪。

图1　某生猪养殖一、二期项目总承包工程效果图

【作者简介】韦博文（1995—），男，助理工程师。主要研究方向为建筑工程信息化、BIM技术研发及应用。E-mail：798226932@qq.com

2.2 生猪养殖业项目特点

生猪养殖场项目主要特点是占地面积大，通常以单位“亩”计算，常常规划在平原地区和深山地区，场地面积大并不意味着可以随意进行布置，首先生猪养殖场包含妊娠舍、后备母猪舍、产仔舍、中转舍、祖代产仔舍、祖代后备母猪舍、保育舍、育肥舍、公猪舍、后备公猪舍、母猪隔离舍、蓄水池、变配电房、中继加压池以及场区管理人员的办公用房宿舍楼等，合理规划场区内施工路线对于场区施工流水至关重要。其次在建设过程中，除了钢筋混凝土工程、粗装修工程比较常规之外，生猪养殖场相对特殊的施工特点主要有山体开挖、防水处理工艺、V形干清刮粪沟施工工艺、导尿管施工、装配式漏粪板安装、大跨度屋面钢结构安装、厂区工艺设备管线安装、水帘系统安装、料线水线安装以及料塔组装等。

3 生猪养殖项目BIM技术应用实践

3.1 施工场地布置

与常规房屋建筑类项目用地红线有限从而导致施工用地非常狭小的情况不一样，生猪养殖项目整体场地非常大，在总平面布置上相对受限程度较小。在总平面布置阶段，主要考虑永临结合、施工流水、周边地下环境问题、临水临电设置问题，利用BIM技术首先还原场区全建筑专业模型、总图专业模型，分析临时施工道路与竣工时场区道路的重合率，在考虑场区大型汽车起重机、钢结构运输车辆轴距的基础上，尽量使临时施工道路与永久场区道路重合（图2）。场区周边环境大多为农田、灌溉区域，常有大型雨水箱涵、管涵等市政管线紧邻或穿过，通过勘察资料建立场区外地下环境模型，分析场区临时污水排水以及未来正式场区排水给周边环境带来的影响，提前合理设计与周边现状的融合衔接，避免发生场区污水外溢造成的环境污染事故。

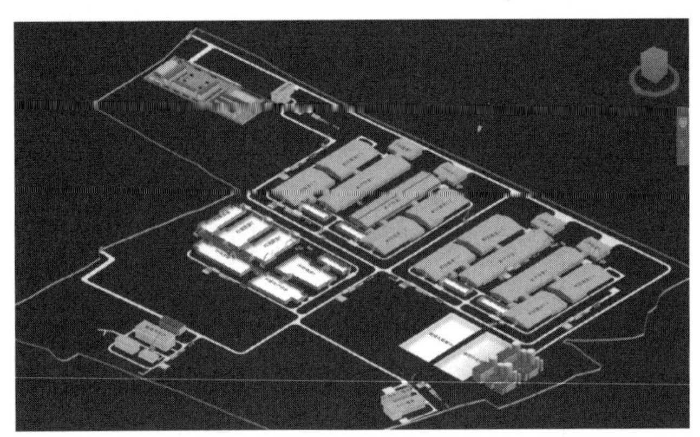
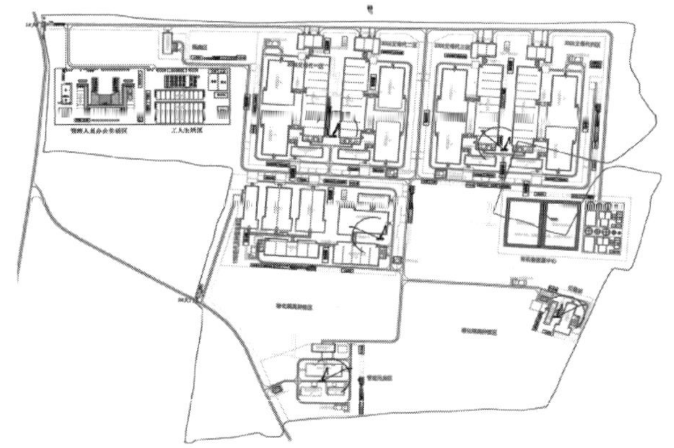

图2 一期总平面布置图

3.2 施工部署

在施工部署方面，应用BIM技术可提前划分施工区域、布置总体平面，提前发现施工区域划分不合理等问题[1]。根据工期要求，开工后68日历天完成3000父母代一区与代二区内两栋猪舍，每隔3天提供一栋或一栋以上具备安装设备条件的猪舍，且最后一栋猪舍具备安装条件交付时间为开工后98日历天。3000父母代一、二区与3000父母代三、四区实施平行施工，根据室内栏位等设备安装工程量，主体施工阶段优先开工产仔舍、妊娠舍，其中生活区各建筑物、生活区范围内的总平面工程和设施自开工日后141日历天内完成。

施工部署分为六个施工阶段：场地平整施工阶段（图3）、地下基础施工阶段（图4）、主体结构施工阶段、工艺设备安装阶段、装饰装修施工阶段以及室外工程验收阶段，通过三维建模提升施工的可视化能力，合理组织流水施工[2]，确定关键线路，安排工序搭接及技术间歇，确保完成各节点工期。

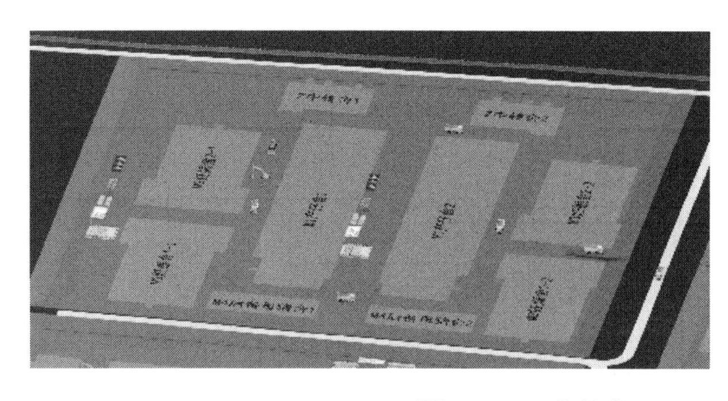 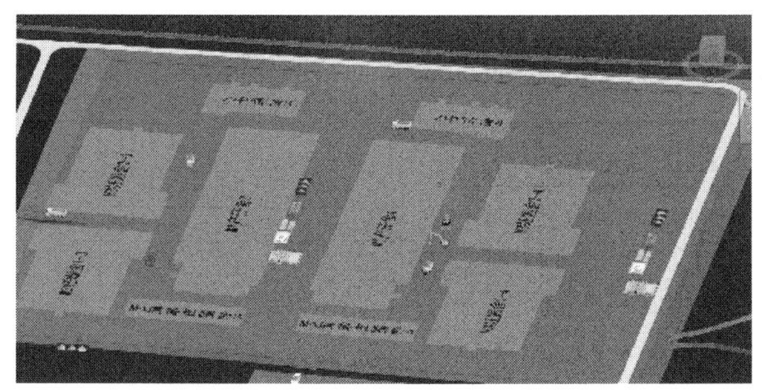

图 3　3000 父母代一、二区场地平整施工阶段三维图

 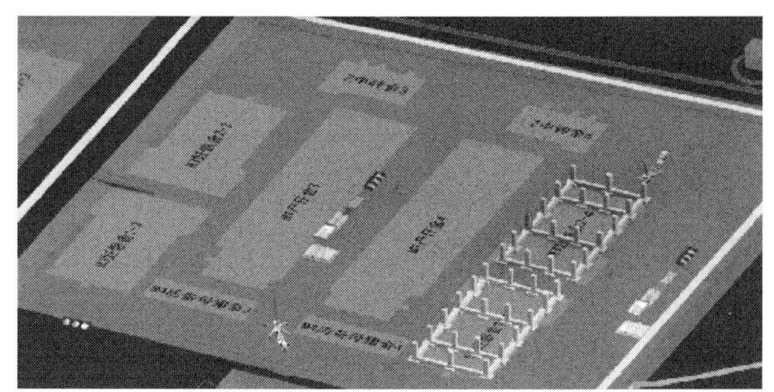

图 4　3000 父母代一、二区地下基础施工阶段三维图

3.3　图纸问题复核

项目通过 Revit 建立结构、建筑、钢结构、工艺设备等精细化 BIM 模型，通过 Civil3D 建立涉及土方开挖算量的总图专业模型，然后将其整合在 Navisworks 中并进行各专业内和专业间的协同碰撞检查，提前发现项目前期设计图纸存在的错误、遗漏、碰撞、优化问题，提前解决类似单体楼栋间工艺管线走向设计不合理、钢结构与建筑专业冲突、刮粪机设备与结构专业碰撞等问题共计 30 余项（图 5）。对基于 BIM 模型复核的问题进行汇总与留底，同时建立项目 BIM 协调群促使各参建单位及时沟通，保证问题快速闭合，再形成 BIM 技术问题报告，提前对劳务分包交底，有效减少施工中因图纸问题造成的返工、工期延误等。

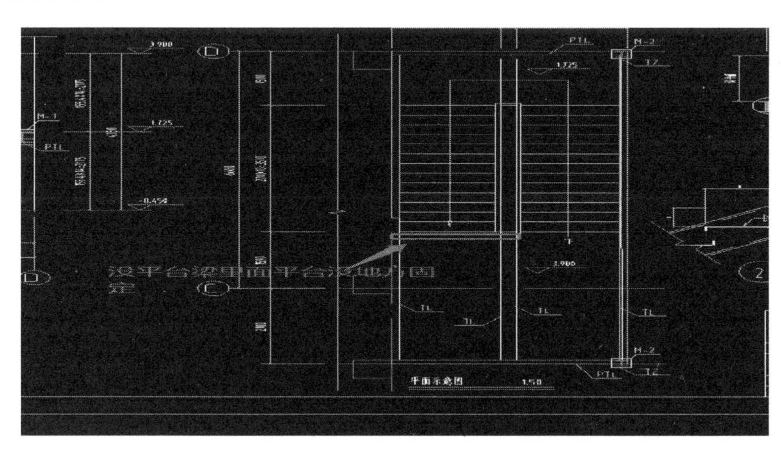 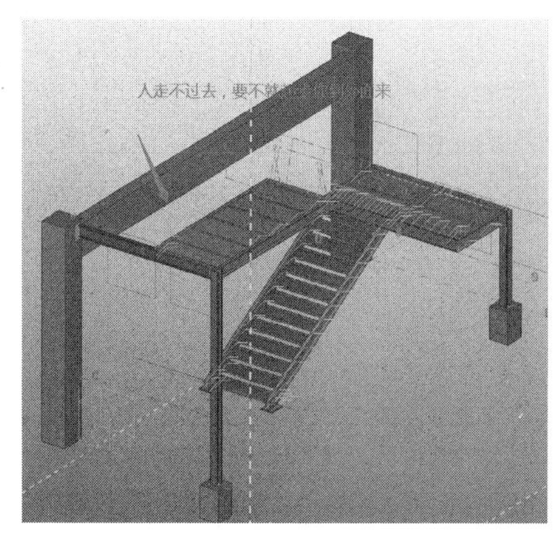

图 5　连廊处钢结构设计不合理问题

3.4　钢结构屋面吊装可视化交底

生猪养殖场项目钢结构主要在屋面，包含产仔舍、妊娠舍、后备母猪舍、中转舍、保育舍、育肥舍、公猪舍、母猪隔离舍的彩钢屋面以及连廊的钢立柱，结构设计使用年限 30 年，结构安全等级为三级（图 6）。钢结构材料均采用 Q235B 钢，锚栓采用 Q235B 钢制成，屋面檩条、墙面檩条、夹心板、吊顶龙

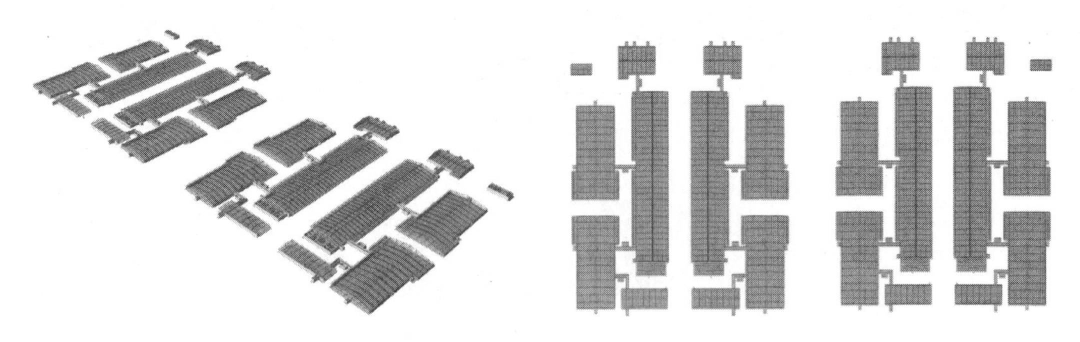

图6　3000父母代一区钢结构轴测及平面图

骨均为热镀锌材料，猪舍钢柱为热浸锌材料。整体吊装施工顺序为钢柱（如有）→屋架梁→水平联系杆→檩条→围护系统，安装方向由一侧有土建结构的单体向另一侧进行安装，其他单体从东向西或者从南向北方向安装。安装方法为相邻两榀屋架梁安装完成后，立即拉设缆风绳，及时安装水平联系杆，屋架梁采用工厂分3段（分段长度小于12m）制作、运输至现场拼装成整榀的安装方法，其他构件采用工厂整段制作、运输至现场整段安装的方法。针对以上钢结构施工工序，通过三维大样图和模拟动画进行施工技术交底，做到真正意义上的BIM模型指导现场施工[3]，让作业人员对整体交底的安装流程有着更深刻的理解，按施工顺序准确吊装，避免与其他工序出现作业面上的交叉冲突（图7）。

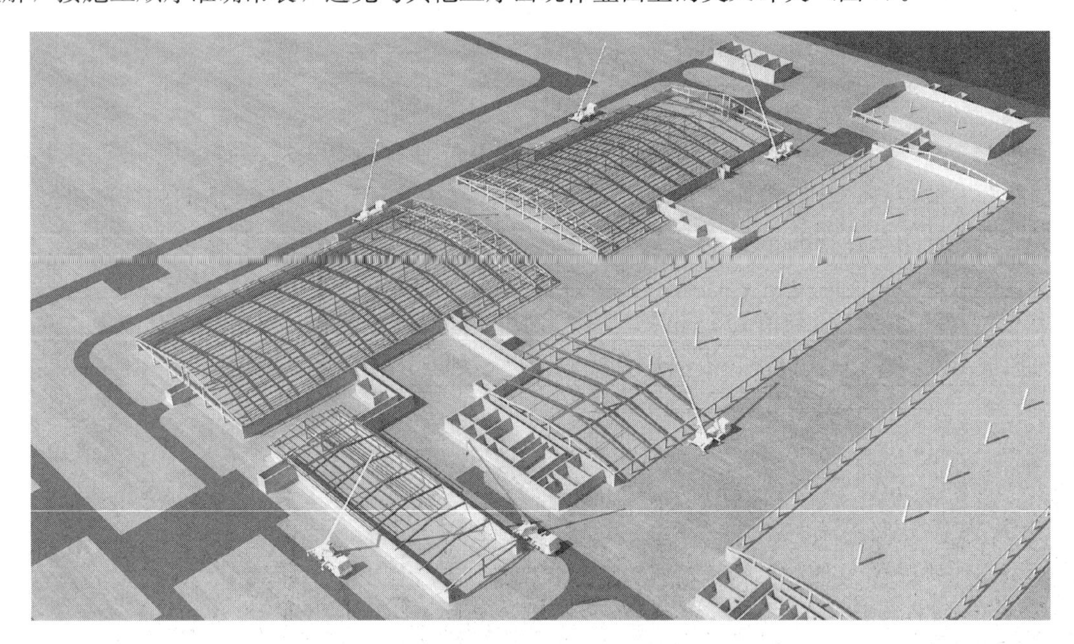

图7　3000父母代一区钢结构吊装可视化交底

3.5　模型下料统计

生猪养殖场项目除了统计传统的钢筋混凝土、土方、模板、脚手架、二次结构工程量外，在单体楼栋BIM模型中主要还用于特殊工艺设备的统计，例如漏粪板、导尿管、限位栏、不锈钢食槽、料线、饲料设备、水帘纸、防鸟网、防蚊网、大型通风排气扇等。区别于传统图纸体量，基于BIM优化后的三维模型统计工程量[4]，能更快速、更准确地获得下料单，辅助采购部上报。如图8所示养殖场单层育肥舍，在BIM模型中利用插件Diroots的ParaManager功能赋予构件关键参数信息，然后再用SheetLink功能导出料表，便于育肥舍的物资提料，可对现场材料的使用情况进行有效控制。基于BIM模型生成的工程量明细表还可以在Navisworks和现场施工进度中模拟结合，作为项目部确认现场材料以及在工程量结算时的依据。

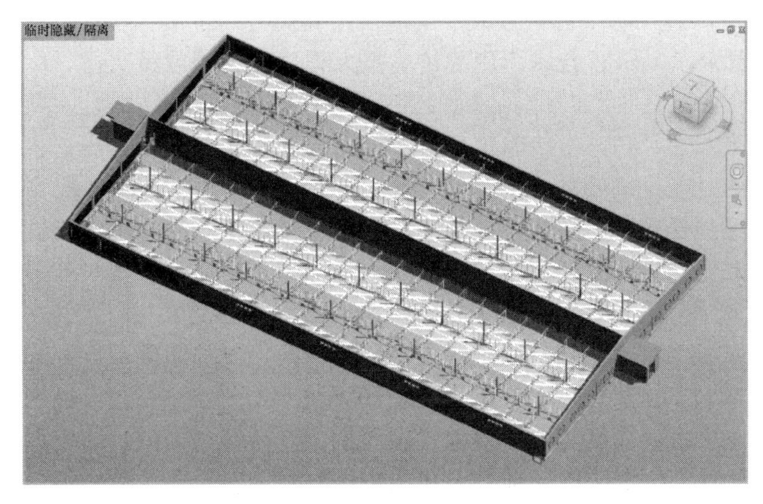

P2育肥舍2BIM模型工程量统计

分类	分项	工程量	备注
基础信息	总建筑面积	11289.6m^2	
	基底面积	2822.1m^2	
	建筑层数	4层	
	建筑高度	16.4m	
基础	桩基础	736.304m^3	共计136根桩，桩长暂定20m
		108.8m^3	桩基承台
		91.8m^3	基础联系梁JLL
F1	结构柱	82.13m^3	
	结构梁	192.83m^3	
	建筑墙	247.46m^3	
	楼板	451.7m^3	
	粪沟	224.27m^3	
	粪沟盖板	1166.4m^3	每层6排
	防鸟网	209.4m^3	
	室内猪舍围栏	313.4m	总投影长度，高1m
	大排气扇	12个	
	小排气扇	4个	

图 8　P2 育肥舍 2 模型下料统计

3.6　生猪项目族库标准化

项目建模过程中，常规族库工具的使用在族文件的检索、质量、管理及使用维护方面存在些许问题，影响建模效率和模型质量，不能很好地满足现场施工需求[5]。为了规范后续生猪养殖场项目的 BIM 应用，本项目在原有族库的基础上重新归纳整理了标准化族库（图 9）。通过制定标准的族库样板文件，可以减少后续开发养殖场项目的 BIM 建模人员无法迅速获取族文件的问题，并解决不同区域的项目建模人员存在同一构件重复建族的问题。例如在刮粪机这一子类上，通过建立刮粪机参数化族，在不同的生猪养殖项目都能直接套用，提高族的利用效率，减少建族时间。

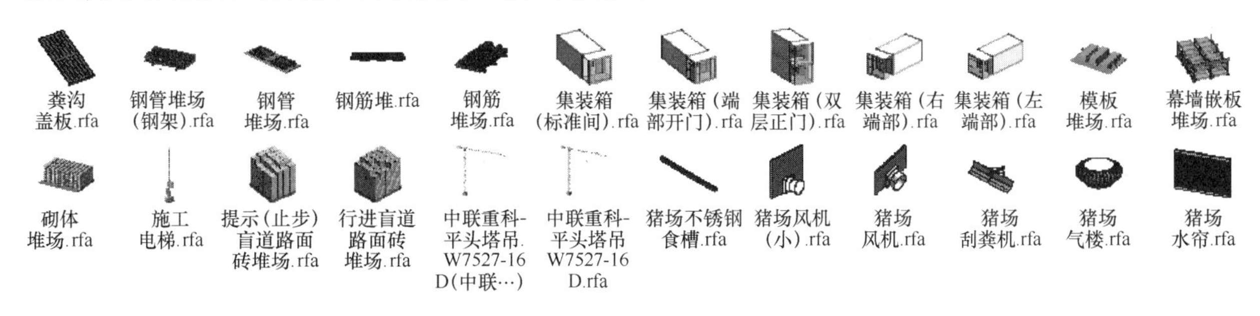

图 9　生猪养殖场项目常用标准族

4　结论与展望

通过 BIM 技术对现代化生猪养殖项目的图纸深化设计、场地布置、施工部署、屋面钢结构吊装模拟、工程量统计、工艺设备模拟等 BIM 应用，能更直观地、快速地解决项目建设前期的遗漏、错误、碰撞等问题，节省施工周期，保证施工质量，产生较大的 BIM 隐性价值。在实践中，综合应用 BIM 技术取得不错的效益，初期辅助招标投标工程量清单计价，项目建设过程中辅助现场施工质量，加快工期，准时完成项目竣工时间节点，加快生猪投产效率，成功完成第一个小猪的引种。然而在本案例应用 BIM 技术的实践过程中也发现一些不足之处，主要包括：

（1）目前养殖场项目 BIM 模型的建立主要参考房建类 BIM 相关标准。然而，房建类 BIM 标准的主要内容为传统房屋建筑范围内的常规构件，并未明确养殖场项目中特定模型单元的构建表达、交付精度、语义说明等内容，例如料塔、料槽、限位栏、水帘、防虫网、室内输料系统、刮粪机设备等模型构件。在后期养殖场项目竣工交付时，这些细节问题会变得难以界定，只能根据具体项目进行处理。这也意味着在下一个养殖场项目的 BIM 建模工作开展时，可能会再次面临缺乏适用标准的情况。

（2）现代化生猪养殖业项目 BIM 技术的应用主要在集中设计、施工阶段，在规划、勘察、运营阶段应用却非常少，主要是因为 BIM 技术在设计和施工阶段能够最大限度地发挥其优势和价值，经济及社会效益显著。相比之下，在规划、勘察、运营阶段，BIM 技术应用的环境很大程度上受到政策支持、标准指引、人员培训以及软硬件设备等多种因素的影响。

（3）如今，各行各业都在吹响数字化转型的号角，生猪养殖项目在国内的规模化率不断提高，数字化布局已成为所有养殖企业的共同选择。在生猪养殖项目竣工交付后的运营阶段，采用数字化手段实现智慧“养猪”已成为常态。然而在实现智慧“养猪”的系统中，底座常常是空壳模型，没有用到项目竣工交付的 BIM 模型，这导致 BIM 技术存储的海量数据和信息无法得到充分利用，因此难以实现对养殖场内各项设备和设施的数字化管理。

针对上述问题，未来应进一步推进 BIM 技术在养殖业项目中的应用，完善相关技术标准，开展 BIM 技术培训和普及工作，将 BIM 技术贯穿于项目的全生命周期，充分发挥 BIM 技术的优势，在建设过程中帮助项目不断改进和优化，从而提升养殖业项目的质量，缩短工程建设周期。在运营过程中，结合物联网、大数据、人工智能等关键技术对养殖场内各项资源的精细管理和维护，最终实现真正意义上的智慧“养猪”。

参考文献

[1] 张裕，刘俊杰，王俊鹏，刘占省，杨伟，谷端宇．基于 BIM 的施工管理及深化应用[J]. 施工技术(中英文)，2022，51(23)：23-26.

[2] 徐昊．BIM 技术在大商业地下室地坪施工中的应用[J]. 建筑施工，2021，43(3)：525-527.

[3] 张涛．BIM 技术在波音 737 完工及交付中心项目总承包管理中的综合应用[J]. 土木建筑工程信息技术，2020，12(6)：32-39.

[4] 金璐磊，殳非闲，李毅，徐少华，刘重阳．BIM 技术在昆明某项目的实践应用[J]. 建筑结构，2018，48(S1)：648-652.

[5] 陈翔宇．施工企业 Revit 族库管理系统的研究与应用[J]. 中阿科技论坛(中英文)，2022(3)：108-111.

基于智慧工地的数据应用研究

张伟胜，姜振华，孟　威，黄晓亮

（中国航空规划设计研究总院有限公司，北京 100120）

【摘　要】 智慧工地作为一个较新的集成技术，正成为建筑企业现场管理的重要手段。本文通过分析智慧工地的研究进展，认为分析项目现场数据与信息流、物质流工作流的关系十分必要，进一步构建了智慧工地的数据处理模型框架，为未来研究提供参考。

【关键词】 智慧工地；数据分析；信息流

1　引言

近年来，随着BIM技术、物联网、互联网等技术的发展，智慧工地逐渐成为工程建设学术研究、工程应用的热点，研究关注度及媒体关注度自2018年开始大幅度增长，如图1所示。智慧工地定义得到不断延伸，应用领域及涵盖技术随之增加。

图1　2013～2019年相关文献研究统计

数据来源：中国知网

然而，目前智慧工地的研究集中于相关信息技术以及工地现场应用[1]，由于忽略了不同应用主体视角的区别，导致智慧工地数据的采集过于分散，功能应用逻辑多样；同时对智慧工地收集而来的数据分析、信息流与物质流契合及应用机制方面研究不到位，造成现有功能解决实际问题的能力不足，效益不高。

2　智慧工地数据分析

本文假设智慧工地的应用主体为工程总承包，数据起始于投标工作，结束于竣工移交工作，部分甚至涵盖运营维护、拆除等阶段，而智慧工地则收集、串联、处理、传递、存储这些数据，进而帮助工程总承包实现项目目标，其中物流主要涵盖人、材、机三个因素，工作流主要涵盖法、环两个因素。物流产生的数据主要包括劳动力数量、材料数量、机械数量、生产时间、运输时间等，工作流产生的数据包括工作时效、隐患数量、整改数量、资金数量等。

智慧工地按照数据—信息—信息流—决策的流程，结合时间要素，便可将数据升级信息并以信息流的形式调节工作流和物流，进而产生极大的决策支持价值。

工程总承包的智慧工地的数据主体有外部和内部的区别，其中外部主体包括建设单位、监理单位、供应商单位、政府监管部门，内部数据主体主要分为设计部门、施工部门、造价部门等。外部主体产生的数据包括建设单位的进度目标、工程款支付数量、进度目标；监理单位的检查批次、质量隐患数量、安全隐患数量；政府部门的报建手续、资料归档；供应商单位的物流路线、发出时间、到达时间、货物数量、批次。内部数据则包括商务部门的工程合同总价、合约条款；设计部门的设备参数、尺寸、数量、工程量、图纸数量、材质；施工部门的劳动力数量、材料数量、机械数量、进度、收付款数额、实施工

【作者简介】 张伟胜（1988—），男，高级工程师。主要研究方向为建筑信息技术、工程总承包管理、智慧工地。E-mail：yahe88216@126.com

程量、综合单价等。

本文按照投标阶段—设计阶段—施工阶段—结算阶段的顺序，将数据分为不可再生数据（即原始数据）、可再生数据（指标数据和衍生数据）。

（1）原始数据是最基本的数据，也是物理数据，比如占地面积、建筑面积、劳动力数量、材料数量等，这些数据是获得信息的基础，而且不可再生，一旦丢失，将无法创造价值，因此需要及时捕捉，并对应完善的数据采取保护措施和进行严格的权限设置。

（2）中间层数据是考虑了时间维度的可再生数据，是通过分析原始数据而获得指标数据和衍生数据，也就是本文所指的信息。指标数据是初级信息，比如平均劳动力生产量；衍生数据是在指标数据的基础上进一步分析而获得的高级信息，比如进度滞后、事故发生的可能性。将不同的指标数据组合，可以产生衍生数据，比如平均劳动力生产量与平均材料加工量组合，最终预测进度滞后。中间层数据随着时间的延长、产生量的不断积累，进而发挥大数据作用。因此，中间层数据需要通过一定的预判和数据处理算法设计而获取，属于决策前的必要支撑。

（3）决策数据是应用层数据，即信息的最高结果形式，通过应用中间层数据来解决问题，比如增加劳动力数量、增加材料供应、加大资金投入，起到纠偏的价值，支持项目生产、运营目标的实现。

3 智慧工地的数据应用

3.1 智慧工地的核心功能分析

从工程总承包的视角出发，智慧工地需要解决信息流、物质流、工作流的采集、处理、协同效率的逻辑是：（1）实时收集格式统一的现场数据；（2）快速分析现场数据获得信息流，识别物质流和工作流状态；（3）实时将物质流状态的信息流按照工作流传输给相应的管理者，并将决策信息实时分配；（4）反馈决策效果以优化生产方式[1][2]。

因此本文假设建设工程现场工程信息流、物质流、工作流交汇并密集交叉的场，以BIM＋物联网＋互联网为基础平台，通过数据分析帮助各级管理者有效掌握物质流和工作流的情况，实现工程现场安全、质量、进度、成本、劳务等方面的智慧管理与智慧决策，最终利用智能机器人、可穿戴设备等智能设备同工人、传统机械实施现场生产，如图2所示。基于智慧工地的数据应用逻辑，其核心功能是数据分析，而数据分析主要包括针对人、材、机的机械管理、劳动力管理、材料设备管理；针对法、环的合同管理、

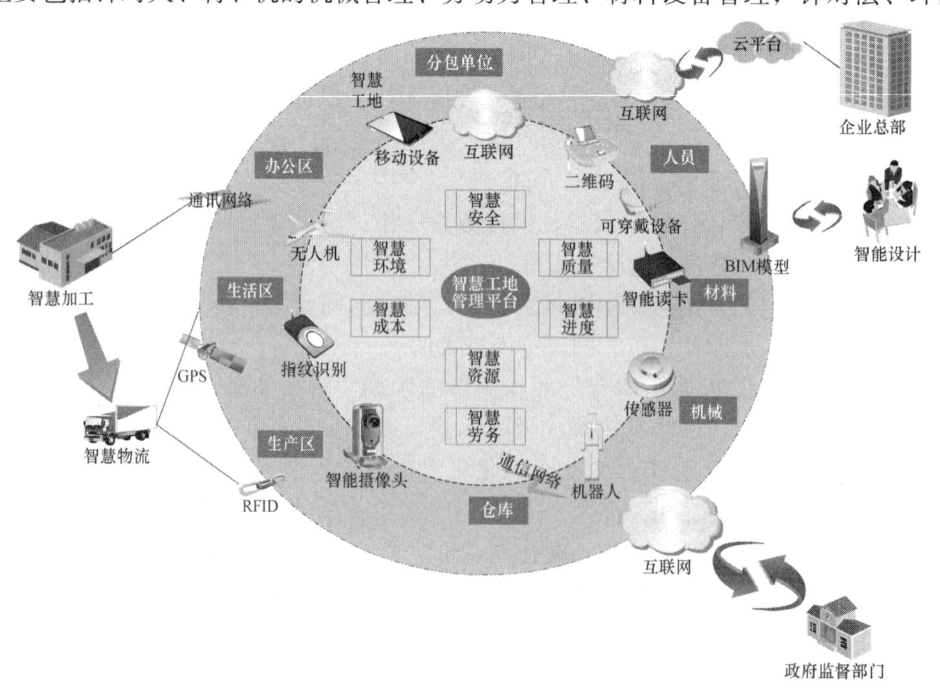

图2 智慧工地内外系统框架

设计管理、结算管理。

3.2 数据应用模型构建

在智慧工地系统中，应包括三个主要功能模块，数据内容依次在数据积累与收集→数据分析与信息生成→信息使用及反馈三个功能模块中运行。其中，数据积累与收集系统采用传感器、视频捕捉、RFID 技术采集新项目数据，通过互联网、移动通信、物联网传递至数据分析与信息生成系统，通过对应数据分析算法生成项目决策所需的信息，进而将信息发送至信息使用及反馈系统，结合企业微信等手段，由管理者决策并反馈，进而不断地进行动态修正和调整，如图 3 所示。

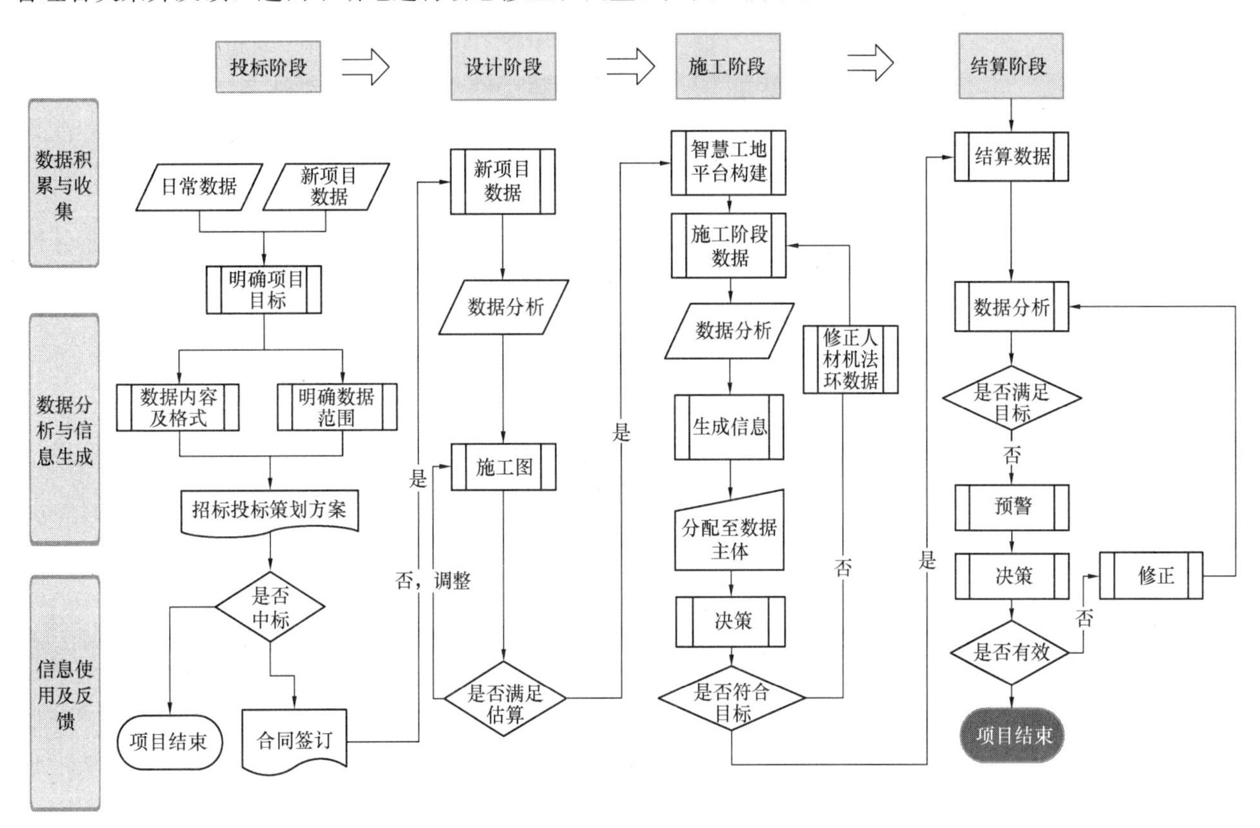

图 3 智慧工地数据处理模型

3.2.1 数据积累与收集

在智慧工地系统的数据积累与收集模块中，需在工地设置视频捕捉、人脸识别、RFID、传感器技术的终端，对新项目数据展开采集，并在数据库中进行积累。

(1) 数据积累：将内部主体人员日常发生的相关数据标签化，按照相应的算法和统计方法进行体系化的数据存储，帮助企业构建结构化的数据点和系统。

(2) 数据收集：数据收集是智慧工地运行的起点，根据项目独立性和单一性特点，将工地发生的分散的动态数据进行收集集中。收集数据的质量，即数据的真实性、可靠性、准确性、及时性，决定着能否达到预定的目的和能否满足需要。因此，收集数据必须遵循一手原则进行，即按照数据与信息的关系，以产生工地管理价值信息为目的，将只有与目标信息相联系的数据作为收集对象，采集工人数据、材料数据、机械数据、制度数据和指令数据，这样会避免无边际地收集，提高收集质量，减少浪费。

3.2.2 数据分析与信息生成

智慧工地系统基于工程总承包组织内部的日常数据进行迭代升级并自动更新，直接供新项目使用。而对新项目的动态数据按照一定的关系进行分类整理，分类采用统一的对应关系重新组合，进而采用计算机进行分析、比较、判断，形成有较高使用价值的信息，如质量、进度、成本、安全等信息，如图 4 所示。

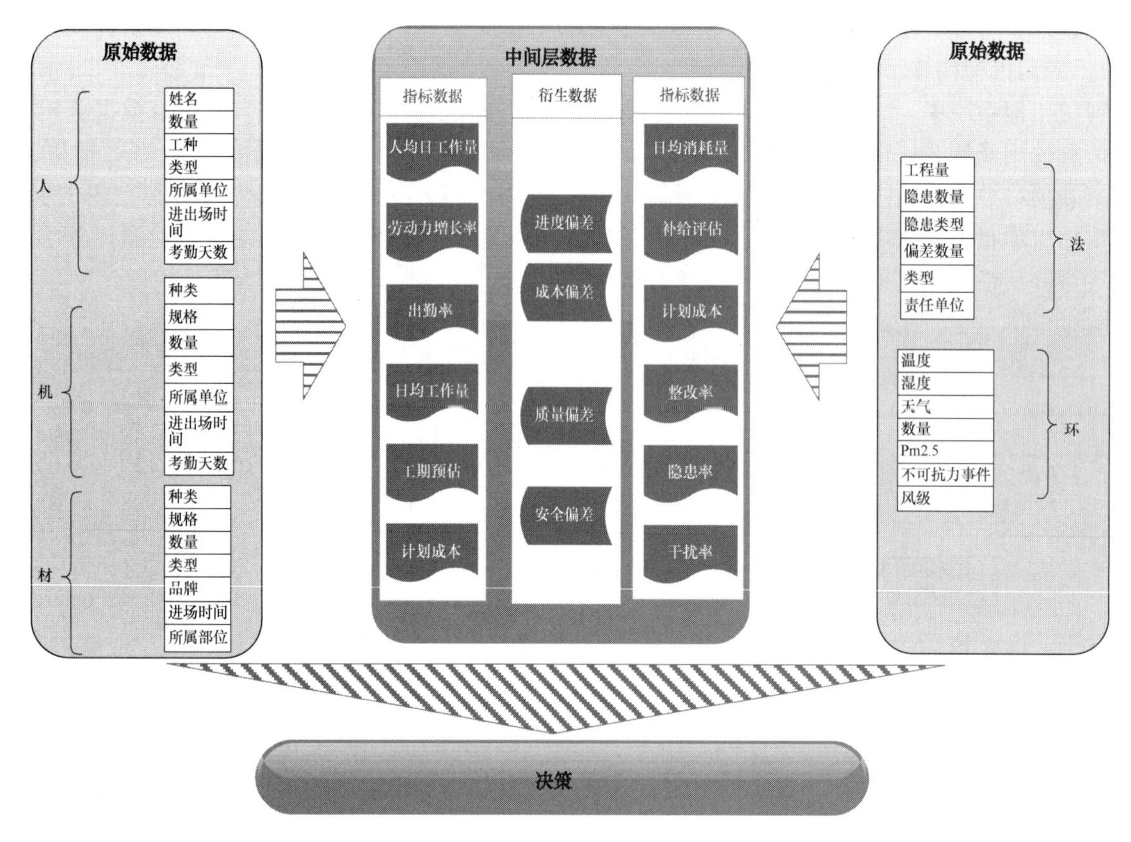

图 4　数据信息分析图

以进度管理为例，合理的工程进展离不开充足的劳动力数量，因此通过对比工程进度计划，统计一定时间内的劳动力数量、工种、所属单位等参数的线性变化，进而分析劳动力数据变化对进度偏差的影响，如图 5 所示，3 月份木工和混凝土工数量变化未对偏差产生积极影响，而 4 月份钢筋工数量的变化降低了偏差增长率，进而判断钢筋工数量不足为进度偏差影响因素，同时钢筋工为敏感因素，而木工和混凝土工可能存在生产率不足的情况，可以采取增加分包劳动力的措施纠正偏差。

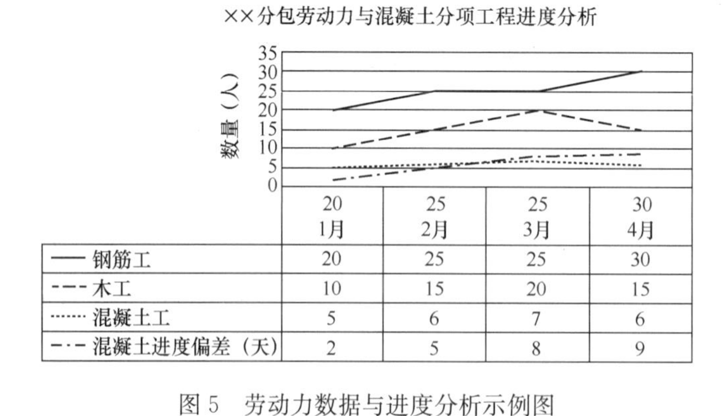

	20 1月	25 2月	25 3月	30 4月
—— 钢筋工	20	25	25	30
- - - 木工	10	15	20	15
······ 混凝土工	5	6	7	6
—·— 混凝土进度偏差（天）	2	5	8	9

图 5　劳动力数据与进度分析示例图

3.2.3　信息使用及反馈

决策人员通过使用智慧工地展示的信息进行决策，并将决策信息通过智慧工地反馈系统传递至各管理端。信息反馈传递有纵向传递和横向传递两种流向，物流过程以横向传递为主，工作流过程以纵向传递为主。项目进程中，信息流横向传递至各外部主体，从而调整各外部主体所提供的物质状态；纵向传递至各内部主体，从而实现工程总承包的内部纠偏，最终实现信息流的闭合。

4 结语

随着先进信息技术的发展，建筑业正面临重大变革，智慧工地则是面向建设工程现场的变革方向之一。通过回顾近年来国内外智慧工地的相关研究，目前研究成果主要集中于典型应用、基础信息技术（如 BIM、物联网等在智慧工地的应用）、技术集成。本文认为智慧工地运行的基础是在工地的场景下，分析相关数据以获得决策信息，并不断迭代、反馈。因此本文站在工程总承包的角度，将施工阶段作为智慧工地应用的核心，通过智慧工地将信息流、物质流、工作流整合，进而解决工地的四个目标问题。为了实现目标，本文分析了智慧工地数据关系及价值，进而明确了应以数据分析作为核心功能，最后通过构建智慧工地数据处理模型，解决了数据全过程应用问题。同时，本文认为信息流应用算法、智能机器与传统人工机械协同、技术集成平台三个方面需进一步研究，希望为后续研究提供参考。

参考文献

[1] 张伟胜，马跃．智慧工地的研究与应用：文献综述．[J] 太原：第六届全国 BIM 学术会议论文集．2020：32-37.
[2] 张伟胜．面向工程总承包商的信息技术研究[J]. 工业 B. 2017(6)：52-53.

技术创新与数字化转型助推企业高质量发展

马西锋，宋慧友，乔　琦

（河南科建建设工程有限公司，河南 郑州 450000）

【摘　要】民营企业在建筑业发展中坚持创新驱动、科技引领，进一步推动企业数字化转型升级和高质量发展。企业所有业务的着力点将要坚持标准化、工业化、绿色化和智能化，快速建造和实现具有企业特色的“创新驱动、数字科建”的高质量发展之路。通过技术创新的成果转化与数字化转型管理的深度融合，推广绿色建筑，减少施工能耗和物耗，提升各项目在工期、质量、安全文明、绿色建造、智慧建造等方面的管理效果，加快推进企业数字化转型的成果转化进程，全面实现企业的高质量发展目标。

【关键词】技术创新；信息化管理；数字化转型

1　引言

民营企业作为我国经济发展中新的主力军，其发展速度、发展前景及起到的社会作用也日益突出。但随着国家经济政策的调整以及建筑业发展的现状，民营经济发展举步维艰，在大的环境背景下，民营企业应当以技术创新、科技创新及信息化管理手段打破常规的发展环境，坚持持续发展企业新的发展动力，助力企业高质量发展。

2　实施背景

目前建筑市场的萎缩导致竞争加剧、生存压力大，并伴随着国家对建筑环境治理力度的加大，企业的生存能力和赢利能力受到很大的考验，企业的高质量发展成为企业的首要大事，迫切需要企业通过技术创新和数字化发展，助推企业的高质量发展。

全国各建筑企业正大力发展以技术创新、创效为核心的数字化建设，但是技术研发及数字化转型究竟应该如何投入、如何应用、如何发挥价值和体现价值，这也为不少中小型企业带来了困惑。

近年来，各民营企业在经营、管理、技术等方面大力研究发展，各自形成适合自身且具有独立的、自主的、创新的经验和做法，固化为各自企业在建筑业行业环境中的核心竞争力。

民营企业应当秉承“科学管理，建造精品”的经营理念，注重科技创新，以“标准化、精细化、数字化”管理为基础，积极探索BIM技术、云计算、大数据、移动互联网、人工智能等信息技术在工程管理中的应用，构建项目级、企业级数字化管理平台，以数字化转型为契机，提升公司核心竞争力。

民营企业所承建的项目应当积极采用技术创新解决实际问题，制定数字化转型的制度和标准，规范各项目在施工管理过程中向数字化、信息化、智能化等方面进行探索实施。保障现场施工过程的一次成优、建造的产品质量的提升、企业建造管理效率的提升、项目运营成本的降低。而企业技术创新与数字化管理的深度融合，最终形成企业各项目、各部门以技术创新为核心、以数字化管理为实施工具的业务

【作者简介】马西锋（1973—），男，高级工程师。主要研究方向为BIM应用。E-mail：609341267@qq. com；
宋慧友（1986—），男，中级工程师。主要研究方向为BIM应用。E-mail：496394668@qq. com；
乔琦（1987—），女，中级工程师。主要研究方向为BIM应用。E-mail：511784767@qq. com

流，也绝非易事。需要公司的高级管理层做好顶层设计，制定切合企业实际的、可持续的战略实施路线，实现项目在建造过程中节约成本，提高项目在建造过程中的利润率，提升项目利润空间的理念，实现企业和项目利润共赢，提高企业在建筑市场的竞争力。

3 创新经验做法

3.1 技术创新的管理与实施

3.1.1 企业技术创新的引领

企业为实现“科技兴企、创新强企”战略，整合内部科技人才资源，构建科技管理体系，对各项科技文件制度和工作流程进行完善，使得各项科技工作内容均有章可循；为深入开展技术标准体系建设，公司先后组织多名专业技术骨干，编制完成了《企业强制推行标准化图册》《企业施工质量管理标准化图册》《企业施工作业工序标准化图册》《BIM技术落地应用标准化图册》《鲁班奖项目工层创优总结》《鲁班奖创优策划指导图册》《四新技术技术成果汇编》《BIM技术推广应用文集》《BIM技术推广制度标准汇编》《工程创优及科技创新成果奖罚办法》《项目BIM技术及数字项目管理平台应用管理制度》。通过标准、制度、保障措施激励各项目，在施工过程中不断开发新技术、新工艺，提高各技术人员研发创新的主观能动性。

3.1.2 企业技术中心的建设

公司管理架构中成立技术委员会、专家委员会，确立了技术中心工作章程，明确了技术中心各级各类人员职责，制定了完备的相关管理制度，并严格按照制度的有关要求开展技术工作，明确了公司技术中心的近期及中长期工作目标和发展规划。为确保企业技术中心健康快速发展，公司每年递增研发经费，保证研发人员的活动经费及购置仪器设备所需资金，不断培养壮大高素质、高技术、高水平科研人才，增添科研仪器设备，并多方面聘请技术、信息、行业管理等方面的专家、学者、教授担任公司顾问，为企业高新技术产品的引进、开发进行指导和技术咨询。

为提高企业在行业中的竞争力及优势，企业始终坚持：创新驱动发展战略，要大力推进结构性战略调整，把创新放在更加突出的位置，坚持在施工过程管理中制定《技术中心管理制度》《研发人员的培养进修制度》《职工技能培训制度》《优秀人才引进制度》《研发投入核算制度》《研究开发组织管理制度》《产学研合作制度》《科技成果转化的组织实施与激励奖励制度》等推动创新发展、促进科技进步、培养人才的制度，助力企业的快速持续发展。

通过以上技术创新的研发实施过程，企业通过省住房和城乡建设厅及发展改革委员会申请省企业技术中心，申请通过后，标志着企业技术创新工作已经迈向一个新的里程碑。

3.1.3 项目技术创新的实施

项目在施工过程中加强四新技术的推广应用，积极应用新技术、新工艺、新材料的同时，及时关注建筑节能环保新技术、新材料、新产品在示范工程中的应用、试验和实践，提升项目的经济效益；积极固化创新研究成果，参加省、市工法编制和申报工作；积极开展QC活动，把开展QC活动作为一项提高工程质量的重要措施，普遍建立QC小组。在QC小组活动中，依靠集体力量和团队精神，对工程的重点、难点问题进行攻关，解决质量问题，提高工程质量。

3.2 数字化转化的管理与实施

3.2.1 数字项目管理平台的建设

企业对数字化转型发展的探索，前期应当以点带面进行探索创新。在本企业选择合适的项目进行标杆化建设与实施，目的就是树立项目管理数字化的样板，快速为项目管理数字化积累经验，为企业创建信息化管理思路，为其他在建和以后承建的项目起到一个照亮管理与技术升级的灯塔作用。通过企业和项目的部署、应用数字化、在线化、智能化设备及平台，加快了企业各项目过程控制与平台业务流的快速融合，逐步实现了具有企业自有特色的过程在线化的业务管理流程。

3.2.2 企业BI数据决策平台的建设

随着项目平台数量的增加，各平台产生数据也越来越多，项目数据的整理、分析和应用的难度也开始变大，公司对项目数据的管理遇到了瓶颈。为解决项目平台产生的数据管理的瓶颈问题，公司引进广联达“企业 BI 数据决策平台”，各项目管理数据集中在平台上呈现，实现了各项目之间管理数据的横向对比，并且评价数据真实，杜绝了传统项目对比过程中主观因素影响较大的不足，也实现了单个项目不同阶段的纵向对比，项目管理能力相比上月或者上一季度是提升了还是退步了。为实现项目管理的动态评价，公司还与广联达科技股份有限公司积极合作，开展目标成本管理及过程成本数字化的相关工作，为企业实现成本管理数字化、在线化、智能化打下坚实的基础。

3.2.3 智慧工地管理平台的建设

在数字项目管理平台普及深度应用的基础上，企业各项目引进广联达智慧工地系统并取得良好效果，项目安全管理、绿色施工、劳务管理方面的管理效率再度提升。

通过以上的实施与应用，快速实现 BIM5D 平台、数字项目＋智慧工地系统平台、企业 BI 数字决策平台、协同办公系统、人力资源管理系统多个信息化系统的联合应用，各平台之间数据互通互联，打造具有企业特点的项企一体化管理体系，保障企业在建筑业发展的浪潮中继续升级。

3.2.4 数字化转型发展的难点

数字化转型发展目标的设定出现问题。可以分为以下三类：第一类是目标不明确造成的盲目和混乱；第二类是目标设定过高与当前企业管理水平不适应，造成数字化转型发展工作难以开展；第三类是目的性过强，以致转型发展失败。

采用的数字化管理平台的标准不完善，不统一。可以满足单项目管理需求，难以满足企业管理的需求；企业标准化管理水平低。数字化平台内置的流程、发起的工作任务不能在规定的时间内完成。

未能根据企业自身的特点、标准化管理水平完善组织体系，工作参与人职责、权限不明确。根据目标进行任务分解后无法责任到人，转型发展工作参与者不知道自己应该在什么时间、按照什么标准、完成什么工作、工作完成后谁来验收，也有可能发生一项工作找不到人来做的情况。

未能制定相应的管理制度，或者制定的制度奖罚不分明，制度可执行性差等。

BIM 技术及数字化平台价值挖掘深度不够，造成数字化技术及管理平台价值低，管理参与者不愿意使用，数字化技术被抛弃或淘汰成为必然。

3.2.5 数字化转型发展的应对措施

根据企业自身情况制定适合企业发展的阶段性目标，制定了先试点再推广、先项目后企业的数字化转型发展计划。

完善企业数字化技术应用相关标准。陆续完成企业 BIM 技术应用相关标准；BIM5D 平台的质量问题分类标准、安全问题分类标准、材料清单、机械清单、实测实量标准；数字项目平台质量的相关标准等。为 BIM 技术应用、项目级平台及企业级平台运行打下了坚实的基础，同样也取得了不俗的成绩。

完善项目组织架构，明确参与人员职责分工及权利义务，优化和固化平台管理流程，并结合目标进行任务分解，责任到人；完善企业组织架构，在不改变原有部门管理职能的基础上，明确各部门的数字化转型发展相关职责，利用数字化平台的优势实现对项目的管理，做到降本增效。

充分结合数字化技术、平台特性及企业标准化管理水平制定制度，明确奖惩措施。完善覆盖企业、项目、岗位及作业工人各层级的制度，让数字化转型发展落到实处，落到基层。在制度执行过程中，积极收集各层级意见，并根据软件或平台更新迭代情况对制度进行修订，确保制度的可执行性。

针对 BIM、云、大、物、移、智等数字化技术应用情况及特性，积极探索数字化技术的应用价值。能够量化的价值进行量化，便于项目应用和对比分析；不能量化的，要通过做好传统管理方式与数字化管理方式对比分析工作来体现数字化技术的价值。

3.2.6 数字化转型发展的价值

针对项目级及企业平台，除了总结平台的管理价值，形成企业平台管理应用标准、制度等成果外，还要积极探索平台的数据价值。近三年来，10 个项目级平台的应用过程中积累了大量的工效数据、班组管理能力数据、管理人员专业能力数据、管理人员执行能力数据、质量问题分类分布数据、安全问题分类数据等。为企业正在进行的人力资源制度管理变革与平台结合应用、企业质量风险管理、企业安全风险管理等工作提供了数据支持。通过企业多维度信息化深度的集成应用，企业和多个项目先后荣获河南省建筑业协会BIM技术应用能力鉴定为一级应用能力、河南省建筑业BIM示范工程、河南省智慧工地示范项目三星等多项荣誉。

4 实施效果

4.1 技术创新实施效果

企业重视科技创新，致力于施工管理和建筑科技的研究与创新。加强对专利、科技成果和工法的管理，使科学技术真正转化为生产力。制定和完善专利、科技成果管理办法，建立专利、科技成果和工法信息库，及时通报科技信息情况，便于创新技术的快速、全面推广，同时避免低水平项目的重复开发。根据企业的要求，以经济效益好、成熟实用的关键技术为重点，加大科技成果的转化及工法推广应用的力度。充分发挥市场机制在科技资源配置、科技活动方面的导向作用，促进科技成果的商品化进程。同时，加大对专利、科技成果、工法研发及推广的奖励力度，建立、健全科技奖励激励机制，为科技创新营造良好的政策环境。重视专利、科技成果鉴定评审的时效性和唯一性，条件成熟的专利、科技成果应及时申请各级鉴定、评审并推广应用，使科学技术尽快转化为现实生产力。

根据公司发展战略和奋斗目标，在巩固主业优势的同时，科学合理地确定新的研发方向和重点突破领域，勇于探索，大胆实践，投入一定的人力、物力、财力，在引进、消化、吸收先进技术的基础上，大力开发相关的关键技术，不断拓宽技术领域，建立新的技术支持体系，为生产、经营、科研注入新的活力，实现公司向施工总承包方向发展的战略。

公司围绕重点工程建设，制定科技发展规划，建立健全科技创新体系，加大科技资金投入，强化科技引进、开发、创新与运用，提升产业技术水平，全面实施科技兴企战略，不断促进企业技术积累和技术进步，开创了河南科建建设工程有限公司科技工作新局面。先后取得质量标准化工地2项、安全标准化工地5项、市优质工程8项、省优质工程4项、恒大绿洲项目A10地块与息县高级中学建设工程二期项目取得“中国建设工程鲁班奖”2项。

4.2 数字化转型效果

目前，企业已经采用了协同办公（OA）系统、人力资源系统、数字项目管理平台、企业数字化管理平台（企业BI）、物资设备采购招标等系统；公司总部办公人员每人拥有1～2台电脑，有近90%的日常办公行为在线上完成。企业信息化系统的应用对提升公司管理水平正发挥着越来越重要的作用，信息化建设为信息的收集、整理提供便利，大大缩短了决策层的决策周期，减少决策偏差，实现资源快速交流与共享。

通过网络平台，实现公司、各项目计算机联网，实现公司与项目面对面地研究施工方案，点对点地指导、监督。开发适用于企业发展的网络管理软件，推广标准化施工管理软件，实现办公科学化、自动化，逐步实现无纸化。充分利用信息化的资源共享性，利用网络可以让信息交流方式大大改变，方便各参建方进行信息共享和协同工作，有助于提高工作效率和管理水平。如利用网络和多媒体技术可以让偏远项目的工程管理人员接受培训，并且可以让培训过程更生动、形象。在工程项目上安装摄像头可以让总部领导及时查询工程进展情况的信息，进而能及时地发现问题，及时做出决策，可大大降低生产过程中的风险因素。

同时技术中心的各项技术创新、检测测试、实验分析、科研技术管理，设备管理等工作均已逐步实现电脑化联网管理。在科技信息情报方面，技术中心拥有大量的科研开发所需的各类专业图书、期刊、资料，可为科研工作及时提供最新、最完善的信息和技术资料。

企业通过信息化建设，应创造出一个集成的办公环境，提高办公效率，使所有的办公人员都处于同一办公室桌面的环境中一起工作，摆脱时间和地域的限制，实现协同工作与知识管理。管理更加规范化、现代化，实现轻松管理，并能充分利用现有资源来有效提升企业的无形资产，从而带动整个企业迅速发展。

5 未来创新规划

企业坚持以“科学技术就是第一生产力”的思想为指导，坚持以市场发展需求为导向，以创效为中心，以安全质量为前提，以提高企业竞争能力为目的制定发展规划。建立和完善适合本企业发展的，以企业为主体、产学研相结合的技术创新体系，制定并完善创新奖励机制和制度。加强科技开发和技术创新，加速科技成果向现实生产力转化，提升传统产业技术水平，推动公司施工能力和管理水平的进一步提高，把公司逐步建设成为科技领先、结构合理、管理先进的省内领先的优秀企业。根据企业发展的中长期战略，以价值链管理为导向，深入推进以数字化转型升级为前提的基础设施建设一体化战略，河南科建建设工程有限公司根据公司规划，制定了未来5年和10年的两阶段技术创新发展战略。

进一步开拓与省内外相关的大专院校、科研团体以及同行业的国内先进公司进行产学研合作，充分利用公司外部的科技力量和资源，在绿色装配式建筑新技术新产品研发、建筑新材料应用以及BIM技术的广泛深度应用等方面，不断进行技术创新，提高企业的整体技术研发水平。

市场需求是企业发展的原动力，技术创新工作必须坚持以市场需求为导向的准则。企业要深刻分析政策导向和政策环境，充分发掘市场需求，统筹规划，合理安排。既要着力解决目前生产经营中亟须的重点难点问题，又要着眼未来，投入一定的人力、物力、财力对国家、省部级科研课题和技术标准进行参与研究，使技术发展水平既满足现实需要又始终保持其先进性。为了增强市场竞争力，要在公司优势领域中，有选择地开发专有技术，逐步引领市场需求。挖掘核心技术，重点突破领先。结合施工生产中的重点、难点工程，建立一批具有自主知识产权的核心品牌和产品，在国内或省内同行业中居领先地位。

企业未来规划重点是对现代化信息管理网络管理进行创新，建立企业级和项目级管理平台，完善企业协同办公系统、人力资源管理系统、企业BIM资源管理中心，逐步完善项企一体化的信息化管理体系；运用一系列工程管理应用软件，包括办公信息系统、招标投标系统、材料信息平台、劳务管理系统、报表系统、企业微信、内外部网站和信息发布系统等。

下一步，企业将和有关计算机软件开发单位合作，共同开发适应本企业特点的信息化系统，建立和完善网络平台和应用体系。建立企业数据库，实现对全公司人力资源、经营数据的集中管理、信息共享；信息化应用系统的建设，采用广联达数字项目管理平台及企业BI等数字信息管理系统，提升对全公司工程项目的综合管理水平，快速实现企业技术创新和数字化转型的高质量发展。

6 总结

久久为功，建筑业数字化转型发展已经是大势所趋，技术创新是推动企业高质量发展的核心驱动力，数字化转型又是企业发展的关键路径。通过数字化转型，企业能够更好地应对市场变化，提高企业运营效率，提升创新能力，增强竞争力。但企业技术创新和数字化转化推动高质量发展，不仅是技术和设备的问题，更需要管理理念、组织架构和人才培养及实施的全面升级与改革，只有明确企业在技术创新和数字化的大战略指引下，企业才能长期保持科学的高质量发展，并迈向成功的未来。

参考文献

[1] 袁学红．数字化转型助推企业高质量发展[M]．建筑业的破局之法．2020(1)：97-98.
[2] 齐骥．中国建筑业BIM应用分析报告[M]．北京：中国建筑工业出版社，2020.

低碳背景下建筑设备专业BIM技术人才培养探索

沈如意

（上海建设管理职业技术学院，上海 200000）

【摘　要】在全球低碳环境和中国积极推行“双碳”目标的背景下，建筑设备行业对具备建筑信息模型（BIM）技术的复合型技术人才的需求不断增长。本文通过介绍BIM技术在建筑设备领域的应用和分析低碳背景下建筑设备专业的人才技能需求，提出了低碳背景下建筑设备专业培养BIM技术人才的有效模式，对培养实现中国“双碳”目标的复合型技术人才提出建议，为其他职业院校基于低碳背景下的人才培养建设提供参考。

【关键词】低碳；建筑设备；BIM技术；人才培养

1　引言

近年来，随着全球对气候变化和环境可持续发展的关注不断增加，低碳建筑作为一项重要的发展方向，逐渐成为建筑行业的关注焦点和趋势。2020年9月，中国向全球宣布将致力于在2030年前达到二氧化碳排放峰值，并争取在2060年前实现“碳中和”。建筑领域是碳排放的主要来源之一，因此实现建筑领域的碳中和对于我国实现“双碳”目标至关重要[1]。建筑设备专业在建筑领域中扮演着关键的角色，可以帮助建筑物实现能源管理和优化。在低碳背景下，建筑设备专业在实现建筑能耗减少、节能环保和碳排放降低等方面面临巨大的挑战和机遇。而BIM技术作为一种数字化建模和协同设计工具，为建筑设备专业带来了新的机会和可能，可以在设计、施工和运维阶段提高效率、降低成本，并最大限度地优化能源利用。然而在低碳背景下，建筑设备专业BIM技术人才的培养面临一系列挑战。目前，传统的人才培养模式在满足低碳建筑需求方面存在不足，需要根据行业发展趋势和技术需求进行相应的调整和改进。因此，低碳背景下对于建筑设备专业BIM技术人才培养模式的研究和探索具有重要的现实意义。

2　BIM技术在低碳建筑中的应用

BIM技术作为一种数字化建模和协同设计工具，为低碳建筑提供了强大的支持。通过BIM技术，建筑设备专业人员能够在建筑设计的早期阶段就对建筑设备系统进行全面的模拟和分析。他们可以利用BIM软件创建建筑设备模型，并结合能源分析工具，对建筑物的能耗、热舒适性和环境影响进行精确预测和评估。如此，他们可以在设计阶段就有针对性地优化建筑设备系统，提高能源利用效率，降低运行成本。建筑设备专业人员还可以通过BIM技术对建筑设备系统的参数进行精确的调整和优化。他们可以使用BIM软件模拟不同的运行方案，并通过能耗分析工具评估每种方案的能效表现。这种智能控制和优化调整的能力可以满足低碳建筑快速响应的需求，提供更加可持续和环保的解决方案。此外，BIM技术的协同设计功能也为建筑设备专业人员提供了良好的合作平台。他们可以与建筑师、结构工程师和其他相关专业人员共享建筑模型和相关数据，实现多学科的协同设计和协作。这种协同设计的方式有效地提高了团队的工作效率和沟通效果，有利于整体建筑设备系统的一体化设计和低碳目标的实现。BIM技术

【作者简介】沈如意（1989—），女，建筑智能化工程技术专业教研组长。主要研究方向为建筑智能化设备。E-mail：icesry@163.com

还能够与其他智能化系统进行集成，实现建筑设备系统的自动化控制和优化。通过与建筑自动化系统、能源管理系统等的联动，建筑设备专业人员可以实现对能源消耗的实时监测和调控。他们可以通过BIM模型与智能传感器和控制设备进行连接，实现对建筑设备系统的远程监控和调节。这种智能化的管理方式不仅提高了建筑设备系统的运行效率，还进一步降低了能源消耗和环境负荷[2]。BIM技术在低碳建筑中的应用为建筑设备专业人员带来了许多优势和机会。

3 低碳背景下的建筑设备专业人才技能需求分析

通过职业能力模型分析可知，低碳背景下建筑设备专业人才需要具备特定的技能和能力才能满足行业的需求。首先，他们需要掌握建筑设备系统的基础知识，深入理解系统的工作原理和运行机制，熟悉各种设备的特性和性能参数，能够选择和配置合适的设备，能够优化系统的运行效率，从而实现低碳目标。其次，他们需要熟悉BIM技术的应用，能够灵活运用BIM软件进行建模、模拟和分析。通过BIM技术，他们可以在建筑设计阶段进行低碳方案的模拟和评估，在建筑设备运维阶段进行低碳系统的智能监测和优化调控，减少能源消耗和环境影响。此外，他们还需要具备能源管理和节能评估的知识，能够评估建筑能耗并提出相应的改进方案，了解可持续能源和节能技术，能够分析建筑设备系统的能耗情况，并提供相应的节能建议，以实现低碳化目标。另外，沟通和团队合作能力也是建筑设备专业人才必备的技能。他们需要与建筑师、结构工程师及其他相关专业人员进行有效的协作和协调，以确保建筑设备系统与整体建筑设计的协调一致，需要与客户积极沟通，满足他们的不同需求，保持良好的合作关系。

4 低碳背景下建筑设备专业BIM技术人才培养模式设计

4.1 唤醒低碳意识，融入课程思政，培养绿色先锋

根据对建筑设备专业学生的调查结果显示，超过70%的学生未能将环境保护与自身的学习和生活直接联系起来。这反映出学校在培养学生低碳绿色发展理念方面存在不足。绿色低碳意识是学生在“双碳”技术领域创新的重要驱动力[3]，然而目前的建筑设备专业人才培养模式更加注重专业知识和技能的学习，对环境意识教育与提升尚未予以足够重视，缺乏实质性地提升学生绿色低碳意识的有效途径。为了解决这一问题，教师可以将低碳理念融入课程思政的重要环节中。通过将低碳概念与思政要求相结合，培养学生对低碳发展的认知和意识，使其在日后的专业实践中能够积极应对低碳背景下的挑战。

4.2 洞察岗位需求，更新课程内容，培养低碳智者

在低碳背景下建筑设备专业BIM技术人才培养路径中，分析岗位需求并更新课程内容是确保学生能够适应行业发展的重要步骤。通过企业调研，了解岗位需求，专业可以更新以下两类课程：针对设计建模课程，需要引入低碳设计理念，教授学生低碳建筑原则和技术，培养他们对节能减排和环保的意识。课程内容可以包括能源效益评估、绿色材料选择和再生能源利用等方面。同时，需要加强学生对BIM工具和软件的熟练掌握程度，教授高级建模技巧和模拟分析方法，使学生能够在设计阶段进行能耗分析、优化模拟和碳排放的评估，提供低碳设计解决方案；针对设备运维管理课程，需要教授学生能源管理的理论和实践，包括能耗监测、设备运行优化和节能措施等内容，帮助学生掌握节能减排的策略和技术，以实现低碳运维管理的目标。此外，教师还需要引导学生充分发挥BIM在设备运维管理中的作用，例如使用BIM进行设备检修计划、能源数据分析和设备故障预测等工作，从而提高工作效率并降低能源消耗。

4.3 重视校企合作，引入项目案例，培养低碳行者

实践教学和项目案例是培养学生实际应用能力的重要途径。通过组织学生参与真实项目的实践活动，如BIM建模、模拟分析、系统优化等，可以提升学生的技术水平和问题解决能力。同时，加强校企合作，引入典型的低碳建筑项目案例，让学生了解低碳设计原则和实际应用效果，培养他们对低碳背景下建筑设备的专业理解和技术应用能力。职业院校还可以与行业合作，提供实践基地和实训设备，为学生提供更多的实践机会。

4.4 完善评估体系，洞悉BIM能力，培养低碳能者

评估体系能够让教师全面了解学生在BIM技术能力和低碳意识方面的发展情况，有针对性地提供指

导和培养，确保学生能够适应低碳背景下的建筑设备行业发展需求。评估可以按照“三阶段四方面”进行：课前、课中和课后，分别评估学生对低碳建筑原则的理解程度、对 BIM 相关技术的运用程度、对设备运维管理的优化程度和对环境可持续性的关注程度。课前阶段，通过线上平台提供学习资源，让学生研究和分析已实施的低碳建筑项目，了解其设计理念、节能策略和环保措施，从中学习实践经验，培养低碳意识。课中阶段，评估学生项目作业中低碳的融入程度。例如，考查学生在设计过程中是否充分考虑节能减排、绿色材料选择和再生能源利用等方面的要求。同时，可以组织讨论活动，鼓励学生进行分享和交流学习过程中的问题和解决方法，提升 BIM 技术的实战能力。通过学生之间的互动，促进其对低碳意识的深入思考，培养他们关注环境可持续性和绿色发展的能力。课后阶段，鼓励学生进行自我评估和反思，思考自己在低碳方面的成长和不足。还可以组织学生参观低碳建筑项目或相关企业，让他们亲身感受低碳技术的应用和实践，进一步加深对低碳意识的理解。

4.5 构建懂低碳、勇创新的教师团队，引领未来前沿

教师的专业能力和教学水平对于 BIM 技术人才培养至关重要。因此，需要加强教师的师资培养与教师团队建设，以适应低碳背景下建筑设备专业的需求。首先，应该培训教师掌握 BIM 技术和低碳建筑知识，不断提升其专业素养和教学能力。通过系统性的培训计划，使教师能够紧跟行业发展动态，掌握最新的 BIM 技术和低碳理念，为学生提供前沿的教学内容和实践经验。其次，要建立一个创新性的教师团队，积极分享低碳背景下教学经验和案例，探讨教学方法，建立低碳资源库。通过这种合作和分享，教师团队能够不断提高专业水平和教学质量。此外，还应该鼓励教师积极参与行业项目和实践活动，积累实际经验并将其融入教学中，更好地引导学生，培养学生的低碳意识和创新能力。

5 结论

在低碳建筑背景下，BIM 技术对建筑设备专业提供了强大支持，通过数字化建模和协同设计，优化建筑设备系统的设计和运行，实现能源利用的最大化和碳排放的降低。随着 BIM 技术应用的不断拓展和中国“双碳”目标的迫切需求，未来在建筑设备行业对复合型 BIM 人才的综合能力要求将不断提高，职业院校只有紧跟经济社会的发展需求，将绿色低碳发展理念融入人才培养方案中，努力满足碳中和人才的培养需求，提升人才培养质量，才能适应职业教育的发展，为建筑领域的低碳发展作出贡献。

参 考 文 献

[1] 吕石磊，王冉．“30 • 60”双碳目标下建环专业的教学改革与思考[J]．高教学刊，2021，7(30)：62-65，69.
[2] 王兴．基于 BIM 技术在低碳建筑中的节能应用与优化[J]．中小企业管理与科技，2022(4)：178-180.
[3] 林夕宝，余景波，宋燕．“双碳”目标背景下高职院校人才培养研究[J]．教育与职业，2022，1006(6)：36-42.

基于 BIM 的塔吊群施工智能策划和方案模拟

彭　阳，向彦州，余芳强*，汪宇峰

（上海建工四建集团有限公司，上海 201103）

【摘　要】 塔吊群是大型工程建设中最重要的运输机械。在编制塔吊群提升施工方案时，面临塔吊干涉关系复杂、约束条件多的问题，人工编制方案很难做到安全性与经济性综合最优。本文创新提出一种基于贪心搜索和遗传算法的群塔方案优化方法，可减少群塔提升次数，降低群塔总高度。自主研发了基于 BIM 的方案策划与模拟软件，在上海市某大型项目进行了应用验证。

【关键词】 塔吊群；遗传算法；智能策划；BIM；施工模拟

1　引言

塔式起重机（简称塔吊）是建筑结构施工中垂直运输的最主要机械。近年来，包含十栋以上单位工程的大型工程越来越多，采用十几台塔吊组成塔吊群系统（简称群塔）共同施工成为建筑工程垂直运输的常见情况[1]。群塔的平面布置和竖向提升计划必须编制专项方案，是项目策划的重要工作[2]。其中，平面排布的影响因素主要是施工前的静态环境[3]，现有研究和案例也较多[4-5]。而竖向提升方案是伴随施工进度变化而变化的动态过程，对施工过程十分关键。不合理的群塔提升方案将直接产生塔间碰撞和塔楼碰撞[6]，导致安全隐患增大、施工组织混乱和运输效率降低[7]。

针对群塔提升的研究，国内主要侧重使用机械控制技术和定义操作规则来确保安全性[8-9]；国外则更注重方案的经济性，通过建立数学模型来压缩总费用等。但是，现有研究仍未解决群塔的竖向提升方案自动编制问题，根源在于群塔提升过程的动态复杂性。具体来说，在策划群塔竖向提升方案时，存在众多深度耦合约束，如建筑单体进度[10-13]、塔吊干涉关系变化[14-15]、增加附墙[16]等，因此难以制定出综合考虑施工进度、塔吊交叉影响、爬升与附墙成本的最优方案。由于以上复杂性，目前现场还是依靠人工经验来进行方案的“检查、妥协、调整、再检查”的循环，耗时可长达数月，但成果仍很难达到安全性和经济性的综合优化。此外，绘制群塔提升工况图的工作量较大，且基于静态的工况图来展示方案并不直观。

为了解决群塔提升策划的上述问题，本文首先建立群塔提升策划的定量原则；随后创新提出一种两阶段群塔策划算法，减少群塔提升次数，降低群塔总高度。最后基于 BIM 开发相应软件，实现直观的方案模拟，在实际工程进行应用验证。

2　塔吊群施工自动策划方法

2.1　策划计算原则

根据《塔式起重机安全规程》GB 5144—2006，高位塔式起重机的最低位置的部件与低位塔式起重机中处于最高部件之间的垂直距离不得小于 2m，且不得小于高位起重臂长度的 10%[17]。根据《建筑施工塔式起重机安装、使用、拆卸安全技术规程》JGJ 196—2010，塔式起重机的独立高度、悬臂高度应符合使

【基金项目】上海市国资委企业创新发展和能级提升项目（2022008）

【作者简介】彭阳（1993—），男，硕士，工程师。主要研究方向为建筑施工自动化。E-mail：854525261@qq. com；
余芳强（1987—），男，博士，高级工程师。主要研究方向为建筑智能化施工与运维。E-mail：fqyu007@163. com

用说明书的要求[18]。因此在群塔策划时，考虑群塔交叉作业，应保证塔臂间安全高度满足要求，同时控制塔臂与建筑面的距离[19]。

经广泛调研，本文梳理了群塔提升的强制性原则（即必须满足的条件）为：

（1）塔吊的吊钩与干涉范围内的建筑结构的垂直高度不得小于安全高度；

（2）塔吊的塔臂与干涉范围内的塔吊的塔臂的垂直高度不得小于安全高度；

（3）塔吊在全过程任一工况下，其悬臂高度不得大于说明书规定的悬臂高度。

2.2 策划算法

群塔提升策划是一个复杂的组合目标优化问题，本文将采用遗传算法解决。但是群塔的状态空间太大，一般的遗传算法收敛性能差，因此创新提出一种两阶段启发式搜索算法，即首先使用贪心算法求解初步的可行解集，然后在此基础上使用遗传算法进行优化。

2.2.1 第一阶段：贪心搜索

本阶段，首先采用贪心算法，对塔吊间的约束关系进行解耦，确保得到可行解。贪心搜索的具体流程如图1所示。

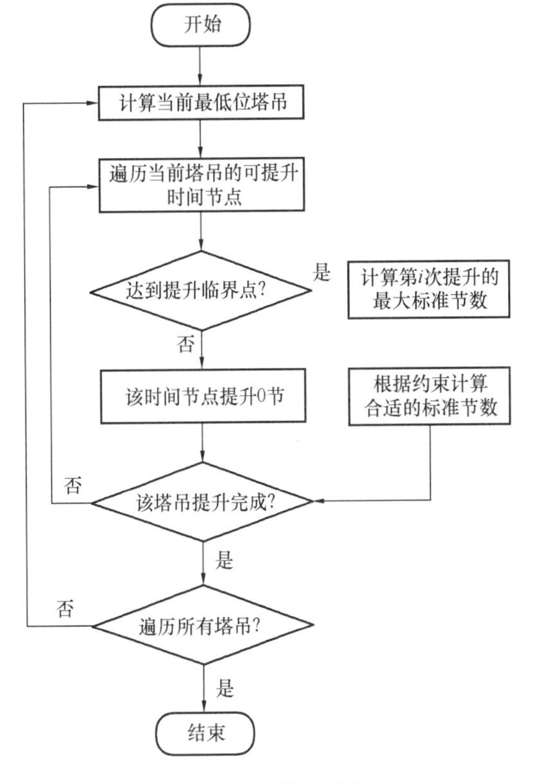

图1 贪心搜索流程

每次迭代都选取塔吊群中当前的最低位塔吊。考虑该塔吊范围内的所有楼宇，生成该塔吊的提升时间节点。然后，遍历上述时间节点，当塔吊与楼宇的净距小于安全距离，或者塔吊间的净距小于安全距离时，即达到提升临界点，该塔吊必须进行提升。依据第1节中的强制原则（3）确定本次提升的节数上限，然后依据强制原则（1）、（2）来确定可提升的最大节数。循环上述计算过程，直到所有塔吊提升完毕。

2.2.2 第二阶段：遗传算法优化

遗传算法的第一要素是编码，即采用合理的数字编码表示问题的解，以支持后续交叉、变异等操作[20]。针对群塔提升过程，使用十进制二维数组来编码可行解。其中数组的第一个维度是塔吊，第二个维度记录塔吊提升时的时间点 T 和每次需要提升的标准节数 N_{ij}。例如编码{[00405000]，[0050080000]，[00602400]，…} 表示：塔吊一在结构施工到第3层时需提升4节，在结构第5层时需提升5节，共提升2次；塔吊二共提升2次，塔吊三共提升3次。

本算法的优化目标，即适应度函数定义为：

$$f_c = \sum_{i=1}^{N} C_i + \sum_{i=1}^{N} \varphi_i^{\mathrm{col}} \times N_i^{\mathrm{col}} + \varphi_{\mathrm{lift}} \sum_{i=1}^{N} N_i^{\mathrm{lift}} + \varphi_h \sum_{i=1}^{N} N_i^{\mathrm{section}}$$

其中，C_i 表示第 i 个塔吊提升的总次数；N_i^{col} 表示第 i 个塔吊提升与其他建筑、塔吊碰撞总次数；φ_i^{col} 表示 N_i^{col} 的权重参数；N_i^{lift} 表示第 i 个塔吊提升时，悬臂高度大于说明书规定的悬臂高度次数；φ_{lift} 表示 N_i^{lift} 的权重参数；N_i^{section} 表示第 i 个塔吊到达最终高度时的标准节数；φ_h 表示 N_i^{section} 的权重参数。

本文提出的群塔遗传算法采用精英选择策略（Elitism Selection）和锦标赛选择策略（Tournament Selection）同时进行。初始种群数为200，变异概率和交叉概率分别为0.1和0.5。将第一阶段贪心搜索的结果转换为编码，作为初始输入，然后运行遗传算法。待适应度收敛后停止迭代，解析成优化后的群塔提升方案。

2.3 效果分析

本文方法在上海市某住宅项目进行实践应用。该项目位于上海近郊区，为新建住宅及配套用房工程，总用地面积约9万 m^2。结构施工阶段共布置了17台塔吊进行29栋单体的施工。其中最高单体共18层。

项目根据群塔布置建立了现场BIM模型，作为智能优化算法的输入，如图2所示。本项目的干涉关系很复杂，大部分塔吊的工作范围内有多个塔吊和2～4栋建筑单体。

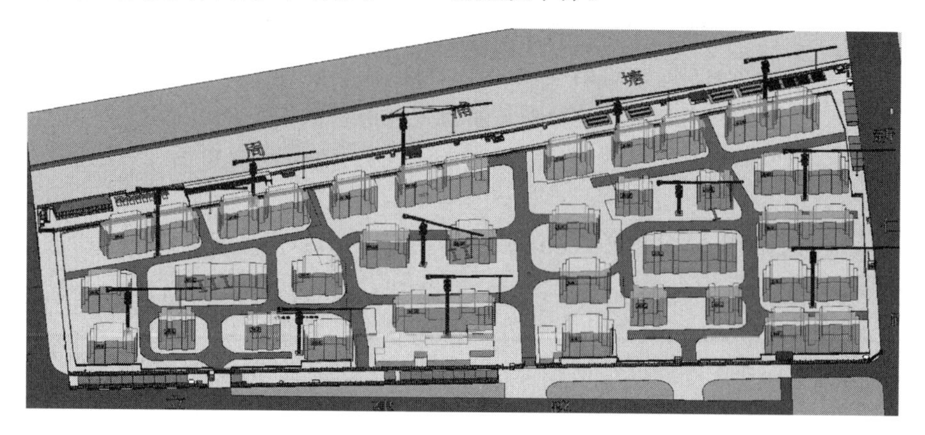

图2　案例群塔布置

将智能策划方案与人工编制方案进行对比，验证了本文算法令13个塔吊的提升方案获得优化，其中2个塔吊减少了最终提升的标准节数，3个塔吊减少了提升次数，8个塔吊滞后了提升时间，优化的塔吊共占总量的76%。综合来看，两阶段启发式搜索为大部分塔吊找到了更优化的可行提升方案，且无须其他塔吊的妥协。以下是三个典型实例（图3）。

（1）15号塔吊：经过算法优化，相比人工方案少提升了1个标准节。

（2）10号塔吊：人工方案选择在9月11日从初始安装高度39m提升至51m，而算法方案建议在9月27日提升至相同高度；人工方案选择在10月13日继续提升至69m，而算法建议在10月29日进行提升，均滞后了16天。这样可使得塔吊在这段时间内以更低的高度进行工作，提升了安全系数；也增加了完工楼层的混凝土龄期，有利于附墙的安装。

（3）2号塔吊：人工方案在7月20日和9月30日分两次提升至61m，而算法方案建议在8月13日一次性提升10个标准节到达相同高度，因此节省了一次塔吊提升施工环节，实现了减少工期、降低费用、避免高危操作的目标。

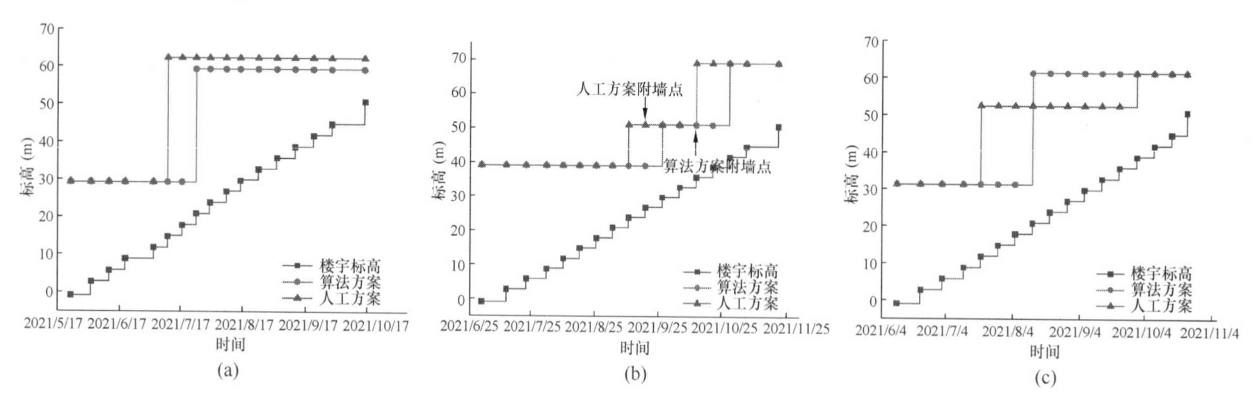

图3　提升优化典型案例

（a）15号塔吊方案对比；（b）10号塔吊方案对比；（c）2号塔吊方案对比

3　基于BIM的方案模拟

3.1　自主软件开发

以两阶段启发式搜索算法为核心，研发了塔吊群提升方案策划系统。该系统由网页端和插件端两部分组成。网页端以ASP. Net Core为后端，Vue框架为前端进行开发，提供一个便捷管理群塔提升方案的系统，包括塔吊库管理、群塔提升方案信息输入、方案自动计算、提升方案查看、关键工况自动出图等功能。插件端以Navisworks软件为基础进行二次开发，整合了4D动态模拟功能，以便直观地观察群塔提升过程、了解每个塔吊每个工况的状态。

3.2 基于BIM的自动出图

按照技术规程，群塔提升方案中应绘制出塔吊在关键工况下的工况图。为了减轻人工绘制的工作量，采用Revit的“Autodesk UI-less API”开发了自动出图后台服务，可自动识别关键工况时刻，然后绘制相关塔式起重机的起重臂、塔身、基座、楼宇、附墙位置，并绘制吊钩标高、塔基标高、提升高度等重要尺寸标注，最后可直接导出DWG图纸，如图4所示。

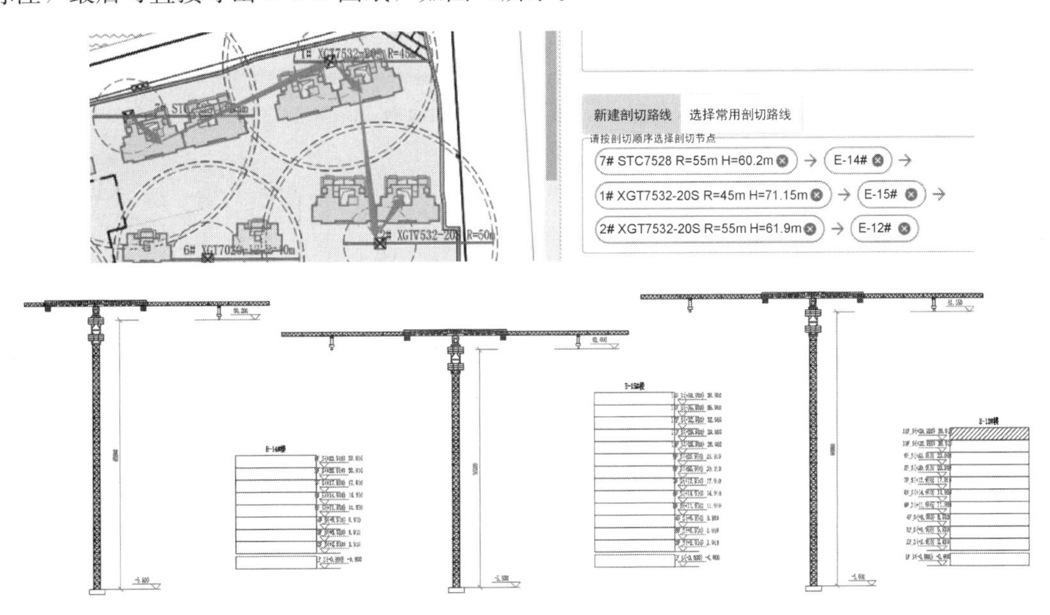

图4 关键工况自动出图

3.3 方案动态模拟

基于Navisworks软件进一步自主研发了群塔提升方案模拟功能。在群塔提升方案优化完毕后，直接将算法结果导入4D动态模拟，生成进度计划甘特图及塔吊、楼宇的BIM模型。可以直观地观察塔吊和建筑、其他塔吊的干涉关系。相比传统的二维方案图纸，可更清晰地表达塔吊的工况，如图5所示，可直观看出三个以圆圈标注的塔吊塔臂与楼面高差即将不满足安全高度，下一时刻需要提升。

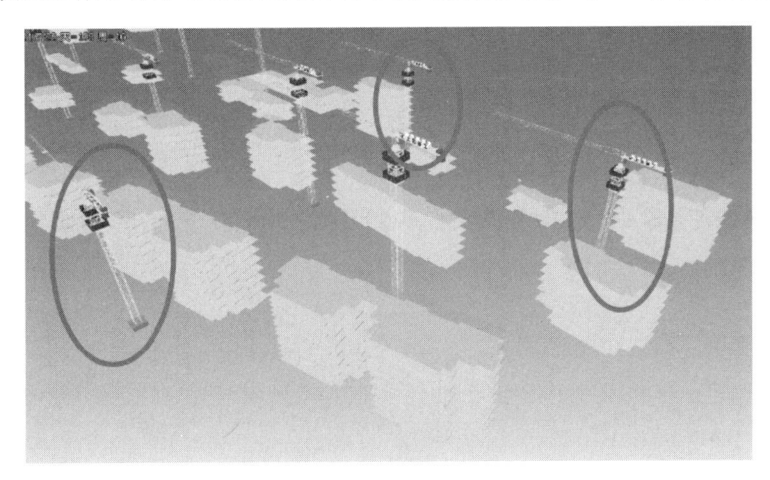

图5 群塔方案4D动态模拟

4 总结与讨论

针对当前塔吊群提升策划面临的人工计算工作量大、难以做到优化、缺乏方案可视化手段等问题，提出了一种两阶段启发式搜索算法的群塔提升策划算法，可快速计算出可行的群塔提升方案，然后开发了基于BIM的方案动态模拟和工况自动出图功能，并在上海市某大型项目进行实践，结果表明：提出的算法可以快速计算出可行的群塔提升方案，可以优化减少群塔提升的总次数和群塔最终所需的标准节数，从而降低塔吊提升的费用；可以滞后塔吊提升时间，提升群塔作业的安全性。基于BIM对计算结果进行模拟，可以帮助工程师直观地了解群塔提升工况。采用BIM软件二次开发，自动绘制工况图，减少了工程师的工作量。未来研究方向包括自动识别塔吊平面布置图纸中的干涉关系，以及进一步与智能场布结合，从场布的角度进一步优化群塔整体方案。

参考文献

[1] 冯改荣．建筑工程群塔施工安全管理对策研究[J]. 四川水泥，2018(3)：220-243.

[2] 陈为锡，王亮亮，史传鑫，等．大型场地群塔布置与优化[J]. 施工技术，2019，48(S1)：1458-1461.

[3] Hu S, Fang Y, Bai Y. Automation and optimization in crane lift planning: A critical review[J]. Advanced Engineering Informatics, 2021, 49: 101346.

[4] 侯凯，张同波，付长春，等．某小区群塔施工塔机的选择分析及施工方案[J]. 低温建筑技术，2019，41(9)：118-121.

[5] Wang J, Zhang X, Shou W, et al. A BIM-based approach for automated tower crane layout planning[J]. Automation in Construction, 2015, 59: 168-178.

[6] 杜福祥，戴超，黄凯，等．多塔楼大型城市综合体群塔作业安全管理[J]. 施工技术，2015，44(5)：24-29.

[7] 黄莺，瑚珊，姚思梦．施工塔吊安全管理的系统动力学分析[J]. 安全与环境学报，2020，20(6)：2060-2068.

[8] 彭浩，毛义华，苏星．基于平行系统理论的塔式起重机监管系统设计与应用[J]. 施工技术，2020，49(24)：19-23.

[9] 陈忠孝，张盼，秦刚，等．塔吊群智能防碰撞系统研究[J]. 电子设计工程，2015，23(19)：66-69.

[10] Taghaddos H, Hermann U, Abbasi A. Automated crane planning and optimization for modular construction[J]. Automation in construction, 2018, 95: 219-232.

[11] Guo H, Zhou Y, Pan Z, et al. Automated selection and localization of mobile cranes in construction planning[J]. Buildings, 2022, 12(5): 580.

[12] Zhou Y, Zhang E, Guo H, et al. Lifting path planning of mobile cranes based on an improved RRT algorithm[J]. Advanced Engineering Informatics, 2021, 50: 101376.

[13] Wu K, de Soto B G, Zhang F. Spatio-temporal planning for tower cranes in construction projects with simulated annealing[J]. Automation in Construction, 2020, 111: 103060.

[14] 曾祥稳，王辉，同飞，等．劲性混凝土框筒结构超高层塔吊布置分析[J]. 建筑结构，2022，52(S1)：3068-3071.

[15] 薛继方．群塔交叉作业安全措施经验探讨[J]. 建筑机械化，2021，42(11)：50-53.

[16] 王文彬．增加附墙解决高层住宅群塔施工问题研究[J]. 住宅产业，2018(5)：44-46.

[17] 虞洪，许武全，何振础，等. 塔式起重机安全规程[M]. 北京：中国标准出版社，2006.

[18] 汤坤林，邱锡宏，秦春芳，等. 建筑施工塔式起重机安装、使用、拆卸安全技术规程[M]. 北京：中国标准出版社，2010.

[19] 万元．BIM技术在群塔机管理控制中的应用[J]. 建筑施工，2018，40(9)：1643-1644.

[20] 葛继科，邱玉辉，吴春明，等．遗传算法研究综述[J]. 计算机应用研究，2008(10)：2911-2916.

BIM技术在项目材料管理中的应用

虎 啸

（甘肃第二建设集团有限责任公司 甘肃 兰州 730050）

【摘 要】建筑信息模型能将工程信息可视化并提供数据支持。在施工过程中利用BIM技术对工程材料进行动态管理，能够对工程建设过程中的材料存放及运转进行有效规划利用，对数量及损耗进行监管，提高工程质量和降低工程成本。

【关键词】建筑信息模型；施工企业；材料管理；信息化

1 BIM技术在施工项目材料管理中的优势

在建筑建造过程中，材料管理在建筑企业项目管理中有着十分重要的地位，材料管理的水平以及精细程度直接关乎项目的运营成本及企业收益。传统方式的材料管理在采购管理、质量管理、成本管理中往往效率低下，仅凭人力、经验很难正确计算材料的使用情况。本文主要对材料管理工作中的成本管理使用BIM技术进行深化，可对材料成本管理进行控制、分析。

在材料进场时可按照材料属性，利用软件对材料模型信息进行赋值。根据现场实际施工进度直观表现出各分项工程的材料使用情况，根据模型理论消耗数据比对材料实际用量，计算材料的损耗率，进行限额领料。按照现场实际进度为下一次进料数量及时间提供建议，避免材料堆积对项目资金流转造成影响。

利用BIM信息技术可在录入材料进场数量信息的基础上进行真实尺寸建模，合理地对现场材料进行统一布置，合理安排库存地点进行库存管理，降低二次周转材料所造成的人、材、机浪费。通过对材料管理工作的深化，能够使施工项目进一步增强和优化材料管理，从而避免在项目建设过程中造成材料浪费，降低工程成本。

2 BIM技术在项目材料管理中的具体应用

2.1 土建材料管理

建筑物在建设过程中除标准层浇筑混凝土工程量一致外，地下室及屋顶附属建筑往往因为其结构复杂，由于不同部位混凝土强度等级不同、现场大型机械布置影响、施工段划分重新规划等原因与原混凝土预算量不符。

利用Revit在建模时对结构构件的尺寸定义，软件可按照构件及不同混凝土强度等级自动计算出构件的体积。按照轴线、标高将实际需要浇筑的部位模型搭建完成后，执行构件扣减命令。将模型整理后使用明细表功能建立明细表，分层以混凝土强度等级作为排序依据。将生成的表格用Excel导出，在简单地赋值SUM函数求和之后便可按照不同构件、不同混凝土强度等级精确求出所需混凝土工程量。采用Revit模型提量的方法，可节约现场人员手算时间，提高工作效率。此工程量可以作为混凝土浇筑量，提供给商品混凝土站作为进料依据。

2.2 安装材料管理

工程进行到安装阶段时，可使用已深化好的Revit模型，利用明细表直接计算出各分部分项工程所需

【基金项目】甘肃第二建设集团有限责任公司科技研发项目：园林景观工程施工关键技术研究（EJKJ2023-10）

【作者简介】虎啸（1996—），男，技术员/助理工程师。主要研究方向为BIM技术应用。E-mail：522460678@qq.com

的不同规格（如桥架、管道等）安装材料的所需计算用量。以计算材料用量为依据，按照施工段划分，对比安装过程中实际安装材料消耗量，可及时了解材料的使用及损耗情况。根据损耗率制定合理的材料消耗限额，有效地对安装材料进行现场管理，避免因材料浪费造成隐性成本增加，如图 1 所示。

在施工过程中按照变更文件，利用 Revit 及时对模型进行修改，充分利用软件在建模时赋予构件属性的功能以及模型与生成数据表在数据上的统一与联动性。更新工程变更引起的材料需求量变化，避免因人为数据更新不及时造成图纸变更与实际所需材料信息不匹配而造成的损失，如图 2 所示。

矩形风管	排风	EAS_排风系统	360	360.00	360x150	1
矩形风管	排风	SES_排烟系统	435	1680.00	435x440	1
矩形风管	排风	SES_排烟系统	435	1740.00	435x440	1
矩形风管	送风	SAS_送风系统	440	2000.00	440x440	1
矩形风管	送风	SAS_送风系统	440	1830.00	440x440	1
矩形风管	排风	SES_排烟系统	500	11493.79	500x320	1
矩形风管	送风	SAS_送风系统	500	1500.00	500x2800	1
矩形风管	排风	SES_排烟系统	500	1849.70	500x500	1
矩形风管	排风	SES_排烟系统	500	1237.00	500x500	1
矩形风管	排风	SES_排烟系统	500	994.16	500x500	1
矩形风管	送风	PAS_加压送风系	500	1515.17	500x250	1
矩形风管	送风	PAS_加压送风系	500	2033.97	500x250	1
矩形风管	送风	PAS_加压送风系	500	967.12	500x250	1
矩形风管	送风	SAS_送风系统	500	2400.00	500x500	1
矩形风管	送风	SAS_送风系统	500	2400.00	500x500	1
矩形风管	送风	SAS_送风系统	550	2000.00	550x550	1
矩形风管	送风	SAS_送风系统	550	1713.29	550x550	1
矩形风管	送风	PAS_加压送风系	600	261.30	600x350	1

图 1　机电材料模型信息表

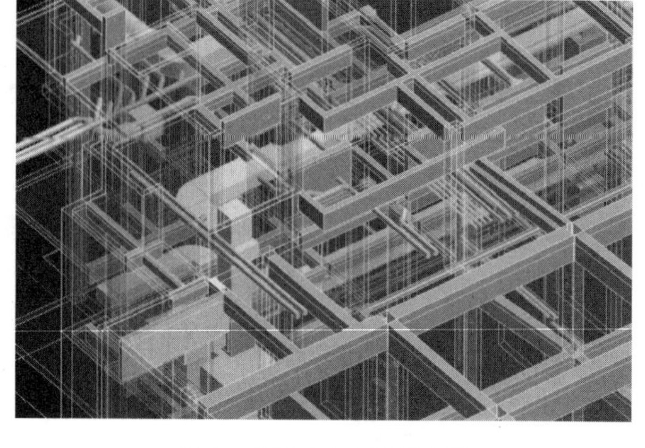

图 2　现场机电安装排布图

根据安装材料使用量对比进度计划及材料消耗情况，预测后续安装材料的需求量。提前对接设备、材料部门，按实际施工进度向材料部门提供数据支持。避免因材料进场数量过多而造成库存材料堆积，减少仓储压力，增强资金流动性，做到适量适时进行材料供应。

2.3　利用 BIM 技术建立材料模型进行合理空间布置

分流水段对预先建好的工程信息模型所需材料用量进行统计。结合项目材料部门提供的材料进场数据，利用 Revit 在创建模型时能够赋予模型信息数据的功能，对单个进场材料的空间尺寸进行定义，真实模拟出材料在施工现场所占据的空间大小。结合材料进场数量快速对不同种类的材料位置进行空间排布并编辑成组，利用已建好的现场结构模型，计算起重设备、人力运输与需用材料之间的距离。按照项目现场所需材料位置模拟出最优放置方案，指导进场材料进行定点存放。将材料模型布置好后，可利用软件的查找及漫游功能迅速定位放置材料位置，有效避免现场盲目堆放材料造成的二次转运成本增加问题，如图 3 所示。

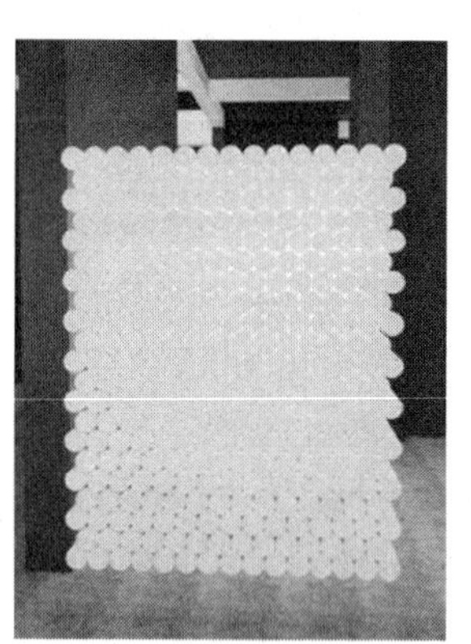

图 3　安装材料模型与实际场地布置

3　BIM 技术在项目材料管理中的应用案例

3.1　混凝土浇筑管理

西安高陵奥园誉峯项目一期总承包工程项目，在主体地下室施工时，利用 BIM 技术对其地下室进行土建精细化建模。在模型搭建过程中对梁、板、柱等结构构件进行混凝土强度等级定义，核对建筑及水电设计图，对预留洞口、后浇带进行体积扣除，对导墙体积进行体积附加。根据现场实际需要浇筑部位对模型进行工程量计算。

在对 Revit 计算量、预算计算量、施工员手算量三方进行对比后，Revit 计算量与预算量在数值上接近一致且计算精确性明显高于手算数据，与实际浇筑量仅相差 1m^3 左右。相较于预算常用软件，利用 Revit 可直接新建文档，将需要浇筑部位模型单独提出进行修改提量，可在不影响原有模型的基础上对洞口、导墙等部位进行二次细化，按照不同施工段提出的混凝土工程量电子文档可作为施工资料独立存档。

3.2 现场管理

西安市对施工环境管理要求十分严格，所有涉土扬尘工作都需要使用雾炮进行降尘，在涉土作业完成后需要对裸露土进行绿网覆盖。

基于此，项目利用 BIM 技术，在前期场地布置时用建筑总平面图、结构基础开挖图、卫星地图等对施工现场进行等比例建模。在施工前对各类机械行进路线进行规划，对规划路段提前安排摘网降尘工作，使机械进场后能够立即进行施工作业。限定开挖土及破除桩头堆放位置，防止乱堆乱放从而造成转运成本增加。明确雾炮等防霾降尘设备所需数量，对其放置的地点进行优化，利用软件实时渲染功能对现场进行可视化交底。按照当天施工区域面积计算所需覆盖绿网数量，在覆盖绿网时进行限额领料以避免材料浪费，如图 4 所示。

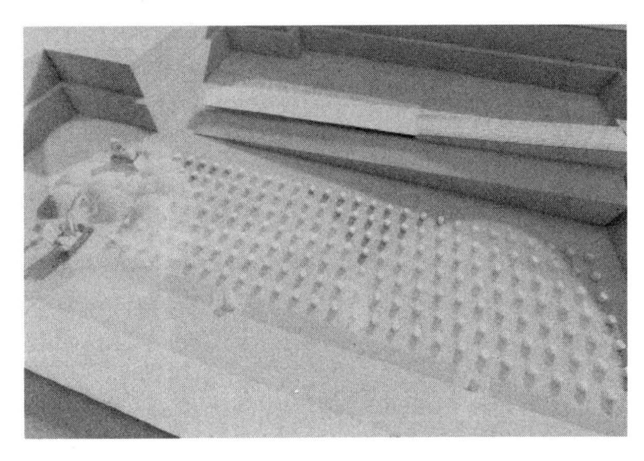

图 4　雾炮覆盖范围优化布置

4　结束语

传统项目材料管理往往繁杂粗放，材料入库软件数据与专业算量软件无法在数据上进行互通。通过加深对 BIM 技术的理解，可利用软件平台在信息和三维图形处理能力上的优势，将建筑工程信息与施工现场进度进行结合，以施工段为划分模拟现实施工过程对材料的使用需求，做到材料管理方向的方案先行，使材料管理与现场实际施工进度相匹配，与现场实际需求相结合，在此基础上控制项目施工成本，实现项目效益最大化的目标。

参 考 文 献

[1]　王领．BIM 技术在工程项目施工成本控制的应用[J]．建筑经济，2020，41(12)：69-73.
[2]　欧阳钊．BIM 与物联网技术在建筑工程材料管理中的应用[J]．城市住宅，2021，28(2)：251-252.
[3]　孙文娟．BIM 技术在建筑工程施工中的应用研究[J]．砖瓦，2021(3)：97-98.
[4]　蒲红克．BIM 技术在施工企业材料信息化管理中的应用[J]．施工技术，2014，43(3)：77-79.
[5]　何关培．施工企业 BIM 应用技术路线分析[J]．工程管理学报，2014，28(2)：1-5.

基于模块化和协同设计提升BIM管线综合优化效率的研究

李铭轩

（北京道桥碧目新技术有限公司，北京 100013）

【摘　要】 随着建筑信息模型（BIM）技术在建筑行业的广泛应用，管线综合优化已成为提高工程项目效率的关键。本文研究了如何在BIM环境下提升管线综合优化效率，首先分析了影响管线综合优化效率的关键因素，然后提出了一种基于模块化与协同设计的优化策略，并通过实例验证了所提方法的有效性。

【关键词】 建筑信息模型（BIM）；管线综合优化；模块化设计；协同设计；空间利用率；碰撞减少；成本控制

1　引言

管线综合优化是指在建筑工程项目中对管线布局进行合理规划，以减少冲突，提高空间利用率和降低成本。在BIM环境下，管线综合优化的主要目标是实现空间配置、施工进度、材料消耗和成本控制的最优化。本文旨在探讨如何提高BIM管线综合优化效率，以促进工程项目的顺利实施。

2　影响管线综合优化效率的关键因素分析

2.1　管线布局碰撞

管线布局碰撞是指管线与其他构件或管线之间的空间关系不满足设计要求。冲突会导致工程项目施工难度增加、工程进度延误和成本增加。

2.2　空间利用率

空间利用率是指管线在建筑空间中的布局合理性。提高空间利用率有助于减少冲突，缩短施工周期，降低成本。

2.3　材料消耗与成本控制

管线综合优化需要考虑材料消耗与成本控制。合理的管线布局可以减少材料消耗，提高施工效率，从而降低成本。在处理管线布局时，同时考虑成本因素也会导致管线综合优化效率降低。

2.4　净高要求与设计变更

在项目设计阶段，设计图纸会进行多次修改，不同区域的净高要求也会进行相应的变更。当净高要求较高，如层高4.5m，净高要求2.8m时管线综合优化也是十分困难的，当遇到复杂节点时，需要与设计单位进行沟通，进行图纸变更或在该区域降低净高要求。

3　基于模块化与协同设计的优化策略

3.1　模块化设计

模块化设计是指将复杂的管线系统分解为若干功能模块，各模块可以独立设计、组装和维护。模块

【作者简介】 李铭轩（1999—），男，BIM工程师。主要研究方向为BIM房建项目管线综合优化。E-mail：1026423450@qq.com

化设计有助于减少管线布局冲突，提高空间利用率和施工效率。具体而言，管线综合优化的模块化设计方法包括以下步骤：

(1) 确定管线系统的功能模块。根据管线系统的不同功能需求，将其分解成多个子系统，如供水系统、给水排水系统、空调系统等，可以更好地理解管线系统的结构和功能，有助于更好地进行模块化设计和协同设计。

(2) 设计子系统的模块。将每个子系统进一步分解成多个模块，如供水系统可以分解成水源模块、给水模块、水力计算模块等。在设计子系统模块时，应将每个子系统进一步分解成多个模块，例如一个100000m^2的商业综合体项目中的给水模块，可进一步将其按层划分为平均10000m^2的一级子模块，在层内可继续按防火分区或其他划线平均区分为五个2000m^2的二级子模块，有助于更好地组织管线系统的设计和优化工作，同时也可以更好地实现模块之间的协同，并且易于统计工程量以及项目的进度管理工作，在实践中，2000～3000m^2的二级子模块可操作效率高，并且二级子模块的面积经试验最好不超过4000～5000m^2，超出面积后在合并模块操作时会降低软件运行效率，导致项目整体效率降低。

(3) 对每个模块进行设计优化。针对每个模块进行设计优化，如水源模块可以优化水源的选型和布局，输水模块可以优化管道的材料和管径等，可以使得整个管线系统具备更好的性能和效率。

(4) 将各个模块进行组合。将各个模块组合成完整的子系统，并进行整个管线系统的设计和优化，可以使得整个管线系统具备良好的协同效应。

(5) 测试和验证。对整个管线系统进行测试和验证，可以确保其功能和性能满足要求。

3.2 协同设计

协同设计是指多专业设计团队共同参与管线布局优化，协同解决冲突和问题。协同设计可以提高设计质量，减少设计返工，提高施工效率。在协同设计中，工程师可以在同一平台上协同工作，共享设计信息，同时也可以通过协同工作的方式，共同完成管线综合优化的模块化设计。具体而言，协同设计扩展包括以下方面：

(1) 多名工程师协同工作。在协同设计中，可以利用现有的综合信息管理平台进行模型文件的上传，共享设计信息，同时也可以对设计方案进行实时修改和更新。在管线综合优化的模块化设计中，不同的设计师可以负责不同的模块设计，如给水模块、排水模块等。设计师可以在同一平台上协同工作，共同完成整个管线系统的设计优化。

(2) 实时信息共享。通过协同设计，设计师可以实时共享设计信息，包括设计方案、材料选型和管道布局等。这样可以避免信息不对称和信息孤岛等问题，提高设计的准确性和可靠性。同时，也可以帮助设计师更好地理解整个管线系统的结构和功能，从而更好地进行设计优化。

(3) 管理和协调。协同设计可以帮助设计师更好地管理和协调整个设计过程。通过协同设计平台，设计师可以对整个设计过程进行跟踪和监控，及时发现问题并解决。同时，协同设计还可以帮助设计师更好地协调不同模块之间的关系，确保整个管线系统的设计优化达到协同效应。

3.3 优化策略实施

本文提出了一种基于模块化与协同设计的优化策略。首先，将管线系统分解为功能模块；然后，采用协同设计方法进行管线布局优化；最后，通过实例验证所提方法的有效性。

4 实例验证

本文选取一个实际工程项目作为实例，通过实施所提出的基于模块化与协同设计的优化策略，实现了管线布局的优化。结果表明，该方法可以有效提高管线综合优化效率，减少冲突，提高空间利用率，降低成本。本项目为某商业综合体中的塔楼单体。

如图1～图7所示，在模块化管理中，可将模型分为风、电、水三大类。在风专业可细分为空调风模块以及通风与防排烟模块，在水专业可细分为空调水模块、喷淋模块与给水排水模块，在电专业可细分为强电模块与弱电模块。但电专业一般并不十分复杂，因此可将强电及弱电划分为一个模块，即电气模块。

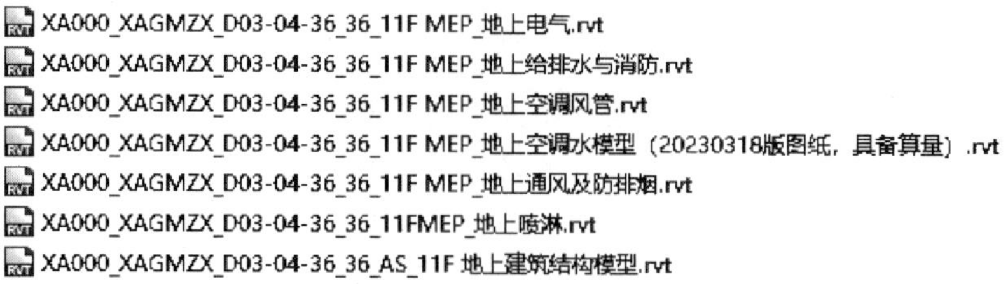

XA000_XAGMZX_D03-04-36_36_11F MEP_地上电气.rvt
XA000_XAGMZX_D03-04-36_36_11F MEP_地上给排水与消防.rvt
XA000_XAGMZX_D03-04-36_36_11F MEP_地上空调风管.rvt
XA000_XAGMZX_D03-04-36_36_11F MEP_地上空调水模型（20230318版图纸，具备算量）.rvt
XA000_XAGMZX_D03-04-36_36_11F MEP_地上通风及防排烟.rvt
XA000_XAGMZX_D03-04-36_36_11FMEP_地上喷淋.rvt
XA000_XAGMZX_D03-04-36_36_AS_11F 地上建筑结构模型.rvt

图 1　模块化模型文件

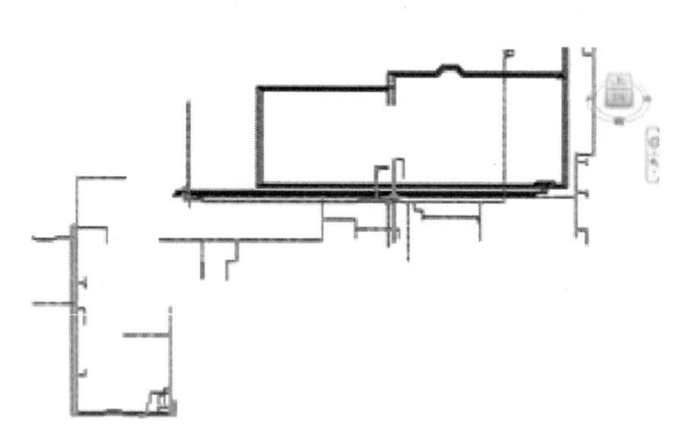

图 2　电气模块模型

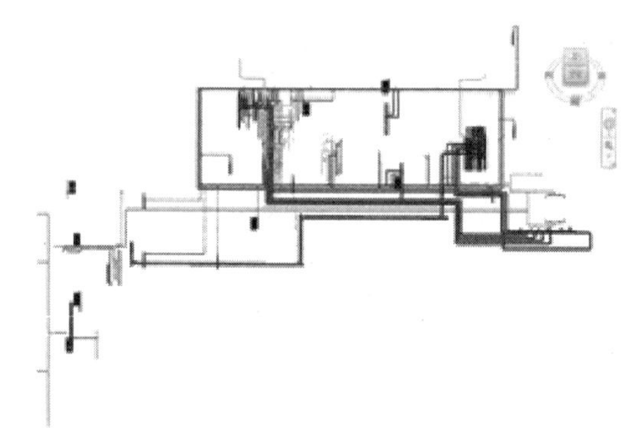

图 3　给水排水模块模型

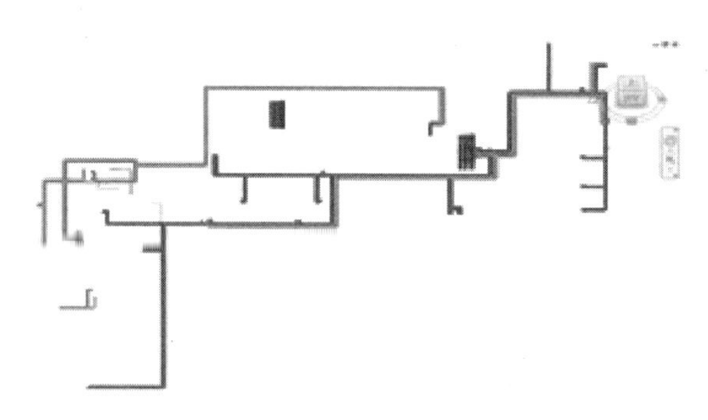

图 4　空调水模块模型

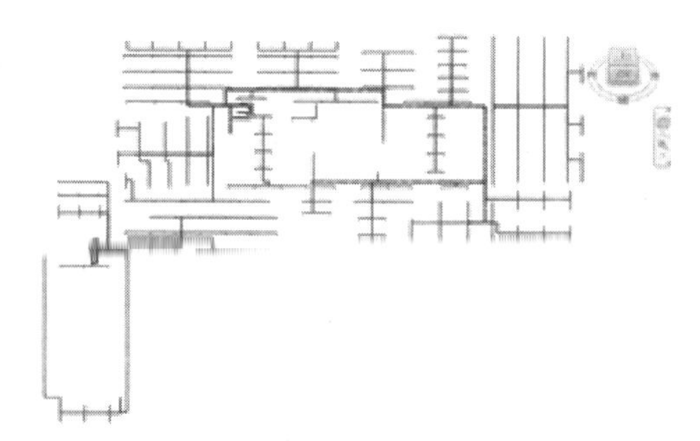

图 5　喷淋模块模型

图 6　空调风模块模型

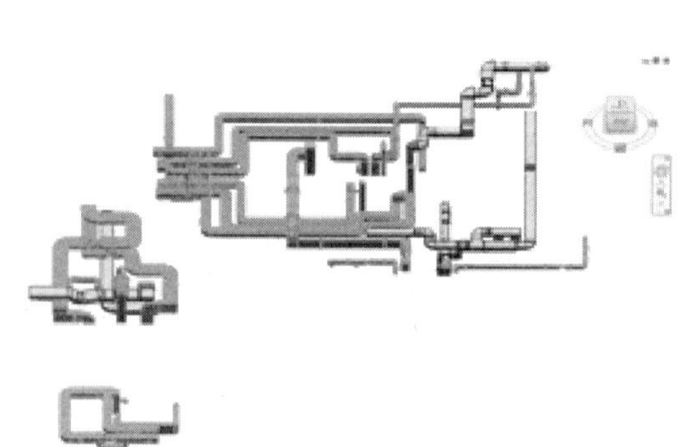

图 7　通风与防排烟模块模型

在上述案例中，我们可以利用模块化设计，令不同的 BIM 工程师分别负责给水排水模块、通风与防排烟模块、空调风模块、空调水模块、电气模块和喷淋模块的设计。BIM 工程师可以利用现有的综合信息管理平台（例如飞书等）共享模型信息，包括管线综合排布方案、材料选型和管道布局等，如图 8 所示。在设计阶段中，BIM 工程师可以和设计师进行实时沟通及反馈，及时解决设计问题。同时，综合信息管理平台可以跟踪和监控整个设计过程，确保设计的准确性和可靠性。

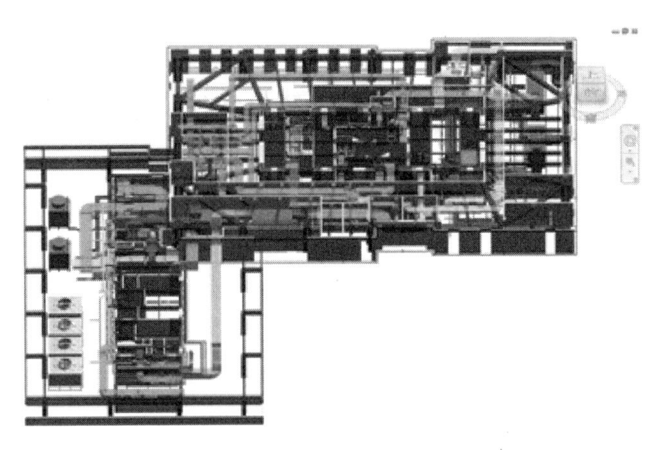

图 8　模块化管线综合优化综合体

利用模块化设计的方式，本项目大大节约了时间成本及人工成本，本项目该部分按算量模型标准建立，模型精度 LOD400，共计 4028m^2，管线综合优化整合时间共计 14 工日，人工投入 5 人，同比本项目另一部分采用传统管线综合优化方式（即风、电、水、建筑、结构），共计 3867m^2，管线综合优化整合时间共计 22 工日，人工投入 6 人。利用模块化设计的方式，在近似面积下，提升效率 37%，节约人工成本 1 人。并且在工作进展过程中，项目进度汇报清晰明了，项目更改变动由专人专项负责，提升了工作效率，可以说极大地简化了工作流程。

5　结论

本文研究了如何在 BIM 环境下提升管线综合优化效率。通过分析影响管线综合优化效率的关键因素，提出了一种基于模块化与协同设计的优化策略，并通过实例验证了所提方法的有效性。在未来的研究中，可以进一步探讨其他影响管线综合优化效率的因素，如新型材料和施工技术的应用，以及不同工程项目类型和规模的适用性。同时，可以研究 BIM 技术与现代信息技术的结合，以提供更高效的决策支持和优化手段。

基于 BIM 技术的 EPC 项目智能建造场景化应用实践

卢　亮，张梦林

（正太集团有限公司，江苏 泰州 225300）

【摘　要】自 2014 年起，国家发布多项政策，大力推行工程总承包模式。而 BIM 等新一代信息技术在建筑业的不断发展，助力 EPC 模式逐渐成为主流的项目管理技术和承包模式。作为“空中草原”的新疆那拉提游客服务中心工程，是国家专项债项目。针对工程专业多、管理协调难度大、深化工作量大等 EPC 项目常见的重难点，项目 BIM 团队在工程建设前期全面策划本项目 BIM 技术应用，除常规 BIM 技术应用点外，进一步创新 BIM 技术应用内容，提升项目和企业数字化应用能力。本文主要介绍了基于 BIM 技术的智能建造场景化应用案例，旨在为国内工程总承包企业数字化应用提供借鉴。

【关键词】BIM 技术；EPC；场景化；智能建造

1　引言

从国内整体形势看，“稳字当头、稳中求进”依然是中国经济的主基调。住房和城乡建设部《“十四五”建筑业发展规划》中提到，推广工程总承包模式，支持工程总承包单位做优做强，专业承包单位做精做专，提高工程总承包单位项目管理、资源配置、风险管控等综合服务能力，进一步延伸融资、运行维护服务。在工程总承包项目中推进全过程 BIM 技术应用，促进技术与管理、设计与施工深度融合。鼓励建设单位根据实施效益对工程总承包单位给予奖励。

2022 年底，江苏省住房和城乡建设厅印发了《关于推进江苏省智能建造发展的实施方案（试行）》，明确了 2025 年、2030 年、2035 年三个阶段目标，提出了建立健全智能建造标准体系、重点突破智能建造关键领域、拓展智能建造应用场景、构建智能建造绿色化应用体系、打造智能建造领军企业、加快推进建筑行业“智改数转”6 项推进行动。但在如今施工企业利润下行的现状下，很难投入大量的人力财力开展大规模智能建造应用研发，尤其是生存艰难的民营企业。基于此背景下，本文以在 EPC 项目中开展基于 BIM 技术的 EPC 项目智能建造场景化应用实践，为行业内企业提供一些参考借鉴。

2　项目概况

2.1　项目简介

新疆那拉提游客服务中心项目位于风景优美的新疆维吾尔自治区伊犁哈萨克自治州那拉提旅游景区，是集旅游、观光、车站、商业于一体的综合性游客服务中心（图 1）。本项目是国家专项债项目，被国家发展改革委与财政部高度重视，同时也是中亚 5 国部长会议定点酒店，意义重大。本工程质量目标争创“国家优质工程奖”。

项目规划用地合计 26.12 万 m^2，总建筑面积 2.86 万 m^2，地上 3 层，结构形式为钢框架结构。本项

【基金项目】2022 年泰州市科技支撑计划社会发展（指导性）项目，2023 年泰州市科协软课题研究立项项目（tzkxrkt202306）。

【作者简介】卢亮（1995—），男，技术研发部经理/中级工程师。主要研究方向为 BIM 理论与实践。E-mail：15261812513@163.com。

图 1 新疆那拉提游客服务中心项目整体效果图

目要求 BIM 技术从设计阶段开始介入，实现项目建设全生命周期的 BIM 应用。

2.2 项目重难点

1. EPC 项目管理难度大

本工程为 EPC 项目，在项目建设前期需介入 BIM 技术，如何全面把控设计优化，充分发挥 EPC 项目的优势，做好设计、采购、施工三个环节的深度融合是重中之重。

2. 专业分包多，施工协调困难

本工程施工进度要求高，涉及专业较多，存在土建、钢结构、幕墙、机电安装等专业大量交叉施工，如何科学合理地组织协调施工是本项目的重难点。

3. 深化量大，施工难度高

该项目需要对钢结构、幕墙、金属屋面及机电等进行二次深化设计，其中泵房机电安装、钢结构施工等较为重要。同时本项目屋顶为金属曲面屋顶，分为三层屋面和六层屋面两个单体，屋面面积约 $8500m^2$。如何保证屋面的外观曲面平滑度、装饰面板分缝的线条流畅度是项目屋面施工的重难点。

3 智能建造场景化应用分析

智能建造是指在建造过程中充分利用数字化、智能化等相关技术，构建项目建造和运行的智慧环境。它包括要充分以 BIM 技术、物联网、人工智能、云计算、大数据等技术为基础，实现信息化协同设计、可视化工作模式的施工环节工业化。基于 BIM 技术的智能建造场景化应用主要表现在设计标准化、构件部品生产工业化、施工安装装配化、建筑项目生产集成化等。

本项目除开展精细化建模、三维场地布置、施工工艺模拟等常规 BIM 技术应用内容外，BIM 团队根据项目具体特点，充分运用二次开发、模型轻量化、平台开发等技术，确定了自动化土方工程量计算、精准化专业深化设计、智能化机电出图样板、可视化质量样板交互等多个场景的应用，实现了 EPC 项目智能建造的场景化应用创新内容。

4 基于 BIM 的智能建造场景化应用

4.1 自动化土方工程量计算

由于项目场地较大，整体由东北角向西南角倾斜，原始地形表面起伏不平，高差约 8m。若按照常规的土石方工程量计算方式，存在场地范围大、基础数据获取工作量大；获取基础数据误差大，计算过程误差叠加导致最终土方工程量偏差较多；计算结果为单一静态工程量，无法适应施工现场动态环境，施工过程中若出现变更需重新计算等多个问题。

为解决以上问题，BIM 工程师基于 Revit 二次开发插件 Dynamo 自定义实现土方工程量基础数据处理流程，避免了重复性工作，并降低了错误的可能性。主要工作内容如下：

1. 提取、转化数据

在 Dynamo 中自定义数据转置节点，基于原始地形高程及测量点坐标数据，导入 Dynamo 中，并进行转置处理，转置处理确保了测量点的平面坐标与高程测绘数据的准确匹配。在 Dynamo 中设置数据转化节点，通过读取坐标点 X、Y、Z 数值，将其实体化至三维空间坐标点，如图 2 所示。

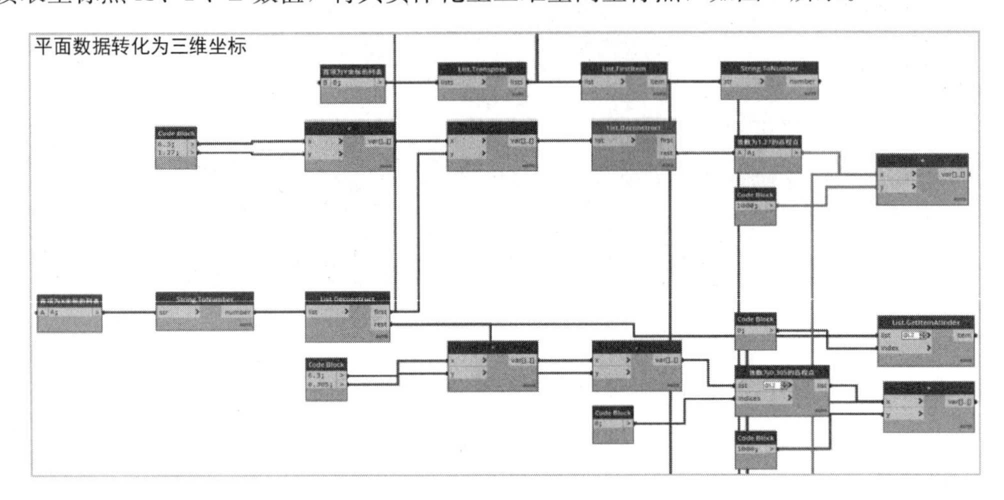

图 2　Dynamo 节点流程图

2. 计算数据

在 Dymamo 中实现对地形数据的编辑和控制后，与 Revit 软件密切交互，运行函数算法生成地形模型。在 Revit 中结合施工场地平面图和土方开挖平面图，确定土方开挖的面积与深度，建立建筑地坪，对原始地形模型进行开挖，创建出与图纸相符合的土方开挖模型，软件将自动计算生成相关土方工程量。

4.2　精准化专业深化设计

本项目涉及专业较多，BIM 团队除在前期配合设计师完成各专业施工图设计外，在施工过程中也参与完成钢结构、幕墙、屋面等专业的施工深化设计。

（1）钢结构深化：本工程结构形式为钢框架结构，屋面为异形曲面钢屋顶。钢结构框架部分采用 Tekla 软件建立模型并进行深化设计。对钢结构构件、连接节点、零件等构件出具深化图纸，指导构件工厂加工生产及现场安装。

（2）幕墙深化：本工程幕墙涉及竖明横隐玻璃幕墙、铝板幕墙、玻璃采光顶、铝合金格栅等，材料种类、尺寸较多，导致下单困难。利用 BIM 软件创建幕墙模型，辅助嵌板材料下单，快速导出精准的下单加工图。同时对复杂幕墙节点进行进一步深化设计，在保证满足设计要求的情况下，降低施工材料成本。同时形成三维可视化成果，并添加必要的文字信息标注，将施工重难点较好地传达给施工人员，易于施工人员理解。如图 3 所示。

（3）ALC 板深化：建筑内部隔墙全部采用蒸压加气混凝土 ALC 板材，利用 Revit 软件对 ALC 墙板进行三维排布，输出加工料单。根据加工料单中的板材尺寸集中加工制作，不仅减少楼层内施工垃圾、降低污染，还可以降低施工材料损耗率、节约施工成本。

（4）屋面深化：本项目屋顶投影面积约 1.1 万 m^2，屋面造型独特，包含弧形及波浪形造型，对设计和施工均有较高的要求。屋面防水层采用直立锁边铝镁锰防水板，采用扇形板与直板混搭的方式，部分区域为玻璃采光顶。为保证屋面节点施工质量，针对屋面细部节点构造进行深化，对二维图纸中不易理解的空间构造进行三维标记展示，指导现场施工。如图 4 所示。

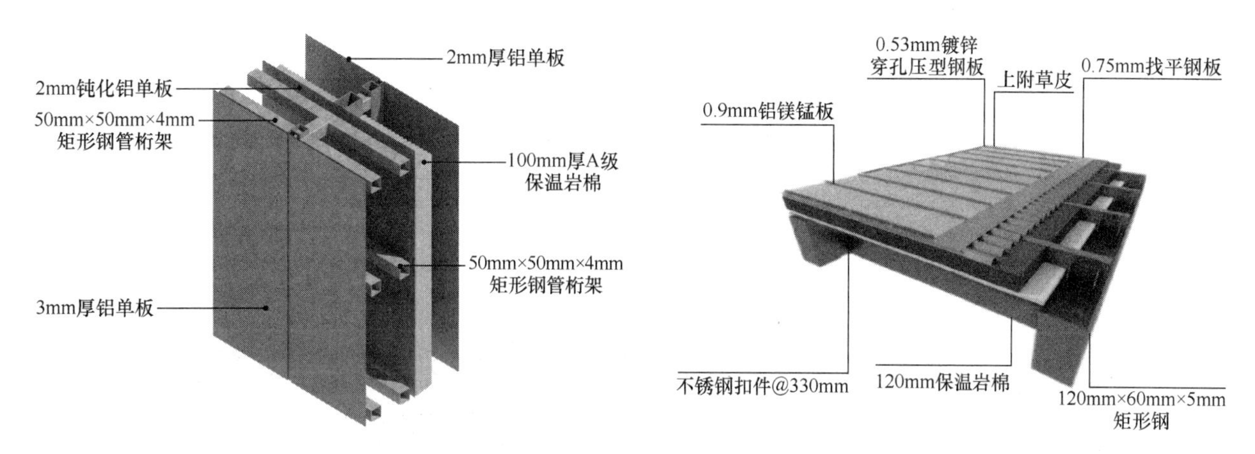

图 3　幕墙深化设计节点　　　　图 4　屋面深化设计节点

4.3 智能化机电出图样板

管线综合优化是众多 BIM 技术应用中最能体现直接经济价值的应用点，在开始管线综合优化工作前，BIM 工程师需要根据项目实际情况和要求，对 BIM 软件中的机电系统模块进行相应的参数、功能设置，如项目浏览器、视图分类、视图样板、过滤器等。传统的设置方法较为烦琐，需要进行多次修改和调整，浪费大量的时间和精力。对于 EPC 项目，施工前的准备工作尤为紧张重要，为此，BIM 团队成员基于 Dynamo 可视化编程软件对 Revit 进行二次开发，实现了机电专业样板的智能化设置，如图 5、图 6 所示。

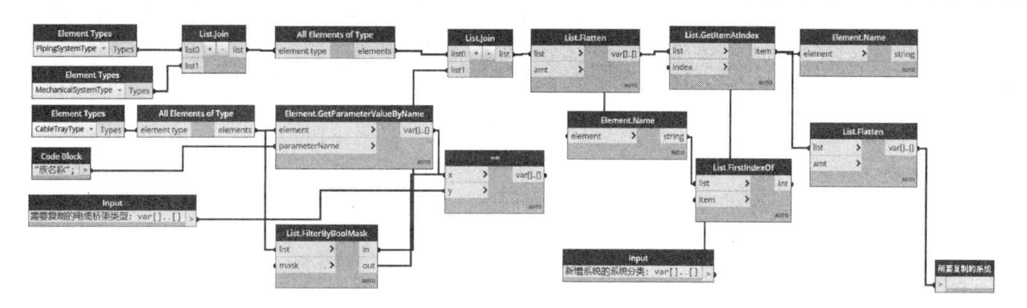

图 5　各专业系统创建节点图

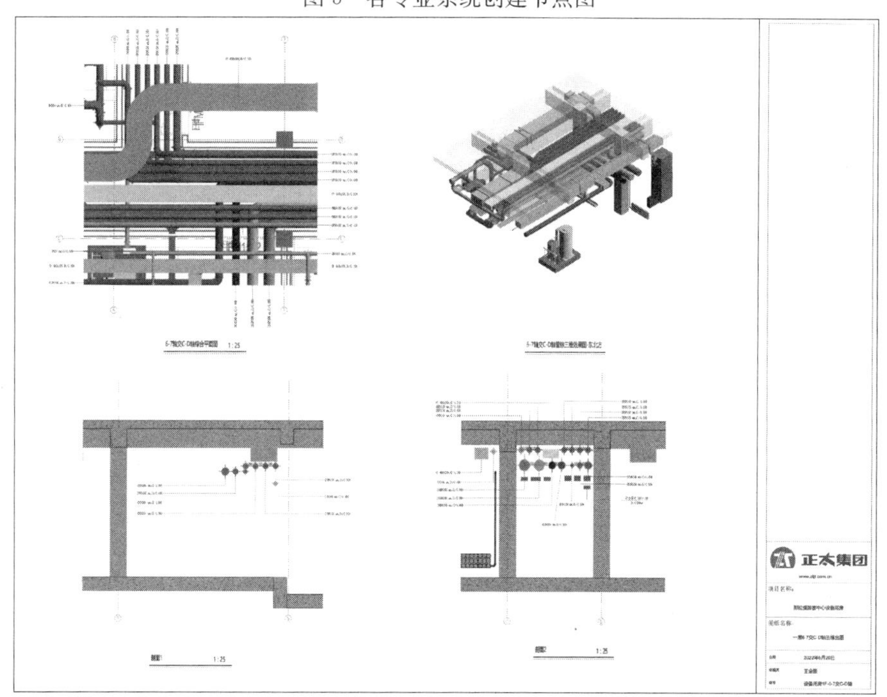

图 6　机电管综出图

4.4 可视化质量样板交互

在工程项目施工现场，实体质量样板一般设置在固定区域范围内，在需要了解相关质量要求或施工工艺时需前往查看实体样板。但本项目施工场地较大，施工人员走动起来费时费力，导致施工进度出现一定程度上的延误。基于本项目实际应用需求，BIM 工程师团队自主研发了“正太集团样板展示平台”，样板展示平台弥补了实体样板仅能查看各工序完成后效果的缺陷，可将与样板相关的施工工艺、质量要求等图文、影音信息进行集成，同时配以 VR 设备，实现了参与者与质量样板的可视化交互，提升沉浸式漫游体验。如图 7 所示。

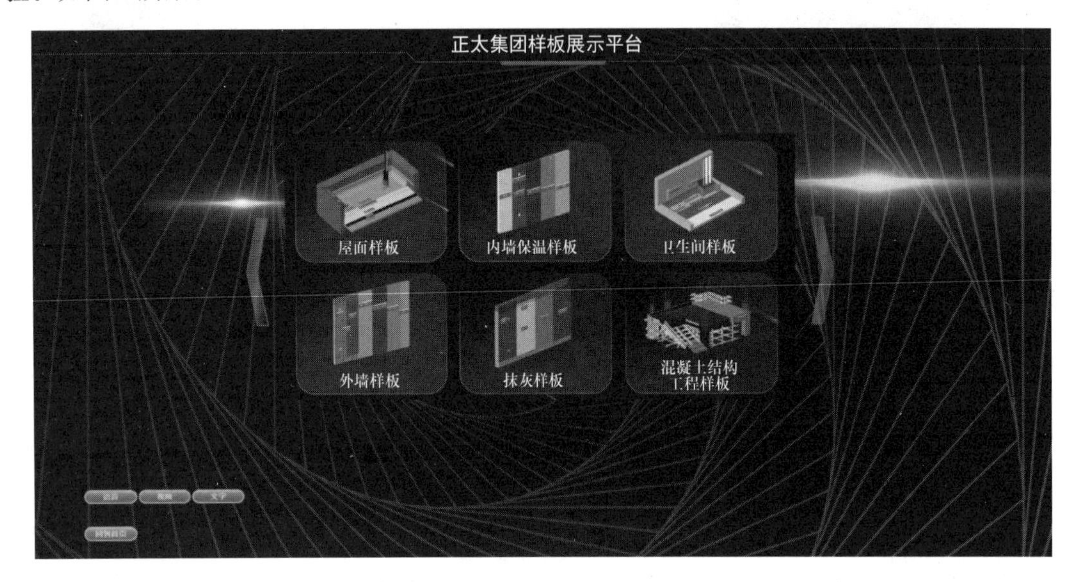

图 7　质量样板展示平台

5　总结

新疆那拉提游客服务中心项目作为民营企业承建的 EPC 项目，项目部基于 BIM 技术开展了多项创新应用，具有重要的示范意义。针对项目实际应用需求，BIM 团队进行技术创新与研发，带领企业迈向智能建造的新浪潮。本项目对于有 BIM 应用、企业数字化转型需求的企业具有良好的借鉴价值。

参考文献

[1] 杨金涛，郭浩然，蒋梦荧，邢芸，张仲华，齐贺．BIM 技术在 EPC 项目中的应用案例分析[J]. 施工技术，2018(A3)：5-8.

[2] 张烈．BIM 技术在独角兽岛启动区 EPC 项目中的综合运用[C]//2020 第九届“龙图杯”全国 BIM 大赛．2020.

[3] 卢亮，田野，张梦林．企业级 BIM 应用体系建设研究[C]//第七届全国 BIM 学术会议论文集．北京：中国建筑工业出版社，2021. 82-85.

[4] 韩庆，田野，张梦林，卢亮．基于 BIM 技术的土方量计算研究[C]//第七届全国 BIM 学术会议论文集．北京：中国建筑工业出版社，2021. 78-81.

基于BIM的项目云端协同工作方法

滕明焜[1]，刘 辉[1]，谢晓磊[1]，刘成伟[2]，陶 旭[2]

（1. 北京图乘科技有限公司，北京 100084；
2. 中交四航局第六工程有限公司，广东 珠海 519000）

【摘 要】 BIM技术在我国的普及已经是大势所趋，BIM及相关工程文件的应用已经成为工程项目开展不可或缺的手段。然而，工程项目参与方多，涉及文件种类多、版本不一，导致协同工作不便。为解决上述问题，本研究提出一种基于BIM的项目云端协同工作方法，并研发相应软件，通过实际项目进行验证，证明了本方法的可行性。该方法的提出有助于BIM技术推广与应用。

【关键词】 BIM快看；BCF；项目管理；协同工作

1 引言

BIM技术是继CAD技术后，建筑业信息化最重要的新技术，其推广普及已经成为大势所趋，便于协同是BIM技术的核心优点之一。近年来，我国建筑业逐步应用BIM技术进行项目协同工作。然而当前项目协同工作中，存在项目参与方众多，涉及文件格式众多、版本不一，信息交流不便等问题。当前，国内已有相关学者进行了BIM协同工作的相关研究。马智亮等[1]建立了IPD（Integrated Project Delivery，集成产品开发）协同工作模型，并通过分析项目实施过程中与信息利用相关的角色、活动、信息等要素，建立基于BIM的IPD项目信息利用框架，为确定多参与方协同流程奠定了基础。陈远等[2]综合应用计算机支持协同工作、IFC（Industry Foundation Classes）标准、建筑信息模型、移动计算、异构无线网络等理论和技术，研究支持建筑工程全生命周期信息管理和协同工作，开发了基于移动计算的BIM协同工作平台。胡延红等[3]通过在试点项目通过BIM和物联网平台对该项目设计、构件生产、施工建造阶段进行协同管理试验，探索BIM和物联网技术在产业化项目技术、质量、进度等方面所发挥的价值。Hoda等[4]为确立协同中的组织关系，便于协同工作的开展与推广，建立了基于BIM协同工作的组织与协同理论。此外，国内相关厂商相继推出了相关的协同工作平台，例如，广联达BIM5D、品茗CCBIM、红瓦协同大师等。虽然国内既有研究进行了BIM协同工作研究和相关企业推出了协同工作的产品，均未很好地解决上述问题。例如，标注的问题均不能直接反馈到相应建模平台，这制约了协同工作的效率。

近年来，IFC标准中的BCF（BIM Collaboration Forma）标准在欧美等发达国家逐步推广应用，可以较好地解决BIM协同工作过程中多参与方的BIM数据便捷沟通的问题，此外，云端技术的出现可以实现数据的计算、储存、处理和共享。通过BCF和云端技术的应用，可以解决参与方多、文件众多、协同不便等问题。本研究的目的是探索一种以BIM为核心的项目云端协同工作的方法，让BIM应用更为便捷。因此，本研究首先分析参与方协同工作需求，接着建立云端协同工作信息模型，然后基于BCF标准，研究云端技术，建立相应的BIM应用平台，最后用实际案例进行验证。

2 需求分析

2.1 参与方需求分析

通过调研相关文献和对企业相关项目实际走访，确定协同工作需求。在建筑建设过程中，参与方众多，工作事项各有不同，但基于模型的信息交流目的是一致的。建设工程项目的全寿命周期包含项目的

【作者简介】 滕明焜（1993—），男，工程师。主要研究方向为土木工程信息技术。E-mail：tengming@tctwins.com

决策设计阶段、施工实施阶段和运维使用阶段，根据法律法规及实际情况，参与方包括建设单位、咨询单位、设计单位、监理单位、施工单位。

2.2 项目文件类型需求分析

通过文献调研和实际考察相关企业文档使用情况，对工程项目中涉及的模型、图纸，以及相关办公文件共计 125 种格式，部分典型格式如表 1 所示。

本研究涉及的部分格式　　表 1

文件类型	格式
模型	IFC、RVT、NWC、NWD、OBJ、SKP、DGN、3DM、3DS、3DXML、FBX、STEP、CATPART、CATPRODUCT、DAE、RVM、SHP、STL
图纸	DWG、DXF
文本	TXT、JAVA、PHP、PY、MD、JS、CSS、CPP、SQL、SH、BAT、M、BAS、PRG、CMD、DOC、DOCX、XLSX、PPTX、PDF
图片	JPG、JPEG、PNG、GIF
音频视频	MP3、WAV、FLAC、MP4、AVI、DAT、MKV
其他	ZIP、RAR、JAR、TAR、GZIP

2.3 协同工作需求分析

各参与方根据各自的分工，活动事项相互独立又相互关联，建设单位根据投资计划，进行总体建筑设计方案的审查，提出意见。咨询单位根据建设单位的要求，在决策阶段提出具有标志性的估算报告及合理化建议。设计单位根据建设单位确定的总体建筑设计方案，建筑、结构、水电风各专业之间互相沟通协调，提出合理化建议，完成初步设计、施工图设计。监理单位接收建设单位下发的施工图纸，组织进行会审，并提出合理化建议。施工单位根据建设单位下发的施工图纸进行图纸会审、图纸深化，分析各专业的碰撞，细化管线排布，提出问题，反馈给建设单位，设计单位、监理单位。

3 云端协同工作信息模型的建立

3.1 IFC 与 BCF 标准

IFC 标准是 BIM 的通用标准，主要是为了解决 BIM 软件众多、数据格式不一致等问题[5]。通过 IFC 标准能较好地解决不同 BIM 软件之间数据沟通的问题。即通过 IFC 标准，能够满足本研究 BIM 协同工作的 BIM 数据内容查看的需求。但难以直接通过 IFC 文件传递 BIM 数据以外的参与方交流沟通信息等数据，例如基于 BIM 模型的文字批注、视点截图等。

BCF 是于 2009 年被提出的一种基于 IFC 标准的开放标准。此后，经过不断的开发与迭代，逐步完成并完善了 BCF。如图 1 所示，创建 BCF 的目的是通过一种开源的标准，基于模型的问题定义，在不同的应用平台之间进行协作交流，从而绕过各种各样的格式以及繁杂的工作流（图 1）。在 BCF 应用中，通过

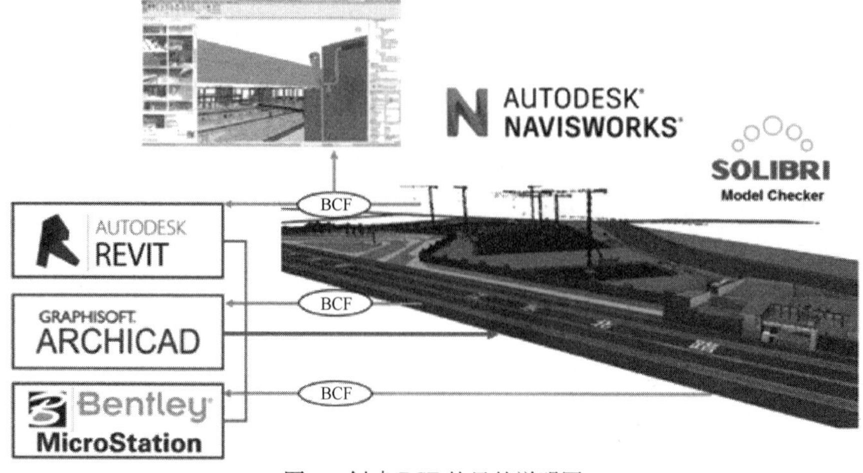

图 1　创建 BCF 的目的说明图

传输XML格式的数据，直接引用一个关于问题的视图，通过PNG和IFC坐标捕获，定位相关问题的BIM的元素，再通过它们的IFC Guid，从而实现把标注问题从一个应用软件引用到另一个软件。BCF使得基于BIM的信息交流更为便捷。

3.2 云端技术介绍

云端技术是指在广域网或局域网内将硬件、软件、网络等一系列资源统一起来，实现数据的计算、储存、处理和共享的一种托管技术。云技术的最大优势之一在于其能够使相关人员在离线云服务器上存储大文件。因此，云端技术对在线文件存储、模型图纸、电子邮件等文档协作等场景的协同工作有着巨大的优势。例如，将文件存储在云端可以节省硬盘空间，同时也可以防止数据丢失，增加灵活性、增强安全性。云端技术的另一个关键优势是，它使相关人员可以很容易地在不同地点协同工作。此外，针对模型，云端技术可以降低对电脑配置的要求。因此，云端技术项目协同工作中具有良好的优势[5]。

3.3 云端协同工作框架

IFC标准已经逐步成为主流的BIM标准。通过分析，BCF以IFC标准为基础。因此，本研究基于IFC标准，建立基于BCF的云端协同工作框架。

协同工作本质上是信息沟通与交流。而信息的类型及存在形式多样。按信息的用途划分，包括基础信息、参与方信息、设计信息、交流信息等。本研究综合以上因素建立协同工作信息框架，为研发BIM协同工作平台做铺垫。基于BIM的项目协同工作信息简化框架如图2所示。

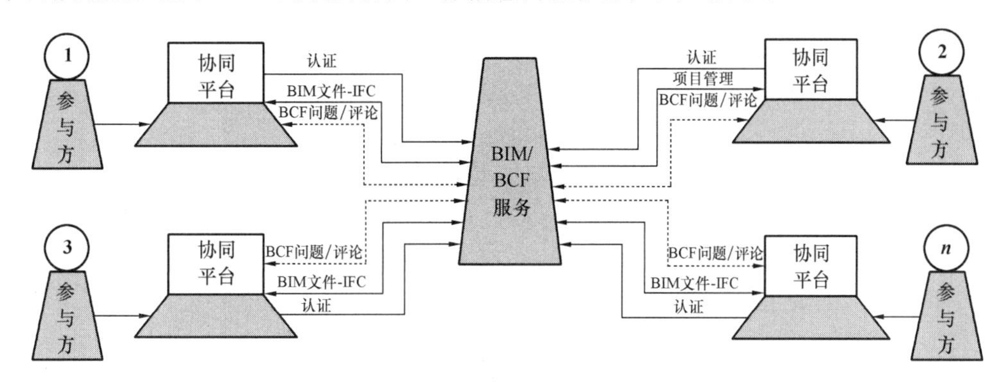

图2 基于BIM的云端协同工作信息框架

4 云端协同工作平台的建立及验证

4.1 开发环境

根据上述分析，本研究建立云端协同工作平台。平台以前后端分离的模式进行开发，采用MVVC架构，保证系统的可维护性和可扩展性。前端采用Vue和node.js，后端采用Spring Boot和Spring Framework。搭建云端服务器，并将平台部署在自建云服务器上。

4.2 云端协同工作平台的开发

平台由主页及前后台、单点登录及权限管理、组件通信、数据库、API（应用编程接口）、对象存储、消息队列、工作线程、邮件通信等组件构成，各组件之间保持一定的独立性，耦合程度低，便于系统整体的可维护性和可扩展性。

其中，BIM模型的解析、展示和交互操作是整个系统最核心的部分，通过修改和完善相关的代码，提高了模型在移动端的展示效果，降低了资源消耗，平台大部分时间能够在主流的设备上稳定运行。针对移动端用户的操作习惯进行了特别的设计，提升了移动端用户的使用体验。此外，通过文本、音频、视频等文件的解析与显示渲染技术的应用，实现各类文件的快速查看。

4.3 云端协同工作平台

基于上述工作，研发协同工作软件，软件简称“BIM快看”，建立基于BIM的云端协同工作平台的部分界面App端如图3所示，Web端如图4所示。在建模软件信息沟通方面，本研究以Revit为样板，使用 BCF 协同平台信息插件，以实现与建模软件的信息交流。

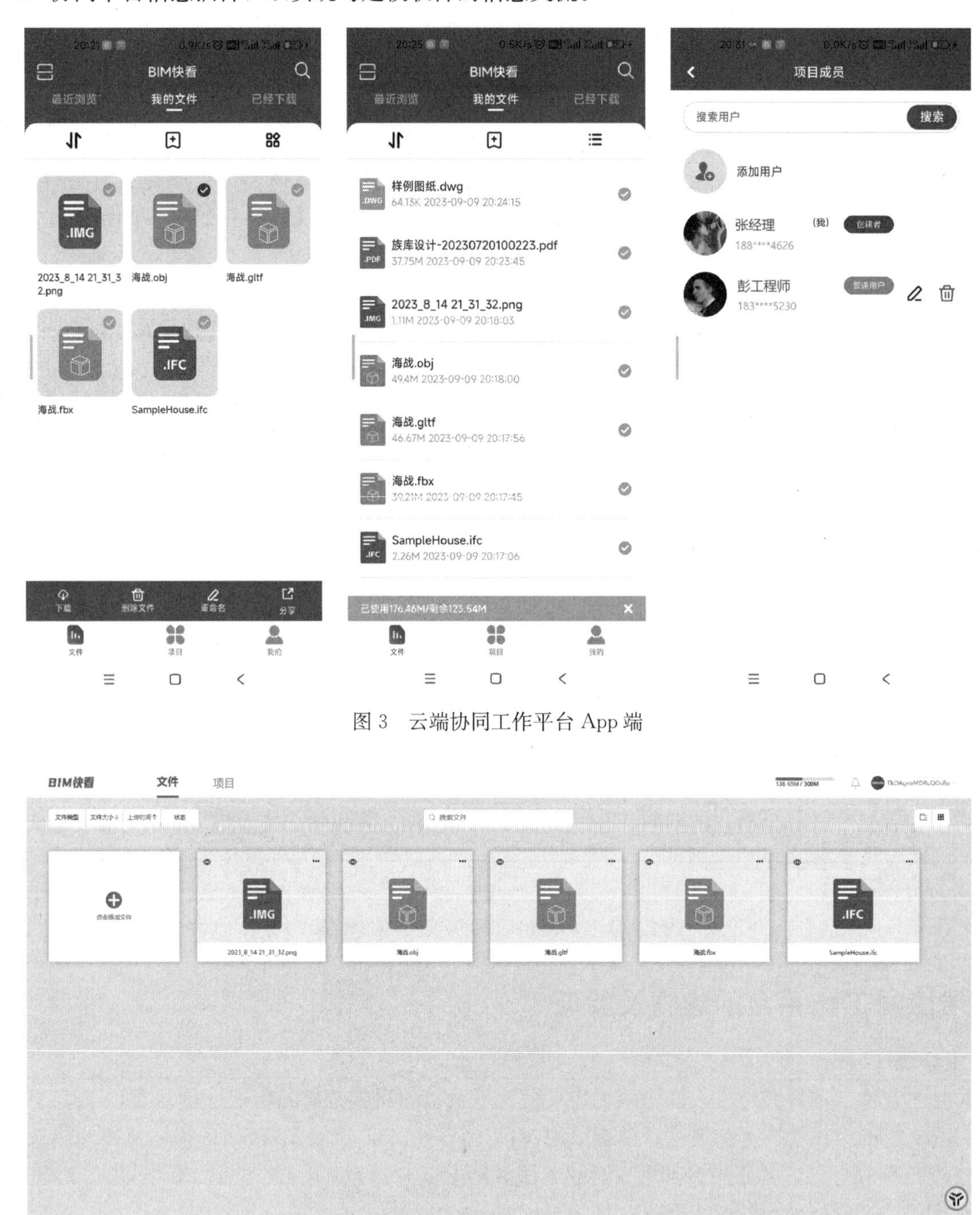

图 3　云端协同工作平台 App 端

图 4　云端协同工作平台 Web 端

4.4　实际项目案例验证

本平台在中交第四航务工程局有限公司（以下简称中交四航局）的南充国际会展中心 PPP 项目与太原阳曲绿城春风如苑项目的实际应用，证明方法的可行性。以南充国际会展中心 PPP 项目为例，该项目总用地 119022m^2，规划总建筑面积约 10.45 万 m^2，为大型公共建筑，参与方众多，包括总承包方中交四航局以及 8 个分包方，工程管理人员 68 人。本项目涉及的文件类型包括 BIM、CAD、Office、视频音频等 45 种格式文件。该项目应用了本研究研发的平台，使用人数 32 人，主要包含设计方、总承包方和业主方。相关人员在 2 周内共提出 298 个问题，并直接指派相应责任人，与传统人工交流的方式相比，提高了施工方与设计方的信息交流效率，使得设计方与施工方预定交流工期缩短了 7 天，减少现场交流 200 余次。实践证明，该方法具有业主方、设计方、施工方等项目参与方高效协同信息交流的特点。

5 结论

本研究开创性地提出基于 BCF 的工作方法协同工作，研究了项目协同工作涉及的人员、文件和相关流程，调研了 BCF 标准和云端技术，研发了项目云端协同工作平台，并在实际项目中进行了验证。实践证明，本研究提出的方法便于项目相关人员快速应用 BIM 技术，有助于 BIM 技术的推广与普及。本研究后续将在 BIM 模型格式解析种类、加载速度等方面进行进一步的研究。

参考文献

[1] 马智亮，张东东，马健坤．基于 BIM 的 IPD 协同工作模型与信息利用框架[J]. 同济大学学报(自然科学版)，2014，42(9)：1325-1332.

[2] 陈远，李洪欣．基于移动计算的 BIM 协同工作平台理论框架研究[J]. 施工技术，2015，44(18)：40-43.

[3] 胡延红，欧宝平，李强．BIM 协同工作在产业化项目中的研究[J]. 施工技术，2017，46(4)：42-45.

[4] Homyouni H , Neef G, Dossick C S . Theoretical categories of successful collaboration and BIM implementation within the AEC industry[C]// Construction Research Congress. 2010：778-788.

[5] 刘绍华，马铁军，景兴建．云端的服务协作动态构造技术研究综述[J]. 电信科学，2010，26(S1)：11-18.

医院项目BIM一次成优的实施方法

陈伟耀，潘世荣，程　刚，郝冠男，张　峰，罗芳森，许晋彰

（中国建筑第八工程局有限公司华南分公司，广东 广州 510000）

【摘　要】 BIM是建筑数字化转型的核心技术，合理运用BIM技术能够最大化提高工程质量。本文以某大型公建医院项目为案例，通过实践应用找出一系列BIM技术落地的典型制约因素，对工程全生命周期BIM深化设计中碰到的问题进行深入思考，总结了BIM在项目级应用中一次成优的一些关键实施方法，为后续新项目BIM技术落地提供宝贵的工程管理经验。

【关键词】 BIM技术；一次成优；实施方法

1　引言

在近几年的建筑行业发展中，我国公共建筑项目比例日趋提高，其中以医院为代表的建筑施工规模不断扩大。在医院建筑中，机电设备多，医疗专业管线密集，排列难度大，涉及的界面划分不清晰、结构异形多且业主对装修造型持有更高的期望，给工程建设增加了极大的难度。BIM应用作为工程技术管理的核心一环，相应被赋予了更高的要求。越是复杂的项目，往往会放大管理缺陷，越要在应用和实施的各项细节上把控质量。如何在这些大型公共建筑项目中，既要保证BIM常规应用稳步推进，又要在上述困难中使BIM应用能保质量、保落地、保履约而做到一次成优，是本文需要探讨的重点。

2　项目介绍

2.1　概述

海南省妇幼保健院异地新建项目，为海南省重点公共建筑医院项目，总建筑面积99191.34m²，其中地上建筑面积76607.19m²，地下建筑面积22584.15m²，主要包含2栋住院楼、1栋门诊保健楼、1栋行政科研楼及各类设备用房。目标是建设集预防保健、医疗、教学科研、康复、培训、对外交流等功能于一体，成为设施完善、功能齐全、国内领先的妇幼保健院。以该项目为载体，对复杂公共建筑项目做到完美履约、BIM应用落地有较好的借鉴意义。

2.2　BIM技术应用一次成优的核心思想

当今建筑行业，BIM技术的应用已经非常广泛，但是鲜有项目能做到BIM应用落到实处。通过对多个项目的考察发现，很多BIM的应用落地率达不到50%，简单来说就是：BIM模型管线深化工作到位，现场却未能按图施工；BIM技术应用点多，却未能给项目创造很好的效益。BIM应用需要企业投入人力、物力及其他资金，高昂的成本若因为BIM转化效率低下而造成资源浪费，是项目管理中的一项巨大损失。

因此，一个基于BIM应用一次成优的核心思想应运而生。在工程项目的实施过程中，追根溯源，分析BIM应用中是因何条件影响了深化设计的实施。通过对项目实践全过程的跟踪，收集其制约因素，提出相应的解决措施，不断进行纠偏，并融入工程项目中的质量管理、进度管理、物料管理、人员管理等与BIM深化设计落地相关联的管理手段，以最直接的方式服务于项目，让每一项投入的工作能转化为效益的产出，做到一次成优。

【作者简介】 陈伟耀（1991—），男，业务经理、工程师。主要研究方向为BIM工程管理。E-mail：412888618@qq.com

3 项目级 BIM 深化落地的典型制约因素及解决措施

3.1 施工现场存在建筑结构误差

BIM 进行项目模型搭建时，会一比一还原设计图纸参数，根据数值翻模无可厚非。但现场施工往往很难达到分毫不差，如某些地方浇筑大体积混凝土、跨度较大的梁、木模板质量缺陷等均会造成结构误差，而现场参数的偏差对于 BIM 深化的影响是客观存在的。如图 1 所示，现场结构梁对比模型存在的误差，会影响 BIM 深化中信息的准确判断。

为此，在管线碰撞检查方面，需要重点考虑建筑结构误差。若在项目主体浇筑前进行深化，需要提前考虑，预留出结构误差值；若在项目主体浇筑后进行深化，需要对项目实体进行考察，记录每个结构梁处的偏差值并体现在模型中，才能做到模型深化的准确。

图 1　结构模型与现场存在的误差

3.2 施工现场存在一米线不统一的情况

BIM 模型指导管线安装需要根据深化图实施，其中安装高度需要参考现场一米线，那么土建的一米线测量放线存在误差就会相应地影响管线安装高度。经过多个项目的考察发现，楼层多处均存在一米线不统一的情况。

要解决此类问题，需要在管线安装前严格复核一米线，并且做到本层安装内的测量值统一，多专业同时参照，保证协同施工作业的准确性。

3.3 屋面及机房 BIM 深化未考虑建筑放坡

在屋面及设备机房等区域有排水要求，建筑面层需要设置厚度保证排水坡度，在跨度较大的屋面，为保证 2%的坡度高低落差可达到 300～400mm。若在 BIM 深化时未考虑这些区域的放坡高差，最终深化的图纸将无法满足现场安装要求。

在 BIM 建筑模型创建时，需要完善模型深度，各楼层模型需根据设计图体现出面层、坡度及排水沟参数，将该影响因素纳入重点核查范围。

3.4 BIM 风系统模型未考虑法兰、保温及阀门安装空间

BIM 管线深化设计，可以理解为现场的模拟施工，所以在模型搭建及深化过程中，需要考虑到实际安装情况。根据现场的反馈经验，风系统提出较多的问题便是支架设置太窄无法穿法兰、无法安装保温以及没有足够的空间安装阀门及操作区等。

所以在 BIM 建模时，需要机电模型深度进行完善，这也和精度相关。一般精度达到 LOD350-400，就应体现到这些细节。法兰、保温及阀门安装空间对比如图 2 所示，构件应与设计参数和采购参数一致，才能给安装人员一个准确的参考空间，做到模型指导施工。

3.5 BIM 水系统模型未考虑实际尺寸及坡度

设计图纸中，管道尺寸标注 DN 一般为公称直径，实际采购安装的管道，在空间体现上为外径。部分项目数字精细程度甚至需要达到毫米级别，若存在信息差就会导致 BIM 模型中管道的公称直径对应外径

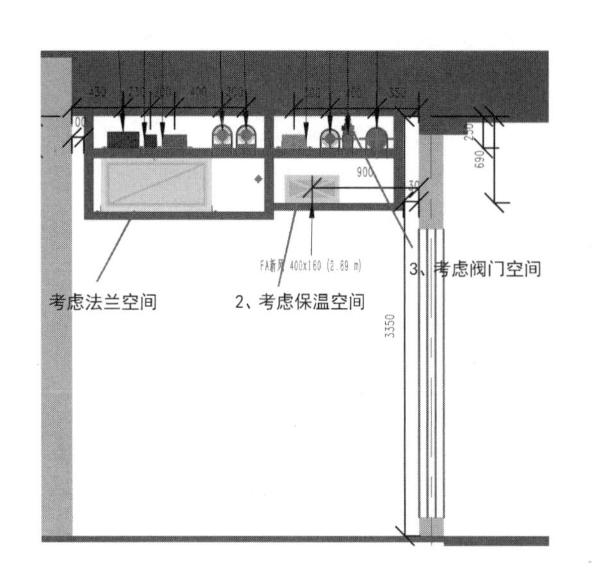

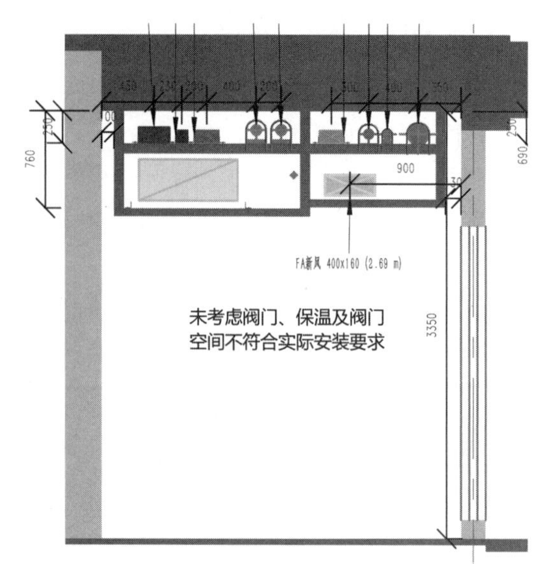

图 2　法兰、保温及阀门模型空间对比

不能与实际尺寸一致，模型便不能准确反映管道的尺寸大小，从而在碰撞检查中判断错误，使得深化的模型无法落地。在多个项目的 BIM 应用中发现，水系统具有放坡要求的管道未设置坡度，其中包括重力排水管、雨水管、空调冷凝水管等。而该管道在实际安装中需要设置坡度，高差占用空间会导致与其他管线的碰撞。

解决此问题的办法，就是要根据设计及采购参数，准确设置对应的管道尺寸及坡度，体现安装的实际情况。如图 3 所示，不同的外径参数设置显示不同的管道外径尺寸对比。

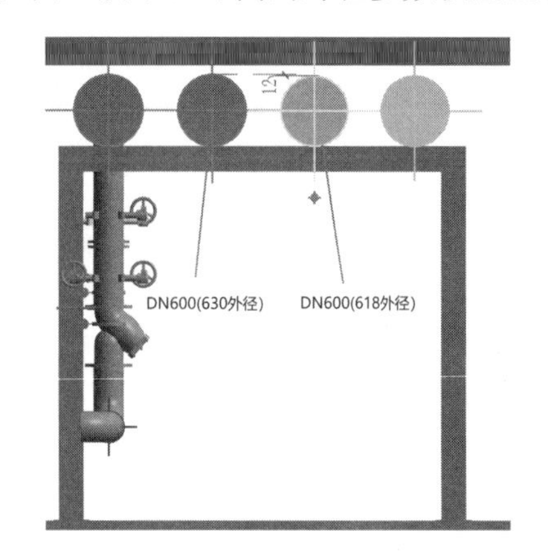

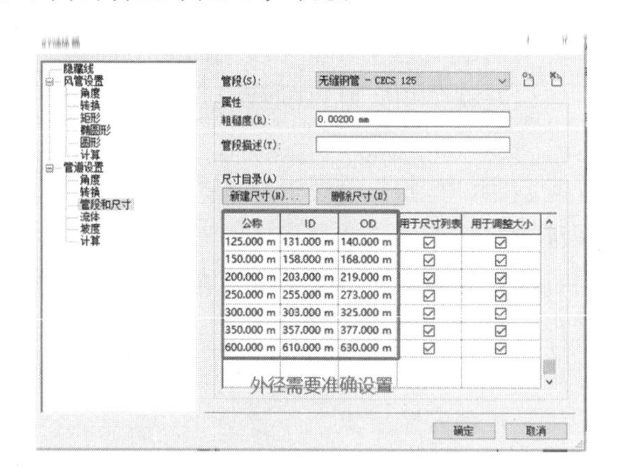

图 3　不同管道模型设置尺寸参数对比

3.6　管道未考虑变径形式导致支架不平的情况

在常规管道安装中，接头配件一般用中心变径，在 BIM 模型中也按此体现。在大管到小管的变径中，就会出现管道底不平齐的情况。而做综合支架，需要同层的管道底同高设置，否则会造成综合支架无法使用或是加以辅助材料支撑垫高而影响美观的情况。管道不同的变径形式差异对比如图 4 所示。

要解决此问题从而做到一次成优，在模型深化时需要将管道变径设置成底平齐绘制，在变径时就可以体现管道能落在支架上。同时在设备采购时需要提前沟通，焊接管道采用底平齐焊接，卡箍配件采用底平齐偏心变径等，来实现综合支架平高安装的效果。

3.7　BIM 电系统模型未考虑电缆放线及检修空间

电系统中桥架需要承担电缆放线安装的任务，而在大型项目中往往会因管线复杂而存在较多翻弯的情况。一些规格型号较大的电缆，在桥架中设置过多的弯头，以及空间狭窄没有上人检修空间等情况将

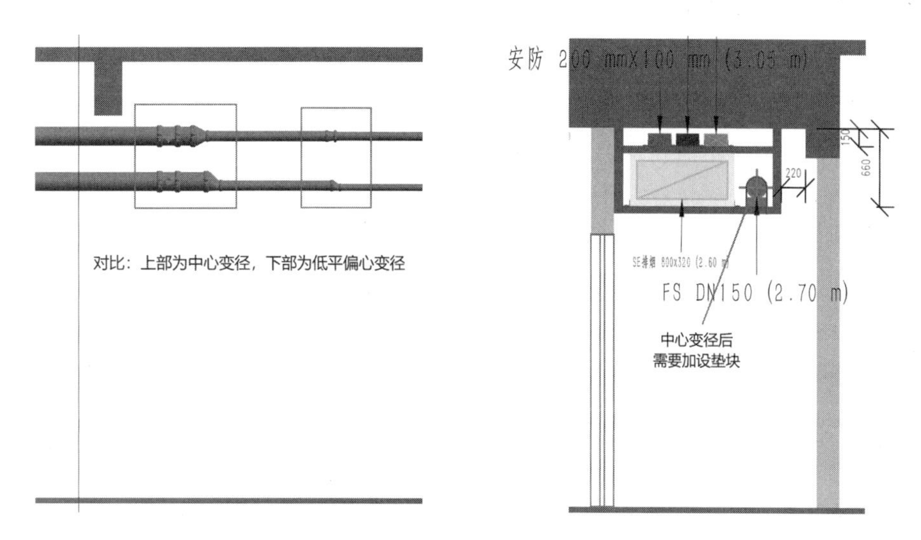

图 4　管道不同变径形式差异对比

会造成电缆无法放线安装的情况。

为避免 BIM 深化图纸的返工，需要制定一个切实可行、满足施工规范要求的深化设计原则，管道避让根据原则进行深化，通过其他管道的优化避让来适当减少大电缆桥架弯头，并预留出 500mm 左右的检修空间，做到 BIM 深化应用的可行性。

3.8　BIM 支吊架深化未考虑安装受力以及与装修冲突的情况

综合支架作为机电管线的承载体，其选型与安装决定着 BIM 深化的质量。在项目的 BIM 深化实践中发现，管道排布后若不考虑综合支架安装，则很大概率会造成深化及安装的返工。其中的问题包括综合支架立杆与管道安装冲突、横担受力不足存在安全隐患、支架未考虑与装修龙骨冲突、BIM 模型未考虑与装修点位契合等情况。

因此在 BIM 出图前，需要将综合支架深化同时纳入 BIM 深化范围，将支架选型及支架形式在 BIM 模型中体现，同时加入精装修龙骨、风口点位图等制约因素进行严格复核，在保证各项碰撞检测合格后进行受力计算，使 BIM 应用图纸能够高质量指导现场施工。支架模型及受力计算弯矩图如图 5 所示。

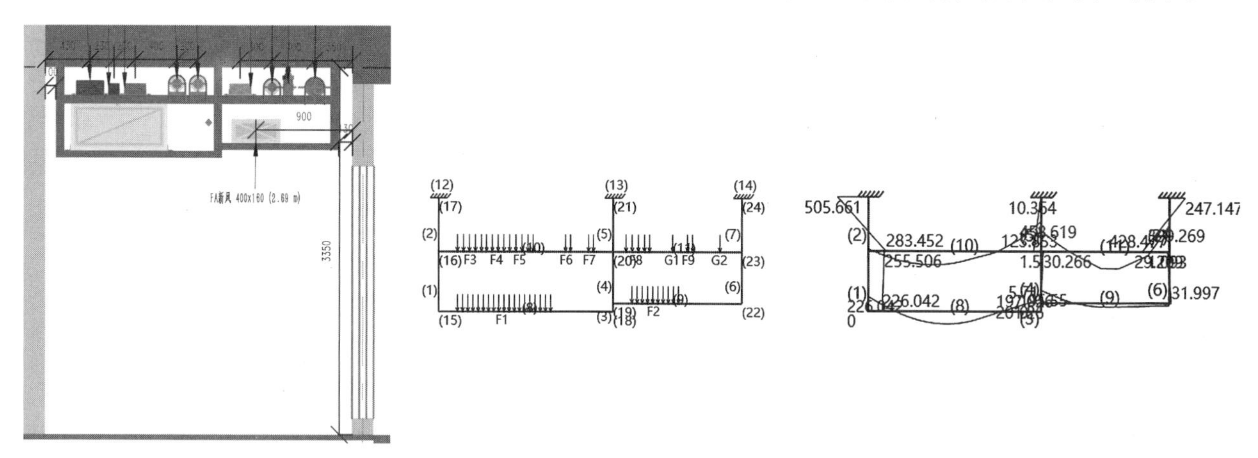

图 5　支架模型及受力计算弯矩图

4　BIM 一次成优项目管理经验研究分析及实施方法

要做到 BIM 一次成优，除了在模型深化方面重点考虑之外，还需要在管理方面落实到位。一个好的管理方式，能够高效率助推 BIM 应用的实施。本项目通过 BIM 的管理实践应用，研究分析并提出几项可行性较高的实施方法。

4.1 深入优化BIM管理流程

传统施工融合BIM进行项目管理，很少提出明确的目标及流程管控要求，造成的现象往往是BIM应用工作很多，但真正能落到实处、服务项目创效的方面很少。本项目针对这种情况，优化制定了一套BIM管理流程（图6），总结为超前介入、过程把控、结果审核的闭环流程，做到全过程的跟踪管理。

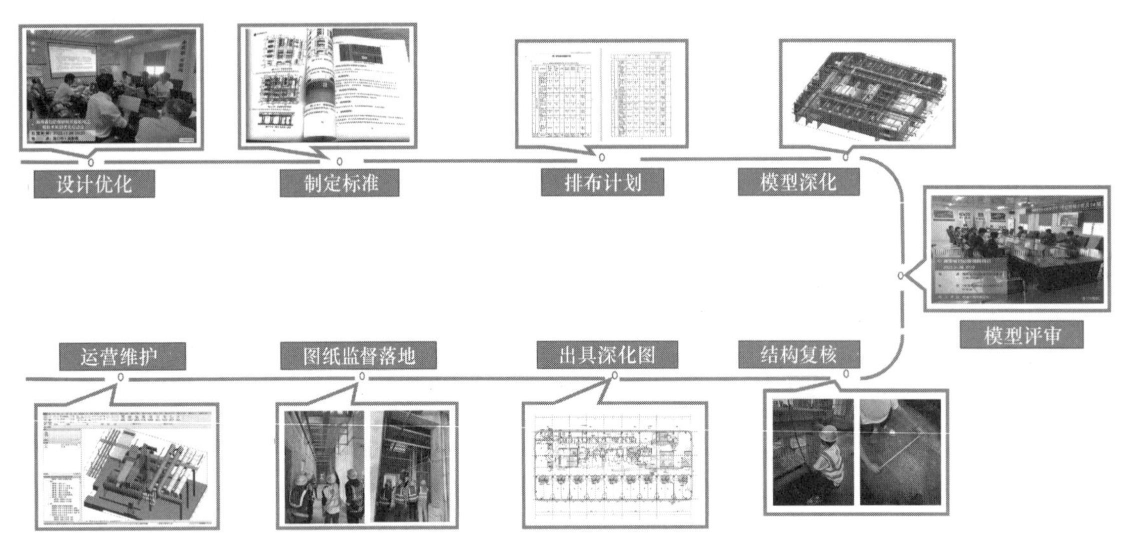

图6 BIM管理流程

超前介入，指在BIM深化应用前，审核图纸质量，提出设计优化，保证在深化前最大限度地减少设计图纸的改动而影响BIM工作。同时制定深化设计标准、排布原则和进度计划，根据方案进行过程把控，主要是在BIM应用过程中及时传递BIM的有关信息，让各专业单位及管理人员参与BIM深化过程，每周进行BIM进度汇报及重要节点交底，各专业人员通过云平台反馈相关问题，把现场的动态信息准确及时地融入BIM深化应用中。结果审核，制定模型落地率考核机制，在BIM出图后，根据图纸在总包管理加分包管理双层面复核现场安装，控制图纸落地率不低于95%，保证现场严格按照BIM深化图进行施工。

4.2 BIM+可视化三维验收

在项目BIM管理成果的有效推进执行方面，很重要的一步就是我们常说的基于BIM应用与可视化的二者融合。广义上描述BIM+可视化即BIM+AR或其他可视化承载平台，来实现对图纸、模型、现场一致的高质量管控。通过BIM模型进行参数整合并完成深化后，利用虚拟仿真类AR平台在全过程参与工程质量管控与验收如图7所示，三维平台以其操作简便、浏览效果直观、多人协同参与等特点，能够高效地发现问题，从而做到一次成优。

图7 BIM+可视化应用场景

4.3 落实全员 BIM 应用

工程建设除了管理人员，更多的参与者是一线专业班组。BIM 应用要做到真正落地，离不开每个建设者的努力，通过多个项目的研究发现，BIM 应用的参与者越多，管控越深入，BIM 的执行效果越好。本项目旨在提高全员 BIM 应用率，让 BIM 应用渗透到更多的建设者中。通过 BIM 软件操作培训、每周 BIM 例会、现场可视化验收及 BIM 深化图交底等措施，将人员 BIM 应用率提高至 80%。更多的人员参与到 BIM 的管理体系中，在监管和实施上将大大提高落地率，提高人工效率，项目全专业拆改率低于 4%，做到严格按图施工。项目人员 BIM 应用效果分布图如图 8 所示。

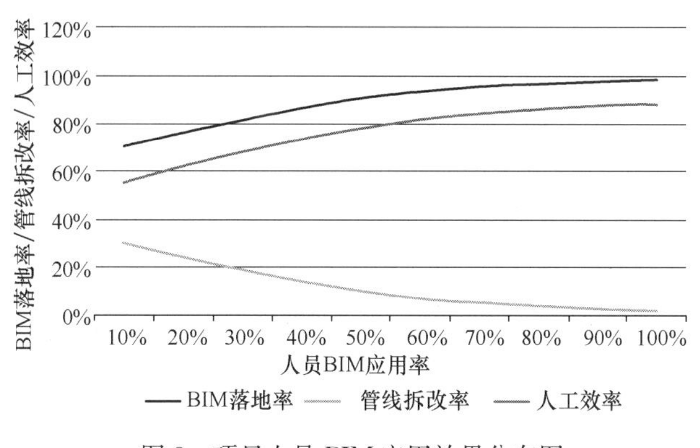

图 8 项目人员 BIM 应用效果分布图

5 结语

BIM 技术在复杂大型公共建筑医院项目中的应用十分必要，总结多个典型制约因素并对应分析实践出一套通用的应对措施，使项目在 BIM 全力赋能下做到一次成优，提高了工程质量，大大降低了建设成本，降低了建设风险。BIM 技术落地应用的一系列实施方法，加快助推工程行业数字化建造转型升级，一次成优，高效履约。

参 考 文 献

[1] 芦苇．BIM 技术在三甲医院建设管理中的应用[J]. 上海建设科技，2022(3)：83-93.

[2] 伍丽珍．BIM 技术在建筑工程管理中的应用探索．《散装水泥》，2023(1)：41-43.

关于BIM技术与人工智能技术的融合应用的探究

聂鹏威，常　海

（深圳市前海数字城市科技有限公司，广东 深圳 518000）

【摘　要】 在住房和城乡建设部印发的《“十四五”建筑业发展规划》中明确指出，加快智能建造与新型建筑工业化协同发展，推广数字设计、智能生产和智能施工。BIM技术作为建筑全生命周期的一种现代数字化技术，是加快建筑智能建造发展的有效途径。BIM技术和人工智能技术的融合可以提高建筑工程设计、施工和运维阶段管理的效率和成果质量，并降低建筑全生命周期的成本。

【关键词】 建筑工程；BIM；人工智能；AI基础大模型

1　引言

随着ChatGPT（一种由人工智能技术驱动的自然语言聊天机器人程序）用户量的爆炸式增长，人工智能这个赋予硅基生命的庞然大物猛然觉醒了，人工智能的各类基础大模型也将作为一个新物种日益壮大。在建筑行业中，建筑工程是一项迭代的、通过多个阶段逐步进行的任务。这项任务从开始到建成再到使用，建筑信息模型[1]（Building Information Modeling，BIM）作为一种数字化和信息化的载体，已经广泛地应用在设计、施工及运维阶段。而今，BIM技术和人工智能技术的融合，将为建筑工程项目全生命周期的各个阶段提供新的机遇和挑战。本文将从建筑工程的设计、施工及运维阶段，初步探究BIM技术与人工智能技术的融合应用潜力，分析人工智能给建筑行业带来的革新性改变，为建筑行业的从业者和决策者提供新的思路和参考。

2　BIM技术及其应用现状

BIM是以三维建模技术为基础，将建筑物各种信息整合到一个模型中，实现多领域的协同设计和协作管理。BIM技术是一种基于现代数字化建筑全生命周期的管理方法，它已经被广泛应用于建筑工程的设计、施工和运维阶段[2][3]。在设计阶段，BIM可以协助设计师制作更加准确、一致的图纸，提高设计质量和效率。在施工阶段，BIM可以帮助施工人员更好地理解设计意图，规划施工进度，减少误差和重复工作。在运维阶段，BIM可以提供建筑物的信息和历史记录，帮助维修人员更好地维护和管理建筑物。同时，BIM技术也在不断发展，包括更加智能化的模型、更加精细化的数据管理和更加开放化的数据交流等方面。随着人工智能、云计算等新技术的发展，BIM技术将会有更加广阔的应用前景，成为推动建筑工程数字化、智能化发展的核心技术之一。

3　人工智能技术及其应用现状

人工智能[1]（Artificial Intelligence，AI）是一种模拟人类思维方式及行为习惯的技术。它可以通过

【作者简介】 聂鹏威（1993—），男，政企业务经理/初级工程师。主要研究方向为工程数字化、数字孪生和智慧城市。E-mail：niepw@qhfct.com
常海（1977—），男，董事长/高级工程师。主要研究方向为工程数字化、数字孪生和智慧城市。E-mai：191457122@qq.com

机器学习、深度学习、自然语言处理等技术，模拟人类的思考和推理过程，实现自主学习、智能决策甚至是人类的行为习惯。人工智能技术已经广泛应用于各个领域，包括金融、医疗、交通、安防、娱乐等。特别是大型语言模型——ChatGPT 的发布，更是推动了自然语言处理技术的重大突破和发展，也为通用人工智能的实现打下了坚实的基础。不过，人工智能技术也面临一些挑战和问题，例如数据隐私保护、算法透明性和伦理问题等。所以人工智能技术需要在保障数据隐私和安全的前提下，持续推动技术的创新和应用，才能为人类社会的发展带来更多的价值和贡献。

4 BIM 技术与人工智能技术融合的必要性和意义

2022 年 1 月 19 日，住房和城乡建设部印发的《“十四五”建筑业发展规划》中明确指出：加快智能建造与新型建筑工业化协同发展，推广数字设计、智能生产和智能施工。而 BIM 技术作为建筑全生命周期的一种现代数字化技术，是加快建筑智能建造发展的有效途径。BIM 技术和人工智能技术的融合可以提高建筑工程设计、施工和运维阶段管理的效率和成果质量，并降低建筑全生命周期的成本。当前 BIM 技术仍面临一些问题[4]，例如 BIM 技术的标准化和规范化程度还不够高，既有建筑图纸资料缺失严重，要想开展 BIM 技术应用就面临没有 BIM 模型的困境。而采用传统的三维重建技术倾斜摄影技术建模精度不够，激光扫描点云技术成本又太高；并且当前即使有图纸资料，BIM 建模工作也需要投入大量的人力和物力，同时还面临繁杂的属性信息添加以及模型的规范统一问题。这就迫切需要人工智能技术基于适量的照片资料或者简单的自然语言描述，去还原或生成高质量的 BIM 模型。

在施工过程中，一方面，施工人员需要根据实际情况，对 BIM 模型、施工顺序、施工材料等方面做出相应调整或者变更。这时融合人工智能技术，可通过对 BIM 数据进行快速分析和处理，然后预测和优化施工计划，并综合分析调整或者变更带来的影响，进而协调各相关方讨论决策，以提高施工效率和质量。另一方面，传统的建筑运维需要大量的人工检查和统计建筑物的各项指标，费时费力且容易出错。而基于 BIM 技术和人工智能技术的维护管理系统[5]，可以通过采集建筑物数据、建立机器学习模型和人工智能算法，实现对建筑设施的智能监测和维护，将大大提高维护效率和减少维护成本。总而言之，融合 BIM 技术和人工智能技术有助于提高建筑行业的数字化水平，促进建筑施工和维护的智能化发展，这是非常必要且具有重要意义的。

5 BIM 技术与人工智能技术融合应用的探究

BIM 技术本身具备参数化、可视化、可模拟等特性[1]，再融合机器学习、深度学习、知识图谱、自然语言处理、人机交互、计算机视觉等人工智能技术，将进一步带来科学的设计方案，高质量的 BIM 模型、精细的实施方案、实时的状态监控，以及智能化的运维管理方式，从而推动建筑业数字化转型和智能化发展，使其更好地适应现代社会的需求和挑战。

5.1 基于人工智能技术快速生成建筑方案设计

当前人工智能生成图像已经取得了很大的进步，例如 Stable Diffusion[6] 是一个深度学习文本到图像的潜在扩散模型，是人工智能图像生成模块之一，它的主要特征是加强模态深度学习并生成相关学习模型，借助 prompt（提示词）文本以实现在模型中进行查找并联想，最终根据文本生成图像。其最大的优势是在“文生图”的基础上添加了“图生图”功能，即：输入一张参考图再辅以文字提示，定向可控地生成一张新的图像。

通过使用 Stable Diffusion 等图像生成模块，我们可以通过自然语言提示词、简单的素描或三维建模等方式控制，快速生成多个建筑方案设计场景图（图 1、图 2）。这不仅为我们提供更多的参考和灵感，加快了设计的迭代过程，还提高了设计的创新性和质量。这种自动化生成的过程可以大大减少人为的主观预期，降低设计团队的工作负担，并且让建设方更早期地参与到设计中，从而避免了可能的设计偏差和错误。

5.2 关于 BIM 技术与人工智能技术融合生成高质量 BIM 模型

有了相对稳定的建筑方案设计图，借助人工智能对已有的 BIM 模型数据以及相关标准规范的学习分

图 1　借助 Stable Diffusion 生成的多个设计方案（一）

图 2　借助 Stable Diffusion 生成的多个设计方案（二）

析，我们可以基于自然语言描述、设计方案等进行几何和语义约束条件，自动生成符合要求的高质量 BIM 模型。虽然此项技术应用尚不成熟，不过已有实现的可能，例如，NeRF[7][8]（Neural Radiance Fields，神经辐射场三维重建技术），基于全方位少量照片构建高质量的三维场景模型。它是体素重建的典型代表，其工作流程主要分为两步：体素重建和体素渲染。NeRF 采用了由“粗”到“精”的分层采样方法，在训练过程中逐渐优化体素，完成体素的隐式表达，从而获得新视角下的渲染结果(图 3）。

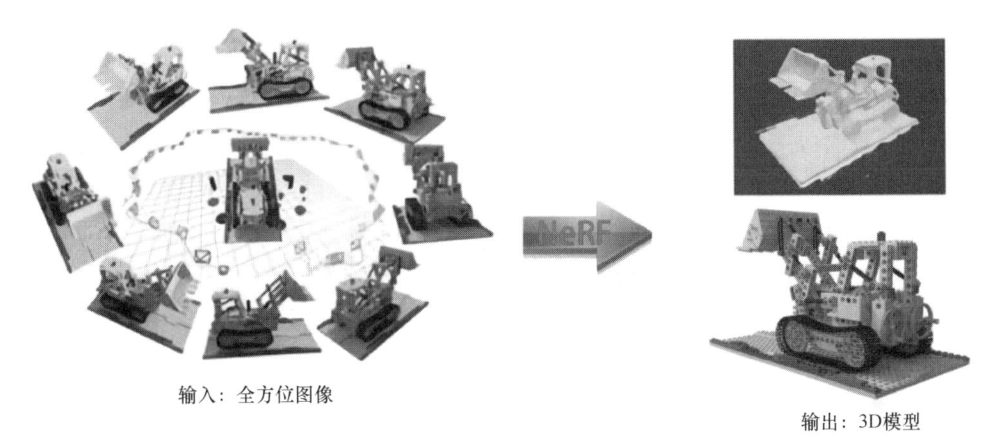

图 3　NeRF 基于全方位少量照片构建三维模型资产

再比如 Ian Keough 团队研发的 Hypar，是一个用于生成建筑物的云平台，提供了计算、可视化、交付、互操作性和访问控制，可以轻松发布、分发和维护建筑设计逻辑，并可以通过自然语言描述生成 BIM 模型（图 4）。

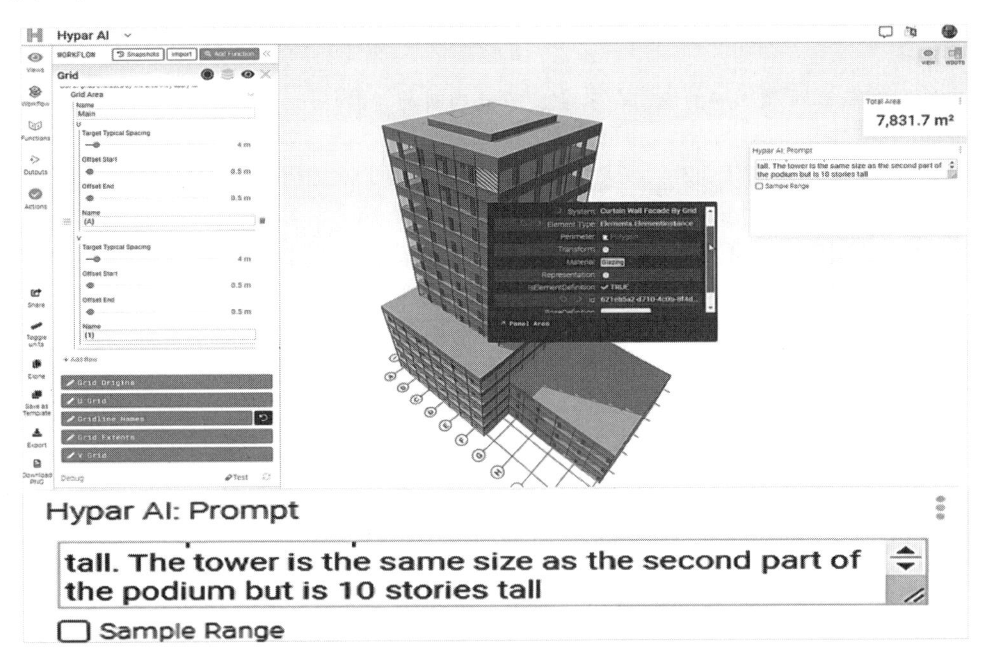

图 4　Hypar 通过自然语言描述生成 BIM 模型

随着 BIM 建模技术与人工智能技术的进一步融合和发展，无论是生成式还是调用式，BIM 模型的创建将会越来越高效和智能，这将会大大减少人工手动构建模型的工作量和时间，从而使得我们更多的精力将被解放并转移到建筑工程的创意设计、更优方案选择、合理性判断、舒适性体验、人与自然和谐共生、绿色可持续等方面。

5.3　关于 BIM 技术与人工智能技术融合进行项目实施的精细化管控

在施工阶段，BIM 技术与人类智能技术的融合应用可以为工程的实施带来许多优势和变革。在工程项目中，BIM技术与浅层神经网络和深度学习技术相融合，可以实现施工过程的成本、进度、质量、安全、能耗以及风险等方面的智能化管理。基于工程项目全量的数据库、施工工艺库、项目资源库等大数据进行综合分析和机器学习，结合施工现场的实际情况，对施工组织方案和进度计划进行科学编排与优化建议，并综合分析和预判调整或者变更造成的影响，为各相关方讨论决策提供充分的依据。我们还可以利用计算机视觉技术对现场数据，如传感器数据、图像和视频等进行图像识别和分析，并进行自动化的监测和预警，以便于快速检测和了解施工过程中的质量问题和安全隐患，进而实现项目实施过程的精细化和智能化管控，这将革命性改变传统粗犷的工程施工管理方式。

5.4 关于BIM技术与人工智能技术融合开展智能化运维

BIM技术与人工智能技术结合应用在运维阶段时，可以实现更智能、高效的运维管理。利用BIM技术的空间可视化特点，通过人工智能技术对传感器数据进行分析，可以实时监测建筑设备的状态，并根据实际维护需求，制定维护优先级和计划，精准定位高效率开展维护维修。例如，通过监测电力消耗、温度、湿度等数据，人工智能计算可以预测设备故障，并提前采取维修或更换，以避免设备故障对运维制造的影响。通过分析建筑结构、施工过程和监测数据，人工智能计算可以识别出潜在的安全风险和问题，并提供预警和预防措施。例如，算法可以自动检测和密闭建筑中存在的安全隐患，如裂缝、结构变形等，提供及时的安全报警和建筑修复。此外，结合BIM技术和人工智能技术还可以实现自动化的建筑材料巡检和维护管理。通过无人机、机器人等技术获得建筑物的实时图像和数据，结合BIM模型进行比较和分析，可以自动检测建筑的状况，并生成维修报告和维修计划。总而言之，BIM技术与人工智能技术的融合应用将真正实现建筑全生命周期的管理。建筑的每个阶段都不是孤立存在的，都将成为下一个阶段的数据支持和决策因子，下一个阶段将比上一个阶段更智慧，建筑将成为一个与它的拥有者共生共长的智能体。

参 考 文 献

[1] 李锦钟．人工智能在BIM技术中的应用探索[J]．智能建筑与智慧城市，2019(5)：79-80，83. DOI：10.13655/j. cnki. ibci. 2019. 05. 026.

[2] 刘占省，刘诗楠，赵玉红，等．智能建造技术发展现状与未来趋势[J]．建筑技术，2019，50(7)：772-779.

[3] 姜建发，王碧云．建筑结构设计中BIM技术的应用探析[J]．城市建设理论研究(电子版)，2023(15)：79-81. DOI：10. 19569/j. cnki. cn119313/tu. 202315026.

[4] 崔宪丽．基于BIM技术在智能建筑行业中的应用问题研究[J]．居舍，2020(27)：49-50，172.

[5] 杨军志．基于BIM与人工智能技术结合的智慧建筑综合管理平台[J]．智能建筑与智慧城市，2020，(2)：10-14.

[6] 郑凯，王菂．人工智能在图像生成领域的应用——以Stable Diffusion和ERNIE-ViLG为例[J]．科技视界，2022，401(35)：50-54.

[7] 程斌，杨勇，徐崇斌，等．基于NeRF的文物建筑数字化重建[J]．航天返回与遥感，2023，44(1)：40-49.

[8] Ben Mildenhall，Pratul P. Srinivasan，Matthew Tancik，Jonathan T. Barron，Ravi Ramamoorthi，and Ren Ng. 2021. NeRF：representing scenes as neural radiance fields for view synthesis. Commun. ACM 65，1(January 2022)，99-106.

基于YJK和SAUSG-PI的隔震结构设计应用研究
——以西昌某住院楼为例

何佳泽[1]，孙海林[2]，胡振中[1,*]

（1. 清华大学深圳国际研究生院，广东 深圳 518055；
2. 中国建筑设计研究院有限公司，北京 100032）

【摘　要】隔震结构因其能延长上部结构周期与增大阻尼的特性而被广泛应用于抗震结构工程项目。运用结构设计软件过程中，BIM技术在隔震结构设计的方案设计优化与分析地震影响两阶段发挥重要作用。本研究选取某高烈度区（Ⅸ度）住院楼作为研究对象，明确隔震目标与思路，利用YJK软件与SAUSG-PI软件建立隔震层与上部结构模型、分析结果并优化模型，同时进行设防地震振型分解反应谱分析、罕遇地震弹塑性时程分析两大地震影响分析。

【关键词】BIM应用；隔震；框架剪力墙；医院；结构设计

1　引言

我国是世界上地震灾害最严重的国家之一，其中我国主要城市在Ⅷ度及以上的设防地震区分布比例约为17%[1]，其中在Ⅸ度区通常使用抗震效果最有效的隔震结构。自《建设工程抗震管理条例》施行起，隔震建筑的建设量计日益增加。

建筑信息模型（Building Information Model，BIM）是建筑项目工程数据信息的数字化表达[2]，其突破传统的二维设计理念同时能体现建筑设计的主要性能指标，增强建筑模型与结构模型的互操作性[3]，使设计效率快速提升，对设计方法产生变革式影响[4]。

作为BIM应用在隔震结构设计中的体现，建筑结构设计软件发挥着巨大作用。隔震结构设计难度大、要求高，需满足不同规范与规程的要求，而本次设计的结构位于四川省西昌市（Ⅸ度区），抗震要求比一般民用建筑更为严格[5][6]，计算软件得到的主要性能指标参考意义更大。

本研究依托西昌某医院住院楼设计项目，阐述体现BIM技术的建筑结构设计软件在隔震结构设计中的应用。首先基于建筑图纸，利用YJK软件与SAUSG-PI软件完成结构方案的设计，其次通过软件进行规范要求的中震振型分解反应谱分析与大震弹塑性时程分析两大地震影响分析。

2　工程概况

本项目（图1）位于四川省西昌市，建设项目总建筑面积151108m^2，主要由包含门急诊医技、健康管理中心等建筑的多层裙房建筑与3栋单体住院楼组成，其中单栋住院楼建筑面积为1.1万m^2。

住院楼为框架—剪力墙结构体系，采用隔震技术，同时采取粘滞阻尼器减震措施。地下室核心筒错层，结构设置两层隔震层：第一层隔震层设置在首层和地下一层之间，第二层隔震层设置在地下室核心筒底部。结构抗震设防类别为乙类，抗震等级为一级。

【作者简介】胡振中（1983—），男，清华大学深圳国际研究生院副教授。E-mail：huzhenzhong@tsinghua.edu.cn

图 1　项目效果图

3　BM 技术在隔震结构设计优化中的应用

3.1　隔震结构设计流程

本次设计软件采用 YJK V5.2.0 进行隔震结构直接设计法，并使用 SAUSG-PI 2023 进行罕遇地震相关验算，主要流程如图 2 所示。

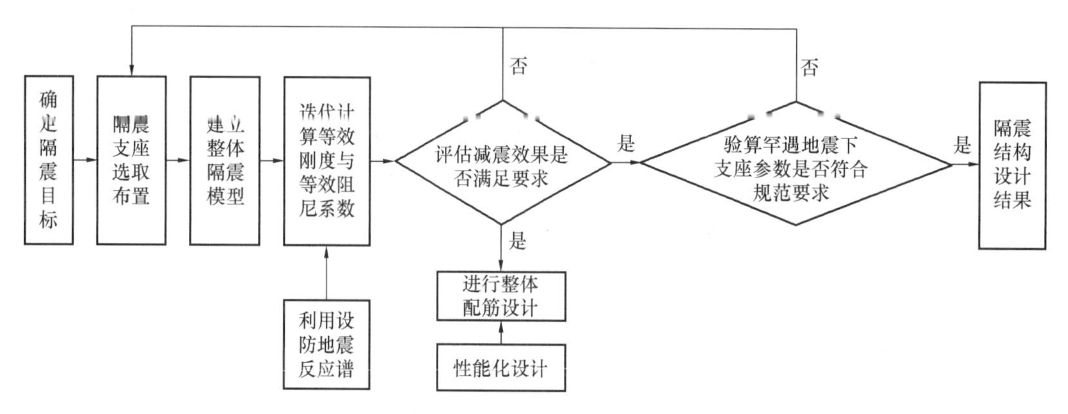

图 2　项目效果图

依据《建筑隔震设计标准》GB/T 51408—2021 的规定，在抗震设防目标问题上，原有抗震规范的“小震不坏、中震可修、大震不倒”提升为“中震不坏、大震可修、巨震不倒”，即隔震结构的设计方法对应发生改变，不再采用以前抗震规范的分部设计方法，转而确立了以“直接设计法”设计方法、“中震复振型分解反应谱法＋大震弹塑性分析法”分析方法与新一代隔震设计反应谱组成的方法体系，同时进一步引入性能化设计思想。

3.2　隔震结构设计结果

通过结构计算得到的结构振型与周期、隔震层偏心率与位移面压以及构件内力等性能指标，在 BIM 三维可视化界面对支座与阻尼器的类型、数量、排布方式进行调整，对构件的截面尺寸与类型进行修改，最终得到结构设计方案。结构可分为四部分（图 3）。

隔震层内布置 39 个铅芯橡胶支座，其中 17 个 LRB1300，22 个 LRB1200；布置 24 个天然橡胶支座，均为 LNR1200。此外，设置了 31 个提离装置（剪力墙下）及 13 个粘滞阻尼器。隔震层隔震支座布置见图 4。

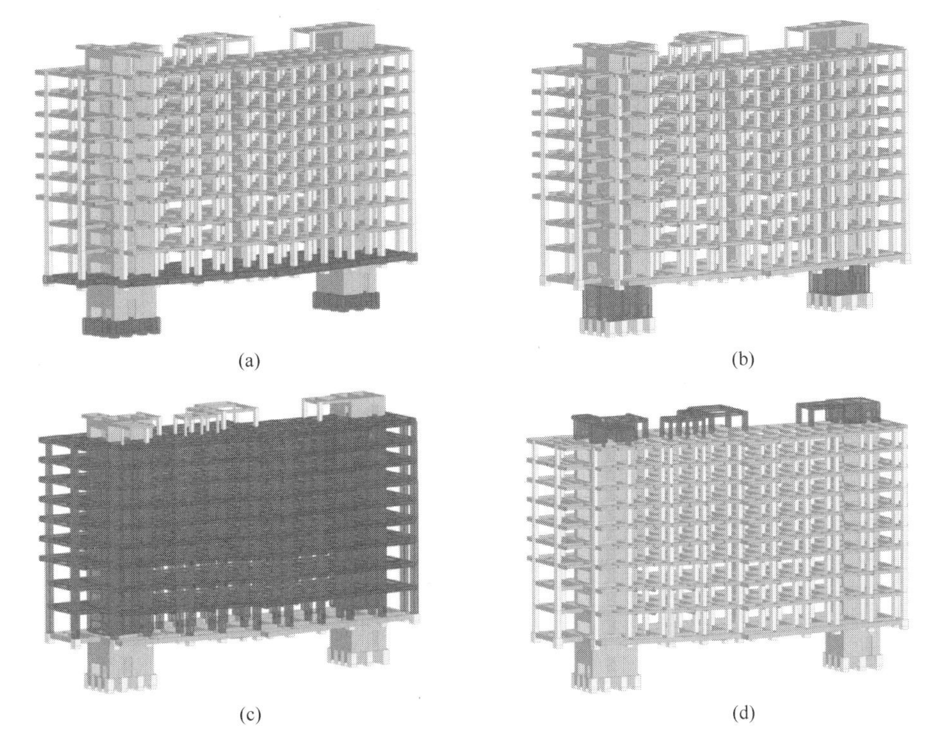

图3 结构分部图

(a) 隔震层；(b) 地下室核心筒；(c) 上部楼层；(d) 设备层

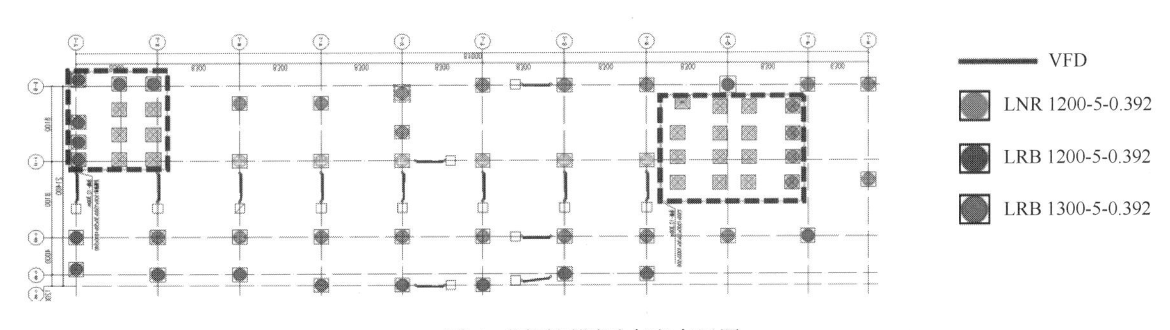

图4 隔震层隔震支座布置图

规范对隔震设计方案的偏心率、抗风承载力、长期面压提出具体要求，目前YJK软件可实现对以上指标的计算。

4 BIM技术在地震影响分析中的应用

4.1 设防地震振型分解反应谱分析

YJK软件可实现结构振型与周期比、楼层位移与层间位移角、层间位移比、层间刚度比、刚重比、剪重比、楼层抗剪承载力与轴压比的计算。

振型是结构体系的固有属性，计算软件可通过三维模型直观且全面地展示结构各阶振型，借助平动系数与扭转系数准确判断结构特性。前两阶振型以平动为主，第三阶振型以扭转为主（图5）。

隔震结构层间位移角曲线特性有别于传统结构。X向地震作用下最大层间位移角出现在层号9，为1/631；X向地震作用下最大层间位移角出现在层号7，为1/663，均小于规范限值1/500。曲线见图6。

4.2 罕遇地震弹塑性时程分析

《建筑隔震设计标准》GB/T 51408—2021规定，对于含隔震层隔震支座、阻尼装置及其他装置的比较复杂的隔震建筑，应采用时程分析法进行补充计算；罕遇地震作用下，隔震建筑上部结构和下部结构宜采用弹塑性分析模型。

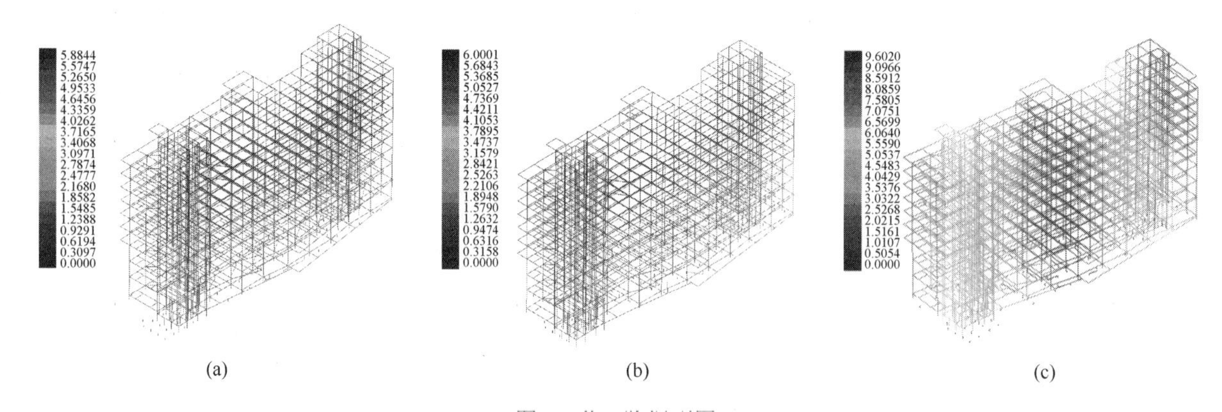

图5　前三阶振型图
(a) 第一阶振型图；(b) 第二阶振型图；(c) 第三阶振型图

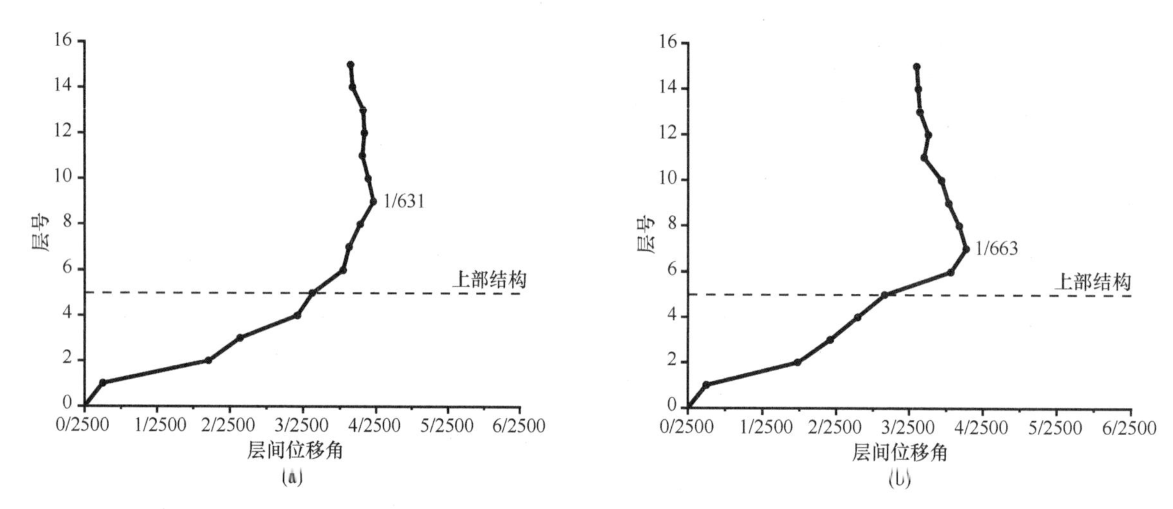

图6　双向地震最大层间位移角
(a) X 向地震最大层间位移角；(b) Y 向地震最大层间位移角

4.2.1　计算模型

住院楼隔震结构罕遇地震弹塑性时程分析计采用建研数力非线性分析计算软件 SAUSG-PI。本结构采用双层隔震层，需手动指定隔震层与设置节点约束。自振周期与总质量相比 YJK 模型，差别在允许范围内（表1）。

SAUSAGE 与 YJK 计算的自振周期与总质量对比　　　　**表1**

对比项		YJK	SAUSAGE	差值（%）
振型号	一	3.351s	3.343s	0.02
	二	3.217s	3.330s	0.35
	三	3.168s	3.053s	3.6
总质量		38040.84t	38750.80t	1.8

4.2.2　时程波选取

采用时程分析法时，应按建筑场地类别和设计地震分组选用实际强震记录和人工模拟的加速度时程曲线，所选取的地震波需满足地震动三要素的要求。

本工程选取5条天然波和2条人工波，多组时程曲线的平均地震影响系数曲线与振型分解反应谱法所采用的地震影响系数曲线在统计意义上相符。在结构前3阶振型上的差值分别为16.8%、16.1%、15.7%，均满足《建筑抗震设计规范》GB 50011—2010第5.1.2条的规定，符合统计意义。地震波时程曲线如图7所示。

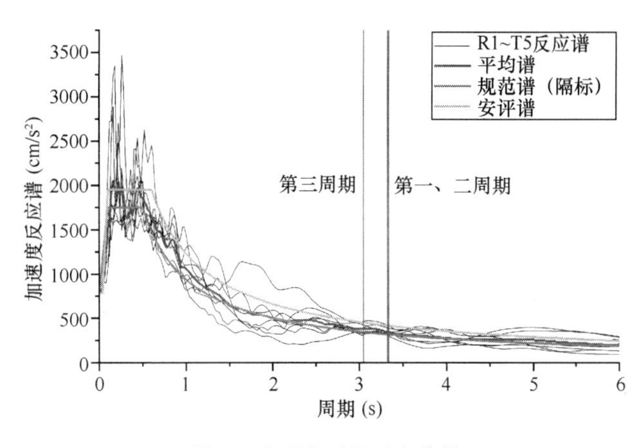

图7 地震波时程对比曲线

4.2.3 分析结果

隔震结构弹塑性时程分析包括层间位移角验算、整体抗倾覆验算、弹塑性能量耗散分析、构件性能分析与隔震层验算（支座水平位移、支座最大拉压应力），该住院楼均满足相关要求。

BIM技术应用主要体现在构件信息与分析云图两个方面。对于隔震结构，输入结构的地震能量一部分通过动能和应变能形式转换输出，一部分由结构自身消耗包括阻尼耗能和塑性耗能。隔震层中通常增设阻尼消能减震装置[7]，减小隔震层的位移响应。软件可调取隔震支座与粘滞阻尼器的滞回曲线（图8）。同时，隔震结构设计引入性能化分析，软件可显示结构损伤及性能化评估分析云图，以作为结构设计过程中的分析基础。

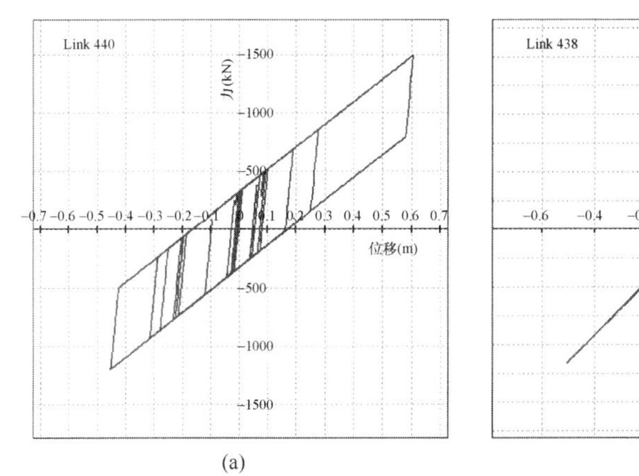

(a)

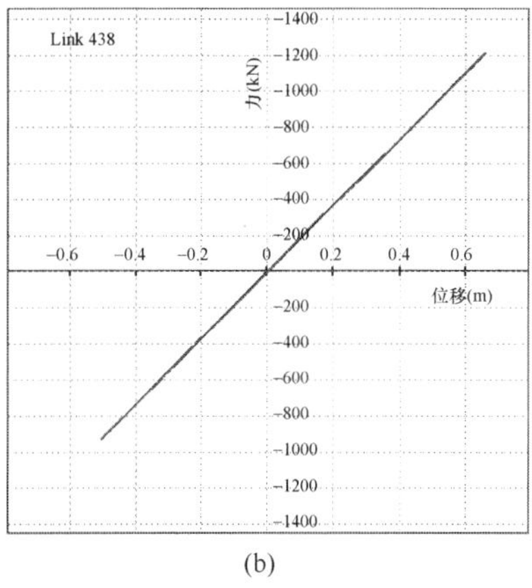

(b)

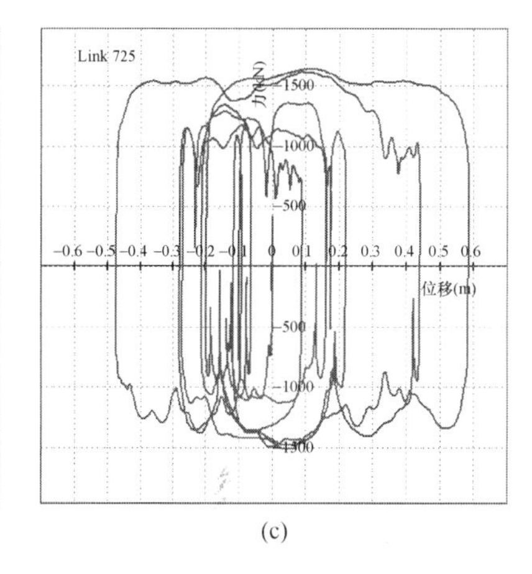

(c)

图8 隔震支座与粘滞阻尼器滞回曲线

（a）铅芯橡胶支座滞回曲线；（b）天然橡胶支座滞回曲线；（c）粘滞阻尼器滞回曲线

5 结语

本研究基于西昌某医院住院楼设计项目，阐述了运用建筑结构设计软件进行隔震结构设计过程中的方案设计优化与分析地震影响两阶段，并着重展示在其中体现的BIM技术应用。结构设计合理，具有足够的承载能力，在设防地震作用下能保持在弹性范围，在罕遇地震作用下能实现“大震可修”的目标，同时符合性能化设计目标，充分体现了BIM技术在隔震结构设计领域内的重要作用。

参考文献

[1] 丁洁民，吴宏磊，王世玉，陈长嘉．减隔震技术的发展与应用[J]. 建筑结构，2021，51(17)：25-33.

[2] 郑国勤，邱奎宁．BIM国内外标准综述[J]. 土木建筑工程信息技术，2012，4(1)：32-34，51.

[3] Hu Z Z*，Zhang X Y，Wang H W，Kassem M. Improving interoperability between architectural and structural design

models：An industry foundation classes-based approach with web-based tools[J]. Automation in Construction，2016，66：29-42.

[4] 黄吉锋，杨志勇，马恩成，张志远，沈文都．中国建筑科学研究院结构设计软件的发展与展望[J]. 建筑科学，2013，29(11)：22-29.

[5] 周云，吴从晓，张崇凌，等．芦山县人民医院门诊综合楼隔震结构分析与设计[J]. 建筑结构，2013，43(24)：23-27.

[6] 张晔．上海市第一人民医院新建医疗综合楼结构设计[J]. 建筑结构，2016，46(1)：71-74，81.

[7] 曲哲，叶列平，潘鹏．高层建筑的隔震原理与技术[J]. 工程抗震与加固改造，2009，31(5)：51，58-63.

基于 Revit 二次开发的公路隧道养护信息可视化研究

覃　晖[1,2]，曲立杨[1,2]，翁李斌[1,2]，王峥峥[1,2]，潘盛山[1,2]

（1. 大连理工大学 海岸与近海工程国家重点实验室，辽宁 大连 116024；
2. 大连理工大学 土木工程学院，辽宁 大连 116024）

【摘　要】 通过分析公路隧道构件、病害以及养护对策特征，规范数据编码，建立公路隧道构件库、病害库和对策库。基于 MySQL 搭建隧道养护数据库，基于 Revit 平台和 C♯二次开发，实现病害数据管理、构件信息可视化、病害信息可视化、技术状况可视化和养护对策可视化五大功能模块，在一定程度上方便养护人员掌握隧道整体养护情况，并得到针对性的养护建议。

【关键词】 公路隧道；养护；病害族库；数据标准化；Revit 二次开发；可视化

1　引言

随着我国公路隧道运营数量和里程的飞速增加[1]，海量隧道养护数据存在标准化程度和可视化程度低等问题，难以适应隧道养护管理现代化和精细化的需求。近年来，诸多学者开始研究桥隧养护标准化及可视化的问题，丁浩[2]从框架及具体内容进行分析说明公路隧道养护标准化；李明博等[3]通过对 Autodesk CAD 和 Revit 的二次开发，绘制与隧道三维空间模型结合的隧道病害三维展示图，使隧道病害信息的展示更加直观和真实；李成涛、陈宁等[4,5]基于 BIM 技术对桥梁病害信息三维可视化进行了研究，包括病害信息的空间分布、新旧病害的历史发展以及病害数据管理的检测等；褚豪[6]将二维抽象的桥梁病害信息转述为 IFC 语句，实现桥梁常见病害信息在 Revit 软件中的可视化表达。本文基于 BIM 及数据库技术，通过对 Revit 进行二次开发，运用 MySQL 对数据进行统一存储和管理，提出了一种公路隧道养护数据标准化与可视化的研究方案，以提高隧道养护时效性。

2　隧道养护信息标准化

2.1　隧道结构单元分解

根据《公路隧道养护技术规范》JTG H12—2015[7]，隧道可分为土建结构、机电设施和其他工程设施三大部分。以土建结构为例，根据日常巡查、经常检查和定期检查中涉及的检查项目，结合隧道巡检经验以及结构特点，将土建结构分为洞口、洞门、衬砌、路面、检修道、排水设施、吊顶及预埋件、内装饰和交通标志标线共 9 部分。在此基础上，根据隧道巡检内容，将隧道构件进一步划分，最终将隧道结构单元分解为四个层级，以衬砌和排水设施为例，分解结果如图 1 所示。

2.2　隧道养护信息编码规则

编码作为数据查询的基础和信息管理的唯一标识，有助于 BIM 模型与其他信息快速集成。本文遵循唯一性、合理性、可扩展性的原则，对隧道结构单元、病害、养护对策建立编码规则，实现 BIM 模型快速建立、病害及养护对策数据精确查询、分类统计、养护维修任务派发等功能，同时方便追溯病害与构件的对应关系。

【基金项目】 辽宁省中央引导地方科技发展资金（2023JH6/100100054）

【作者简介】 覃晖（1985—），男，副教授，主要研究方向为隧道与地下工程智能诊断与智慧运维。E-mail：hqin@dlut.edu.cn

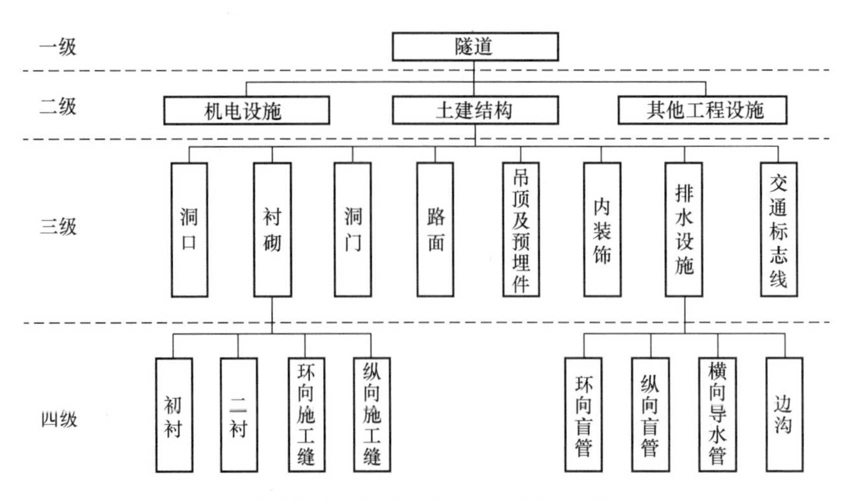

图1　公路隧道结构单元划分示意图（以衬砌和排水设施为例）

2.2.1　隧道结构单元编码规则

隧道结构单元编码总体思路为：将某条隧道作为整个线路的一部分，根据其交通类型、公路等级、养护等级、地理位置、上下行、顺序号、扩充码和构件层级，由上到下、由粗到细、由整体到局部逐步划分，从而确保每一个构件都有唯一对应的编码，编码规则如图2（a）所示。

2.2.2　隧道病害编码规则

通过总结常见病害类型并参考《公路隧道养护技术规范》JTG H12—2015[7]，建立隧道病害编码规则。隧道某一病害的编码由两部分组成，第一部分为该病害所在的隧道构件编码，第二部分为根据病害类型编码及病害顺序码，两部分编码用“—”进行连接。为了防止编码过长不便于查看，以及考虑到病害编码的通用性，只选择在构件层级的编码基础上，对该构件对应的病害类型进行编码，以便于区分同病害类型所在的不同构件的位置，编码规则如图2（b）所示。

2.2.3　隧道养护对策编码规则

养护对策编码在参考《公路数据库编目编码规则》JT/T 132—2014[8]的基础上，引入宏微观、病害类型和养护对策的编码，建立适合隧道养护对策的编码。该编码由两部分组成，第一部分为养护等级编码、检查类型编码、隧道技术状况评定内容编码、隧道总体技术状况评定等级编码、宏微观编码、病害编码；第二部分为养护对策编码。两部分编码用“—”进行连接，如图2（c）所示。

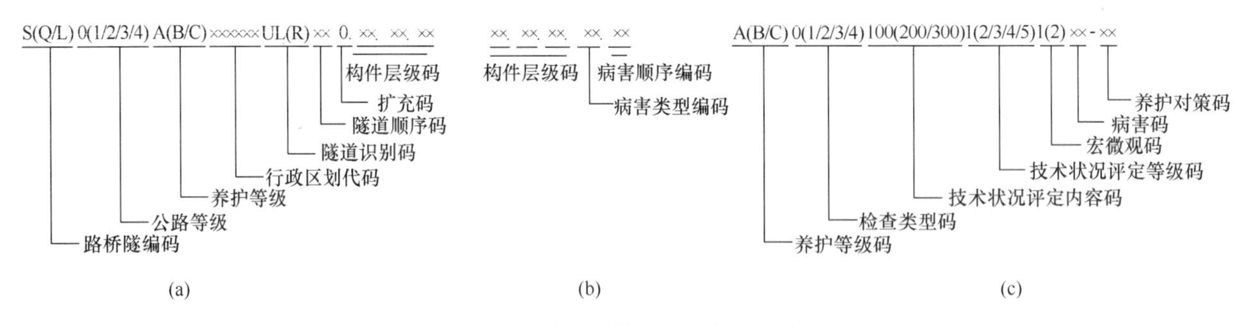

图2　公路隧道养护信息编码规则

（a）结构单元编码规则；（b）病害编码规则；（c）养护对策编码规则

3　隧道养护信息数据库

3.1　数据库建立

隧道养护过程中的构件信息和对策信息属于静态数据，养护信息属于动态数据，为方便统一管理，需要统一数据库来存储以上涉及的各种数据。本文选择MySQL数据库作为模型信息管理平台，将以上信息分类整理，分别建表，形成公路隧道构件库、病害库和对策库。

3.2 隧道数据库关联体系

在建立多张独立表的同时需赋予各张表的主外键，通过主外键创建表与表之间的关联体系，隧道构件信息表和构件部位信息表关联生成一级关联表。结合隧道巡检养护流程及数据特点，将一级关联表进一步关联，生成病害记录表，用于记录每一条病害的位置、属性、时间等信息，如图 3 所示。其他信息表之间亦可通过此种方式创建关联体系。

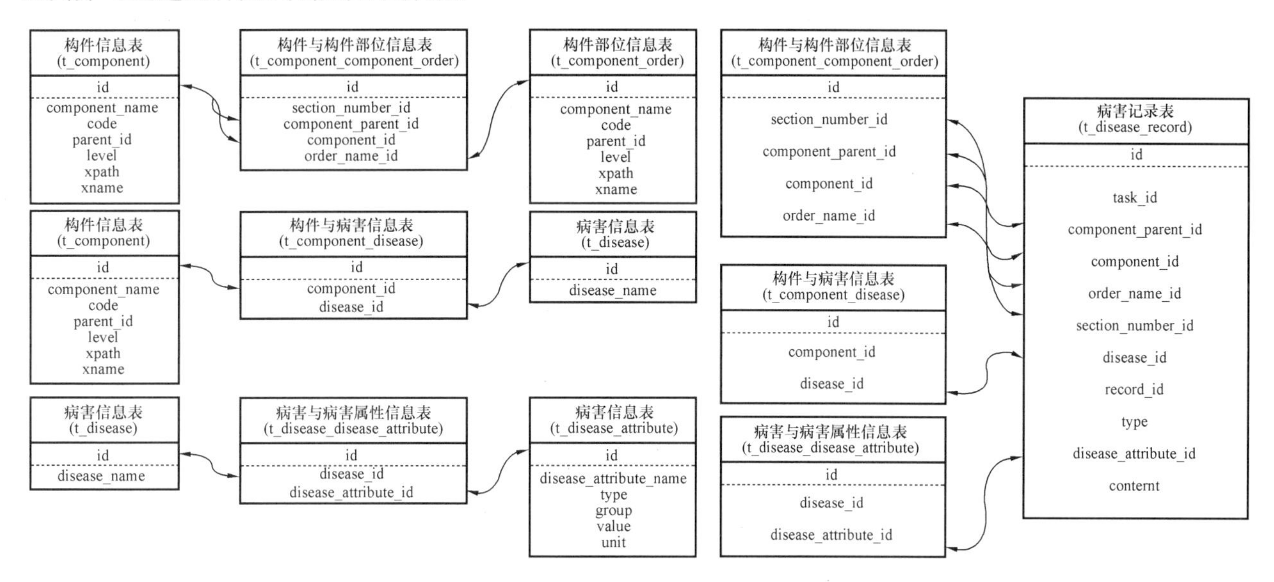

图 3 数据库关联体系模型

3.3 隧道数据库与 BIM 模型关联

为解决数据库与 Revit 族之间数据交互问题，利用 .NET API 编写 SQL 语言操作数据库，生成 .dll 文件；通过 .NET 框架对 Revit 进行二次开发，编写 Revit API 代码，将 List 容器中收集的数据库数据进行筛选、赋值，实现 Revit 隧道模型构件族与 MySQL 数据库之间的数据传输。

4 隧道养护信息可视化

通过 WinForm 技术设计用户界面，共包括病害管理、构件信息可视化、病害信息可视化、技术状况可视化和养护对策可视化五个功能模块。

4.1 病害管理

病害管理模块包括结构类型、病害类型、病害信息查询、病害信息展示四个部分。通过 form 类和 class 类之间的参数传递实现数据处理，通过编写 SQL 语言对数据库进行增删改查操作。最终实现通过结构类型、病害类型逐级筛选，根据巡检时间对病害信息进行增删改查处理，并显示于病害信息展示模块，除此之外还可对病害信息做进一步处理。

4.2 构件信息可视化

通过 Revit 创建出来的模型除了自带的约束、标识数据等属性信息外，没有其他有用信息。为实现工程项目信息化管理，本文在创建构件族的同时，对族类型以新建参数的形式进行属性信息添加，添加后的信息存储到数据库中，同时能够被其他软件平台读取利用。数据添加完成后，通过拾取 Revit 模型构件，触发外部事件命令读取构件的构件编码和里程信息，将读取的数据加工处理，作为 SQL 语句的筛选条件，实现数据查询功能，并能够通过点击设计参数里面的表格信息实现构件的高亮放大显示，页面显示如图 4 所示。

4.3 病害信息可视化

病害信息可视化模块主要涉及病害信息传输、病害定位布置、病害信息查询和病害分析四个部分。在定位布置病害族前，需要确保病害族有实例参数且实例参数也要有对应的值，然后将数据库里的数据

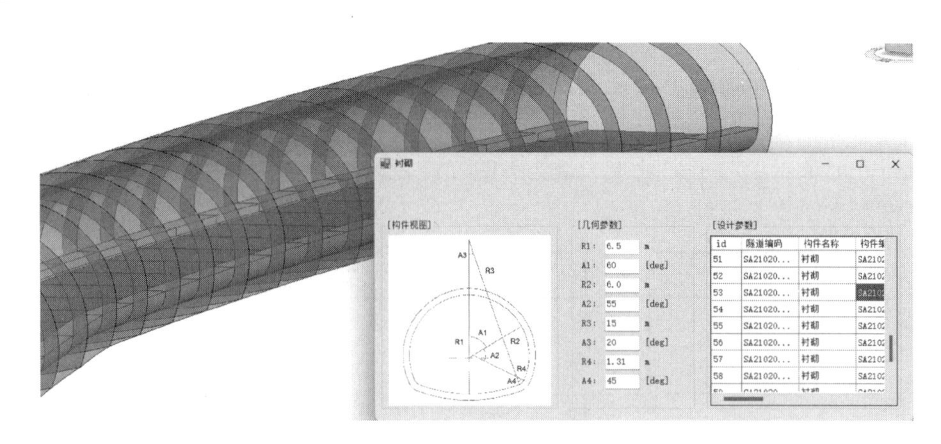

图4　构件信息可视化

赋予对应的病害族。在传输过程中需要将病害数据进行树状分类，从上到下依次分为巡检与养护时间、结构类型、构件类型和病害类型四个层级。由于病害发现后如未进行维修就会一直存在，所以时间维度不能只局限于巡检时间，其他层级的数据依次存储在哈希表中，通过在层级间遍历循环中嵌套含层级变量的SQL语句实现病害信息的准确查询和属性信息的零时存储，将病害属性信息传输给对应的病害族，从而实现在时间维度下进行数据库病害信息到病害族间的批量传输。

本文选取洞门横断面为$x—y$平面，首先在该平面上选取特定的点用以确定其x、y值，过该点作隧道中心线的平行线并进行部位标记，平行线的长度为z值，这样就确定终点位置线上的坐标值。其次将项目中每个族的坐标位置信息存储在标记参数中，用以记录确定族的起点坐标，最后通过读取病害族中病害部位和距洞门里程m参数下的内容信息，作为确定终点位置坐标的信息。其中病害部位信息与隧道中对应部位的平行线匹配，距洞门里程m信息对应平行线的z值，从而实现病害族到隧道模型的定位。根据以上方法，可选择任意时间点查看该时间维度下病害信息在隧道模型中的分布情况，同时也设立了病害类型、构件类型、病害部位、里程区间四个维度进行筛选的方法，如图5所示。同时为方便管理人员详细查看某个病害的详细信息，了解病害发展情况，设立病害分析模块，点击病害即可查看病害图片等详细信息，并可通过折线图查看病害发展状况。

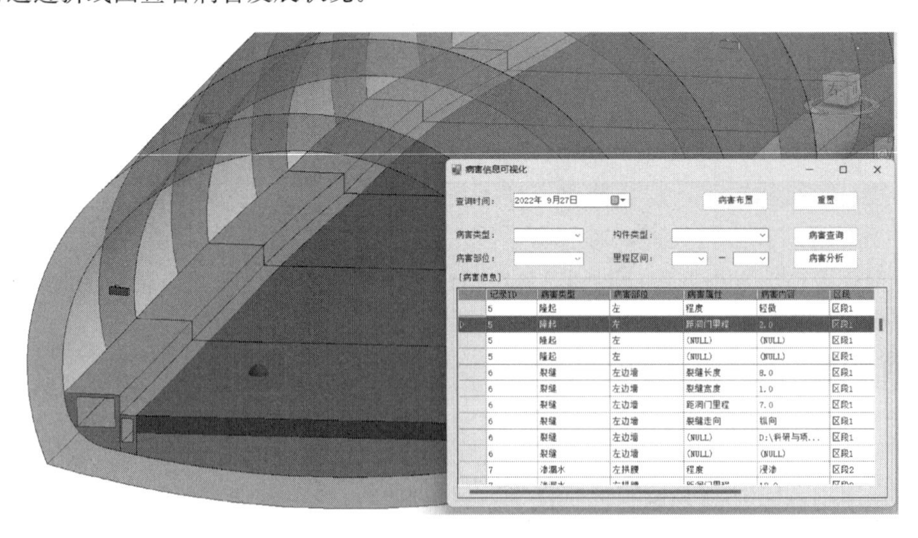

图5　病害信息展示

4.4　技术状况可视化

技术状况可视化模块主要涉及病害族定位布置与病害信息展示、状况值输入、权重赋予、土建结构技术状况评分和评定分类计算、规范条文查询五个模块。该功能基于病害信息可视化的基础上，结合《公路隧道养护技术规范》JTG H12—2015[7]中土建结构评分规定，工作人员可根据结构上病害族的颜色，直观、快速、准确地输入该结构下的状况值。与此同时，可快速查看相关规范条文，并对权重进行针对性的修改。在完成各构件状况值输入、颜色区分、视图样式选择和过滤条件设置后，即可通过不同颜色区分不同状况值，清楚地了解该隧道各结构区段的病害程度情况，如图 6 所示。

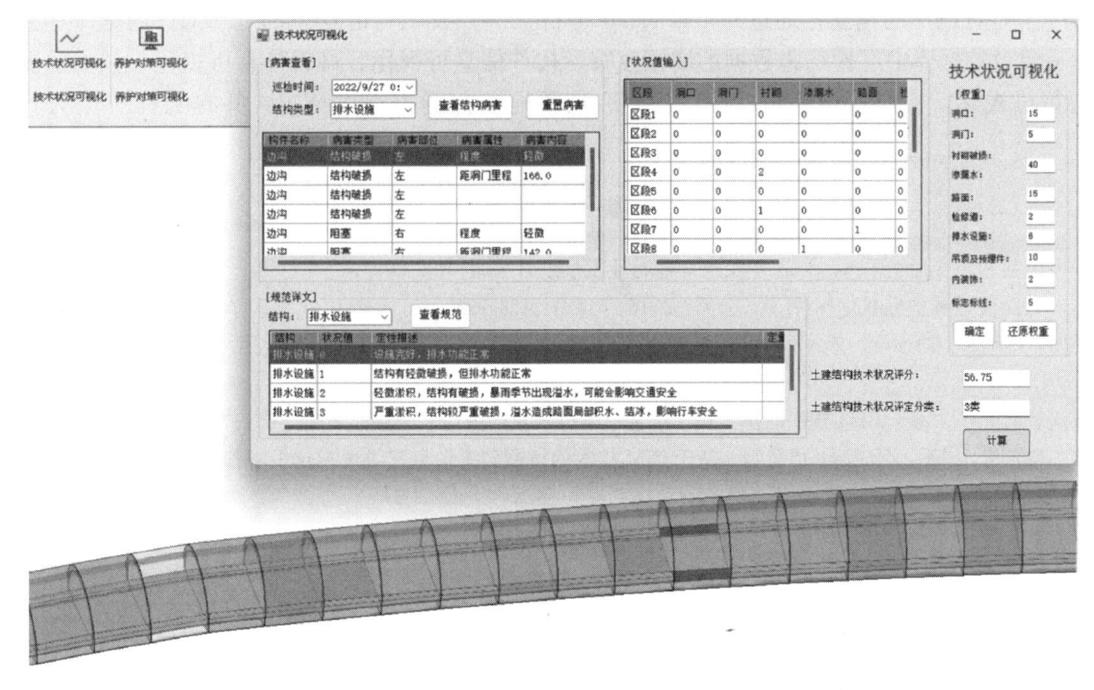

图 6　技术状况可视化

4.5　养护对策可视化

养护对策可视化模块分为宏观对策和具体对策查看。宏观对策是在技术状况可视化的基础上，可查看某一具体时间下的隧道土建结构技术状况值、评定分类情况和改评定分类值下规范对策。具体对策是在宏观对策查看的基础上，针对某一具体病害根据其属性特点给出维修建议，如图 7 所示。

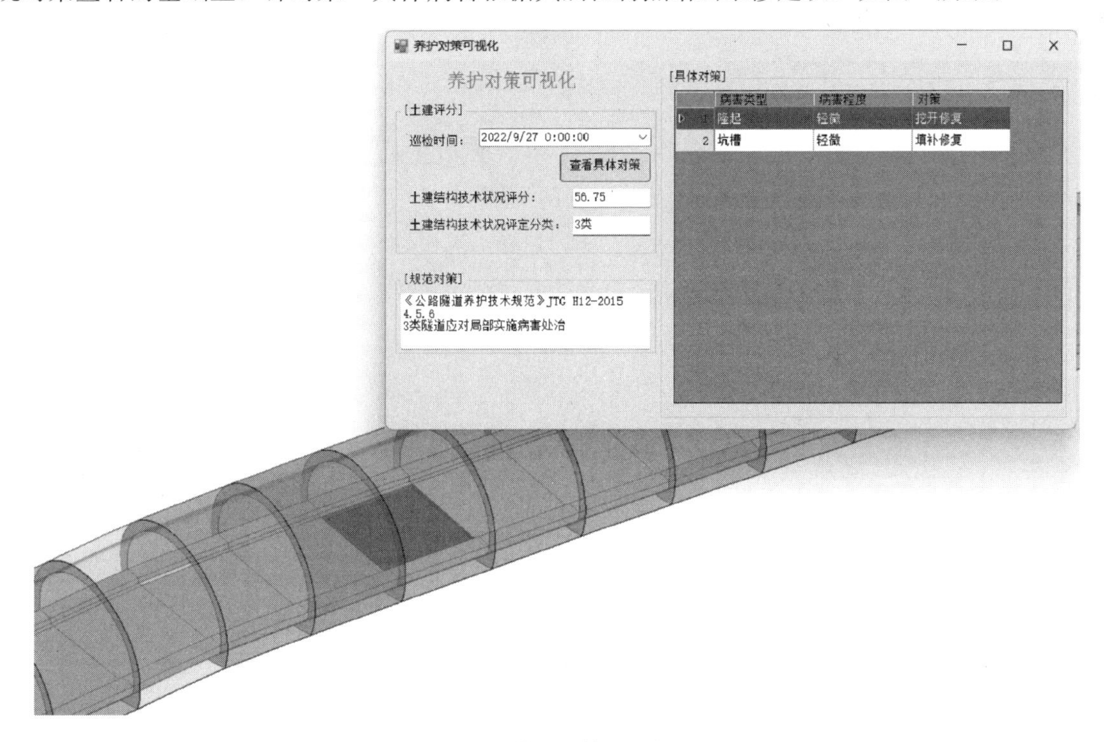

图 7　养护对策可视化

5 结论

本文总结了公路隧道养护信息标准化相关规则，建立了构件库、病害库和对策库，并通过数据库模型完善 MySQL 数据库的建立。通过 C＃对 Revit 进行二次开发，与已建好的 MySQL 数据库相连，实现在 Revit 平台对数据库中巡检病害数据的增删改查、构件信息可视化、病害信息可视化、技术状况可视化和养护对策可视化，方便管理人员实时、清晰、高效地掌握隧道整体情况，并得到针对性的养护对策建议。

参考文献

[1] 中华人民共和国交通运输部. 2021 年交通运输行业发展统计公报[R]. 2021.

[2] 丁浩．公路隧道养护标准化探讨[J]. 公路，2016，61(8)：194-198.

[3] 李明博，蒋雅君，刘小俊，等．BIM 技术在运营隧道病害检测结果三维可视化中的应用[J]. 中外公路，2017，37(1)：297-301.

[4] 李成涛，章世祥．基于 BIM 技术的桥梁病害信息三维可视化研究[J]. 公路，2017，62(1)：76-80.

[5] 陈宁，马志华，柏平，李成涛，贾慧娟．基于 BIM 技术的桥梁病害信息三维可视化采集管理系统[J]. 中外公路，2017，37(1)：305-308.

[6] 褚豪．桥梁病害可视化表达研究[D]. 武汉：华中科技大学，2020.

[7] 中华人民共和国交通运输部. 公路隧道养护技术规范：JTG H12—2015[S]. 北京：人民交通出版社，2015.

[8] 中华人民共和国交通运输部. 公路数据库编目编码规则：JT/T 132—2014[S]. 北京：人民交通出版社，2014.

基于IFC标准的建筑生命周期碳排放

卢 锟[1,2,3]，邓雪原[1,2,3]

（1. 上海交通大学 船舶海洋与建筑工程学院，上海 200240；
2. 上海交通大学 BIM研究中心，上海 200240；
3. 上海市公共建筑和基础设施数字化运维重点实验室，上海 200240）

【摘　要】 建筑业产生了大量的碳排放，造成了温室效应的加剧。然而，不同专业领域的BIM模型不能整合导致碳排放评估出现阻碍，不利于实现建筑的减排目标。因此，本文提出基于工业基础类（IFC）标准的生命周期碳排放的计算方法。最后，以一栋校园建筑验证了上述方法论，得到该建筑运营碳排放为90818.7tCO_2e，隐含碳为25089.23tCO_2e。这项研究提供了高质量的碳排放数据共享与交换的解决方案，使得多源BIM软件能够在设计阶段协同整合计算碳排放。

【关键词】 建筑信息模型；工业基础类；建筑碳排放；生命周期评价

1 引言

在全球范围内，建筑业约占全行业碳排放的近30%，是全球变暖的重要原因[1]。根据联合国2022年全球建筑制造业现状报告指出，建筑业碳排放达到近100亿吨二氧化碳当量，比2019年的峰值还高出2%[1]。这说明建筑业碳排放的糟糕表现使得其离实现2030年前碳达峰、2060年前碳中和的目标越来越远。减少建筑物的碳排放，已经成为建筑业实现节能减排和可持续发展的首要任务。

建筑物生命周期碳排放通常分为两组：运营碳排放和隐含碳排放[2]。其中，运营碳排放是使用能源为建筑物供暖、制冷和供电引起的，而隐含碳排放则与建筑建造、维护、拆除过程中消耗的材料等资源有关[2]。因为建筑在其生命周期中的复杂性，涉及众多因素，这使得计算、分析和管理生命周期碳排放是非常困难的[3]。建筑信息模型（Building Information Modeling，BIM）是携带数据的虚拟三维模型，是对工程项目相关信息详尽的数字化表达，可以大大减少管理建筑数据所需的时间和精力[4]。目前，基于成熟商业BIM软件计算运营碳排放和隐含碳排放的方法已经相对成熟，并获得广泛的应用[4]。

但是，在实际的工程实践中，不同工程师使用的BIM建模软件是不一样的[5]。例如，建筑师用ArchiCAD创建建筑模型，结构工程师用Tekla创建结构模型，安装工程师用Rebro创建安装模型。现有的基于单一商业BIM软件的碳排放计算方法，往往需要使用专门的工具进行二次翻模，并不能将不同专业设计师创建的BIM模型整合到一起，极大地浪费人力和时间成本。这进一步反映了现有的基于传统BIM的方法无法实现建筑数据信息的重用。

工业基础类（Industry Foundation Classes，IFC），OpenBIM的核心储存标准[6]，提供了上述问题的潜在解决方法。目前，几乎所有主流的BIM建模软件都支持IFC文件的导入和导出[7]，例如Revit、ArchiCAD、Rebro等，这使得不同软件创建的BIM模型可以相互沟通。另外，IFC作为BIM交付标准，已经被很多国家所接受[8]。相比于传统CAD图纸交付，其能保存大量属性信息于BIM文件中。

因此，本文采用IFC标准，解决在生命周期碳排放评价过程中不同BIM软件不能协同和整合的问题。基于IFC计算生命周期碳排放，能整合多方的BIM商业软件到一个模型中，实现碳排放计算信息的重用。

【基金项目】 上海市科学技术委员会项目（No. 21DZ1204600）

【作者简介】 邓雪原（1973—），男，副教授，博士。主要研究方向为建筑BIM、CAD协同设计与集成。E-mail：dengxy@sjtu.edu.cn

更重要的是，使用IFC标准，能够使得碳排放的计算结果通过IFC储存在BIM模型中，实现碳信息的BIM交付。

2 计算方法

2.1 边界范围定义

系统边界包括时间范围和空间范围的定义。根据国际最受欢迎的标准《建筑物及土木工程的可持续性—建设工程的环境、社会和经济性能评价方法框架，作为可持续性评估的基础—第1部分：建筑物. 国际标准化组织》ISO 21931—1 [9]，本文将建筑生命周期分为隐含碳和运营碳两个部分。其中，隐含碳包括生产和施工、修缮和翻新、拆除和结束三个阶段，而运营阶段包括建筑运营过程中的供暖、制冷和供电等，如表1所示。空间范围包含对建筑组成部分的定义，本研究仅限于该栋建筑，包括该建设项目的建筑、结构、暖通、电气、给水排水等多专业，但不包括这个建筑的附属部分，比如园林景观和绿地，也不包括建筑中的家具。

建筑生命周期边界范围 表1

序号	阶段名称	归属	边界范围内涵
A1-A5	生产和施工	隐含碳	材料的生产和运输、现场施工
B1-B5	修缮和翻新	隐含碳	损坏维修、组件更换、装修翻新改造
B6-B7	运营	运营碳	制冷、制热、通风、照明、电器设备
C1-C4	拆除和结束	隐含碳	现场拆除、废料运输、废料处理与回收

2.2 基于BIM的清单

在本步骤中，需要建立满足后期碳排放计算的BIM模型。基于IFC的流程可以支持多人多软件的协同工作，建筑、结构、安装专业的工程师根据他们的喜好使用擅长的BIM软件建模。在完成BIM建模后，一方面将BIM模型通过IFC标准导入工程量计算软件中，从而获得工程量清单。在本研究中，工程量清单遵循《建设工程工程量清单计价规范》GB 50500—2013的规定，并表达了IfcElement的几何信息和属性信息，可以为后续的隐含碳计算服务。同时，BIM模型也需要导入能耗模拟软件中，根据DOE2方法得到能耗清单，这些能耗信息与IfcSpace是关联的，以进行后续运营碳计算的流程。总之，该步骤的任务就是通过建立BIM模型得到工程量清单和能耗清单，如图1所示。

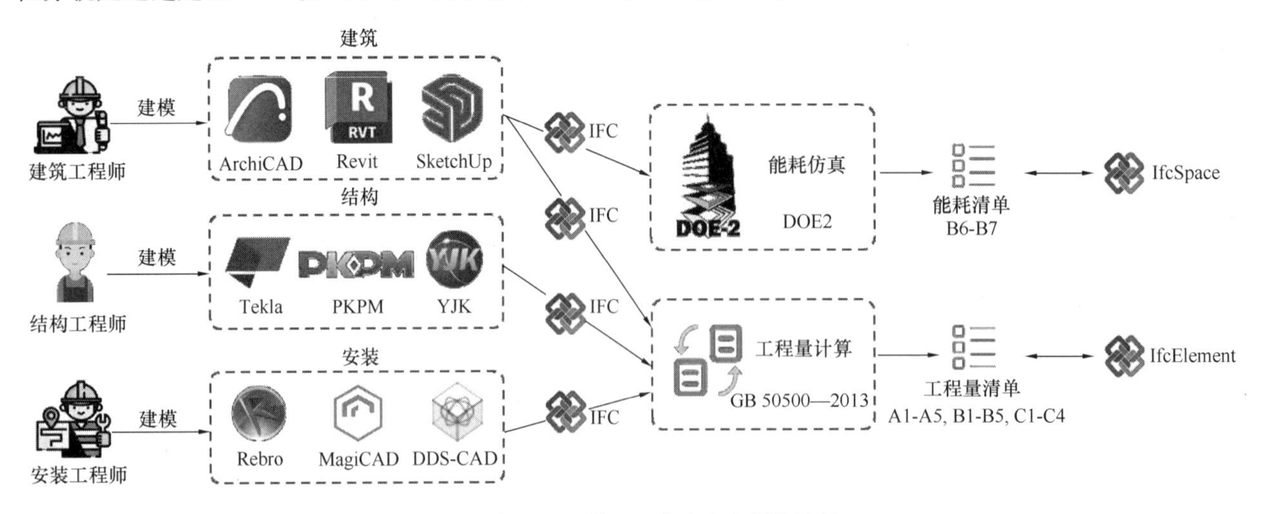

图1 建立BIM模型以获取生命周期清单

2.3 隐含碳计算

在获得基于IFC计算得到的工程量清单，还需要将工程量清单套取相应的定额，获得对应消耗的资源，然后通过如图2所示的流程计算隐含碳排放。简单来说，这个计算过程是从上往下依次根据生命周

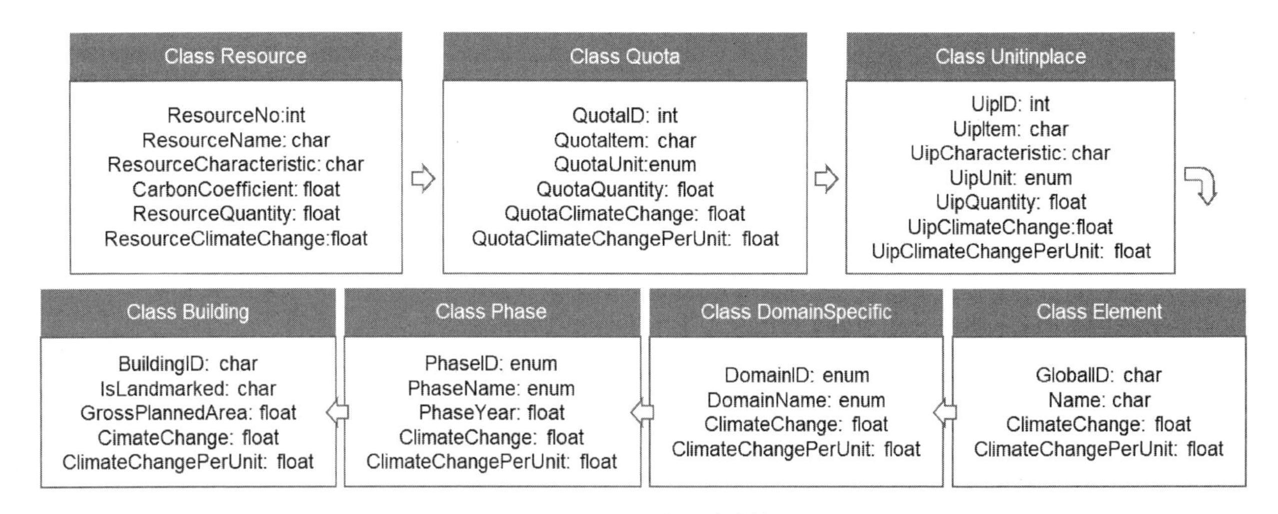

图2 基于IFC的隐含碳计算流程

期、专业领域、构件、分部分项、定额、资源等层级关系进行分解，将工程量清单分解为资源的数量。再将资源数量乘以对应的碳排放系数，得到资源层的碳排放，最后从下往上累积计算获得各层级的隐含碳结果。

2.4 运营碳计算

基于IFC的运营碳仿真方法如图3所示。首先，需要通过人机交互将设计信息输入IFC模型中，这些信息包括与IfcSpace相关的暖通、照明、居住信息，以及与围护结构IfcElement相关的热传导系数、光折射系数等。根据这些设计参数，可以计算对应的由于人类活动、照明，设备、通风引起的热负荷，从而计算建筑运营期能耗清单。与隐含碳类似，能耗清单乘以对应的碳排放因子，从而计算运营碳排放。

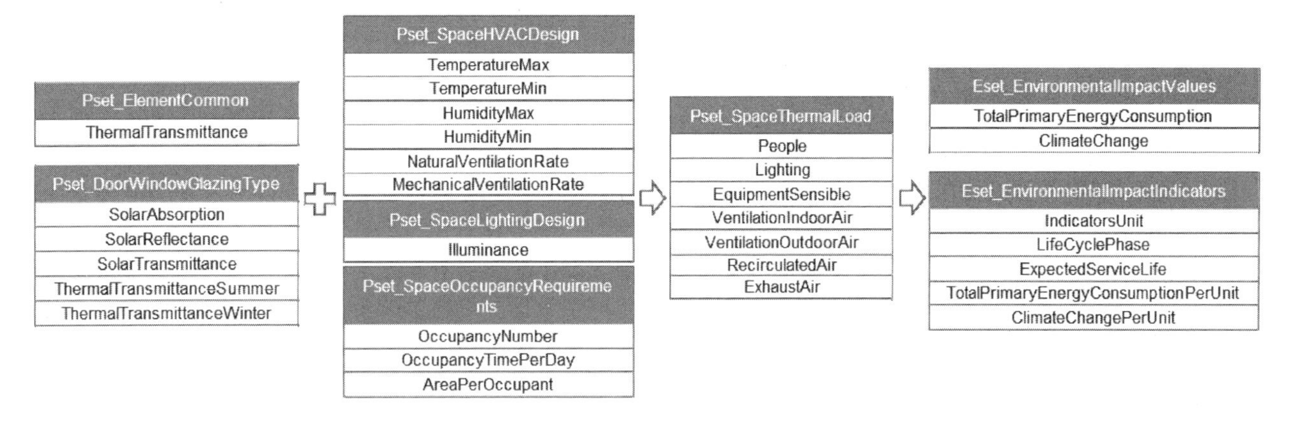

图3 基于IFC的运营碳计算流程

3 案例研究

为了验证上述方法的可行性，本研究将运营期预计为50年的木兰船建大楼作为案例研究对象。该建筑位于上海，占地面积4635m^2，建筑面积29967m^2。该大楼供上海交通大学船舶海洋与建筑工程学院的师生使用，是一栋集教学、办公、会议、实验等功能在内的综合类教育建筑。该建筑采用ArchiCAD进行建筑建模，采用YJK和Revit进行结构建模，采用Rebro进行安装建模，并将这些多源异构的BIM模型通过NMBIM平台进行整合。基于上述方法，在获取工程量清单和能耗清单后，计算该建筑的隐含碳和运营碳。

3.1 隐含碳结果

如图4所示，该建筑的隐含碳排放为25089.23tCO_2e。可以明显地看出，钢筋混凝土工程贡献了最多的碳排放，这是因为本案例建筑采用了钢筋混凝土支撑结构系统，钢筋和混凝土用量大，碳排放系数高，

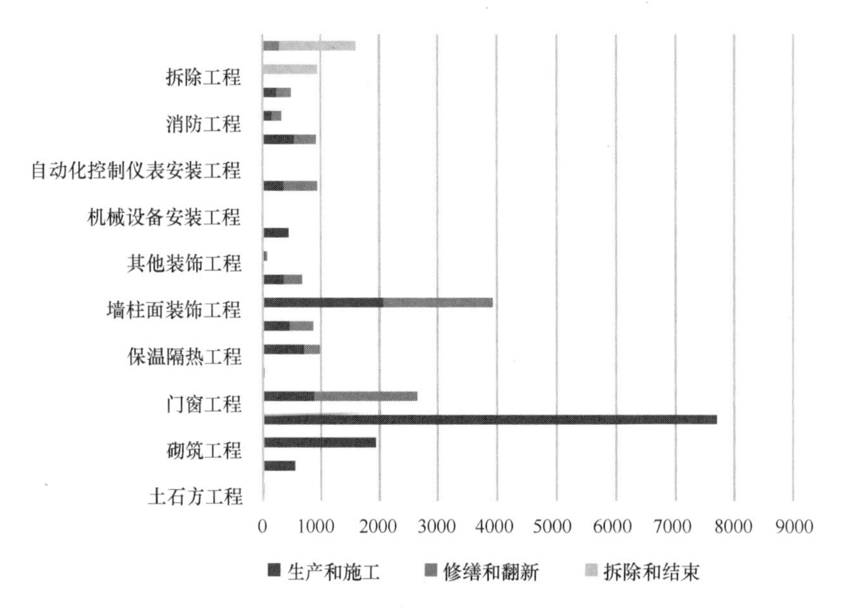

图4　案例建筑的隐含碳结果（tCO_2e）

因此产生了最多的碳排放。

另外，砌筑工程也消耗了大量的碳排放，虽然作为框架结构，砖砌块不作为承载力构件，但是提供了功能分割和保温的作用，其用量依然不可小视。如图4所示，墙柱面装饰工程的碳排放是所有分部工程中第二高的，其原因是本楼作为教育类公共建筑，其装修水平高于普通住宅，而且在使用期内也需要对墙面装修进行多次的维护和翻新。与之相似的还有门窗工程，在建筑生命周期内也需要多次翻新。此外，拆除和垃圾处理产生的碳排放不可忽视，所幸垃圾处理工程中回收材料对碳排放有一定的折减作用。

3.2　运营碳结果

在预计50年的运营阶段，该建筑共产生90818.7tCO_2e的运营碳，每年的碳排放为1816.37tCO_2e/年，如图5所示。其中每年碳排放消耗最大的房间类型是办公室，为759.383tCO_2e/年，占所有空间产生运营碳的41.8%。主要原因是办公室是该建筑物的主要空间，其房间面积为9560.20m^2，其制冷制热和照明消耗了大量的电力。在办公室之后，对运营碳贡献较大的依次是实验室（22.3%）和多功能室（16.1%）。这两者都是面积较大的房间类型。

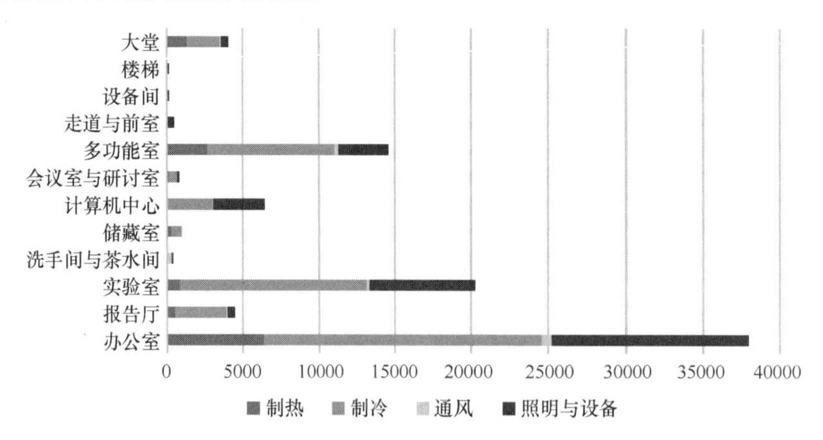

图5　案例建筑的运营碳结果（tCO_2e）

而每年每平方米碳排放最高的是计算机中心，为443.28$kgCO_2e$/（年·m^2），因为其大量的计算机消耗了大量的电力，而且其散发的热量也加重了制冷系统的负担。如图5所示，计算中心运营碳的主要来源是制冷和照明设备，而制热和通风几乎是忽略不计的。

4 结论

本文提出了基于 IFC 的建筑生命周期碳排放评估方法。本研究实现了多源异构 IFC 数据的整合，使得不同 BIM 软件创建的模型能够整合协同计算分析生命周期碳排放，并将其计算结果保存在 IFC 中，实现碳排放信息随 BIM 交付。这个方法可以帮助低碳工程师在建筑设计阶段无须二次建模，利用现有的 BIM 模型进行碳排放评估，从而促进建筑行业达到碳达峰和碳中和。

本文以某建筑作为案例研究验证了该方法。案例结果表明：该建筑的生命周期碳排放为 115907.9 tCO_2e，每平方米建筑面积生命周期碳排放为 3867.85$kgCO_2e/m^2$。该建筑运营碳排放为 1816.37tCO_2e/年，在 50 年运营期内共产生 90818.7tCO_2e 的碳排放。隐含碳总量为 25089.2tCO_2e，每平方米建筑面积隐含碳为 837.22$kgCO_2e/m^2$。

未来的研究可以关注于以下方面：在没有 BIM 模型的早期概念阶段，可以利用人工智能来预测建筑碳排放。值得注意的是，人工智能是需要积累存储的大数据作为支撑的，而本研究中携带碳排放信息的 IFC 文件正好作为人工智能的支持数据集。此外，本研究基于 IFC 的碳排放结果为仿真值，未来可以使用物联网进行实时感知和动态采集，从而监测建筑碳排放的实际值，并与本研究的仿真值进行比较。

参考文献

[1] UNEP [EB/OL] Executive Summary-2022 Global Status Report for Buildings and Construction: Towards a Zero-emission, Efficient and Resilient Buildings and Construction Sector. United Nations Environment Programme. [2022-12-12].

[2] Deng, X. and Lu, K. Multi-level assessment for embodied carbon of buildings using multi-source industry foundation classes [J]. Journal of Building Engineering, 2023, 72: 106705.

[3] Lu, K., et al. Development of a carbon emissions analysis framework using building information modeling and life cycle assessment for the construction of hospital projects [J]. Sustainability, 2019, 11(22): 6274.

[4] Lu, K., et al. Integration of life cycle assessment and life cycle cost using building information modeling: A critical review [J]. Journal of Cleaner Production, 2021, 285: 125438.

[5] Lai, H. and Deng, X. Interoperability analysis of ifc-based data exchange between heterogeneous BIM software [J]. Journal of Civil Engineering and Management, 2018, 24(7): 537-555.

[6] buildingSMART. [EB/OL] Industry Foundation Classes (IFC). buildingSMART International. [2022-12-12].

[7] Jiang, S., et al. OpenBIM: An enabling solution for information interoperability [J]. Applied Sciences, 2019, 9 (24): 5358.

[8] Lai, H., Zhou, C., and Deng, X. Exchange requirement-based delivery method of structural design information for collaborative design using industry foundation classes [J]. Journal of Civil Engineering and Management, 2019, 25(6): 559-575.

[9] ISO21931-1. [EB/OL] Sustainability in buildings and civil engineering works—Framework for methods of assessment of the environmental, social and economic performance of construction works as a basis for sustainability assessment—Part 1: Buildings. International Organization for Standardization. [2022-12-12].

建筑信息物理模型的形式化验证

孔琳琳，杨启亮*，邢建春，陈　寅，周启臻

（陆军工程大学国防工程学院，江苏 南京 210000）

【摘　要】建筑信息物理模型（Building Information Physical Model，BIPM）是一种新型的特殊信息模型，其集成了静态信息、动态交互机制和物理机制信息。但BIPM缺乏理论建模和验证，这将无法保证BIPM开发过程的正确性。因此，如何对BIPM进行理论建模和验证已成为一个亟待解决的问题。本研究将BIPM的实现逻辑与严格的数学描述相结合，建立了BIPM的理论模型，并通过通信顺序进程（Communicating Sequencing Process，CSP）对BIPM理论模型进行形式化验证，从而证明BIPM的可靠性和正确性。

【关键词】BIPM；理论模型；通信顺序进程；形式化验证

1　引言

建筑信息建模技术对于提升建筑工程建设与运维的进度、质量和效益具有重要意义[1]，其彻底改变了建筑行业生产管理和运维过程[2]。随着智慧城市、“信息—物理”融合交互、城市灾害预演等应用需求不断涌现，涉及这些新型技术系统的建筑设施构造与信息描述的复杂性不断增加，对具有动态性、真实性、实时性的新型建筑信息建模能力提出了新要求。例如，空调仿真系统需要三维立体呈现的设施几何实体模型，将室内物联网感知而得的实时信息（如室内温度变化）叠加到三维模型上进行动态监测，动态呈现设施当前的物理过程效应（如空调转速）。然而，目前以建筑信息模型（Building Information Modeling，BIM）为代表的建筑信息模型技术只集成了基本的静态信息，包括几何、空间关系、属性、数量等[3]，无法实时感知和调控物理世界的建筑实体，缺乏反映建筑实体动态物理特征和过程的物理模型。

为了更加真实地描述建筑信息，杨启亮等人提出一种新的建筑信息模型，即建筑信息物理模型(Building Information Physical Model，BIPM)[4]。与现有的静态BIM技术相比，BIPM具有可与外部实体动态交互、全真映射内在机理的能力。然而，BIPM的研究仅停留在概念框架的阶段，缺乏进一步的理论建模和验证，这将无法保证BIPM内在逻辑的正确性，为BIPM的开发过程带来阻碍。

为此，本文将BIPM的实现逻辑与严格的数学描述相结合，建立BIPM的理论模型，使BIPM能够准确、真实地反映物理空间中的实体和物理过程及其实际行为状态。随后，通过形式化建模和仿真验证，验证了BIPM的内在逻辑正确性以及BIPM的可行性和有效性。

2　BIPM概念框架和形式化技术

2.1　BIPM概念框架

BIPM概念框架如图1所示，其由基本信息模型、物理模型、交互模型三个子模型组成。其中基本信息模型刻画了建筑实体的几何、尺寸、位置等基本静态属性。物理模型是对建筑物理行为内在机理规律的刻画，包括建筑基本实体的力学模型、物理解析模型及黑盒模型。交互模型，由信息物理融合交互实体构成，包括感知器实体、决策控制器实体、执行器实体、动画实体。

【基金项目】国家自然科学基金资助项目（52178307）

【作者简介】杨启亮（1975—），男，陆军工程大学国防工程学院教授。主要研究方向为智能建筑、自适应软件工程。E-mail：yql@893.com.cn

在BIPM的运行过程中，BIPM交互模型中的传感器实体从物理空间中接收实时数据。一方面，传感器实体接收到的实时数据直接驱动交互模型中的动画实体，从而改变BIPM空间实体的运行状态。另一方面，传感器实体将数据作为输入发送给交互模型中的控制器实体；BIPM交互模型中的控制器实体根据接收来自传感器实体的实时数据自主决策。一方面，控制器实体根据数据分析物理规律和物理函数的类型，并将决策数据作为输入提供给物理模型，物理规律被输出并作用于基本信息模型，后者反过来驱动动画实体，进一步改变BIPM空间实体的运行状态。另一方面，控制器实体将决策后的控制指令传送给交互模型中的执行器实体，执行器实体驱动建筑物理空间实体和BIPM空间实体改变其运动状态，从而在BIPM和物理空间之间形成一个封闭的反馈控制回路。

值得注意的是，BIPM的三个子模型也可以由用户调节。用户可以修改基本信息模型并设置其参数，也可以修改物理模型中的物理规律。关于交互模型，用户也可以作为控制器实体，根据来自传感器实体的信息作出决定，之后通过执行器实体对物理空间实体进行控制。

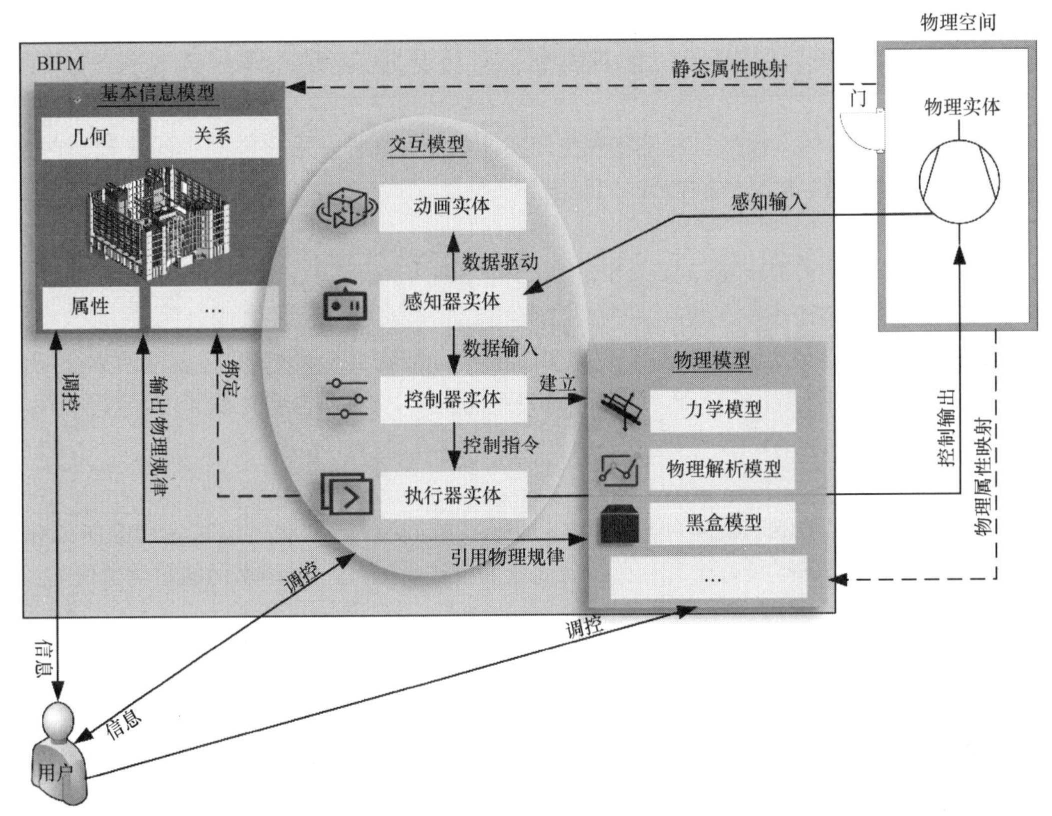

图1 BIPM概念框架

2.2 形式化技术

不难看出，BIPM是信息—物理耦合、多物理场融合、具有多尺度层级、构造性复杂的逻辑体，内部逻辑交互的正确性、执行路径的畅通程度、执行结果的有效性唯有经过严格的分析和验证，才能确保BIPM的可信性。而形式化技术是一种基于严格的数学基础，通过采用数学逻辑证明来对系统进行建模、规约、分析、推理和验证，可以有效地保证BIPM内在逻辑的正确性和可靠性。因此，本节分析了相关领域内的形式化方法。

形式化技术[5]广泛应用于土木工程领域建筑信息模型的检测中。例如，Kong等[6]使用UPPAAL验证扩展的BIM过程模型的可靠性。在数字双胞胎领域，可用的形式化方法还包括概率模型检查[7]、Z3求解器[8]等。相比之下，在地理信息系统（Geographic Information System，GIS）领域，涉及形式化验证的研究很少。

在信息物理系统（Cyber Physical System，CPS）领域，形式化技术被更广泛地使用。在错误检查方面，Xiang等[9]提出使用Petri网来检查CPS中的数据丢失错误。此外，工业机器人的安全性也可以进行类似的验证。例如，Wang 等[10]提出了基于 CPS 的灵巧机器人手的逆运动学解决方案的形式化方法。此外，还有一些面向路径的形式化方法。例如，Wang 等人[11]提出了一种面向路径的无导数方法，利用混合自动机验证非线性和非确定性 CPS 的安全属性。

综上所述，形式化验证技术广泛存在于建筑模型检测和 CSP 领域中，BIPM 的概念源于 CPS 和建筑信息模型的概念，因此，本文采用形式化技术来验证 BIPM 的可信度。

3 BIPM 的理论模型

本文将 BIPM 的实现逻辑与严格的数学描述相结合，建立了双向的虚实数据同步传输通道，使 BIPM 信息空间中的虚拟实体模型能够准确、真实地反映物理空间中的实体、物理过程和空间的实际状态。

3.1 BIPM 的数学建模

为了实现物理空间和 BIPM 空间之间的双向映射，我们使用数学语言来描述 BIPM 模型，具体如下：

$BIPM = \{BM, PM, IM\}$

其中 BM 代表基本信息模型，PM 代表物理模型，IM 代表交互模型。

（1）基本信息建模

在 BIPM 空间中，基本信息模型是建筑物理空间实体的静态属性在数字空间中的映射，它在数字模型的布局中起作用。因此，基本信息模型的数学建模如下：

$BM = \{O_{id}, AS_{set}, R_{set}\}$

$AS_{set} = \{Type, Material, Length, Weight, Height, Specification \cdots\}$

$R_{set} = \{IR, CR, SR, AR \cdots\}$

其中，O_{id}代表实体（或对象）在基本信息模型中的唯一编码；AS_{set}代表实体属性的集合，包括类型、材料、长度、宽度、高度和参数说明；R_{set}是实体间关系的集合，包括继承关系（IR）、连接关系（CR）、空间关系（SR）和分配关系（AR）。

（2）物理模型建模

在 BIPM 空间中，物理模型是建筑物理空间的物理属性的映射，是对建筑物理行为的内在规律的描绘，它包含外部作用的物理规律和对建筑自身行为演变的描述。因此，物理模型的数学建模如下：

$PM = \{PL_{set}, EL_{set}\}$

$PL_{set} = \{X, Y, T\}$

$EL_{set} = \{EL, ED\}$

其中，PL_{set}表示外部物理规律的集合，包括输入数据（X），物理规律的输出（Y），以及规律的类型（T）表示。EL_{set}表示建筑物自身演变的规律集合，包括演变规律（EL）和演变程度（ED）。

（3）交互模型建模

在 BIPM 空间中，交互模型是 BIPM 空间和建筑物理空间之间的接口，它们相互驱动。它由传感器实体、控制器实体、执行器实体和动画实体组成。传感器实体用于实时感知，收集来自建筑实体和周围环境的数据。控制器实体基于感知器的信息进行自主决策推理，将决策结果（控制指令）传递给执行器对象，由执行器对象驱动建筑物理实体改变其运动状态，实现 BIPM 智能决策和自主管理。动画实体动态地表示建筑空间和实体的实时变化。因此，交互模型的数学建模如下：

$IM = \{S_{set}, D_{set}, A_{set}, AN_{set}\}$

$S_{set} = \{TE, P, E, I, DI \cdots\}$

$D_{set} = \{R, C \cdots\}$

$A_{set} = \{L, Q, S \cdots\}$

$AN_{set} = \{M, R, F, D \cdots\}$

其中 S_{set}表示实时传感器数据集，包括温度数据集（TE）、压力数据集（P）、能耗数据集（E）、视觉数据集（I）和位移数据集（DI）。D_{set}表示控制器决策指令集，包括推理决策（R）和控制指令（C）；A_{set}

表示控制动作集，包括启动（L）、停止（Q）和设置（S）；AN_{set}表示动画行为集，包括移动（M）、旋转（R）、填充（F）和实时值显示（D）。

3.2 BIPM 的行为逻辑建模的架构

在 BIPM 运行过程中，不是由控制系统来驱动所有资源的有序执行，而是在综合考虑自身的几何和物理属性以及动作行为的基础上，自主自发地运行，这样就可以正确合理地预估和预验证过程的实际运行。因此，BIPM 模型需要实现子模型之间的信息交互，以确保行为逻辑的正确映射。因此，在 BIPM 不同子模型之间交互行为逻辑信息如图 2 所示。

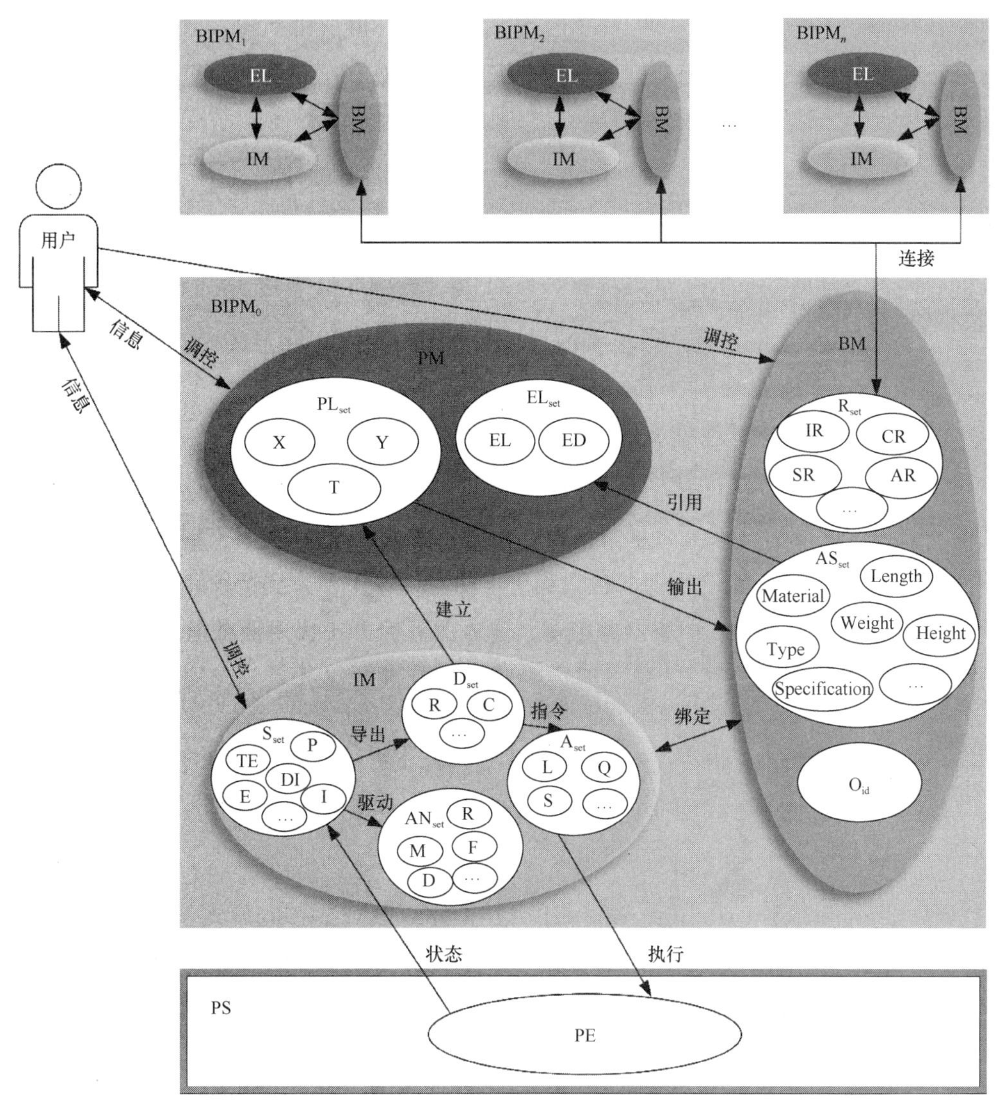

图 2　BIPM 行为逻辑模型

IM：物理空间（PS）中实体（PE）的实时状态信息被传递给 S_{set}，S_{set}一方面使用实时数据集驱动 AN_{set}，另一方面将实时数据集传递给 D_{set}。D_{set}接收实时数据信息并做出自主推理决策。一方面，将控制指令传递给 A_{set}，另一方面，它们被作为输入提供给 PM 以建立物理模型。在收到控制指令后，Aset 再执行指令以驱动 PE 和 BM 状态变化。

PM：PM 收到的数据集一方面作为 PL_{set}的输入 X，另一方面作为 PL_{set}的类型 T 和物理规律 Y。PL_{set}将物理规律输出到 BM。此外，BM 还调用 EL_{set}。

BM：一方面，BM 通过 AS_{set}调用 EL_{set}；另一方面，与 IM 的绑定意味着 BM 本身具有“感知、决定、执行和动画”的能力。此外，值得说明的是，每个 BIPM 实体代表一个物理实体，$BIPM_0$、$BIPM_1$……$BIPM_n$通过

R_{set}相互连接。这表明，BIPM 空间是由 N 个 BIPM 实体共同组成的。

此外，如第 3 节所述，用户可以调节三个子模型，此处不再重复。

4 BIPM 的形式化验证

BIPM 本质上是一个并发系统，其多个请求可以被同时处理，并有更快的响应，这样可以更有效地利用资源。此外，复杂的操作也可以分割成多个进程（或线程）同时进行。通信顺序进程（Communicating Sequencing Process，CSP）是一种解决并发系统中通信问题的形式化方法，它可以描述和分析并发、异步和非确定性系统的行为，并且具有良好的语义和可扩展性，使其成为建模和分析 BIPM 的理想方法。CSP 是 Hoare 在 1978 年提出的一种代数方法，用于对并发系统进行建模的过程检测[13]。CSP_M是一种基于 CSP 的惰性功能编程语言，可用于机器执行。故障发散改进检测器（Failures-Divergence Refinement，FDR）是一种基于 CSP_M描述的分析程序工具[14]。在本文中，使用了 FDR 2.94。

4.1 基于 CSP_M的 BIPM 的建模

一个 BIPM 模型涉及三个子模型：PM、IM 和 BM。在 IM 中，传感器实体从物理空间接收实时状态信息，直接驱动动画实体或将数据导入控制器实体，一方面建立物理规律的公式，另一方面建立输出指令，然后由执行器实体执行。为此，CSP_M中的 IM 代码如下：

```
IM1=status-> driven -> IM1
IM2=status-> establish ->ty ->IM2
IM3=status-> import-> instruct -> execute-> IM3
```

PM 一方面接收 IM 传递的数据作为物理规律的输入，另一方面接收 IM 创建的物理规律和函数类型，并输出作用于 BM。此外，PM 中的演化规律可以被 BM 调用。为此，CSP_M中的 PM 代码如下：

```
PM1=call-> PM1
PM2=establish -> ty -> output -> PM2
```

由于 BM 和 IM 在 BIPM 中是通过某种约束关系绑定在一起的，因此有三种 BM 驱动方法：

```
BM1=driven -> call -> BM1
BM2=execute -> call -> BM2
BM3=output ->call -> BM3
```

因此，BIPM 过程按阶段分为三个子过程，用 BIPM1、BIPM2 和 BIPM3 表示：

```
BIPM1=(IM1[|{|status, driven|}|]SP1)[|{||}|]EL1
BIPM2=((IM2[|{|status, establish ,import, ty |}|]EL2)[|{|output|}|]SP3)[|{||}|]EL1
BIPM3=(IM3[|{|status,import1,instruct,execute |}|]SP2)[|{||}|]EL1
BIPM =BIPM1[] BIPM2 [] BIPM3
```

4.2 基于 FDR 的模型验证

上述 CSP_M代码被保存为 .csp 文件，采用 FDR 2.94 对其进行如下性质的验证，其所描述的性质规约如表 1 所示。

（1）验证安全性，即检验一个进程是否能执行该进程规范定义的事件。其所检查的是：子进程的迹是否精化于进程父进程的迹，例如进程 BIPM1 的迹精化于进程 BIPM 的迹，规约语言为 assert BIPM [T= BIPM1。

（2）验证活性，即确定进程是否可以达到一系列状态，在这些状态下，可以不再发生任何外部事件。其所检查的是：子进程的迹是否失效/发散精化于父进程的迹，例如进程 BIPM1 失效/发散精化于进程 BIPM，规约语言为 assert BIPM [FD=BIPM1。

（3）验证确定性，即确定进程是否是确定的。其所检查的是：在任何阶段可能发生的操作集合总是由先前的可见操作历史唯一确定，例如进程 BIPM1 都不会发散，不会出现任何既可接受又可拒绝的行为选择，规约语言为 assert BIPM1：[deterministic]。

（4）验证无死锁性，即确定进程是否可以达到无法进行进一步操作的状态。其所检查的是：所有可达的位置中总是为真，例如进程 BIPM1 无死锁，规约语言为 assert BIPM1：[deadlock free [F]]。

模型验证性质规约　　表 1

性质分类	性质描述	规约语言	验证结果
安全性验证	进程 BIPM1、BIPM2、BIPM3 迹精化于进程 BIPM	assert BIPM [T= BIPM1 assert BIPM [T= BIPM2 assert BIPM [T= BIPM3	满足该性质
活性验证	进程 BIPM1、BIPM2、BIPM3 失效/发散精化于进程 BIPM	assert BIPM [FD=BIPM1 assert BIPM [FD=BIPM2 assert BIPM [FD=BIPM3	满足该性质 满足该性质 满足该性质
确定性验证	进程 BIPM1、BIPM2、BIPM3、BIPM 不会发散，不会出现任何既可接受又可拒绝的行为选择	assert BIPM1：[deterministic] assert BIPM2：[deterministic] assert BIPM3：[deterministic] assert BIPM：[deterministic]	满足该性质 满足该性质 满足该性质 满足该性质
无死锁性验证	进程 BIPM1、BIPM2、BIPM3、BIPM 无死锁	assert BIPM1：[deadlock free [F]] assert BIPM2：[deadlock free [F]] assert BIPM3：[deadlock free [F]] assert BIPM：[deadlock free [F]	满足该性质 满足该性质 满足该性质 满足该性质

采用 FDR 工具进行性质验证，验证结果如图 3 所示。由图 3 中可知，表 1 列举的规约在上述四个性质均没有发现异常，从而表明 BIPM 模型具有极高的可靠性。

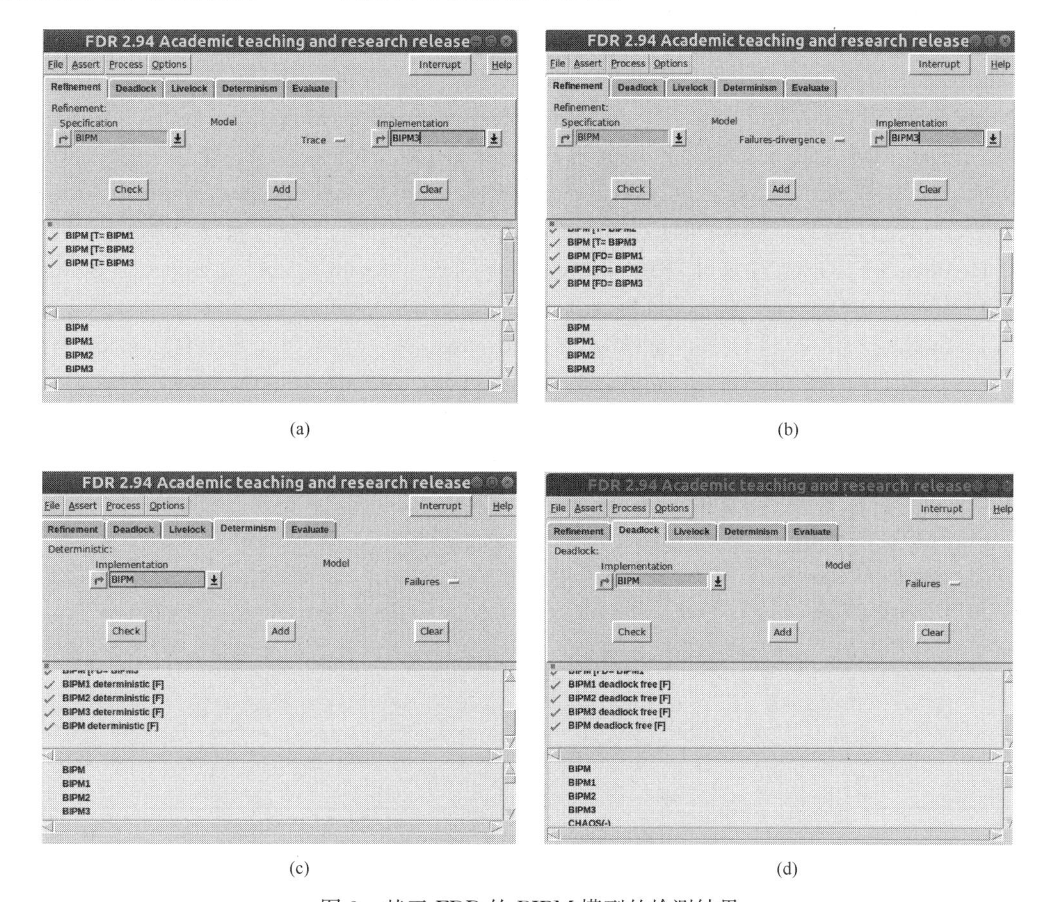

图 3　基于 FDR 的 BIPM 模型的检测结果

（a）安全性验证；（b）活性验证；（c）确定性验证；（d）死锁验证

5 结论

BIPM具有动态的、交互的和智能的特性，其能更真实地将物理世界的建筑实体映射到信息世界中。这一研究理念颠覆了传统建筑信息模型只能封装几何体等静态属性信息的认识，从而突破了当前BIM技术的框架，对建立建筑信息模型的新范式具有重要意义。

为此，本文在前人的基础上建立了BIPM的理论模型，并通过CSP软件对BIPM的理论模型进行形式化验证，确保了BIPM模型的可靠性，为后续模型开发带来了便利。但总的来说，本文研究工作仍是初步的。未来的研究应解决以下问题：(1)需要建立标准化的BIPM数据交换互格式。(2)采用软件工程思维，研发BIPM快速生成自动化工具，提高BIPM软件开发效率，降低开发门槛。

参考文献

[1] Whyte J K, Hartmann T. How digitizing building information transforms the built environment[J], Building Research & Information, 2017, 45(6): 591-595.

[2] Shou W C, Wang J, Wang X Y, et al. A comparative review of building information modelling implementation in building and infrastructure industries[J], Archives of Computational Methods in Engineering, 2015, 22(2): 291-308.

[3] 杨启亮，马智亮，邢建春，等．面向信息物理融合的建筑信息模型扩展方法[J]．同济大学学报(自然科学版)，2020，48(10)：1406-1416.

[4] 杨启亮，邢建春．建筑信息物理模型：一种建筑信息描述新形式[J]．中国工程科学，2023.

[5] Qian Z, Zhong S, Sun G, et al. A formal approach to design and security verification of operating systems for intelligent transportation systems based on object model[J], IEEE Transactions on Intelligent Transportation Systems, 2022: 1-9.

[6] Kong L L, Yang Q L, Zhou Q Z, et al. Embedding knowledge into BIM: A case study of extending BIM with firefighting plans[J], Journal of Building Engineering, 2022, 49: 103999.

[7] Shaikh E, Al-Ali A R, Muhammad S, et al. Security analysis of a digital twin framework using probabilistic model checking[J], IEEE Access, 2023, 11: 26358-26374.

[8] Suhail S, Malik S U R, Jurdak R, et al. Towards situational aware cyber-physical systems: A security-enhancing use case of blockchain-based digital twins[J], Computers in Industry, 2022, 141(1): 103699.

[9] Xiang D M, Lin S, Wang X H, et al. Checking missing-data errors in cyber-physical systems based on the merged process of petri nets[J], IEEE Transactions on Industrial Informatics, 2023, 19(3): 3047-3056.

[10] Wang G H, Chen S Y, Guan Y, et al. Formalization of the inverse kinematics of three-fingered dexterous hand[J], Journal of Logical and Algebraic Methods in Programming, 2023, 133: 100861.

[11] Wang J, Bu L, Xing S, et al. PDF: Path-oriented, derivative-free approach for safety falsification of nonlinear and nondeterministic CPS[J], IEEE Transactions on Computer-Aided Design of Integrated Circuits and Systems, 2022, 41(2): 238-251.

[12] Xie J, Tan W A, Yang Z B, et al. SysML-based compositional verification and safety analysis for safety-critical cyber-physical systems[J], Connection Science, 2022, 34(1): 911-941.

[13] Dai S, Zhao G, Yu Y, et al. Trend of digital product definition: From mock-up to twin[J]. Journal of Computer-Aided Design & Computer Graphics, 2018, 30(8): 1554-1562.

[14] Barricelli B, Casiraghi E, Fogli D, A survey on Digital Twin: Definitions, characteristics, applications, and design implication[J], IEEE Access, 2019, 7: 167653-167671.

基于Scan-vs-BIM与关键特征识别的脚手架工程拼装质量智能检测方法

赵　杰，徐　照

（东南大学土木工程学院，江苏 南京 211189）

【摘　要】目前对于脚手架工程安全状态的判断依赖于人眼的目视检查，判断结果主观性较强且检查效率低下，质量管理信息化水平亟待提高。本文将三维激光扫描技术与BIM技术相结合，通过Scan-vs-BIM配准采集脚手架拼装质量数据，基于Relief算法识别脚手架关键质量特性，进而建立脚手架工程拼装质量检测SVM模型，并通过实例验证了所提方法的有效性。

【关键词】脚手架；点云；关键质量特性；质量检测

1　引言

脚手架工程拼装质量管控是建设工程施工质量管理的重要内容。2020年，全国共发生房屋市政工程生产安全事故689起，其中较大事故23起，脚手架坍塌类事故占比高达17.39%，依然是风险防控的重点和难点[1]。目前对于脚手架工程安全状态的判断仍以传统的目视检查为主，大多借助卷尺、经纬仪、全站仪等工具以人眼作单点测量，判断结果具有较强的主观性，且检查效率较低，难于及时发现安全隐患[2]，质量管理信息化水平亟待提高。

在强大的三维可视化能力和信息集成能力支持下，建筑信息模型（Building Information Modeling，BIM）已经在建筑施工质量管理领域得到广泛应用。然而，BIM模型属于正向设计模型，无法反映建筑构件在加工、运输和拼装过程中产生的尺寸误差[3]，难以单独用于实际工程拼装质量的检测与评估。而三维激光扫描技术可以在短时间内对建筑构件实现高精度的非接触测量，将构件表面空间点的坐标以点云的形式进行表达，支持彩色三维点云模型的快速复建。将BIM模型与点云模型进行配准与对比，可实现对构件尺寸误差的检验。

由此，本文提出一种基于Scan-vs-BIM与关键特征识别的脚手架工程拼装质量智能检测方法，通过配准脚手架点云模型与BIM模型，对比得到脚手架拼装尺寸误差数据，再通过Relief算法识别关键质量特性（Critical-To-Quality，CTQ）后，基于支持向量机（Support Vector Machines，SVM）算法建立脚手架工程拼装质量检测模型，并通过实例验证了该方法的可行性，以期为提高脚手架工程拼装质量管控信息化水平提供参考。

2　研究方法

2.1　数据集特征选取

为实现脚手架工程拼装质量智能检测，首先需要定义拼装质量数据集的特征。目前，住房和城乡建设部已经针对脚手架工程出台了一系列国家标准和行业规范，分别对其荷载、设计计算与构造要求等方面做了质量规定。本文选取支撑脚手架的构造参数作为拼装质量数据集的特征，并按现有国家标准和行

【基金项目】国家自然科学基金资助项目（7207010715）

【作者简介】赵杰（2000—），男，研究生。主要研究方向为土木工程建造与管理。E-mail：zjseu2023@163.com

业规范对脚手架的构造要求设定阈值，具体如表1所示。

支撑脚手架构造要求一览表　　表1

参数名称	构造要求	来源规范或标准
独立架体高宽比 R	＜3.0	GB 55023—2022
独立架体搭设高度 H_F	＜30m	JGJ 130—2011
步距 D_s	＜2m	GB 51210—2016
扫地杆与可调底座的距离 H_b	＜550mm	JGJ/T 231—2021
立杆间距 D_p	＜1.5m	GB 51210—2016
剪刀撑宽度 W_c	6m～9m	GB 55023—2022
剪刀撑倾角 θ_t、水平夹角 θ_h	45°～60°	GB 55023—2022
可调托撑的悬臂长度 L_c	＜650mm	JGJ/T 231—2021
可调托撑的丝杆外露长度 L_{ss}	＜300mm	GB 51210—2016
可调底座的丝杆外露长度 L_{bs}	＜300mm	JGJ/T 231—2021
立杆垂直度 P	采用插入法确定	JGJ 130—2011

2.2 点云数据采集与预处理

本文利用Trimble X7三维激光扫描仪采集脚手架工程拼装质量数据。三维激光扫描流程主要包括扫描作业准备、扫描方案设计、测站布置、点云数据采集、数据校核检查、数据导出等，具体如图1所示。

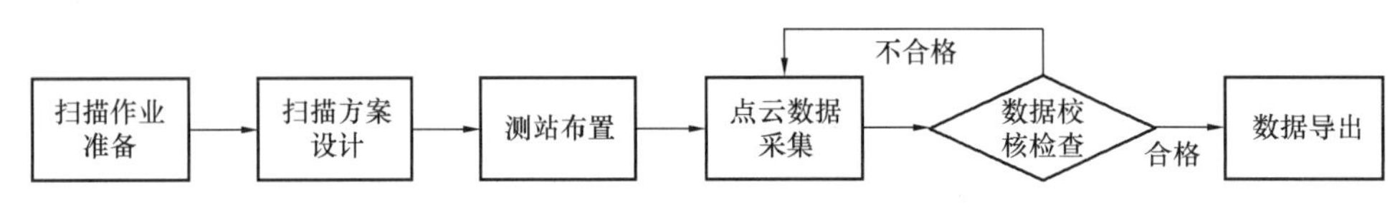

图1　三维激光扫描流程

在数据采集过程中，施工现场的其他无关信息也将被一并扫描和存储，这些无关点云将导致数据冗余，因此有必要将其剔除。同时，由于受到扫描仪精度、扫描对象表面反射率和自然环境等因素影响，原始点云数据不可避免地会存在一些离群点和错误点，这将直接影响点云模型的精度，故而需要对其进行降噪处理。此外，高精度三维激光扫描仪采集到的点云模型往往有着庞大的数据量，这会占用过多的计算机系统资源，造成运行效率下降，因此可以在保证精度的前提下对点云数据进行下采样，以便提高后续处理的效率。

2.3 Scan-vs-BIM配准与对比

为获取脚手架拼装尺寸误差数据，采用Revit软件创建脚手架BIM模型，并使用三维数据检测能力较强的Geomagic Control软件[4]完成脚手架点云模型与BIM模型的配准与对比。考虑到点云模型与BIM模型的坐标系并不一致，需要以BIM模型为参考数据，对点云模型进行坐标变换，通过最佳拟合对齐完成模型叠加。完成配准后，对点云模型和BIM模型进行2D比较，通过二维平面截取两种模型的几何轮廓，并分析其匹配程度，形成误差对比色谱图，如图2所示。为采集到脚手架立杆间距、步距等几何数据，截取平面应当保持竖直或水平，且穿过杆件的中轴线。脚手架点云模型的构造参数实际值可由式(1)计算：

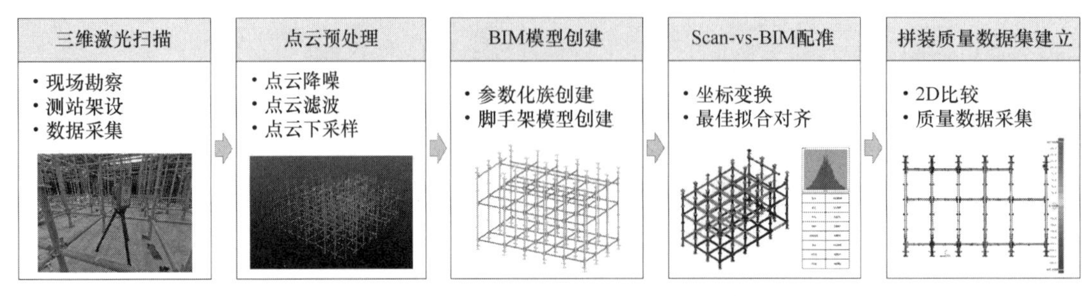

图2　基于Scan-vs-BIM的拼装质量数据采集流程

$$L_{\text{point}} = L_{\text{BIM}} + \Delta l \tag{1}$$

式中：L_{point} 为点云模型的构造参数，亦即脚手架工程的实际构造参数；L_{BIM} 为在建立 BIM 模型时设计的构造参数；Δl 为模型对比得到的构造参数偏差。

2.4 基于 Relief 算法的关键质量特性识别

关键质量特性是决定和影响产品最终质量的少数重要质量特性[5]。当产品的关键质量特性超出其阈值时，零部件的可靠性乃至产品的整体性能都将被显著影响。本文将关键质量特性的概念引入脚手架工程拼装质量的判断，目的在于降低拼装质量数据集的维度，提高拼装质量检测算法的运行效率和分类精度。脚手架工程由大量的构配件组成，其拼装质量数据集具有维度高的特点，存在大量冗余特征，这不但降低了检测模型的计算效率，而且容易使模型过拟合。因此需要使用特征选择方法，从海量的脚手架质量特性中筛选出对脚手架工程整体质量影响程度最大的关键质量特性，在不降低模型性能的同时简化计算。

本文采用 Relief 算法识别脚手架工程的关键质量特性，这是一种过滤式算法，主要用于二分类问题的特征选择。该算法通过评估质量特性对于区分质量水平的重要性程度来赋予权重值。权重值越大，则说明基于该特征对样本进行分类的效果越好。Relief 算法将样本之间的距离作为评价指标，认为对于区分质量水平而言重要性程度较高的特征应当具有使同类样本聚集、异类样本分离的趋势。如果选中样本 R 与猜中近邻 H 在某个特征 A 上的距离小于选中样本 R 与猜错近邻 M 的距离，则认为特征 A 对于该分类问题而言是有效的，此时应当增大其权重值；反之则应减小权重值。权重更新公式具体如式（2）所示：

$$W[A] = W[A] - \text{diff}(A, R, H)/j + \text{diff}(A, R, M)/j \tag{2}$$

式中：函数 $\text{diff}(A, R, H)$ 用于计算样本 I_1 和样本 I_2 在特征 A 上的距离；j 为迭代次数。

2.5 基于 SVM 算法的拼装质量检测

考虑到拼装质量数据集具有高维度、少样本、非线性的特点，本文选择 SVM 算法来构建检测模型。SVM 算法是一种二分类模型，对于线性可分问题，该算法在样本空间中寻找一个分类超平面作为决策边界，在正确分类的前提下，使两个点集的边缘点到该平面的最小距离最大化，从而使分类过拟合的概率达到最低。对于非线性可分问题，可使用核函数将样本从原始特征空间映射到更高维度的特征空间，从而将问题转化为高维空间的线性可分问题。常用的核函数有线性核函数、多项式核函数、径向基核函数、拉普拉斯核函数等。考虑到脚手架工程的实际情况，本文选用径向基核函数。

采用径向基核函数的 SVM 需要设定两个参数，分别是 SVM 的惩罚因子 C 和径向基核函数的参数 γ。为提高模型检测性能，本文使用 PSO 算法对上述参数的取值予以优化，依据惩罚因子 C 和参数 γ 的取值构造粒子的二维位置向量，在寻优过程中，对于每一个粒子，都可以按其位置向量的参数取值构建出一个 SVM 模型，粒子的适应度值即可用 SVM 模型的分类性能来量化。通过比较所有粒子在其个体极值处取到的适应度值以寻找群体极值，则在群体极值处 SVM 模型的分类性能达到群体最优，惩罚因子 C 和参数 γ 的最优取值即为群体极值处粒子的位置向量参数取值。最后，针对关键质量特性对应样本数据集和全样本数据集，分别根据寻优结果构建拼装质量检测 SVM 模型，评估其分类精度并加以比较，以检验所选关键质量特性的有效性。

3 应用实例

为验证所提方法的可行性，本文以南京市某地下空间项目的支撑脚手架工程为例进行实验与分析。现场三维激光扫描所得点云数据经配准后的平均误差为 1.4mm，平均置信度达到 99.11%，满足实验精度要求。本文以 4.8m×2.7m 的脚手架方格作为实验单元，将经过预处理的脚手架点云模型与 BIM 模型进行配准与对比，通过 2D 比较采集脚手架的不同构造参数，形成脚手架工程拼装质量样本数据集。该数据集共有 200 组样本，每组样本包含 84 个维度的质量特性，数据集中合格样本与不合格样本的比例为 1∶1。

在归一化样本数据集后，使用 Relief 算法计算特征权重，全特征的权重结果直方图如图 3 所示。由图 3 可见，立杆垂直度 P、步距 D_s 的权重显著高于其他质量特性，在剩余质量特性中，立杆间距 D_p 的权重相对较大。此外，排在前列的质量特性权值降幅十分明显，从第 15 个质量特性开始降幅趋于平缓，自第

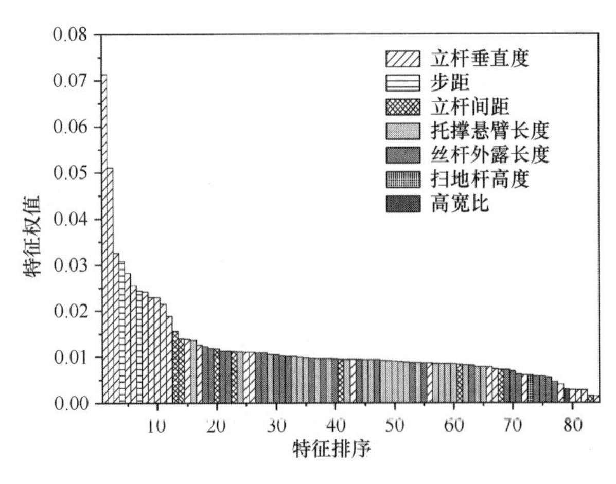

图 3 全特征权重结果直方图

20 个质量特性之后权值差距已十分微弱，由此判断前 20 个质量特性为关键质量特性。筛选得到的关键质量特性由立杆垂直度 P、步距 D_s、立杆间距 D_p、托撑悬臂长度 L_c、丝杆外露长度 L_{ss} 五个类别组成，其权重排序如表 2 所示，特征名称中的数字代表构造参数编号。

影响脚手架工程拼装质量的关键质量特性及其权重 **表 2**

排序	特征名称	权重	排序	特征名称	权重
1	立杆垂直度 P15	0.071320	11	立杆垂直度 P24	0.021471
2	立杆垂直度 P20	0.050975	12	立杆垂直度 P12	0.018844
3	立杆垂直度 P1	0.032540	13	立杆间距 D_p5	0.015561
4	步距 D_s1	0.030773	14	立杆间距 D_p3	0.013896
5	立杆垂直度 P9	0.028258	15	立杆垂直度 P2	0.013823
6	立杆垂直度 P11	0.025525	16	托撑悬臂长度 L_c19	0.013572
7	步距 D_s2	0.024429	17	立杆垂直度 P4	0.012564
8	立杆垂直度 P17	0.024174	18	丝杆外露长度 L_{ss}16	0.012252
9	立杆垂直度 P19	0.022890	19	丝杆外露长度 L_{ss}5	0.011815
10	立杆垂直度 P3	0.023850	20	立杆间距 D_p8	0.011712

根据上述结果，从全样本数据集中选出关键质量特性对应样本数据，形成新的低维数据集。而后，分别在两类数据集上使用 PSO 算法对采用径向基核函数的 SVM 模型进行参数寻优，以模型的 AUC 值作为性能评估指标，寻优过程中的最大适应度值变化曲线如图 4 所示。由图 4 可知，对于关键质量特性对应

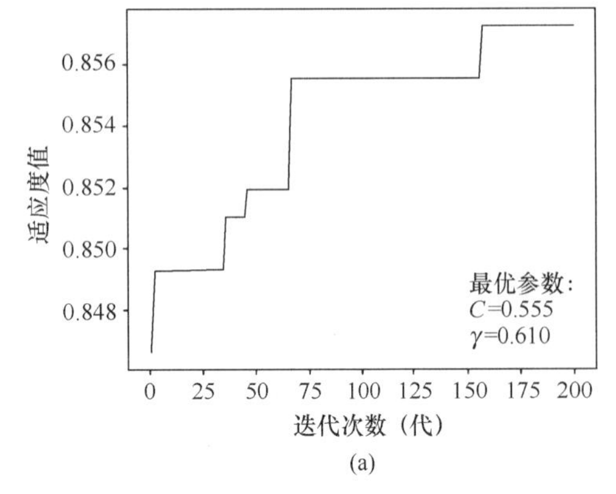

(a)

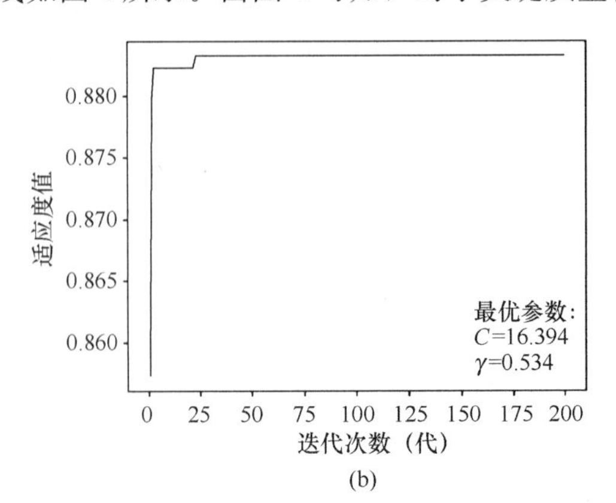

(b)

图 4 PSO 寻优过程中的最大适应度值变化曲线

(a) 关键质量特性对应样本数据集；(b) 全样本数据集

样本数据集，算法在迭代至第157代时，适应度值达到最大值0.857，最优参数取值为$C=0.555$，$\gamma=0.610$；对于全样本数据集，算法在迭代至第40代时，适应度值达到最大值0.883，最优参数取值为$C=16.394$，$\gamma=0.534$。

得到模型最优参数后，在样本数据集中随机抽样150组样本作为训练集，其余50组样本作为测试集，在训练集样本上构建拼装质量检测SVM模型，并在测试集样本上评估分类精度。如表3所示，结果表明，基于关键质量特性对应样本数据集构建的检测模型的平均准确率为0.828，平均精确率为0.839，平均召回率为0.841，平均F1分数为0.827，各项性能指标均优于基于全样本数据集构建的SVM模型。

基于不同数据集的SVM模型检测性能比较 **表3**

抽样编号	20个关键质量特性对应样本数据集				全样本数据集			
	准确率	平均精确率	平均召回率	平均F1分数	准确率	平均精确率	平均召回率	平均F1分数
1	0.820	0.819	0.820	0.819	0.820	0.819	0.820	0.819
2	0.800	0.815	0.848	0.797	0.880	0.864	0.895	0.873
3	0.820	0.825	0.820	0.819	0.780	0.804	0.780	0.776
4	0.880	0.880	0.880	0.880	0.800	0.802	0.800	0.800
5	0.820	0.855	0.839	0.819	0.760	0.771	0.771	0.760
平均	0.828	0.839	0.841	0.827	0.808	0.812	0.813	0.806

4 结论

本文针对脚手架工程拼装质量检测信息化不足的问题，提出了一种基于Scan－vs－BIM与关键特征识别的脚手架工程拼装质量智能检测方法。首先使用三维激光扫描设备采集脚手架点云模型，将其与BIM模型进行配准，通过对比得到脚手架拼装质量数据；而后基于Relief算法识别脚手架关键质量特性，将数据集维度从84维约减到20维，以提高后续检测模型计算效率；最后在关键质量特性对应样本数据集上建立拼装质量检测SVM模型，实现脚手架工程拼装质量的智能检测。实验结果表明，该模型的检测性能全面优于基于全样本数据集构建的SVM模型，具有一定的应用价值。

参考文献

[1] 李绵义．基于图像识别的外脚手架杆件智能安全检查研究[D]．深圳：深圳大学，2019.

[2] 胡绍兰，黄凤玲，张国兴，等．基于BIM+点云数据的钢结构质量智能检测方法[J]．土木工程与管理学报，2022，39(5)：28-33+49.

[3] 郭海洋，刘昌永，李秉德，等．装配式地铁车站预制构件加工质量检验与安装精度预测[J]．隧道建设(中英文)，2022，42(3)：437-444.

[4] 王化强．面向复杂产品的关键质量特性识别方法研究[D]．天津：天津大学，2014.

Dynamo可视化编程在综合管廊设计中应用的研究

曹鉴思，吴宝荣，陈家烨

（上海市政工程设计研究总院（集团）有限公司，上海 200092）

【摘　要】 综合管廊是一种集成化综合性的地下结构，且整体属于线性结构，一般随着道路在平面和高程上产生变化。为实现快速灵活地创建综合管廊的数字化模型，本研究基于Autodesk Revit建模平台及Dynamo可视化编程功能插件，预先编写Dynamo逻辑结构文件，通过输入相关参数的方式，形成可参数化控制的建筑信息模型，且能够在不同的设计方案中灵活使用。

【关键词】 Dynamo可视化编程；综合管廊；模数化；建筑信息模型

引言

综合管廊（Utility Tunnel）是一种将城市中必要的市政公用管线，如给水、燃气、电力、通信等集成化、统一地规划敷设的地下结构，能够高效有序地使用城市地下空间资源，也避免传统市政管线直埋反复开挖的问题[1]。我国在2013年后，积极连续地发布多项政策开展综合管廊的开发建设并取得正向经济及社会效果[2]。随着信息技术的不断革新并应用到工程建设行业，建筑信息模型（Building Information Modelling，BIM）为各种工程项目的设计提供了更加直观的可视化表达和信息处理流程，综合管廊集成化的特点也使得在管廊设计中使用BIM技术成为设计过程中的重要环节[3]。

在实际创建综合管廊项目模型的过程中，我们发现，虽然通常情况下将综合管廊视为线性结构，但是与道路项目相比，在设计要求中除标准断面的廊体外，管线分支口、人员出入口、进风排风口等节点也是重要的设计内容，这些节点通常具有较为复杂的结构形式且在模型精度上有更高的要求。基于这一特点，综合管廊事实上是一种线性结构与点状结构结合的形式。在创建模型过程中，道路设计建模软件更侧重于路线的灵活性而对节点的表达不够精确详细，而Revit能够基于标高和轴网创建准确的节点模型，但也由于标高的限制不便于创建高程变化复杂的廊体。因此，本研究将基于Autodesk Revit平台以及Dynamo可视化编程插件的功能，建立一种针对综合管廊的创建模型方法，并能够满足多场景应用的要求。

1　模型创建范围

1.1　综合管廊

综合管廊，在《城市综合管廊工程技术规范》GB 50838—2015中的定义是：建于城市地下用于容纳两类及以上城市工程管线的构筑物及附属设施。一般按照所容纳的管线肋形分为干线综合管廊、支线综合管廊和缆线管廊，设计内容主要包括平面位置、断面、节点等[4]。管廊平面位置一般与道路、铁路、轨道交通等平行布局，坐标、高程随道路一同变化，而管廊的断面则需要根据需要容纳的管线类型和数量确定舱数和尺寸。

根据管廊的一般规划设计要求可以看出，综合管廊是一种典型的线性结构，因此在创建模型的过程

【作者简介】 曹鉴思（1995—），女，助理工程师。主要研究方向为综合管廊、BIM。E-mail：caojiansi@smedi.com

中，管廊断面和整体的走向是需要表达的最基本的内容，而各种节点分支口则需要在整体管廊的基础上更加细节地表达内部结构以及管线的排管设计。

1.2 综合管廊模数化模板

综合管廊模数化模板是一种基于基本支架单元的组合型支架模板体系，利用基本单元模具能够在基本模数的基础上任意组合的特点，形成能够实现不同功能的模块，主要包括内外模、底板导墙模、顶部宽度连接架、安装平台等，以此实现多样高效的模板体系[5][6]。

基于模数化模板体系的特点，在创建模型的过程中，采用分别创建不同的模板模块再按照管廊断面结构进行组合安装的方式。针对不同的模块，通过参数化的支架单元进行组合来完成不同模块的需求。

2 建立以 Revit 族库为基础的信息模型

2.1 创建管廊廊体模型

综合管廊廊体属于线性钢筋混凝土结构，一般由底板、顶板、侧壁和内壁构成，按照设计要求会有不同数量的舱数。针对综合管廊的设计要求和 Autodesk Revit 的建模特点，通常有两种方式进行管廊廊体模型的创建：（1）创建一个管廊断面族文件并载入项目文件创建管廊模型。（2）基于 Revit 系统族的墙板在项目文件中创建管廊模型。

（1）管廊断面族

由于综合管廊线性结构的特点，一旦管廊的标准断面形式确定，在管廊延伸的长度方向的断面将保持同样的尺寸类型。因此对于模型精度要求不高，且管廊的墙板等构件不需要分别独立表达的情况下，可以采用创建基于线的常规模型。

在创建族文件的过程中，为了能够实现管廊断面的灵活设计，对断面的尺寸进行了参数化的约束，便于在设计过程中通过调整管廊参数快速地更改管廊标准断面，如图 1 所示，是三舱管廊主要的可调整类型参数。

（2）基于 Revit 系统墙板族

利用管廊断面族文件能够在调整好断面参数后沿管廊延伸方向创建标准段模型，此时创建的管廊模型是一个整体，不能有效地区分墙板结构。对于需要将墙板结构分别考虑，或者需要管线接入引出的分支口，结构类型更加复杂，在断面形式存在局部变化的情况下，将管廊按照墙板等结构分别创建模型，以满足更高的模型精度要求。图 2 为某综合管廊分支口包含管线的 Revit 模型。

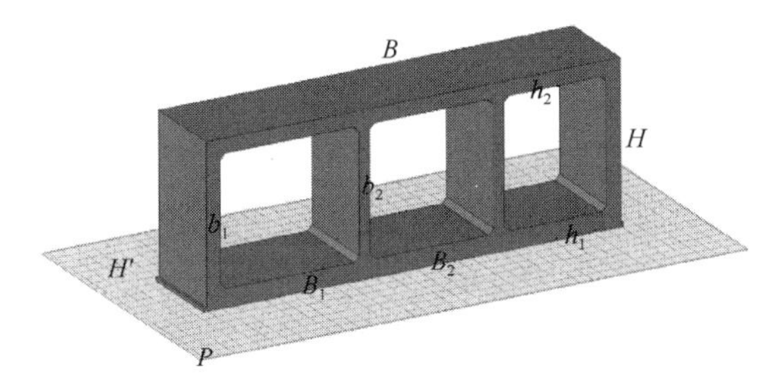

其中：P—参照平面；B—管廊宽度；H—管廊高度；B_1—左舱宽度；B_2—中舱宽度；H'—垫层厚度；h_1—底板厚度；h_2—顶板厚度；b_1—侧壁厚度；b_2—隔墙厚度

图 1 三舱管廊可调整类型参数

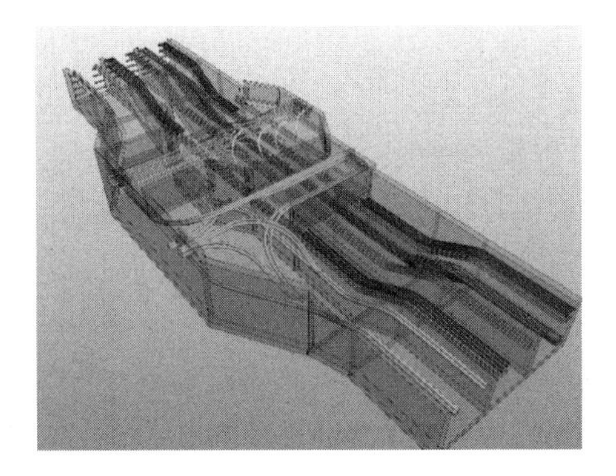

图 2 某综合管廊分支口 Revit 模型

2.2 创建模数化模板模型

模数化模板体系按照不同的功能，主要分为箱形外模、箱形内模、导墙模、顶部宽度连接架等模块，而这些模块中的所有架体都能够采用基本的支架单元，按照不同的模数进行组合来达到模板的设计需求。

因此在创建模板系统模型的过程中，首先需要创建参数化约束的基本支架单元族文件，三种常用的支架单元类型如图 3 所示。

在创建模板体系的过程中，同样基于整体结构呈线性延伸的特点，计算好支架单元的相关尺寸后，

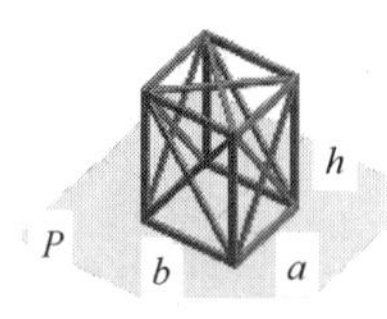

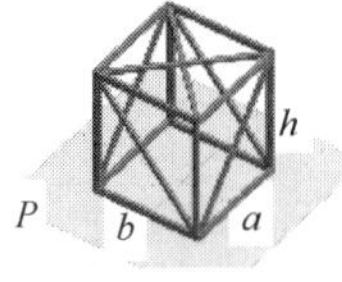

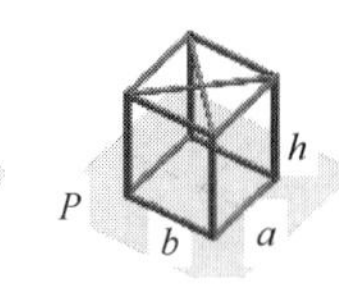

图 3　模数化模板基本支架单元

在管廊断面上放置支架单元，形成模板体系不同模块在管廊断面上的布置形式，如图 4 所示。

断面设计放置完成后，沿着管廊长度延伸方向阵列完成整个模板模块的放置。在这个过程中值得注意的是，对于伸缩架和顶部连接架需要间隔一定的距离放置，最终形成完整的模数化模板体系模型，如图 5 所示。

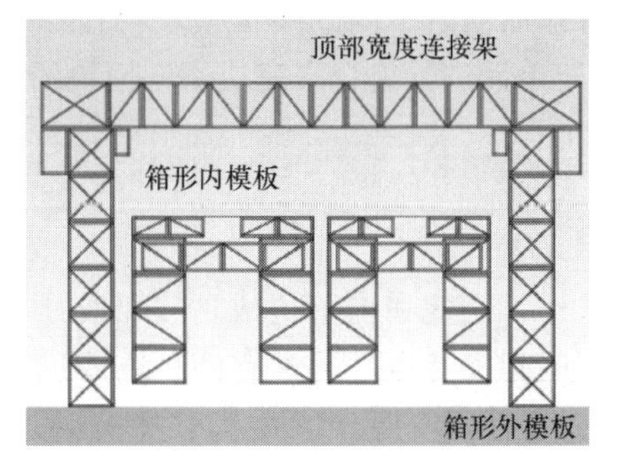

图 4　模板体系在管廊断面的布置

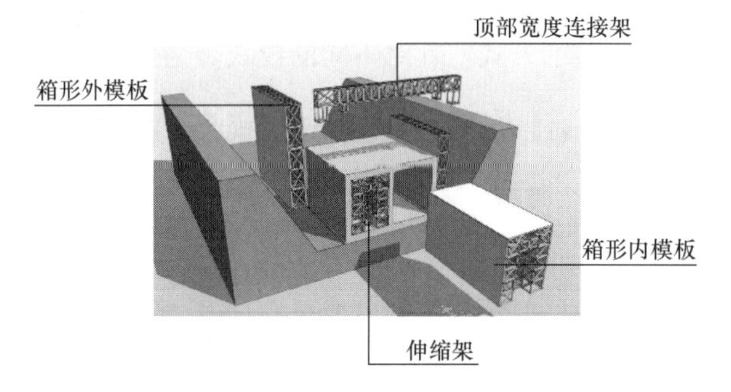

图 5　综合管廊模数化模板体系

2.3　模型创建过程中的问题

通过以上在 Autodesk Revit 平台的建模过程，能够根据设计要求较为灵活地创建管廊及模板模型，然而在这个过程中依然存在以下不便之处：

（1）综合管廊是典型的线性结构，这也体现在管廊的管线会随着路面的变化而变化，且这种变化不仅体现在平面位置上，高程的变化在设计建模过程中也是不可忽略的需要表达的信息。而由于 Revit 本身对于标高变化的设计主要采用坡度的方式体现，这会导致在创建模型的过程中对于高程变化的表现更加复杂而难以实现。此外，虽然通过族参数的调整能够改变管廊断面的尺寸，但是如果断面形式发生变化，则需要通过重新创建对应舱数的族文件的方式来更改断面设计。

（2）一方面，模数化模板体系是一个数量庞大但又具有一定规律性变化的体系，在创建模型的过程中大量采用阵列的方式来实现，属于重复性工作。另一方面，由于支架单元的庞大数量，当模板尺寸发生变化，尤其是需要重新计算支架单元的尺寸和数量的情况下，在 Revit 中并不能直接有效地进行更改调整。

为了解决上述不便之处，同时也是为了能够在管廊方案设计阶段更加灵活便捷地调整参数，并快速直观地以三维模型的方式表现，本研究尝试使用 Dynamo 可视化编程插件，通过预先设计 Dynamo 逻辑程序让综合管廊的模型创建过程更加多样便捷。

3　Dynamo 解决方案

3.1　关于 Dynamo

Dynamo 是一种基于计算式设计（Computational Design）的可视化编程语言（Visual Programming Language），利用计算机的运算能力在图形可视化的操作界面中创建程序，通过预定义或者自定义的节点模块形成能够通过输出、处理、输出这一逻辑下的结构文件，来解决设计过程中的问题[7]。

在 Revit 2018 及以上的版本中，已经内置了 Dynamo 模块，通过对 Dynamo 节点的组合调用，利用输入输出的模式即时地将结果以图形的方式表达在 Dynamo 视口中，同时利用 Dynamo 中 Revit 模型相关的节点形成模型实体。当一个完整的 Dynamo 程序编写完成，可以直接在 Revit 中利用 Dynamo 播放器输入参数快速形成模型。

3.2　创建 Dynamo 逻辑结构

（1）体量断面

综合管廊断面整体是数个矩形的组合，矩形的尺寸是各个管廊舱室的净宽和净高数据，各个舱室之间的距离则是通过对侧壁及内墙厚度的控制来实现，如图 6 所示，是 Dynamo 逻辑结构的数据输入界面和一些不同类型的输出结果。

因此在创建 Dynamo 逻辑结构时，先根据输入的舱室尺寸及壁厚确定每一个矩形四角点的坐标，然后通过添加倒角的方式形成基本断面尺寸。而在计算管廊整体尺寸时，需要对舱室净尺寸和壁厚数据进行计算添加控制点最终连接成线形成断面尺寸，如图 7 所示。

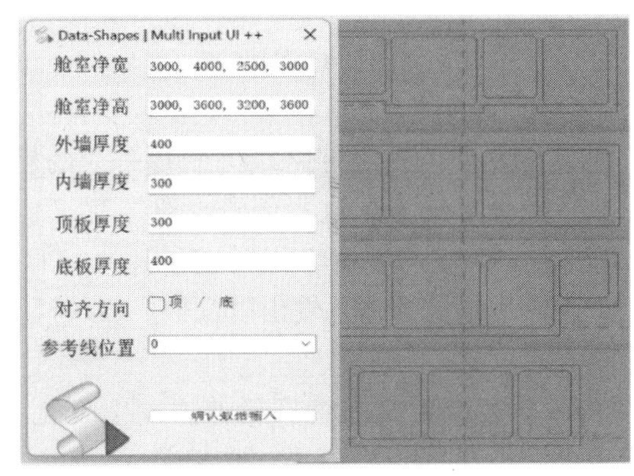

图 6　体量断面输入界面及输出成果

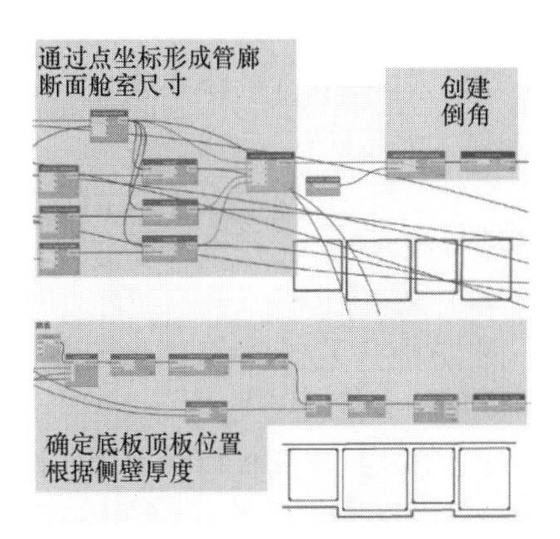

图 7　体量断面主要节点及 Dynamo 内预览

该逻辑文件能够实现在 Revit 体量环境下生成不同类型的管廊断面供之后生成管廊廊体使用，而这种方式并不会受到不同管廊舱数变化的影响，甚至在常见的管廊舱室等高的现状下考虑了不等高舱室对齐方式的因素，进一步使管廊的断面设计变得多样化。

（2）体量廊体

在建立生成体量管廊的 Dynamo 的逻辑过程中，由于在之前已经完成断面的创建，而管廊中心线也在 Revit 中通过模型线的方式设置完成，因此考虑在 Dynamo 中对模型线进行分段处理并形成数个垂直于线的平面，在平面上通过放置断面形状并采用 Solid By Loft 的方式形成管廊廊体[8]，如图 8 所示。

首先通过 Dynamo 拾取 Revit 中已经创建的模型线，按照所需要的拟合精度沿模型线从起点开始以固定距离创建平面，并使平面的法向与曲线的切向对齐，管廊的断面构件将会放置在这些平面上。断面放置完成后使用 Solid By Loft 节点融合形成管廊廊体，而在这个过程中通常采用空心体量剪切的方式形成管廊的舱室空间，如图 9 所示。

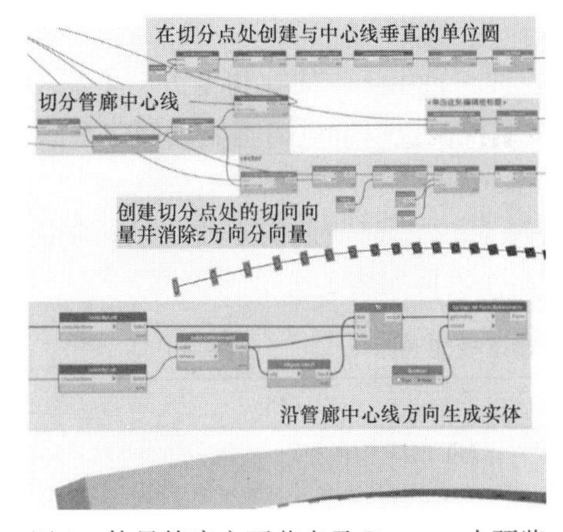

图 8　体量管廊主要节点及 Dynamo 内预览

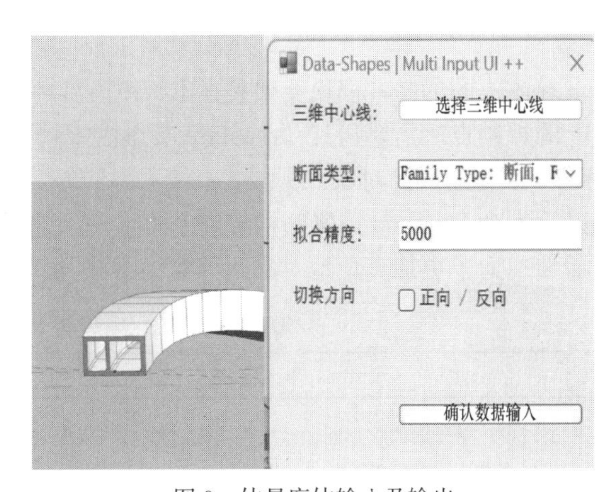

图 9　体量廊体输入及输出

由于模型线为三维曲线，其切向向量同时具有 x、y、z 三个方向的分向量，而在实际管廊中管廊的断面应该始终垂直于标准平面，因此需要对之前创建的平面进行修正，消除曲线切线向量 z 方向的影响，使管廊断面始终放置在垂直于 xOy 平面的平面上。

通过 Dynamo 最终在 Revit 体量环境下通过拾取模型线和选择断面类型的方式快速形成整个管廊廊体的模型，如图 10 所示。

（3）模板支架——点坐标

对于模板体系来讲，首先要确定整个体系中所需要的支架单元类型，以箱形内模板来讲，模板支架和伸缩架的尺寸一般是不同的，甚至支架单元类型也不完全相同，而对于支架单元的参数化约束则是通过对整个模块尺寸进行计算以确定每种支架单元的尺寸。

首先通过对输入模块尺寸的计算确定支架单元的类型尺寸，通过 Set Parameter By Name 节点为 Revit 中支架单元赋予类型参数。

而对于支架单元的位置设置，对于一些支架单元类型复杂但在延伸路线上变化不大的模板模块，如箱形内模、伸缩架等，可以采用设置每个支架单元放置点坐标的方式进行创建，通过在 x、y、z 方向上设置数列，以叉积的方式形成点阵列，再通过 Family Instance By Point 节点完成在 Revit 项目环境下的模块模型创建。图 10 表达了在 Revit 项目环境下使用 Dynamo 播放器输入输出以及生成模块模型的情况。

（4）模板支架——拾取线

通过点坐标的方式创建模板模块适用于断面结构较为复杂但又在管廊延伸方向上变化不大的模块，而对于需要随着管廊延伸方向变化，包括平面位置和高程变化的模板模块，支架单元定位点的坐标难以直接获取。

因此考虑采用与体量廊体相同的逻辑结构，采用“分割曲线—创建平面—定义支架单元—修正平面法向量—确定控制点—放置支架单元”的思路，在已经确定的模型线上按照支架单元的长度距离创建平面，将支架单元放置在平面处，以此完成箱形外模板的模型创建。该逻辑结构输入端和输出结果见图 11。

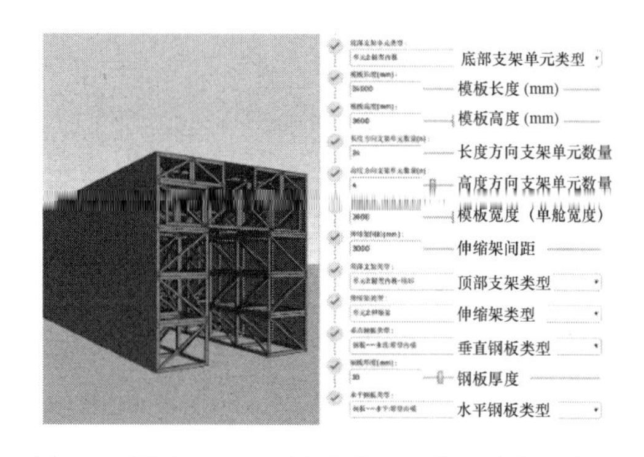

图 10　利用 Dynamo 播放器生成箱形内模板模型

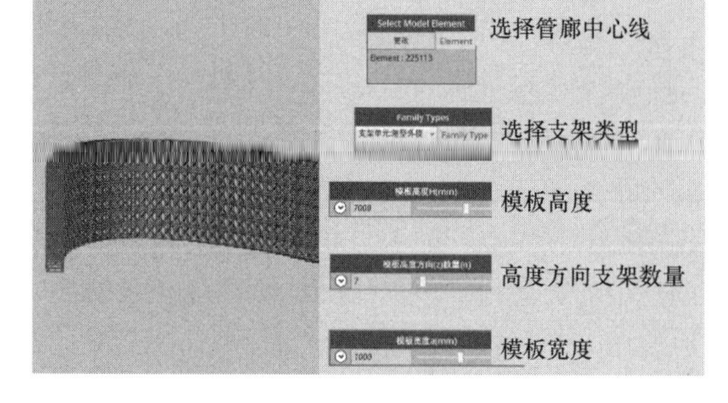

图 11　通过拾取线生成模板支架

与体量廊体不同的是，模块支架是在 Revit 项目环境下完成，且由于支架在高度方向上需要阵列，在确定曲线上的控制点后需要通过 Translate 节点沿 z 轴方向复制控制点以形成完整的支架体系。

3.3　与直接 Revit 建模的对比

通过以上 4 个 Dynamo 逻辑结构能够基本上解决直接在 Revit 中创建模型的不便之处，并提高建模的效率和灵活性。为了更加直观地对比两种建模方式的特点，制作表格如表 1 所示。

Dynamo 参数化编程与 Revit 直接建模的对比　　**表 1**

	Revit	Dynamo
管廊断面	通过创建基于线的管廊断面族文件，通过添加约束实现断面的参数化，断面舱数形式变化需要重新创建族文件	输入管廊断面舱室净尺寸，通过 Dynamo 计算形成对应的断面形式，不受管廊断面形式和舱室数的影响，快速生成多个不同类型的设计方案
管廊廊体	通过管廊断面族文件在项目环境下用模型线创建管廊模型，或者将管廊分解为墙板构件分别创建模型，能够更加清晰地表达管廊结构形式，但是受 Revit 标高的限制	选择已经确定好的三维管廊中心线和断面类型，在体量环境下生成管廊廊体，可以不受 Revit 项目环境下标高的限制

续表

	Revit	Dynamo
管廊节点	将综合管廊节点按照结构类型分为墙、板、柱等，在 Revit 中采用合适的族库类型按照标高轴网创建结构模型，并依照设计方案添加楼梯、门窗、管线、风管等构件设备，以满足对节点模型的精度要求	可以通过定义 Revit 中族类型参数以及确定构件放置点的方式组合形成管廊节点，但由于节点的复杂和不通用性，没有明显表现出比直接在 Revit 中建模的便利性
箱形内模板	预先计算所需支架单元的尺寸类型，在管廊断面上组合支架单元形成模型组，再通过复制阵列形成模块模型	输入模块的整体尺寸并选择支架单元族类型，Dynamo 通过计算自动形成模块支架单元的组合形式，无须手动计算和阵列模型
箱形外模板	通过计算在断面上组合支架单元形成模型组并在管廊延伸方向上阵列复制，受 Revit 标高的限制	拾取三维管廊中心线，选择支架类型，自动生成沿曲线放置的支架单元，无须手动计算和阵列模型，且可以不受标高的限制

4 结论

通过表 1 的对比可以发现，对于综合管廊标准段这一线性结构，相较于直接在 Revit 环境下通过族库的方式创建管廊模型，采用 Dynamo 可视化编程插件的建模方式更加灵活多变，且减少了一些有规律的重复性操作，提高了模型创建的效率，能够在设计过程中快速形成多个不同类型的方案模型。同时由于综合管廊在路线设计上要沿道路在平面位置和高程上变化，采用 Dynamo 可视化编程能够摆脱 Revit 项目环境下对于标高的限制，更加准确地表达综合管廊在三维空间下的延伸趋势。

而对于管廊节点这类点状结构，利用 Revit 族库的多样性，能够更加准确清晰地表达。同时由于管廊不同节点的结构类型、管线分布等所具有的独特性，使得利用 Dynamo 变得较为复杂，且在不同的条件下需要重新调整 Dynamo 逻辑结构。与直接在 Revit 中创建模型相比，Dynamo 没有体现更加明显的便利性。

因此，采用 Dynamo 可视化编程和 Revit 组合的方式，能够在满足综合管廊标准段和管廊节点不同精度要求的情况下，在 Revit 环境中创建完整的综合管廊项目模型，且能够根据设计要求灵活多样地表达不同的方案，应用于不同的管廊项目。

参 考 文 献

[1] 谭春晓．我国城市地下管线综合管廊建设前景展望[J]．价值工程，2015，34(10)：311-312.

[2] 马鸿敏，马建勋，李宗文，等．我国地下综合管廊建设现状与展望[J]．市政技术，2017，35(3)：93-95，114.

[3] 朱记伟，郑思龙，刘建林，等．基于 BIM 技术的城市综合管廊工程协同设计应用[J]．给水排水，2016，52(11)：131-135.

[4] 中华人民共和国住房和城乡建设部．城市综合管廊工程技术规范：GB 50838—2015[S]．北京：中国计划出版社，2015.

[5] 陈家烨，陆青戛．模数化模具施工工艺在综合管廊工程的应用[C]//《施工技术》杂志社，亚太建设科技信息研究院有限公司．2022 年全国土木工程施工技术交流会论文集(中册)．《施工技术(中英文)》编辑部．

[6] 陈家烨，曹鉴思，吴宝荣．BIM 技术在综合管廊工程模数化模具中的应用[J]．特种结构，2023，40(1)：110-115.

[7] 王松．可视化编程语言下的计算式设计插件——Dynamo 初探[J]．福建建筑，2015(11)：105-110.

[8] 高强，聂海成．Dynamo For Revit 在盾构隧洞设计中的应用[C]//中国水力发电工程学会电网调峰与抽水蓄能专业委员会．抽水蓄能电站工程建设文集 2019．北京：中国电力出版社，2019：154-159.

基于BIM技术的施工图审查业务应用研究

闫文凯

（广联达科技股份有限公司，北京 100193）

【摘　要】现阶段的施工图审查业务一般基于设计院提供的二维图纸信息，在原有平台上进行二维审图。行业主管部门与审查机构人员一般在二维界面进行审查工作，工作中存在查看不便、无法与设计院进行三维数据对接等问题。本文寻找BIM技术与施工图审查业务的对接方式，以实现三维设计成果的后续应用，并提高审图过程中的可视性与准确性，同时改善行业施工图审查监管方式，在此基础上尝试一系列施工图审查方式与施工图审查系统的探索与变革。

【关键词】国家政策；数据标准；审查监管

1　引言

建筑业信息化是建筑业发展战略的重要组成部分，也是建筑业转变发展方式、提质增效、节能减排的必然要求，对建筑业绿色发展具有重要意义。建筑信息模型（Building Information Modeling，BIM）应用作为建筑业信息化的重要组成部分，是促进建筑行业技术升级和建筑领域生产方式变革的重要内容。在建筑领域普及和深化BIM应用，对提高工程项目全生命周期各参与方的工作质量和效率，保障工程建设优质、安全、环保、节能等具有重要意义。近年来，BIM在我国建筑领域的应用逐步兴起，技术理论研究持续深入，标准编制工作正在全面展开。同时BIM在部分重点项目的设计、施工和运营维护管理中陆续得到应用，推进BIM应用已成为政府、行业和企业的共识。各地政府正在商议和制定相应的政策，在此基础上尝试一系列施工图审查方式的探索与变革。

2　宏观层面

2.1　国家政策方面

近年来，国家大力推广BIM技术应用，相继出台了一系列相关政策和标准文件，通过政府投资类项目带动BIM技术在规划、勘察、设计、施工、运维全过程的集成应用。

2019年3月26日，《国务院办公厅关于全面开展工程建设项目审批制度改革的实施意见》（国办发〔2019〕11号）（以下简称《实施意见》）发布。为了实现在2019年上半年将工程项目审批时限压缩在120个工作日内，《实施意见》提出要进一步精简审批环节。要求“试点地区在加快探索取消施工图审查（或缩小审查范围）、实行告知承诺制和设计人员终身负责制等方面，尽快形成可复制可推广的经验”。

2.2　BIM技术支持方面

随着BIM技术在设计领域应用的不断深入和成熟，基于BIM的正向设计逐步开展[1]，BIM设计的价值在于，以BIM模型为载体的建设工程信息在全生命周期不同阶段信息的无损传递和共享。而BIM设计能否充分发挥其价值，实现从规划、勘察、设计、施工、运维各阶段的BIM全过程集成应用[2]，BIM审图是其中必不可少的环节，可以保证BIM设计成果顺利交付施工使用。

利用BIM三维技术可以进行在线可视化审查，从任意角度查看三维模型[3]，直观地读取设计者的意图，保证设计意图及信息的无损传递，将因信息理解错误造成的损失降到最低，极大地提高了审查工作

【作者简介】闫文凯（1985—），男，高级总监。主要研究方向为建筑工程BIM数字化相关研究与实践落地，具有设计运维、工程建造管理等BIM技术应用经验，力推将建筑业现有工作流程与BIM技术结合的全新生产方式。E-mail：kevinyanwk@163.com

效率的同时，可以在虚拟建筑空间中检查各项设计性能参数，方便直观、快速、全面地查找设计错误。通过互联网和云服务方式，采用BIM模型交付、审查、变更、批注，审查意见等信息实现留痕管理。通过有效的版本管理，相关主管部门可以实时监控并保留BIM模型审查情况，改变传统的“事后监管”模式为“事中监管、全程监管”，信息更加公开透明，有利于保障工程项目的设计质量。

3 目前存在的问题

3.1 国家政策与监管方面

很多地方的审图系统尚不能满足关于建立“联合审图”的政策要求，无法实现“一类机构、一个标准、一次审查、结果互认、多方共管”。监管部门无法方便地通过现有方式进入图审系统对项目进行全过程监管，无法满足“双随机、一公开”的随机抽查要求，难以对项目多维度监管及工作质量进行统计分析。

3.2 审查系统技术与性能方面

由于各地原施工图审查方式与流程相对比较简单，并且针对二维施工图文件进行开发，存在勘察设计文件无法共享、审图过程需借助客户端软件、无法实现网页审图、客户端响应速度较慢等情况。审查图纸的实现方式仍不够方便、直观，尤其是对年龄偏大的专家群体适应过程可能更长。最重要的技术难点是缺少BIM三维审图技术支撑，现存的审查系统架构无法拓展BIM审图功能。

3.3 施工图审查业务不确定性

近两年政府全力提升营商环境，而施工图审查的改进是提升营商环境的重要环节之一。在保留施工图审查环节的前提下，政府购买效率最高，大大提升了审图效率，压减施工许可审批时限，消除因市场化运作给施工图审查工作带来的各种不良影响。但难点在于：一是政府主管部门工作量增大，承担责任更大；二是地方财政是否愿意、值得以及负担得起这笔费用。为了配合新政策带来的变化与影响，BIM审图技术研究已经逐步开展。基于此，施工图审查业务的未来具有不确定性的特点。

4 业务需求及解决方案

4.1 业务流程分析

针对各地政策导向及目前施工图审查方式与要求，以及目前施工图审查存在的问题。以房屋建筑工程为例，拟定的BIM施工图审查业务流程如下：

（1）对接各地工程审批平台后，建设在工程建设项目审批平台发起审查事项申报，申报成功后同步至BIM图审系统，同时通知相关单位进行BIM模型资料提交。

（2）勘察设计单位收到资料提交通知后，在BIM图审系统上进行模型资料的上传，上传完毕后提交报审。

（3）系统根据遴选规则自动或手动为报审项目选择审查机构，并推送审查项目给选定的审查机构。审查机构收到通知后至BIM图审系统进行项目的接审、任务分配并开展技术审查工作，在线填报审查意见，并确定是否通过审查。对未通过的项目，系统发送通知至相关建设方、勘察设计单位，要求其进行整改答复。

（4）勘察设计单位收到整改通知后至BIM图审系统进行BIM模型资料的修改完善，并提交修改资料至系统，同时对意见进行在线答复。过程中建设单位全程监控并在有异议时进行协调。资料整改提交并答复完毕后，勘察设计单位再次提请审查，系统发送通知给审查机构。

（5）审查机构收到审查通知后，至BIM图审系统进行BIM模型的再次审查，如果审查不合格，重复审批和推送的环节直至审查通过。审查通过的项目由审查机构进行BIM模型资料归档，并生成电子合格证。

（6）项目审查通过后，系统自动将审查结果和BIM模型资料推送到相关平台完成BIM施工图审查工作。

业务流程框架图如图 1 所示。

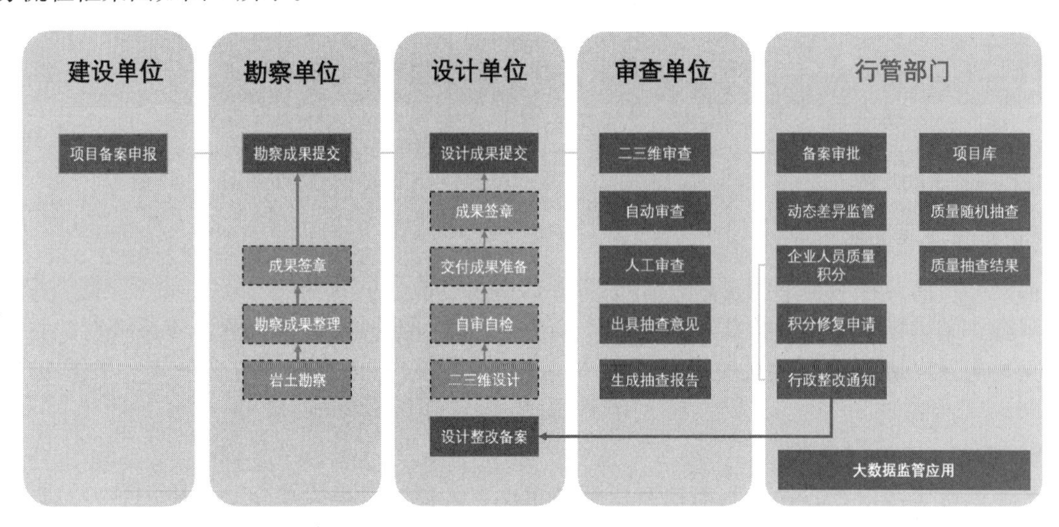

图 1　业务流程框架图

4.2　主要解决方案

（1）BIM 项目资料提交

鉴于目前二维图审流程中缺少三维图审模式，因此在审查项目报审通过后，由勘察设计单位先将报审文件进行上传，并且提供项目 BIM 设计变更管理。对已取得审查合格证的项目可由建设单位发起变更申报，开展变更审查，以满足项目变更需求。

图 2　多专业模型集成

（2）BIM 项目模型集成

针对审查过程中 BIM 模型资料应用的问题，需要提供勘察设计单位、建设单位 BIM 设计成果的交付应用服务，包括 BIM 模型文件的上传、BIM 交付文件汇总提交送审等管理功能，还有 BIM 模型版本管理，同时支持文件的版本管理，实现历史版本追溯。如图 2 所示。

（3）BIM 项目在线审查

这个阶段具有两个重要的能力：审查过程在线化应用和模型审查能力，分别强调施工图审查过程与 BIM 技术能力，能够帮助审查人员通过网页端完成模型的查看与审查，并可通过标注保存审图意见。审查过程在线化应用包括审查意见、回复、复审过程管理、合格书发放、模型及审查信息归档备案、并联审查。模型在线审查批注如图 3 所示，二三维联动设计审核如图 4 所示。

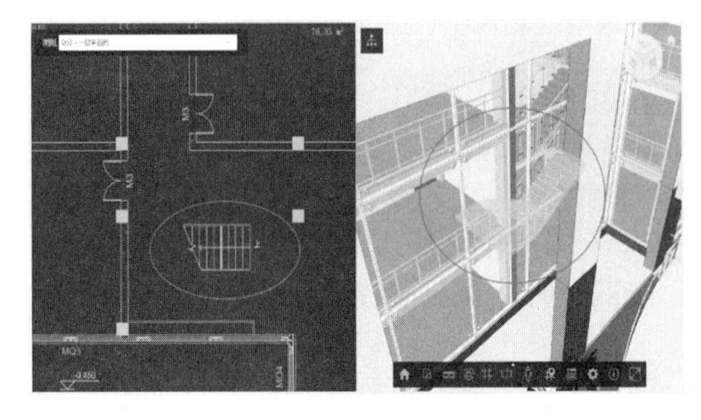

图 3　模型在线审查批注

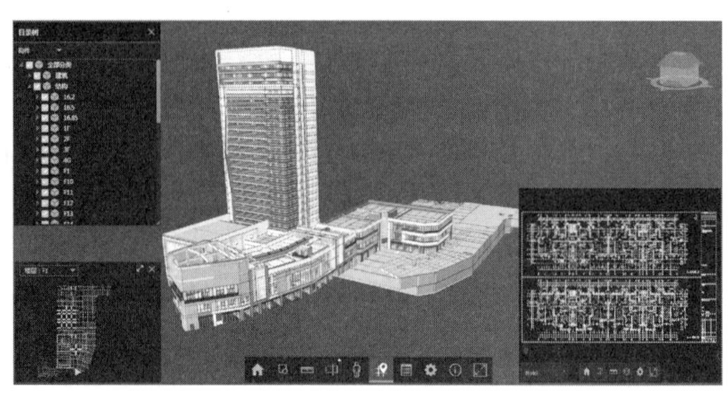

图 4　二三维联动设计审核

（4）BIM 项目多维监管

为了实现主管部门对项目的多维度实时监管，从全过程、全周期、全地域严格把关模型审查。平台按照区域划分监管权限，方便监管部门内部分工授权分区监管，为监管部门提供了对各个项目、机构、审查结果、审查时限、工作量等信息进行多维分析统计、报表生成的功能。通过对数据的多维分析和直观展示，实现数据化监管、智慧监管。

（5）BIM 数据标准建立

为了使得 BIM 审查能够通过统一的数据格式进行模型流转与文件审查，需要建立 BIM 模型制作及数据流转标准。这部分数据标准分为两类：一类是文件数据标准，包括 BIM 设计文件的格式、信息呈现方式、细节处理方式等；另一类是通过数据接口管理，形成数据集成对接保障。具体来说，数据接口主要包括和外部业务进行数据交互的信息基础，以及通过接口向外部业务系统提供通知、数据和任务流转。

（6）BIM 技术基础支持

为确保能够满足对上层应用的支撑，需要提供底层三维引擎技术支持，主要是为了实现 BIM 三维模型的轻量化转换、在线浏览、在线审查批注等功能，进而支撑 BIM 施工图审查业务的全过程，包括模型文件管理、图形引擎、模型在线浏览、模型数据提取等。

5 BIM 技术及相关政策对施工图审查带来的变化

5.1 社会效益方面

项目的建设与推广应用符合深化“放管服”改革的政策导向，对行业的健康发展具有积极的引导和促进作用。同时完善政府监管方式，加强 BIM 相关技术标准实施的监管，建立基于 BIM 技术应用的施工图审查、质量安全监督、工程验收、档案归档等环节的监管方式和工作制度，逐步将 BIM 融入相关部门的日常管理工作中，提高协同工作效率。

5.2 经济效益方面

通过 BIM 技术可提供二维图纸与三维模型辅助审图功能，在二维图纸审图流程的基础上增加三维视图，对问题进行云线审批、意见留存等操作，并通过二三维对比等功能实时确认图纸与模型的位置关系，从而倒逼勘察设计单位 BIM 技术的发展和实际落地应用。在实施 BIM 审图方式后，为下一步的施工现场进行 BIM 模型可视化施工做了一个良好的开始，推进提倡无纸化办公和网上行政审查进度，大幅度节约办公成本。

5.3 政策变化方面

政策变动可理解为：为了精简审批环节，可以取消施工图审查或缩小审查范围。“缩小审查范围”可以是缩减审查内容，也可以是减少审查项目范围。“谁设计谁负责”，设计职责非常明确，在增加审图环节后，等于政府和审图机构为设计分担了部分责任，之后设计质量责任由设计人员终身负责。“告知承诺制”特别考验的是政府事先告知和事后监管的能力，同时也是对承诺人的诚信度的极大考验。

6 总结

BIM 技术在施工图审查中的应用是设计行业细分领域中的又一次变革，同时在设计行业全生命周期中的作用是非常重要的。鉴于目前的技术力量、工作流程和环境因素的影响，BIM 技术在设计环节的应用与落地还存在一定的困难和挑战，比如三维模型数据的细节标准还未统一，数据交换还不够完美等。此研究内容尚未对实际项目进行测试与应用，通过对平台业务设计与架构的搭建，结合全国 16 个图审改革试点地区的深入推动，逐步摸索出 BIM 图审与当地设计院提供设计成果的依赖关系。虽然针对业务过程中的测评点与目标值还需要根据实际落地省市的施工图审查业务重新梳理与制定，但随着国内软件技术力量的成长、实践性项目的增多，相信 BIM 施工图审查技术会像传统施工图审查技术一样完善和成熟，技术问题会被逐一解决，BIM 技术会为设计行业的迅速发展提供更加强大的支持。

参 考 文 献

[1] 李雷，闫文凯．建筑工程三维协同设计流程形式研究[J]. 土木建筑工程信息技术，2013，5(4)：15-20.
[2] 闫文凯，张国栋．通过BIM平台让数据从设计流动到施工[J]. 土木建筑工程信息技术，2015，7(1)：35-45.
[3] 杨国华，刘春艳．设计企业BIM协同设计云平台建设案例研究[J]. 土木建筑工程信息技术，2017，9(1)：97-101.

基于全景球的 BIM 与工程实体的一致性审核技术研究与实践

吴　友，许璟琳*，谈骏杰

（上海建工四建集团有限公司，上海 201103）

【摘　要】针对目前竣工 BIM 与工程实体一致性审核困难，竣工 BIM 与工程实体不一致普遍存在的问题，本文提出了一种基于全景球的 BIM 与工程实体一致性审核技术。首先，结合审核要求对比分析了目前常见方法的优缺点；随后，提出基于全景球的数据采集、虚实融合和一致性比对的方法。最后在即将竣工的上海博物馆东馆项目进行了应用实践。应用表明，本技术可有效提升 BIM 与工程实体一致性审核效率，有效助力高质量 BIM 交付。

【关键词】一致性审核；BIM；全景球；OpenSpace

1　引言

目前，建筑信息模型（BIM）技术在建筑行业已经全面应用，大大促进了建筑行业数字化转型。在 BIM 应用中，保障 BIM 与工程实体一致性是高质量 BIM 应用的关键[1]。但在 BIM 实际应用中，由于难以获取现场竣工信息，往往竣工图纸和建筑实体业存在一定的差别[2]。因此，对 BIM 与工程实体的一致性审核（以下简称一致性审核）是 BIM 竣工交付的必须工作。特别是需要使用 BIM 进行运维的项目，若 BIM 与工程实体不一致，则无法发挥 BIM 的价值。

关于一致性审核的现有研究主要聚焦于 BIM 的合规性检查、BIM 的规范审查以及图模一致性审核[3-6]，也有关于 CityGML（City Geography Markup Language）模型一致性审核的研究[7-8]。但在实际施工过程中，由于竣工图纸与施工现场并不能完全一致，因此图模一致性审核并不能代替 BIM 与工程实体的一致性审核[2]。

参考《建筑信息模型设计交付标准》GB/T 51301—2018 等标准，BIM 的交付内容应包含下列内容：①模型单元的系统分类；②模型单元的关联关系；③模型单元几何信息及几何表达精度；④模型单元属性信息及信息深度；⑤属性值的信息来源。同时规定了当模型单元的几何信息与属性信息不一致时，应优先采信属性信息。因此，模型的一致性审查标准主要聚焦于模型中的建筑、结构、给水排水、暖通、机电各专业及主要构件的几何尺寸信息、几何位置信息、单元属性，并着重保障属性信息的正确性。

在此背景下，本文提出了一种基于全景球的 BIM 与工程实体的一致性审核技术，主要聚焦于 BIM 空间信息、设备几何位置信息以及属性信息的审核。

2　技术路线选型

目前常用的 BIM 与工程实体一致性审核方法的主要差异在于建筑实体数据采集方法，主要有传统测量工具、三维激光扫描和 MR 三类，具体介绍如下：

【基金项目】上海市青年科技启明星计划（21QB1403000）

【作者简介】吴友（1999—），男，研发员。主要研究方向为智慧运维。E-mail：w593693798y@163.com

许璟琳（1989—），女，高级工程师，主要研究方向为数字孪生、计算机辅助工程应用。E-mail：jinglin.xu@qq.com

（1）点检与量测工具：对于建筑规模小且造型规整的建筑时，常用手工测量完成一致性审核[11]。利用量测工具（如卷尺、激光测距仪、全站仪等）对实际施工现场进行测量和记录，并将量测和记录结果与BIM中的设计数据进行一一比对，完成一致性审核。该方法人工和耗时巨长，效率极低。

（2）三维激光扫描技术：三维激光扫描技术实现了直接从实体进行快速逆向获取三维数据及模型的重新构建[10]，因此对于大型且室内构造复杂的建筑物时，常用三维激光扫描技术完成一致性审核[9]。采用三维激光扫描技术对现场进行数据采集，将三维扫描结果与BIM进行对比，完成一致性审核工作。该方法精确度极高，但在实际应用过程中存在设备使用成本高、采集效率较低、数据后处理繁杂的问题。

（3）MR技术：基于BIM轻量化技术，将模型转换为MR设备可使用的格式；然后在现场将BIM与现实世界进行叠加或模拟，以便进行一致性审核。该方法审核效率较高，但对BIM轻量化要求高，模型信息损失较大，影响模型的准确性；并且MR设备尚存在一些硬件壁垒，如内存不足、大模型显示延迟等问题，同时设备成本较高[11]。

上述方法均无法高效解决模型一致性审核的需求，传统测量方法无位置记录、易缺项，人力成本高且效率低；三维激光扫描技术外业时间和内业时间较长；MR技术模型处理时间长、无过程资料且成本较高。为解决上述问题，本文提出了一种基于全景球的BIM与工程实体的审核方法，主要聚焦于BIM空间信息、设备几何位置信息以及属性信息的审核。首先，采用360全景相机和手持设备相结合的方式，移动式采集施工现场数据；其次，依托于全景球平台，将拍摄得到的图像通过AI算法进行拼贴建模，创建一个完整的现场全景模型，并与BIM进行自动化匹配；最后，通过对比匹配后的全景模型与BIM模型，完成BIM与工程实体的一致性审核。表1为一致性审核技术对比分析表。

一致性审核技术对比分析表 **表1**

方法	全景球技术	点检与量测工具	三维激光扫描技术	MR技术
适用范围	各体量项目	小型体量项目	中小型体量项目	大体量项目
记录结果	全景球照片	照片、视频等	点云数据	MR对比图像
记录效率	高	低	低	低
对比效率	高	低	中	高
优点	记录和对比效率高、成本低	记录方便	精度高	对比效率高
缺点	精度较一般	无位置记录、易缺项，人力成本高	外业时间和内业时间较长	模型处理时间长且无过程资料

3 基于全景球的模型审核技术

基于全景球的BIM与工程实体一致性审核的技术路线主要包含前期准备、数据采集、数据处理、模型审核四个技术步骤，如图1所示。

（1）前期准备

首先根据建筑图纸确定空间布局概况。以房间为最小单位，基于房间位置信息和单次数据采集时间，将建筑划分为多个区域。然后以最短路径原则分区域规划数据采集路径，提升每次数据采集的效率。最

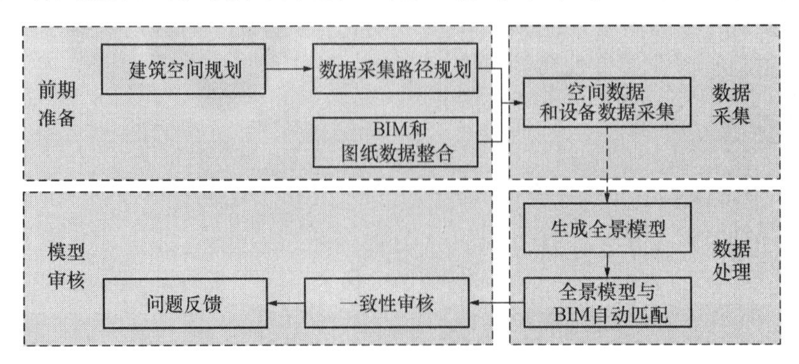

图1　一致性审核技术路线

后将建筑图纸和BIM导入至全景球平台，完成前期准备工作。

(2) 数据采集

首先将360全景相机设备安装在头戴式安全帽上或者直接手持拍摄设备，完成数据采集设备的组装。其次在每个数据采集路径起点处标定起点位置，并在项目现场中走动式采集房间图像数据。在采集每个房间数据时，系统在行径过程中会自动记录行径路线并在建筑图纸上自动绘制行径路线，并拍摄每个房间的设备铭牌，获取设备属性信息。最后基于规划好的分区域最短路径，完成所有房间内的空间信息和属性信息数据的采集。每次数据采集后，数据均会存储在360设备和全景球移动端平台中。

(3) 数据处理

首先将数据采集结果上传至全景球平台中，依托于AI算法平台，采集的图像数据会自动拼接成为全景图像。其次基于单次标定的路径起始位置和行径路线，平台会将行径路线中各点的二维平面坐标信息匹配到当层的建筑图纸中，然后根据每层楼的高度信息和行径路线中的Z轴坐标信息，将采集到的三维数据位置信息与BIM一一匹配，快速还原项目现场实际情况。

(4) 模型审核

基于全景模型的三维数据位置信息与BIM的自动匹配，审核人员可快速对比项目现场与BIM的空间信息和设备几何位置信息。同时对比拍摄的设备铭牌信息与BIM中的设备属性信息，完成属性信息的一致性审核。针对二者审核结果与工程实体不一致的问题，审核人员可以通过全景球平台的记录功能，在模型中的具体位置标注并描述问题所在，为后续建模人员进行模型修正提供快速定位渠道。建模人员根据问题记录快速完成模型修正并及时反馈给审核人员，完成模型的一致性审核。平台会记录模型审核中的所有过程资料、模型资料并留档，为后续模型问题追踪提供数据支持。

4 案例分析

4.1 上海博物馆东馆项目简介

本文的一致性审核技术在上海博物馆东馆项目进行了试点应用，该项目位于上海市浦东新区，总建筑面积104997m²，地上部分建筑面积81297m²，地下部分面积23700m²。本项目建筑面积大，房间数目多，且本项目的建筑、结构、给水排水、暖通、机电各专业系统数据繁杂，如图2所示。采用传统量测方式或者三维激光扫描技术进行模型审核时，会存在时间过长以及数据采集过慢等问题。因此，为快速完成大体量的模型一致性审核，本文采用试验较为高效的基于全景球平台的BIM与工程实体一致性方法进行审核。

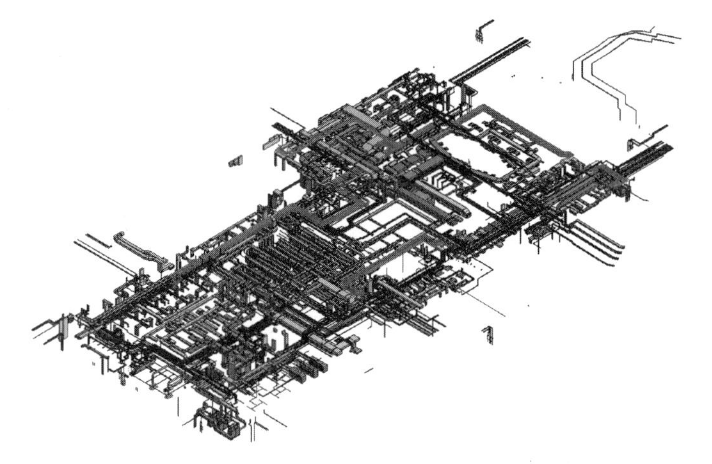

图2 上海博物馆东馆项目机电系统图

4.2 一致性审核技术项目应用

一致性审核技术在上海博物馆东馆项目的应用流程主要包含以下四个应用步骤。

(1) 前期准备：本项目建筑面积大，房间分布以块状区域集中分布，需要根据项目设计图纸的房间分布情况，将建筑物按每层楼划分开，并将单楼层进一步划分多个区域（图3），然后在每个区域内规划采集路线，保证数据采集时每条行经路线是可行的。最后将项目的设计图纸以及 BIM 导入至全景球平台中，完成前期准备工作。

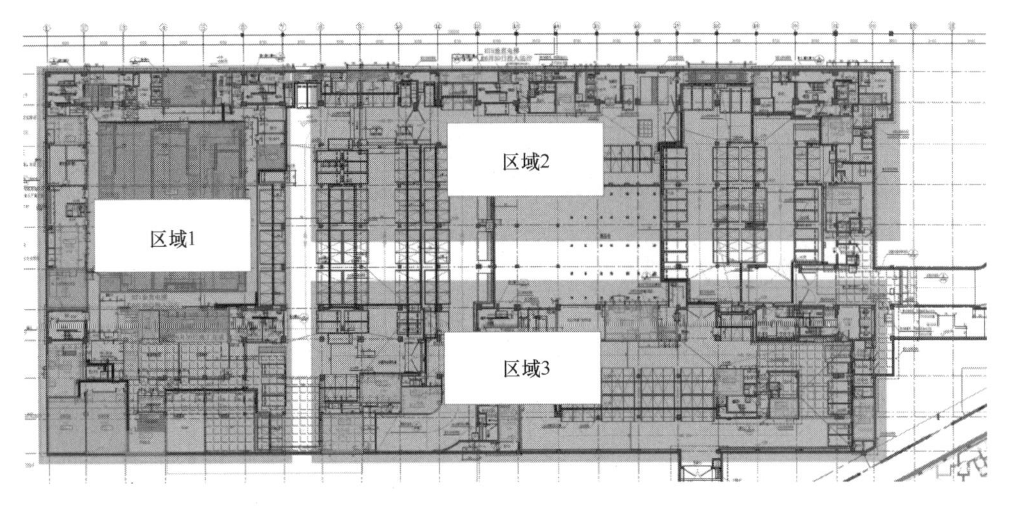

图 3　前期准备

（2）数据采集：本项目机电设备房间规格大小不一，单个房间内的设备分布情况无规律，因此将 360 全景相机与可伸缩式的手持设备结合后，能够有效减少数据采集时的盲区。在组装好数据采集设备后，把每个路径起点作为标定点进行图纸定位，然后按照规划路径走动式采集每个房间的数据，完成数据采集工作，如图 4 所示。

图 4　数据采集

（3）数据处理：将采集好的数据通过云端上传至平台上，并由平台自动化处理数据，获得每个房间的全景模型。然后依托于平台的自动匹配功能，能够将全景模型和 BIM 相互匹配，减少因数据量大而无法快速定位模型与工程实体位置一致的问题。

（4）模型审核：基于处理后的全景模型和 BIM 模型，完成模型的一致性审核。通过问题记录功能，在模型与工程实体不一致的具体位置进行标定备注并及时反馈给建模人员。建模人员能够通过备注信息精准定位问题位置，完成模型修正。如图 5 所示。

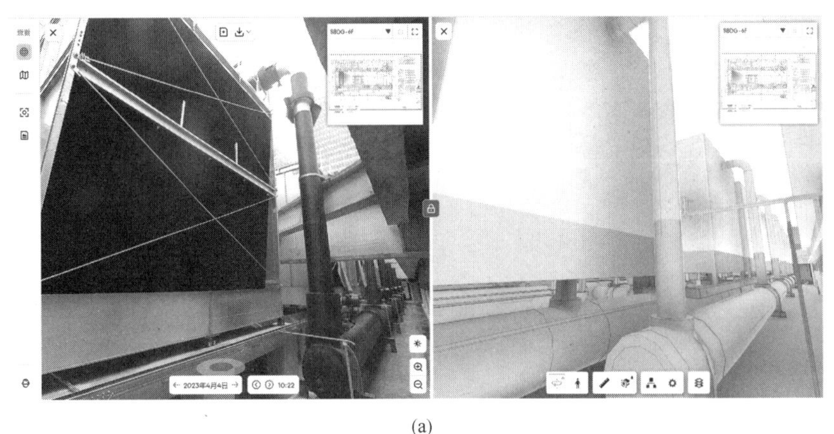

(a)

(b)

图 5　模型审核

（a）全景模型与 BIM 对比分析；（b）模型审核问题记录

4.3 应用结果分析

上海博物馆东馆项目中共计 299 个机电设备房间，在应用过程中针对 BIM 空间信息、设备几何位置信息以及属性信息三点进行一致性审核，按每日 8h 工作时间计算，对比不同模型审核技术在上海博物馆东馆项目具体应用结果如表 2 所示。

不同模型审核技术的应用结果对比分析表　　表 2

方案思路	全景球技术	点检与量测工具	三维激光扫描技术
数据采集设备	360 全景相机	手机＋量尺	三维激光扫描仪
数据采集时间	3min/间	15min/间	30min/间
数据处理时间	20min/间	20min/间	60min/间
模型审核时间	5min/间	30min/间	30min/间
整体耗时	28min/间	65min/间	120min/间
总计耗时	约 17.4 天	约 40.5 天	约 74.75 天
整体效率	高	中	低
审核准确性	高	低	高

根据不同模型审核技术的应用对比分析结果可知，相较于其他的模型审核技术，基于全景球的一致性审核技术方法具有以下优势：

（1）一致性审核效率高：该技术方法整体效率提升了 57.04%～76.72%，有效地减少了一致性审核过程中的时间，实现了 BIM 的快速审核。

（2）一致性审核准确率高：该技术方法支持所有审核的问题在平台上留档记录，并同步反馈给建模人员，提升了建模人员修正模型的效率，保障了一致性审核的准确率，提高了模型交付的质量。

（3）内外业流程便捷：该技术方法在实际应用中，只需携带轻便的 360 全景相机在现场步行采集数据即可完成外业流程；只需上传采集的现场数据至全景球云端即可完成内业流程。

5 结论与展望

本文聚焦于 BIM 与工程实体的一致性审核，研究了基于全景球的 BIM 与工程实体一致性审核技术的技术路线和应用可行性，并在上海博物馆东馆项目进行试点应用，与其他模型一致性审核技术进行实验对比分析。实验结果表明：该技术方法在针对 BIM 空间信息、设备几何位置信息以及属性信息进行核查时具有便捷、高效率、高准确率的技术特点，能够快速完成大体量项目的模型一致性审核工作，降低了人工与时间成本的同时，有力地保障了模型的交付质量，大大提高了一致性审核效率。

本文的一致性审核技术仍然存在可优化的空间。在进行一致性审核时，只能通过目测确定构件尺寸的大致大小，无法对 BIM 中的构件尺寸进行高精度的审核，难以保证对 BIM 构件大小精度要求高的交付质量；在数据采集时，如果单个房间中存在夹层，则需要划分为两个房间进行数据采集，以保障处理时的数据与 BIM 匹配的准确性。

参 考 文 献

[1] 彭阳，余芳强，宋天任．CAD 图纸与 BIM 一致性的全自动审核方法[J]．土木工程与管理学报，2022，39(2)：108-112，119.

[2] 曹盈，仇春华，余芳强．基于 BIM 模型与工程实体的一致性研究[J]．江苏建材，2019(S2)：13-15.

[3] 张吉松，刘宇航，于泽涵．基于本体 BIM 结构模型合规性审查方法[C]//中国图学学会建筑信息模型(BIM)专业委员会．第八届全国 BIM 学术会议论文集．中国建筑工业出版社，2022：173-177.

[4] 郑慨睿，温智鹏，徐盛取，等．基于知识图谱的水利工程 BIM 模型自动化规范审查研究[C]//中国图学学会建筑信息模型(BIM)专业委员会．第八届全国 BIM 学术会议论文集．中国建筑工业出版社，2022：286-291.

[5] 周俊羽，向星磊，马智亮．基于知识图谱的 BIM 机电模型构件拓扑关系自动检查方法[C]//中国图学学会建筑信息模

型(BIM)专业委员会．第七届全国BIM学术会议论文集．中国建筑工业出版社，2021：5.

[6] 周清华，杨林，李纯，等．京张高铁八达岭地下站及隧道工程信息模型一致性表达[J]．铁路计算机应用，2022，31(10)：26-32.

[7] 王永君，陈青燕，杨玉娇，等．语义辅助的CityGML模型一致性检测方法[J]．测绘学报，2021，50(5)：664-674.

[8] 徐敬海，卜兰，杜东升等．建筑物BIM与实景三维模型融合方法研究[J]．建筑结构学报，2021，42(10)：215-222.

[9] 何正豪，田元福．基于三维激光扫描和摄影测量的BIM模型校对[J]．海南大学学报(自然科学版)，2023，41(1)：79-84.

[10] 苏立勇，路清泉，张志伟，张鸿杰，闫建龙．基于三维点云扫描验证地铁车站BIM模型的研究[J]．工程技术研究，2020，5(17)：35-36，83.

[11] 邵兆通，何兵，初毅．混合现实技术在建筑工程中的应用研究[J]．土木建筑工程信息技术，2017，9(3)：43-46.

BIM技术在污水处理厂中的应用

王晨阳，白树冬，刘嘉乐

（陕西建工安装集团，陕西 西安 710000）

【摘　要】随着社会经济的快速发展，带来水资源严重污染问题。为了打好污染防治攻坚战、建设美丽中国，乾县人民政府特响应国家号召，狠抓环卫设施建设，努力创建国家卫生县城。在此背景下，迎来了县城第二污水处理厂及管网配套工程的建设。本文将从BIM技术角度，探讨“新基建”背景下污水处理厂的施工方式。

【关键词】水污染；BIM技术；构件库；碰撞检测

1　引言

随着社会经济的快速发展，带来水资源严重污染问题。工业、农业污水排放量逐年增加，我国每年排放的污水量为600亿t，并且很多污水都是未经处理直接排放到江河中。我国有8%的河段污染严重，造成水质性缺水，减少了生活水资源总量。据有关统计，我国人均水资源占有量为2200m^3，而世界人口水资源平均占有率为9000m^3，是世界上缺水国家之一。随着社会的不断发展，我国工业用水、城市用水量持续增加，水资源供求矛盾愈加严重，已成为工业发展乃至社会发展的障碍[1]。

2　工程概况

乾县汽配产业园（高铁新城）污水处理厂及管网配套项目选址在乾县阳洪镇团结村西侧约500m处。主要建设内容：近期规模2.5×10^{4}m^3/d，远期总规模5.0×10^{4}m^3/d（含近期）；近期深度处理（回用）水量1.5万m^3/d，远期深度处理（回用）水量3.0万m^3/d（含近期）。污水处理厂主要构筑物有：粗格栅提升泵房、细格栅沉砂池、改良A2/O生化池及污泥泵井、二沉池、二次提升泵房及高密度沉淀池、深床反硝化滤池、紫外线消毒渠、巴氏计量槽、中水池、中水泵房、除臭装置、污泥浓缩脱水车间、加药间、鼓风机房及变配电间、加氯间及出水仪表间、综合楼、进水仪表间、仓库机修间、危废暂存间、门卫室等。图1为项目厂区效果图。

图1　基于BIM真实比例模型的污水处理厂效果图

【作者简介】王晨阳（1997—），女，工程师。主要研究方向为机电安装及BIM深化设计。E-mail：1120125231@qq.com

3 BIM 模型搭建思维

由于污水处理厂集约化设计的特点，前期创建方案的稳定和完善对工程后期模型的整合和协调效率的提升尤为重要。本工程选用 Revit、Rebro、Navisworks、Fuzor、Lumion 等多种工具进行工程模型创建。根据创建的流程，大致形成一套完整的污水处理厂 BIM 设计工作流程，如图 2 所示。

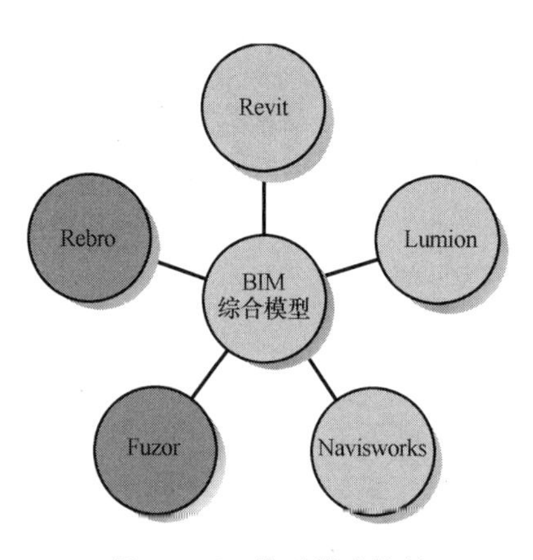

图 2 BIM 模型搭建软件

4 构筑物单体创建

每个工艺处理流程中的单体构成一个可以独立处理污水的污水处理厂，而每个单体构筑物均需要工艺、结构、建筑、电气、自控等多个专业协作完成。本工程共分为四个大的综合工艺流程，分别为预处理工段：粗格栅＋污水提升泵房＋细格栅＋曝气沉砂池；污水处理工段：A2/O 生化池＋高密度沉淀池＋深化反硝化滤池；消毒工艺：紫外光消毒＋次氯酸钠消毒（中水回用时采用）；污泥处理工艺：污泥均质池＋污泥浓缩＋板框压滤脱水机等。具体工艺流程如图 3 所示。

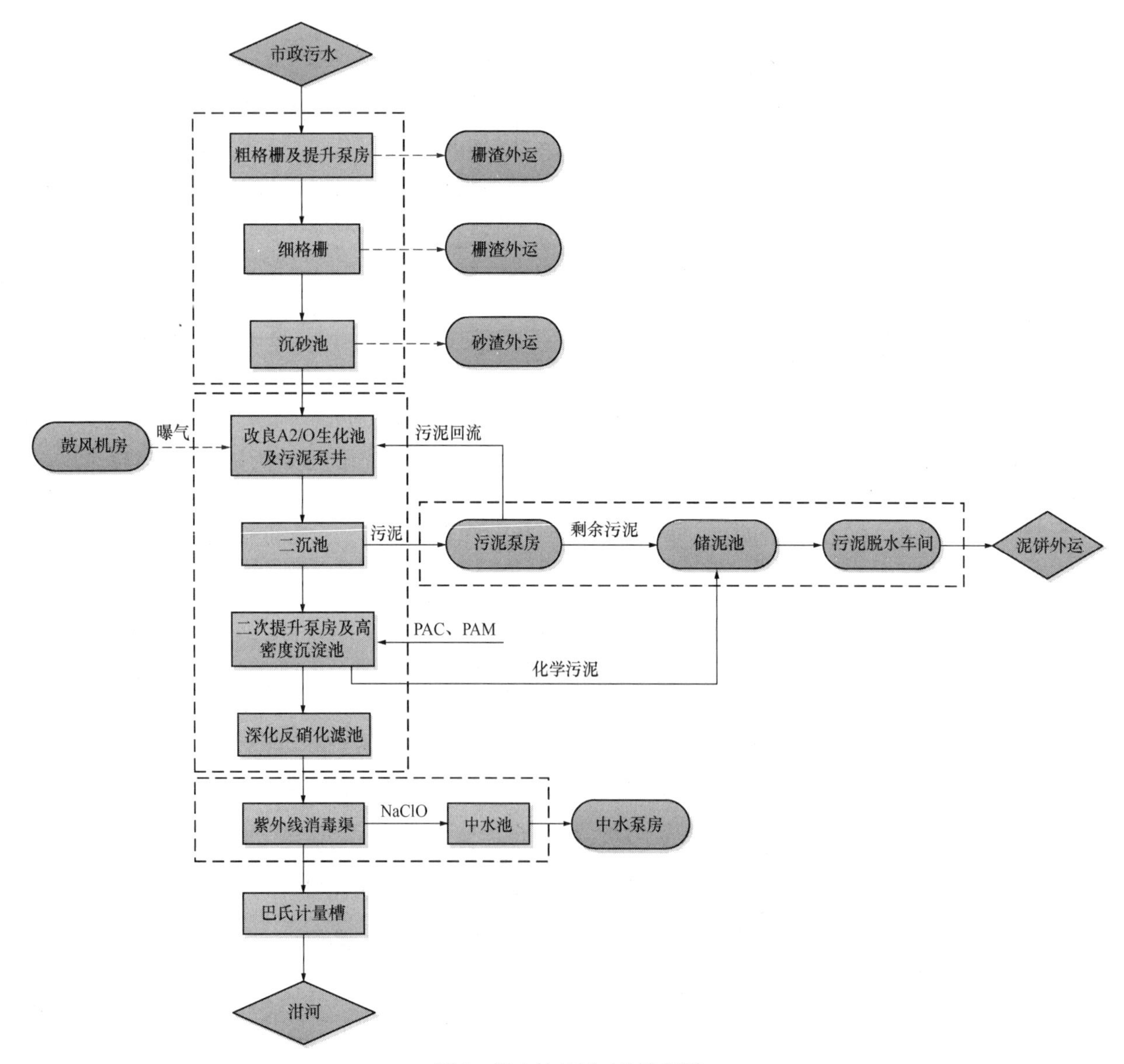

图 3 污水处理厂工艺流程图

4.1 项目样板创建

开展 BIM 模型创建前，首先需要制定项目样板。项目样板创建的标准对于后期协同工作、深化设计都至关重要。因为只有预先进行设置，才能保证各单体最终出图的一致性，同时也是各构筑物各专业单体模型能够合模的前提。项目部模型创建前期，创建了统一的项目样板，使后期创建更为规范。对于污水处理厂构筑物 BIM 创建，项目样板制定包括以下方面的内容：(1) 确定模型深度，模型深度应由模型单元的几何信息和属性信息组成。模型深度等级表达方式为：专业 BIM 模型深度等级＝［Gn，Nn］，其中 Gn 是该专业的几何信息深度等级，Nn 是该专业的属性信息深度等级，要求整体施工模型深度等级不小于［G2，N1］。G2 表示几何信息满足占位空间、主要颜色等粗略的识别。N1 表示属性信息宜包含模型单元的身份描述、项目信息、组织角色等信息。(2) 由于污水处理厂涉及很多单体构筑物，项目的坐标定位直接影响后期模型的整合。通常以共享坐标的方式对构筑物模型进行统一定位。(3) 视图图层样板设置。视图样板应规定视图的视图比例、视图范围、可见性设置、视图规程及子规程、过滤器属性等，实现施工图文档集的一致性。(4) 工艺管道系统设置。为了方便项目各参与方协同工作时易于理解模型的组成，特别是建筑机电模型、市政管线模型系统较多，通过对不同专业和系统模型赋予不同的模型颜色，将有利于直观快速地识别模型[2]。安装系统的设置结合污水处理厂系统分类，可以实现各种专业类型分类、分颜色以及可见性的显示，同时在系统计算、工程量分类统计时提供便利。图 4 为本工程设置的部分桥架系统。

4.2 项目构件库创建

在污水处理厂项目中，除了软件可以提供楼板、墙柱、管道等系统族以及扩展深化外，其他的构件基本上需要工程师自行创建。污水处理厂体量大，设备大多数采用国外设备。因此所有设备需要根据厂家提供的几何信息与属性信息创建一个专属的污水处理厂构件库。以参数的方式驱动每一块构件的尺寸形状，使其能够通过数据来改变，提高重复利用率，节省时间。族的形式为嵌套族，其优点是可以用参数驱动更加复杂的设备，使设备的大小形体能够满足模型精度以及平面、剖面直接出图。部分参数化工艺设备族如图 5 所示[3]。

	通信桥架	TX	255,0,255	
	动力桥架	DT	190,0,100	
	高压桥架	HV	200,20,20	
	综合布线桥架	ZB	0,255,0	
	总线桥架	ZX	255,255,0	
	母线槽	MXC	153,50,0	
	预留桥架	YL	128,128,0	
	照明桥架	LT	200,200,158	

图 4　项目桥架样板系统

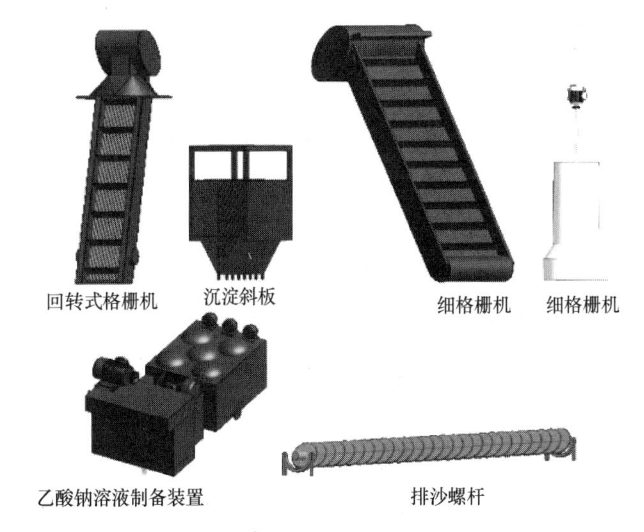

图 5　项目构件库模型

4.3 模型碰撞检测

建筑施工行业传统的设计将各种专业分类绘制成二维图纸，碰撞检查往往采用人工对图或者施工过程现场避让的方式进行调整[4]，由于只是平面图纸，因此往往不能全面反映个体、各专业各系统之间的碰撞可能，有时候由于平面的局限性也使工程师疏漏掉一些管线碰撞的问题。而基于 Rebro 平台的 BIM 设计，构筑物内各专业管线可随时随地进行碰撞检查。整合后的总体模型也可通过 Navisworks 进行碰撞检查，导出碰撞报告[5]，最后形成空间合理的模型，如图 6 所示。一方面可以提高设计单位的设计质量，另

图6 模型碰撞检测显示

一方面避免在后期施工过程中出现各类返工引起的工期延误和投资浪费。

4.4 管架预制

根据生成的管道模型，结合管架二维图纸来创建三维管架模型。将管架所需的各种几何信息输入软件自带的吊架中，即可形成符合设计要求的支架模型（图7）。将生成的支架按图纸与其他专业模型合模，便可发现有可能因为支架安装不合理而与管道发生碰撞的问题。

4.5 BIM出图

污水处理厂空间布局烦琐复杂，需大量的平面、立面、剖面图才能将各区域的构造表达清楚[6]。利用Rebro生成的实体模型，可快速准确地生成平面、立面、剖面图以及局部大样图，利用图纸与模型之间的关联，可以根据模型的变化随时出具新的变更图纸，节约了设计和校核的工作时间，如图8所示。

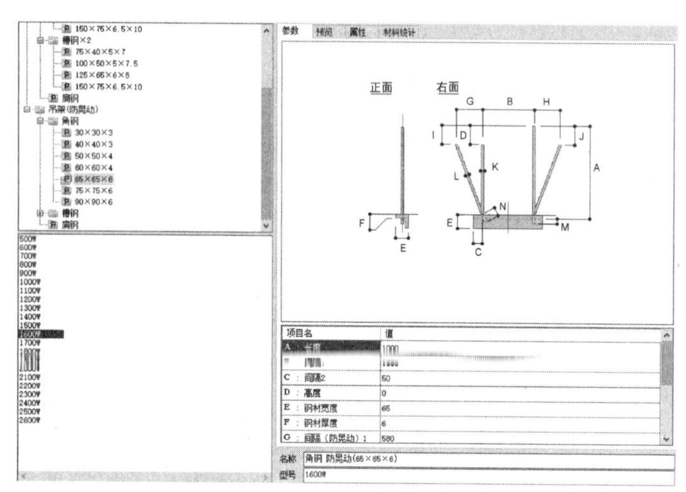

图7 软件支架预制界面

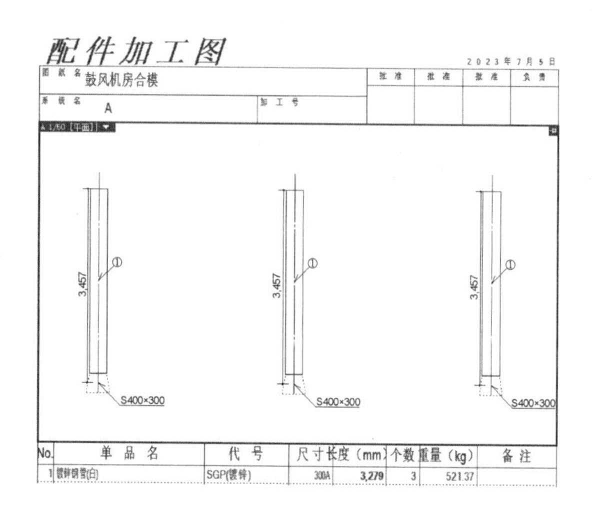

图8 配件加工出图

4.6 施工模拟

利用Fuzor施工模拟软件，将Revit创建的模型与Fuzor建立相关链接，利用Fuzor自带的甘特图与施工组织设计中排布好的施工进度计划来创建施工模拟视频（图9）。一方面可以用来现场施工，另一方

图9 施工模拟视频

面可以更加直观地了解项目施工过程中的重难点。

5 小结

BIM技术的应用为本工程提供了高效、精准、可量化的决策依据，充分体现了施工阶段BIM技术的应用价值，促成了污水处理厂新型智慧化运维管理模式的诞生，也为本工程运维智慧化水平的进一步提升奠定了良好的基础[7]。

参 考 文 献

[1] 刘玉明. 我国水资源现状及高效节水型农业发展对策[J]. 农业科技与信息，2020(16)：80-81，83.
[2] 江帅，史峰. BIM技术在虾子河污水处理厂设计中的应用[J]. 四川水泥，2021，302(10)：114-117.
[3] 朱利民，王姣. BIM技术在春柳河污水处理厂工程设计中的应用实践[J]. 中国给水排水，2016，32(4)：40-43，47.
[4] 尹越. BIM在沈阳市深基坑工程中综合应用研究[D]. 沈阳：沈阳建筑大学，2016.
[5] 朱文涛. 宝鸡蟠龙新区污水处理厂可行性研究[D]. 西安：西安建筑科技大学，2015.
[6] 潘新华. 浅谈BIM产业链项目在互联网时代的应用研究[J]. 商，2016(30)：205.
[7] 李翊君，黄静菲. BIM技术在上海泰和污水处理厂工程中的应用[J]. 土木建筑工程信息技术，2021，13(5)：127-133.

基于BIM技术与等距划分原理的梁底净空分析方法研究

王译梵[1]，侯振斌[2]，戴小罡[1]，李锦磊[2]

（1. 湖南机场建设指挥部，湖南 长沙 410100
2. 中国建筑西南设计研究院有限公司，四川 成都 610041）

【摘 要】 梁底净空是设计和施工阶段的重点关注对象之一。不同的梁底净空直接影响机电安装空间和室内净高，基于BIM技术及等距划分原理提出了一种梁底净空分析方法，将梁底净空根据不同梁底高度划分为非常危险区、危险区、相对危险区、安全区及非常安全区五个区间；借助可视化编程软件Dynamo开发了相应的分析程序，操作简单、便捷，可高效地输出梁底净空分析成果；依托某机场改扩建工程进行了梁底净空研究，结果表明该方法可高效地对梁底净空进行分析，在该机场航站楼的设计阶段得到成功应用。研究成果具有一定的通用性和可推广性，为梁底净空分析方法的研究提供了有益参考。

【关键词】 梁底净空分析；BIM技术；Dynamo

1 引言

现代建筑规模与功能越来越庞大，相应的建筑内部机电系统越来越庞杂，系统中的管线越来越多，如何在有限的建筑净高条件下合理地布置各种机电管线（即管线综合），尽可能地节约可用空间，是设计和施工阶段都需要研究的问题之一。为尽可能利用上部建筑空间，在设计和施工阶段都会进行管线综合。建筑空间本身的梁底净空分析是进行机电管线综合排布的第一步，也是机电完成后能不能满足室内净高要求的直接影响因素。

《民用建筑设计统一标准》GB 50352—2019[1]将室内净高定义为从楼、地面面层（完成面）至吊顶或楼盖、屋盖底面之间的有效使用空间的垂直距离。《住宅设计规范》GB 50096—2011[2]中规定了卧室、起居室的室内净高不应低于2.4m。《综合医院建筑设计规范》GB 51039—2014[3]中规定诊查室不宜低于2.6m，病房不宜低于2.8m，其他类似情况不单独罗列。室内净高在建筑设计中是重要的指标之一，而室内净高直接受到梁底净空的影响。深圳市建筑工务署发布的《设计BIM净空、净高分析管理规范（试行版）》SZGWS BIM 15—2017[4]明确了净空分析的内容以及必须进行净空分析的项目规模和最终交付的成果。由此可见，梁底净空分析在建筑设计及施工中都有着重要而广泛的应用。

近年来，BIM技术在建筑设计及施工领域都有大量的应用。其中Revit是最为常用的BIM建模工具之一。Revit软件提供了可视化编程插件Dynamo，该插件将编程语言以电池节点包的形式可视化呈现，电池节点包间则以连线发生联系，从而定义不同的逻辑关系和特定的算法。相较于传统的C＃等非可视化编程语言，工程技术人员可方便地在Dynamo中实现各种算法的编程，借助程序处理批量、重复性的工作，从而为BIM相关的二次开发提供了一种便利的工具。

范冰辉[5]等提出了一种基于BIM参数化的室内净高优化方法，主要借助Dyanmo对机电管线的净高进行优化，未对梁底净空情况进行研究。姚晨晖[6]等借助C＃开发工具对Revit进行相关的二次开发，主要针对车位净高问题进行了研究。Revit自带的功能模块能通过编写计算公式来获取所有梁底高程数据，

【作者简介】 王译梵（1992年—），女，硕士研究生，工程师，主要研究方向为机场工程设计、施工技术管理。E-mail：565108147@qq.com

然后工程技术人员依据个人的经验水平对所有梁底高程数据逐一归类分析。现有的手动编写计算公式的方式费时较长，同时不同技术人员的经验水平对最终分析结果的干扰会较大，可能影响梁底净空分析的准确性。鉴于此，对梁底净空分析方法展开进一步研究十分有必要。

2 开发原理和净高分析算法

2.1 等距划分原理

开展梁底净空分析时，首先需要获得每根结构梁的梁底高程。对于同一个建设项目，有多种不同的梁底高程。如何对获得的梁底高程进行合理的分类是梁底净空分析的关键步骤，不同的分类方式会导致不同的分析效果。传统的梁底净空分类大多依赖工程技术人员的经验水平，将梁底高程小于某个值的划分作为重点关注的工况，该工况下因梁底净空较低，机电管线等排布可能存在困难。临界值的选取因人而异，梁底净空分析结果具有不确定性。

等距划分是指从最小值到最大值之间均分为 N 等份，如果 A、B 分别为最小值、最大值，则每个区间的长度为 $W=(B-A)/N$，则区间边界值为 $A+W$，$A+2W$，…，$A+(N-1)W$。

结合实践，为避免个人经验水平对分析结果的干扰，本文对梁底净空进行分析时，基于等距划分的原理，对梁底高程按大小排序后进行等距划分以获得临界值，然后基于得到的临界值将所有结构梁进行分类，如图 1 所示。

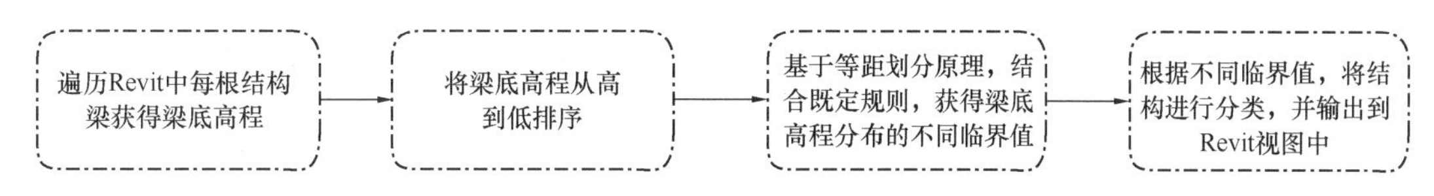

图 1 等距划分原理图

2.2 基于等距划分原理的净高分析算法

Dynamo 是基于 Revit 的可视化编程插件。在 Dynamo 中工程技术人员不需要逐行编写代码，直接调用其节点包即可，极大地方便了程序的编写。在 Dynamo 中进行梁底净空分析，需定义净空分析的逻辑关系，从而编写相应的程序。

梁底净空按照从低到高划分为不同的区间，此时划分得过粗则易漏掉净空较低的梁，划分得过细则易让人无法直观识别，失去梁底净空分析的意义。本文将所有梁底净空按照从低到高划分为非常危险区、危险区、相对危险区、安全区及非常安全区五个区间。根据五个区间的划分，只需要 i_0、i_1、,i_2、i_3 四个临界值即可。具体地，定义梁底净空在（0，i_0］范围内的为非常危险区，在（i_0，i_1］范围内的为危险区，在（i_1，i_2］范围内的为相对危险区，在（i_2，i_3］范围内的为安全区，在（i_3，$+\infty$）范围内的为非常安全区。

基于 Dynamo 可视化编程插件，结合梁底净空不同区间的定义和划分，提出了一种基于等距划分原理的梁底净空分析算法，如图 2 所示。该算法首先读取每根结构梁的底部高程，删除底部高程值的重复项后按照大小进行排序，然后将排序后的数据五等分得到四个临界值，最后基于临界值将梁体归类划分到不同区间，以不同颜色高亮显示，从而得到梁底净空分析的结果。

3 基于等距划分原理的净空分析程序

在采用 Revit 将结构 CAD 图纸转化为三维 BIM 模型的基础上，假设对第 n 层楼的梁底净空进行分析，净空分析程序主要工作步骤如下所列。

3.1 读取梁底高程并修正

在 Revit 中，底部高程是每根结构梁的属性信息之一，根据 Revit 本身的规则约束，底部高程的数值是基于 0m 标高的。

（1）读取梁底高程数据

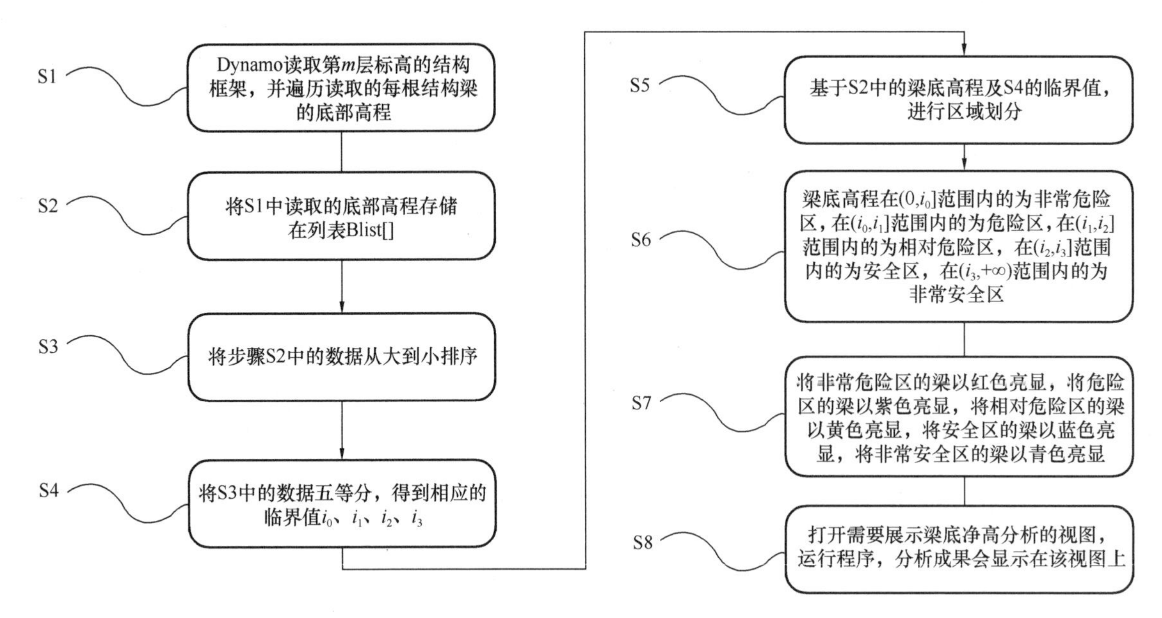

图 2　基于等距划分原理的梁底净空分析算法

影响第 n 层楼梁底净空的是第（$n+1$）层的结构梁，因此过滤出第（$n+1$）层所有结构梁。在此基础上，通过 Dynamo 的节点 Element. GetParameterValueByName 批量得到结构梁的所有底部高程数据，并存储在列表 BList[] 中。

（2）修正梁底高程数据

由于 Revit 本身的定义，BList[] 中的底部高程数值大小是基于 0m 标高的，需要将数值修正为基于第 n 层的。此时需要读取两个数据：1）第 n 层的标高数值 H_n；2）建筑面层厚度。将 1）中得到的底部高程数据减去 H_n和面层厚度（一般为 50mm）进行修正，即 Blist[] －（H_n＋50），从而得到结构梁基于第 n 层楼的底部高程数值。

3.2　等距划分法处理数据

在一个建设项目中，某个梁底高程数值往往对应多根结构梁，因此 Blist[] 中存在大量的重复数值。将本文第 3.1 节得到的底部高程数据删除重复项，并按大小排序得到列表 Clist[]。

按照等距划分的原理，确定步距 b 的大小后即可将 Clist[] 中的数据五等分。统计出 Clist[] 中项数的数量 m，进行 $m/5$ 运算后通过节点 Math. Floor 取整，得到 b；根据步距 b，得到五等分点的索引 $(4b-1)$、$(3b-1)$、$(2b-1)$、$(b-1)$；最后基于五等分点的索引值及列表 Clist[]，从而得到对应的 4 个临界值 i_0、i_1、i_2、i_3的数值。

3.3　输出分析结果

根据本文第 3.2 节中得到的 i_0、i_1、i_2、i_3，通过节点 List. FilterByBoolMask 筛选出将梁底净空在（0，i_0］范围内的框架梁，并将上述梁以红色着色；类似地，将梁底净空在（i_0，i_1］范围内的结构梁以紫色显示，在（i_1，i_2］范围内的以黄色显示，在（i_2，i_3］范围内的以蓝色显示，在（i_3，$+\infty$）范围内的以青色显示，具体如表 1 所列。

表 1 中，划分的五个区间有 3 个属于危险区类的，这样尽可能将梁底净空不足的工况划分得更为细致。进一步地，对处于不同区间的梁进行着色区分，将梁底净空分析结果以可视化的形式提供给工程技术人员。至此，全部程序编写完成，相关成果已申请相应专利[7]。为便于清晰地展示，截取将（0，i_0］范围内的梁以红色显示的程序，如图 3 所示。

状态划分　　表1

梁底净空	状态定义	颜色显示
$(0, i_0]$	非常危险区	红色
$(i_0, i_1]$	危险区	紫色
$(i_1, i_2]$	相对危险区	黄色
$(i_2, i_3]$	安全区	蓝色
$(i_3, +\infty)$	非常安全区	青色

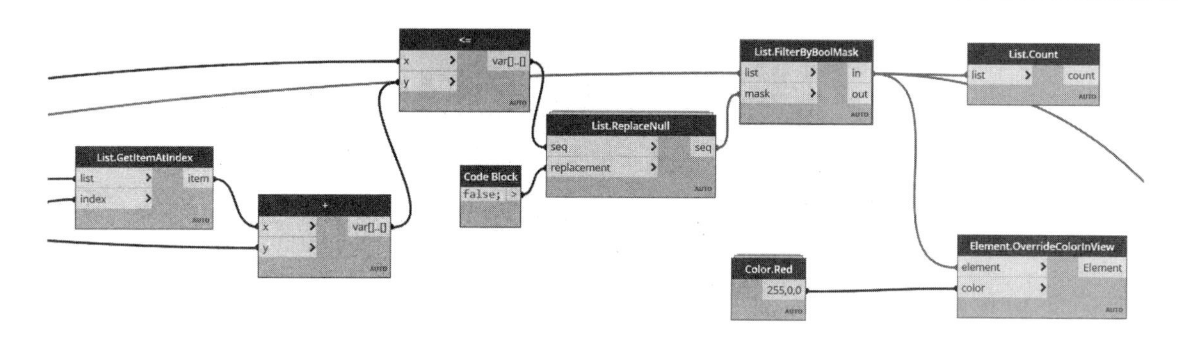

图3　Dynamo中梁底净空分析程序（部分）

4　在某机场中的应用实践

4.1　项目概况

某机场改扩建工程，建筑面积为100余万平方米，新建航站楼约50万m^2，航站楼由A、B、C、D、E五个指廊及大厅等部分组成。其中C指廊在五个指廊中面积最大，机电系统较为复杂，同时对净高要求较高，这对设计和施工都提出了较高的要求。为此，引入本文所述的净空分析程序，以辅助进行机电优化设计。

4.2　实例分析

C指廊地上部分包含L1、L1A、L2及L3层。以C指廊L1A夹层为例，分析其梁底净空情况。

影响L1A梁底净空的是L2层的结构梁，因此在Revit中打开平面视图“结构平面L2”，打开Dynamo编写好的净空分析程序。此时需要在Dynamo中输入L1A夹层、L2层标高及L1A层建筑面层厚度3个数据。本项目面层厚度为50mm，采用默认值；L1A和L2层标高通过Dynamo中Levels节点下拉框拾取。在Dynamo中点击Run运行，即可完成L1A层梁底净空分析，分析前和分析后的视图如图4所示。

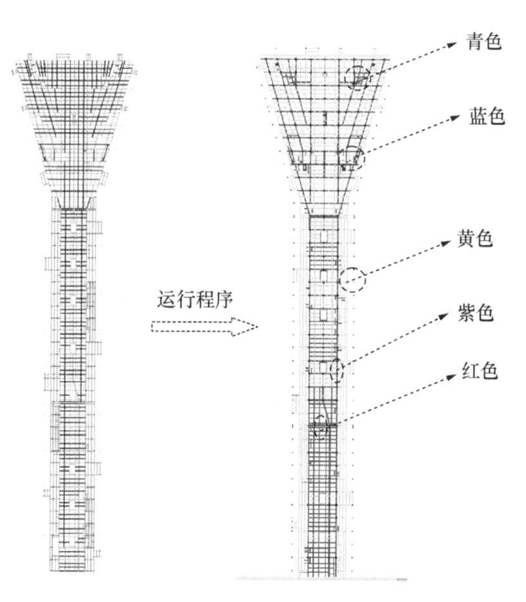

图4　梁底净空分析前和分析后的效果对比

图4中，红色区域，代表此处梁底净空在该区域最低，梁底净空处于非常危险的区间，后续机电设计和机电安装时需重点关注；类似地，紫色区域，代表此区域梁底净空处于危险的区间；黄色区域，代表此区域梁底净空处于相对危险的区间；蓝色区域，代表此区域梁底净空处于安全的区间；青色区域，代表此区域梁底净空处于非常安全的区间。可以看到两侧区域净空较大，中间区域净空比较紧张，同时程序可统计出处于每种区域的结构梁数量，如表2所示。

不同工况下结构梁个数统计 **表2**

梁底净空	颜色显示	数量（处）	占比
非常危险区	红色	52	4.45%
危险区	紫色	369	31.59%
相对危险区	黄色	629	53.85%
安全区	蓝色	70	5.99%
非常安全区	青色	48	4.11%

图5中，可以看到选中的梁显示红色，表明其梁底净空处于非常危险的工况，查询结构图纸后发现是由于570降板的存在。类似地，可高效、直观地发现梁底净空不利的工况，机电管线主路由应尽可能避让非常危险工况的区域，基于此进行后续相关设计、应用和分析。

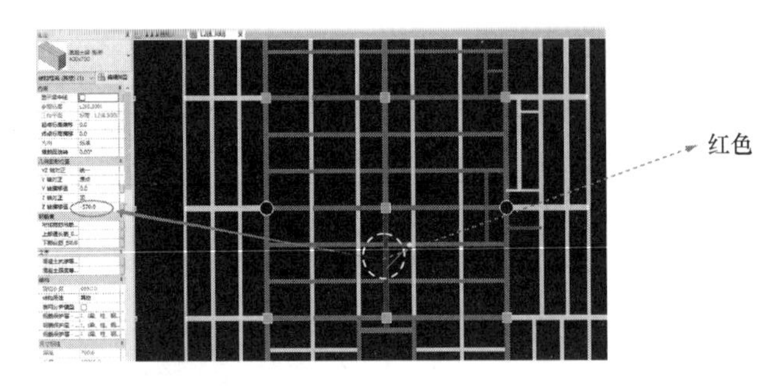

图5　C指廊L1A层梁底净空非常危险的工况（局部）

5　总结与展望

为准确、高效地进行梁底净空分析，基于等距划分原理提出了一种梁底净空分析算法，在Revit中借助可视化编程插件Dynamo开发了相应程序，并在某机场改扩建工程的航站楼中开展了相关应用，得到以下结论

（1）基于等距划分原理提出了四个临界值 i_0、i_1、i_2、i_3，将梁底净空区域划分为非常危险区、危险区、相对危险区、安全区及非常安全区五个区间，避免了划分得过粗从而易遗漏梁底净空较低或划分得过细从而可视化效果不佳的问题。

（2）借助Dynamo进行了二次开发，将净空分析的逻辑算法嵌入程序中，避免了手动计算的烦琐，同时避免了技术人员的经验水平对分析结果的干扰，提高了梁底净空分析的准确性和工作效率。

（3）通过本文提供的梁底净空分析程序，在某机场改扩建工程的航站楼中开展了梁底净空分析，以可视化的方式得到C指廊L1A夹层的梁底净空分布情况，便于技术人员快速发现最不利点的区域，从而为设计和施工提供了一定的参考。

（4）本方法主要输入本层、上层标高及面层厚度3个数值，运行程序即可得到梁底净空分析结果，操作便捷、简单，具有一定的通用性和较强的可推广性。

参 考 文 献

[1]　中华人民共和国住房和城乡建设部．民用建筑设计统一标准：GB 50352—2019［S］．北京：中国建筑工业出版社，2019.

[2]　中华人民共和国住房和城乡建设部．住宅设计规范：GB 50096—2011［S］．北京：中国建筑工业出版社，2011.

[3]　中华人民共和国住房和城乡建设部．综合医院建筑设计规范：GB 51039—2014［S］．北京：中国计划出版社，2014.

[4]　深圳市建筑工务署设计BIM净空、净高分析管理规范（试行版）：SZGWS BIM 15—2017［S］．出版地：［出版者不详］，2017.

[5]　范冰辉，孙绮，等．基于BIM参数化的室内空间净高优化方法［J］．水利与建筑工程学报，2022，20(5)：172-177.

[6]　姚晨晖．基于BIM的Revit平台空间净高分析的二次开发［D］．太原：中北大学，2020.

[7]　李锦磊，侯振斌．基于等距划分法的梁底净空分析方法、设备和存储介质：CN202210859649.3［P］．2022.10.14.

基于BIM技术具有留痕特征的机电设备参数联动计算书插件开发

罗鹏舟，涂　敏，刘光胜，苏鹏宇

（中国建筑西南设计研究院有限公司，四川 成都 610000）

【摘　要】基于模型精细度要求，设计师前期计算的设备参数需要导入模型中。为了提升工作效率并打通模型和计算书的壁垒，本文开发了一种设备参数联动的计算书插件，该插件后台调用COM组件读写Excel，以模型设备ID作为唯一标识，在模型中同步修改内容并返回ID，实现计算书的可追溯。插件中集成了设备自动识别批量赋予设备参数、单独绑定赋予参数、设备对象定位以及后台同步写入Excel的功能，有效实现了数模联动，为后续前端计算书开发提供程序基础。

【关键词】BIM二次开发；设备计算书；COM组件；族文档编辑

1 引言

随着计算机技术的前沿探索，越来越多的计算机技术开始逐渐解决现存的各种直观化、数据化和信息冗余问题。近年来BIM技术在建筑行业内得到大量的应用，模型审查成为图纸审查以外的另一个趋势。随着BIM审查的推进，各部委和地方都相继出台了BIM审查的相关文件。2018年北京市住房和城乡建设委员会发布了《北京市住房和城乡建设委员会关于加强建筑信息模型应用示范工程管理的通知》(京建发〔2018〕222号)。2014年上海市人民政府办公厅通过了《关于在本市推进建筑信息模型技术应用的指导意见》(沪府办发〔2014〕58号)。住房和城乡建设部等部门发布了《住房和城乡建设部等部门关于推动智能建造与建筑工业化协同发展的指导意见》（建市〔2020〕60号）。广东省人民政府办公厅发布了《广东省人民政府办公厅关于印发广东省促进建筑业高质量发展若干措施的通知》（粤府办〔2021〕11号）。还有一些省份正在推进BIM审查制度的建设，如山东省、河南省等。总体来说，BIM审查制度的推进在各省份之间存在差异，但整体趋势是逐步完善和推广。这些审查都对模型的精确度提出了要求，尤其是设备模型中要包含设备的相关参数信息[1,2]。

BIM技术十分重视带有建筑模型的相关信息，在设计阶段的模型需要包含设计阶段的基本信息，方便后续进行追溯以及利用这些信息进行模拟和分析[3]。模型及其自带的信息就是前期设计阶段的数字资产[4,5]。做好模型的信息管理就是数字资产价值的具体体现。目前机电专业在平面设计和三维设计过程中的难点在于现有的大量计算工作是通过Excel进行的，尤其是关于水泵和水箱等参数设计和设备选型工作。目前这项工作无法在现有的Revit软件中直接实现计算，通常需要将Excel中的计算结果迁移到Revit模型中。Revit软件原生的族参数编辑功能通过点选设备进入族编辑界面，在族类型界面中新建参数。原生功能虽然可以实现族编辑的功能，但是需要批量修改时用户仍然会面临大量的重复性操作以及这些操作带来的卡顿。一是近年来相关插件主要是把计算整合在Reivt的插件中，但用户通常有自己的计算软件或者采用Excel进行计算，而Revit和计算书之间始终存在壁垒；二是插件提供的设备类型有限，无法满足目前长期发展的设备需求；三是这些计算部分都不具备留痕的特征，无法记录上一次操作。设计师在实际工作中面临大量的设计修改和调整，因此计算书应该具有留痕和可追溯性，可以通过计算书获取上

【作者简介】罗鹏舟（1995—），女，工程师。主要研究方向为给水排水设计、BIM。E-mail：luopengzhou2015@163.com

一次的操作内容。

基于此，本文梳理了 Revit 中的族编辑功能，搭载 COM 组件后台读写 Excel，结合设计师使用需求，建立以模型 ID 为唯一标识的计算书，重新梳理设备参数结构，实现了高效的计算书和模型联动机制，对数模一致起到一定的基础优化，提高了设计师使用 Revit 的流畅度，更加贴合项目设计实际需求。

2 开发流程

2.1 数据结构

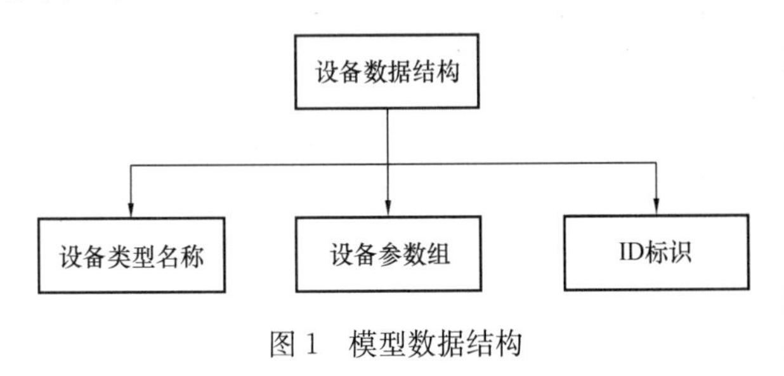

图 1 模型数据结构

设备计算软件，尤其是给水排水相关设计软件通常在计算结束后不具备保存本次计算的功能，这导致设计师使用时无法回溯过去的设计内容。因此本计算在设计时考虑采用优化数据结构的方式来实现每次程序的可追溯性。整体的数据结构如图 1 所示，以模型 ID 作为唯一标识符，通过设备类型名称在模型中进行匹配，匹配成功后对已匹配设备进行参数新增并赋值。

2.2 参数处理方法

Revit 中的族对应的是 Family 对象，相当于某个设备；族下面对应族类型，即 Revit 中的 FamilySymbol 对象，为选用的设备型号，最终在 Revit 中以实体的方式展现的是族实例，即 FamilyInstance 对象，对应具体的某台设备，是族类型的一个实例化对象。参数的类型如果按照是否可以多个项目共享分为族参数和共享参数，按照参数赋值对象是 FamilySymbol 还是 FamilyInstance 分为对应的类型参数和实例参数，如表 1 所示。

参数类型及特点分析 **表 1**

族参数	共享参数	类型参数	实例参数
基于项目产生，不会出现在共享参数的文件中；包括类型参数和实例参数两种类型	可以多个项目共享，参数信息保存在 Revit 安装目录下的贡献参数文件中；包括类型参数和实例参数两种类型	参数与类型绑定，会同时出现在所有相同类型的参数集中	参数与实例绑定，仅出现在该实例的参数集中

通常设计师增加族参数是基于 Revit 原生功能。原生功能一是操作重复步骤多，效率较低，通常完成一次新增参数需要 25s；二是手动输入的过程中还有可能引入人为误差；三是当模型较大时可能会引起长时间的卡顿，严重影响设计师工作；四点是族编辑的操作不具备留痕性，无法获知上一次编辑过程的内容，也无法获得计算书对应的设备哪些还没有进行编辑。具体操作如下：（1）点选设备；（2）从选项卡进入编辑器；（3）进入族编辑界面；（4）进入新建参数界面；（5）新建参数；（6）关闭新建参数界面；（7）关闭族编辑界面返回项目文件。操作过程十分繁复，因此本文考虑采用 Revit 的二次开发来解决这个问题，建立批量的数据导入模型。目前 Revit 提供了两种不同的处理方式。

2.2.1 族参数的处理

设备的族类型参数新增通过调用族文档的方式进行，调用需要增加参数的具体实例，通过 Symbol 和 Family 方法最终获取对应的族下面，部分实现语句如下：

```
Document FamilyDoc =doc. EditFamily (familyInstance. Symbol. Family);
FamilyDoc. FamilyManager. AddParameter (name, BuiltInParameterGroup. PG _ TEXT, Parameter-
Type. Text, true); //载入类型为文字类型的实例参数
```

在程序中调用事件打开族文件，利用 FamilyManager 方法进行编辑。在 FamilyManager 方法中包含 get _ Paramete 和 AddParameter 两种方法，可以判定参数的存在并且增加参数。需要注意的是，在完成参数编辑后需要对族文件进行重载，原生 LoadFamily 方法参数中 IFamily Load Options 表示提供载入选项的接口，包含两个接口函数，如表 2 所示。

IFamily Load Options 接口方法概述 **表 2**

方法	描述
bool On Family Found (bool familyInUse, out bool overwrite Parameter Values) *	在目标文档中找到族时调用的方法
Bool Onshared Family Found (Family shared Family, bool familyIn Use, out Family Source source, out bool overwrite Parameter Values) *	在目标文档中找到共享族时调用的方法

(* RevitAPI 文档)

在重写方法时需要注意的是，只有当 overwriteParameterValues 为 true 时重新载入时会覆盖旧参数。该方法在创建实例参数的时候与 Revit 原生功能一样，可以选择载入实例参数或者类型参数。关于实例参数和类型参数的选择，前者方便批量统一修改同一种类型，但是由于同种类型可能存在不同的参数的实例，在工程算量统计时不利于统一用族类进行统计，后者参数和实例直接相关，有利于直接统计实例或者特殊实例的修改。

2.2.2　共享参数的处理

设备共享参数的修改需要调用共享参数文件，该文件可以用 OpenSharedParameterFile () 方法直接获取地址，通常以一个 txt 文件存在。新的共享参数需要调用 ExternalDefinitionCreationOptions 来储存名称和参数类型。

主要步骤包括在共享参数文件中创建对应的共享参数，然后和模型中的类型进行绑定。ExternalDefinitionCreationOptions 类是 Revit API 的一个类，主要用于创建外部定义时存放设置选项参数的容器，在创建共享参数时需要调用该类来设置外部定义的属性。在绑定时可以通过 app. Create. NewInstance Binding 或者 app. Create. NewType Binding 来指定添加实例参数或者类型参数。

两种不同的参数处理方式有不同的交互模式。创建族参数主要是在项目内部进行交互，而创建共享参数涉及项目外部的交互。对两个方式的速度进行测试可以发现，如图 2 所示，在一个体量为 7.2 万 m^3（尺寸约 15m×60m×80m）的项目中，当新增 30 个参数及其内容时两者需要的时间相差不大，新增族参数需要 8.5s，而新增共享参数需要 7.4s，新增共享参数需要的时间稍短。

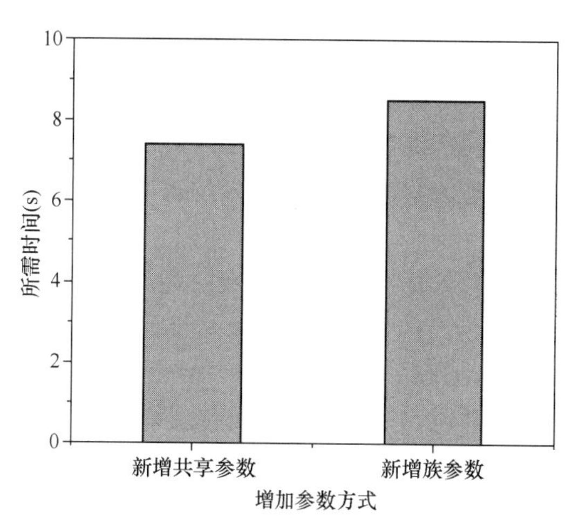

图 2　新增 30 个参数需要的时间对比

2.3　读写 Excel 算法

Excel COM 组件是 Micosoft 直接以接口形式提供的 DLL，在使用的时候可以在 NuGet 中获取 Microsoft. Office. Interop. Excel，或者在添加引用中选择 COM 中选择 Microsoft Excel Object Library。在读写 Excel 时一般有两种获取方式，一是单个单元格获取 Cell [,]；二是可以直接用 rang 对象来获取表格中对应位置的内容，range 对象其实就是区域块。对单元格进行编辑，如调整边框、颜色等一般也采用 range 对象进行。

在进行大量读写工作时一般会采用单元格或者范围写入，具体的效率经过测试发现，采用双线程单个单元格读取 26×1000 时间为 40s 左右，这个速度明显不能满足设计师录入设备信息的使用场景。为了进一步加快读写速度，本文采用二维数组 object [,] 范围获取 range 内容然后在结束 Excel 进程后进行输出，此时读取同样单元格的时间大概需要 7s，已经可以满足设计师需求。

除了 COM 组件以外，目前比较通用的方法还有 NPOI。该方法需要在 NuGet 中安装 NPOI 程序包。该方法具有方便简便、读写速度快的特点，但 Excel 的操作适用性比 COM 组件稍低。本文测试发现 NPOI 在控制台中可以顺利调用 Excel 操作读写，但在 Revit 环境中会存在程序集清单定义与程序集引用不匹配的情况报错，经过排查可能的原因是 Revit 在下载的过程中会附带很多其他的组件，如 Dynamo

等，可能会出现冲突的情况。现在Revit采用NPOI方式的插件也较多，本程序和不同插件的引用文件也可能出现冲突的情况。经过进一步测试发现，将NPOI读写操作Excel程序进行封装后同样会引起报错。由于无法保证用户电脑环境配置情况，最终权衡采用COM组件。

3 程序实现

研究基于Revit模型和Excel进行。Revit二次开发环境搭建采用Revit 2019和Visual Studio 2022，配置Revit SDK 2019、AddinManager以及Revit Lookup进行二次开发，主要引用为RevitAPI. dll、RevitAPIUI、Microsoft. Office. Interop. Excel、Microsoft. Office. Core，用IExternalCommand接口实现。

最终程序的技术路线图如图3所示，程序的主要流程围绕数模一致展开，利用COM组件导入Excel文件后，一键匹配功能可以利用设备类型名称进行匹配，匹配成功的设备进行新增参数并且更新ID信息到计算书中，从而实现计算书每次操作的可追溯。解除绑定功能和新增参数类似。当用户解除绑定时，对应的唯一标识ID失效，在族文档中删除对应的参数，此时相关参数联动失效并从模型设备上进行剥离。一键定位功能利用目标对象的标高实现。首先获取目标族实例的LevelID对象，然后对所有视图进行检索，找到所有GenLevel属性为该标高的视图，然后对每个视图内的元素进行检索，如果发现存在该元素就跳出循环。视图中心聚焦到目标对象采用uiapp. ActiveUIDocument. ShowElements()方法实现。

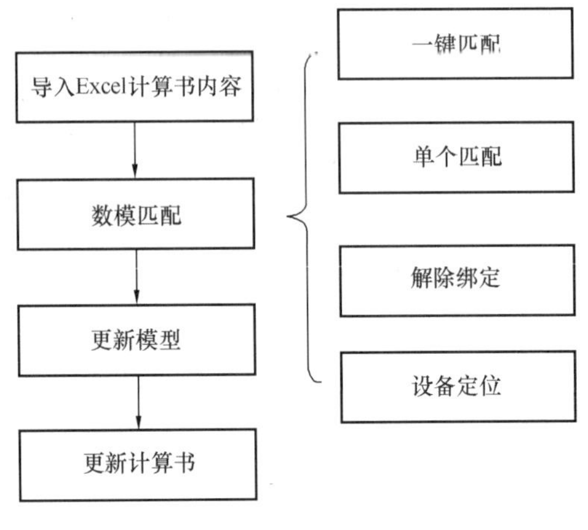

图3 技术路线图

读写Excel的方法如前文所述，采用COM组件的方式进行。需要注意的是，由于该方法后台会打开Excel进行操作，因此为了避免进程持续占用，在每次完成读写操作后需要关闭Excel并且释放资源，并且在关闭进程前需要先保存文件。关闭进程采用的主要方法是System. Runtime. Interop Services. Marshal。该方法提供托管内容和非托管内容的管理，其中的ReleaseComObject方法可以有效释放资源关闭进程。

4 应用实例

本程序的WPF界面如图4所示，以某个活动中心为例进行功能测试，具体的实现通过右侧按钮让用

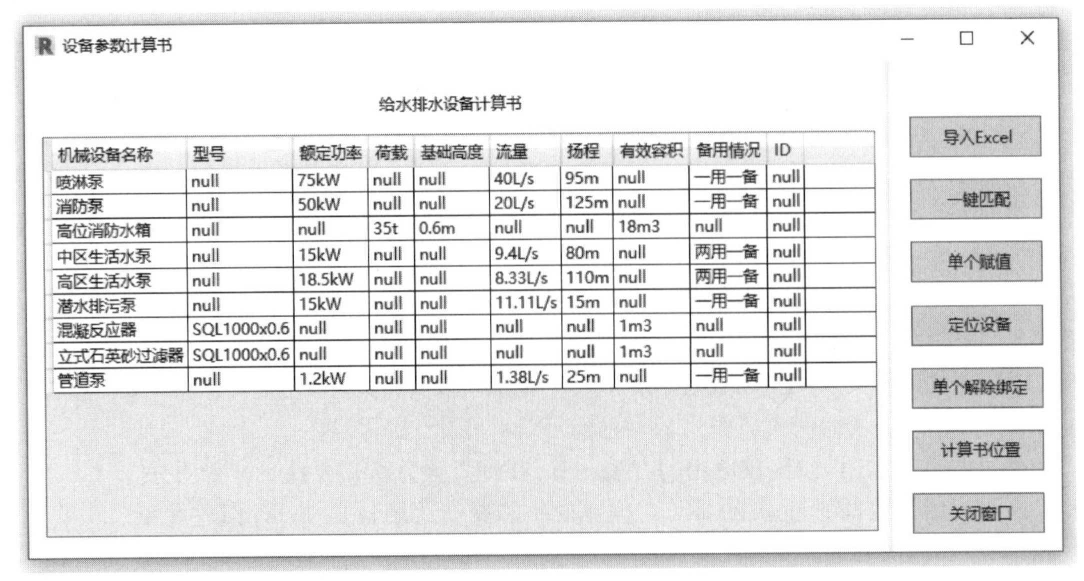

机械设备名称	型号	额定功率	荷载	基础高度	流量	扬程	有效容积	备用情况	ID
喷淋泵	null	75kW	null	null	40L/s	95m	null	一用一备	null
消防泵	null	50kW	null	null	20L/s	125m	null	一用一备	null
高位消防水箱	null	null	35t	0.6m	null	null	18m3	null	null
中区生活水泵	null	15kW	null	null	9.4L/s	80m	null	两用一备	null
高区生活水泵	null	18.5kW	null	null	8.33L/s	110m	null	两用一备	null
潜水排污泵	null	15kW	null	null	11.11L/s	15m	null	一用一备	null
混凝反应器	SQL1000x0.6	null	null	null	null	null	1m3	null	null
立式石英砂过滤器	SQL1000x0.6	null	null	null	null	null	1m3	null	null
管道泵	null	1.2kW	null	null	1.38L/s	25m	null	一用一备	null

图4 程序WPF界面

户调用不同的功能，具体用户的操作如下：

（1）获取后台计算书，通过读写放入 WPF 框架界面中。

（2）自动扫描模型中的机械设备，如果族类型名称在计算书中有匹配，添加族参数，匹配成功的族实例基本信息写入 Excel 文件对应位置中。

（3）无法直接匹配的机械设备，提供用户手动匹配的方式，自动添加参数，匹配成功后同样写入后台 Excel。

（4）对于匹配错误的部分，提供用户解除绑定操作，同样读写修改后台 Excel。

（5）对于已经绑定成功的设备，提供自动定位功能。

（6）提供打开 Excel 文件夹位置服务，方便用户后台根据格式添加计算书内容。

测试结果表明，程序可以很好地实现预定的功能点，快速读取计算书的内容，并且按照用户操作在 Revit 中对目标设备进行绑定，如图 5 所示，绑定后的信息实时更新到留底的 Excel 文件中。通过程序的优化，使得读取的过程更加快速，目前读取 10×11 几乎 1s 内就可以完成，充分满足用户使用的需求。需要指出的是，本程序为了保证数据库的规范一致，采用族实例设备和计算书中一行计算内容一致，因此需要用户在使用程序时至少做好族类型名称的规范命名，否则程序会提示用户修改族类型名称。

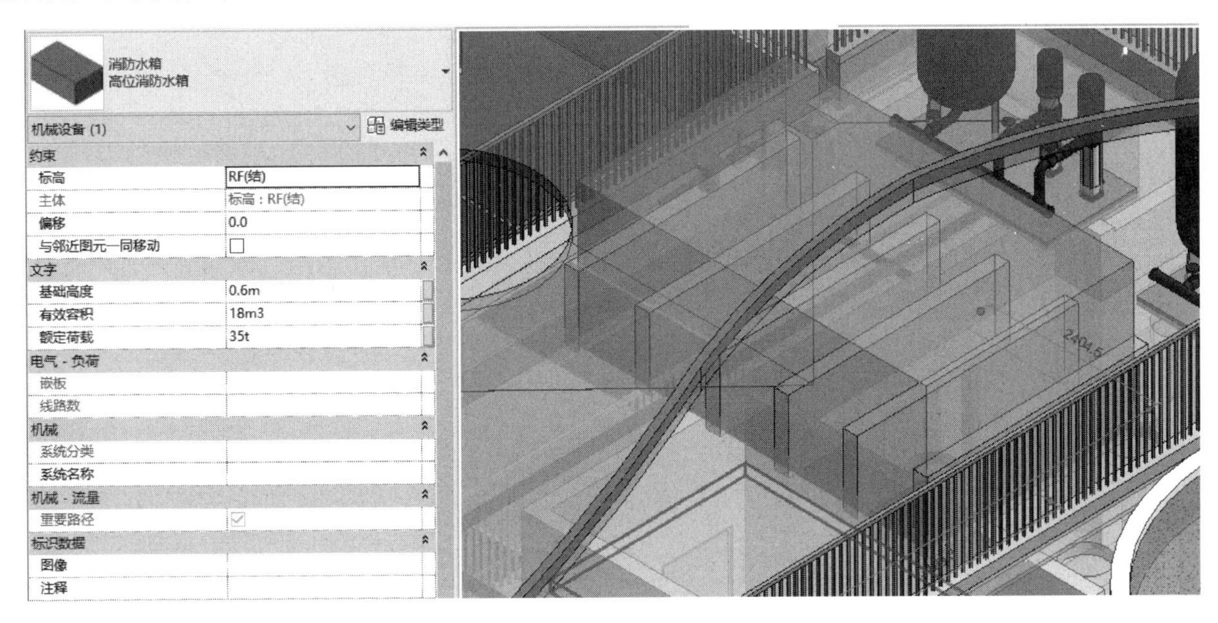

图 5　参数绑定后的设备

5　结论和分析

本文针对目前机电设计师在三维设计时面临的计算书和模型不能互通的问题，可以高效实现纸面的设备计算书向三维模型中迁移的过程，实现数模一致，同时为了保证设计过程的留痕，同步记录了模型和设备计算书对应的情况，即记录了与设计内容对应的模型实例 ID，当发生修改时方便用户调出原本的计算书进行对比。在实现的过程中，本文测试了族参数新增的方法还有集中 Excel 后台调用的方法，最终采用了更加快捷和通用的调用族文档编辑和 COM 组件调用 Excel 文档的方式，后者可以有效避开用户 Revit 安装环境可能存在的冲突风险。通过本程序的使用，可以有效提升模型的精细度。当前仅采用Excel样式的设备计算书作为中转过程，尽管 Excel 给用户提供可编辑的功能，但是没有包括前端的计算功能，后续可以继续优化提供前端的计算模块，真正实现在 Revit 中直接进行模块化计算并且和模型进行统一。

参 考 文 献

[1] 余剑，许小虎，雷婷，等．BIM智能审查助力“新城建”建设[C]//中国图学学会土木工程图学分会，《土木建筑工程信息技术》编辑部.《第九届BIM技术国际交流会——BIM助力新城建》论文集.《第九届BIM技术国际交流会——BIM助力新城建》论文集，2022：323-328.

[2] 潘浩鹏，朱伟，王志远．施工图审查取消的背景下提高设计质量管理措施探讨[J]. 建设监理，2022(10)：58-61.

[3] 郑鹏，陈胜男，朱磊．基于BIM的施工图审查系统[J]. 土木建筑工程信息技术，2022，14(3)：62-67.

[4] 钟辉，李驰，孙红，张珂．面向BIM模型二次开发数据提取与应用技术[J]. 沈阳建筑大学学报(自然科学版)，2019，35(3)：560-566.

[5] 马智亮．我国建筑施工行业BIM技术应用的现状、问题及对策[J]. 中国勘察设计，2013(11)：39-42.

基于 BIM 技术的区域离散化和离散区域化的消防合规性检查方法研究

罗鹏舟，涂 敏，刘光胜，苏鹏宇，余维滨

（中国建筑西南设计研究院有限公司，四川 成都 610000）

【摘 要】 建筑消防灭火设计的重要性日益提升，面对校核人工操作效率低、准确度不高等难题，设计师对高效校核消防设施布置合规性的需求越发迫切。为此，本文提出了一种基于 BIM 模型的校核消火栓和灭火器保护合规性程序方法。该程序结合图论数学工具，利用空间离散栅格化、行走路径寻找、离散区域化、邻阶矩阵分组及滚球法等技术有效实现了复核设计规范的三维空间内的消防保护空间校核，在 BIM 的机电精细化设计及空间定量分析发展有一定的应用前景。

【关键词】 BIM；消防合规性校核；行走距离；邻阶矩阵；滚球法

1 引言

近年来，随着城市化进程的发展，高层建筑、大型商业综合体等大型公共设施越来越多，这些场所一旦发生火灾，将严重影响人民群众的生命财产安全[1,2]。据统计，全国每年因火灾造成的直接经济损失高达数百亿元，而且火灾的发生率还在不断上升。消防灭火系统在建筑火灾发生时起着灭火和最后防线的作用，因此合理设计消防系统，尤其是消火栓系统和灭火器，在消防设计工作中尤为重要。消火栓及灭火器在设计过程中遵循一定的规则进行布置，在设计完成后按此规则进行人工校对、审核。目前有很多团队在研究基于 BIM 的消防设计自动审查技术[3,4]，但是这些审查技术主要着重于信息的规范化工作、消防规范的研究和抽象以及模型的信息提取工作，关注是的模型的信息正确和准确性，并不是针对设计人员进行辅助设计的工作。目前设计人员主要在二维 CAD 图纸中对可能未被保护点位利用多段线手动测量到附近消火栓的距离，该方法存在以下缺点：一是需要设计人员的设计经验；二是准确性不够，容易遗漏死角；三是耗费时间较长；四是没有记录性，上次测量结果无法查看或者需要重新调出线段属性。在设计人员的工作过程中，一个可以合理进行消火栓保护范围判定以及对灭火器的布置合规性进行判定的效率工具尤为重要，它可以帮助设计人员进行准确设计，且可以规避过分依赖人工检查带来的纰漏。

图论是一种重要的数学工具方法，主要研究图的性质和图之间的关系，这里的图其实是一种点和边共同构成的数据结构，在不同的领域内，包括生物学、物理学都可以把研究问题抽象为图论的问题。在基于 Revit 的模型分析中，将空间离散化就可以得到空间点集，边就是这些空间点之间的联系。将图论理论引入给水排水模型定量分析模拟的过程，可以通过大量迭代计算高效且有效地识别目前设计中存在的问题，有利于提高设计师的工作效率和准确性，促进正向设计的发展。

基于此，本文根据消火栓和灭火器合规性检查的原则，实现了一种可以利用空间离散对空间点集进行分析，获取所有点集的消防保护情况，对不同情况的点集进行离散聚合，从而在表现层展现校核结果的程序。本程序可以有效帮助设计师高效进行消火栓和灭火器布置合规性的校核，保证消防设计的可靠。

2 消火栓和灭火器合规性检查概述

由于防火门在火灾时默认关闭，因此在一个防火分区内的消火栓可以按照同一个标准和对应参数一同进行检查，不同的防火分区应该作为不同的计算单元。根据《消防给水及消火栓系统技术规范》GB 50974—2014第7.4.6条，室内消火栓的布置需要满足同一平面有2支消防水枪的2股充实水柱同时到达任何部位的要求，但是一定条件下可以采用1支消防水枪的1支充实水柱到达任何部位。根据该规范第10.2条，室内消火栓的保护半径按照式（1）进行计算：

$$R_0 = k_3 L_d + L_s \tag{1}$$

式中：R_0——消火栓保护半径；

k_3——消防水带折减系数，采用0.8；

L_d——消防水带长度，公称直径为65的消防水带长度为65m；

L_s——水枪充实水柱在平面上的投影长度，取$0.71S_k$；

S_k——水枪充实水柱长度，在高层建筑、厂房、库房和室内净空高度超过8m的民用建筑采用13m，其他场所充实水柱采用10m。

对于室内灭火器的合规性检查，根据《建筑灭火器配置设计规范》GB 50140—2005，灭火器的使用和火灾种类、场所危险等级以及选用的灭火器类型直接相关。在不同的条件下，灭火器的保护距离不同。与消火栓不同的是，灭火器的计算单元是根据场所的危险等级以及火灾类型决定的。根据《建筑灭火器配置设计规范》GB 50140—2005，计算单元中还包括最小需配灭火等级，参照式（2）进行计算：

$$Q = K \frac{S}{U} \tag{2}$$

式中：Q——计算单元的最小需配灭火级别；

S——计算单元的保护面积；

U——A类或B类火灾场所单位灭火等级最大保护面积；

K——修正系数。

近年来，在建筑消防设计过程中常使用带灭火器箱组合式消防柜，灭火器单独设置场所一般为厨房、电器房间等特殊房间。因此灭火器的合规性检查应提供两种方式，一是以房间作为计算单元，二是点选模型中的空间位置直接进行校核。

3 关键技术路线与算法

3.1 区域离散化和行走路径

对区域进行栅格划分可以有效实现区域的离散，栅格的划分颗粒度应交给用户决定。栅格化的主要算法思路如下：

（1）获取区域x方向最大值最小值，y方向最大值和最小值，建立矩形区域。

（2）对矩形区域按照颗粒度进行划分点集化。

（3）判定离散点是否在原始区域内，遍历获取所有区域内的点形成离散点集。

目前在Revit关于行走路径的方式有从2020版本开始的Revit自带Path of Travel方法，可以直接创建两个点之间的行走路径。在创建路径时需要开启Revit事件并且该路径是作为一个实体的方式存在于模型中的。但是通过测试，该方法并不是对于任意两个点都可以建立行走路径，对于空间点已经有实体放置的情况下是无法创建行走路径的，因此在进行行走路径判定时需要在视图中关闭不需要的元素。通过判定空间点到最近的数个消火栓或者灭火器的行走距离可以获取每个空间点的消火栓/灭火器保护情况，对于不满足保护的点重新聚合进行显示。

3.2 离散点区域化

经过上述的区域离散化并且处理获得的点集后，得到所有不能被保护的点集，点集的表现采用区域填充的方式。由于Revit的区域方法是根据闭合边界线进行生成，因此在获得不能被保护点集后下一步就是对点集进行区域化聚合，首先通过邻阶矩阵对点集进行分组，再通过滚球法创建外轮廓，最终获取区域的边界线。

3.2.1　邻阶矩阵分组

由于每个消火栓的保护范围是连续的，那么没有被保护的空间点集很有可能是不连续的，也就是点集会按照疏密不同形成不同的区域范围，因此首先要对点集进行分组，获取某个颗粒度下面的所有点集组合。邻阶矩阵可以用于记录每个点和相邻点之间的关系，算法思路如下：

(1) 程序中设定相邻逻辑为当目标点在已知点的正上、正下、正左、正右并且间距只有给定的颗粒度，获取每个点和它的相邻点，把相邻点都放入队列中。

(2) 查询它的相邻点进入队列的尾部，对每个相邻点继续进行查询相邻点，同时离开队列进入分组，重复该过程直到队列为空。

通过该过程，成功对现有的离散点进行重分组，获得区域点集。

3.2.2　滚球法创建外轮廓

滚球法的基本原理是一个指定半径 R 的圆从点集 Y 最低的点作为起始点开始滚动，每次滚动的时候都会被散点卡住，因此当滚球滚完一圈时，就能得出轮廓线。由于滚动的过程中球需要一直向同一个方向保持顺时针或者逆时针滚动，因此在数据结构中需要包括一个布尔属性，用以判定此点是否已经确定为边界点。二维界面的算法基本逻辑是两个点和指定半径形成的两个圆中只要有一个不包含任何一个除了这两个点以外的点，则认为是边缘点并且连线，算法思路[5]如下：

(1) 确定滚球半径，球的半径至少应该大于边界线中最长的那条边长。

(2) 确定滚球的起始点 p0，目前起始点采用最左下角的点，并且以向量 (0，1) 作为基准向量。

(3) 由此点 p1 开始，先找到另一个点 p2，由于已知半径和两个圆上的点可以唯一确定两个圆，因此以 1) 中的滚球半径为半径、p1 和 p2 可以确定两个圆圆心 (p3 和 p4)，遍历其余所有点到这两个圆心的距离，如果全部点到其中一个圆心的距离都大于半径，那么可以认为 p2 就是边界点，形成轮廓线 p1p2。

(4) 按照这个规则从 p2 点开始继续寻找剩下的轮廓点，需要注意的是，p2 找到的边界点必须是还没有被确定为边界点。

(5) 依次找到所有的轮廓点，直到最后一个点。

(6) 按照寻找的顺序依次连接所有的轮廓线，最后一个轮廓线由起始点和终点构成，在跳出循环后单独生成。

其中涉及的计算公式如式 (3) ～式 (8) 所示：

$$x_3 = x_1 + \frac{1}{2}(x_2 - x_1) - H \times (y_2 - y_1) \tag{3}$$

$$y_3 = y_1 + \frac{1}{2}(y_2 - y_1) - H \times (x_1 - x_2) \tag{4}$$

$$x_4 = x_1 + \frac{1}{2}(x_2 - x_1) + H \times (y_2 - y_1) \tag{5}$$

$$y_4 = y_1 + \frac{1}{2}(y_2 - y_1) + H \times (x_1 - x_2) \tag{6}$$

$$H = \sqrt{\frac{r^2}{S^2} - \frac{1}{4}} \tag{7}$$

$$S^2 = (x_1 - x_2)^2 + (y_1 - y_2)^2 \tag{8}$$

式中：x_1 ——p1 点横坐标；

y_1 ——p1 点横坐标；

x_2 ——p2 点横坐标；

y_2 ——p2 点横坐标；

x_3 ——圆心 p3 横坐标；

y_3 ——圆心 p3 纵坐标；

x_4 ——圆心 p4 横坐标；

y_4 ——圆心 p4 纵坐标；

r——滚球半径。

4 结果与分析

通过 C #、VS2022 和 Revit 编写了使用程序，Revit 二次开发环境搭建采用 Revit 2020 和 Visual Studio 2022，配置 Revit SDK 2020、AddinManager 以及 Revit Lookup 进行二次开发，主要引用为 RevitAPI. dll 和 RevitAPIUI。本实验的运行环境为 Intel Core i5-11600KF 台式机，采用独立显卡 P1000，操作系统为 64 位 Windows 10。

本次实验数据采用的模型为 Revit 自带的示范模型，一层空间为 200m²，消火栓数量为 2 个，对一层封闭空间内的消火栓以及灭火器合规性进行检查。

图 1 为消火栓合规性检查的流程图，通过粗筛的方式可以有效优化减少不必要的计算量，然后对满足条件的消火栓进一步进行筛选，最后利用 WPF 界面框架（图 1），实现根据链接的建筑模型获取其防火分区对象，用户在界面中选择需要的保护类型和建筑类型后台计算保护范围，并且在图面上表现所有没有保护到的点位并且红色高亮显示。

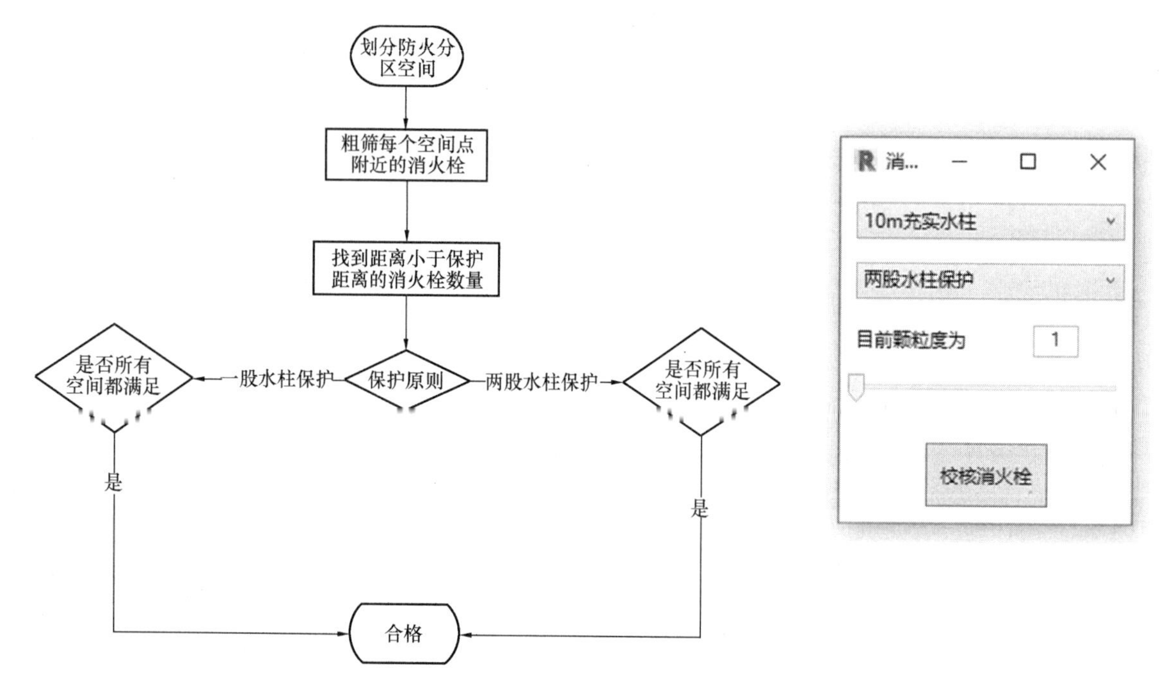

图 1 消火栓合规性校核流程图和程序界面

对项目消火栓合规性进行校核的结果如图 2 所示，可以看到程序在不同颗粒度下都可以顺利实现对防火分区内消火栓进行识别，其中图 2（a）为颗粒度为 4 时，图 2（b）为颗粒度为 6，实时显示没有被保护的点位，方便用户检查调整消火栓的位置。相比颗粒度为 6 的情况，颗粒度为 4 时明显更加准确，但是在初步布置校核时基本颗粒度为 6 也可以满足要求。不同的颗粒度可以对应不同的应用场景，在粗布置的情况下需要更快地定性获取哪些区域没有被保护，而精细校核下需要更定量地看到哪些位置没有被保护。

对于灭火器的合规性校核，如图 3 所示是灭火器合规性检查流程图，和消火栓最大的不同在于灭火器的计算单元定义还有更多的影响参数，因此在 WPF 界面框架中增加了更多的用户自定义选项，同样以此项目进行功能测试。

校核结果如图 4 所示，可以看到这是不同精度下的校核结果［图 4（a）精度为 4，图 4（b）精度为 6］，两个情况对比下区域是一致的，但是明显精度为 4 时轮廓线会更加具体，但是对于设计师而言这两种情况的辅助性是一致的。根据对设计师的需求调研发现，对于有经验的设计师其实需求的并不是用一个房间一起进行校核，他们更需要某个点具体进行校核，因此程序增加了点选校核功能，出结果更快，实时跳出校核结果。

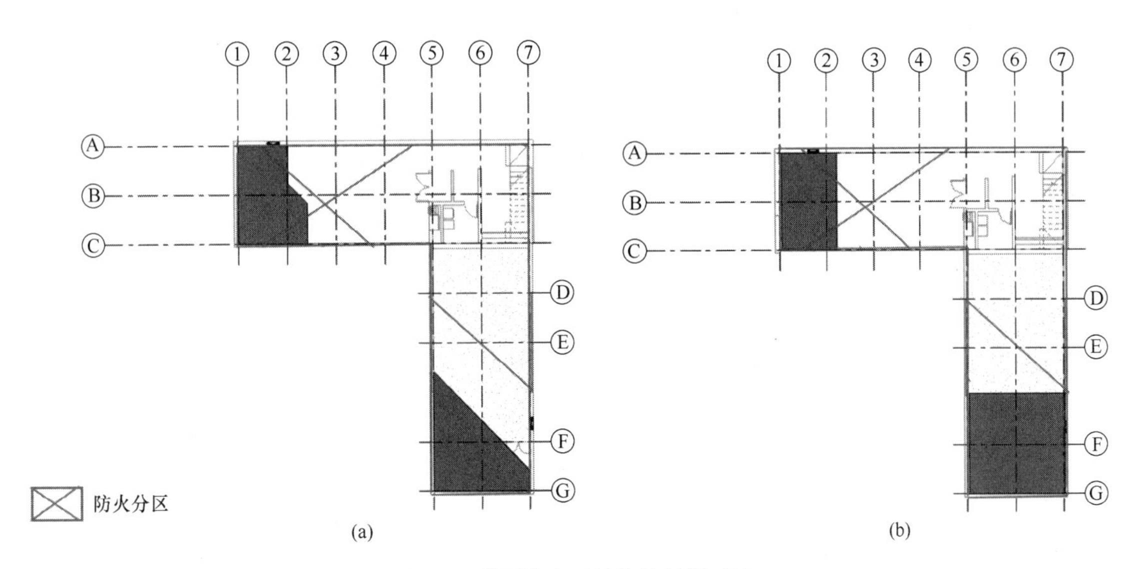

图2 两种颗粒度下的校核结果对比

(a) 颗粒度为4；(b) 颗粒度为6

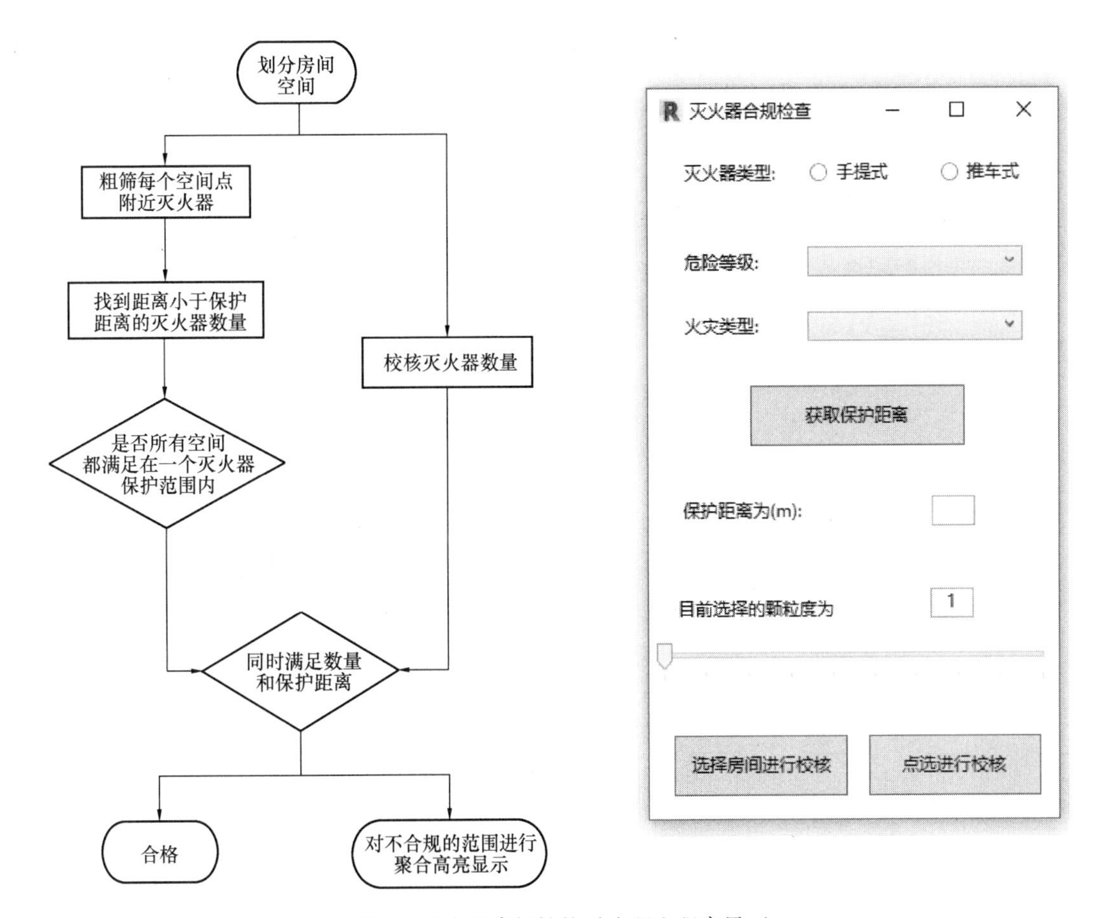

图3 灭火器合规性校对流程和程序界面

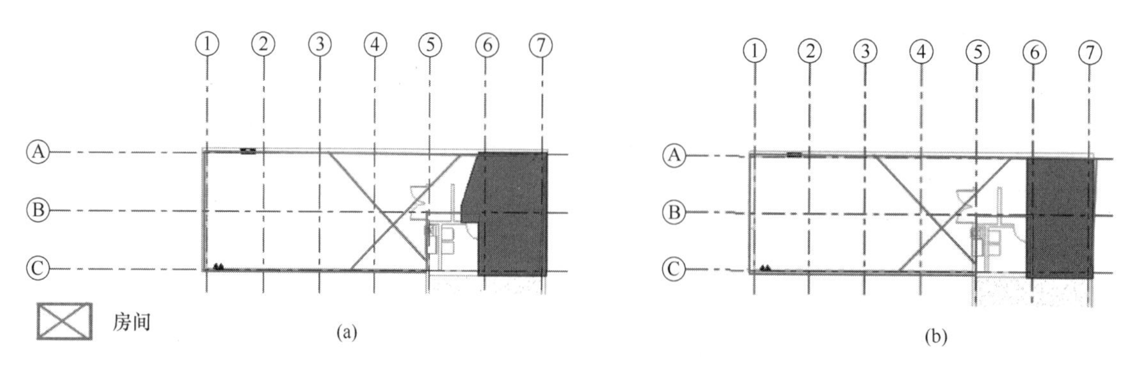

图4　不同颗粒度下的灭火器校核结果对比

（a）颗粒度为4；（b）颗粒度为6

5　总结

本研究针对给水排水设计中非常重要的消防设计工作，为设计师提供一个可以实时且精准的校核消火栓布置合规性和灭火器布置合规性的程序工具。本程序可以很好地解决目前设计师仅依靠画保护范围圈或者手动绘制多义线来测量距离带来的低效和人为纰漏等难题。

在消防合规性检查程序的开发中，主要利用了区域离散化和离散聚合的算法思路，通过不断的实验和验证，研究发现：（1）利用邻阶矩阵重新构造了数据结构，可以实现数据抽取分组有序化；（2）利用滚球法获取点集的外轮廓线，有效实现了点集的聚合。在滚球法的过程中需要重点注意滚球半径 R 的选择，这个 R 与区域离散的程度直接相关。本程序的开发可以为后续可视化合规性检查提供一些方法和思路，有效推进建筑机电专业在BIM设计中的应用。

参考文献

[1]　黄莺．公共建筑火灾风险评估及安全管理方法研究[D]．西安：西安建筑科技大学，2009.

[2]　周天．城市火灾风险和防火能力研究[D]．上海：同济大学，2007.

[3]　倪鑫宇．基于语义网的建筑消防设计合规性自动审查研究[D]．武汉：华中科技大学，2021.

[4]　马一飞，吴海洋，赵利宏，卫文彬，孟天畅．基于BIM的消防设计自动审查关键技术研究进展[J]．土木建筑工程信息技术，2022，14(3)：131-142.

[5]　余松，王彦坤．基于滚球法的面要素聚合[J]．测绘科学，2017，42(10)：138-141.

基于BIM技术的超高层项目管理体系研究与实践

陆子易

（上海建科工程咨询有限公司，上海 200030）

【摘　要】随着经济的发展，我国超高层建筑规模发展迅速。超高层项目的复杂性对工程的建设管理带来巨大的挑战，而BIM技术则为超高层建筑建设管理提供了解决思路。本文基于超高层项目建设管理过程中的难点分析，研究面向超高层的基于BIM的精细化项目管理体系，形成包括BIM实施管理模式、BIM实施流程机制、BIM标准体系在内的整体解决方案，并以上海市某超高层项目进行实践，总结相关价值和经验，为未来类似项目的BIM实践提供参考。

【关键词】BIM；项目管理；超高层

1　引言

超高层项目涉及业态多、建筑结构独特、系统多而复杂，在工程全生命周期项目管理中面临巨大挑战，主要表现为参建方多、沟通协调难度大、信息割裂等问题。BIM技术作为可视化的协同工具，可以实现以三维可视化为特征的建筑信息模型信息集成和管理[1]，目前已在工程建设管理中得到广泛应用并显示出巨大优势。BIM技术可以打通设计、施工及运维间的数据壁垒，保障信息共享和交换，提升各参建方的管理效率。因此，在超高层项目中引入BIM技术，构建基于BIM的超高层项目管理体系，对于提升各参建方协同管理水平和解决信息割裂问题，具有很高的适配性和契合性。

目前很多学者就BIM技术在项目管理中的应用展开研究。葛清以上海中心大厦项目为例，介绍了BIM在设计、施工阶段的应用[2]，并对基于BIM的精细化项目管理模式提出了构建思路[3]；钟启恩等人结合实际案例探索了基于BIM技术的精细化项目管理模式[4]；李恒等人提了适用于我国建设现状的“建设单位驱动的BIM应用模式”[5]；杨震卿等人研究了超高层深化设计的项目管理模式[6]；周小东等人探索了超高层施工阶段的BIM应用[7]；杨婧等人对BIM项目管理提出了模式创新、构建BIM标准体系等建议[8]。然而目前BIM在超高层项目的研究实践中大多应用于施工阶段，全生命周期实施案例较少。“建设单位驱动的BIM应用模式”虽然已得到业界认可，但仍缺少统一的基于BIM的项目管理体系以保障该理念落地。因此，本文将对基于BIM的项目管理体系进行深入探索与研究，并通过实际项目案例应用验证其价值，为更多项目实践提供参考。

2　超高层项目管理难点分析

2.1　项目统筹协作难度大

超高层的巨大体量和丰富功能业态注定其系统的复杂性，如建筑的独特造型、复杂的结构体系和错综复杂的机电系统。众多的系统必然面临众多的参与方的统筹与协作，如设计单位、施工总承包单位、众多的专业分包团队以及供应商等。面对大量的沟通协作，对于建设单位而言，统筹管理挑战巨大，亟须借助BIM技术及信息化管理手段减少统筹管理的压力，提升项目各利益方的协同管理效率。

2.2　信息共享和传递难度大

大量的统筹协调势必产生海量的信息，信息的分类与管理工作面临巨大挑战，并且超高层项目工期紧，质量要求高，安全风险监管难，对信息传递和共享的实时性、正确性和及时性提出了很高的要求，但往往传统的沟通模式难以保障信息的实时传递和共享，从而影响质量、安全、进度等管理目标。因此亟须借助基于 BIM 技术及相关信息化手段，保障信息的收集、分类、传递和共享管理，从而提升沟通协作效率，赋能超高层项目管理。

2.3 成本管控难度大

超高层在建设过程中往往会面临大量的变更，传统的成本管控方式难以让建设单位直观地了解投资与成本之间的关系，因此需要借助 BIM 技术的可视化、参数化的特性辅助投资控制，保障成本管理与进度管理的有效结合。

上述问题构成了困扰超高层建设管理者，尤其是建设单位的重要难题。因此，需要探索并搭建统一的项目管理体系，以实现项目管理目标为导向，引入 BIM 技术及相关信息化管理平台，创新 BIM 实施管理模式，重塑管理架构和流程，建立 BIM 标准体系保障机制，从而保障 BIM 技术在超高层项目全生命周期中的深入应用，切实解决管理问题，提升精细化管理水平。

3 基于 BIM 的超高层项目管理体系研究

3.1 BIM 实施管理模式

围绕传统建设管理模式"设计—招标—施工"（DBB）模式下的建设单位、设计单位、施工总承包单位、监理单位 4 大责任主体，通过引入 BIM 咨询单位、BIM 技术及基于 BIM 的协同管理平台，搭建"建设单位主导、BIM 咨询辅助、各参与方实施"的 BIM 全过程实施管理模式，如图 1 所示。

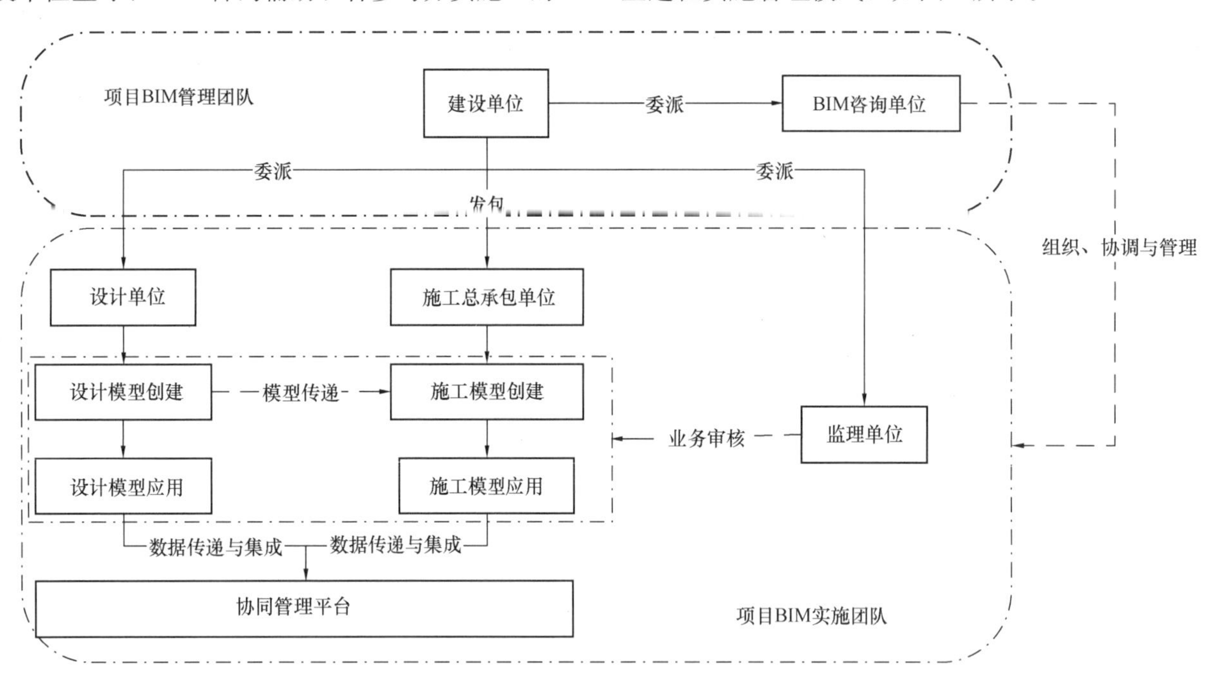

图 1 BIM 实施管理模式

在该模式下，建设单位自行组建 BIM 咨询团队或者委托专业 BIM 咨询顾问，共同组建项目 BIM 管理团队，通过提供全过程 BIM 咨询策划与管控服务，如策划编制、过程管控、标准编制、协同平台搭建等工作，改善设计和施工各阶段间的信息割裂状态。各实施方基于项目 BIM 管理团队的要求开展 BIM 模型创建和应用工作。所有的成果和信息将基于统一的 BIM 协同平台进行统筹管理，实现信息的实时共享和交换，同时为面向运维的交付奠定基础。在该模式下，各方权责分明、工作界面清晰，模型和数据实现全程流转和交换，将最大限度地提升原有 DBB 模式割裂状态下的信息集成度和各参建方协同管理效率。

3.2 BIM 实施流程机制

BIM 技术及其协同管理平台的引入，势必将重塑传统的项目管理流程。现以 BIM 技术及协同管理平台为核心，明确基于BIM技术的全过程实施流程，如图2所示。

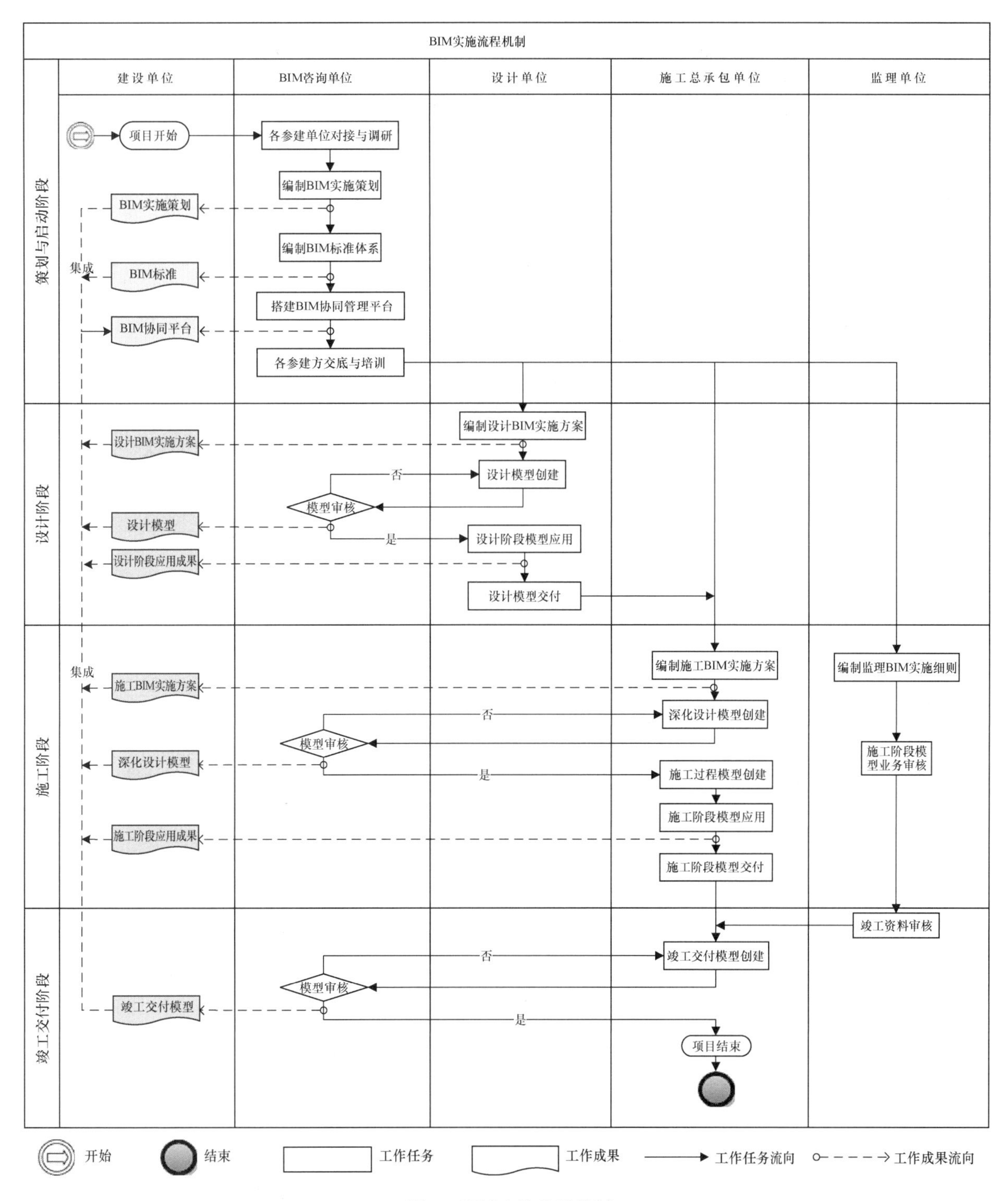

图2　BIM实施流程机制

BIM实施流程分为策划与启动阶段、设计阶段、施工阶段和竣工交付阶段4个阶段。

在策划与启动阶段，由BIM咨询单位负责项目管理体系搭建，形成以BIM实施策划、BIM标准体系和BIM协同平台的“1+1+1”的管控体系，通过制定实施策划明确全生命周期的组织架构、任务分解、职责分工及管理制度等内容；通过制定BIM标准体系，保障BIM实施内容与质量；通过搭建BIM协同平台，保障全生命周期的信息交换与协同。

在设计阶段，设计单位按照制定的实施策划分工和BIM标准要求开展模型创建与应用，录入相关设计数据并接受 BIM 咨询单位和监理单位的审核，交付的模型及应用成果最终提交至建设单位 BIM 协同管理平台归档。

在施工阶段，施工总承包单位基于 BIM 标准审核并接收设计单位交付的模型，并在此基础上创建施工深化模型，录入构件分类编码及对应构件施工数据并接受 BIM 咨询单位和监理单位的审核，最终形成竣工交付模型。

在整个过程中，建设单位作为主导方，通过 BIM 咨询单位的辅助，搭建项目管理体系，最终将实现基于 BIM 的全生命周期精细化管理，形成基于 BIM 的数字化交付，为项目的数字化运维提供坚实的数字底座和资产。

3.3 BIM 标准体系研究

我国建立了包括国家标准、行业标准、地方标准、团体标准、企业标准在内的多层级标准体系，但超高层项目因其复杂性，BIM 的应用落地往往需要制定项目标准体系。基于中国建筑信息模型标准框架的实施理论[9]，以及对超高层各参与单位的实际应用需求，提出超高层项目包括应用标准、建模与交付标准、分类与编码标准在内的 BIM 标准体系框架，分析过程如图 3 所示，其相互关系如图 4 所示。

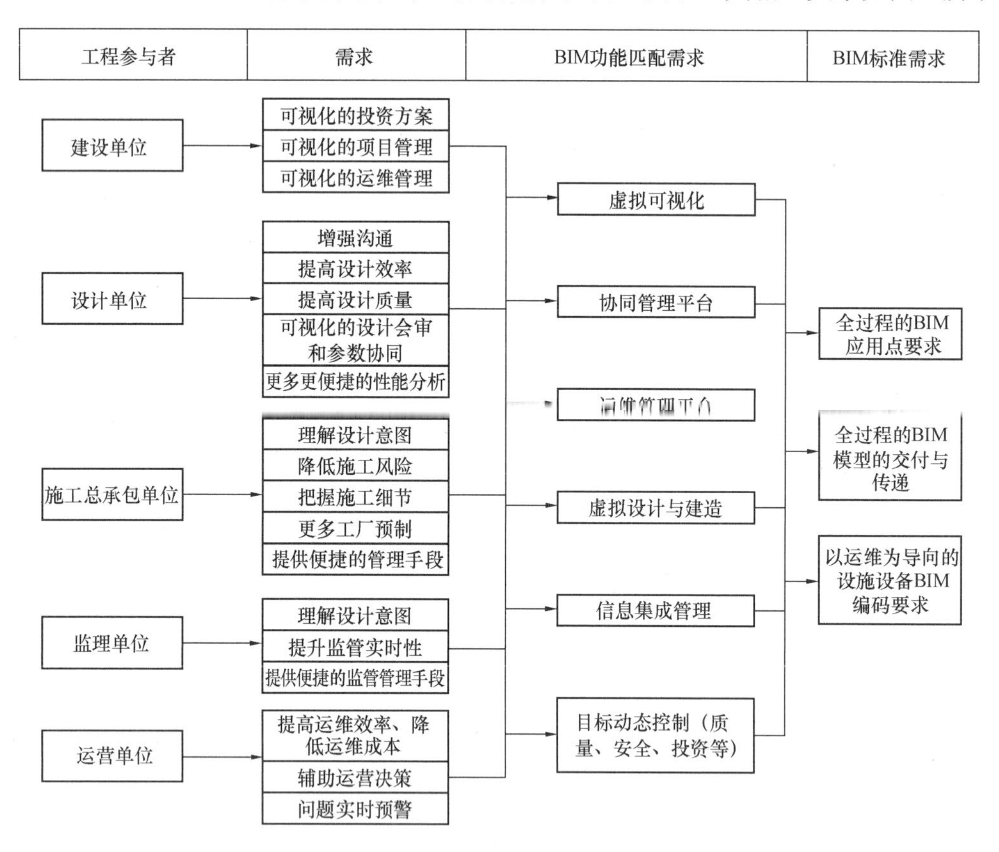

图 3　BIM 标准需求分析

BIM 应用标准面向工程应用人员，包括 BIM 的实施策划、协同管理、应用内容、评估要求等内容，将对 BIM 的应用落地起到实际指导作用，同时将为 BIM 建模与交付标准的模型建模范围和精细度要求提供参考；BIM 建模与交付标准面向软件建模人员，包括模型建模范围、拆分要求、精细度要求、命名规则、色彩规定、交付成果等内容，其中精细度分为几何精细度和属性信息深度，通过几何和属性两个维度描述模型对象精细程度，从而支撑 BIM 应用，模型的精细度要求将为 BIM 的编码规则制定奠定基础；BIM 分类与编码标准面向软件建模和协同平台开发人员，将明确模型管理对象范围、编码规则及管理要求，其中编码将录入模型单元，为协同平台基于模型单元的 BIM 应用提供唯一性调用规则。三类标准相辅相成，将共同保障项目管理体系落地。

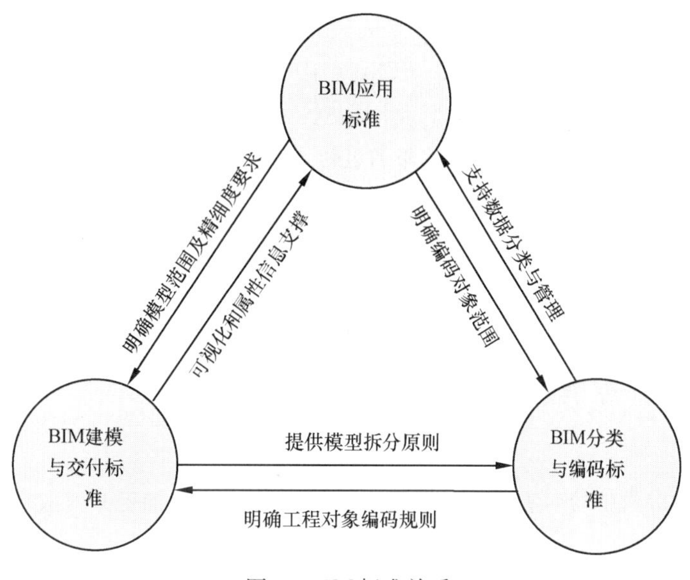

图4 BIM标准关系

4 应用案例

4.1 项目概况

案例项目位于上海市浦东新区，拟新建一栋248.150m的超高层商务办公楼，总建筑面积约16.8万m^2。其中，地上建筑为塔楼及裙房，面积约11.6万m^2，主要功能为商务办公、配套商业及社区服务功能，地下总建筑面积约4.8万m^2，地下4层，功能为员工食堂、车库及机房。

4.2 基于BIM的项目管理体系创建

4.2.1 BIM实施管理模式搭建

为实现本超高层项目基于BIM技术的精细化管理，建设单位聘请专业第三方BIM咨询单位，搭建BIM实施管理模式，实现BIM在设计和施工全生命周期的应用，并为运营阶段提供数字化交付成果。建设单位与BIM咨询单位共同组成BIM管理团队，通过编制BIM实施策划文件及BIM标准、协同管理操作手册等一系列技术和管理文件，明确了“业主主导、咨询辅助和全员参与”的实施模式，根据建设单位实际建设管理模式和BIM技术融合项目管理的原则，建立组织架构，如图5所示。

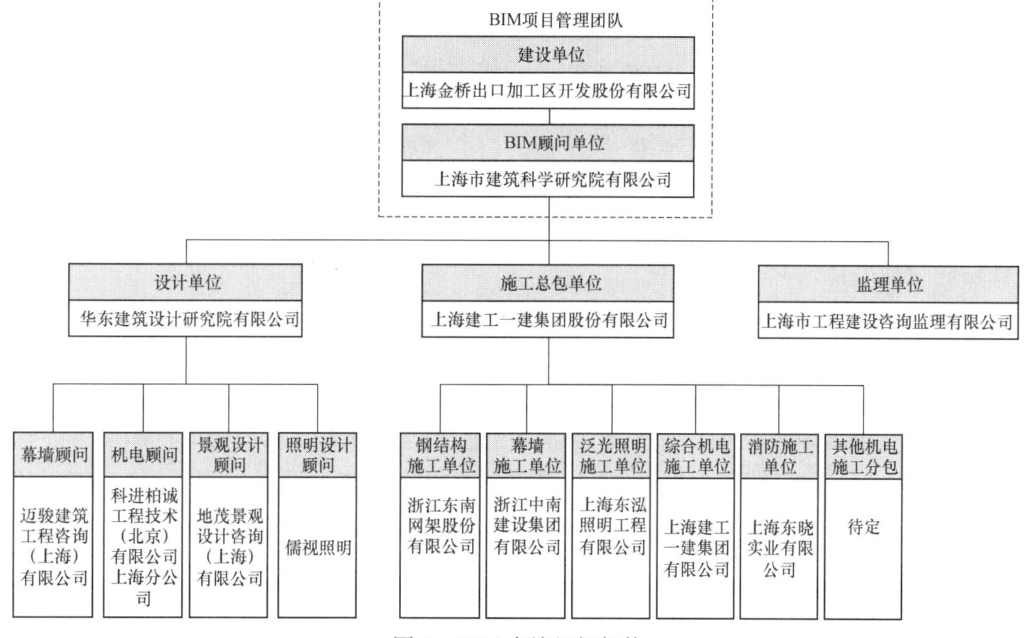

图5 BIM实施组织架构

4.2.2 BIM标准体系制定

为保障BIM技术实施落地，项目编制形成《BIM应用标准》《BIM建模与交付标准》和《BIM分类与编码标准》的标准架构，其中《BIM应用标准》对设计和施工阶段的应用进行了技术规定，《BIM建模与交付标准》对模型建模的拆分规则、精细度、颜色、命名进行了规定。由于本项目的特殊性和复杂性，建设单位在制定本项目标准系统过程中，将通用经验进行归纳整理，提升形成企业级BIM标准体系，如图6、图7所示。因此，本项目的BIM实施管理体系将通过企业标准的形式在建设单位内部进行复制和推广。

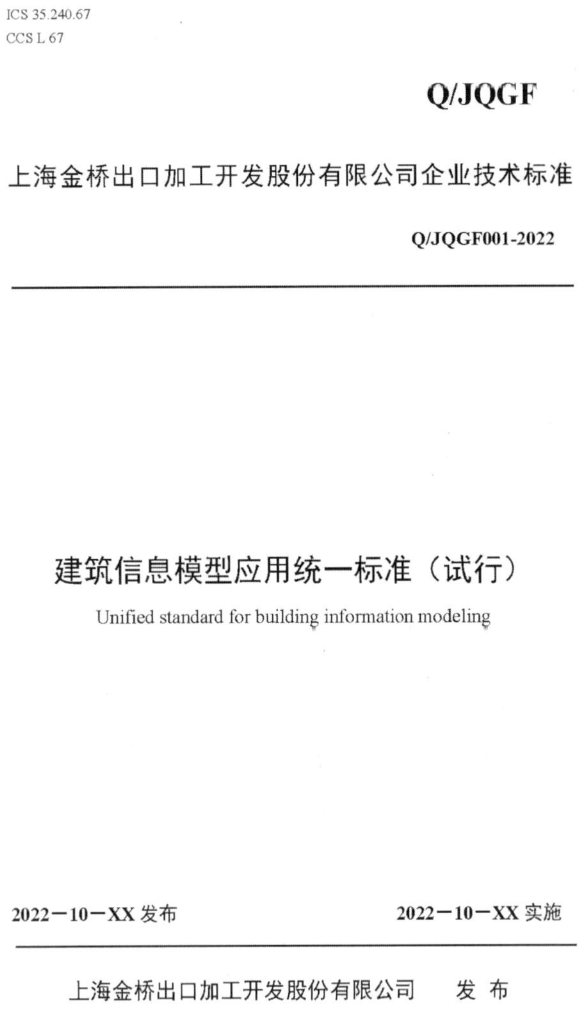

ICS 35.240.67
CCS L 67

Q/JQGF

上海金桥出口加工开发股份有限公司企业技术标准

Q/JQGF001-2022

建筑信息模型应用统一标准（试行）

Unified standard for building information modeling

2022－10－XX 发布　　2022－10－XX 实施

上海金桥出口加工开发股份有限公司　发 布

图6　BIM应用标准

ICS 35.240.67
CCS L 67

Q/ JQGF

上海金桥出口加工开发股份有限公司企业技术标准

Q/JQGF002-2022

建模与交付标准（试行）

Modeling and delivery standard for building information modeling

2022－10－XX 发布　　2022－10－XX 实施

上海金桥出口加工开发股份有限公司　发 布

图7　BIM建模与交付标准

4.2.3 BIM协同管理平台

本项目在设计阶段引入BIM协同管理平台，创建协同工作环境，如图8所示。作为基于BIM的项目管理体系中重要的载体，BIM协同平台包含模型管理、设计管理、质量管理、安全管理、图纸管理、进度管理、文档管理等功能。协同平台将为建设单位、BIM咨询单位、设计单位和施工总承包单位提供统一的工作流程，实现一体化异地协同工作。利用协同管理平台，克服了超高层项目涉及专业多、专业复杂、协调管理工作量大等诸多管理难题。如通过看板，可以实时查看项目当前进度、安全和质量情况；通过在线查看模型，浏览复杂节点及重要构件信息，辅助施工管理；实现图纸及相关工程资料的分类存储和共享。

4.3 BIM精细化管理应用成果

通过BIM的项目管理体系搭建和实施，将充分发挥BIM在超高层项目全生命周期中的技术价值，保

图 8　项目 BIM 协同管理平台

障应用成果落地。

在设计阶段，通过《BIM 建模与交付标准》的前期宣贯和成果审核，设计单位进行了全专业模型创建，如图 9 所示。并且基于建设单位的净高指标要求，对地下室进行净高分析和控制，如在地下一层门厅处，设计单位提交的初版管线综合，门厅处净高为 2.3m，而建设单位对此部位的净高要求为 2.8m。通过复核，发现此区域存在一根 2000×400 的消防风管，以及两根 2000×800 的新风管。经过多专业优化后，满足建设单位要求。除此之外，对地下室其他部位，如汽车坡道、行车道区域等多个区域进行净高优化。其中，地下室共处理 187 类模型问题，地上部分共处理 139 类模型问题，如图 10 所示。

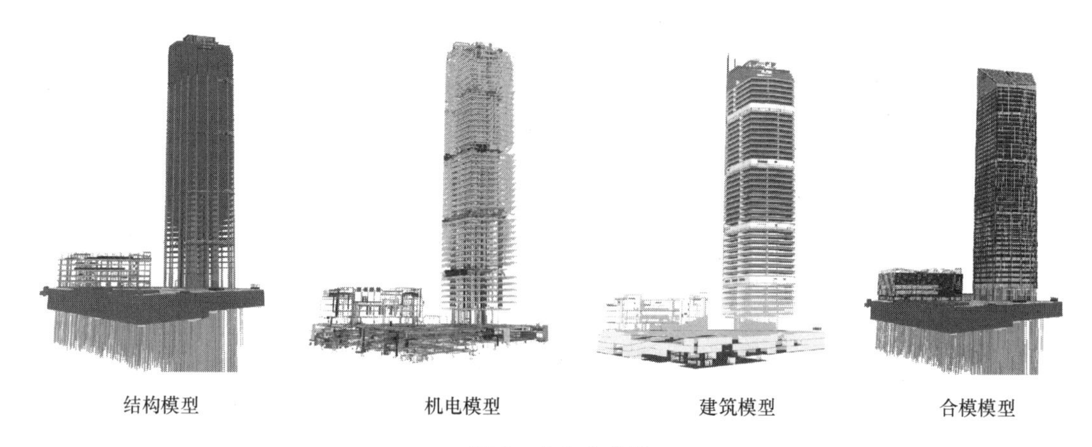

图 9　全专业建模

在施工阶段，通过 BIM 进行施工深化设计、场布规划、施工模拟等应用，实现施工质量、安全和进度管理目标。如对管线进行综合设计（图 11）、避免空间碰撞，优化管道空间布局；对重要施工方案进行 4D 模拟（图 12、图 13），通过三维模型直观地发现工序冲突，从而减少返工，降低成本。

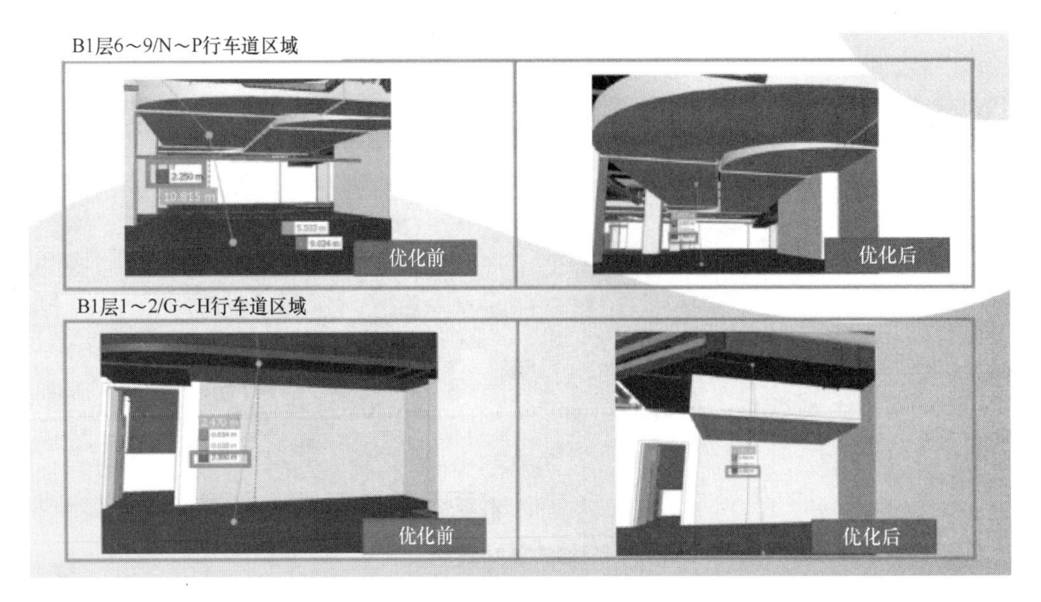

图 10　局部地下室机电优化前后对比

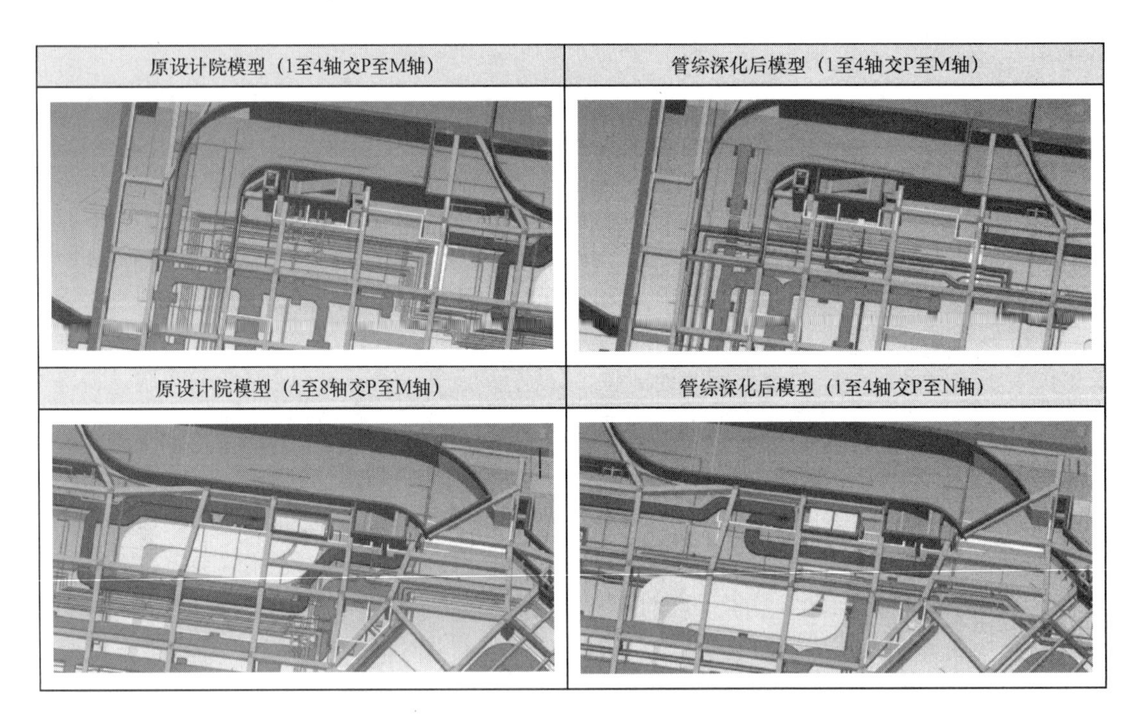

图 11　局部地下室机电优化前后对比

图 12　土方开挖方案模拟

图 13　钢结构施工方案模拟

5 结语

针对超高层项目复杂的建设管理问题，探索基于 BIM 的项目管理体系将有助于提升项目管理水平，保障 BIM 技术的深入应用和成果落地。本文通过实际案例，对超高层项目的管理体系进行了研究和实践，为未来类似超高层项目的 BIM 实施提供借鉴。

参考文献

[1] 上海市住房和城乡建设管理委员会．上海市建筑信息模型技术应用指南(2017 版)[S] (2017-06).

[2] 葛清．BIM 在上海中心大厦建设中的应用[C]//世界高层都市建筑学会．崛起中的亚洲：可持续性摩天大楼城市的时代：多学科背景下的高层建筑与可持续城市发展最新成果汇总——世界高层都市建筑学会第九届全球会议论文集．崛起中的亚洲：可持续性摩天大楼城市的时代：多学科背景下的高层建筑与可持续 9 城市发展最新成果汇总——世界高层都市建筑学会第九届全球会议论文集．出版地[出版者不详]，2012：650-654.

[3] 葛清，张强，吴彦俊．上海中心大厦运用 BIM 信息技术进行精益化管理的研究[J]. 时代建筑，2013(2)：52-55.

[4] 钟启恩，周文辉．基于 BIM 的精细化管理在大型项目中的应用研究[J]. 广东土木与建筑，2022，29(12)：13-16，21.

[5] 李恒，郭红领，黄霆，等．BIM 在建设项目中应用模式研究[J]. 工程管理学报，2010，24(5)：525-529.

[6] 杨震卿，张莉莉，张晓玲，等．BIM 技术在超高层建筑工程深化设计中的应用[J]. 建筑技术，2014，45(2)：115-118.

[7] 周小冬，刘煜新，尹洪，等．BIM 技术在超高层项目的探索研究[C]//中冶建筑研究总院有限公司．2022 年工业建筑学术交流会论文集(中册). 出版地[出版者不详]，2022：495-498，501.

[8] 杨婧，周婷，蒲挺，等．浅谈项目 BIM 管理中的问题与发展建议[J]. 中国工程咨询，2022(9)：81-84.

[9] 清华大学软件学院 BIM 课题组．中国建筑信息模型标准框架研究[J]. 土木建筑工程信息技术，2010，2(2)：1-5.

BIM 辅助大体积混凝土加厚墙体 45°斜套管洞口预留施工技术

李梦云，张宝亮，卢启东

（潍坊昌大建设集团有限公司，山东 潍坊 261041）

【摘　要】 45°斜套管在大体积混凝土加厚墙体中施工是一个复杂的问题，需要考虑很多因素，如斜套管的位置、尺寸、角度等。本研究通过应用 BIM 技术，探索了 BIM 辅助 45°斜套管在 2.7m 厚的大体积混凝土内预埋的技术和方法。通过对相关实例的案例分析和数值模拟，验证了该技术在提高施工效率、降低施工难度以及优化混凝土质量等方面的可行性，为相关领域的研究和应用提供了新思路。

【关键词】 BIM；斜套管；大体积混凝土；预埋技术

1　引言

随着建筑行业的不断发展，施工速度和质量已成为施工过程中的关键问题。在大型综合医院需要满足例如核医学区域，包括回旋加速器、直线加速器等设备房间[1]。为避免核辐射泄漏，需要用到超厚混凝土将其他区域分开[2]。当采用普通混凝土墙时，需要通过加大墙体尺寸抵抗辐射[3]，这种墙体具有自重大、易产生爆模现象的难点[4]，为了减少辐射泄漏，多采用铅板墙和重混凝土进行抗辐射[5]。在施工中，由于施工空间狭窄、支撑结构复杂、作业环境恶劣等因素的存在，大体积混凝土内预埋 45°斜套管的传统施工方式面临很多困难和挑战。因此，为了提高施工效率、降低施工成本和保证建筑质量，对新的技术和方法进行研究和应用变得尤为重要。BIM 技术的出现为解决 45°斜套管在大体积混凝土中的预埋技术提供了新的思路和可能性。

2　项目概况

潍坊市人民医院内科院区项目位于山东省潍坊市奎文区，北临广文街，西临鸢飞路，南临南乐道街，东侧为潍坊市人民医院现状门诊楼。总体规划总建筑面积约 19.31 万 m^2，其中地上建筑面积约 12.96 万 m^2，地下建筑面积约 6.35 万 m^2，本建筑包含地下工程、住院综合楼、科研综合楼、配套楼、氧气站、垃圾站等单体建筑。

3　项目重难点

（1）斜套管标高、角度难控制，实施方案不能精准确定位置，无法为现场施工人员提供准确的依据。

（2）由于墙体厚度较大，45°斜套管在大体积混凝土墙体中具有重量、厚度大、受力复杂、安装难度大等难点[6]。

（3）大体积混凝土因为自重，会对安装模板带来安全控制难题[7]。

（4）本项目工期紧，施工质量要求、安全文明施工要求高，需确保达到“建筑信息模型（BIM）应用示范工程”LOD500 精度标准要求。

4　工艺原理

医用直线加速器大多设于地下，其严格的使用功能要求（屏蔽）对抗裂、抗渗增加了其施工难度[7]。

首先利用BIM技术对2.7m加厚墙体内的预埋管线进行优化排布，进而确定45°斜套管穿墙所需套管的尺寸和位置，导出斜套管BIM施工图纸，施工人员根据BIM图纸进行安装、固定及封堵，实现45°斜套管过墙施工。

5 工艺流程

具体工艺流程为：施工准备→BIM深化图纸→BIM辅助施工现场施工工艺→BIM辅助制定可视化（BIM）技术交底→BIM辅助放线机器人放线→现场套管固定→复测→套管封堵。

6 BIM辅助45°斜套管预埋施工技术

6.1 施工准备

组织项目部全部人员学习施工图纸，了解45°斜套管的安装施工内容，掌握该做法的施工工艺及质量技术要求，测量现场尺寸，提前做好施工技术交底以便后期指导施工。

6.2 BIM深化图纸

（1）利用Revit软件建立建筑、结构、机电高精度三维BIM模型，确保满足“建筑信息模型（BIM）应用示范工程”LOD400精度标准要求。

（2）利用BIM软件的测量工具，精确测量并调整套管的位置和角度，确保其准确预埋于大体积混凝土加厚墙体内，并呈现45°角度。

（3）通过BIM软件的碰撞检测功能，自动识别出套管与其他构件之间的冲突，并及时进行调整和优化，以避免施工过程中的问题和延误。

（4）通过BIM软件，可以自动生成包括套管尺寸、固定方式和加工要求等在内的详细图纸，确定在大体积混凝土内预留孔洞的具体位置及尺寸。

6.3 BIM辅助施工现场施工工艺

（1）BIM辅助45°斜套管优化：套管的大体积混凝土中预埋因无法返工[8]，保证它的完整性尤为重要，如受力过大造成管道破损，可能造成核辐射泄漏，后果不堪设想[9]。利用BIM技术协同建筑、结构、机电等各专业负责人进行模型绘制[10]，模型完成后利用BIM技术创建墙体及45°斜套管模型（图1、图2），确定斜套管固定位置和尺寸，并进行碰撞检测及模拟分析。利用BIM技术模拟施工过程，及时调整管道的位置和角度，确保斜套管符合设计要求。输出带有套管尺寸、位置和方式的施工图纸，指导现场进行套管的施工。

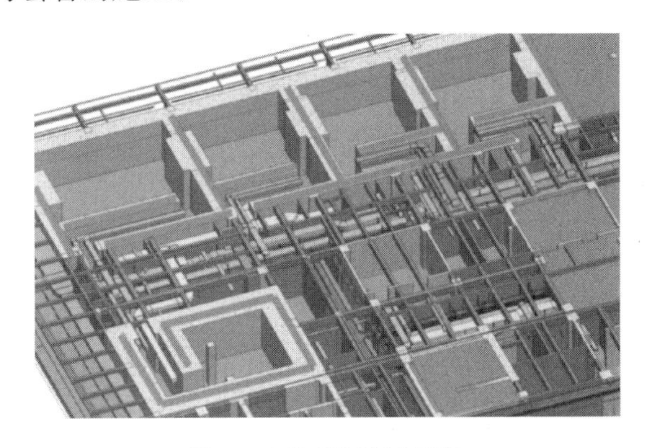

图1 大体积混凝土墙体

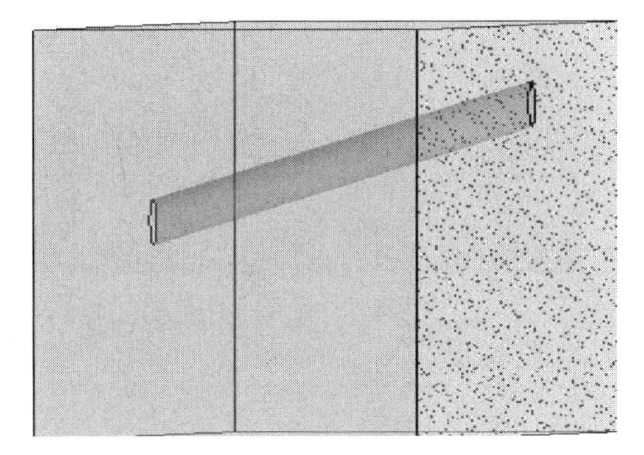

图2 45°斜套管定位

（2）BIM辅助模板预制：传统的施工方法往往需要在现场进行测量、加工和调整，耗时耗力，由于墙体厚度过大，施工时混凝土侧压力也比较大，必须保证模板与支撑体系的可靠性，防止模板产生变形[11]。故利用BIM技术可以提前建模，实现精准的模板预制和安装。通过激光扫描不规则洞口的实际尺寸和形状，将数据导入BIM软件，进行三维建模，并设置相关参数和约束条件确保模板的准确性和一致性。根据建模结果，考虑力学性能和材料的选择，设计不规则洞口的模板结构，并利用BIM软件进行优化，确保模板的强度和稳定性。输出材料加工图、模板组装图及零部件制作图等进行工厂预制加工，将预制好的模板运至施工现场，根据实际需要进行安装和调整。借助 BIM 软件提供的测量和模拟功能，快速定位和矫正模板位置，有效避免人为误差和不规范操作，提高安装精度和效率。

（3）BIM 辅助钢筋优化：传统的钢筋配置方法存在一些问题，如钢筋利用率低、结构性能不稳定等。利用 BIM 技术对建筑结构进行全面的数字化建模，并对结构的力学性能进行准确预测，根据结构的受力情况和安全要求，在设计阶段对钢筋配置进行优化，并选取几个代表性的大体积混凝土墙体进行实验室试验，验证了钢筋配置的优化效果，不仅需要考虑混凝土施工与 45°预埋管道的影响，包括在混凝土浇筑及振捣对套管的冲击荷载[12]，也要考虑管道本身重量对钢筋的受力影响，尽管有机电安装隔振设施，但在长期运行中产生的振动[13]对结构会造成影响，可以补强钢筋数量[6]。经受力分析，满足规范及设计要求。

6.4 BIM 辅助制定可视化（BIM）技术交底

BIM 技术的可视化特性能够帮助相关人员更好地理解和协作。通过设置动画路径和时间轴创建动画演示，模拟 45°斜套管在大体积混凝土中的施工和安装过程，展示与其他构件的关系和交互。施工人员也可以通过触摸屏或鼠标操作，在虚拟环境中自由浏览、旋转 45°斜套管模型，并进行缩放和剖面查看，更直观地感受 45°斜套管的空间位置和细节。通过应用可视化技术，能在设计、施工和安装过程中让交流和沟通更加清晰，及时反馈问题和建议，实现更好的协作和合作，确保 45°斜套管的质量和安全性。

6.5 BIM 辅助放线机器人放线

将各专业模型导入 BIM 放线机器人中，使其能够根据模型数据自动计算放线位置和坐标。机器人通过激光或其他传感器进行实际测量，并根据计算得出的放线数据在施工现场自动移动和定位到正确的位置。通过预设程序控制机器人操作，实现高度的自动化和精确度。机器人完成放线后，施工人员可以根据放线标记进行实际的施工操作。自动化机器人结合 BIM 技术，能够提高放线的准确性、效率和安全性。

6.6 现场套管固定

施工开始前，施工人员按照 BIM 技术精准定位套管位置并确保其符合施工要求，施工人员将预制好的套管固定在钢筋网上（图 3）。焊接过程中，严格控制焊接时间和温度，确保焊缝质量，使套管与钢筋网之间形成坚固而稳定的连接。焊接完成后，进行严密检验工作，确保符合要求。

图 3　45°斜套管固定

6.7 复测

施工完成后进行模板拆除，对 45°斜套管进行三维扫描。利用点云模型对管道安装位置、高度进行复核[14]，经过复核，偏差值符合设定范围，可以进行下一道工序的施工。

6.8 套管封堵

将传统的防水套管封堵做法进行改进，根据图纸统计好各节点数量，选用图纸要求的钢制套管、翼环，准备好油麻、干硬灰、堵漏王等材料，准备好切割机、电动钢丝刷、凿子、锤子、扳手等工具。在安装管道进入套管之前，用电动钢丝刷清除套管内的杂物和铁锈。

调整管道的坡度，介质管管道支吊架固定，钢制套管与介质管支架临时用木楔子固定，保证介质管和刚性防水套管同心，在干硬灰封堵的基础上，在外层涂抹 2～3cm 的堵漏材料，抹到与墙面平齐为止，在土建公司做外墙防水前做完防水套管的封堵工作，封堵完的套管处由外墙防水施工队伍做好防水材料的翻边处理，既保证封堵不开裂，又保证封堵材料的整体性和完整性，如图 4 所示。

图 4　45°斜套管

7　结束语

BIM 辅助大体积混凝土加厚墙体 45°斜套管洞口预留施工技术为我们提供了一种高效、精确的解决方案，并且在未来的工程建设中具有一定的前瞻性和传承性。BIM 技术作为建筑业新技术，通过三维模拟等表达方式，更好地呈现出项目各方面的状态，指导现场施工[15]。通过 BIM 模型的建立和参数化设置，实现精确施工设计与模拟，提高施工效率和质量，并大幅度缩短施工周期和减少材料浪费，降低工程成本。

参 考 文 献

[1]　冯可新．某医院核医学科环境影响评价分析[J]．低碳世界，2016(15)：10-12.

[2]　陈文．综合医院建筑防辐射技术研究[D]．重庆：重庆大学，2002.

[3]　李刚，贾丙奇，张鹏，赵坤，李健，邱天．直线加速室超厚墙体施工技术[J]．建筑施工，2018，40(1)：54-56.

[4]　李潘武，梁肖倩，门凡，金昕．内外温控条件对超厚防辐射混凝土墙体的温度应力影响研究[J]．混凝土，2021(12)：147-152.

[5]　金冠楠，林航，陈俊，陈嘉楠，陈金华．医用直线加速器室 3.5 m 超厚墙体施工技术应用研究[J]．福建建筑，2023(4)：122-127.

[6]　温锦成，凌文轩，邵泉．基于 BIM 的大体积混凝土机电管道预埋施工技术研究[J]．广州建筑，2022，50(4)：25-28.

[7]　杨德明，梁轶．医用直线加速器室工程施工重点、难点及控制措施[J]．建设监理，2017，(8)：72-75.

[8]　孔斐彦．大型现浇混凝土工程给水管道预埋问题的研究[J]．企业技术开发，2005(8)：33-35.

[9]　刘米赛．探究核医学科放射防护的管理及防护措施[J]．护理实践与研究，2017，14(19)：19-21.

[10]　于从芹．工艺管线洞口预留功能实现分析[J]．科技创新与生产力，2023，44(4)：116-118.

[11]　李磊．超厚墙体混凝土裂缝控制与模板结构设计研究与应用[D]．重庆：重庆大学，2004.

[12]　王哲政．建筑给排水管道套管预埋的施工技术要点及发展[J]．住宅与房地产，2020，(12)：179.

[13]　张国权．高层建筑机电设备安装中的隔振降噪技术分析[J]．中国设备工程，2018(12)：128-129.

[14]　韩雨萌．三维扫描技术扫描精度研究[J]．无线互联科技，2021，18(23)：114-116.

[15]　江均赞，黄志超，邵泉．BIM 技术在 EPC 模式下的装配式应用管理[J]．安装，2022(2)：26-28.

基于BIM的桥梁参数化设计与FEM应用

邓　璐，袁　通，刘宇轩

（长安大学公路学院，陕西　西安　710064）

【摘　要】 针对传统桥梁设计及计算中信息交互、协同设计困难、设计效率较低的问题，基于BIM技术进行了桥梁参数化设计及其FEM应用的研究，以玉皇阁二号桥为工程实例，首先基于Revit丰富完善了相应的桥梁构件族库，其次进行了全桥参数化建模，最后建立了Revit与Midas之间的接口，完成了数据流传递，进行了全桥FEM计算分析。该流程大大提高了传统建模的效率，体现了BIM信息化与协同性的理念，丰富了BIM技术在桥梁工程中的应用。

【关键词】 BIM；参数化设计；桥梁构件族；Revit；桥梁有限元

1　引言

近年来建筑信息模型（Building Information Modeling，BIM）技术在土木工程领域快速发展，是土木建筑行业进行数字化转型的关键技术之一[1]。不同于传统的二维图纸设计模式，BIM设计具有高度信息化、可视化性强、一体化程度高等特点[2]。然而现阶段BIM技术在桥梁设计领域应用并不广泛[3]，祝兵等[4]基于CATIA软件，参照“骨架＋模板”的建模思路，提出一种桥梁参数化智能建模方法与相应的技术路线；杨轶彬[5]将参数化族库、表格数据与Python编程结合，实现对桥梁部分简单构件进行参数化建模。由于桥梁具有复杂结构形式，在建模过程中并没有完善的标准族库，难以实现手动快速建模，因此实现针对桥梁的参数化、自动化BIM模型快速创建在桥梁智能化建造领域具有一定的必要性。

参数化设计即将实际工程转换为数据信息流并通过数字化方式进行逻辑表达，通过设立可变参数驱动控制结果输出，最终达到提高设计质量与效率的目标[6]。在桥梁BIM模型设计中，参数化设计主要对模型以实际参数进行几何尺寸与空间位置的约束，将各桥梁构件实现精准装配，从而实现桥梁模型自动化、智能化构建，有效提升BIM桥梁正向设计的效率，相较于传统设计模式具有高度的革新性[7]。然而，现阶段的桥梁设计阶段仍然以传统的CAD二维出图模式为主，基于参数化的正向设计应用程度较低，其结构设计与有限元模型（Finite Element Modeling，FEM）计算关联程度不高[8]，若能应用该设计方法，可大幅优化设计方案，解放生产力。

本文结合铜川市玉皇阁二号桥的工程实例，基于Revit建立了一套完善的桥梁族构件库，开发了可批量导入构件及快速交互的参数化建模系统，实现了全桥模型的精准装配，建立了Revit与Midas之间的数据交互接口，基于BIM实现了对桥梁的参数化建模及拓展FEM分析应用，形成了完整的桥梁参数化设计流程，大幅度提高了设计效率，充分体现了BIM在工程信息化智能设计领域进行应用的优越性。

2　工程概况

本项目为铜川市玉皇阁二号桥，项目位于陕西省铜川市耀州区，工程起于新区西环线与文昌路交叉口，整体横跨赵氏河。玉皇阁二号桥全桥跨径组合为（90＋4×170＋90）m，主桥为预应力混凝土梁拱组合连续刚构，箱拱共为4跨，每一跨平行设置2道钢箱拱，两道钢箱拱之间距离为31.9m，设计速度60km/h，路基宽度为38.5m，车道布置为双向六车道，其工程效果如图1所示。该项目的实施对完善区

【基金项目】 国家自然科学基金资助项目（52178104）

【作者简介】 邓璐（1998—），男，研究生。主要研究方向为桥梁智能建造与工程信息化。E-mail：dl98_chd@163.com

域交通网，提高区域道路路网水平，拉大城市骨架，促进城市转型发展具有重大意义。

图1　玉皇阁二号桥工程效果图

3　族库构建

3.1　参数化桥梁族库

Revit是目前市场上主流的BIM建模软件，其族的概念作为核心理念已经深入人心，即一个具有共同属性的基本图元集合[9]。族作为参数化设计中的基本单元，设计者可以通过对族的创建与修改来完成模型的建立以及数据信息的赋予。由于Revit中并没有相应的标准桥梁构件族库，基于正向设计、参数化、模块化的核心理念，通过对桥梁结构的几何分析来实现桥梁构件族的建立是具有其必要性的。

在进行桥梁构件族创建时，可直接在“公制常规模型”族样板上完成标准构件的建立，同时需要考虑构件的结构形式复杂程度对其进行分类，不同构件遵循不同的参数化建模方法。对于下部结构等形式较为简单的结构，可直接通过“拉伸”等常用形状创建方法构造截面形式，从而建立简易参数化构件族；而对于如拱肋等较复杂的特殊曲线结构来说，则需要以“放样”的形式分别对其截面轮廓及放样路径个性化设置参数，从而建立复杂参数化构件族，具体的桥梁族构件建模流程如图2所示。

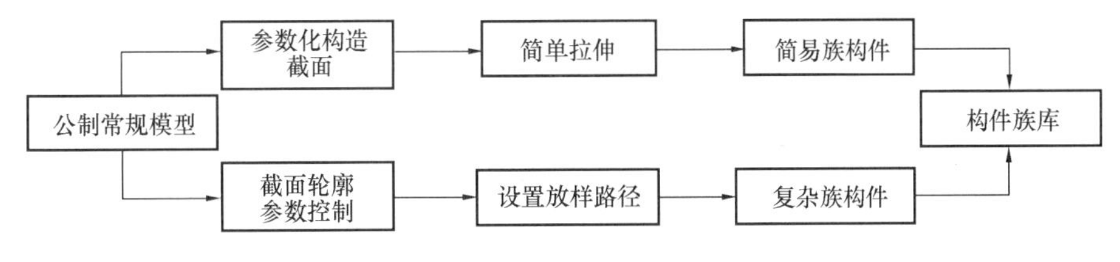

图2　桥梁族构件建模流程

3.2　简易构件族

玉皇阁二号桥吊杆及下部结构几何形式都较简单，其吊杆单个主跨共11对吊杆；主墩墩身采用双肢等截面矩形空心墩，肢间间距7m，单肢截面尺寸10.95m×3.5m；主墩承台高5m，基础采用桩径2m的钻孔灌注桩群桩基础。对于简单构件来说，可直接采用“拉伸”的方式创建族，对其截面尺寸以及拉伸长度设立相关参数，从而确定其构件族形式，其标准参数化构件如图3所示。

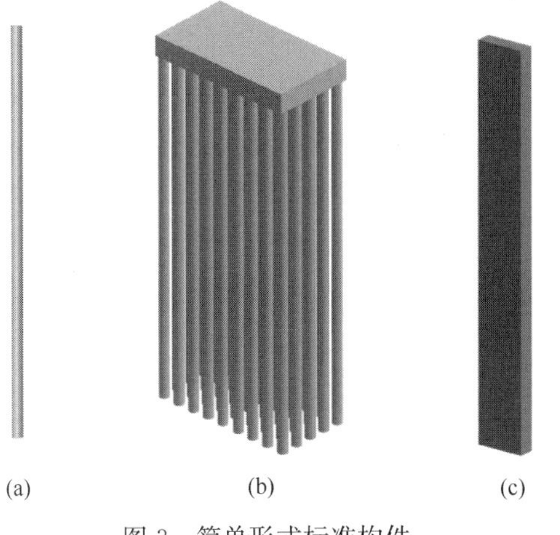

图3　简单形式标准构件

(a) 吊杆族；(b) 承台桩基族；(c) 桥墩族

3.3　复杂构件族

玉皇阁二号桥每跨共有24个节段，其中箱梁0号节段包括桥墩两侧外伸部分共18m，从端部至跨中梁段分别为7m×3.0m、4m×3.5m、10m×4.0m，边、中跨合拢段长度均为

2m。主梁箱梁为单箱单室结构，截面形式较为简单但在进行截面设计时要分别确定其内、外轮廓。由于箱梁为变截面形式，因此需要采用“放样融合”的方式进行族的创建，首先建立箱梁实体模型确定其外部轮廓，针对箱梁空心部分则采用“空心融合”的方式参数化设计其内轮廓，分别对两侧不同截面定义参数，建立其几何约束与尺寸约束，使其交互使用，通过参数组确定其截面大致轮廓，继而实现通过控制截面参数改变箱梁高度、顶板厚、底板厚等尺寸指标。完成其两侧轮廓参数设立后，以箱梁上部轮廓线所在标高平面作为放样路径平面，并将实体与空心体的放样路径设定为相同参数完成对齐锁定，从而使得空心体自动剪切实体，避免了修改参数时内外轮廓的放样改变无法联动的情况，箱梁族的参数化建模效果如图4（a）、（b）所示。

玉皇阁二号桥单个主跨拱肋共划分为17个节段，其拱肋理论中心线由正弦曲线拟合而成，空间线形较为复杂，拱肋结构形式为钢箱拱，截面形式为矩形箱形。与箱梁族不同的是，拱肋族截面形式为等截面，只需确定一个轮廓截面即可，因此采用“放样”的方式进行族的创建。拱肋族的截面形式简单，截面各参数的设置方法与箱梁族相同，此处不再赘述。由于拱肋族的空间线形并非直线，而Revit中设立放样路径时无法描述正弦曲线，因此采用“以直代曲”的设线方法，以水平距离1m为控制指标，通过长度较小的多段直线累加来模拟曲线，分别设立每条直线横向与纵向长度为约束参数，从而达到较精准体现拱肋线形的目的，其拱肋族的参数化建模效果如图4（c）、（d）所示。

图4 复杂形式标准构件

（a）箱梁轮廓参数设置；（b）标准箱梁族；（c）拱肋放样路径设置；（d）标准拱肋族

4 全桥模型构建

在完成各参数族模型的建立后，将其各个族模型保存至本地，在需要调用时进行加载。桥梁构件族库的建立仅是桥梁参数化设计的第一步，全桥模型需要将各个族构件加载至项目中完成绘制与放置，进行精准适应调整，准确“定位装配”成一个整体，拼接成全桥模型。

对于复杂桥梁结构来说，传统手动设计模式建立全桥模型效率较低，而通过调用Revit的API接口，基于C#进行Revit的二次开发[10]，可利用Excel表格信息读取的方式完成构件批量生成，快速生成大量参数化桥梁构件，按照空间放置要求准确载入项目中。首先根据实际建模空间要求填写Excel表格中不同构件的全部所需参数，其次从Revit中解析编写程序，读取表格数据，最后将所读参数化建模数据自动赋予至标准参数化构件，在项目文件中完成批量建立，形成几何结构模型。

同时，为了便于用户直接使用批量建模功能，基于WPF设计开发了可实现人机交互的桥梁参数化设计系统（图5）。基于该系统，用户不再需要调用接口解析相关插件，可以直接在Revit软件内打开程序界面，在进行实例创建时可自动输入参数或快速读取表格参数的同时，还具有查看单一构件信息、模型预览等功能，与传统的手动建模方式相比，大大缩短了建模时间，加强了对于模型数据的存储和管理，提高了桥梁的建模效率。

玉皇阁二号桥通过上述的参数化建模开发过程，将设计数据配置完成后，利用程序进行数据驱动，最终可基本实现“一键生成”全桥模型，其全桥模型的建立时间大约只需2min，整体效果如图5（b）所示。

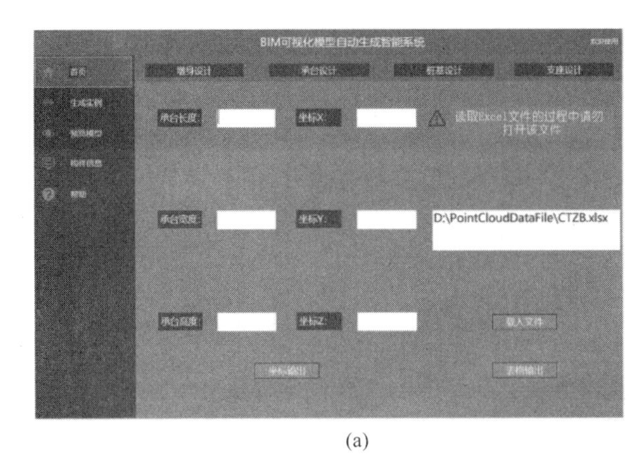

(a)

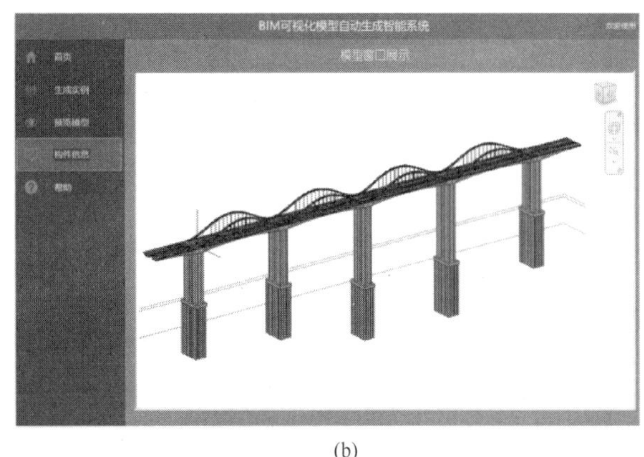

(b)

图5　桥梁参数化设计系统

(a) 批量生成构件界面；(b) 模型展示界面

5　BIM-FEM应用

Revit作为BIM建模软件，无法准确实现桥梁计算分析功能[11]，因此若想完善桥梁参数化设计流程，则需要借助软件接口将BIM模型中的几何、材料信息传递至有限元分析软件中完成FEM计算分析，其数据流在软件之间的交互传递流程如图6所示。

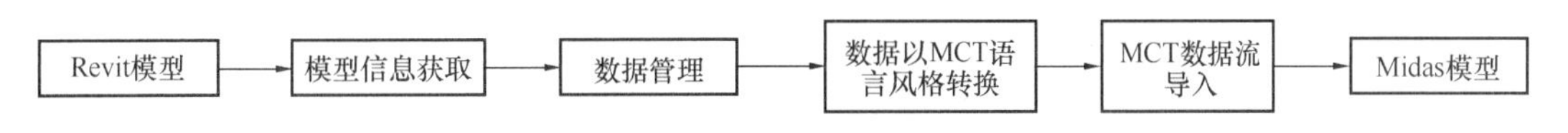

图6　数据流交互流程

Midas是主流的桥梁建模软件，除了GUI界面操作建模外，还可以通过将MCT文件导入数据流的方式建立模型，这为BIM模型导入有限元软件中分析提供了良好的基本条件[12]。由于两者之间无法进行IFC标准下的数据互通，因此需要对Revit进行二次开发，调用Revit API库中的过滤器与收集器获取目标族实例，读取BIM模型信息包括几何尺寸信息、截面参数信息、材料特性信息等，同时将这些信息以MCT格式中的语言风格进行输出。

对于玉皇阁二号桥来说，读取其FEM分析应用所需信息是必不可少的一步，其主要参数如下：

(1) 单元类型：对于主梁与拱肋都采用梁单元，吊杆采用桁架单元。

(2) 材料特性：主梁采用C55混凝土，钢箱拱采用Q345qD钢。

(3) 截面参数：从Revit中对于不同几何实体的截面信息进行提取，大致截面形式已在建立族构件时确定。

完成几何模型建立后，对该梁拱组合体系设立其边界条件，支座节点采用一般弹性连接，添加相关的荷载条件，即可对全桥模型进行成桥状态下的计算分析。其主要计算荷载如下：

(1) 永久荷载：

1) 一期恒载：结构自重包括主梁、拱肋、吊杆等按实际断面尺寸计算，混凝土密度按26kN/m^{3}取值，钢材密度按78.5kN/m^{3}取值。

2) 二期恒载：桥面现浇调平层混凝土密度按25kN/m^{3}取值，桥面铺装层沥青混凝土按24kN/m^{3}取值。

(2) 可变荷载：

1) 汽车荷载：采用公路—Ⅰ级汽车荷载，按3车道计算（单箱），同时计入其横向偏载、冲击、车道折减等影响。

2) 汽车冲击力：按照结构基频与冲击系数计算。

3）温度荷载：设置三组温度作用模式，其体系温度设置分别为结构整体升温25℃效应与结构整体降温−23℃效应。同时考虑结构梯度温度效应，其日照正温差T1采用14℃，T2采用5.5℃，日照反温差T1采用−7℃，T2采用−2.75℃。

在完成其成桥状态下的计算分析后，其全桥成桥状态下的内力如图7所示，其与手动建模方式对比的受力分析结果如表1所示。

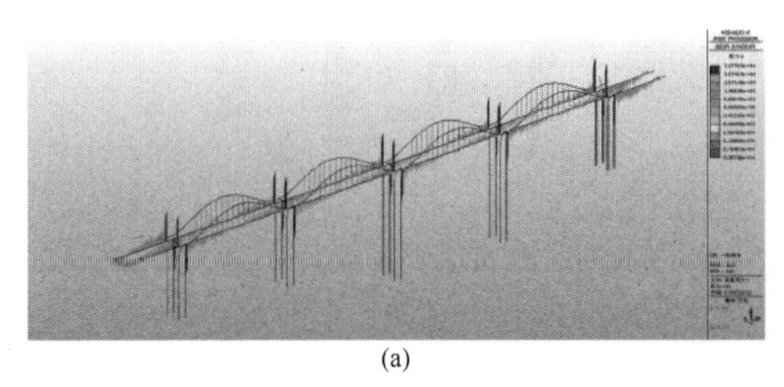
(a)

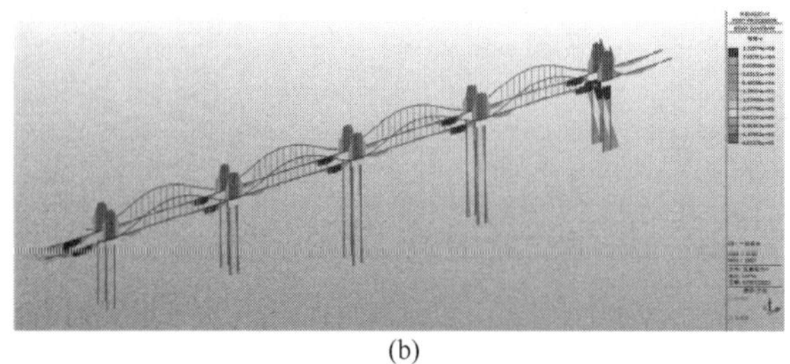
(b)

图7　成桥状态内力图
（a）主梁剪力图；（b）主梁弯矩图

两种建模方式计算结果比较　　**表1**

最大值	BIM-FEM	手动建模	误差
弯矩（kN·m）	565295	565087	0.036%
剪力（kN）	40571.3	40502.6	0.16%
轴力（kN）	37588.2	37501.4	0.23%

通过BIM模型进行转换后的FEM结构合理，与Midas手动建模的结果相比基本保持一致，这也说明了通过Revit-Midas之间的接口完成桥梁结构的FEM计算分析是可行且准确的，同时在一定程度上提高了FEM建模的效率。

6　结语

本文结合工程实例进行了基于BIM的桥梁参数化设计，遵循参数化设计逻辑以及BIM核心理念，分别从建立桥梁构件族库、全桥BIM模型建立、BIM−FEM应用各方面实现了桥梁参数化设计流程及拓展应用。该桥梁参数化设计方法丰富了Revit中构件族类型，大大提高了桥梁结构的建模效率，成功实现了Revit与Midas之间的数据转换，避免了有限元结构分析二次建模，弥补了Revit在桥梁结构受力分析中的缺陷，拓展了BIM技术在桥梁工程领域的应用场景，对同类型桥梁的参数化设计具有一定的参考价值和指导意义。

参考文献

[1]　刘占省，孙啸涛，史国梁．智能建造在土木工程施工中的应用综述[J]．施工技术(中英文)，2021，50(13)：40-53.

[2]　Wen Q J, Ren Z J, Lu H, Wu J F. The progress and trend of BIM research: A bibliometrics-based visualization analysis [J]. Automation in Construction, 2021, 124: 103558.

[3]　刘智敏，王英，孙静，等．BIM技术在桥梁工程设计阶段的应用研究[J]．北京交通大学学报，2015，39(6)：80-84.

[4]　祝兵，张云鹤，赵雨佳，等．基于BIM技术的桥梁工程参数化智能建模技术[J]．桥梁建设，2022，52(2)：18-23.

[5]　杨轶彬．BIM桥梁参数化编程建模技术[C]．//第七届全国BIM学术会议论文集．2021：4-9.

[6]　梁琪．BIM思维下复杂异形结构参数化设计与有限元分析[D]．西安：西安建筑科技大学，2020.

[7]　Alexis G, Conrad B. A parametric BIM approach to foster bridge project design and analysis[J]. Automation in Construction, 2021, 126: 103679.

[8]　洪磊．BIM技术在桥梁工程中的应用研究[D]．成都：西南交通大学，2012.

[9]　李一叶．BIM设计软件与制图[M]．重庆：重庆大学出版社，2017.

[10] Sergey Z, Elena I, Irina Z. The Organization of Autodesk Revit Software Interaction with Applications for Structural Analysis [J]. Procedia Engineering, 2016, 153: 915-919.

[11] 杨党辉，苏原，孙明．基于Revit的BIM技术结构设计中的数据交换问题分析[J]. 土木建筑工程信息技术，2014，6(3)：13-18.

[12] 董卯，郭乃胜，王楠，等．基于Revit与MIDAS/CIVIL的桥梁结构模型转换方法[J]. 大连海事大学学报，2020，46(3)：101-108.

基于 BIM 与虚幻引擎的建筑运维管理应用技术研究

蒋　傲

（上海市建筑科学研究院有限公司，上海 200030）

【摘　要】 本文基于虚幻引擎 5，以高保真、高帧率三维场景构建和渲染、BIM 非几何数据处理和蓝图及蓝图库的开发为关键技术，提出了一种建筑运维管理系统的构建方法，并通过实际案例验证了该方法的可行性，可为相关类似项目实践提供参考。

【关键词】 BIM；虚幻引擎；建筑运维管理；设施管理

1　引言

建筑信息模型（Building Information Modeling，BIM）作为建筑全生命周期数字化管理的技术基础，其既是建筑平面图纸的三维化工具，也是对建筑多维度数据的集成管理手段。随着建筑行业数字化和智慧化转型的不断推进，尤其是数字化管理理念和数字孪生技术的兴起，传统 BIM 软件和相关开发环境难以满足越来越高的数据管理和应用要求。

从数据的角度来看，BIM 主要包括几何数据和非几何数据两类。对于几何数据，业内多数常用 BIM 软件（如 Autodesk 公司开发的 Revit），由于其自身图形引擎算法的局限，模型渲染的拟真性较差，对于大体量几何模型难以快速构建和实时渲染且对硬件要求较高[1]。对于非几何数据，建筑运维管理系统面向服务的功能实现需要对其进行巨量处理和实时调用，一方面业务需要较大的代码开发量，另一方面系统的界面、数据和应用集成的开发过程复杂且流程冗长，这也对非几何数据的处理和可视化提出了更高的要求。关于 BIM 在建筑运维管理的理论和实践已有诸多研究[2~6]，尽管其对各专业的一体化集成管理的成效显著，但往往难以及时响应管理人员多样化、多变性和模糊性的需求[7]。

虚幻引擎 5（Unreal Engine 5，简称 UE5）作为 Epic Games 公司开发的开源三维游戏引擎，其出色的实时渲染能力及组件、角色、关卡、代码开发、脚本开发和人机交互界面等模块内容满足了常规的游戏开发过程[8]。随着 UE 在建筑可视化领域的应用拓展，常用 BIM 软件的几何及非几何数据导入和编辑功能逐渐完善，其不仅可以作为 BIM 的三维可视化底座，而且其支持的脚本化开发、开源代码的二次开发、丰富的外部接口能够进一步支撑建筑运维管理系统的快速需求响应、定制化服务开发、良好的兼容性和泛在连接支持。

本文以 UE5 作为建筑运维管理系统的三维可视化平台，建立了一套对模型轻量化和实现高保真、高帧率的实时三维场景渲染流程，充分利用现有的 BIM 数据，从需求角度出发通过 UE5 的蓝图脚本和建立核心功能蓝图库等关键技术，快速构建业务场景和交互逻辑，实现对建筑运维管理系统的集成开发和快速部署。

2　建筑运维管理系统构建

2.1　建筑运维管理系统构建过程

建筑运维管理系统构建过程主要包括四部分，如图 1 所示，其中虚线表示为数据流。

【作者简介】 蒋傲（1997—），男，助理工程师，主要研究方向为建筑智慧运维。E-mail：1551905449@qq. com

首先，第一部分是以BIM几何数据为基础，在UE5中进行系统的三维场景构建，三维场景是建筑运维管理系统中的重要组成部分，是承载信息交互的数字化底座，其不仅包括建筑自身及场地的信息，还包括周围的非实物环境信息，分别对应了BIM的几何数据管理和三维场景的环境管理。

其次，第二部分是系统的非几何数据规划管理，在三维场景构建完成后，应从业务需求中规划应用场景，再根据场景中相应的人员及系统的动作分解明确非几何数据类型、数据交换流程及数据交换格式。非几何数据一般包括建筑设计和施工阶段构件信息等静态数据以及建筑运行期间的运行数据等动态数据。

再次，第三部分是系统的场景交互及非几何数据可视化构建，两者均主要通过UE5的蓝图（Blueprint，脚本化开发语言）实现，其通过可视化高度封装的脚本节点相互连接构建逻辑，相较于传统代码编程，降低了开发者学习成本。由于蓝图功能较好的封装性，对常用核心功能可建立相关蓝图库，提高功能模块的复用性以缩短开发流程。

最后，第四部分是系统集成，UE5可基于C＋＋进行更高效的开发扩展，因此也提供丰富的接口服务与相关系统进行兼容对接，此部分主要完成UE5与后端数据库以及前端交互页面的对接。通过前端、后端及三维平台的分离降低了系统开发的耦合度，在完成系统集成后，最终通过UE5的像素流技术完成系统在多端的部署。

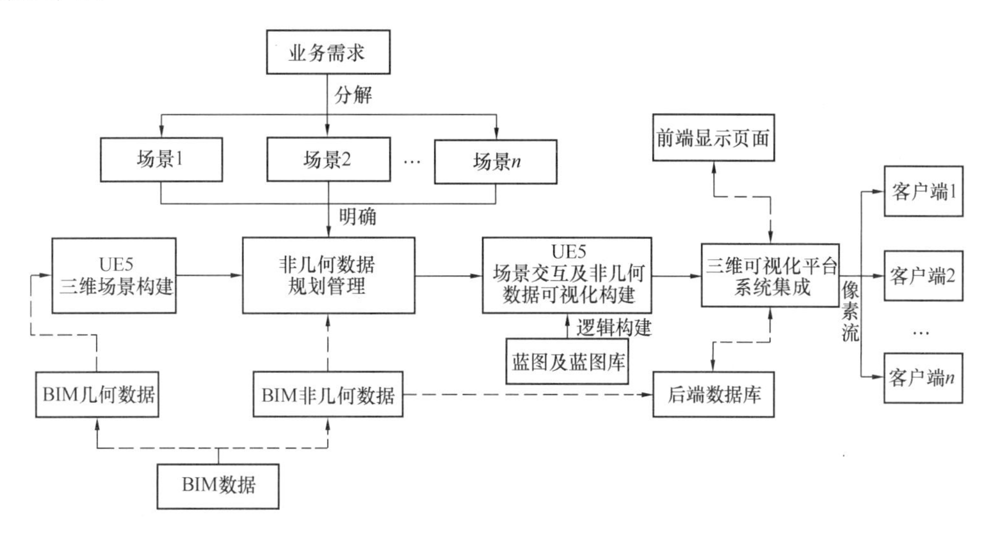

图1　基于UE 5和BIM的建筑运维管理系统构建流程

2.2　关键技术

2.2.1　基于UE5和BIM的三维场景构建与渲染

三维场景构建主要包括模型审核校对和可视渲染两部分。首先，模型的审核校对是确保平台虚拟可视化模型同建筑真实物理实体一致的保障。在建筑施工阶段，传统的模型校核依赖人工在现场进行模型比对反复寻找冲突点和不一致点，多次的模型调整则对应运维平台内的多次模型变更，而三维引擎内通常不具备成熟便捷的建模工具，这造成了繁复的模型删除和重新导入过程，步骤烦琐且效率低下。

其次，在模型审核校对完成的基础上，可视化渲染前通常还要对模型进行两次处理，分别是模型轻量化和多元模型融合。一方面，传统的运维平台主要采用基于OpenGL及Direct3D图形库的桌面开发、基于商用引擎OGRE、Unity的多终端系统开发，或基于WebGL，HTML5等技术的前端渲染，这几种开发模式都具有重“渲染”而轻“处理”的特点，在对巨量几何面数的模型进行可视化渲染前需要对其进行大量轻量化处理以减轻硬件压力。另一方面，通常国内BIM模型主要为Revit软件，考虑异形构件和不同专业的建模习惯等因素，也经常采用Rhinoceros、3ds Max或Sketchup等软件进行建模，不同软件建模生成的不同数据格式来源的模型文件需要在平台中进行归一化处理。

针对上述问题，可利用UE5相关特性优化整体的数据管理流程并实现高保真渲染效果，主要工作流程如图2所示。在上述工作流程中，多源模型在导入UE5后先被统一转化为静态网格体文件及其对应的材质文件，完成了在引擎内文件格式的统一化。针对模型审核校对和修改问题，利用图2中方法①中UE

插件Datasmith的Directlink功能可实现不同软件内建模场景同UE5内导入模型的几乎实时的更新和增量更改。在初版模型通过此方法导入UE5中后，可根据现场审核或设计单位返回的修改意见在建模软件中修改并实时同步至UE5的三维场景中，直至竣工验收后完成几何数据的全部更新，避免了模型修改造成的重复导入过程，可节省大量的存储空间和操作时间。此外，对于通常不发生变更修改的装饰性模型、场地模型可通过图2中方法②中Datasmith插件或以可识别格式直接导入。

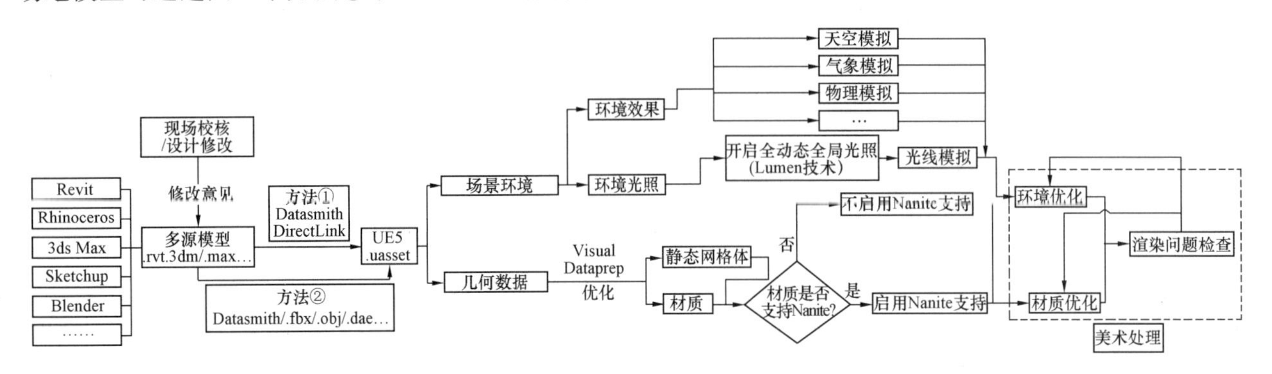

图2 基于UE 5和BIM三维场景构建流程

在几何模型导入中，可先通过UE5中内置的Visual Dataprep资产预先设置模型处理规则，识别并清理场景中不需要的几何体，合并和修改模型等完成初步轻量化。在模型导入后，可分别通过开启Nanite和Lumen实现高帧率和高保真的实时渲染。Nanite即虚拟几何体技术，其通过对几何数据的高度压缩和LOD的自动处理，实现帧预算不因多边形数量、绘制调用和内存使用情况而受限，因此无须通过传统的减少模型面数，以高模拓扑低模、手动烦琐设置LOD的模型轻量化处理步骤，仅通过一键开启Nanite技术即可实现，开启Nanite后即使包含大量复杂面片的场景也可高帧率渲染。除Nanite技术目前尚不支持少数材质类型的静态网格体外，绝大多数模型均支持该技术的应用。而Lumen是UE中的全动态全局光照和反射系统，其针对细节的漫反射和接近无限次光线反弹的反射效果确保了渲染的高保真度，配合场景的环境管理，可实现各种日光、昼夜及天气环境的实时模拟，避免了复杂的光照贴图烘焙步骤，对于光照条件改变后的效果可实时呈现而不显著增加硬件渲染压力。在此之后，进一步优化调整环境中光照参数和贴图质量等可实现更接近现实的渲染效果，可将此部分作为流程化的美术处理阶段并检查渲染失真或质量问题，在经过多次流程迭代后，最终完成几何模型的可视化渲染。

2.2.2 基于Revit和UE5的非几何数据管理

基于BIM+虚幻引擎的非几何数据管理主要包括模型信息编码、信息录入和数据库管理。在Revit软件和UE中对非几何数据编码及录入、管理的主要工作流程如图3所示。

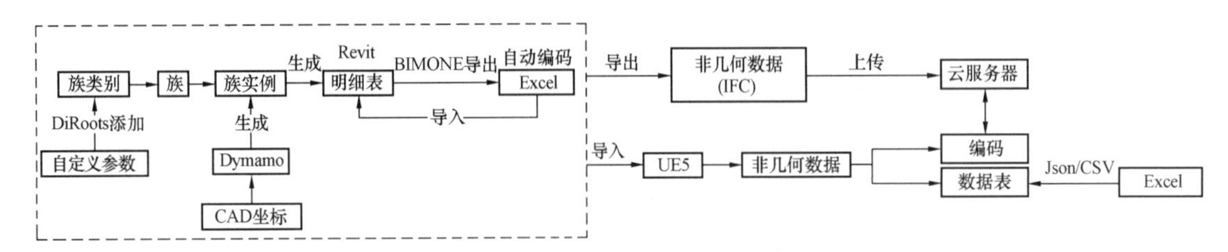

图3 基于UE 5和Revit的某弱电设备非几何数据管理流程

建筑设备作为建筑运维管理的重点，不仅分类杂而且数量多，因此需要精确的信息编码以分类和识别。编码不仅能在功能上作为设备的信息索引，还可类似身份证，在格式中包含设备的相关基本属性和位置信息，如专业分类、所属楼层位置、分区及单一识别码等，可读性和维护性也较纯数字ID更高，故需要自定义建立相关编码规则。在上述流程中，以某弱电设备为例，首先通过Revit的DiRoots插件为其族类别中添加相关的自定义参数条目，条目中待储存自定义的相关编码。之后利用程序化建模软件Dynamo根据CAD图纸中的坐标点位自动生成对应位置的族实例，通过BIMONE插件导出相关明细表至Excel

中，利用自定义函数按照一定的编码规则对该族所有实例的对应条目添加编码，再将此表格导入Revit软件中完成对该设备的编码和录入。

编码完成后的数据管理工作可分为两部分进行。第一，对于除编码外的BIM非几何数据，以剔除几何数据后的IFC格式导出并上传至云数据库中，实现数据的轻量化；第二，随着几何数据一同导入UE的非几何数据以MetaData（元数据）的形式附加在静态网格体中。一方面，由于完整的BIM非几何数据已上传至云数据库中，因此元数据中可仅保留编码信息作为本地索引与云服务器进行数据的检索匹配，只在需要调取完整信息时进行数据传输，减轻运行压力；另一方面，对于数据量较小的只读类信息或由于部分设备/构件数量较少形成的少量数据源，可将其数据导出为Excel表格并转以JSON或CSV格式导入UE的DataTable（数据表）文件中，在需要数据读取时，可在本地化调用显示。数据表在程序运行时作为静态数据，但在工程文件打包封装后也可在源文件中更改或重新导入，因此也能够实现本地数据的低频次动态更新。两种分别基于云数据库的数据存储和本地数据表的数据存储方式，以"宜本地则本地，宜云端则云端"的原则进行分配，既充分利用了本地资源，也尽可能地减少了远程调用过程，从而缓解服务器压力并减少网络延迟、拥塞等情况的发生。

2.2.3　基于场景功能分解的UE5蓝图及蓝图库的开发

为减少运维管理系统多样化的场景交互需求变更造成的多次开发，针对一般性的功能需求可进行模块化分类，针对不同模块可利用蓝图和蓝图库进行逻辑构建，如图4所示。

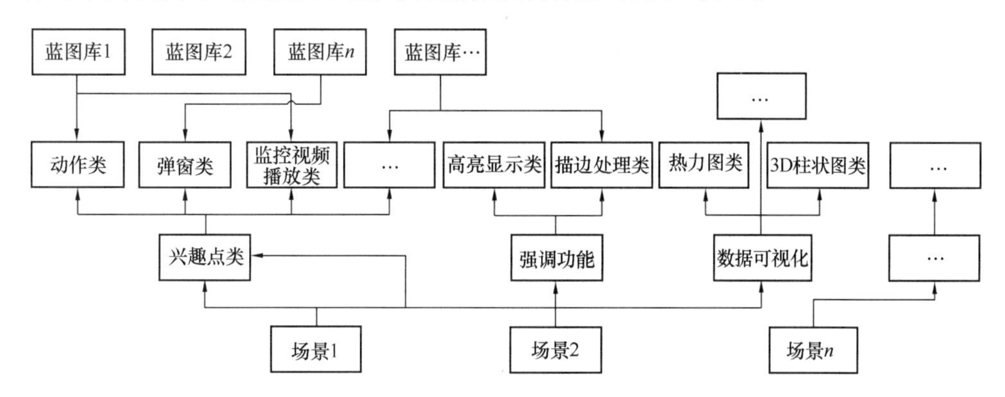

图4　基于UE 5的场景功能分解及蓝图开发流程

在上述流程中，首先在不同的应用场景中合并相同功能并在UE中创建为相关的蓝图类，如通常交互过程中点击某处实现信息展示等功能，以该处为兴趣点，展开不同的相应动作，不同的动作对应于不同的场景。继续对不同的动作进行逻辑合并，将不依赖于具体项目的相关蓝图函数功能封装为蓝图库，不同的动作可调用相同的蓝图库，调用过程可直接引用连接而无须代码编程的复杂逻辑，每个蓝图类均能通过接口暴露参数对功能效果进行便捷修改。在UE5三维场景中，只需将相关的蓝图类放置在场景的相关位置后，运行项目即可实现相应的逻辑交互功能，在多项目迭代后，随着蓝图类及相关库的扩充，项目开发时间可大幅缩短进而实现快速部署。

3　应用案例

3.1　项目概况

项目位于上海市核心城区，为充分利用区位优势，在城市有机更新和向"双碳"目标迈进的契机下，拟在用地面积极为受限的情况下拆除建筑并在原址新建一座近零能耗的办公建筑。其中，建筑地上为5层，地下1层，总建筑面积约6728m^2，地上区域主要功能为办公、会议、展览，地下功能为员工食堂、车库及机房，建筑屋顶及朝阳外立面铺设光伏设备以减少碳排放和提供直流用电。建筑设计以人本化为理念、以智慧化运维作为管理手段，增强建筑设施管理的有效性。

3.2　项目运维管理平台创建成果

从人本化、零碳化建筑的智慧运维管理理念出发，项目在前期充分调研建筑业态特点、发掘运维管理痛点，对建筑运维管理平台进行规划，平台共包含三级平台，即城市级、园区级和建筑楼宇级，分别如图 5～图 7 所示。

在城市级场景展示中，通过在 UE5 中对模型文件进行删减和合并处理，在启用 Nanite 技术支持后，大范围高密度核心城区的城市景观的实时渲染仍可保证在每秒 80 帧以上，同时在 Lumen 技术的支持下，整体光照渲染更接近真实效果，实现了高保真、高帧率实时渲染的目标要求。在可扩展性上，平台预留 CIM 接口，可与智慧城市管理系统进一步对接。

图 5　企业级管理界面

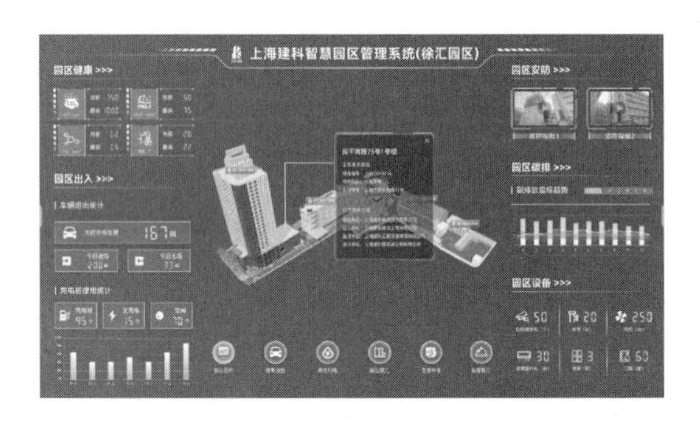

图 6　园区管理界面

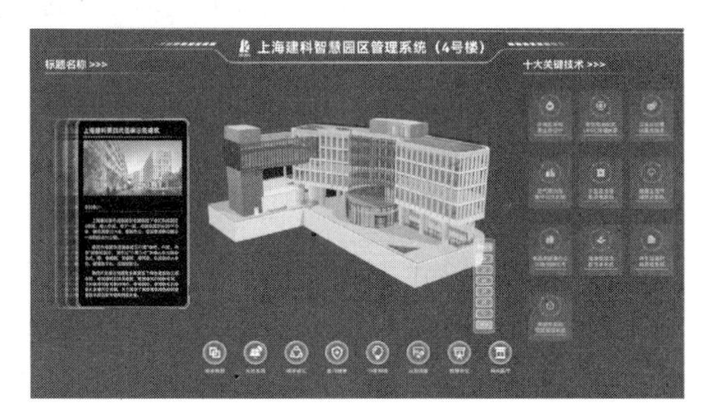

图 7　建筑楼宇级管理界面

以园区 4 号楼为例，其楼宇级平台共包含 8 个运维场景，将运维场景作为平台的子管理模块，对运维管理平台进行功能划分。目前建筑运维管理平台在该项目中实现了建筑整体的可视化，对环境健康、智慧餐厅等场景的管理等，如图 8～图 11 所示。在开发过程中，项目利用相关蓝图及蓝图库开发了对环境传感数据三维展示的粒子效果，针对碳排放情况的分区热力图显示功能，两者的功能实现效果仅与传入数据和相关点位的世界坐标相关联，因此能够满足其他楼宇和相关项目的类似开发需求，提高了复用性，整体的项目开发时间较以往缩短了 30%以上。

图 8　环境健康管理界面

图 9　智慧餐厅管理界面

图 10　物联感知管理界面

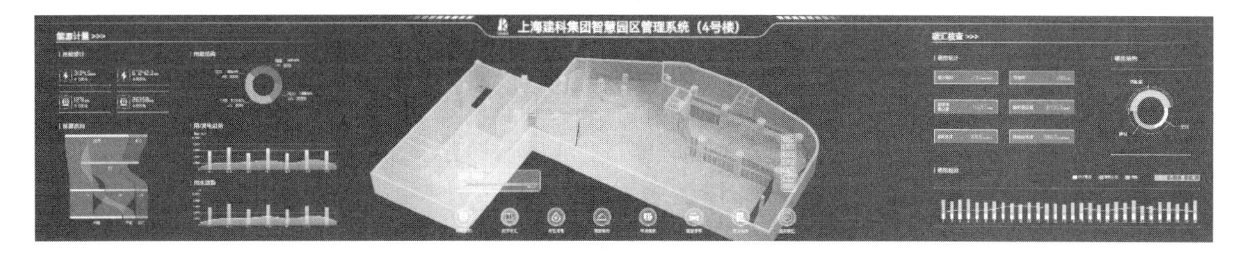

图 11　数字碳汇管理界面

4　结语

本文针对目前建筑运维管理系统在开发及应用中存在的三维渲染效果差、数据管理难、开发过程复杂等问题，基于虚幻引擎 5 提出了一种运维管理平台构建方法，实现了 BIM 几何数据的轻量化和大体量模型的高保真和高帧率实时渲染，通过对 BIM 非几何数据的分离管理和对场景交互功能的分解，利用蓝图及蓝图库进行业务逻辑开发，提高了开发效率，缩短了项目周期。最后通过实际项目验证了构建方法的有效性，可为相关项目实践提供参考。

参 考 文 献

[1] 方瑾，谢雄耀，董道国，徐金峰，沈驰远，姜毅．基于 UE4 及 BIM 数据的建筑模型自动建模系统研究[J]. 建筑施工，2022，44(4)：816-818.

[2] Gao X H，Pishdad-Bozorgi P. BIM-enabled facilities operation and maintenance：A review [J]. Advanced Engineering Informatics，2019，39：227-247.

[3] Cheng J C P，Chen W，Chen K，et al. Data-driven predictive maintenance planning framework for MEP components based on BIM and IoT using machine learning algorithms [J]. Automation in Construction，2020，112：103087.

[4] 王梦超．建筑运维管理系统中 BIM 技术应用综述[J]. 绿色环保建材，2020(5)：211-212.

[5] 余芳强，徐晓红，宋天任，等．文化场馆开馆后建设基于数字孪生的建筑智慧运维系统的应用实践[J]. 工业建筑，2023，53(2)：1-7.

[6] 吴楠．BIM 技术在公共建筑的运维管理应用研究[D]. 北京：北京建筑大学，2017.

[7] Yang Y L，Zhu J C，Zhang R，et al. Research on Replica Placement Strategy for New Building Intelligent Platform[C]//Journal of Physics：Conference Series. IOP Publishing，2021，1880(1)：012037.

[8] 朱阅晗，张海翔，马文娟．基于虚幻 4 引擎的三维游戏开发实践[J]. 艺术科技，2015，28(9)：2，5-6.

BIM 模板脚手架二次开发需求调研

诸　进，乔建博，许子豪，韩　冰，王玉倩，王宇彤

（中建一局集团建设发展有限公司，北京 100102）

【摘　要】 随着中国经济的发展和工程建设规模的不断扩大，模板脚手架技术的发展也得到快速提升。利用 BIM 技术进行模板脚手架深化设计可提质增效，现阶段市场上的 BIM 模板脚手架软件不能满足我司科创平台数模采集的需求及部分功能需求，因此我司将进行二次开发。本文进行了 BIM 技术在模板脚手架工程中的应用调研和功能测试，形成开发思路，具有借鉴意义。

【关键词】 BIM 技术；模板脚手架；二次开发；有限元分析；配料精细化

依据中国建筑一局（集团）有限公司数字建造"图模一致"关键技术研究，我司承担 BIM 建模技术研究的子课题二，其中模板脚手架作为最重要的非实体工程，整体技术路线如图 1 所示，由于现阶段市场上 BIM 模板脚手架软件不能满足科创平台数模采集的需求及部分功能需求，我司将进行二次开发智能化模板脚手架设计软件，依托盈建科 BIM 模板脚手架软件的三维有限元计算技术及核心算法，实现从 BIM 模型智能生成满足规范要求的架体，同时模架模型数据将流转至局集团科创平台，如图 2 所示，通过此平台实现多专业多系统的数字化协同管理。

1　二次开发背景及行业现状分析

目前我国建筑业数字化及信息化投入仅占总产值的 0.08%，距离发达国家 1% 的建筑信息化投入存在 10 倍的差距，在所有行业中排名倒数第一。

建筑业处于转型发展的转折期，建筑业"十四五"规划明确了转型发展的主要方向：新型建筑工业化及智能建造。BIM、数字化及智能化成为建筑业转型发展的核心，BIM 三维设计为工程项目、施工及工业化转型提供最基础的数据。而在模板脚手架工程中，BIM 技术也具备了广泛的应用前景。通过构建三维模型，BIM 技术能够帮助设计人员更好地进行模板脚手架的深化设计，并能够简化模架布置的设计流程。

同时，BIM 技术还能够为模板脚手架工程提供精细化的施工管理，从而避免工期拖延和缺陷，提高施工的安全性和质量。王艺[1]利用 BIM 软件结合模架规则，进行参数化的模架布置设计，确定详细的深化设计方案，进而对模板脚手架施工进行精细化管理，解决目前模架设计施工中的问题。郝会杰[2]对

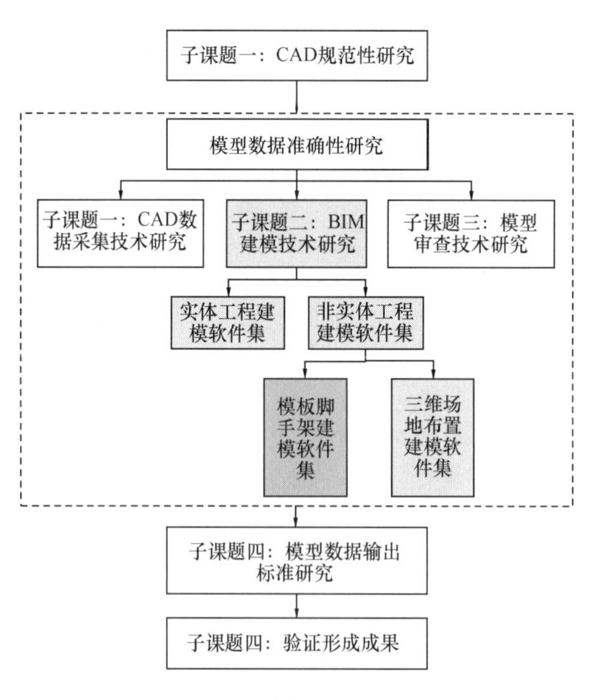

图 1　整体技术路线图

【基金项目】 中国建筑一局（集团）有限公司科技研发课题：数字建造"图模一致"关键技术研究（编号：PT-2022-02）

【作者简介】 诸进（1980—），男，总部 BIM 中心经理/高级工程师。主要研究方向为 BIM 技术研究及应用。E-mail：25482905@qq.com

【通讯作者】 乔建博（1993—），男，总部 BIM 中心业务主管/工程师。主要研究方向为 BIM 技术研究及应用。E-mail：760939711@qq.com

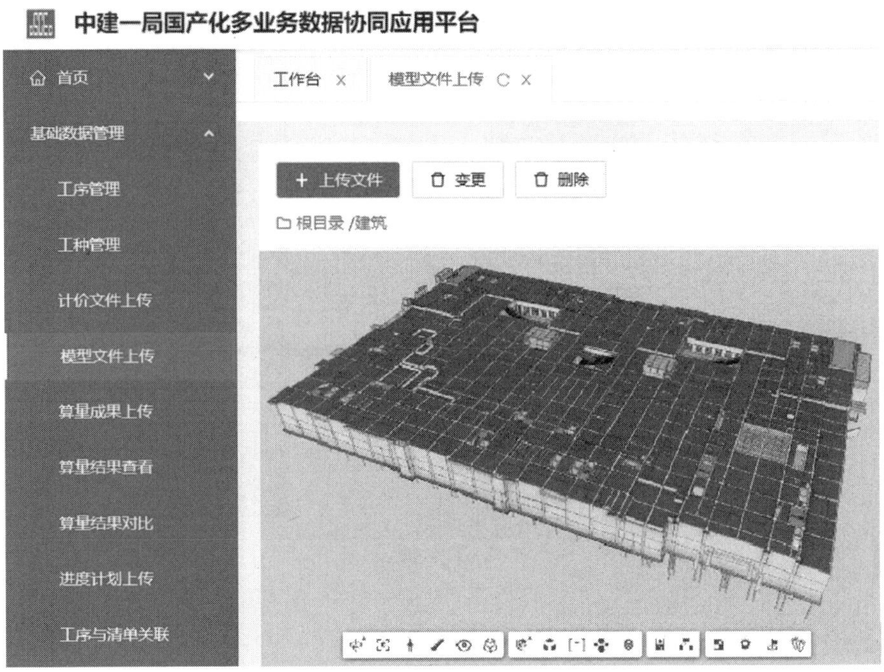

图2　科创平台

BIM技术在模板脚手架设计与施工中的应用进行分析，并对现场模架深化设计及管控难题进行研究。陈蕾[3]分析了BIM技术在模板工程施工源头减量化中的应用，对模架体系的材料周转效率进行研究。蒋养辉[4]对模架BIM技术助推安全精细化管理进行分析，并以优化模架设计及计算进行研究。史立宾[5]基于BIM技术的模架预埋碰撞优化技术研究，提前预警并进行设计优化处理。赵世和[6]基于BIM的超高、大跨、异形模架体系优化设计，解决超规范、特殊体型结构的非常规、超高大跨模架体系优化设计及施工安全管理问题。穆文奇[7]详细介绍了基于BIM技术模板脚手架工程精细化施工管理的实践与应用。杨正茂[8]、王艳[9]进行了模板脚手架工程施工精细化管理中BIM技术的应用分析。栾海涛[10]将精益建造结合BIM协同应用，从复杂钢筋优化设计、脚手架方案模拟计算及模板优化设计等角度出发，介绍BIM技术在精益建造中的应用价值。因此，模板脚手架工程的深化设计和管理具有较高的市场需求。

因此，我司针对市场上主流BIM模板脚手架软件进行应用调研和功能测试，同时调研了公司相关业务部门模架需求，形成二次开发思路，具有借鉴意义。

2　公司各业务部门调研

公司各相关业务部门调研如表1所示。

公司相关部门模架需求调研　　　　**表1**

调研部门	调研部门需求
技术中心	实现危大构件识别、高支模构件统计、立杆平面布置图、立杆立面图、立杆剖面图、后浇带细部布置图、计算书、料单提取等；辅助专家论证、方案交底
安全管理部	模架可视化交底、验收
质量管理部	配模图，保证模板拼接质量，降低模板损耗
经营管控中心	模架出量、提料

通过对公司模架相关业务部门进行调研，梳理出模架全生命周期全阶段主要功能需求，如图3所示。

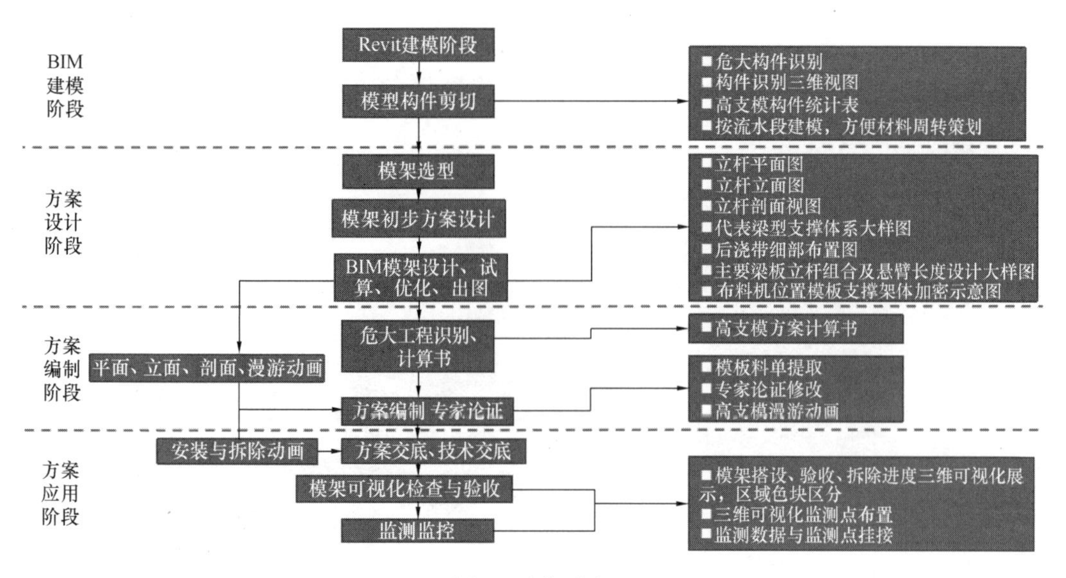

图3　功能需求

3　主流BIM模板脚手架软件调研及功能测试

3.1　软件调研及竞品分析

对上海红瓦信息科技有限公司、杭州品茗信息技术有限公司、广联达科技股份有限公司、鲁班软件股份有限公司、北京盈建科软件股份有限公司等多家模架产品进行了调研及测试，现针对市场热度较高的三家产品进行竞品分析，分析报告如表2所示。

软件竞品分析　　表2

对比项		盈建科BIM模板脚手架设计软件	广联达BIM模板脚手架设计软件	品茗BIM外脚手架丨BIM模板软件
软件业务范围	支持模架类型	外架：扣件式、盘扣式 模板支架：木模板，盘扣式、扣件式、轮扣式	外架：扣件式、盘扣式 模板支架：木模板，盘扣式、扣件式、轮扣式、碗扣式、套扣式	外架：扣件式、盘扣式 模板支架：木模板，全国：扣件、碗扣式、盘扣式；浙江：扣件式、插槽式；上海：扣件式
结构建模	平台依赖	不依赖其他平台	不依赖其他平台	依赖，支持CAD2008/2014/2018
	模型创建	模型导入、CAD识别、模型创建	模型导入、CAD识别、模型创建	二维环境，模型导入、CAD识别、模型创建
外架设计	剪刀撑布置/横向斜撑	20个设计参数	6个可编辑参数	3个可编辑参数
	连墙件布置	支持抱柱、穿墙、洞口及预埋连墙件4种形式参数化布置，约20个设计参数	支持预埋式连墙件，6个参数化设计	支持预埋式连墙件，2个参数化设计
	外架编辑	架体平面编辑：修改平面参数，移动架体杆件；架体配制：按材料规格对架体进行配制拆分；轮廓编辑：通过简单线操作修改轮廓	删除重新布置	删除重新布置，支持二维编辑调整
	手动布置	各个族支持手动布置	不支持	不支持

续表

对比项		盈建科BIM模板脚手架设计软件	广联达BIM模板脚手架设计软件	品茗BIM外脚手架+BIM模板软件
模板支架体系设计	危大识别	自动识别、结果可修改，计算准确	自动识别、结果可修改，	自动识别、结果可修改，梁跨度计算不准确
	墙柱自动布置	做法可调，参数化设计	做法可调，参数化设计，部分异形柱无法布置	做法可调，参数化设计
	梁板自动布置	做法可调，参数化设计，跨层可灵活设置，自动布置结果较好	做法可调，参数化设计，可自动跨层布置，自动布置结果过密，不支持盘扣式双槽钢托梁做法	做法可调，参数化设计，可自动跨层布置；模数架体调节跨层无法设置
	墙柱斜撑、抱柱拉结	支持墙柱斜撑、抱柱拉结参数布置	不支持	不支持
	架体编辑	支持，设计专门的二维编辑功能，同时支持三维编辑	不支持，布置后整层架体是一个块，无法单独编辑	支持，提供数十个架体编辑工具
安全计算	外架、模板支架	支持有限元计算，传统简化计算两种方式	规范未更新	主要依靠施工安全计算软件补充
施工图	外架、模板支架	可出平面、立面、剖面等图	可出平面、立面、剖面等图	可出平面、立面、剖面等图
材料统计	外架、模板支架	支持架体按规格配置，材料统计	支持材料统计	支持材料统计

3.2 软件功能测试

3.2.1 BIM模型获取

BIM模型获取功能支持手动建模、图纸翻模及各种BIM模型导入。

（1）图纸翻模：平台支持各专业图纸翻模，更智能快捷。

（2）手动建模：结合施工建模特点及结构设计软件建模。

（3）模型导入：支持多种模型格式导入。

3.2.2 外架设计

首先识别建筑轮廓，进行外脚手架初步设计。功能特点包括建筑轮廓识别及优化处理；跨层识别；错层、局部屋顶识别；分段设计，自动识别之后进行手动调整。

然后根据建筑外轮廓特点，进行外架参数化自动设计。可以进行参数化设计，能够结合用户场景分步骤、分类别有针对性地进行参数化调整。

3.2.3 模板支撑体系设计

针对柱/墙/梁/板结构特点，模板脚手架材料选型、施工要求，对结构模板支撑体系进行参数化布置。能够结合用户场景分步骤、分类有针对性地设计；立杆自动布置；支持跨层、错层、坡屋面等工况自动布置。

然后对自动布置的结果进行快速调整、修改。使用平面二维线编辑方案进行平面参数化编辑，单个区域编辑、多区域拉通相结合，简便高效。

也可通过族方式，支持对每个构配件进行手动布置调整。对每个构配件进行布置，实现准确设计。设置材料库作为默认族库进行构件定义、管理、选用，软件均内置了常见模架构配件及规格供使用。每个配件可以进行物理/几何特性设置、族参数化修改。

3.2.4 设计成果

BIM模板脚手架软件设计成果包括输出传统简化计算书、平面、立面、剖面专业内外架施工图、架体详细配置及材料统计等。

4 开发过程思路及创新技术应用

4.1 开发过程思路

软件二次开发过程及智能配置模板脚手架业务流程如图 4 所示。

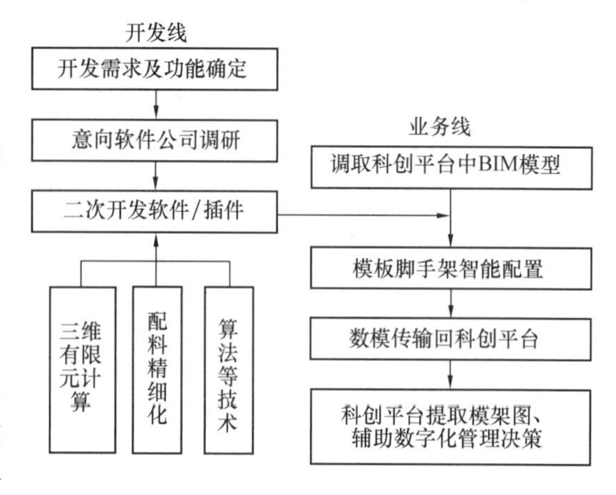

图 4 开发过程

4.2 创新技术应用

4.2.1 三维有限元计算

三维有限元计算技术准确计算每根杆件的荷载、内力及变形情况，具备计算模型约束条件准确、计算精度高、结果更符合结构受力情况的特点，是实现智能布置的最核心技术，如图 5 所示，解决了传统简化计算无法整体分析、计算不准确的现状。

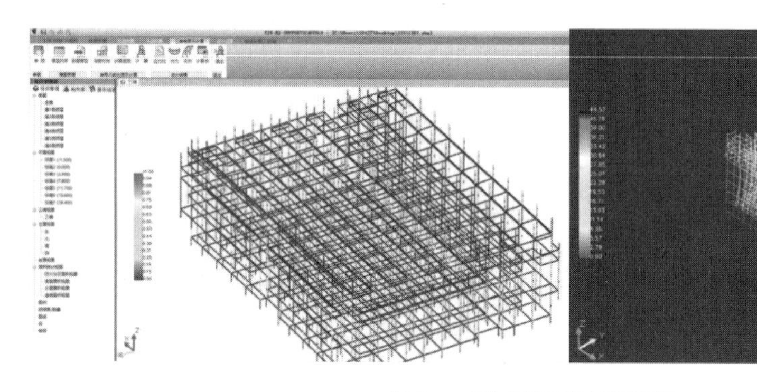

图 5 三维有限元计算案例

4.2.2 配料精细化生成材料用量

盈建科 BIM 模板脚手架软件支持配杆方案设计，以模架立杆规格配置为例，立杆所需长度由模型上下层构件净高减去模板厚度、主次楞厚度及底座、可调托撑可调长度，按规范要求自动计算立杆长度及配杆方案，配杆方案也可根据现场材料库存进行灵活调整，解决了传统配杆方案没有针对性、材料管理难度大、备料计划误差大的问题。软件材料统计表细度如图 6 所示。

用途	材料名称	规格	单位1	工程量1	单位2	工程量2
面板	覆面木胶合板18mm	15mm	平方米	339	立方米(m^3)	5
次楞	方木	40x70mm	米	1872	立方米(m^3)	5
主楞	单钢管	Φ48x3.0mm	米	1551	长度(m)	1551
紧固件	对拉螺栓M18	L-650	套	270	长度(m)	176
托撑	可调托撑	B-KTC-600	个	444	重量(kg)	2105
立杆	盘扣式立杆B型_Φ48.3x3.2mm	L-2100	根	437	长度(m)	918
		L-2600	根	7	长度(m)	18
水平杆	盘扣式水平杆B型_Φ48.3x2.5mm	L-1200	根	318	长度(m)	382
		L-300	根	193	长度(m)	58
		L-301	根	8	长度(m)	2
		L-600	根	460	长度(m)	276
		L-900	根	465	长度(m)	418
底座	可调底座	B-KDZ-600	个	444	重量(kg)	1727

图 6 软件材料统计表示例

5 二次开发过程中尚需解决的问题

BIM 模板脚手架模型及数据将流转至局集团科创平台，模板脚手架在科创平台中需要达到的深度为：数模联动、模型分区，模架工程量按施工区统计，按选中的实体工程构件统计，科创平台数据接口可接入 Revit 模型，目前市场以上海红瓦信息科技有限公司为代表的基于 Revit 软件的模板脚手架设计插件主要以效果展示为主，计算等方面尚存在一定的差距，而国产软件的难点在于打通与我司科创平台的数模传输问题。针对此难点，意向合作北京盈建科软件股份有限公司尝试BIM模板脚手架数据模型向Revit传递，由Revit中转后向科创平台传输，如图7所示，还有诸多细节无法交互，只是实现了效果展示，还需要研发人员持续突破技术瓶颈。

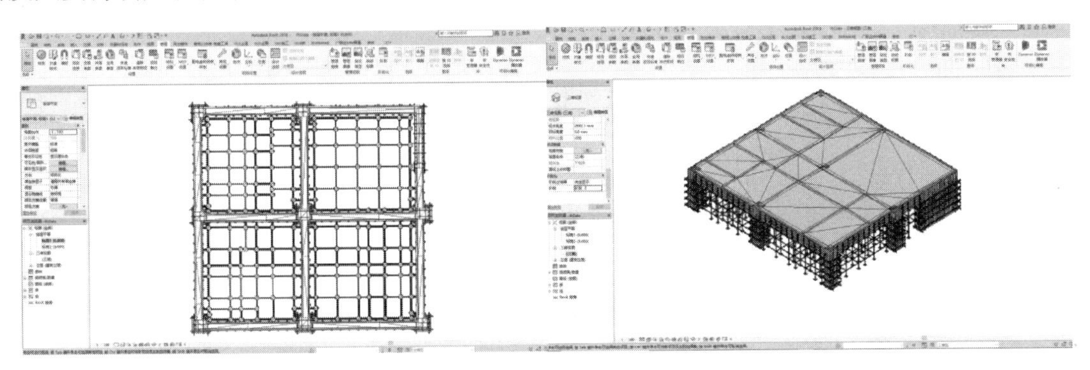

图7 国产软件导入Revit软件模架效果

6 总结

通过调研测试，总结出BIM模架深化设计需求及市场现有产品的竞品分析，我司将吸取各软件所长，在二次开发时进行功能优化，形成智能化插件，基于有限元计算和材料精细化生成算法，辅助前期决策、材料采购、成本把控等，自动为商务人员输出投标参考数据，为模架专项工程提供设计及施工管理的数字化解决方案。

参考文献

[1] 王艺．模板脚手架工程BIM技术应用[J]．建筑安全，2020，35(3)：10-14.

[2] 郝会杰，李刚，李春．BIM技术在模板脚手架设计与施工中的应用[J]．施工技术，2019，48(18)：64-66.

[3] 陈蕾，崔嵬，刘嘉茵，等．BIM技术在模板工程施工源头减量化中的应用[J]．建筑施工，2020，42(2)：264-266.

[4] 蒋养辉．模架BIM技术助推安全精细化管理[C]//中国图学学会建筑信息模型(BIM)专业委员会．第三届全国BIM学术会议论文集．中国建筑工业出版社，2017：8-12.

[5] 史立宾，薛庆，雷富匀，等．基于BIM技术的模架预埋碰撞优化技术研究[J]．施工技术(中英文)，2021，50(23)：139-141.

[6] 赵世和，崔璨．基于BIM的超高、大跨、异型模架体系优化设计[J]．科学技术创新，2019(25)：144-145.

[7] 穆文奇，徐炜，南芳兰，等．BIM技术在模板脚手架工程施工精细化管理中的应用研究[J]．施工技术，2017，46(6)：12-14.

[8] 杨正茂．模板脚手架工程施工精细化管理中BIM技术的应用分析[J]．城市建筑，2019，16(11)：147-148.

[9] 王艳．模板脚手架工程施工精细化管理中BIM技术的应用分析[J]．城市建设理论研究(电子版)，2018(10)：81.

[10] 栾海涛．BIM技术在高层建筑精益建造中的应用研究[J]．施工技术，2021，50(12)：14-16.

BIM技术在固定资产盘点中的应用研究

朱宝乐[1]，钟　炜[2]

（1. 天津理工大学管理学院，天津市 300384；
2. 天津理工大学管理学院，天津市 300384）

【摘　要】传统的固定资产盘点方法存在无法实时监控、数据准确性差、效率低等问题，而BIM技术可以提供数据管理和协作平台等功能，运用“BIM+CIM”技术可以促使传统的固定资产盘点进行流程再造，减少了传统固定资产盘点错误的同时也提高了固定资产盘点的效率。本文以应用BIM技术来提高盘点效率和准确性为目的，将固定资产盘点的流程作为研究对象，通过“BIM+CIM”技术工具，结合相关实际固定资产盘点案例，阐述了BIM技术对固定资产盘点流程再造的推动作用。

【关键词】BIM技术；固定资产盘点；盘点效率；数据管理

1　引言

近年来，随着建筑行业和科学技术的快速发展和不断进步，BIM技术已经成为资产管理领域的热点话题。而资产盘点作为资产管理过程中的核心环节，在过去往往面临耗时长、人力成本高和数据准确性差等一系列挑战。然而，随着BIM技术的广泛应用，资产盘点过程得以彻底改变，为资产管理带来了新的可能性。基于BIM技术的固定资产管理实现了在三维可视化条件下掌握和了解建筑物及建筑中相关人员、设备、结构、关键部位的相关信息，尤其是对于可视化的资产管理可以达到减少成本、提高管理效率、避免损失和资产流失的效果[1]。

2　传统的资产盘点

2.1　传统的资产盘点流程

传统的资产盘点检查过程主要分为4个方面，分别是资产的接受、转移和处置三个阶段加上定期的检查[2]。检查的内容为三个阶段和一段固定时间内固定资产的数量是否减少，状态是否异常，位置是否变动，价值是否变更，并核对是否存在异常。若存在有关异常。则需要填写《固定资产盘点报告表》，交由上级部门进行审核，审核结束之后提出相关的处理意见，然后追究相关人员的责任，将结果通知财务部和资产管理部门。财务部更新自己部门台账的同时并调整相关财务；资产管理部门也更新自己部门的台账并更新现有的固定资产资料卡片，然后交由主管部门领导核查。若没有异常，则整个资产盘点流程结束；出现异常则继续上述流程，若在三个阶段和一段时间的使用中没有出现任何异常，则结束盘点[3]。

2.2　传统的资产盘点存在的问题

结合传统的固定资产盘点流程，可以发现在传统的固定资产盘点过程中，涉及部门和相关人员数量较多并且各部门直接的交流和沟通相对比较复杂；在资产的盘点过程中所涉及的《固定资产盘点报告表》和资料卡片，容易在盘点人员交接过程中出现损失。

因此在传统的资产盘点过程中容易出现以下几类问题：（1）信息链条断裂，实物资产未通过标签进行标记的情况下，无法与账卡建立一对一的映射关系。（2）人工盘点核对效率低下。对于数以万计的固定资产卡片，在盘点过程中需要资产使用保管单位人工进行实物与账卡对应关系的核对匹配，盘点效率不高同时准确率低，浪费大量的时间[4]。

【作者简介】朱宝乐（1999—），男，硕士研究生。主要研究方向为建筑可视化。E-mail：zhubaole99@163.com

3 基于BIM技术的资产盘点

3.1 BIM技术在资产盘点中的应用过程

资产建模与属性录入：在资产盘点开始之前，首先需要进行资产的建模和属性录入。使用BIM软件可以将固定资产以三维模型的形式进行建模，并添加各种属性信息，如名称、位置、规格、数量等。这些属性信息将帮助资产管理人员准确地识别、记录和管理资产[5]。

资产可视化与定位：通过BIM技术，可以将建立的资产模型可视化，使得资产盘点过程更加直观和实时。借助BIM软件的功能，盘点人员可以在模型中轻松地定位和标识资产，准确记录资产的位置和状态。

资产变更管理与维护：BIM技术使资产的变更管理和维护变得更加方便和可追踪。当资产发生变动时，如更换、维修或报废，可以通过更新BIM模型和相应的属性信息来进行记录和管理。资产的变更历史和维护记录都能够得到全面和可追溯的管理[6]。

3.2 结合BIM技术的资产盘点流程

为解决上述传统的资产盘点过程中出现的问题，我们可以借助BIM技术来优化固定资产的盘点流程，如图1所示，传统的资产盘点方法主要依赖于手工记录和二维图纸进行资产清点和数据管理，这种方法往往需要投入大量的人力和时间，容易出现数据错误和遗漏。相比之下，BIM技术以其高效、精准和综合的特点，为资产盘点提供了全新的解决方案。BIM技术利用三维建模技术可以实现资产的精确建模，包括形状、尺寸、位置等信息，使得资产的盘点和定位更加直观和准确[7]。

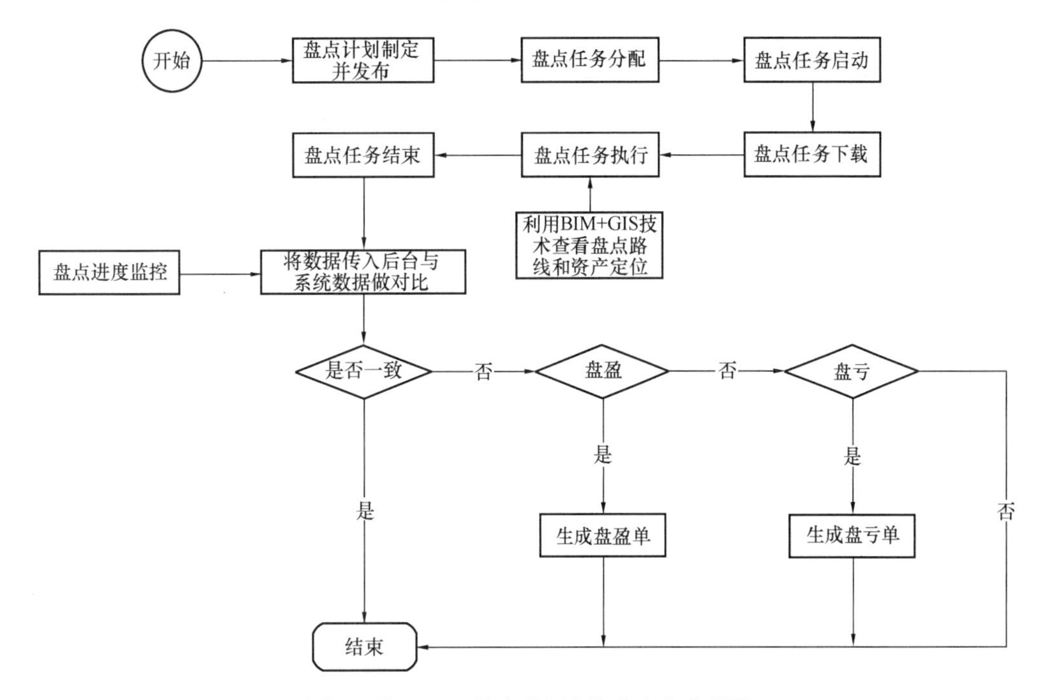

图1 基于BIM技术的固定资产盘点流程图

4 案例分析

本文以天津市滨海新区生态城国有资产管理公司（以下简称国资公司）固定资产盘点过程为例，简述了应用BIM技术在固定资产盘点过程中实现项目的高效率、高准确率，将理论融入实践。

4.1 资产管理系统平台的开发

4.1.1 系统物理架构

在国资公司固定资产管理系统的物理架构中，主要参照国资公司的网络资源环境，以及系统的功能模型架构、内部软件服务等，对系统的物理结构进行服务资源的部署，在系统内部，则通过数据库主机、应用服务主机及软件应用的其他配套资源，例如网络资源及设备等，为系统的运行提供资源保障和网络支撑服务，如图2所示[8]。

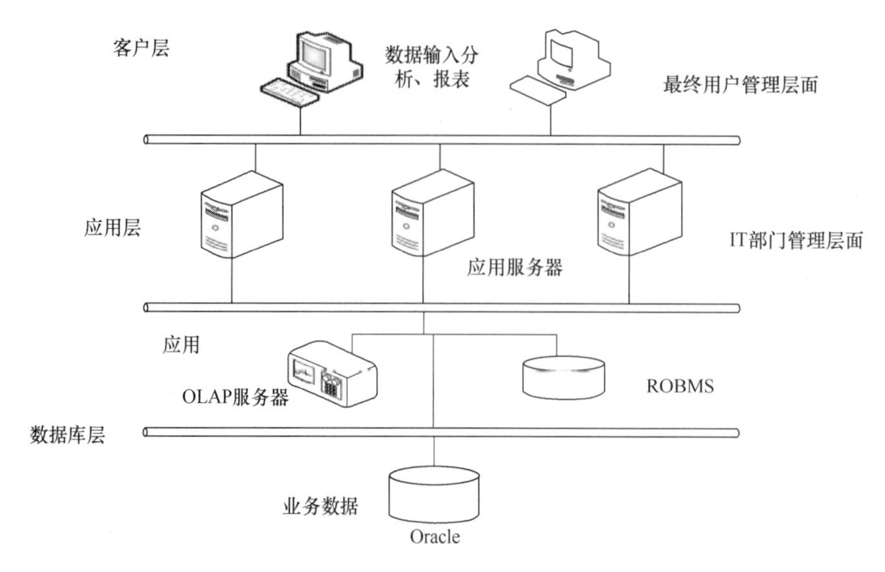

图2 系统物理架构

4.1.2 系统总体架构

在系统的功能设计中，首先需从总体架构角度、固定资产运维管理的效率优化角度，按照国资公司固定资产管理信息化需求，对固定资产管理系统内部的功能模块进行模型架构的分析与设计。

通过功能模型架构的设计，主要实现对系统内部功能模块的层次划分，目标是通过功能组件及服务接口的归类和分析，降低系统内部功能模块之间的服务及功能耦合性[9]，提高系统在后续应用中的可维护性。因此，基于上述设计思路，按照固定资产管理系统的需求分析，对其进行功能模型架构的分析与设计，如图3所示。

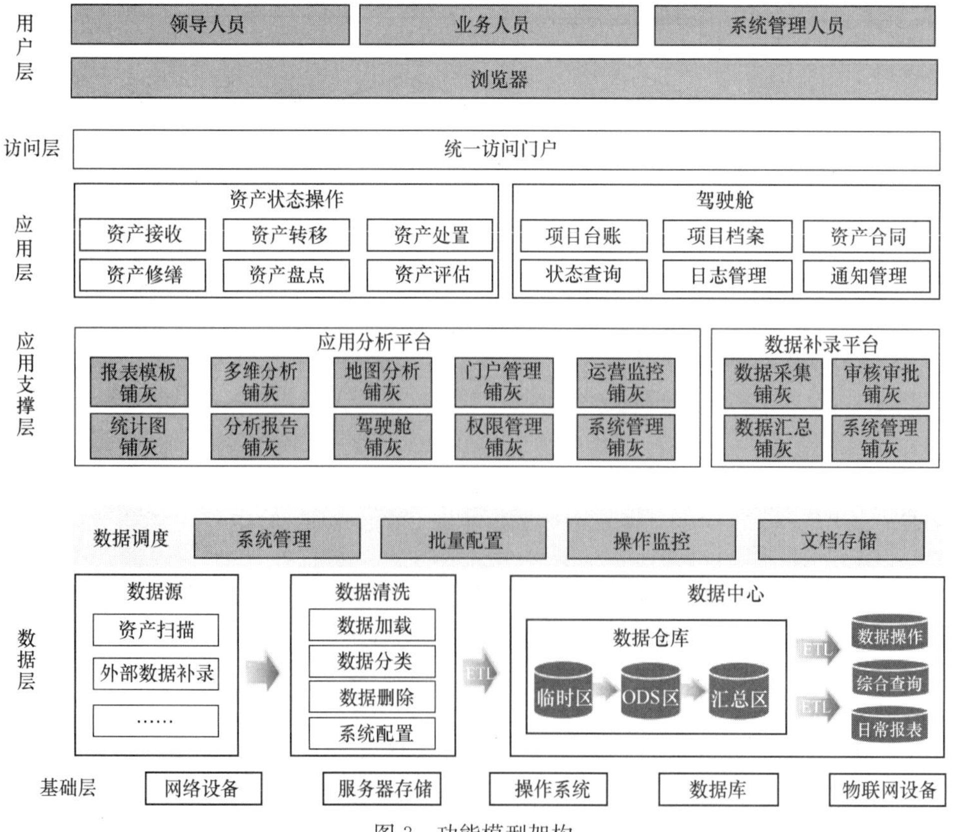

图3 功能模型架构

4.1.3　功能模块设计

在固定资产管理系统的功能模块结构中，参照业务型软件的内部模块划分原则，对平台的结构进行分析，并按照固定资产管理的终端业务需求、内部员工的管理操作习惯，以及业务数据的结构建模分析等，对系统进行功能模块划分[10]。

（1）系统管理模块：包含部门管理、用户权限管理、数据备份与恢复、数据导入导出、标签打印等内置功能子模块，对系统的自身运行及服务策略配置进行在线维护。

（2）基础资料管理模块：针对国资公司固定资产管理业务中的相关基础数据，包括资产类型、购置方式、存放位置、产权单位、资产用户和资产状态管理等内置子模块。

（3）资产管理：基于资产管理的模式，实现对固定资产的业务流程进行覆盖，分为资产的标签管理、出入库、借用、转移、信息维护及退出管理等内置子模块。

（4）盘点管理：针对固定资产的定期和不定期盘点业务提供针对性的服务。

4.2　BIM 技术在资产盘点中的实际应用

在资产的盘点过程中应用了 BIM 技术来辅助盘点路线的规划，如图 4 所示，BIM 技术可以将建筑物信息的三维建模准确地呈现出来，使得盘点人员可以通过虚拟模型对建筑物进行更全面的视角分析，对每个建筑物进行逐一盘点，更加准确和全面。还可以将建筑物信息、设备信息等多种信息整合到一个平台中，能够方便资产盘点人员实时分享和获取完整的资产信息，从而加快资产盘点的速度和准确性，还可以记录建筑物信息的历史记录，记录维护和保养情况，快速获取现有设备的使用情况，能够方便资产盘点人员就终端设备在保养维护方面进行实时评估，从而及时应对设备故障和维修问题。

同时通过技术手段对终端设备进行智能识别，根据指定行业的盘点规则和标准记录资产数据，能够减少人工操作的疏漏和错误。BIM 技术对建筑设备以及建筑信息的历史记录可供资产盘点人员查阅，对设备使用周期的评估、维保等情况有所了解，有助于保障设备的使用寿命及辅助决策制定。

CIM查看资产盘点路线

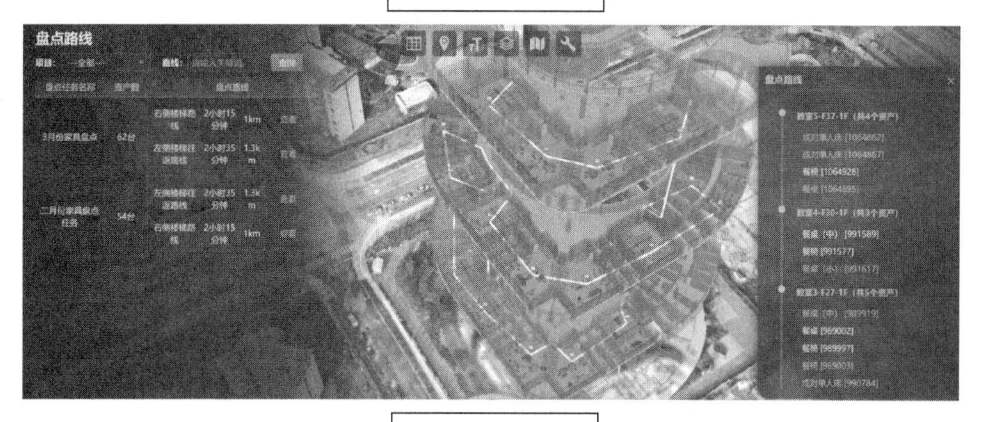

CIM查看盘资产定位线

图 4　CIM 技术与 BIM 技术在资产管理平台的应用

5 总结

BIM技术在资产盘点中的应用过程涵盖了资产建模、属性录入、可视化与定位、数据采集与更新、变更管理与维护以及数据分析与决策支持等关键步骤。这些步骤通过使用BIM软件和相关工具，能够提高资产盘点的效率、准确性和可追溯性，为资产管理带来全新的技术手段和解决方案。

BIM技术在资产盘点的路线中可以大大减轻人工盘点方面的负担，提高盘点的准确性和效率，节约了盘点时间。通过数字化设计与管理的形式，可以帮助更全面、高效地执行资产盘点工作，为企业提供更加及时、准确的资产盘点数据支撑。

此外，BIM技术还提供了强大的数据库管理功能，可以对资产属性信息进行录入、变更管理和维护，使得盘点数据的准确性得到保证。而且，BIM技术还可以作为一个协作平台，实现团队成员之间的实时数据共享和协作，促进信息的流通和处理，从而提高盘点效率和减少错误。

参 考 文 献

[1] 段喆，钟炜，谢强．数字化技术在建筑设备资产管理中的实现路径研究[J]．智能建筑与智慧城市，2022(5)：6-8.

[2] 王芳芳．优化企业固定资产管理与控制的措施[J]．投资与创业，2022(13)：144-146.

[3] 许怡蕾．BIM和GIS技术融合在智慧城市建设中的应用[J]．智能城市，2020，6(13)：16-17.

[4] 李智，姜磊，仲跻冲，樊迪，张坤银．高速公路资产动态管理中BIM+GIS技术应用探讨[J]．中国交通信息化，2021(2)：46-48.

[5] 柳雯靓．固定资产管理系统的设计与实现[D]．成都：电子科技大学，2021.

[6] 王旭，段喆，钟炜．基于GIS+BIM的公共建筑资产数字化管理平台建设与应用[J]．项目管理技术，2022，20(9)：73-76.

[7] 和瑞峰．基于BIM的运维阶段建筑设备资产管理实现路径研究[D]．天津：天津理工大学，2017.

[8] 袁维华，熊自明，褚靖豫，卢浩．基于BIM的南京地铁运营资产管理信息系统[J]．现代隧道技术，2019(2)：30-39.

[9] 祝锐，张新颖．基于BIM+GIS的高速公路资产数字化管理平台应用与研究[J]．江苏科技信息，2021，38(32)：54-57.

[10] 周兆银，谢春宁，廖小烽，黄林青，秦凌凌，徐永旭．基于BIM技术的智慧小区运维平台构建[J]．建筑经济，2018(6)：88-91.

Revit角度可任意调节族实践及成果固化

张梦林[1]，卢　亮[1]，郑天翔[2]

（1. 正太集团有限公司，江苏 泰州 225300；2. 中城建第十三工程局有限公司，江苏 泰州 225300）

【摘　要】运用TRIZ理论对Revit角度可任意调节族实践及成果固化进行研究，通过枚举法实践论证“在族编辑器中修改方向”“修改族放置方式”和“修改族类别”三种实现“Revit角度可任意调节族”的解决方案，对比分析出最优解决方案。基于Visual Studio 2019，使用C#语言对Revit 2024软件平台进行二次开发，实现“Revit角度可任意调节族”最优解决方案的成果固化。

【关键词】BIM；Revit；二次开发；任意方向

1　引言

Revit作为目前使用量领先的BIM建模软件，得益于其所具备的“族”功能，使得该软件拥有更强的建模适用性。行业内通常将使用Revit软件建模比作使用“积木”去搭建“房屋”，“通用积木”有“墙、屋顶、楼板、风管、管道”等。但因工作中的特性需求，有时又要使用“非通用积木”，即“可载入族”。此时便借助族编辑器功能来实现对“非通用积木”的创建，以此满足特性需求。受限于Revit软件功能的局限性，对于角度可任意调节的“非通用积木”构件，即角度可任意调节的Revit“可载入族”，并不能完全自主地进行族的创建和使用。例如，边坡支护所使用的带有角度的“土钉”、钢管脚手架中的“剪刀撑”等。虽然从需求实现的角度上考量，可以通过多种方式去解决。但如何在满足日常工作需求的基础上，使“Revit角度可任意调节族”操作简单、复用便利，且可基于Visual Studio 2019，使用C#语言进行成果固化，仍需进一步分析，以期提高相关工作人员的效率。

2　问题分析

为对Revit角度可任意调节族进行研究，特采用“创新问题解决理论”，即“TRIZ理论”。TRIZ理论由解决技术问题和实现创新开发的各种方法工具和算法组成，主要用于解决技术领域中的创新问题。基于TRIZ理论，将研究分为两个阶段进行。

第一阶段以文献法、案例调查法和访谈法等方式，筛选角度可任意调节的Revit“族”解决方案，而后通过“枚举法”实测判别最优解决方案。通过前述方法，初步确定潜在的Revit角度可任意调节族的解决方案有如下三种：

（1）在族编辑器中修改方向。依据使用需求，在族编辑器中将族中图元旋转至特定角度，再载入项目文件中进行使用，从而达到角度可任意调节效果。

（2）修改族放置方式。将族文件中的“基于工作平面”参数勾选，再载入项目文件中，依托“面”或“工作平面”进行放置。以“面”或“工作平面”间接促使族可以被放置于特定角度，从而达到角度可任意调节效果。

（3）修改族类别。通过更改族文件的族类别为特定族类别，再载入项目文件中进行使用，便可直接在项目文件中将族旋转至特定角度，从而达到角度可任意调节效果。

【基金项目】2022年泰州市科技支撑计划社会发展（指导性）项目，2023年泰州市科协软课题研究立项项目（tzkxrkt202306）

【作者简介】张梦林（1995—），男，BIM研究所所长/工程师。主要研究方向为BIM技术在建设工程全生命期的应用及相关软件研发。E-mail：a36345@qq.com

第二阶段主要为使用 C # 语言基于 Revit 软件进行二次开发，复现第一阶段筛选出的最优解决方案，实现最优解决方案的成果固化。结合当前 Revit 软件版本更新情况，选用 Revit 2024 和 Visual Studio 2019 进行最优解决方案复现。

3　实践情况

3.1　在族编辑器中修改方向

为使"在族编辑器中修改方向"方案的实践结果具有代表性和可复现性，采用软件默认路径"C：\ ProgramData \ Autodesk \ RVT 2024 \ Libraries \ Chinese \ 建筑 \ 家具 \ 3D \ 柜子"下的"装饰柜 . rfa""C：\ ProgramData \ Autodesk \ RVT 2024 \ Libraries \ Chinese \ MEP \ 供配电 \ 终端 \ 开关"下的"单联开关-明装 . rfa"和"C：\ ProgramData \ Autodesk \ RVT 2024 \ Libraries \ Chinese \ 建筑 \ 体量"下的"建筑 . rfa"族文件，如图 1～图 3 所示。

图 1　装饰柜

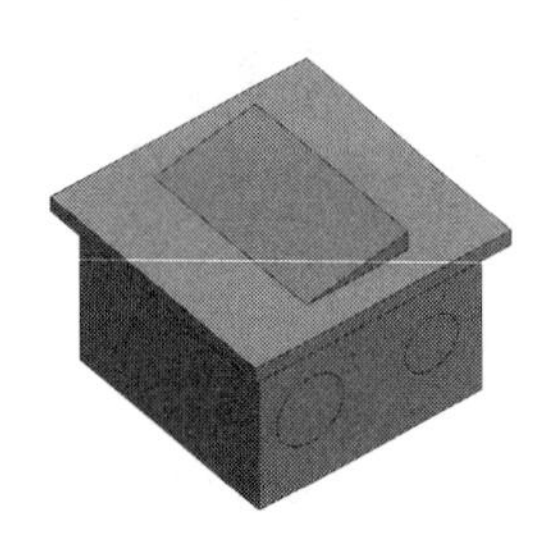

图 2　单联开关—明装

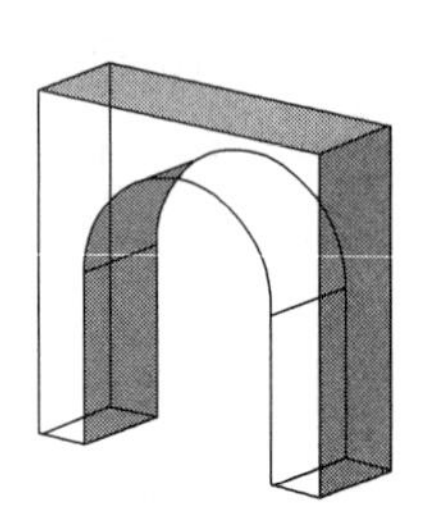

图 3　建筑

依据 Revit 软件"旋转"命令的使用规则，论证步骤设置为先在三维视图中选中全部需要旋转的图元，然后在任一立面使用"旋转"命令，并尝试逆时针旋转 45°，以便控制变量。"装饰柜 . rfa""单联开关—明装 . rfa"和"建筑 . rfa"族文件所具备的特征和实践结果如表 1 所示。其中"装饰柜 . rfa""单联开关—明装 . rfa"和"建筑 . rfa"的族类别分别为"家具、灯具和体量"；"单联开关—明装 . rfa"使用时需存在"面"或"工作平面"，才可以被放置于项目中，"装饰柜 . rfa"和"建筑 . rfa"的放置均无此限制；"装饰柜 . rfa"无尺寸参数约束，"单联开关—明装 . rfa"和"建筑 . rfa"均受尺寸参数约束。经过实践确认，在存在尺寸参数约束时，不可在族编辑器中直接修改方向。

在族编辑器中修改方向结果比较　　表 1

序号	族名称	族类别	基于面	尺寸参数	是否可调
1	装饰柜	家具	×	×	√
2	单联开关—明装	灯具	√	√	×
3	建筑	体量	×	√	×

3.2　修改族放置方式

依据"修改族放置方式"方案，对"装饰柜 . rfa""单联开关—明装 . rfa"和"建筑 . rfa"族文件统一定义为"基于工作平面"。应注意"总是垂直"参数需取消默认勾选状态，否则族放置于面上后并不垂直于面，如图 4 所示。正常状态如图 5～图 7 所示。如需修改角度，调节"面"或"工作平面"角度即可。经过实践确认，基于"面"或"工作平面"可实现可载入族在各类角度的自由放置。

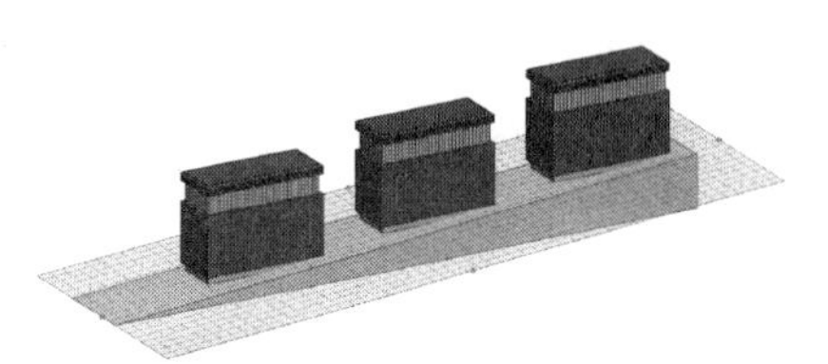

图 4　基于面的装饰柜总是垂直状态

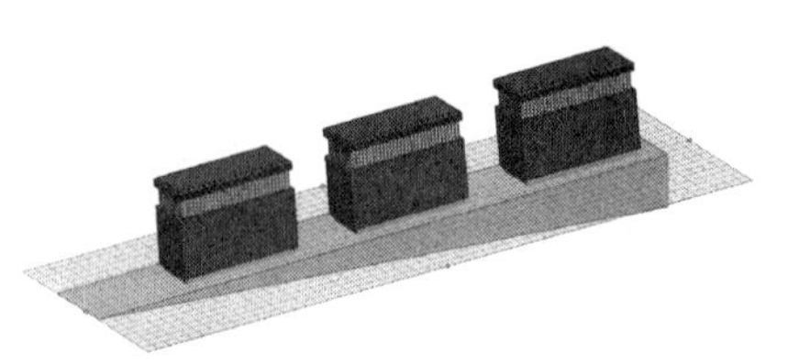

图 5　基于面的装饰柜

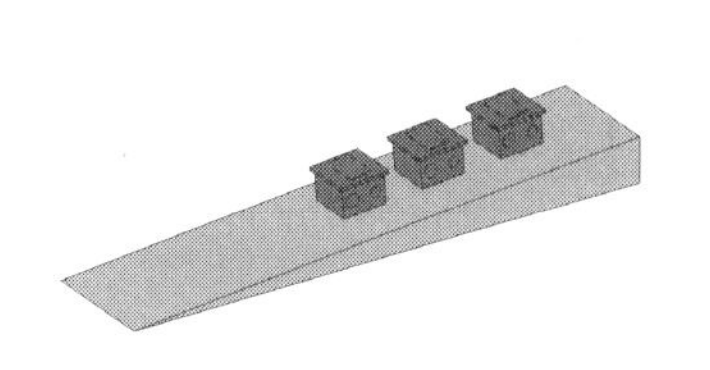

图6　基于面的单联开关—明装

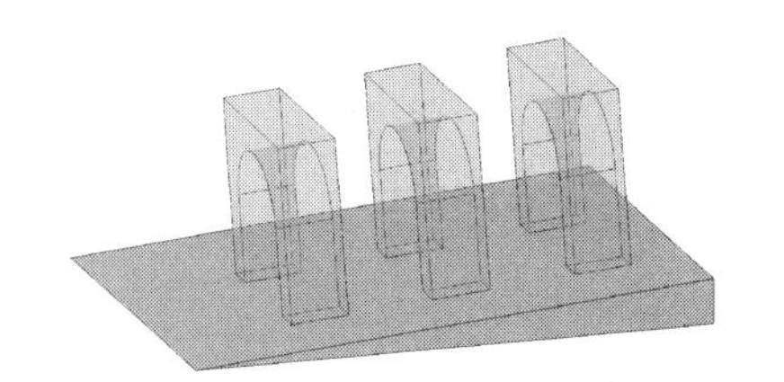

图7　基于面的建筑

3.3　修改族类别

经过逐一实践“修改族类别”方案，确认族类别定义为“喷头、机械设备、电缆桥架配件、管件、管道设备、管道附件、线管配件、风口、风管管件和风管附件”10个类别后，再载入项目文件中进行使用，便可直接在项目文件中将族旋转至特定角度，从而达到角度可任意调节效果。应注意“基于工作平面”参数需保持取消勾选状态，“总是垂直”参数需保持勾选状态，否则将无法调节。族文件所属族类别角度是否可任意调节情况，如表2所示。

族文件所属族类别角度是否可任意调节一览表　　**表2**

序号	族类别	是否可调	序号	族类别	是否可调	序号	族类别	是否可调
1	MEP辅助框架	×	22	机械设备	√	43	窗	×
2	MEP预制风管系统加强筋	×	23	柱	×	44	管件	√
3	专用设备	×	24	标识	×	45	管道设备	√
4	临时结构	×	25	栏杆扶手—支座—终端	×	46	管道附件	√
5	伸缩接头	×	26	桥台—桥台基础—桥台墙—桥台桩—桥头搭板	×	47	线管配件	√
6	停车场	×	27	桥墩—墩帽—桥墩基础—桥墩塔—桥墩墙—桥墩柱—桥墩桩	×	48	结构加强筋	×
7	医疗设备	×	28	桥架—交差支撑—大梁—拱—桁架—隔膜	×	49	结构基础	×
8	升降符号	×	29	桥梁缆索	×	50	结构柱	×
9	卫浴装置	×	30	桥面	×	51	结构框架	×
10	喷头	√	31	植物	×	52	结构腱	×
11	场地	×	32	橱柜	×	53	结构连接	×
12	垂直循环	×	33	消防	×	54	视听设备	×
13	安全设备	×	34	火警设备	×	55	通信设备	×
14	家具	×	35	灯具	×	56	道路	×
15	家具系统	×	36	照明设备	×	57	门	×
16	常规模型	×	37	环境	×	58	风口	√
17	护理呼叫设备	×	38	电气装置	×	59	风管管件	√
18	振动管理—振动阻尼器—隔振器	×	39	电气设备	×	60	风管附件	√
19	支座	×	40	电缆桥架配件	√	61	餐饮服务设备	×
20	数据设备	×	41	电话设备	×	62	体量	×
21	机械控制设备	×	42	硬结构	×			

3.4　实践结论

通过实践，得出如下结论：

（1）“在族编辑器中修改方向”方案仅便于无尺寸参数约束的族，只能部分满足预期，无法适应日常工作需求。

（2）“修改族放置方式”方案虽然不受尺寸参数约束限制，但是需先创建“面”或“工作平面”，并将族放置于相应“面”或“工作平面”上。虽满足原定预期，但操作不便。

（3）“修改族类别”方案完全满足原定预期，无尺寸参数约束的限制和放置于“面”或“工作平面”的前置条件，操作简单，属于此三项解决方案中的最优解决方案。

4 成果固化

4.1 提取Document

使用IExternalCommand接口来实现对Revit外部命令的添加，并通过commandData逐步取到documcnt。关键代码如下所示：

```
UIApplication uIApplication = commandData. Application;
Application application = uIApplication. Application;
UIDocument uIDocument = uIApplication. ActiveUIDocument;
Document document = uIDocument. Document;
```

4.2 获取族文档信息

使用UIDocument的Selection属性，逐步取到族实例instance。关键代码如下所示：

```
Selection selection = uIDocument. Selection;
Reference reference = selection. PickObject(ObjectType. Element, "请选择需要强制旋转的一个族实例");
FamilyInstance instance =document. GetElement(reference) as FamilyInstance;
```

通过族实例instance获取族文档信息。关键代码如下所示：

```
Document familyDoc =document. EditFamily(instance. Symbol. Family);
```

4.3 修改族类别

新建事务将族类别修改为“风管附件”，其所对应的BuiltInCategory值为“OST _ DuctAccessory”，其他族类别的BuiltInCategory值可查阅Revit 2024 API。关键代码如下所示：

```
using (Transaction subtransaction = new Transaction(familyDoc, “修改族类别”))
{
subtransaction. Start();
Category newCategory = document. Settings. Categories. get _ Item(BuiltInCategory. OST _ DuctAccessory);
familyDoc. OwnerFamily. FamilyCategory = newCategory;
subtransaction. Commit();
}
```

4.4 加载族文件

使用IFamilyLoadOptions接口加载族文件到当前项目文件中，即实现角度可任意调节需求。至此，基于Visual Studio 2019，使用C#语言对Revit 2024软件平台进行二次开发成果固化工作完成，使用“Add-In Manager 2024”即可随时调用，实现最优解决方案工作步骤的一键执行。关键代码如下所示：

```
Family familyLoad =familyDoc. LoadFamily(document, new FamilyLoadOptions());
public class FamilyLoadOptions : IFamilyLoadOptions
{
bool IFamilyLoadOptions. OnFamilyFound(bool familyInUse, out bool overwriteParameterValues)
{
overwriteParameterValues = true;
return true;
}
bool IFamilyLoadOptions. OnSharedFamilyFound(Family sharedFamily, bool familyInUse, out FamilySource
```

```
source, out bool overwriteParameterValues)
    {
    throw new NotImplementedException();
    }
    }
```

5 结语

运用 TRIZ 理论对 Revit 角度可任意调节族实践及成果固化的研究起到极大的帮助，明确“修改族类别”为实现“Revit 角度可任意调节族”的最优解决方案，研究出使用 C# 语言进行最优解决方案成果固化的具体内容，可直接提高相关工作人员的效率。此研究模式可结合日常工作中的各类需求场景进行套用，从而不断地使用创新方法解决创新难题，起到优化原有工作模式和工作思路的作用。

参考文献

[1] 卢石碧，李健梅，李雪松，等．Autodesk Revit 二次开发基础教程[M]．上海：同济大学出版社，2015.

[2] 陈翔宇．施工企业 Revit 族库管理系统的研究与应用[J]．中阿科技论坛，2022(3)：108-111.

[3] 张梦林，田野，彭思远，等．正太集团企业级 BIM 族库建设研究[C]．第六届全国 BIM 学术会议论文集．北京．中国建筑工业出版社，2020：93-96.

[4] 李鑫，蒋绮琛，于鑫，等．基于企业架构的 BIM 族库管理系统研究与实践[J]．土木建筑工程信息技术，2020，12(1)：54-59.

石景山鲁谷项目基于智能建造技术的施工全过程应用探究

翟　硕[1]，陈岩岩[1]，刘明展[1]，祝　敏[1]，赵宇鹏[2]，赵浩楠[2]

（1. 中建三局集团有限公司，湖北 武汉 430000；2. 北京优比智成建筑科技有限公司，北京 100020）

【摘　要】 在当今建筑行业中，BIM 技术已经成为一个重要的工具，越来越广泛地应用到各类项目中。其中，商业综合体作为一个包含多种用途和功能的综合性建筑，具有复杂的结构和设计要求。在其背景下，BIM 技术的应用为商业综合体的设计、建造和管理提供了许多优势，在建造过程中，BIM 技术已经在各专业综合协调、深化设计、方案论证等方面应用得非常成熟。本文以石景山鲁谷项目作为研究对象，探讨了 BIM 技术在商业综合体中的综合应用。

【关键词】 智能建造技术；商业综合体；综合应用

1　项目概述

1.1　项目简介

石景山鲁谷项目位于石景山区鲁谷路南侧，总建筑面积 141683m²，本工程是规划打造的“首都休闲中心区”之一，同时也是高端办公园区与商业融合的全新形式。项目的发展定位是把石景山区建设成一个以休闲、创意为发展主旋律，集会展、购物和商务办公等功能于一体的首都休闲娱乐中心区。

1.2　项目重难点

在施工策划阶段中，梳理了以下重难点，并制定对应的 BIM 解决方案：

（1）专业分包众多，总承包管理、服务、协调、配合工作要求高。采用 BIM 技术进行各专业的综合协调工作，通过 BIM 模型把控各分包专业的进度、质量、安全等问题。在 BIM 实施过程中，综合各分包专业的 BIM 模型，通过碰撞检查，提前发现各专业间存在的问题，并组织协调例会，对发现的问题进行分析，提前解决问题。

（2）工程涉及重点方案较多，如何保障施工方案顺利实施是项目重难点。采用 BIM 技术对各方案涉及的 BIM 施工方案模型进行等比例建模，并依据施工方案进行三维可视化模型，辅助专家论证。在方案确定后，进行三维可视化模拟，并为现场施工人员交底，确保方案顺利实施[1]。

（3）现场可用场地狭小，无法形成环形道路，平面布置和交通组织难度高。项目采用 BIM 技术提前对施工现场的不同阶段场地布置进行等比例建模，实时反映现场实际情况，并通过 BIM 可视化技术，对现场各阶段的交通流线组织、工序交叉作业等进行模拟，提前优化施工组织及现场进度计划安排。

2　BIM 实施策划

2.1　人员组织架构

项目根据不同阶段的 BIM 应用内容，以及对应的重难点确定项目整体的 BIM 应用组织架构、人员分工职责（图 1）以及相关的软硬件。为实现项目的精细化以及信息化管理，应用 BIM 技术为项目的进度、质量、成本等内容提供了准确信息，辅助项目综合管理。

【作者简介】 翟硕（1989—），男，工程师。主要研究方向为智能建造技术在施工过程中的应用与研究。E-mail：1143211753@qq.com

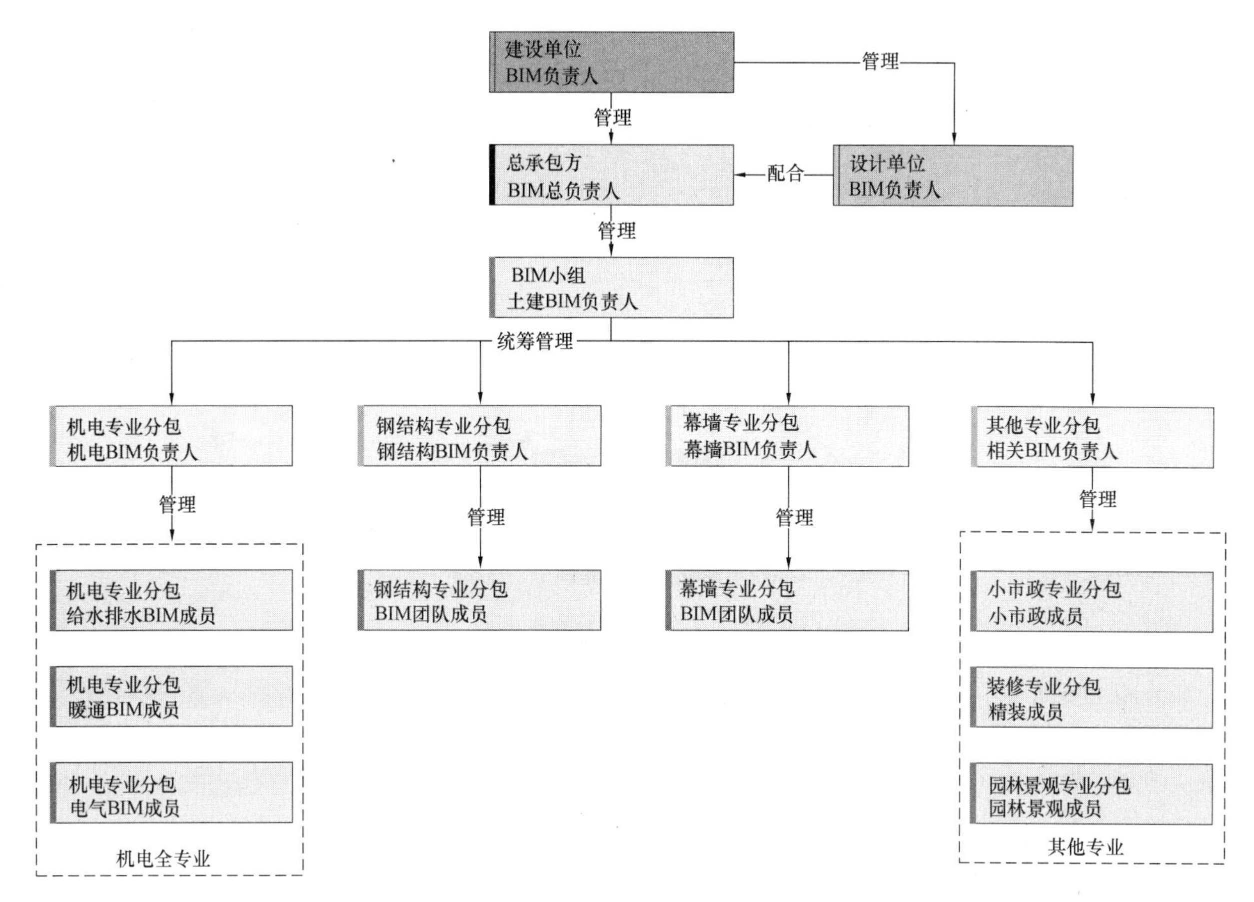

图1　人员组织架构

2.2　软硬件情况

本项目的BIM软件以Autodesk Revit 2020作为主要的BIM建模软件平台，以Autodesk Navisworks 2020及优比BIM协同平台作为轻量化模型整合、查看浏览的平台，以Lumion、Ensacpe等可视化软件进行漫游、方案模拟等视频制作。

3　BIM集成应用内容

3.1　基于BIM技术的施工场地部署策划

由于本项目的场地区域较小，对于场地部署的方案相对重要，较传统的方式而言，需要依据CAD图纸进行策划，不断地组织相应的会议进行探讨，且表达效果上不够直观，很难发现部署方案的合理性，因此基于BIM可视化的优势，能够利用模型与可视化软件的结合方式，实时调整，更新模型，查看不同的方案展示效果，加快对场地部署方案的确定[2]。

项目整体实施方案流程如下：

（1）根据现场实际情况以及对应的施工场地布置图，对场地布置模型进行搭建，合理分析，建立细部钢筋加工厂的细部以及马道等标准化的族文件，便于场地部署方案的确定。过程中，利用BIM模型绘制市政道路，运行碰撞检测，通过三维模型能够准确定位锚杆与市政的位置关系，提前发现并制定对应的解决方案。此外，由于基坑定位偏移，实际偏移详细数据实测难度大，采用三维激光扫描基坑，形成基坑模型，与BIM模型拟合，分析结构外墙与护坡桩和腰梁空间关系，提前为外架搭设方案编制提供更详细的空间数据，辅助施工策划[3]。

（2）利用BIM模型的可出图性，提前制定对应的出图样式，直接输出场地部署图，有效解决了场地布置模型与CAD交互的问题，提高工作效率，避免重复工作，如图2所示。场地布置模型完成后，上传协同平台，各部室人员均可以参与进来，查看项目场地模型，便于项目人员能够通过平台模型获取与自身相关的数据，全员参与 BIM 应用。

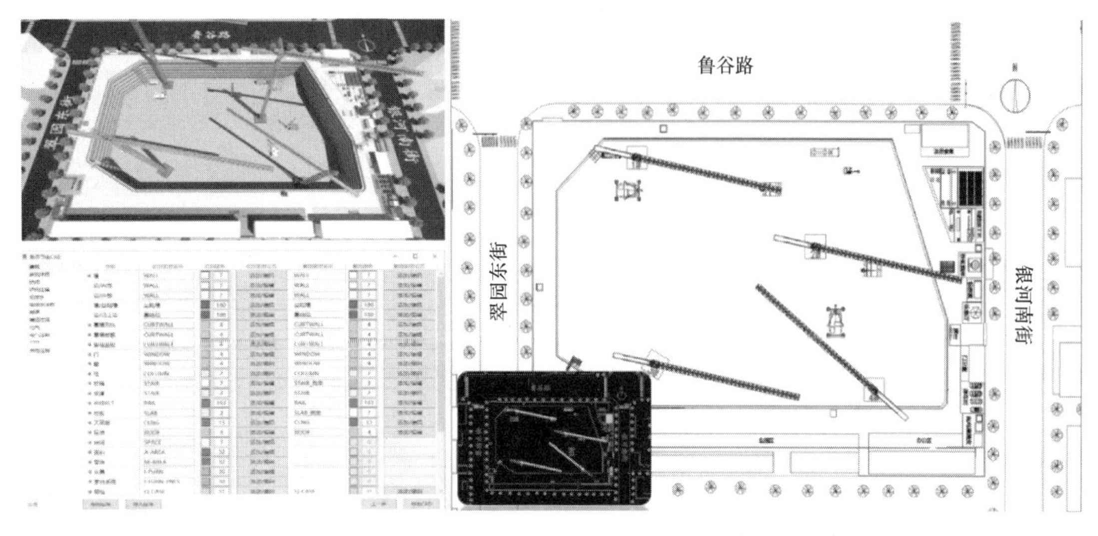

图 2　通过 BIM 模型出图

（3）施工场地狭小，实物样板无处堆放，传统交底方式信息传递不足，依据相关资料搭建精细化 BIM 模型，上传云端，生成二维码，对现场工人进行交底，该方式能够多角度、全方位展示交底内容，减少了质量隐患（图 3）。

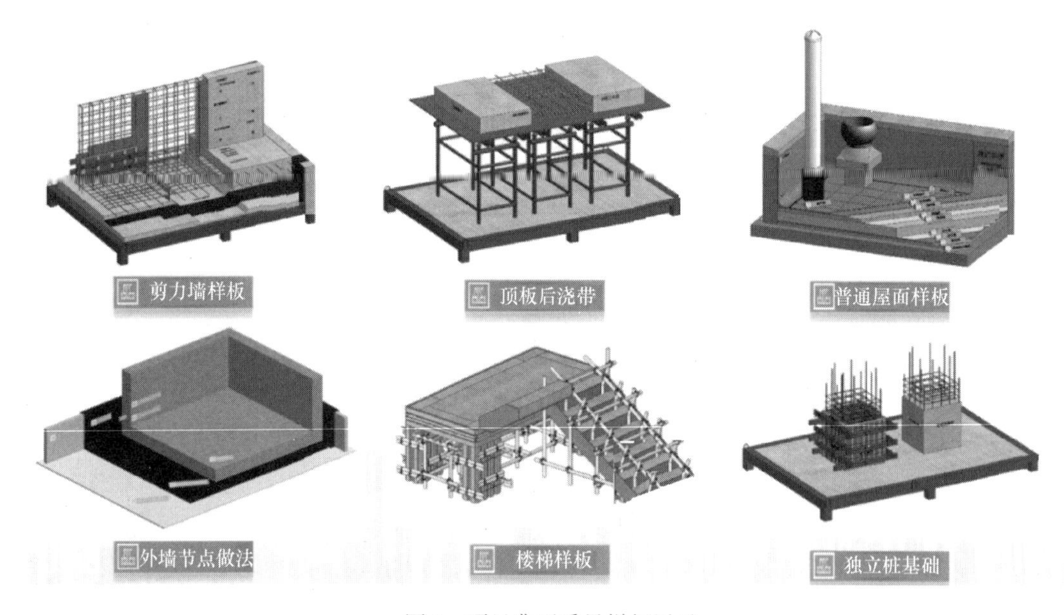

图 3　项目典型质量样板展示

（4）依据场地部署 BIM 模型，利用可视化软件进行交通组织路线模拟预演，提前指定好路线，查看材料运输过程中的路线是否与临建有交叉碰撞点，进而提前优化部署方案。通过 BIM 模型的预演，能够直观地发现材料在运输过程中的情况，便于运输路线的确定。

3.2　自主研发算量插件辅助成本管控

由于本项目施工场地作业面狭小，各阶段的物料管控是项目难点，因此项目利用自主研发的算量插件，对土建的混凝土工程量以及模板工程量、机电工程量进行算量比对，辅助商务部门的成本管控。

（1）由于地下结构施工采用跳仓法施工，因此 BIM 模型需要进行仓位的划分，利用插件可以快速对模型按照仓位进行拆分，并统计该仓位的混凝土工程量，辅助商务的算量对量工作[4]。通过拆分仓位后的 BIM 模型，利用插件自动生成模板，并通过插件统计对应的工程量，导出的工程量满足生产部报量需求，辅助生产报量和商务对量，多维度保障项目算量准确（图4）。

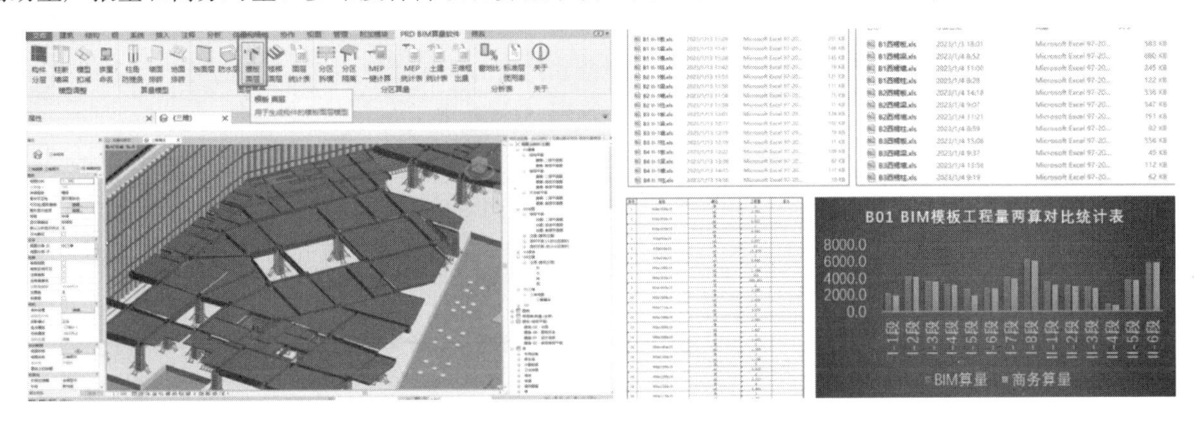

图4　模板工程BIM模型生成及工程量统计明细

（2）对于地下区域的砌筑墙体类型、地上区域ALC条板墙的工程量统计，项目基于BIM模型区分构件类型，对不同的墙体进行区分，利用插件按照仓位划分模型，统计不同墙体类型，辅助成本管控。

（3）由于Revit自带的工程量统计与传统的计算方式不同，机电工程量应以投影面积为准，因此机电专业模型采用插件进行算量，过程中测试了广联达算量软件，两款软件差异较小，基本满足机电算量的需求。

3.3　基于大数据下的BIM+智能楼宇系统建设

在一般情况下，对于模型竣工交付是非常重要的，涉及后期运维阶段的管理，BIM模型需承载所有设备、空间等信息，方可在运维平台中使用，业主后期也会搭建项目的智能楼宇系统，用于物业对工程中的机械设备、办公桌位、商场等空间数据的管理[5]。BIM模型在其中起到很重要的作用。BIM模型作为信息承载的载体，所有数据均需要在模型中体现，实现数据可视化，让业主管理更方便（图5）。

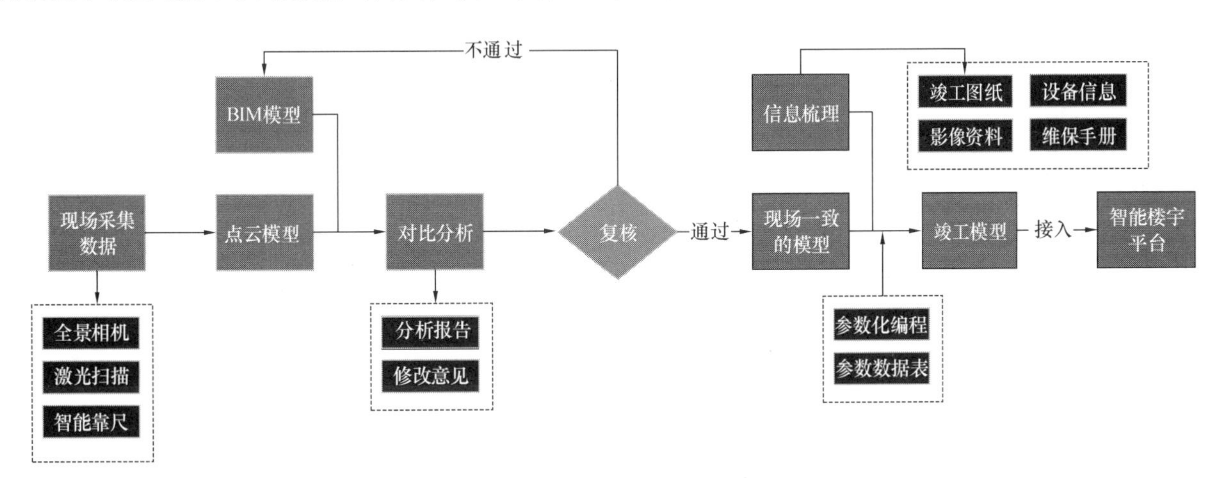

图5　运维平台策划流程

（1）首先是模型一致性的复核工作，项目在BIM模型的基础上，结合现场实际情况，更新BIM模型，确保BIM模型能够与现场实际情况一致，采用三维激光扫描、全景相机等智能设备，用来辅助竣工模型一致性校核工作，以保证BIM模型的准确性。

（2）模型修改后，便是参数化编程辅助资产信息录入，与业主方、运维平台供应商、智慧楼宇厂家进行沟通，明确设备信息、空间信息明细表等信息，再通过参数化的方式将运维所需的资料录入BIM模型中，与智慧楼宇厂家沟通接口问题，保证BIM模型能够接入智慧楼宇系统中，能够供厂家使用[6]。在施工过程中协调各专业及分包持续录入项目建设全过程信息。交付给业主的竣工综合信息包括：设备或构件参数、施工单位、厂商资料、保修资料等，为业主后期运维管理奠定有力基础。使用Dynamo识别

Excel 表格中信息，将信息自动录入 Revit 模型中，最大限度地提升了工作人员的效率（图 6）。

在模型按标准绘制的前提下，可根据实际运维需求从模型中读取所需数据，并通过唯一编码标识与系统中的管理数据相结合，再选择对应的智能楼宇平台，打通 BIM 模型与楼宇平台的接口，利用 BIM 模型承载信息数据，用于业主方对整栋建筑的运营维护管理[7]。

类别	材料名称	具体位置			基本参数			生产信息						维保信息				
		楼层	轴网	位置	族命名	规格尺寸	材质	品牌名称	生产厂家	生产日期	价格	供应商联系人	供应商联系电话	保修期到期时间	保养周期	维修商	维修商联系人	维修商联系电话
门、窗	防火门、户内门、窗等	√	√	√	√	√	√	√	√	√	√	√	√	×	×	×	×	×
	电梯门	√	√	√	√	√	√	√	√	√	√	√	√	√	√	√	√	√

系统	材料名称	设备分类	具体位置			设备名称		生产信息					维保信息					技术参数										现场安装信息	
			楼层	轴网	位置	族命名	CAD设备编号	品牌名称	设备型号	生产厂家	供应商联系人	供应商联系电话	保修期到期时间	保养周期	维修商	维修商联系人	维修商联系电话	流量	扬程	制冷量（热	电机功率	重量	风量	余压	转速	电机功率	噪音	设备铭牌	设备使用说明
电气工程	桥架	二类	×	×	×	√	×	√	√	√	×	×	√	×	×	×	√	×	×	×	×	×	×	×	×	×	×	×	×
	电线电缆	二类	×	×	×	√	×	√	√	√	×	×	√	×	×	×	√	×	×	×	×	×	×	×	×	×	×	×	×
	灯具	二类	×	×	×	√	×	√	√	√	×	×	√	×	×	×	√	×	×	×	×	×	×	×	×	×	×	×	×
	开关插座	二类	×	×	×	√	×	√	√	√	×	×	√	×	×	×	√	×	×	×	×	×	×	×	×	×	×	×	×
	配电箱、柜	二类	×	×	×	√	√	√	√	√	×	×	√	×	×	×	√	×	×	×	×	×	×	×	×	×	×	×	×
	柴油发电机组	一类	√	√	√	√	√	√	√	√	√	√	√	√	√	√	√	×	×	×	×	×	×	×	×	√	×	√	√

系统	材料名称	设备分类	具体位置			设备名称		生产信息					维保信息					技术参数										现场安装信息	
			楼层	轴网	位置	族命名	CAD设备编号	品牌名称	设备型号	生产厂家	供应商联系人	供应商联系电话	保修期到期时间	保养周期	维修商	维修商联系人	维修商联系电话	流量	扬程	制冷量（热	电机功率	重量	风量	余压	转速	电机功率	噪音	设备铭牌	设备使用说明
采暖工程	超声波热量表、流量计	二类	×	×	×	√	×	√	√	√	×	×	√	×	×	×	√	×	×	×	×	×	×	×	×	×	×	×	×
	阀附件（电磁阀、电动蝶阀、静态平衡阀、自立式压差调节阀）	二类	×	×	×	√	×	√	√	√	×	×	√	×	×	×	√	×	×	×	×	×	×	×	×	×	×	×	×
	锅炉	一类	√	√	√	√	√	√	√	√	√	√	√	√	√	√	√	×	×	×	×	√	×	√	×	×	×	√	√
	板换	一类	√	√	√	√	√	√	√	√	√	√	√	√	√	√	√	×	×	×	×	√	×	√	×	×	×	√	√
	采暖循环泵	一类	√	√	√	√	√	√	√	√	√	√	√	√	√	√	√	√	√	×	√	√	×	×	×	×	×	×	√
	散热器	二类	×	×	×	√	×	√	√	√	×	×	√	×	×	×	√	×	×	×	×	×	×	×	×	×	×	×	×

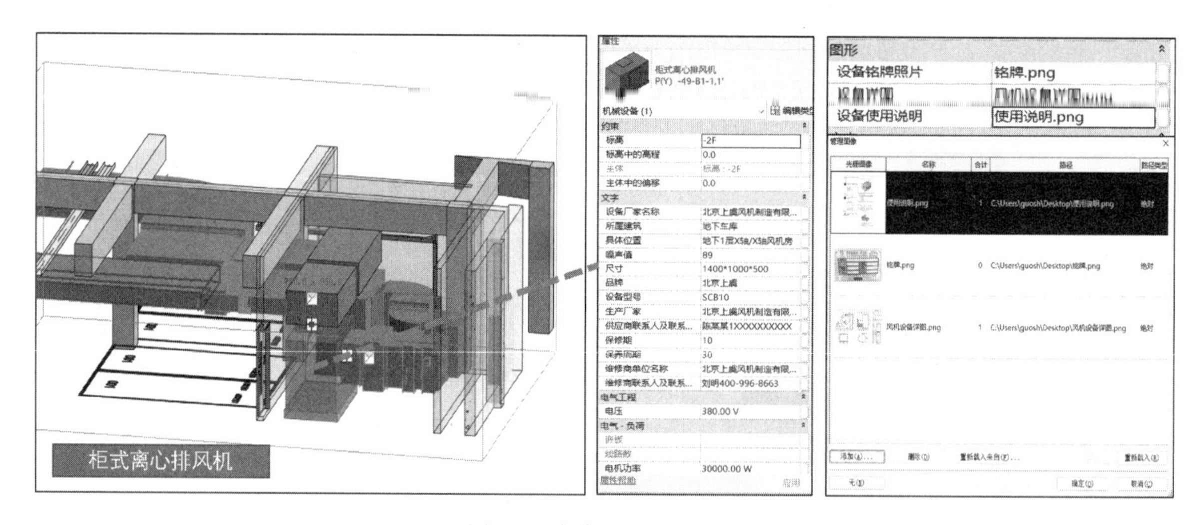

图 6　设备参数录入的方式

4　结语

通过介绍 BIM 技术在石景山鲁谷项目中的应用情况，发现 BIM 技术切实落地并解决了项目所涉及的重难点，提高工作效率的同时，也大大降低了拆改返工情况的发生概率。本文亮点主要有以下内容：由于项目场地狭小，合理的场地部署规划是至关重要的，通过 BIM 技术的应用，提前对场地进行部署策划，BIM 的实时性可以随时对不同的场地部署方案进行三维模拟，验证其合理性，包括市政管道与护坡桩的碰撞关系、交通组织运输路线、材料堆放位置等，最终利用 BIM 的可出图性，加快出图效率，指导现场施工。此外，项目采用自主研发的算量插件大幅度保障了项目算量的准确性，从多方面验证算量正确性，合理应用算量结果辅助商务算量。对于项目竣工交付方面，项目也做了详细的策划，通过模型与现场一致性的核查工作，再到参数化信息录入，以及到竣工交付状态，BIM技术对于项目施工全过程管理起到一定的帮助。目前BIM技术的应用尚且在技术部门中普遍利用，尚未达到全员参与BIM应用，后续项目也将继续探索BIM技术的其他应用，让各个部门参与到BIM的实施中，并对此进行价值分析与总结。

参考文献

[1] 吴良良，刘亚飞，惠志伟，等．基于BIM的剧院工程施工深化设计和管理[J]. 建筑技术，2022，53(8)：1070-1073.

[2] 王丹，张磊．BIM在建筑工程项目信息化管理中的应用[J]. 房地产世界，2021(17)：109-111.

[3] 蒋美幸．BIM技术用于建筑施工场地布置的意义及其对现场管理的优化价值分析[J]. 四川水泥，2022，314(10)：133-135.

[4] 李美衡，王楠．基于BIM的三维算量在工程中的应用[J]. 工程技术研究，2021，6(15)：120-121.

[5] 何关培．现阶段不同类型企业BIM应用的关键问题是什么？[J]. 土木建筑工程信息技术，2014，6(1)：9-13.

[6] 朱芷菡．基于BIM的建筑运维管理需求分析与框架设计[D]. 长春：长春工程学院，2022.

[7] 刘菠，胡新余，周晓帆，等．基于设计施工运维一体化的BIM应用体系研究[J]. 建筑结构，2023，53(S1)：2415-2419.

钢筋设计的CAD技术研究

申 玮

（北京盈建科软件股份有限公司，北京 100029）

【摘 要】本文结合近年来开发装配式软件的实践，参考IFC的相关内容，回顾和分享钢筋处理用到的一些信息技术方法。利用计算机进行混凝土建筑辅助设计，钢筋设计是其中重要的一环。对于单根钢筋来说，面向不同目标，可设计不同的数据结构。在BIM设计过程中，钢筋数据的传递和转换是必要的，为此，IFC有详细、系统的层级和属性标准，有必要对各方面实践进行总体的梳理和总结。本文分享的钢筋处理信息技术思路梳理和实践能够为相关技术发展提供一些参考。

【关键词】BIM；IFC；装配式混凝土建筑；钢筋混凝土；钢筋

1 引言

在混凝土建筑的BIM设计过程中，钢筋是一个非常关键的问题。IFC在IfcStructuralElements-Domain中有关于钢筋的系统、详细的数据交换标准，国外一些混凝土结构详细设计软件在钢筋设计方面提供多样化的三维功能。长期以来，我国国内建筑结构软件主要专注在平法施工图的表示，但近年来，国内软件企业开始向三维钢筋方向研究开发。

本文从讨论IFC Schemas中的钢筋数据交换标准开始，依次梳理装配式软件钢筋相关问题开发的实践和结果，分别针对钢筋的数据结构定义、钢筋的显示、钢筋数据的应用、钢筋数据的上下游传递等过程，讨论其中的具体处理方法。文中涉及的软件成果均基于盈建科建筑结构软件进行开发，主要采用C++程序语言。

2 IFC中的钢筋

2.1 IFC schemas钢筋定义

在IFC4 _ ADD2 _ TC1 Schemas标准中，在Domain specific data schemas的IfcStructural Elements-Domain中规定了钢筋定义。具体来说，IfcElementComponent包含钢筋定义、混凝土结构预埋件等信息。继承其下的IfcReinforcingElement表示各种钢筋。

其中，IfcReinforcingBar（在父类IfcElementComponent中定义放置位置和几何表达）既可表示单根钢筋，也可表示若干钢筋，含属性IfcReinforcingBarType，其中有NominalDiameter（是IfcPositive-LengthMeasure数据）规定钢筋直径。可用IfcReinforcingBar记录的钢筋类型如箍筋（Reinforcing stirrup）、成组箍筋（Reinforcing assembly）。

2.2 IFC schemas钢筋组定义

在IFC4 _ ADD2 _ TC1 Schema标准中，同样继承在IfcReinforcingElement下的IfcReinforcingMesh表示钢筋网（比如在楼板中使用）。其中含属性IfcReinforcingMeshType，可记录长度（MeshLength）、宽度（MeshWidth）、长度方向钢筋间距（LongitudinalBarSpacing）、宽度方向钢筋间距（Transverse-BarSpacing）等。

如果用IfcReinforcingBar记录钢筋组，可通过Resource definition data schemas中定义的ifcSha-

【作者简介】申玮（1978—），男，建筑与结构专业软件工程师，主要研究方向为BIM。

peRepresentation，定义IfcRepresentationItem为IfcMappedItem。

如果钢筋组中存在个别钢筋间距不同或者个别钢筋弯曲形式不同的情况，可能需要改为单根钢筋存储方式。

2.3 IFC schemas预制构件定义和布置

在Core data schemas中可用如下方式规定钢筋和构件的关系，即IfcRelationship—IfcRelDecomposes—fcRelAggregates。

在Core data schemas可用如下方式规定预制构件布置方案，即IfcRelationship—IfcRelContainedInSpatialStructure。

2.4 IFC schemas总结

在IFC4 _ ADD2 _ TC1 schemas中规定了严格限定继承层次的钢筋数据共享标准，为不同软件之间的对接提供依据。

但是对于面向不同任务的软件来说，还应根据自己特定的需求，灵活解决问题，可以选择在合理范围内逐渐支持IFC标准。

3 单根钢筋数据结构

3.1 基于平法施工图的钢筋数据结构

基于平法施工图设计的预制构件，可以记录具有平法特点的钢筋数据，要应用时再根据具体的任务特点依次展开，如图1所示。

3.2 IfcSweptDiskSolid钢筋数据结构

类似Ifc schema中的IfcSweptDiskSolid定义，以三维点集作为钢筋存储数据结构，是一种比较简单的方式。点集之间的弧形信息也应记录下来。一般情况下，一根钢筋只需要记录一个弯曲半径（或直径）即可。但是有时候也需要记录不同分段的不同弧形，比如包括部分弧形梁的长钢筋。

这种数据结构有可能丢失一些设计阶段用到的定位信息。

3.3 方便编辑的钢筋数据结构

参考国际上的钢筋设计软件，一般其主要规划目标是方便专业人员进行钢筋编辑。因此钢筋定义中会包含设计阶段的信息。

如图2所示，钢筋编辑方式和专业信息的关联非常紧密。

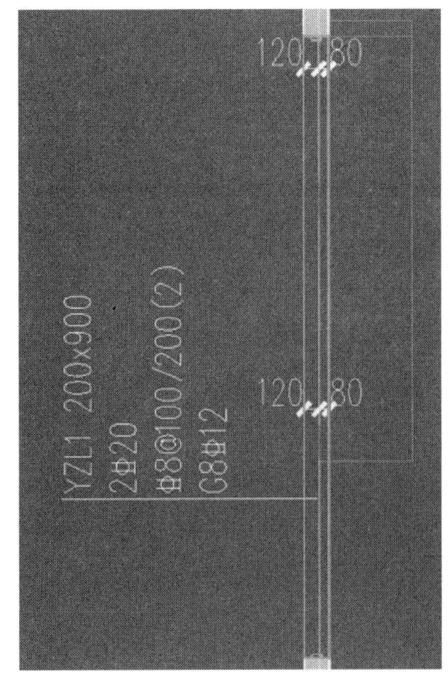

图1 基于平法施工图的预制构件钢筋

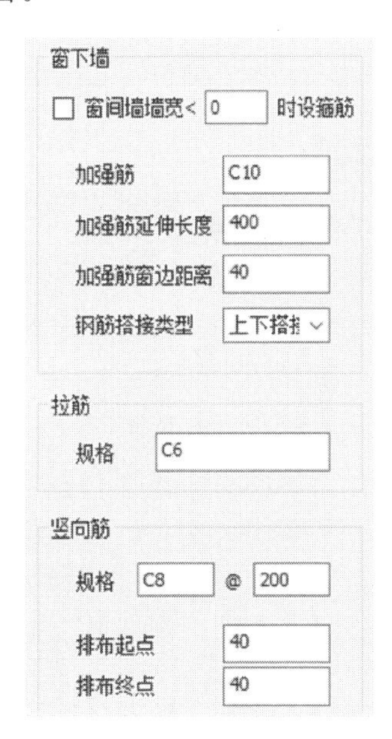

图2 钢筋编辑界面

3.4 带平法关键信息的钢筋数据结构

为了方便和平法施工图紧密互动，钢筋三维数据结构可做适当调整，或者是在三维数据结构中补充所需平法施工图设计信息，如图 3 所示。

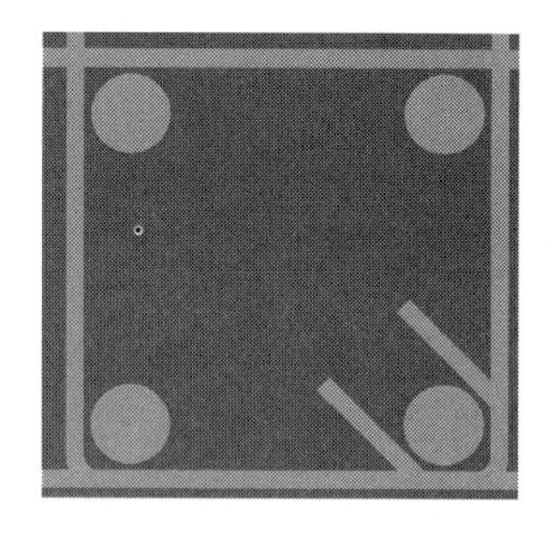

图 3 补充平法关键信息的钢筋数据

4 单根钢筋显示

4.1 单机软件钢筋显示

钢筋在屏幕上的显示要求主要是清晰和快速。一般应将不同格式的钢筋数据转换成单根类似 IfcSweptDiskSolid 的拉伸体定义，然后通过合适的策略将其绘制在计算机屏幕。

可选策略包括 Brep 圆管三角面片，多边形横截面（如八边形、六边形、五边形、四边形等）的拉伸体三角面片，带线宽的单根线条显示等。计算机显示效率和速度依次提高，如图 4 所示。

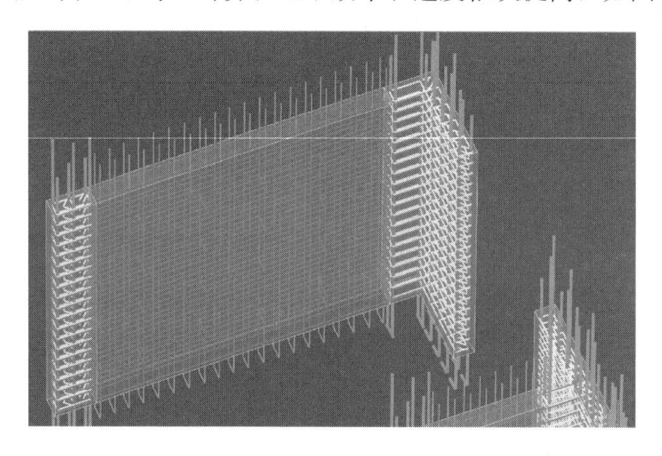

图 4 单机软件的钢筋显示

4.2 钢筋的 Web 显示

目前主流的钢筋设计软件都是单机软件。要在 Web 端显示，必然涉及钢筋数据传递问题。

一种办法是传递点集，传到 Web 端后，通过 WebGL 将三维坐标转换为屏幕坐标，可以根据具体需要将钢筋显示为合适的形式。另一种方法是直接以三角面的形式传递到 Web 端。

采用第一种方式，传送速度快，传送文件小，显示可控性大。采用第二种方式，传送速度慢，传送文件大，显示可控性低。但第二种方式是一种通用的 IFC 格式，大部分 BIM 软件均可识别。

5 钢筋数据基本应用

5.1 混凝土结构施工图平面整体表示方法

在我国，设计单位进行混凝土结构设计时，都采用混凝土结构施工图平面整体表示方法来进行配筋表达。按照梁施工图、柱施工图、墙施工图等分别出图。相应的，国内也有基于平法的辅助设计配筋软件，其钢筋数据结构有其对应的特点。

如果要在施工图设计阶段观察现浇部分三维钢筋，可将基于平法施工图的钢筋数据结构按规范要求转换为一根一根的 IfcSweptDiskSolid 三维拉伸体定义。

对装配式混凝土结构来说，可以在平法施工图中为预制构件读到精确位置的平法钢筋信息。按照基于平法施工图的钢筋数据结构形式记录在预制构件定义体内。采用这种模式，可实现和普通平法钢筋修改交互界面完全一致的预制构件钢筋编辑功能。

5.2 单根钢筋编辑

为支持更加随意的预制构件钢筋修改，需要将基于平法施工图的钢筋数据结构转换为方便编辑的钢筋数据结构。以这一数据结构为基础，开发钢筋的参数编辑交互界面。设计师可在参数交互界面进行必要的钢筋修改，也可作为数据存储标准，如图 5 所示。

5.3 成组钢筋编辑

一般情况下，基于平法施工图的钢筋数据结构可以支持钢筋组的管理。然而预制构件设计时，可能要做更加可控的复杂修改，可将单根钢筋数据和成组钢筋数据相结合，并允许成组钢筋中个别例外情况，如个别钢筋弯折情况不同、个别钢筋间距不同等。如图6所示。

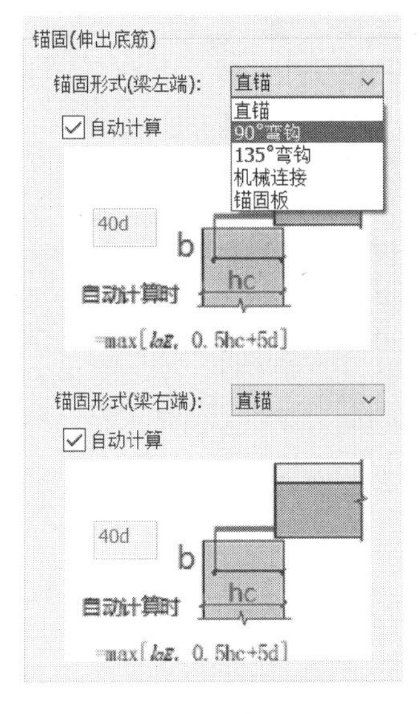

图5 方便编辑的钢筋定义

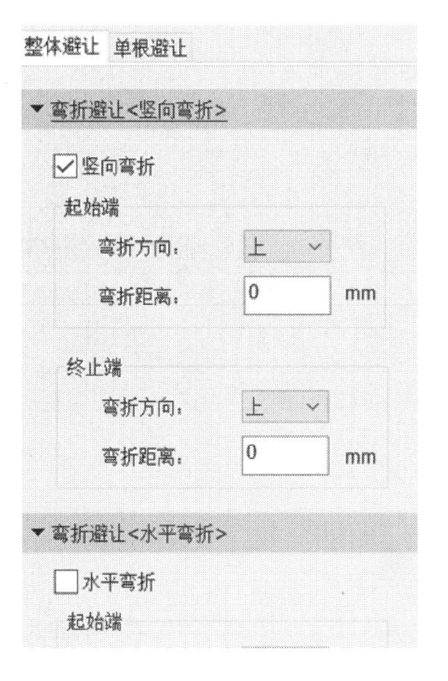

图6 成组和单根的钢筋定义

6 钢筋数据的其他应用

6.1 深化设计中的钢筋碰撞检测

钢筋碰撞检测的一种方法是针对单根筋数据结构，一般可用基于平法施工图的钢筋数据。如果在同一平面内，二维坐标点判别查重即可；如果在不同平面内，则转成空间坐标后进行直线相交计算。

钢筋碰撞检测的另一种方法是基于已经绘制在屏幕上的钢筋图素，一般对应钢筋的IfcSweptDiskSolid拉伸体数据，可使用计算机图形学算法判断。如图7所示。

6.2 深化设计中的钢筋绘图

在国内，传统钢筋相关的图纸绘制过程中，软件辅助模式一般是根据平法钢筋数据，逐个进行各个视图的绘制。很多软件有结构图纸绘制和修改相关的完备的工具集。

如果钢筋数据采用IfcSweptDiskSolid数据，或者采用方便编辑的数据结构，则既可使用传统的钢筋绘制方法，也可引入其他更自动化的钢筋绘图手段，但是其中还应记录平法关键信息。如图8所示。

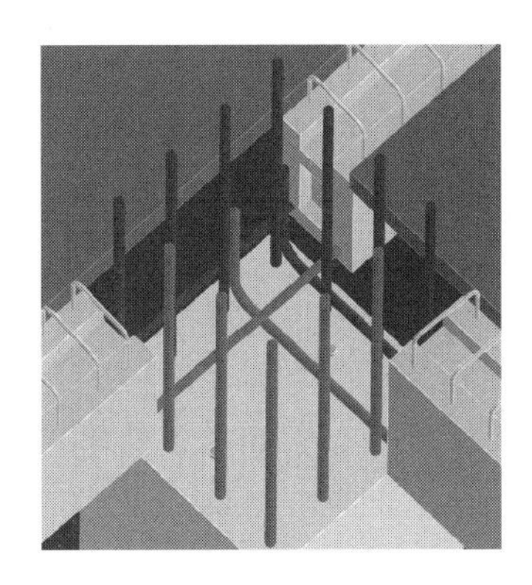

图7 钢筋的碰撞检测（深色表示发生碰撞）

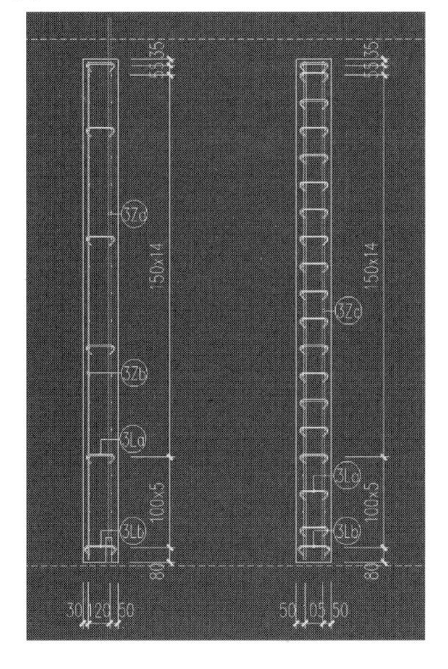

图8 预制构件钢筋绘图

6.3 深化设计中的钢筋统计

传统上，钢筋统计按照平法配筋图和钢筋工程量定额进行统计。如果钢筋记录为方便编辑的数据结构，一般还应补充钢筋统计要求的辅助信息。目前可能很少直接通过 IfcSweptDiskSolid 数据统计钢筋体积。如图 9 所示。

构件类型	钢筋类型	编号	类型	直径	数量	单根长(mm)	总重kg
墙身	拉筋	3La	30 156 30	Φ6	56	268	3.33
		3Lb	30 172 30	Φ6	6	288	0.38
	水平筋	3Sa	152 3230	Φ8	1	6695	2.64
		3Sb	124 3230	Φ8	20	6639	52.39
	纵筋	3Za	226 2649	Φ12	18	2875	45.94
		3Zb	2740	Φ6	18	2740	10.95

图 9 预制构件钢筋统计

7 钢筋数据传递

设计阶段的钢筋数据格式是为方便平法钢筋数据和三维钢筋数据的存储及编辑而设计，并不一定适合工厂制造阶段。

IFC4precast 基于 IFC4 _ ADD2 _ TC1 schema，定义了钢筋设计数据和工厂自动化制造进行数据传递的标准。

根据 IFC4precast Information Delivery Manual，单根钢筋可用 IfcReinforcingBar 对应，并可通过属性集 IFC4precast _ ReinforcingBar 中的 ReinforcingBarType 定义单根钢筋的用途。比如可定义为 GENERIC（generic，常规）、TOPFLANGE（top flange，桁架筋中的顶筋）、BOTTOMFLANGE（bottom flange，桁架筋中的底筋）、DIAGONALBAR（diagonal bar，桁架筋中的侧面弯折钢筋）、HANDLINGAID（handling aid）等。

根据 IFC4precast Information Delivery Manual，成组钢筋可用 IfcElementAssembly 对应，并可通过属性集 IFC4precast _ ReinforcementUnit 中的 ReinforcementUnitType 定义钢筋组类型。比如可定义 GIRDER（lattice girder，桁架筋）、MESH（mesh，钢筋网）、CAGE（cage，钢筋笼，如梁的钢筋组）、GENERIC（generic，常规）。

相应的，根据 IFC4precast Information Delivery Manual，钢筋所属构件也可定义类型，如 SOLIDWALL（solid wall，实心预制墙）、DOUBLEWALL（double wall，双皮墙）、SANDWICHWALL（sandwich wall，三明治墙）、INSULATED _ DOUBLEWALL（insulated double wall，带保温双皮墙）、HALFFLOOR（half floor，叠合板）、SOLIDFLOOR（solid floor，预制板）等。

其中，钢筋的几何定义仍然使用 IfcSweptDiskSolid（和 IfcMaterial 配合）。

由此可见，IFC4precast 通过丰富属性集和 Type 范围，使得单根钢筋或者成组钢筋都记录了更详尽的信息（包括其用途），有助于工厂自动化生产，尤其是针对德国的装配式体系。如何应用 IFC 标准真正实现针对国内装配式设计建造的数据传递，还需进一步研究、实践。

目前，盈建科建筑结构软件内置的装配式混凝土 BIM 设计流程中，与工厂对接的主要方案是导出 PXML 和 UNITECH 的格式。

施工单位需要现场浇筑混凝土的钢筋数据。传统上，按照平法配筋图和钢筋工程量定额进行钢筋算量统计，根据平法配筋图进行施工作业。目前相应的钢筋处理软件基本都是三维环境，一般将平法施工图翻模导入软件后进行后续操作。国内也在尝试设计单位和施工单位之间的三维设计数据自动传递和数据共享。

8 总结

在建筑设计建造过程中，涉及领域广泛，计算机辅助设计面向的问题多样复杂，钢筋的数据传递过程可能会有各种各样的问题。

在设计单位，有平法施工图和三维钢筋数据的关系，有钢筋数据和钢筋绘图之间的关系。而设计单位的钢筋设计结果如何传递到工厂，并进行自动化生产则是另一个复杂问题，为此，IFC4precast 正是以 IFC4 _ ADD2 _ TC1 为基础，努力为设计单位和工厂制造之间的数据传递提供标准依据。但实际上，到目前为止，很多国内外软件并没有完全严格执行 IFC 标准（或仅执行部分标准），其中有各自的原因。

本文讨论了一些钢筋软件信息技术的实践和思考，希望能为相关技术发展提供一定的参考。

参考文献

[1] 陈红伦，徐嘉懿，王春江，邓雪原. 钢筋几何信息在IFC标准中表达方式解析[C]//第四届全国BIM学术会议，合肥，2018：83-88.

[2] Madhumitha Senthilvel，Koshy Varghese，N. Ramesh Babu. Building Information Modeling for Precast Construction：A Review of Research and Practice[C]//Construction Research Congress 2016，San Juan，USA，2016：2250-2259.

[3] Dongzhi Guan，Zhengxing Guo，Chao Zhang. Research on Precast Concrete Structures with BIM Involving Information on Structural Details and Behaviors[C]//ICCREM 2015，Lüleo，Sweden，2015：222-228.

[4] Industry Foundation Classes 4. 0. 2. 1[S]. England and Wales：buildingSMART International ltd，2017.

[5] Prefabricated concrete Information Delivery Manual[S]. England and Wales：buildingSMART Internatio nal ltd，2021.

BIM技术在城市地下快速通道中的应用研究

闫海燕[1]，李　猛[2]，李雅琦[3]，高　原[4]

([1,3,4]山东协和学院，山东 济南 250109；[2]济南城建集团有限公司，山东 济南 250031)

【摘　要】随着科学技术的快速发展，BIM技术逐渐在各个领域被广泛采用，本文主要探讨BIM技术在城市地下快速通道中的应用与创新，分别从倾斜摄影实景模型技术、实景模型轻量化、实景模型提取地形、BIM+GIS多源数据融合等方面展开应用，逐步扩展应用于实际工程项目，实现BIM+智慧工地、BIM平台+进度管理等信息化管理。利用信息化监控监测技术实现动态化管理，提高事前控制和事中控制水平。

【关键词】BIM技术；城市地下快速通道；信息化管理

1　BIM管理概况

1.1　BIM系统简介

BIM系统是一种全新的信息化管理系统，目前越来越多地应用于建筑行业中，它的全称为Building Information Management，既建筑信息模型，参建各方在设计、施工、项目管理、项目运营等各个过程中可将所有信息整合在统一的数据库中，通过数字信息仿真模拟建筑物所具有的真实信息，为建筑全生命周期管理提供平台。

BIM系统其核心是通过三维设计获得工程信息模型和大部分与设计相关的设计数据，可以持续即时地提供项目设计范围、进度以及成本信息，这些信息完整可靠，质量高并且完全协调。通过工程信息模型可以使得：交付速度加快、协调性加强、成本降低、生产效率提高、工作质量上升。

1.2　BIM系统主要优缺点

（1）设计的可视化

CAD和BIM建模技术的出现实现了基于计算机的可视化，带阴影的三维视图、照片级真实感的渲染图、动画漫游，这些设计可视化方式可以非常有效地表现三维设计，重复利用这些数据，省却在可视化应用中重新创建模型的时间和成本，增加结构分析或能耗分析应用。

（2）建筑信息模型的碰撞检测

在BIM中可视化的内容还包含如何合理地完成碰撞检测和管线综合的任务。BIM模型带有的数据模型，能够让BIM系统智能识别项目中任意构件的属性，让软件能够智能地应用一些工程中的规则，去检查整个项目的合理性，帮助我们在项目施工之前就找到设计图纸中的错漏碰缺之类的错误。

（3）数字化施工

BIM能够支持所有建筑业从设计到制造的整个工作流程，如Revit Structure，支持结构制造流程。在BIM模型的基础上，利用4D模拟技术及施工模拟技术，把传统的甘特图转换为三维的建造模拟过程，可以在施工前作出合理安排，优化施工进度，找出问题并提前协调，提高施工安全管理水平，并提高各专业协调水平。

（4）交付使用和运维阶段系统维护

使用BIM，可将运维阶段需要的信息包括维护计划、检验报告、工作清单、设备参数、故障时间等列入模型中，实现物业管理与BIM模型、图纸、数据一体化，BIM竣工模型的信息与实际建筑物信息一致。

【作者简介】闫海燕（1988—），女，讲师。主要研究方向为交通运输工程。E-mail：397077276@qq.com

2 BIM 技术应用

2.1 倾斜摄影实景模型技术

本工程占地范围大，征地拆迁情况复杂，实地障碍对工程施工的影响较多。运用倾斜摄影技术搭建项目实景模型，依托 GIS 平台，实现地形提取、模型数据融合、多功能测量、模拟实际对比、障碍物信息标绘等功能，为后续项目施工 BIM 应用提供指导，如图 1 所示。

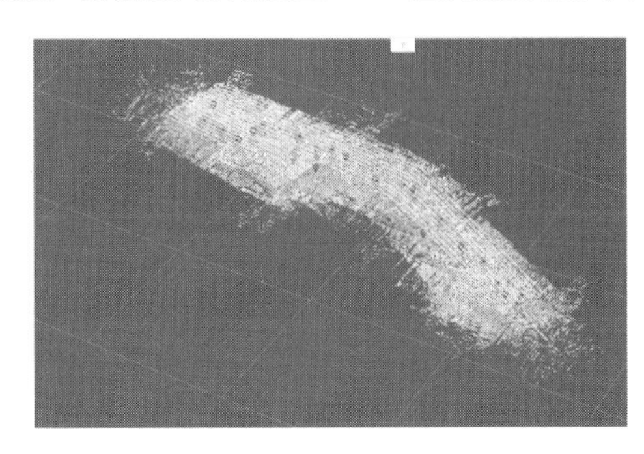

图 1 倾斜摄影实景模型扫描

2.2 实景模型轻量化

通过计算、建模得到的实景模型网格面过多，模型数据量大且不便使用。为保证 BIM+实景融合渲染的流畅性，需要对实景模型进行简化。通过实景模型轻量化，保证应用流畅。在保障精度的前提下，大幅减少三角网，如图 2 所示。

图 2 简化前后实景模型对比图

2.3 实景模型提取地形

通过从实景模型提取点云（图 3），剔除地表的楼房、树木等信息，可以得到地形三角网信息（图 4）。通过进一步优化地形三角网，可以得到准确的现状地形模型。地形模型用于提取地形等高线、场地模型的搭建等。实景模型提取准确的地形模型，用于地形统计、场地布置等。

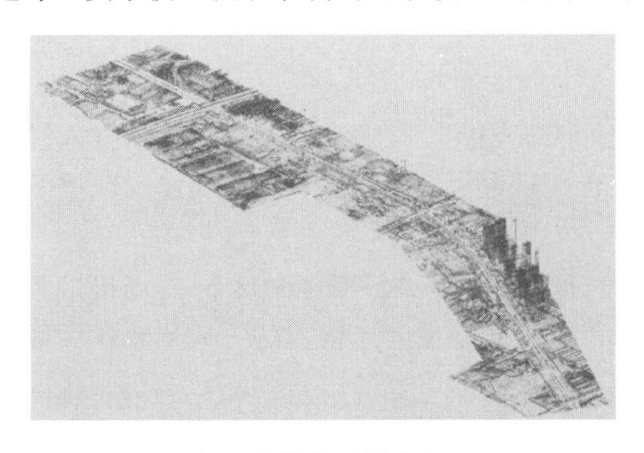

图 3 实景模型提取点云

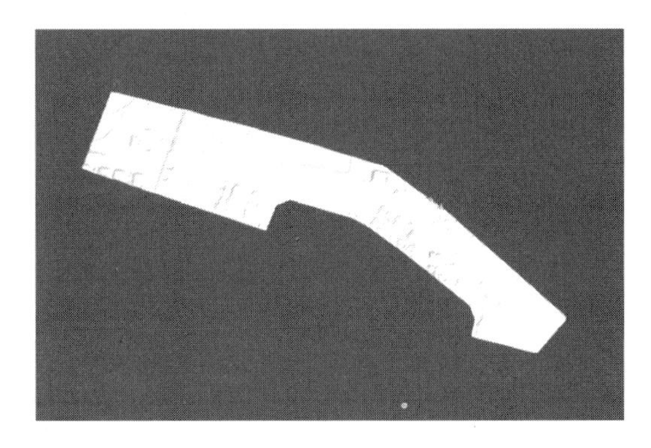

图 4 筛选点云生成三角网

2.4 BIM+GIS 多源数据融合

将卫星影像图、倾斜摄影实景模型、各专业工程 BIM 模型、CAD 图纸道路中心线及边线等在 GIS 平台中叠加，得到不同时间轴上虚拟与现实的融合体现，直观展示出工程范围内的现状情况和将来的样貌，同时对周边环境影响进行评价。

3 BIM 技术创新与拓展应用

3.1 BIM+智慧工地

智慧工地劳务管理系统由智能安全帽、工地宝、手持录入设备、门禁人脸识别闸机等组成。通过录入设备录入工人身份信息，将信息记录在智能安全帽的芯片中。工人通过在不同位置的工地报时，工人的信息以及位置信息被采集并上传到云端，精确记录工人进出场时间、统计现场人数，在手机端和电脑端同步展示。

智慧工地集成了现场环境监测与施工监测数据，将施工现场的天气、空气质量、扬尘控制、传感器等信息，进行实时的监测与预警。通过监测预警第一时间反馈施工现场情况，保证施工正常进行。

每台塔式起重机安装塔机运行安全评估监测系统。在安装塔机后“云平台”频繁收到塔机的异常报警，有大量的前倾、后倾、侧向倾斜报警信号，立即启动 Ⅲ 级应急响应预案，经“大数据技术”和“塔机动态安全图谱”分析，有 3 台存在结构性隐患。随即启动了 Ⅱ 级应急响应预案，派排查工程师对上述塔机进行了现场排查。智慧工地塔吊管理系统，对消除塔式起重机安全隐患起到关键作用。

采用动态物料验收管理。如自动点数机进行钢筋进场自动点数，同时支持人工修正计数结果。管理人员通过照片和批次数量匹配查验，避免进场原材数量误报虚报。将钢筋自动计数、材料自动计重纳入智慧工地物料管理系统。

视频监控以模型为载体，网络摄像头采用海康威视 DS-7604N-E1，建立专用网络对施工现场进行远程监控。以模型为载体布置网络摄像头，按照工程部位调取相应位置的摄像头，直观了解现场情况，提高效率

智慧工地集成平台如图 5 所示。

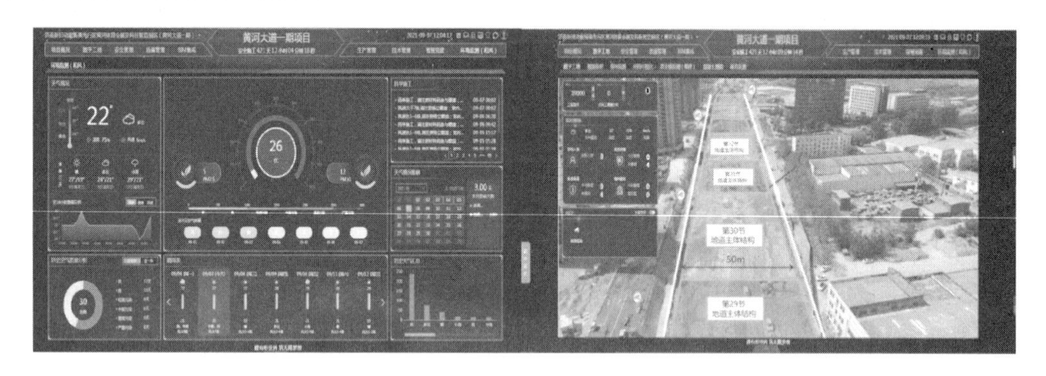

图 5 智慧工地集成平台

3.2 BIM 平台+进度管理

对于大型片区建设，业主方需要对多个建设项目进行宏观把控，按照功能分区的计划投入使用时间来倒推该分区的附属配套及进出干道等项目计划，把控各项目进展情况，这些都是决定片区按期投入运行的先决条件。

本工程地处济南市新旧动能转换起步区，业主方同时管理的建设项目最多时达 51 个，决策者没有精力随时查看表格资料、分析调度工程网络计划图，而是需要随时以最简单快速的方式了解各项目的推进情况，包括一个工程项目在将来的某一个时间节点进展到什么程度（进度计划模拟）、目前工程推进的实际情况（实际进度与进度计划的对比提前或滞后）等。业主方在合同中明确要求，施工 BIM 进度管控要求项目进度一目了然、动态实时，便于不同工程项目之间进度的匹配验证。对此，引入 BIM 施工管理平

台，切实落实业主方要求，真正做到 BIM 进度管理全落地，如图 6 所示。

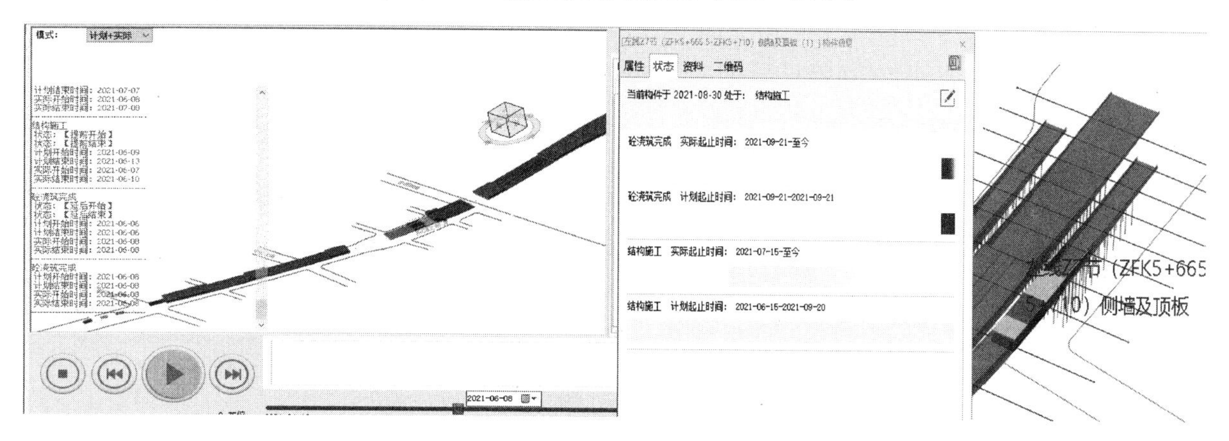

图 6　计划＋实际进度管理

在 BIM 平台中将进度计划挂接模型（图 7），对工程进行 4D 进度模拟，设置任务到期预警提示（图 8），通过计划进度与实际进度情况的对比，对即将延期工程进行提前预警，实现预警功能，为后续施工进度计划调整提供参考，结合清单量信息，进一步为资源计划的编制调整提供依据。

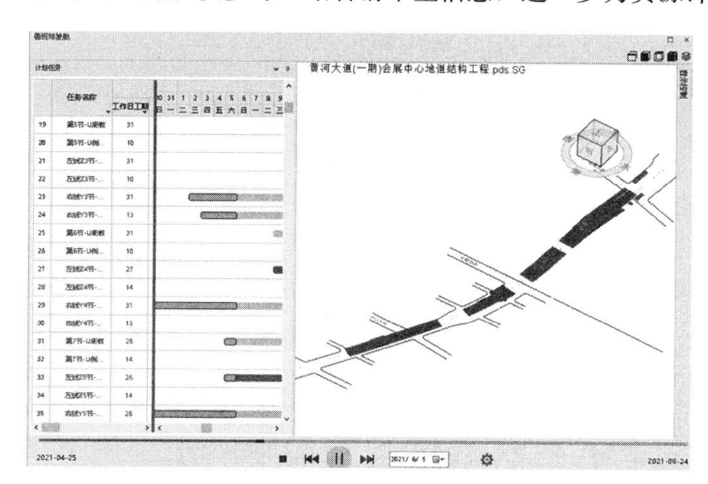

图 7　进度计划挂接模型

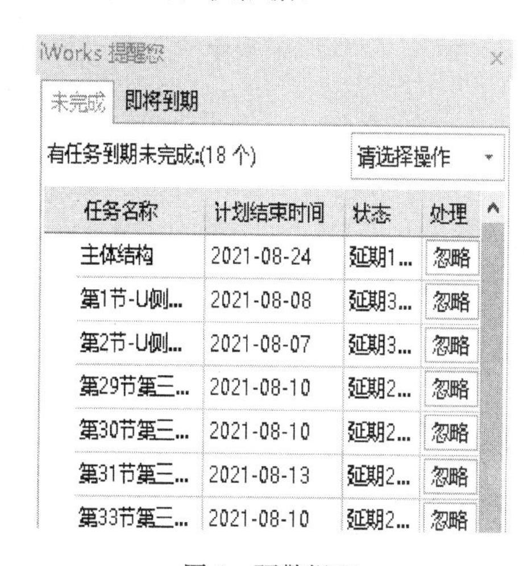

图 8　预警提醒

在 BIM 施工管理平台中启用沙盘模式后，对每周录入的进度信息进行直观的展示。通过自定义状态管理，将不同阶段状态设置为不同颜色。在黄河大道项目地道结构工程中，为了满足业主方宏观把控需求，避免划分施工阶段过细、颜色过多而造成观察混乱不直观，减少状态定义，仅定义结构施工与完成两种状态，体现工程实际施工情况，业主方了解项目进展一目了然，如图 9、图 10 所示。

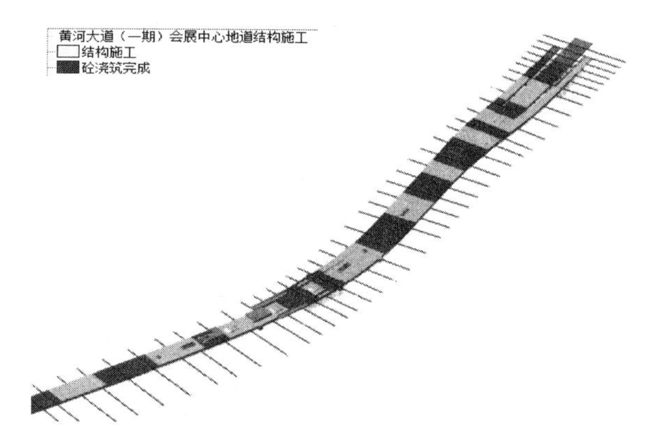

图 9　工程各部位施工状态

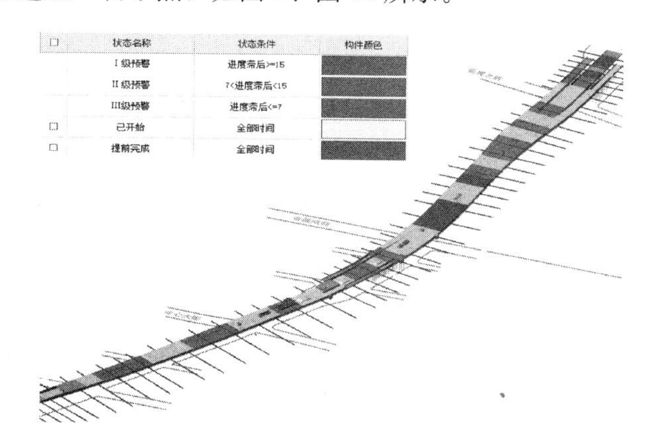

图 10　工程各部位施工延误情况

3.3 BIM+资料与信息管理

将工程图纸及施工过程资料上传至BIM施工管理平台，在系统中与相应构件关联。平台模型承载工程资料与信息，在施工过程中随时通过移动端或计算机端查看构件相关资料，更便于后续的工程资料管理、统计和归档，大大提高了工程资料的管理效率。

同时，基于BIM的工程信息管理模块，将种类繁多、分散扁平的工程信息以BIM模型为基础进行整合，实现施工资料数字化管理、工程数字化验收交付、竣工资料整合、竣工模型数字化归档。

4 BIM应用效益分析

本项目履行合同约定使用BIM技术，创新项目管理模式，解决项目难题，充分响应建设方“数字工程”“智慧工地”的管理理念，切实使BIM应用在各层面真正落实，完全满足业主方BIM应用需求，受到业主方的高度赞扬，树立了在建项目BIM应用标杆，扩大了项目影响力。通过本项目应用研究，形成一整套在综合快速路网施工管理过程中的BIM应用技术，极大地解决了施工过程中的信息更新不及时、通达效率低等难题，为以后类似工程起到借鉴及指导作用，同时节约成本，缩短工期。

本工程包含地面道路及附属设施、地下通道及匝道、地下综合管线、地铁等多种工程类别，工程量大。为保障施工高效无误的顺利进行，按期高质量完成施工任务，本项目将BIM应用贯穿始终。由于设计图纸出图时间紧，其中的疏漏错误在所难免，为避免图纸错漏造成返工延误，采用BIM审图，精细核查设计图纸中存在的错漏碰缺问题，精确纠错，完善施工图，采用精确无误的施工图进行施工，控制工期风险。

参考文献

[1] 佘宏伟．BIM技术与倾斜摄影技术在道路桥梁设计优化中的应用[J]，建筑技术开发．2021，48(22)：122-124.

[2] 陶妹，向世军，向宇，符志强，伍朝辉，基于BIM的机场道路工程智慧施工应用研究[J]．交通科技．2022(1)：17-22.

[3] 戴风．BIM技术在市政改建工程管理上的创新与应用[J]．城市道桥与防洪．2020(10)：24，187-190.

[4] 张巍．BIM技术在道路工程项目设计和建造中的应用[D]．兰州．兰州交通大学，2020.

[5] 李哲．BIM技术在建筑给排水设计中的应用优势及实例解析[J]．科学技术创新．2023(17)：105-108.

[6] 彭宇扬，沈巍．BIM技术在EPC项目成本控制中的应用与研究[J]．广东建材．2023，39(6)：76，77-80.

[7] 刘彬，陈小亮．BIM技术在城市地下综合管廊施工管理中的应用[J]．四川水泥．2021(5)：196-197.

[8] 韦永丽．BIM技术在城市基础项目中桩基础工程的应用[J]．居舍．2021(2)：7-8.

[9] 陈家烨，曹鉴思，吴宝荣．BIM技术在综合管廊工程模数化模具中的应用[J]．特种结构，2023(1)：110-115.

基于BIM+IoT的数字化固定资产管理研究

荆乃文，钟 炜

（天津理工大学管理学院，天津 300384）

【摘 要】党的十九届五中全会提出，加快发展现代化产业体系，推动经济体系优化升级。近年来，我国大力推动互联网、大数据、人工智能与建筑业深度融合，将数字化管理结合到建筑业固定资产管理中。本文将BIM技术结合IoT技术，搭建数字化固定资产管理平台，使用RFID技术对固定资产设施在运营阶段进行定位。附着到资产的RFID标签上的位置相关数据从BIM中提取，并且可以提供建筑物内的设备感知信息，由此改善设施管理过程。FM人员运用IoT技术可以从远处读取标签并在平面图上定位资产，通过扫描周围的参考标签来估计资产的位置，同时提取资产周围环境参数，据此对设备健康状态、运行状态以及使用情况做出分析。

【关键词】BIM技术；IoT技术；固定资产；资产管理平台；数字化

1 引言

近年来，我国正在加快发展现代化建筑业体系，推动经济体系优化升级。新一代人工智能作为科技跨越发展、产业优化升级和生产力整体跃升的驱动力量，可有效解决现阶段城市资产管理中信息共享闭塞、资产管理决策方案智能化程度低等问题[1]。据统计，建筑物的资产管理阶段约占其总生命周期成本的60%。然而，由于设计和施工阶段与运营和维修阶段分开，并且缺乏一个有效的建筑资产管理系统，涵盖所有类型的建筑物，因此在目前的资产管理做法中产生了大量不必要的开支。数字化资产管理平台运用BIM+IoT（物联网）技术，将实体、BIM模型与人进行有效连接[2]。BIM技术与物联网打通现实与虚拟、实体与数据间的接口，实现对施工建造及运维阶段的行为监控、数据采集，结合BIM模型数据完成数据交互，实现有效的现场管理及操作行为[3]。BIM实现信息传递和交互共享，物联网将信息和实体进行连接。BIM+IoT（物联网）实现建筑三维图可视化，不动产数据化、档案信息化，提升运维效率，降低不断增长的运营成本。使用BIM技术与管理系统相结合，对建筑的空间、设备资产等进行科学管理[4]。

2 固定资产管理现状

资产管理决策制定本质上是一个需要同化大量数据、流程和软件系统的过程[5]。传统的固定资产管理难以解决全生命周期数据的系统化问题。现今的固定资产普遍存在着资源配置不科学、设备未达使用寿命便报废、设备闲置率过高等问题[6]。大部分企业甚至未制定合理规范的资产管理标准，导致资产管理程序琐碎复杂，大量固定资产被闲置、浪费，间接增加了企业的经营成本[7]。对于国有固定资产来说，资产的处置周期也相对较长，申请与审批过程复杂，并且资产管理系统与财务系统存在一定的割裂，现有的系统间接口虽然能够实现数据的传送，但传输质量难以保证，经常会出现连接不稳定而导致信息丢失的现象[8]。

2.1 IoT技术对固定资产管理的影响

物联网（IoT）技术以数字化实体资产为核心，将建筑信息模型（BIM）整合各参与方的项目信息，实现全过程数字化管理和智能化管控，从而反馈三维模型数据并指导项目管理。利用数据整合、轻量化和集成技术，可实现对项目资产模型的可视化呈现和数据整合。物联网技术作为连接固定资产和上层平

【作者简介】荆乃文（2000—），女，硕士研究生。主要研究方向为智能建造及建筑信息模型。E-mail：15122424663@163.com

台的纽带，扮演着连接两者的重要角色。

物联网技术的应用，可为日常设备运行管理监控提供更为便捷的解决方案。安装带有传感功能的电表、水表，可实现建筑能耗数据的实时采集、传输、初步分析、定时定点上传等基本功能，同时具备高度可扩展性。利用该系统可以对建筑物内各种用电设备和设施进行有效的控制和管理。该系统还支持远程监测园区内温湿度，实时分析园区内的温湿度变化，并与节能运行管理协同工作。

3 数字化资产管理平台搭建

3.1 项目概况

天津中新生态城内现有在建项目20余个，实物资产众多，坐落地点分散在生态城管辖范围的各个角落，涵盖海博道消防站、50地块中学、57地块幼儿园、33地块南开小学、中福中加第二幼儿园、枫叶幼儿园、妇女儿童医院、12年制学校等众多项目。国有固定资产众多且价值高，管理好国有资产不仅能够实现国有资产的保值和增值，还能够维护国有资产使用单位的合法权益，提高国有资产效率，从而保障国有企业可持续发展，促进经济稳定发展。数字化资产管理平台的建设同时可为不同项目提供高效的信息共享渠道，促进城市管理向数字化、智能化、生态化转型升级。天津中新生态城管辖项目如图1所示。

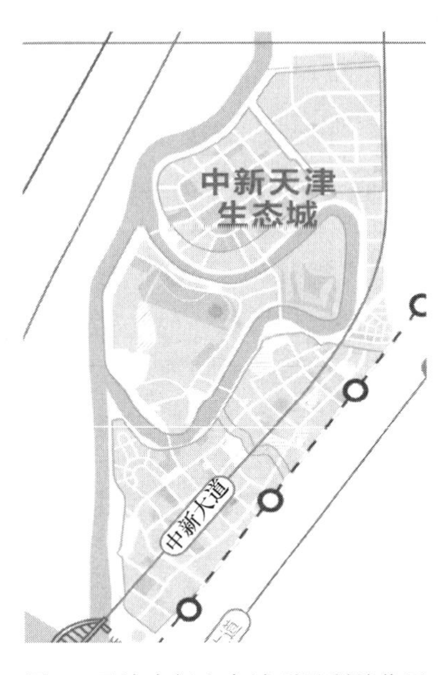

图1 天津中新生态城项目所处位置

3.2 RFID数据采集

引入基于无线射频识别（Radio Frequency Identification，RFID）的自动识别技术，能够建立固定资产账、卡和实物之间的强关联，同时实现固定资产实物数据采集的自动化和无纸化，有效提高资产管理效率[9]。本项目采用实诺瑞智能助手进行标签的打印，选取具有高频芯片的REID标签作为IoT资产管理的基础。RFID交互过程如图2所示。

图2 RFID技术交互过程

RFID技术在实际查询盘点时可使用PDA手持读写器读取实物资产上的标签信息。对固定资产进行“身份证”式管理，为每一件固定资产实物建立唯一的身份标识，通过读写设备搭建实物资产与固定资产管理系统的桥梁[10]，建立统一、高效、实时和流程电子化的固定资产管理体系，实现对固定资产科学化、规范化的管理，能够实现实物资产管理的部门间业务协同、资产信息高效共享、多维度分析数据，有效地解决国有资产公司实物资产与设备卡片（PM）和财务资产卡片（AM）之间无直观对应关系的问题，杜绝错盘、重盘现象的发生，同时也能够提高固定资产的利用率。图3为RFID在资产标识采集的应用过程。

3.3 BIM+IoT智慧运维

本文基于物联网技术设计了一种新型的物联网智能监控系统。该系统具备三大核心功能：（1）实现对附近一组智能建筑固定资产的连接、托管和现场控制；在此研究基础上，构建了一个基于物联网的智能固定资产管理系统框架。（2）对于从物理世界收集的数据，进行预处理并对上层发出的控制命令进行解码；在此系统中，资产是由一个或多个传感器采集来的数据经过计算得到的，并被转换成对应的图像。

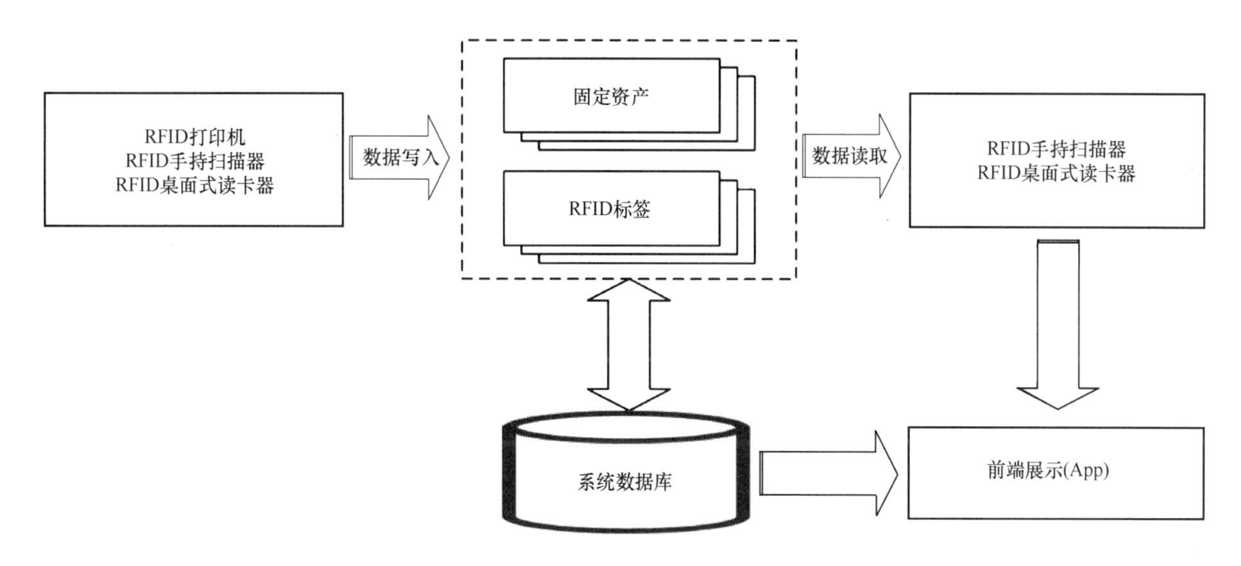

图 3　资产标识采集应用过程

(3) 将这些智能化的固定资产转化为云端资产代理，通过云平台进行云端存储、控制和共享，实现高效的资产管理和利用。这些传感器可被用来识别物品是否存在于一个或多个空间位置中。利用物联网感应和电子扫描技术，运用资产信息数字化映射的手段，建立实体资产和数字资产之间的专业精准关联，从而实现资产信息的智能检索，为管理者提供高效便捷的查询和利用手段的管理流程[11]。

通过将各用电单元与智能终端连接，实现了内部及外部各种用能设施之间的能量流动控制和协调[12]。通过开发的能源管理功能模块，能够统计由温度传感器、压力传感器、光学传感器等传感器收集到的所有相关数据，并通过算法对能源消耗情况进行自动统计分析，同时对异常能源使用情况进行警告或标识，实现设备损坏和管道问题的快速定位，以及对建筑内运行系统的及时维护[13]。

4　数字化资产管理平台创新应用

4.1　平台系统总体架构

在系统的功能设计中，首先需要从总体架构角度，按照系统的固定资产运维管理的效率优化角度，按照天津中新生态城的固定资产管理信息化需求，对固定资产管理系统内部的功能模块进行模型架构的分析与设计。通过功能模型架构的设计，主要实现对系统内部功能模块的层次划分，目标是通过功能组件及服务接口的归类和分析，降低系统内部功能模块之间的服务及功能耦合性，提高系统在后续应用中的可维护性。基于上述设计思路，按照固定资产管理系统的需求分析，天津中新生态城对其进行功能模型架构的分析与设计如图 4 所示。

4.2　智慧实时报警

利用三维可视化技术，将三维图像信息与设备资产信息结合，智能警报系统由连接到设备的节能射频发射器模块组成。射频模块使用光能供电，这种能量使用三种不同类型的能量存储，它们是短期（电容器）、长期（超级电容器）和超长期（可充电电池）。变送器模块配置为依赖于能量收集。它依靠预装的光伏电池作为唯一的充电源，也可以连接到外部能量收集器[14]。该模块还包含一个短期存储，可快速填充并允许快速启动以与附近的设备进行通信。

根据设备附近传感器感受到的温度、湿度、压力等参数，通过算法分析该设备是否处于正常运行状态，并将非正常状态报送至平台。在平台中通过 BIM+GIS 可以准确定位故障设备的位置，使报警信息更加清晰明确。系统实时报警界面如图 5 所示。

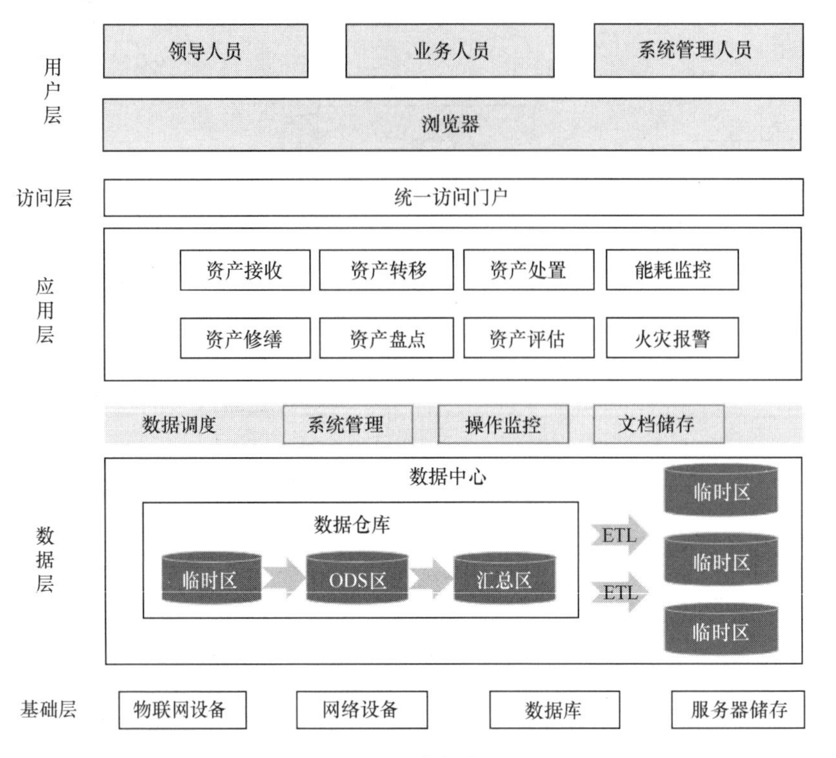

图 4　平台架构

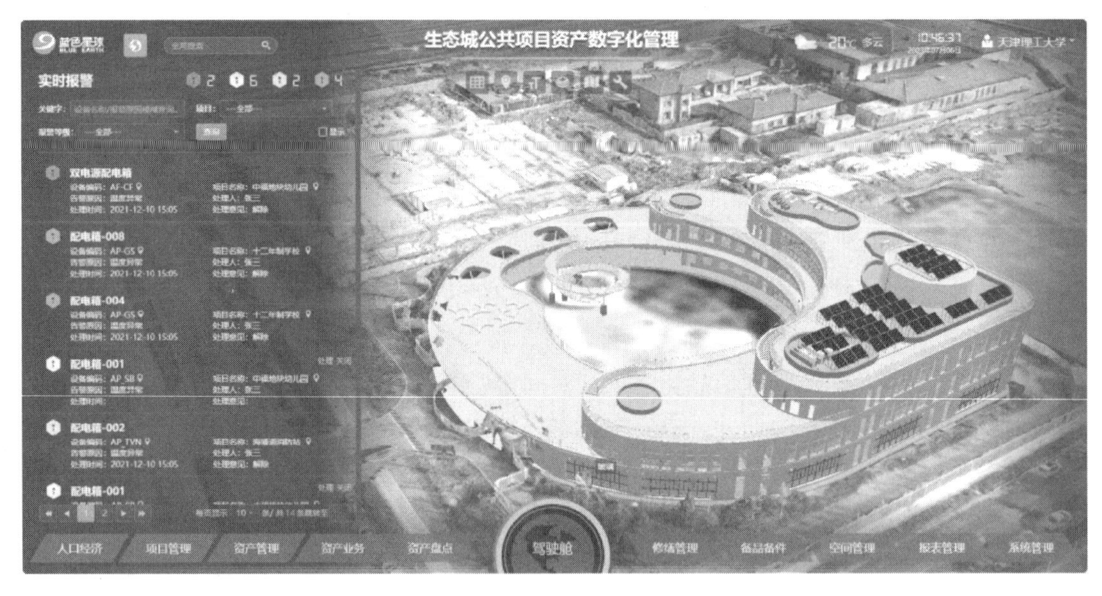

图 5　系统实时报警界面

5　总结与展望

本文根据现有的资产管理模式，提出了运用 BIM＋IoT 技术进行数字化资产管理平台的研究，并将其应用于天津中新生态城资产管理中，对其管理模式进行改进，研究了真实资产管理中资产的定位与资产信息的收集，将资产信息赋予每一个模型中。本文还提出了利用传感器智能报警，一种基于数据驱动的新型故障检测方法，实现实时三维可视化定位预警。未来，我们将基于报警的故障原因进行深入研究。

参考文献

[1] 韩军喜．国有企业固定资产管理现状分析及对策[J]．中国集体经济，2023，746(18)：149-151.

[2] 饶小康，马瑞，张力，等．基于GIS＋BIM＋IoT数字孪生的堤防工程安全管理平台研究[J]．中国农村水利水电，2022，471(1)：1-7.

[3] 赖振贵，刘福光，梁景晖，等．白云国际机场三期扩建工程航站区给排水设计介绍——消防系统设计及智慧消防技术应用[J]．给水排水，2023，59(5)：134-139.

[4] 李鑫生，郑七振，吴露方，等．基于建筑信息模型和Unity WebGL的施工信息智能化监测系统关键技术的研究[J]．工业建筑，2022，52(2)：186-195.

[5] 乔海洋，轩莉，李芒原，等．基于BIM的医疗设施运维系统应用研究[J]．建筑结构，2021，51(S1)：1229-1233.

[6] Guo H L，LI H，Skitmore M. Life cycle management of construction projects based on Virtual Prototyping technology [J]. Journal of Management in Engineering，2010，26(1)：41-47.

[7] 唐博，丁洪飞．基于全生命周期理念的高校国有资产管理研究[J]．武汉理工大学学报(信息与管理工程版)，2023，45(3)：495-500.

[8] 路璐．基于精益化管理的宁东供电公司固定资产管理优化研究[D]．北京：华北电力大学(北京)，2017.

[9] 余加宝，姚俊梅，谢瑞桃，等．基于深度学习的超高频标签识别系统[J]．计算机科学，2023，50(S1)：666-671.

[10] 梁磊．基于RFID的城市智能建筑信息整合系统构建[J]．信息系统工程，2023，354(6)：4-7.

[11] 赵静静，田延飞．基于NB-IoT和OTA的云上智能井盖监控系统设计[J]．计算机测量与控制，2023，31(6)：123-129.

[12] 杨启亮，邢建春．建筑信息物理模型：一种建筑信息描述新形式[J/OL]．中国工程科学：1-11[2023-07-11].

[13] 李莹，赵圆圆．基于设施管理的BIM模型数据移交与更新[J]．中国建设信息化，2023(4)：68-71.

[14] 曹弘坚．RFID技术下的物联网前端感知系统设计及应用[J]．科技视界，2017，190(4)：223.

基于 BIM 和 GIS 的资产数字化管理平台

牛思钠，钟　炜

（天津理工大学，天津 300384）

【摘　要】近年来，随着 BIM 技术被广泛应用于各行业中，其在资产管理领域也受到越来越多的关注和研究。然而，目前该技术在资产管理领域的应用还有在一定的不足，还需要进一步推进基于 BIM 的资产管理可视化方面的应用。本文重点研究基于 BIM 和 GIS 技术的资产管理平台，并结合具体项目进行探讨。文章梳理了资产管理流程存在的问题，提出了资产管理的解决方案，最后以天津中新生态城为试点项目，论述了天津中新生态城基于 BIM 和 GIS 的资产管理数字化平台，分析了将 BIM 和 GIS 用于资产管理中的优势，旨在探索在资产管理中 BIM 和 GIS 的管理路径，以便于实现资产的智能化管理。

【关键词】BIM；GIS；资产管理

1　固定资产管理流程存在的问题

1.1　账本与实物之间没有较强的关联性

在资产信息管理系统中，资产管理公司的固定资产采用“一物一卡”的管理模式，实现了设备台账与固定资产卡片、明细账以及固定资产卡片价值之间的紧密联动。通过对固定资产卡片进行编码化处理，使之成为一个可识别且具有唯一性的信息载体，为固定资产清理提供了可靠依据。然而，当前的实物缺乏明确的标记，无法与系统中的固定资产卡片和设备台账建立直观、有效、唯一的强关联关系，导致每年的固定资产清查只能通过纸面作业的方式进行，需要耗费大量的人力和时间与现场实物进行核对，这给固定资产清查工作带来不便[1]。

首先，信息链条遭遇了断裂，导致实物流转不及时。在未经过标签标记的情况下，实物资产无法与账卡建立一对一的映射关系，从而导致无法进行有效的资产管理。在实际的固定资产清查和盘点过程中，资产使用人员通常会建立台账和实物之间的对应关系，然而这种方式并不能保证对应结果的客观性和准确性。

其次，盘点带来的效益难以精准掌控。在固定资产的日常管理工作中，进行固定资产的清查盘点是一项至关重要的任务，通过盘点结果可以全面了解企业固定资产的使用情况和账目相符情况，从而提高资产使用效益，发现固定资产管理中的薄弱环节。

1.2　资产管理不规范

资产管理公司所拥有的实物资产数量众多，分布在各个角落，这些资产的新增途径众多，同时资产改造频繁、管理不规范导致固定资产账实不符，从而给企业带来有效资产认定的困难和风险。

首先，资产改造后未经过适当的处置，导致其废弃不用。资产管理公司所掌管的固定资产种类繁多，其资产变化信息仅由资产使用部门掌握，而财务部门对此知之甚少。若资产使用部门与财务部门之间缺乏有效沟通，则可能导致账目不符的情况出现。

其次，盘点带来的效益难以精准掌控。由于固定资产的价值管理和实物管理存在脱节，而需求部门对固定资产管理的认知相对薄弱，导致零购等项目的采购周期长或经费不足，从而使得实际增加和更换的设备费用化，这些操作可能会导致实物资产未被登记到财务固定资产账面，从而引发固定资产账实不符的问题。

【作者简介】牛思钠（1998—），女，硕士研究生。主要研究方向为建筑可视化。E-mail：1205171596@qq.com

1.3 资产处置管理缺乏有效监控

目前资产管理公司固定资产在退役后缺乏有效的监控手段，存在管理不善的现象。

报废资产后续管理不规范。目前，资产做报废处理后交由物资部门进行后续拍卖处置，但作为备品备件、再利用时，有些资产使用部门自行保管，未移交物资部门登记建账统一保管。现在的管理模式造成无法针对资产的退运以及后续再利用等情况进行系统的统计查询以及跟踪管理，容易出现管理混乱、监管缺失。

2 实现资产数字化所使用的技术

2.1 GIS技术

利用倾斜摄影技术和计算机技术、地理信息系统（GIS）实现了对地球表面部分空间的三维实景模型和数据信息的采集、存储和管理，呈现出高精度的视觉效果。通过将地理信息融入建筑设计中，为建筑设计提供更加直观、准确的参考依据，从而提高了建筑设计水平。利用地理信息系统技术，可以实现将建筑三维模型与相关信息数据进行可视化融合，从而达到更高效、更全面的信息管理效果[2]。图1为GIS应用于资产管理的规则化三维建模流程图。

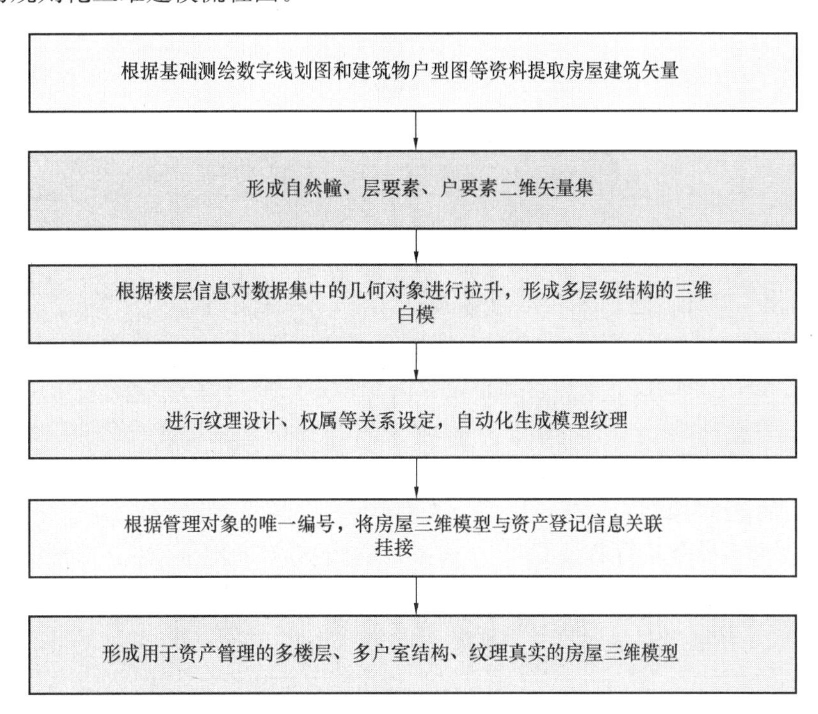

图1 GIS技术的应用过程

2.2 BIM技术

BIM技术在资产管理中的应用主要通过数据整合、数据轻量化和数据集成，完成项目资产模型的可视化过程及数据集成。基于BIM的资产管理原理图如图2所示。

2.2.1 基于Revit的BIM模型提取

就BIM技术而言，Revit软件是目前最具代表性和应用最普遍的建模软之一。BIM理念正在国内不断普及和深化，更多的建筑设计单位和施工单位选用Revit软件作为平台应用BIM技术进行设计[3]。与此同时，Revit软件为了适应更多人的需要而不断更新和拓展其功能，已经成为目前最为流行的BIM设计软件之一。

BIM竣工模型是通过对方案、设计和施工三个阶段进行优化和融合而形成的。通过将地理信息融入建筑设计中，为建筑设计提供更加直观、准确的参考依据，从而提高了建筑设计水平。通过对BIM方案模型进行优化，将其转化为一个设计模型，并对其进行信息深化，最终形成一个施工模型。BIM的施工

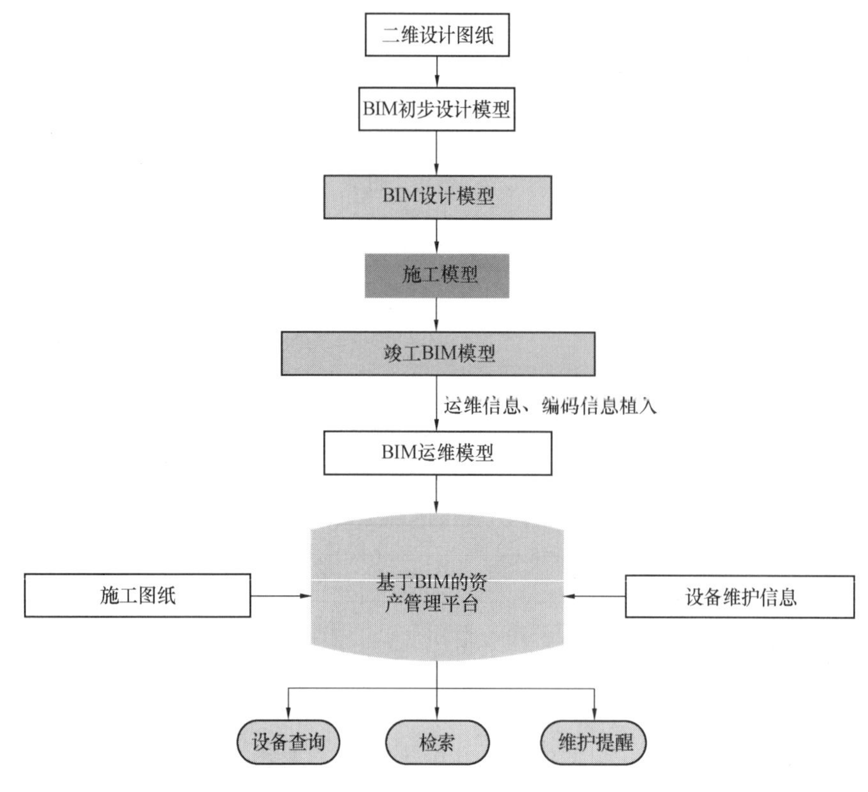

图 2　基于 BIM 的资产管理原理图

模型经过进一步的优化和补充，包括采购信息等基本元素的属性信息，从而形成一个完整的竣工模型。通过消除 BIM 竣工模型中的规划设计和建造施工信息的冗余，从而优化运维模型的形成。运维模型通过对项目各阶段工作情况的记录以及后期运营维护过程的反馈，最终得到全生命周期内的建筑信息。因此，在 BIM 信息从生产到传递再到应用的全过程中，BIM 模型数据的整合扮演着至关重要的角色。在此过程中，BIM 模型信息形成了一个封闭的数据信息流，其不断更新和优化，以保持其连续性[4]。

2.2.2　基于 WebGL 的 BIM 模型轻量化

WebGL 技术，作为一种全新的 Web3D 图形规范，已经引起广泛的关注。三维场景中物体的显示与交互不再依靠鼠标点击等方式完成，而是由浏览器直接控制。WebGL 提供了一种高效的三维模型绘制和加速渲染功能，与传统的依赖插件展示三维动画效果的方式不同，WebGL 实现了 Web 端的三维展示，无须任何插件[5]。

资产数字化管理平台上的数据来源于 BIM 竣工模型，因为信息模型体积较大，如果直接引入可视化引擎可能存在数据浏览难度较大的问题，因此有必要对 BIM 竣工模型数据进行过滤，剔除冗余数据信息并保留符合资产数字化管理要求的信息，然后按照要求以合适的细节输入设备维修台账和供应商信息等额外信息，形成轻量化 BIM 模型[6]。

2.3　BIM 技术和 GIS 技术的融合

智慧城市的建设需要将 GIS 技术和 BIM 技术相互融合，以达到更高效、更智能的效果。目前在国内外已应用了许多技术来实现二者的深度融合，但由于两者各自的特点及需求不同，导致其具体融合方式也不尽相同。地理信息系统可为项目提供外部的地理数据，而 BIM 则可提供项目内部的模型数据[7]，两者都可以为项目带来更高的经济效益。GIS 和 BIM 可以采用三种不同的融合方式：一种是基于数据格式的融合，另一种是基于标准扩展的融合，还有一种是基于本体的融合[8]。目前已有不少学者对这三种融合方法展开研究并取得一定的成果，但尚未见关于两者结合的系统解决方案。利用数据交换插件，将 BIM 模型在 GIS 中的坐标自动转化为 BIM 坐标与 GIS 球面坐标的对应关系，从而实现了地理信息系统应用领域的扩展，同时也提升了建筑信息模型的应用价值，为数据采集、数据分析和数据决策等领域的发展注入了新的活力。资产数字化管理平台架构如图 3 所示。

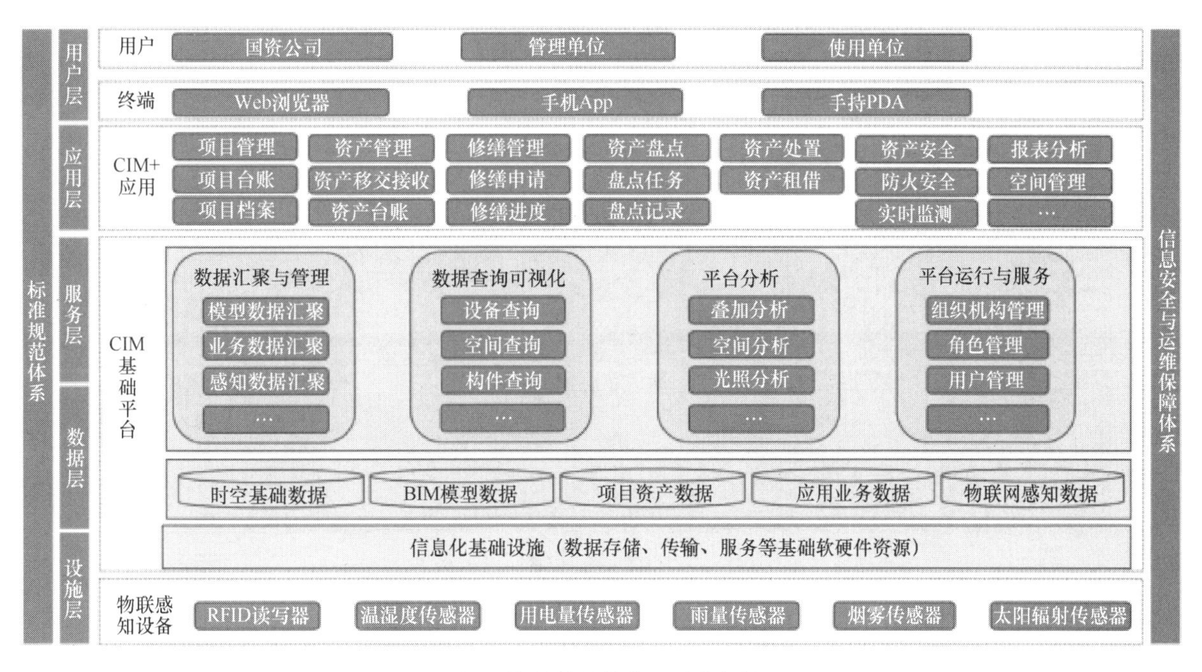

图 3　资产数字化管理平台架构

3　资产管理平台应用

以天津中新生态城的资产管理平台为例，该平台是一个 BIM+GIS 的智慧管理平台。利用 BIM 可以查看资产盘点路线（图 4），利用 GIS 可以查看资产定位（图 5），基于 BIM+GIS 的资产管理系统能够实现随时随地、零距离、安全稳定的信息化监测。

图 4　BIM 技术辅助查看盘点路线

本项目将 BIM 与 GIS 技术同时运用于资产管理过程中，以帮助规划资产盘点路线，利用 BIM+GIS 技术能够精确展现建筑物信息三维建模，使资产管理人员能够通过虚拟模型从更加全面的角度分析建筑物，更为精准全面地逐个管理每一座建筑物。也可在平台上集成建筑物信息、设备信息以及其他各种信息，可便于资产管理人员进行实时共享并获得完整资产信息，加快了资产管理速度及准确性。还可对建筑物信息进行历史记录，对维修与养护进行记录，迅速得到已有设备使用状况，以便对设备故障与检修问题做出及时处理。

图 5　GIS 技术辅助查看资产定位

4　结论

总体来说，BIM 和 GIS 技术在资产管理的路线中可以大大减轻人工管理方面的负担，提高资产管理的准确性和效率，节约了资产管理时间[9]。通过数字化设计与管理的形式，可以更全面、高效地执行资产管理工作，为企业提供更加及时、准确的资产管理数据支撑。

本文按照“提出问题—解决问题”的思路，首先分析了企业在资产管理中存在的问题，并提出了基于 BIM+GIS 的资产管理解决方案，创立了资产的数字化管理平台，最后以天津中新生态城为例，展示了 BIM 和 GIS 在平台中的具体应用，该平台基本实现了资产管理的可视化。

参 考 文 献

[1]　张芙蓉，杨雅钧，齐明珠，许镇．结合 BIM 与 GIS 的城市工程项目智慧管理研究[J]．土木建筑工程信息技术，2019，11(6)：42-49.

[2]　黄颖，许永吉，刘冠国．基于 BIM+GIS 的在役桥梁智慧运管平台架构研究[J]．土木建筑工程信息技术，2022，14(2)：90-95.

[3]　张应龙．基于 BIM 和 GIS 技术的高速公路资产数字化方法研究[J]．城市建设理论研究(电子版)，2020(20)：48-49.

[4]　许怡蕾．BIM 和 GIS 技术融合在智慧城市建设中的应用[J]．智能城市，2020，6(13)：16-17.

[5]　李宁，陈捷，刘文清．基于 BIM+GIS 的交通领域资产管理实践[J]．中国建设信息化，2022，(13)：67-69.

[6]　和瑞峰．基于 BIM 的运维阶段建筑设备资产管理实现路径研究[D]．天津：天津理工大学，2017.

[7]　李雅丹，邓大为，吴振田，等．新型电力系统生产设备智能化管理平台建设关键技术与应用[J]．全球能源互联网，2023，6(4)：437-444.

[8]　闫啸坤，李子龙，尹京，等．基于 BIM+GIS 的重载铁路桥梁设备管理研究与应用[J]．铁道建筑，2022，62(8)：108-112.

[9]　石鹏展，戴欢，陈洁，等．基于区块链的智慧城市边缘设备可信管理方法研究[J]．信息安全学报，2021，6(4)：132-140.

基于BIM的企业级智慧建造系统规划

陈　瑶

（福建省拳石科技发展有限公司，福建 福州 350002）

【摘　要】近几年国家和各地纷纷出台政策，推进建筑工业化、数字化、智能化升级，加快建造方式转变，推动建筑业高质量发展。通过基于BIM的企业级智慧建造系统规划，构建覆盖“企业、建设项目”两级联动的项目管理体系，实现项目各参建方的自我管理与企业各管理层级的监管。同时将基于BIM的智慧建造系统与企业现有系统进行有效集成，为企业现有系统提供项目全过程管理产生和积累的生产管理数据。

【关键词】BIM；智慧建造；数据集成；数据看板

1　引言

智慧建造涵盖建设工程的设计、生产和施工三大阶段，其中施工阶段主要涉及现场安全、质量、进度、合同成本、工程资料等方面的信息化和智能化提升。针对目前我国建设工程行业用人成本高，安全事故多发等亟待解决的问题，建立新型的智慧建造综合管理系统是解决上述问题的有效途径之一[1]。

通过引入一个服务于企业、项目参建各方的智慧建造系统，协助对项目全生命周期的实时管控，实现“一个平台管理全局”，为管理者提供建设工程全方位、实时、精确、便捷的智慧化管理工具，便捷准确地落实三控三管一协调，为项目带来“深应用、强管理、重协同”的服务，为企业管理者提供“看清楚、算清楚、管清楚”的数字化工具。

2　系统建设内容

系统建设内容包括基于BIM的智慧建造系统的应用规划、企业内部平台系统间数据集成对接规划以及多层级驾驶舱数据看板规划。基于智慧建造管理平台与集团现有业务系统有效集成，涵盖质量、安全、进度、合同、经营等多项管理指标。根据不同管理层级对现场的管理需求，将一线数据进行汇总分析，实现数据的互联互通、集成共享，最终为管理层经营决策服务。基于BIM的企业级智慧建造系统架构如图1所示。

2.1　基于BIM的智慧建造系统应用规划

搭建基于BIM的智慧建造系统，探索新型项目管理模式，实现工程业务数据、BIM数据“全互通和全共享”，消除信息孤岛。通过构建覆盖“企业、建设项目”两级联动的项目管理体系，以BIM模型为载体将施工过程中的项目管理信息进行集成，可以对项目进度、投资、质量安全、材料、劳务、现场协调等进行直观有效的监管[2]。

从建设项目全生命周期出发，以项目精细化管理为目的，建设基于BIM的智慧建造系统，具有项目设计、施工阶段项目全过程管理、数据归集协同、流程协同及可视化等功能。智慧建造系统应用规划如图2所示。

2.2　企业内部平台系统间数据集成对接规划

探索以BIM技术为载体的项目全生命周期应用模式，与企业现有系统集成对接，制定统一的技术接口集成规范，推动上下游平台的数据集成、融合共享，打破信息孤岛[3]。在一张图一个模型中实时显示现

【作者简介】陈瑶（1995—），女，BIM项目经理。主要研究方向为BIM技术应用及智慧建造。E-mail：369143713@qq.com

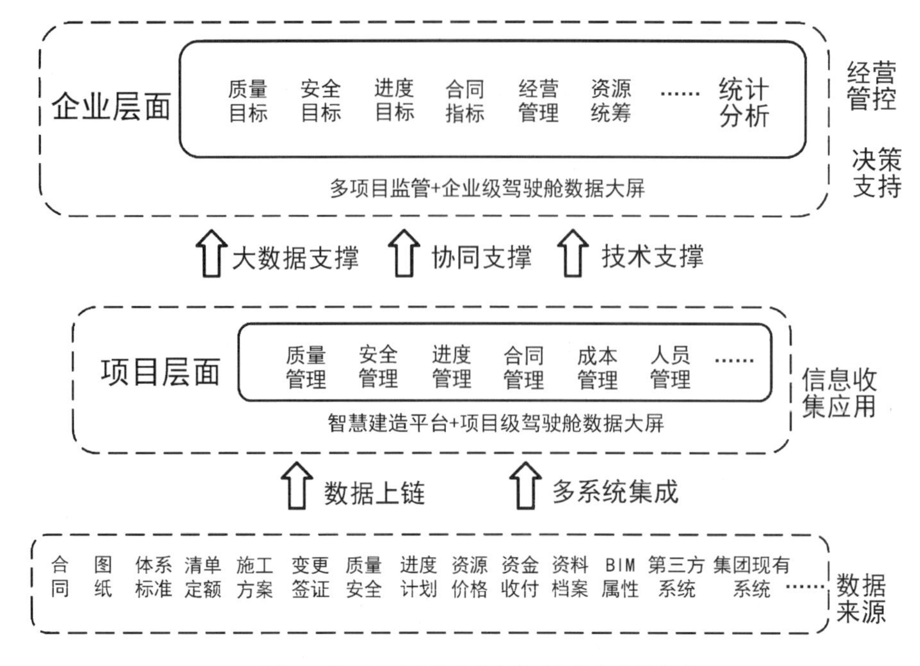

图1 基于BIM的企业级智慧建造系统架构

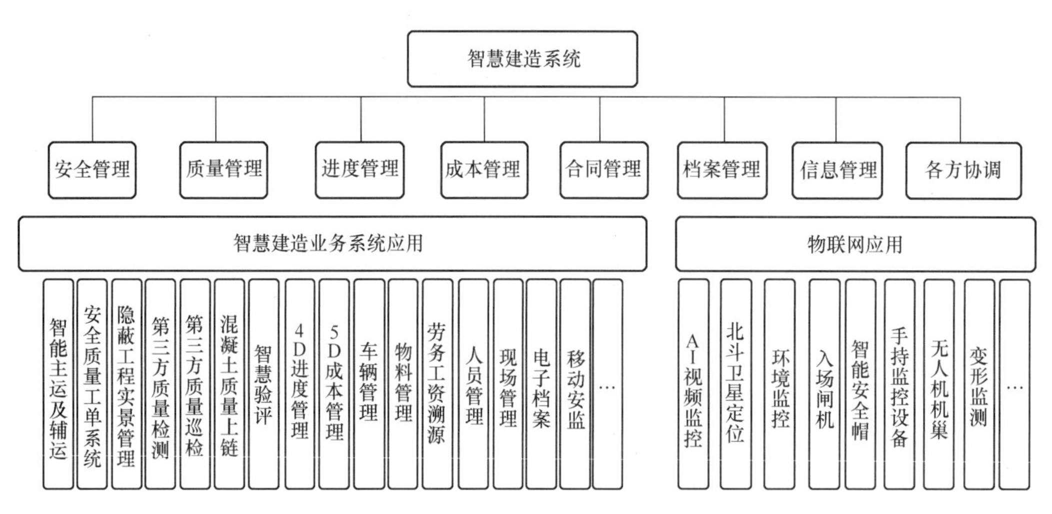

图2 智慧建造系统应用模块概览

场各类生产要素数据，使施工现场实现数字化，数据更全面、准确、及时地展现在系统中，进行预警报警、汇总分析、评价等，为项目管理提供科学依据。

以BIM数据驱动项目全周期管理，打通数据流转通道，实现“一个模型干到底，一个模型管到底”。管理人员可在BIM轻量化模型中清晰地查看项目工地中各项目的实时进度和详细信息，辅助管理人员对项目进行精确掌控与决策，促进实现精益建造、绿色建造和生态建造的“智慧建造”。通过智慧建造系统应用建立一套数字化项目管理体系，逐步探索企业BIM技术应用标准体系建设，引领企业BIM应用发展方向，形成统一的BIM技术应用标准及实施管理办法。

2.3 多层级驾驶舱数据看板规划

通过数据的流通共享促进建设项目协同，推动数据汇聚整合，建立数据中台，依托数据集成展示技术，实现一个各类信息资源展现的多层级驾驶舱。将项目各项管理数据汇总统计，形成驾驶舱数据看板，多项目数据汇总对比，可与BIM模型联动形成可视化管理。企业各层级人员按照相应权限从智慧建造系统调取其所需的模型和数据，为项目管理提供技术支撑和数据支撑。

基于数据的共享、可视化的协作带来项目作业方式和项目管理方式的变革，促进工作流程标准化、协同对接高效化、项目资料无纸化、现场管理智能化、过程管理精细化，提升项目各参与方之间的效率。通过系统对工程项目的建设过程步步留痕，绑定责任人，方便在项目出现问题时进行核查，明确各方主体责任，有效进行事中、事后监管。

3 系统应用

3.1 全场景建模应用

系统包含模型图纸管理、文档资料管理、安全质量管理、进度管理、合同成本管理等模块。通过多源异构模型融合、数据模型挂接、图纸模型切换、高维模型分析等功能，助力精细化施工、智慧化运维[4]。以 BIM 模型为载体集成管理流程和数据，直观地展示项目施工情况，实现项目精细化管理。基于 BIM 的可视化展示如图 3 所示。

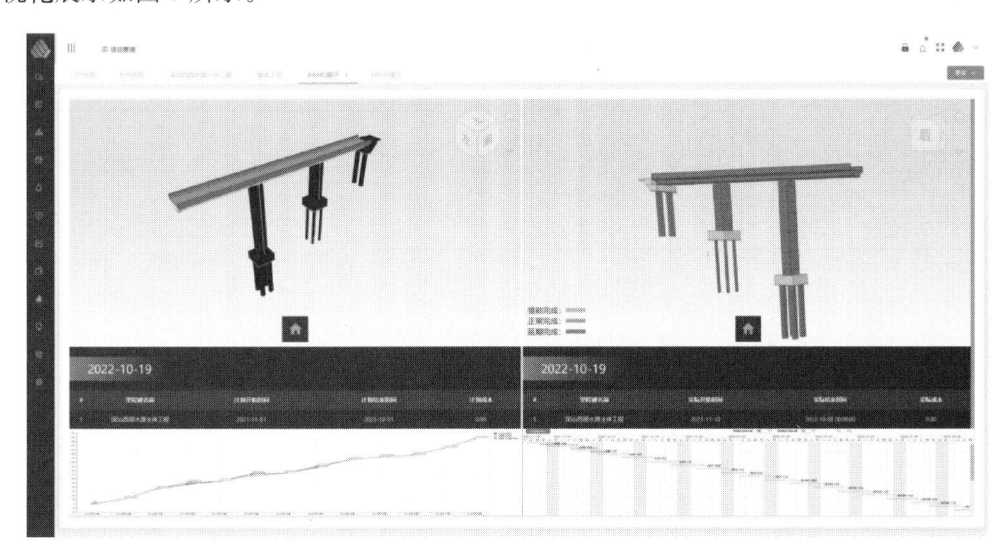

图 3 基于 BIM 的项目进度分析

3.2 全要素物联感知

系统支持汇聚各类物联感知设备数据，融合物联网智能识别技术应用，数据传输实时稳定可靠。对建设全过程各类物联感知设备数据进行全面采集、稳定传输和分类展示，提供安全屏障，助力“双碳”达标。智慧工地全应用场景数据集成如图 4 所示。

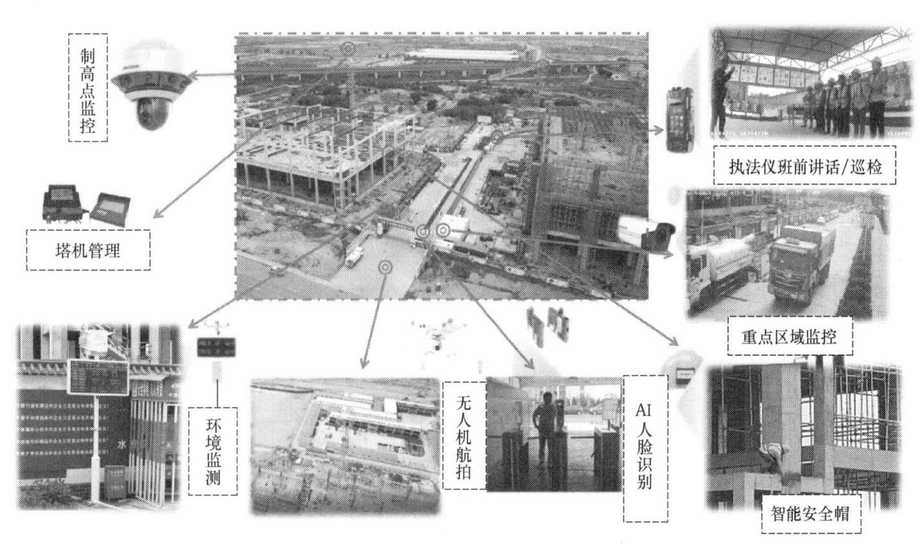

图 4 智慧工地全应用场景数据集成

3.3 全链路数据溯源

通过自定义创建审批链，实现“一项任务一条链”，可对链上各项数据进行溯源追踪、流程查询等，提高流程审批效率。巡检过程中可以随时通过移动端发起安全质量工单，与BIM模型关联，实现精准定位、及时督办，提高问题处理的准确性和及时性。基于BIM的工单发起流程如图5所示。

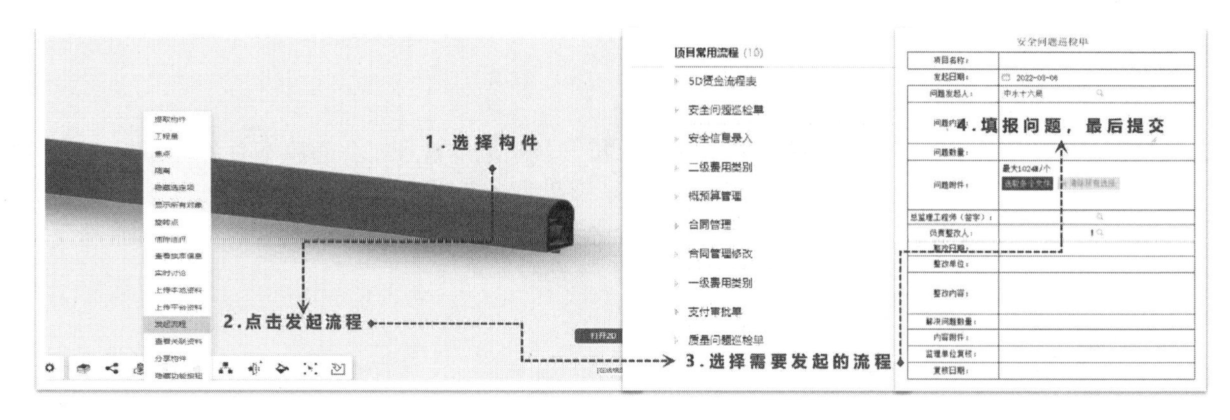

图5 基于BIM的工单发起流程

3.4 多终端协同管理

系统提供模型分享应用、模型实时讨论、二三维联动（图6）、工单管理等功能，以轻量化BIM模型为核心进行多终端协同和全生命周期应用[5]。通过将数据流转共通，数出一源且可视化传递信息，解决跨企业、跨专业、跨地域的复杂问题，让参建各方高效协同。

图6 二三维联动

3.5 多维度智能监管

系统可进行多项目监管，以“一企一档、项目并行”的方式为建设单位提供便利的数字资产移交、态势分析决策等服务。多层级驾驶舱数据看板包含各类数据关键指标，如图7所示，可分别进行数据查看对比、趋势预测等多维度分析，从而全面了解项目现况、形成原因、未来趋势，满足展示汇报、智慧决策、项目监管等需求[6]。

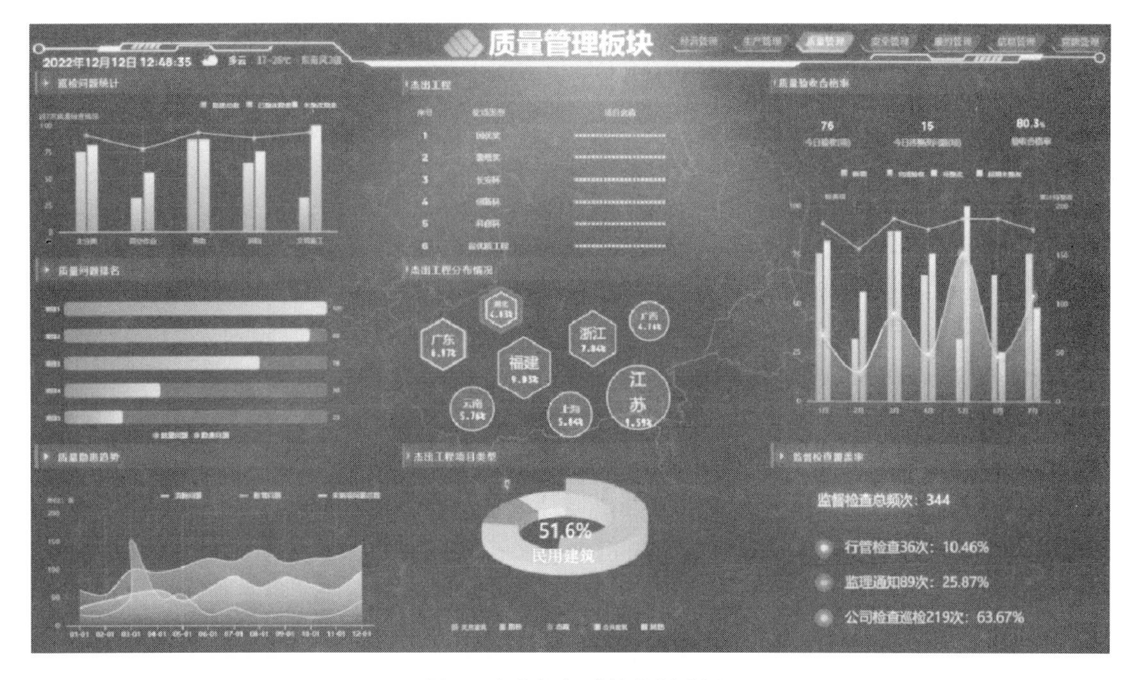

图 7　企业级驾驶舱数据看板

4　结语

基于 BIM 的企业级智慧建造系统以 BIM 模型为载体，将施工过程中的进度、成本、质量、安全、人员、材料等项目管理信息进行集成。通过对施工过程中的关键节点进行直观有效的监管，实现项目参建各方的自我管理与企业监督管理的标准统一、在线协同，同时也是推进建设项目数字化、智慧化应用的重要手段。从点到面助力项目全生命周期的业务在线化、管理数字化、决策智能化，实现真正意义上的工程降本提质增效。项目建设各阶段 BIM 应用的标准化信息传递和共享，赋能企业管理，助力企业数字化转型并提升行业竞争力，通过项目全局管控提升了工程数字化管理水平。

参 考 文 献

[1]　张云翼，林佳瑞，张建平．BIM 与云、大数据、物联网等技术的集成应用现状与未来[J]. 图学学报，2018，39(5)：806-816.

[2]　胡跃军，罗坤，乔鸣宇．基于 BIM 的智能建造技术探索[J]. 中国建设信息化，2019，25(16)：52-53.

[3]　吴亮．智慧工地企业级管理系统研究[D]. 武汉：湖北工业大学，2020.

[4]　杭的平．BIM 技术在建设工程全生命周期管理体系中的应用探索[J]. 山西建筑，2021，47(3)：191-193.

[5]　赵博，汪洋，段国栋．BIM 协同平台在建设工程全生命期中的应用[J]. 中国勘察设计，2019，34(12)：102-104.

[6]　屈红磊．基于 BIM 的看板管理理论在施工中的应用研究[D]. 烟台：烟台大学，2018.

BIM技术在异形建筑中的应用

张艺博

（甘肃第三建设集团有限公司，甘肃 兰州 730030）

【摘　要】随着我国建筑领域BIM技术应用的不断推进，建筑施工过程中的难度逐渐加大，现场实际施工过程中，又衍生出许多与BIM技术相结合的落地应用，在建筑施工中的应用具有很多突出的优势，不仅能够合理控制施工成本，而且能够使施工管理效率和质量得到提高。本文以马家窑文化研究展示中心建设项目为例，对BIM技术在建筑施工中的应用进行了分析，希望本文所作分析能够为有关研究人士带来参考。

【关键词】BIM技术；三维建模；虚拟施工；智慧建造

1　引言

近年来，BIM（Building Information Modeling，建筑信息模型）的全面应用为建筑施工企业的科技进步带来了不可估量的影响，大大提高了建筑工程的集成化程度，同时也为建筑施工企业的发展带来巨大的效益，使规划、设计、施工乃至整个工程的质量和效率得到显著提高，加快了行业的发展步伐。BIM技术的应用可以促进工程管理水平提升和生产效率的提高，提升工程集成化交付能力，为管理信息系统提供及时、有效和真实的数据支撑。因此，BIM技术的应用和推广必将为建筑施工企业科技创新和生产力的提高提供很好的手段。

2　项目概况及重难点分析

2.1　项目概况

定西市临洮县马家窑文化研究展示中心建设项目位于甘肃省定西市临洮县洮阳镇滨河西路，总建筑面积8774m²，交通便利，市政设施齐全，是理想的公共建筑用地。该项目建设有两层钢筋混凝土框架结构展示中心（1D/2F），其中一层建筑面积6286m²，夹层建筑面积113m²，二层建筑面积2249m²，出屋面建筑面积126m²，建筑高度16.2m。

建设单位：临洮县文体广电和旅游局

设计单位：中国建筑西北设计研究院有限公司

勘察单位：甘肃省建筑设计研究院有限公司

施工单位：甘肃第三建设集团有限公司

监理单位：昆明建设咨询管理有限公司

2.2　重难点分析

施工占地面积小：项目场地东西宽度约150m，南北宽度约180m。东侧为村民灌溉河流，西侧临近山体，施工场地较小需合理应用；弧形幕墙建筑：本项目有大量的弧形玻璃幕墙建筑，通过BIM技术建模可以更好地配合玻璃幕墙的安装；施工难度大：本项目外观设计具有独特的魅力，施工难度大，大多为斜柱、弧形梁基础，利用BIM技术建模配合，可以优先对异形的基础模板进行加工，加快工程建设进度；外观独特：项目整体设计呈“C”字形平面布局，其设计以建筑的方式“盘泥筑器”；检查观摩：保质保量按时完成工期的前提下做好文明施工以及企业宣传工作，同时合理高效地做好社会各阶层的检查及观摩是本工程的难点之一；丝绸之路经济带重点项目：本项目为临洮县首个集马家窑文化的研究、交流体验、学术探讨等于一体的全方位、深层次展示窗口，对传播马家窑文化、带动临洮县旅游经济的发展具有重要意义。

3 项目开工前 BIM 技术的应用

3.1 图纸会审

在项目开工前，BIM 技术小组各专业人员对建筑、结构、机电各专业精细化建模。在建模阶段，发现图纸不一致、不合理等错误，生成问题报告。利用问题报告，结合模型，施工单位与设计单位的可视化图纸会审，实现了快速、高效率的办公，减轻工作强度；全面精细化的建模，保证了 BIM 审图的全面度和精细度。依靠传统的图纸会审，很难发现各专业之间的碰撞，而且钢结构构件和幕墙玻璃嵌板均在工厂预制、现场安装，构件之间如有碰撞、冲突，会造成返工，在一定程度上浪费材料和人工，影响工期。利用 BIM 技术，在图纸会审阶段解决这些碰撞，节省人力物力，避免返工，提高建筑物的美观性，方便业主方的日后使用。图纸会审阶段是项目成功的关键，而随着 BIM 技术被广泛地应用，我们可以更直观、细致、综合地理解和认识施工图纸，更多预见性地解决施工图纸中存在的问题，提高施工图纸的准确性和全面性。通过对各专业模型的建立、分析，检查图纸中的问题，及时发现各专业存在的问题，并以书面图纸会审（自审）纪要形式返给设计院予以明确，在施工前期解决施工图纸问题，减少设计变更等。本项目通过建立土建模型，发现图纸问题 78 条；通过建立机电模型，发现问题 45 条，并已完成回复，有效缩短了工期，同时提高了施工质量。

3.2 场地布置

采用 BIM 技术可以充分利用 BIM 的三维属性，提前查看场地布置的效果，准确得到道路的位置、宽度及路口设置，以及塔式起重机与建筑物的三维空间位置，形象地展示场地布置情况，并进行虚拟漫游等展示，可以满足技术、现场以及办公等多重需要，在模型建立过程中就已充分考虑到各方的需求。优点：平面布置科学合理，施工场地占用面积小；合理组织运输，减少二次搬运。

4 BIM 技术在项目施工过程中的应用

4.1 BIM 技术应用实施策划

基于项目 BIM 应用目标，由项目总工程师负责，编制项目 BIM 应用策划方案，对项目实施目标具体细化，明确 BIM 建模标准，模型信息统一，确定项目 BIM 团队、分工职责，制定管理制度，确定 BIM 技术应用点、实施重难点等（图 1）。

4.2 型钢节点优化

型钢混凝土结构梁柱的施工在如今的建筑施工中有了广泛的应用，项目 BIM 小组对型钢柱、梁进行了精细化三维建模，进行复杂节点可视化技术交底，然后采取有效的施工技术做好型钢混凝土结构梁柱节点的优化，以发挥型钢混凝土结构的效益，从而提高了工作效率，保证施工质量和工期（图 2）。

4.3 斜柱大样节点优化

双斜柱双向倾斜，支撑体系复杂、施工难度大，柱内有型钢柱柱芯，定位放样难。单纯依靠平面图纸无法获取放样所需的准确尺寸，给项目生产进度造成困扰。基于 BIM 技术的三维节点模型，可实现在立体空间中进行构建和精准定位，实时模拟和预演，避免后期返工，有效地降低了成本。

4.4 弧形模板深化

项目部 BIM 小组根据该工程弧形面多的特点，参照成功案例，决定弧形梁采用定型雕刻模板工艺，对模板进行方案模拟（图 3）和出图，图纸可以直接送至车间加工（图 4），雕刻模板由覆塑面板、雕刻龙骨以及木方组成。穿螺杆加竖向钢管加固。木方上带有螺丝连接孔，左右两片模板通过螺丝连接，更加稳定，有效防止跑浆漏浆现象的产生，确保弧形梁的观感尺寸。主要优点体现在制作精准、造价低，安装加固方便简易。

4.5 幕墙深化设计——节点设计与优化

创建幕墙 BIM 模型，在三维视图中对标准节点、特殊节点进行深化设计，提前发现图纸和模型中的

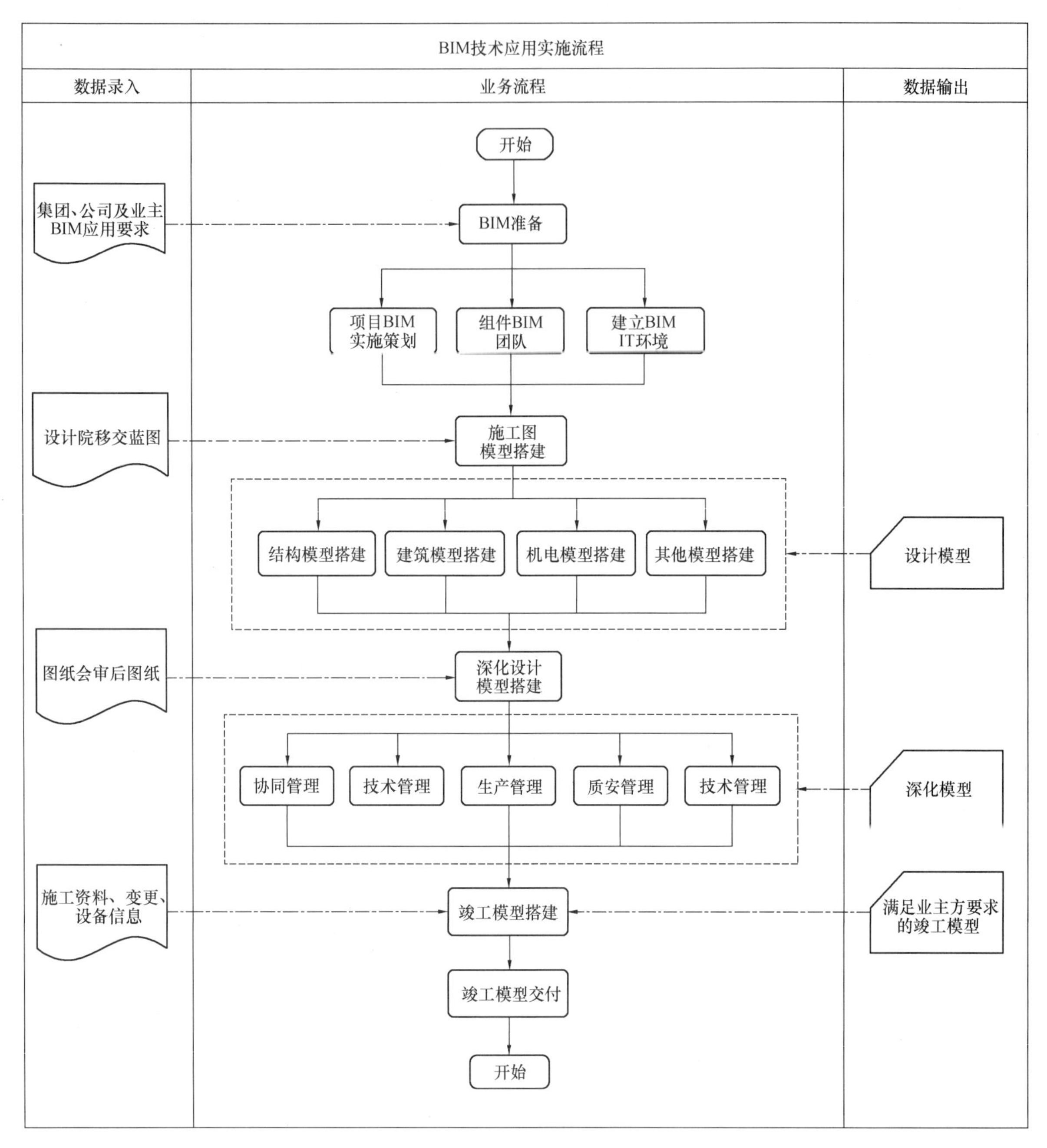

图1　BIM技术应用实施流程图

错漏位置，及时发现和解决二维图纸中的问题。制作龙骨、玻璃嵌板、预埋件、连接角码、螺栓、立柱等构件族，从而为后续建立常用幕墙族做好准备。对重难点部位的三维节点图、加工图、预埋件布置图进行建模，用于3D技术交底。

4.6　碰撞检测

建筑、结构和机电精细化建模完成后，将模型导入Navisworks中，分别进行机电专业之间和机电—土建专业的分项碰撞检测，发现因设计问题产生的碰撞点，将Navisworks中的碰撞报告导出至Excel，通过数据处理保留碰撞点位，标注位置信息和碰撞点位名称。

4.7　管综优化

在机电深化设计过程中，采用机电二三维一体化深化设计，利用机电BIM模型复核深化图纸，依据管综空间管理原则，进行管综深化后出具机电深化图纸。完成三维机电管线深化从模型深化到碰撞检查，累计解决碰撞点102余条。调整管综时，参考《电缆桥架安装》22D701-3图集，多组电缆在同一高度平

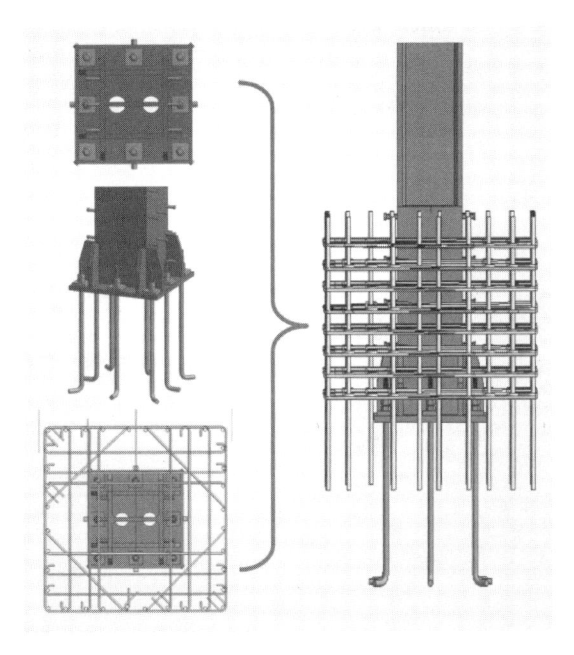

图 2　型钢柱节点优化图

图 3　曲梁模型渲染图

图 4　弧形梁模板车间加工

行安装时，相互之间的净距宜大于600mm，是在已有模型及碰撞检查结果基础上针对电气、动力、给水排水工程、通风工程等专业之间的相对位置及标高进行深化调整，达到节约材料、便于施工、优化空间、协调美观的效果，运用BIM可视化程度高的特点，在机电深化设计过程中，直观清晰地观察管线路走向，发现二维图纸忽略的设计性问题，解决碰撞点后出具机电深化图纸，包含节点三维、剖面详图，方便现场施工，提高效率，减少返工，控制成本（图5）。

图5　现场优化后管道安装图

4.8　机房深化

本项目空间小设备多、管线复杂冲突点多，各专业管路管线堆叠，碰撞繁多，通过BIM对设备机房的前期深化，及时发现并解决问题，对机房内各设备优化排布，使机房整洁、美观，提高各专业之间的协调效率。

4.9　净高分析优化

本项目门厅走廊部位是安装工程施工的重点和难点，各类管线集中排布，弧形管道安装施工较难，仅依靠平面施工图进行优化排布非常困难。利用BIM技术建立模型，反复进行碰撞检测，调整标高和水平位置，在满足管线综合排布原则的前提下，使走廊部位净空高度最大化。

4.10　工程量提取

利用Revit软件进行项目结构、建筑三维建模，再通过Revit强大的工程量计算功能，快速、精确地计算出混凝土、模板、钢管、楼地面砖等的工程量，并且可以根据项目需求输出不同形式的报表，大大节省了人工算量的时间，提高工作效率，并且做到材料的合理采购，避免材料浪费，从而达到节省成本的目的。

4.11　虚拟漫游

走廊部位机电管线种类多，排布密集，交叉碰撞多，空间狭小，对空间尺寸进行分析和模拟排布后，发现多处管线叠加的情况，其净高严重不足，应用Fuzor软件进行实景模拟，观察调整管线，在满足管线综合排布原则的前提下，使走廊部位净空高度最大化，最终达到后期安装要求。

5　BIM+智慧工地

5.1　管理平台

智慧工地云平台包含Web端及App端，其中Web平台以系统的配置、数据的采集及分析为核心，满足不同角色的功能及数据的差异化展现，为项目管理者、建筑企业集团、政府监管部门等角色提供对应的管理支持及数据服务。App端基于移动办公、无纸化办公的理念，提供面向劳务人员、项目管理者、集团或分公司的业务功能，满足随时随地查看、跟踪、处理各模块业务的需求，帮助用户提高管理效率（图6）。

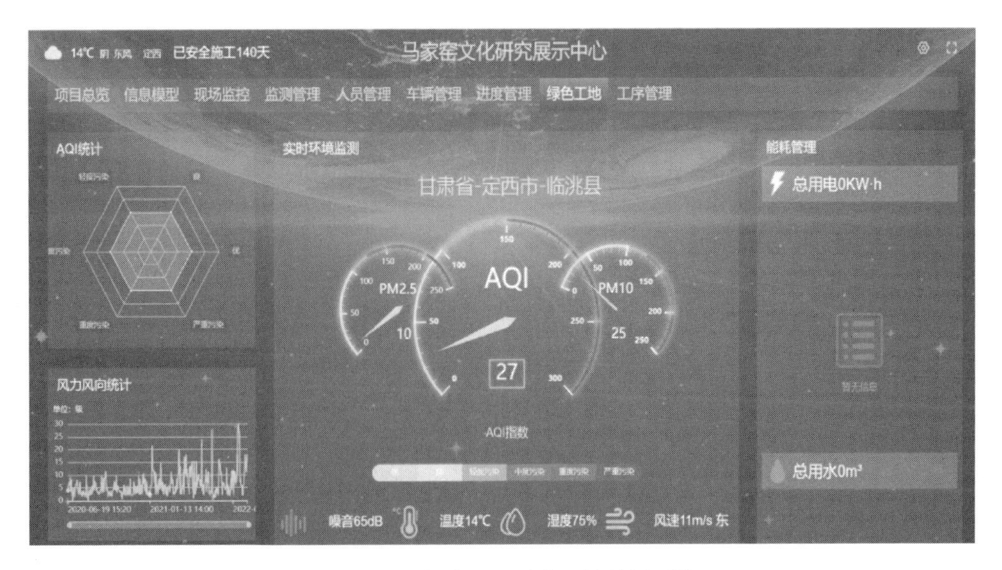

图 6 项目智慧工地平台环境检测系统

智慧工地云平台基于建筑施工现场的实际需求进行深度挖掘，结合先进的计算机、云计算、大数据、物联网、移动互联网、人工智能等技术手段，引领智慧工地细分市场发展，通过运用智慧工地大数据应用与服务云平台，解决施工现场管理难、环保系统不健全等问题（图 7）。

图 7 项目智慧工地平台现场监控系统

5.2 质量管理

后台上传质量资料，同时利用移动端上传质量问题巡检，经后台统计分析，形成质量看板、工序验收，形成过程中资料、质量相册，实时查看质量相关的照片，辅助项目管理人员管理，提高工作效率。

5.3 安全管理

将安全数据及资料上传平台，平台自动统计分析上传数据及资料，形成安全管理数据看板，对安全隐患类型及趋势进行分析展示，使管理人员能够更加直观地了解施工各阶段隐患排查的重点，同时也解决了部分安全资料无纸化管理。

5.4 进度管理

传统模式，进度展示是通过将 Project 计划粘贴到会议室或者直接使用电子档进度标注说明，现如今通过平台，可将 Project 计划与 BIM 模型进行关联，实现可视化展示工程进度。

5.5 成本管理

企业成本分为有形成本和无形成本。平台通过项目估算、项目概算、合约规划、合同管理、支付管理、竣工结算、合同价款调整、概算执行情况等方面，对资金进行合理支配，使其达到最优化，同时可以使项目的参与各方实时掌握合同及资金的实施情况。

5.6 二维码管理

将复杂节点做精细化BIM模型，生成二维码，上传至平台，作业人员可以快速查询二维码属性、关联资料、定位构件、发布的问题，二维码关联的信息能够在计算机端进行更新，移动设备扫描获取二维码最新资料信息。二维码可应用于图纸分享、施工指导、技术交底、资料分享等。

6 BIM技术创新应用

6.1 放线机器人

项目使用Leica ICON（徕卡）建筑全站仪ICR80，和它搭配的还有Leica ICON CC80，这是搭载着Leica ICON build软件和Windows10系统的操作手簿。为解决现场圆弧段基础、圆弧段梁以及斜柱的定位放线问题，提高现场的施工质量，公司前期采购Leica ICON建筑全站仪ICR80放线机器人，将BIM技术与机器人相结合，进行高精度的点放样、线放样。使用建筑工程智能BIM放样机器人，能够实现现场高效、高精度、装饰平面曲线放样，在一定程度上提高了施工水平和生产效率。Leica ICON建筑全站仪ICR80放线机器人不仅在技术上可以解决难题，还减少了现场技术人员的投入量。相比于传统的全站仪器，仅需一人就可以进行仪器架设、测量设站、现场放样，减少了现场劳动力，提高了现场的工作效率和施工质量控制。

技术创新点：从BIM模型中设置现场控制点坐标和建筑物结构点坐标分量作为BIM模型复合对比依据，在BIM模型中创建放样控制点，在已通过校核的建筑或结构模型中，设置构件放线点位布置，并将所有的放样点导入ICON软件中。在现场使用BIM放样机器人对现场放样控制点进行数据采集，即可定位放样机器人的现场坐标，通过移动端选取BIM模型中所需的放样点，指挥机器人发射红外激光自动照准现实点位，实现"所见点即所得"，从而将BIM模型精确地放样到施工现场。工程结构施工完毕后，利用放线机器人进行施工检查或工程验收，将测量点成果（包括平整度、垂直度、面积、体积、位置偏差等）通过专业软件插件导入BIM模型中进行限差分析，并生成质量验收报告（图8）。

图8 徕卡BIM放线机器人

6.2 混凝土异角多边形斜（竖）向构件模板工程施工技术的研究与应用

混凝土异角多边形（竖）斜向构件模板工程施工技术的研究与应用，依托马家窑文化研究展示中心建设项目房屋建筑工程，采用理论研究与现场试验的方法，研发小组基于BIM技术，使用Catia软件进行部件设计与精细建模，明确各部件之间约束条件的同时（图 9、图 10），运用 Abaques 软件仿真模拟现场各类工况，以最不利施工条件有限元分析模型整体在混凝土侧向压力之下的应力分布与变形（图 11），最终研究了一种不规则多边异角（斜）柱模板工程施工技术。

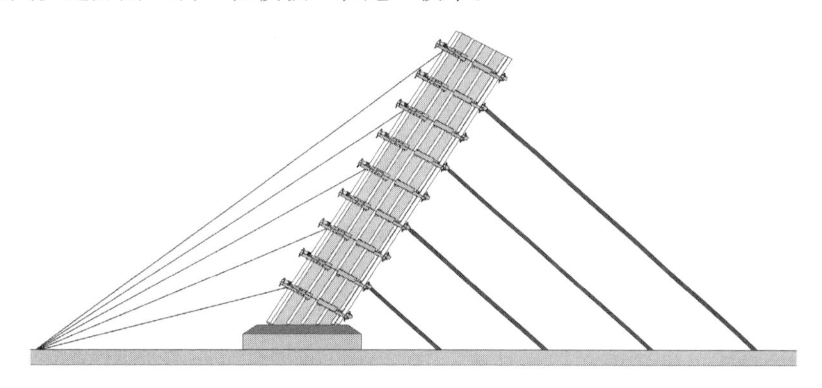

图 9　混凝土异角多边形斜向构件 BIM 模型

图 10　混凝土异角多边形斜向构件柱箍细部 BIM 模型

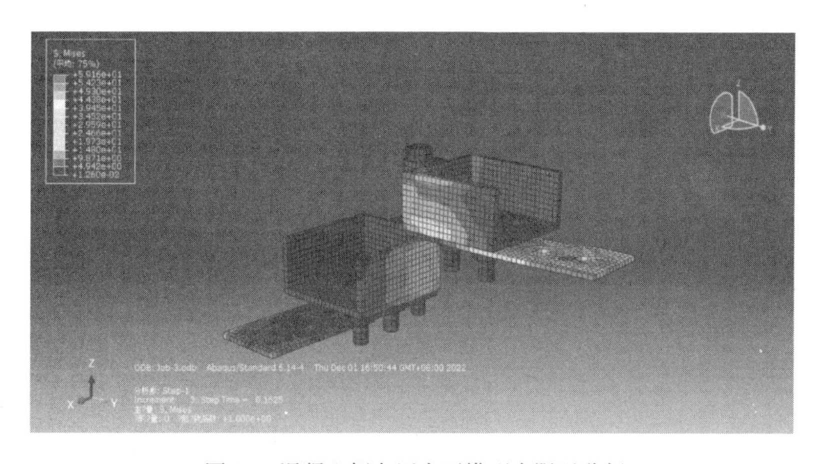

图 11　混凝土侧向压力下模型有限元分析

工法适用范围：本工法适用不限于工业与民用建筑工程施工中不规则多边异角非垂直竖向构件的施工，斜柱倾角不宜小于 30°，常规竖向构件施工也可同样适用。支撑高度超过 5m 时应进行专项受力分析和计算，不规则多边异角（斜）柱模板工程的设计使用、安全技术、防火要求等必须符合国家及行业现行有关规范、标准的要求。

特点：在支撑基础面设置内、外双排地脚栓钉，控制锐角、钝角斜向模板位置，防止模板与支撑基础面发生滑移，采用可调角度角撑、红外线游标尺进行不同斜度混凝土构件竖向模板进行控制与复核，减少了混凝土浇筑前人工反复调校斜度、混凝土浇筑后构件斜度偏差而返工造成的人工浪费，有效提高了施工效率，使用组合式型钢柱箍可作为不同截面、不同阳角、任意斜率的规则与不规则多边异角非垂直构件的模板柱箍，安全可靠、适用范围广且可周转重复使用，在组合式型钢柱箍上设置钢丝绳拉环和钢管斜撑顶点配合地脚栓钉，通过撑拉联合的方式稳定模板支撑体系。

随着工程建设领域发展的日益加快，建筑产品趋于复杂，结构功能需求多样，新型设备不断涌现，生态环境保护要求越来越高，国民经济的持续发展，低碳、节能、可持续发展的建筑材料备受国家和社会的关注，异角多边形斜（竖）向构件模板工程施工技术的研究与产业化发展，是施工企业合理利用资源、保护生态环境、增进社会福利的体现之一，具有较好的发展前景。

7 结语

建筑信息模型为建筑行业创造了技术协作的平台，通过三维集成设计模型，可直观获取各设计信息和专业视图。该技术的核心不只是提高工作效率，还带来建筑设计方法与设计思想的改变，是未来建筑设计发展的主要核心和趋势。在本项目 BIM 实施中，成功地解决了土建、机电、外装及钢构各专业的设计深化、专业配合、合理布置、工艺组合、工序安排之间的矛盾，保证了施工进度如期顺利推进，节约了工期及施工成本，保证了施工质量。BIM 融入项目管理中的框架、流程等，编制了成套的管理标准，让 BIM 与项目真正结合，提高了项目管理的工作效率。紧密结合施工企业工程特点和不同 BIM 软件特性，统一规划 BIM 技术应用和研发工作，分专业、分领域形成一批具有自主知识产权的技术成果，进一步推动了 BIM 技术由单个项目技术层面的专项应用逐步上升到企业管理层面的普遍应用，实现 BIM 与管理系统的融合，推动 BIM 技术成为企业管理“操作系统”，带动企业施工技术水平和管理水平的全面提升。

参考文献

[1] 郑国勤，邱奎宁．BIM 国内外标准综述[J]. 土木建筑工程信息技术，2013，4(1)：32-34.
[2] 王景．中外求索铺就 BIM 发展之路——BIM 标准与实践高端对话[J]. 中国建设信息，2014(16)：22-25.
[3] 曾旭东，谭洁．基于参数化智能技术的建筑信息模型[J]. 重庆大学学报(自然科学版)，2006，29(6)：107-110.
[4] 李祥伟，孙剑．建筑信息模型在中国建筑业的发展思考[J]. 建筑经济，2011，(4)：25-28.

BIM 管理平台在公共文体中心项目施工阶段的综合应用

周成伟，杨　杨，严红健

（南通建工集团股份有限公司，江苏 南通 226000）

【摘　要】随着 BIM 技术在工程项目管理中的应用逐渐成熟，通过数字化、信息化工具实现工程项目精细化管理已具备条件，本文以某公共文体中心项目为例，阐述 BIM 协同管理平台在施工阶段中的应用实例，展示 BIM 协同管理平台在建筑施工领域的实践价值，结合 BIM 协同管理平台对项目施工精细化管理的探索，可为相关工程提供借鉴。

【关键词】BIM 平台；全过程应用；项目管理

1　引言

近年来随着我国市场经济的不断发展，人们对建筑的功能性要求越来越高。同时，由于城市化进程趋于尾声，建筑行业竞争加剧。而大型建筑和超高层建筑作为城市或地区的标志，其复杂性也对本地建筑企业的管理提出了更高的要求。

为解决这些问题，在传统工程项目管理的基础上，利用现代化计算机与互联网技术，结合 BIM 技术，构建基于 Web-BIM 的协同管理平台，成为建筑企业提升精细化管理水平、降低工程生产成本的重要途径。通过对施工图、工期进度、造价、质量、安全等模块的集成与优化，确保建设项目各项工作有机协调、配合展开，利用 BIM 技术实现对项目建设期的全过程可视化管理，实现资产成本效益最优、资产安全完整、资源优化配置，及时发现建设期管理中的薄弱环节，实现对资产的健康、高效管理，为项目管理者提供决策参考。

BIM 平台以出色的资源整合能力、可视化的空间模型设计能力以及工程协调能力给工程建设带来巨大的帮助，推动了建筑行业向更高层次发展。

2　项目概况

本工程位于南通开发区能达商务区核心景观北侧地块，基地北临城市干道诚兴路，东西与城市支路长园路、长通路相望，南侧与能达中央公园相接。总建筑面积 31651m^2（其中地上面积约 26300m^2，地下面积约 5351m^2）。地上 5 层，地下 1 层，建筑高度 23.50m。主要由图书馆、文化馆、档案馆、剧场、青少年活动中心、老年大学等组成。项目总投资约 3 亿元。

3　BIM 平台在施工阶段的综合应用

3.1　项目信息管理

直观展示项目涉及的专业及专业模型、项目的基础信息，包括主要人员、工期、建筑面积、地理位置等信息，便于项目参与人员随时进行查询，如图 1 所示。

3.2　项目施工过程中流程审批与公告

待办审批流程列示账号权限范围内所有待审批的流程，可通过流程名称、任务发起人进行筛选，支持模糊查询。如果需要将任务委托给他人来处理，选择具体委托人并确定。被委托的用户将在首页待办

图 1 项目信息展示

任务中收到被委托的任务，可以直接进行处理。通知公告会以滚动的方式列示最近的动态，如图 2 所示。

图 2 项目信息展示

3.3 项目应用过程中 BIM 模型展示

为了方便查看 BIM 模型，平台提供了几种常见的辅助功能。

模型树：通过模型树，可分专业系统分层展示模型。

立面：平台提供上、下、左、右、前、后立面，选择具体的方位，模型可自动定位至对应的立面，节省了手动调整的时间和难度。

染色：染色功能可满足临时标记某个模型构件的需求。点击需要染色的模型构件，该构件将自动变成红色。

隐藏：点击需要隐藏的模型构件，该构件将自动隐藏，有助于用户查看平时被遮挡的模型构件。

测距：以单击的方式确定起点和终点，开启测距功能，自动判断两点之间的水平距离，辅助用户决策参考。

剖切：可在 X 轴、Y 轴、Z 轴拖曳剖切，展示建筑内部构造。

平台提供 BIM 模型实时、可视化展示最终建成效果，这种效果展示不仅能直观反映项目建成后的基本面貌，也能为项目在施工过程中若遇到复杂节点或多专业作业部位，提供直观的可视化查看，为决策者就相应部位问题的解决提供直观的视觉信息，如图 3 所示。

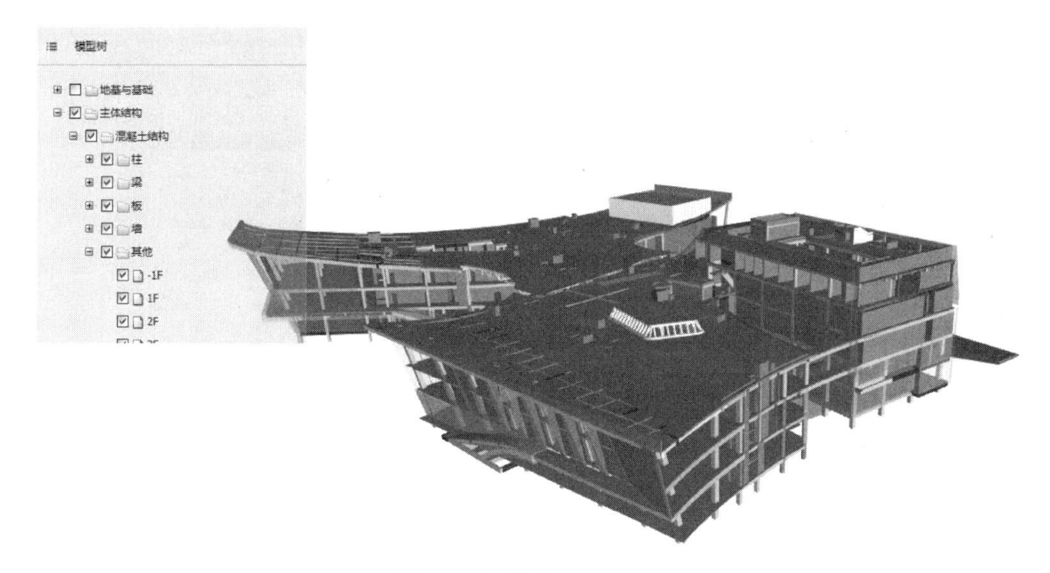

图 3　项目信息展示（一）

3.4　建设过程中项目资料在线审批

平台将线下纸质项目资料与审批流程移植到平台中，实现了项目资料线上申报与审批、管理，包括开工报审、方案申报、质量检验、安全管理、分部分项验收等，基本囊括了相关管理中的全部工程资料。不仅如此，相关资料可以直接关联到模型中，并且本身包含时间信息，保证了工程资料与工程进度的一致性，避免了工程资料弄虚作假的行为。此方式若能发展为标准执行，可极大地降低公共部门的监管工作强度，实现工程资料无纸化办理，竣工验收后对接档案馆直接上传资料与模型，形成信息化档案库，如图 4 所示。

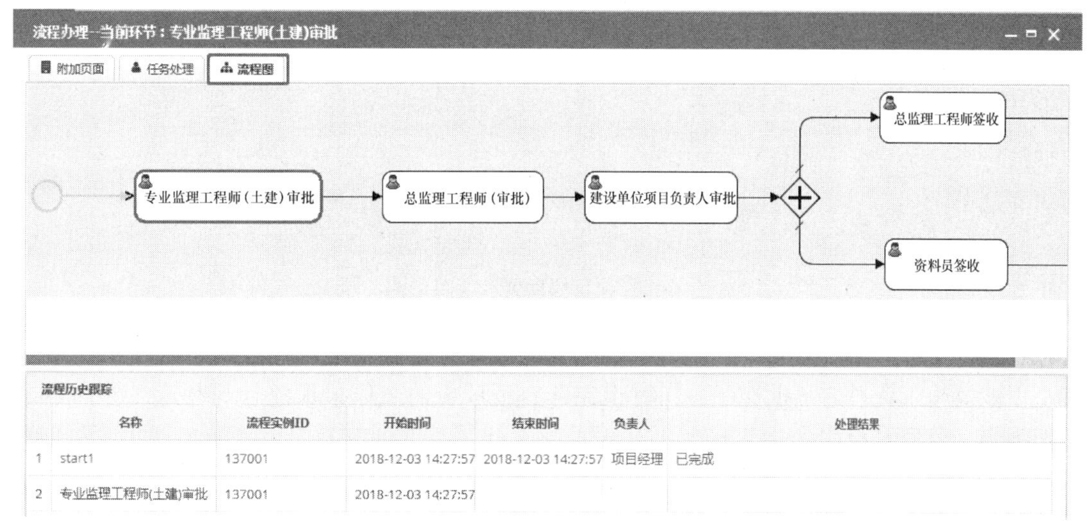

	名称	流程实例ID	开始时间	结束时间	负责人	处理结果
1	start1	137001	2018-12-03 14:27:57	2018-12-03 14:27:57	项目经理	已完成
2	专业监理工程师(土建)审批	137001	2018-12-03 14:27:57			

图 4　项目信息展示（二）

3.5　应用过程中 BIM 进度管理

平台中的各工程模型可进行工程进度编辑，包括计划进度与实际进度，可直接用于进度报审，并直观展现项目进度情况，便于决策者针对完成情况及时调整人员和物资需求，调控项目资源投入，使资金使用效率最大化，如图 5 所示。

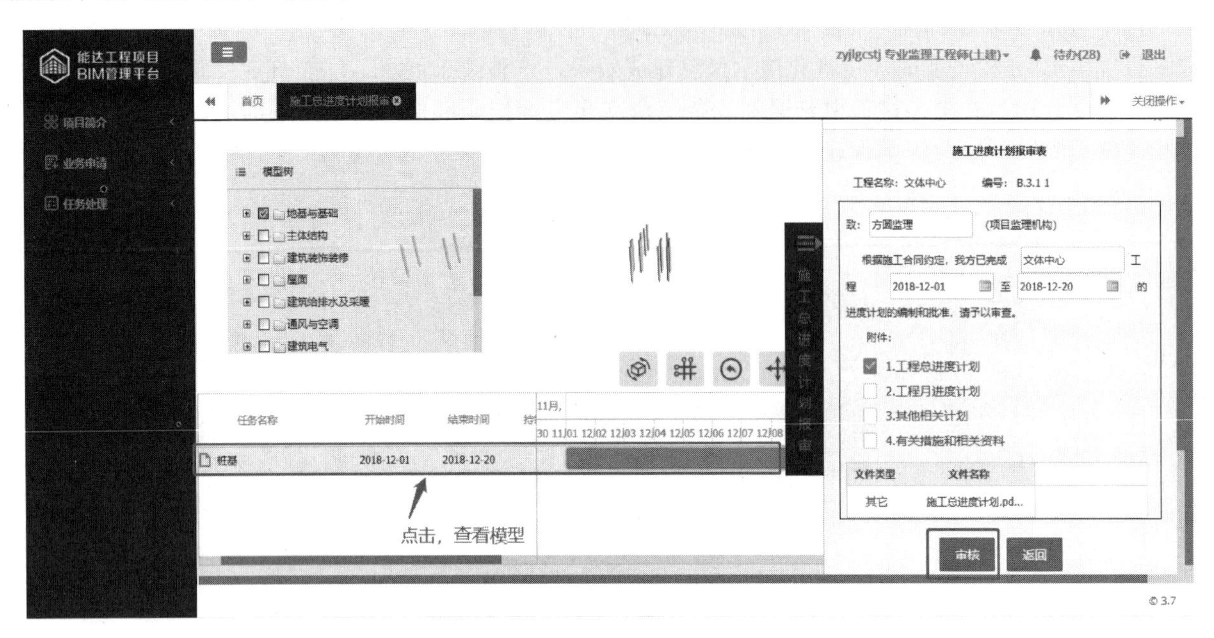

图 5　项目信息展示（三）

3.6　平台质量、安全管理

在日常巡查过程中发现现场的质量或者安全问题，并且需要上报和整改，监理单位可以在平台中发出整改通知，并将通知关联至模型相关部位。施工单位根据通知内容和模型关联部位寻找到现场对应部位进行及时整改，并将整改完成情况通过照片或语音、文字，在对应的回复单中回复，形成整改闭环。整改完成后，模型中的对应标签会变色，反映现场整改完成数量，如图 6 所示。

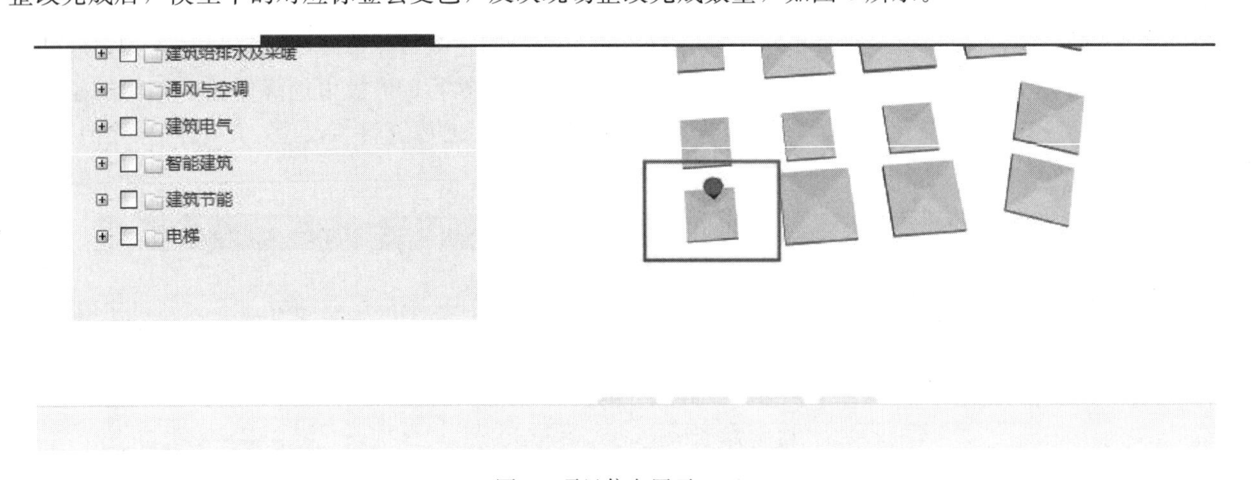

图 6　项目信息展示（四）

3.7　平台监理管理报审

平台不仅涉及施工资料的审批程序，同时也包含监理单位的工作报审流程与相应工作内容，如会议纪要、实施细则、监理月报以及上文提及的质量、安全问题整改通知等。其流程与平时纸质流程一致，如图 7 所示。

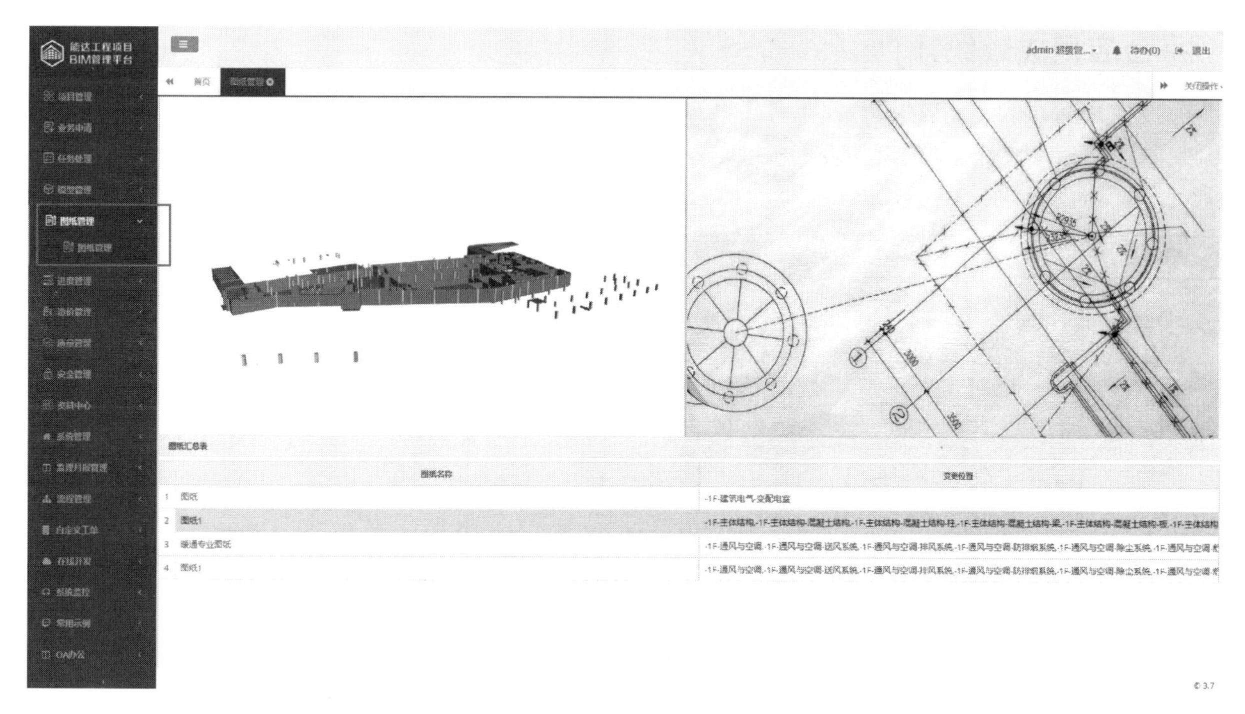

图 7　项目信息展示（五）

3.8　移动端应用

项目信息化管理离不开终端设备，相比于计算机的笨重和工作局限性，移动端应用不仅灵活方便，而且降低了对操作人员的技术要求。本项目管理平台移动端同样发挥了不可替代的作用。由于现场的安全、质量问题需要及时得到整改，效率尤为重要。通过移动端发出整改通知可在第一时间将问题反馈至相关单位，并在第一时间得到整改反馈，相比于传统纸制方式，大大提高了效率。如图 8 所示。

图 8　项目信息展示（六）

4 平台应用成效统计

为检验 BIM 平台应用效果，由业主方牵头组织设计单位、施工单位、监理单位进行 BIM 平台应用内部调查测评，统计应用点落地率如表 1 所示，各方认可度如表 2 所示。

项目 BIM 应用点落地率 **表 1**

序号	应用点	落地率	序号	应用点	落地率
1	施工方案报审	100%	8	监理实施细则报审	100%
2	月进度计划报审	100%	9	签证报审	93%
3	分项工程报审	100%	10	设计、图纸变更报审	100%
4	分部工程报审	100%	11	模型管理	100%
5	工程款支付报审	100%	12	安全、质量管理	96%
6	材料质量控制报审	100%	13	流程审批	100%
7	会议纪要报审	100%	14	移动端使用率	94%

注：共发放 10 份 BIM 应用问卷调查表。

BIM 应用点满意度 **表 2**

序号	应用点	落地率	序号	应用点	落地率
1	施工方案报审	97%	8	监理实施细则报审	100%
2	月进度计划报审	100%	9	签证报审	90%
3	分项工程报审	98%	10	设计、图纸变更报审	96%
4	分部工程报审	100%	11	模型管理	100%
5	工程款支付报审	98%	12	安全、质量管理	92%
6	材料质量控制报审	91%	13	流程审批	91%
7	会议纪要报审	95%	14	移动端使用率	93%

注：共发放代理单位 10 份、设计单位 10 份、监理单位 10 份、施工单位 20 份问卷调查表。

从调查反馈结果来看，各方对应用点实用性比较满意，但是对于审批流程存在一定意见，主要意见是流程烦琐。经会议讨论后，最终认为感到烦琐是因为流程审批程序效率提高、指示工作内容更加集中所致，流程本身与传统流程是一致的。因此，使用 BIM 平台进行项目信息化管理是可行且有效的。

5 对未来发展的展望

5.1 BIM 平台与装配式技术结合

近年来 BIM 技术平台的功能拓展越来越多，可接入和参与的外部相关企业能更加深入地参与工程建设管理中。未来在装配式施工方面，可以先运用 BIM 平台，将现场进度与预制构件部位直观地反映给装配式构件厂，构件厂可以根据现场进度情况和自身生产情况，及时调整产能与运输配置，这样可以形成更加高效的生产流水线。安装过程中一旦出现构件损坏等问题，可以及时做出调整，有效提高了装配式工程施工进度。

5.2 BIM 平台与智慧工地平台结合

随着农民工工资制度与实名制通道制度的落实，智慧工地平台成为又一个提升工程企业和监管部门工程管理水平的重要工具。将智慧工地平台与 BIM 平台结合应用，必然能提升工程管理能力。比如，结合实名制考勤与工程进度，可以准确把握相应工程量所需的人工数量，并且可以分析出各施工班组完成的工程量，对于成本管理是一个巨大的提升。又比如结合工期情况，提前准备好扬尘控制物资，上传物资台账并做好相应工作，监管部门就可以远程监控安全文明情况，大大降低了监管成本，提高了工作效率。

参 考 文 献

[1] 杨宝明. 突破重围[M]. 北京：中国建筑工业出版社，2015.
[2] 蔡磊磊，刘鑫烨，杨杨. BIM 技术在“SRC”结构设计深化及模拟综合中的应用[J]. 南通职业大学学报，2019，33(2)：96-98.

圆形建筑机电管线BIM技术研究与应用

隗心茶，刘文杰，骆振兴，罗紫琳，杜官通

（上海宝冶集团有限公司广州分公司，广东 深圳 518000）

【摘 要】BIM技术作为一种辅助性技术应用，在当今建筑施工与设计中的应用已日趋成熟与普遍。随着时代的发展，建筑结构形式变得越来越复杂，因建筑结构的特殊造型、医疗系统的多样性等需求，机电管线施工技术在有限空间的安装仍存在一定的难度。因此，在圆形建筑里，BIM技术如何辅助现场机电管线落地应用，确保一次成优具有一定的研究空间。

【关键词】圆形建筑；特殊造型；BIM辅助机电施工

1 工程概况

1.1 项目概况

本项目位于广东省深圳市大鹏新区葵涌街道，地上设计层数16层、地下2层，地上建筑面积296644m²，地下建筑面积120800m²，标准层建筑面积约9100m²，建筑高度79.75m，基础形式为桩基础，结构形式为混凝土框架剪力墙、钢框架剪力墙结构。建成后可以提供2000个床位。

主创设计师孟建民院士设计创作草图，设计师根据草图创作最初的建筑图形，图意设计为“生命之环、疗育之环、律动之环”，旨在融于山海之境，意在创造生命之祉，建成后将成为国内外独具特色的医疗康养胜地，一个承载生命艺术和人文精神的场所（图1）。

图1 设计效果图

2 机电管线设计

2.1 原设计做法

本项目建筑平面为圆筒形状，多数机电管线在平面上呈圆弧形，设计师采用连接弯头7.5°×48个配件将管综连接成圆形（图2）。

【作者简介】隗心茶（1992—），男，BIM主管/工程师。主要研究方向为BIM施工与深化设计。E-mail：527631886@qq.com

2.2 现状研究

在如今大弧形建筑区域管道安装技术中，目前常用的方法是根据机电专业设计图纸，结合现场测量大弧形结构区域弯曲半径等参数，利用弯管机器按照测量所得参数制作弯管段，然后再进行管道安装。这种方法对于小规模弧形区域小管径管道安装效果比较明显，但在大弧形或者弧形区域管道复杂、管道数量繁多、管径大的情况下，具有明显的不足之处。由于管道众多，现场测量复杂，而且很难避免碰撞，施工进度慢，受现场诸多因素影响，材料浪费严重，很难达到设计效果。

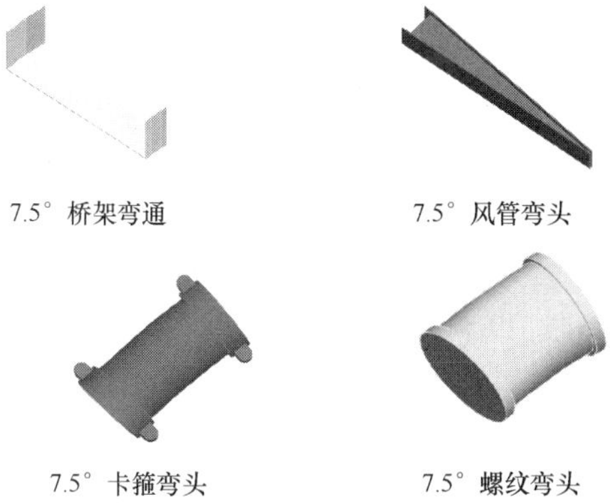

7.5° 桥架弯通　7.5° 风管弯头

7.5° 卡箍弯头　7.5° 螺纹弯头

图2 BIM设计7.5°配件

2.3 机电管综安装方案比选之煨弯技术安装优缺点

针对圆形建筑，特别是弧形结构区域管道安装，采用BIM技术进行机电管线深化设计，有效解决管线碰撞问题，避免施工中的碰撞返工；利用BIM技术对弧形管道进行分段，并读取弧形管道信息，为预制构件提供精确可靠的加工信息；工厂集中预制加工弯管段，现场组装的施工工艺，有助于提高生产效率，提升预制质量；管道支吊架深化设计，预制成品支吊架，使管道施工在技术及安全等方面具有科学依据和保障。

采用煨弯成型具有以下优点：

（1）管道煨弯加工安装观感美观。

（2）所需连接管件较少。

（3）弧形通道区域空间利用率较高，弧形管线半径与建筑布局走向一致，充分利用通道空间（图3）。

图3 弧形管道BIM管综路由图

采用煨弯成型具有以下缺点：

（1）机电管材中的镀锌管必须由厂家统一加工，制作成本高，所有管件必须统一成型，安装尺寸严格，一旦出现综合支架偏差将无法安装，导致管件材料报废。现场加工存在因管件的大小不同而对弯管的条件不同，管件难以统一弧度。

（2）排水管选材铸铁管无法煨弯。

（3）丝扣连接管件与管道受力点不均匀，易导致漏水渗水，不具备安装条件，影响使用功能，后期检修困难、检修频率高（图4）。

2.4 机电管综安装方案比选之采用7.5°配件安装优缺点

针对圆形建筑，在弧形结构区域管道安装施工技术中，先利用BIM技术对弧形区域管段进行深化设计，计算好圆形筒体连接角度，7.5°×48 =360°依次采用此角度族连接好水、暖、电、医气、轨道物流、

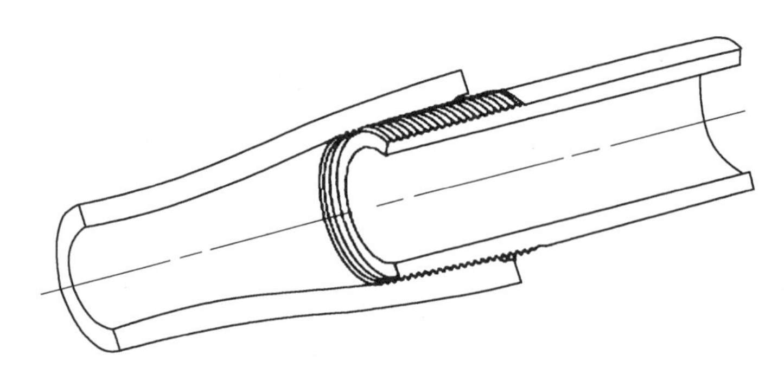

图4　弧形管道煨弯连接与丝扣连接剖面

智能化专业管线，合理布局，提高弧形管道安装精确度，降低施工成本，使整个弧形管道安装过程在精细化管理下高效进行。

采用7.5°配件安装具有以下优点：

(1) 圆形建筑中管线以7.5°弯弧连续48次可形成360°闭环，整体较为协调对称。

(2) 机电管线连接后不影响其使用功能，可保障施工的准确定位安装。

(3) 弧形通道区域空间利用率有一定的空间，圆弧半径与建筑布局走向较为一致（图5）。

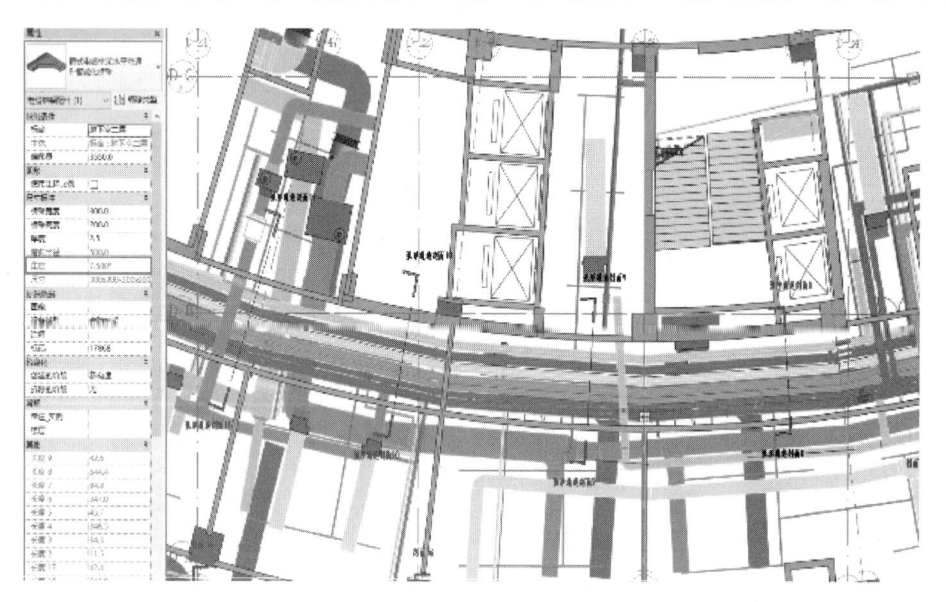

图5　7.5°管线综合与走廊深化方案

采用7.5°配件安装具有以下缺点：

(1) 配件选型为非国标配件，市场无成熟的模具，选用配件需定制开模，生产成本数倍增加，对项目成本造价不利，不利于管控。

(2) 项目处于赶工期时期，需求量巨大，市场难以保证材料供货及时性，不能及时交付。

(3) 后期维护配件更换将难以找到合适的配件，可能影响使用，造成不必要的损失。

2.5　最终安装连接技术应用结论

传统机电管线的横平竖直已经不能满足要求，需要采用新的机电管线安装技术，应对本项目特殊的圆筒形状。

3　BIM机电管线施工技术优化

作为医疗项目，其机电管线复杂繁多，对机电管线的安装水平、排布是否整齐美观、是否留有检修空间等均有着相当高的要求。管线施工技术中如何在满足系统功能的前提下，更加美观整齐地布置安装圆形走廊，让各专业系统合理布局，是本项目BIM技术深化重点研究方向。

3.1 BIM机电管线施工技术优化：11.25°配件连接配件

在充分调研市场配件生产与制作需求供应的情况下，沟通各施工分包与BIM深化优化交互，在解决市场供货生产又不需要企业额外定制非标配件弯头，市面流通管材配件弯头11.25°，11.25°×32 =360°，可以很好地解决圆形建筑机电管综连接成整体的情况，在不增加造价成本的情况下，弯头连接节点数量也相应减少，由48个连接节点减少到32个，极大地节省了人工安装成本，并降低水管连接节点渗漏的风险。

采用11.25°配件连接配件优点：

(1) 11.25°连接配件为国标标准配件，市面流通管材连接配件，货源充足，成本较低。

(2) 项目供货周期稳定，后期维护配件充足，不影响施工供货和后期维修更换，功能使用不变。

采用11.25°配件连接配件缺点：

(1) 安装后管综空间使用率较大，需预留更多的空间以满足安装检修的施工条件，弧形管道内侧空间距离较小。

(2) 会影响到后期检修维修。

3.2 BIM机电管线施工技术优化：11.25°配件连接配件缺点解决办法

(1) 根据BIM管综排布方案进行调整优化，将管道沿墙壁边紧凑排布深化，管道与管道中间净空预留80～100mm，上下层布管方式按规范要求排布，走廊管道中心预留300mm左右的检修空间，以满足机电管线安装需求（图6）。

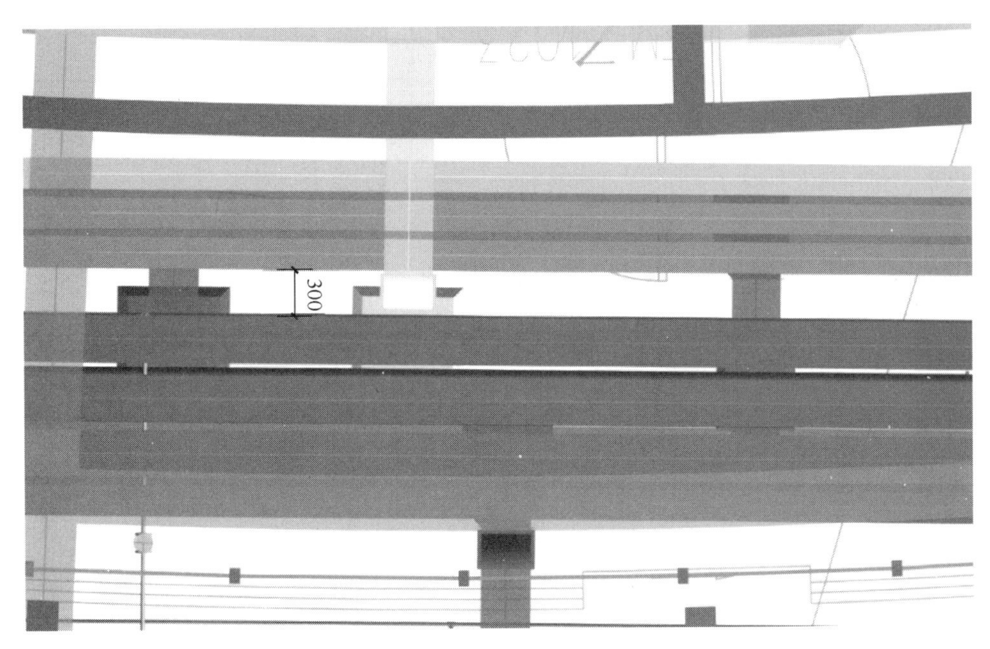

图6　11.25°BIM管线综合管线预留300mm安装空间

(2) 利用走廊BIM机电管线三维剖面进行空间模拟检修，以走廊最狭窄位置作为可检修点，与施工班组进行交底确认，无误后进行BIM机电管线安装（图7）。

3.3 BIM机电管线施工技术实施

为保障项目BIM技术能够真正落地指导机电管综安装实施，并达到实模一致的安装技术要求，项目根据建筑筒体结构特点，结合项目机电管综的复杂性、多样性，充分了解各方专业系统的安装需求，制定一系列BIM深化流程与沟通机制，极大地调动了BIM深化成效与各方专业人员的技术衔接。

(1) 第一步：BIM施工模型建立（表1）。根据设计图纸，建立各专业BIM模型，并在建模深化过程中发现和反馈图纸问题，解决设计中的错漏碰缺问题，同时将审核通过后的模型作为后续深化设计和指导现场机电管线施工的依据。

图7 11.25°BIM管线综合检修口交底确认

BIM施工模型建立 **表1**

步骤	内容
1	与相关单位确认设计图纸是否为当前最新版本，检查是否遗漏相关专业
2	以BIM咨询单位制作的样板文件为基础，再做各个专业项目样板文件
3	使用样板文件，根据设计图纸，监理各个专业模型，同时模型应有共同的机电以便进行整合
4	检查各专业模型是否存在错漏缺失问题，保证模型完成质量，并提交BIM咨询单位审核
5	建筑、结构、机电等各专业模型审核通过后，应在图纸中添加关联标注，使模型和二维设计图纸保持一致

（2）第二步：BIM碰撞检查（表2）。基于各专业BIM模型进行碰撞检查，逐步解决各专业间碰撞问题以及对检修空间进行核对，对一些无法通过管线排布解决的碰撞问题及时反馈给设计人员，通过各专业沟通协调，最终解决问题（图8）。

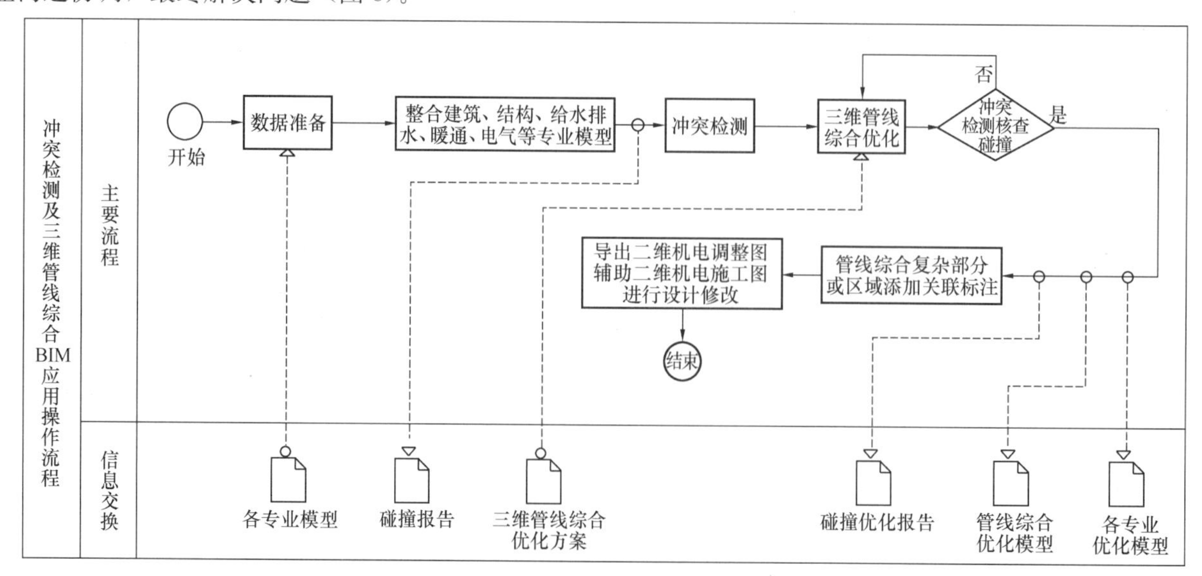

图8 管线碰撞深化流程

BIM 碰撞检查 **表 2**

步骤	内容
1	整合建筑、结构、机电各专业模型，包含各细部节点构造形式
2	确定碰撞检查的基本原则，逐步排查解决 BIM 模型中的冲突和碰撞，编制碰撞检查报告

(3) 第三步：BIM 净高分析（表 3）。通过对走廊、过道、机房等管线、设备密集区域进行净高分析，确定净高高度，编制整体净高分析图及报告，提前发现设计不满足要求的位置并采取措施进行优化（图 9）。

BIM 净高分析 **表 3**

步骤	内容
1	根据设计图纸建立并整合各专业模型，进行初次管综调整
2	根据管综模型、项目控制要求和各专业设计情况，确定需要进行净高分析的关键部位，如机房、走廊、过道等
3	绘制相关区域的净高分析图，确定净高分布情况
4	根据要求及相关规范标准，调整各专业管线排布，最大化提升净空高度
5	将调整后的 BIM 模型及净空分析图、报告，提交相关单位审核确认，为后续深化设计、设计交底提供依据
6	审查调整后的各专业模型，确保模型准确性及合理性

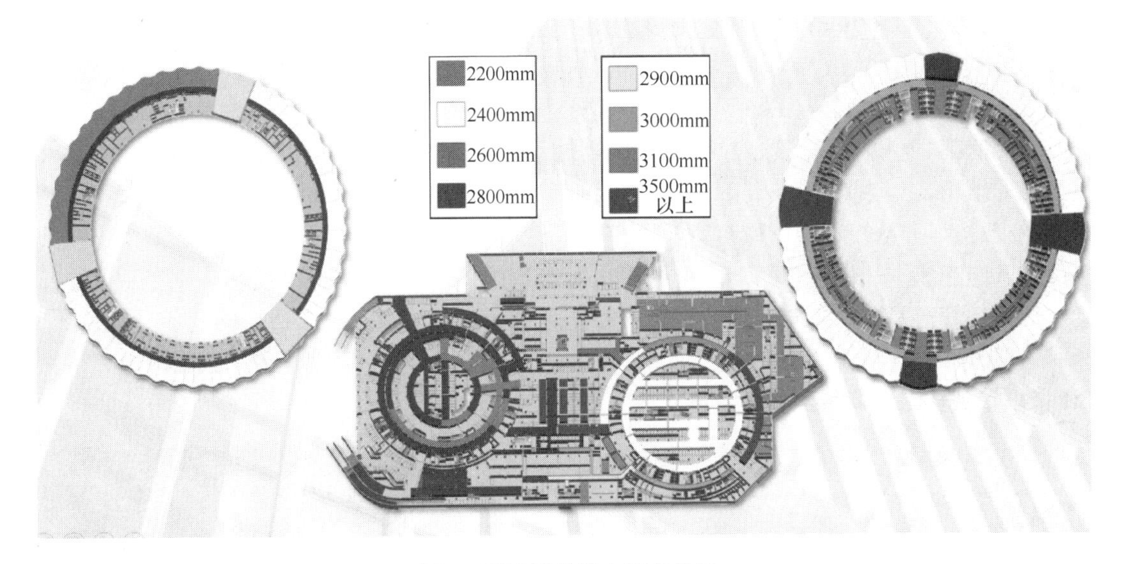

图 9　BIM 管线综合净高分析

(4) 第四步：BIM 管线综合深化（表 4）。基于各专业 BIM 模型和碰撞检查报告，综合协调各专业之间的矛盾，统筹安排机电管线的空间位置及排布，解决、减少碰撞问题，同时提升设计净高。将模型提交各单位审核、确认，严格把控模型质量，在此基础上导出各专业深化图并交由现场施工，提供工作效率和质量，加快施工进度（图 10）。

BIM 管线综合深化 **表 4**

步骤	内容
1	整合建筑、结构、给水排水、暖通、电气等专业模型，形成完整的全专业 BIM 模型
2	设定管线综合的基本原则，确定管线排布基本方案，并根据碰撞检查报告逐一调整模型
3	根据深化的管线综合模型，制作各专业平面图、局部位置剖面图和节点三维示意图

3.4　BIM 机电管线施工技术最终落地

(1) 机电管线施工排布原则（以土建移交的±1.00m 建筑标高为参照标高，吊顶标高以设计提供的预精装图+4000mm 为参照标高，管道或风管最低点为+4200mm，极限最低点为 4150mm）：走道内侧边

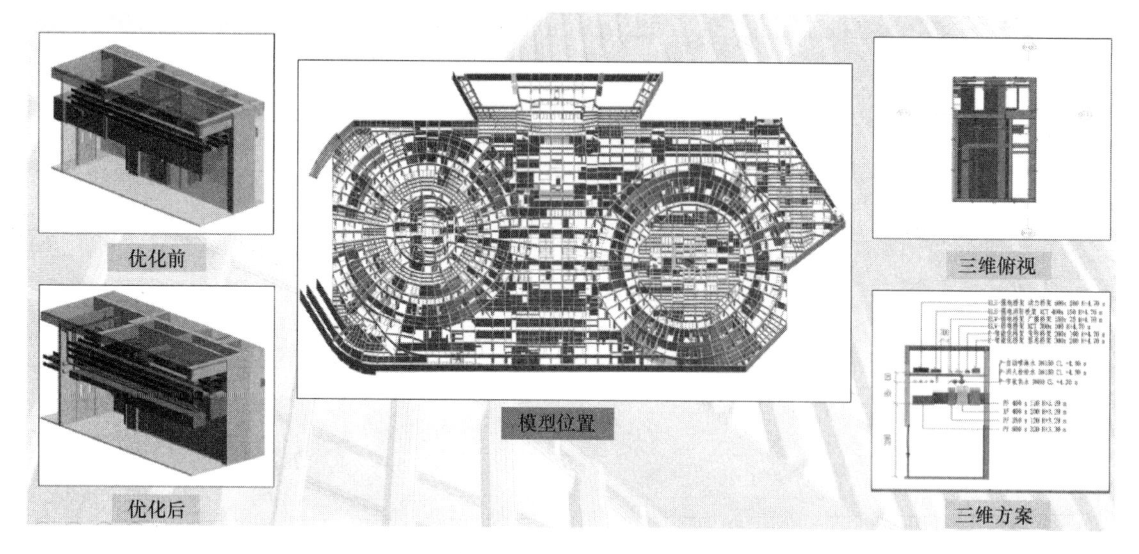

图10 BIM管线综合深化

第一层桥架标高为底高+5150mm，第二层桥架标高为底高+4950mm；第三层生活给水管、消防喷淋管及空调水管中心标高+4500mm；外侧空调风管第一层标高为底高+4850mm，第二层风管标高为底高+4300mm；两处中间新风管道标高为+5385mm。考虑走道管线比较集中，采用综合成品支架安装。

（2）弧形结构区域管线安装：采用BIM技术进行机电管线深化设计，有效解决了管线碰撞问题，避免施工中因碰撞返工，利用BIM技术对弧形结构区域管道进行多边分段，以市面上能买到的11.25°配件为基础，按弧形结构360°除11.25°得出32个角，再以弧形结构的圆心分别画出32条射线，交叉于弧形结构走道得出32条边，并从模型中读取多边长度信息及现场测量得出信息边长12m，以此提供精确可靠的加工信息；降低施工成本，使整个弧形结构的多边形管道施工过程在精细化管理下高效进行。新风管道、排风管道、防排烟管道及电力桥架、消防桥架、智能化桥架随各给水管道多边形转角11.25°施工。

BIM综合管线多边形管道拆分图如图11所示。

3.5 BIM机电管线施工技术最终成效（图12）

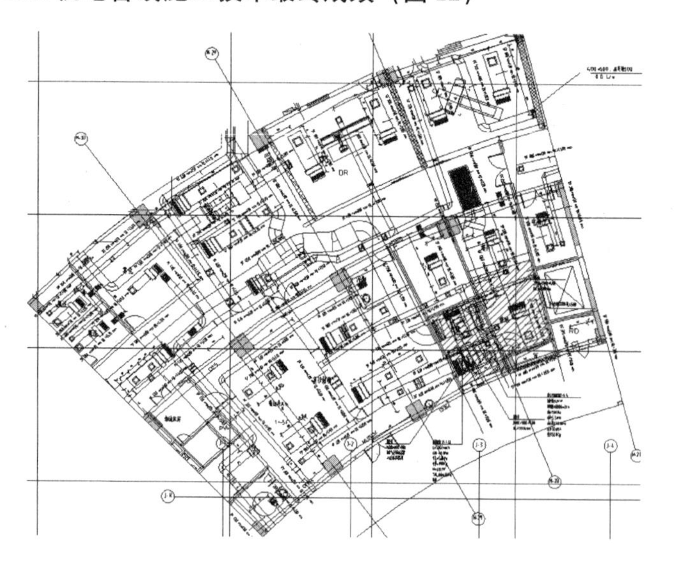

图11 BIM样板区空调通风多边形拆分图

图12 BIM机电管线最终安装效果

4 应用总结

深圳市大鹏新区人民医院项目施工总承包Ⅰ标建筑结构形式为筒体圆形，结构形式较为复杂，项目专业系统繁杂，机电系统种类繁多，专业间协调施工难度较大，BIM机电管线技术深化难度大，而项目质量目标要求较高，工期紧张，安装要求严格，通过BIM深化设计人员不断优化机电技术施工方案，使机电管线落地得到有力保障与实施。

机电管线施工过程中，经过调整管线连接技术方案，在未增加造价成本的前提下，合理有序地加快现场安装施工进度，保障项目进度节点，机电工程已于2022年3月提前大面积穿插施工，为后续进行精装交付施工创造了有利条件。

参考文献

[1] 杜秉旋.BIM技术在机电管线综合深化设计中的研究[J]. 科技资讯，2022，20(7)：61-63.
[2] 蔡财敬. 建筑机电设计与管线综合优化研究[J]. 洁净与空调技术，2022(2)：48-58.
[3] 方速昌，张世宏，叶强，等. 基于BIM技术的超大弧度大管径管道制作与安装施工技术[J]. 施工技术，2016，45(S2)：566-570.
[4] 王齐兴，贾张琴. 基于BIM技术的变曲率弧形管道预制与拼装[J]. 土木建筑工程信息技术，2017，9(3)：79-84.
[5] 杜旭，王小淘，薛橙. 变曲率弧形成排管线BIM优化方法研究[J]. 建筑施工，2022，44(8)：1965-1968.
[6] 周海强，郑亚舟，王建民. 浅谈基于BIM技术的医院建筑复杂管线优化设计[J]. 浙江建筑，2017，34(5)：45-47，52.
[7] 李东军，齐书友，周奎，等. 基于BIM技术的机电管线优化方法及思路[J]. 中国建材科技，2021，30(5)：193-196.
[8] 李彭举.BIM技术在机电管线中的应用研究[J]. 居舍，2021(19)：65-66，80.

公路桥隧结构数字化设计软件企业级研发及应用实践

刘　智，胡　博

（中交第一公路勘察设计研究院有限公司，陕西　西安　710065）

【摘　要】为探究公路工程中桥梁、涵洞、隧道结构数字化建模与集成设计智能技术，本文梳理了企业近 20 年共计 76 款设计软件的研发及应用经验，从基础软件平台、领域专业算法、工程应用效果等方面总结了桥隧数字化设计软件研发涉及的共性关键技术；面向智能设计新范式及成果数字化交付、智能审核、设计大数据分析等新需求，提出了基于 BIM 等数字化标准对既有设计软件重构，以“工程数据＋领域知识”双驱动范式开展了新设计软件的研发探索，可为类似软件研发提供参考。

【关键词】公路工程；桥隧结构；数字化设计；软件研发；自主可控

1　引言

当前企业数字化转型时代背景下，“数字型”成为越来越多的企业转型目标及高质量发展战略方向。公路交通基础设施领域也不例外，很多设计企业都加大了对数字化部门的资源配置，有的甚至直接将企业更名为“数智交院”“云基智慧”等来表明转型意愿和发展方向。在传统设计业务中融合新一代信息技术的数字化创新能力正逐渐成为勘察设计类企业的核心竞争力[1]，数字化设计软件作为企业“设计业务生产线”上的关键核心装备越来越受到重视，除采购、维护、培训等常规成本外，知识产权合规性、设计数据安全性等更严苛的要求也促使有技术创新实力的企业探究并掌握更多的数字化设计核心技术，研发集成更符合业务发展需求的设计软件。

公路工程设计领域尤其是桥梁、涵洞、隧道（以下简称桥隧）结构的实际设计场景中，数字化设计通常采用计算机辅助设计（CAD）、计算机辅助工程（CAE）、公路工程信息模型（BIM）三种技术联合协作的方案，完成每个项目需要参考很多技术标准，使用很多款国内外设计软件[2]。CAD、CAE 技术在公路桥隧工程设计中的应用相对成熟，得益于大量工程项目的长期应用，相关研究成果和实践案例很多，有知名商业软件工程项目级应用，也有设计企业软件研发成果级示范[3-5]；近年来随着 BIM 技术在公路行业中的推广，新标准规范、软件研发及应用正在逐步深化，但基础软件平台、数字化建模等底层算法研究较少，领域层软件集成示范案例缺乏。作为建院七十多年的国内大型公路勘察设计单位，历来高度重视企业（以下简称中交一公院）设计主业的技术质量管理和生产效率提升。采用数字化技术尤其是设计软件自主研发创新传统由来已久，在长期服务我国公路交通基础设施建设过程中，为满足公路工程实际设计需求研发了一系列适用于主要桥隧类型的设计软件并在实际工程中应用，数字化创新发展的模式在业内形成了头雁效应。

综上所述，从企业视角梳理既有公路桥隧结构设计软件研发成果及工程项目应用经验，提炼设计软件研发涉及的共性关键技术，归纳总结当前新设计范式下数字化设计需求，并在新研发的设计软件中深

【基金项目】国家重点研发计划项目“关键结构数字化建模与集成设计智能技术”（编号：2021YFB2600404）；中交第一公路勘察设计研究院有限公司科创基金项目“城市明挖隧道计算机辅助设计系统研究与应用”（编号：KCJJ2020-19）

【作者简介】刘智（1977—），男，硕士，高级工程师。主要研究方向为公路与城市道路交通基础设施数字化、智能化技术应用研究。E-mail：darcy_liu@163.com

入探索数字化设计技术，实践经验可以为相关创新工作提供参考。

2 既有桥隧设计软件统计分析

2.1 设计软件统计

截至目前，中交一公院已取得的软件著作权共计158项，包括公路工程规划、勘察、设计、检测监测、养护、管理等多种类型，其中设计类76项，占比接近一半。公路设计软件专业分类占比统计见图1。按照三大专业统计，“道路”有21项，“桥梁、涵洞”合计38项，“隧道”有17项；按照三大工程软件类型统计，“CAD”有23项，“CAE”有24项，“BIM”有28项；“BIM”软件类型中，桥隧结构设计类合计占比达75%。

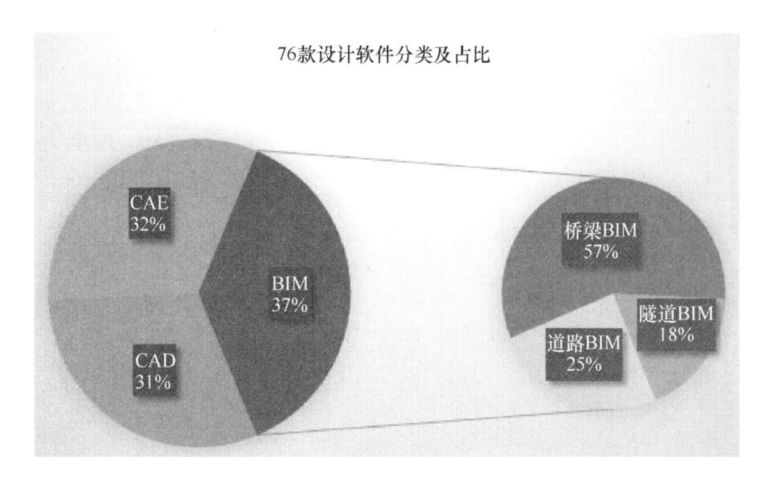

图1 公路设计软件专业分类占比统计图

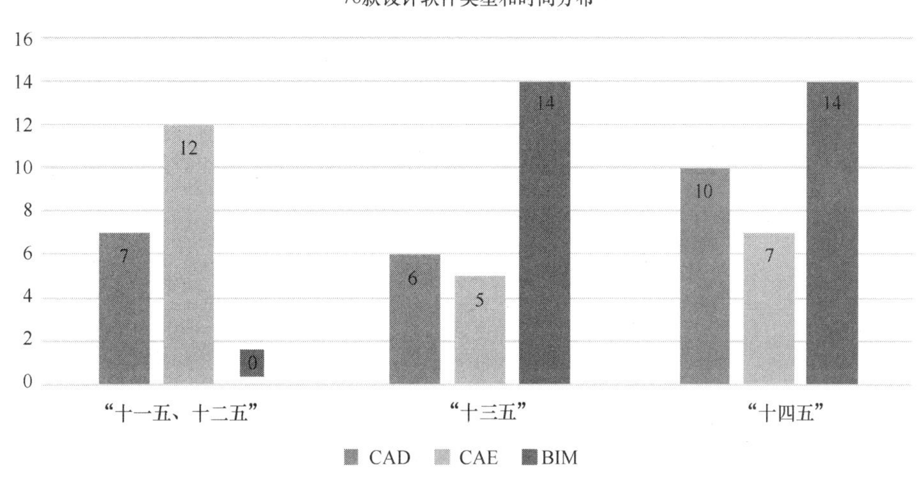

图2 公路设计软件按类型和时间分布统计图

公路设计软件按类型和时间分类统计见图2。值得注意的是，随着“十三五”期间BIM技术在公路行业中的推广，尤其是随着近年来中交一公院主编的相关公路BIM地方标准、企业标准、行业标准陆续发布，有效指导了设计软件研发，在单位政策鼓励、资源倾斜及科创基金加持下，BIM设计类软件得到快速发展。

2.2 桥梁设计软件

从上述统计数据来看，目前中交一公院设计软件成果中占比最大的为桥梁专业软件，这和公路工程中桥梁设计生产占比最大的实际相符。一系列桥梁设计软件成果覆盖了现浇箱梁、装配式预应力钢筋混凝土箱梁、装配式T梁、钢箱梁、钢板梁、钢混组合梁、节段预制拼装箱梁等常见的桥型。

2.3 隧道设计软件

目前中交一公院隧道设计软件成果数量上占比较小，但是受益于单位“隧道复兴”战略及科创政策重点支持，近年来积极依托隧道工程开展研发及应用，成果积累的加速度很大。一系列隧道设计软件成果覆盖了山岭隧道、明挖隧道、盾构隧道、顶管隧道等类型，除了主体结构设计外，正在向隧道机电设计进行深入研究。

2.4 共性关键技术

从设计类软件的主要功能、图形平台（接口技术）、框架及用户界面（UI）、数据存储类型等方面梳理了研发有特点且工程应用效果较好的 14 款桥隧设计软件开展研究。其中桥梁专业 6 款，见桥梁设计代表性软件统计表（表 1）。隧道专业 8 款，见隧道设计代表性软件统计表（表 2）。这些设计软件研发涉及的共性关键技术总结如下：

桥梁设计代表性软件统计表 **表 1**

软件名称（软著登记号）	主要功能	图形平台接口技术	框架及 UI	数据存储	类别	备注
桥易钢筋混凝土及预应力混凝土弯斜变宽箱梁设计绘图 CAD 系统（2009SR027358）	弯斜变宽现浇箱梁桥上部构造设计	Auto CAD ObjectARX	MFC 交互式对话框	数据文件（自定义格式）	CAD	科创基金支持
基于新规范的装配式预应力混凝土箱梁设计绘图系统（2018SR818697）	装配式预应力混凝土箱梁桥设计	Auto CAD（ZWCAD）ObjectA（Z）RX				部门自主研发
桥易桥梁下部结构计算分析 CAE 系统（2010SR018539）	公路桥梁下部结构计算分析	Auto CAD VBA	MFC 多文档框架		CAE	科创基金支持
桥梁工程悬臂现浇变高箱梁 BIM 建模系统（2019SR0300798）	悬臂现浇变高箱梁 BIM 建模	OpenRoads CivilSDK	WPF	[illegible]数据文件（自定义格式）	BIM	部门自主研发
桥梁工程钢箱梁 BIM 建模系统（2019SR0299643）	公路钢箱梁桥 BIM 建模					
节段梁在线设计系统（2021SR1158203）	基于云计算的节段箱梁桥协同设计	DWG 生成接口（服务器端）	Django 框架	Jason 文件	CAD	科创基金支持

隧道设计代表性软件统计表 **表 2**

软件名称（软著登记号）	主要功能	图形平台接口技术	框架及 UI	数据存储	类别	备注
城市明挖隧道土建工程 CAD 系统（2019SR1189185）	城市明挖隧道土建工程设计绘图	Auto CAD ObjectARX	MFC 交互式对话框	数据库（SQLite3）	CAD	科创基金支持
隧道初期支护与微型桩组合结构三台阶工法结构计算软件（2020SR1045557）	公路隧道初期支护与微型桩组合结构三台阶工法结构计算分析	Auto CAD VBA	交互式对话框	数据文件（自定义格式）	CAE	部门自主研发
隧道初期支护与微型桩组合结构九宫格工法结构计算软件（2022SR0104684）	公路隧道初期支护与微型桩组合结构九宫格工法结构计算分析					
城市明挖隧道工程抗浮计算分析软件（2022SR0040683）	城市明挖隧道工程抗浮计算分析	Auto CAD（ZWCAD）ObjectA（Z）RX	MFC 多文档框架	数据库（SQLite3）		科创基金支持

续表

<table>
<tr><th>软件名称
（软著登记号）</th><th>主要功能</th><th>图形平台
接口技术</th><th>框架及 UI</th><th>数据
存储</th><th>类别</th><th>备注</th></tr>
<tr><td>交通建设隧道工程 BIM 设计系统
（2019SR0299650）</td><td>公路隧道（山岭）
BIM 建模设计</td><td rowspan="4">OpenRoads
CivilSDK</td><td rowspan="4">CNCCBIM
WPF</td><td rowspan="4">DGN 及
数据文件
（自定义格式）</td><td rowspan="4">B
I
M</td><td>部门自主研发</td></tr>
<tr><td>顶管隧道 BIM 正向设计
系统（2022SR0541553）</td><td>隧道（顶管工法）
BIM 正向设计</td><td rowspan="3">科创基金支持</td></tr>
<tr><td>明挖隧道 BIM 正向设计
系统（2022SR0541555）</td><td>隧道（明挖工法）
BIM 正向设计</td></tr>
<tr><td>盾构隧道 BIM 正向设计
系统（2022SR0541554）</td><td>隧道（盾构工法）
BIM 正向设计</td></tr>
</table>

（1）软件总体设计：这 14 款桥隧设计软件以“C/S”架构为主，核心功能通过采用 C＋＋、C＃语言开发的 Windows 系统客户端应用软件实现。主体程序框架及用户界面（UI）采用微软的成熟技术框架“MFC”和“WPF”完成，以文档框架和交互式对话框保证专业的用户体验。采用分层模块化设计，核心设计绘图功能模块依靠二次开发技术在基础图形平台上研发，专业计算、数据存储均以独立功能模块开发。

（2）基础图形平台：桥隧设计绘图功能开发依托的基础图形平台主要为国内外知名的 AutoCAD、ZWCAD 和 OpenRoads（内核是 MicroStation），分别采用 ObjectARX、ObjectZRX、OpenRoads 二次开发技术调用平台的对应 SDK 实现。此外项目级应用中也尝试过开放设计联盟（ODA）的 Tehgha 平台[4]，综合考虑商务成本、研发技术难度、研发周期等因素，在小规模软件研发中较有优势。

（3）领域专业算法：整体看目前中交一公院 55 项桥隧设计软件中，最核心的关键技术是专业算法部分，从典型项目研发过程回顾，技术难度最大且研发工作量最大的也是这部分[7-9]。除了 CAE 类型桥隧专业计算分析软件外，CAD、BIM 桥隧软件中也内含大量的专业计算，主要包括结构几何设计（空间位置）、桥梁墩台孔跨布置、上部构造配筋、下部构造计算、隧道（明挖）抗浮桩布置等。值得注意的是，专业算法模块和 CAD、BIM 类基础平台软件的耦合度会决定后期异构平台之间数据分享及二次开发软件多平台的适配性，专业算法模块的准确性和计算效率也是设计软件研发的难点。

（4）工程应用情况：桥隧专业设计软件中，CAD 类研发成果较多、工程应用效果较好，为企业桥梁、涵洞、隧道的设计绘图质量和效率提升发挥了重要支撑作用；CAE 类专用成果主要分为通用有限元软件之间数据接口类和领域专业计算（非有限元类）分析两种，为桥隧结构计算尤其是有限元分析前后处理和设计文件中计算书编制起到关键的链接和促进作用；桥隧 BIM 软件研发起步相对较晚，正加速构建全专业整体解决方案更好的服务设计。

3 当前桥隧数字化设计场景及需求

随着新一代信息技术尤其是人工智能算法模型应用的快速发展，公路工程桥隧设计也面临融合各种新技术的“智能设计新范式”技术变革，企业设计生产在数字化转型过程中，遇到了以公路 BIM 模型为核心的设计成果数字化交付、智能设计审核、设计大数据分析等新场景下的挑战[10-11]。这些外部环境变化对企业桥隧数字化设计软件升级重构及重新研发项目提出了更高的要求，本文分别从新标准应用、异构数据处理和工程数据分析对软件系统具体需求汇总如下。

3.1 软件融合新标准

公路工程桥隧设计以 BIM 技术为核心的深度应用场景中，数字化交付标准是目前最大的挑战和研究热点，随着中交一公院参与编写的一系列标准颁布和逐步应用，需要以这些新标准为基础重构相关设计软件，这是 BIM 标准编写的初衷之一，也是 BIM 设计软件产出高质量数字化设计成果的关键。

3.2 异构异质数据接口标准化

公路桥隧项目数字化设计中联合CAD、CAE和BIM技术应用时，异构系统间数据传递、分享及数据质量参差不齐一直是痛点。AutoCAD、MicroStation等知名产品的成果文件已经形成了事实上的“标准”，“DWG、DGN”都是按各自开发公司定义的格式保存矢量图形数据，不利于数据分享。CAD、BIM和CAE软件之间数据转换虽然已经有IFC等标准和工具级软件支持，但数据传递过程中存在信息丢失且未覆盖主要桥隧类型专业需求，桥隧设计软件专业数据接口标准化亟待加强。

3.3 领域大数据分析

公路桥隧设计工作中需要处理分析并产生大量的专业数据[6]，尤其是公路BIM模型作为工程数据的承载体，通过项目“CDE环境”积累全生命周期内各阶段数据，能够更好地满足领域数据挖掘、专业工程数据分析的需求，设计软件作为工程设计数据生产源头显得尤为重要。输出更适合工程大数据分析和人工智能算法模型调用的数据内容需求迫切。

4 典型桥隧设计软件研发实践

针对桥隧数字化设计新场景及需求痛点，在近几年设计软件研发过程中进行了一些创新探索，从既有软件重构、新研发软件两个视角对典型桥隧设计软件研发实例进行介绍。

4.1 基于BIM标准对既有设计软件重构

由于操作系统升级、基础软件平台版本变更、上游专业道路设计软件版本变更和桥隧新设计规范等综合因素，作为最上层应用软件的公路桥隧设计软件面临常态化重构。随着公路BIM相关标准尤其是桥隧BIM设计标准的编制和发布，既有桥隧设计软件基于这些数字化设计相关标准进行重构，一方面可以满足数字化设计软件交付成果的新要求，另一方面有利于CAD、BIM异构设计软件之间数据传递共享。

(1) CAD版本迁移及多平台适配：以“桥易钢筋混凝土及预应力混凝土弯斜变宽箱梁设计绘图CAD系统（2009SR027358）”为例，这款2002年开始研发，2006年投入应用至今的软件[7]先后经历了AutoCAD版本升级（2002年版升级至2023年版）、主要桥梁设计规范《公路钢筋混凝土及预应力混凝土桥涵设计规范》JTG 3362更新（2004年版至2018年版）、多基础软件平台适配（中望ZW2022年版）等重要重构，目前正在中交一公院研发的BIM标准指导下进行底层数据结构和属性定义重构，从而更好地对接箱梁BIM设计软件及企业BIM构件库。

(2) CAD、BIM数据互通及混合集成：以“基于BIM模型的桥梁工程L形盖梁参数化绘图软件（2023SR0355631）”为例，在常规桥梁盖梁参数化绘图系统（2011SR017405）基础上先进行了AutoCAD版本升级（2002年版升级至2023年版）和主要功能升级（新增过渡墩“L形”高低盖梁类型）重构，然后基于2021年颁布的《公路工程信息模型应用统一标准》JTG/T 2420—2021、《公路工程设计信息模型应用标准》JTG/T 2421—2021、《市政桥涵工程信息模型设计交付标准》SJG 91—2021等标准进行了BIM应用重构，最后新增了MicroStation（CE版）数据转换插件以完成集成。

4.2 新范式下适应多平台设计集成实例

近几年研发桥隧设计软件会遇到诸多挑战，既要充分考虑实际工程当前应用场景和新数字化标准约束，又要考虑多个异构CAD、BIM基础图形平台适配、工程数据分析等中长期需求。在广泛借鉴建筑、铁路等行业数字化设计软件研发及工程应用经验的基础上，积极探索“工程数据＋领域知识”双驱动范式，以公路设计数据为核心开展软件研发实践，具体以公路与城市道路工程中常见的结构“明挖隧道”数字化设计软件集成为例，坚持同一设计数据源、同步道路专业设计协同、同一界面风格完成异构平台适配，集成研发了明挖隧道数字化设计软件[9]。

(1) 同一设计数据源：以公路BIM新标准（包括在编）规定的隧道数据结构、数据存储要求指导软件开发，从项目信息、设计参数（结构尺寸、技术指标、经验系数等）、工程量结果数据各方面和标准约定保持一致，以设计数据源为基础配合领域算法库支持明挖隧道设计CAD、CAE模块功能，即“同一设计数据源”生成设计图、计算书直至BIM模型（几何模型＋属性数据）。

（2）同步道路专业设计协同：公路路线设计软件作为上游核心专业，设计过程中的变更对桥隧设计影响大，因此专业协同设计能力是考验桥隧设计软件应用的重要指标。路线设计软件也在不断重构和发展之中，路线CAD因为起步最早，成熟方案较多，典型代表有HintCAD、EICAD等；路线BIM近年来发展很快，CNCCBIM、纬地BIM等，“明挖隧道”设计软件是采用开发道路设计软件数据接口软件（2022SR0574682）方案，统一处理异构路线设计系统成果数据，然后以路线几何设计数据为基础展开隧道布置、节段划分、隧道平纵横设计的。

（3）同一用户界面（UI）风格进行多异构平台适配：采用Windows系统上应用程序流行的“Ribbon风格”命令组形式控制各模块完成用户交互，同时对常用的多个CAD、BIM异构平台进行适配，可以提高专业设计软件的多场景应用能力。“明挖隧道”软件界面具体方案为通过二次开发在各异构平台“Ribbon功能区”上新增主选项卡“城市明挖隧道设计软件（FHCC 2022）”，包括“版权所有”“城市明挖隧道计算机辅助设计系统”“绘图常用工具集”“常用工具集”四个命令组。每个命令组命令按钮排序、命令功能示意图、调用命令名称均保持一致。本文选取了CAD和BIM两种异构平台上的四款知名软件进行了适配，“明挖隧道”在Civil3d和MicroStation的同风格界面实例见图3，在AutoCAD和ZWCAD的同风格界面实例见图4。

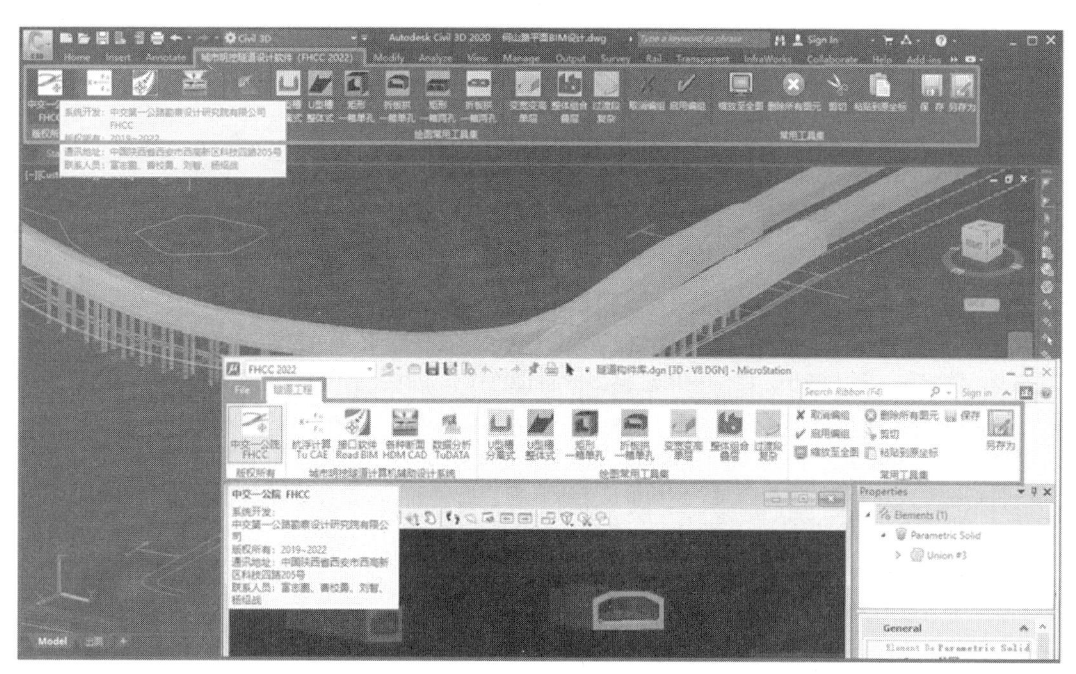

图3 “明挖隧道”在BIM平台Civil3d和MicroStation的同风格界面实例图

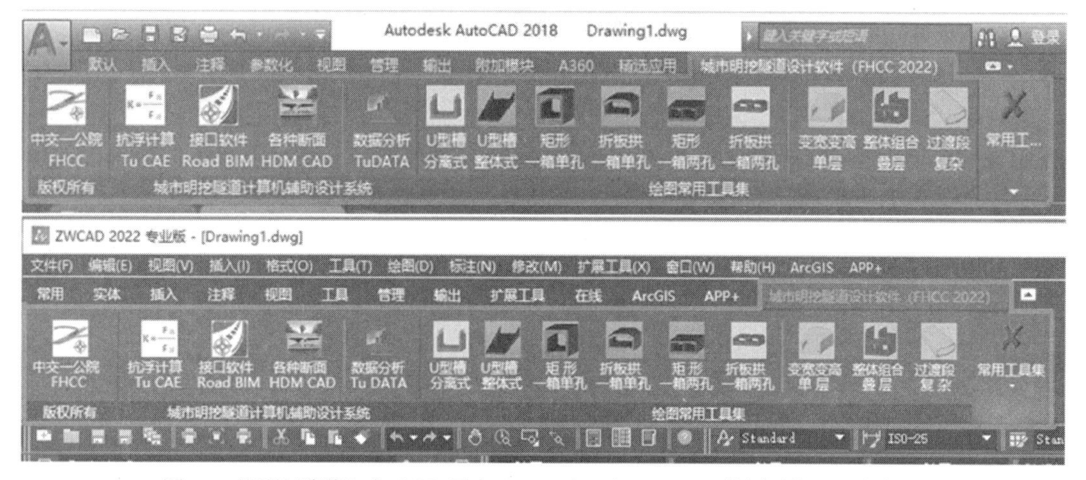

图4 “明挖隧道”在CAD平台AutoCAD和ZWCAD的同风格界面实例图

5 结语

本文从公路工程桥隧结构数字化设计软件实际应用场景出发，从企业视角探究了设计软件研发涉及的共性关键技术和典型结构软件重构及集成解决方案。主要完成的工作如下：

（1）统计了本企业近 20 年研发的 76 款公路工程数字化设计软件研发和应用资料，主体专业中桥隧设计软件占比 72.3%，近 7 年研发的 28 款“BIM”软件类型中桥隧合计占比达 75%。

（2）选取了 14 款有代表性的桥隧软件，从软件总体设计、基础软件平台、领域专业算法等方面总结了设计软件研发涉及的共性关键技术；面对新设计场景明确了新标准应用、异构数据处理和工程数据分析等需求痛点。

（3）提出了基于 BIM 等数字化标准对既有设计软件重构，给出了桥梁工程常见的“L 形盖梁”和“现浇箱梁”设计软件重构实例；以“明挖隧道”设计软件研发展示了新范式下适应多平台设计集成创新实例。

在国产化基础平台适配、设计数据安全等行业要求下，企业层面桥隧数字化设计创新实践依然任重道远，在持续保障高质量设计服务的基础上，如何更好地融入企业数字化转型，进而支撑企业高质量发展需要进一步探索。

参考文献

［1］ 中交第一公路勘察设计研究院有限公司．“十四五”数字化转型规划[R]．西安：中交第一公路勘察设计研究院有限公司，2021.

［2］ 刘少鹏，邓斌，曹影峰，等．桥隧工程 GIS＋BIM 正向设计方法与应用[J]．隧道建设(中英文)，2023，43(4)：674-689.

［3］ 刘智，葛胜锦，杨安．基于欧洲标准箱梁设计绘图 CAD 系统的二次开发[J]．公路，2008(6)：247-251.

［4］ 郝龙，刘智，李军．基于 Teigha 平台的智能化框架涵绘图系统开发[J]．中外公路，2015，35(S1)：186-189.

［5］ 刘智，郝龙，陈宏俊，等．基于公路工程信息模型的斜拉桥设计应用[J]．土木建筑工程信息技术，2020，12(5)：35-40.

［6］ 刘智，吴涛．基于“Digital Twin”技术的互通立交桥数字化系统研究[J]．智能建筑与智慧城市，2020(1)：71-73.

［7］ 中交第一公路勘察设计研究院有限公司．钢筋混凝土及预应力混凝土箱梁设计绘图系统研究报告[R]．西安：中交第一公路勘察设计研究院有限公司，2010.

［8］ 中交第一公路勘察设计研究院有限公司．节段预制拼装混凝土箱梁协同设计绘图系统研究报告[R]．西安：中交第一公路勘察设计研究院有限公司，2021.

［9］ 中交第一公路勘察设计研究院有限公司．城市明挖隧道计算机辅助设计系统研究与应用研究报告[R]．西安：中交第一公路勘察设计研究院有限公司，2022.

［10］ 肖春红，朱明，袁松．公路常规桥梁 BIM 模型结构化组织方法研究[J]．公路交通科技，2023，40(1)：106-112.

［11］ 张峰，刘向阳，戈普塔，等．基于知识库的桥梁 BIM 模型检查技术研究[J]．公路，2023，68(1)：217-223.

BIM技术在共有产权保障住房项目建设管理中的应用——以杭州某项目为例

刘松鑫

（浙江建设职业技术学院，浙江 杭州 310000）

【摘　要】 以数字化、信息化为基础的BIM技术在现代建筑行业发展中发挥了重要作用。共有产权保障住房是政府解决民生问题、吸引留住人才的有力方式，其项目建设往往建筑体量大、成本管控严格、建设工期紧张、民众关注度高、对施工组织与管理提出了较高要求。本文以杭州牛田单元JG1606-R21-04地块项目例，分析共有产权保障住房项目建设施工管理重难点，阐述BIM技术在共有产权保障住房项目建设管理中的应用。

【关键词】 BIM技术；共有产权保障住房；项目建设管理

1　引言

中华人民共和国国民经济和社会发展第十四个五年规划和2035年远景目标纲要中明确提出了“加快数字化发展、建设数字中国”的目标[1]。以数字化、信息化为基础的BIM技术已成为工程项目建设管理的重要技术手段，在项目策划、设计深化、施工模拟、运行维护全生命周期管理中发挥重要作用。BIM技术的集成应用则是推动建筑行业转型升级的关键技术[2]。

共有产权保障住房是政府解决民生问题、吸引留住人才的有力方式，其项目建设往往建筑体量大、成本管控严格、建设工期紧张、民众关注度高、对施工组织与管理提出了较高要求[3]。本文分析共有产权保障住房项目建设管理重难点，阐述BIM技术在共有产权保障住房项目展示出的优势价值和示范引领作用。

2　项目介绍

2.1　工程概况

本项目位于杭州市上城区牛田控规单元内，北临新塘路、西临水系绿化带、南临R21-01地块幼儿园、东临艮嘉巷。项目总建筑面积约65310m^2，其中地上建筑面积约42175m^2、物业管理等配套公建设施1675m^2、地下建筑面积约21460m^2。地上主体结构主要由7幢15层住宅等配套用房组成，住宅楼建筑高度46.30m。项目于2022年11月30日开工，计划工期1095个日历天。

2.2　项目管理重难点分析

2.2.1　项目利润不高、成本管控严格

杭州地区共有产权保障住房项目大多由大型国有企业负责开发建设，建设资金由建设单位自筹，需要投入的资金较大，售价上仅相当于同板块新房半价，开发利润极其有限，对成本控制提出了较高要求。

2.2.2　场地有限、工期紧张

本项目所在位置场地狭窄，围墙长度475m，基坑北侧为城市主干道路，基坑边距离红线最近约3m；

【基金项目】 浙江省省属高校基本科研业务费专项资金资助（项目编号Y202248）

【作者简介】 刘松鑫（1990—），男，高级工程师。主要研究方向为建设工程管理。E-mail:1023705016@qq.com

西侧为水系绿化带，基坑边距离红线最近仅2m。基坑围护周长约552m，基坑开挖面积约15590m²、开挖深度为6.65～10.85m，多种施工工序穿插施工。基坑西侧、南侧采用915PC工法桩兼作围护结构及止水帷幕，其余侧采用HC工法桩兼作围护结构及止水帷幕，设置一道预应力型钢组合支撑/型钢斜撑。主体工程施工阶段专业分项工程多，施工现场平面布置和交通运输保障是关键点，为保证工期和销售要求，需合理安排施工工作面，确保工序合理搭接。

2.2.3 安全、质量控制标准高

本项目作为主城区首批共有产权保障住房项目之一，仅向经政府认定的无房人才销售，周边有高架、学校、医院、居民区等丰富配套，地理位置极佳，项目建设关乎政府形象。根据政府部门部署要求，安全、质量标准高于普通保障性住房项目，具有一定的示范效应。

2.2.4 协调工作量大、民众关注度高

本项目参建单位包括业主、代建、勘察、设计、施工、监理、分包等多家单位，业主期望高、工程洽商较多；项目北侧和东侧均为已建成使用居民区，环保压力大，对噪声、扬尘的控制严格，为避免居民不满投诉等事项，需要做好协调工作，争取大家谅解。

2.2.5 亚运盛会影响

本工程地处杭州市区，且基础工程施工时间恰好是在亚运会期间，环保工作意义重大。在进行施工安排时，要充分考虑各种因素，特别是亚运会期间对噪声和扬尘污染的限制和季节性施工的影响。

2.3 项目管理思路

本项目不同于常规保障性住房建设项目，政府部门高度重视，质量安全检查常态化，叠加疫情影响。项目全面应用公司数字化建造管理系统，从质量管理、安全管理、成本管理、工期管理、人员管理、设备管理、物料管理等角度数据联动，赋能施工项目管理，助力平安、绿色、智慧、人文的共有产权保障住房项目建设。

3 BIM技术在本项目中的应用

3.1 模型搭建

基于BIM的项目建设管理首先要完成项目模型的搭建，根据BIM相关国家标准施工阶段模型精度需至少达到LOD-400，同时为后续通过BIM模型进行管理做好准备，本项目使用Autodesk Revit建模软件快速建立工程BIM模型。为保证各个平台数据传递，模型原点与精度控制要满足整合要求。Autodesk Revit软件中的过滤器功能，类似于CAD软件中的图层功能，可按照拆分出来的梁、板、柱、墙等构件对模型构件着色，也可按建筑、结构、机电、装修等不同专业进行划分，多角度、无遗漏展示模型，通过模型可以快速发现图纸相关问题，及时与业主单位、勘察设计单位沟通。在项目开工建设前完成BIM模型搭建，在图纸会审、施工交底时形象直观展示，加深项目参与人员对图纸的理解，降低因图纸错漏引起返工重做、资源浪费、工期延误等潜在风险。

3.2 深化设计

本项目地上建筑相对较为规则，地下工程部分涉及不同位置−1层、−2层、夹层、机动车与非机动车坡道等多个标高。深化设计阶段地上部分使用品茗系列软件、地下部分使用Autodesk Navisworks软件进行。品茗HiBIM、BIM模板/脚手架工程设计软件等可在建筑模型的基础上依据施工要求与规范要求快速完成土建模型二次深化工作，利用支吊架快速布置并在支吊架模型基础上进行安全验算，提高深化效率、指导现场施工；Navisworks软件可直接导入Revit创建的.rvt格式文件进行管综碰撞检查、净高分析，检查不同专业构件、不同管线、预埋件的相互位置关系，针对管线密集处不易识别、结构预留洞口与设计图纸不符、交叉管线高度不合理等问题，整理生成碰撞检测报告、给出动态三维节点示意，提升沟通效率、极大地降低了返工率（图1、图2）。

图 1　项目模型效果

图 2　项目建筑模型

3.3　施工现场布置

项目所在位置施工场地有限，根据施工用地的实际情况，对现场进行科学、合理布置，达到项目建设进度与场地各类资源的动态整合。基于 BIM 施工组织管理理念，施工现场平面布置选用品茗施工策划软件，该软件支持拾取转化导入的 CAD 施工总平图，内置 300 多个参数化构件，一键转化生成基坑、道路、围挡、原有建筑物及拟建建筑物，所有线性面域构件支持一键转化。从土方阶段、主体结构施工阶段、装饰装修阶段分阶段布置施工现场、建立施工阶段三维场布模型，对土方施工、基坑支护、群塔作业、临边洞口防护、临时建筑物规划、临水临电布置等细节内容分阶段进行漫游展示（图 3、图 4）。

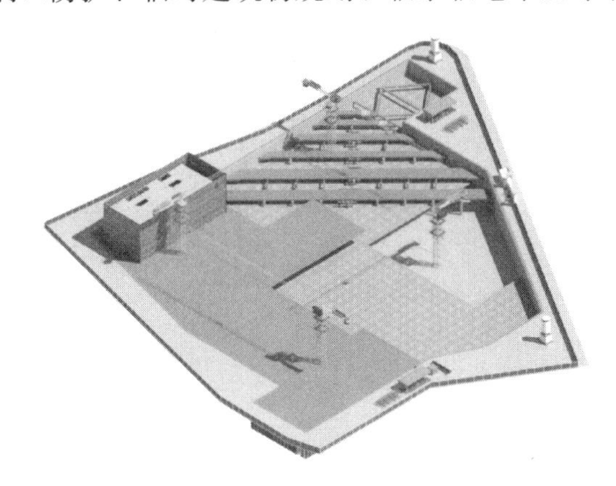

图 3　土方阶段施工现场布置

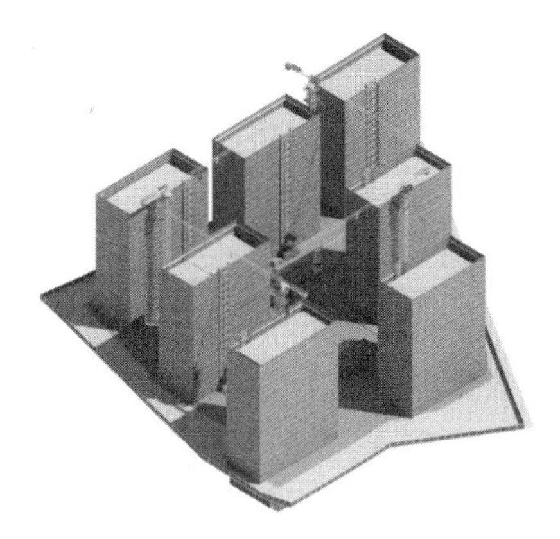

图 4　主体结构施工阶段现场布置

3.4　施工进度模拟

在前期 BIM 模型的基础上，单体建筑施工进度模拟采用 Navisworks 软件，将三维模型按不同专业进行施工流水段划分，直观反映建筑物的施工建造全过程；关联施工进度计划进度数据与实际进度数据，动态把控每日、每周、每月的进度信息，合理安排施工任务，实时调整项目进度计划与资源供应计划，提高资源利用效率、减少工期延误的风险。

4　基于 BIM 的智慧工地管理

4.1　安全管理

安全管理中，将现场视频监控系统接入公司管理平台，对现场大门、生产加工区域、施工关键部位、塔式起重机机组设备等 24h 实时监控，动态记录项目进展情况，发现异常立即启动应急预案，消除隐患；通过“BIM 模型＋VR 设备”沉浸式体验完成安全演练与交底，在 BIM 模型中根据重大风险源位置、状态信息进行标记，发现问题时在公司管理平台中发出安全问题整改单，并追踪整改情况。公司管理平台中动态实时收集安全管理数据，从问题等级划分、各施工阶段、各专业单位安全问题发生频次等角度显示数据图表；从风险辨识、隐患排查治理、危险性较大的分部分项工程管控、领导带班等维度，量化安全管理指标，动态监控安全指数。

4.2 质量管理

技术交底采用现场交底、BIM 模型交底、PPT 交底等多样式交底形式，落实三级交底制度，强调质量管理标准，提升工人质量意识。关键工序、复杂节点施工过程中，利用 BIM 可视化、模拟化特点进行施工工艺模拟，有效提高技术交底效率，解决工人看不懂、记不住的问题；项目管理人员可通过移动端随时随地浏览模型，对比轻量化的 BIM 模型进行日常质量检查验收。项目管理人员参与工程验收时，使用上传过 BIM 模型的 MR 设备，根据模型中的虚拟位置与实际场景位置比对检查工程质量情况，丰富了数字技术在项目中的应用。

4.3 进度管理

在项目范围内，针对施工现场施工总进度情况、每个流水施工段、专业施工进度情况，定期使用无人机进行航拍，通过拍摄的形象进度画面，实时调整施工部署与安排；施工过程中，将各工序的实际开始时间与实际完成时间信息录入 BIM 模型，动态调整各项资源数据，提高管理效率（图 5、图 6）。

图 5 无人机航拍画面

图 6 现场人员管理

4.4 人员管理

因项目只有一个出入口，在出入口门禁位置安装人脸识别与测温系统装置并接入公司管理平台，录入相关人员信息后自动识别项目相关人员的身份，非项目人员信息由门卫手动输入，形成人员出入与体温记录台账，支持疫情防控工作。通过公司管理平台，项目管理人员能够及时掌握现场各工种出勤人数、劳务人员的个人信息，便于人员管理。劳务人员管理系统对接政府相关部门，符合劳务实名制要求。

4.5 物料管理

本项目通过物料管理系统采集进场物料数据对材料进场情况进行统计分析，在地磅周边安装车辆识别装置等硬件设施，对物料进场进行智能化监控。以商品混凝土进场为例，装载物料的车辆在门口被车辆抬杆 AI 识别，识别车牌号及进场信息等内容，数据信息上传至信息化管理平台。同时语音助手提示“欢迎进场，请到智能地磅台称重，正在称重，称重完成，共计××t”。称重的数据上传至公司管理平台（图 7、图 8）。

图 7 物料管理系统

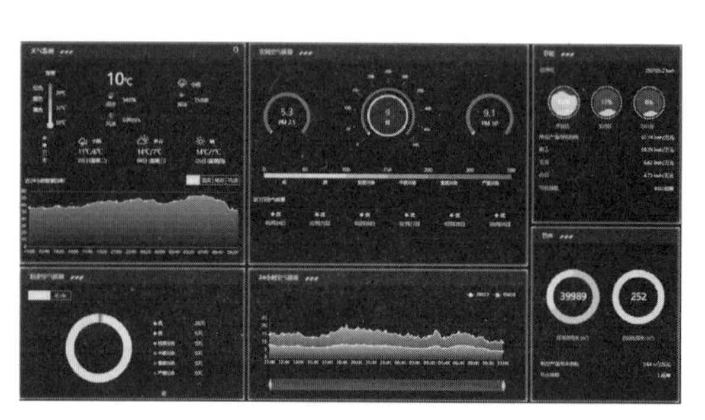

图 8 绿色施工系统

4.6 绿色施工

公司智慧工地管理平台对项目场地内的噪声、扬尘实时监测，超过设定的正常值时平台自动通知管理人员，现场环境检测数据自动更新，施工期间高压喷雾机不间断工作，扬尘管理系统对接政府相关部门，符合绿色施工要求。

5 展望与思考

杭州牛田单元JG1606-R21-04地块共有产权保障住房项目初期BIM技术应用于深化设计与交底、施工现场三维布置、单体工程施工进度模拟、智慧工地管理等方面，节约了施工临时用地、减少了工程返工次数，帮助施工方节约成本30余万元；绿色施工管理水平明显提升，贯彻了“四节一环保”的理念，社会效益明显；在现场质量安全管理通过信息化的手段有效解决技术交底不直观、各方难沟通、整改落实缓慢等问题；在完成业主期望目标的同时，助力施工安全生产标准化管理优良工地、平安工地建设，为共有产权保障住房项目起到良好示范效应。

参 考 文 献

[1] 李云贵．建筑业“十四五”数字化转型的思考[J]．中国勘察设计，2022(8)：14-16.
[2] 许志良．浅谈当前保障性住房建设与管理存在的问题及对策[J]．纳税，2019，13(26)：238-239.
[3] 陈琦，刘国勇，王婧．BIM技术在施工阶段的应用研究[J]．工程建设，2022，54(2)：69-73.

基于BIM技术的既有住宅多源数据采集与整合研究

林冠峰，张　琼*，范　悦，刘　畅

（深圳大学，广东 深圳 518060）

【摘　要】 随着我国各地老旧小区更新工作的逐步推进，人们逐渐认识到在住宅改造中进行信息收集和整合的重要性。既有住宅再生经历了从经验化到科学化的发展过程，为从业专家、设计人员、住户等提供有效信息，是国内外既有住宅再生研究领域努力探索的课题。本文主要研究既有住宅全生命周期内各阶段关键要素信息的大规模快速采集方法及其多源数据的有效整合路径。旨在提升既有住宅再生的科学性和有效性，提高既有住宅更新改造的信息化水平。

【关键词】 既有住宅；多源数据；信息采集；BIM

1　引言

当前我国住宅发展已进入存量阶段，建筑行业也已经进入4.0时代[1]。随着大量老旧小区改造实践的推进，既有住宅更新改造发展呈现出信息化、精细化的趋势，这为既有住宅再生带来了新的机遇与挑战。麦肯锡全球研究院（MGI）的报告《数字时代的中国：打造具有全球竞争力的新经济》指出，中国的建筑业是数字化程度最低的行业之一。2022年住房和城乡建设部提出要推进建筑行业数字转型，推进BIM的全过程应用；同年，深圳市出台《2022深圳城市更新白皮书》，提出未来城市更新工作要着眼于可持续发展和全生命周期管理，要构建全方位的城市信息数据平台。

目前，信息工具技术和改造手法已经突飞猛进，但是既有住宅再生前期基础调研仍然停留在相对简单的传统模式中，与现实社会脱节。由于我国既有住宅量大面广，其更新改造的前期调研工作量巨大。在现行改造中，前期基础调研主要依靠简单粗略的观察和记录，这种精细度不足的调研工作可能存在信息采集不充分或零散杂乱的问题，导致更新改造粗糙单一，改造效果难以满足住户需求。因此，如何根据更新需求将零散的既有住宅关键要素信息进行大规模快速采集和整合，以及如何处理既有住宅再生中的不确定数据，为既有住宅再生提供关键而全面的信息，已成为既有住宅再生研究领域努力探索的重要课题。范悦教授团队构建既有住宅维护性再生的信息平台，认为既有住宅的实态调研是对既有住宅现状的客观把握，是厘清既有住宅多品质要素退化机理的关键[2]。

为了应对既有住宅再生的复杂性和综合性，本文提出利用新型工具技术大规模快速采集包括既有住宅原始设计信息、现状信息、维修履历信息等全生命周期内各阶段的信息，利用BIM技术整合多源数据，以提高既有住宅再生前期调研的效率和精度、全生命周期信息化水平，形成可推广的工作流程。

【基金项目】 国家自然科学基金（52178020/52008251）

【作者简介】 林冠峰（1995—），男，硕士研究生。主要研究方向为既有住宅信息化与评估

张琼（1986—），女，助理教授。主要研究方向为既有住宅精细化再生。E-mail：zhangqiong@szu.edu.cn

范悦（1966—），男，特聘教授。主要研究方向为既有住区再生与可持续建筑设计

刘畅（1995—），女，博士研究生。主要研究方向为既有住宅性能化改造

2 既有住宅再生与信息化

2.1 既有住宅再生向精细化发展

目前，既有住宅更新改造方式已经从粗放式逐渐转为精细化再生[3]。相比以往既有住宅更新改造传统方式，精细化再生侧重于依据科学的诊断与评估，在多样化数据支撑下，针对既有住宅存在的单项问题或整体问题，进行包括充分的前期调查、科学的诊断评估与设计决策、精细的施工以及改造后评估等在内的全过程再生（图1）。精细化再生强调再生过程信息化的含义，是建筑再生未来发展的主要趋势。

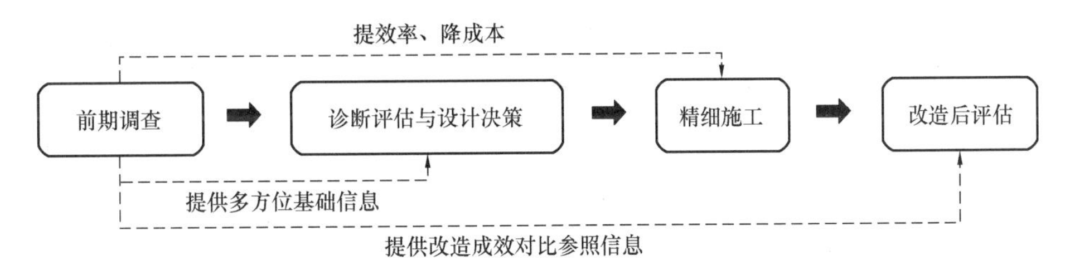

图1 既有住宅精细化再生流程

2.2 既有住宅多源数据与信息化

既有住宅信息化过程包括信息采集、信息整合、信息存储、可视化等多个步骤。在本研究中，既有住宅多源数据包含设计图纸、规范标准、实景图像、病理信息、维修履历、成本、访谈信息等。面对多源的大量信息，传统建模软件如Sketch Up、Rhino、CAD等，虽然能快速对建筑进行建模，但难以记录住宅全生命周期中的复杂变化及其非几何信息。本文利用BIM技术来整合采集到的既有住宅几何信息和非几何信息，记录既有住宅全生命周期中的复杂变化，并且进行可视化展示。

3 既有住宅的多源数据采集

3.1 信息采集的范畴

信息采集的核心在于采集关键且全面的信息，即要把控信息采集的质和量。因此，需要确定信息采集筛选的范畴。本文信息采集筛选范畴主要分为两大类，分别为基础类数据（设计年代、结构形式、平面布局、基本尺寸、管线设备、无障碍设施等）和指标类数据（劣化程度、外围护结构传热系数、隔声系数、防水性能、造价成本、太阳能利用率等）。本文信息采集筛选范畴的确定方法主要依据专家咨询、实地观察以及根据建模需求选取。通过专家咨询，可以获取既有住宅诊断评估的关键信息；通过用户调查可以获取改造频率较高的部位（即用户关注度较高的部位）。

3.2 既有住宅信息采集的内容清单

本文在信息采集筛选范畴的指导下，通过对深圳大学教工住宅（1980s）及深圳市海滨小区（1990s）进行前期基础调研，总结出信息采集的内容清单和信息采集记录表。信息采集内容清单主要包括对应设计年代的标准规范、设计图纸、维修履历、实景图像、红外图像、区位信息、用户访谈等[4]。信息采集模板内容主要包含项目信息、住栋信息、维修履历、现状描述、模型信息五大部分（表1）。通过制作统一的信息采集基本模板，可以提高既有住宅信息采集的效率和精度。

既有住宅信息采集记录表　　表1

<table>
<tr><td>项目信息</td><td colspan="3">项目名称、年代信息、设计单位、地理信息（地址、气候、地形、朝向）、产权归属</td></tr>
<tr><td>住栋信息</td><td colspan="3">结构形式、布局形式、梯间形式、屋顶形式、户数、建筑面积、户型面积、层数和层高</td></tr>
<tr><td>维修履历</td><td colspan="3">维修改造时间、维修改造部位</td></tr>
<tr><td>现状描述</td><td colspan="3">构件病理描述、管线设备情况描述、公共空间情况描述、无障碍情况描述、太阳能利用情况描述</td></tr>
<tr><td rowspan="2">模型信息</td><td>几何属性</td><td>尺寸、面积/体积、数量</td><td rowspan="2">关键采集部位：墙体、楼板、楼梯、外窗、外窗遮阳构件、屋顶隔热构件</td></tr>
<tr><td>非几何属性</td><td>材料、传热系数、隔声系数</td></tr>
</table>

3.3 多源信息采集的技术途径

既有住宅的信息相比新建住宅更加复杂多元，其来源于多种不同的途径，因此需要针对多源数据采集采用不同的技术手段，总结如下：

（1）设计图纸信息提取：设计图纸包含项目的基本信息，如建设年代、结构类型等；另外，设计图纸记录了建筑的几何属性，可以为翻模工作提供基础信息。

（2）问卷调查与专家咨询：通过对住户进行问卷调查，可以获悉住宅改造最频繁的建筑部位；通过专家咨询，可以获得需要采集的关键要素信息，以及对既有住宅劣化程度的等级划分标准。

（3）大数据：可以通过大数据平台（如链家）获取既有住宅的区位信息，包括交通、配套设施、周边房价等信息。

（4）红外激光检测：通过使用红外激光摄影机，可以获取既有住宅围护结构存在热桥缺陷的部位以及存在渗漏的部位[5]（图2）。

（5）无人机倾斜摄影：相比传统的相机拍摄，无人机拍摄更具优势。通过对建筑环绕低空飞行，可以大规模快速采集建筑外部实景图像，通常只需一次外业就可以满足图像采集需求。除此之外，无人机倾斜摄影能够提供点云数据，为实景建模提供数据基础[6]。

（6）全景摄影：新兴的全景摄影设备，如Insta360 one RS可以对空间进行360°全景拍摄。传统的相机拍照，需要进行多次拍照，且照片难以确定方位，而全景摄像机只需选取几个机位拍摄，即可记录全屋实景图像，并且可以结合VR设备进行体验（图3）。

图2 红外激光检测渗水部位

图3 全景摄影图像结合VR体验

4 基于BIM技术的既有住宅信息整合

既有住宅再生信息整合的核心在于记录和展示全生命周期变化及改造设计的多方案对比。全生命周期信息包括竣工状态、维修改造、现状以及改造设计等信息。

4.1 实景场景建模——记录现状图像信息

对于建筑外部空间实景建模，本研究应用倾斜摄影技术，采用了大疆无人机御2pro，对海滨小区10号楼进行拍摄，本次采集图像样本331张。将航拍所得图像样本载入Context Capture平台，进行空三运算，最终得到海滨小区10号楼的外部实景模型（图4）。经过与实际情况对比，实景模型中的尺寸精度误差在5cm以内。在设计图纸缺失的情况下，该实景模型经过数据处理后，可以作为REVIT建模的依据。

图4 海滨小区10号楼实景建模

对于建筑室内实景场景的展示，本文采用全景摄像机Insta360 one RS对室内进行布点拍摄，经过图像处理后，导入steam VR平台，利用VR设备进行观看。一次拍摄即可记录几乎所有室内图像信息。评估专家无须前往现场，即可对现状进行把握。

4.2 虚拟场景 REVIT 建模

本文对于既有住宅虚拟场景 BIM 建模主要选用 REVIT 建模软件进行，建模主要面向既有住宅再生。本文将 BIM 建模分为四个步骤：分层级基础建模、非几何属性输入、阶段化建模、设计选项建模。

4.2.1 分层级基础建模——竣工状态

设计图纸上记录了既有住宅建成的最初状态，根据图纸尺寸在 REVIT 中从平面生成住宅初始模型。基于 SI 分离体系，进行分层建模，便于工业化更新改造[7]。将既有住宅分为结构、表层、管线、室内空间、其他部分五个层级。

4.2.2 非几何属性输入——现状

几何属性并不能完全反映既有住宅的全生命周期信息，需要更多的非几何信息的输入。本次实验利用 REVIT 将住宅的材料、成本和病理信息整合至模型中。深圳大学教工住宅读月楼建于 20 世纪 80 年代，至今仍在使用，其病理特征突出，以其为例进行建模（图 5）。

图 5 利用 REVIT 记录既有住宅病理情况

4.2.3 阶段化建模——全生命周期变化过程

既有住宅品质的提升需要考虑其阶段性。在单次再生中解决住宅品质退化问题是难以实现的，原因在于既有住宅的不同部位的使用寿命和更换周期各不相同。除此之外，不同使用阶段的住宅所存在的突出问题也具有差异化[4]。本次建模使用 REVIT 中的阶段化功能，对住宅不同时期的变化进行记录，展示既有住宅不同阶段状态的图像信息包括拆除、扩建或新建的部位等。对于既有住宅维修履历进行可视化建模，能更直观地反映住宅的具体部位变化，为设计人员提供改造设计的依据。深圳市海滨小区建于 20 世纪 90 年代，目前已完成基础级更新，以其为例展示既有住宅阶段化建模技术（图 6）。

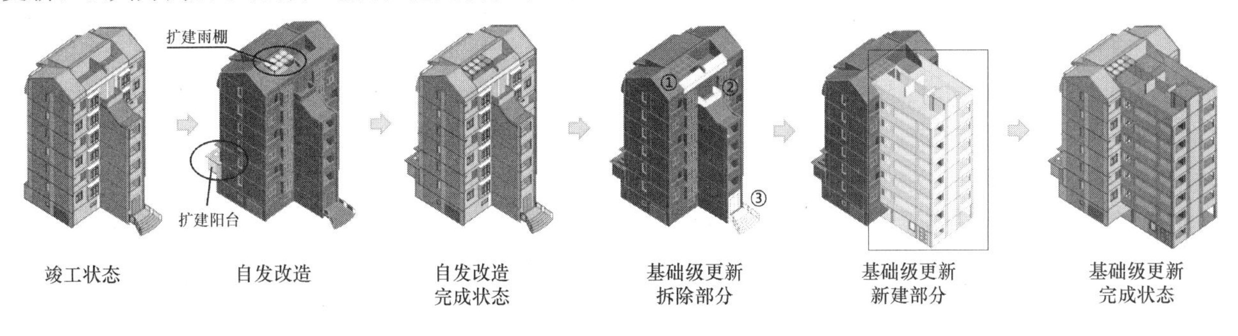

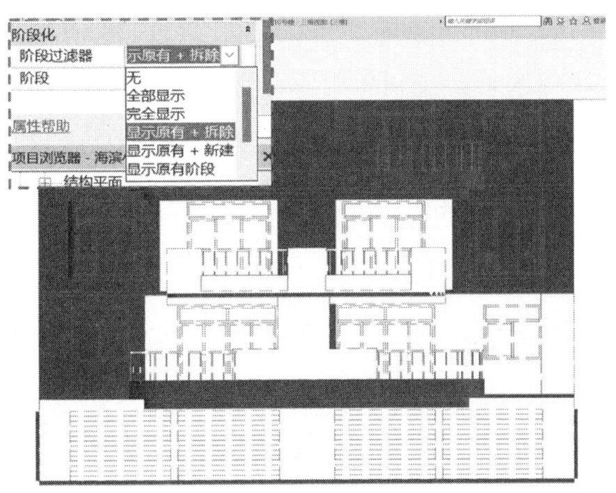

自发改造：白色为拆除部分，灰色为保留部分

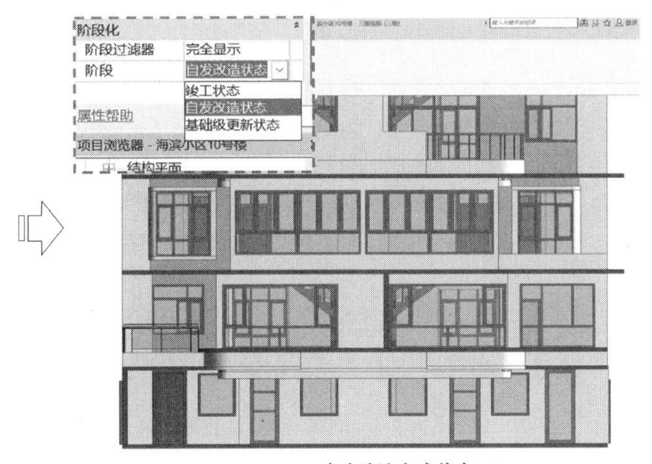

自发改造完成状态

图 6 既有住宅阶段化建模

4.2.4　设计选项建模——面向方案设计

既有住宅更新改造设计需满足用户的核心需求，其改造效果、性能以及成本皆是用户关心的核心问题。本次实验利用 REVIT 的设计选项功能，对住宅局部进行多方案改造设计，并同时展示每种设计方案对应的效果、性能及造价成本，可供用户选择（图 7）。

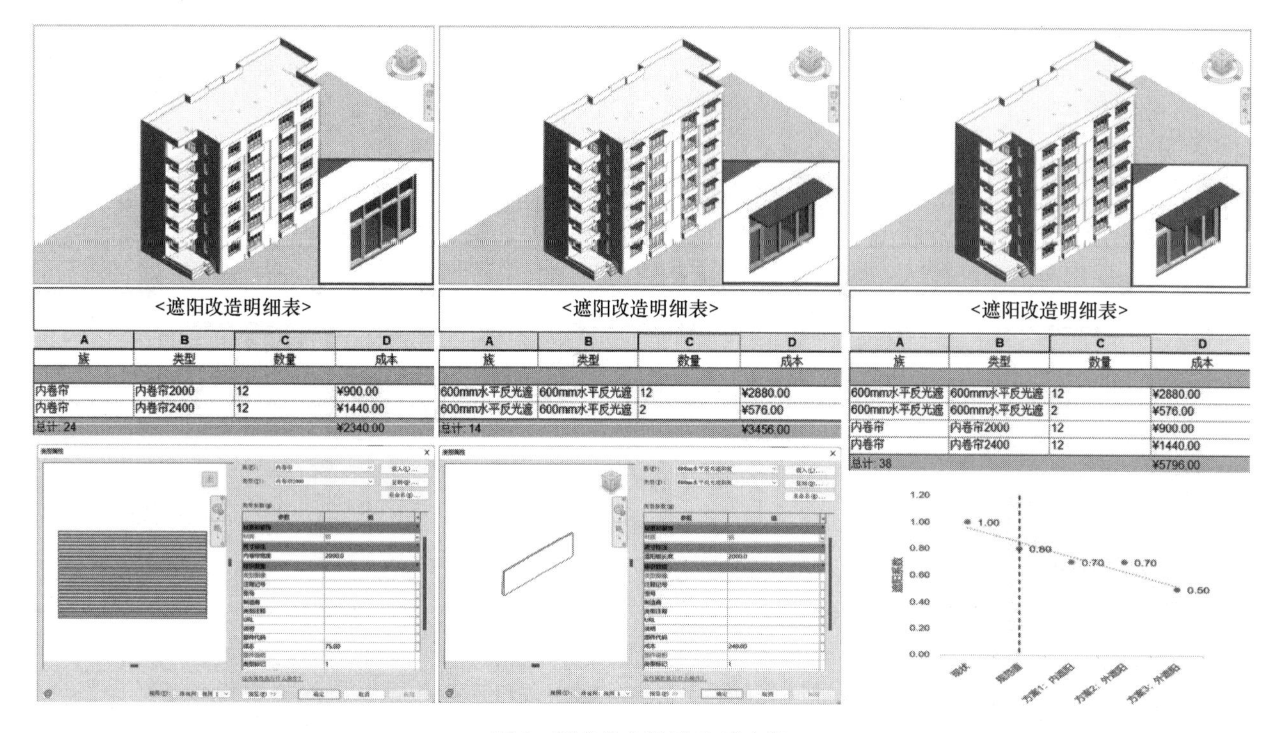

图 7　既有住宅设计选项建模

5　总结及展望

在精细化改造趋势以及信息化时代下，既有住宅关键要素的信息采集与整合显得尤其重要。本文通过对深圳大学教工住宅和海滨小区的前期基础调研，总结了既有住宅信息采集的方法途径，为大规模快速采集既有住宅的关键信息提供参考；其次，基于 BIM 技术对多源数据进行整合，记录既有住宅全生命周期的信息并且进行可视化展示，提出了既有住宅再生建模的四个步骤，为既有住宅信息整合提供参考。最终通过对既有住宅信息的采集和整合，为构建既有住宅信息化协同平台提供基础信息。

参 考 文 献

[1]　郑磊，陈光冲，冉然. 建筑业发展阶段划分[J]. 土木工程与管理学报，2017，34(3)：57-61.

[2]　范悦，李翥彬，张琼. 基于数据分析的既有住区建筑品质提升研究方法与量化模拟[J]. 当代建筑，2020(5)：12-15.

[3]　范悦，李翥彬，张琼. 既有住宅维护性再生的科学体系与知识库系统建构[J]. 时代建筑，2020(1)：6-9.

[4]　张琼. 面向品质提升的既有住区建筑实态与评估体系化研究[D]. 大连：大连理工大学建筑学，2019.

[5]　屈成忠，郭海明. 基于红外热像法的建筑围护结构传热系数与风速的关系研究[J]. 建筑节能，2018，46(12)：50-53.

[6]　何原荣，陈平，苏铮，等. 基于三维激光扫描与无人机倾斜摄影技术的古建筑重建[J]. 遥感技术与应用，2019，34(6)：1343-1352.

[7]　邵郁，赵烁. 东北地区城市既有多层住宅的 SI 分离体系研究[J]. 西部人居环境学刊，2018，33(5)：6-13.

BIM与RFID技术集成原理及应用领域研究综述

刘中辉，孙艳秋

（浙江工业职业技术学院，浙江 绍兴 312000）

【摘　要】 BIM技术提供了一个信息交流共享的三维可视化平台，RFID技术能够实现实时无接触获取目标数据信息，BIM与RFID技术集成后可以做到优势互补，BIM模型显示三维信息，RFID技术实时更新信息。本文系统归纳了BIM与RFID技术的集成原理，分类介绍了BIM与RFID技术集成管理系统的应用领域，以及取得的应用成果。论文将为BIM与RFID技术集成应用的研究者提供较好的参考依据。

【关键词】 BIM；RFID；集成原理；应用领域

1　引言

BIM的概念最早由Chuck Eastman在1975年提出，是建筑信息模型（Building Information Modeling）的简称，其以三维数字技术为基础，是将建筑工程全寿命周期内的相关信息加以整合的全新设计模式，是新型的工程项目信息的集成化管理系统[1]。以BIM模型作为信息载体，可以集成建设项目各专业相关信息，实现不同阶段项目各参与方之间的数据共享[2]。BIM具有可视化、协调性、模拟性和优化性等特点。可视化既体现在设计阶段也体现在施工阶段，能清晰显示出建筑工程模型所涉及的全部图像和工程信息，可呈现出最真实的建筑效果；协调性主要体现在各专业设计师借助BIM平台综合协调解决模型的碰撞问题，以及在施工阶段工程师对工程进展和安排进行统一把控协调；模拟性体现在借助BIM平台可以对工程项目从设计规划到运营维护各阶段进行全过程施工模拟，便于及时发现和解决问题；优化性体现在可对从设计、施工到运营维护的整个建设项目过程进行不断优化，这一系列过程包含了大量信息，只有借助BIM技术才能有效储备大量项目完整信息，再运用BIM技术提取相关信息，使项目各参与方掌握准确可靠的项目信息资源，进而达到优化项目建设过程的目的[2]。

RFID（Radio Frequency Identification）技术，即无线射频识别技术，是一种通过无线电信号进行识别和读取目标数据的技术[3]。通常由RFID阅读器、标签和应用软件三部分组成。RFID技术有如下优势：一是构件标签编码标识唯一性，保证构件在项目施工过程中各阶段的信息精准性。二是实现非接触式地获取信息不受相应遮挡的干扰，穿透力强，并能有效实现超长距离的精确通信。三是多个构件标签可被同时识别、接收和处理，信息处理快速便捷。四是存储容量大、安全性高，传统的条形码存在容量的限制，过段时间就需重新更换，但RFID标签最大容量已突破千兆，并且其容量现在还在扩展，此外，RFID标签信息是由电子信息编码而成的，具有加密功能，无须担心内容被伪造，从而保证了数据的安全性。

BIM技术提供了工程项目的三维可视化交流共享平台，方便了工程项目各参与方在项目规划、设计、施工、运维管理等各阶段的信息沟通，打破了信息孤岛。RFID技术可以获取施工现场的实时动态信息，保证了信息传递的及时性和准确性，在模型和现实之间搭建了一座桥梁。BIM技术与RFID技术在建筑领域集成运用情况的比较如表1[2]所示。

【基金项目】 浙江工业职业技术学院“专业学科一体化建设”科研项目（112709010920522233）

【作者简介】 刘中辉（1981—），男，讲师。主要研究方向为BIM与RFID技术的集成应用。E-mail：fringeliu@126.com

BIM 与 RFID 技术在建筑领域集成运用情况比较 **表 1**

应用技术	信息采集	信息处理	执行效率	协调管理
无 BIM、无 RFID	手工录入或现场拍照	Excel 表格、图像、HTML、文档等	资料管理复杂、执行效率低	信息传递不及时、沟通不畅
有 BIM、无 RFID	手工录入或现场拍照	BIM 模型、移动终端	信息方便使用，但与项目进度有偏差	能通过 BIM 模型进行沟通
无 BIM、有 RFID	RFID 技术、移动设备等	Excel 表格、图像、HTML、文档等	信息采集快，但信息不可随时调取，与项目进度有偏差	信息传递及时、沟通不畅
有 BIM、有 RFID	RFID 技术、移动设备等	BIM 模型、手持移动终端、数据库	信息采集快、易于查阅、能与项目进度同步、能及时调整施工方案	信息传递及时、能在 BIM 模型上有效沟通、便于及时解决问题

由表 1 可见，集成应用 BIM 和 RFID 技术可以达到最佳的应用效果，BIM 技术负责模型展示和信息处理，RFID 技术负责信息采集，最终在 BIM 模型上可以对施工过程进行实时监控。

2 BIM 与 RFID 技术的集成原理

BIM 与 RFID 技术集成的关键是二者之间的信息交互，统一且兼容的技术标准是不同技术进行信息交换和共享的前提。目前，BIM 与 RFID 技术进行信息交互的技术标准主要是 IFC 标准，它是 BIM 技术的主流数据交换标准，所提供的数据接口不依赖任何信息管理系统，灵活性强[2]。采用统一的技术标准后，不同软件系统间的信息交互方式大致有四种[2]：直接交互、公共产品数据模型格式、专用的中间文件格式和 XML 交换格式。其中，直接交互式由于方便快捷，被广泛采用，比如：

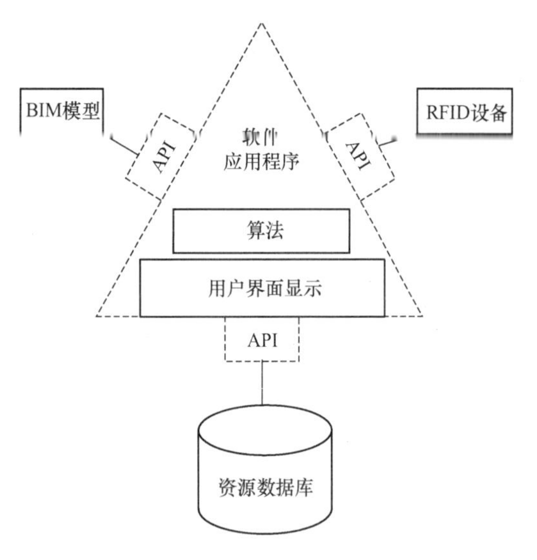

图 1 BIM 和 RFID 架构图

Costin A 等人[4]使用 Visual C＃2010 开发了一款应用程序，将 ThingMagic API（RFID）和 Tekla API（BIM）与 MS Access 数据库连接起来，如图 1 所示。各种实时管理数据均存储在 MS Access 数据库中而不是 BIM 模型中，此外，BIM 模型中的每个标记对象均链接到一个唯一的 RFID 标签 ID，该 ID 也存储在 MS Access 数据库中。因此，使用数据库可以有效地存储和检索通过 RFID 标签读取的数据。例如，每当 RFID 阅读器读取标签时，都会从数据库中检索模型中相应的对象 ID（以及有关该对象的基本信息），并将其显示在用户界面上。如果需要有关该对象的其他信息，只需单击该对象便会查询到数据库中的附加信息，如用户手册、保修、安全规范等。

王廷魁等人[5]使用 .NET 语言进行了 BIM 软件 Revit API 和 RFID API 的开发，建立了 BIM 数据库和 RFID 标签之间的信息交互。BIM 数据库通过 Revit 中的开放数据库互联（Open Database Connectivity，ODBC），导出 BIM 模型数据到 MS Access 数据库中，形成初始数据库。手持式 RFID 阅读器内集成了一个小型 SQL Server Mobile 数据库，该小型数据库是 BIM 模型数据库的子集，通过 ActiveSync 程序建立 PC 端 BIM 模型数据库与 RFID 阅读器之间的通信连接，PC 端 BIM 模型数据库能够接收来自 RFID 读写器的标签 ID，此 ID 用来执行数据库查询，查询结果发送回 BIM 模型来显示结果。

张许强[3]以 Revit 2016 软件为平台，通过加载外部插件的形式对 BIM 进行二次开发，来实现实时显示洞口、临边等外界环境信息，以及工作人员的实时位置信息。该外部插件采用 Microsoft Visual Studio2010 制作，该软件可以引用 Revit 和 RFID 的相关数据信息，如：Revit 数据库、Revit 用户界面、RFID 应用服务和 Windows 界面等，通过编写代码，并运行编译好后，得到了 .dll 文件，将该文件添加到 Revit

菜单栏附加模块的外部命令中即完成二次开发。郑晶晶[7]也采用了相同的方法用Microsoft Visual Studio2013中的C#语言对Revit进行了二次开发，将数据库嵌入Revit中，实现了Revit和RFID之间的实时交互。

3 BIM与RFID技术集成应用的领域

3.1 工程建造全过程管理

白云[8]建立了基于BIM与RFID技术的装配式建筑智慧管理体系，该体系以BIM+RFID技术为支撑，包括感知层、数据层、平台层和用户层，分别用于数据捕捉、信息处理、交流反馈和智慧管理。利用该体系，各参与方能够对整个建造过程进行协同管理。杨虎林[9]发现，在传统的装配式建造过程中各阶段之间缺乏有效信息沟通，生产、运输和装配施工环节存在诸多问题，如供需不平衡、工期延误、成本高等。构件运输成本过高是导致装配式建造方式成本高于现浇方式的主要原因，为此，杨虎林[9]以BIM和RFID技术为支撑建立了运输成本优化模型和装配式构件全过程协同管理体系。通过运输成本优化模型可以对运输成本进行实时管控，通过协同管理平台体系可以提升建造过程中各阶段的信息集成与共享，提高了装配式建筑项目的管理水平。郑晶晶[7]结合实际工程案例，探索了BIM和RFID技术在装配式建筑设计、生产、施工和运营维护的整个生命周期中集成应用的情况。

3.2 建筑设备运行维护管理

王廷魁等人[5]基于BIM与RFID技术，建立了建筑设备运行维护管理系统，该系统提供了便捷的信息获取方式，使现实世界设备与数据库元素联系起来，有利于信息的准确无误传递，提高了管理效率。赵飞等人[10]和董娜等人[11]均指出基于BIM和RFID的设备管理系统需要具有的功能包括：用户权限操作功能、信息集成与查询功能、实时动态管理功能、三维可视化功能和自动提示与预警功能。为此，赵飞等人[10]开发了基于BIM和RFID的设备管理系统，该系统包括数据层、用户层和功能层，数据层集成了BIM模型信息、RFID标签信息和设备运维信息，用户层基于不同用户的权限对设备申报、工作处理等进行查看和操作，功能层用于搜索浏览设备3D模型、查询设备信息和管理设备。该系统将BIM模型、RFID技术和管理工作产生的三方数据集成到了一个平台上，简化了管理工作流程，提高了管理效率。董娜等人[11]指出基于BIM和RFID技术的设备管理系统综合利用了BIM在信息集成应用和存储管理方面的优势，以及RFID技术在信息更新、传递和读写方面的优势，解决了传统设备管理手段无法克服的问题。

3.3 安全管理

张许强[3]研究了将RFID技术与BIM技术相互结合应用于建筑高处作业的安全预警和防护，构建了建筑安全防护模型及运行流程和规则，通过对具体工程案例的分析，验证了该模型的可行性。刘琦[12]运用事故致因理论将建筑施工区域分为一级和二级风险区域，运用Revit软件建立了建筑施工模型，并在模型中表示出了一级和二级风险区域。工作人员的安全帽或安全鞋上均配有RFID标签，在施工现场每层至少布置三个RFID阅读器，借助这三个阅读器利用RFID时间差法可以确定工作人员的位置，并实时将位置信息传输到数据库进行处理，从而在BIM模型上显示出人员的实时位置和周围环境信息，当工作人员进入一级或二级风险区域时，系统中的相应BIM模块区域将会显示出对应颜色，并向管理人员和工作人员发出警告信号。闵文茂[2]在归纳总结建筑施工典型危险源清单的基础上，构建出了能与BIM模型关联的危险源数据库，以RFID技术和移动设备等作为信息采集工具，以Navisworks软件作为BIM模型信息整合平台，对现场实际信息与危险源信息进行实时对比分析，判断施工现场的安全性，对危险情况给予警示，形成了自动化、可视化的智能监控体系。仲青[13]将精益建造理论和RFID技术与BIM技术集成，实现了滚动式安全计划及安全管理的可视化和信息化，同时，构建了建筑施工现场的安全监控系统，实现了安全监控的全程化、自动化、信息化，提升了安全管理水平。

3.4 进度控制管理

影响建设工程项目进度和质量的因素主要有两个：一是由于设计规划过程没有考虑到施工现场问题（如管线碰撞、可施工性差、工序冲突等），导致窝工；二是施工现场的实际进度和计划进度不一致，信息得不到及时反馈，问题解决不及时，从而影响进度。采用 BIM 对方案的可施工性和进度进行模拟可以解决第一个问题，将 BIM 与 RFID 技术集成可以解决第二个问题[14]。夏泽郁[15]基于 BIM 和 RFID 技术建立了装配式建筑构件的实时进度控制体系，运用 Revit 建立了 BIM-3D 模型，运用 Project 软件编制了进度计划表，利用 Navisworks 软件自带的附加功能将 Revit 模型和 Project 进度计划导入 Navisworks 软件中，随着工程进度的不断推进，Navisworks 软件将模拟出建筑物实际施工建造的过程。利用 RFID 技术实时采集构件生产、运输和吊装过程中的信息，进而得到构件实际进度，将其与计划进度进行对比，制定出构件进度正常和进度延误情况下的运作机制，从而实现对构件实时进度进行控制。许有俊等人[6]为解决地铁站后工程管线安装进度的精细化管控问题，开发了基于 BIM、RFID 和 GIS 技术的智能管控平台，利用管线 BIM 模型生成下料清单，同时将 BIM 模型导入 BIM 管控平台，工厂按照下料清单加工管段，并贴上 RFID 标签，管段运到现场后 RFID 阅读器自动读取标签信息并传输到 BIM 管控平台，平台对接受到的信息进行分析，自动计算安装进度，并以可视化的方式管控提醒。工程实践证明，该平台能够实时动态掌握管线安装进度，提升项目管理效率。

4 BIM 与 RFID 技术集成应用存在的问题和发展方向

目前，BIM 和 RFID 技术集成应用存在的问题有：

（1）研究主要集中在理论研究方面，试验研究还很不足，具体的工程应用则更少。

（2）BIM 和 RFID 技术的集成应用还面临软件稳定性、信息传递稳定性、网络安全性等方面的挑战。

（3）集成应用系统初始投资大，同时，缺乏掌握集成应用技术的人才。

BIM 和 RFID 技术集成应用的发展方向有：

（1）BIM、RFID 技术与 GIS 技术、云技术等的集成研究。

（2）BIM、RFID 技术等在基坑变形监测、钢结构网架变形监测等领域的集成应用。

5 结论

BIM 与 RFID 技术优势互补，二者的集成主要是通过 Microsoft Visual Studio 将 BIM API、RFID API 和 Microsoft Access 数据库连接起来而实现的。BIM 与 RFID 集成管理系统能够通过 RFID 阅读器将现场贴有 RFID 标签的构件或物品的信息和位置实时传输到 BIM 模型，并在 BIM 模型中展现出来，同时，管理系统也能向 RFID 标签实时发送指令，因此，在模型与现实之间实现了信息互通。基于 BIM 与 RFID 集成管理系统在信息共享、实时交互等方面的优异性能，它可以解决很多传统方法无法解决或无法高效解决的难题，如：工程建造全过程管理、建筑设备运行维护管理、施工现场安全管理和施工进度管理等。随着研究的逐步深入，BIM 与 RFID 集成管理系统将会更智能、更便捷，其应用领域也会越来越广。

参考文献

[1] 王绍果. 基于 BIM 技术的工程施工阶段安全管理研究[D]. 天津：天津大学，2017.

[2] 闵文茂. 大数据背景下智能监控在建筑施工安全管理中的应用研究[D]. 荆州：长江大学，2021.

[3] 张许强. 基于 BIM 和 RFID 的建筑工程高处作业安全管理研究[D]. 大连：东北财经大学，2019.

[4] Costin, A., Pradhananga. N., Teizer, J. Passive RFID and BIM for Real-Time Visualization and Location Tracking [C]//2014 Construction Research Congress, Atlanta, Georgia, USA, 2014: 169-178.

[5] 王廷魁，赵一洁，张睿奕，等. 基于 BIM 与 RFID 的建筑设备运行维护管理系统研究[J]. 建筑经济，2013(11): 113-116.

[6] 许有俊，李德功，孙红斌. 基于 BIM 的地铁站后工程管线安装进度自动采集及智能管控方法[J]. 隧道建设(中英文)，2021，41(S1)：375-381.

[7] 郑晶晶. BIM 与 RFID 技术在装配式建筑中的应用研究[D]. 大连：大连理工大学，2018.

[8] 白云. 基于 BIM 与 RFID 技术的装配式建筑智慧管理体系的研究[D]. 合肥：合肥工业大学，2022.

[9] 杨虎林. 基于 BIM 与 RFID 的装配式建造全过程管理[D]. 青岛：青岛理工大学，2021.

[10] 赵飞，魏川俊，杨冬梅．基于BIM和RFID的设备管理系统构架研究[J]．工程经济，2018，28(11)：25-29.
[11] 董娜，李鲁洁，杨冬梅，等．基于BIM与RFID技术的设备管理系统构架研究[J]．施工技术，2018，47(21)：107-112.
[12] 刘琦．BIM与RFID技术集成的建筑施工安全管理应用研究[D]．长春：长春工程学院，2020.
[13] 仲青．精益建造视角下基于RFID与BIM的集成建筑工程项目施工安全预控体系研究[D]．南京：南京工业大学，2015.
[14] 李天华，袁永博，张明媛．装配式建筑全寿命周期管理中BIM与RFID的应用[J]．工程管理学报，2012，26(3)：28-32.
[15] 夏泽郁．基于BIM和RFID装配式建筑的构件实时进度控制[D]．南京：东南大学，2020.

轨道交通基础设施BIM协同轻量化平台

王博文，孙有为，张蓬勃，张吉松*

（大连交通大学土木工程学院，辽宁 大连 116028）

【摘　要】针对BIM互操作性差、数据交换困难且协同设计效率低等问题，设计一种面向轨道交通基础设施协同设计的BIM轻量化平台，其采用了HTML＋CSS＋JavaScript技术架构、VUE框架和Three.js三维引擎。通过数据解析、语义映射、轻量化转换、坐标变换、三维场景搭建等步骤，实现了BIM模型跨平台网页端重建、展示与操作，支持在线导入、浏览、高亮显示、属性查询等基本操作，同时还可实现三维漫游与模型批注功能，辅助BIM模型合规性审查。满足了BIM模型跨平台交互共享新需求，提高了专业间的协同效率，为BIM轻量化协同提供了一种新方法。

【关键词】交通基础设施；平台；协同；轻量化；BIM

1　引言

2020年8月，交通运输部发布《交通运输部关于推动交通运输领域新型基础设施建设的指导意见》（交规划发〔2020〕75号），其中强调在行业创新基础设施“科技研发”中协同应用BIM技术以促进基础能力提升[1]。2021年12月，国家铁路局明确提出，将基于BIM技术开发铁路工程多专业协同的信息化设计施工管理平台，以推进智能高铁2.0的工程建造[2]。虽然国家铁路BIM联盟发布了一系列BIM标准，用以推动轨道交通工程BIM研发与应用，但基于BIM的协同设计仍存在专业分工理解不一致、工具使用不够有效、沟通不充分、协同环境待提高等问题[3]。大部分工程设计交付物仍是图纸，或图纸＋BIM模型，没有充分发挥BIM的作用，只有极少BIM项目实现了协同带来的价值。

鉴于此，国内外研究人员在BIM协同轻量化平台方面开展研究，其大致可分为商业平台和自主研发。商业平台包括Revit Server、Onuma、Forge、BIMbase和BIMface等；自主研发又可分为理论方法研究和应用开发。国外学者在建筑工程领域开展了协同平台[4]、开源服务器[5]、基于网络的数据转换[6-7]以及轻量化图形引擎[8]等工作；在国内，戴林发宝等[9]针对铁路工程特点，采用B/S和C/S混合架构，提出一种基于多源数据的BIM协同设计平台；徐洪亮等[10]基于统一数据模型，提出采用Revit Web端进行地铁工程各专业协同设计模式；王恰时等[11]基于VUE.js前端框架、SpringBoot后端框架和WebGL图形引擎开发一种BIM协同管理平台，该平台可实现项目配置、计划管理、成果审批、事务管理等功能。张世基等[12]通过研究协同设计平台应用及基于信息模型的协同信息传递方式，形成了应用协同设计平台和数字化设计软件开展桥梁设计的方法。王巧雯等[13]针对BIM技术的特点，提出了BIM多专业协同设计流程并应用于模块化住宅类项目；高喆[14]、宁澎[15]、韩成[16]分别基于WebGL开发了建筑信息模型展示平台、B/S可视化展示系统和跨平台轻量化系统，实现BIM模型展示与交互。

以上研究对于BIM协同平台的开发与应用起到了重要的推动作用。然而，之前研究主要集中在建筑工程领域，由于轨道交通基础设施为长大线状结构物，涉及专业领域众多、空间关系复杂、多专业应用场景交替、场景对象种类繁多，导致轨道交通基础设施建设领域普遍参照模型体量大、建模精度高、格式不统一、轻量化和渲染显示困难等技术难题。如何在不影响应用效果的前提下，对轨道交通基础设施BIM模型进行语义和几何信息轻量化，以便在Web端实现模型动态加载、浏览批注以及三维漫游与交

【基金项目】辽宁省教育厅面上项目（LJKMZ20220868）；长安大学中央高校基本科研业务费专项资金资助（300102342514）

【作者简介】张吉松（1983—），男，博士，硕士生导师。主要研究方向为建筑与城市信息模型。E-mail：13516000013@163.com

互，提高各专业间协同效率，是轨道交通基础设施数字化亟待解决的关键问题。

2 轻量化与跨平台展示

2.1 VUE框架 + Three.js图形引擎

轻量化与跨平台展示涉及的关键技术包括Web端框架搭建和BIM模型三维图形引擎的选择。在Web端框架搭建方面，常规做法是采用HTML+CSS+JavaScript的技术架构，其中HTML用于定义协同交互端的结构和内容，CSS为协同交互端添加样式，JavaScript为协同交互端提供动态交互特性。组件化后的前端框架可提高重用性、可组合性和维护性。目前前端主流开发框架包括VUE、Angular和React等。本研究采用VUE作为前端开发框架，其优势包括体积轻、效率高、双向数据绑定以及组件任意分割和复用。

Three.js是采用JavaScript编写的图形库，其在WebGL基础上，封装了许多图形库，免去之前采用WebGL开发需编写大量代码，进而方便调用开发者可以直接使用上层JavaScript对象，而不是仅仅调用JavaScript函数。本研究以Visual Studio Code作为集成开发环境，将VUE框架引入Three.js构建的三维场景中（图1），提高运行效率代码复用率且节省内存空间，使项目文件层次脉络更加清晰，为搭建BIM协同设计平台奠定基础。

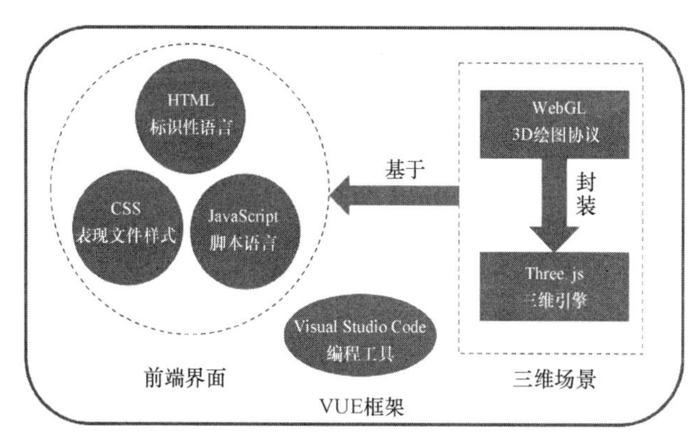

图1 轻量化与跨平台技术架构

2.2 IFC-GLTF数据映射

GLTF是一种3D图形数据格式标准，按照场景、节点、网格、访问、数据视图和数组的层次关系组织三维模型信息。GLTF文件由三部分组成：JSON文件、bin二进制文件以及ipg纹理材质图片文件。在GLTF数据格式中，采取JSON与二进制块bin相结合的方式进行数据存储。对于内存较小的数据，选择JSON格式，其结构紧凑且易于解析对于几何信息、动画等大型数据，采用bin格式以减小文件内存。

以往研究针对IFC格式向GLTF格式转换提供了几种转换思路[17-19]，例如文献［17］采用调用Revit API的外部应用（IExternal Application）和外部命令（IExternal Command）的方式，采用语义编程构建转换框架，通过Revit2gltf实现格式的转换。本研究基于麻省理工学院开源协议的glTF开源库[20]，构件合并采用封装后的draco算法库，可实现IFC文件的实体、关系和属性的映射。该方法的原理如下：IFC文件以预定义的逻辑方式创建BIM模型，当保存后，IFC文件格式会根据IFC单位的类型对其进行分层排序。以一个建筑构件为例，从上至下的排序为IFC Project、IFC Site、IFC Building、IFC BuildingStorey、IFC Building Elements。在转换成GLTF对象时也遵循这种数据组织顺序。在映射时采用递归的方式访问IFC对象树，对于每一个访问的对象，创建一个Node节点，并且找到该对象对应的Shape，创建Mesh节点，以队列的方式实现对IFC对象树的递归访问。

2.3 三维场景搭建

三维场景搭建主要步骤包括坐标变换、渲染模型到Web端、模型载入以及物体点选和碰撞检测等。

（1）坐标变换。在Three.js场景中实现模型的信息获取等操作需要在二维浏览器和三维场景中进行坐标变换，也就是将canvas画布坐标转换到Three.js坐标。在坐标变换的过程中采用射线法建立二维平面上鼠标移动点的位置与三维空间中物体的关系。通过鼠标事件的clientxX、clientY属性获取鼠标点击位置的横纵坐标，将获取的横纵坐标带入坐标转换公式，把画布坐标转换成设备坐标。

（2）渲染到Web端。主要步骤包括搭建场景（scene）、相机（camera）和渲染器（renderer）。采用BoxViewer将相机、光照、渲染器添加到场景之中，引入模拟人眼（即近大远小）效果的，将影响整个场景的环境光与模拟太阳光光源的平行光添加到场景中，最后将场景与相机作为参数传入渲染器中进行渲染。

（3）模型载入。通过 BoxLoader 将先前导出 GLTF 格式文件加载到浏览的网页平台。通过以上三个步骤，BIM 模型载入 Web 端三维场景搭建完成。

3　功能实现

本研究搭建的协同设计平台将所有功能分为三类任务，分别是基础操作任务、信息获取任务和协同交互任务，具体包含的子任务及简介如表 1 所示。

协同平台功能和任务　　　**表 1**

任务	子任务	功能简述
基础操作	模型浏览	模型的导入与可视化
	构件点选	模型中构件高亮与显示
	放缩旋转	模型旋转、平移、缩放等
	视图变换	正视图、俯视图视角变换等
信息获取	属性信息	模型构件属性详细信息查看
	长度测量	指定两点间距离的测量
	模型地图	查看整个模型的俯视地图
	目录树	查看全部构件的构件目录
协同交互	三维漫游	进行模型漫游来模拟施工，能够检测出漫游时是否发生构件碰撞
	模型批注	使用文本、线框等进行编辑批注，对所发现的问题及时进行修改调整

BIM 协同设计轻量化平台以实现多专业在线协同为目标，各专业人员能直接在网页端实现交通基础设施 BIM 模型快速浏览、构件点选、三维漫游、模型批注等一系列操作。由于篇幅有限，本文将重点介绍协同交互任务中的三维漫游与模型批注功能。

3.1　三维漫游

实现场景三维漫游需解决两个技术问题：一是如何控制人物移动；二是如何检测人物碰撞。在场景中控制人物移动的技术原理在于设置键盘事件监听程序，我们按下键盘上的“上下左右”时，人物能对应收到向前后左右的移动指令。创建键盘监听事件 EventListener，设置 sendKeyDown 函数，当按下相对应的按键时使人物沿指定坐标轴方向移动指定距离。

平台除考虑人物模型移动外，还需要考虑当人物在行走过程中遇到障碍物时，应让人物停下来而非穿过物体。首先添加 isColliding 函数，该函数返回一个布尔值，用于判断人物是否与物体发生边界碰撞。采用创建一条射线的方式检查是否有碰撞，如果与其中一个障碍物区域相交（即 intersects 长度大于 0），说明检测到碰撞则返回 true；否则说明没有碰撞，返回 false。平台相比平面图片能表达更多的信息，并可使用“上下左右”键任意控制自身移动，交互性能好，可用鼠标控制环视的方向。同时具有第一/第三人称视角漫游模式，提供更真实的场景模拟（图 2）。

图 2　第三人称三维漫游模式

3.2 模型批注

以往研究在模型审阅和批注方面缺乏有效手段，本平台在三维场景中提供了丰富的批注样式包括带箭头直线、矩形云线框、自定义云线框、矩形线框、圆形线框、标识和文字描述，其中文字大小、颜色及线条的宽度、颜色均可调整(图3)。在JavaScript调用DOM元素，在当前三维场景页面附上一层批注div元素，将其添加到网页中指定位置，设置其元素属性以控制外观及内容；然后使用JavaScript代码监听用户输入，最后将输入内容与当前场景导出为图片保存至网页页面，可实现模型在线协同校审，与传统审图模式相比，提升了模型审阅和批注效率。

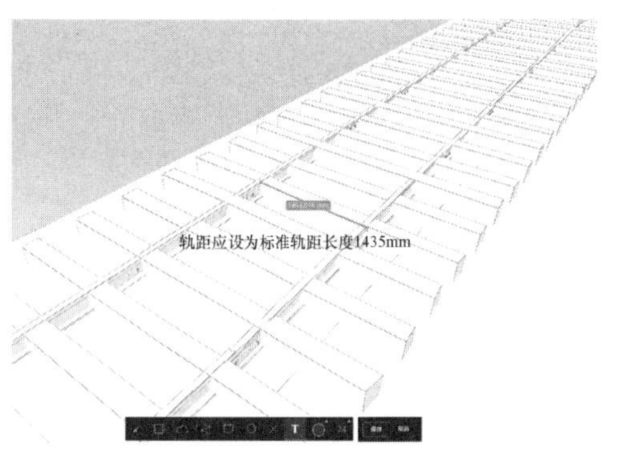

图3 模型批注演示

4 结论

为解决轨道交通基础设施行业BIM互操作性差、协同效率低等问题，本研究开发了面向轨道交通基础设施的BIM轻量化协同平台，基于IFC-GLTF数据映射原理、HTML+CSS+JavaScript技术架构、VUE框架以及Three.is三维可视化引擎完成平台搭建。在此基础上为平台添加了模型浏览、属性查看、模型批注以及三维漫游等交互功能，减轻了用户加载BIM模型的硬件负担，提高了各专业协同效率。

参考文献

[1] 王建伟，高超，董是，等．道路基础设施数字化研究进展与展望[J]．中国公路学报，2020，33(11)：101-124.

[2] 王同军．中国智能高速铁路2.0的内涵特征、体系架构与实施路径[J]．铁路计算机应用，2022(7)：1-9.

[3] 刘北胜，尹逊霄，郭歌，等．铁路工程BIM协同设计与构件共享研究[J]．铁路计算机应用，2020，29(12)：25-28.

[4] KATRANUSCHKOV P，SCHERER R，TURK Z．Intelligent services and tools for concurrent engineering：an approach towards the next generation of collaboration platforms [J]．Journal of information technology in construction，2003，6(9)：111-128.

[5] BEETZ J，BERLO L，BONSMA P．Advances in the development and application of an open source model server for building information[C]//The 28th international CIB W78 Conference，Sophia Antipolis，France，2011.

[6] AFSARI K，EASTMAN C，LACOUTURE D．JavaScript Object Notation(JSON) data serialization for IFC schema in web-based BIM data exchange [J]．Automation in Construction，2017，77：24-51.

[7] AFSARI K，EASTMAN C，SHELDEN D．Cloud-based BIM data transmission：current status and challenges[C]//The 33rd International symposium on automation and robotics in construction and mining，Auburn，Alabama，USA，2016.

[8] LIU Xiao-jun，XIE Ning，TANG Kai，et al．Lightweighting for Web3D visualization of large-scale BIM scenes in real-time[J]．Graphical Models，2016，88：40-56.

[9] 戴林发宝，薛光桥，苑俊杰．基于多源数据的铁路工程BIM协同设计平台研究[J]．铁道标准设计，2021，65(8)：96-100.

[10] 徐洪亮，陈天星，袁泉，等．基于统一数据模型的轨道交通BIM协同设计系统研究[J]．现代城市轨道交通，2022，2：80-87.

[11] 王恰时，青舟，杨喆．BIM协同设计管理平台研发与应用[J]．高速铁路技术，2022，13(2)：47-52.

[12] 张世基，罗天靖，王坤．基于信息模型的铁路桥梁协同设计研究与实践 [J/OL]．铁道标准设计.

[13] 王巧雯，张加万，牛志斌．基于建筑信息模型的建筑多专业协同设计流程分析[J]．同济大学学报(自然科学版)，2018，46(8)：1155-1160.

[14] 高喆．基于WebGL的建筑信息模型展示系统研究[D]．北京：北京建筑大学，2018.

[15] 宁澎．基于WebGL的开放BIM跨平台可视化系统研究[D]．太原：中北大学，2020.

[16] 韩成．基于WebGL的三维建筑模型可视化系统的设计与实现[D]．南京：东南大学，2019.

[17] 边根庆，陈蔚韬. 面向 Web 的建筑三维模型可视化方法研究[J]. 图学学报，2021，42(5)：823-832.
[18] CHEN Y，SHOORAJ E，RAJABIFARD A，et al. From IFC to 3D tiles：an integrated open-source solution for visualising BIMs on cesium[J]. International Journal of Geo-Information，2018，7(10)：393-404.
[19] 徐敬海，卜兰，杜东升，等. 建筑物 BIM 与实景三维模型融合方法研究[J]. 建筑结构学报，2021，42(10)：215-222.
[20] GitHub. Revit2GLTF. [EB/OL]. (2022-11-30) [2023-02-17].

BIM与GIS数据转换方法

张吉松*，胡高阳，孙有为，张蓬勃

（大连交通大学土木工程学院，辽宁 大连 116028）

【摘 要】针对目前BIM与GIS数据转换可能存在的显示效果不佳等问题，提出一种基于IFC和Shapefile的转换方法。首先将BIM模型导出为IFC文件，然后提取基本结构的放置位置信息和几何形状信息；接着分析几何形状信息并使用转换算法进行坐标转换，得到各结构的绝对坐标；进而以此为基础在Shapefile文件中创建了由不同多面体补丁构成的三维模型，并在GIS软件中加载该模型。最后通过箱梁桥BIM模型实例验证了方法的有效性，为BIM和GIS数据转换提供一种参考方法。

【关键词】BIM；GIS；IFC；Shapefile；转换

1 引言

近年来，随着大数据、人工智能等信息技术的发展，人们对于交通规划、建设、运营给予了更高的期望，交通基础设施的数字化需求更为迫切[1]。交通基础设施数字化涉及的关键技术包括GIS和BIM等。由于单一技术存在一定的局限性，无法充分满足交通基础设施数字化的要求，尝试多种技术的集成融合是一种可行的方法。BIM和GIS的集成融合可以分为应用层面和数据层面的，应用层面一般针对具体的应用项目，而数据层面则侧重于研究通用的方法。数据层面的集中融合是集成融合研究的基础，针对BIM和GIS不同的数据格式，进行数据格式转换[2-8]、数据格式扩展[9-10]、构建新模型等研究[11-13]。目前，BIM采用IFC是较为普遍的选择，但GIS采用CityGML是否是最适合的还值得进一步研究。CityGML可以表示几何、拓扑、语义等多种属性，但为了保证信息的准确也存在不少冗余信息且分析效率较低。

Shapefile是GIS中广泛支持的一种图形形状数据开放、交换格式，具有占用空间较少、显示较为快速和简单、可以直接应用于分析等特点，近年来也引起了一些学者的关注。Shapefile相较于CityGML，进行BIM和GIS的数据格式转换较为容易，也不需要考虑类的映射和LOD匹配等问题。然而，在基于IFC和Shapefile的研究中，也存在一些问题：（1）虽然可以使用一些软件进行IFC和Shapefile两种数据格式的转换，但是通过软件转换的效果有时也很难得到保证，也较难满足有不同需求的定制化转换。（2）IFC到Shapefile数据格式转换的研究不够深入，仅支持少部分几何形状，此外转换效率也值得提升。

本研究基于IFC和Shapefile两种数据格式提出了一种BIM与GIS数据转换方法，该方法主要关注BIM和GIS模型的几何信息。首先，对BIM模型导出为IFC文件；然后，对IFC文件中相关实体进行分析，提取BIM实体模型的空间位置信息和几何形状信息；其次，进行数据的处理和转换；再次，创建Shapefile格式的文件并写入多面体信息；最后，在ArcScene中载入Shapefile文件生成GIS模型。本方法通过一个简单的桥梁BIM模型进行实例验证，证明该方法的可行性，并对本方法进行了讨论。

2 IFC到Shapefile的转换

2.1 BIM模型结构分析

BIM模型可以由一些基本结构组合而成，不同基本结构在IFC中作为AEC产品的组成部分，如梁（IfcBeam）、柱（IfcColumn）、板（IfcSlab）、门（IfcDoor）、窗（IfcWindow）等建筑元素（IfcBuildin-

【基金项目】辽宁省教育厅面上项目（LJKMZ20220868）；长安大学中央高校基本科研业务费专项资金资助（300102342514）

【作者简介】张吉松（1983—），男，博士，硕士生导师。主要研究方向为建筑与城市信息模型。E-mail：13516000013@163.com

gElement）以及电气元素（IfcElectricalElement）、家具元素（IfcFurnishingElement）、运输元素（IfcTransportElement）等。这些基本结构元素被包含在了场地（IfcSite）、建筑（IfcBuilding）、楼层（IfcBuildingStorey）等空间结构中。IfcRelAggregates 表示整体是由各个部分组成的聚合关系，IfcRelContainedInSpatialStructure 表示元素到空间结构的分配关系，从 IFC 文件的这两个实体中，可以获取 BIM 模型中的基本结构元素和空间结构的关系。以常见的交通基础设施桥梁为例，发现桥梁的基本结构元素主要以梁、柱、板构成，这些基本结构元素通常以实体模型表示，IFC 中预定义的实体模型类型包括扫描实体、边界表示实体、布尔运算实体。

2.2 IFC 几何信息提取

本小节以常见的拉伸实体和边界表示实体为例，提取基本结构元素的几何信息，具体需要得到实体表面的一些点的坐标。这些实体的几何信息包含了物体的空间位置信息（IfcLocalPlacement）和几何形状定义信息（IfcProductDefinitionShape），其中空间位置信息和一些几何形状信息是通过二维坐标轴放置（IfcAxis2Placement2D）或三维坐标轴放置（IfcAxis2Placement3D）表示的。可以使用三维坐标系中的坐标转换的公式（1）[6]，在空间笛卡尔坐标系下，其中的转换矩阵部分可以简化为公式（2）。

$$[x' \quad y' \quad z'] = [x \quad y \quad z] \times [[[\vec{x} \quad \vec{y} \quad \vec{z}]^T]^{-1}]^T + [x_0 \quad y_0 \quad z_0] \tag{1}$$

$$T = [\vec{x} \quad \vec{y} \quad \vec{z}]^T \tag{2}$$

拉伸实体的几何信息，包括二维封闭轮廓的相关数据和拉伸方向、拉伸长度这两个拉伸实体属性的数据。拉伸轮廓包括任意封闭轮廓（IfcArbitraryClosedProfileDef）和参数化轮廓（IfcParameterizedProfileDef）。

任意封闭轮廓定义了轮廓的外部边界，可以表示一个任意的二维轮廓。外部边界的信息存储在外部边界曲线（OuterCurve）中，该属性通过有界曲线（IfcPolyline）定义，有界曲线是由一系列的点（IfcCartesianPoint）表示的线段组成，这些点的直接给出了二维坐标。

参数化轮廓定义了一些参数来表示二维轮廓，包括圆形轮廓（IfcCircleProfileDef）、矩形轮廓（IfcRectangleProfileDef）等。参数化轮廓需先选取轮廓上的一些点得到其坐标，再通过二维坐标轴放置信息得到点的相对坐标。包含曲线的轮廓根据需要选取轮廓上一些合适的点，如圆形轮廓给出了半径（Radius）属性，可以以圆和 X 轴正半轴的交点为起点，圆上各点为起点绕坐标系原点逆时针旋转角度 $\in [0, \pi)$，选取合适的点即选取相应的旋转角度，圆形轮廓上点的坐标可以表示为（Radius * cosθ，Radius * sinθ）。不包含曲线的轮廓可以直接选取顶点，如矩形轮廓给出了平行于 X 轴的矩形边长 XDim 和平行于 Y 轴的矩形边长 YDim，矩形的四个顶点坐标分别为（XDim/2，YDim/2）、（XDim/2，－YDim/2）、（－XDim/2，－YDim/2）、（－XDim/2，YDim/2）。

IFC 中定义了一种简单的边界表示实体 IfcFacetedBrep 面状边界表示实体，它的形状表示是先通过 IfcClosedShell 定义了封闭的二维壳，壳由面的集合组成，最终面由面边界的环表示。面状边界表示实体的面是平面、边是直线，边和顶点是通过 IfcPolyLoop 隐式的表示。IfcPolyLoop 定义了边是直线的封闭的环，可以表示空间中的一个限定的平面区域，环的信息存储在属性 Polygon 多边形中，该属性通过一系列不重复的点来定义这个环。这些点直接给出了三维坐标。

得到前文中拉伸实体的初始轮廓和目标轮廓上的点的坐标以及边界表示实体面边界环上点的坐标后，还需根据空间位置信息，进行多次坐标转换得到最终的绝对坐标。至此，提取了所需的几何信息。

2.3 IFC 到 Shapefile 几何信息映射

Shapefile 中用多面体表示三维形状，其可以看成由多个几何图形表示的表面组成。一个多面体由许多表面补丁（或称为部分）组成，多面体表面补丁的类型分为环（Ring）、三角形条（TriangleStrip）、三角形扇（TriangleFan）等。故需要将 IFC 实体模型的表面映射为 Shapefile 多面体的表面补丁。

定义 Shapefile 形状时，需符合 Shapefile 的相关标准。如环应是封闭的，表示环的顶点序列的第一个点和最后一个点也应是相同的；沿着顶点序列的顺序前进，右侧区域是多边形的内部，故一个环组成的多边形其顶点序列的顺序是顺时针的；对于含孔洞的环，其外环的顶点序列的顺序应是顺时针，内环的顶点序列的顺序应是逆时针。以拉伸实体为例，通过环表示实体表面，研究了点的添加顺序，包括不同拉伸方向和是否含孔洞的情况。

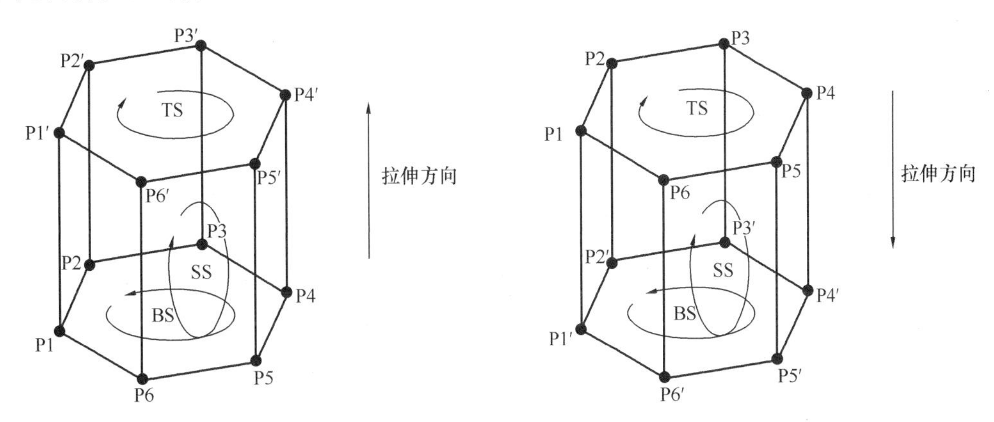

图1　拉伸实体（拉伸轮廓不含孔洞）

图1左侧是正六边形沿着 Z 轴正向（0，0，1）拉伸形成的实体，该拉伸实体包含正六边形的底面和顶面、六个矩形侧面，初始轮廓为实体的底面（Bottom Surface），目标轮廓为实体的顶面（Top Surface），轮廓相邻点以及拉伸和目标轮廓的对应点连接形成的为多面体的侧面（Side Surface）。创建多面体的顶面顶点的添加顺序为P1′、P2′、P3′、P4′、P5′、P6′、P1′，底面顶点的添加顺序为P1、P6、P5、P4、P3、P2、P1，其中一个侧面顶点的添加顺序为P6′、P5′、P5、P6、P6′。图1右侧是正六边形沿着Z轴负向（0，0，−1）拉伸形成的实体，初始轮廓为实体的顶面，目标轮廓为实体的底面。创建多面体的顶面顶点的添加顺序为P1、P2、P3、P4、P5、P6、P1，底面顶点的添加顺序为P1′、P6′、P5′、P4′、P3′、P2′、P1′，其中一个侧面顶点的添加顺序为P6、P5、P5′、P6′、P6。

含有孔洞的轮廓拉伸形成的实体，孔洞的轮廓作为内环补丁创建，孔洞的初始拉伸轮廓相邻点和目标拉伸轮廓相邻点围成的区域也要创建为多面体的补丁。

图2左侧是含孔洞的正六边形沿着 Z 轴正向（0，0，1）拉伸形成的实体，该拉伸实体包含正六边形的底面和顶面、六个矩形外部侧面和六个矩形内部侧面，初始轮廓为实体的底面，目标轮廓为实体的顶面。创建多面体的顶面内环顶点的添加顺序为P7′、P12′、P11′、P10′、P9′、P8′、P7′，底面内环顶点的添加顺序为P7、P8、P9、P10、P11、P12、P7，其中一个内部侧面顶点的添加顺序为P11′、P12′、P12、P11、P11′。图2右侧是含孔洞的正六边形沿着 Z 轴负向（0，0，−1）拉伸形成的实体，初始轮廓为实体的顶面，目标轮廓为实体的底面。创建多面体的顶面内环顶点的添加顺序为P7、P12、P11、P10、P9、P8、P7，底面内环顶点的添加顺序为P7′、P8′、P9′、P10′、P11′、P12′、P7′，其中一个内部侧面顶点的添加顺序为P11、P12、P12′、P11′、P11。

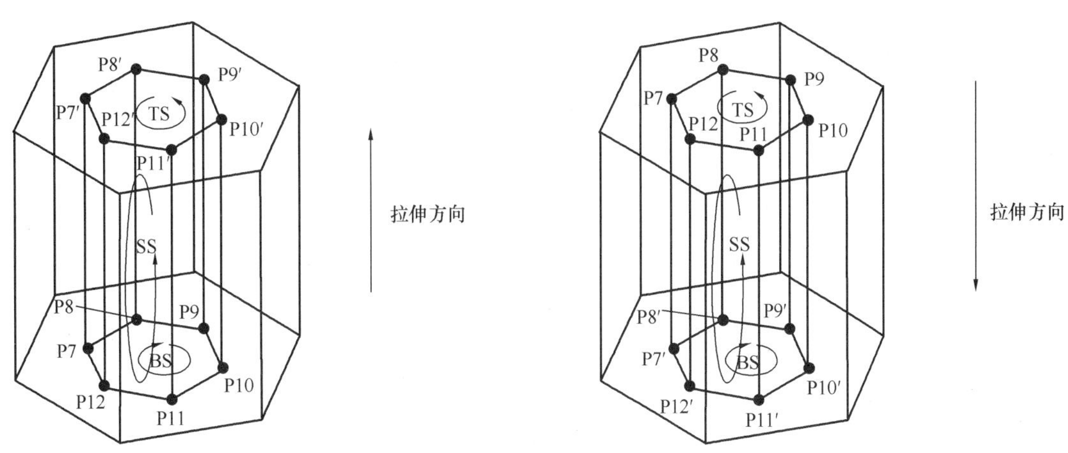

图2　拉伸实体（拉伸轮廓含孔洞）

用三角形条、三角形扇也可以表示多面体的表面。以圆形轮廓为例，圆形轮廓拉伸形成的圆柱体的底面和顶面可以通过三角形扇表示，侧面可以通过三角形条表示。

3 实例验证

在 Revit 中建立一个简易的箱梁桥模型如图 3 所示。该桥为 4m×30m 的简支预应力箱梁桥，桥的上部为箱梁、下部为双柱式墩配桩基础。验证转换的 BIM 模型为箱梁桥的一跨（模型中的虚线部分），包含了桥梁模型中的各结构，桥梁的其余部分转换同理。

分析了 IFC 文件中的 IfcRelContainedInSpatialStructure 和 IfcRelAggregates 实体，发现本次转换的箱梁桥 BIM 模型由箱梁、盖梁、系梁、支座、桥墩柱和桩基础六种基本结构组成。以盖梁为例，其被分配到了楼层中。而楼层组成了建筑，建筑组成了场地，场地组成了项目。对盖梁的几何信息进行提取并进行坐标转换后，创建了 Shapefile 中表示盖梁的多面体的信息。箱梁桥模型中各结构实体的空间层次结构和位置关系都较为类似，总体来看模型结构也十分简单，项目中的只有一个场地、建筑、楼层，具体到每一个结构也都在同一楼层中，进行坐标迭代时的转换算法和迭代次数均相同。箱梁桥模型的结构几何形状除了系梁外均为拉伸实体。

最终得到箱梁桥的 Shapefile 文件，在 ArcScene 中载入如图 4。使用本文的转换方法，箱梁桥模型的各个结构也都成功得到了转换。箱梁桥 GIS 模型的大部分结构直接使用 BIM 模型 IFC 文件中实体几何形状信息精确表示；系梁和桥墩柱接触的侧曲面使用边界表示实体对应侧面的几何形状信息，由 11 块矩形平面近似，转换后的 GIS 模型精度也和 BIM 模型一样；桥墩柱和桩基础由于 IFC 文件中并未得到圆形轮廓的近似表示信息，其精度可能和 BIM 模型有一定区别，但和原来的箱梁桥 BIM 模型、FME 转换的箱梁桥模型比较，在一定的视角下精度差别不大。

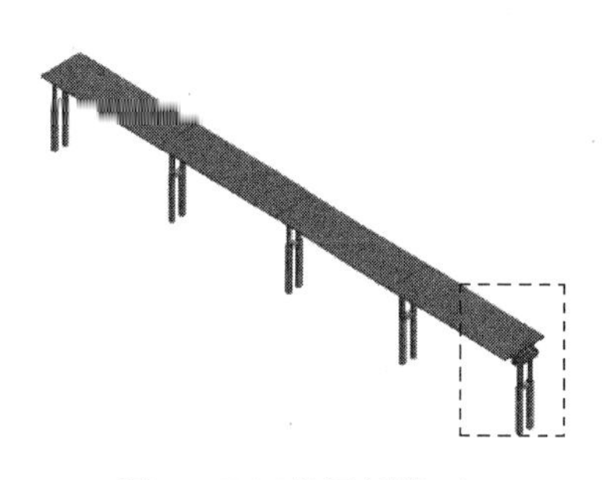

图 3 BIM 箱梁桥模型

图 4 转换后的桥梁模型载入

4 讨论与结论

本文进行的 BIM 模型到 GIS 模型的转换研究基于 BIM 和 GIS 集成中基础通用的数据层面方法，可应用至桥梁等不同交通基础设施转换，对目前的几何转换效果不佳等问题提供了一种可行的解决方法。但也显示了本文提出的转换方法存在一定局限性：

（1）IFC 中表示的实体类型还有构造几何实体、剪切实体等，拉伸轮廓也有 L 形、T 形、U 形、Z 形、钢轨剖面等，本文的转换方法缺少对此类实体和轮廓的支持。

（2）使用本文的转换方法进行应用验证时，圆形轮廓以十二个三角形构成的三角形扇近似，圆柱体的侧面也以此三角形扇为基础的二十四个三角形构成的三角形条近似。含曲线的轮廓还有椭圆形轮廓、C 形轮廓、含圆角半径的 I 形轮廓等，在表示此类轮廓拉伸形成的拉伸实体时，应根据模型的精度选择合适的切分大小来近似。

（3）本文的转换方法，只考虑了模型的几何信息，且只关注描述三维模型基本形状的几何信息，缺少对 BIM 模型的二维曲线、映射表示等的研究。

参 考 文 献

[1] 杨柳. 城市设计视角下交通基础设施空间整合理论及方法[M]. 北京：中国建筑工业出版社，2022.

[2] Tauscher H, Stouffs R. An IFC-to-CityGML Triple Graph Grammar [J]. Computing for a better tomorrow, 2018: 517.

[3] Stouffs R, Tauscher H, Biljecki F. Achieving complete and near-lossless conversion from IFC to CityGML [J]. ISPRS International Journal of Geo-Information, 2018, 7(9): 355.

[4] Donkers S, Ledoux H, Zhao J, et al. Automatic conversion of IFC datasets to geometrically and semantically correct CityGML LOD3 buildings [J]. Transactions in GIS, 2016, 20(4): 547-569.

[5] Adouane K, Stouffs R, Janssen P, et al. A model-based approach to convert a building BIM-IFC data set model into CityGML [J]. Journal of Spatial Science, 2020, 65(2): 257-280.

[6] Zhu J, Wang X, Wang P, et al. Integration of BIM and GIS: Geometry from IFC to shapefile using open-source technology [J]. Automation in Construction, 2019, 102: 105-119.

[7] Zhu J, Wang X, Chen M, et al. Integration of BIM and GIS: IFC geometry transformation to shapefile using enhanced open-source approach [J]. Automation in construction, 2019, 106: 102859.

[8] Salheb N, Ohori K A, Stoter J. AUTOMATIC CONVERSION OF CITYGML TO IFC [J]. International Archives of the Photogrammetry, Remote Sensing and Spatial Information Sciences, 2020, 44-4(W1): 127-134.

[9] 朱莉莉. BIM 与 GIS 集成下的建筑物语义模型转换研究[D]. 武汉：华中师范大学，2019.

[10] Biljecki F, Lim J, Crawford J, et al. Extending CityGML for IFC-sourced 3D city models [J]. Automation in Construction, 2021, 121: 103440.

[11] Xu X, Ding L, Luo H, et al. From building information modeling to city information modeling [J]. Journal of information technology in construction (ITcon), 2014, 19: 292-307.

[12] Xue F, Wu L, Lu W. Semantic enrichment of building and city information models: A ten-year review [J]. Advanced Engineering Informatics, 2021, 47: 101245.

[13] Nofal O M, van de Lind J W, Zakzouk A. BIM-GIS integration approach for high-fidelity wind hazard modeling at the community-level [J]. Frontiers in Built Environment, 2022: 247.

铁路工程BIM模型语义丰富方法

刘宇航，张蓬勃，张吉松*

（大连交通大学土木工程学院，辽宁 大连 116028）

【摘　要】 基于BIM模型的信息交换仍面临很多挑战，尽管IFC和MVD的出现使BIM互操作性有所提升，但在施工和运维等阶段具体应用时，仍存在语义信息缺乏等问题，导致BIM应用潜能受到限制。鉴于此，本研究以铁路BIM模型为研究对象，提出一种语义丰富方法。该方法基于BIM模型导出的IFC文件，对模型构件的静态属性集进行扩展，并导入BIM软件验证了方法的可行性。结果表明，本研究对于提升全生命期铁路BIM模型信息表达和传递完备性提供一种参考方法。

【关键词】 铁路工程；BIM；语义丰富；MVD；路基

1 引言

土木工程项目的设计、施工、运维等需要多个不同参与方之间的合作才能完成。每个参与方所需信息不尽相同，因此良好的合作依赖于参与方之间高水平的信息传递与共享。建筑信息模型（BIM）的出现，尤其是中性数据交换格式IFC的诞生，对于提高项目各参与方信息传递与互操作性有一定帮助。然而，基于对象、关系和属性描述方式的IFC格式，最新版本仅有800多个实体，难以覆盖全生命期不同参与方的所有信息需求。尤其在针对某一具体交换场景或应用时，例如结构计算、成本预算、能耗分析以及合规性审查等，其表现出的能力略显不足。尽管模型视图定义（MVD）可以针对具体的交换场景进行信息描述定义，但截至目前buildingSMART官方认证的MVD数量较少，大部分MVD都处于开发阶段（Idea/Draft/Candidate/Proposal）。

现有BIM工具（例如专业应用软件或基于BIM模型信息进行分析、查询和推理的软件）很多时候无法解读IFC模型中没有明确包含的几何、功能、空间和拓扑信息，因为这些信息没有在相应的专业领域内进行预先定义。也就是说，如果没有明确定义的MVD，在不同BIM软件之间进行数据交换时很容易出现矛盾、遗漏、错误等现象。除了模型构件的描述方式不准确以外，很多实体构件也缺少详细贴切的参数属性信息。此外，目前很多采用实景三维建模方法（例如倾斜摄影或遥感技术）构建的BIM模型，遗失了很多有用的信息，例如实体间关系、实体属性（例如材料特性）等，仍需要手工添加相关信息，费时费力。

语义丰富（semantic enrichment）BIM模型的方法为上述问题提供一种创新性解决方案。语义丰富方法一般为构建一个专家系统[1]，该系统通过使用领域内规则集来推断模型的语义（或识别模型实体和关系等）或者在特定情境下的含义，进而丰富模型信息并可以直接导入并使用。语义丰富中“语义”的含义可以理解为形式、功能和行为，体现在BIM模型中也就是几何信息、材料信息、力学信息、功能分类、位置信息、空间拓扑关系以及聚合关系等等。语义丰富中“丰富”的含义可以理解为补充，也就是将有用的信息补充到IFC模型中以便后续方便使用。

国外针对语义丰富的相关研究开展较多。Sacks等[2]基于构建模型视图定义分别提出针对建筑模型和桥梁模型的语义丰富方法，并开发了See-Bridge系统用于桥梁工程的状态检测与评估；Bloch和Sacks[3]

【基金项目】 辽宁省教育厅面上项目（LJKMZ20220868）；长安大学中央高校基本科研业务费专项资金资助（300102342514）

【作者简介】 张吉松（1983—），男，博士，硕士生导师，主要研究方向为建筑与城市信息模型，Emai：13516000013@163.com

将提出采用机器学习方法来进行BIM语义丰富，并将并将此方法用于解决房间分类问题；Song等[4]采用基于自然语言处理的分类方法进行BIM模型语义丰富，并将其应用到学校建筑模型的空间实体分类；Koo等[5]采用支持向量机算法对BIM模型的语义完整性进行检验，预测准确率高达94%；Ferguson等[6]提出一种采用移动机器人在施工现场自动识别三维物体，并将该物体自动进行语义丰富的方法；Simeone等[7]采用语义网技术对于文化遗产建筑进行语义丰富，公共构建的本体和知识库解决了文化遗产信息模型中知识形式化问题；Ismail等[8]基于桥梁IFC模型，提出一种基于web的注释工具"BIM注释器"来链接各个领域的信息，旨在提高BIM模型的语义质量；Ma和Sacks[9]提出了一种基于云的工作模式，用户可以自由查询和丰富模型对象，允许添加动态用户定义的特性，并以一个从激光扫描数据重建的受损钢筋混凝土梁说明了方法的有效性。另外，语义丰富的方法还包括基于规则的推理和基于机器学习等方法[10-16]。

目前一些铁路工程BIM软件在输出IFC语句中很多实体构件的语义信息是不完整的，很多组成构件的属性及逻辑信息的表达并不完整或是缺失，造成了不同生命周期间数据共享困难的问题。因此需要对铁路模型部分构件进行语义丰富的研究，以此来提高模型的语义表达能力，进而提升铁路模型信息在BIM软件之间的传递效率。本研究以铁路工程BIM模型为研究对象，提出一种方法对其语义属性进行研究丰富，补充铁路模型中路基部分的IFC模型语义信息，进而提高了铁路BIM模型信息传递和共享的有效性。

2 研究方法

本研究主要由：①BIM铁路模型的构建、②添加属性扩展模型语义、③模型导入验证可行性三部分构成。以铁路模型中语义欠缺的部分为研究对象，将自定义属性集添加到IFC语句中来实现模型的语义丰富，基于自定义属性集丰富模型属性的方法具有简单、直观的特点，在完成属性集的定义后很容易实现模型IFC语句的修改，从而实现模型属性的添加。将添加属性信息后的IFC语句导入软件查看是否成功添加模型属性，验证了语义丰富方法的可行性，主要研究流程图如图1所示。

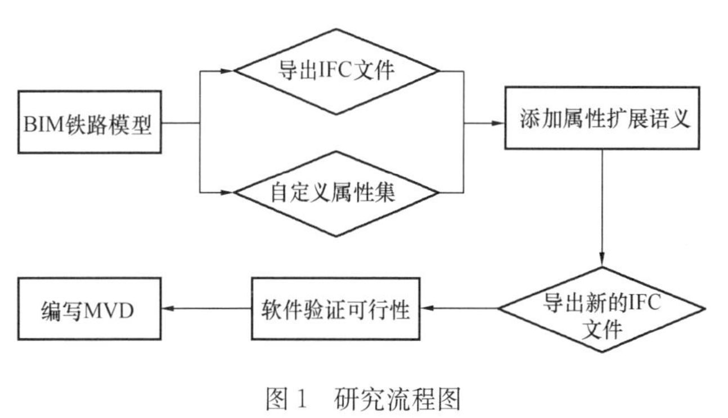

图1　研究流程图

研究过程中具体步骤如下：

（1）首先绘制基础的铁路模型，包括轨道中心线、铁轨、轨枕、路基、排水渠和廊道等部分。绘制完毕后检查模型各个部分的属性表达，之后输出模型的IFC文件。

（2）对于铁路模型中参数属性欠缺的部分构件进行自定义的属性编辑，整合成属性表。

（3）将输出后的IFC文件，导入Visual Studio中，对部分模型属性进行分类添加，添加的属性参数来源于自定义的参数属性表格。

（4）在添加部分模型属性完毕后，将修改后的IFC文件导入第三方软件BIMSEE中进行IFC文件的解析及验证，以此来验证部分模型的新属性添加成功。

3 实例应用

以Open Rail Designer为建模平台，构建包括轨道中心线、铁轨、轨枕、路基、排水渠和廊道等基础部分的铁路模型，如图2所示。点击铁路模型中的路基部分查询其属性，路基的属性栏如图3所示，包含路基名称、路基起终点桩号、路基的面积和体积等属性信息。

铁路路基中包含的属性信息，只有起止点桩号和面积体积等往往是不够的。除此之外还应该详细表明路基的种类材质、路基的材质密度、可承受的强度、路肩宽度、边坡的坡度等属性信息数据。

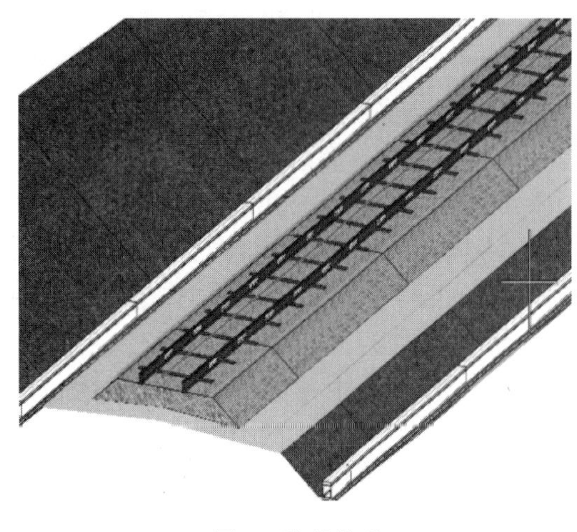

图 2　路基模型

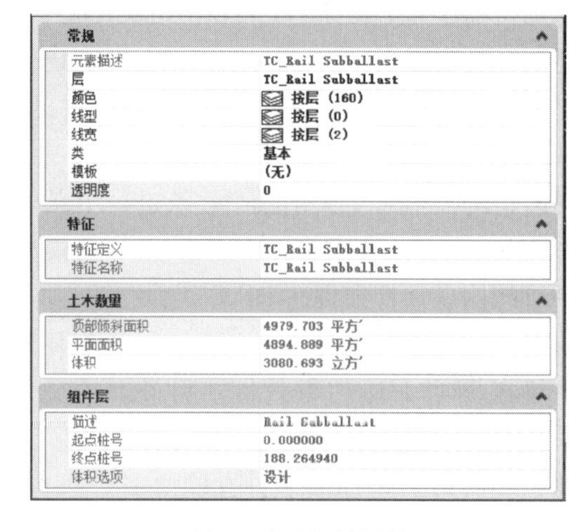

图 3　路基初始属性

针对这一问题，我们扩展的路基属性主要有路基的材质、密度、强度、路肩宽度及边坡坡度等部分属性（还有一些其他属性未列出），将要添加扩展的属性信息整理成表格的形式，如表 1 所示。

新增路基属性表（部分）　　**表 1**

名称	属性类型	说明	EXPRESS 数据类型
Material	IfcPropertySingleValue	材质	字符串型（STRING）
Density	IfcPropertySingleValue	密度	数值型（NUMBER）
Intensity	IfcPropertySingleValue	强度	数值型（NUMBER）
Shoulder Width	IfcPropertySingleValue	路肩宽度	数值型（NUMBER）
Slope	IfcPropertySingleValue	边坡坡度	数值型（NUMBER）

IfcPropertySingleValue 是模型的简单属性值，在 IFC 文件中它是属于 IfcPropertySet 属性集合下属的部分。表格的最后一列标明了扩展的路基属性的 EXPRESS 数据类型，其中路基的材质为字符串型，路基密度、强度、路肩宽度、边坡坡度等属性为数值型。

除了添加了路基的一些静态实体属性定义，我们还在路基的预定义部分添加了其在整体铁路模型中的相关逻辑属性。通过分析路基的位置，定义路基与基床表层和切坡三个实体之间的逻辑关系，我们将路基的逻辑关系扩展定义为 under the ballast and contact with cutslope（在基床表层的下方，并与切坡相接触）。

基于 Visual Studio2019 平台，将表格中扩展的路基相关属性添加到 IFC 文件中，即将 Material（路基材质）、Density（路基密度）、Intensity（路基强度）、ShoulderWidth（路肩宽度）、Slope（边坡坡度）等属性添加进去，并在路基 IFC 文件中的 Predefined 处添加路基的预定义相关逻辑属性，来进行铁路模型中路基部分的语义丰富，添加好路基相关属性后的 IFC 语句如图 4 所示。

将语义信息丰富后的 IFC 文件导入第三方 BIM 软件 BIMSEE 中，加载出更新后的铁路模型，点击路基部分查看属性，更新属性后的模型如图 5 所示。

图 5 即为铁路模型在 BIMSEE 中的模型展示，语义丰富后的铁路路基属性信息如图 6 所示，在不改变原有属性的基础上，路基材质、密度、路肩宽度、坡度以及路基强度等属性以及预定义的逻辑属性均已经成功地添加到了该模型中，同时添加的属性赋予特定的数值及参数直观地呈现在属性栏里面，添加的路基材质属性为混凝土材质，混凝土的材质密度为 $2400kg/m^3$，路肩的宽度为 0.6m，路基边坡的坡度为 1∶3，该路基抗压强度为 120kPa。路基的语义得到了完善，路基相关信息更具体，很好地弥补了铁路模型绘制软件 Open Rail Designer 绘制出的铁路模型相关的模块语义不完整或是匮乏的问题，同时也验证了经过本研究提出的语义丰富方法是可行的。

```
#426=IFCPROPERTYSINGLEVALUE('\X2\63CF8FF0\X0\',$,IFCTEXT('Rail Subballast'),$);
#427=IFCPROPERTYSINGLEVALUE('\X2\8D7770B9686953F7\X0\',$,IFCREAL(0.0),$);
#428=IFCPROPERTYSINGLEVALUE('\X2\7EC870B9686953F7\X0\',$,IFCREAL(188.26494),$);
#2400=IFCPROPERTYSINGLEVALUE('Material',$,IFCTEXT('Concrete'),$);
#2401=IFCPROPERTYSINGLEVALUE('Density',$,IFCTEXT('2400kg/m3'),$);
#2402=IFCPROPERTYSINGLEVALUE('Shoulder Width',$,IFCTEXT('0.6m'),$);
#2403=IFCPROPERTYSINGLEVALUE('Slope',$,IFCTEXT('1:3'),$);
#2404=IFCPROPERTYSINGLEVALUE('Intensity',$,IFCTEXT('120Kpa'),$);
#429=IFCRELDEFINESBYPROPERTIES('3XjKvoAkfAZR23QwHkBJhJ',#3,$,$,(#332),#430);
#430=IFCPROPERTYSET('3$d9s1BAH11QEBQ1xV50PS',#3,'\X2\5ECA9053\X0\','',(#431));
#431=IFCPROPERTYSINGLEVALUE('\X2\540D79F0\X0\',$,IFCTEXT('Des CL T9'),$);
#432=IFCRELDEFINESBYPROPERTIES('31xN9j03v8DvO$nv10jCsj',#3,$,$,(#433),#919);
#433=IFCBUILDINGELEMENTPROXY('1uSWGo_a13avtFUkL1Nfxa',#3,'MeshElement',$,$,#434,#4
59,$,.under the ballsat and contact with cutslope .);
```

图 4　添加属性后的路基 IFC 语句

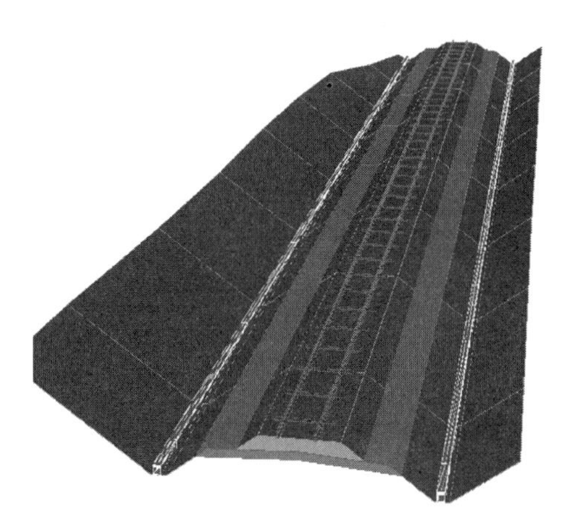

图 5　BIMSEE 打开的路基模型

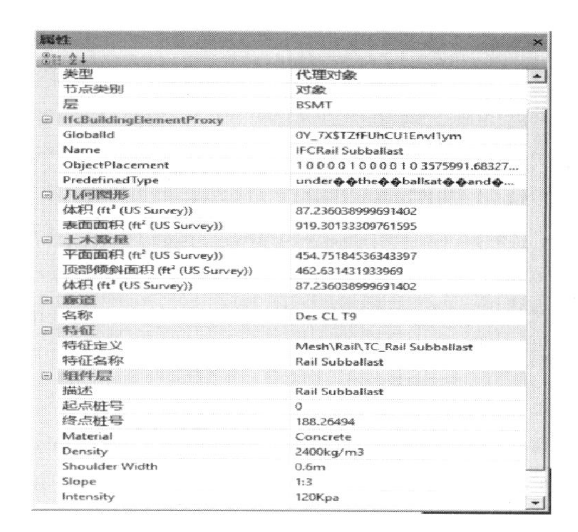

图 6　语义丰富后的路基属性

4　结论

本研究提出了相关语义丰富方法，未来在以下方面还有待完善：①定义的相关属性大多是设计阶段的实体属性，对于后续施工建造运维方面的模型语义并未进行扩展；②本研究为未来构建 MVD 提供了思路，但是语义丰富后的模型 MVD 包含的信息具体细化到什么程度是一个值得探讨的问题；③逻辑关系的定义很大一部分是根据推理规则得来的，对于模型中的一些复杂结构，推理规则的准确性和扩展性还需要进一步考量。

因此后续建议在以下方面开展研究：①增加模型施工、运维阶段动态属性集的扩展工作，将施工和运维阶段实时动态信息及时地在模型上表达出来是未来的研究重点；②继续在模型细度和 MVD 方面开展研究工作；③对于语义丰富的推理规则要更加准确，建议完成一整套推理标准来提高语义丰富规范性和准确性。

参 考 文 献

[1] Belsky M, Sacks R and Brilakis I K. Semantic Enrichment for Building Information Modeling[J]. Computer-Aided Civil and Infrastructure Engineering, 2016.31(4): 261-274.

[2] Sacks R, Kedar A and Borrmann A, et al. SeeBridge as next generation bridge inspection: Overview, Information Delivery Manual and Model View Definition[J]. Automation in Construction, 2018, 90: 134-145.

[3] Bloch T, Sacks R. Comparing machine learning and rule-based inferencing for semantic enrichment of BIM models[J]. Automation in Construction, 2018, 91: 256-272.

[4] Song J, Kim J and Lee J K. Spatial Information Enrichment using NLP-based Classification of Space Objects for School Bldgs. in Korea[C]// 36th International Symposium on Automation and Robotics in Construction. 2019.

[5] Koo B, La S and Cho N W, et al. Using support vector machines to classify building elements for checking the semantic integrity of building information models[J]. Automation in construction, 2019, 98: 183-194.

[6] Ferguson M, Jeong S and Law K H, et al. Worksite Object Characterization for Automatically Updating Building Information Models[C]// The 2019 ASCE International Conference on Computing in Civil Engineering. 2019.

[7] Simeone D, Cursi S and Acierno M. BIM semantic-enrichment for built heritage representation[J]. Automation in Construction, 2019, 97: 122-137.

[8] Ismail A, Srewil Y and Scherer R . Semantic Enrichment and Multimodel Data Exchange Approach for CFD Analysis of Bridges[C]// EG-ICE 2016 Workshop European Group for Intelligent Computing in Engineering. 2016.

[9] Ma L, Sacks R. A Cloud-Based BIM Platform for Information Collaboration[C]// International Symposium on Automation & Robotics in Construction. 2016.

[10] Hamledari H, Mccabe B and Davari S, et al. Automated Schedule and Progress Updating of IFC-Based 4D BIMs[J]. Journal of Computing in Civil Engineering, 2017, 31(4): 04017012.

[11] Xiong X, Adan A and Akinci B, et al. Automatic Creation of Semantically Rich 3D Building Models from Laser Scanner Data[J]. Automation in Construction, 2013, 31(3): 325-337.

[12] Arslan M, Cruz C and Ginhac D. Semantic Enrichment of Spatio-temporal Trajectories for Worker Safety on Construction Sites[J]. Procedia Computer Science, 2018, 130: 271-278.

[13] Philipp, Huthwohl and Integrating RC. Bridge Defect Information into BIM Models. Society of Civil engineers. Automation in Construction[J]. 2018, 32(3): 04018013.

[14] Rafael S, Milan R and Ronen B. Requirements for building information modeling based lean production management systems for construction[J]. Automation in Construction, 19 (2010) 641-655 .

[15] 姜韶华，张博. BIM语义丰富研究与应用综述[J]. 土木建筑工程信息技术，2021，13(3)：24-29.

[16] Rafael S, Tanya B. Clustering Information Types for Semantic Enrichment of Building Information Models to Support Automated Code Compliance Checking[J]. Comput. Civ. Eng. 2020, 34(6): 04020040.

基于描述逻辑的道路工程设计规范表示

于佳莉，孙有为，张吉松*

（大连交通大学土木工程学院，辽宁 大连 116028）

【摘　要】将规范转译为计算机可读形式是实现合规性审查的技术基础，针对设计规范文件概念繁多、关系复杂且多重属性等特点，实现自动化规范转译存在技术难点。本研究基于描述逻辑（Description Logic）提出一种规范条款表示方法，利用构造算子和描述逻辑扩展语言表达设计规范条款，通过转译《城市道路工程设计规范》中部分条款验证了方法的有效性。结果表明，描述逻辑在道路工程设计领域的知识表达、概念扩展、关系推理及模糊语言表示方面具有较大潜力。

【关键词】BIM；合规性审查；描述逻辑；道路工程

1　引言

合规性审查能使传统人工检查转向基于BIM模型自动化检查。Eastman等[1]最早提出基于BIM模型规范检查并将其分为四步：规范转译、模型准备、规则检查、生成报告。其中，规范转译是后续步骤的前提和基础，可分为两个部分：一是规范表示将自然语言表述的规范以一种结构化的方式表达，具体的方法有决策树、参数表、一阶谓词逻辑等。Tan等[2]等人利用参数表实现对建筑护栏规范文件分析和表示，从而实现合规性审查。Zhou等[3]提出一种上下文无关文法（CFG）解析语法，将规范转化为表示个体与关系的树结构，以便于各种规范文件的转译。二是规范解译将规范转译为计算机可识别、可处理的一种格式。最直接的规范转译方法是用计算机编程语言，但存在扩展差及维护难的问题。

随着人工智能和计算机领域快速发展，规范转译逐渐转向半自动化和自动化方法，例如本体方法和语义网等方法，Zhong等[4]利用万维网本体语言（OWL）和语义网规则语言（SWRL）从施工质量检验监管规定中实现规范转译，并与施工任务相关联实现施工质量检查自动化，有利于施工检查和评估。类似的基于自然语言处理也是一种自动化规范转译方法。Li等[5]利用自然语言处理算法将规范文本转换为计算机可处理的空间规则，通过集成自然语言和空间推理以实现空间规划合规性检查。除此之外，学者们还提出了可视化编程、领域规则语言等其他方法。Preidel和Borrmann[6]提出可视化编码检查语言（VCCL）使用图形符号来表示计算机和人类可读的代码规则以实现更复杂的规范编码。Sydora和Stroulia[7]提出了一种简单、可扩展的领域特定语言，用于表示建筑室内设计规则，以满足空间设计的要求并证明了该语言的有用性。

上述规范转译方法已被应用于各领域中并取得了相应的成果。本文从知识表示的角度出发，提出一种基于知识表示的描述逻辑方法来表示规范以支持自动化规范转译，描述逻辑是知识表示语言之一，能较好的表示自然语言规范中关系和语义，有助于实现规范转译的自动化。本文选取《城市道路工程设计规范》CJJ 37—2012（2016年版）中的部分条款进行转译并证明其可行性，并对描述逻辑在我国规范文件的转译工作中的优势和存在的问题进行讨论。

【基金项目】辽宁省教育厅面上项目（LJKMZ20220868）；长安大学中央高校基本科研业务费专项资金资助（300102342514）

【作者简介】张吉松（1983—），男，博士，硕士生导师。主要研究方向为建筑与城市信息模型。E-mail：13516000013@163.com

2 描述逻辑

描述逻辑（Description Logic）是一种基于对象的形式化知识表示，由原子概念（Atomic Concepts）、原子角色（Atomic Role）和个体（Individual）组成，以概念、关系和实例为基本元素来表示知识。起源于20世纪70年代末，基于描述逻辑的知识表示最初是通过KL-One[8]实现，KL-One主要是用描述逻辑表示概念。自1990年开始研究描述逻辑与推理算法的结合，Classic[9]结合了描述逻辑和推理算法，但存在推理算法不完整的问题，除此之外还有LOOM[10]、Back[11]、FLEX存在相同的问题。为了解决推理问题，在1991年Schmidt和Smolka[12]提出了tableau算法，随后开发了基于tableau算法的Kris[13]和Crack[14]两个系统，开始对复杂推理进行研究并针对表达能力强的描述逻辑的tableau算法进行优化，比如Fact系统[15]、DLP[16]、RACER[17]等。为了更好地平衡表达能力和推理能力，探索出一些易处理的轻量级描述逻辑，其中E L＋＋、Horn-DLs及DL-lite是具有代表性的轻量级描述逻辑。

2.1 描述逻辑表达

描述逻辑根据表达能力的不同有多种形式，其中ALC（Attributive Concept Description Language With Complements）是最基本也是最简单的描述逻辑形式。在ALC的基础上，添加新的构造算子就可扩展描述逻辑，具体有ALCN、ALCQ、ALCI、ALCIF等，其中ALCN和ALCQ都表示值约束，不同的是N为不合格的值约束（Unqualified Number Restrictions），Q为合格的值约束（Qualified Number Restrictions），ALCI是在ALC基础上加表示逆角色I（Inverse Role），ALCIF是ALCI的基础上增加了功能角色F（Functionality Role），F也可以表示为特征构造子（Feature Constructor），在描述逻辑中，通常用大写字母A表示原子概念，用大写字母R表示原子角色，用大写字母C、D表示一般概念，用小写字母a、b等表示个体。描述逻辑的语义是通过解释来实现的，一个解释（Interpretation）$I=(\Delta^I, \cdot^I)$，由解释域Δ^I和一个解释函数$\cdot^I$构成，其中Δ^I是一个非空的集合，表示I定义域，函数$\cdot^I$将每个原子概念A映射为集合$A^I \subseteq \Delta^I$，将每个角色R映射为集合$R^I \subseteq \Delta^I \times \Delta^I$。表1列出常见描述逻辑的构造算子、语法及语义。

描述逻辑的构造算子、语法和语义　　表1

语言	名字	构造算子	语法	语义
ALC	原子概念	Atomic concept	A	$A^I \subseteq \Delta^I$
	原子角色	Atomic role	R	$R^I \subseteq \Delta^I \times \Delta^I$
	顶概念	top		Δ^I
	底概念	bottom		ϕ
	合取	conjunction	C∩D	$C^I \cap D^I$
	析取	disjunction	C∪D	$C^I \cup D^I$
	非	negation	¬C	$\Delta^I \setminus C^I$
	概念包含	Concept hierarchy	C⊆D	$C^I \subseteq D^I$
	角色包含	Role hierarchy	R⊆S	$R^I \subseteq S^I$
	存在概念	Exists restriction	R. C	$\{a \in \Delta^I \mid \exists b.(a,b) \in R^I \wedge b \in C^I\}$
	任意概念	Value restriction	∀R. C	$\{a \in \Delta^I \mid \forall b.(a,b) \in R^I \rightarrow b \in C^I\}$
N	至少概念	Number restrictions	≥nR	$\{a \in \Delta^I \mid \|\{b \in \Delta^I \mid (a,b) \in R^I\}\| \geq n\}$
	至多概念	Number restrictions	≤nR	$\{a \in \Delta^I \mid \|\{b \in \Delta^I \mid (a,b) \in R^I\}\| \leq n\}$
	定性值概念	Qualifying number restrictions	≥nR. C	$\{a \in \Delta^I \mid \|\{b \in \Delta^I \mid (a,b) \in R^I \wedge b \in C^I\}\| \geq n\}$
	定性值概念	Qualifying number restrictions	≤nR. C	$\{a \in \Delta^I \mid \|\{b \in \Delta^I \mid (a,b) \in R^I \wedge b \in C^I\}\| \leq n\}$
R	角色复合	composition	R·S	$\{(a,c) \mid \exists b.(a,b) \in R^I \wedge (b,c) \in S^I\}$
I	逆角色	inverse	R^-	$\{(b,a) \in \Delta^I \times \Delta^I \mid (a,b) \in R^I\}$

续表

语言	名字	构造算子	语法	语义
S	传递	Transitive closure	R^+	$Y_{n\geqslant 1}$ $(R^I)^n$
	反传递	Reflexive transitive closure	R^*	$Y_{n\geqslant 0}$ $(R^I)^n$
	概念断言	Concept assertion	C (a)	$a^I \in C^I$
	角色断言	Role assertion	R (a, b)	$(a^I, b^I) \in R^I$

2.2 描述逻辑推理

描述逻辑是一阶逻辑的一个可判定的子集，在一阶逻辑的基础上提供可判定的推理服务。它将领域知识分为TBox（Terminology Box）和ABox（Assertional Box）两部分，TBox表示术语部分，包括概念定义及领域结构公理集。ABox表示断言部分，描述个体及个体间关系，包括概念断言和角色断言，描述逻辑的知识库由TBox和ABox两部分组成，表示为K=＜T，A＞。基于描述逻辑的推理可分为两类：TBox推理和ABox推理，TBox推理是指概念间的包含关系推理，建立概念间层次结构，ABox推理是指检验一个个体是否是TBox中的一个实例，目前基于描述逻辑已开发多个推理工具，如FaCT＋＋、Pellet、HermiT等。

通过上述所介绍的描述逻辑构造算子和ALC语言及其扩展语言可知，构造算子可将原子概念和原子角色组合起来构成复杂概念和复杂角色，在ALC基础语言上添加新的构造算子能增强语言表达能力。描述逻辑具有语言表达能力强、语义清晰等特点，并可通过描述逻辑知识库进行推理以支持规范条款转译自动化，因此本文基于描述逻辑对《城市道路工程设计规范》部分规范进行转译。

3 规范转译

目前我国道路规范主要包括：《城市道路工程设计规范》CJJ 37—2012（2016年版）、《城市道路路线设计规范》CJJ 193—2012、《城市道路交叉口设计规程》CJJ 152—2010、《城镇道路路面设计规范》CJJ 169—2012、《城镇道路养护技术规范》CJJ 36—2016、《城市桥梁设计规范》CJJ 11—2011（2019年版）等。在上述的众多规范中，将规范条款分为三类：①数据约束型条款、②表格型条款、③文字约束型条款。文字类型条款包含模糊性语言，例如“应”“可采用”“可根据实际情况确定”等，此类条款需要人工干涉，通过专家或管理人员根据现场环境、地形、地质等做出相对应的决策判断。本文通过描述逻辑对数据约束型条款进行规范转译，以《城市道路工程设计规范》CJJ 37—2012（2010年版）第5.3条横断面组成及宽度和10.2公共交通专用车道部分规范为例，如“当快速路单向机动车道数小于3条时，应设不小于3.0m的应急车道。”经分析可以得出快速路与机动车道数之间存在值约束关系，快速路与车道方向之间又存在约束关系，用合取符号连接约束条件，当满足所有约束条件时得出该快速路的应急车道宽度大于等于3.0m，其他规范条款的转译结果如表2所示。

条款5.3和10.2转译结果 **表2**

条款原文		转译后	对应描述
5.3	当快速路单向机动车道数小于3条时，应设不小于3.0m的应急车道	expressway(x) ＜3has motor lanes(x, y) ∀has motor lanes(x, z). unidirectional lane⩾3emergency lane width(x, w)	x：表示某快速路 y：表示机动车道数 z：表示机动车道方向 w：表示应急车道宽度
	非机动车专用道路面宽度应包括车道宽度及两侧路缘带宽度，单向不宜小于3.5m，双向不宜小于4.5m	Non motor lane(x) ∀has lane (x, y). unidirectional lane⩾3.5road width(x, z) Non motor lane(x) ∀has lane (x, y). two-lane direction⩾4.5road width(x, z)	x：表示某非机动车道 y：表示车道方向 z：表示路面宽度

续表

条款原文		转译后	对应描述
10.2	快速公交专用车道设计速度可采用 40～60km/h	Bus rapid transit lane(x)(≥40design speed(x, y) ≤60design speed(x, y))	x：表示某快速公交专用车道 y：表示设计速度
	快速公交专用车道单车道宽度不应小于 3.5m	Bus rapid transit lane(x) =1has lane(x, y)≥3.5lane width(x, z)	x：表示某快速公交专用车道 y：表示车道数 z：表示车道宽度
	常规公交专用车道单车道宽度不应小于 3.5m	Regular bus lane(x) =1has lane(x, y)≥3.5lane width(x, z)	x：表示某常规公交专用车道 y：表示车道数 z：表示车道宽度

根据上述分类情况，将基于描述逻辑表示规范条款总结为三个步骤：首先，定义领域知识原子概念及其属性，并构建领域知识库；其次，根据该领域规范文件中的规定，定义概念间、概念个体间及个体间的角色关系并将其添加到知识库；最后，根据规范条款的具体语义，用合适的构造算子将各概念及个体联结起来形成基于描述逻辑的规范表达式。由此看出，描述逻辑能较好的表达出规范条款中的概念及个体结构关系，并可依据该关系扩展新概念以支持规范的修改。

4 讨论与总结

基于描述逻辑对规范条款转译的过程中还存在一些问题，主要有以下三点：

(1) 描述逻辑可以对数据约束型和表格型条款转译，还不能对包含模糊语言的规范条款准确转译，模糊语言是我国规范中常出现的一种表达语言，模糊性词语有歧义性、灵活性、不准确性等特点，难以给出准确的表述，因此模糊语言的规范转译还需要进一步地研究。

(2) 基于描述逻辑的推理机虽然有较高的推理效率，但是由于这些推理机中存在一个分类的知识库，所以在领域知识变化时需要重新进行分类，对于大型的领域知识库维护将会花费大量时间，存在一定的局限性。

(3) 由于描述逻辑的概念断言 C(a) 和角色断言 R(a, b) 分别用谓词逻辑中一元谓词和二元谓词进行表示，因此将会限制不存在逻辑关系或存在多元关系领域知识中个体的关系表示，进而妨碍领域知识推理。

对于规范中存在模糊语言问题，可在规范编写过程中避免使用这类词语，比如“应”“宜”“可采用”等，对于描述逻辑推理的问题，还需要继续研究开发推理机制并优化推理算法。合规性审查对我国建筑业转向检查自动化、智能化有着举足轻重的意义，规范转译作为合规性审查中的一环，也有着不可忽视的重要作用。本文提出一种基于描述逻辑的规范表示方法，希望为后续合规性审查研究提供一种参考方法。

参考文献

[1] Eastman C, Lee J, Jeong Y, et al. Automatic rule-based checking of building designs[J]. Automation in construction, 2009, 18(8): 1011-1033.

[2] Tan X, Hammad A, Fazio P. Automated code compliance checking for building envelope design[J]. Journal of Computing in Civil Engineering, 2010, 24(2): 203-211.

[3] Zhou Y C, Zheng Z, Lin J R, et al. Integrating NLP and context-free grammar for complex rule interpretation towards automated compliance checking[J]. Computers in Industry, 2022, 142: 103746.

[4] Zhong B T, Ding L Y, Luo H B, et al. Ontology-based semantic modeling of regulation constraint for automated construction quality compliance checking[J]. Automation in construction, 2012, 28: 58-70.

[5] Li S, Cai H, Kamat V R. Integrating natural language processing and spatial reasoning for utility compliance checking

[J]. Journal of Construction Engineering and Management, 2016, 142(12): 04016074.
[6] Preidel C, Borrmann A. Towards code compliance checking on the basis of a visual programming language[J]. Journal of Information Technology in Construction (ITcon), 2016, 21(25): 402-421.
[7] Sydora C, Stroulia E. Rule-based compliance checking and generative design for building interiors using BIM[J]. Automation in Construction, 2020, 120: 103368.
[8] Brachman R J, Schmolze J G. An overview of the KL-ONE knowledge representation system[J]. Readings in artificial intelligence and databases, 1989: 207-230.
[9] Brachman R J, McGuinness D L, Patel-Schneider P F, et al. Living with CLASSIC: When and how to use a KL-ONE-like language[C]//Principles of semantic networks. Morgan Kaufmann, 1991: 401-456.
[10] Mac Gregor R. The evolving technology of classification-based knowledge representation systems[C]//Principles of semantic networks. Morgan Kaufmann, 1991: 385-400.
[11] Nebel B, von Luck K. Hybrid Reasoning in BACK[C]//ISMIS. 1988: 260-269.
[12] Schmidt-Schauß M, Smolka G. Attributive concept descriptions with complements[J]. Artificial intelligence, 1991, 48(1): 1-26.
[13] Baader F, Hollunder B. KRIS: Knowledge representation and inference system[J]. Acm Sigart Bulletin, 1991, 2(3): 8-14.
[14] Bresciani P, Franconi E, Tessaris S. Implementing and testing expressive description logics: Preliminary report[C]//Proc. of the 1995 Description Logic Workshop (DL, 95). 1995, 7: 131-139.
[15] Horrocks I. Using an expressive description logic: FaCT or fiction? [J]. KR, 1998, 98: 636-645.
[16] Horrocks I, Patel-Schneider P F. FaCT and DLP[C]//International Conference on Automated Reasoning with Analytic Tableaux and Related Methods. Berlin, Heidelberg: Springer Berlin Heidelberg, 1998: 27-30.
[17] Haarslev V, Möller R. RACER system description[C]//International Joint Conference on Automated Reasoning. Berlin, Heidelberg: Springer Berlin Heidelberg, 2001: 701-705.

建筑机器人研究综述

张顺善，尹华辉，张吉松*

（大连交通大学土木工程学院，辽宁 大连 116028）

【摘 要】建筑行业正面临生产效率低下和劳动力短缺等问题。建筑机器人被认为是提高施工效率、质量和安全的有效方法之一。然而，由于建筑行业的特殊性，导致建筑机器人的研究应用仍处于初级阶段。通过调研国内外近十年相关文献，从智能感知、决策与控制、精准作业和智能导航四个层面，对建筑机器人进行综述，从技术视角介绍每个层面的最新技术与方法。在此基础上，对建筑机器人面临的技术问题与挑战进行讨论，为该领域研究人员和从业者提供参考与借鉴。

【关键词】建筑机器人；研究综述；感知技术；控制决策；智能导航

1 概述

1.1 背景

建筑机器人是指应用于土木工程领域的机器人系统，能按照计算机程序或者人类指令自动执行简单重复的施工任务。建筑机器人可以从狭义和广义来理解，广义的建筑机器人包括建筑物全生命周期的相关的所有机器人设备，狭义的则为特指与建筑施工作业密切相关的机器人设备[1,2]。

目前国外已有相关文献对建筑机器人按照自动化程度和不同场景的应用分别进行概述和梳理[3,10]。相对而言，国内对建筑机器人的研究起步相对较晚[11]，相关研究梳理和系统总结也在应用层面[12,15]，从技术层面对建筑机器人进行研究综述未见报道。鉴于此，本文从技术角度对建筑机器人进行研究综述，并将其分为智能感知技术、决策与控制技术、精准作业技术、智能导航技术四个方面进行归纳与总结，并针对性地提出了相关发展建议。本研究旨在为建筑机器人从业者和研究人员提供技术参考，进而推动建筑机器人技术的研究与应用。

1.2 文献数据来源

本文以英文关键词“construction robots”“construction robotics”和“robotics in construction robots”在Web of Science（WoS）从2013年1月1日到2023年6月1日查找相关文献，并以“建筑机器人”为中文关键词在中国知网（CNKI）查找同期相关文献。按照以上检索式初步得到246篇文献，之后通过阅读文献标题、摘要、关键词及整体框架进行人工筛选，剔除无关文献，最终得到73篇与建筑机器人技术层面相关的文献。

建筑机器人主要由三大部分组成，分别是传感部分（感官）、控制部分（大脑）和机械部分（躯干）[16]。基于文献分析与建筑机器人的组成部分，参考建筑机器人需要在不同场景甚至移动过程中作业的特点，我们可以进一步将机械部分为执行部分（手）与移动部分（脚）。在此基础上我们将建筑机器人的关键技术分为智能感知技术、决策与控制技术、精准作业技术和智能导航技术四类，相关文献及分类见表1。

【基金项目】辽宁省教育厅面上项目（LJKMZ20220868）；长安大学中央高校基本科研业务费专项资金资助（300102342514）

【作者简介】张吉松（1983—），男，博士，硕士生导师。主要研究方向为建筑与城市信息模型。E-mail：13516000013@163.com

技术相关文献　　表1

机器人构成		技术组成	具体方面	文献
感官		智能感知	施工环境感知	[17-25]
			人机协同信息感知	[26-29]
大脑		决策与控制	人机交互	[30-46]
			任务规划	[47-53]
躯干	手	精准作业	任务执行	[54-61]
	脚	智能导航	精准定位	[62-65]
			路径规划	[66-73]

2　关键技术

2.1　智能感知

建筑机器人智能感知技术是指在建筑领域中，通过使用先进的传感器、计算机视觉和人工智能等技术，使机器人能够感知和理解周围环境，并做出相应的决策和行动。建筑机器人智能感知技术在建筑领域中目前主要应用于施工环境感知和人机协同安全信息感知等方面，下面分别介绍。

2.1.1　施工环境感知

建筑机器人面临许多挑战，其中之一是需要感知施工场景和建筑原材料、准确识别和理解施工实体之间的语义关系并调整计划，可靠地完成任务。为了让建筑机器人更全面地理解施工环境，Lundeen等[17,19]提出了场景理解方法，使机器人能够感知和理解建筑施工场景，并根据场景信息做出自适应的操作决策。此外，准确识别和理解施工实体之间的语义关系也是人机协作中的关键要素，通过基于深度学习的语义关系检测模型，机器人可以从建筑图像和文本数据中提取特征，并推断出实体之间语义关系[20]。针对原始建筑材料的多样性和现场施工环境的变化，Zhang等[21]创新性地开发了一种实时感知建模系统，赋予机器人对当前环境和原材料条件感知的能力，并根据现场物质条件进行实时更新。Feng等[22]提出一种基于计算机视觉引导的机器人自动装配方案，该方案可以有效地解决建筑施工工地环境不断变化的挑战。

计算机视觉技术在室内装修机器人的应用上较为成熟，喷涂机器人利用计算机视觉技术获取与墙体的相对位置信息和油漆起始点位置信息[23]。然而，现有喷涂机器人对目标任务识别存在精度差的问题。为解决此类问题，Zhu等[24]利用多层感知器（MLP）的多层神经元结构来实现喷涂机器人的目标分割任务。Jiang和Li[25]将视觉反馈集成到自动装修工作中，可以实现基于视觉的自动化内装修方法，包括自动腻子涂抹、墙面抛光和缺陷修复。

2.1.2　人机协同信息感知

在动态和非结构化的建筑环境中，目前大多数建筑机器人无法独自处理各种任务，而需要人类的决策和任务处理能力[8]。在人机协作的场景中，工人安全成为首要关注。计算机视觉、深度学习、碰撞检测[26]等技术不仅被用于施工环境感知，更多的也用于建筑机器人与工人的安全协同。智能视觉系统通过多级卷积神经网络实现工人姿势估计[27]，而基于深度学习的碰撞检测算法可以实时估计操作员手部的位置、姿态和运动轨迹[28]。此外，针对绊倒危险检测，McMahon等[29]通过对不同颜色和深度融合方法的研究，发现RGB和HHA图像的后期比例融合在建筑工地中的绊倒危险检测表现最佳。

2.2　决策与控制

建筑机器人的决策控制技术，指建筑机器人在施工任务中负责决策和控制机器人行为的技术。该技术涵盖基于人机交互的控制方法以及基于任务规划的决策方法，具体技术归纳见表2。

控制与决策相关技术及文献　　表2

技术分类	具体方式	描述	相关文献
基于人机交互控制	远程操控	通过远程操控器控制	[34，35]
	手势信息	通过手势指令进行控制	[36-38]
	生物信号	通过生物信号（如脑电图EEG）进行控制	[39-42]
	虚拟现实	通过VR、数字孪生等技术进行控制	[43-46]
基于任务规划决策	单机器人任务规划	通过BIM等技术生成构件的安装顺序	[47-49]
	多机器人任务协调	通过深度学习等技术协调多机器人共同执行	[50-53]

2.2.1　基于人机交互的控制方法

基于人机交互的控制方法，主要还是依靠以人为主的控制方法，施工工作人员通过远程直接操控、手势指令、生物信号指令、虚拟现实等方式实现对机器人的控制。在建筑机器人研究初期，主要研究目的是将施工人员与机器分离，使施工人员远离施工现场复杂、危险和肮脏的环境，同样也为了使机器人能够更好地完成狭小空间下的施工任务。远程操控机器人通过如移动视点辅助[30,31]、头戴式视点设备[32]、振动反馈[33]等技术予以辅助施工。Jung等[34]提出了一种基于钢梁螺栓安装机器人的遥操作系统，该系统将操纵杆和监视器移到了室内，并通过TCP/IP通信将操纵杆的操作信号传送到舱内的主控制器。Jacinto-Villegas[35]等人开发了一种可穿戴式触觉控制器，同样满足远距离施工作业的要求。

基于手势指令的控制方法，是指机器人接受施工人员特定的手势姿势作为指令控制的方法。Wang等[36,37]提出了一种基于机器人视觉系统的施工人员手势捕捉和解释框架，该框架根据对手势的检测和跟踪，控制机器人的行动。但是，由于建筑工地存在各种不确定因素，如光照、烟尘、糟糕的天气原因等，对手势的识别存在一定难度。因此Wu等[38]提出一种通过获得工作人员手部热图像的方式来达成手势操控的要求。

基于生物信号的控制方法是最近几年兴起的控制技术，当工人的活动受到限制的时候，仅仅依靠手势指令并不便捷[39]。因此Liu等[40]提出了一种基于脑机接口的机器人远程控制系统，该系统通过从可穿戴脑电图（EEG）设备中获取工人脑电波信号，并将其解释为机器人命令。另外，Liu等[41,42]还提出通过获得工人的脑电波数据，评估他们与任务相关的认知负荷如心理压力、警惕水平和身体疲劳等，并相应地调整机器人的性能。

随着虚拟现实（VR）等技术的发展以及相应商业设备的出现，虚拟现实等技术促进了建筑机器人人机交互的发展。Wang等[43]提出了一种交互式、沉浸式的过程级数字孪生（I2PL-DT）系统，操作人员可以通过与虚拟现实中的虚拟对象交互来指定任务目标，并尝试不同任务。Adami等[44,46]开发了一种沉浸式虚拟环境，其中操作人员可以通过虚拟现实技术与机器人进行互动和协作。同时，该虚拟环境可以实现对操作人员培训的能力，使操作人员更好地实现远程操控机器人。

2.2.2　基于任务规划的决策方法

基于任务规划的决策方法是指通过建筑机器人通过预编程、机器学习等方式对预定的任务进行解析，自动生成相应的任务规划。该方法按照机器人数量分为单机器人任务规划和多机器人协调任务规划。

单机器人任务规划是指一个建筑任务仅需要一个建筑机器人来执行，但该机器人需要同时负责不同的任务，如装配式不同构件安装的顺序。Kim等[47]提出一个BIM整合机器人作业规划系统。通过建立IFC和ROS之间的信息交换，该系统能够根据BIM和施工进度表提供的项目信息生成机器人的行为。Chong等[48]提出了一种以BIM数据为输入，自动生成木结构场外施工机器人装配计划。高一帆等[49]提出了一种基于BIM可视化编程的方法用于装配式建筑的机器人自动安装，通过获取BIM模型中各种的详细位置和连接关系，生成机器人机器臂的安装定位和安装顺序。

多机器人协调任务规划是指在一个建筑任务中需要多个机器人共同完成，并通过任务规划合理地安排各机器人的任务，如运输、定位、安装等。Krizmancic等[50]提出并测试了一个基于分散任务规划和协调框架的空地机器人团队自动化建设任务。该机器人团队通过协作，自主定位、拾取、运输和组装各种类型的砖状物体，以构建预定义的结构。Zhu等[51]提出了一个面向组件的机器人建设方法。通过从BIM中获取的IFC数据，使用智能建筑对象（SCO）的方法，自动地将不同的施工任务被分配给不同机器人，通过分配状态和要求的组件，驱动多个机器人装配预制房屋。Lee等[52]开发了一个数字孪生驱动的深度强化学习（DRL）框架，以研究DRL在机器人施工应用中自适应任务分配策略形成的能力。Yun和Daniela[53]提出一种使用分布式质量分割和自适应协调机制的方法，该方法可实现协调多个机器人在建造桁架结构时的任务分配和协作。其中自适应协调机制可以应对不同机器人的性能差异和任务变化。通过实时监测和评估机器人的性能，系统可以动态地调整任务分配和协作策略。

2.3 精准作业

建筑机器人的精准作业技术是指在建筑领域中，通过对机器人手臂的设计、控制和感知等方面的研究，提高建筑机器人手臂的精确定位、准确抓取、精细操控和运动轨迹等方面的能力，实现机器人在作业过程中具有高精度、稳定和可靠的作业能力，以满足复杂建筑任务的要求[54]。

传统的基于规则的控制方法在建筑机器人的精准作业中难以适应复杂和变化的任务。通常采用阻抗或导纳控制来将人施加的力与机器人的动态行为联系起来，帮助建筑机器人在进行任务操作时具有更高的灵活性和适应性[55,56]。对于在高空建筑作业中，建筑机器人需要具备更精确的运动和操作技能，Liang等[57]提出了基于轨迹的技能学习方法，通过学习轨迹示范使机器人能够在高空建筑作业中自主完成任务。Huang等[58]提出了一种重力补偿控制的方法，以减少液压机械系统受到的重力干扰，提高机器人操作的准确性和效率。此外，还有驱动优化布局[59]、优化挖掘轨迹[60,61]等技术在建筑机器人领域得到应用，为提升机器人的运动性能、效率和精度提供了重要的研究方向。

2.4 智能导航

建筑机器人的智能导航技术是指通过各种先进的技术和算法，使机器人能够在建筑环境中自主、高效地导航和移动。智能导航技术涵盖了建筑机器人在复杂环境中的定位技术和路径规划技术，具体方法见表3。

建筑机器人定位与路径规划技术汇总　　表3

定位技术	参考文献	路径规划技术（算法）	参考文献
全球定位系统（GPS）	[6]	A＊算法	[67，68]
激光雷达定位（Lidar）	[62][64]	Dijkstra算法	[72]
视觉定位	[62，63][65]	遗传算法	[70][73]
里程计定位	[64]	DWA算法	[67，68]
惯性测量单元（IMU）	[65]	蚁群算法	[70]

2.4.1 定位技术

常见的定位给方法有GPS定位、Lidar定位、视觉定位和里程计定位等。然而，在室内施工环境中，特别是在低纹理、不断变化和无法使用GPS的情况下，精准定位是具有挑战性的。传统的定位方法存在一些限制，如累积误差和需要视觉标记。为了克服这些限制，研究人员提出了一些新的定位方法，例如Dima和Francu联合使用激光追踪仪和SmartTrack传感器，前者可提供机器人绝对位置信息，后者可提供相对位置和姿态信息[62]，以提供更高的定位精度和可靠性。此外，BIM技术还可以为机器人提供更丰富的场景信息，加快初始化过程并提高定位精度[63]，并且将BIM数据与激光雷达获取的点云数据[64]或惯性里程测量速度数据匹配[65]，可以提高室内环境中的定位精度和鲁棒性。

2.4.2 路径规划技术

建筑机器人导航路径规划是指在建筑环境中确定机器人从起始位置到目标位置的最佳路径的过程。通过结合上下文感知、改进传统算法、利用BIM技术等方法，可以实现建筑机器人最优化路径规划。另外将机器人与建筑材料集成在一起，使用建筑材料作为机器人的运动轨迹是一种路径规划的新思路[66]。

常见的路径规划算法有A＊算法、DWA算法和遗传算法等。A＊算法使用简便、应用广泛，但规划的路径适用于无障碍环境，并不具备避障功能。因此，王凡等[67]在A＊算法将最优节点之间使用DWA算法，并引入新的刹车判定条件，使机器人具有局部避障能力。在此基础上，刘子毅等[68]对A＊和DWA算法进行改进，考虑了机器人轮廓信息，保证了局部路径的最优。除了对算法的优化，Follini等[69]结合BIM技术可以实现机器人系统和建筑数据库之间的双向连接。张润梅等[70]将BIM技术与遗传蚁群混合式算法结合，可以找到最优的路径规划方案，以实现高效、安全和优化的建筑机器人路径规划。也可以通过在极坐标空间中进行建模或使用上下文感知的LSTM模型，避开工人和障碍物、寻找最优路径、减少路径长度和时间成本[71,72]。Ji等[73]在多目标路径规划中，使用精确驱动的多目标路径规划方法，并结合遗传算法来寻找最优的路由排序。

3 讨论与展望

建筑机器人作为一种新兴的技术，正在改变传统建筑行业的施工方式。通过本次调研发现，目前大部分建筑机器人处于半自动化阶段，需要人工辅助才能完成施工任务，对于精准作业技术方面的研究也较为少见。针对此次调研，我们归纳总结了以下四个方面的建议，以供参考：

（1）在智能感知方面，建筑机器人可以通过各种传感器获取环境信息，识别和理解建筑物的结构、场景和材料。当前的感知技术在复杂的建筑环境中仍然存在困难，例如在不同光照条件下的物体检测和识别问题，以及在大规模复杂建筑结构中的场景理解问题。目前，视觉传感器在建筑机器人中得到广泛应用，未来可以将触觉、气体、温度等类型传感器与深度学习、计算机视觉等技术手段融合，给予建筑机器人不同类型的感知能力，保证各种条件下感知的准确性与稳定性。

（2）在控制与决策方面，建筑机器人需要具备智能决策和灵活控制的能力。但目前大多数机器人需要人类辅助进行控制与决策，少数通过机器学习和人工智能技术，可以从大量的数据中学习和优化控制策略，实现自适应、自主的决策与控制。将大模型接入机器人，把复杂指令转化为具体行动规划，无须额外数据和训练具有优势。未来多机器人协同工作是发展趋势，但集中式控制算法难以满足实际的需求。分布式控制算法是一种新兴技术，主要优点包括避免单点故障、可扩展性和对不断变化的条件做出反应的能力，在多机器人协同工作中显示出巨大的前景。同时，注重人机安全交互技术的研究，需要有效的人机协作控制技术，确保机器人与人类工作人员的安全协作。

（3）在精准作业方面，建筑机器人将不仅仅局限于传统的刚性结构施工，还将应用于更具柔性和适应性的施工任务。例如，机器人可以在不同形状和材料的建材上进行装配和连接，实现更加灵活多样的建筑形式。这将需要机器人具备灵活的运动控制、力触控反馈和感知技术，以适应不同材料和结构的施工需求。结合机器视觉、机器学习和力触控反馈等技术，研发更先进的运动控制和操作技术，满足不同类型的施工任务。

（4）在智能导航方面，大多数研究都集中在无人机和无人车上，未来的可以关注其他不同类型运动的机器人以及混合型机器人，以满足不同场景下的需求。腿机器人是未来发展方向之一，它对于非结构化的环境有更好的适应性，可以在楼梯行动并避开小型障碍物。面对建筑工地的复杂多变环境，进一步研究和发展基于语义导航和多传感器融合的自主导航方法，可以提高建筑机器人在复杂环境中的路径规划和避障能力。

4 结束语

建筑机器人在推进建筑行业智能化，提高施工效率、质量和安全，改善施工环境、降低成本、保护环境和可持续发展等方面有重要意义。本文从技术视角，通过调研近十年的国内外相关文章，从感知、控制与决策、作业和导航四个部分简述了目前建筑机器人主要技术的发展概况，并针对性地提出了发展建议。希望通过本次调研和分析，能够为建筑机器人相关的研究人员提供一些有用的信息。

参考文献

[1] 苏世龙，雷俊，马栓鹏，等. 智能建造机器人应用技术研究[J]. 施工技术，2019，48(22)：16-18，25.

[2] 于军琪，曹建福，雷小康. 建筑机器人研究现状与展望[J]. 自动化博览，2016(8)：68-75.

[3] Liang C J, Wang X, Kamat V R, et al. Human-robot collaboration in construction: Classification and research trends [J]. Journal ofConstruction Engineering and Management, 2021, 147(10): 03121006.

[4] Melenbrink N, Werfel J, Menges A. On-site autonomous construction robots: Towards unsupervised building[J]. Automation in construction, 2020, 119: 103312.

[5] Liu T, Zhou H, Du Y, et al. A brief review on robotic floor-tiling[C]//IECON 2018-44th Annual Conference of the IEEE Industrial Electronics Society. IEEE, 2018: 5583-5588.

[6] Halder S, Afsari K. Robots in inspection and monitoring of buildings and infrastructure: A systematic review[J]. Applied Sciences, 2023, 13(4): 2304.

[7] Shi H, Li R, Bai X, et al. A reviewfor control theory and condition monitoring on construction robots[J]. Journal of Field Robotics, 2023, 40(4): 934-954.

[8] Zhang M, Xu R, Wu H, et al. Human-robot collaboration for on-site construction[J]. Automation in Construction, 2023, 150: 104812.

[9] Zhao S, Wang Q, Fang X, et al. Application and development of autonomous robots in concrete construction: Challenges and opportunities[J]. Drones, 2022, 6(12): 424.

[10] Xu Z, Song T, Guo S, et al. Robotics technologies aided for 3D printing in construction: A review[J]. The International Journal of Advanced Manufacturing Technology, 2022, 118(11-12): 3559-3574.

[11] 林治阳. 建筑机器人在我国建筑业企业中的应用障碍及对策研究[D]. 重庆：重庆大学，2017.

[12] 陈翀，李星，邱志强，等. 建筑施工机器人研究进展[J]. 建筑科学与工程学报，2022，39(4)：58-70.

[13] 詹达夫，郑智珂，施雨恬，等. 建筑机器人技术应用及发展综述[J]. 建筑施工，2022，44(10)：2474-2477.

[14] 李朋昊，李朱锋，益田正，等. 建筑机器人应用与发展[J]. 机械设计与研究，2018，34(6)：25-29.

[15] 周炎生. 建筑机器人发展与关键技术综述[J]. 机电信息，2020(8)：109，111.

[16] 袁烽. 建筑机器人——技术、工艺与方法[M]. 北京：中国建筑工业出版社，2021.

[17] Lundeen K M, Kamat V R, Menassa C C, et al. Scene understanding for adaptive manipulation in robotized construction work[J]. Automation in Construction, 2017, 82: 16-30.

[18] Lundeen K M, Kamat V R, Menassa C C, et al. Autonomous motion planning and task execution in geometrically adaptive robotized construction work[J]. Automation in Construction, 2019, 100: 24-45.

[19] Lundeen K M, Kamat V R, Menassa C C, et al. Planning and Execution for Geometrically Adaptive BIM-Driven Robotized Construction Processes[C]//ASCE International Conference on Computing in Civil Engineering 2019. Reston, VA: American Society of Civil Engineers, 2019: 336-343.

[20] Kim D, Goyal A, Newell A, et al. Semantic relation detection between construction entities to support safe human-robot collaboration in construction[C]//ASCE International Conference on Computing in Civil Engineering 2019. Reston, VA: American Society of Civil Engineers, 2019: 265-272.

[21] Zhang Y, Meina A, Lin X, et al. Digitaltwin in computational design and robotic construction of wooden architecture [J]. Advances in Civil Engineering, 2021, 2021: 1-14.

[22] Feng C, Xiao Y, Willette A, et al. Vision guided autonomous robotic assembly and as-built scanning on unstructured construction sites[J]. Automation in Construction, 2015, 59: 128-138.

[23] Zhao Q, Li X, Lu J, et al. Monocular vision-based parameter estimation for mobile robotic painting[J]. IEEE Transactions on instrumentation and measurement, 2018, 68(10): 3589-3599.

[24] Zhu M, Zhang G, Zhang L, et al. Object Segmentation by Spraying Robot Based on Multi-Layer Perceptron[J]. Energies, 2022, 16(1): 232.

[25] Jiang X, Li X. Robotized interior finishing operations with visual feedback[J]. Industrial Robot: the international journal of robotics research and application, 2022, 49(1): 141-149.

[26] Wu H Y, Shu Z M, Liu Y G. Study based on hybrid bounding volume hierarchy for collision detection in the virtual manipulator[J]. Applied Mechanics and Materials, 2014, 454: 74-77.

[27] Liu Y, Jebelli H. Intention Estimationin Physical Human-Robot Interaction in Construction: Empowering Robots to Gauge Workers' Posture[C]//Construction Research Congress 2022. 2022: 621-630.

[28] Zhou T, Zhu Q, Shi Y, et al. Construction robot teleoperation safeguard based on real-time human hand motion predic-

tion[J]. Journal of Construction Engineering and Management, 2022, 148(7): 04022040.
[29] McMahon S, Sünderhauf N, Upcroft B, et al. Multimodal trip hazard affordance detection on construction sites[J]. IEEE Robotics and Automation Letters, 2017, 3(1): 1-8.
[30] Yamada H, Bando N, Ootsubo K, et al. Teleoperated construction robot using visual support with drones[J]. Journal of Robotics and Mechatronics, 2018, 30(3): 406-415.
[31] Ikeda T, Bando N, Yamada H. Semi-automatic visual support system with drone for teleoperated construction robot [J]. Journal of Robotics and Mechatronics, 2021, 33(2): 313-321.
[32] Xinxing T, Pengfei Z, Hironao Y. VR-based construction tele-robot system displayed by HMD with active viewpoint movement mode[C]//2016 Chinese Control and Decision Conference (CCDC). IEEE, 2016: 6844-6850.
[33] Nagano H, Takenouchi H, Cao N, et al. Tactile feedback system of high-frequency vibration signals for supporting delicate teleoperation of construction robots[J]. Advanced Robotics, 2020, 34(11): 730-743.
[34] Jung K, Chu B, Park S, et al. An implementation of a teleoperation system for robotic beam assembly in construction [J]. International Journal of Precision engineering and manufacturing, 2013, 14: 351-358.
[35] Jacinto-Villegas J M, Satler M, Filippeschi A, et al. A novel wearable haptic controller for teleoperating robotic platforms[J]. IEEE Robotics and Automation Letters, 2017, 2(4): 2072-2079.
[36] Wang X, Zhu Z. Vision-based framework for automatic interpretation of construction workers' hand gestures[J]. Automation in Construction, 2021, 130: 103872.
[37] Wang X, Veeramani D, Zhu Z. Gaze-aware hand gesture recognition for intelligent construction[J]. Engineering Applications of Artificial Intelligence, 2023, 123: 106179.
[38] Wu H, Li H, Chi H L, et al. Thermal image-based hand gesture recognition for worker-robot collaboration in the construction industry: A feasible study[J]. Advanced Engineering Informatics, 2023, 56: 101939.
[39] Liu Y, Jebelli H. Human-robot co-adaptation in construction: Bio-signal based control of bricklaying robots[C]//Computing in Civil Engineering 2021. 2021: 304-312.
[40] Liu Y, Habibnezhad M, Jebelli H. Brain-computer interface for hands-free teleoperation of construction robots[J]. Automation in Construction, 2021, 123: 103523.
[41] Liu Y, Habibnezhad M, Jebelli H. Brainwave-driven human-robot collaboration in construction[J]. Automation in Construction, 2021, 124: 103556.
[42] Liu Y, Ojha A, Shayesteh S, et al. Human-centric robotic manipulation in construction: generative adversarial networks based physiological computing mechanism to enable robots to perceive workers' cognitive load[J]. Canadian Journal of Civil Engineering, 2022, 50(3): 224-238.
[43] Wang X, Liang C J, Menassa C C, et al. Interactive and immersive process-level digital twin for collaborative human-robot construction work[J]. Journal of Computing in Civil Engineering, 2021, 35(6): 04021023.
[44] Adami P, Becerik-Gerber B, Soibelman L, et al. An immersive virtual learning environment for worker-robot collaboration on construction sites[C]//2020 Winter Simulation Conference (WSC). IEEE, 2020: 2400-2411.
[45] Adami P, Rodrigues P B, Woods P J, et al. Effectiveness of VR-based training on improving construction workers' knowledge, skills, and safety behavior in robotic teleoperation [J]. Advanced Engineering Informatics, 2021, 50: 101431.
[46] Adami P, Rodrigues P B, Woods P J, et al. Impact of VR-based training on human-robot interaction for remote operating construction robots[J]. Journal of Computing in Civil Engineering, 2022, 36(3): 04022006.
[47] Kim S, Peavy M, Huang P C, et al. Development of BIM-integrated construction robot task planning and simulation system[J]. Automation in Construction, 2021, 127: 103720.
[48] Chong O W, Zhang J, Voyles R M, et al. BIM-based simulation of construction robotics in the assembly process of wood frames[J]. Automationin Construction, 2022, 137: 104194.
[49] 高一帆，舒江鹏，俞珂，等. 基于BIM可视化编程的轻型结构机器人智能建造研究[J]. 建筑结构学报，2022，43(S1)：296-304.
[50] Krizmancic M, Arbanas B, Petrovic T, et al. Cooperative aerial-ground multi-robot system for automated construction-tasks[J]. IEEE Robotics and Automation Letters, 2020, 5(2): 798-805.
[51] Zhu A, Pauwels P, De Vries B. Smart component-oriented method of construction robot coordination for prefabricated

housing[J]. Automation in Construction, 2021, 129: 103778.

[52] Lee D, Lee S H, Masoud N, et al. Digital twin-driven deep reinforcement learning for adaptive task allocation in robotic construction[J]. Advanced Engineering Informatics, 2022, 53: 101710.

[53] Yun S, Rus D. Adaptive coordinating construction of truss structures using distributed equal-mass partitioning[J]. IEEE Transactions on robotics, 2013, 30(1): 188-202.

[54] Liang C J, Lundeen K M, McGee W, et al. A vision-based marker-less pose estimation system for articulated construction robots[J]. Automation in Construction, 2019, 104: 80-94.

[55] Bekker M, Pedersen R, de Dios Flores-Mendez J, et al. Implementation of Admittance Control on a Construction Robot Using Load Cells[C]//2018 IEEE Conference on Control Technology and Applications (CCTA). IEEE, 2018: 273-279.

[56] Yousefizadeh S, Mendez J D F, Bak T. Trajectory adaptation for an impedance controlled cooperative robot according to an operator's force[J]. Automation in Construction, 2019, 103: 213-220.

[57] Liang C J, Kamat V R, Menassa C C, et al. Trajectory-based skill learning for overhead construction robots using generalized cylinders with orientation[J]. Journal of Computing in Civil Engineering, 2022, 36(2): 04021036.

[58] Huang L, Yamada H, Ni T, et al. A master-slave control method with gravity compensation for a hydraulic teleoperation construction robot[J]. Advances in Mechanical Engineering, 2017, 9(7): 1687814017709701.

[59] Han M, Yang D, Shi B, et al. Mobility analysis of a typical multi-loop coupled mechanism based on screw theory and its drive layout optimization[J]. Advances in Mechanical Engineering, 2020, 12(12): 1687814020976216.

[60] Jud D, Hottiger G, Leemann P, et al. Planning and control for autonomous excavation[J]. IEEE Robotics and Automation Letters, 2017, 2(4): 2151-2158.

[61] Yang Y, Long P, Song X, et al. Optimization-based framework for excavation trajectory generation[J]. IEEE Robotics and Automation Letters, 2021, 6(2): 1479-1486.

[62] Dima M, Francu C. Modelling and precision of the localization of the robotic mobile platforms for constructions with laser tracker and SmartTrack sensor[C]//IOP Conference Series: Materials Science and Engineering. IOP Publishing, 2016, 147(1): 012077.

[63] Zhao X, Cheah C C. BIM-based indoor mobile robot initialization for construction automation using object detection[J]. Automation in Construction, 2023, 146: 104647.

[64] 刘今越，陈小伟，贾晓辉，等. BIM校正累计误差的激光里程计求解方法[J]. 仪器仪表学报，2022，43(1)：93-102.

[65] Kayhani N, Zhao W, McCabe B, et al. Tag-based visual-inertial localization of unmanned aerial vehicles in indoor construction environments using anon-manifold extended Kalman filter [J]. Automation in Construction, 2022, 135: 104112.

[66] Leder S, Kim H G, Oguz O S, et al. Leveraging Building Material as Part of the In - Plane Robotic Kinematic System for Collective Construction[J]. Advanced Science, 2022, 9(24): 2201524.

[67] 王凡，李铁军，刘今越，等. 基于BIM的建筑机器人自主路径规划及避障研究[J]. 计算机工程与应用，2020，56(17)：224-230.

[68] 刘子毅，李铁军，孙晨昭，等. 基于BIM的建筑机器人自主导航策略优化研究[J]. 计算机工程与应用，2022，58(15)：302-308.

[69] Follini C, Magnago V, Freitag K, et al. Bim-integrated collaborative robotics for application in building construction and maintenance[J]. Robotics, 2020, 10(1): 2.

[70] 张润梅，任瑞，袁彬，等. 装配式建筑机器人施工路径优化方法[J]. 计算机工程与设计，2021，42(12)：3516-3524.

[71] Hu D, Li S, Cai J, et al. Toward intelligent workplace: Prediction-enabled proactive planning for human-robot coexistence on unstructured construction sites[C]//2020 Winter Simulation Conference (WSC). IEEE, 2020: 2412-2423.

[72] Mousaei A, Taghaddos H, Nekouvaght Tak A, et al. Optimized mobile crane path planning in discretized polar space [J]. Journal of Construction Engineering and Management, 2021, 147(5): 04021036.

[73] Ji J, Zhao J S, Misyurin S Y, et al. Precision-Driven Multi-Target Path Planning and Fine Position Error Estimation on a Dual-Movement-Mode Mobile Robot Using a Three-Parameter Error Model[J]. Sensors, 2023, 23(1): 517.

基于衍生式设计的照明布局优化研究

倪国海，齐玉军*

（南京工业大学土木工程学院，江苏 南京 211816）

【摘　要】随着生活质量的提高，人们对照明的需求也不断增加。本论文针对传统照明设计优化中存在的效率低下以及现有照明优化建模困难等问题，提出了一种基于衍生式设计的优化方法。本研究以灯源位置为变量，在满足光照强度的前提下，建立以照度均匀度为目标的优化模型，通过衍生式设计选取最优设计方案，并通过实例验证其有效性。

【关键词】衍生式设计；Dynamo；照明优化

1　引言

传统的照明设计优化是在DIALux等专业模拟平台上反复比选模拟方案，缺点是费时费力[1-3]。当在BIM平台完成建筑模型，还需将模型导入DIALux等平台，其中涉及一些模型的不互通、数据的丢失等等问题。采用传统技术，设计者必须指定光源的位置，并计算得到最终照度和均匀度。如果获得的照度和均匀度不达标，则有必要重新进行计算，直到获得令人满意的解决方案，通常很难从以前的尝试中做出新的猜测。而现有的照明优化大多是在Matlab中进行的[4-5]，尽管Matlab中支持各种算法优化，但Matlab并不是专门的建筑建模软件，对于一些复杂房间的照明模拟是比较麻烦的。

衍生式设计是一个设计探索过程，衍生式设计的思想最早是在20世纪70年代提出。建筑领域中，衍生式设计在建筑布局优化[6]、节点优化[7]、桥梁建模[8]等方面表现出很好的潜力。将衍生式设计引入照明设计优化，对提高照明设计的效率和质量，改善建筑光环境有重要意义。

本章以某办公室为研究对象，运用Dynamo中的衍生式设计，对其照明的单目标优化设计问题进行研究。根据实际，照度均匀度与每个灯的位置息息相关。因此，本文选取办公室内每个灯具的位置作为决策变量，并在光照强度满足的情况下，把照明均匀性这一个指标作为目标函数进行单目标优化。

2　模型建立

2.1　目标确定

根据《建筑照明设计标准》GB 50034—2013，不同类型场所所需要达到相应的光照强度和照度均匀性标准。并且以往相关文献及前人研究表明[9-11]，照度均匀性是照明设计中的重要指标，因此我将其作为设计目标，在满足光照强度的情况下，并致力于最大化均匀度效果。

2.2　变量及范围

每盏灯的位置与房间的光照强度具有直接关系，而且灯具位置的改变也会使整个房间的照度均匀程度产生影响，所以灯源的位置是影响光照强度和照度均匀性最大的因素。并且有研究成果显示，灯具的位置是影响光环境的主要原因之一，所以确定灯源的坐标作为本次的变量，即x，y坐标。变量节点如图1所示。

变量范围是指设计方案必须满足的条件。因灯源的位置需保持在房间内，所以范围为房间的长宽，变量范围如图2所示。衍生式设计就是通过不断变换在范围内的变量的值，去获得大量的结果，并根据设定的目标迭代优化解决方案。

【作者简介】倪国海（1999—），男，硕士研究生。主要研究方向为智能建造。E-mail：1210767630@qq.com

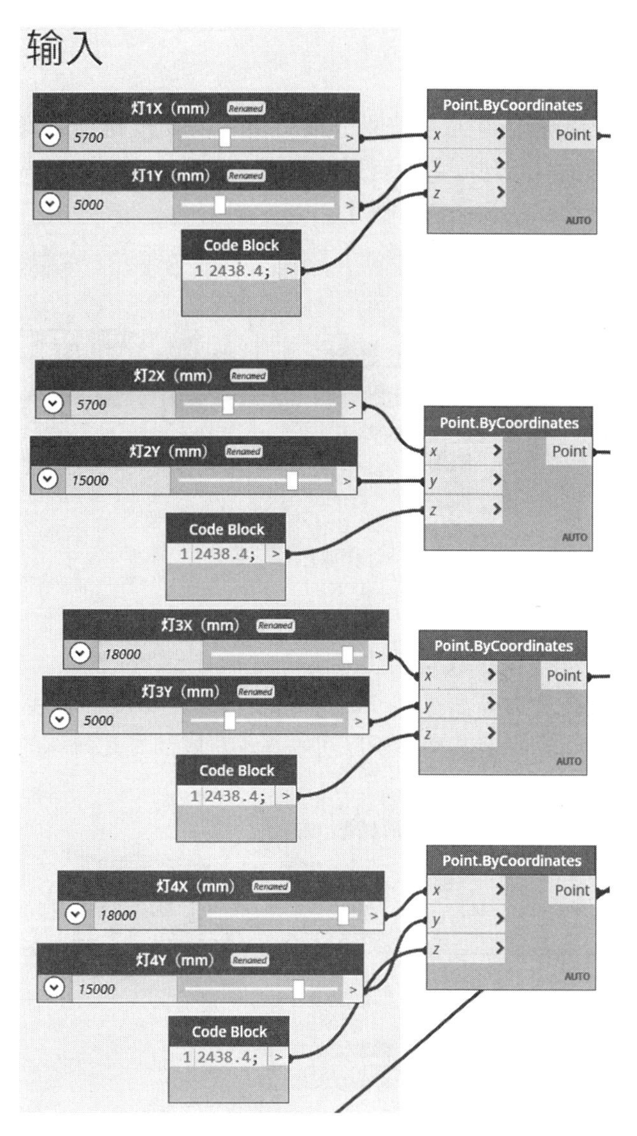

图 1　变量节点

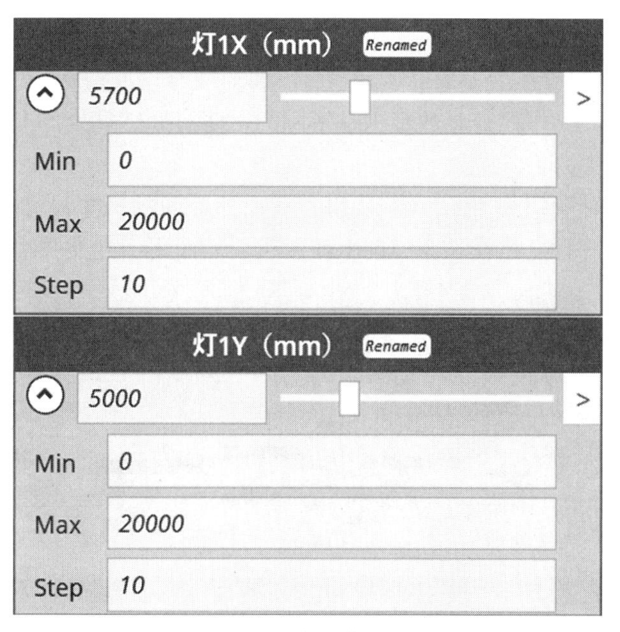

图 2　变量范围

2.3 光照强度计算

（1）平面获取

为了实现基于地板尺寸的分析点生成和光照强度计算，需要按照一系列预定步骤进行处理。首先，必须获取房间的相关信息，随后获得房间内所有面的数据。然后，通过已编写的 Python 脚本从中筛选出地板面。图 3 呈现了获取地板节点连接图的可视化。

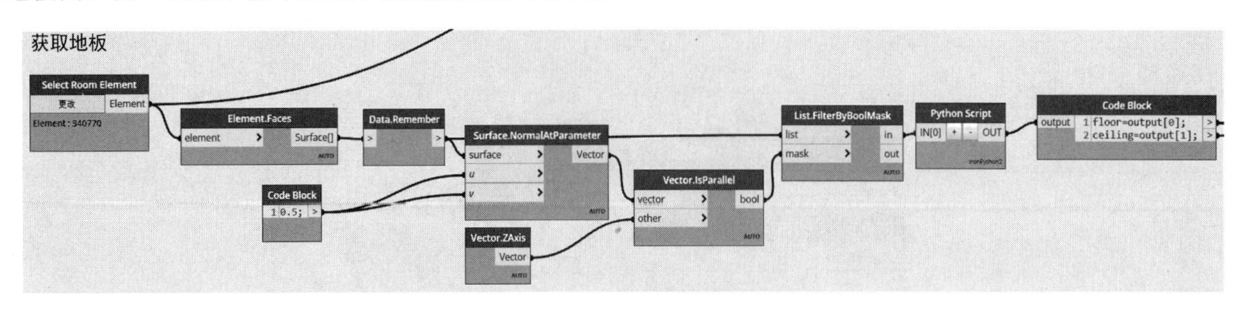

图 3　获取地板节点图

（2）获取挡光几何体

在获得房间信息后，需要进一步获取挡光几何体，例如墙壁、柱子等。通过提取活动视图中的所有墙壁和柱子元素，并将房间转化为边界框（bounding box），再计算墙壁和柱子的中心线或中心点是否位于边界框内。若位于边界框内，则判定其存在于房间内部。获取挡光几何体的节点连接图如图 4 所示。

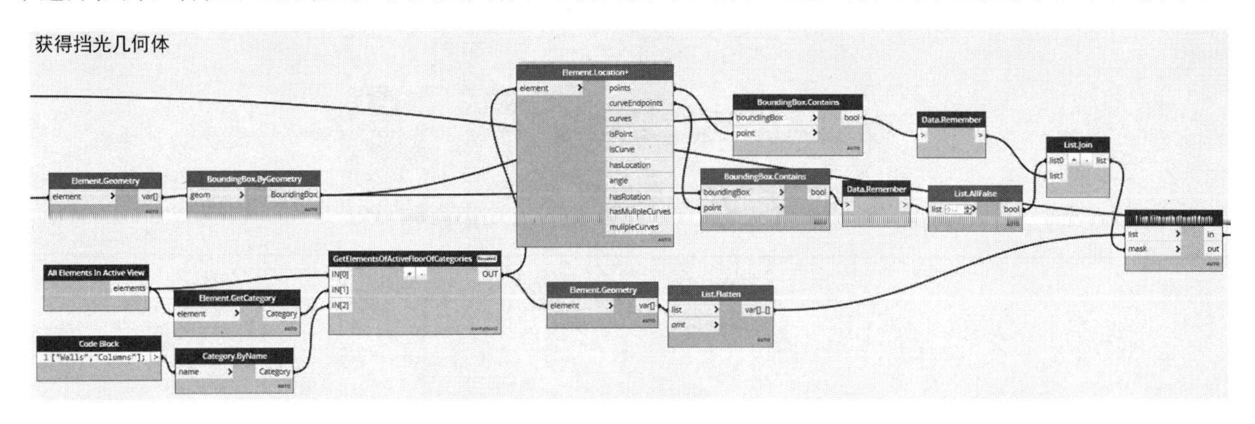

图 4　获取挡光几何体节点图

（3）确定固定值

固定值为灯具光照强度，而不同灯具的数据是不同的，要根据灯具生产商的数据而定。

（4）生成计算点

根据地板的面积和周长，利用编写的 python 脚本获取地板面的长宽尺寸；再基于地板的长宽以及输入的单元格尺寸，进一步计算计算点在长宽方向上的数量，从而用于光照强度的计算，节点连接图如图 5 所示。

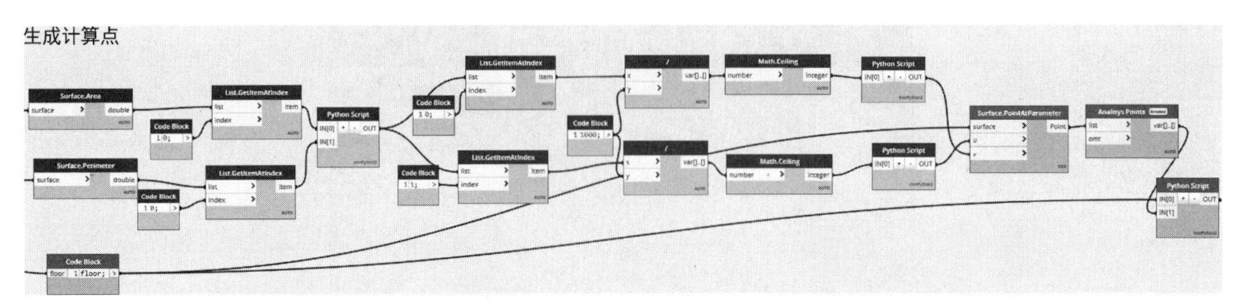

图 5　生成计算点节点图

（5）计算光照

通过 Dynamo 软件包中下载的节点计算光照强度，此节点需要传入 4 个参数才能计算光照强度，分别是灯源的位置、分析点位置、挡光几何体、灯具光照强度。由于 Dynamo 缺乏专门的灯光模拟软件包，所下载的节点与专业模拟软件所模拟得到的光照强度会有差异，但此节点计算出的数值仍然能够反映不同位置上接收到的光线的差异以及光线强度的区别。

（6）计算目标值

本研究的目标是最大化照度均匀值。通过计算节点可以计算出每个分析点的光照强度，并将这些值求和得到总光照强度；再除以分析点的个数，即可得到平均光照强度。接下来，从所有分析点的光照强度中选择最低值，将该值与平均光照强度相除，即可得到照度均匀值。

由《建筑照明设计标准》GB 50034—2013 可知，设 E_{min} 为规定表面上的最小照度，E_{avg} 为规定表面上的平均照度，照度均匀度（U_0）定义如下式：

$$U_0 = E_{min} / E_{avg} \tag{1}$$

3 实例验证

本研究选取某一办公室作为案例进行方案优化，以验证多目标优化模型的可行性。办公室长约 20m，宽约 20m，高为 3m，房间平面图如图 6 所示。在 Dynamo 中完整的模型求解工作空间如图 7 所示。未经过优化之前的灯具摆放位置，经过计算照度均匀值为 0.411。在衍生式设计中，设置人口规模为 68，生成为 40，种子为 3，经过优化后，照度均匀值为 0.500，照度均匀值提升了 22%，效果明显。

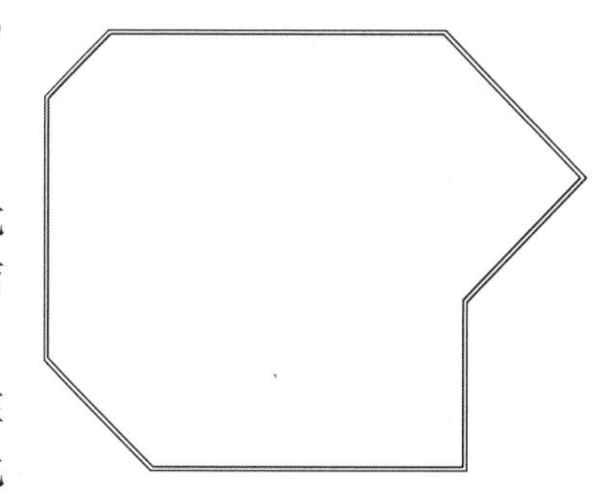

图 6　房间平面图

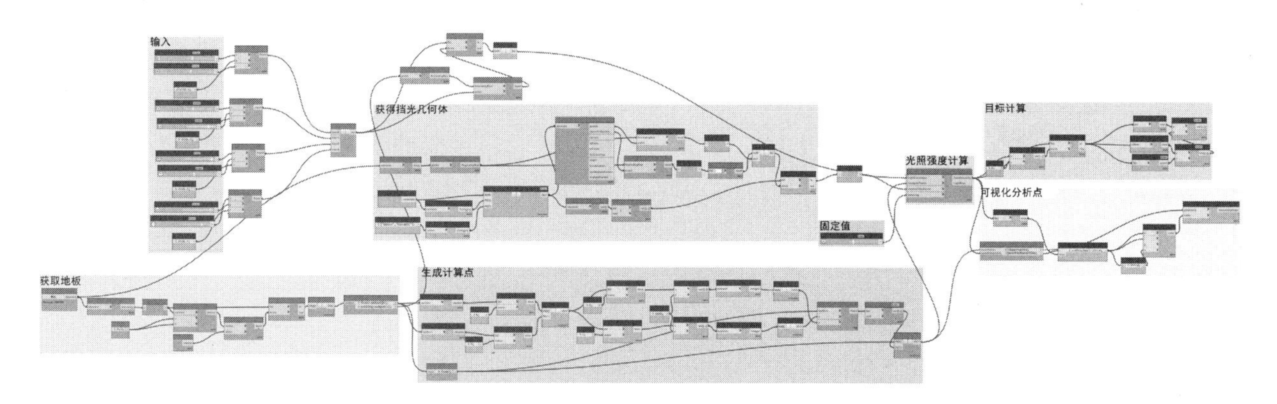

图 7　模型完整节点图

4 讨论与结论

本研究旨在解决传统灯光模拟过程中由于缺乏最优方案而导致效率低下以及现有方法建模困难等问题。为解决这些问题，本研究提供了一种基于衍生式设计优化照明布局的方法。

本文以照度均匀值为优化目标建立模型，并进行求解。结果表明：衍生式设计方法实现了设计方案的快速迭代，节约了大量修改时间；同时，衍生式设计提升了方案寻优的效率。然而，需要指出的是，在 Dynamo 中并没有现成的适用于灯光模拟的软件包，因此仍需要进一步开发以解决这一问题；此外，本论文仅是对衍生式设计在照明优化中的初步探索，并只针对照度均匀度进行了优化。未来的研究可以继续开展多目标优化，以进一步提升照明设计的效果。随着人们生活水平的不断提高，对建筑照明的要求也越来越高，深入研究照明多目标优化相关问题有着重要意义，这有助于推动照明领域的发展，并为人们提供更加舒适和高效的照明环境。

参 考 文 献

[1] 王爱英，陈鹏，吴雨婷，王立雄，于娟．启发式算法应用于照明设计优化[J]. 照明工程学报，2021，32(3)：18-26.

[2] 刘玲玲，王一鑫．基于DIALux evo的教室照明仿真及优化[J]. 光源与照明，2023(2)：6-8.

[3] 张曼，孟冠宇，夏道澄，朱建聪．基于DIALux仿真分析的两阶段道路照明优化设计[J]. 无线互联科技，2022，19(22)：97-100.

[4] 栾新源. 基于LED可见光通信的室内定位关键技术研究[D]. 上海：上海大学，2016.

[5] 胡建宇. 基于神经网络的室内灯源布局的研究[D]. 南京：南京邮电大学，2019.

[6] 王聪. “平战结合”模式下传染病医院的平面设计优化方法研究[D]. 武汉：华中科技大学，2021.

[7] 韩乐雨，杜文风，夏壮，叶俊，高博青．四分叉铸钢节点的衍生式智能设计研究[J]. 建筑结构学报，2023，44(5)：325-334.

[8] 李光宇. 基于BIM技术的桥梁衍生式设计应用研究[D]. 沈阳：沈阳建筑大学，2020.

[9] MATTONI B，GORI P，BISEGNA F. A step towards the optimization of the indoor luminous environment by genetic algorithms [J]. Indoor and Built Environment，2017，26 (5)：590-607.

[10] MANDAL P，DEY D，ROY B. Indoor lighting optimization：a comparative study between grid search optimization and particle swarm optimization [J]. Journal of Optics，2019，48 (3)：429-441.

[11] CASSOL F，SCHNEIDER P S，FRAN A F H R，et al. Multi-objective optimization as a new approach to illumination design of interior spaces [J]. Building and Environment，2011，46 (2)：331-338.

基于BIM的城市建筑物快速建模方法研究

宋　雪，吕希奎，朱鹏烨

（石家庄铁道大学土木工程学院，河北 石家庄 050043）

【摘　要】建筑物与交通线路的空间位置关系是城市三维可视化选线技术的基础和关键，如何快速高效地建立适用于选线设计的城市场景模型是目前亟待解决的问题。本文采用Revit二次开发技术，设计了“实景环境建模”模块，实现了道路及沿线各种建筑物快速建模的新方法，有效地提高了三维城市场景建模效率，为优化线路设计提供了便捷直观的新方案。

【关键词】BIM技术；快速建模；城市场景模型

1　引言

由于城市轨道交通线路主要敷设在城市的主干道路周围，因此沿线建筑物的分布情况是线路设计工作中的重要考虑因素[1]。其中，高层建筑（通常指六层及以上）、学校、医院、加油站等建筑物对线路局部走向的影响较大[2]，为了保证施工、运营安全，同时减少拆迁量，降低成本，需要保证线路距这些建筑物一定的安全距离。建立两者的三维模型，可以直观地展示他们的空间位置关系，为设计者在线路设计优化过程中提供了参考。向华林、任诚、张慧莹[3-5]等人基于倾斜摄影测量技术，利用smart3D、Context Capture等软件对建筑物进行了建模。杨希、龙丽娟[6,7]等人基于三维激光扫描点云数据，结合3ds Max等软件完成目标场景的三维模型构建。杜鹏[8]等人将多层次语义约束规则下构建的道路图元三维模型融合到整体城市场景中，提出了参数化道路建模方法，实现了道路实体的场景化建模。Gen Nishida[9]等人开发了适用于GIS数据的框架，产生了包含拓扑交通信息、路面和街道对象的连贯街道网络模型，为真实路网系统的三维重建提供方法。论文采用在Revit API中读取CAD建筑物轮廓平面图，通过设置层高、层数及匹配的门窗的方法完成沿线建筑物的快速建模。

2　线路沿线建筑物建模

在进行建筑物建模工作前，需要参照规划的线路走向示意图，在CAD中根据建筑物类型提取线路沿线建筑物的闭合轮廓，如图1所示。

由于建筑物形式多样，以手动建模方式创建建筑物模型工作量大、耗时长、效率低。因此，为了提高建模效率，论文利用Revit二次开发技术，研究基于建筑物轮廓线的自动建模方法，实现线路沿线各种类型建筑物的参数化快速建模，建模过程及方法如下：

（1）使用PickObject方法获取用户选择的建筑物轮廓。

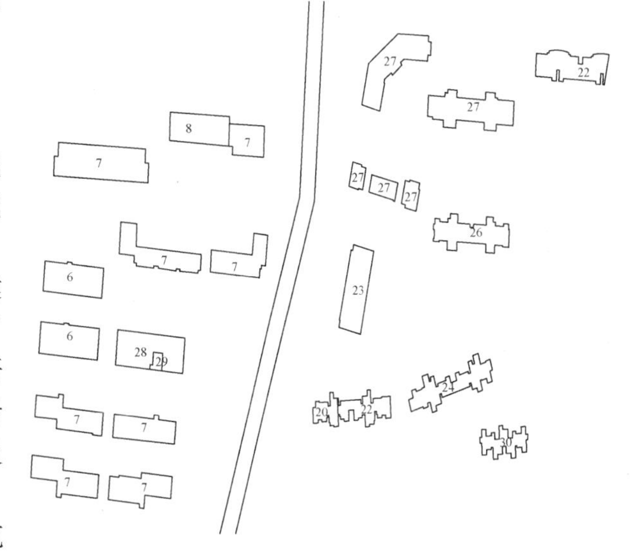

图1　线路沿线建筑物轮廓平面

【基金项目】河北省自然科学基金（E2021210027）

【作者简介】宋雪（1998—），女，硕士研究生。主要研究方向为轨道交通信息化设计。E-mail：17347984418@163.com

（2）将 CAD 轮廓线转换为 Revit 模型线。

通过 GetCoordinates 方法获取已选轮廓的各顶点坐标。遍历各坐标点，并使用 CreateBound（XYZ endpoint1，XYZ endpoint2）方法用直线依次连接，形成首尾相接的闭合模型线。

（3）在“公制常规模型”族样板中创建附带材质属性的建筑物拉伸实体模型。其中，建筑物的拉伸高度由楼层数和层高决定，同时为了易于区分各建筑物类型，为建筑物赋予材质属性时，需保证同一图层中的各建筑物颜色一致，并不同于其余图层建筑物颜色。

（4）通过 NewFamilyInstances 方法在项目文档中生成所选轮廓对应的建筑物族实例。

（5）为了提高模型的观赏性，需为建筑物模型添加门窗族，在“公制常规模型”族样板中分别创建如图 2、图 3 所示的门族与窗族。

图 2　门族　　　图 3　窗族

（6）通过 LoadFamilySymbol 方法将门、窗的族类型加载到项目文档中，具体流程如图 4 所示。

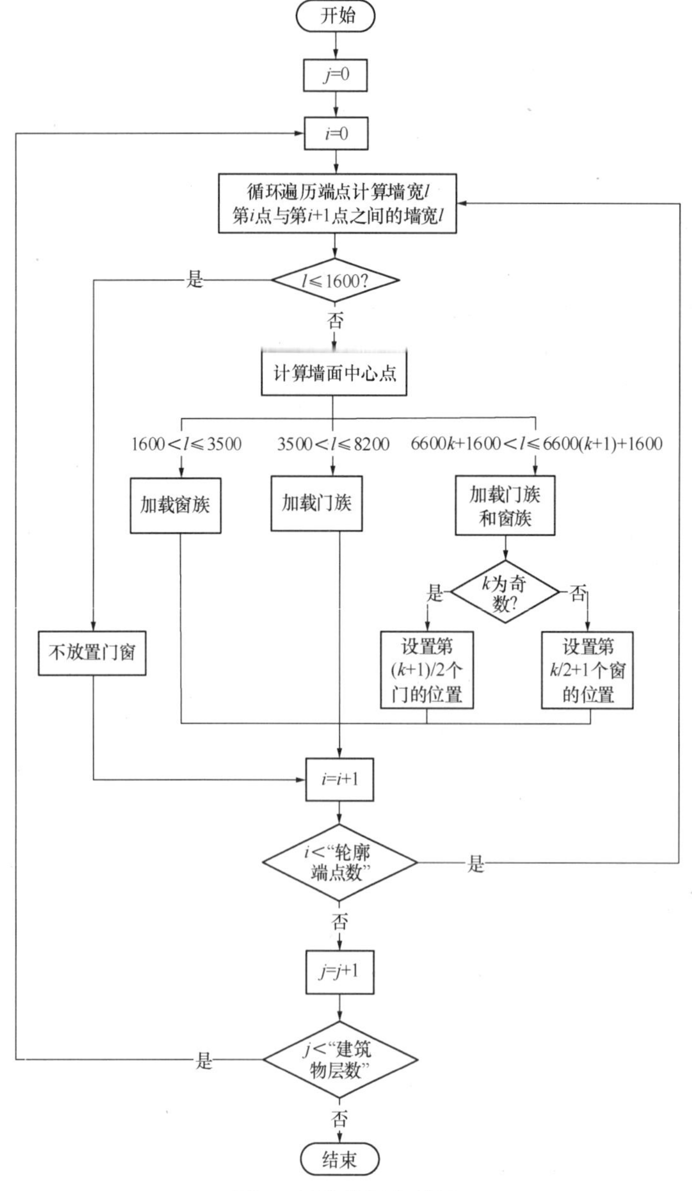

图 4　门窗放置流程图

(7) 调整族实例的方位角，使其与所在墙面完美贴合。主要代码如下：

```
//经过族实例定位点做垂直于地平面的垂线，以此作为族实例的旋转轴
Line RotateAxis =Line.CreateBound(location, new XYZ(location.X, location.Y, location.Z + 1.0));
LocationPoint locationPoint =instance.Location as LocationPoint;
//计算族实例所在墙面的轮廓边线向量与X轴上单位向量的夹角
double angle= new XYZ(points[i].X-points[i+1].X, points[i].Y-points[i+1].Y, 0.0).AngleTo(new XYZ(1.0, 0.0, 0.0));
//通过轮廓边线向量与X轴上单位向量的外积，判断轮廓边线向量所属哪个象限
bool b = new XYZ(points[i].X-points[i+1].X, points[i].Y - points[i+1].Y, 0.0).CrossProduct (new XYZ(1.0, 0.0, 0.0)).Z < 0.0;
if (b)
{
    //将族实例绕旋转轴逆时针旋转(轮廓边线向量所属第一或第二象限)
        locationPoint.Rotate(RotateAxis, angle);
}
else
{
    //将族实例绕旋转轴顺时针旋转(轮廓边线向量所属第三或第四象限)
  locationPoint.Rotate(RotateAxis, -angle);
}
```

最终利用程序模块生成的部分建筑物三维实体模型如图5所示。

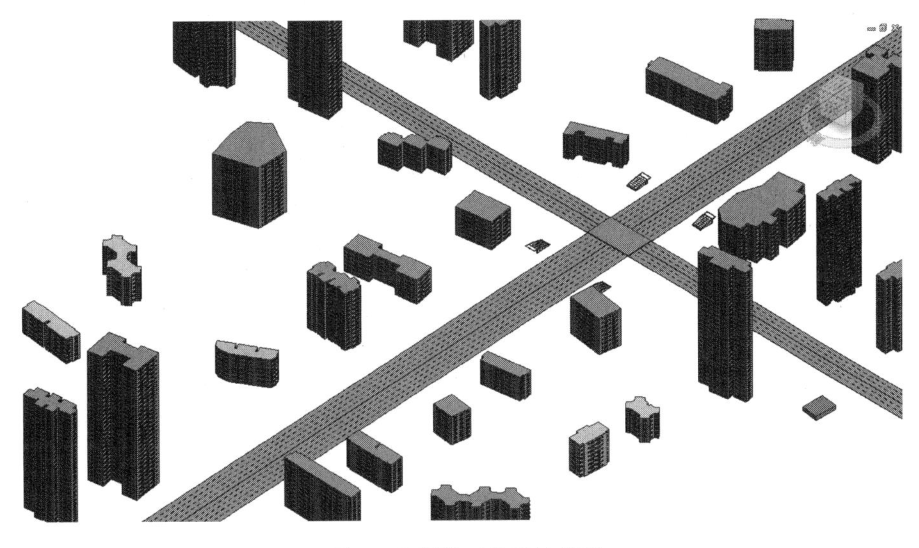

图5 建筑物三维实体模型

3 城市道路实景环境建模

3.1 道路建模

道路建模工具栏如图6所示，用户在工具栏中选择“创建道路→创建道路本体”，在弹出的对话框中读取由城市路网CAD图纸提取的txt格式的道路中心线数据，并录入路面宽度数据，如图7所示，单击“生成道路”按钮，可完成道路模型的自动创建。若需要为道路模型添加指示标线，用户可在工具栏中选择“创建道路→创建指示标线”，在弹出的对话框中读取实线标线以及由三角函数处理后的虚线标线控制点坐标，录入路面宽度数据后，如图8所示。

图6 道路建模工具栏

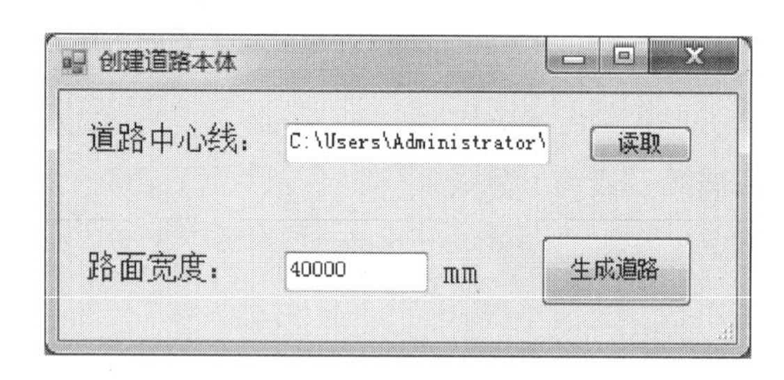

图7 “创建道路本体”对话框

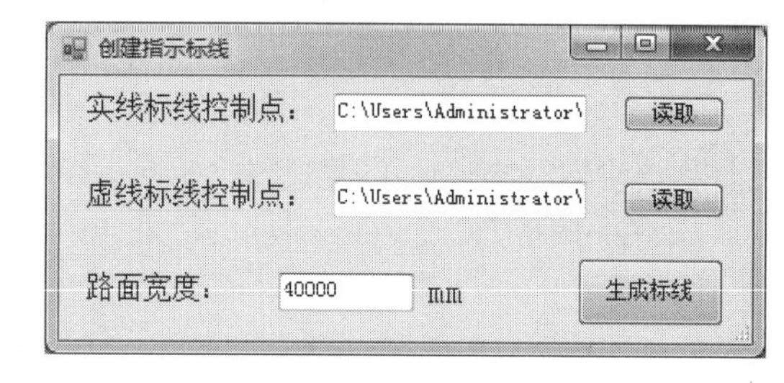

图8 “创建指示标线”对话框

单击图7中和的“生成标线”按钮，可自动创建标线模型。最终建立如图9所示的附加指示标线的路网模型。

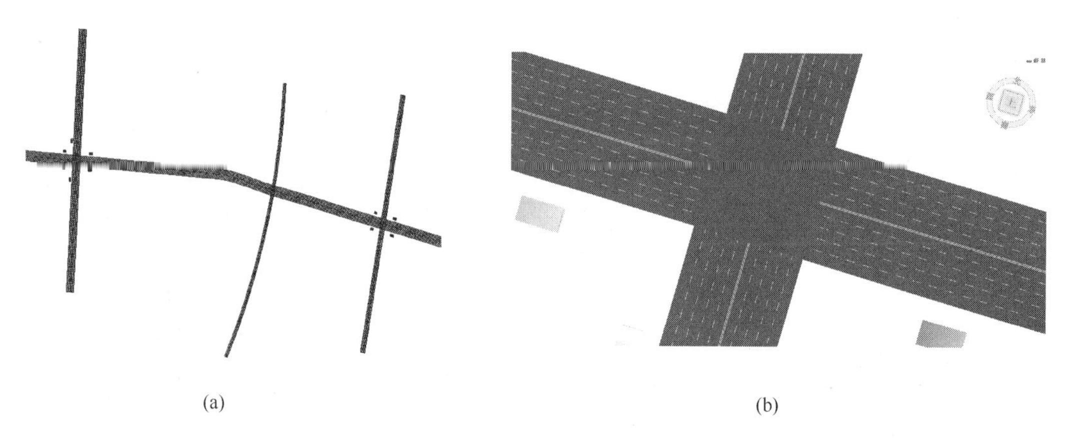

(a)　　(b)

图9 路网模型

(a) 整体效果；(b) 局部细节

3.2 建筑物建模

创建建筑物模型前，需先将CAD建筑轮廓线导入Revit项目文件中，如图10所示。

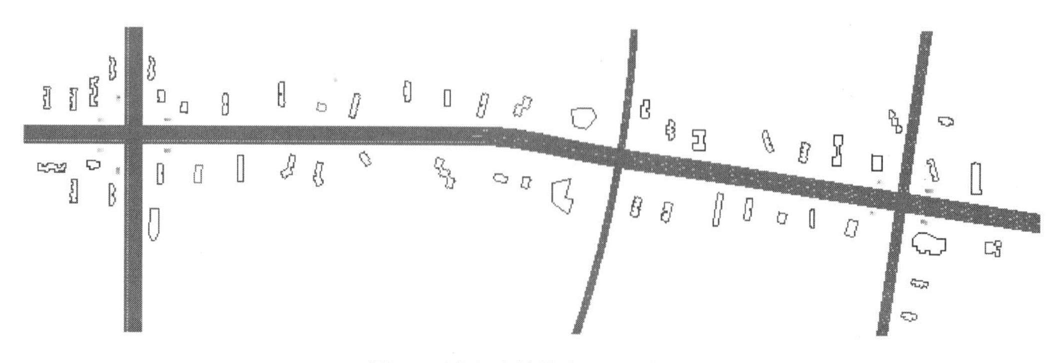

图10 导入建筑轮廓CAD底图

用户在工具栏中选择“实景环境建模→创建建筑物”，在弹出的对话框中勾选所要创建的建筑物类型，并输入楼层数，如图11所示，单击“创建建筑物”按钮，通过拾取建筑轮廓线，可实现该建筑物三维实体模型的快速生成。重复上述步骤直至完成所有建筑物模型的创建，最终建模效果如图12所示。

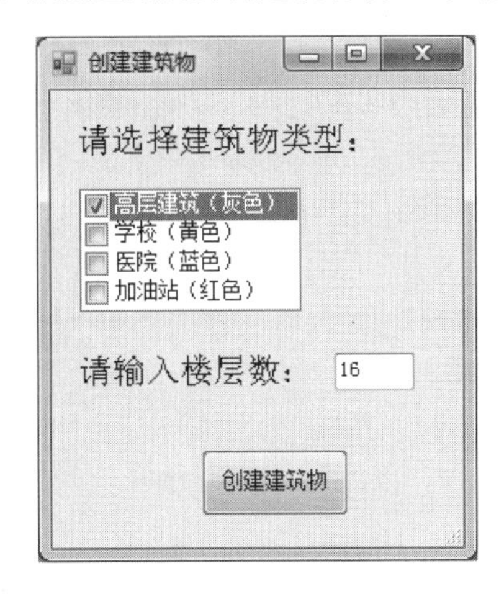

图11 “创建建筑物”对话框

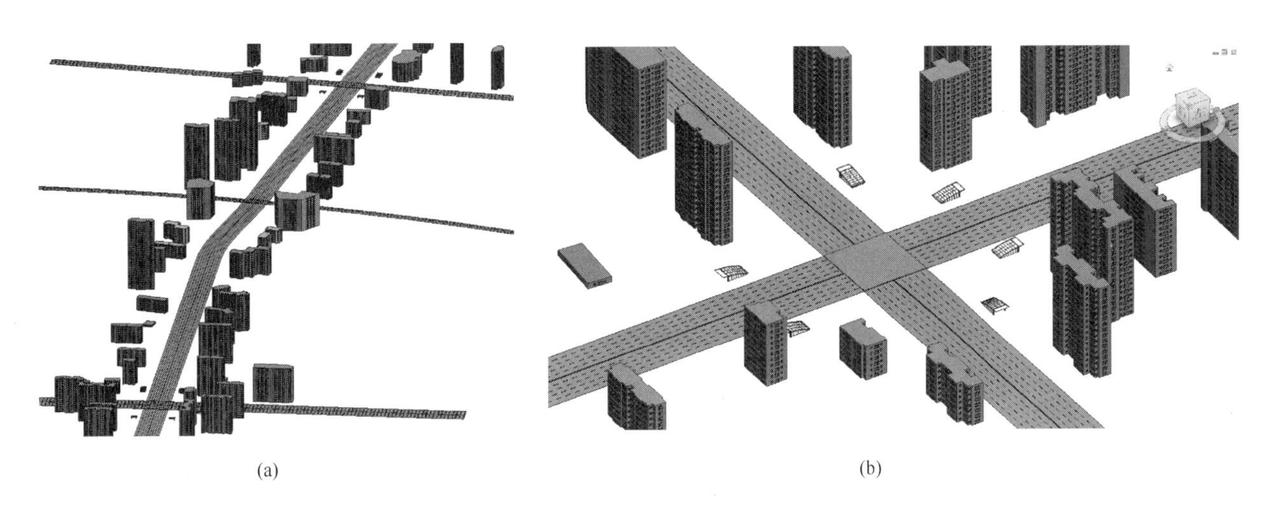

(a) (b)

图12 线路沿线建筑物模型

（a）整体效果；（b）车站周边建筑物

4 结论

本文基于BIM软件技术构建了线路沿线建筑物模型并与线路模型相链接，使用Revit API开发了“实景环境建模”模块，通过此模块完成了城市道路和沿线建筑物三维模型的建立。所得的建筑物实体模型既提高了建模的效率，也通过设置层数、门窗等保证了模型的美观性。通过模块自动建模的方法，展现了城市轨道交通线路与沿线建筑物的空间位置关系，更直观地表达出二者的相互影响状况，为三维可视化线形的设计提供了新角度，辅助设计师找到更佳的线路设计方案。

参考文献

[1] 郝影，李宪同，张朋．城市轨道交通地下线运行对沿线建筑物室内振动与噪声的影响分析[J]．环境污染与防治，2022，44(11)：1429-1433.

[2] 叶玮，张海峰，毛刚，等．轨道交通引起的地面高层建筑室内振动分析[J]．城市轨道交通研究，2021，24(5)：67-72.

[3] 向华林，李秉兴．单镜头无人机倾斜摄影测量的三维建模及精度评估[J]．测绘通报，2022(S2)：237-240.

[4] 任诚，高利敏，冯耀楼，等．基于无人机倾斜摄影的建筑物三维建模尝试[J]．测绘通报，2019(2)：161-164.

[5] 张慧莹，董春来，王继刚，等．基于 Context Capture 的无人机倾斜摄影三维建模实践与分析[J]. 测绘通报，2019(S1)：266-269.
[6] 杨希，袁希平，甘淑．地面三维激光扫描点云数据处理及建模[J]. 软件，2020，41(2)：230-233，237.
[7] 龙丽娟，夏永华，黄德．一种基于三维激光扫描点云数据的变电站快速建模方法[J]. 激光与光电子学进展，2020，57(20)：361-370.
[8] 杜鹏，丁晓龙，陈宗强，等．多层次空间语义约束的道路参数化建模研究[J]. 测绘科学，2023，48(3)：93-104.
[9] Nishida G，Garcia-Dorado I，Aliaga G D，et al. Interactive sketching of urban procedural models[J]. ACM Transactions on Graphics (TOG)，2016，35(4). 130.

基于Revit-ANSYS复杂断面模型数据转换方法研究

唐　玉，张　楠，琚海涛，康　飞，张文杰

（大连理工大学建设工程学部，辽宁 大连 116024）

【摘　要】针对BIM模型传输到结构分析软件会出现“信息断层”现象，本文以某海底沉管隧道为研究对象，基于Visual Studio 2019平台进行面向功能的二次开发，利用C#编程语言编写APDL文本实现了Revit到ANSYS的复杂异形断面结构模型数据的转换。本文所提方法能提高复杂断面结构模型三维建模的速度并保证结构分析的计算精度，为开展基于BIM技术的结构分析提供技术支撑。

【关键词】Revit；ANSYS；二次开发；坐标转换；结构分析模型

1　引言

有限元分析是保证结构设计合理的重要手段，但是随着复杂和异形结构不断涌现，给精细化建模和分析工作带来巨大挑战，而BIM的出现为快速建立精细化有限元模型提供了可能[1]。其中，Revit作为应用最广的三维BIM建模软件，能够集成丰富的数字化模型信息，包括大量的几何信息和非几何信息，为有限元分析向精细化发展提供技术支持[2]。然而，由于Revit与主流分析软件，如ANSYS，拥有不同的文件存储方式和数据格式，因此不能直接进行数据交换和共享。

目前，许多学者针对BIM软件与有限元软件的数据转换方式进行研究，可以归纳为两类：一类是基于IFC标准进行信息扩展，实现BIM模型向结构分析模型的信息转换，但是IFC格式在进行中间过渡形式转化时由于冗余信息过多导致转换效率低下[3-6]。另一类方式是对BIM软件进行面向功能的二次开发，生成有限元软件可以读取的文件，从而建立数据转换接口[7-9]。但是目前该类方法只能实现规则形状的柱梁墙板的数据转换，对于复杂异构断面结构/构件在转换中仍会出现信息丢失的现象。文献[10]研究了基于Python和XML语言的Revit-XML数据接口，可将数据转换成ANSYS ACT扩展应用并在Workbench运行，但是目前基于XML语言的数据接口只能提取几何信息和材质信息，缺少结构分析信息。

本文提出了一种便捷的异构断面结构模型转换方法，基于C#语言对Revit进行面向功能的二次开发，建立一种适配异性构件的Revit-ANSYS数据转换接口，快速实现模型数据转换，并通过工程实例验证了该方法的有效性和精确度。

2　开发目标与思路

2.1　Revit到ANSYS数据转换开发思路

在Revit中建立建筑结构信息模型，模型包含几何信息（长、宽、高）、材质信息（弹性模量、密度、泊松比等）以及结构分析信息（荷载、边界条件等）。通过Revit Lookup遍历模型的所有信息，可以查看选中部件的各类信息，便于编写外部命令[10]。通过Visual Staduo平台，利用Revit API将建筑结构信息模型中的信息提取出来，通过C#编程语言将这些信息进行匹配，并编写成ANSYS APDL文本导入ANSYS进行结构分析，从而实现Revit到ANSYS的数据转换。

【基金项目】辽宁省中央引导地方科技发展资金（2023JH6/100100054）

【作者简介】唐玉（1985—），女，讲师。主要研究方向为水工结构BIM技术应用。E-mail：ytang@dlut.ecu.cn

2.2 接口开发流程

借助 Revit API 提供的接口实现对模型信息的检索和过滤，自主选择任一族类型，通过过滤器将信息进行分类储存，从而获取各个族实例的几何信息。本文利用 C# 编程语言，将几何信息生成二维的面模型，再读取匹配相应的材质信息和结构分析信息，生成 ANSYS 软件中的命令流文件，其中结构分析信息包括了单元类型信息，网格划分信息，边界条件、各种类型的荷载信息等。本文的转换程序默认是平面单元，即将获取的模型以 PLANE42 进行计算，模型转换接口开发流程如图 1 所示。

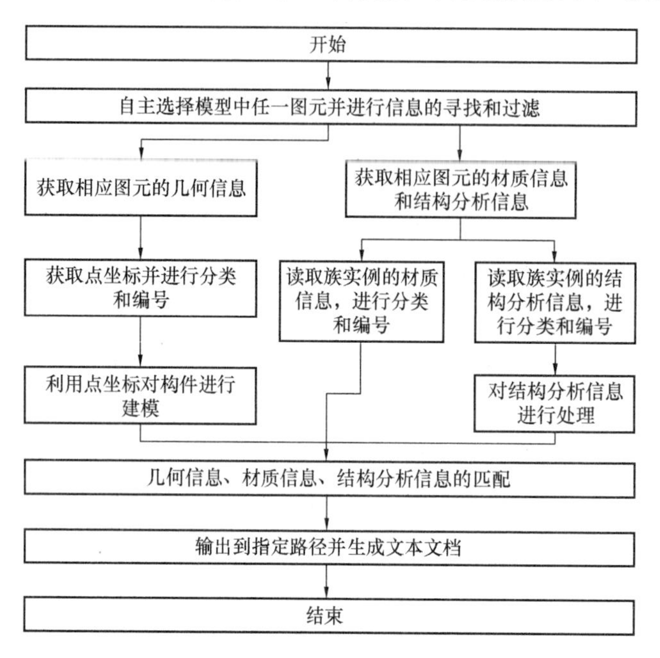

图 1 模型转换接口程序算法流程图

2.3 算法要点

根据模型转换接口程序算法流程图，在 Visual Studio 平台上利用 C# 语言中丰富的数组表达式、函数、流程控制等数据表达结构创建模型信息识别程序，解决异形结构的数据转换问题。由于所建立的 Revit 三维模型提供的信息较多，为了减少后续提取各类数据的工作量[11]，需要分步进行：①通过过滤器命令 FilteredElementCollector 和 FamilyInstanceSelectionFilter 遍历模型中的所有信息，分类收集储存各族实例的相关信息；②通过坐标转换方法获取各族实例的几何参数，即点坐标（X、Y、Z）：首先获取族类型的几何对象（GeometryObject），然后从族类型的几何对象（GeometryObject）中获取实体（Solid），遍历实体中的所有面（Face）和边（Edge），把面转化为三角网（Mesh）后对三角网的顶点（Vertices）进行坐标变换；同样，对获取到的边（Edge）的端点进行坐标变换。由于 Revit 内部使用英制单位，需要将 Revit 内部的各种数值转换成熟悉的公制单位。

为了更好地将获取的数据按照命令流的格式添加在文本文档中，通过 StreamWriter 类将这些信息分类储存，并将几何信息编写成二维面模型或者三维体模型的生成命令，再读取相应的材质信息和结构与分析信息，生成 ANSYS 可以读取的完整命令流文件。其中，结构分析信息包括了单元类型信息（PLANE42），网格划分信息（MESH），边界条件（DL）、荷载信息（F、ACEL 等）等，最后通过 ANSYS 运行进行计算分析。

3 算例分析

以某海底沉管隧道为例，将 Revit 到 ANSYS 的计算分析以及 ANSYS 到 Revit 的计算结果可视化进行演示，验证本文提出方法的可行性和精确度。

3.1 设计参数

结构横断面按照两孔一管廊设计，外包尺寸为宽 33.4m×高 9.8m，管节车道孔顶、底板厚度均为

1.40m，中隔墙厚度为0.5m，外侧墙厚度为1.3m。车道孔单孔净宽12.6m，单孔净高6.95m。如图2所示。

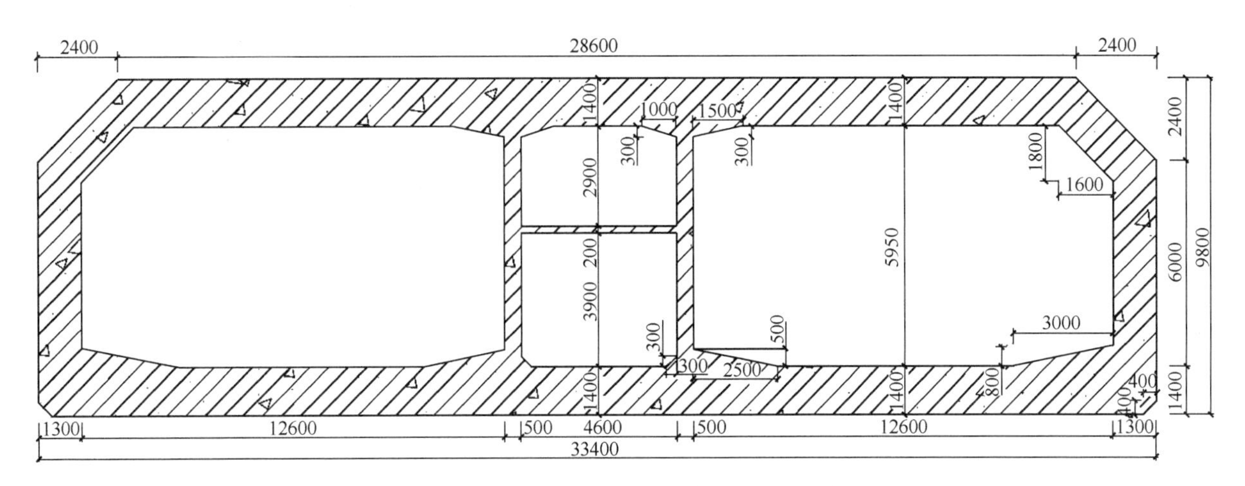

图2　某海底隧道沉管段标准横断面结构示意图

3.2　BIM模型建立

在模型创建过程中，对于某海底隧道沉管段进行BIM建模，其中对于直线段管段基于“公制常规模型”族样板进行创建，对于曲线段管段基于“公制体量”族样板绘制三维曲线，再通过放样融合的方法建立模型，所建立的模型如图3所示。同时通过族属性添加结构相应的材质信息和结构分析信息，以便于后续对模型信息的提取。

图3　Revit参数化建模

3.3　转换结果

通过点击自主编写的某海底沉管隧道结构健康监测系统选项卡页下“结构分析”功能面板中的“生成APDL”选项，自主选择模型中任意一个管段，可自动在指定路径下生成ANSYS APDL命令流文件，将其导入ANSYS中进行结构分析，如图4所示。

为了更加准确地验证Revit到ANSYS数据转换接口的转化效果，对比接口所计算的结果与在ANSYS中手动建模进行结构分析的计算结果，在边界条件和施加荷载相同的情况下，所得到数值结果如表1所示。

Revit到ANSYS数据转换接口与手动建模分析的计算对比　　**表1**

	Revit到ANSYS数据转换接口	手动建模	误差
最大位移（mm）	4.08	4.08	0.00%

从上面结果可知，隧道结构的变形基本一致，两种方法的最大位移都约为4.08mm，相对误差为0.00%，证明了所设计的正向接口的有效性和精确度。

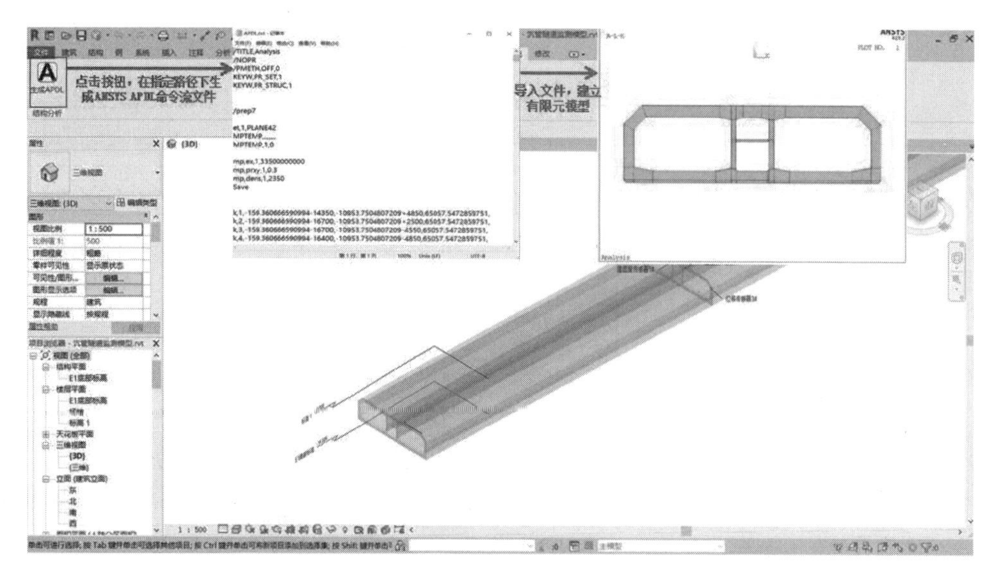

图4　转换效果图

4　结语

本文以C#语言作为编程语言，基于Revit API插件对Revit软件进行面向功能的二次开发，建立了Revit-ANSYS数据转换接口。该接口用于提取Revit模型中的几何信息、材质信息及结构分析信息，并转换为ANSYS可以读取的APDL文件，保证信息传递过程中模型的完整性与准确性。该接口不但弥补了BIM技术在结构分析方面的劣势，也有效地解决了ANSYS对复杂异形断面结构/构件建模效率低的问题，且具有较高的转换精度，为开展基于BIM技术的结构分析提供可靠的解决方案。

参 考 文 献

[1] 宋杰，张亚栋，王孟进，等. Revit与ANSYS结构模型转换接口研究[J]. 土木工程与管理学报，2016，33(1)：79-84.

[2] 邓俊文 . 基于BIM的桥梁精细化建模与有限元分析[D]. 南昌：华东交通大学，2005.

[3] 刘照球，李云贵，吕西林. 基于IFC标准结构工程产品模型构造和扩展[J]. 土木建筑工程信息技术，2009，1(1)：47-53.

[4] Wang Xuan，Cui Zai Peng，Zhang Qi Lin，et al. Creating structural analysis model from IFC-based structural model [J]. Advanced Materials Research，2013，2450(712-715)：901-904.

[5] Hu Zhen Zhong，Zhang Xiao Yang，Wang Heng Wei，et al. Improving interoperability between architectural and structural design models：An industry foundation classes-based approach with web-based tools [J]. Automation in Construction，2016，66：29-42.

[6] Xu Zhao，Zhang Yang，Xu Xia Yan. 3D visualization for building information models based upon IFC and WebGL integration [J]. Multimedia Tools and Applications，2016，75(24)：17421-17441.

[7] Ignatova E，Zotkin S P，Zotkina I A. The extraction and processing of BIM data [J]. IOP Conference Series：Materials Science and Engineering，2018，365：062033.

[8] 陈志为，吴焜，黄颖，等. 基于BIM的复杂结构有限元精细模型生成[J]. 土木工程与管理学报，2018，35(5)：60-64+81.

[9] 封大为. BIM模型与力学结构分析接口开发研究[D]. 西安：长安大学，2019.

[10] 赵晓宇，陈子晗，余思令，等. 基于Revit与ANSYS的模型转换自动化研究[J]. 长江信息通信，2021，34(1)：119-121.

[11] 王玄玄，黄玉林，赵金城，等. Revit-Abaqus模型转换接口的开发与应用[J]. 上海交通大学学报，2020，54(2)：135-143.

BIM-4D技术在复杂深基坑群施工中的应用

蒋　成，周驰晴

（湖南省机场管理集团有限公司，湖南 长沙 410114）

【摘　要】针对长沙机场改扩建工程综合交通枢纽工程项目中的复杂深基坑群工程，采用BIM-4D技术对进度模拟与分析。通过运用Revit软件建立深基坑支护的结构三维模型，再运用Navisworks软件挂接进度计划生成工程进度模拟动画，全方位清晰模拟复杂地下工程的施工过程，从而提前发现实际施工中可能出现的各种问题并做出相应的预防控制措施。结果表明：BIM-4D技术在深基坑工程施工中的作用突出，有利于各方的信息共享和协调配合，更有利于施工进度、工程质量与安全的管理。

【关键词】深基坑工程；BIM；Navisworks；进度模拟

1　引言

随着我国城市化进程加快，城市地下空间开发程度不断加大，进而形成了地质条件复杂、规模大的深基坑，甚至在某些交汇地段形成基坑群。与浅基坑相比，深基坑具有开挖难度大、风险高、质量要求严格等特点。现行二维设计法在方案展示时，存在显示不完整、不直观等技术问题，因此亟须一种新技术辅助基坑施工。BIM技术为解决上述问题提供了技术支撑，利用三维数字技术，以项目各相关信息为基础，构建三维建筑信息模型，对项目的物理特性等进行模型表达。

刘卓豪等[1]利用BIM技术对某医药废水厂深基坑复杂施工条件进行分析，结果表明BIM技术为工程取得了良好经济和社会效应；潘珂[2]基于BIM技术建立了深基坑三维可视化模型，分析了基坑开挖过程中的稳定性问题；陈立新等[3]探讨了BIM技术在深基坑支护中的设计流程，并对工程的可行性和应用效果进行了详细的分析；吴清平等[4]基于BIM技术对上海市SOHO天上广场超大深基坑进行了施工全过程的模拟与分析；沈康等[5]利用BIM技术，以长沙未来城——城市综合体项目为例，分析了BIM技术的优势，为基坑施工提供了有效依据；李鹏等[6]引入BIM技术建立全寿命期应用模型，借助基于BIM技术的施工组织架构，研究深基坑BIM模型的基本实施流程，完成对地下深基坑支护结构施工过程的改进；MyungSeok Choi等[7]学者提出利用BIM技术对不同基坑开挖方法进行4D模拟，为基坑开挖选择合适的方案提供了方便。

综上所述，BIM技术在国内外的深基坑工程中已经得到广泛应用，但在复杂深基坑群中的应用相对较少。长沙机场改扩建工程综合交通枢纽工程项目深基坑工程设计和施工方案较复杂，参与设计院多，参建单位多，各设计院的二维图纸成果相互独立，不能清楚表达各深基坑的界面关系。考虑到该项目基坑施工复杂、协调难度大等特点。因此，利用BIM技术于该项目深基坑的施工阶段，并结合Navisworks软件模拟基坑开挖与支护的施工，以期为类似工程设计和施工提供参考。

2　工程概况

2.1　项目信息

长沙机场改扩建工程综合交通枢纽工程项目包含机场工程和委托建设管理工程两部分。其中机场工程包含综合交通中心（GTC）和高架桥工程，综合交通中心工程总建筑面积206000m^2，与航站楼一体化

【作者简介】蒋成（1971—），男，高级工程师，湖南省机场管理集团机场建设指挥部副指挥长兼总工程师。主要研究方向为BIM技术在工程管理中的应用。E-mail：946945595@qq.com

设计，无边界化衔接，包括综合换乘中心 43000m^2、停车楼 163000m^2（含职工食堂 3000m^2）。高架桥工程总长 1196m。委托建设管理工程包含新建长沙至赣州铁路黄花机场段先期实施工程、长沙市轨道交通 6 号线东延段工程黄花机场东站土建工程、长沙磁浮东延线接入 T3 航站楼磁浮 T3 站土建工程和旅客过夜用房土建工程。新建长沙至赣州铁路黄花机场段先期实施工程（含黄花机场地下站及站房主体建筑工程，不含轨道工程），先期实施工程范围为 DK53＋563.604～DK55＋330，线路长 1.766km。黄花机场站站房按照地下三层布置，约为 102300m^2。机场东隧道，长度为 0.674km，主要工程内容为隧道土建、明挖暗埋区及相关预埋工程。长沙市轨道交通 6 号线东延段工程黄花机场东站土建工程，预留预埋 10 号线及 S2 线黄花机场东站的车站土建工程，地下二层车站面积约 72172m^2。长沙磁浮东延线接入 T3 航站楼磁浮 T3 站土建工程，本标段委托建设管理的是磁浮 T3 站土建工程，为地下三层车站，建筑面积约为 32783.7m^2。旅客过夜房土建工程 79000m^2（图 1）。

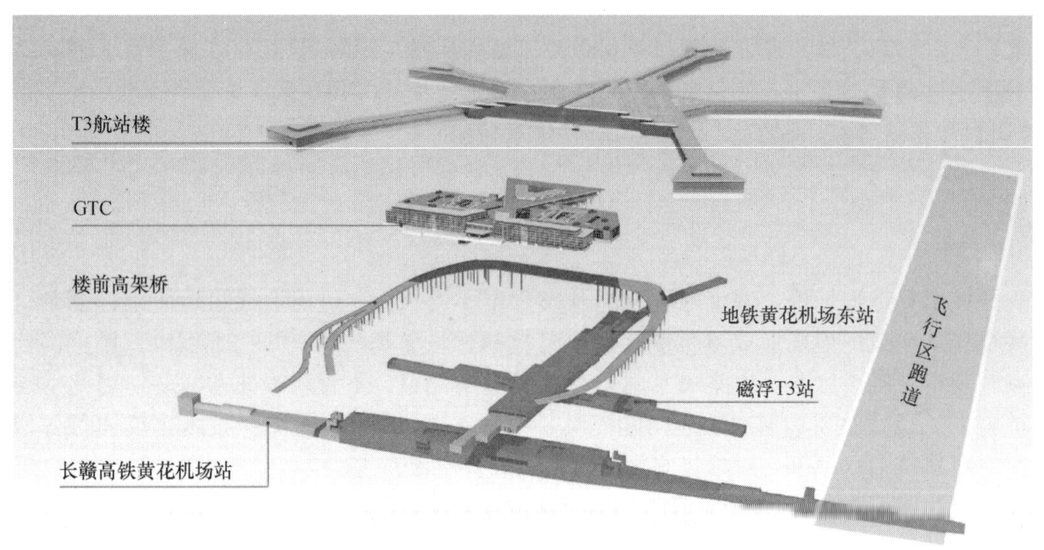

GTC、航站楼、飞行区跑道、高架桥压覆在四类五轨上部，交叉形成压覆区

图 1　项目概况图

2.2　深基坑群概况

本项目基坑最深处约 36.8m，其基坑面积约为 23.6 万 m^2，基坑群的挖方量近 350 万 m^3，基坑安全等级主要为一级、二级。四类五轨在狭小空间十字交汇形成多个“坑中坑”（深基坑群）如图 2 所示。混

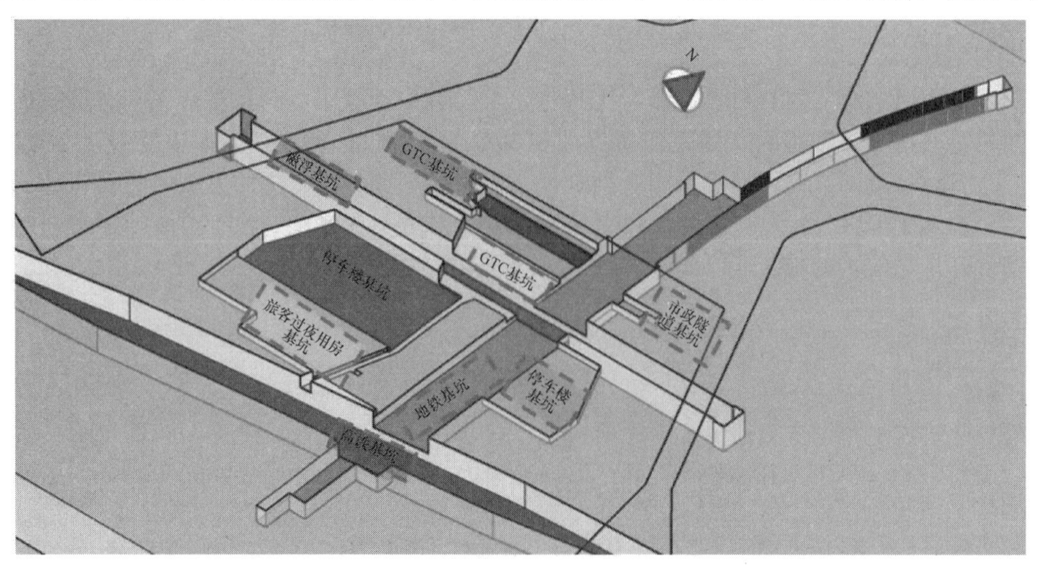

图 2　基坑分布示意图

凝土支撑、钢支撑、预应力锚索、中心岛撑等多支撑体系下，深基坑开挖组织困难；四类五轨均为地下结构，长时段深基坑受气候因素影响大，施工组织困难。各基坑的具体深度、开挖和支护方式情况见表1。

各单位工程基坑情况 **表1**

序号	单位工程	基坑深度（m）	开挖和支护方式
1	GTC	0.7～7.9	放坡开挖
2	停车楼	4.6～13.9	放坡开挖
3	旅客过夜用房	6.1～7.5	放坡开挖
4	地铁	19.1～19.7	围护桩＋内支撑体系或围护桩＋预应力锚索＋局部上部放坡采用放坡喷锚
5	磁浮	11.8～28.5	围护桩＋混凝土支撑或钢支撑
6	高铁	30.8～36.8	围护桩＋混凝土支撑或钢支撑、围护桩＋预应力锚索，冠梁上部土方采用放坡开挖，喷锚支护
7	市政隧道	2.0～8.0	放坡开挖

2.3 工程地质条件

长沙机场改扩建工程范围属湘东盆地，地势较为平坦，地貌单元属剥蚀堆积的准丘陵地形，为低矮剥蚀残丘、冲沟、稻田、菜地、民宅、道路、池塘等，地形略有起伏，现状标高在49.88～73.82m之间。勘察报告显示本项目范围内地层由第四系全新统人工填土层（Q4 ml）、第四系全新统耕植土层（Q4 pd）、第四系全新统沼泽沉积层（Q4h），第四系全新统冲洪积层（Q4 al＋pl）、第四系全新统残积层（Q4 el）和白垩系戴家坪组（K2d）泥质粉砂岩组成。

3 深基坑工程BIM技术的应用

3.1 BIM-4D技术介绍

BIM-4D模型是指在原有的BIM-3D模型XYZ轴空间坐标系上，再加上一个时间轴，将模型的成形过程中，以动态的三维模型仿真方式表现。通过4D模型进行工程的提前预演，这样可以判断施工进度设置是否合理，即各工作的持续时间是否合理，工作之间的逻辑关系是否准确等，从而对项目的进度计划进行检查和优化。将修改后的三维建筑模型和优化过的四维虚拟建造动画展示给项目的施工人员，可以让他们直观了解项目的具体情况和整个施工过程，更深层次地理解设计意图和施工方案要求，减少因信息传达错误而给施工过程带来的损失。

3.2 深基坑工程BIM建模及进度模拟

利用Revit及Navisworks软件进行BIM-4D进度模拟，具体步骤见图3。

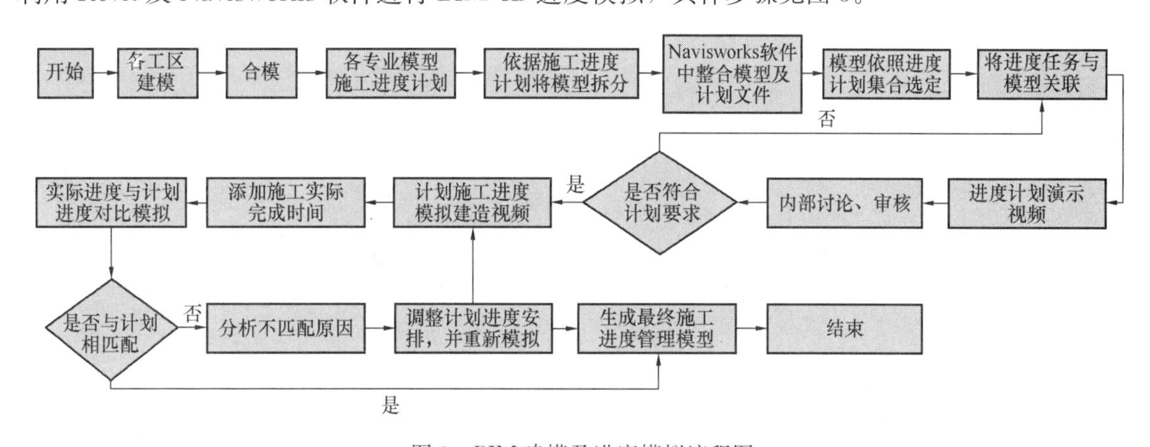

图3 BIM建模及进度模拟流程图

BIM技术建模主要步骤：

（1）BIM建模：通过导入GTC、磁浮、高铁等CAD图纸，结合土石方外运施工方案，利用Revit搭建基坑三维模型。

（2）BIM 整合：鉴于各基坑图纸由不同设计院设计，且由不同施工单位施工，将各单位分别建立的 BIM 模型协调至同一标准下，然后进行模型整合。模型整合后的基坑模型见图 4。

（3）模型关联：将整合后的 RVT 模型导入 Navisworks 中，并结合进度计划文件进行时间挂接。依照施工方案中的工程实体分解表，对模型进行集合选定。利用 Project 软件将横道图进行处理成 .CSV 文件格式，导入 Navisworks 中设置好进度信息后，将计划进度任务与集合关联，如图 5 所示。

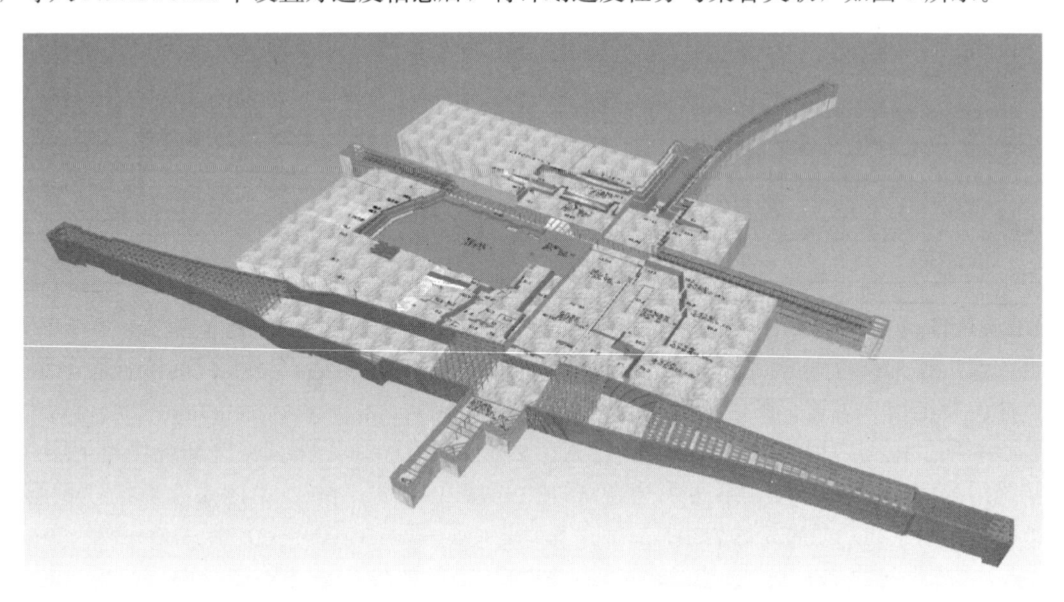

图 4　BIM 整合后的基坑模型

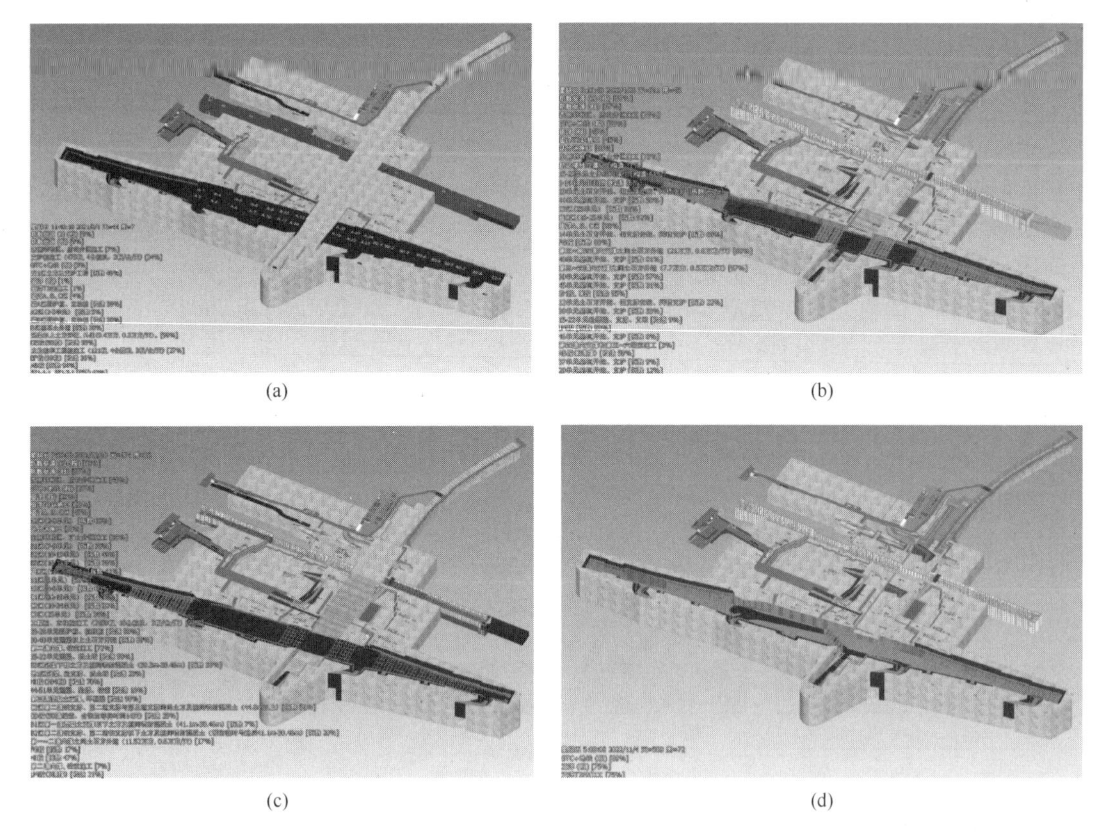

(a)　(b)

(c)　(d)

图 5　若干基坑开挖和支护施工阶段的 BIM-4D 进度模拟图

（a）GTC 西停车楼基坑开始开挖；（b）地铁基坑开挖完成磁浮基坑开始开挖（地铁磁浮交叉位置）；

（c）地铁基坑开挖完成高铁基坑开始开挖（地铁高铁交叉位置）；（d）高铁基坑开挖完成

4 成果列举

通过BIM-4D进度模拟，能够验证施工工序、可视化交底、施工进度展示、三维图纸会审等。

4.1 验证施工工序

根据项目总体施工进度计划和施工组织方案，利用Navisworks进行BIM-4D进度模拟并进行展示，宏观把控整个项目的进度。BIM-4D进度模拟过程中发现地铁磁浮基坑交叉位置的移交时间不合理(图6)，因此组织各家单位调整，优化施工进度计划。

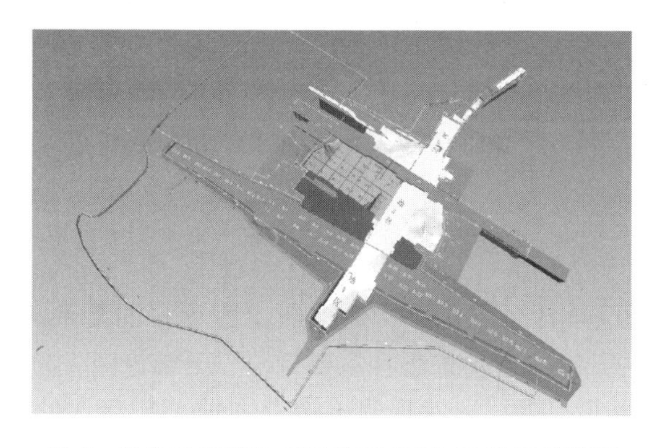

图6 地铁磁浮基坑交叉位置BIM-4D进度模拟图

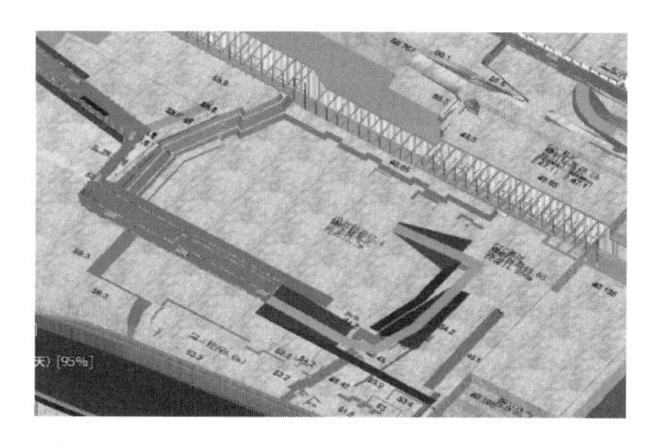

图7 西停车楼基坑土石方开挖方案BIM-4D进度模拟图

4.2 可视化交底

根据西停车楼基坑开挖方案，对西停车楼基坑土石方开挖及运输施工流程开展BIM+4D进度模拟(图7)，使现场施工组织更加直观体现，方便向管理人员及施工队伍进行交底，有利于现场质量和安全的管理。

4.3 施工进度展示

将BIM+4D技术的成果与文字相结合，编制可视化施工进度管理周报，每周施工进度都在模型上直观体现（图8)，有利于管理人员把控现场进度，及时纠偏。

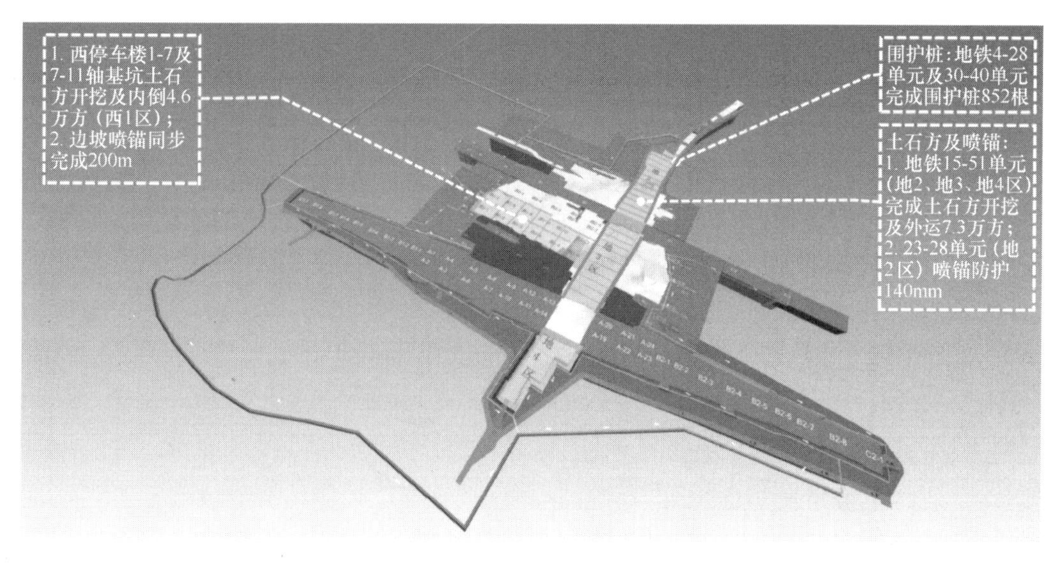

图8 BIM+4D周进度展示图

4.4 三维图纸会审

在BIM+4D进度模拟过程中发现，磁浮基坑支撑平面布置图（图9）中A19～A20之间的围护桩降标高不正确，高于冠梁顶标高（图10)。据此与设计院进行沟通确认，将围护桩高出部分调整为与冠梁顶同高。提前发现图纸问题，调整不合理设计，不影响后续现场施工。

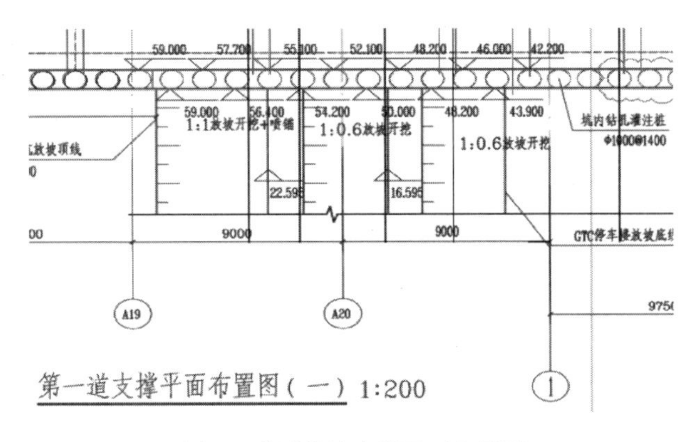

图 9　磁浮基坑支撑平面布置图

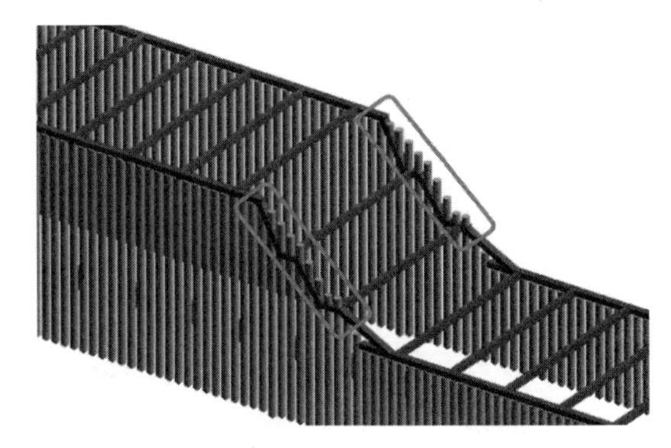

图 10　磁浮基坑 BIM-4D 进度模拟图

5　结论

当前，BIM 技术应用越来越广泛，本文以长沙机场改扩建工程综合交通枢纽工程项目的复杂深基坑群施工为例，应用 BIM＋4D 技术模拟了深基坑群复杂的开挖与支护过程，主要得出以下结论：

（1）BIM＋4D 技术能更直观地展现深基坑的施工工序，更早地发现施工中存在或可能存在的问题，进一步对原有的施工方案进行优化，有利于对施工进度、工程质量与安全的管理，提升了施工管理的科学性和有效性，为复杂深基坑群的施工管理提供了有效参考。

（2）BIM 技术的使用将会使得深基坑施工过程趋于高度信息化，便于工程项目及企业管理人员更加准确、快速地获取工程的施工现场信息，如质量情况、成本、进度、物资储备等，便于管理层快速、高效地做出关键决策，还可以基于 BIM 信息协同平台与项目参与方进行协同工作，提高沟通效率。

参 考 文 献

［1］ 刘卓豪，董志兴，刘金妹．基于 BIM 技术的深基坑工程施工应用研究[J]．江西建材，2023(1)：210-212.

［2］ 潘珂．基于 BIM 技术深基坑工程信息化施工管理平台研究[D]南宁：广西大学，2015.

［3］ 陈立新，张静，唐金云，等．基于 BIM 的地铁深基坑支护与土方挖运仿真模拟[J]．中外建筑，2017(10)：164-166.

［4］ 吴清平，时伟，戚铧钟，邹玉娜．超大深基坑 BIM 施工全过程模拟与分析研究[J]．工程建设．2013(5)：20-24.

［5］ 沈康，曾天辉．BIM 技术在深基坑工程施工中的应用——以长沙未来城城市综合体项目为例[J]．智能建筑与智慧城市，2022(11)：75-77.

［6］ 李鹏，曾同，任鹏．BIM 技术在地下深基坑支护结构施工中的应用[J]．微型电脑应用，2022，38(8)：183-186.

［7］ Choi M，Lee G，Kim H．A framework for evaluating deep excavation alternatives in building construction [C]//International Conference on Computing in Civil and Building Engineering (ICCCBE)．2008：1-6.

仿古彩绘数字化施工应用实践

叶子青[1]，黄亦楠[1]，曹文根[1]，余芳强[1]，左　锋[2]

(1. 上海建工四建集团有限公司，上海 201103；2. 上海交通大学医学院附属新华医院，上海 200092)

【摘　要】传统古建彩绘是中华民族智慧和文化遗产的重要组成部分，但其独特技艺需要经过长期实践和磨炼方可掌握。本文以上海岩花园项目为例，运用三维扫描、模型渲染、AI绘图、点云算法以及激光雕刻等数字化技术，提高仿古彩绘施工中的精度、效率和质量。通过该项目的应用论证表明数字化手段在传统彩绘手艺中的应用不仅有助于保护和传承中华民族的传统文化遗产，而且能够为仿古建筑彩绘施工提供更加高效、精确和可靠的解决方案。

【关键词】BIM；建筑彩绘；数字化施工；三维扫描；激光雕刻

1　引言

古建彩绘是一项通过使用各种颜色的油漆在木质构件表面进行绘画装饰的工艺，是古建筑的重要组成部分[1]。除了在外观上起到装饰美化作用和营造整体观赏氛围之外，古建彩绘还具有防水防蛀和保护木材的功能。按照建筑风格和规制等级，古建彩绘可分为三类：和玺彩绘、旋子彩绘和苏式彩绘。和玺彩绘主要用于宫殿、坛庙等大型建筑主殿，旋子彩绘广泛用于宫廷、公卿府邸[2]，而苏式彩绘在民间应用最为广泛，常用于园林和住宅建筑上[3]。

传统古建彩绘工艺复杂，需要高水平的工匠，长期参与，而好的工匠往往数量稀缺，培养周期长。随着信息模型和人工智能的发展，数字化技术在古建筑彩绘施工中的应用也在逐渐探索中。数字化技术的应用主要包括在古建筑彩绘设计、施工和保护等方面的应用，这将提高传统彩绘技艺的准确性和效率，同时有利于保留和传承这项非物质文化遗产[4]。然而目前数字化技术应用仍还处于初级阶段，数字化设备成本高，使用转化效率低等皆为是目前数字化技术广泛应用的难点。

上海岩花园项目集成了和玺彩绘、旋子彩绘和苏式彩绘三种彩绘类型，并且作为新建仿古建筑更侧重于彩绘的还原重塑和批量施工。通过应用三维扫描、模型渲染、AI绘图、点云算法、激光雕刻等技术，提高仿古彩绘施工中的精度、效率和质量，展现复古的建筑风貌。

2　工程概况

2.1　工程简介

上海岩花园项目是新建的仿古园林酒店，拥有京式、苏式、宋式和晋式等多种建筑风格，形态各异。地上结构主要采用钢结构，并通过包镶木套、干挂古建砖等工艺还原古代建筑形式[5]。作为高端定位的超五星级酒店，该项目在外观上要求最大限度地还原中国古代建筑的意境，让人沉浸在山水园林的体验中，对古建彩绘的施工要求较高，需要高效率地完成彩绘施工（图1）。

图1　岩花园效果图

【基金项目】上海市国资委企业创新发展和能级提升项目（2022008））

【作者简介】叶子青（1990—），男，工程师。主要研究方向为BIM、数字建造、智能建造。E-mail：yeziqingyeah@163.com

2.2 应用背景

本工程的仿古建筑彩绘施工中，主要存在以下难点：

（1）建设单位和设计单位均为异地公司，时空限制较大。特殊时期以线上沟通为主，信息的传递和交流不够直观。

（2）对于同一或同风格建筑，梁枋、天花等构件的彩绘谱子需要大量复刻，纯人工作业耗时耗力，存在成本高、效率低、出品不稳定的问题。

（3）项目外观要求高，前期施工因外观问题返工严重，修正成本高。

3 基于BIM的彩绘效果虚拟体验

彩绘施工耗时长，并且施工完成后返工成本极高，为了保证彩绘效果的提前确认以及依次施工成型，需要提前展现完成后的效果，以便设计单位和相关参建单位对彩绘效果有一个准确的了解。而基于BIM的彩绘效果可视化展现虚拟体验正满足了这种需求。本项目使用的基于BIM的彩绘效果可视化展现虚拟体验技术路线如图2所示。

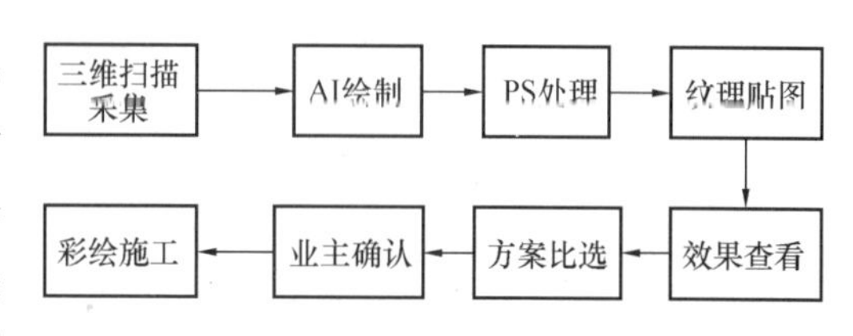

图2 彩绘效果展现技术路线

3.1 彩绘素材采集

本项目的仿古建筑彩绘通过复刻古建筑彩绘样式来实现。此方式需要对古建筑彩绘进行详细的观察和分析，了解古建筑的彩绘特点，包括颜色、线条、形状等等。基于这些特点，可以通过三维扫描的方式获取古建筑彩绘样式信息[6]。在此基础上进行深化，包括彩绘的细节和纹理的处理，以实现对古建筑彩绘样式的完整复制。

采用拍照方式采集，由于相机角度和拍摄距离的不同可能导致图片失真或扭曲等问题。手持三维扫描仪可以提供更高的精度和准确性，同时可以捕捉更多的细节和特征。并且实现对古建筑彩绘的非接触式测量，避免了对表面的损伤和影响。

用手持激光扫描仪得到彩绘表面稠密点云。将模型和稠密点云对齐后，映射得到彩色图像，此种方法被称为材质映射，也是通过三维扫描获取贴图信息的主流方式。对于跨度较大的梁枋构件，可以通过拼接拍摄来消除畸变（图3、图4）。

图3 手持式三维扫描采集彩绘

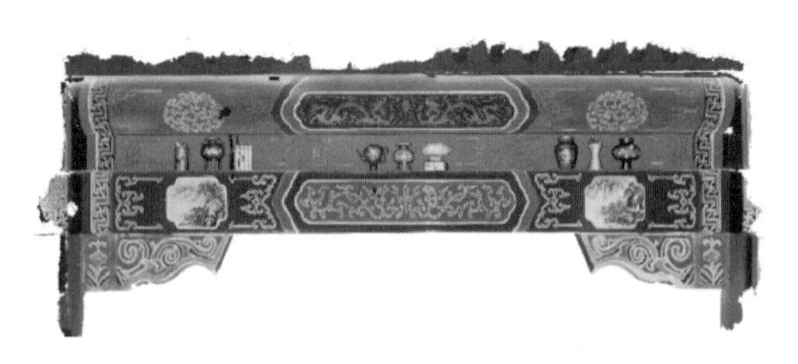

图4 彩绘点云数据

3.2 贴图素材处理

在进行大木构件的彩绘设计时，需要先按照彩绘的分段规则，在Photoshop中绘制出枋心选区，并将其保存为通道。删除原始的枋心图案，只保留其他部分，将其作为图层一（图5）。

然后，通过利用AI技术详细描述需要的图案风格、内容以及注意细节，并收集或绘制相应的图案部分，作为图层二进行载入（图6）。

图5 空枋心彩绘图框

图6 枋心图案素材

此时，可以将“枋心”选区载入并反选，删除区域外的部分。最后，通过调整不同图层的色彩平衡，矫正光学信息，使其更加协调。并根据实际构件的尺寸进行变形调整，以确保彩绘效果与实际构件的比例和尺寸一致。

完成后，可将彩绘素材保存并上传至Revit素材库，以便后续的使用和修改。

3.3 基于BIM的效果展现

在Revit模型中，将不同图案彩绘素材分别纹理贴图至对应构件上，设置合适的视点高度，渲染漫游展现彩绘效果。通过将彩绘效果融合到BIM模型中，建设单位可以进行全方位、多角度的可视化展现虚拟体验，让设计单位和其他相关参建单位更加直观地了解彩绘的实际效果。这不仅可以提高工程的施工效率，降低返工成本，还可以为建设单位提供更好的决策支持和客户沟通的工具。因此，应用BIM技术进行基于BIM的彩绘效果可视化展现虚拟体验已经成为古建彩绘施工中不可或缺的重要手段（图7）。

图7 彩绘渲染效果与实景对比

4 仿古彩绘谱子数字化生产

传统的古建彩绘施工工序繁琐复杂，需要经过38道工序才能完成，其中21道工序是彩绘工艺。包括起扎谱、拍谱、沥粉、号色、刷色、贴金等关键工序，对工艺师的技艺要求十分高。在进行施工前，需要进行基层处理，尺寸测量和图样绘制，然后再用大针按照图案进行扎谱（图8）。

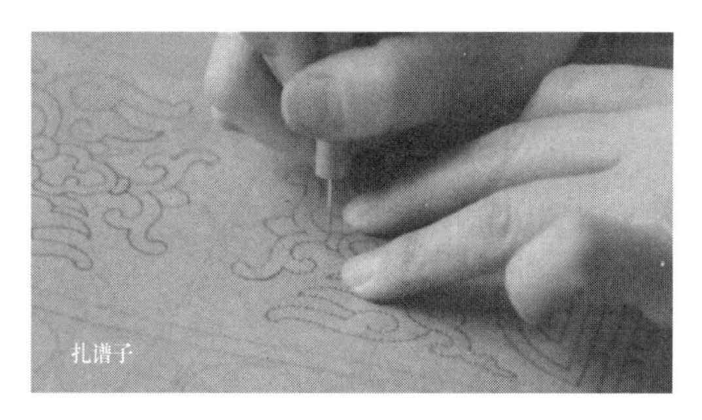

图8 人工扎谱子

本项目采用最小值和亮度阈值比对算法进行彩绘谱子线稿的制作。利用稀疏点提取算法将线稿转化为点稿。最后，利用激光雕刻技术进行彩绘谱子自动扎谱，实现了彩绘谱子的快速批量复刻，同时也保证了复刻的准确性和稳定性。相比传统的彩绘谱子制作方式，本项目所采用的数字化手段不仅提高了效率，降低了成本，同时还保留和传承了传统彩绘技艺的精髓，是一种高效、可持续的制作方式。主要技术路线如图9所示。

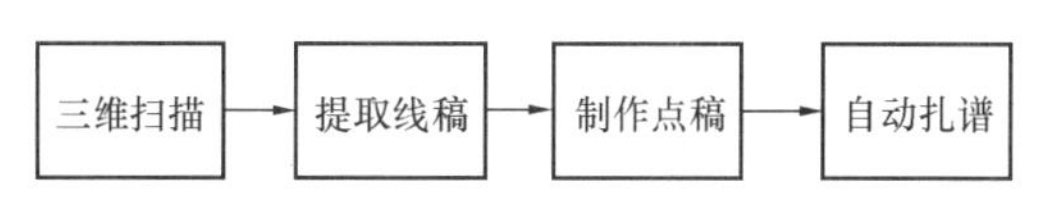

图9 彩绘谱子数字化生产技术路线

4.1 基于最小值和亮度阈值比对算法的彩绘谱子线稿制作

采集彩绘谱子素材是制作高质量彩绘线稿的关键步骤。采集的素材可以直接拍照或使用手持三维扫描仪。使用手持式三维扫描仪可以在现场采集点云数据，自动生成高精度的纹理图案。在采集过程中需要注意以下规定：首先，选择光线柔和、均匀的天气进行拍摄，避免逆光拍摄，避免影响素材采集的质量。其次，当纹理颜色有特殊要求时，可以使用色卡进行配合拍摄，以确保采集到的素材颜色准确无误。此外，需要注意的是，采集过程中要确保能见度良好，光线充足，避免过低或过暗的情况，以免影响采集纹理图案数据的质量（图 10）。

将彩绘图像素材导入 PS 中，基于最小值替代算法和亮度阈值比对算法，可以提取出线稿。首先，导入素材图后复制图层并去色、反相、颜色减淡，然后转换为智能对象。接着，基于最小值替代算法，选择滤镜—其他—最小值，调整半径参数，得到粗细合适的线稿初稿。最后，基于亮度阈值比对算法，去除杂色、调整阈值、加深线稿，得到更加精细的成稿，并保存为 PNG 格式并导出（图 11）。

图 10　采集彩绘素材

图 11　提取线稿

4.2 基于稀疏点提取算法的彩绘谱子点稿制作

在彩绘谱子的线稿基础上，利用点云处理与分类算法可以将线稿转换为扎谱图。首先，基于二值化图像的像素连接关系，选择合适的点云间距参数，将线稿图像中的每一条线拾取出来。在线条上选择一个点作为扎谱中的点，并记录该点对应的坐标。然后，不断推进，直到推进至该线条尽头。对图中的线条循环遍历，获得扎谱图中的点云坐标，结合实际扎谱图的尺寸和扎谱点的大小，绘制对应的扎谱图。最后，将扎谱图保存为矢量图格式，以便后续的加工处理和制作（图 12）。

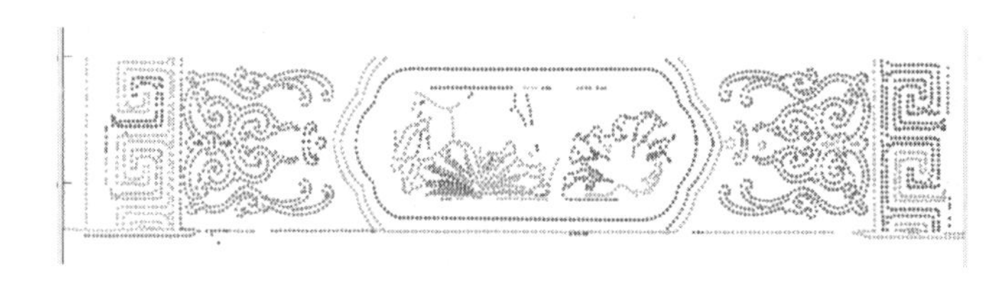

图 12　制作点稿

4.3 基于激光雕刻的彩绘谱子扎谱

完成谱子点稿的制作后，本项目采用了振镜激光雕刻技术进行彩绘谱子的自动扎谱。首先，我们将 dxf 矢量图导入振镜激光雕刻机中，并设置激光直径为 1mm。光束由激光器发射器发出，经过准直器后进入振镜，振镜控制光束的走向。在雕刻过程中，光束从振镜射出后经过聚焦镜头的聚焦作用，使光束在雕刻面上集中成一个点。然后，激光束以很高的功率瞬间照射在牛皮纸表面上，使牛皮纸熔化或汽化，从而实现扎谱效果。在整个雕刻过程中，激光头会根据导入的矢量图进行自动扫描，完成每个线条的雕刻，整个过程非常快速和精确（图 13）。

图 13　振镜雕刻机雕刻谱子

使用振镜激光雕刻技术进行彩绘谱子的自动扎谱，具有高精度、高速度和高稳定性的特点。它可以实现非常细腻的彩绘谱子制作，同时也大大提高了制作效率。以一根长 1.64m 的垂花门抱头梁为例，传统工艺扎谱所需时间为 120min，使用振镜激光雕刻机自动扎谱方法单位时间缩短为 1.5min。因此，振镜激光雕刻技术是一种非常有效的工艺，可以提高古建彩绘谱子制作的效率（图 14）。

图 14　激光雕刻—纸品打点

5　总结

古建彩绘是中国传统文化中不可或缺的重要组成部分，它代表着中华民族的智慧和文化遗产。然而，传统彩绘技艺需要经过长时间的磨练和实践，才能够掌握其独特的技艺和风格。在仿古建筑彩绘中，数字化手段的运用对于传统彩绘手艺的提升和发展具有重要的意义。运用三维扫描、模型渲染、AI 绘图、点云算法以及激光雕刻等先进的数字化技术，提高了仿古彩绘施工中的精度、效率和质量，实现了数字化彩绘手段与传统彩绘技艺的有机结合。数字化手段不仅可以快速生成高精度的图案和模型，还可以为传统彩绘手艺的传承和创新提供有力的支撑。通过应用激光雕刻技术，实现彩绘自动扎谱，大大提高了制作效率和质量。同时，激光雕刻技术也为传统彩绘手艺注入了新的生命力和创造力，带来了更多的可能性和创新思路。

本文总结了数字化手段在传统彩绘手艺中的应用，不仅有助于保护和传承中华民族的传统文化遗产，还能够为仿古建筑彩绘施工提供更加高效、精确和可靠的解决方案。

参 考 文 献

[1]　丁延辉. 三维激光技术在古建筑勘测中的应用研究[D]. 北京：北京建筑大学，2014.

[2]　田永复. 中国仿古建筑构造精解[M]. 北京：化学工业出版社，2013.

[3]　汪梦林. 谈中国古代建筑构造等级制[J]. 山西建筑，2013，(13)：8-9.

[4]　乔学良，乔广宇，李明，等. BIM＋三维扫描技术在古建筑及文物复原方面的工程应用[J]. 四川建筑科学研究，2022，48(3)：20-24.

[5]　朱利君，汪小林，曹文根. 一种现代仿古建筑基本形式的研究[J]. 建筑施工，2022，44(4)：711-714.

[6]　刘寅，辛佩康，吴友，等. 面向原真性保护的历史建筑三维数据测绘适应性方法研究[J]. 建筑施工，2022，44(11)：2753-2757，2765.

IFC与本体交互的BIM数据提取方法研究

刘志威[1]，熊朝阳[1]，丁志坤[1,2,3,4*]

（1. 深圳大学中澳BIM与智慧建造研究中心，广东 深圳 518060；
2. 人工智能与数字经济广东省实验室，广东 深圳 518060；
3. 滨海城市韧性基础设施教育部重点实验室，广东 深圳 518060；
4. 深圳市地铁地下车站绿色高效智能建造重点实验室，广东 深圳 518060）

【摘　要】BIM庞杂的数据结构和对专业软件的高度依赖是其发展缓慢的重要原因。实现BIM数据的高效交互与管理，以满足不同用户群体的多样化应用需求是提升BIM价值的关键。基于此，本研究提出一种IFC与轻量化本体交互的BIM数据提取方法，摆脱了传统BIM数据提取过程对复杂数据结构的依赖，降低了用户使用门槛，研究成果为实现BIM数据的智能化处理和应用提供了新的可能性。

【关键词】BIM；本体；轻量化

1　引言

建筑信息模型（Building Information Modeling，BIM）是物理建筑的数字化表达，用于承载建筑产品全寿命周期内的数据资产，并以此为基础实现建筑业数字化转型和产业高质量发展。在现如今数字产业高速发展背景下，BIM作为基础数据资产将被激发出更大的潜力，不仅面向传统的建设管理领域，更是促进数字孪生、智慧城市以及元宇宙等产业数字化蓬勃发展的基础，而提高BIM数据的提取效率是实现BIM价值的关键。IFC作为底层数据存储标准，解决了不同系统间的隔阂问题，使得BIM的普适性和通用性得到提升。但同时，IFC复杂的数据结构也使得BIM数据提取困难，不仅需要用户了解IFC体系还需要用户具备一定的编程开发能力，具有较高的技术壁垒和专业门槛。基于此，本研究提出一种IFC与轻量化本体交互的BIM数据提取方法，用户可直接通过简单的逻辑规则实现BIM数据提取，而不必了解底层的数据结构和算法逻辑，降低了使用门槛，提高了使用效率。

2　文献综述

关于BIM数据的提取方法一直以来也是国内外学者所关注的重点问题，表1列举了常见的几种BIM数据提取方法。

BIM数据提取方法　　**表1**

方法	原理
基于BIM软件的数据提取方法[1,2]	基于特定BIM软件进行二次开发，结合特定需求实现模型数据提取

【基金项目】国家自然科学基金（71974132）；深圳市科技计划资助（JCYJ20190808115809385）；深圳市科技计划资助高等院校稳定支持计划重点项目（No. 20220810160221001）

【作者简介】刘志威（1998—），男，硕士研究生．主要研究方向为BIM与智能建造。E-mail：liuzhiwei2021@email.szu.edu.cn
熊朝阳（1996—），男，博士研究生．主要研究方向为BIM与智能建造。E-mail：shanyunfengmail@163.com
丁志坤（1978—），男，教授/博士生导师．主要研究方向为BIM与智能建造。E-mail：ddzk@szu.edu.cn

续表

方法			原理
基于IFC标准的BIM数据提取方法	直接提取	有模式提取算法[3]	基于IFC Schema进行数据提取，需要通过严格的定义和标准化的方式构建IDM/MVD
		无模式提取算法[4,5]	基于IFC文档中数据实例之间的关系提取局部模型数据，无须模式定义或MVD
	间接提取	IFC→数据库[6,7]	将IFC数据通过数据库的形式存储，利用数据库查询语言实现BIM数据提取
		IFC→本体[8,9]	将IFC数据通过本体的方式表达，借助本体查询和推理技术实现BIM数据提取

基于BIM软件的数据提取方法实现了“端对端”的BIM数据提取，对软件的高度依赖使得该方法的普适性不强。IFC作为面向对象的三维建筑产品数据标准，使用形式化的数据规范语言EXPRESS来描述BIM数据，其不依赖具体软件和系统的特点使得BIM的普适性和通用性得到提升。然而IFC数据结构复杂，缺乏语义等问题使得数据提取困难，存在较高的技术壁垒和专业门槛，效率低且灵活性不强，更多面向于特定领域的特定需求，难以满足用户多样化的应用需求。基于IFC的间接提取方法则是将IFC所表达BIM数据通过数据库或本体的方式进行存储和表达，利用数据库或本体的特性实现对BIM数据的高效检索和灵活应用。Mazairac[7]提出一种开放的BIM查询语言（Building Information Modeling Query Language，BIMQL），以提取和管理所需的模型数据。郭红领[6]实现了IFC结构到关系型数据库的自动映射，提升了BIM数据管理效率。然而数据库更多是面向结构化的数据存储和管理，在面向非结构化的知识表达与融合方面仍存在一定局限。

本体作为语义网的核心技术，在知识表示和语义数据共享方面具有一定优势，因此通过IFC与本体的结合有利于推动BIM数据与多领域知识融合，促进BIM在建筑全产业链的信息共享和集成应用。也有学者通过本体研究BIM数据管理，Le Zhang[8]将IFC转换为本体，通过两级遍历实现BIM子模型数据提取。在此基础上，Pauwels[9]提出一种面向可推荐和可用的IfcOWL本体（已被buildingSMART纳为标准本体），并开发IFCtoRDF转换工具，从语法层面上实现了IFC到本体的完全转换，包括实例、关系以及属性，意味着每一个IFC实例都有一个本体实例与之对应。然而IFC实例之间的多重引用关系是其能够完整、准确表达BIM数据的关键，但同时也是其结构体系复杂的重要原因。因此在标准IfcOWL本体中依然存在结构复杂和数据冗余的问题，且转换后的本体文件相较于原始IFC文件具有更大的空间占比，这将极大地影响本体查询和推理效率。针对此问题，刘喆[10]在基于设计BIM模型和本体技术的建设工程自动成本预算工作中，采用转化规则和推理机的方式建立实体之间的直接关联（如IfcWallStandardCase和IfcMaterial），以此降低多重引用所带来的数据冗余问题，这种方式依然需要基于IFC体系构建大量的转化规则以生成新的关系。

总的来看，基于BIM软件的二次开发和基于IFC的直接数据提取是现阶段比较通用的两种方式，但其较高的技术壁垒和专业知识的需求提高了用户的使用门槛。IFC与数据库或本体的结合也被证明了有一定的价值，数据库更多是面向高效BIM数据检索，本体则更多是促进BIM与多专业领域知识的融合，既有研究已经从语法层面实现了IFC到本体的完全转换，然而就数据提取而言，依然存在数据冗余和效率低下的问题。因此如何基于现有技术体系，实现BIM数据的高效提取，降低用户使用门槛是现阶段需要考虑的首要问题。

3 IFC与本体交互的BIM数据提取方法

结合既有研究理论及相关方法，本研究从问题本质出发，结合实际需求，提出一种IFC与轻量化本体交互的BIM数据提取方法。在IFC向本体转换过程，仅保留IFC体系中表达建筑元素及其空间层级关系的实例（如IfcWall、IfcSite等），忽略IFC体系中细化的数据表达。在数据提取过程，首先由用户根据实际需求构建逻辑推理规则，然后基于本体查询和推理的特性完成建筑元素属性标记，明确数据需求和数据精度，最后以本体执行的推理结果为索引，从IFC中提取表达该对象的元数据（几何、属性和材质数据），研究框架如图1所示。

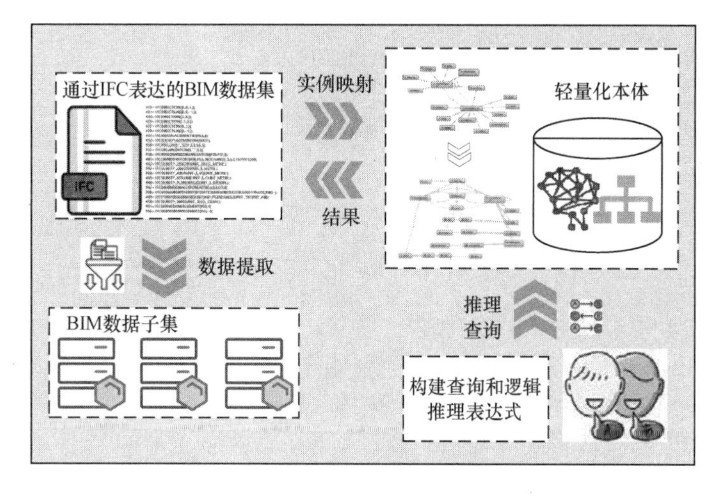

图1 研究框架

此方法具有以下优点：①用户只需通过构造简单的逻辑推理规则即可实现BIM数据的个性化提取；②此方法减少不相关数据的转换，化繁为简，提高了本体查询和推理效率；③轻量化的本体，灵活性更好，扩展性更强，耦合程度更高，有利于促进BIM与其他领域知识融合。

3.1 本体模式构建

本体分为模式层和数据层，模式层是一个概念模型，描述了本体中概念、属性、关系以及它们之间的约束和规则，是对知识的抽象表达。本研究基于Protégé进行本体模式构建。

（1）类及层次结构定义

轻量化本体的目的是通过结构化的方式表达IFC数据，并且按照层级关系对建筑元素进行分类，为降低本体复杂程度，提高本体查询和推理效率，本研究忽略IFC中与几何材质相关的数据表达，仅保留IFC体系中表达建筑元素及其空间层级关系的实例。因此在本体中定义以下三个本体类：项目、建筑元素和空间结构。其中建筑元素和空间结构作为父类，具有不同的子类对象，如建筑元素下包括柱、梁、板、墙等细分对象，而空间结构也包括场地、建筑、楼层以及空间四种类别。本体类及层次结构定义如表2所示。

本体类及层次结构定义 **表2**

类（Class）	子类（SubClass）
项目_IfcProject	
建筑元素_BuildingElement	柱_IfcColumn、梁_IfcBeam、板_IfcSlab、墙_IfcWall、门_IfcDoor、窗_IfcWindow、楼梯_IfcStair……
空间结构_SpaticalStructure	场地_IfcSite、建筑_IfcBuilding、楼层_IfcBuildingStorey、空间_IfcSpace

（2）对象属性定义

对象属性主要用于表示实例与实例之间的关联关系，例如楼层和建筑元素之间存在包含与被包含的关系。IFC通过空间结构元素（IfcSpaticalStructureElement）来组织和管理建筑元素对象（IfcBuildingElement），通过关联实体IfcRelAggregates建立建筑元素与空间以及空间与空间之间的关联和层级关系。一个IFC项目中有且仅有一个IfcProject对象，并依次通过IfcSite、IfcBuilding、IfcBuildingStorey以及IfcSpace四种空间结构来表达空间上的层次关系，建筑元素（IfcWall、IfcWindow、IfcBeam、IfcDoor等）均只能被其中一种空间结构元素所包含。基于上述规则，轻量化本体的对象属性定义如表3所示。

对象属性定义 **表3**

对象属性（Object Property）		域（Domains）	范围（Ranges）
包含空间结构_hasSpatical Structure	包含场地_hasSite	项目_IfcProject	场地_IfcSite
	包含建筑_hasBuilding	场地_IfcSite	建筑_IfcBuilding
	包含建筑楼层_hasBuildingStorey	建筑_IfcBuilding	楼层_IfcBuildingStorey
	包含空间_hasSpace	建筑_IfcBuilding 楼层_IfcBuildingStorey	空间_IfcSpace
包含建筑元素_hasBuildingElement		空间结构_SpaticalStructure	建筑元素_IfcBuildingElement

（3）数据属性定义

数据属性主要用于表达实例自身的属性，在本研究中数据属性定义如表4所示，主要包括以下三类：①实例对象的唯一标识，与IFC中的实例ID一致或形成一一映射关系，以实现从IFC中提取实例对象元数据；②数据提取标记，即通过逻辑规则推理当前实例对象是否符合数据提取需求，只有标记为True的实例对象才会对其进行数据提取；③数据精度标记，每个建筑元素实例的元数据都包含几何、材质及属性三类，在实际应用过程中，经常需要根据不同的应用场景对不同类别的数据进行轻量化处理，通过数据精度标记明确数据的提取精度，精度定义如表5所示。在元数据提取过程直接进行轻量化处理，按需提取，使得此方法的普适性和灵活性得到进一步提升。

数据属性定义 **表4**

数据属性（Data Property）		类型（Type）	用途（Purpose）
对象标识_InstanceID	名称_Name	字符串类型	实例对象的唯一标识
	编码_ID		
数据提取标记_DataExtractTag		布尔类型（True、False）	数据提取标记
数据精度标记_DataPrecisionTag	几何_Geometry	枚举类型（高、中、低）	数据精度标记
	属性_Property		
	材质_Material		

数据精度定义 **表5**

	高	中	低
几何数据	精细几何	中等几何	简易几何
材质数据	高质量材质表达	基本材质表达	无材质
属性值	完整属性	部分属性	无属性

3.2 IFC到本体实例映射

本研究利用IfcOpenShell对IFC文件进行解析，并基于RDFlib实现本体实例创建和属性添加。通过抽取IFC中的空间结构和建筑元素实例并将其自动映射为本体实例。IFC通过实例间的相互引用来组织和管理项目中的所有建筑元素，不同的实例拥有不同的层级关系，本研究采取“自顶向下”的思路，从IfcProject开始，按照空间结构的层级关系依次遍历每一个IfcSpatialStructureElement实例对象，并在此基础上获取与该实例对象相关联的IfcBuildingElement对象，将IFC实例转换为本体实例并为其添加属性，算法流程如图2所示。

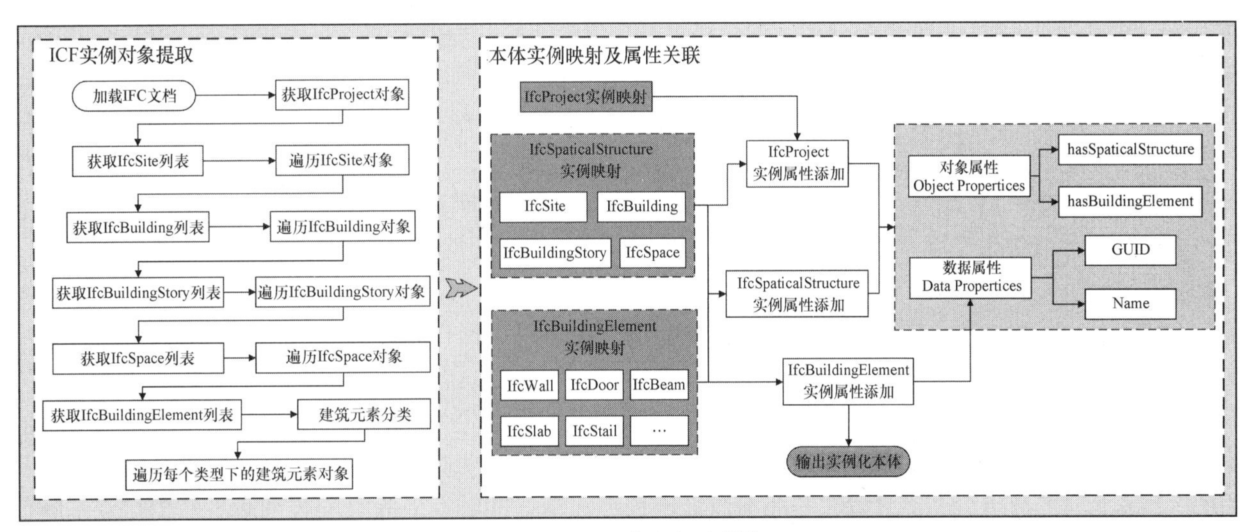

图2 IFC到本体实例映射算法

3.3 推理规则构建及 BIM 数据提取

本体提供推理机制，能够基于规则和语义定义，对实体、概念、属性和关系进行逻辑推理和推断，从而推导出新的知识和关系。语义网规则语言（Semantic Web Rule Language，SWRL）是一种规则语言，用于描述和推理知识。SWRL 允许用户定义规则，这些规则可以用于推理和推断本体中的知识。例如，通过 SWRL 定义如表 6 所示的两条规则，然后借助 Python-Owlready2 实现推理，对符合条件的本体实例进行数据属性标记。如此一来，通过本体规则的构建便可实现建筑元素的多样化分类与管理，用户可根据不同的应用需求进行定制化的规则创建，而无须编写或修改底层代码，极大地提高了 BIM 数据提取和管理的灵活性。

在本体中对实例属性标记完成后，以本体实例的 GUID 为索引，与 IFC 文件交互实现几何、材质以及属性等元数据提取，并将元数据按照需求转换为 USD/GLTF 等通用三维数据格式，便于在不同应用领域使用，数据提取流程如图 3 所示。

规则示例　　表 6

规则示例
规则 1：柱、梁、板、墙属于结构元素 SWRL 语法： [BildingElement (IfcColumn(? x) v IfcBeam(? x) v IfcSlab(? x) v IfcWall(? x)) -> StructureElement(? x)]
规则 2：将结构元素实例数据提取标记属性设置为 True SWRL 语法：[StructureElement(? x) -> dataExtractTag (? x，True)]

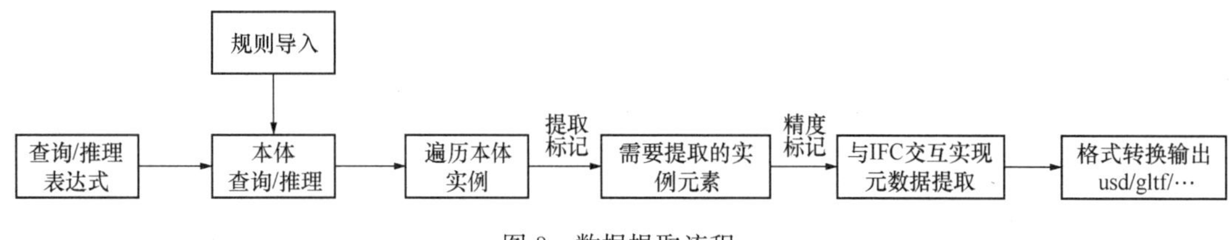

图 3　数据提取流程

4　实例验证及效果分析

4.1　实例验证

本研究以如图 4(a)所示 BIM 模型为例，对所提出的方法进行实例验证，该 BIM 模型由 Revit 创建，将其按 IFC 2×3 版本输出，得到 IFC 数据量 49.1MB。将 IFC 作为输入，首先实现 IFC 到轻量化本体的实例映射，生成表达建筑元素及其层级关系的本体实例共 5624 个，数据量 3.79MB，图 4(b)为该本体文件(.owl)在 protégé 中打开所呈现出的数据层级关系。以表 5 所示规则为例进行本体推理，对该建筑中所有的结构元素进行数据提取标记和数据精度标记，如图 4(d)所示，可以看到数据属性除实例自身的 Name 和 Guid 外，还包括数据提取标记以及对其几何、材质以及属性数据精度的提取需求标记。最后遍历本体中数据提取标记属性为 True 的实例(结构元素)，以 Guid 为索引，在 IFC 中提取、处理并转换与该实例元素相关的元数据。测试案例中，几何、材质以及属性的数据精度分别被标记为“中、低、中”，根据数据精度定义及提取规则设置，最终输出的一个无材质的且包含主要属性的 BIM 子模型，如图 4(d)所示。

4.2　效果分析

本研究从时间复杂度、空间复杂度、是否支持语义扩展以及操作难易程度四个方面对以下三种数据提取方法的效果进行分析，如表 7 所示。从时间复杂度和空间复杂度方面来看，基于 IFC 的直接数据提取方法无须对 IFC 文件进行额外转换，在时间和空间方面的性能更优，但操作困难以及不支持语义扩展等特点使其在具体使用方面存在一定局限。标准的 IfcOWL 本体实现了对 IFC 数据的完全转换，复杂冗余的结构降低了本体查询和推理效率，而本研究所提方法恰好能够有效弥补上述两种方法的缺点，降低了用户使用门槛，提升 BIM 数据提取效率和利用价值。

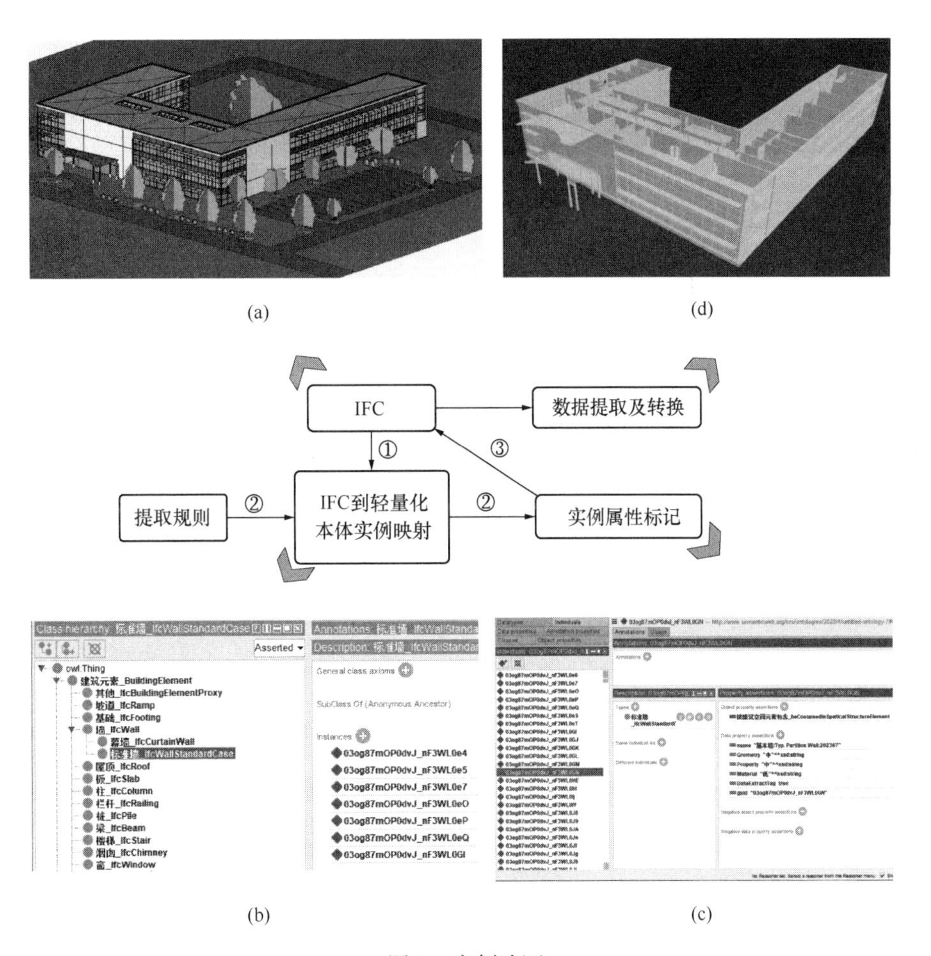

图4　实例验证

(a)完整BIM模型；(b)实例化本体；(c)本体属性标记；(d)BIM子模型

BIM数据提取效果分析　　**表7**

		基于IFC的直接数据提取方法	基于标准IfcOWL本体的数据提取方法	IFC与轻量化本体交互的数据提取方法
空间复杂度	IFC数据量	49.1MB		
	本体数据量	0MB	427MB	3.79MB
时间复杂度		1328ms	5035ms	2097ms
操作难度		较难	较难	容易
是否支持语义扩展		不支持	支持	支持

5　结语

本研究提出一种IFC与轻量化本体交互的BIM数据提取方法，基于轻量化的本体实现了建筑元素及其空间层次关系的结构化表达和定制化数据提取，降低了BIM数据管理和使用成本，提高了BIM的利用价值。其次，相较于标准的IfcOWL本体，轻量化的本体结构降低了本体推理和查询的复杂度，有利于提高工作效率，促进BIM数据与其他领域知识的融合与集成应用创新，为实现BIM数据的智能化处理和应用提供了新的可能性。

参考文献

[1] 钟辉，李驰，孙红，等. 面向BIM模型二次开发数据提取与应用技术[J]. 沈阳建筑大学学报(自然科学版)，2019，35(3)：560-6.

[2] 寇锦德. 基于 Revit 的模型数据提取以及跨平台反建互导技术研究 [D]. 太原：中北大学，2022.
[3] 明星. 基于 MVD 的建筑与结构模型转换研究 [D]. 上海：上海交通大学，2014.
[4] WON J, LEE G, CHO C. No-schema algorithm for extracting a partial model from an IFC instance model [J]. Journal of Computing in Civil Engineering, 2013, 27(6): 585-92.
[5] 朱明娟. 基于 IFC 文件实例的 BIM 子模型提取与模型合并研究 [D] . 北京：清华大学，2016.
[6] 郭红领，周颖，叶啸天，等. IFC 数据模型至关系型数据库模型的自动映射 [J]. 清华大学学报(自然科学版)，2021，61(2)：152-60.
[7] MAZAIRAC W, BEETZ J. BIMQL-An open query language for building information models [J]. Advanced Engineering Informatics, 2013, 27(4): 444-56.
[8] ZHANG L, ISSA R R A. Ontology-Based Partial Building Information Model Extraction [J]. Journal of Computing in Civil Engineering, 2013, 27(6): 576-84.
[9] PAUWELS P, TERKAJ W. EXPRESS to OWL for construction industry: Towards a recommendable and usable ifcOWL ontology [J]. Automation in Construction, 2016, 63: 100-33.
[10] 刘喆. 基于设计 BIM 模型和本体技术的建设工程自动成本预算 [D]. 北京：清华大学，2017.

基于BIM的公共建筑内窗帘远程控制技术研发与应用

张淳毅，余芳强，宋天任，欧金武

（上海建工四建集团有限公司，上海 201103）

【摘　要】针对目前大型公共建筑内窗帘传统集中控制方法无法满足动态升降需求的问题，本文提出基于BIM的窗帘集成控制方法，研发了便捷交互的公共建筑内窗帘远程控制系统，提出了基于监测数据的减碳估算方法。在上海某图书馆的应用实践表明，本研究可有效提升服务响应效率与质量，并一定程度减少建筑碳排放，具有应用推广价值。

【关键词】公共建筑；内窗帘；远程控制；空调负荷；减碳

1　引言

目前，大型公共建筑越来越多地使用玻璃幕墙，提高建筑美观性和采光效果；同时配置内窗帘调节光照效果。虽然内窗帘一般采用电动窗帘，但一般控制按钮集中在机房等后台，调节工作量大。并且，后台管理人员不清楚调节对环境光照的效果和对减碳的作用。特别在图书馆等人流量大、服务要求比较高的场所，现有的服务模式的响应效率与质量均难以满足要求[1]，从而造成用户投诉的现象。与此同时，我国建筑运维阶段碳排放总量占全国碳排放的比例高达22%，其中空调能耗占据相当大的比例，成为建筑节能减碳的关键[2]。而窗帘作为遮阳保温的一种有效手段[3]，却仍缺少其开关比例对于空调负荷影响的研究，缺乏相关标准和技术支持动态调节窗帘从而减少空调负荷，到达保障舒适的前提下减少碳排放。

因此一个能够支持公共建筑高效高质量响应用户需求，并根据窗帘开关比例记录计算出空调负荷影响的远程控制系统对公共建筑具备重要价值；研发一种能够动态控制公共建筑窗帘开关和计算减碳效果的技术是公共建筑运维管理的普遍需求。

经过调研发现，目前有一些医院建筑利用BIM技术构建智慧运维系统，建立“主动式运维”场景，提升建筑管理效率与服务质量[4]。部分绿色建筑通过空调开关策略调整，对建筑用电情况进行避高峰化调整，相应了减少供电侧的碳排放[5]。曹耕硕意识到了内窗帘对建筑热性能的影响，以围护结构附加热阻概念量化影响能力，以此提出最佳内窗帘材料、颜色及厚度选型[6]。而基于BIM进行可视化便捷化控制窗帘，并计算减碳效果的研究没有见过报道。

基于以上需求背景及研究现状，本文利用BIM技术构建了一套公共建筑内窗帘远程控制系统，并于上海某图书馆进行应用示范，提升用户需求响应效率，量化分析窗帘开关比例带来的热阻影响。

2　公共建筑内窗帘控制关键技术

公共建筑内窗帘控制系统建设采用的总体构建技术路线如图1所示，包括三个关键技术、八项具体工作内容。模型热性能信息提取、实时数据接入与控制指令集成、附加热阻计算为其中关键技术难点。

【基金项目】上海市优秀学科带头人计划（22XD1432000）

【作者简介】张淳毅（1999—），男，研发员/助理工程师。主要研究方向为建筑智能化方向。E-mail：996129203@qq.com

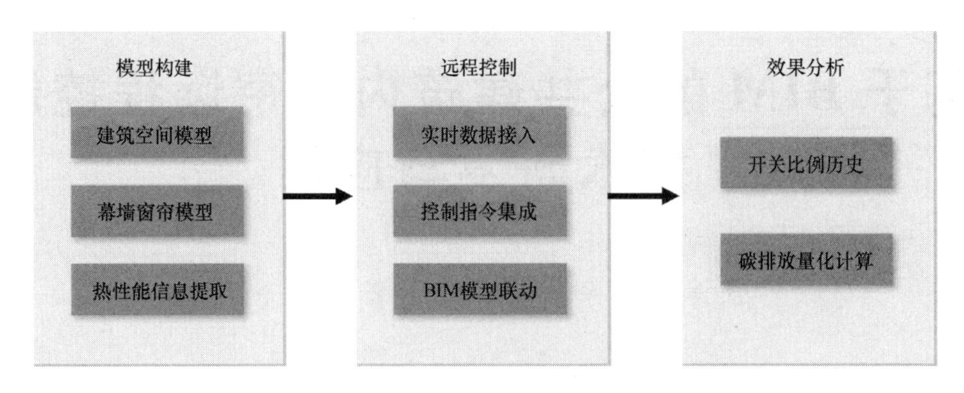

图1　公共建筑内窗帘控制系统构建技术路线

2.1　模型热性能信息提取

为计算窗帘动态开度的减碳效果，需于模型构建时录入幕墙和窗帘的材料透光率、热阻等参数。再利用专业建模软件提供的数据接口，从模型的几何形体、空间位置和录入的参数中提取出所需的全部热性能信息，以进行后续的负荷计算和优化分析。提取信息如表1所示：

模型提取信息清单　　**表1**

模型类型	提取信息
玻璃幕墙	幕墙朝向、透光表面积、透光率、玻璃厚度、双层玻璃粘合材料、空气夹层厚度、理论热阻
窗帘	表面积、透光率、厚度、材料理论热阻、幕墙与窗帘之间的空气层厚度

2.2　实时数据接入与控制指令集成

针对遥控器控制与消控室集中控制两种控制技术的易用性问题，利用现代信息化技术将电机反馈参数进行实时采集，将电机通信控制信号通过BACnet协议转译，接入远程控制系统；同时将电机收到的红外信号、通信信号等不同类型的控制指令进行标准化集成，并将实时采集数据与控制命令集成至BIM模型上。使用可视化界面将“上升”“下降”“停止”“开关比例控制”指令集成至移动端，通过BIM模型作为数据集成终端，建立数字孪生物模型。

2.3　碳排放量化计算

经过调研发现，内窗帘的碳排放可以通过将窗帘开关比例所产生的附加热阻输入碳排放模拟软件进行模拟计算[8]，根据文献可查[9]，内窗帘的附加热阻可以通过下述方式进行计算：

$$R_{add}=R_w+\frac{\delta_g}{\lambda_g}+R_a+R_c-\frac{1}{K} \tag{1}$$

式中：R_{add}——内窗帘的附加热阻；

R_w——外窗外表面换热热阻，可由《民用建筑热工设计规范》GB 50176—2016查得；

δ_g——窗玻璃厚度；

λ_g——窗玻璃导热系数；

R_a——空气层热阻；

R_c——窗帘自身热阻；

K——外窗未加窗帘时的传热系数[10]。

获得附加热阻后可使用开源模拟软件进行空调负荷量模拟，以窗帘开启比例作为外墙材料热阻参数分割位置，将开启一定比例的窗帘等效为覆盖一定高度比例的附加热阻围护结构，计算获得空调负荷影响值。

3　远程控制系统研发

在解决上述关键难点技术问题后，本研究开发了基于BIM的公共建筑内窗帘远程控制系统。如图2

所示，本系统通过提取 BIM 模型的几何形体构建可视化底座，利用 MQTT、Flink、Clickhouse 等数据流处理、存储技术将实时数据与控制指令集成至 BIM 模型上，构建可视化控制前台，模型管理、指令管理及运行管理一体的后台。

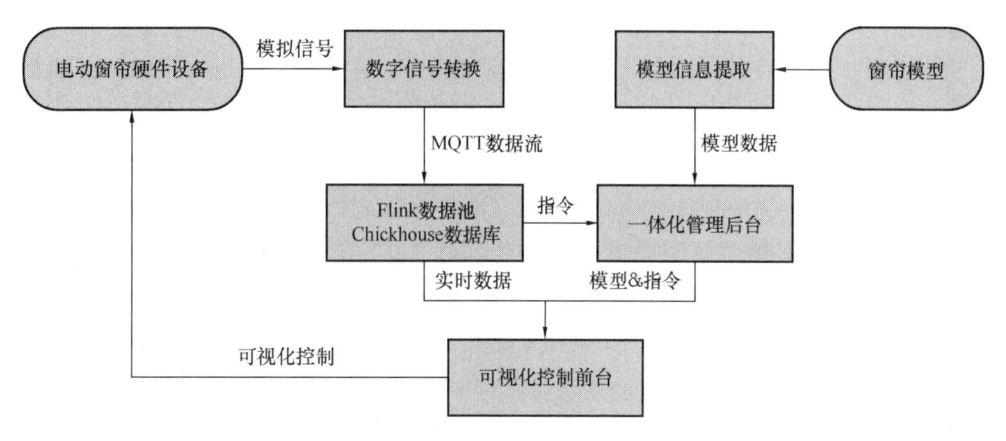

图 2　远程控制系统架构图

3.1　可视化控制前台

如图 3 所示，可视化前台提供模型交互区域与列表交互区域。

模型交互区使用由三维建筑模型生成的 2.5D 建筑平面图作为系统地图，将窗帘模型转化为点位 icon 附加至模型区相应位置，形成可视化窗帘控制地图。用户可以使用控制地图对窗帘点位或房间区域进行点选，分别对窗帘进行个体控制、群组控制。窗帘选中后，系统能够展示窗帘本身唯一标识、所属房间区域名称及其实时当前位置。同时，系统提供对窗帘的持续上升、持续下降、停止、特定开度比例调整这四项指令，公共建筑服务人员可以使用移动端快速点选所需窗帘进行便捷实地控制。

列表交互区展示了所选定楼层窗帘整体开启情况、详细窗帘清单列表、所选窗帘运行开度的平均记录。用户可以通过窗帘清单列表定位到特定建筑、特定楼层、特定房间内的特定窗帘，并对该窗帘进行远程控制。窗帘运行记录收集了窗帘开度的历史数据，为窗帘开度对碳排放的影响定量计算提供了数据支撑。

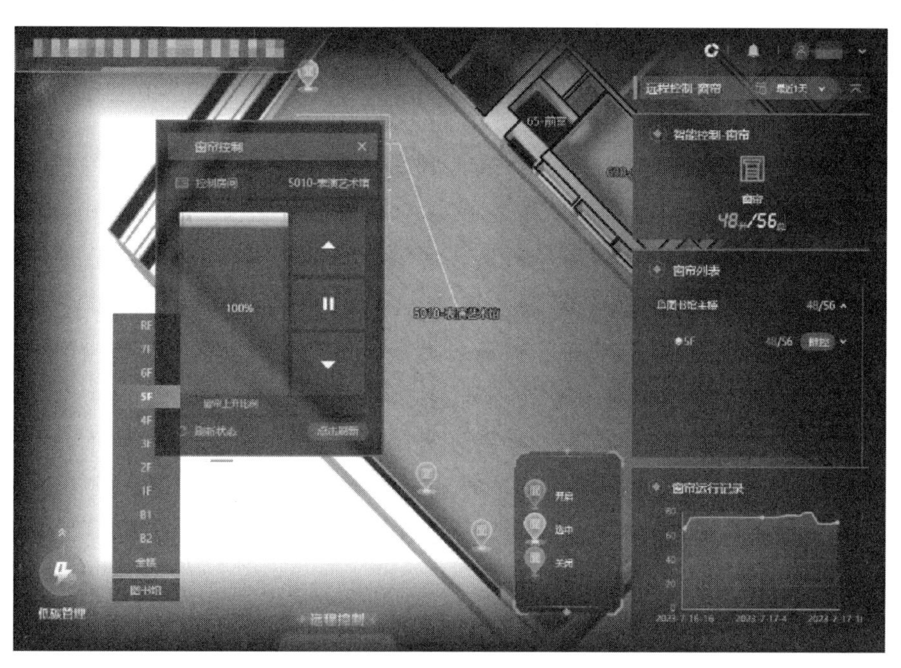

图 3　窗帘远程控制系统可视化前台

3.2 一体化管理后台

一体化后台主要提供BIM模型管理与控制指令功能：

其中模型管理功能支持上传建筑、窗帘BIM模型，系统能够自动对模型进行数据提取，将模型中提前录入的热性能数据自动提取至系统内，如图4所示；同时，系统支持将建筑模型、窗帘模型集成，自动生成整合三维模型并出具可视化控制地图。因此，当窗帘位置、窗帘材料、空间布局等有调整时，系统支持在修改相应模型后上传新模型重新集成、重新提取相应数据进行后续计算。

图4 系统一体化后台窗帘模型管理功能

而指令控制功能提供了一种绑定电机模型与其控制指令的工具，并能够处理电机更换或信号变化的情况（图5）。

首先，系统会为每个窗帘控制指令分配独特的标识符。这个标识符可以唯一地识别每个上升下降的指令，并与其相应的模型id进行绑定。这样一来，无论系统中存在多少个窗帘模型，每个模型都能够独立地接收和响应来自控制指令的信号。

其次，系统支持用于管理和维护窗帘模型与其控制指令之间的绑定关系。通过这个系统，我们能够实时查看和调整绑定关系，以适应控制电机更换和信号变化的需求。当需要更换控制电机时，一旦新的电机被引入系统，系统支持通过更新绑定关系，将新的信号与原有的窗帘模型相对应起来。因此，即使电机发生了更换，仍能保证系统的稳定性和功能性。

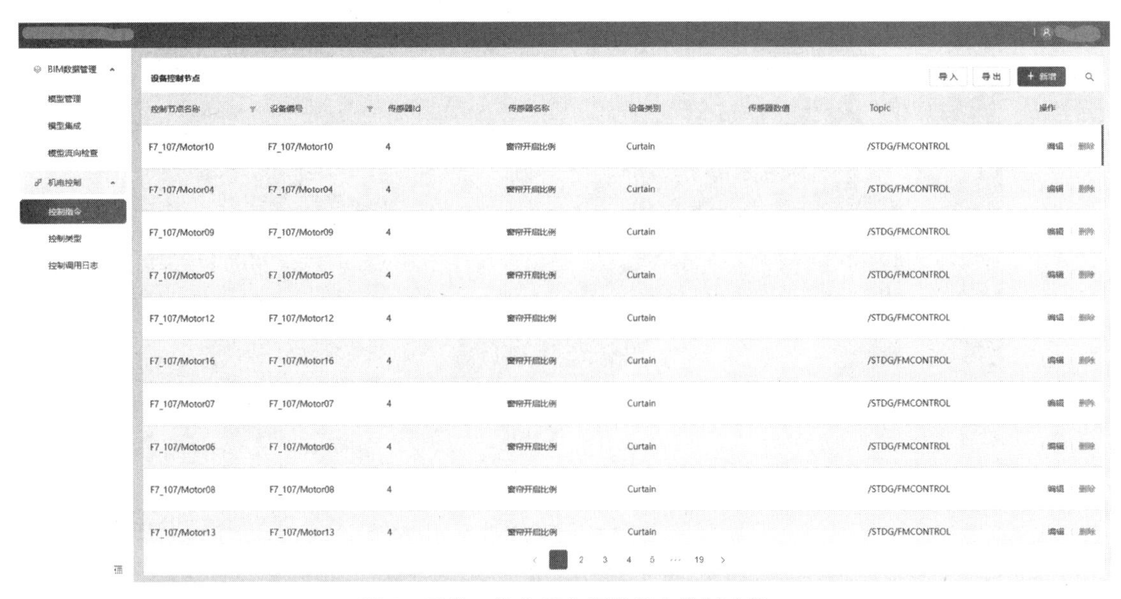

图5 系统一体化后台窗帘指令控制功能

4 应用案例

如图 6 所示，本系统在上海某图书馆开展了应用实践，共计对 7 层 403 块电动窗帘进行系统管控。

实际应用表明，基于 BIM 的公共建筑内窗帘远程控制系统的应用效果及主要价值如下：

4.1 满足了公众便捷调节窗帘开度的需求

利用 BIM 技术创建可视化窗帘控制地图，并通过移动设备上的便携访问控制系统，使业务人员能够快速响应公众对窗帘开启比例的要求。自 5 月 23 日应用上线，5 月控制 86 次，6 月控制 800 次，服务对象扩展到所有南向公共阅读区域。

图 6 上海某图书馆应用实践

4.2 建筑碳排放降低

控制系统收集了图书馆内窗帘开关历史记录数据，并使用历史数据量化该系统产生的碳排放降低效益。根据系统使用前调研情况，整日平均窗帘开度约为 80%；系统部署应用后，7 点至 10 点窗帘平均开度为 78.7%，11 点至 5 点平均开度为 57.4%。根据碳排放量化计算方案，计算得到窗帘遮挡部分幕墙围护结构附加热阻为：0.19m^2 · K/W。使用 EnergyDesigner 进行碳排放模拟，将幕墙热阻以窗帘开度位置进行分割输入，模拟得到建筑碳排放减少 3.4%。

5 总结与展望

通过理论研究与实践表明，本研究建立的基于 BIM 的公共建筑内窗帘远程控制系统，提高了公共建筑内对窗帘调整需求的响应速度和质量；收集的窗帘开关比例历史数据，建立了窗帘比例与围护结构热阻的关系，模拟计算发现可以减少约 3%的碳排放。未来本研究将通过加装精细传感设备实地监测光照情况、室内外表面温度情况，优化计算误差和控制策略，提升减碳效果。

参考文献

[1] 初景利，段美珍. 智慧图书馆与智慧服务[J]. 图书馆建设，2018，286(4)：85-90，95.

[2] 付允，汪云林，李丁. 低碳城市的发展路径研究[J]. 科学对社会的影响，2008(2)：5-10.

[3] 崔晓. 建筑遮阳与绿色建筑[J]. 低碳世界，2017，163(25)：154-155.

[4] 余芳强. 基于 BIM 的既有复杂公共建筑运维管理应用实践[C]//中国图学学会建筑信息模型(BIM)专业委员会. 第五届全国 BIM 学术会议论文集. 北京：中国建筑工业出版社，2019：6.

[5] 欧阳东，白振文. 智慧建筑低碳节能管理平台搭建与应用[J]. 智能建筑，2022，262(6)：51-55.

[6] 曹耕硕，黄屹，刘勇，等. 不同窗帘材料对川西地区供暖房间的热作用影响分析[J]. 暖通空调，2019，49(6)：103-108.

[7] 龙文志. 中国建筑幕墙行业应尽快推行 BIM[J]. 建筑节能，2011，39(1)：53-56.

[8] 王欢，曹馨雅，陈婷，等. 内外遮阳及建筑外窗对空调负荷的影响[J]. 建筑节能，2009，37(12)：27-30，61.

[9] 高珍. 内置窗帘外窗热工特性研究[D]. 西安：西安建筑科技大学，2012.

基于建筑原型的城市尺度建筑能耗模拟

王　宁，陈嘉宇

（清华大学，北京 100080）

【摘　要】对城市尺度下建筑能耗进行模拟，对于把握建筑能耗特点、促进城市可持续发展具有十分重要的意义。针对大尺度下建筑特征缺失的问题，利用建筑原型方法进行城市尺度的建筑能耗模拟。以纽约市为例进行案例研究，整合公共的数据集获得部分建筑特征，利用已有的特征将建筑分为不同的类别，通过查阅ASHRAE标准为一个类别匹配建筑模板，并结合模板与已有的建筑特征为每一栋建筑生成建筑模型，输入模拟引擎中即可进行能耗模拟。

【关键词】城市尺度建筑能耗模拟；建筑原型；机器学习

1　研究背景

1.1　城市尺度建筑能耗模拟

城市地区消耗了全世界70%以上的能源，制造了全球大约2/3的二氧化碳排放[1]，在气候形势日益严峻的背景下，城市规划越来越需要考虑城市在可持续发展方面的性能。其中城市尺度建筑能耗模拟发挥着重要的作用。建立科学有效的城市建筑能耗模型，管理者可以更加全面地理解城市能耗特点，从而更好地平衡能源的供求关系，为拟定能源方案、制定能源政策提供合理的参考。

依照建模策略的不同，城市尺度建筑能耗模拟可以分为自上而下与自下而上两种模型[2]。前者在聚合的尺度上进行，通过拟合总能耗与一些宏观指标（例如就业率、居民收入等）、气候状况等来估计能耗；而后者是在非聚合的尺度上进行，其输入大量单个建筑层面的特征来估计每个建筑的能耗，聚合起来即可得到总能耗的相关信息。其中，适用性最强、应用最为广泛的是自下而上的工程模型，其在相关文献中也被特指为城市建筑能耗模拟（Urban Building Energy Modeling，UBEM）[3]。其通过输入建筑的详细几何与非几何特征来生成建筑信息模型，再利用热学的相关理论模拟计算建筑的总能耗。

但这种模型在应用于城市尺度时遇到了困难。城市尺度下建筑的数量巨大，这会带来很大的计算负担，但更重要的是，在能耗模拟中所需的许多建筑特征参数（例如围护结构热学特性、暖通空调系统等）很难像小尺度那样通过实地测量的方式获得，一种简单且常用的做法就是将所有的建筑设置成相同的特征参数，但显然这与建筑的多样性是相悖的，城市尺度下如何输入建筑信息进行能耗模拟成为一个亟待解决的问题。

1.2　建筑原型方法

建筑原型方法是一种解决大尺度下建筑信息缺失问题的有效方法[4]。其分为两个主要步骤：

（1）原型分类

所谓原型分类（Archetype Classification），就是依据已有的建筑特征，利用恰当的分类方法将建筑分为一个个子类，每个子类中的建筑都具有一定的相似性。由于这种类别的相似性，可以合理地假设类别中建筑的其他特征也是相似的。

（2）原型表征

原型表征（Archetype Characterization）就是在上述分类的基础上，为每一个类别设计一个建筑模板来表征那些未知参数。利用模板结合建筑的已有特征即可进行建模。

本文将利用这一方法，以纽约市为例开展案例研究。

2 数据收集

训练模型之前需要先收集到充足、可靠的建筑信息数据集作为模型训练的输入。本文从纽约市官方数据网站中整合了部分开源的数据集作为模型的基础数据。

2.1 建筑基础信息

纽约市自2009年起开始实施地方法律[4]，又称“能源基准”法律（Benchmarking Law），要求当地的大型建筑每年向政府提交该建筑前一年的能源消耗情况，政府会向提交者反馈该建筑的能耗评估状况。通过该法律所获取的数据也已被开源，其中不仅包括建筑的能源消耗信息，同时还附带了许多建筑层面的特征。本文整合了2019～2021年三年的Benchmarking数据集，从中抽取出建筑年代、总楼层面积、建筑能源使用密度（EUI）、44种具体使用类型的楼层面积等相关参数。

2.2 建筑几何信息

CityGML是一种由开放地理空间联盟（Open Geospatial Consortium）开发的用于展示和交换3D城市模型的国际标准[5]。自2008年被标准化以来，其在世界范围内都得到广泛的应用，许多城市也都基于此开发了自己的开源3D城市模型。纽约市利用2014年开展的一次航测构建了开源的纽约市CityGML格式的3D模型，并将该模型开源。该模型对于每一个建筑实体的定义是通过依次定义该建筑的每一个外表面来进行定义的，利用相关软件工具对这些信息进行处理可以从中抽取出屋顶面积、占地面积、墙体面积、建筑高度、建筑体积等建筑几何特征。

整合上述两个数据集，最终可以得到17473栋样本建筑。

3 原型分类

3.1 建筑标签

相关文献中对于建筑的分类大多采用无监督的聚类方法。但考虑到特征数量有限以及之后的原型表征，本文中采用有监督的分类方法对建筑进行分类。进行有监督的分类就需要首先为样本建筑打上标签。为此从总样本中随机抽取了约5000栋建筑并为之打上标签，共分为19个类别，如表1所示。

样本建筑标签分布 **表1**

类别标号	类别描述	数量（栋）	类别标号	类别描述	数量（栋）
1	住宅建筑	2056	11	销售建筑	132
2	中小学建筑	531	12	礼拜建筑	69
3	办公建筑	519	13	公共集会建筑	70
4	停车场建筑	71	14	住宅办公混合	146
5	仓库存储建筑	152	15	住宅销售混合	317
6	宾馆建筑	150	16	办公销售混合	161
7	工业建筑	147	17	住宅餐饮混合	113
8	物流建筑	63	18	实验室建筑	7
9	大学建筑	56	19	其他	30
10	医疗建筑	28	合计	4818	

对于部分类别而言，由于其建筑数量较大，同时类别内建筑EUI分布范围较大，只用一套建筑模板来表征可能无法描述其差异性，因此需要将其进一步划分。采用的方法是将每个类别中EUI排序在前20%和后20%的建筑划分为高能耗与低能耗子类，中间的作为中等能耗子类。做进一步划分的子类包括子类1、2、3、5、6、7、11、14、15这9个类别，共计37个子类。

根据样本标签特点，分类过程也主要分为两个步骤：首先将建筑分为表1中的19个使用类别，接着对于上述的9个类别再进一步划分为高、中、低能耗的三个子类，如图1所示。

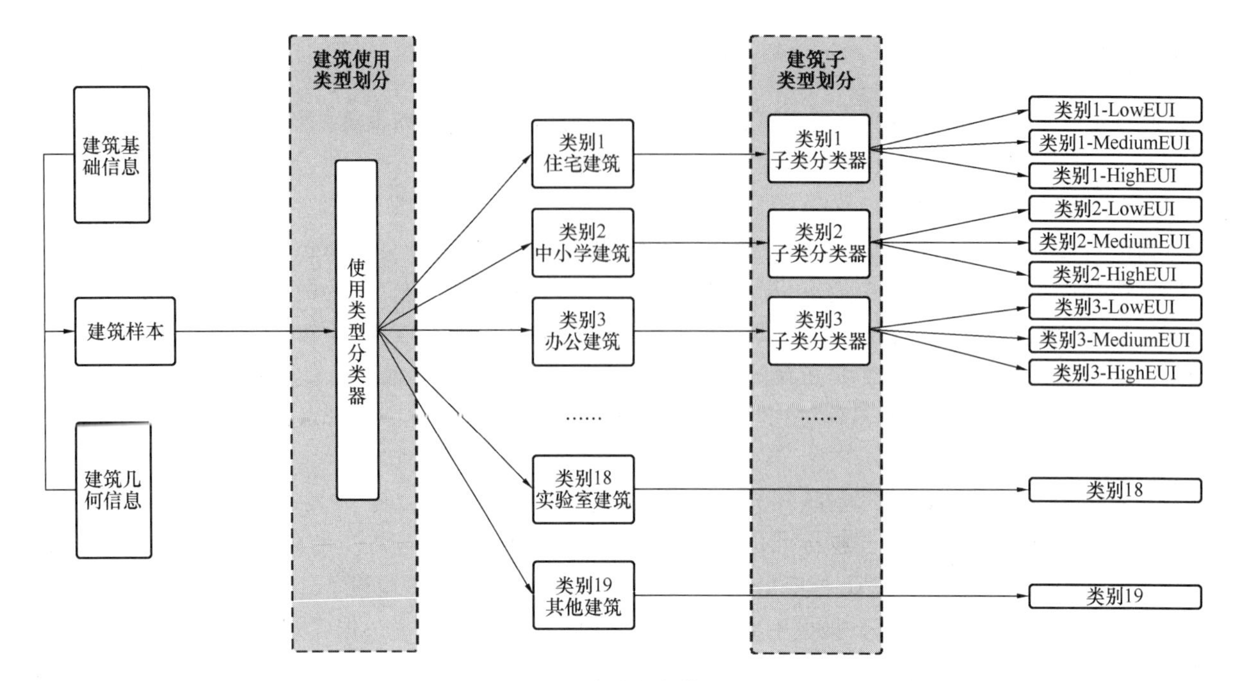

图 1　建筑分类模型

3.2　分类模型训练

对于第一步建筑使用类别的划分采用 BP 神经网络模型，输入特征包括建筑几何特征、年代、总楼层面积等通常较易获得的参数，输出值为所属的类别标号。

第二步对于上述 9 个类别子类的进一步划分，采用 SVM 与随机森林方法分别进行训练，输入特征与第一步类似，输出值为高、中、低能耗类别。经过对比发现随机森林方法训练的结果略优于 SVM，因而采取随机森林模型作为这一步分类的模型。

如图 2 所示的是训练好的分类模型在测试集上的训练结果。第一步分类中利用建筑的几何特征等相关信息将其划分为 19 种使用类别，整体准确率为 57.4%，第二步分类对于 9 种类别的进一步划分准确率为

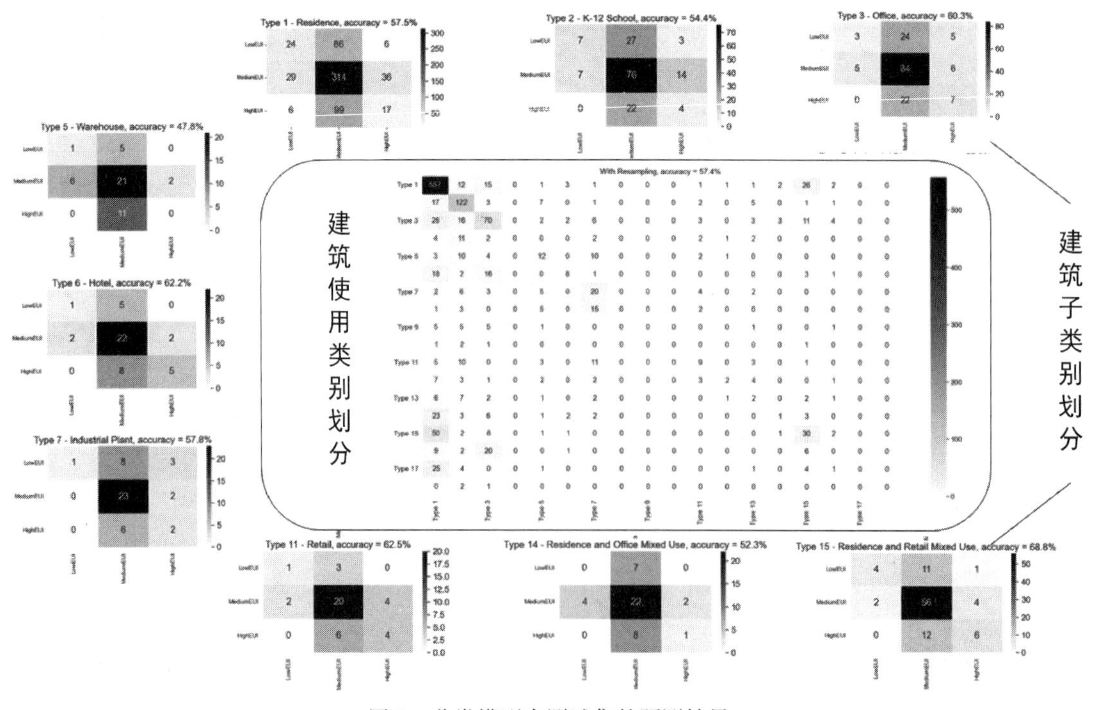

图 2　分类模型在测试集的预测结果

50%～70%，都属于可接受的范围。另外，建筑能耗本身是一个非常复杂的量，与之相关的参数有很多，而在研究中由于信息来源有限，只输入了几何特征、基础信息等特征，因而其分类准确率必然会存在上限。而在信息来源充足的前提下，通过引入更多可能的特征（例如人口分布、绿地率、经济状况等）可能会具有提高分类准确率的潜力。

4 原型表征

参照EnergyPlus与OpenStudio中进行模拟所需的参数，建筑模板中所需标定的参数主要包括：

（1）气候信息：待模拟地区的气候条件，对建筑能耗有较大的影响。

（2）设备使用时间表：建筑中各种设备每天具体的使用状况，主要用来表征建筑中居住者的行为。

（3）建筑热学特征：建筑外围护结构对热量的传导作用，例如墙体的U值、R值，窗户的太阳得热系数等。

（4）负荷：建筑中各种消耗能源的设备用量，例如建筑中的人员密度、照明密度、插座负载密度等。

（5）HVAC系统：建筑中暖通空调系统的种类、效率等。

本文用到的标准，第一个是ASHRAE 90.1，其是由美国供暖、制冷和空调工程师协会所发布的、规定各类型建筑最低能源要求的标准，在世界范围内都有较高的影响力。第二个是COMNET，其是基于ASHRAE 90.1中的附录G形成的对于建筑能耗模拟的默认假设。通过查阅上述标准中的相关规定即可完成模板参数的标定。

5 总结

本文基于建筑原型方法进行城市尺度下建筑能耗模拟的研究，以纽约市作为案例，通过整合其部分公共数据集作为模型输入，将所有建筑分为19个类别、37个子类别，再查阅相关标准，为每一个子类别匹配一个建筑模板，结合建筑已有的特征即可生成建筑信息模型作为建筑能耗模拟的输入。通过后续的模拟对比可以发现，本方法可以为城市尺度下建筑能耗模拟提供较为合理的信息输入。

参考文献

[1] T. Hong, Y. Chen, X. Luo, N. Luo, S. H. Lee. Ten questions on urban building energy modeling[J]. Building and Environment, 2020, 168.

[2] L. G. Swan, V. I. Ugursal. Modeling of end-use energy consumption in the residential sector: a review of modeling techniques[J]. Renewable and Sustainable Energy Reviews, 2009, 13(8): 1819-1835.

[3] C. F. Reinhart, C. C. Davila. Urban building energy modeling - A review of a nascent field[J]. Building and Environment, 2016, 97: 196-202.

[4] F. Johari, G. Peronato, P. Sadeghian, X. Zhao, J. Widén. Urban building energy modeling: State of the art and future prospects[J]. Renewable and Sustainable Reviews, 2020, 128.

[5] G. Gröger, L. Plümer. CityGML-Interoperable semantic 3D city models[J]. ISPRS Journal of Photogrammetry and Remote Sensing, 2012, 71: 12-33.

BIM技术在桥梁拆除施工中的应用研究

张 鑫[1]，付理想[1]，张 兵[2]

（1. 江苏瑞沃建设集团有限公司，江苏 扬州 225600；2. 扬州大学建筑科学与工程学院，江苏 扬州 225100）

【摘 要】为提高桥梁拆除的信息化水平和固废资源化利用效率，以某跨航道桥梁拆除工程为例，深入探讨BIM技术在桥梁拆除施工技术中的应用及其价值实现，利用BIM模型进行拆除方案优化、拆除施工可视化模拟、安全性碰撞分析和经济性评估。实践结果表明，BIM技术可以实现桥梁拆除施工全过程的可视化作业，可以预先对拆除方法的科学性、安全性和经济性进行评估，对施工设备进行合理布设，为实现建筑信息化、可视化和可持续施工提供新的思路。

【关键词】BIM技术；桥梁拆除；可视化施工

1 引言

BIM作为建筑行业新兴技术，因其精准高效、提高施工质量等优点，被应用于各类生产和生活建筑领域[1]。传统的桥梁拆除技术需要耗费大量的人力、物力和时间，也存在着很多安全隐患。为实现桥梁拆除作业的安全性、经济性和可持续性，BIM技术在该领域发挥了巨大作用。利用BIM技术的可视化和仿真化优势，对桥梁拆除进行可视化和三维模拟[2]。在施工前，工程师借助BIM技术对桥梁进行全方位的分析和评估，明确桥梁拆除构件的堆放场地，调整浮吊停机位置，确定锚点固定设置，提前做好应急预案和疏浚工作[2]，从而制定更为合理、安全、高效的拆除方案。

2 工程概况

海潮大桥拆除工程位于高邮市海潮东路，桥梁全长181.4m，桥跨布置为3×20m+55m+3×20m，主桥采用55m预应力混凝土T梁，引桥采用20m后张法预应力混凝土空心板，桥宽35.6m，如图1所示。

图1 海潮大桥现状

【作者简介】张鑫（1994—），女，科技助理/工程师。主要研究方向为道路与桥梁施工技术。E-mail：745600930@qq.com.

鉴于通扬线高邮段航道整治，全线要求达到Ⅲ级航道标准，通航净空需满足 60×7m，老桥通航净空不能满足要求，需在原桥址上拆除重建。桥梁拆除主要工程量统计见表 1。

目前，国内混凝土 T 梁桥设计跨径一般为 16～40m，55m 跨径的预应力混凝土 T 梁非常罕见[4]，其拆除技术也是一个复杂的难题。在桥梁拆除过程中，桥梁整体和局部稳定性是需要周密考虑的核心问题，也是关系桥梁安全、文明、按期拆除的关键问题。

主要工程量统计表 **表 1**

部位	部件	材料	单位	数量	小计	备注
桥面系	桥面铺装	沥青混凝土	m^3	348.3	348.3	
	栏杆	C25 混凝土	m^3	28.5	56.5	
	分隔带	C25 混凝土	m^3	28.0		
上部结构	T 梁	C50 混凝土	m^3	1067.7	3641.8	共 15 片 T 梁
	空心板	C50 混凝土	m^3	2168.5		共 192 块空心板
	垫层混凝土	C50 混凝土	m^3	405.6		
下部结构	主桥盖梁＋桥墩＋承台混凝土	C30 混凝土	m^3	1174.6	2660.4	
	引桥盖梁＋桥墩＋系梁混凝土	C30 混凝土	m^3	615.2		
	桥台	C30 混凝土	m^3	870.6		计算至拆除位置
基础	主墩桩基础	C25 混凝土	m^3	126.6	126.6	
合计	沥青混凝土		m^3	348.3		
	混凝土		m^3	6485.3		

3 BIM 技术驱动的拆除分析

本工程采用基于 BIM 技术的三维可视化虚拟施工方法对海潮大桥进行拆除[5]。相比传统桥梁拆除技术，基于 BIM 技术的桥梁拆除施工技术可以利用 BIM 技术的优势，对桥梁拆除进行可视化和三维模拟，从而降低桥梁拆除的施工风险和施工成本[6]，具体步骤如图 2 所示。

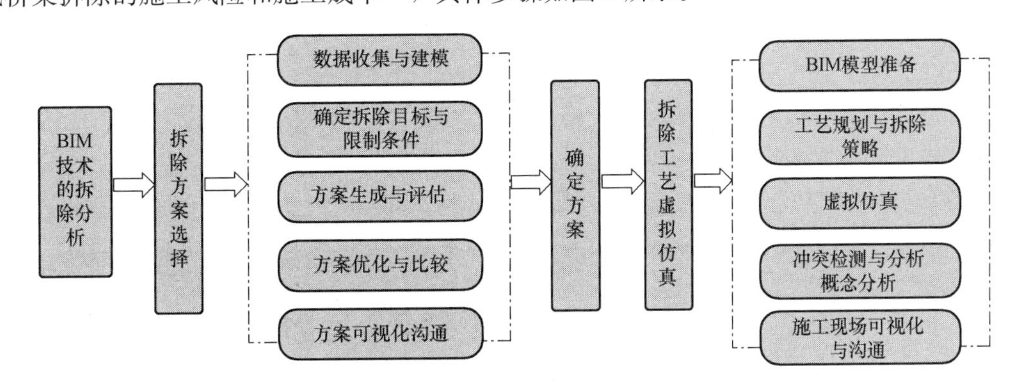

图 2 基于 BIM 技术驱动的拆除分析

3.1 桥梁拆除方案的选择

结合工程实际情况，基于 BIM 技术对海潮大桥老桥进行 3D 模拟，利用数字化技术对拟拆除桥梁进行全方位的分析和评估，从而制定更为合理、安全、高效的拆除方案，其步骤如下：

（1）数据收集和建模：收集与桥梁拆除相关的数据，包括桥梁的几何形状、结构信息和材料属性等，利用 BIM 软件将这些数据构建成桥梁的三维模型。

（2）拆除目标和限制条件确定：明确拆除的目标和限制条件，例如需要保留的结构元素、拆除时间限制、环境保护要求等[7]。

（3）方案制定和评估：根据拆除目标和限制条件，生成多个拆除方案。利用 BIM 技术对每个方案进行仿真和评估，包括安全性、工期、成本、环境影响等方面的考虑。

（4）方案优化和比较：对生成的拆除方案进行优化和比较。使用优化算法和多指标评估方法，综合考虑各个方案的优缺点，找到最佳的拆除方案。

（5）方案可视化和沟通：将最佳方案转化为可视化的模型和动画，以便与利益相关者进行沟通和共享，获得相关反馈和决策。

（6）方案调整和更新：根据相关反馈和决策，对拆除方案进行调整和更新。可能需要对模型进行修改和优化，以反映新的方案变化。

（7）最终方案确定：在经过综合评估和沟通后，确定最终的拆除方案（表2）。该方案应满足拆除目标和限制条件，并获得利益相关者的认可。

方案拟定统计表 **表2**

<table>
<tr><th colspan="3">结构部件</th><th>拆除方案</th></tr>
<tr><td rowspan="2">上部结构</td><td colspan="2">主跨T梁</td><td>浮吊吊装拆除</td></tr>
<tr><td colspan="2">引桥空心板</td><td>汽车式起重机吊装拆除</td></tr>
<tr><td rowspan="4">下部结构</td><td colspan="2">盖梁与桥墩</td><td>浮吊吊装拆除</td></tr>
<tr><td rowspan="2">引桥桥墩</td><td>水中</td><td>浮吊吊装拆除</td></tr>
<tr><td>岸上</td><td>汽车式起重机吊装拆除</td></tr>
<tr><td colspan="2">桥台</td><td>炮头机破碎拆除</td></tr>
<tr><td rowspan="4">基础</td><td colspan="2">承台与桩基</td><td>水面炮头机破碎拆除</td></tr>
<tr><td rowspan="2">引桥桩基</td><td>水中</td><td>水面炮头机破碎拆除</td></tr>
<tr><td>岸上</td><td>炮头机破碎拆除</td></tr>
<tr><td colspan="2">桥台桩基</td><td>炮头机破碎拆除</td></tr>
</table>

3.2 桥梁拆除工艺虚拟仿真

基于BIM技术的桥梁拆除工艺虚拟仿真是一种利用BIM技术进行桥梁拆除过程的模拟和预测的方法，可以帮助工程师在虚拟环境中观察和评估拆除工艺，预测可能的问题和风险，对拆除工艺进行全面的评估和优化[8]，如图3所示。可以分为以下几个步骤：

（1）BIM模型准备：创建桥梁BIM模型，包括桥梁的几何形状、结构元素、构件属性等信息[9]。

（2）工艺规划和拆除策略：基于桥梁BIM模型，制定拆除工艺和策略。在工艺规划期间，利用BIM技术实现对施工进度和成本的控制。

（3）虚拟仿真：利用BIM软件或特定的虚拟仿真软件，将拆除工艺应用到BIM模型中进行模拟。通

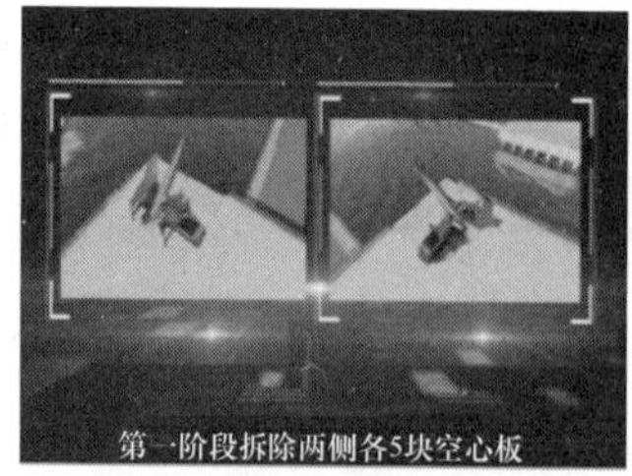

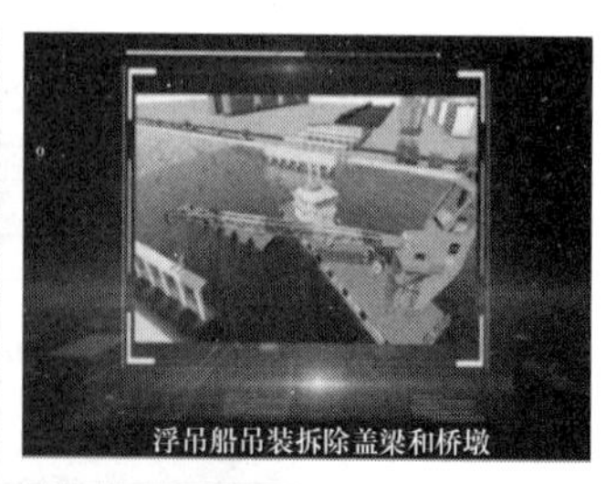

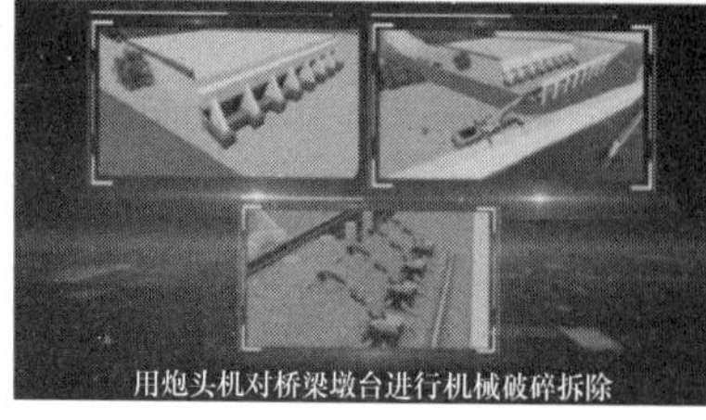

图3 BIM模拟基于可视化的桥梁拆除流程

过设置拆除过程的参数和约束条件，可以模拟桥梁的逐步拆除，并观察模型在拆除过程中的变化[10]。利用Su对周围环境和施工参与的人机材进行布置和安排，仿真规划施工区域和机械进场路线[11]，采用Fuzor与3D Max进行动画模拟，多次演练桥梁的拆除过程，找到与周边环境和施工工艺相适配的施工方案。

（4）冲突检测和风险分析：在虚拟仿真过程中，对桥梁拆除机械进行冲突检测，检查拆除过程中可能出现的冲突和碰撞情况。此外，还可以进行风险分析，评估潜在的安全风险，并制定相应的措施进行管理和控制。

（5）优化和调整：基于虚拟仿真结果和分析，对拆除工艺和策略进行优化和调整，改变拆除顺序，调整工具和设备的使用，增加支撑和保护措施等。

（6）可视化和沟通：基于虚拟仿真的结果，生成桥梁三维可视化的动画或静态图像，用于展示拆除过程和结果，提供清晰的视觉效果和共享信息。

3.3 桥梁拆除的进度模拟

BIM技术可以进行详细的施工模拟，提升不同工作之间的协调性，进行有效的施工进度协调与管理。利用BIM技术对海潮大桥拆除工程施工周期的进度模拟包括以下步骤：

（1）数据准备。收集施工图深化设计模型；编制施工进度计划的资料及依据，确保数据的准确性[12]。

（2）将施工活动根据工作任务分解结构要求，分别列出各进度计划的活动内容；根据施工方案确定各施工流程及逻辑关系，制定初步的施工进度计划，并为拆除工艺和施工顺序设置模拟参数，包括任务持续时间、资源需求、施工顺序约束等。

（3）利用BIM软件中的模拟功能，模拟桥梁拆除的进度。根据设定的参数和约束条件，模拟各个任务的开始时间、持续时间和完成时间。通过模拟结果进行优化，调整任务的顺序和资源分配，以达到最优的进度计划。

（4）利用施工进度模拟模型进行可视化展示和分析：将模拟结果进行可视化展示，生成进度图表、甘特图或三维动画。通过可视化分析，可以直观地了解拆除过程的时间安排和关键节点，以及资源利用情况。将分析结果与实际情况对比，对拆除进度进行调整和更新，以符合真实施工状况。

（5）在实际施工过程中，持续监控拆除进度并进行管理。与模拟结果进行对比，及时调整和协调，确保施工按计划进行。

通过基于BIM技术的桥梁拆除进度模拟，可以更好地规划和控制拆除工程的时间安排及资源利用，提前预测和评估拆除工程进度，提前发现潜在的延误和冲突，并采取相应的措施进行调整和优化[13]。这有助于提高施工的效率和准确性，减少风险和降低成本，实现了海潮大桥桥梁拆除工程的成功实施。

3.4 桥梁拆除垃圾计量及可持续利用分析

基于BIM技术的可视化和模拟化优势，对海潮大桥桥梁拆除垃圾进行计量分析并判断其可持续利用价值，对其进行回收利用，具体步骤如下：

（1）利用收集的相关数据以及三维仿真模型，对拆除元素和材料进行分类：根据桥梁的结构和组成，将拆除元素和材料进行分类。

（2）材料数量计量：在BIM三维模型中，通过识别和量化每个分类的拆除元素的数量。利用BIM软件提供的计量工具或插件来测量元素的数量，并将各个分类的拆除元素的数量进行汇总，通过BIM相关计量软件得出桥梁拆除垃圾的总量。

（3）可持续利用潜力评估：基于现有的可持续利用指标和标准，如循环经济原则和绿色建筑认证标准对每个分类的拆除元素及材料进行可持续利用潜力的评估，考虑可再利用性、回收利用潜力和环境影响等方面。

（4）可再利用和回收利用策略制定：根据评估结果，制定可再利用和回收利用的策略。确定可再利用的拆除元素和材料的具体用途。同时，制定回收利用的方案，包括材料的分类、处理和再加工过程[14]。

（5）环境影响评估：对拆除垃圾的处理和利用过程进行环境影响评估。考虑资源利用效率、能源消耗、二氧化碳排放等因素，评估可持续利用方案对环境的影响。使用全生命周期评价等工具来支持分析和决策，并利用BIM模型和相关软件对可持续利用方案进行模拟和优化，以选择最佳的可持续利用方案[15]。

（6）数据分析和可视化：对可持续利用分析的结果进行可视化展示，生成图表、图像和报告，以直观地展示拆除垃圾的数量和比例以及固废物回收价值。

（5）实施和检测：根据最终确定的可持续利用方案，实施并持续监测。跟踪拆除垃圾的处理和利用过程，评估方案的实施效果，及时调整和改进策略，确保可持续利用目标的实现。

4 BIM技术驱动拆除工程应用价值

BIM技术在当前建筑行业具有广阔的应用前景，BIM技术通过自身具有可视化、协调化和模拟化等优点在老桥拆除施工过程中具有以下应用价值：

（1）图纸可视化、提前预测施工隐患：BIM技术可以创建高精度的可视化模型，并预测拆除过程中可能出现的问题和挑战。通过在虚拟环境中进行模拟和预测，可以制定更有效的拆除方案和策略，极大地提高了项目的质量管理和进度管理。

（2）冲突检测检查、实现共享协调：BIM技术可以帮助工程师发现老桥在拆除过程中的冲突点，通过三维模型冲突检查，及早发现潜在的干扰因素，并采取相应的措施进行协调和解决。

（3）资源优化和成本控制：BIM技术可以帮助老桥拆除施工进行资源管理和优化，通过场景布设模拟和拆除过程动画仿真来制定合理的调度和使用资源的计划，可以更好地规划和利用资源，提高效率，减少浪费，降低成本。

（4）安全分析和风险管理：BIM技术可以用于进行安全分析和风险管理。工程师可以在虚拟环境中模拟拆除过程，并评估潜在的安全风险，从而制定相应的安全措施和预防措施，最大限度地减少事故和意外事件的发生。

（5）进行协作和沟通，从而实现建筑信息的整合一致。通过共享模型和实时协作，实现老桥拆除的数字化交付，可以促进团队之间的合作，减少信息传递的误差，提高项目的整体效率和成功实施的机会。

5 结语

桥梁拆除具有拆除难度大、危险系数高、施工组织复杂等特点，常规的跨河桥梁拆除在施工组织安排、成本管控、施工方案、环境保护等方面存在局限性。借助BIM技术对建筑施工全过程进行仿真模拟，对整体结构拆除进行安全分析、监测和管理，为桥梁拆除工作提供安全合理、科学经济的施工方案。同时，可以搭建一个共享信息平台，及时反馈建筑施工状态，提高工程的施工管理水平。

参 考 文 献

[1] 吴旭东，杨宇，方鲁斌. BIM技术在超高层顶升平台组织施工中的应用[J]. 建筑结构，2023，53(S1)：2411-2414.

[2] 王立波，林重才，韩锦文. 基于BIM与三维扫描的建筑物智能拆除方法研究[J]. 工业建筑，2023，53(2)：12-21.

[3] 李杰，郑建新，杨切，等. 超高空异形曲面索塔线形控制技术研究[J]. 科学技术与工程，2023，23(12)：5285-5293.

[4] 胡亚山，庄典，朱可，等. 混凝土结构与钢结构变电站建筑全生命周期碳排放对比研究[J]. 建筑科学，2022，38(12)：275-282.

[5] 李光裕，田会静，李桐林，等. BIM技术在天津滨海创新基地防波堤拆除工程中的应用[J]. 水运工程，2022(S2)：108-112.

[6] 符宇欣，曾亮，丁陶，等. 钢结构绿色拆除技术研究[J]. 建筑结构，2022，52(S1)：3040-3045.

[7] 叶锦华. 空间受限条件下龙门吊拆除旧梁关键技术研究[J]. 公路，2021，66(8)：175-180.

[8] 卫芷. 某住宅小区项目创新施工技术应用[J]. 施工技术，2017，46(22)：137-139，145.

[9] 马汝杰，夏建平，徐润，等. BIM技术在改扩建公路桥梁勘察设计中的应用研究[J]. 公路，2021，66(3)：85-89.

[10] 李亚民. 跨高速连续梁主跨整体拆除施工技术[J]. 世界桥梁，2018，46(5)：74-79.

[11] 陈树龙，蔡庆军，王彩明，等. 珠海歌剧院弧形屋面导轨式垂直运输平台施工技术[J]. 施工技术，2016，45(20)：68-70.
[12] 晏金洲. 100m装配式高层钢结构住宅关键施工技术[J]. 施工技术，2017，46(12)：102-106.
[13] 刘炎德，郭娟利，孙万岭，等. 基于BIM的远郊营地营房建筑后勤保障管理[J]. 土木工程与管理学报，2017，34(4)：109-112，131.
[14] 王廷魁，罗春燕，张仕廉. 基于BIM的建筑垃圾决策管理系统架构研究[J]. 施工技术，2016，45(6)：58-62，77.
[15] 张书鸣，霍晓燕，李玮. 装配式建筑垃圾全寿命期管理系统研究[J]. 建筑经济，2021，42(8)：72-76.

BIM正向设计提质增效探究

马飞腾，张会旺，刘兆宇，李龙刚，张　磊，魏　超

（同圆设计集团股份有限公司，山东 济南 250000）

【摘　要】 BIM正向设计是建筑行业信息化转型的重要基础，也是未来发展的必由之路。本文分析了止向设计的行业现状及存在的问题，并以实际项目为研究基础深入挖掘，从统一“三维建模标准”、完善“三维协作策划”以及建立全专业的“正向设计过程检查”等方面进行剖析，制定合理的解决措施，为BIM正向设计提质增效提供了切实可行的改善方法。

【关键词】 BIM正向设计，建模标准，协同策划，质量管控

1　引言

21世纪初期，BIM（Building Information Modeling，建筑信息模型）技术走进中国，随着我国社会的不断发展，BIM技术凭借其三维数字化的优势[1]，已成为建筑行业信息化转型的重要支撑。2021年，国家正式进入“十四五”规划发展期，“十四五”发展规划关于BIM技术集成应用中提出要通过推进自主可控BIM软件开发、完善BIM标准体系、引导企业建立BIM云服务平台、探索快速建模技术、开展BIM报建审批试点等方式，目标是在2025年基本形成BIM技术框架和标准体系。同时，推广数字化协同内容中提出要精细化设计水平，为后续精细化生产和施工提供基础，研发利用参数化、生成式设计软件[2]。

BIM正向设计是以三维模型为基础完成建筑设计，并将模型数据传递到后期施工、运维等各个阶段。因此BIM正向设计是建筑全生命周期的第一步[3]，也是建筑行业信息化数字建设关键的一步[4]。随着BIM技术在大量实际项目的应用，如何利用数字化手段提升建筑设计师的工作效率；如何在探索BIM技术利用的同时，图纸质量还可以有效保证等诸多问题也逐渐显现出来，而这些问题也会直接影响到行业信息化发展的水平。

2　BIM正向设计行业现状及存在问题

BIM的正向设计需要经历三个阶段。首先是熟悉软件，建模工作是设计的基础工作，只有熟练掌握了建模方法，才有利用这项技术的可能，大多数企业基本可以顺利完成这一阶段。

其次是实现模型与图纸的转换，这个阶段需要设计人员在熟练掌握软件的同时，还需要对“族”的建立与使用有一定的技巧，这一阶段对于部分企业来说可能会遇到一些困难。

最后是在BIM正向设计的过程中完成专业间的配合，需要各专业设计人员不仅具备以上两个阶段的能力，还可以利用模型互相提资，并利用模型进行碰撞检查、相互协调。而这一阶段在探索过程中，往往会遇到很多问题，如建模标准问题、协同策划问题、文件存储问题、校审问题、标注问题等。与此同时，地产公司推行的“高周转”工作模式带来的“时间紧”“冲节点”等问题也会对BIM正向设计产生巨大的影响。设计企业原本应该伴随在设计推进过程中实时提供信息支持的BIM工作，不得不在设计完成后才启动此工作，并对“已完成”的设计成果提供技术建议——这种前后倒置的工作次序显然是“逆向”的[5]。相比传统的CAD制图模式，有时可以忽略细部不精确的内容，而BIM正向设计

【作者简介】 马飞腾（1988—），男，企业主任级工程师。主要研究方向为BIM正向设计。E-mail：328999281@qq.com

在“高周转”的环境下，如何实现“高效率”“高质量”的任务目标，也将会成为现阶段设计行业内部亟须解决的问题。

3 BIM 正向设计提质增效探究

针对上述 BIM 正向设计行业现状及存在的问题，以本公司 2019 年至今运用 BIM 正向设计的 30 余项实践项目为例进行深入研究，分别从三维设计标准、三维协同机制、三维设计人员、三维设计质量管控四个方面进行分析，从而得出以下结果：

首先，施工图设计阶段，发现存在项目样板文件标准不完善、缺少满足较普遍建筑类型的三维族、缺少通用的三维建模标准和出图标准等情况。同时，运用 BIM 正向设计的项目制定的工作模式、工作方式等也与二维设计不同。

其次，在三维设计过程中，有较多的制约因素在策划阶段不可预见，造成专业间、专业内工作模式与合作模式出现问题。经过调研发现，三维协同设计受限于专业的特性，初始样板文件大，导致在传递、更新、工作的过程中出现卡顿，影响效率。同时，企业内缺少可以用来参考的协同策划指导手册，个别项目会针对协同策划提前制定框架性质的标准要求，但内容不够详尽，难以用于团队协同工作指导，导致各正向设计的项目开展不顺畅。在项目组织方面，个别专业参与人员较多，使得工作界面不清晰，进而导致设计人之间、专业之间协同工作交圈反复，项目进度难以推进，最终影响工作效率。

再次，三维正向设计对设计人员软件的使用熟练度有较高要求，目前设计院内 BIM 专业技术人才较为匮乏，BIM 人才储备不足。当 BIM 正向项目工期紧或存在项目交叉时，设计人员数量不足或疲于应付，从而影响出图的效率与质量。

最后，通过归纳企业不同项目中采用的质量管控手段，结合各专业设计人员的复盘总结，发现设计中基本都是根据以往经验边实践边摸索。由于缺少全专业的正向设计过程检查，造成模型不准确等问题，给设计人员增加了很多的工作量，从而影响各专业正向设计推进。同时，三维校审管控要点也并不完善，现阶段成果审查仍以二维图纸为主，受三维模型与二维图纸的联动审图功能限制，审查人对正向设计成果的关注点不完整或不清晰，影响了对交付成果的控制把关。

通过上述的研究分析，本文以三维设计标准、三维协同管理、设计人员能力、三维质量管控（图 1）为主要研究方向，归纳总结出影响 BIM 正向设计效率和质量的各种因素，并利用广联达、红瓦等设计软件的协同平台，以“三维协作策划不完善”“缺少固化的三维建模标准”以及“缺少全专业的正向设计过程检查”为核心进行剖析。

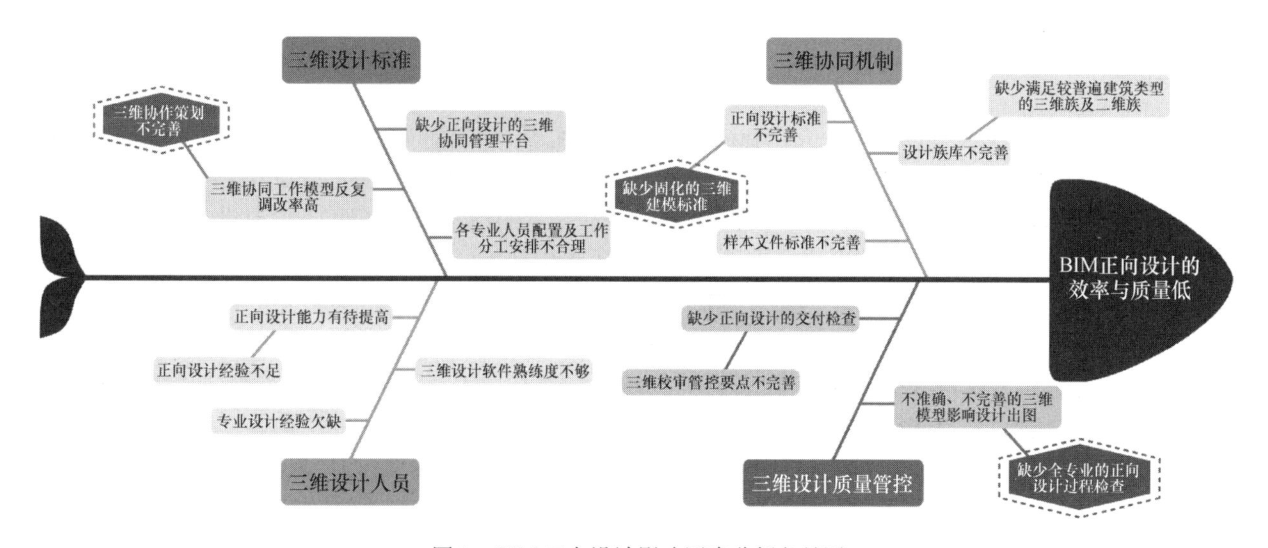

图 1　BIM 正向设计影响因素分析鱼骨图

3.1 BIM 协同机制——统一“三维建模标准”

为形成完善的三维设计标准，保证交付成果的统一性，可通过制定 BIM 正向设计过程中各分项的设计标准逐步解决。主要从建模标准到模型的检查再到各专业的协调配合提资、出图等形成统一的标准，从策划开始便明确各专业分工，让各专业工作内容清晰明了，明确建模标准，让各设计人员能够朝着既定的目标控制建模质量，从而提高了各专业沟通、配合的效率，缩短设计周期，使得整个项目从策划开始能够有章可循、有序进行。

图 2 企业 BIM 设计族库

其次，形成 BIM 族库及样板文件以及具体的建模、提资等视图样板控制手册等，也可有效提高设计人员的建模速度和配合效率，如图 2 所示。

制定标准的样板文件库以及标准的族库，可有效提高正向设计质量以及建模速度。主要通过形成各种类型的样板文件库作为新项目开始的参考文件，让新项目目标更为明确，设计过程也更加地方便、快捷，从而提高建模速度及正向设计的质量，同时让正向设计的成果输出更加规范化、标准化。

3.2 BIM 设计标准——完善“三维协作策划”

完善的三维协作策划可以让 BIM 正向设计的过程更具组织性。选择一个基础逻辑适合并与现阶段正向设计适宜的三维设计平台，将专业间与专业内的合作模式形成标准化、统一化的强制性手册，并及时反馈问题，以此完善优化平台功能。通过详细明确的组织协同策划书，让各专业间设计工作开展更有计划、有组织，提升了项目整体效率。

3.3 BIM 设计质量管控——建立全专业的“正向设计过程检查”

建立完善的过程模型检查要点及模型交付成果校审要点，在 BIM 正向设计过程中至关重要。在 BIM 正向设计过程中，将一个完整的设计周期拆分为三个主要过程阶段，针对各提资阶段需要完成的模型深度、各专业间模型检查要点进行汇总整理，形成 BIM 正向设计各过程阶段标准化的质量控制手册，可高效督促项目推进并保证最终项目质量。

BIM 正向设计项目完成后，针对模型及图纸中常见的问题及易错点进行剖析整理，汇总形成《BIM 正向设计校审管控作业指导书》，可帮助负责人及审核人快速有效地进行设计校审工作，为项目交付成果的质量控制把关。

4 结论

通过本次 BIM 正向设计的深入探究，利用广联达、红瓦等 BIM 协同设计平台，从统一“三维建模标准”、完善“三维协作策划”以及建立全专业的“正向设计过程检查”等方面进行剖析，有效提高了施工图阶段正向设计的效率与质量，为今后的设计项目提供了一定的借鉴经验。BIM 正向设计不仅是对传统二维设计流程的再造，也是思维模式的变革[6]，设计技术将借助于信息技术的发展，由过去基于图纸的设计方法转化为基于数据设计，BIM 正向设计是必然趋势[7]。在未来的推广与发展中，政策标准、软件开发、图纸审查、设计收费标准等一系列问题也需要逐步解决。同时，信息技术的快速发展，人工智能等新型技术的突破，也都预示着 BIM 技术在未来会有新的机遇与前景，我们也将继续为建设资源节约型、环境友好型社会贡献一分力量。

参 考 文 献

[1] 张洋. 基于 BIM 的建筑工程信息集成与管理研究[D]. 北京：清华大学，2009.

[2] 张雪 . 建筑信息化背景下的 BIM 设计流程应用研究[D]. 青岛：青岛理工大学，2022.

[3] 刘四明，张楚 . BIM 正向设计流程与管理[M]. 北京：中国建筑工业出版社，2020.

［4］ 雷霆．传图设计行业升级背景下的BIM正向设计研究［D］．青岛：青岛理工大学，2019.
［5］ 杨荣华，张翼．中国式BIM悖论——谈谈“正向设计”［J］．建筑技艺，2020(12)：88-93.
［6］ 李德贤，任晓东等．BIM正向设计提效探究［J］．建筑科学，2023，39(2)：225-234.
［7］ 张吕伟．BIM正向设计理论与实践［C］．建筑科学，第七届全国BIM学术会议论文集，中国建筑工业出版社，2021.

基于BIM技术的桥梁水下结构损伤管理

卫孟浦，李晓飞，苏绒绒，赵东彦，李德飞

（大连海事大学，辽宁 大连 116026）

【摘　要】 桥梁是重要的交通基础设施，由于长期服役以及外部环境等因素的影响，结构损伤逐渐显现。涉水桥梁面临的水下环境复杂且难以检测，其损伤发展速度快，对桥梁安全性危害大，因此，有必要针对桥梁水下结构进行检测与管理。本文提出一种针对涉水桥梁水下结构的损伤识别与管理系统，结合建筑信息模型技术（BIM）和改进的YOLOv5s模型，采用曲线拟合与三维点云扫描方法计算损伤的几何信息，实现了快速检测桥梁水下结构的损伤与损伤信息管理。

【关键词】 损伤识别；建筑信息模型；BIM；三维点云；损伤信息管理

1 引言

交通设施是国家基础工程建设的重点，随着技术与经济的发展，桥梁建设数量与里程不断刷新，各国桥梁服役时长增加的同时也出现了一系列由于维修养护不足所引起的桥梁事故。多例由于桥梁老化及养护管理工作不当所引起的桥梁事故，逐渐引起世界各国对于交通安全养护的重视[1-3]。水下结构主要包括桩基、墩台等，它们承载着上部结构的所有荷载并将其传递给地基。目前，水下检测仍主要以人工下潜进行目视、探摸为主，受水深、流速、水下能见度以及潜水员技能等多种因素影响，水下检测工作仍存在较多的问题[4,5]。水下结构的病害损伤对桥梁整体结构的安全性与耐久性造成了极大的威胁，为保证桥梁的安全运行，亟须对桥梁水下结构健康进行科学的检测与评估。

BIM技术的核心是建立虚拟的建筑工程三维模型，利用数字化技术建设完整的工程信息库，帮助实现建筑信息在全生命周期的信息集成。在对桥梁健康监测与维护的研究中，许多学者便基于全生命周期桥梁建设的理念，考虑将BIM技术与桥梁健康监测和管理结合，提出建设基于BIM的桥梁管理系统(BMS)[6,7]。在各类桥梁损伤管理系统建设过程中，常将桥梁的各结构，如桥台、桥墩、桥面等结构综合设置桥梁管理系统，没有考虑水下结构区别于水上结构的复杂环境[8]。多名学者就水下结构特性，对水下结构损伤检测方法、桥梁安全状态评估等相关内容进行了研究[9-11]。但检测人员对损伤的描述，通常无法直观地反馈至技术分析层，桥梁整体与检测信息缺乏统一联系。

因此，本研究考虑建立一种基于BIM技术的桥梁水下结构健康管理系统，实现桥梁水下结构损伤的自动判别与损伤的三维可视化展现，提高水下结构检测与桥梁整体的信息整合。融入深度学习与三维点云数据采集技术，提高水下损伤识别精度并对损伤部位进行几何指标计算。将检测数据与BIM技术结合，建立桥梁管理系统可以观测到桥梁下部结构关于损伤的位置、外观图像与尺寸等信息，提高BIM模型与检测数据的关联性。

2 桥梁损伤检测与信息管理

2.1 桥梁损伤管理系统

该系统主要由三个部分组成，包括BIM信息模型、损伤检测与损伤数据管理，如图1所示。BIM信息模型采用Revit软件，实现桥梁损伤信息的可视化；损伤检测基于视觉检测，搭载改进的Yolov5s算法

【作者简介】 卫孟浦（2000—），男，硕士研究生。主要研究方向为近海交通基础设施水下结构智能检测技术。E-mail：wewei@dlmu.edu.cn

实现损伤检测，快速识别桥梁损伤；最终将桥梁模型与桥梁损伤数据库进行整合，实现了可视化损伤数据管理。

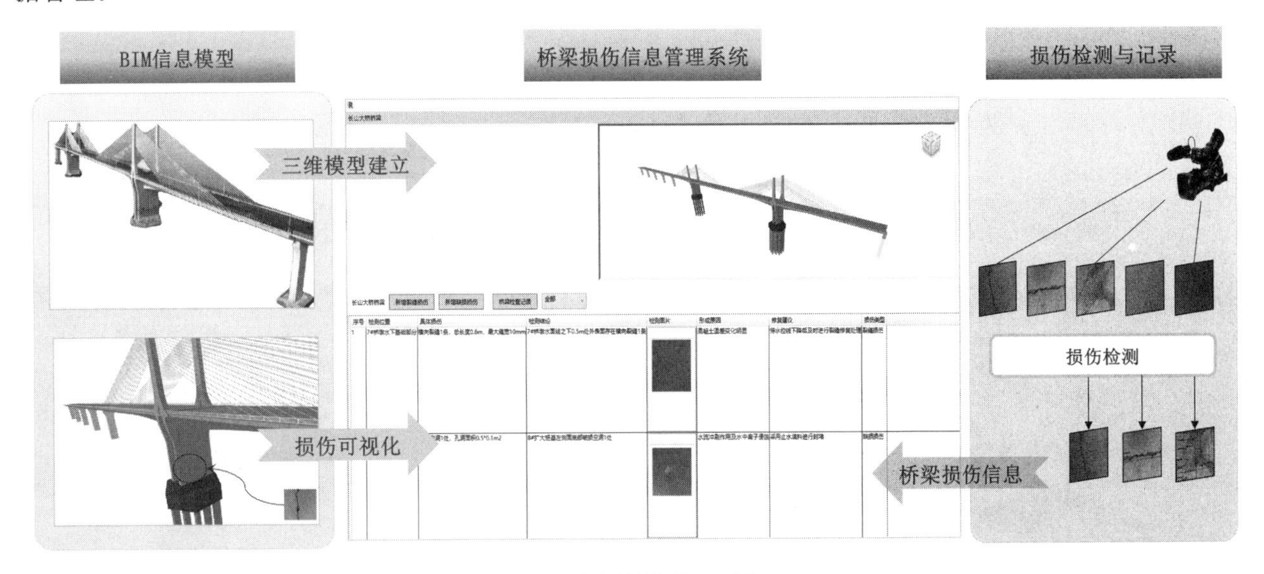

图 1　桥梁损伤管理系统

各部分可实现性阐述如下：

（1）BIM 信息模型

建筑信息模型（Building Information Modeling，BIM）的核心思想是将所有与建筑项目相关的信息集成到一个统一的模型中，以便在整个项目全生命周期中进行协调、共享和管理。建筑的三维几何信息即为信息搭载的重要载体，Revit 软件是实现三维模型的软件之一，其强大的 API 二次开发接口可以满足开发人员的多种需求，因此考虑在 Revit 中建立三维桥梁基础设施模型。

（2）结构损伤检测

将 YOLOv5s 神经网络做出改进，将原始网络 Neck 模块的 FPN＋PAN 结构改为 AF-FPN 结构，降低图像数据信息丢失程度并提高推理能力，训练集采用某检测公司提供的桥梁真实水下损伤图像以及部分水上图像，总计 3857 张训练集。水上图像使用 Photoshop 进行模糊化以及色调处理，如图 2 所示。

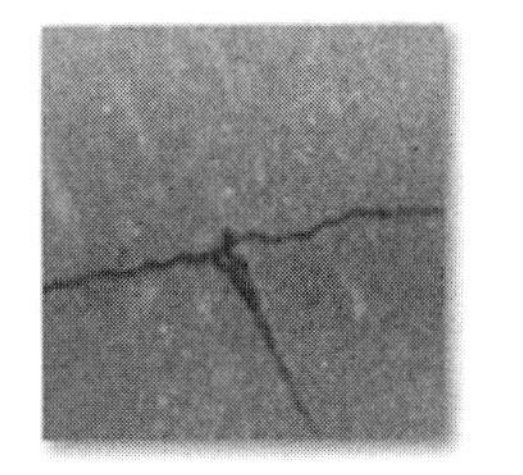
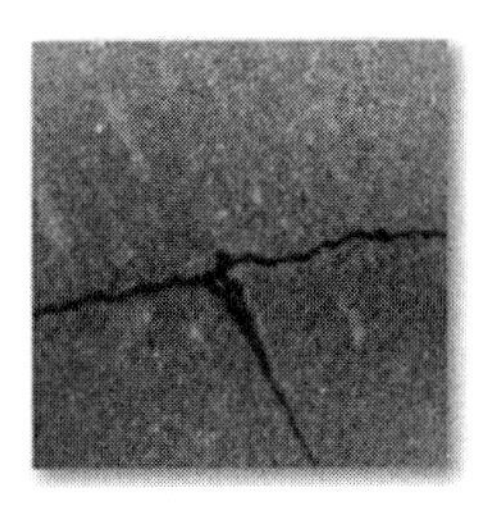

图 2　水上图像（左）与处理后水下图像（右）

采用改进 YOLOv5s 算法对损伤数据进行识别、标记。对于裂缝损伤，可采用形态学细化算法对水下图像处理后进行骨架提取，随后采用曲线拟合法进行测量，如图 3 所示。标记的损伤数据以及测量结果将被保存到数据库中。

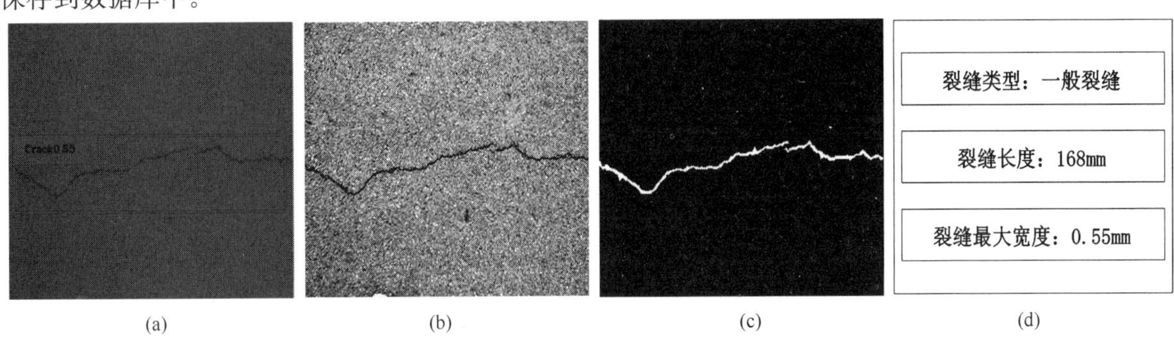

(a)　(b)　(c)　(d)

图 3　损伤—裂缝数据识别与计算

（a）裂缝识别；（b）图像处理；（c）裂缝骨架提取；（d）测量数据

对于混凝土剥落的损伤，使用水下相机进行三维点云扫描，获取点云损伤数据。对点云数据进行曲面重构后计算损伤面积、体积等几何三维信息，如图4所示，将获取的损伤数据信息导入损伤数据库。

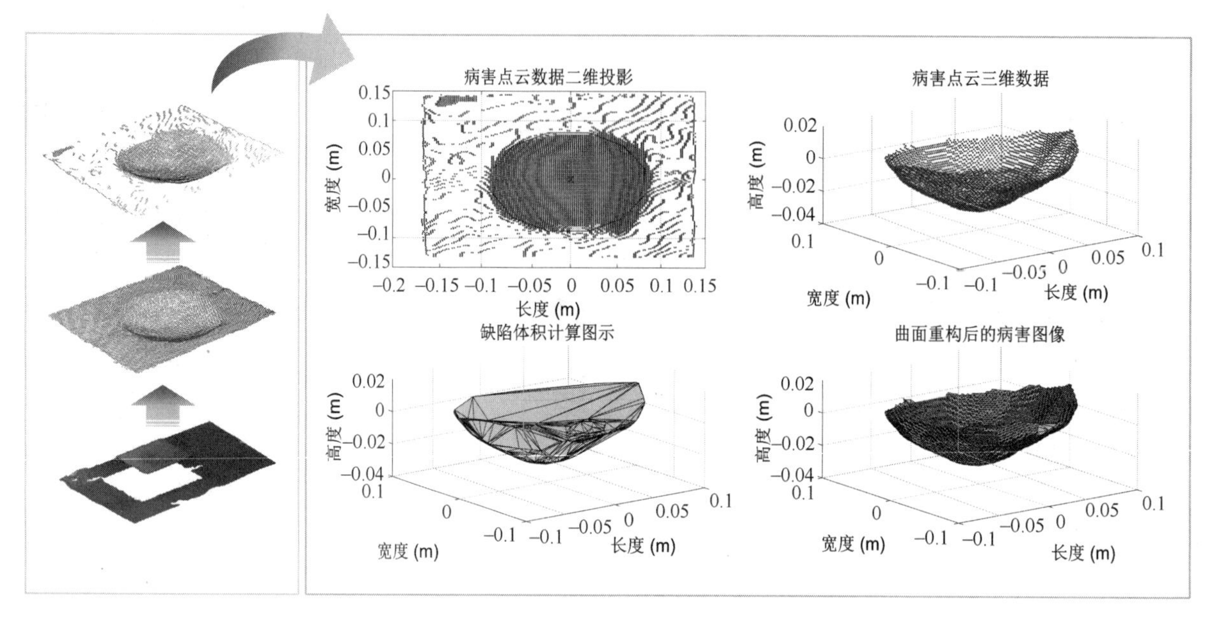

图4 损伤—混凝土剥落检测与计算

(3) 损伤数据管理

通过数据需求分析、概念结构设计和逻辑结构分析，建立桥梁损伤数据库。数据库主体结构如图5所示。数据库使用SQL SERVER 2012，C#编程语言与检测数据和Revit API接口通信。采用分层架构，顶层包括桥梁名称、检测时间和模型文件，次层是桥梁损伤检测信息，包括损伤照片和损伤位置等。

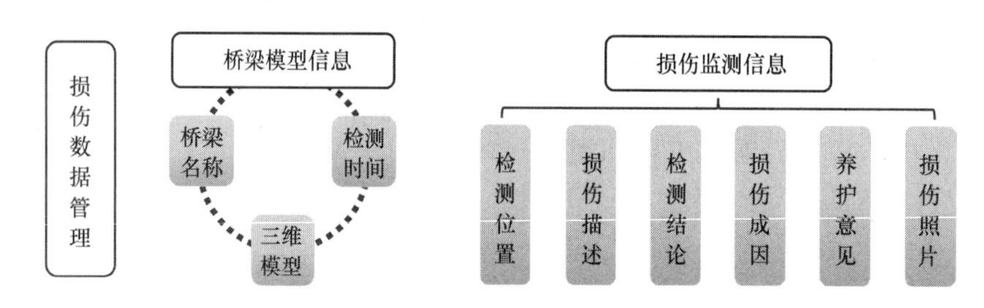

图5 损伤数据管理库结构架设

检测人员可根据检测结果对损伤信息进行删除、增添、优化等操作，通过该管理流程，将识别的损伤照片保存、下载并上传到损伤系统。管理人员使用该系统可获知桥梁安全状况，预测潜在风险并发出预警，确保桥梁安全。根据损伤状况对桥梁给予专业评估以及修复建议，便于进一步采取修复措施。

3 信息管理系统功能验证

本文以某桥梁为例，对该信息管理系统功能进行验证。首先，针对被测桥梁，使用Revit建立对应的三维模型，实现桥梁管理的初始可视化功能。利用Revit API接口，建立管理系统与三维模型关联，系统与模型可视化展示如图6所示。

建立桥梁基础检测模型数据库。根据被检查的桥梁名称、桥梁检查时间和桥梁型号信息建立检查项目信息。桥梁结构损伤添加包括检测位置、具体损伤、检测结论、损伤形成原因和桥梁水下结构损伤检测照片。将所检测的桥梁水下结构的损伤情况，按要求填写检测结果，如图7所示。

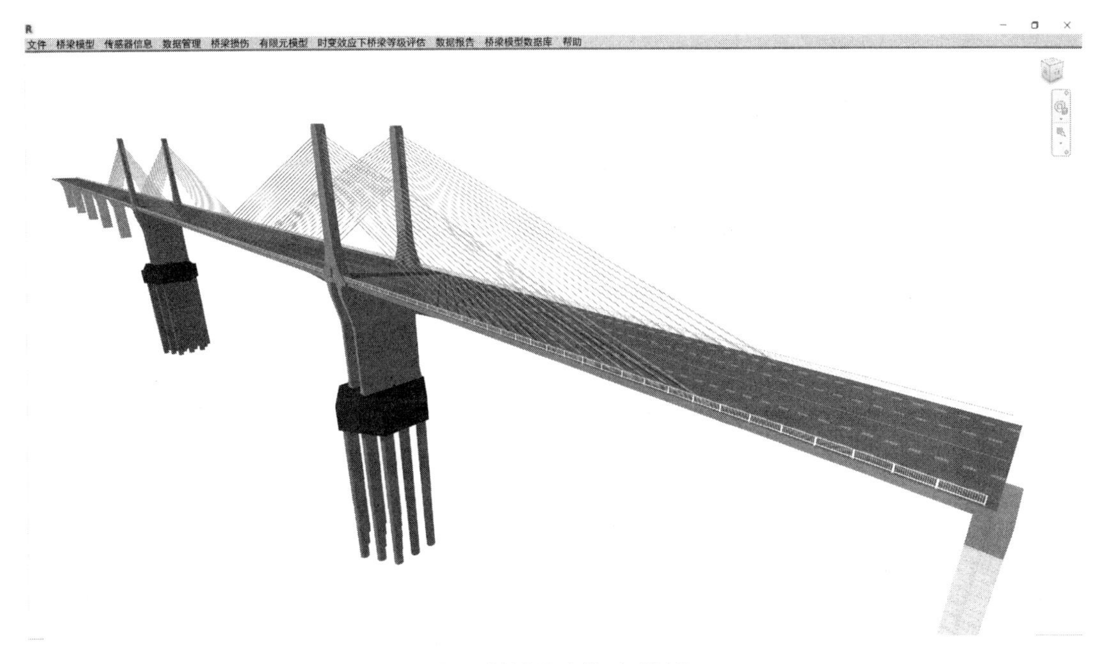

图 6　桥梁基础模型可视化

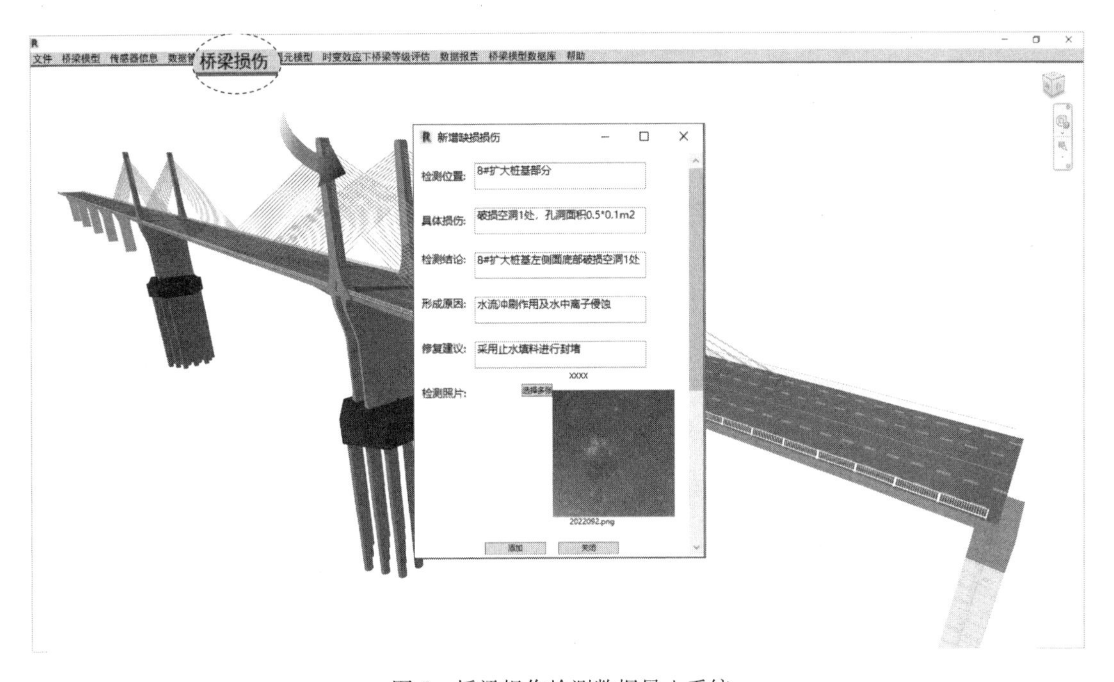

图 7　桥梁损伤检测数据导入系统

4　结果与讨论

基于 Revit 软件的二次开发和 Revit API 的使用，结合 C＃编程语言以及 SQL Server 数据库，本文设计了一个系统来对桥梁进行损伤快速识别和可视化管理。该系统利用密封的双目摄像机获取水下图像，并采用 Yolov5s 算法对图像进行快速识别，获取损伤图像。针对裂缝损伤，系统采用了曲线拟合的方法，通过对图像进行处理获取裂缝的长度、宽度等信息。对于剥落损伤，系统采集三维点云数据，并对数据点云进行曲面重构计算，以获取损伤的体积、面积等几何信息。最后，将信息导入桥梁损伤管理系统进行统一管理。此外，利用 Revit API 开发工具，该系统将三维桥梁模型与损伤管理系统相结合，实现损伤可视化管理。

本文为桥梁损伤的检测和信息管理提供了一种可行的解决方案，将桥梁损伤信息进行实现快速检测并采用 BIM 模型直观展示损伤信息，进一步提升了管理效率和准确性。未来的研究可以进一步完善和扩展如何将多类损伤、多种信息能够可视化展现在 BIM 模型中，以满足更广泛的桥梁维护和管理需求。

参考文献

[1] 叶华文，等. 韩国圣水大桥连续垮塌过程分析[J]. 世界桥梁，2021，49:87-93.

[2] Salem，H. M. and H. M. Helmy，Numerical investigation of collapse of the Minnesota I-35W bridge[J]. Engineering Structures，2014，59：635-645.

[3] Morgese，M.，et al.，Post-collapse analysis of Morandi's Polcevera viaduct in Genoa Italy[J]. Journal of Civil Structural Health Monitoring，2020，10：69-85.

[4] 张钰丰. 深水、大流速桥梁水下检测技术的实践与探讨[J]. 国防交通工程与技术，2019，17(5)：65-68.

[5] 张臣.《公路桥梁水下构件检测技术规程》(T/CECS G:J56—2019)解读[J]. 交通世界，2021，575(17)：1-2.

[6] 安培磊. 基于 BIM 的桥梁安全信息管理系统研究[D]. 沈阳：沈阳建筑大学，2022.

[7] 徐萍飞，熊峰，夏伟杰，等. 基于 BIM 的桥梁信息集成管理系统研究[J]. 施工技术，2016，45(12)：119-123.

[8] 陈宁，马志华，柏平，等. 基于 BIM 技术的桥梁病害信息三维可视化采集管理系统[J]. 中外公路，2017，37(1)：1671-2579.

[9] 汤仲训. 桥梁水下结构检测与评定体系研究[D]. 南昌：华东交通大学，2021.

[10] 吴松华. 桥梁水下结构检测技术及安全评价体系研究[D]. 西安：长安大学，2018.

[11] 李宏浩. 水下环境桥梁下部结构技术状况评价体系研究[D]. 沈阳：沈阳建筑大学，2022.

基于BIM的智能建造技术在亚洲最大交通枢纽(北京副中心)中的应用

杨　阳，侯　朝，王　朋

（中铁建工集团有限公司，北京 100160）

【摘　要】北京城市副中心站综合交通枢纽项目是推进京津冀协同发展的标志性工程。该项目在建造过程中将BIM等现代信息新技术与传统的工程建造技术深度融合，解决了建造过程中的各种难题，同时BIM技术的应用贯穿整个项目周期，涉及项目各个领域。本文主要对整个项目建造周期中BIM技术与其他技术的集成综合应用以及这些综合应用对项目的智能化水平的提升进行论述。最后对本项目实现的目标进行总结，为将来的项目建设和智能建造技术应用提供参考和指导。

【关键词】BIM技术；智能策划；智能管理；智能设备；智能监督

1　引言

BIM（Building Information Modeling，建筑信息模型）技术是一种应用于工程设计、建造、管理的数据化工具，通过对建筑的数据化、信息化模型的整合，在项目策划、运行和维护的全生命周期过程中进行共享和传递，使工程技术人员对各种建筑信息做出正确理解和高效应对，为设计团队以及包括建筑、运营单位在内的各方建设主体提供协同工作的基础，在提高生产效率、节约成本和缩短工期方面发挥重要作用[1]。如今，BIM可以与新一代信息技术进行集成研究与应用。例如，BIM与相关技术的融合研究与应用（如云计算、大数据、GIS、物联网、3D扫描、3D打印、人工智能等技术）、BIM技术在数字孪生城市（CIM）中的研究与应用、基于BIM技术的软件研制等。

在现代建筑行业中，BIM技术已经成为不可或缺的一部分。BIM技术不仅提供了优化设计、提高效率和降低成本的能力，还可以提供更高水平的可视化，模拟和协作能力。BIM技术的应用已经在全球众多国家中推广开来，成效显著，我国作为世界上最大的发展中国家，对BIM的技术应用也十分普遍。夏东等[2]以武汉光谷地下交通综合体为例，介绍了BIM技术在土建模型搭建、三维管综设计以及辅助模拟方面的应用。杨东等[3]在广州白云国际机场综合交通枢纽中利用BIM技术对各阶段施工进行模拟部署，并对施工平面布置进行了全过程动态化管理。尽管BIM技术在项目建设和管理中表现出色，但对于复杂和大规模的项目，传统的BIM技术难以有效、全面地整合施工数据进行模拟和管理。因此本文以亚洲最大的地下综合交通枢纽（北京城市副中心）项目为例，介绍基于BIM的智能建造技术及其综合创新在大型工程中的应用。

2　工程概况

北京城市副中心站交通枢纽工程02标段位于北京市通州区杨坨地区，东至玉带河大街，南至杨坨一街，西至芙蓉路以西，北至京哈铁路，是规划京唐（京滨）城际铁路近期的始发终到站，也是城际铁路联络线、京哈铁路（远期）及北京市中心城区至城市副中心市郊列车的重要车站。未来北京城市副中心

【基金项目】中国中铁股份公司课题“城市地下空间新型建造技术研究—特殊地质条件下大型交通枢纽超大、超深基坑逆作综合技术研究”（编号：2021-重点-25）

【作者简介】杨阳（1995—），男，工程师。主要研究方向为建筑施工BIM技术应用。E-mail：1508369142@qq.com

站综合交通枢纽地区将全面带动商务功能升级、站城融合发展、创新宜居活力。北京城市副中心站综合交通枢纽是城市副中心战略定位实现的关键一环，将为区域带来新的发展契机，成为“副中心的心脏”，为北京城市副中心带来源源不断的活力。也将为分布其周边的项目带来更大的升值空间。随着北京城市副中心站综合交通枢纽工程的开工建设，行政中心与交通中心叠加的“新中心”板块，未来发展被寄予厚望。然而，作为未来亚洲最大的地下综合交通枢纽，北京城市副中心站综合交通枢纽工程存在六大施工重难点：(1) 体量大且环境复杂：本项目相邻标段较多，施工场地错综复杂；(2) 设计方案要求高：对方案的功能布局、空间效果、物理环境舒适性等方面要求高；(3) 施工技术难度大：基坑体量巨大，主体及地下围护结构施工精度要求高；(4) 作业施工方多：共 4 家设计单位、6 家施工单位参与；(5) 工期紧张：采用盖挖逆作施工工艺，建设难度大；(6) 智能化要求高：传统的建造技术不能满足现代化要求。

3 BIM 技术在项目中的综合应用

本项目将 BIM 技术应用到建造的全生命周期中，并在 BIM 技术应用的基础上与其他技术进行集成应用，提升了项目的智能化水平，采用了多种智能设备以及技术，从而实现北京城市副中心站交通枢纽工程的智能策划、智能管理、智能监督。

3.1 项目施工现场自动化及半自动化智能设备应用

3.1.1 智能化钢筋棚设备的研发及应用

为防止雨水对钢筋、设备的侵蚀以及阳光对加工人员的暴晒，本项目创新性地提出了一种用于钢筋加工区的自动化可伸缩式防护棚（图 1）。在钢筋加工过程中，钢筋棚可提供较为稳定、适宜的作业条件，自动化可伸缩加工棚周转方便，可以充分利用现场已有的塔式起重机辅助吊装，可在天气恶劣或无须周转时关闭棚顶，在必要时打开，解决了防护棚人工推拉防护费工、费时，设备稳定性差的难题。棚体为桁架式方钢管焊接，轴向有链条锁连接，能有效起到坠物缓冲吸能的作用，同时易预制、易吊装，整体性较好，棚布材料选用 PVC 涂层玻纤布，透光性好，顶棚材料阻燃性强。钢筋棚的搭建过程一般先根据 CAD 图纸创建安装模型，之后结合模型审查并整理二维图纸中难以发现的问题，辅助项目图纸会审，提前解决图纸问题，避免后期安装时影响施工进度。BIM 三维模型的精确创建提供了安装施工组织策划依据，减轻了总包、分包管理者的压力。工厂预制标准化也保证了钢筋棚主体结构、膜结构的安装质量，工厂运输管道至现场组装，现场无切割、无废料，减少了人工成本，加快安装速度。

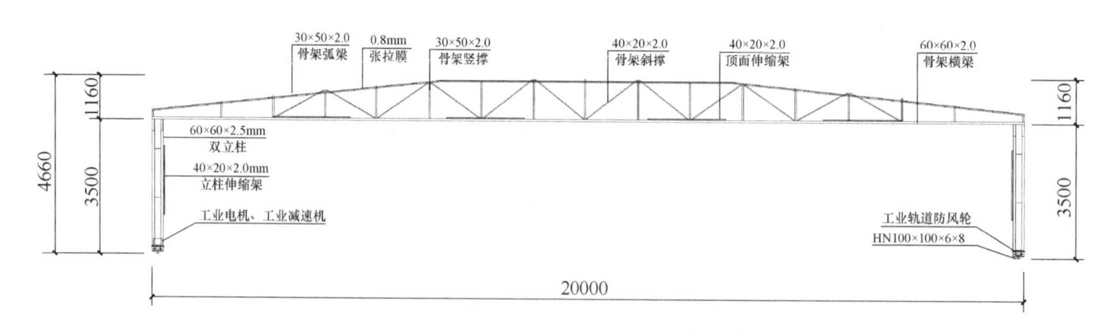

图 1 钢筋棚剖面图（单位：mm）

3.1.2 智能化机器人设备的应用

(1) 钢结构焊接机器人

本项目钢结构工程需要进行超厚型高强钢对接焊，一般采用 ER-100 轨道式智能焊接机器人（图 2）。该智能焊接机器人可以适应多角度焊接，实现坡口自动检测，焊道自动调节修复、参数自动生成等高度智能集成化。传统焊接机器人在复杂焊接工况条件下存在焊接局限性，为了解决这个问题，可以加大对基于 BIM 的免示教焊接机器人进行研究，采用 BIM 构造三维虚拟环境，通过数值仿真对机器人焊接路径进行合理规划，并融合激光定位技术对焊接路径进行跟踪和偏差补偿。

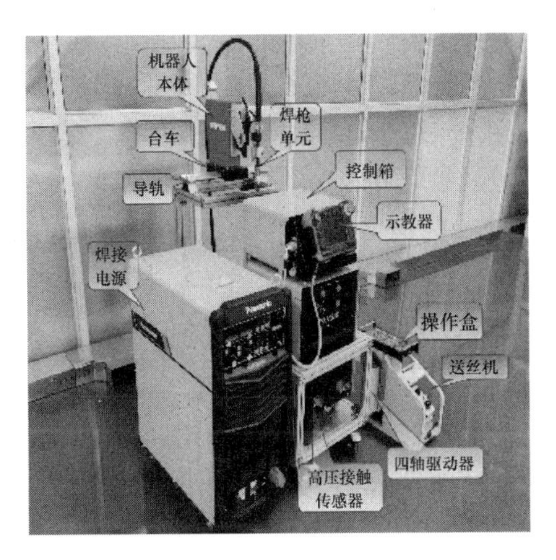

图2 钢结构焊接机器人及其工作图

(2) 四轮激光地面整平机器人

该机器人一般应用在混凝土浇筑之后，对地面进行高精度找平施工，同时也普遍应用于停车场地坪、厂房地面、商用楼面及顶面等施工场景。采用智能激光找平算法以及线控底盘技术，实现无人自主运动及高精施工。同时，通过自主研发的电池驱控平台，实现施工过程的零碳排放。整机体积小、机动灵活、操作简单，施工地面平整度高、地面密实均匀。

(3) 室内喷涂机器人

该机器人是一款乳胶漆（包括底漆和面漆）自动喷涂机器人，用于室内墙面、顶棚和石膏线等位置的乳胶漆全自动喷涂作业（图3、图4）。其显著特点是高质量、高效率和高覆盖，实现机器人在不需要人工的参与下，根据规划路径自动行驶，自动完成喷涂作业。与传统人工施工相比，机器人能长时间连续作业，施工质量更高，作业效率更高，施工成本更低，同时极大地减少了喷涂作业产生的油漆粉尘对人体的伤害。

图3 四轮激光地面整平机器人

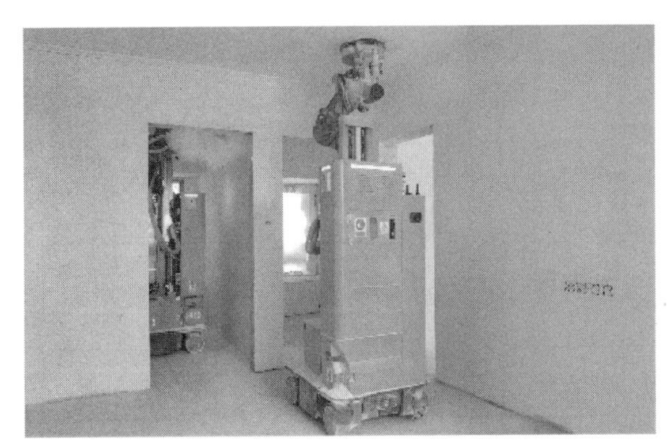

图4 室内喷涂机器人

3.2 基于BIM的智能策划

一般情况下，现场施工总平面布置作为工程前期准备的关键工作，其场地的合理布置能够有效减少安全隐患，提高施工效率和降低施工成本。传统的二维平面布置无法满足动态管理的要求，容易出现布置不合理的情况，给施工带来不便，影响整体施工效率。本项目通过精灵4 RTK无人机收集施工现场图像数据并利用ContextCapture Master软件对施工现场布置进行合成，基于倾斜摄影技术的三维可视化、仿真模拟等功能，能有效解决以上问题，同时使工作变得更加快捷方便，在物料的消纳和加工过程中即可按照先期施工部署进行标准化场地的归纳和整理，如图5、图6所示。

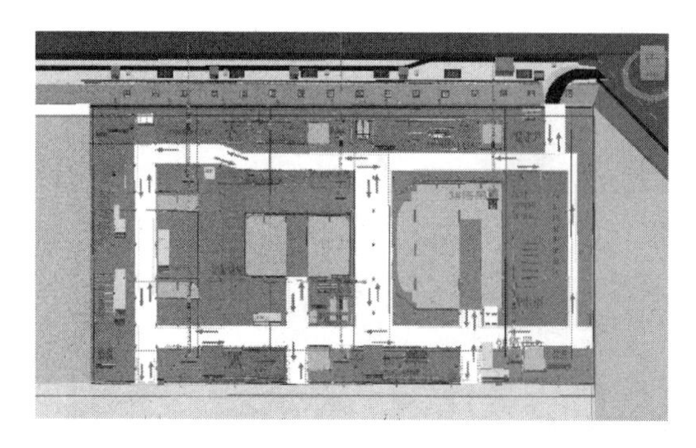

图5　施工场布图

图6　现场倾斜摄影规划部署图

除此以外，施工现场结合施工经验制作了一系列标准化、定制化的模型，放置在倾斜摄影模型中进行尺寸校准，能真正服务于工程，提升现场管理情况观感，减少加工场区、小型机具、行车通道、半成品堆场、材料堆场、配电设施、施工空洞、施工照明等各项安全防护措施的反复修缮修改频率，减少防护措施及机具罩体等焊接量，从而实现项目绿色施工、低碳环保的施工目标，如图7所示。

加工区临电布设

焊工作业棚

环形喷淋

临边生命线设置

环形路警示隔离

地下室标准化照明设施

图7　现场部分标准化落地应用实拍图

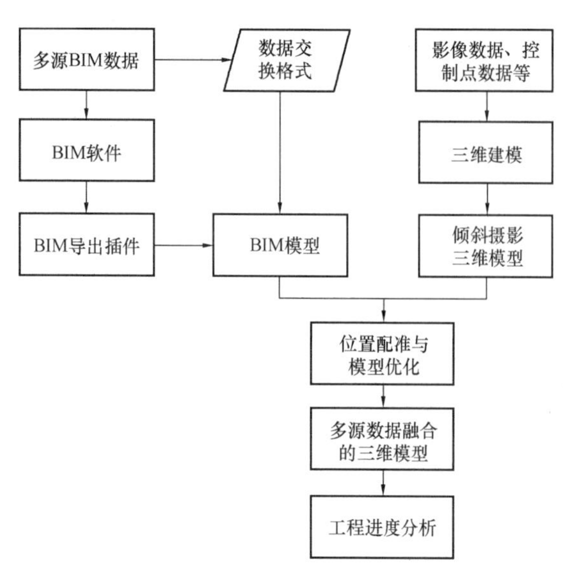

图8　BIM+倾斜摄影技术路线图

倾斜摄影技术不仅可以进行场地标准化布置，也可用于施工过程中的进度分析。无人机倾斜摄影测量技术是以传统摄影测量为基础发展而来的新型测量技术，其兼顾了遥感的非接触性与工程测量的高精度性[3]。同时将倾斜摄影技术引入BIM技术应用中，为BIM模型的建造提供真实客观的资料。无人机倾斜影像不仅能够真实地反映地物情况，还通过采用先进的定位技术，嵌入精确的地理信息、丰富的影像信息，扩展遥感影像的应用领域，为项目建造过程积攒三维真实信息的地理、建筑物、建造物等数据信息，为BIM模型的更新提供资料，同时为施工进度的分析模拟提供了影像资料。基于无人机倾斜影像，对施工进度进行分析和管理，为进一步的施工计划做准备。图8为BIM+倾斜摄影技术路线图。

项目施工阶段以倾斜摄影技术为基础的应用还有

很多，比如可以综合利用BIM信息化应用搭建模型信息化平台。这种平台减少了施工过程中有限空间内的物料周转次数，提升了项目生产效率，提升了工程管理水平，缩短工期，降低用工及机械成本。地基基础阶段场地复杂，机械动态作业较多，利用Trimble TX5三维激光扫描仪进行扫描，通过发射激光的形式测量仪器与扫描目标的距离和角度，获取大量扫描目标表面点的坐标，进而得到反映物体表面形状的点云数据。扫描仪内置彩色摄像机，扫描时在激光发射完成后进行拍照，获取测站扫描范围内的影像资料，后期可依此自动获取点云中各点的颜色信息；数据处理软件采用Trimble RealWorks，拼站完成后，在软件中可查看各站点云图像，图像真实地反映了现场情况，可在模型上进行精确测量，精度较高，满足基础阶段对桩孔、地墙的定位需求及场地挪动规划。

3.3 基于BIM的智能管理——智慧建造平台应用

基于BIM的项目级智慧化安全生产综合管理平台是针对建造过程中出现的各种问题而建立的，本项目研发了基于BIM的项目级智慧化安全生产综合管理平台，以BIM模型为核心，结合三维GIS、物联网等先进技术，从进度、安全、质量、成本、数字化加工、物资、绿色施工和变更方面对项目进行智慧化综合管理。我国科学技术的快速发展，推动了信息技术的发展，使得BIM技术被广泛应用于工程施工安全管理工作，有效提升了施工安全管理工作的水平和效率。一般而言，在建筑施工安全管理过程中，通过BIM技术，结合高效使用计算机技术，能够实现建筑工程项目具体模拟化的目标，并呈现出多维、三维立体化的效果，使得整个工程施工能够有序开展，同时还可实现各部门之间的数据信息共享，可使得各种施工技术形成统一的参数，保证工程施工稳步推进，提升工程施工质量[4]。除了对安全进行智能管理外，还可以对以下方面进行管理。

3.3.1 人员管理

项目应用双平台联动，实现了人员基本信息录入、进出场维护、线下打卡闸机及测温系统的挂接，实现了人员动态、持续管理。

3.3.2 机械管理

项目按机械类别分为道路移动机械及非道路移动机械、大中小机具管理，信息录入系统中有备案机械的出厂信息及厂家资质证明现场机械手续齐全，并及时录入维修保养信息，保证机械使用寿命，在移动机械上安装了定位设施，能在平台上进行可视化管理，全程监督作业车辆移动位置及作业状况。

3.3.3 物料管理

项目自有地磅信息管理系统与智慧建造平台建立连接，钢筋、混凝土、土方进出场过磅后自动生成编号及称重信息，提示建立编号文件夹及图纸范围，明确标明每个部位的入库时间、入库数量、发料人、收料人、出库时间、出库数量，上传该部位附件地磅称重小票及签认单，完成物料进出场的统计工作，如出现当月库存不足及当月入库滞后情况，系统会给予弹窗，提示填写物资异常说明，进场物料实现物料精细化、自动化、一体化管理。

3.3.4 环境能耗管理

项目安装了一套综合信息收集系统，用于控制现场的扬尘及噪声，扬尘颗粒超过预警值时，自动开启现场用于水平运输的两道钢栈桥洞口喷淋系统；项目现场及生活区用电阀门皆装有节点器。

3.3.5 进度管理

项目制定了四级计划，四级计划细分到单一混凝土构件组，每组计划有原定工期、计划开始时间、计划完成时间、实际开始时间、实际完成时间、期望完成时间、紧前作业、后续作业、进度权重、责任人、滞后原因分析等，合理安排进度，弹性调节施工，分析施工滞后原因，优化施工进度，不同进度情况在模型上分色显示。

3.3.6 集成管理

项目共地下3层，安装32项终端设备，应用智慧建造及安全质量控制平台协同联动，充分发挥终端设备互联互通的作用，达到信息接收采集、平台数据分析处理、终端相关设备立即响应的效果。

3.4 基于BIM的智能监督

物联网技术是通过射频识别（RFID）、红外感应器等信息传感设备，按约定的协议，将物品与互联网相连接，进行信息交换和通信，以实现智能化识别、定位、追踪、监控和管理的一种网络技术[5]。本项目将物联网技术与 BIM 技术相结合，应用于材料的管理。所有原材料发货后，统一粘贴标识牌，标识牌内附二维码，扫描后显示发货时间、原材料厂家、规格、型号以及运输路径等信息，实现准确、高效的物资追踪。

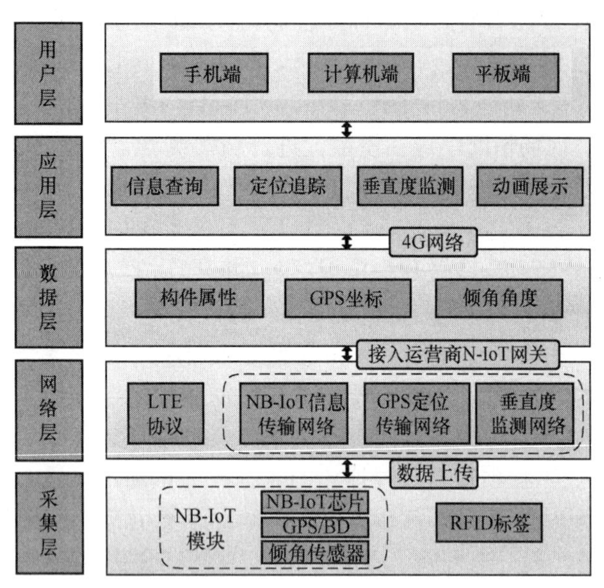

图 9　吊装施工管理系统功能架构图

利用物联网技术还可以实现数字化归档二维码查看，方便实时查看施工方法，依照统一既定的标准实施，真正实现流程化处理。安全帽产品以工人劳务实名制为基础，以物联网＋智能硬件为手段，通过 GPS 卫星定位，实现人员异常警告，实施区域定位，实现远程语音通话的传输，实现数据自动收集、上传和语音安全提示，在移动端和计算机端实时显示工人现场分布、考勤等信息。

基于 BIM 与 NB-IoT 技术建立吊装施工管理系统，系统功能架构如图 9 所示。系统由采集层、网络层、数据层、应用层、用户层五部分组成，可实现信息数据的实时采集、预制构件轨迹监控、构件安装定位、构件安装精确度监测、BIM 模型施工动画展示，对预制构件的状态进行实时监控。

3.5　其他

除上述基于 BIM 智能建造技术研发与综合创新应用以外，还有很多智能技术在其他方面的应用，例如智能污水监测系统。污水监测系统是应用于建筑工地沉降池水质管理的实时监测装置。该装置通过集成多种工业级高精度传感器，实时采集项目工地的沉降池水质实时数据，并通过 4G 通信传输，实现对建筑工地生活污水、工业废水的远程管控；智能车辆清洗监测，系统由洗车监控系统主机和远程监测管理平台组成。主机安装在工地现场的洗车池出口端，依靠智能识别高清摄像头分析系统和水流传感器监测传输系统；通过无线网络把车辆未清洗监测系统的各种参数、图像实时上传到远程监测管理平台。可视化交底，VR 安全教育（Virtual Reality，VR）技术是新兴起的一种体验式互动技术，具有沉浸性、可交互性、构想性三大特点[6]；二维码等技术贯穿整个项目周期。

4　总结

随着我国经济发展进入新的阶段，经济发展方式已经从高速发展转变为高质量发展稳步增长阶段，作为经济发展支柱之一的土木工程同样如此。在新的形势下，传统的建造模式已不能满足木工工程新的需求，建筑企业必须改变传统粗犷的生产方式，追求更加精益、集约、智能的生产方式[7]。

北京城市副中心站综合交通枢纽项目基于 BIM 技术进行智能建造技术研发与综合创新应用，不仅极大地提高了工程的建造质量，而且取得了巨大的经济、社会、技术和环境效益，对于建筑行业数字化、智能化转型升级有极大的示范引领作用，已实现如下目标：

（1）智能化钢筋棚及智能化机器人等设备的应用极大地提高了作业效率、降低了工人作业风险，降低工人劳动强度，提高生产效率。

（2）通过直观、动态的施工过程模拟和重要环节的工艺模拟，比较多种施工工艺方案的可实施性，提升项目施工过程的精细化施工与管理，提高进度管控能力。

（3）通过 BIM 技术与智能化建造平台的应用提升了项目管理水平，搭建项目级的 BIM 数据协同环境。

（4）通过智慧建造平台实现了人员管理、机械管理、物料管理、环境能耗管理、进度管理以及集成管理之间的协同工作，实时更新管理资料，提高了工程的智能化应用。

（5）开发安全信息化监测系统，解决盖挖工程复杂周边环境与工程实体的空间交互分析，建立了可视化施工安全风险实时预警系统。

当前对 BIM 的研究与应用仍处在摸索前进的过程，北京城市副中心站综合交通枢纽项目中的 BIM 基础与创新应用将成为宝贵的经验，在下个项目或以后的管理中起到参考和指导作用，未来仍需要不断拓展各类应用的延伸，不断探索 BIM＋更广泛的应用。

参考文献

[1] 吴佩玲，董锦坤，杨晓林．BIM 技术在国内外发展现状综述[J]. 辽宁工业大学学报(自然科学版)，2023，43(1)：37-41.

[2] 夏东，甄建，谭子龙．BIM 技术在特大地下交通枢纽设计中的应用[J]. 铁路技术创新，2019(1)：89-94.

[3] 杨冬，刘勇，邹家撇，等．BIM 技术在广州白云国际机场综合交通枢纽项目中的应用[J]. 施工技术，2018，47(6)：133-136.

[4] 周尚鹏，薛富刚，王卓．基于 P-BIM 技术的承插型盘扣式高大模板支撑架设计与施工[C]//《施工技术》杂志社，亚太建设科技信息研究院有限公司．2021 年全国工程建设行业施工技术交流会论文集(上册).《施工技术(中英文)》编辑部，2021：4.

[5] 盛海泉，覃婕，周吕，等．无人机倾斜摄影测量与 GNSS 土方量测算精度对比分析[J]. 测绘通报，2022(S2)：310-315.

[6] 胡德富．BIM 技术在建筑施工安全管理中的应用[J]. 砖瓦，2023，424(4)：119-121，125.

[7] 黄丽丽．物联网技术在智能家居中的应用分析[J]. 数字技术与应用，2022，40(9)：39-41.

[8] 赵沁平．虚拟现实综述[J]. 中国科学(F 辑：信息科学)，2009，39(1)：2-46.

[9] 刘子寒，白博阳，高鹏，等．BIM 技术的发展简介与前景展望[J]. 科技风，2023，529(17)：82-84.

基于 AR 与 BIM 技术融合在变电站工程中设计与验收的应用

高先来，张建宁，张永炘，侯铁铸，李兴乾，李佳祺，黄伟文，邓振坤

（广东创成建设监理咨询有限公司，广东 广州 510062）

【摘　要】针对变电站工程建设过程中的实际情况，提出利用增强现实（AR）和建筑信息模型（BIM）技术，将两者技术手段结合起来应用到变电站工程设计与验收中，并评估其对施工效率和质量的影响。首先介绍 AR 和 BIM 的基本概念和原理；然后分析在变电站工程中的应用场景，包括设计协调、施工可视化、工艺指导等；接着通过案例研究和实地调研，评估 AR+BIM 在变电站工程中的实际效果；最后总结 AR+BIM 在变电站工程中的优势和局限性，并对未来的发展趋势进行展望。

【关键词】增强现实；建筑信息模型；变电站工程；施工效率；施工质量

1　引言

变电站作为对安全性与可靠性要求很高的特殊电力工业建筑，其附属设施及其站内设备管线复杂，在有限空间内涉及多方专业和施工合作，而传统的施工方法普遍存在信息传递不畅、协调困难、施工效率低下等问题，因此提出利用增强现实（AR）和建筑信息模型（Building Information Modeling，BIM）技术两者融合，以 BIM 模型为载体，以 AR 方式呈现，为变电站工程施工带来基于信息化的解决方案。

BIM 技术通过数字化建模和协同设计，可以提供全面的工程信息和数据，实现设计、施工、运维等各个阶段的无缝衔接。而 AR 技术则通过将虚拟信息叠加到现实场景中，使得施工人员可以直观地查看和理解设计意图，提高施工过程中的准确性和效率。

本研究的目的是为电力行业的相关从业人员提供一个全面了解 AR+BIM 在变电站工程施工中应用的参考，以促进其在实践中的推广和应用。通过引入 AR+BIM 技术，有望有效提高变电站工程的施工效率、质量和安全性，推动电力行业的可持续发展。

2　概述

本文将探讨 AR 和 BIM 技术在变电站工程施工中的应用，并着重强调设计和验收两个方面。

设计在变电站工程施工中扮演着重要角色，设计的准确性和合规性决定了变电站的功能和性能。利用 BIM 技术，设计师可以与其他相关方进行协同设计，实现信息共享和协作，提高设计效率和准确性，不同设计专业之间的协同设计、碰撞检查，有助于施工深化设计，优化设计方案，提升设计质量。同时通过 AR 技术，设计师可以将设计方案以虚拟形式叠加到现实场景中，使相关人员能够直观地理解和评估设计意图，提高设计的准确性，并减少后期修改和调整的成本。

验收是确认设计规范和标准是否满足的关键环节。验收人员应仔细核查变电站的设计文件和施工图纸，确保其符合相关技术规范和安全标准。利用 AR 技术，验收人员可以将各类不同专业的设计图纸以 BIM 形式叠加展示在现实场景中，对比实际施工情况和设计方案的差异，从而更好地评估施工质量和设计合规性。

设计和验收的质量直接影响变电站的运行效果和安全性。通过合理利用 BIM 和 AR 技术，可以提高设计的准确性和效率，并更好地展示和验收设计方案。这将有助于提升变电站工程的质量和可靠性，促进电力行业的可持续发展。

3 AR+BIM 在变电站建设与管理过程中的作用

3.1 技术创新性

利用 BIM 技术，通过数字建模和信息管理，实现对变电站建筑、设备和管线等多维信息的集成和共享。联动 AR 技术结合实地环境和数字信息，将虚拟的电气设备、管线等信息叠加在实际场景中，实现实时的三维可视化呈现。最终通过 AR 和 BIM 的结合，在变电站建设和管理过程中实现数字化、可视化和协同化。

3.2 可解决的问题

设计优化：帮助设计人员更好地理解和分析变电站的空间布局、设备配置和管线走向，从而进行优化设计，提高效率和安全性。

工作指导：在现场提供实时指导，将设计信息与实际场景进行对比，减少错误和重复工作，提高工作质量和效率。

运维管理：为运维人员提供实时的设备状态和运行数据，在维修、巡检和故障排查过程中提供可视化的辅助，提高操作效率和准确性。

培训：用于培训，通过虚拟现实和交互式模型，让操作人员更好地理解和熟悉变电站的设备和操作流程。

4 针对变电站建设特点的 AR+BIM 技术创新点

AR 和 BIM 技术在建筑和设计领域中被广泛应用，为设计和验收过程带来许多优势。AR 技术通过将虚拟元素与现实世界相结合，提供了更直观的设计和验收方式。BIM 技术则通过数字化建筑信息，实现了设计和验收的高效协同。

4.1 变电站建设特点

变电站建设特点包括复杂性、安全性要求高、技术要求高、环境保护和维护运营等方面。在建设过程中需要重视这些特点，采取相应的措施，确保变电站的建设质量和可靠性。

复杂性：变电站作为能源输配系统的重要组成部分，涉及多种设备、管线和系统的布置和连接。变电站的建设需要考虑电源供应、输电线路、变压器、开关设备、保护装置等多个方面的因素，各个设备之间存在复杂的关联和相互作用。

安全性要求高：变电站作为电力系统的关键环节，安全性是首要考虑的因素。在建设过程中需要严格遵守安全规范和标准，确保设备和系统的可靠性和安全性，防止事故和故障的发生。

技术要求高：变电站涉及电力工程、电气工程、土木工程等多个领域的专业技术，对建设人员的专业素质和技术水平要求较高。建设过程中需要运用先进的技术和工艺，确保设备和系统的性能及质量符合要求。

环境保护：变电站建设需要考虑对周围环境的影响和保护，包括噪声、电磁辐射、废弃物处理等方面。建设过程中需要采取相应的措施，减少对环境的影响，保护生态环境的可持续发展。

维护和运营：变电站的建设不仅是一个工程项目，还需要考虑长期的维护和运营。建设过程中需要考虑设备的维护和保养、系统的运行和监测，以确保变电站的稳定运行和可靠性。

4.2 技术创新点——数据集成与对齐

AR+BIM 技术在变电站工程施工中的应用具有重要意义。通过对现场数据采集，包括建筑结构、设备、管线等信息，以 BIM 模型为载体，以 AR 方式呈现，通过相关平台软件实现 AR 技术与 BIM 模型技术的结合，并将其与现实世界的场景对齐，确保 AR 应用可以准确地叠加在现实世界中。

数据集成是将 BIM 中的数据转换为 AR 可识别的格式的过程。在 BIM 中，数据以三维模型、图纸、文档和属性的形式存在。首先，需要将这些数据导出为常见的 3D 模型文件格式，如 FBX、OBJ 或 COLLADA。然后，利用 AR 开发工具或软件，将导出的模型进行优化和处理，以适应 AR 应用的需求，这包括对模型进行减面、纹理映射和材质调整等操作，以提高 AR 应用的性能和效果。

数据对齐是将现实世界的场景与 AR 应用中的虚拟模型对齐的过程。这需要通过传感器、定位系统和计算机视觉技术来获取现实世界的位置和方向信息。在 AR 应用中，通常使用的传感器包括陀螺仪、加速度计和磁力计，用于测量设备的旋转和加速度。定位系统可以是 GPS、室内定位系统或基于图像识别的标志物。计算机视觉技术可以通过摄像头捕捉场景，并通过特征点匹配或 SLAM（同时定位与地图构建）算法来估计设备相对于场景的位置和姿态。

由于传感器和定位系统的误差，以及现实世界的变化和不确定性，虚拟模型可能会与现实世界存在一定的偏差。因此，需要进行数据校准来提高模型和场景之间的一致性。这可以通过在现实世界中放置参考点或标志物，并在 AR 应用中进行识别和定位来实现。校准的过程涉及模型的平移、旋转和缩放等操作，以确保虚拟模型与现实世界的对齐度达到较高的精度。

通过数据集成和对齐，AR 和 BIM 技术可以实现紧密的结合，带来更直观、可视化的设计和验收方式。设计师和验收人员可以通过 AR 技术在现场直接查看模型，并与 BIM 数据进行对比和验证，从而提高设计和验收的准确性及效率。

4.3 技术创新点——设计和可视化

AR 和 BIM 的结合在设计和可视化领域带来许多创新和改进。通过将项目相关信息模型以虚拟的形式叠加在现实世界中，AR 技术使设计师和用户能够更直观地观察和评估设计方案的效果。新技术和实现方式的应用进一步增强了这种结合的优势和潜力。

通过 AR 眼镜或移动设备，设计师可以在现场实时查看模型，并与其进行交互。AR 技术提供了更直观和沉浸式的设计及可视化体验，使设计师能够更全面地评估模型的外观、比例和空间布局等方面。用户也可以通过 AR 技术更好地理解和评估设计方案，提出自己的意见和建议，实现更好的合作与沟通。

3D 实景建模扫描技术的应用使设计师能够更准确地捕捉现有物体的几何形状和细节。通过激光或摄像头等设备进行三维扫描，设计师可以创建准确的信息模型，作为设计的参考和依据。这使设计师能够更好地理解现有物体的特征和限制，并在设计过程中进行更精确的参考和调整。与 AR 技术结合使用，实现现实世界场景与虚拟模型的精确对齐和叠加，提供更真实和准确的设计及可视化效果。

云计算和协同工作技术的应用，使设计团队能够实现多人在不同地点同时对同一项目进行设计和协作。通过云平台共享和访问信息模型及 AR 应用，设计师和团队成员可以实时共享设计思路和意见，进行实时的协同工作，这大大提高了设计团队之间的沟通和协作效率，加快了设计过程的速度和质量。云计算和协同工作技术的应用，使设计师能够更方便地访问和修改模型，实现更高效和精确的设计及可视化。

综上所述，AR 技术可以将信息模型以虚拟的形式呈现在现实世界中。这使设计师可以通过 AR 眼镜或移动设备，直接在现场查看项目模型，并与其进行交互。设计师可以快速检查设计方案的效果，发现潜在的问题并及时进行修改。此外，AR 技术还可以将设计方案展示给用户，使其更好地理解和评估设计效果，从而提高设计的质量和可行性。

4.4 技术创新点——验收辅助

在变电站工程施工验收中，存在以下问题：

（1）部分项目实际成果转化为可测量的成功标准时，定义验收标准无法足够客观，容易导致验收结果的主观性和不可靠性。

（2）验收流程复杂：变电站工程验收流程烦琐、复杂，需要多个部门和人员的参与和协调，耗费时间及资源。

（3）验收数据难以整合：验收数据难以整合，容易出现漏洞和错误，导致验收结果不准确。

为了解决这些问题，利用 AR+BIM 技术实现以下目标：

（1）实时可视化验收：AR 技术可以将 BIM 模型与实际场景相结合，实时投影虚拟信息到真实环境中，使验收人员能够直观地看到设计方案与实际施工之间的差异，这有助于准确评估施工质量和合规性。

（2）错误检测和问题解决：通过 AR 技术，验收人员可以在实际场景中快速发现施工中的错误和问题。通过将 BIM 模型与实际施工进行对比，可以及时发现并纠正设计或施工中的错误，避免后期修复和额外成本。

（3）实时数据管理：AR+BIM 技术可以实时获取和管理施工过程中产生的数据。这些数据包括进度、质量检查、材料使用等信息。验收人员可以通过 AR 技术访问这些数据，了解施工的实时情况，并对验收结果做出准确的判断。

（4）协作和沟通：AR+BIM 技术可以提供协同工作和信息共享的平台。验收人员可以通过 AR 技术与其他相关人员实时共享和交流，协作解决施工中的问题，并及时更新验收结果。

（5）文件管理和档案归档：AR+BIM 技术可以帮助实现施工验收过程的文件管理和档案归档。通过数字化的 BIM 模型和 AR 技术，可以将验收过程中生成的文件和记录直接与对应的位置和构件相关联，方便后续的查阅和管理。

通过以上方式，提高了验收质量，避免主观性和不可靠性；通过 AR 技术的辅助，在验收流程中提供实时的虚拟演示和导航指引，缩短验收时间，减少耗费的时间和资源；通过 BIM 模型和 AR 技术的结合，整合验收数据，提高验收效率，避免出现漏洞和错误。

5 应用场景

5.1 设计优化

5.1.1 协同设计（图 1～图 3）

方便地进行多专业整合：一次电气、二次电气、主变、通风、消防、给水排水等各专业构件精确建模，选用不同的颜色、图层、线形和材质，直观地看出专业间的相互关系。

对任意空间剖切，展示所有想看到的空间，尤其是对于全户内的变电站设计更为有利；基于 BIM 技术直观、开放的协同设计平台的特点，使得各专业能够进行各种数据的共享和传递。

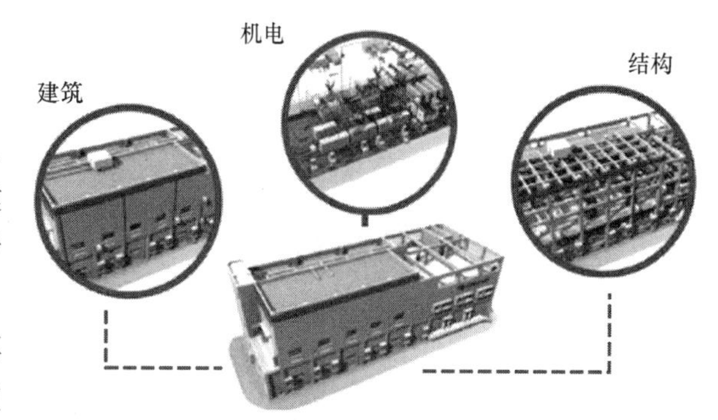

图 1 界面共享示意图

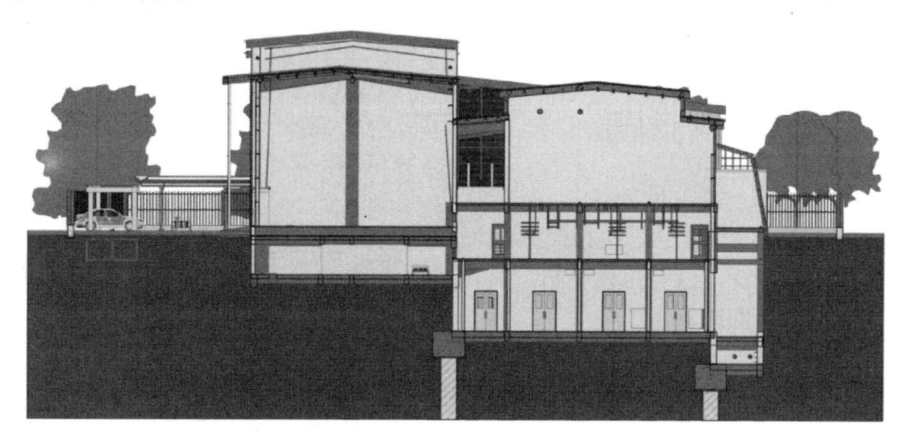

图 2 项目整体建模

各专业设计人员在该环境中进行设计，更容易对各专业的技术参数和规范要求等作出正确的理解，并进行高效的协同设计，有效解决专业间的碰撞问题和不合理的设计问题，从而优化设计和提高设计质量。

5.1.2 优化管线排布方案（图 4、图 5）

在设计阶段可优化变电站工程设计，优化管线排布方案，优化净空，减少设计变更和施工返工的可能性。

设计优化前，设计消防管道标高与配电装置楼基础承台冲突；设计优化后，消防管道标高在基础承台上，避免冲突。

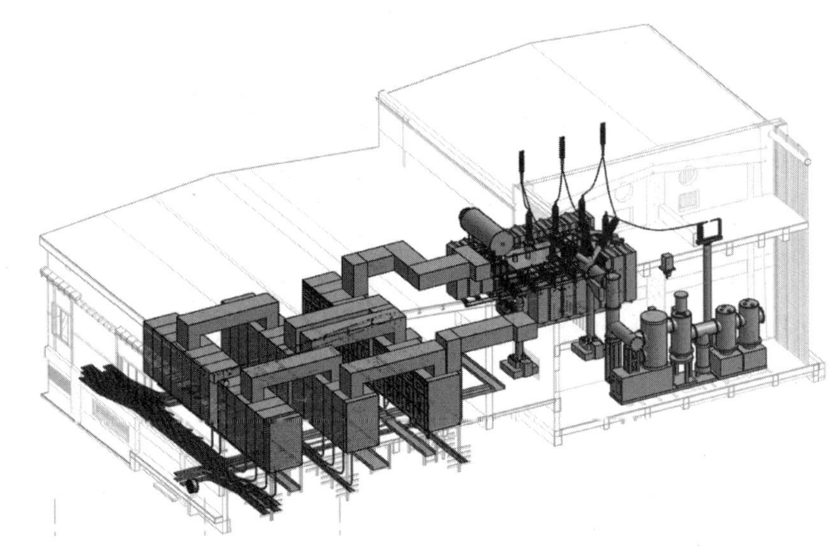

图 3　各界面数据融合后可按需查看相关数据

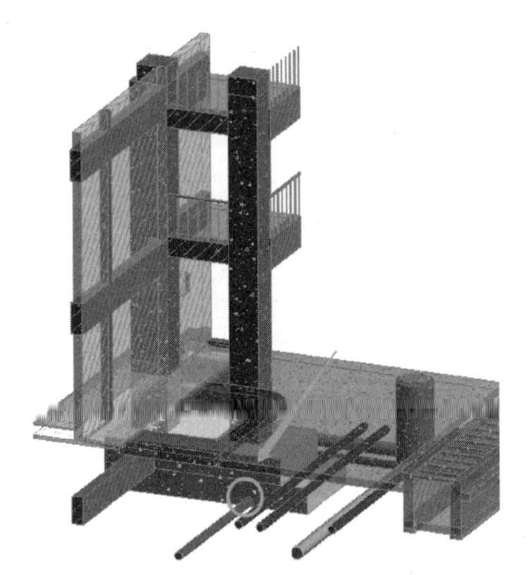

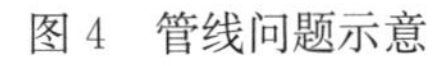

图 4　管线问题示意

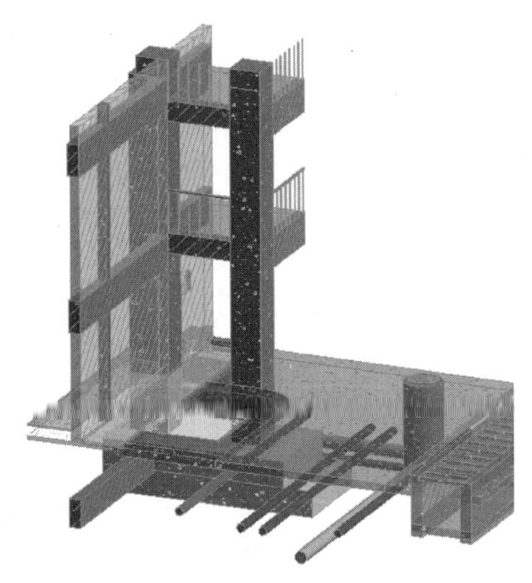

图 5　管线优化建议

5.1.3　模型碰撞（图 6）

利用可视化的变电站 BIM 模型帮助相关人员对变电站的整体布置进行检查分析，以纠正设备布置中出现的错误以及实现变电站空间资源利用的最大化。在实际变电站 BIM 模型的建立过程中，出现了结构梁与顶棚发生碰撞的问题。通过对整体模型的碰撞检查，及时发现这一问题并进行优化。

运用碰撞检测工具查找专业内或专业间存在的碰撞问题，避免传统二维设计专业间沟通不及时产生的专业间的碰撞问题，及时发现设计过程中的碰撞错误；针对带电设备的电气距离进行校验，包括点校验和线校验，实现软碰撞检查，确保设计质量安全；施工实施前，在 BIM 模型中查找工程项目中各专业（结构、暖通、消防、给水排水、电气桥架等）内部或专业之间设施在空间使用上的冲突并形成报告(图 7)，解决传统模式下各专业的独立检查校对无法发现的专业间的冲突问题。

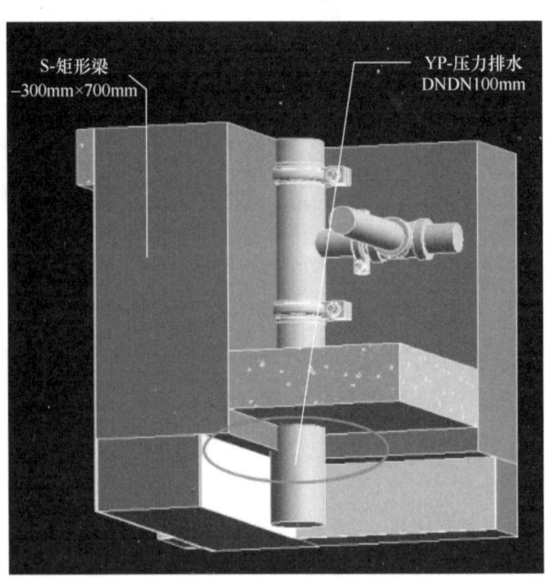

图 6　碰撞问题示意图

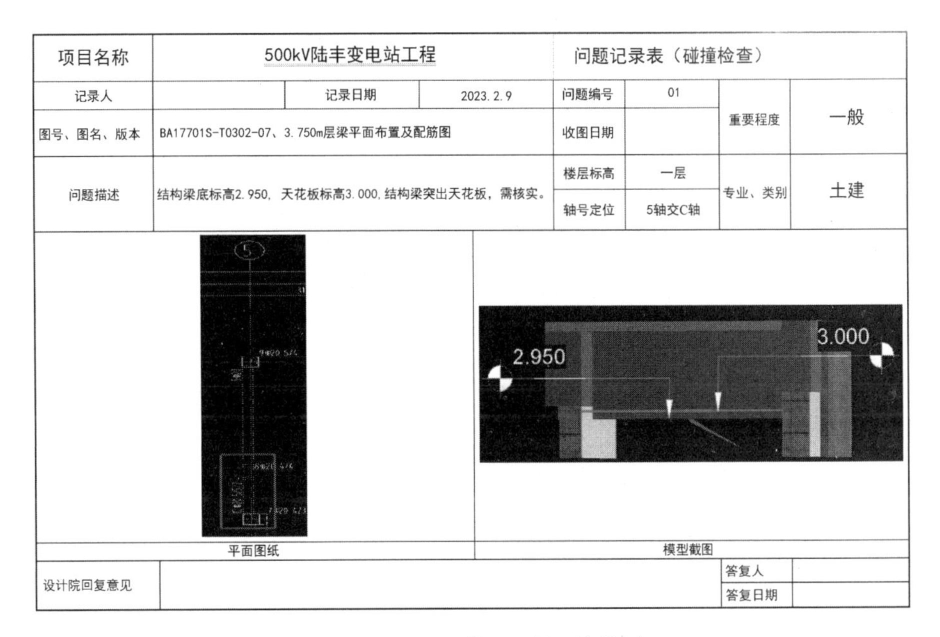

项目名称	500kV陆丰变电站工程			问题记录表（碰撞检查）			
记录人		记录日期	2023.2.9	问题编号	01	重要程度	一般
图号、图名、版本	BA17701S-T0302-07、3.750m层梁平面布置及配筋图			收图日期			
问题描述	结构梁底标高2.950，天花板标高3.000，结构梁突出天花板，需核实。			楼层标高	一层	专业、类别	土建
				轴号定位	5轴交C轴		
平面图纸				模型截图			
设计院回复意见						答复人	
						答复日期	

图7　基于BIM模型碰撞示例报告

深度要求：根据管线实际尺寸进行建模，考虑施工安装空间的需求，对管线进行综合优化布置，要求达到各专业间零碰撞目标。各设备管线连接正确，空间位置与施工相匹配，工程信息准确无误。

5.1.4　电缆优化（图8）

相比传统的在二维图纸中进行电气缆线路径设计，利用BIM技术可以更直观地将空间走向和可行性可视化，进一步优化最佳的敷设路径，从而节省工程造价。

通过BIM技术模拟电气缆线的走向，可以提前预知缆线经过的区域可能遇到的问题或困难。这有助于避免交叉碰撞和冲突，减少施工过程中的返工现象。在BIM模型中，可以对缆线进行虚拟敷设，并进行碰撞检测和冲突分析，以确保敷设路径的合理性和可行性。

此外，BIM技术还可以提供多样的电缆敷设情况展示效果，相比传统的二维图纸，更能直观地展示设计意图。在BIM模型中，可以根据设计要求和施工实际进行可视化展示，包括缆线的路径、走向、高度、连接方式等，使设计意图更加清晰明了，减少误解和降低沟通成本。

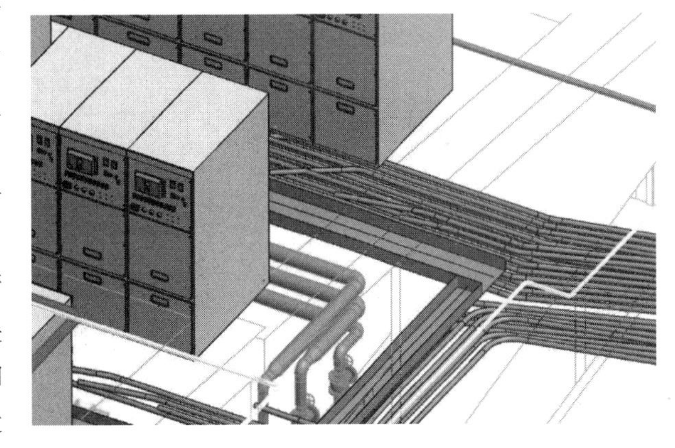

图8　电缆优化展示

因此，利用BIM技术进行电气缆线路径设计可以提供更直观、准确和可视化的结果，优化敷设路径并避免问题和困难，从而节省工程造价并提高施工效率。

5.1.5　工程量计算（图9）

AR和BIM技术在设计优化及工程量计算方面具有重要作用。首先，AR技术可以将BIM模型与实际场景进行叠加，实时显示设计方案在实际环境中的效果。这样设计人员可以通过AR技术直观地感受设计效果，对设计进行优化和调整，以提高效果和减少设计问题。同时，AR技术还可以提供实时的尺寸、角度和距离等信息，方便设计人员进行精确的工程量计算。

其次，BIM模型可以作为设计优化和工程量计算的依据。通过BIM模型，设计人员可以对设计方案进行多方位的分析和评估，包括空间布局、材料选择、构件尺寸等。这样可以优化设计，减少材料浪费和降低施工难度，提高工程效率和质量。同时，BIM模型中嵌入的属性信息可以用于自动生成工程量清

图 9 直观的工程量查看

单，减少人工计算的错误，提高工程量计算的准确性和效率。

5.2 验收辅助

使用 AR 和 BIM 技术在变电站工程施工中的应用可以大大提高设计和验收的效率及准确性。通过将 BIM 模型与现场实际施工情况进行比对，可以及时发现设计问题和施工差错，提前进行调整和纠正，避免后期的返工和变更。同时，利用虚拟现实技术，可以实现对变电站管线部分的三维模型还原，提高验收的精度和准确性。施工管理人员通过 AR 技术，可以直观地在现场对比 BIM 模型与实际构件，轻松地进行验收，并及时反馈给相关方，确保工程质量符合设计要求。

5.2.1 变电站主验收对象关键检查点信息处理

选取变电站模型，如变电站电气、暖通等，首先导入三维数字化模型参数，再通过三维数字化模型与实物模型的融合显示，实现交互式标记设备三维数字化模型的关键检查点，标记、计算并显示关键检查点之间的位置信息。

变电站三维数字化模型参数导入。BIM 三维数字化模型参数承担着基准信息数据库的重要作用，需要最大限度地保留原 BIM 模型的参数完整，杜绝重复建模。BIM 三维设计平台与 AR 增强现实应用引擎属于不同的系统平台，平台彼此间的数据传导必须借助标准化的三维数据。因此 BIM 三维数字化模型导入 AR 增强现实应用引擎前，需完成数据的标准化处理。

5.2.2 验收三维数字化模型与实物模型融合显示（图 10）

基于云计算的 BIM 协同平台对于变电站工程施工验收起着重要作用。它实现了实时的数据共享，使

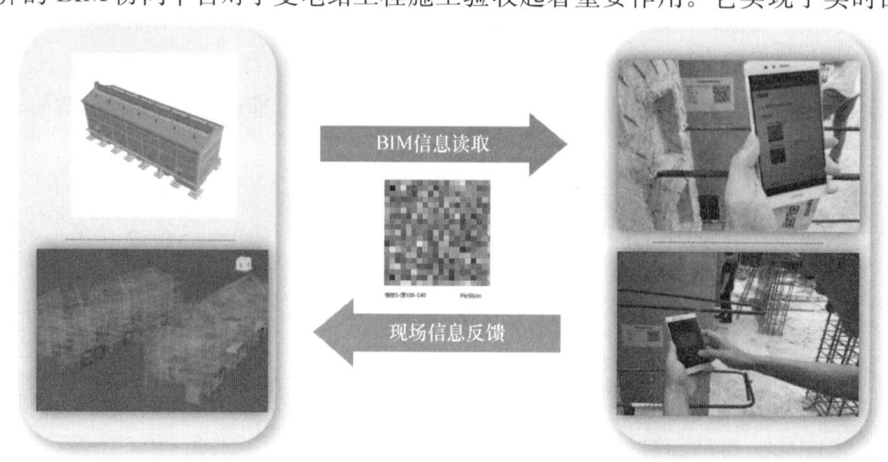

图 10 数字化模型与实物模型融合移动端

验收人员能够随时访问工程设计和施工方案，并获取施工数据、验收信息和设备材料等检验批资料。这样，验收人员能够实时监督和评估工程的实际进展及质量情况。同时，通过将施工数据和验收信息上传到云端的BIM协同平台，实现了施工资料和验收资料的数字化整理及归档。验收人员可以方便地查阅和管理各种资料，提高工作效率，减少纸质文件的使用和降低管理成本。

基于BIM模型的数据展示和分析，使验收人员能够直观地了解施工质量和合规性，并对数据进行追溯，查找相关的施工记录和验收报告。此外，BIM协同平台还促进了不同部门和人员之间的协同工作。通过实时通信和协作工具，验收人员可以快速解决问题、提出建议和共享意见，提高了沟通效率和工作质量。

5.2.3　隐藏工程管线检查（图11）

AR和BIM技术在变电站工程施工验收方面的隐藏管线检查中具有重要作用。首先，通过将BIM模型与AR技术结合，可以实时将设计好的管线模型叠加到实际施工场景中，帮助施工人员准确理解管线的布局和连接关系。这使得施工人员能够快速了解管线的走向、尺寸和连接点，减少施工中的错误和调整。

其次，AR技术可以将施工和验收的标准及要求以图文等形式进行展示，通过AR设备的引导，施工人员可以按照指引进行工作，从而减少施工错误和疏漏的可能性。此外，AR技术还可以结合BIM模型，提供实时的施工进度和质量信息，便于监督和管理。

AR技术结合BIM模型还可以实现施工记录的实时更新和管理。施工人员可以通过AR设备在实际施工过程中记录关键信息，如安装位置、施工时间、材料使用等，并将这些信息与BIM模型同步，便于后期的验收和维护。

图11　隐蔽工程管线对照查看

5.2.4　工程验收技术算法

通过AR应用引擎，实现竣工验收尺寸的动态显示、标记及计算。根据实物模型的数学几何关系，构造实物模型的几何方位，以AR形式完成设备的尺寸测量。借助AR智能移动终端，将竣工验收实测项与三维模型基准进行一致性评估。

5.2.5　协同处理步骤（图12～图14）

通过移动端软件扫码二维码，可以通过AR将BIM模型直接与施工现场进行准确的定位，施工管理人员可以核查现场管线、预留孔洞、支吊架是否按照BIM模型导出的图纸进行预留和布置。

将变电站BIM模型导入软件中，由软件与现场坐标进行叠加，软件生成二维码并在现场粘贴相应的二维码，可通过二维码等方式来进行模型定位。

图12　移动端融合显示

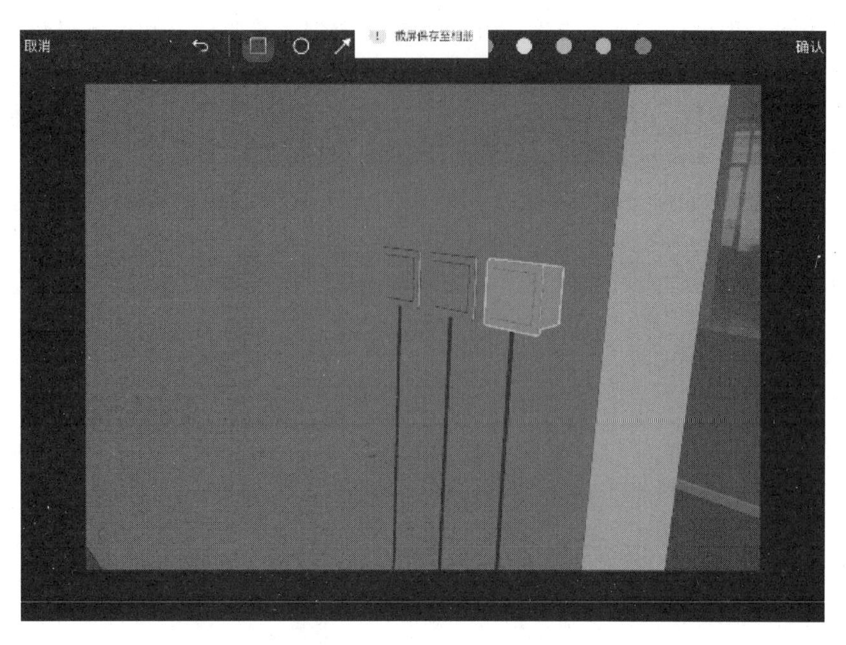

图 13　移动端开关面板验收

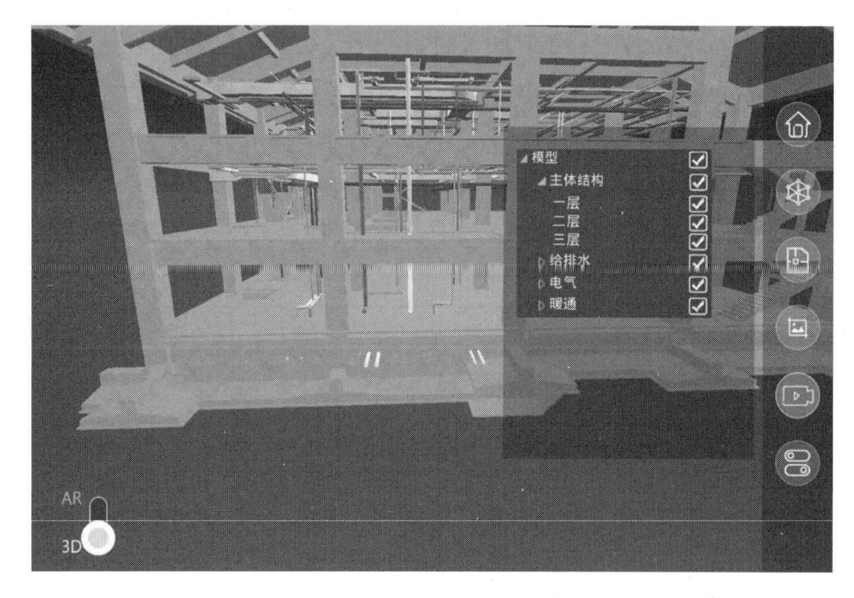

图 14　BIM 模型＋AR 楼层验收

6　结论

在设计阶段，AR＋BIM 技术可以提供可视化的建模和布局，帮助工程师和设计师更好地理解和规划管线、设备和结构的位置及连接方式。这有助于确保设计的准确性和一致性，减少设计错误和冲突的发生。在施工验收阶段，AR＋BIM 技术可以提供实时的施工进度和质量信息，帮助监督和管理施工过程，记录施工记录和文档，便于后期的维护和管理。通过 AR＋BIM 技术的应用，可以提高施工效率，减少错误和疏漏，提升工程质量和安全性。

变电站工程施工中，AR 和 BIM 技术可以提供高效、准确和可视化的工程设计和施工方案，帮助工程师、设计师和施工人员更好地理解和规划工程，减少错误和疏漏，提高工程质量和安全性。随着 AR 和 BIM 技术的不断发展和应用，预计在未来几年内，这些技术将进一步完善和成熟，为变电站工程的设计、施工和验收提供更加智能化、高效化和可视化的解决方案。同时，随着 AR 和 BIM 技术应用成本的降低和技术的普及，更多的企业和项目将会采用这些技术，推动行业的发展与进步。总体来说，AR和BIM技术在变电站工程施工中的应用前景非常广阔，并且将对工程建设和管理产生积极的影响。

参考文献

[1] 刘北贤，向英豪．基于BIM技术的项目精益建造应用研究[J]. 四川建筑，2021，41(S1)：199-201，204.

[2] 杜瑞利．基于BIM技术的精益建造工程项目管理研究[J]. 现代城市轨道交通，2020(9)：86-89.

[3] 黄振中．基于精益建造理论的建筑工程项目管理研究[J]. 智能建筑与智慧城市，2020(3)：55-58.

[4] 朱森良，姚远，蒋云良，增强现实综述[J]. 中国图像图形学报，2004(7)：3-10.

[5] 清华大学软件学院BIM课题组，中国建筑信息模型标准框架研究[J]. 土木建筑工程信息技术，2010，2(2)：1-5.

[6] 汪和龙，刘亚庆，盛晓云，等，BIM技术在模块化装配式变电站综合管线优化性应用概述[J]. 自动化应用，2017，(12)：136-137，139.

[7] 李佳祺，高来先，张永所，等，基于BIM一体化平台的变电站智能运维管理[C]//中国图学学会建筑信息模型(BIM)专业委员会，第五届全国BIM学术会议论文集，北京：中国建筑工业出版社，2019：255-259.

BIM 技术在绿色建筑全生命周期内减废降碳的精细化应用

李梓维，李艳秋，张自成，王贺征，齐军营

（中建一局集团第五建筑有限公司，北京 100024）

【摘　要】 在“双碳”目标的驱动下，绿色转型将成为建筑行业的重要发展方向。本文首先介绍了绿色建筑和建筑信息模型（BIM）技术的概念以及二者结合的优势；其次从设计、施工与运维的建筑全生命周期角度探讨了 BIM 技术在绿色建筑中的应用；接着分析了 BIM 技术实现减废降碳的途径；随后以公司自主研发的施工现场材料智能动态存取管理软件为实例，展现了 BIM 技术在绿色建筑中的实践效果；最后对 BIM 技术与绿色建筑相结合的未来发展趋势做出展望。

【关键词】 BIM 技术；绿色建筑；全生命周期；减废降碳

1　引言

自工业革命起，世界各国在大力发展工业建设的同时排放了大量的温室气体，导致全球气候变暖，对生态环境造成了严重破坏。据联合国政府间气候变化专门委员会（IPCC）测算，全球必须在 2050 年达到二氧化碳净零排放[1]，我国于 2020 年提出“双碳”目标，即在 2030 年实现碳达峰，2060 年实现碳中和。而建筑行业是中国主要能源消耗与碳排放的行业，推动绿色建筑的大力发展对于实现“双碳”目标尤为重要。近年来，在建筑业绿色转型的实践中不难发现，绿色建筑尤其注重对建筑全生命周期的数据分析，传统技术在数字化信息传输方面存在明显缺陷，而具有可视化、模拟化、信息化、协作化等特点的 BIM 技术可以很好地解决这一问题，BIM 技术不仅能对建筑所处环境进行关联模拟分析，而且能对建筑不同系统进行能耗数据分析，从而实现建筑全生命周期的信息化管理，保障其节能、节地、节水、节材效果，对实现绿色建筑减废降碳起到至关重要的作用。

2　相关概念与现状问题

2.1　绿色建筑与 BIM 技术

绿色建筑是指在建筑全生命周期内，最大限度地节约资源、保护环境和减少污染，为人们提供健康、适用和高效的使用空间，与自然和谐共生的建筑[2]。相较于传统建筑，绿色建筑讲究因地制宜、就地取材，并考虑充分利用可回收材料，减少废弃物产生；同时积极引入可再生能源，减少传统能源消耗，降低碳排放[3]，从而实现可持续发展。

BIM（Building Information Modeling，建筑信息模型）涵盖了整个项目中所有专业的信息和功能性表达，将建设项目中的所有信息包括设计环节、施工环节、运营管理环节的信息有机地整合到一个共享建筑模型中[4]。BIM 技术将传统建筑行业中的二维图纸表达方式转化为三维模型的表达方式，从而以可视化的角度模拟项目各阶段的建设情况并进行预先调控，集成建筑全生命周期内的模型、进度与成本等信息，通过模型共享的方式促进多方的信息交流与协作。

【作者简介】 李梓维（1994— ），男，中建一局集团第五建筑有限公司华南分公司科技管理。主要研究方向为绿色建筑与数字建筑。E-mail：liziwei1994h@163.com

2.2 BIM技术在绿色建筑中的应用难点

BIM技术应用于绿色建筑最核心的优势是两者均关注建筑物全生命周期的信息管理。绿色建筑提倡将“四节一环保”的理念贯穿于从建筑设计、施工到运维阶段的全生命周期；BIM技术注重建筑全生命周期各阶段的信息协同和集成管理，两者的结合在互补的同时能最大限度地发挥BIM技术的优势。然而在实际应用过程中，BIM技术的应用常常流于形式、浮于表面，并未真正实现在绿色建筑全生命周期的深层次应用。因此，本文就如何利用BIM技术更好地指导绿色建筑工程实现减废降碳，达到“四节一环保”的目标展开讨论。

3 BIM技术在建筑全生命周期中的应用

建筑全生命周期（Building Life-cycle Management，BLM），简单地说是指从材料与构件生产、规划与设计、建造与运输、运行与维护直到拆除与处理（废弃、再循环和再利用等）的全循环过程。建筑工程项目具有技术含量高、施工周期长、风险程度高、参与单位多等特点，因此合理划分建筑全生命周期对于整体把控工程项目至关重要。一般将建筑全生命周期划分为三个阶段，即设计阶段、施工阶段和运维阶段。笔者所在公司在承接的重点绿色建筑项目中将BIM技术在其全生命周期进行精细化应用，并已有以下成果。

3.1 设计阶段的应用

BIM技术在绿色建筑设计的各个阶段均有着重要应用。在方案设计阶段，BIM技术可用于场地环境模拟、建筑能耗模拟等，利用其可视化和参数化的特点，可为设计人员提供方案比选依据，从而选出最优方案。比如，通过Ecotect软件中的环境模拟功能可以进行建筑所处场地的日照分析、气候分析等（图1）；在初步设计阶段，BIM技术可用于各专业系统方案的优化设计，主要包括对建筑体形体量的优化、室内空间舒适度的优化等，利用其在风、光、热、声、能源等方面的性能模拟，验证设计项目建成后的预期运行效果，并根据对效果的直观感受进行设计方案的优化调整。比如，广发金融中心（北京）项目利用计算流体力学（Computational Fluid Dynamics，CFD）技术将项目数据机房内部的空气流场可视化，优化了原设计方案的通风设计；在施工图设计阶段，BIM技术可用于各专业协同深化设计，利用其数据高集成化、一“模”到底的特点，可提高各专业协作效率，缩短建筑设计周期，最终产出精准完备的设计成果。比如，华侨城深圳湾新玺名苑项目运用Navisworks软件对幕墙构件与建筑结构及机电管线进行碰撞分析，导出碰撞检查报告，据此对发生碰撞的部分进行深化设计，有效避免了返工问题。

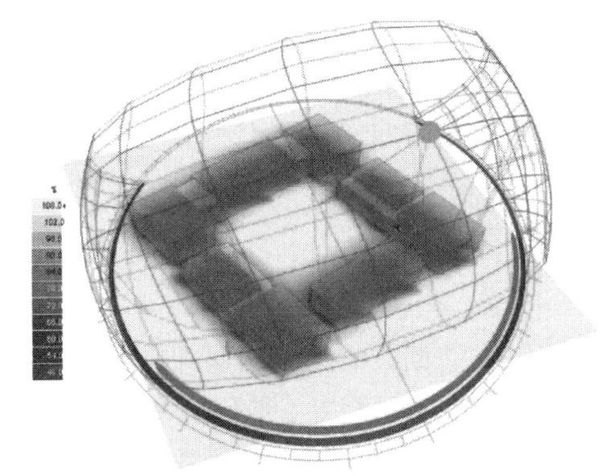

入射辐射情况
通过建筑表面的总入射、直射和散射的太阳辐射，计算规划建筑有效的入射太阳辐射。

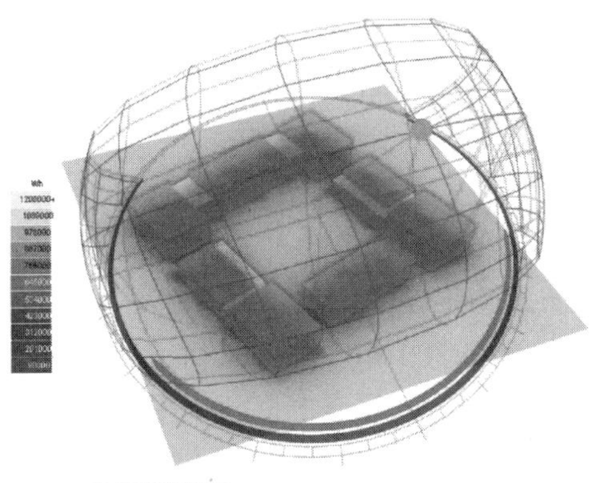

自然照度情况
通过对自然照度下的天空、室外和室内的计算，显示规划内的自然采光情况。

图1 场地日照分析图（图片来源：Ecotect软件生成）

3.2 施工阶段的应用

在绿色建筑项目施工阶段，施工方应提前明确前期绿色建筑设计制定的最终目标，结合实际施工情况采取相应的技术手段，将节能、节地、节水、节材、环保等方面的具体指标进行量化，用数据将减废降碳的措施落在实处，避免节能环保的绿色理念浮于表面。在绿色建筑项目施工过程中，BIM 技术主要可应用在绿色施工工艺模拟及其可视化交底、施工进度计划管理、工程量明细精准统计等方面。

例如，华侨城深圳湾新玺名苑项目利用 BIM 技术对幕墙专业的全过程施工方案进行可视化模拟，以清晰直观的形式进行分部分项工程的施工技术交底，实施过程中通过对幕墙单元板块的组装、垂直运输与维修更换等环节的模拟，将其中复杂的细部构造与工艺流程直观地传达给每一位施工人员，降低了错误施工、反复施工等不必要施工程序出现的风险，避免了材料与工期的浪费；观澜文化小镇公共服务平台项目利用 BIM 技术进行施工进度计划管理，通过输入建筑构件数目等参数，将工程进度与 BIM 模型相关联（图 2），实时展现进度计划、实际进度及两者间的偏差，对关键节点进行提醒与警示，显示工程提前和滞后情况，利于分析项目进度的影响因素，从而精准把控工程进度；龙岗区妇幼保健院扩建工程项目利用 BIM 技术对实体工程量进行统计，自动生成工程量明细表，从而实现建筑材料的精细化管理，避免出现严重的施工材料浪费行为。

3.3 运维阶段的应用

在绿色建筑建成并投入使用后，物业管理人员可以利用 BIM 技术构建综合运维管理平台，通过其庞大的数据库进行复杂运算，进而对各类设备的运行情况进行分析和评估，可以应用于各个管理部门，给建筑的绿色运营维护提供可视化技术支持。比如，在安防监控方面，将 BIM 技术与远程监控技术相结合，能够降低传统安防工作中画面寻址的难度，通过在楼栋模型中对摄像头进行精准定位，能第一时间进行准确响应，并自动触发报警系统，提升整栋建筑的安保级别；在能耗数据分析方面，将 BIM 技术与物联网技术相结合，利用传感器收集建筑物环境、能耗数据，同时录入温度、电量、能耗等设备参数信息（图 3），将这些数据与 BIM 模型进行绑定，通过系统对数据的分析进一步优化建筑使用过程中的节能减排方案。

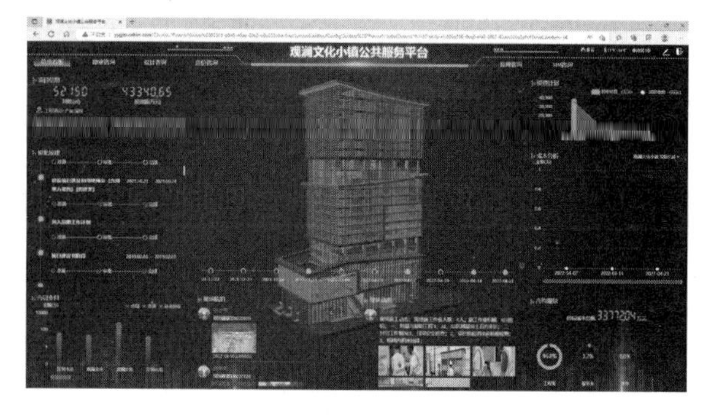

图 2　项目集成化信息管理平台示意图
（图片来源：作者自绘）

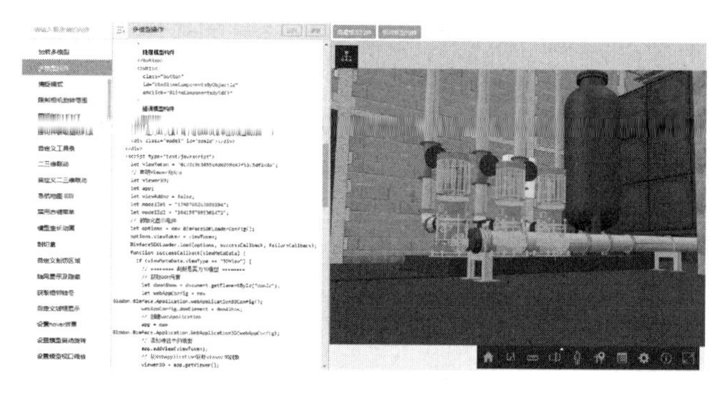

图 3　建筑设备信息集中管理示意图
（图片来源：作者自绘）

4　BIM 技术实现减废降碳的途径

4.1　建筑碳足迹分析

英国可持续计量中心研究人员 Wiedmann 基于之前学者与组织的相关研究，对碳足迹定义如下：碳足迹是人类在生产和生活过程中直接或者间接产生的二氧化碳排放量，并可以二氧化碳排放量来描述碳足迹的运动过程[5]。碳足迹进一步可分为直接碳足迹和间接碳足迹，直接碳足迹表示直接消费化石能源等产生的碳足迹，而间接碳足迹表示产品在生产、使用过程中所产生的碳足迹[6]。在此基础上可对建筑碳足迹进行定义，即建筑全生命周期内所产生的碳足迹。建筑碳足迹可为绿色建筑的评价提供数据支持，是十分重要的技术指标。

计算建筑碳足迹是一项很烦琐的工作，其所必须具备的两大基础数据是碳足迹因子数据库和建筑材料及施工机械的工程量，碳足迹因子数据库在之前学者的调查和研究中已经基本建立完成[7]，而 BIM 模型能够全面、准确地记录在建项目数据，包括建筑材料、施工过程和机械设备等，利用其强大的运算能力完全可以支持建筑材料与机械工程量的计算，同时配合各省市地区颁布的建筑工程消耗量定额对主要材料使用量进行修正，其最终的数据质量能够得到相应的保证。

由此，BIM 技术可以帮助我们精确计算建筑碳足迹，通过对相关涉及数据的分析比对，进而找出优化节能减排、实现减废降碳的关键因素。目前相关专家学者已初步构建出基于 BIM 技术的绿色建筑碳足迹计算平台[8]（图 4），中国建筑一局（集团）有限公司（以下简称中建一局）自主研发的碳数据监测管理平台现已在 470 余个项目中投入使用（图 5），可对建筑原材料、施工建造和建筑运维三方面的碳排放进行统计和实时监测。相信经过后续不断的完善和升级，建筑碳足迹计算将变得简单而精准，其所提供的数据将对绿色建筑星级评分提供重要依据与支持，进而实现绿色建筑的减废降碳目标，推动绿色建筑行业领域快速发展。

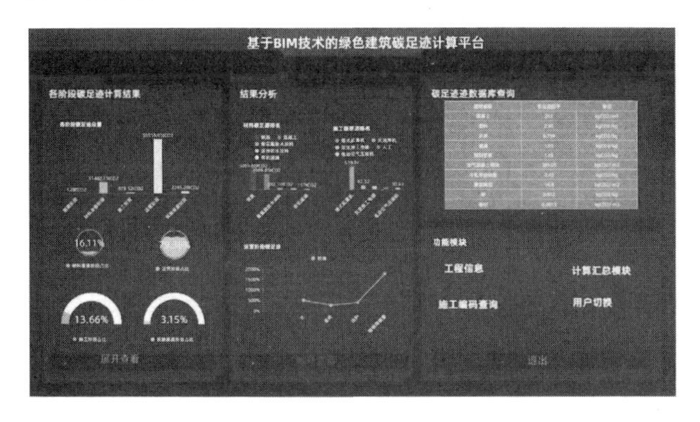

图 4　基于 BIM 技术的绿色建筑碳足迹计算平台示意图
（图片来源：参考文献［8］）

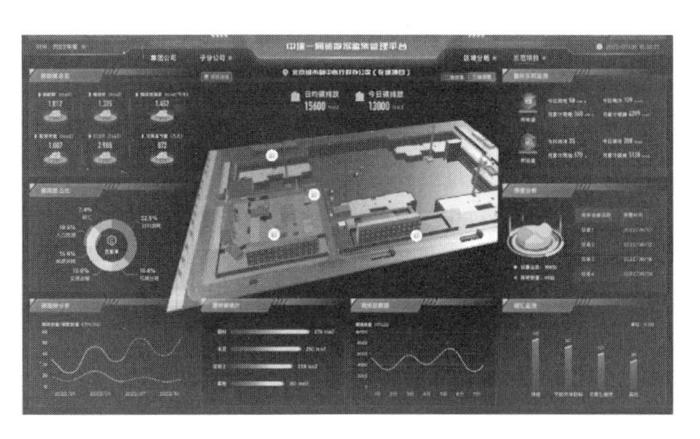

图 5　中建一局碳数据监测管理平台示意图
［图片来源：中国建筑一局（集团）有限公司提供］

4.2　建筑能源管理

能源管理是对能源的生产、分配、转换和消耗的全过程进行科学的计划、组织、检查、控制和监督工作的总称。通过优化建筑设计方案、采用节能设备与技术、提高能源利用效率等手段，可以有效降低建筑物的能耗，实现建筑能源资源的有效利用与管理。

BIM 技术在建筑能源管理的应用十分广泛，可以渗透建筑全生命周期的全过程中。在设计阶段，可以通过 BIM 模型对建筑物的能耗进行预测和优化，从而降低建筑的能耗设计指标。例如，可以利用 BIM 模型中的能耗模拟功能，对建筑物的采光、通风、空调等方面进行优化设计，提高能源利用效率；在施工阶段，可以通过 BIM 模型对施工过程进行可视化管理和协调，确保施工过程中能源的有效利用。例如，可以通过 BIM 模型中的进度管理功能，对施工进度进行实时监控，合理安排施工顺序，避免能源浪费；在运维阶段，可以通过 BIM 模型对能源数据进行实时监测和管理，及时发现并解决能耗问题。再例如，可以通过 BIM 模型中的能耗分析功能，对建筑物的能耗情况进行动态监测，对于能耗数据异常的系统及区域可以高效定位并快速排除故障。总之，利用 BIM 技术有助于绿色建筑进行可视化、精细化、全周期的建筑能源管理，在精准翔实的数据支持下实现绿色建筑的减废降碳目标。

5　BIM 技术在绿色建筑减废降碳中的具体实践

为了降低无序管理带来的材料损耗，提高有限施工场地的利用率，中建一局集团第五建筑有限公司自主研发了施工现场材料智能动态存取管理软件，并在华侨城深圳湾新玺名苑项目中测试软件的实际效果，通过使用软件指导现场材料堆放区域的规划以及施工材料的存取，以期通过节材、节地与节能，实现绿色建筑的减废降碳。软件开发过程可从如下三个方向展开。

5.1　施工材料选型与采购批次的研究

工程涉及的材料种类众多，但并非所有施工材料均适合做动态存取管理，因此需要采用权重分析法选定合适的材料种类。首先，梳理项目的材料种类；其次，枚举出材料的各个属性；然后，筛选出影响材料选型的重要指标，如材料的周转频率、施工现场的存放要求、成本等指标，确定指标的权重；最后，建立权重分析数学模型，按综合权重分值高低进行排列，通过层次分析法与 TOPSIS 算法编写代码，计算确定动态存取管理材料的种类数量、名称，从而完成材料选型。

施工过程中材料的采购一般是分批次进行的，有些材料为即用即采，如混凝土等，有些材料为低频大批量采购，如钢管、扣件等，有些材料为中频中批量采购，如砌块、管材等，而材料的采购批量的占地面积与时间情况是动态存取管理的基础要素。因此，通过结合材料随进度的实际需求、采购批量对存储的要求等因素建立数学模型，并对各因素进行计算加权，得到材料的最优采购单元。

5.2 施工场地规划与动态布置的研究

研究人员按照长期、短期、二次搬运要素等因素进行分析，通过无人机对现场进行航拍，盘点现场区域的可用存储空间，对航拍图采用alpha通道叠加的方式划分固定存放区和动态存放区。

当施工材料存放于场地的动态存取区域内时，为实现材料的有序存放和最优匹配，研究人员需要对动态存取区域进行标记，即识别区域内空间是否已被占用，因此需要对动态存取区域进行分割和编号。研究人员通过对工程所用材料的梳理，将分割单元的尺寸定为5m×5m，可以满足大部分周转材料的最小存放需求，并形成场地整体的单元分割图，在最终选定进行动态存取管理的材料后，将对此分割尺寸进行修正。为了便于项目人员在施工现场进行场地的划分，通过模块化场地存放单元标定器的方式实现此项功能设计。

研究人员采用BIMface平台做二次开发，并进行模型色差表达实验，以实现场地占用信息与BIM模型的挂接，从而达到BIM模型轻量化处理和基于模型颜色变化的信息表达的目的（图6）。

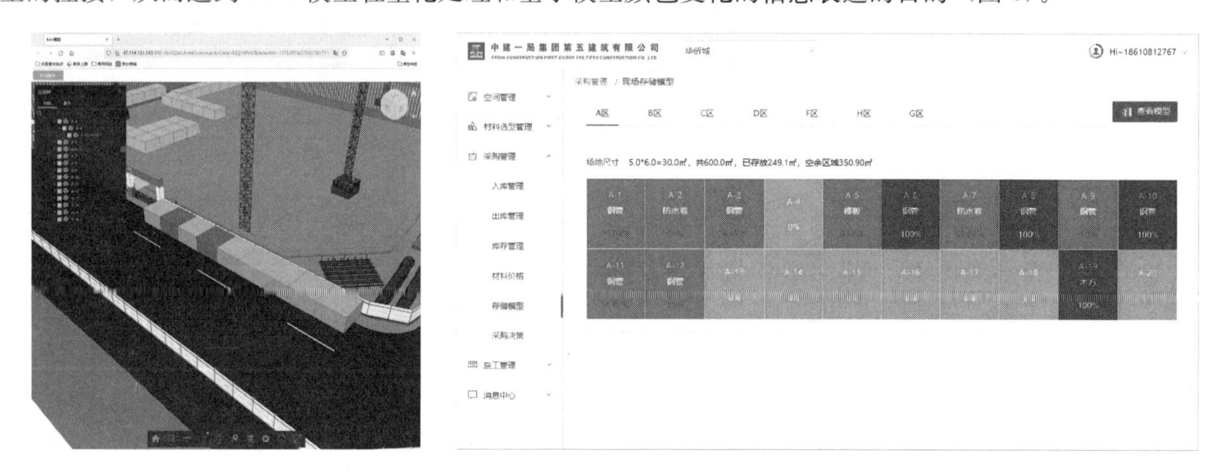

图6 基于模型颜色变化的信息表达示意图（图片来源：作者自绘）

5.3 材料与空间智能匹配技术的研究

研究人员通过成品化带有称重和联网功能的硬化地面装置，实现了现场场地占用情况的判定以及对现场材料的自动盘点，并将场地信息传输至包含动态存取管理区的BIM模型，从而完成材料与空间的动态匹配。

为实现该施工材料动态存取管理系统在不同工程项目的差异化适配，研究人员采集了多个项目的材料种类、管理团队关注指标、场地BIM模型等信息，从而确定程序需求，并将差异化信息做成参数选项，由项目使用人员自定义设置，算法会对不同参数进行适配计算。

6 结语

综上所述，BIM技术有助于构建绿色建筑全生命周期的数字化管理体系，能够在减少碳排放和加强能源精细化管理等方面[9]提供有力的数据支持，进而推动整个绿色建筑行业领域的转型升级。面对气候变化和环境挑战，我们需要共同努力，借助BIM技术等先进手段，实现绿色建筑的普及和发展，组建一个节能、低碳的社会，携手迈向一个更加绿色、宜居的未来！

参 考 文 献

[1] IPCC. Summary for Policymakers [EB/OL]. [2022-06-24].
[2] 中华人民共和国住房和城乡建设部. 绿色建筑评价标准：GB/T 50378—2019[S]. 中国建筑工业出版社，2019.
[3] 王俊，王有为，林海燕，等. 我国绿色低碳建筑技术应用研究进展[J]. 建筑科学，2013，29(10)：2-9.
[4] 何关培. BIM总论[M]. 北京：中国建筑工业出版社，2002.
[5] Wiedmann T，Minx J. A Definition of Carbon Footprint[J]. Journal of the Royal Society of Medicine，2009，92(4)：193-195.
[6] 包昀培. 基于BIM的建筑物碳足迹评价研究[D]. 大连：大连理工大学，2016.
[7] 高源雪. 建筑产品物化阶段碳足迹评价方法与实证研究[D]. 北京：清华大学，2012.
[8] 张黎维. 基于BIM技术的绿色建筑碳足迹计算模型及应用研究[D]. 扬州：扬州大学，2022.
[9] 徐至钧，赵尧钟. 绿色建筑当前的发展与展望[J]. 建筑技术，2012，43(4)：300-303.

覆土式绿色建筑数智化应用研究
——以大河文明馆为例

郭亚鹏[1]，李后荣[1]，尹　航[1]，郭向伟[1]，张汶希[1]，孙双全[2]，梁　伟[3]

（1. 同炎数智科技（重庆）有限公司，重庆 401329；2. 北京壹筑建筑设计咨询有限公司，北京 102206；
3. 中铁建设集团有限公司西南分公司，四川 成都 610051）

【摘　要】覆土式绿色建筑是一种具有环保、节能和可持续特点的建筑技术，它通过将建筑物部分或全部埋在土中来降低能耗和碳排放。本文将介绍覆土式绿色建筑的数智化技术应用，包括绿建设计、材料选择、建造过程、清洁能源和碳排测算等方面，并探讨其在实现可持续建筑发展方面的作用。

【关键词】覆土式建筑；绿色建筑；材料选择；能源利用

1　引言

在全球环境问题日益突出的背景下，绿色低碳建筑成了建筑领域的研究热点。覆土式建筑作为一种具有潜力的绿色低碳建筑形式，因其在节能、环保和气候适应性方面的优势而备受关注。近年来对于建筑的节能低碳意识逐渐增强，国家层面也提出了“双碳”目标，其中建筑业被视为实现碳中和的重要领域之一。从减碳的重要性和紧迫性上看，发展绿色建筑是建筑业实现碳达峰和碳中和的重点。覆土式建筑作为一种古老的建筑类型，一直因其节省空间、增进生态景观的特色而备受关注，同时覆土式建筑在建筑节能低碳方面的效果显著[1]，重庆的山地地形特征也十分适合覆土式建筑的建设[2]。

覆土式建筑是一种传统的建筑技术，也称为“地下建筑”“土屋”或“地下宅邸”。它是通过在地面上挖掘出房屋的形状，然后在墙壁和屋顶上覆盖土壤来建造的，覆土率比较高[3]。

这种建筑技术在世界各地都有应用，例如中国的“地下宅邸”“窑洞”和“井屋”，土耳其的“卡帕多维亚岩屋”以及美国南部的“地堡”等。覆土式建筑通常用于保护居民免受自然灾害（如风暴、地震、洪水等）和恶劣气候（如极端高温或低温）的影响。

此外，覆土式建筑还可以提供优秀的隔热和隔声效果，相比传统建筑更加环保和节能。由于其独特的设计和建造方式，覆土式建筑通常可以在现有地形上融入周围环境，从而减少对自然环境的破坏。通常覆土式建筑类型有如图 1～图 3 所示三种类型[4]。

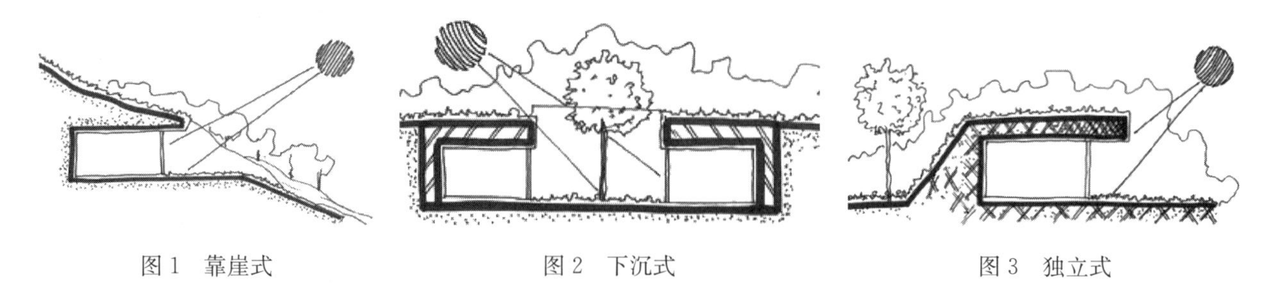

图 1　靠崖式　　图 2　下沉式　　图 3　独立式

针对覆土建筑的研究与应用，将对实现建筑业“双碳”目标具有重要意义。

【基金项目】重庆市建设科技项目（城科字 2021 第 3-5 号）；住房和城乡建设部科学技术计划项目（2022-S-002）

【作者简介】郭亚鹏（1996—），男，BIM 项目经理。主要研究方向为现代建筑设计。E-mail：guoyapeng@ity.com.cn

本文以覆土式建筑为研究对象，以绿建三星项目大河文明馆为案例，进行覆土式绿色建筑的数智化应用研究。在重庆市的广阳岛，通过融入现代绿色建筑理念，结合数字化技术手段，从气候适应性策略、BIM正向设计、BIM参数化找形、自然通风设计、自然采光设计、绿色能源、碳排放测算、可循环建材等方面进行覆土式建筑设计，建设了一座具有巴渝文化特色的覆土式绿色建筑——大河文明馆，以打造低碳节能绿色建筑示范，如图4所示。

图4　大河文明馆鸟瞰效果图

2　项目整体气候适应性策略

2.1　项目气候特征

大河文明馆所在地重庆位于北半球副热带内陆地区，其气候特征春早气温不稳定，夏长酷热多伏旱，秋凉绵绵阴雨天，冬暖少雪云雾多。年平均气温18℃，冬季最低气温平均6～8℃[5]。夏季较热，七月和八月日最高气温均在35℃以上。极端气温可达41.9℃，最低气温－1.7℃，日照总时数1000～1200h，冬季日照严重不足，属国内日照最少的地区。整体归纳为：夏季酷暑，冬季湿寒。基于上述的气候特征，在大河文明馆项目结合Climate Consultant建立气候适应性策略模型，有针对性地提出气候适应性策略意见。

2.2　项目实施策略

焓湿图（图5）显示了重庆冬季湿冷特征，需增加室内地热和考虑除湿措施；也显示了夏季闷热特征，需采用外遮阳措施和除湿措施。结合气候特点，项目引入覆土式建筑确保展陈空间的遮光要求，同时借助覆土土壤的较高热容量特性，夏季隔热，冬季保温，降低建筑运行能耗，以打造低碳节能绿色建

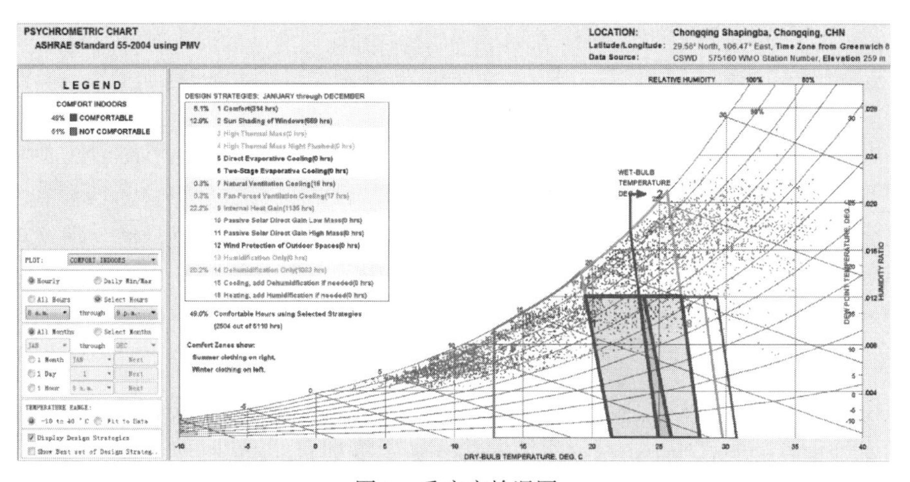

图5　重庆市焓湿图

筑示范。

其中大河文明馆原始场地存在几处连续的“高台”，“高台”实为原建设电力工程遗留，是人类在改造和利用自然时对环境所产生的“伤痕”，如图 6 所示。

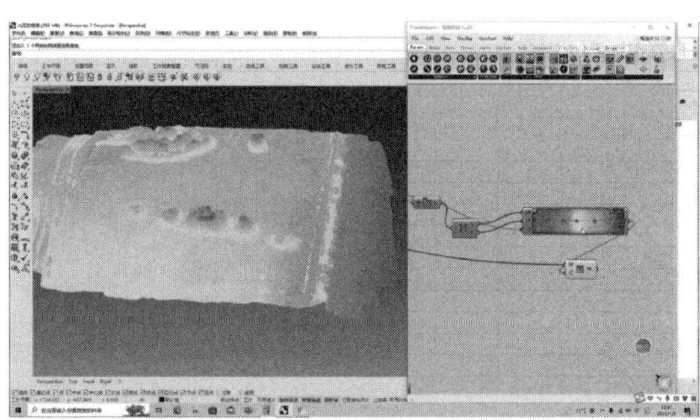

图 6　大河文明馆原始场地

结合覆土式建筑形式特征并以“高台”为绿色生态设计的出发点，“借建设、保修复”，遵循“大保护、微开发、巧利用”的建设原则，采用独立式覆土建筑类型，最大化地尊重与保护广阳岛现有山水资源及地文信息[6]。

3　覆土式绿色建筑应用技术

大河文明馆便是采用了独立式覆土建筑环绕“高台”形成中庭。基于气候适应性策略与实际现场情况，“轻轻嵌入、生态随形”，以山体为中心向内隆起，绿坡下嵌入功能空间，形成半地下的覆土式建筑形态，充分利用地下空间[7]，如图 7 所示。

图 7　大河文明馆剖面图

3.1　BIM 参数找形深化

建筑围绕土堆展开，嵌入地下，朝向山体一侧微微隆起，外侧与周边地形融合过渡，建筑环绕土堆流动展开，结合 BIM 技术，依托 Rhino 和 Revit 两款 BIM 软件进行参数找形，形成流畅的展览空间，同时外部隆起的绿坡依次布置草地、灌木，散落乔木形成层次丰富的生态环境，使大河文明馆融合于周边环境。以 BIM 技术进行覆土式非线性建筑的找形与逐步深化落地。图 8 为从崔愷大师概念方案手绘到方案模型，再到施工深化模型。

3.2　自然通风

针对重庆风速较小的气候特点，采用机械和自然通风方式相结合来提高通风。因场地北方风较大，故顺应风向进行建筑布局，形成环绕土堆连贯空间流线，以增加自然通风，如图 9 所示。

同时建筑内部通过风塔结构形式来增强通风，利用建筑内部空气的热压差来实现建筑的自然通风，

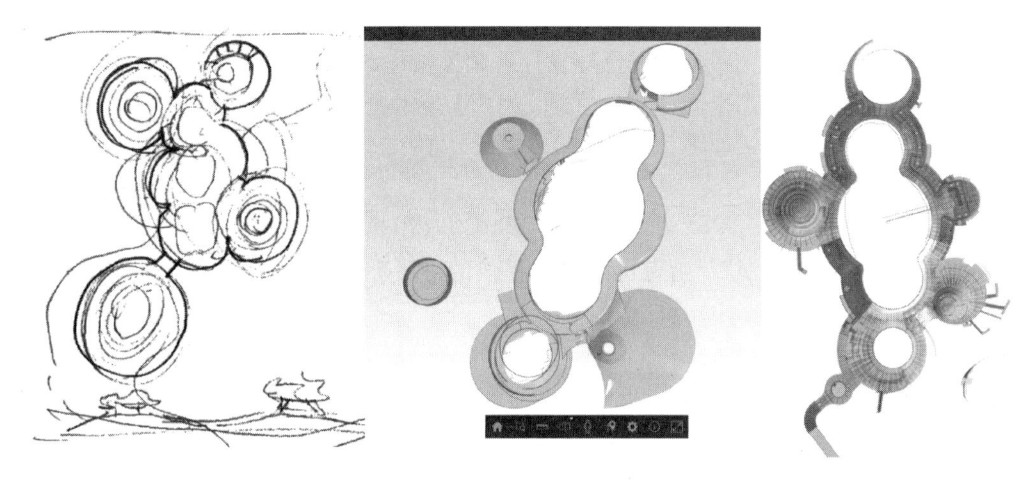

图 8　BIM 参数找形深化

图 9　大河文明馆场地风向

以达到送风与除湿的需求，如图 10 所示[8]。以建筑的被动通风为主，辅以主动机械通风，从而提高室内环境，降低运行能耗。

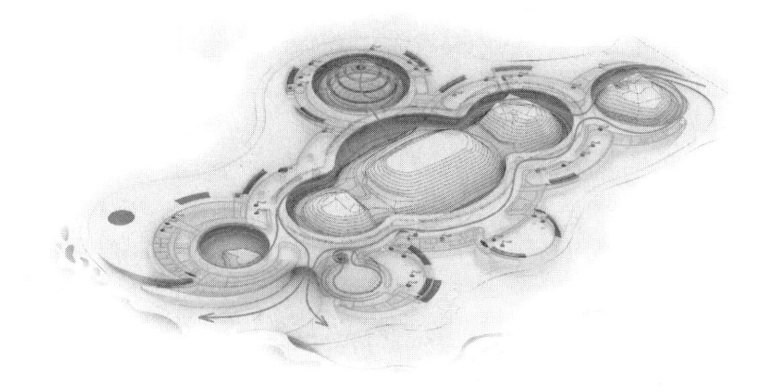

图 10　大河文明馆室内通风流线

3.3 自然采光

为提高建筑自然采光，大河文明馆通过合理设计外廊挑檐进深，以及展厅内设置天窗及光导管提高采光效果，并通过BIM技术进行模拟优化，减少对建筑功能的影响，如图11所示。

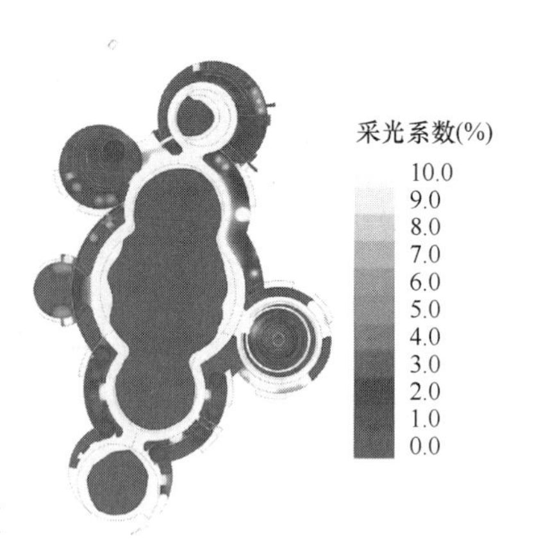

图11　大河文明馆室内采光系数分布图

3.4 绿色能源

本项目在低碳节能上不仅进行了“节流”，更是采用江水源热泵以及光伏等清洁能源技术进行“开源”，由可再生能源提供的冷量和热量为2635.2kW，比例达到91%。图12为江水源热泵。

3.5 BIM隐含碳计算

在本项目中首创基于BIM技术进行异形建筑隐含碳计算，以BIM模型创新性地进行异形建筑工程量统计。目前市场上针对异形建筑计量，传统二维图纸计量工作量大且准确度低。基于BIM技术，针对大河文明馆的清水混凝土、普通混凝土、曲面模板和钢筋进行了工程量计算，帮助项目进行工程量核算与控制。同时在BIM工程量基础上，采用《建筑碳排放计算标准》GB/T 51366—2019，结合碳因子库进行建筑隐含碳计算，首次开展了对覆土式异形建筑的隐含碳计算。图13为大河文明馆华夏厅钢筋模型与工程量统计表，对每根钢筋模型进行编码与碳排放量计算。

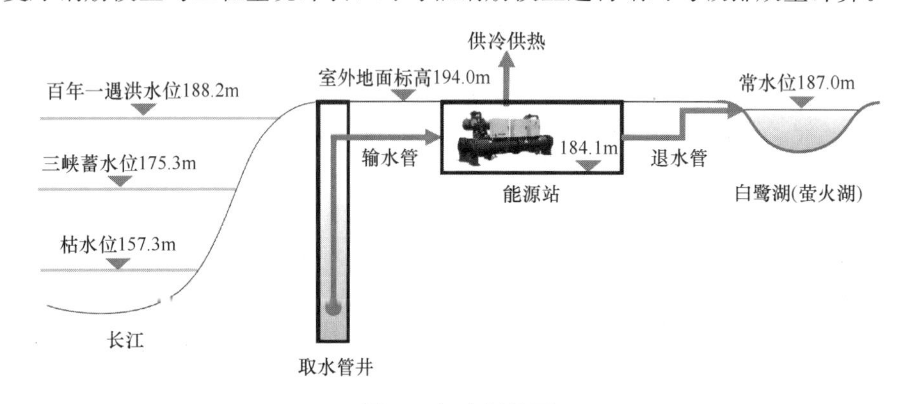

图12　江水源热泵

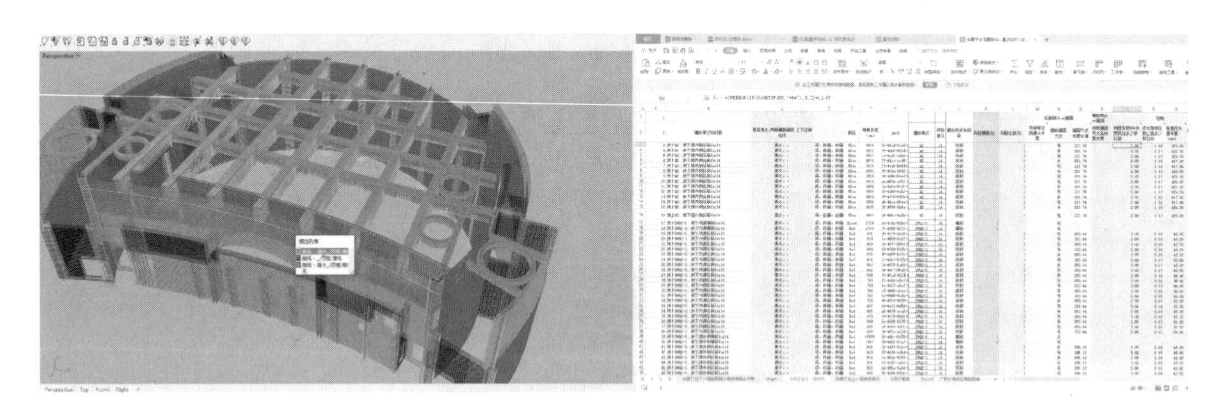

图13　华夏厅钢筋模型与工程量表

3.6 可循环建材

针对混凝土建筑隐含碳高的特点，采用循环再生材料，以降低建筑隐含碳，实现低碳节能示范建筑。钢筋、玻璃、一体化内隔墙等材料可循环再利用；建筑废料用于透水铺装及室内地面，实现循环再利用。可循环再利用材料的利用率为10.4%，循环利用建材废料，极大地降低了建筑材料的碳排放，如图14所示。

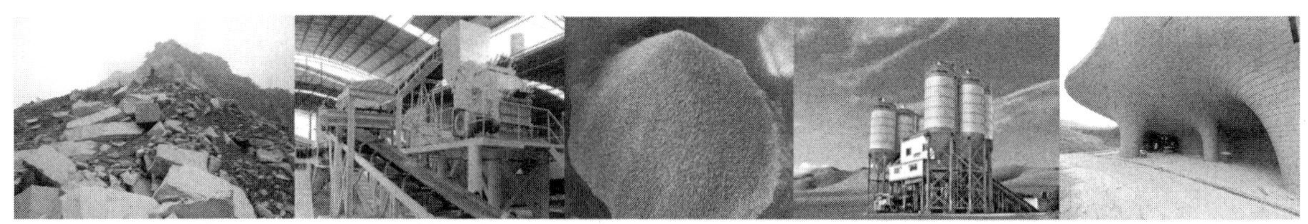

图14 循环再利用

4 结语

随着全球环保和可持续发展趋势的不断增强，覆土式绿色建筑将有望得到更广泛地应用和推广。采用BIM技术和仿真模拟技术，并且与绿色建筑设计理念结合，依托覆土式建筑特征，从自然通风、自然采光、绿色能源、可循环建材和碳排放测算等方面进行覆土式绿色建筑设计与实施，建筑达到绿建三星要求。

未来，随着技术的不断进步和创新，这种覆土式绿色建筑技术体系将会更加完善和成熟，涌现出更多类似大河文明馆这样的覆土式绿色建筑。

参考文献

[1] 陶天安．覆土建筑在建筑设计中的应用研究[J]. 城市建筑，2022，19(18)：116-118.
[2] 周湘华．覆土型博物馆建筑研究[D]. 长沙：湖南大学，2006.
[3] 吉魁．浅析覆土建筑景观设计的应用[J]. 居舍，2018(17)：100.
[4] Khodabakhshian M，Mofidi S M，Habib F. Typology of earth-shelter architecture in Iran[J]. International Journal of Architecture and Urban Development，2012，2(4)：5-10.
[5] 李愉．应对气候的建筑设计[D]. 重庆：重庆大学，2006.
[6] 陈宇青．结合气候的设计思路[D]. 武汉：华中科技大学，2005.
[7] 申志强．建筑绿化的技术研究[D]. 石家庄：河北工业大学，2007.
[8] 叶强，周书东，双卫峰等．湿热地区覆土建筑设计方法研究[J]. 广州建筑，2022，50(2)：75-80.

基于建筑信息物理模型语义关系的运维任务漫游路径规划研究

邹荣伟，杨启亮*，牟　超

（中国人民解放军陆军工程大学，江苏 南京 210000）

【摘　要】为实现满足建筑运维任务需求的模型漫游，有效的路径规划是关键技术之一。建筑信息物理模型（Building Information and Physical Model，BIPM）作为一种能够更加真实描述建筑、具有动态运行物理规律和动态交互能力的新型建筑信息模型，其具有丰富的语义关系。本研究在充分分析运维任务需求特征，利用BIPM语义关系规划运维任务漫游路径，研究表明，该方案可以规划出一条满足运维任务漫游需求的路径，为实现后续模型漫游的可视化功能提供基础。

【关键词】BIPM（建筑信息物理模型）；语义关系；运维任务漫游；路径规划

1　引言

随着数字技术的不断发展和应用，信息建模技术已经成为现代建筑设计领域的重要方式。BIM（Building Information Modeling），建筑信息模型技术作为其中最主流的研究与应用热门，现在出现很多BIM应用及相关产业[1]。而在BIM产业中，BIM漫游动画作为BIM技术之一，已经被广泛地应用于建筑预览、交流沟通、设计评审、市政规划等领域，并在其中发挥了重要的作用。例如，BIM漫游动画可以帮助建筑师、规划师、城市规划者等设计团队更全面地了解建筑所涉及的各个方面，并在设计过程中进行交流和验证。通过将BIM模型与虚拟现实技术相结合，可以实现真实的建筑环境漫游，带来身临其境的感受，从而帮助决策者更好地理解设计理念和执行方案[2]。或者在建筑设计过程中，BIM漫游动画也起到非常重要的作用。设计师可以通过漫游动画模拟不同的设计方案，提升创新性，同时不断实现自我改进。漫游动画还可以应用于多方面的设计评审过程中，例如可视化设计评审、设计合规性评估等，可以帮助团队减少错误和问题，从而提高设计效率[3]。然而，这些漫游应用均是基于信息模型，利用动画软件创作出来的实现方式，目的都是为用户提供更好的可视化体验以浏览建筑空间场景[4]。

其实，在建筑运维期间，漫游功能是有更大的应用空间的，例如巡查建筑构件设备运行状态，消防疏散指挥控制等[5]，我们将此类模型漫游定义为运维任务漫游。与现有模型漫游功能相比，任务漫游的核心是以实现建筑运维任务为目的需求的模型漫游功能，并且其重要基础是建筑运维功能的数字化。目前以BIM技术为代表的建筑信息模型运维功能设计与实现，受限于BIM只包含建筑构件尺寸、材质、空间位置等静态信息，没有全面刻画建筑特征，尤其是运维期间的功能特性。因此，当前针对可实现运维功能任务需求的模型漫游仍然缺乏研究。路径规划是模型任务漫游功能实现的重要技术难点[6]，也是模型漫游可视化的重要基础[7]。当前有很多关于漫游路径规划技术的研究，其中具有代表性的是虚拟现实技术[8]、A—算法[9]等。然而，目前对于模型的运维任务漫游的路径规划是技术难点，需要进一步研究。

本课题研究团队前期提出了一种新的建筑信息描述方式，定义为建筑信息物理模型（Building Information and Physical Model，BIPM）[10]。与以BIM为代表的三维建筑模型相比，BIPM具有交互性、动态

【基金项目】国家自然科学基金资助项目（52178307）；江苏省自然科学基金项目（BK20201335）

【作者简介】邹荣伟（1996—），女，博士研究生。主要研究方向为建筑信息模型技术。E-mail：zrwlyf@163.com

性、智能性三大特征，不仅在建筑信息刻画方面可以实现近乎真实地在信息世界中动态模拟物理系统过程，以及虚拟实体与物理世界建筑实体动态交互，在功能方面实现模型的智能推理决策[10]。BIPM全面刻画了建筑数据信息的同时，也产生了丰富的语义关系，这些语义关系不仅包含建筑设施设备的几何尺寸、材质、空间信息之间的联系[11]，更重要的是全面详细地表达了建筑各系统运行的物理机理、物理过程、物理规律之间的关系，对模型许多运维任务、功能应用的实现具有重要作用。

鉴于此，本文将充分利用BIPM语义关系，研究出一种可满足建筑运维功能的任务漫游路径规划方法。本研究专注于以巡查建筑设施设备运行状态为漫游任务，分析BIPM语义关系，建立巡查建筑设施设备运行状态的运维任务与BIPM语义关系之间的映射关系，最终，为此任务规划出一条合理有效的漫游路径。

2 方法与原理

2.1 BIPM的概念

BIPM是借鉴BIM与信息物理系统（CPS）[12]的技术思想建立的一种新建筑信息描述方式。其不仅兼容BIM框架的建筑基本信息模型，而且根据对建筑系统物理逻辑、物理过程的刻画构建了建筑动态物理模型，并通过提炼CPS的结构行为特征构建了建筑数字实体与物理实体的交互模型。在BIPM概念中，有机融合建筑基本信息模型、交互模型、动态物理模型，形成“信息—物理”融合的建筑信息全新基础模型[10]，如图1所示。BIPM不仅能描述建筑尺寸、材质等“外在”静态信息，也能描述建筑自身的“内在”物理机理、数字实体与物理实体交互等动态信息。其本质是建筑物理实体像信息世界更加逼真的映射，形成建筑实体在信息世界的孪生体，可实现虚拟信息世界与物理世界“感知—控制”的耦合交互。

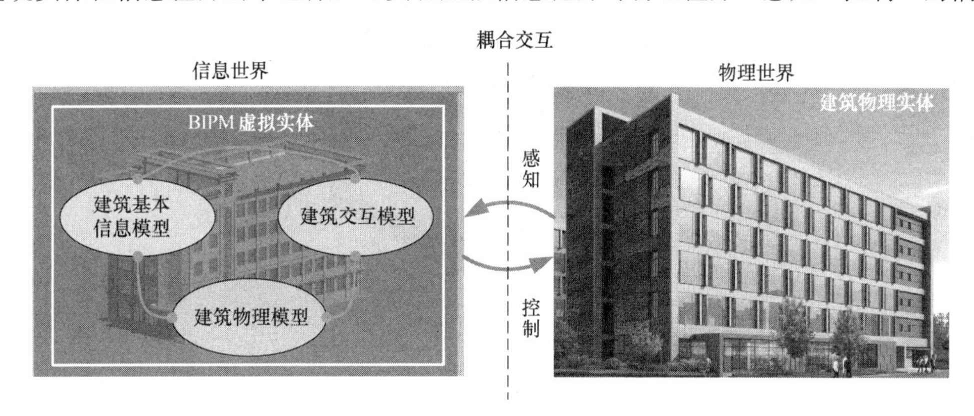

图1 BIPM概念示意图

2.2 技术路线

本文提出的基于BIPM模型语义关系的运维任务漫游路径规划方法，主要思想是利用BIPM丰富的语义关系为模型任务漫游规划出一条合理有效的路径。图2为该方法的技术路线。

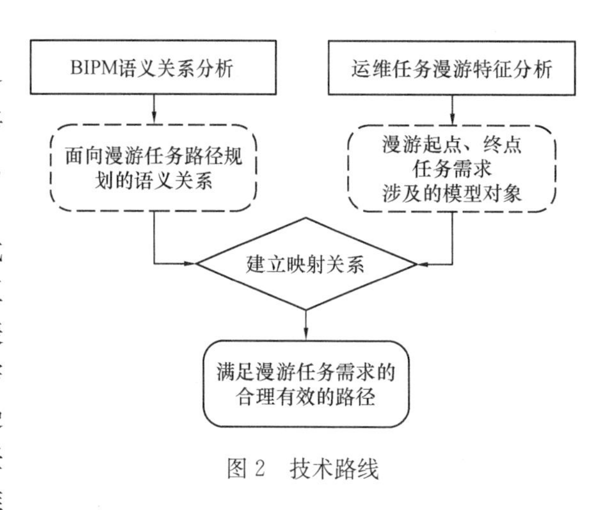

图2 技术路线

一方面，BIPM模型作为一个有别于以BIM为代表的现有三维模型的模型新范式[10]，动态性、交互性、智能性等基本特征给其语义关系带来不一样的表现。因此，为了更好地利用BIPM语义关系，首先需对其进行分析，通过BIPM语义关系分析获取任务漫游路径规划的语义关系。另一方面，为了获得满足任务漫游需求的规划路径，我们还需对所要实现的运维任务进行特征分析，分析出漫游的起点、终点；运维任务的具体需求；以及运维任务漫游过程中所涉及的模型对象等信息。最后对运维任务路径规划的语义关系与运维任务的相关信息建立映射关系，以此获得满足运维任务需求的合理有效的漫游路径。

2.3 BIPM 语义关系分析

BIPM 融合了建筑外在的可视化模型、建筑内在的物理模型、建筑与外部交互的模型，实现了建筑向信息世界更加真实全面地映射及投影。其由基本信息模型、物理模型、交互模型三个子模型组成，不仅描述了建筑尺寸、材质等“外在”静态信息，还描述了建筑自身的“内在”物理机理数字实体以及物理实体交互等动态信息[10]。

和 BIM 模型类似，BIPM 模型实质上是一个刻画建筑各方面特征的数据信息融合体。为充分了解 BIPM 的语义关系到底是什么，首先需要了解其具体包含哪些数据信息。图 3 为 BIPM 模型的数据信息组成，其中，基本信息模型包括建筑几何尺寸、材料信息、空间位置信息等，物理模型包括建筑的物理机理、物理过程、物理规律等，交互模型包含一组实体，这组实体可描述建筑虚拟实体与物理实体“感知—控制—执行”交互过程信息。显然丰富的数据信息也存在很多语义关系表现方式，考虑到漫游任务路径规划的目的需求，我们将 BIPM 语义关系定义如下：

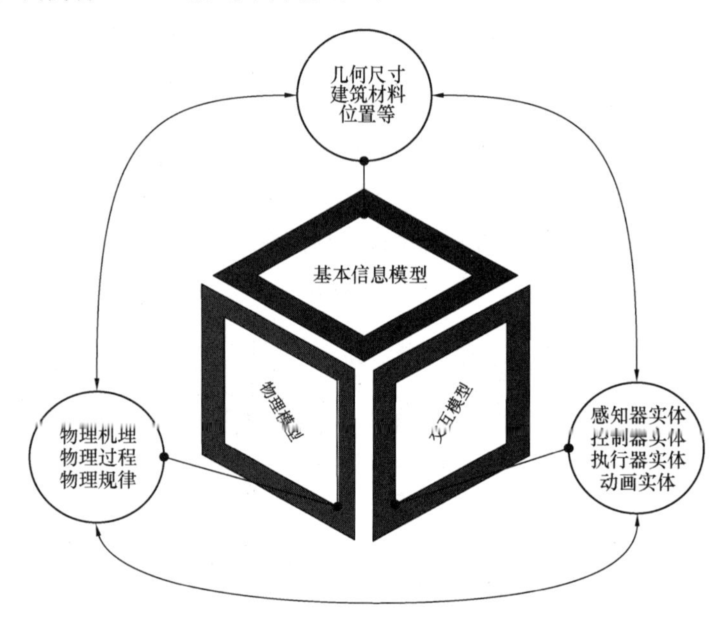

图 3 BIPM 模型的数据信息组成

（1）BIPM 模型具有丰富的结构组成，包含门、墙、柱、窗等基本设施构件；空调、通风、电梯、电气等基本设备；空调机组换热过程物理解析模型、门的力学模型等描述建筑物理过程机理的物理模型；以及包含感知器实体、决策控制器实体、执行器实体和动画实体及其交互关系的交互模型。这些结构组成在 BIPM 模型中均可看作对象，不同对象之间存在多种关系，如关联关系、归属关系、引用关系，控制关系等。

（2）关联关系 R1：在 BIPM 模型中，主要表示模型房间、走道等建筑室内空间对象与墙、柱等基本建筑构件对象的公共边界关系；或者具有公共墙体对象的不同建筑室内空间对象之间的连接关系；或者表示建筑物理模型中通过管道、线路等连接的不同物理模型对象，例如空调冷机模型中蒸发器与压缩器、冷凝器之间的管道连接关系。

（3）归属关系 R2：在 BIPM 模型中，主要表示模型房间、走道等建筑室内空间对象与建筑楼层对象；或者空调机组、电气电机等固定设备模型对象与建筑室内空间对象之间的所属空间位置关系；或者空调机组换热物理解析模型对象与空调机组系统对象、门的力学模型与门物理对象之间的附着关系。

（4）引用关系 R3：在 BIPM 模型中，主要表示建筑室内空间对象与电梯或楼梯等垂直过渡模型对象之间的关联关系。

(5) 控制关系R4：在BIPM模型中，控制关系主要体现在建筑物理实体对象与虚拟实体对象相互驱动控制的过程，或者交互模型中“感知—决策—驱动”反馈闭环过程；或者空调机组换热物理解析模型对象与空调机组系统对象、门的力学模型与门物理对象之间也存在控制关系。

这些关系的集合共同构成了模型任务漫游路径规划需求的BIPM语义关系。

3 案例研究

本研究以建筑运维期间最常应用的漫游任务——巡查设施设备使用情况、运行状态为例。对BIPM语义关系的分析已在上一节中完成，面向模型任务漫游路径规划的BIPM语义关系包括关联关系R1、归属关系R2、引用关系R3、控制关系R4。

现对漫游任务进行特征分析。

首先，明确该运维任务漫游是巡查四楼空调开启房间的空调使用情况以及设备间空调冷机机组运行状态。

其次，一般运维任务漫游的起点都是固定设置在一楼大厅门口，该运维任务漫游的终点是四楼设备间。运维任务的具体需求是找到开空调的房间并查看其空调使用情况，找到设备间并检查空调冷机机组运行状态。基于运维任务的具体需求分析出该任务漫游过程中所涉及的模型对象。该运维任务漫游涉及建筑室内空间（房间、走道等）、基本设备（空调）、物理模型对象（空调机组换热物理解析模型）、楼层对象等。

最后，将面向运维任务漫游路径规划的BIPM语义关系与运维任务信息建立映射关系，结果如表1所示。

BIPM语义关系与运维任务漫游信息的映射关系 表1

关联关系R1	空调开启房间、过道、设备间与基本建筑构件
归属关系R2	空调开启房间、过道与楼层；空调与房间；冷机机组与设备间
引用关系R3	四楼房间与电梯；一楼、四楼过道与电梯
控制关系R4	空调机组换热物理解析模型与冷机机组

图4为面向巡查空调开启房间的空调使用情况以及冷机机组运行状态的漫游规划路径，其中黑白花色箭头是规划的路径结果，序号是路径规划过程中的重要节点，也是基于BIPM语义关系获取的路径信息。

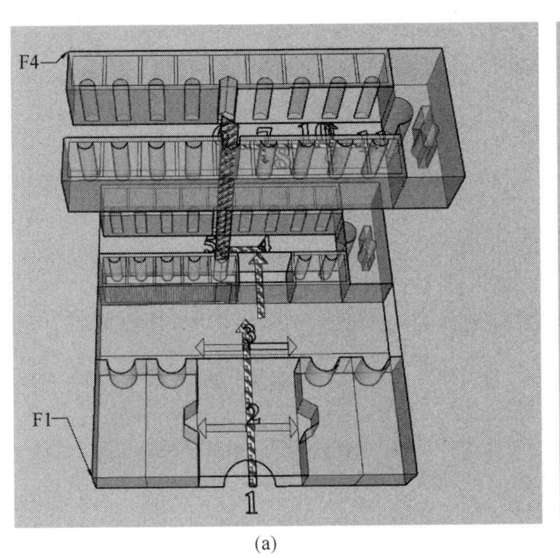

(a)

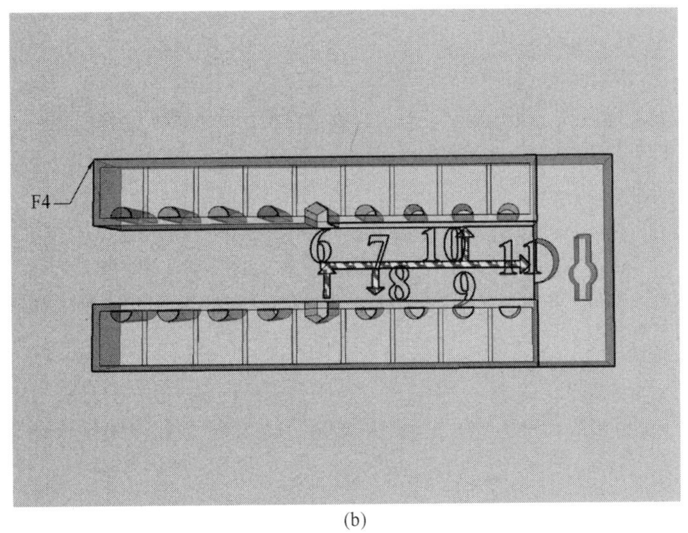

(b)

图4 以巡查空调设备使用情况、冷机机组运行状态为任务的漫游规划路径

(a) 模型运维任务漫游路径前视图；(b) 四楼运维任务漫游路径俯视图

图4（a）为模型运维任务漫游的前视图，从图中可以看出，本次任务漫游是从一楼大厅入口处经过电梯到达四楼，并巡查设备间所在侧的建筑内部空间的过程。从图4（b）的四楼模型俯视图中可以看出，在节点5处，由四楼房间与电梯的R3确定下一步的漫游路径是沿着电梯上楼；在节点6处，出电梯后有两个路径方向选择，由房间、过道、设备间与墙体、门、窗等基本构件的R1确定选择右手边方向；在节点7、9、11处，由空调物理模型与空调物理实体对象的R4确定路径是进入房间。

4 总结

本文利用具有动态性、交互性、智能性的BIPM模型丰富的语义关系，提出一种可实现运维任务的漫游路径规划方法。通过对BIPM语义关系进行分析，确定面向运维任务漫游路径规划的语义关系，同时对运维任务进行特征分析获取任务的详细信息，之后建立语义关系与运维任务信息的映射关系，由此规划出一条可满足任务需求的合理有效的漫游路径。

该研究充分利用了BIPM模型独特的语义关系，提出了一个有效的可满足建筑运维需求的任务漫游路径规划方法，为实现运维期间漫游任务提供研究基础，同时也证明了本研究团队提出的新建筑三维模型——BIPM模型的合理性和功能性。

参考文献

[1] Kassem M, Kelly G, Dawood N, et al. BIM in facilities management applications: a case study of a large university complex[J]. Built Environment Project and Asset Management, 2015, 5(3): 261-277.

[2] 彭国华．基于3ds Max的建筑漫游动画关键技术的研究[J]. 陕西科技大学学报(自然科学版), 2011, 29(1): 180-183.

[3] 吴玉华．基于3ds max的校园建筑漫游[D]. 长春：吉林大学, 2012.

[4] 程才．BIM建模与漫游技术集成模型的研究[J]. 科技资讯, 2020, 18(28): 14-16, 19.

[5] Wang S H, Wang W C, Wang K C, et al. Applying building information modeling to support fire safety management [J]. Automation in construction, 2015, 59: 158-167.

[6] [illegible] J. An Image [illegible] Model for Park Building Roaming [illegible][C]//2021 International Conference on Networking, Communications and Information Technology (NetCIT). IEEE, 2021: 440-444.

[7] Yan W, Culp C, Graf R. Integrating BIM and gaming for real-time interactive architectural visualization[J]. Automation in Construction, 2011, 20(4): 446-458.

[8] Zhou M, Tan G, Zhong Z, et al. Design and implementation of a virtual indoor roaming system based on Web3D[C]// 2009 First International Workshop on Education Technology and Computer Science. IEEE, 2009, 3: 985-988.

[9] Haiying G, Wangchun Z, Zhengguang Q. Application of improved A-algorithm in the 3d virtual roaming[C]//2017 13th IEEE International Conference on Electronic Measurement & Instruments (ICEMI). IEEE, 2017: 383-389.

[10] 杨启亮，邢建春．建筑信息物理模型：一种建筑信息描述新形式[J]. 中国工程科学, 2023, 25(5): 1-11.

[11] Jiang S, Feng X, Zhang B, et al. Semantic enrichment for BIM: Enabling technologies and applications[J]. Advanced Engineering Informatics, 2023, 56: 101961.

[12] Eastman C M. BIM handbook: A guide to building information modeling for owners, managers, designers, engineers and contractors[M]. John Wiley & Sons, 2011.

基于历史建筑设计原则的HBIM参数化探索

佟昕宇[1]，张　澄[1*]，董一平[1]，李　月[2]，高欢悦[1]

([1]西交利物浦大学设计学院，江苏 苏州 215123；[2]西交利物浦大学智能工程学院，江苏 苏州 215123)

【摘　要】 历史建筑信息模型（HBIM）可以在建筑的维护、修缮、传播等环节起到关键作用。历史建筑构件具有复杂而独特的几何形态，这给传统建模带来了很大困难与挑战。参数化建模根据建筑物或构件的设计原则来定义模型，可对模型进行灵活调整，已经在正向建模和逆向建模上均有应用。本文选择苏州宋代罗汉院双塔的局部作为案例，以中国传统建筑的设计原则，使用Grasshopper对砖塔的仿木结构进行了参数化建模，探索了结合参数化古建筑BIM的逆向建模方法。

【关键词】 HBIM；参数化建模；点云；三维重建；设计原则

1　引言

建筑遗产是历史的见证，它是一个民族文化的体现，需要被合理地保护并利用。BIM（Building Information Modelling，建筑信息模型）技术是一种三维数字化技术，它将建筑的几何、功能、性能等信息整合于三维模型中。目前BIM技术在现代建筑的规划、设计、施工、运营等全生命周期中均有应用案例，能够有效地对建筑物进行管理。对于历史建筑，Murphy最早提出了历史建筑信息模型（Heritage-BIM，HBIM）的概念[1]，HBIM可以在历史建筑的维护、修缮、传播等环节起到很大的作用：大量历史建筑由于年代久远，其设计信息往往为手稿，精度有限，或完全不存在，这使得维护过程需要反复确认，消耗了大量的人力和物力。而通过HBIM可以清晰地将历史建筑的结构、尺寸、材料等信息整合在模型中，提高了维护效率。此外，通过将历史建筑的几何形态保存在HBIM中，也保证了其万一遭遇自然或人为的毁坏后，也能够追溯其三维的样貌。HBIM还可以结合VR、AR等技术，更加身临其境地向游客介绍历史遗迹相关知识[2]。

生成HBIM的方案有两种，一种是正向建模，是指不依赖从真实历史建筑上采集的数据，直接通过图纸等设计方案，通过建模软件生成模型。而对于年代久远的建筑，可能并没有留存完整清晰的图纸，因此需要利用摄影或激光扫描等技术采集真实建筑的形态、结构等数据，并通过三维重建技术（3D Reconstruction）逆向生成模型，这种方法为逆向建模。历史建筑的构件常常具有复杂而独特的几何形态，例如欧式古建筑的非线性装饰和中国古建筑的榫卯结构等，这给无论是正向建模还是逆向建模都带来了较大的困难，传统方法往往需要耗费大量的时间。因此，本文引入了参数化建模方法，将历史建筑的设计原则转化为参数化的表达，探索了中国历史建筑的建模过程，并对现有研究较少的砖仿木结构塔形建筑创建了参数化模型。相比于传统方法，能够快速生成多层模型，提高了建模效率。

【基金项目】苏州市科技计划项目2022 SS51-基于建筑信息系统与扩展现实技术的建筑遗产重现应用研究

【作者简介】佟昕宇（1996—），男，研究生在读。主要研究方向为历史建筑三维重建。E-mail：Xinyu. Tong22@student. xjtlu. edu. cn
张澄（1974—），女，高级副教授。主要研究方向为土木工程信息技术。E-mail：cheng. zhang@xjtlu. edu. cn
董一平（1978—），女，副教授。主要研究方向为建筑历史与建筑遗产。E-mail：Yiping. Dong@xjtlu. edu. cn
李月（1996—），女，助理教授。主要研究方向为人机交互、虚拟现实、增强现实和文化遗产。E-mail：Yue. Li@xjtlu. edu. cn
高欢悦（1998—），男，研究生在读。主要研究方向为双塔参数化建模。E-mail：Huanyue. Gao16@student. xjtlu. edu. cn

2 参数化建模

20世纪70年代，形状语法（linguistics）的概念被提出，它是指通过基本几何形状的变换和组合来表示新的几何形状[3]。基于这一概念，Rhino3D、AutoCAD等软件开始引入“参数化建模（Parametric Modelling）”的功能，在创建模型的过程中考虑了建筑物的设计原则，通过引入形状、尺寸、位置关系等参数来创建和编辑模型。相比于传统模型，参数化模型具有更高的灵活性，因为当模型需要被调整时，仅需对相应的参数进行修改，而无须重新绘制模型。此外，参数化模型也比传统模型包含更多的语义信息，能够体现建筑物各部分的构造和功能，有利于对建筑物的管理[4]。

凭借以上优势，参数化建模已经广泛应用于建筑领域。对于历史建筑来说，参数化建模在古建筑的正向以及逆向建模中均有应用和研究。在正向建模方面，已有许多国内外的项目应用参数化建模对历史建筑或者仿古建筑进行模型设计。法国公司育碧在虚拟环境中建立了巴黎圣母院的模型，帮助巴黎圣母院的塔尖部分在火灾损毁后的修复[5]；微软的基于古希腊遗址中残存构件的测量数据，还原出两千年前古希腊的完整建筑物的景象[6]；陆永乐根据中国历史建筑的设计原则，在ArchiCAD软件中引入参数化插件，能够对构件样式进行调整并生成仿古建筑物模型[7]。由于逆向建模能反映出现存古建筑的真实情况，因此逆向建模在古建筑的研究中更多。许多研究探索将逆向建模过程与参数化建模过程相结合：Murphy根据西方建筑手稿设计了构件的参数化规则，并使用几何描述语言（Geometric Descriptive Language）构建参数化对象并整合到一个库中，在对历史建筑建模时，可以将库中已有的构件模型映射到对应位置，以生成整个模型[3]；近年来，一些研究致力于从图像或激光点云数据中自动提取构件的参数信息，并根据设计原则生成构件模型，在窗户[8]、门楣[9]等结构简单的平面构件上取得了良好的效果；对于中国古建筑，Liu等人对一个单独的斗栱实体模型进行扫描，并通过算法从其轮廓中提取参数信息[10]。

根据已有研究，本文总结出参数化在古建筑建模中的两个应用方向，并加以探索：

（1）参数化模型与真实模型的融合

在获取实际建筑物的点云时，常会受到光照、障碍物等外界干扰，以及由于高度、地形等原因仪器难以达到拍摄或扫描位置，这些影响因素会导致获取到的点云精度不高、丧失细节，甚至部分缺失。依据建筑物的设计原则，通过生成参数化构件模型，可以对真实模型进行补充和修复。

（2）使用参数化构件库直接生成模型

如何从获取的数据中自动识别出构件类型并生成模型是目前研究的热门，其中关键步骤之一是参数库的构建。在参数库中调用相同风格、相同类型的构件，调整后映射到点云的相应位置，能够节省重复的建模过程，提高历史建筑三维重建的效率。参数库中的构件也可以反过来作为训练样本，提高点云识别算法的准确度。

3 中国历史建筑设计原则

许多历史资料记载了中国历史建筑的设计原则。宋代的《营造法式》和清代的《工程做法则例》是当时官府颁发的工程规范，是两部最有参考意义的古籍。通过这些历史资料可以理解历史建筑的建筑术语、建造技术，以及建筑细节。

中国历史建筑在发展过程中，各个构件的尺度之间形成了固定的比例关系。在宋代，这种比例关系称为“材分制”：《营造法式》中先以具体尺寸定出八个等级的3∶2矩形截面，称之为“材”。材按其高度均分为十五，各为一“分”。《营造法式》规定，建筑中的所有结构都按其所用材的等级中相应的分为度，即一栋房屋的规格及其各部之间的比例关系，都可以使用材、分来衡量。因此，只需要定义以材、分为首的几个基本尺寸参数，便可以衍生出每个构件的其他尺寸参数。以大木作为例，大木作是中国历史建筑体系的主要部分，是木结构建筑的框架，而铺作层是大木作最复杂的一部分，由斗栱、枋、梁等交叠而成，支撑了屋架和挑檐，并将重量传递给柱头等下部结构。表1列举了大木作框架中柱头铺作所涉及的部分构件的尺寸与位置关系[11]，可见多数构件的尺寸都是以材、分为基本参数，并且遵循严格的位置关系。

《营造法式》柱头铺作设计原则 **表1**

层级	构件名称	相应尺寸	构件位置
由上至下	昂	下昂为单材，长度一般为23分	斜置于斗栱中
	泥道拱	长62分	铺作横向中心线上
	华拱	长一般为72分	栌斗之上
	栌斗	长宽一般为32分，高度为20分。斗耳8分，斗平4分，斗欹为8分。开口宽度10分，深度8分	柱头之上
	柱	直径：殿阁柱两材两栔至三材，厅堂柱两材一栔； 卷杀：柱长分三等分，最上一等分再分三等分，渐收至上径比栌斗底各出4分	地面之上
“分”		1/15材料的断面高度为1“分”	
“材”		以具体尺寸、具体比例定出八个等级的木材截面	

因此，根据设计原则而建立参数化模型，前期确定好基本参数后，便可以方便地生成构件，相比于传统建模时反复对每个尺寸进行设置，大大提高了工作效率，且便于后期对模型的统一调整。

4 项目案例

本项目选取了位于江苏省苏州市的罗汉院双塔为研究对象。罗汉院双塔始建于北宋太平兴国七年(公元982年)，是江南地区重要的宋代建筑遗构。双塔原为砖身木檐塔，经历代重修，于太平天国时期毁坏，现存为砖结构砖塔主体，木结构不存。东西二塔在尺寸、结构、形式上大致相同。双塔平面为八角形。每层设四处壶门，朝向四个方向；其余四边墙上刻有直棱窗。门窗上方有屋檐凸起，由六层砖组成，每隔一层有花牙子砖边缘。砖砌平座层位于下层檐之上。中国营造学社早在20世纪30年代就开始对双塔进行了科学性的实测与记录，双塔的设计复原研究已有一定的基础[12]。近年来，西交利物浦大学团队在罗汉院双塔持续开展工作，使用最新的测绘手段与参数化建模方式来尝试进一步理解10世纪的仿木砖塔的设计原则。然而，从理解并转换以宋代大木作设计的基本原则，到每一个具体的建筑实例中，需要首先认识对象的具体性。

本项目前期的数据采集工作使用DJI Phantom 4RTK无人机获取了整个双塔的图像数据，并使用Leica P40 ScanStation地面扫描仪获取了第一层的激光点云数据。通过采集的数据可以测算出双塔的实际尺寸，并结合历史资料中的测绘信息，以宋时期江南地区营造尺为基本尺度单位，设定双塔仿木结构所选用的材等与构架原则。

首先选取东塔的第一层作为参数化建模对象。建模使用Rhinoceros软件的内置插件Grasshopper进行。Grasshopper是一种基于节点操作的可视化编程语言。根据表1介绍的历史建筑设计原则，可以在Grasshopper中定义材、分等基本参数，进而衍生出其他的各种构件参数，如图1所示。

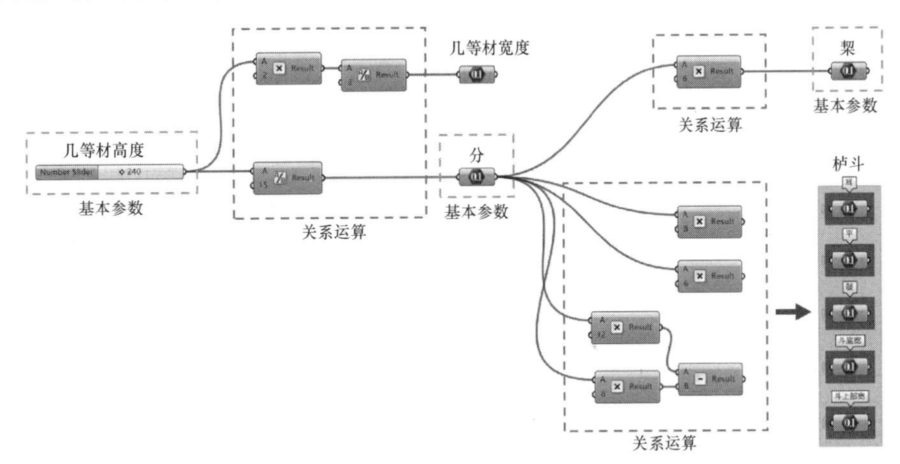

图1 Grasshopper参数设置

将所需要的参数定义完成后，便可以使用这些参数，根据《营造法式》的设计原则生成构件模型。以柱构件为例，根据表1的材分等基本参数可以定义柱的尺寸，再根据设计原则以程序化流程定义柱的几何形态，如图2所示。

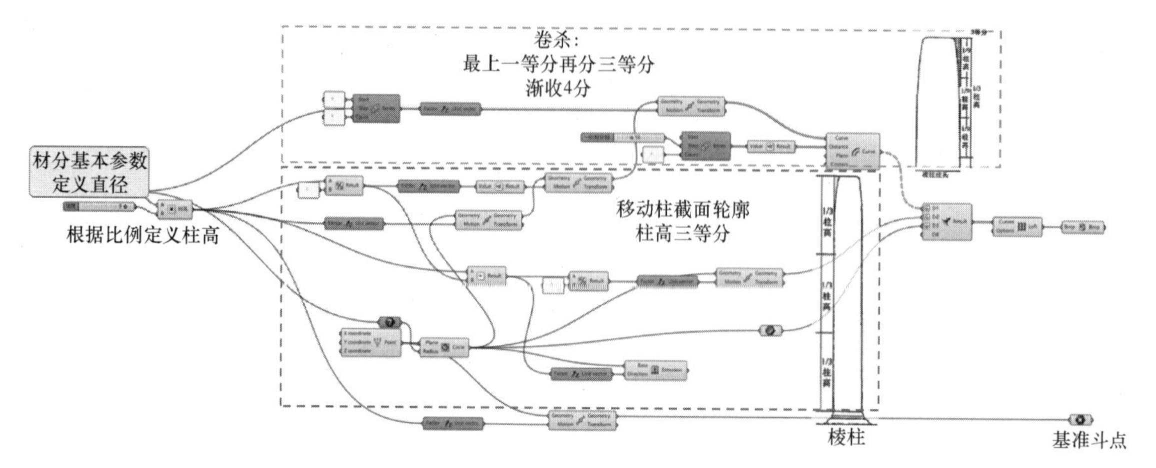

图2 柱构件 Grasshopper 参数设置

最后根据构件之间的位置关系，将各个构件拼接组合，便可以生成完整的双塔第一层模型，如图3所示。由于塔每层的结构具有相似性，将第一层的参数化模型进行复制，并对尺寸和方位等参数进行调整，就可以方便地生成二层以上的模型，相比传统建模方法节约了工作量。生成的参数化模型可以与通过激光或图像数据得到的真实模型进行比对，如图4所示，并在后续研究中使用。

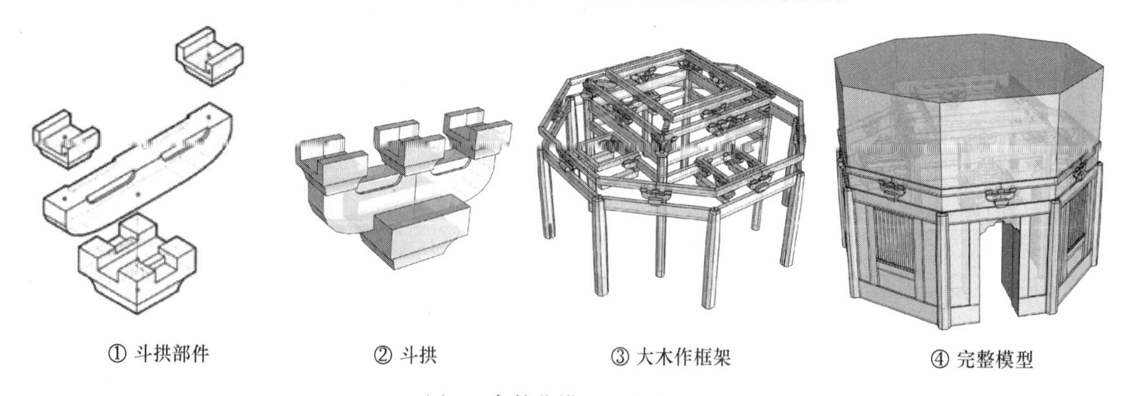

图3 参数化模型生成步骤

图4 参数化模型与真实模型结合

5 总结与展望

本项目从《营造法式》等古籍中获取了中国历史建筑在几何形状、尺度、位置等方面的设计原则，并根据设计原则对构件进行参数化设计。使用所设计的构件对苏州罗汉院双塔进行了参数化建模，建模效率优于传统方法，并将参数化模型与真实模型进行比对，修复了真实模型的缺失部分。后续的研究将会提高参数化建模的自动化程度，使用参数库对机器学习算法进行训练，使其能够从真实的激光或图像数据中识别构件的类型、尺寸、位置等信息，进而自动生成完整的参数化模型。

参考文献

[1] Murphy M, McGovern E, Pavia S. Historic building information modelling (HBIM)[J]. Structural Survey, 2009, 27(4): 311-327.

[2] López F J, Lerones P M, Llamas J, et al. A review of heritage building information modeling (H-BIM)[J]. Multimodal Technologies and Interaction, 2018, 2(2): 21.

[3] Murphy M, McGovern E, Pavia S. Historic Building Information Modelling-Adding intelligence to laser and image based surveys of European classical architecture[J]. ISPRS journal of photogrammetry and remote sensing, 2013, 76: 89-102.

[4] Radanovic M, Khoshelham K, Fraser C. Geometric accuracy and semantic richness in heritage BIM: A review[J]. Digital Applications in Archaeology and Cultural Heritage, 2020, 19: e00166.

[5] Duan H, Li J, Fan S, et al. Metaverse for social good: A university campus prototype[C]//Proceedings of the 29th ACM international conference on multimedia. 2021: 153-161.

[6] Microsoft. Ancient Olympia: Common Grounds. [EB/OL] [2023-7-10].

[7] 曾旭东，龚淳，陆永乐．基于参数化GDL语言的古建筑构建方法研究[C]//中国民族建筑研究会．中国民族建筑研究会第二十届学术年会论文特辑(2017). 2017:136-141.

[8] Dore C, Murphy M. Semi-automatic modelling of building facades with shape grammars using historic building information modelling[J]. The International Archives of the Photogrammetry, Remote Sensing and Spatial Information Sciences, 2013, 40: 57-64.

[9] Chevrier C, Charbonneau N, Grussenmeyer P, et al. Parametric documenting of built heritage: 3D virtual reconstruction of architectural details[J]. International Journal of Architectural Computing, 2010, 8(2): 135-150.

[10] Liu H, Xie L, Shi L, et al. A method of automatic extraction of parameters of multi-LoD BIM models for typical components in wooden architectural-heritage structures[J]. Advanced Engineering Informatics, 2019, 42: 101002.

[11] 潘谷西，何建中．营造法式解读[M]. 南京：东南大学出版社．2005.

[12] 刘敦桢．刘敦桢全集(第十卷)[M]. 北京：中国建筑工业出版社．2007.

基于BIM ＋ Unity技术的建筑运维系统设计应用

张　硕[1]，田兴旺*[1]，柳素娉[1]，张家鹏[2]，赵子贺[1]，徐振涛[1]

（1. 大连海洋大学，辽宁 大连，116023；2. 大连嘉图工程管理咨询有限公司，辽宁 大连，116024）

【摘　要】BIM技术在建筑设计和施工过程中的应用越来越广泛，而在建筑运维阶段，基于BIM技术的智能化运维管理并不多见，并且信息化程度还存在很大的提升空间。为了解决传统的运维管理系统形式单一低效、智能化程度不足等问题，本文通过对某高校教学楼进行智能运维系统的设计与搭建，展现了BIM ＋ Unity技术在建筑运维管理中联合运用的优势与特色，提升了建筑运维管理的效率和智能化水平，研究成果对相关领域建筑智能运维平台的开发建设提供了思路和参考。

【关键词】BIM；Unity；运维管理

1　引言

近年来，BIM技术在建筑设计和施工中的应用愈加广泛，人们开始将BIM技术与其他新兴技术相结合，应用在建筑运维管理中。一方面，随着建筑运维阶段探索的逐渐深入，人们意识到建筑运维占建筑全生命周期的80%～90%[1]，投资消耗最大；另一方面，自2020年开始，人们对于智能化建筑运维的需求愈加强烈。因此，良好的智能化运维应运而生，不仅可以提高物业部门的建筑管理水平，还可以提升人们的幸福指数，使建筑运维更加绿色、健康和高效。

公共建筑具有人员流量大、设备多、能耗高、结构复杂、运维稳定性和安全保障要求高的特点，对智能化建筑运维管理的诉求更加强烈[2]。虽然近年来有关智能化建筑运维管理理论发展迅速，但现实中大多数还是基于传统的公共建筑运维模式来进行管理，比如通过安保人员巡逻并调取视频监控来进行安全管理；通过问题发生、被动发现、人员维修三步走来进行设备的维修更换处理；依靠专人巡逻方式来对设备的关闭进行控制等。

上述情况展现出当前的建筑运维大多处于一个低效的状态，无法对建筑内出现的消防、安防等关乎人身财产安全的子系统进行及时有效的反馈，还可能对人员造成损害和威胁[3]。而BIM与其他技术相结合的智能化运维管理平台为高效运维提供了一种解决办法。首先通过建立BIM三维模型和设备基础数据，制定设备维护计划。接着利用BIM技术记录设备运维数据，实现设备运维信息记录管理[4]。最后通过实时可视化监测形式提醒运维人员进行运维数据的更新，从而形成更加快捷高效的运维管理模式。

当前，BIM技术与Unity软件进行结合并用于建筑运维管理平台的搭建还处于发展阶段，本文以獐子岛教学楼这一既有建筑为例，运用BIM＋Unity技术为其他多功能建筑运维平台的开发建设提供新的展现形式。

2　BIM＋Unity技术概述

在该运维平台搭建过程中，涉及的核心软件包括BIM建模软件、Unity开发软件和Microsoft SQL

【基金项目】BIM参数化技术在清洁厂房中的智能化应用方案研究（2018035）厂房废热多级回收与综合利用技术（2018015）

【作者简介】张硕（1999—），男，在读研究生。主要研究方向为BIM建筑运维。E-mail：1736612003@qq. com

田兴旺（1981—），男，教研室主任/副教授。主要研究方向为BIM参数化设计、建筑节能新技术。E-mail：txw-1203@126. com

Server 数据库软件等。

BIM 技术作为建筑产业发展的产物，不仅可以为用户展现一个可视化的 3D 模型，而且对于模型内部构件的基本信息也可以进行详细的描述，与其他技术的结合更能够全面合理地为建筑全生命周期的高效运行提供支撑。BIM 技术的五大特点如图 1 所示，可以保证建筑楼宇信息智慧化运维管理的可持续性[5]。

Unity3D 作为可视化查看与制作的软件（图 2），在建筑信息模型的可视化、虚拟建筑的人机交互等方面具有很大的优势。在 Autodesk University 2018 大会上，Unity 发布了 Unity Reflect 来促进 BIM 软件与 Unity3D 的数据互通性，这将是未来实现智能监测不可或缺的工具。二者的结合为建筑运维管理的智能化提供了全新的思路[6]。

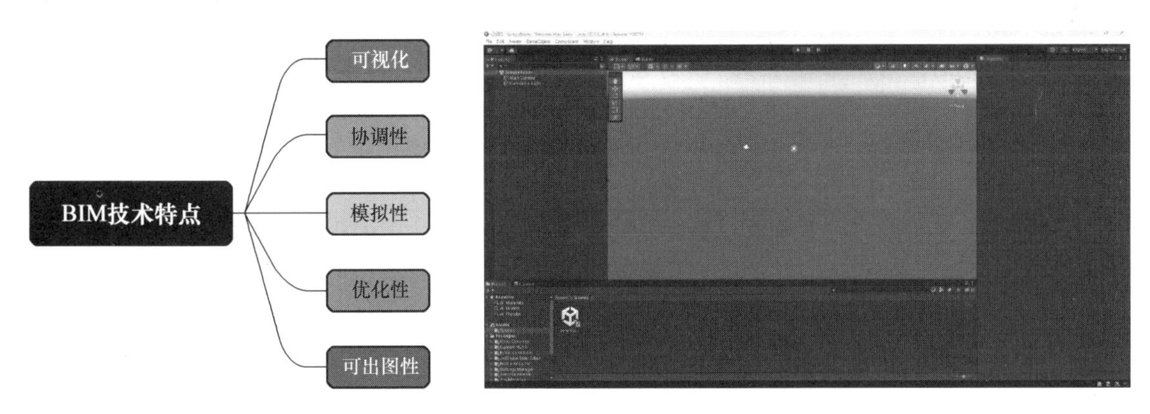

图 1 BIM 技术特点　　　　图 2　Unity 界面

Microsoft SQL Server 作为 Microsoft 公司推出的关系型数据库管理系统，具有使用方便、可伸缩性好、与相关软件集成度高的优点，因此被广泛应用于数据存储中。

Visual Studio 可用来进行运维系统的创建以及 C♯语言的编写，使运维系统正常运行并与数据库进行连接。

3　BIM 运维管理应用流程

针对传统建筑运维管理存在的问题，我们亟须寻求一种 BIM 智慧化运维的全新方式。如图 3 所示，通过对獐子岛教学楼进行模型建立、信息录入、材质贴图以及运维系统创建等一系列操作，建立了基于 BIM ＋ Unity 技术的建筑运维管理系统应用流程。

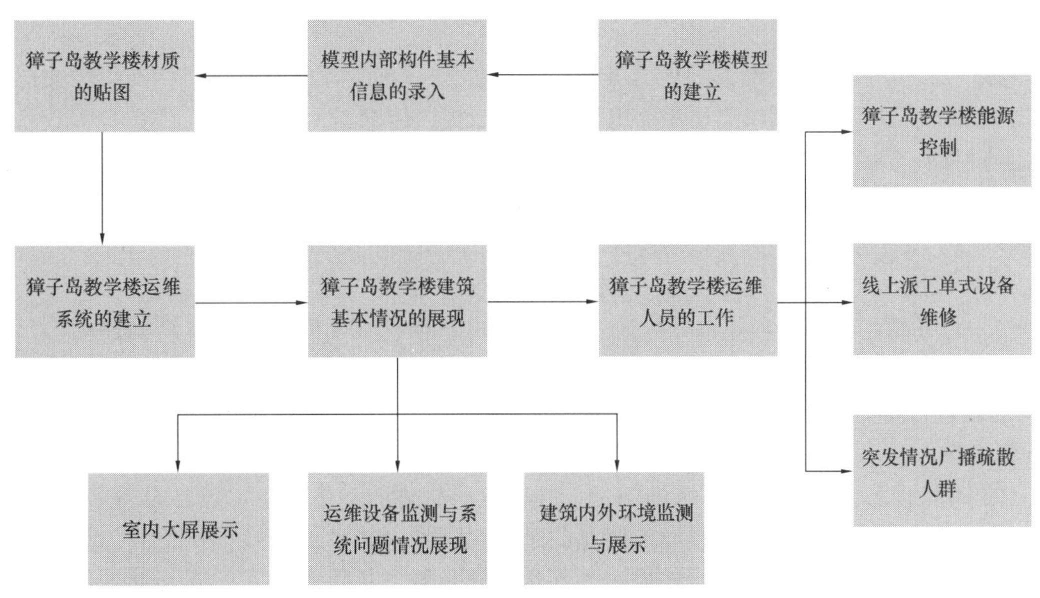

图 3　獐子岛教学楼运维工作流程

（1）建筑构件基本信息的录入：通过结合建筑实际情况以及建筑设计与施工的各种文件，将建筑构件及设备的基本信息进行详细录入，从而可以在建筑运维时了解构件的基本情况，快速准确地提升运维管理水平。

（2）建筑基本运维情况的展现：根据视频监控进行安保监管；对设备进行定期的巡逻与检查，并将设备相关的静态信息、动态信息（运行数据）、文档、维护保养记录等进行整合，通过预防性维护或及时更换磨损设备来最大限度地将损失降到最低[7]。

（3）建筑内外环境的监测：时刻监视教学楼各个区域的温度、湿度及空气质量等情况，并将其与窗户自动开闭适当大小、暖气温度自动调节等自动控制系统进行合理联动，从而为处于当前公共场所的人们提供一个适宜的生活环境。

（4）对能源消耗的控制：对电资源的控制应与视频监控联合起来，当发现公共场合某个区域内没有人员流动或存在时，可以通过后台对当前位置的照明设备、显示设备进行远程关闭，不仅节约了电能，还减少了运维人员的管理难度。对水资源也是一样的，通过将水管与压力设备、测速设备进行结合，实时了解水资源的使用情况，维修损坏的设备从而避免能源浪费。

此外，运维管理还可以通过将室内温度、湿度、空气质量等经由网络数据库形式进行后台记录，并将其显示在运维大屏上，从而让处在公共场所的人们及时了解当前所处的环境。运维人员通过物联网搭设的运维管理系统及时发现问题，结合视频监控和定位系统直观查看维修人员所处的现场位置，实现就近派单功能[8]；线上派工单形式又为运维人员进行派单操作提供便利，从而提高建筑运维效率。如果发生突发事故，运维人员还可以通过监控详细了解公共建筑内各个区域的实时情况，进而通过广播形式来指导并安全疏散人群。

4 BIM建筑运维平台架构

獐子岛教学楼位于大连海洋大学黄海校区的校园内，是一座依山傍海、总面积约21630m^{2}的六层公共建筑，在当前数智时代背景下，使用传统运维的方法已经无法满足高效节能的新要求，借助BIM+Unity技术建立设备、管道、能耗等运维所需的数据信息模型，以满足该教学楼设备设施、管道管线、能源环境及综合安全的可视化需求[9]。运维系统搭建过程包含BIM模型建立、运维信息录入、BIM模型贴图、模型导入地球以及运维系统开发五个部分，流程如图4所示。

图4　獐子岛教学楼建筑运维系统搭建步骤

其中，獐子岛教学楼智慧运维管理平台架构可分为四层，分别为数据采集层、网络传输层、数据存储层和数据展示层。其中，数据采集层需要用到监控摄像头、传感器、计量仪表、RFID等设备进行日常数据的采集与存储；网络传输层用到有线通信技术、短距离无线通信技术；数据存储层指将设备信息、运行情况、维保记录等数据在后台进行存储；数据展示层可使用智慧大屏、移动应用程序等将诸如空气质量、室内环境、安全监控、能源消耗的情况进行展示。其整体框架如图5所示。

4.1 创建BIM模型

首先将CAD图纸进行分图，并将其导入Revit软件中进行BIM模型的主体结构建立。其次，结合CAD暖通、给水排水、消防及电力图纸进行设备模型的搭建；最终获得一个完整的建筑设备模型，如图6所示，为后续进行智能化建筑运维管理提供条件。

4.2 运维信息录入

在建立的BIM模型中选择需要运维的构件，并输入其构件的基本信息，包含设备名称、设备型号、设备生产厂家、设备部件代码等。通过设备信息的录入为运维时构件的更换提供便利，在构件损坏后可以快速地寻找相同型号的备用构件进行替换，为师生的正常教学提供条件[10]。部分运维构件信息如图7

数据展示层	运维数据大屏	报表或图表	移动应用程序	数据可视化工具	仪表盘
	空气质量监测	室内环境监测	安全监控	能源消耗情况	建筑设备运行状态
数据存储层	建筑设备信息	建筑运行数据	维保记录	安全记录	设备备件管理
	软件	BIM	Unity3D	Visual Studio	MySQL/Microsoft SQL Server
网络传输层	有线通信技术	以太网	串口通信	Modbus通信	电力线通信
	无线通信技术	Wi-Fi	Zigbee	LoRaWAN	NB-IoT
数据采集层	维修日志	监控数据	设备实时状况	电力、水资源监测	设备信息存储
	设备	监控摄像头	传感器	计量仪表	RFID

图 5　獐子岛教学楼智慧运维管理平台

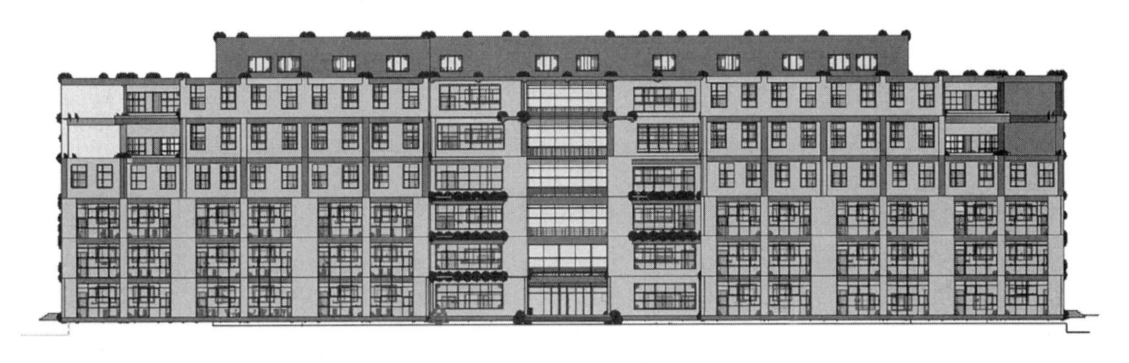

图 6　Revit 创建的獐子岛教学楼

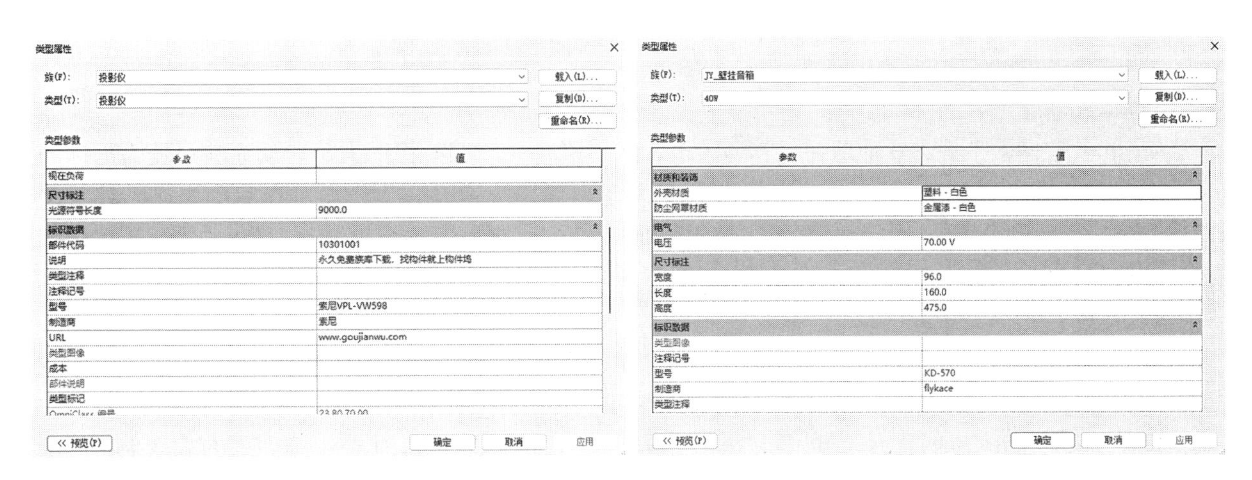

图 7　运维信息录入情况

所示。其中，部件代码前三位为教室号码，中间两位为设备类型，最后三位为单个教室设备台数排序。

在创建 BIM 模型以及运维信息录入过程中，也可以运用另一种全新的建模方法——语义实景三维建模[11]。语义实景三维建模是一种基于深度学习和计算机视觉技术的建模方法，它不仅可以创建高精度的三维模型，还可以将模型中的物体、建筑、道路等元素进行语义标注，使得模型更具可读性、可理解性和可操作性。与普通的三维模型相比，语义实景三维模型可以提供更为准确的地理信息、更丰富的功能和更好的交互性，也为后面基于BIM的建筑运维系统的搭建与运行提供便利。

4.3 BIM模型3D贴图

首先将转换好格式的BIM模型以及下载好的材料贴图拖曳到Unity3D的Assets文件夹内，然后将导入的BIM模型拖曳到视图页面下进行3D显示，通过选中多组相同构件并将需要的材质贴图拖曳到选中的构件上，来实现对模型进行批量贴图赋予材质的操作，这样将加快建筑模型的贴图效率，如图8所示。

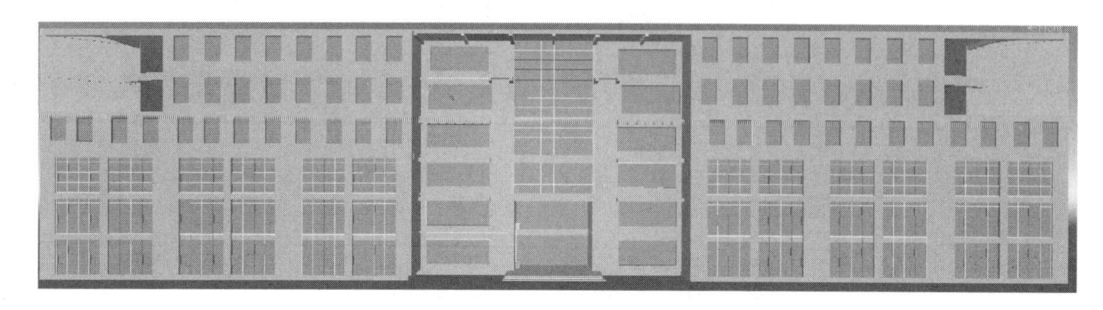

图8 使用Unity软件进行材质贴图后的模型

图9为通过Navisworks导出附带材质的模型的方式进行模型材质的给予。经过二者的综合对比发现，通过材质贴图形式产生的模型更加逼真，故本文使用经过材质贴图形成的3D模型。

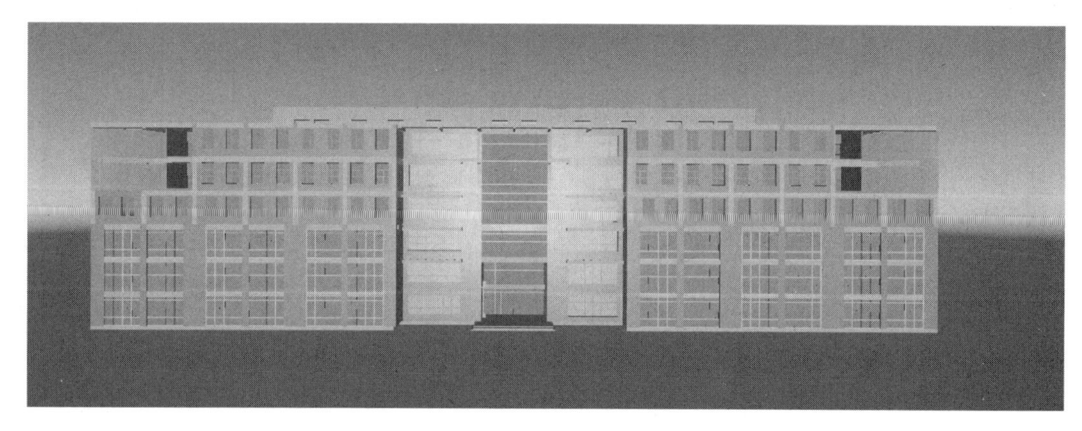

图9 使用Navisworks导出附带材质的模型

4.4 模型导入地球

从Cesium官网上下载谷歌地球并将其导入Unity3D软件中，调节视图大小，从而获得较为准确的视野。在百度地图官网的视图开放平台内找到坐标拾取器，确定大连海洋大学所处位置的坐标，并复制坐标点到Unity页面的位置上，从而将视图定位到想要的方位，将獐子岛教学楼模型导入进来，再确定獐子岛教学楼的位置和方向等，其方位坐标如图10、图11所示，最终得到獐子岛教学楼地球图像图12。

4.5 运维系统开发

运维系统开发的整体流程如图13所示，首先，在Visual Studio上建立Windows窗体应用文件，并在其页面内通过工具箱中的各种工具设计运维系统中所需要的各个页面，包含登录页、加载页以及安全、能耗、设备、环境监测管理的页面。其中，安全管理包含火灾消防、视频监控等；能耗管理包含对能耗的控制情况以及对水电的管理；设备管理包括对设备基本信息的录入，以及设备维检的情况；环境监测管理包含声、光、空气质量以及温湿度等。其次，建立数据链接，添加一个Microsoft SQL Server数据库文件，并添加数据表用来存储运维时所产生的数据信息。接着，将创建好的运维管理页面与数据表通过C#语言进行联通，从而可以在运行后打开运维管理页面，并通过输入相关内容的方式来使运维系统用于建筑运维管理，即可构建出一个较为简易的运维管理系统平台，最终开发的系统界面如图14～图21所示。

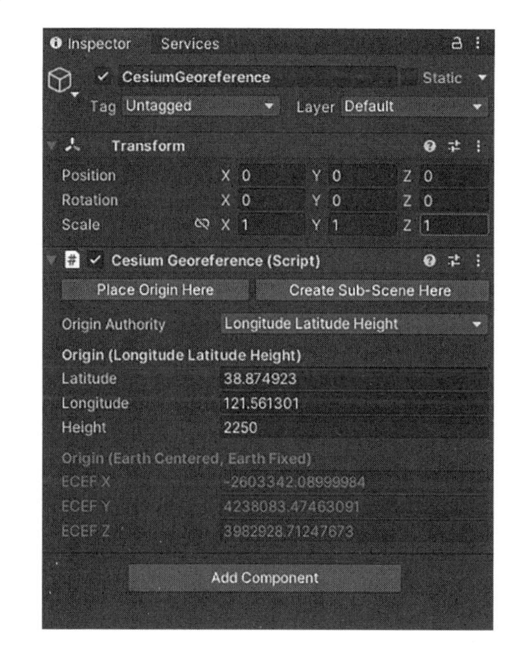

图 10　主摄像位置确定

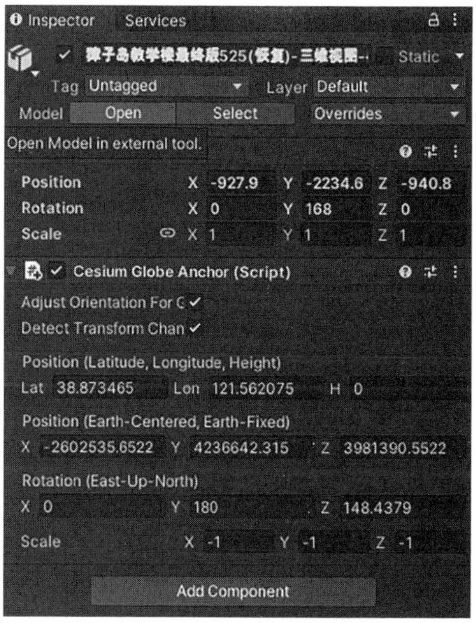

图 11　獐子岛教学楼位置确定

图 12　獐子岛教学楼导入 Unity 地球后

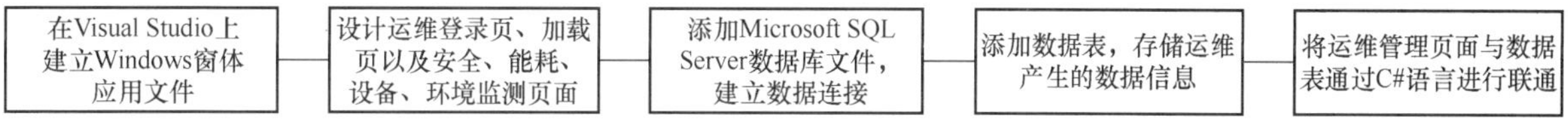

在Visual Studio上建立Windows窗体应用文件 — 设计运维登录页、加载页以及安全、能耗、设备、环境监测页面 — 添加Microsoft SQL Server数据库文件，建立数据连接 — 添加数据表，存储运维产生的数据信息 — 将运维管理页面与数据表通过C#语言进行联通

图 13　Visual Studio 与数据库交互流程图

图 14　安全管理页面

图 15　能耗管理页面

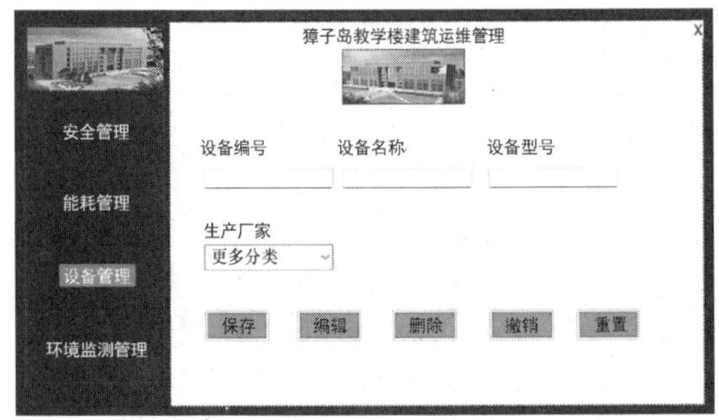

图 16　设备管理页面

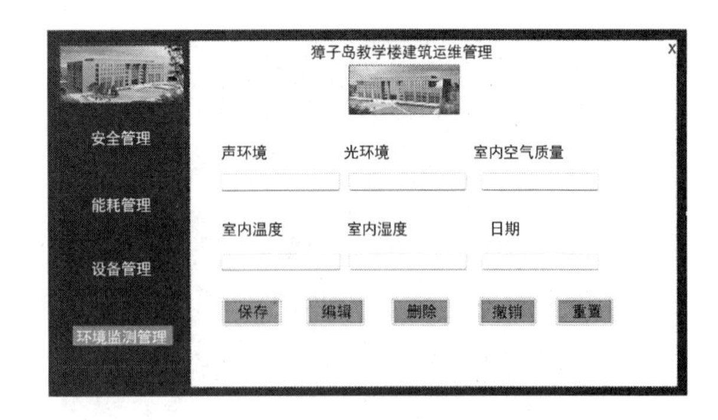

图 17　环境监测页面

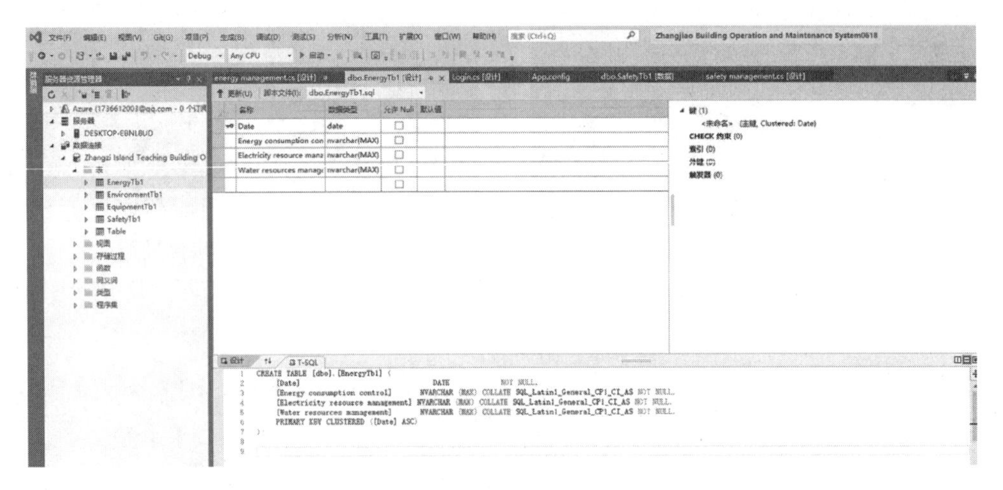

图 18　能耗图表设计

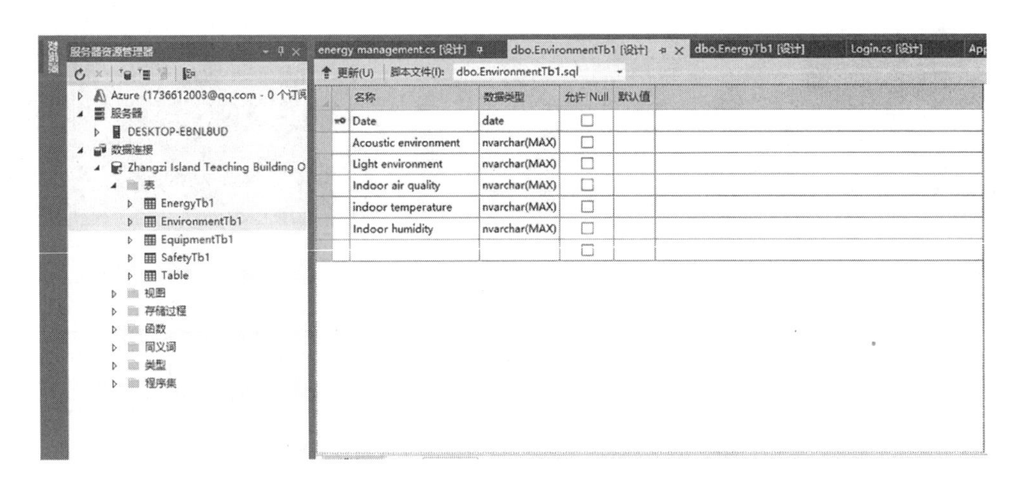

图 19　环境图表设计

其中，在 Visual Studio 进行数据库交互时，可以使用的数据库有很多，除了所选用的 Microsoft SQL Server 数据库以外，诸如 MySQL 数据库、Access 数据库、ODBC 数据库等也能够用于 Visual Studio 与数据库的交互。以 MySQL 数据库为例，通过 Unity 软件建立 C# 文件将 MySQL 数据库与 Unity 联通并在 Unity 软件上进行运维后台的搭建；而运用物联网技术即可将建筑构件信息、运行情况实时监测并自动或手动导入后台。例如，温湿度智能监测设备监测并传输所产生的运维数据自动导入后台；损坏的设备经维修后由维修人员填写维修表并上传至数据后台，从而加快了运维信息的录入；将数据采集层、网络传输层、数据存储层、数据展示层进行连接，会形成一个完整的建筑运维智能管理系统。

图 20　运维系统信息录入

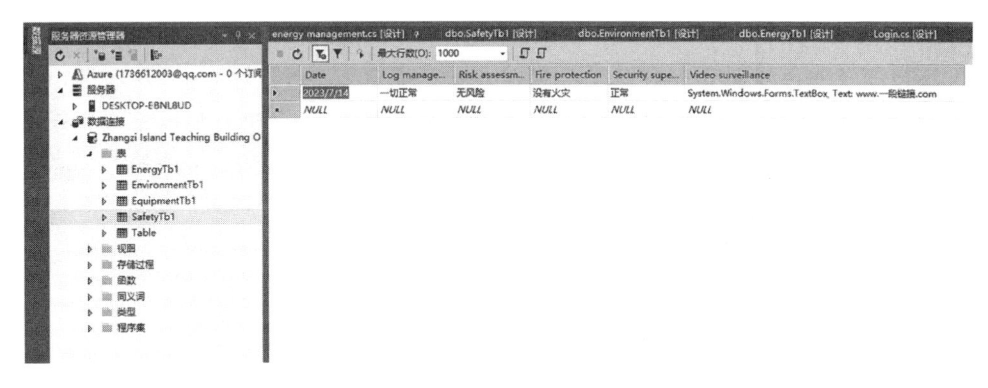

图 21　运维信息图表展示

5　小结

本文基于传统建筑运维管理存在的信息分散、智能化程度低等问题，通过引入 BIM＋ Unity 技术，设计搭建了建筑智能运维信息管理平台，展现了建筑运维平台开发建设的新形式，提升了建筑运维管理的效率和智能化水平。系统具有良好的推广应用前景，创建思路对其他建筑智能运维平台搭建具有一定的参考意义。相信随着 BIM＋其他新兴技术的深入挖掘与常态化发展，建筑运维系统的整体安全性和管理方法将更加稳定、高效。

参 考 文 献

[1]　李明柱，吕彩霞，张钰宁．基于 BIM 模型的公共建筑运维数据应用研究[J]．智能建筑与智慧城市，2023，315(2)：102-104.

[2]　余芳强．基于 BIM 的既有复杂公共建筑运维管理应用实践[C]//中国图学学会建筑信息模型(BIM)专业委员会．第五届全国 BIM 学术会议论文集．中国建筑工业出版社，2019：6.

[3]　周正，范阳，周玉丹，等．基于 BIM 的智慧楼宇综合数字管理平台设计[J]．现代信息科技，2023，7(5)：7-12.

[4]　卢德敏．BIM 技术在建筑智能化系统运维中的作用[J]．自动化应用，2023，64(S1)：109-111，114.

[5]　张兴军．BIM 数字化交付支撑的数字孪生运维系统应用实践[J]．建筑技术，2023，54(10)：1272-1277.

[6]　李鑫生，郑七振，吴露方，陈刚．基于建筑信息模型和 Unity WebGL 的施工信息智能化监测系统关键技术的研究[J]．工业建筑，2022，52(2)：186-195.

[7]　李玮，黄良璧．基于 BIM 的智慧运维在大型医院的应用研究[J]．江苏建筑，2022，No.223(5)：142-145，150.

[8]　王帅，屈波，易咸辉，等．智慧建筑 BIM 运维系统现代建筑管理新载体[J]．安装，2022，369(10)：52-55.

[9]　宋骏行，李统，肖鹰，等．以建筑信息模型为内核的智慧医院后勤可视化管理实践[J]．中国医院管理，2023，43(4)：74-76.

[10]　吕桂林．基于“BIM＋GIS＋物联网技术”的高职院校校园智慧运维管理[J]．工业技术与职业教育，2022，20(5)：19-22.

[11]　张振宇．语义化实景三维智慧景区应用研究[D]．桂林：桂林理工大学，2023.

基于 BIM 和三维激光扫描技术的主体结构质量控制方法

罗　莹[1]，黄　宏[1]，张　澄[1*]

（西交利物浦大学土木工程系，江苏 苏州 215123）

【摘　要】 BIM 技术与三维激光扫描技术相结合，能尽早发现工程问题，提升效率、质量并降低风险，被工程行业广泛采用。主体结构的测量精度要求高，传统测量方法如全站仪等难以实现大规模精确测量和数据采集。相比之下，三维扫描技术以快速、高精度、广覆盖和可视化结果等优点，实现了快速便利的原始数据采集，保证了主体结构模型的精确重建。本文探讨了 BIM 模型与三维点云模型的精确配准与自动比对，在主体结构的建造场景中，有效解决了工程施工的质量控制问题。

【关键词】 BIM；三维激光扫描技术；三维重建模型；模型精确配准；模型自动比对

1　引言

为了确保工程项目满足设计规范，并能达到预期的功能和性能，工程项目的质量控制过程显得至关重要。传统的质量控制方法，如视觉检查、手动测量和采用各种测量工具的现场检验等，在实际应用中存在一定的局限性，这些方法不仅可能导致人为误差，并且在大型和复杂的工程项目中，既耗时又耗力。更为重要的是，这些传统方法无法有效跟踪和记录质量控制过程中的全部数据。

在这种背景下，新的质量控制技术，例如基于建筑信息模型（Building Information Modeling，BIM）和三维激光扫描的工程质量控制，正在逐步得到关注和应用。BIM 技术在建筑行业中的运用已趋于成熟，贯穿设计、施工、运营乃至拆除等过程。而三维激光扫描技术则是三维重建方法之一，作为一种非接触式的测量技术，通过激光测距的原理迅速而准确地获取物体表面点的三维坐标信息。相较于其他传统测量方法，三维激光扫描技术具有非接触性、高精度、高分辨率以及快速数据采集等显著优点[1]。此外，即使在危险场景（如高空、电厂、辐射）或人力无法直接接触的情况下，它仍能获取大量高质量的被测目标数据，显著弥补了传统测量方法的不足，提高了测量的精度和效率。其方法精度高、性能稳定的优势被视为最可靠的点云模型获取途径。

这两种技术的结合，也被称为 Scan-vs-BIM，在工程质量控制方面具有广泛的应用，例如道路工程施工质量检验[2]、桥梁施工阶段的质量管理[3]、盾构隧道施工质量管理[4]、机电组件[5]等。在 Scan-vs-BIM 方法中，首先需要将激光扫描点云与 BIM 模型的坐标系进行对齐。目前最常用的点云配准算法是迭代最近点算法（Iterative Closest Point，ICP），然而该算法对于两个待配准物体的形状相似度有很高的依赖性[6]。在不受控制的环境中，例如建筑工地，大型现场扫描通常包含许多与 BIM 模型无关的对象（如设备、工具、临时结构和人员），这些因素会导致配准失败。因此，需要对扫描数据进行去噪清理，并将配准过程分为粗略配准和精细配准。首先，通过手动方法对模型进行粗略配准，然后再利用上述算法进行进一步优化。在模型和点云完

【基金项目】 江苏省自然科学基金面上项目（BK20201191）

【作者简介】 罗莹（1999—），女，主要研究方向为 BIM、建筑施工自动化。E-mail：y. lo18@student. xjtlu. edu. cn
黄宏（1996—），男，主要研究方向为语义三维重建、语义分割。E-mail：hong. huang19@student. xjtlu. edu. cn
张澄（1974—），女，高级副教授。主要研究方向为土木工程信息技术。E-mail：cheng. zhang@xjtlu. edu. cn

成配准后，可以利用模型构建的平面与点之间的距离计算（Cloud-to-Mesh，C2M）或者通过点云之间的点与点之间的距离计算（Cloud-to-Cloud，C2C）来评估现场构建的施工质量[7]。

这些新兴的技术方法能够提供更精确的测量数据，推动质量控制过程的自动化，并有效地追踪和记录数据，以便未来参考和分析。然而，在三维激光扫描的过程中，点云数据的获取会受到物体遮挡、仪器本身有限的扫描范围等因素影响，造成点云数据稀疏或场景覆盖率不足及缺失等问题[8]。目前在数据采集过程中仍缺乏通用的扫描计划和流程，而用户会在发现缺失或稀疏场景后进行补扫来解决问题，并没有系统化的采集方法。本文针对建筑等大范围场景时，通过集成三维激光扫描与BIM技术，构建了一套从现场扫描到与BIM模型对比和分析的流程。这一流程包括扫描计划、数据采集、处理、对比分析以及结果展示等多个关键环节。其中，扫描计划优化的方法成为该流程的核心，根据扫描仪自身的有效扫描范围以及建筑场景，有针对性地布置了扫描站点，以确保点云模型的精度和覆盖率。本文提出的方法保证了有效和高效的数据收集，为实际工程应用提供了可行的解决方案。

2 BIM与激光扫描技术的应用框架

在主体结构的工程质量分析中，基于BIM和三维激光扫描技术的应用框架主要由几个关键步骤构成，如图1所示。首先，依据工程的具体精度需求以及实际场景的规模，可参考进行细致的扫描计划制定[9]。为了确保整个工程场景能够得到全面而精准的测量，必须将整体工程场景划分为多个子区域，然后分别对每个子区域进行扫描。

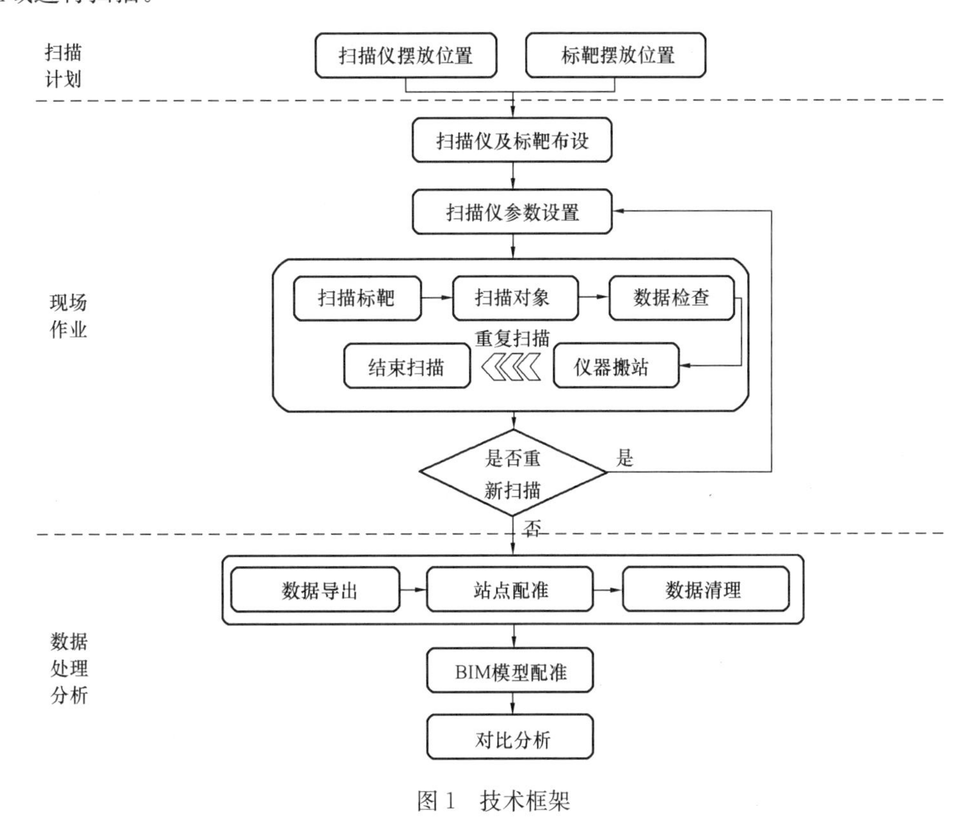

图1 技术框架

接下来是现场作业环节，此阶段需根据预定的扫描计划在现场布置标靶和扫描仪，设定与扫描精度需求相适应的参数。通过先识别布设好的标靶，三维激光扫描仪能够自动对现场进行扫描，生成大量的原始点云数据。对于面积较大的场景，我们需要在预设的扫描站点执行多次扫描，后期利用标靶将各子区域的点云数据精确拼接，从而形成一个完整的点云模型。在完成单一站点的扫描后，对生成的点云数据进行初步评估是必要的，主要检查数据的覆盖率和可能存在的遮挡区域。根据这些评估结果，决定是否需要重复扫描以获得更完整、准确的点云数据。

在数据处理与分析阶段，首先需要将点云数据导出，然后根据标靶对各子区域的点云模型进行站点配准。接着对整体点云进行数据清理，删除现场环境中可能存在的各种动态物体（如施工设备、材料、人员等）产生的非主体结构的点云。再将清理后的点云数据与BIM模型一同导入配准软件，在选取特征点并运用最小二乘法等配准算法后，实现点云数据与BIM模型的精确配准。利用软件的点云与BIM模型自动对比功能，可以计算模型与点云之间的偏差，并进行工程质量分析。通过比对设计模型与实际施工模型的差异，能够定位并识别潜在的施工问题，从而为工程质量控制和施工调整提供关键支持。

3 应用案例

本研究以现浇钢筋混凝土框架结构为例，选定的测试区域面积约为3000m^2。采用的扫描设备为徕卡公司的ScanStation P40扫描仪，该仪器的扫描精度可达毫米级别，并配备了定制的球形标靶。由于试验区域规模较大，为确保采集到符合质量控制应用需求的点云，必须先对场景制定精确的扫描计划，如图2所示。该计划根据扫描仪的角度设置来计算扫描范围，进一步确定了现场的扫描站点和标靶摆放位置，而扫描站点采用“之”字形方式摆放来弥补柱子等遮挡物造成的扫描盲区。针对所覆盖的建筑面积，共设置13个扫描站点，并通过球形标靶进行点云数据的拼接，以形成如图3所示的完整点云模型。

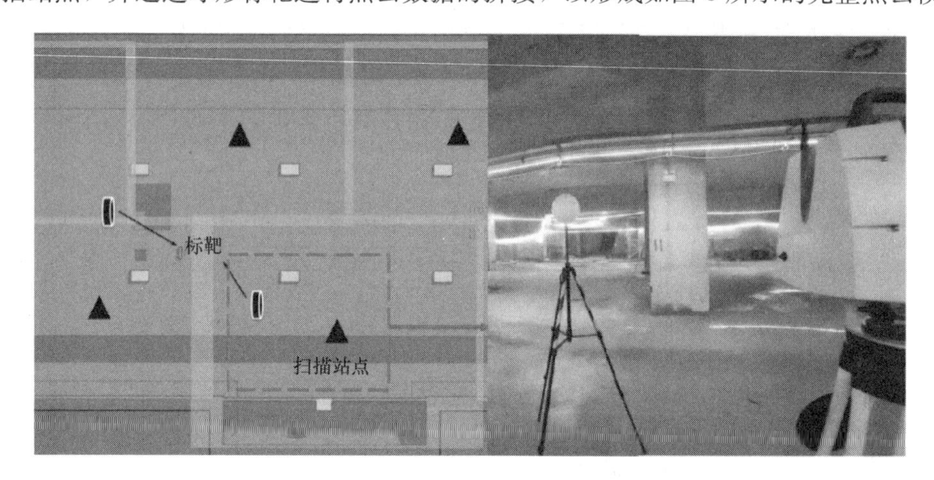

图2 扫描站点与标靶放置计划

图3 点云模型透视图

如图3所示，施工现场存在各种动态物体，如机械设备、材料以及人员等，为了确保点云模型与BIM模型的准确配准，需对点云模型进行去噪处理，去除所有非主体结构的点云（图4）。本项目采用的去噪工具为Cyclone CORE软件。点云去噪完毕后，将点云数据与BIM模型一同导入徕卡的Cyclone 3DR软件。在配准过程中，选取柱子与梁或柱子与地面之间的角作为特征点进行配准（图5）。为避免配准过程中出现较大的误差，我们选取了至少5个分布在整个点云模型上的特征点。初步配准完成后，通过最小二乘法，利用最优拟合配准算法自动计算并对齐BIM模型上的点云。

在点云与BIM模型完成配准后，使用Cyclone 3DR软件中的点云与BIM模型自动比对功能，计算模型与点云之间的偏差。比对结果如图6所示，楼道位置的设计模型与实际施工模型之间存在明显的整体错

图 4　去噪后的点云模型透视图

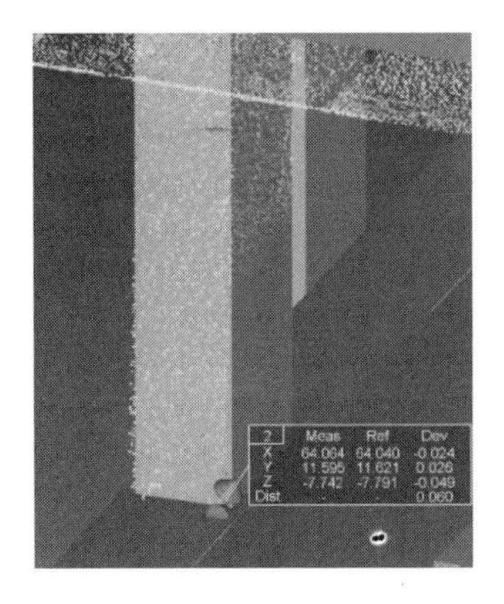

图 5　选取的特征点进行配准

位，需要进一步核实其对后续施工的影响程度。图 7 展示的是更为微小的偏差，整体墙体的偏差在 5cm 左右。通过本研究提出的技术框架，能够更准确地定位并发现设计模型与实际施工模型之间的偏差，为工程质量控制提供强有力的支持。

图 6　BIM 模型和点云之间的施工偏差（一）

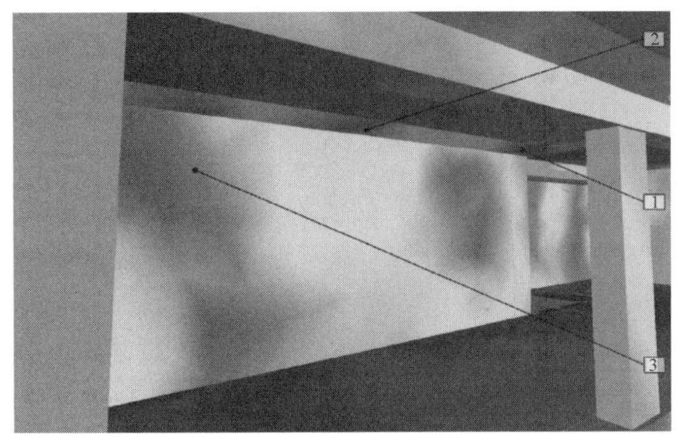

图 7　BIM 模型和点云之间的施工偏差（二）

4 结语

综上所述，本研究成功地展示了 BIM 技术与三维激光扫描技术在主体结构工程质量控制方面的应用。通过优化扫描计划和采用全新的扫描站点布置方法，成功实现了三维激光扫描与 BIM 技术的集成，通过案例验证了整个系统的有效性和可行性。这种技术整合模式能够提前发现设计与实际施工之间的偏差，极大地降低了返工的风险。然而，在应用三维激光扫描仪的过程中，现有的去噪方法非常依赖于人工操作，这导致在识别和区分噪声与有效数据方面非常困难，容易出现误删或遗漏的情况，而且还需要大量的时间和人力投入，效率极低。因此，未来的研究可以集中于开发更加智能和高效的去噪算法，以提高点云数据处理的效率和准确性。

参考文献

[1] Moon D, Chung S, Kwon S, et al. Comparison and utilization of point cloud generated from photogrammetry and laser scanning: 3D world model for smart heavy equipment planning[J]. Automation in Construction, 2019, 98: 322-331.

[2] 陈孝哲．三维激光扫描与 BIM 技术在道路工程质量检验中的应用[J]. 广东土木与建筑，2021，28(3)：1-3.

[3] 田云峰，祝连波．基于三维激光扫描和 BIM 模型在桥梁施工阶段质量管理中的研究[J]. 建筑设计管理，2014，31(8)：87-90.

[4] 叶越胜，吴佩，陈孝哲．三维激光扫描与 BIM 技术在盾构隧道施工中的融合应用[J]. 广东土木与建筑，2021，28(2)：9-12.

[5] Bosché F, Ahmed M, Turkan Y, et al. The value of integrating Scan-to-BIM and Scan-vs-BIM techniques for construction monitoring using laser scanning and BIM: The case of cylindrical MEP components[J]. Automation in Construction, 2015, 49: 201-213.

[6] Bosché F. Automated recognition of 3D CAD model objects in laser scans and calculation of as-built dimensions for dimensional compliance control in construction[J]. Advanced Engineering Informatics, 2010, 24(1): 107-118.

[7] Huang H, Ye Z, Zhang C, et al. Adaptive Cloud-to-Cloud (AC2C) Comparison Method for Photogrammetric Point Cloud Error Estimation Considering Theoretical Error Space[J]. Remote Sensing, 2022, 14(17): 4289.

[8] Biswas H K , F. Bosché, Sun M. Planning for Scanning Using Building Information Models: A Novel Approach with Occlusion Handling[C]. International Symposium on Automation and Robotics in Construction and Mining, 2015.

[9] Huang H, Zhang C, Hammad A. Effective scanning range estimation for using TLS in construction projects[J]. Journal of Construction Engineering and Management, 2021, 147(9): 04021106.

BIM与人工智能的融合研究与应用

魏　巍，吕中范

（深圳市森磊镒铭设计顾问有限公司，广东 深圳 51800）

【摘　要】本文旨在探讨BIM与人工智能的融合在建筑设计和施工中的应用。首先介绍了BIM和人工智能的基本概念和发展现状，然后分析了BIM与人工智能在建筑设计和施工图审查中的作用，最后总结了BIM与人工智能融合的优势和挑战，并提出了未来的研究方向。

【关键词】BIM；人工智能；建筑设计；施工图审查

1　引言

1.1　研究背景和意义

随着科技的快速发展，建筑信息模型（Building Information Model，BIM）和人工智能（Artificial Intelligence，AI）的融合已经成为建筑设计的新趋势。BIM是一种数字化的建筑设计和管理工具，可以在整个项目全生命周期内提供准确、协调和可视化的信息。而AI则可以通过学习和自适应来提高决策的准确性和效率。本文旨在探讨人工智能辅助建筑设计及施工图审查的相关技术和应用，以期为我国建筑设计行业的数字化转型提供一些参考。

1.2　国内外研究现状

近年来，国内外学者在这一领域的研究取得了一定的进展。在国内，许多高校和研究机构已经开始研究BIM与人工智能在建筑设计及审图方面的应用。例如，清华大学、同济大学等知名学府的相关研究成果已经在国际学术会议上得到广泛认可。此外，一些企业也开始尝试将BIM与人工智能技术相结合，以提高建筑设计和施工的效率。

在国外，英国、美国等发达国家也对BIM与人工智能在建筑设计及审图方面的应用进行了大量研究。例如，英国的剑桥大学、牛津大学等高校以及美国的麻省理工学院、加州大学伯克利分校等研究机构都在积极探索这一领域的前沿技术。

1.3　研究目的和内容

本论文的主要目的是系统地分析和评价人工智能在建筑设计及施工图审查中的应用，以及这些应用所带来的优势和挑战。具体内容包括：（1）介绍人工智能技术在建筑设计中的应用；（2）介绍人工智能技术在施工图审查中的应用；（3）分析人工智能辅助建筑设计及施工图审查的优势和挑战；（4）通过案例分析，探讨人工智能技术在实际应用中的效果和前景；（5）总结结论并提出未来的研究方向和建议。

2　人工智能技术在建筑设计中的应用

2.1　BIM技术的发展与应用

BIM技术是一种集成的、三维的建筑设计和施工管理方法。它通过数字化的方式创建和管理建筑物的所有相关信息，包括结构、系统、设备和材料等，从而提高了设计效率，降低了成本并改善了项目的整体质量。

自20世纪90年代开始，BIM技术已经在全球范围内得到广泛的应用和发展。随着计算机技术的不

【作者简介】魏巍（1985—），男，总经理助理。主要研究方向为人工智能辅助施工图审查。E-mail：weiwei@sldic.com

吕中范（1990—），男，BIM总监。主要研究方向为人工智能辅助施工图设计。E-mail：lvzhongfan@sldic.com

断发展，其为诸多领域带来福音，建筑领域则是其一。在传统建筑设计中，人工画图是主要方式，不仅效率低，而且经常出错，需要多次调整与修改后才能正式得到使用。BIM 技术在应用于建筑设计中后，设计效率大大提升，更为重要的是拓展了建筑设计的功能范围，使建筑设计在建筑领域的地位大幅提升。

在建筑设计阶段，BIM 可以提供一个可视化的模型，帮助设计师更好地理解和沟通设计理念。这不仅可以提高设计的准确性和效率，还可以减少设计错误和冲突的可能性。

在施工阶段，BIM 可以帮助项目团队更好地协调和管理各个工作环节。通过实时更新的设计模型，团队成员可以清楚地了解项目的进展情况，及时发现和解决问题。此外，BIM 还可以模拟不同的施工方案，帮助选择最优的方案以节省时间和资源。

总体来说，BIM 技术的发展和应用已经极大地改变了建筑设计和施工方式，为我们提供了更多的可能性和机会。尽管 BIM 带来了许多好处，但它也面临一些挑战，如技术标准的统一、数据管理的复杂性等。因此，我们需要继续研究和发展 BIM 技术，以便更好地利用它的潜力。

2.2 图像识别技术在建筑设计中的应用

图像识别技术在建筑设计中的应用已经取得显著的成果。通过开发专门用于图像识别和处理的软件，建筑师和工程师可以更高效地从建筑信息模型中提取和分析相关信息。这些软件能够自动识别构件、材料以及检测潜在的设计缺陷，从而提高设计质量和效率。

首先，图像识别技术可以帮助设计师快速准确地识别建筑物中的各个构件。例如，通过使用计算机视觉算法，软件可以自动检测并标记墙体、门窗、梁柱等结构元素，设计师可以更加直观地了解建筑物的结构布局，有助于优化设计方案。

其次，图像识别技术还可以辅助材料选择。通过对 BIM 模型中的图像进行分析，软件可以识别出不同类型的建筑材料，如砖、混凝土、木材等。这为设计师提供了丰富的材料选择依据，有助于实现绿色建筑和可持续设计目标。

总之，图像识别技术在建筑设计中的应用为人工智能辅助设计提供了有力支持。通过开发先进的图像识别软件，建筑师和工程师可以更加高效地利用 BIM 模型中的数据，提高设计质量和效率，推动建筑行业的可持续发展。

2.3 自然语言处理技术在建筑设计中的应用

自然语言处理（NLP）是一种人工智能技术，随着技术的不断进步，计算机已经能够在一定程度上理解人类的语言表达，并完成相应的工作。目前自然语言处理技术已经在信息检索、机器翻译、智能问答等领域有着广泛的应用，显著降低了人机交互的难度。在建筑设计中，NLP 技术的应用可以带来许多优势，包括提高设计效率、优化建筑性能和改善用户体验等。通过使用 NLP 技术，建筑师可以快速获取相关信息、分析数据并生成设计方案。例如，他们可以使用 NLP 模型来预测建筑物的能源消耗、室内舒适度和可持续性等方面的性能指标，从而指导设计决策。此外，NLP 还可以用于自动生成建筑设计图纸、材料清单和施工计划等文档，进一步提高设计效率。

2.4 其他相关技术的应用

除了上述三个方面，人工智能技术还可以应用于其他建筑设计领域，如智能照明控制、环境监测与优化、安全防范等。这些技术的应用不仅可以提高建筑设计的智能化水平，还能为用户带来更加舒适、安全的生活体验。

总之，人工智能技术在建筑设计中的应用前景广阔，有望为建筑行业带来更多的创新和发展。

3 人工智能技术在施工图审查中的应用

3.1 图像识别技术在施工图审查中的应用

图像识别技术是人工智能领域中不可或缺的一部分，能够针对图像任何一部位的特征进行准确的分析，并且准确地表明图像再识别时产生的眼动。人类进行图像识别时进入大脑的信息要与记忆中储存的信息进行比较，进而实现对图片的再认识过程。同样的，图像识别技术与人类对图像的识别原理相似，同样是根据计算机对图像识别的结果在自身的数据库中寻找与图像结果相似的数据原型，进而对图像做进一步的识别。图像识别技术在施工图审查中发挥着越来越重要的作用。利用图像识别技术，可以自动分析、识别和提取施工图中的信息，如建筑物结构、设备配置、管线布局等。这有助于提高审查效率，降低人工审查的错误率，并为后续的设计、施工和运营提供准确可靠的数据支持。

3.2 自然语言处理技术在施工图审查中的应用

自然语言处理（NLP）技术可以将建设领域非结构化文档转化为结构化信息，方便相关从业人员对建设项目进行高效的日常管理。近年来，NLP相关算法得到广泛的发展，但NLP技术在建筑行业中的应用还处于起步阶段。目前，一些研究者已经开始探索如何将NLP技术应用于施工图审查中。例如，可以通过对施工图文本进行分析和处理，来提高施工图审查的效率和准确性。

3.3 其他相关技术的应用

除了图像识别技术和语音识别技术外，人工智能技术在施工图审查中还可以应用于其他方面，如：

（1）机器学习技术：通过对大量历史数据的分析和学习，提高施工图审查的准确性和效率。

（2）数据挖掘技术：从施工图的海量数据中挖掘有价值的信息，为设计、施工和运营提供决策支持。

总之，人工智能技术在施工图审查中的应用具有广泛的前景和巨大的潜力。通过不断创新和完善相关技术，有望进一步提高施工图审查的质量和效率，为基础设施建设和社会发展作出贡献。

4 人工智能辅助建筑设计及施工图审查的优势和挑战

4.1 优势分析

提高设计效率：人工智能可以在短时间内完成大量的设计任务，如生成建筑方案、优化结构、完成规则性较强的施工图设计工作。这将大大提高设计师的工作效率，节省时间成本。

提升设计质量：通过大数据分析和机器学习技术，人工智能可以更好地理解用户需求和行业规范，从而提高设计的质量和创新性。

降低错误率：人工智能可以在设计过程中自动识别并纠正潜在的错误和矛盾，减少因人为失误导致的项目延误和成本增加。

智能协同：人工智能可以实现建筑设计各专业间的无缝协同，提高团队协作效率，降低沟通成本。

4.2 挑战分析

技术成熟度：尽管人工智能在建筑设计领域取得了一定的成果，但与传统设计方法相比，其技术成熟度仍有待提高。例如，AI模型的准确性、稳定性和可解释性等方面仍需加强。

数据安全与隐私：在建筑设计过程中，涉及大量的敏感信息和个人隐私。如何确保数据的安全性和合规性是一个重要的挑战。

人机协同能力：人工智能虽然可以提高设计效率，但在某些环节仍需要人类的专业知识和判断力。如何实现人机协同、充分发挥各自的优势，是当前的一个关键问题。

法规与标准：随着人工智能在建筑设计领域的应用越来越广泛，相关的法规标准尚未完全完善。如何在保障技术创新的同时，遵循国家法律法规和行业标准，是一个亟待解决的问题。

4.3 如何克服挑战

加强技术研发：持续投入研发资源，提高人工智能在建筑设计领域的技术水平，包括算法优化、模型训练等方面。

制定相关政策和法规：政府部门应加快制定和完善相关政策法规，为人工智能在建筑设计领域的应用提供良好的法律环境。

建立数据安全与隐私保护机制：加强对数据的安全管理和隐私保护，确保人工智能在建筑设计过程中不会造成信息泄露等问题。

促进产学研结合：推动高校、科研机构和企业之间的合作，共同研究人工智能在建筑设计领域的应用技术和解决方案。

5 案例分析

本文以坂田法庭项目为例，该项目采用了广联达数维设计平台进行建筑设计和管理。在项目过程中，人工智能技术被广泛应用于以下方面。

5.1 三维建模与可视化

通过使用人工智能算法自动创建三维模型，如一键生成楼板、墙体构件、智能布置机电设备等，大大提高了建模效率。此外，人工智能还可以自动优化模型细节，自动进行专业间的模型扣减。模型如图1所示。

5.2 碰撞检测与冲突解决

在BIM模型中，可能存在多个专业之间的冲突问题。人工智能可以自动识别这些冲突并提供解决方案，帮助设计师快速解决问题，减少错误和重复工作。

5.3 施工图生成与优化

利用人工智能技术和BIM模型自动生成施工图，如批量标注、一键生成门窗大样、自动配筋。

5.4 质量控制与审查

通过使用计算机视觉技术和自然语言处理技术，人工智能自动检测BIM模型中的缺陷和错误，自动优化模型细节，自动进行专业间的模型扣减。此外，人工智能还可以辅助设计师进行审图工作，提高审图效率和准确性。

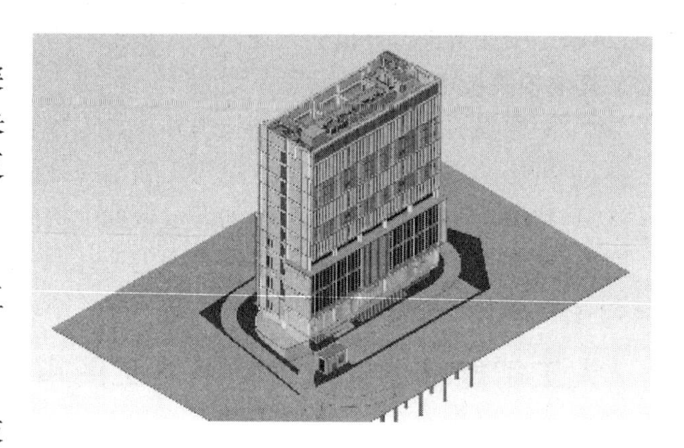

图1 坂田法庭三维模型

在坂田法庭项目中，采用人工智能技术取得了显著的效果。首先，项目的设计周期得到明显缩短，为业主节省了宝贵的时间和成本。其次，由于人工智能技术的运用，项目质量得到有效保证，降低了后期维护和改造的风险。最后，通过对项目数据的分析和挖掘，可以为未来类似项目的规划和管理提供有益的经验借鉴。

6 结论与展望

6.1 主要研究成果总结

人工智能辅助建筑设计及施工图审查是近年来建筑行业发展的重要方向之一，其主要研究成果包括以下方面：

（1）基于图像识别技术的建筑设计：通过深度学习技术，可以构建更加精准、高效的建筑设计模型。这些模型能够自动识别建筑物的特征和需求，并生成符合要求的设计成果。

（2）基于自然语言处理技术的施工图审查系统：NLP技术也可以用于自动识别和标记设计中的问题和错误，提高审查效率和准确性。

（3）基于大数据的建筑设计决策支持系统：通过收集和分析大量的建筑数据，可以构建一个建筑设计决策支持系统。该系统能够根据历史数据和实时数据，为建筑师提供更加准确的决策建议。

总之，人工智能辅助建筑设计及施工图审查的研究取得了一系列重要的成果，为建筑行业的智能化发展提供了有力支持。未来，随着技术的不断进步和应用场景的不断拓展，人工智能辅助建筑设计及施工图审查将会发挥更加重要的作用。

6.2 进一步研究方向和建议

基于本研究的主要成果，我们认为在未来的研究中可以从以下几个方面进行深入探讨：

（1）继续关注该领域的技术创新和政策动态，以便及时把握市场机遇。

（2）加强对该领域企业竞争力和市场份额的监测，以便更好地评估行业前景。

（3）深入挖掘该领域的潜在问题和风险，为政府和企业提供预警信息。

（4）加强与其他相关领域的合作，以促进产业协同发展。

6.3 对未来发展的展望

展望未来，我们认为该领域将继续保持稳定增长态势，主要原因包括技术创新的推动、市场需求的扩大以及政策支持的加强。然而，随着全球经济环境的复杂多变，该领域也面临一定的挑战，如市场竞争加剧、技术更新换代迅速等。因此，相关企业和政府部门需要密切关注市场动态，不断调整发展战略，以应对未来的不确定性。同时，加强国际合作和交流，共同应对全球性问题，也是该领域未来发展的重要方向。

参 考 文 献

［1］ 吕芳，杜雷鸣，吕欢. 计算机辅助建筑设计中的BIM技术应用[J]. 建筑科学，2022，38(1)：156.

［2］ 罗曦. 浅谈深度学习在图像识别领域的应用现状与优势[J]. 科技资讯，2020，18(3)：21-22.

［3］ 方明之. 自然语言处理技术发展与未来[J]. 科技传播，2019，11(6)：143-144.

BIM 技术在某医学院项目中设计、施工和运维阶段的综合应用

屠剑飞[2]，尹继刚[1]，张钱鸿[2]

（1. 浙江省建工集团有限责任公司，浙江 杭州 310000；2. 浙江建投创新科技有限公司，浙江 杭州 310000）

【摘　要】在我国现阶段推进 BIM 应用过程中，BIM 技术应用范围要求从单一的施工阶段转变到项目的全生命周期，其中项目全生命周期主要可分为策划、设计、施工和运维四个阶段。由于以前的项目大部分没有后期运维平台的需求，导致 BIM 技术在项目运维阶段应用还未有成熟的体系。因此，本文以某医学院项目为例，总结 BIM 技术在设计、施工和运维阶段的综合应用，探究 BIM 技术在项目全生命周期的可行性。

【关键词】BIM；项目运维阶段；全生命周期

1　引言

建筑信息模型（Building Information Modeling，BIM）的概念最早于 20 世纪 70 年代在美国提出，随着科技的快速发展，该项技术的应用范围不断扩大，应用类型和软件也越来越多，BIM 技术逐渐运用到项目全生命周期。一般来说，项目全生命周期可以分为四个阶段，分别是策划阶段、设计阶段、施工阶段和运维阶段，本文将 BIM 技术及数字化手段应用于某医学院项目的设计、施工和运维阶段中，对遇到的关键难题提出有效便捷的解决方案，使得项目施工顺利进行。

2　国内外研究

国外对 BIM 技术在设计、施工和运维阶段的研究较为成熟，其中 Garber[1] 在 2009 年的研究聚焦于开发 CoBie 信息交换标准（Construction Operations Building Information Exchange）。该项研究在一定程度上，对构建系统性、全面化、适用于建筑运维阶段的设备管理机制有着积极帮助。

Eadieetal.[2] 在 2013 年，利用 Linkedln 平台，随机发放 BIM 应用调查问卷 6958 份，并且他的研究团队对参与人员进行回访，确保参与人员在英国建筑领域工作。调研结果显示 BIM 常用于设计（54.88%）和施工阶段（51.9%），只有 8.82%的人会在运维阶段中经常使用 BIM 技术，更多的项目在很多情况下都没有进展到运维阶段。

随着国内 BIM 技术的成熟和国家政策的鼓励，越来越多的学者开始研究 BIM 技术在项目全生命周期应用的可行性以及 BIM 技术的应用点。刘占省[3]（2013 年）表示 BIM 技术的出现带来了建模方式从 2D、3D 到 4D、5D 的技术革命，但是现在国内对 BIM 的研究并没有形成一套完整的应用体系，建筑单位只是将 BIM 技术应用到项目的某一个部分或者某一阶段，并没有很好地在设计、施工和运维阶段中连续运用 BIM 技术。

徐敏[4]（2022 年）以某 EPC 项目作为案例分析，认为总承包商在 EPC 项目中的实际工作过程中，需要在设计、施工和运维阶段贯穿使用 BIM 技术应用，来降低项目周期长所带来的不可抗力因素影响的风险。

通过对国内外学者对 BIM 技术在项目全生命周期的应用研究现状分析，不难发现无论是从理论层面还是实践层面，国内外学者对 BIM 技术应用于项目全生命周期展开了较为充分的研究工作。但是国外的研究更加偏向于 BIM 技术在项目全生命周期应用的理论研究，提倡在 BIM 技术中心使用 Cobie 信息交换标准和 IFC 标准将模型数据、信息在设计、施工和运维阶段中有效串联起来。相比国外研究，国内研究

主要侧重于BIM技术在项目的实际应用，理论体系研究仍处于探索阶段。因此本文以某医学院项目为例，结合该项目中提到的搭建运维平台的需求，探究BIM技术在项目全生命周期中的设计、施工和运维阶段应用的可行性。

3 项目概括

3.1 项目基本信息

浙江大学国际医学院基础配套设施工程（一期）位于义乌市佛堂镇湖山路北侧，疏港快速路西侧，该项目的总建筑面积120665.25m²，其中地上建筑面积105373.94m²，地下建筑面积15291.31m²。

3.2 项目重难点分析

（1）体育中心造型特殊，支模困难：该项目的体育中心建筑面积13032.96m²，建筑高度22.4m，结构属于钢混结构。其单榀钢结构跨度达55m，共计14榀。每榀两侧为清水混凝土V形双曲面异形柱，异形柱体态大、造型凹凸变曲复杂，总计8个立面，其中5个立面都随着高度非线性扭曲变化，该处的梁柱连接节点做法复杂，需要考虑在焊接完成后如何消除焊接后的残余应力，并且该异形柱的结构为清水混凝土结构，不另做二次装饰处理，一旦浇筑了便不能再进行修改，极大地加大了支模、钢筋下料、绑扎和混凝土浇筑的难度。

（2）施工阶段和运维阶段的BIM交付模型精度要求高：为了推进数智校园建设工作，浙江大学结合项目自身特点，联合同济大学建筑设计研究院（集团）有限公司BIM中心制定《浙江大学国际医学院施工BIM标准》（以下简称标准）。标准要求施工阶段BIM交付模型精度需要达到LOD300及以上，并且BIM实施团队按照“一模到底”的原则，要根据Cobie信息交换标准将施工阶段BIM交付模型进行轻量化处理，将其转变成运维阶段BIM交付模型，其模型精度要求需要达到LOD500。

4 BIM应用策划

4.1 BIM实施标准

BIM团队成员需要熟悉掌握《建筑信息模型应用统一标准》GB/T 51212—2016、《建筑信息模型施工应用标准》GB/T 51235—2017和《建筑工程设计信息模型制图标准》JGJ/T 448—2018等相关BIM建模标准，并联合相关团队在项目开始前编写《浙江大学国际医学院施工BIM标准》《项目BIM深化设计实施指南》和《建筑工程数字化交付技术标准》等标准，用于明确指导项目的BIM工作开展。

4.2 多元化软件应用

根据“一模多用”和“一模到底”的原则，BIM团队在该项目的设计、施工和运维阶段都运用了BIM技术，首先以Revit2018、Tekla和Hibim3.5.2作为基础的BIM建模工具，再结合其他软件（Lumion、Enscape和Naviswork2018等）开展BIM技术拓展应用和模型渲染表达，保障BIM技术在该项目设计、施工和运维阶段的应用实施。

5 设计、施工和运维一体化BIM应用

5.1 BIM技术在设计阶段的应用

建立各专业初步设计模型：按照设计单位提供的图纸，建立初步的土建模型、机电模型（图1）和装饰装修模型，并在机电模型中结合建筑结构情况分析净高概值，满足业主对各个使用功能区的需求。

5.2 BIM技术在施工阶段的应用

5.2.1 深化各专业初步设计模型

对各专业的初步设计模型进行深化，使其满足施工阶段模型深度。对土建初步模型，完善或重新创建该模型，使之符合施工阶段的特点及现场情况，完整表示工程实体及施工作业对象和结果，并包含工程实体的基本信息。对装饰装修的初步模型，优化装饰装修末端点位模型，提前感知装饰装修效果，对装饰装修效果存在问题的地方，及时调整装饰装修方案；同时可以整合精装修与其他专业模型，提前分

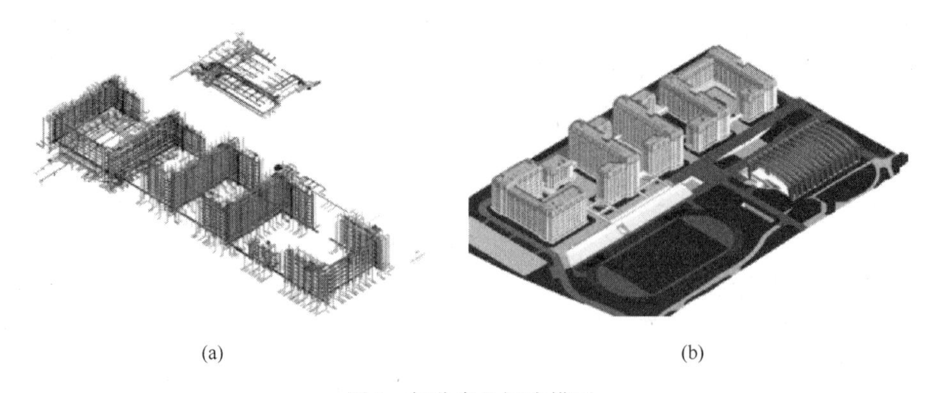

(a) (b)

图1 部分专业初步模型
(a) 机电模型；(b) 土建模型

析、暴露精装修与其他专业间的碰撞问题。

5.2.2 模板深化

针对体育中心V形斜柱双曲面的复杂造型，原设计方案采用钢模板，但由于本项目工期紧张，钢模板难以实现多次周转，一次性成本投入较大。BIM团队利用Rhino软件对V形双曲面柱进行设计深化、分段切割后，采用蜂巢型自制箱模支模方式（图2）。这种支模方式模板加工安装周期短，可多根柱子同步施工，除面板一次性使用之外，外侧箱均采用废旧模板，更好地体现出绿色经济的设计理念。BIM团队同样利用Rhino软件来深化木模板横档的尺寸加工图纸，指导现场模板下料。经效益认证，最终节约成本约367.7万元。

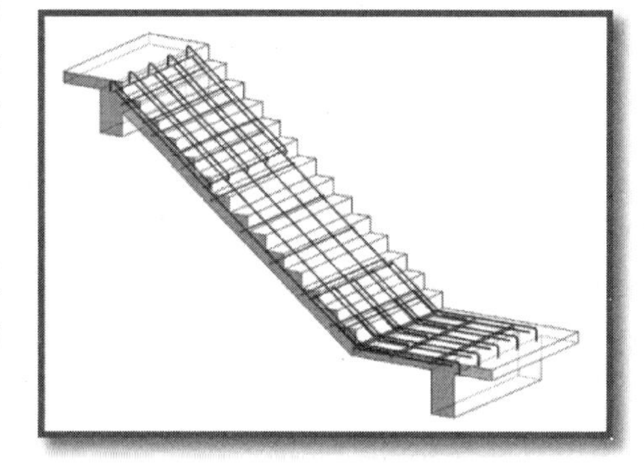

图2 蜂巢型自制箱模

5.2.3 复杂节点深化

体育中心V形斜柱为双曲面斜柱，高度达20m，钢筋弯曲及绑扎极为困难。针对钢筋密集、下料复杂部位，BIM团队在Revit软件建立钢筋深化模型，然后对其进行深化，使其能以三维方式展现，并以这些复杂节点为依托，为施工阶段的可视化技术交底做准备。

5.2.4 管线综合深化

BIM团队在Revit中对机电各专业模型进行管线综合排布，对各专业间管道的碰撞或者缺漏进行直观的审阅，形成图纸问题报告，再根据管线综合排布原则对各专业的管道进行有效的调整，确定最终的管综施工模型，并基于模型输出机电安装各专业平面、剖面等图纸给安装单位。在现场，安装单位根据二次深化图纸进行管线1∶1排布，确保现场管线位置和模型管线位置一致。实现BIM技术应用落地，保障多专业协同施工。

5.3 BIM技术在运维阶段的应用

5.3.1 确立信息收集及录入标准

在施工过程中，BIM团队协调各专业班组进行技术及设备信息收集，为运维阶段BIM交付模型提供数据支撑。运维阶段BIM交付模型分为机电模型、精装修及智能化模型和土建房间分割模型。运维阶段BIM模型通过Cobie信息交换标准，在运维平台中将几何模型对接Excel表格中运维相关的数据，最终在平台中呈现三维模型及运维数据，如图3所示。

5.3.2 建立基于BIM的运维管理平台基本要素体系

通过前期调研和文献分析，深入挖掘业主运维管理需求，确定基于BIM的运维管理三大基本要素为对象、管理和基础设施，并在此基础上对三大要素进行研究分析，实现运维管理底层元素的梳理。依据本项目建立的运维管理基本要素清单，搭建基于BIM的运维管理平台，实现建筑运维管理底层信息的梳理，为建筑运维管理提供充足的数据支撑，有效减少了运维过程中因数据不充分导致的经济损失。

5.3.3 室内可视化建模（图4）

组团	生活组团	单体	宿舍楼02
楼层	2F～10F		
端口	【空】		
工程对象	自动灭火系统管道		
对象名称	热镀锌管	壁厚	4.0
生产日期		品牌	华岐
生产厂家	衡水京华制管有限公司	产品型号	DN100
工作压力	1.62MPA	执行标准	GB/T 3091—2015
安装日期	2022.05		

图3 模型构件相关数据

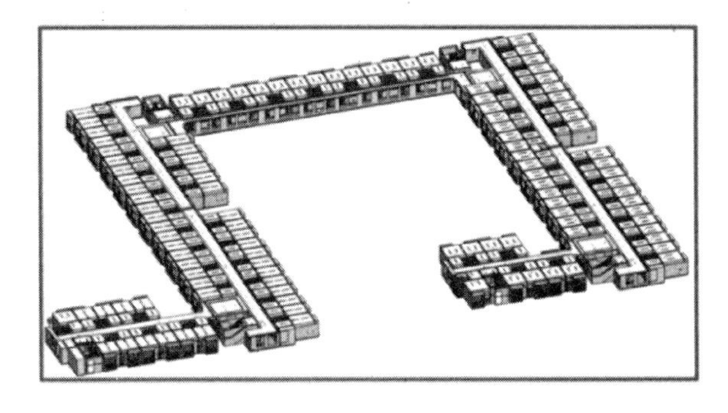

图4 室内可视化建模

BIM团队根据运维平台的需求，结合楼层的实际建筑结构及装修完成面，建立建筑楼层三维场景模型，该模型主要呈现浙江大学国际医学院校区内各建筑楼层房间结构及室内装修效果，保证BIM模型与建筑物的真实材料保持一致，可以实现以虚拟仿真的形式完整呈现具体楼层及其在三维地图中的位置。

6 总结

通过BIM技术在该项目设计、施工和运维阶段的综合应用，总结出以下经验：

（1）验证"一模到底"原则的可行性：可以解决现有项目痛难点，并以最小成本达到最大价值，多源一模，一模多用，真正打通设计、施工和运维阶段，实现EPC项目管理的宗旨。例如在该项目中按照标准，BIM团队在施工阶段BIM交付模型精度达到LOD300后，根据Cobie信息交换标准，将施工阶段BIM交付模型中的构件信息进行处理，在运维平台中能够与智慧基础设施进行自动挂接。

（2）多元化软件应用解决不同的施工难题：在该项目中，各个阶段采用不同的软件提前发现图纸中可能存在的问题，并有效解决问题以指导现场施工。例如在设计阶段，用Sketchup的室内效果渲染来帮助用户，利用HiBIM3.5.2的插件辅助Revit建模深化，并且BIM团队在现场施工前提前发现千余个图纸问题，指导现场施工，提高了项目质量。

（3）缩短项目工期，节约项目成本：BIM团队在该项目中采用分阶段建模的方式，先用5天对人防范围、机房和坡道等重点区域进行碰撞检查和净高分析；再用15天对除重点区域外可以翻模构件进行空间关系审查；最后用30天进行全模型分析，大大缩短了建模时间，提高了模型质量。例如在该项目的模板深化应用中，用木模板代替钢模型，BIM团队在Revit中建立木模板模型，为项目节约约367.7万元。

通过在某医院项目的设计、施工和运维阶段的BIM技术综合应用，论证了BIM技术在项目全生命周期应用的可行性，本文提出了BIM技术在各个阶段的部分应用点，该技术可以优化各个阶段的协同工作，为EPC项目和装配式建筑项目的发展提供了坚实的技术保障。

参 考 文 献

[1] Garber, R. Optimisation stories: The impact of building information modelling on contemporary design practice[J]. Architectural Design, 2009, 79(2): 26-13.

[2] Eadie, R., Browne, M., Odeyinka, H., McKeown, C., & McNiff, S. BIM implementation throughout the UK construction project lifecycle: An analysis[J]. Automation in construction, 2013(36): 145-151.

[3] 刘占省，王泽强，张桐睿，徐瑞龙.BIM技术全寿命周期一体化应用研究[J]. 施工技术，2013，42(18)：91-95.

[4] 徐敏.BIM技术在EPC项目全生命周期中的一体化应用研究[J]. 内蒙古科技与经济 2022(18)：112-113.

BIM 技术在绿色建筑中的应用

柳素娉，田兴旺*，张　硕，赵子贺，任效忠

（大连海洋大学，辽宁 大连 116023）

【摘　要】“十四五”期间，我国大力发展循环经济，推动实现碳达峰、碳中和目标，提出发展绿色建筑领域的新要求。本文针对目前绿色建筑领域面临的常见问题和困境，梳理了 BIM 技术在绿色建筑领域中应用的优势和潜力，探讨了“BIM＋”在建筑领域的重点应用方向和发展前景。

【关键词】绿色建筑；BIM 技术；节能低碳；全生命周期

1　引言

作为典型的能源资源承载型行业，建筑行业能源消耗位居工业部门前列。近年来，节能环保、绿色低碳等可持续发展理念逐渐深入人心，在国家“双碳”目标的背景下，大力发展绿色建筑可谓是实现节能低碳发展的关键一环。BIM 技术以其数字信息化的独特优势助力实现了绿色建筑行业的蓬勃发展，有越来越多的数字孪生技术与 BIM 技术进行融合，BIM＋数字孪生技术有效弥补了现有 BIM 技术的局限性，是实现建筑全过程数字化转型的核心引擎。本文梳理了绿色建筑的现存困境，分析了 BIM 技术在绿色建筑领域的应用价值，探讨了“BIM＋”在建筑行业的应用前景，为绿色建筑设计困境提供新的解决思路。

2　BIM 与绿色建筑概述

2.1　绿色建筑概述

《绿色建筑评价标准》GB/T 50378—2019 指出，绿色建筑就是在建筑全生命周期内，节约资源、减少污染、保护环境，为人们提供健康、适用、高效的使用空间，最大限度地实现人与自然和谐共生的高质量建筑[1]。大力推行绿色建筑，是实现建筑业转型升级和绿色高质量发展的必由之路。

2.2　BIM 与绿色建筑关系

BIM 技术作为继 CAD 之后土建类行业信息化最重要的新技术，已提升到国家战略位置[2]。BIM 以建筑图纸为基础，通过数字信息化的表达方式，模拟一个更趋近于实际建筑的三维仿真模型。该技术包含三个功能模块，分别是建筑信息模型技术（Building Information Model）、建筑信息建模技术（Building Information Modeling）和建筑信息管理技术（Building Information Management）[3]，储存了整个建筑全生命周期内的所有相关信息。

BIM 技术与绿色建筑均注重建筑全生命周期理念，如图 1 所示，BIM 技术凭借可视化、协调性、模拟性、优化性等方面的突出优势，在建筑全生命周期的各个环节得到广泛的应用。BIM 技术的出现不仅解决了传统绿色建筑“先建筑再绿色”的设计困境，也为绿色建筑全生命周期管理提供了更先进的管理理念。

【基金项目】BIM 参数化技术在洁净厂房中的智能应用方案研究（2018035）；厂房废热多级回收与综合利用技术（2018015）

【作者简介】柳素娉（1999—），女，学生。主要研究方向为建筑节能。E-mail：1031499288@qq.com

田兴旺（1981—），男，教研室主任/副教授。主要研究方向为 BIM 参数化设计、建筑节能新技术。E-mail：txw-1203@126.com

图 1　基于 CNKI 数据库 BIM 相关词频统计

3　现阶段我国绿色建筑中存在的问题

3.1　建筑设计效率低

建筑设计效率较低。由于建筑的全过程设计会随着建设周期、气象环境等因素动态变化，绿色建筑设计需考虑的因素十分繁杂。当建筑环境等发生变化时，设计也需要随之修改。由于传统设计模式的精准性、协调性等相对较差，当工程发生变更时，CAD 就需要逐个修改能体现建筑物状态信息的全部相关图纸及数据文件。相较于 BIM 技术而言，这种方式的工作效率较低，增加了工作人员的劳动强度，也间接增加了造价成本。

3.2　建筑施工安全风险大

建筑施工安全风险未得到有效控制。建筑施工相较于其他环节而言，仍是建筑的短板项，根据住房和城乡建设部公开数据显示（图 2），近年来因建筑施工导致的安全事故伤亡人数较 10 年前相比仍居高不下，高空坠落、物体打击、坍塌及起重伤害被列为安全事故发生的主要方式，约占事故总数的 90%[4]。而越来越多的安全事故的发生，也反映出建筑施工本身存在的较大漏洞。究其事故发生的主要原因，一方面是源于许多工作人员本身安全意识淡薄，没有安全生产的理念；另一方面则是因为施工安全管理机制还不完善，容易导致交叉施工现象的产生，增加施工风险。

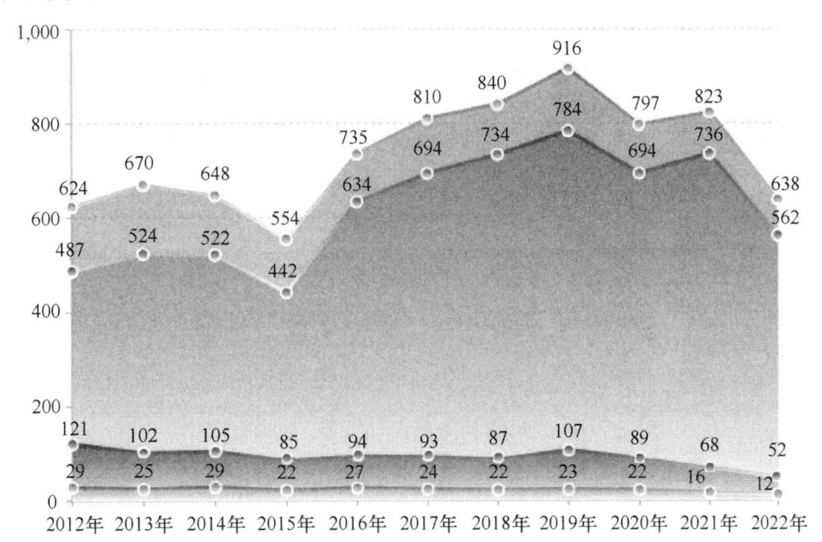

图 2　2012～2022 年房屋市政生产安全事故情况（单位：人）

3.3 建筑管理模式混乱

绿色建筑管理方式有待完善。建筑管理存在于建筑全生命周期的全过程，涉及工程技术、安全质量、物资设备、财务及综合等部门，但由于部门与部门之间缺乏有效沟通协作和信息共享，责任主体划分不明晰，对相关问题的处理容易出现管理断层、互相推诿等现象，导致建筑的整体信息数据记录不完全，不利于工作人员及时对建筑管理做出调整与优化，对工期的按时完成和工程整体建设质量造成一定的影响，埋下一定的安全隐患。

3.4 建筑经济效益“不明显”

绿色建筑前期成本投入较高，部分用户谈“绿”色变。如图 3 所示，建筑的全生命周期成本包含建设成本、运营成本及拆除成本。与普通建筑相比，绿色建筑由于采取了改善居住舒适性、减少资源消耗和环境影响等措施，全生命周期的各项成本值也发生了变化，产生了绿色建筑成本增量（图 4）[5]。如图 5 所示，从长期来看，经合理设计的绿色建筑综合效益要比传统建筑更高，但由于前期投入资金大，部分投资方倾向于当下建设成本的节省而忽视建设背后的生态及社会价值。

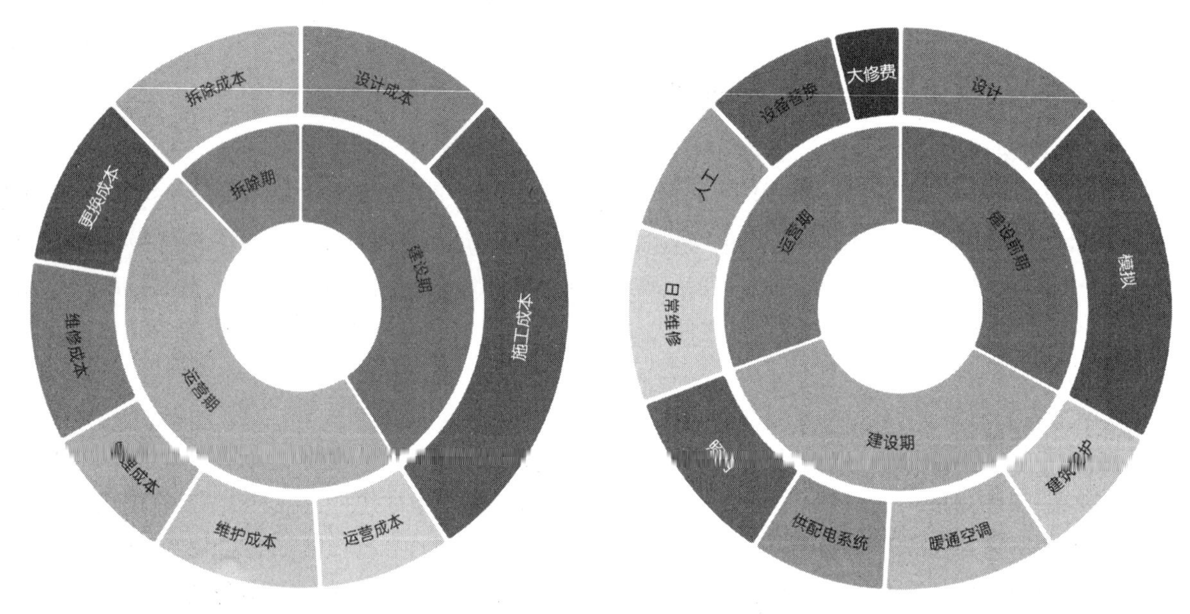

图 3 普通建筑成本构成　　图 4 绿色建筑增量成本构成

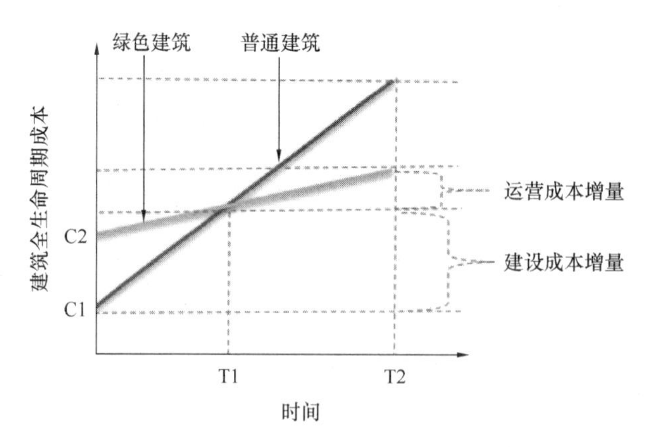

图 5 绿色建筑全生命周期成本曲线[5]

4 BIM 技术应用优势

4.1 提高建筑设计效率

BIM 技术建立的模型是动态化发展的参数模型，具有良好的可视化、协调性、联动性等特点。设计人员在BIM技术的支撑下，对建筑工程模型进行展示分析、碰撞检查及绿色化设计，当出现问题时，能及时准确地开展建筑工程协调优化设计，减少施工时不必要的返工次数，提升建筑性能。

4.2 有效规避施工安全风险

通过BIM技术的施工模拟提前预测施工现场可能存在的问题及规划漏洞，提升施工安全指数。甘肃第一建设集团有限责任公司[6]运用BIM技术对某群体商住小区进行虚拟施工预览，通过动画的形式更形象地展示出建设期内的施工情况及进度，及时发现规划盲点并对人员、施工设备和工程实体做出更加科学合理的划分，提早规避交叉施工问题的出现，更好地保障施工人员的生命安全。

4.3 实现不同部门间的信息共享

建设项目相关信息数据（包括施工、进度、物料供应等）通过Revit搭建的3D模型进行传递共享。通过三维模型，各部门能够更加真实、客观地了解工程实际情况，及时提出问题和修改意见。通过综合不同部门的修改数据，我们可以对管理方式进行调整和优化，预防安全事故和建设质量问题，保障施工的顺利进行。

4.4 提升建筑项目经济效益

绿色建筑不等于高成本建筑，目前，绿色建筑零增量成本、低增量成本技术运用得越来越多，高增量成本的技术使用相对较少，绿色建筑增量成本呈下降趋势。与此同时，BIM技术通过其在设计、施工、管理、成本控制等环节的独特优势，在保证施工进度、安全及质量的前提下，充分实现项目各阶段的资源节约和成本控制，使得经济效益最大化。

5 BIM+数字孪生技术

5.1 BIM+AI

AI（Artificial Intelligence，人工智能）是以过去数据为基础，通过计算机来模拟人类智慧行为的一种技术。基于BIM技术的正向设计，利用AI辅助用户进行自动化设计和信息映射，既弥补了BIM模型无法满足多专业和跨阶段的多样化需求，也提升了建筑相关人员的协作效率。

目前建筑设计依赖于桌面版参数化软件（例如Revit）及其二次开发软件，相较于网页，桌面版软件的信息传递途径较为闭塞，设计方案主要由建设方决策，业主的个性化需求难以实现。如图6所示，通过AI技术的算法辅助设计，将AI方案与BIM技术融合[7]，可以设计出符合业主需求的个性化设计方案。

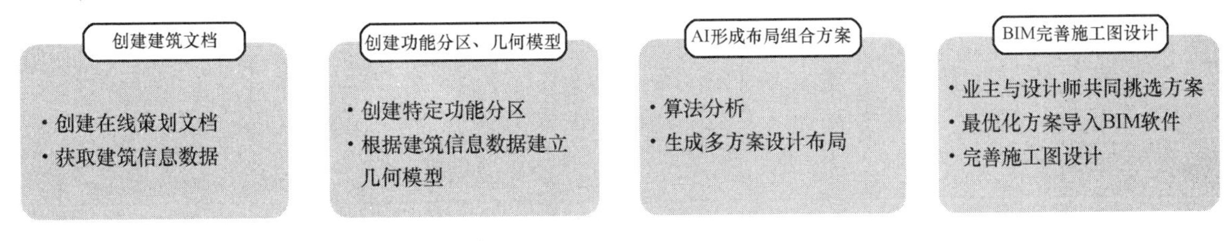

图6 基于BIM+AI技术建筑设计流程图[7]

在建筑施工安全领域，BIM+AI集成应用构建了智能旁站系统[8]，利用AI良好的实时性为施工安全提供动态保障，BIM技术可以对施工现场可能发生的危险做出预测，更好地保障施工安全；在智慧城市建设领域[9]，基于AI算法的图符识别、图元数据提取和处理，图元数据汇聚和基于BIM的3D模型自动构建快速生成建筑模型，实现建模效率提升和成本降低，加快智慧城市数字化建设进程。

BIM与人工智能的应用还处于探究阶段，但参考人工智能技术在其他行业的发展和应用趋势可以预见，在数字化技术相对滞后的建筑业中，人工智能技术具有较高的应用创新潜力。

5.2 BIM+GIS

地理信息系统（Geographic Information System，GIS）是用于管理地理空间分布数据的计算机信息系统，以直观的地理图形方式获取、存储、管理、计算、分析和显示与地球表面位置相关的各种数据。BIM与GIS的加工集成是宏观与微观的有效结合，能实现建筑外部环境与内部施工进度的动态信息收集。

在建筑节能改造领域，老旧小区建筑因其内部设施陈旧、外部环境复杂，一直是改造的痛点和难点。淄博市某老旧小区[10]依托 BIM+GIS 技术，通过无人机倾斜摄影技术快速构建建筑三维实景模型，再利用 EPS 地理信息工作站精准获取建筑的各立面尺寸信息，将获取的信息数据导入 CAD 图纸创建建筑模型，最后利用 BIM 协同管理平台顺利实现建筑改造的全生命周期管理。BIM+GIS 技术的融合充分考虑了旧改设计方案与现状的融合度，实现了老旧建筑信息化管理，为城市更新（旧改）工作提供新思路、新方案。

6 结论

BIM 技术在绿色建筑中的应用具有巨大的应用价值和广阔的应用前景，绿色建筑为 BIM 提供了一个发挥其优势的舞台，BIM 为绿色建筑提供了数据和技术支撑。在当前数字化时代背景下，积极推动信息技术和绿色建筑深度融合，将绿色智慧发展理念贯穿于建筑全生命周期，助力建筑行业数字化低碳转型是新时代变革的大势所趋。相信随着 BIM+数字孪生技术的不断完善，绿色建筑的发展势必会越来越好。

参考文献

[1] 中华人民共和国住房和城乡建设部．关于发布国家标准《绿色建筑评价标准》的公告．[EB/OL]．(2019-03-13)[2023-08-02]．

[2] 田兴旺，张殿光，高兴，等．基于 BIM 技术的建能专业实践教学模式探索[J]．教育现代化，2021，8(57)：106-109.

[3] 魏立峰．BIM 技术在绿色建筑中的设计应用及案例分析[J]．土木建筑工程信息技术，2018，10(2)：60-64.

[4] 刘昊东．建筑工程安全事故成因分析与预测[J]．四川建材，2023，49(5)：241-243.

[5] 曹申，董聪．绿色建筑全生命周期成本效益评价[J]．清华大学学报(自然科学版)，2012，52(6)：843-847.

[6] 牛等强．BIM 技术在施工现场布置中的应用实践[J]．科技与创新，2023，228(12)：129-131.

[7] 李宾，夏彬，穆晨．AI 时代的 BIM 新设计技术展望[J]．中国勘察设计，2020(4)：42-46.

[8] 何东城，高来先，张永炘，等．基于 BIM 与人工智能的智能旁站系统研究[C]//中国图学学会建筑信息模型(BIM)专业委员会．第六届全国 BIM 学术会议论文集．中国建筑工业出版社，2020：4.

[9] 盖彤彤，于德湖，孙宝娣，杨淑娟．BIM 与人工智能融合应用研究进展[J]．建筑科学，2020，36(6)：119-126.

[10] 高洪政．BIM+GIS 技术在既有建筑节能改造中的应用[J]．山西建筑，2023，49(5)：26-28.

基于BIM与GIS的隧道工程数智化平台研究
——以WK隧道项目为例

尹　航[1*]，李后荣[1]，崔智鹏[2]，郭亚鹏[1]

（1. 同炎数智科技（重庆）有限公司，重庆，401121；2. 北京建筑大学城市经济与管理学院，北京，102616）

【摘　要】 隧道工程存在地下工程较多、线型跨度大、标段划分复杂等特征，因此管理信息化出现信息界面众多、数据标准不统一、信息来源隐蔽、数据多元化等难点。为解决上述难点，本研究采用面向服务架构（SOA），搭建隧道工程数智化项目管理平台，包括项目总控、模型管理、投资管理、质量与安全管理、进度管理等模块，同时实现BIM、GIS、物联网与工程管理信息的多源数据融合。

【关键词】 隧道工程；SOA；多源异构数据；GIS；管理平台

1　引言

随着建筑工业化、数字化与绿色化融合的需求不断得到关注，工程项目的数字化转型升级日益成为研究热点。近年来，基于BIM技术的项目管理系统提供了一种管理项目信息与资源的线上化显示方式，以帮助项目团队有效的规划、执行和交付项目，并被越来越广泛地应用于工程建设过程中的协调、组织和监控等活动[1]。

隧道工程的建设面临许多挑战，包括地下工程较多、线型跨度大和标段划分复杂等，为解决上述问题，越来越多的项目采用信息化平台开展项目管理工作，以确保工程信息的实时监测与共享。基于此，本研究采用面向服务架构（Service-Oriented Architecture，SOA）的集成方式搭建数智化项目管理平台，分析平台的系统架构、功能组成与模块划分，为同类工程建设提供管理平台搭建方案的借鉴。

2　隧道工程数智化项目管理系统需求分析

2.1　多源数据储存需求

隧道项目总体体量普遍较大，项目建设、运维过程中信息资源来源广、格式复杂，数据储存方式多样，传统信息媒介方式往往以纸质文档、电子文档为主，信息溯源难度大[2]。数智化平台可实现多源数据的集成储存，三维数据与其他类型数据的异构融合，保证高效信息查询、搜索、传递效率。

2.2　数据融合决策需求

数据贯穿隧道设施从规划到设计、施工再到运维的全生命周期，整个流程中的多元数据可通过BIM模型链接，形成信息资源，通过对信息资源进行整合与挖掘，提升信息资源利用效率，从而更好地提升决策者的决策水平。

2.3　灾害风险评估需求

BIM和GIS技术可用于隧道的灾害风险评估和应急管理。通过BIM模型和GIS空间分析，可以计算隧道在不同灾害场景下的风险，并评估不同灾害事件对隧道的潜在影响，这将有助于制定应急方案，提前采取措施，降低灾害风险。

【基金项目】 重庆市建设科技项目（城科字2021第3-5号）；住房和城乡建设部科学技术计划项目（2022-S-002）；

【作者简介】 尹航（1988—），男，副总监。主要研究方向为数字化转型、ESG、双碳分析。E-mail：yinhang@ity.com.cn

2.4 资产管理维护需求

BIM和GIS技术可用于隧道的资产管理和维护。通过BIM模型，记录隧道建设过程中的所有信息，包括材料、设备、工艺等，为资产管理和维护提供基础数据。GIS则可以对隧道的位置、结构和维修历史进行空间分析，为维护计划和决策提供支持。

3 隧道工程数智化项目管理平台搭建

3.1 系统总体框架

隧道工程数智化项目管理平台的信息集成涵盖了项目建设的各类型信息，包括建筑实体的BIM模型信息、隧道所在区域的GIS信息、项目管理信息和设备运营信息等，其中项目管理信息还将涵盖进度信息、投资信息、质量信息、安全信息等。根据该平台的多类型信息集成需求，平台系统建设构架包括感知层、网络层、数据层、业务层与应用层五个层级。具体如图1所示。同时，平台中的建模工作应当满足相关BIM建模标准，信息安全管理可采用分级授权、统一认证的形式。

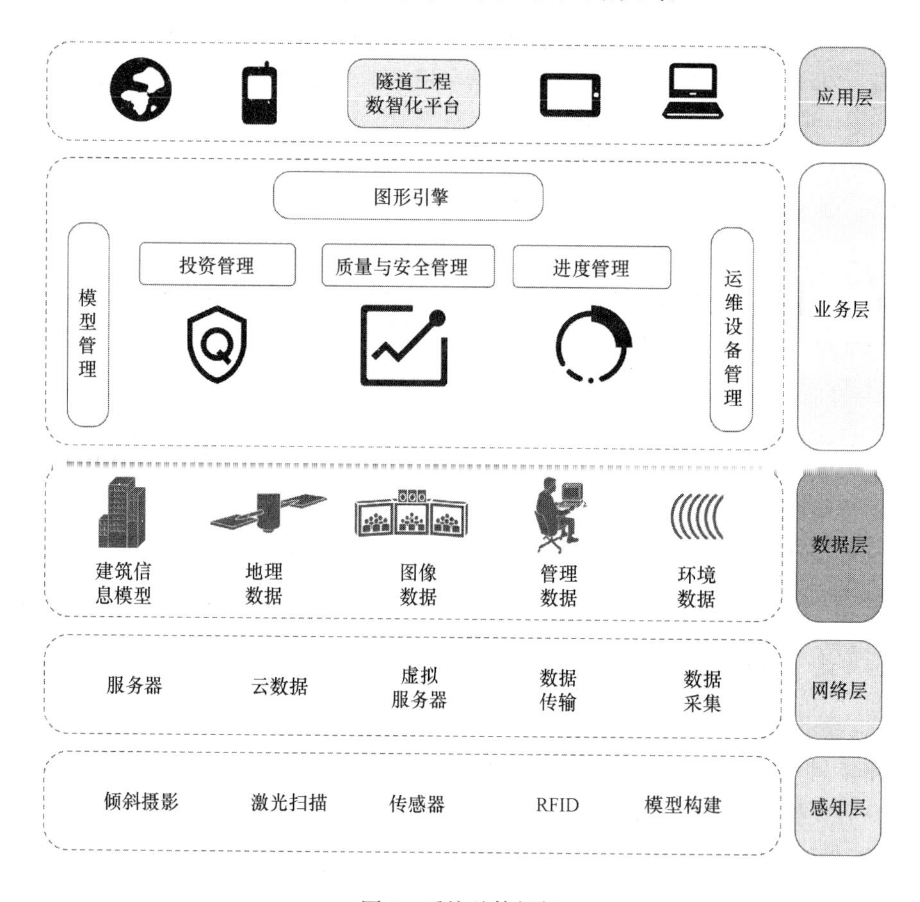

图1 系统总体框架

3.2 平台功能组成

隧道工程数智化项目管理平台包括多源异构数据融合，系统功能包括信息输入分析、信息存储系统、信息输出管理三部分主要功能。在信息输入分析中，业务流程包括工程信息模型标准化与构建、倾斜摄影与地理信息建立、环境信息识别、异构数据融合。在信息存储系统中，包括BIM数据、GIS信息、工程档案信息等数据的储存。在信息输出管理中，包括信息模式的展示、搜索、更新，各模块管理流程的线上化操作，项目管理工作内容与BIM模型结构的融合，界面展示的轻量化、GIS可视化等，具体如图2所示。

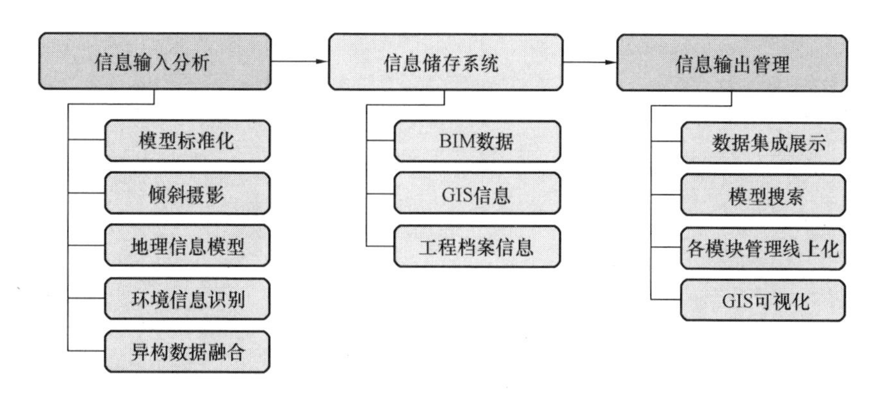

图 2　平台功能组成

4　隧道工程数智化项目管理系统技术架构设计

考虑到隧道工程的复杂与长工期的特征，数据类型来源分散，因此平台搭建存在数据格式多样、信息分散负责、储存方式存在差异等难点。为满足项目管理平台的可推广性，本研究采用 SOA 完成隧道工程数智化项目管理系统技术架构设计[3]，该体系结构采用网络通信协议融通各类管理活动，进而实现统一的输出管理信息，具体功能包括采用组件化服务搭建管理生态底座，满足业主方定制化管理需求，编制信息化管理标准，实现不同数据的平台间信息交互与共享。

采用 SOA 的管理平台具有较高的复用性，以此为管理平台叠加更多定制化模块，实现不同隧道及不同类型其他项目管理活动的平台化系统搭建。该模式与 JAT（Java Agent Template，Java）软件、基于 B/S（Browser/Server，浏览器/服务器模式）模式等传统平台搭建工具相比，更具开放性、扩张性、集成性等优势[4]。

5　隧道工程数智化项目多源异构数据融合

5.1　隧道信息与地理信息融合

地理信息数据主要分为地形数据与地形场景数据。本研究采用倾斜摄影生成模型，通过地理信息的裁剪、挖洞、镶嵌等功能完成隧道信息模型的嵌入与原环境模型的清晰化处理和精确化处理，实现 BIM 微观层信息与地理宏观层信息同步，为业主方与各参建方提供更具真实性的可视化体验。

5.2　隧道信息与地质信息融合

采用遥感地质解译实现地质信息数字化表达，采用高分辨立体成像的三维观测与产状解译，描述所在范围内的不利地质范围与地质结构，补充隧道信息模型所在地区的完整地质数据，包括地质岩性、地层情况与钻孔范围等，与隧道信息模型进行融合，完成隧道信息模型与地质信息的一体化展示。

5.3　隧道信息与物联网信息融合

BIM 将建筑物数据化、模型化，用来标明整个建筑内各类要素发生的位置。而物联网技术将各种建筑运营数据通过传感器收集起来，并通过互联网实时反映到本地运营中心和远程用户。

6　隧道工程数智化项目管理系统模块组成

6.1　项目总控驾驶舱

隧道工程数智化项目平台主页为项目参与人员的个人控制面板，以 WK 隧道项目为例，驾驶舱展示内容包括待办事项、模型展示、项目进度、项目概况、安全生产、质量问题与参建单位等显示区域，满足项目管理信息快速查看、简易操作、事件提醒与决策支持等需求，如图 3 所示。

6.2　模型管理

通过所在团队自主研发可控的图形引擎，对隧道工程信息模型进行轻量化处理，并集成于该平台，实现模型的实时快读与细节即时点击。子模块包括 BIM-GIS 集成展示、隧道模型整体展示、专业工程点

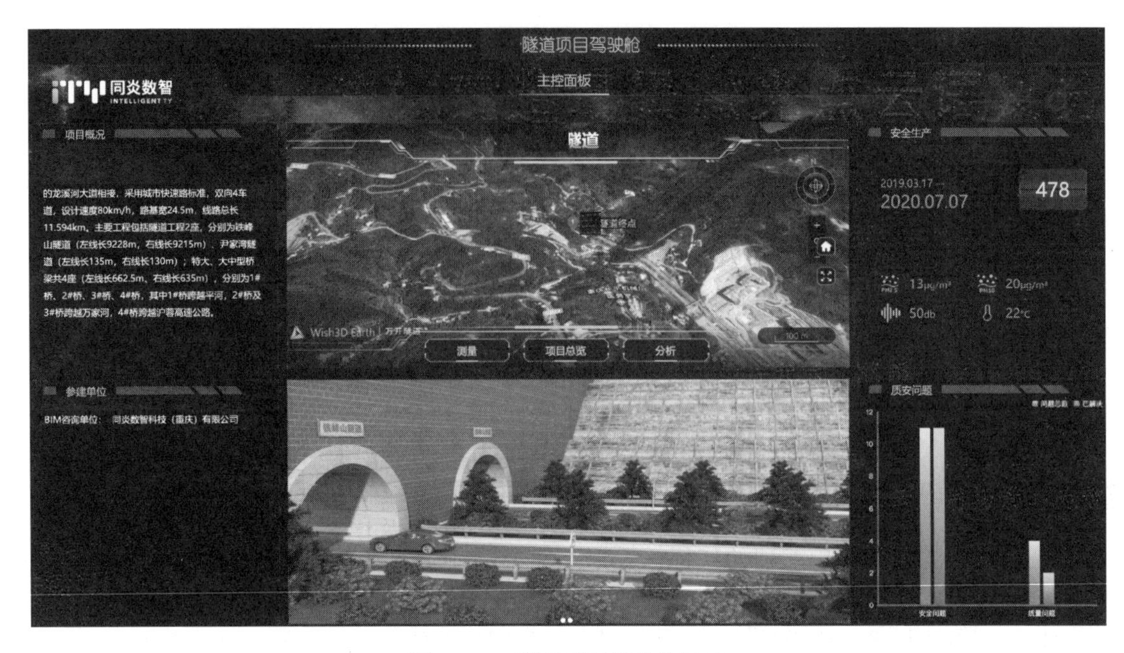

图 3　WK 隧道项目驾驶舱展示

击查看、细部结构模型切片查看、内部物联网漫游展示、空间物理测量、二维码局部模型分享与查看。WK 隧道项目模型管理界面示意如图 4 所示。

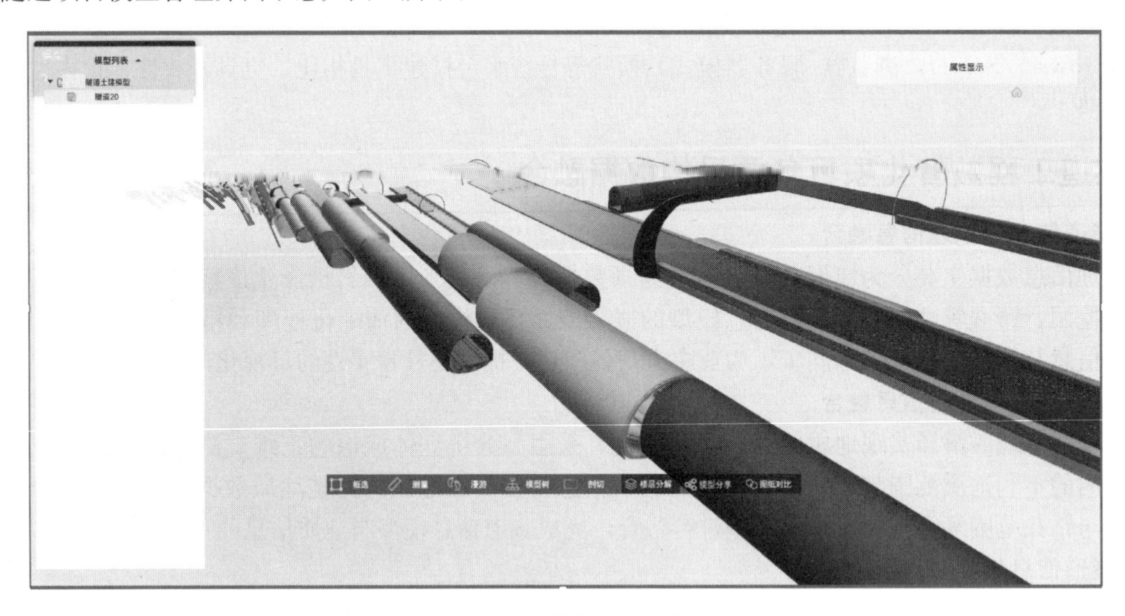

图 4　模型管理界面示意

6.3　投资管理

项目实施过程中的投资控制根据地理划分的隧道施工标段、各主线路工程分别制定投资控制计划，采用挣值法监控原则，在平台中实时展示定期投资控制情况，并具有预警性，同时对重大控制节点进行前置提醒，保障投资控制的连贯性、准确性展示，为业主方及参建各方提供资金使用决策基础。

6.4　质量与安全管理

平台系统可实现建设过程中质量、安全管理信息的实时展示，管理流程线上化处理、提醒与归档，通过照片、视频形式平台化共享项目管控情况，实现质量、安全的闭环。同时，集成天气、地质等不可抗力风险因素，进行前置预警，实现部分安全管理工作的可预测性。

6.5 进度管理

进度管理模块将BIM数据、GIS信息与验收数据进行编码集成，集成显示项目计划进度模型，同时根据实际项目进度标记，形成项目进度实时进度模型，通过对比分析结果，展示差值工期与预警提示，并通过标记管理人员分析，定点发送预警信息。

7 结论

本研究通过分析隧道工程数智化项目管理系统需求，基于BIM、GIS、物联网、工程管理信息等多源异构数据融合，采用面向服务的体系结构，分析了隧道工程数智化项目管理系统的搭建基础与内容，并以WK隧道项目为例，分析了该平台信息框架包含的主要模块功能，未来研究与应用可以此为基础搭建项目管理平台与定制化模块建设。

参 考 文 献

[1] 汪洋．项目协同管理平台五大热点问题须关注——基于BIM的项目协同管理平台热点问题探讨[J]. 中国勘察设计，2021，350(11)：76-77.

[2] 汪洋．基于BIM的项目管理咨询[J]. 中国勘察设计，2021，347(8)：26-27.

[3] 贺晓钢，黄志宏，敖翔，等．基于GIS+BIM融合的建设工程项目数字化管理平台研究与应用[J]. 水利规划与设计，2021，216(10)：67-70，84.

[4] 李想．基于多源数据融合的交通基础设施BIM信息资源管理研究[D]. 南京：东南大学，2021.

基于 BIM 与空间 Agent 的施工场地智能优化方法

周　红，陈泽瑞，林　孟

（厦门大学建筑与土木工程学院，福建 厦门，361005）

【摘　要】地铁站点不合理的施工场地布置易导致机械空间碰撞、交叉，影响施工效率，甚至造成施工安全事故。本文将 Agent 技术与 BIM 技术结合，采用尺寸变换、A^* 优化寻路和车辆施工运输行为分析等方法对空间主体形式化建模，运用施工场地布置决策模型减少人为主观因素的影响，通过遗传算法多次迭代得到最优方案，并结合 BIM 技术实现规避空间碰撞、路径优化和降低成本的多目标动态场地布置。最后以五缘湾站风井施工段场地布置方案为例进行验证。

【关键词】施工场地布置；空间 Agent；BIM；遗传算法；路径优化

1　引言

地铁建设往往位于城市区域，施工场地局促狭小，经验性、粗放性的场地布置难以适应当今施工对象和场地条件的需要，且往往忽视空间关键关系与场地交通问题，易发生施工机械空间碰撞[1]。刘文涵[2]对启发式算法应用于施工场地布置问题进行了研究，缩短了求解时间并提高了结果的准确性。但由于计算环节复杂，参数选取和方案决策等环节存在较多的人为主观因素。以往运用启发性算法求解施工场地布置问题的研究基本没有验证因运输路线不可达造成优化目标函数中设施间路径长短的改变[3]，且排除车辆与设施之间可能产生的碰撞影响的研究还较为缺乏。在结合 BIM 技术和其他计算机技术的研究中[4]，仅对工程量计算等部分环节进行了自动化处理，优化程度有限，并未达到智能化布置场地的目标。Xin-Ning[5]等通过直觉模糊集理论和逼近理想解排序方法相结合的多属性决策方法，构建了工程场地布置决策模型，通过实例分析验证了模型的有效性。吴梦灵[6]以绿色施工为目标，构建了基于绿色施工的场地布置评价指标体系，利用蚁群算法对布置模型进行求解，并通过方案对比验证了模型和算法的可行性。Sri-nath[3]等人利用 A^* 算法和遗传算法自动创建基于 BIM 信息的动态场地布局模型的框架，但是主要关注在建建筑的内部存储空间，而不是外部场地空间布置。本文旨在结合 BIM 技术和启发式算法，考虑运输路线可达性和碰撞影响等因素，提出一种智能化的地铁施工场地布置优化方法，最大限度地提高施工效率，减少资源浪费和施工事故的风险，为城市地铁建设提供科学、高效、安全的施工方案，为推动城市地铁建设的现代化和智能化作出贡献。

【基金项目】国家自然科学基金面上项目“基于 BIM 和多源数据集成的地铁施工精准风险评估与实时控制”（项目编号 71871192），基于 CFD 的施工扬尘扩散机理及对城市大气环境与人体健康的影响——以厦门市为例（XJK2020-1-6），中国中铁建投 2016 年科技重大计划（2016-重大-08）

【作者简介】周红（1973—），女，教授，博士。主要研究方向为可持续建造、BIM 与智能建造与 NLP 方向研究．E-mail：mcwangzh@xmu. edu. cn

陈泽瑞（1999—），男，硕士研究生。主要研究方向为机器视觉与数据融合。E-mail：1581917522@qq. com

2 研究方法

2.1 启发式算法解决二次分配问题

现有研究将施工场地布置规划问题看作是在复杂适应系统下解决二次分配问题，考虑的是在保证总布置代价最小的前提下，将一定数量的设施依据特定需要布置于相应位置[7]。二次分配问题作为NP（Non-deterministic Polynomial）完全问题，其难解性在于其状态空间非常大，随着问题规模的增加，状态空间的增长速度呈指数级别。像分支定界法和割平面法[8]这些经典的数学优化算法，在处理大规模问题时都会受到限制，很难在有效时间内找到最优解。在过去几十年的研究中，许多著名的启发式算法相继被人们提出，包括遗传算法[9]、蚁群算法[10]、粒子群算法[11]、模拟退火算法[12]等，在解决二次分配问题的应用上都具有一定的实用性。遗传算法通过产生大量的初始解来并行地搜索问题的状态空间，从而提高搜索效率，并且通过不断地进行遗传和变异来保持种群的多样性，避免陷入局部最优解。因此，遗传算法能够有效地解决二次分配问题的NP难解性，并在有效时间内找到最优解。本文尝试在解决二次分配问题的思想下基于Agent技术的建模仿真作为复杂系统理论的方法学建立目标函数来完成施工场地布置方案模型设计，利用遗传算法解决模型运算问题。

2.2 场地优化目标函数的建立

施工场地布置规划研究如何将这些临用设施合理布置在有限的施工场地中，在确保材料、设备、劳动力顺利流动的同时，最小化材料运输费用，让设施交互性和场地安全性等要求得到最大满足[13]。根据上述要求，需对施工场地布置设定两个基本目标：

（1）材料运输费用最小。最小化场地内部的总材料运输成本为设定的目标之一。

（2）设施综合相关关系最大。设施综合关系中材料流动的数量和频率可结合施工进度及施工组织计划安排计算得到具体数值，而关于信息交互、人员统筹等方面的关系无法直接量化，需要对其进行定性分析。本文借助SLP（Systematic Layout Planning）方法对施工场地临用设施之间的物流关系和非物流关系进行分析，将物流关系与非物流关系按照规则进行加权汇总，得到不同临用设施之间的密切度[14]。将设施之间的综合相关关系用密切度矩阵 c 来表示，密切度代表了设施之间每日运输材料量、人员出行频率和安全距离等因素。通过加权计算的方式，得到各个设施之间的综合相关关系[15]。

（3）总目标函数

施工场地的合理布置，一方面是为了将临用设施之间材料二次搬运的费用最小化，另一方面是使得设施之间的综合关系密切程度最高。为方便求解，将求施工场地临用设施综合相关关系目标函数的最大值转换为求其倒数的最小值，因此总的目标函数可表示为：

$$\min F = \sum_{i=1}^{n-1}\sum_{j=i+1}^{n} d_{ij}E_{ij}f_{ij} + \frac{1}{\sum_{i=1}^{n-1}\sum_{j=i+1}^{n} b_{ij}c_{ij}} \tag{1}$$

式中：n ——设施的总数量；

d_{ij} ——设施 i 和设施 j 之间的路径长短；

E_{ij} ——设施 i 到设施 j 材料运输单位距离消耗的费用；

f_{ij} ——设施 i 和设施 j 之间往来的物流量，由具体施工进度决定；

b_{ij} ——表示临时设施 i 与临时设施 j 之间的关联因子；取值随距离 d_{ij} 的增大而减小；

c_{ij} ——表示临时设施 i 与临时设施 j 之间的密切度。

2.3 施工场地Agent智能体设计

在实际应用中，施工场地布置问题具有高度的复杂性和不确定性，传统的场地优化难以在有效时间内找到最优解，并且很难考虑到所有的约束条件。Agent是指能够自主行动、独立思考和学习的计算机程序或系统，该技术可以用于建模和仿真复杂适应系统，更好地模拟实际环境中主体间的相互作用和信息传递，反映实际情况，并且能够减少人工干预和手动计算的环节，提高施工场地布置的智能性和准确性。因此，本文基于Agent技术对主体进行建模仿真。

2.3.1 施工场地 Agent 智能体分类

Agent 形式化设计是对主体进行属性定义和行为描述，是智能优化的关键。为满足施工场地布置模型设计的通用性，场地布置中按生产要素可分为三类通用主体：设施、道路、车辆。

(1) 设施是施工场地布置规划问题的主要对象，可根据功能分为储存类临用设施，如钢材堆场、水泥仓库；加工类临用设施，如钢筋切割车间、拌浆场地等。这类设施应提供足够的空间容纳人和机械。

(2) 道路 Agent 作用是连接设施 Agent，关系着施工过程材料运输具体走向的主体，道路 Agent 可以从储存类设施 Agent 连接至加工类设施 Agent，再通往工程主体，也可以直接从储存类设施 Agent 通向工程主体，需要根据具体的施工流程决定。设施 Agent 的位置一旦布置完毕，材料的主要运输路线也随之确定。

(3) 车辆 Agent 在施工场地布置过程中主要负责材料的运输，运输的路线及车辆种类则关系着整体材料运输费用，同样决定了施工场地布置方案的优劣。

以上三类 Agent 智能体能够涵盖和表达施工场地布置的主要问题——临用设施的位置问题，并且通过三类智能体的交互将施工场地布置问题转变成具有明确目标和约束的数学模型优化问题，可适用于模拟施工场地复杂适应系统场地布置优化。

2.3.2 施工场地 Agent 智能体形式化设计

(1) 设施 Agent 形式化设计

根据施工过程临用设施的功能及行为，需要从材料属性、设施自然属性、适应性规则对其模拟建模。

对设施 Agent 而言，与其他 Agent 之间的交互行为都是建立在材料运输的基础上，所以材料属性是设施 Agent 的最基本信息。临用设施的自然属性主要指设施的长、宽、高三维尺寸。临用设施分为储存和加工两类。其中储存设施的平面尺寸根据施工进度、材料单位数量面积以及堆放形式决定，加工设施的平面尺寸根据施工进度以及加工单位材料所需设施空间决定。计算设施位置时，需要考虑不同设施 Agent 是否会在场地中发生重叠的问题。Srinath[3]通过将设施近似为一个固定的矩形，采用尺寸变换的方法调整角点坐标排除设施重叠的可能性。为排除设施在场地布置仿真下可能存在空间碰撞的影响，添加了设施 Agent 模型的高度属性，临用设施的高度需要满足该类设施按照规范或实际建造方式时应满足的最小和最大高度。

(2) 道路 Agent 形式化设计

道路 Agent 的自然属性包括道路宽度和道路走向，道路宽度根据运输车辆的三维尺寸计算；道路走向以材料输出设施 Agent 为起点，通往材料输入设施 Agent。A^* 算法[16]是一种启发式搜索算法，在施工场地布置优化问题中，可以利用 A^* 寻路算法确定道路 Agent 的走向避开场地障碍，保证运输路线的可达性。通过网格化施工场地，使主体在仿真环境中的位置和移动情况能够用坐标进行表示。

(3) 车辆 Agent 形式化设计

车辆 Agent 的材料属性决定车辆运输材料的类型，车辆 Agent 的自然属性包括车辆和装载材料的三维尺寸以及车辆运输单位距离的价格。

2.4 智能优化算法设计

采用 Matlab 实现遗传算法和 A^* 算法等算法以及 Agent 智能体的构建。在仿真平台中三类 Agent 智能体进行交互：设施 Agent 根据设施内部不发生碰撞的原则，通过尺寸变换调节得到设施位置信息并产生运输任务。车辆 Agent 获取运输任务信息后将自身属性传递给道路 Agent。道路 Agent 采用 A^* 算法计算出当前状态下的道路宽度以及走向信息。通过计算当前布置方案的目标函数作为遗传算法中的适应度函数，遗传算法则根据交叉、变异等操作选择出最符合适应度要求的种群作为最终布置方案，完成施工场地智能布置平面优化设计。为了解决过去研究中对场地布置空间问题考虑不足的情况，本文基于 BIM 对施工场地布置做出了空间优化设计。根据由 matlab 仿真分析得到的各临用设施 Agent 的形心坐标、三维尺寸，以及道路 Agent 的轨迹坐标，建立施工场地 BIM 模型，借助 Navisworks 软件对施工场地进行施工的空间碰撞检测，以车行道路为轨迹，以车辆的具体碰撞体积为目标，进行施工过程中材料运输的模拟，保障施工场地布置方案道路的可达性和设施布置的合理性。具体方案设计如图 1 所示。

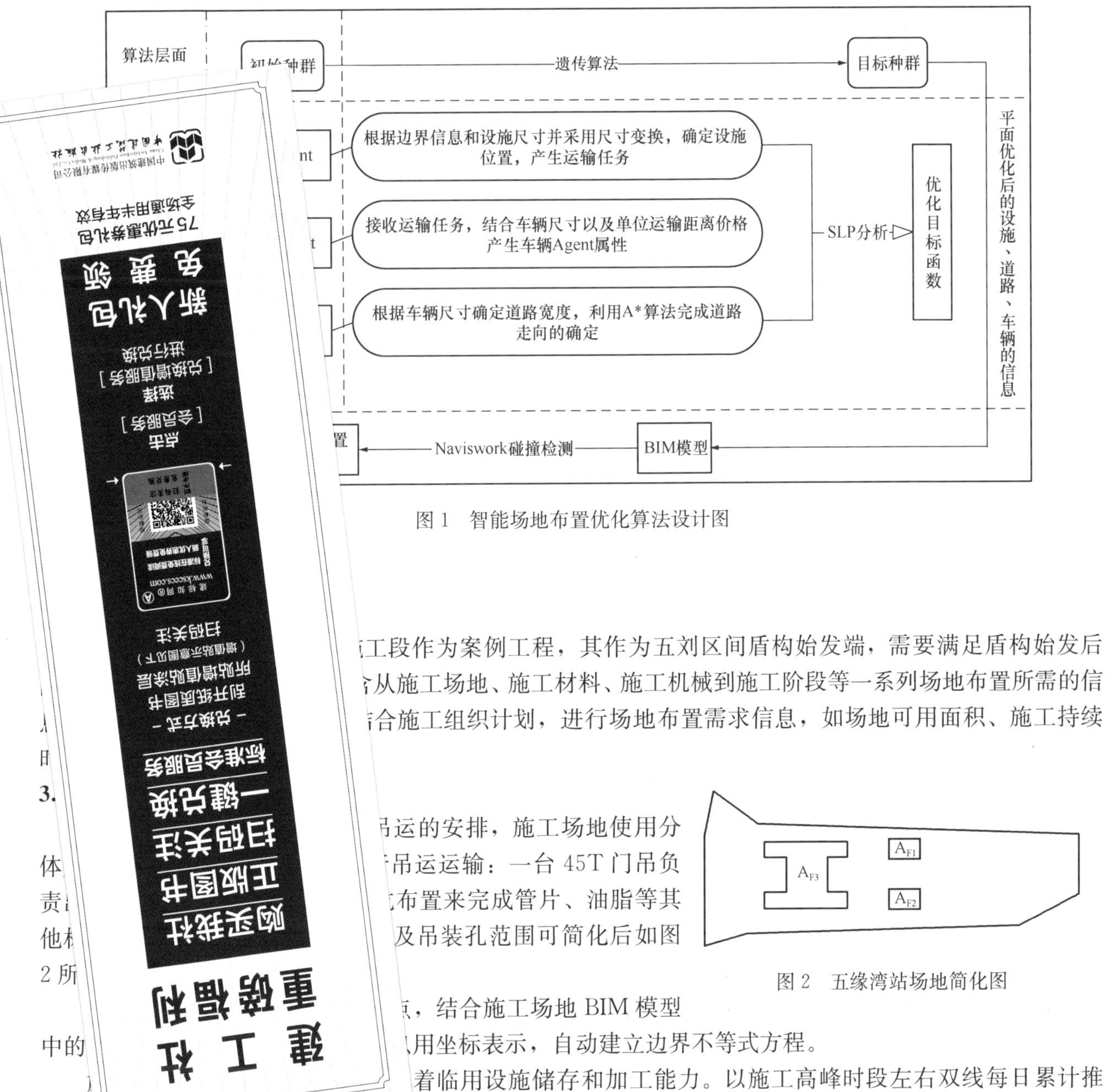

图 1 智能场地布置优化算法设计图

……工段作为案例工程，其作为五刘区间盾构始发端，需要满足盾构始发后……从施工场地、施工材料、施工机械到施工阶段等一系列场地布置所需的信……结合施工组织计划，进行场地布置需求信息，如场地可用面积、施工持续……

3.……

……吊运的安排，施工场地使用分体……吊运运输：一台 45T 门吊负责……布置来完成管片、油脂等其他……及吊装孔范围可简化后如图 2 所……

图 2 五缘湾站场地简化图

……，结合施工场地 BIM 模型中的……用坐标表示，自动建立边界不等式方程。

……着临用设施储存和加工能力。以施工高峰时段左右双线每日累计推进管片……进度对材料使用率进行估算，每环管片的注浆量根据刀盘开挖直径和管片外径确定，取值范围为 1.5～2.0，可得每环管片的同步注浆量为 5.02～6.69m^3。综合对各参数的计算方法，可得到场地上储存类与加工类设施的体积参数，表 1、表 2 分别为储存、加工设施体积参数表。

储存设施体积参数表 **表 1**

体积参数	管片堆放区 F1	水泥堆放区 F2	膨润土堆放区 F3	粉煤灰区 F4	砂仓 F5	材料库房 F6	应急库房 F7
C (m^2)	5.6	0.7	5	0.4	1	3.7	7.5
R（组/天）	32	13.3	4.8	26.6	72	5.6	11.5
T（次/天）	1	1	1	1	1	1	1
H (m)	4	18.5	3.5	18.5	20	3.5	3.5
L_{min} (m)	3.9	3	3	3	8	3.5	7
W_{min} (m)	3.9	3	3	3	8	3.5	7

加工设施体积参数表　　　　表2

体积参数	管片涂刷平台 F8	拌浆系统 F9	机加工场地 F10
K（m²）	0.75	1	2
R（组/天）	32	16	12
H（m）	4	12	3
L_{min}（m）	8	4	4
W_{min}（m）	3	4	4

3.2　场地设施密切度计算

根据五缘湾场地施工安排，正常情况的材料在不同施工设施之间的运输情况主要包括管片材料运输路线R1、水泥材料运输路线R2、膨润土运输路线R3、粉煤灰运输路线R4、砂运输路线R5、刀具运输路线R6、防水卷材、锚具锚索运输路线R7 。结合施工定额计算各类材料在场地内运输单位距离的费用E_{ij} ，将单位距离运输费用E_{ij} 和各个设施之间物流量f_{ij} 的大小整理后如表3所示。

运输路线参数表　　　　表3

运输路线	R1	R2	R3	R4	R5	R6	R7
E_{ij}（元/m）	0.05	0.02	0.02	0.02	0.02	0.02	0.02
f_{ij}	16	13.3	4.8	26.6	72	8	7

c_{ij} 为设施i 和设施j 之间的密切度，通过SLP分析方法对设施之间的物流关系与非物流关系进行分析并加权综合。本文将权值均设为0.5[17]，得到10个临用设施之间的相互密切度。

3.3　约束关系处理

采用角点判断的方法，在场地布置仿真过程中确保设施Agent布置在场地内，通过构建matlab的isinarea函数，判断设施Agent的四个角点是否均在场域内。道路在施工场地中的走向通过$A*$ 函数计算所得，计算过程中已将临用设施及已有建筑视为寻路障碍避开，满足约束条件。仅需检测车辆（尤其是吊车）装载材料之后，在转弯过程中其相对不规则的回转空间是否会发生与临用设施的碰撞即可。对此，在仿真程序中构建Rotaryspace函数，通过判断道路转弯处车辆的回转体积是否会发生与各临用设施空间的碰撞，以满足此约束限制。

3.4　结果分析

结合Agent与BIM技术，模拟主体交互的空间关系，在Matlab进行空间布置仿真模拟与优化，综合考虑搜索精度和仿真时长，将种群数量为100，迭代次数设置为40次，由图3可知迭代曲线基本收敛，且在迭代次数达到预先设定次数时，目标函数适应值趋于平缓，此时的解即可视为最终优化布置解。根

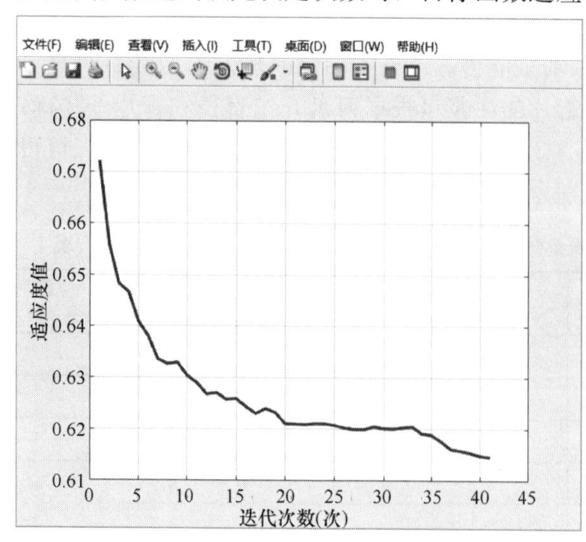

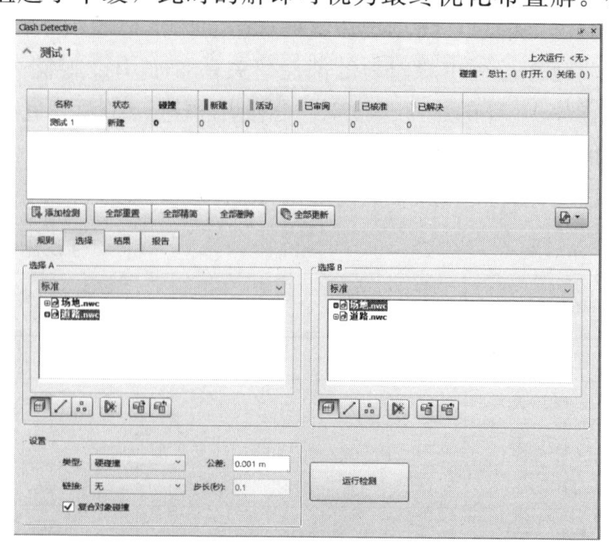

图3　结果验证

据仿真结果建模进行空间碰撞检测，由图 3 中 Navisworks 的检测结果可知，设施 Revit 模型和道路 Revit 模型不存在空间碰撞情况。故上述场地布置方案合理可行。

3.5 经济性对比

通过仿真计算所得的场地布置方案，其车辆 Agent 路线即材料运输路线可通过查看仿真程序工作空间中 A＊ 寻路子程序对应的坐标值得到。代入式（1）计算得到 F 值为 212.71 元/天。同理，按照原有场地设施布置位置及主要道路分布，带入式（1）计算，其场地内材料运输费用约为 281.53 元/天。对比可知，经过仿真优化的场地布置减少了约 32.4%的材料运输费用，节约了项目成本，提升了项目的经济效益。

4 结论

为了解决现有施工场地优化布置在空间关系、布置方法智能优化等方面的不足，本文提出一种基于 Agent 技术的施工场地布置方法，结合 BIM 技术对场地布置智能优化问题进行总体方案设计，协调解决平面布置和空间关系。

（1）抽象出施工场地布置问题中的设施、道路、车辆三类关键主体来描述场地布置主体要素的交互关系，应用基于 Agent 的建模仿真方法对场地布置过程中各类主体进行属性定义和行为描述，证明三类主体的工程通用性。

（2）通过尺寸变换和 A^* 寻路，考虑实际运输行为，满足临用设施在实际工程场地布置中的灵活性，完成场地碰撞检测，满足对设施的识别和避障方面的要求。

（3）基于遗传算法和 Agent 技术，自动生成并优化场地布置解，解决了施工场地平面布置依赖经验所带来的空间交叉、路线重叠，甚至产生安全隐患等问题。以厦门地铁三号线五缘湾站点风井施工段施工场地为例进行方法验证，结果表明，本方法降低了场地运输成本。

本文将传统的平面优化问题推进到实际工程需要的空间优化问题，所构建的模型和方法为施工场地空间优化提供了可行方案，也适用于其他二次分配问题智能优化建模，具有工程实践推广意义。

参考文献

[1] 汲红旗，周佳庆，李磊，等．基于动态布置法的地铁车站施工场地规划布置研究[J]. 铁道科学与工程学报，2020，17(7)：1865-1873.

[2] 刘文涵．基于施工现场平面布置的安全管理优化模型和算法研究[D]. 大连：东北财经大学，2013.

[3] Srinath S. Kumar，Jack C. P. Cheng. A bim-based automated site layout planning framework for congested construction sites[J]. Automation in Construction，2015，59:24-37.

[4] Jun Wang，Xuedong Zhang，Wenchi Shou，et al. A bim-based approach for automated tower crane layout planning[J]. Automation in Construction，2015，59：168-178.

[5] Xin Ning，DING LY，LUO HB，et al. A multi-attribute model for construction site layout using intuitionistic fuzzy logic [J]. Automation in Construction，2016，72(3)：380-387.

[6] 宁欣．基于绿色施工的平面布置方案优化设计研究[J]. 建筑经济，2015，36(12):36-39.

[7] 樊思远．复杂适应系统演化研究——基于 agent 技术分析[D]. 鞍山：辽宁科技大学，2018.

[8] 尹艺珂．城市物流配送路径优化算法研究与应用[D]. 西安：西安石油大学，2021.

[9] 谢涛．基于遗传算法及模糊决策的施工场地布置研究[D]. 武汉：华中科技大学，2018.

[10] Qiulei Ding，Xiangpei Hu，Lijun Sun，et al. An improved ant colony optimization and its application to vehicle routing-problem with time windows[J]. Neurocomputing，2012，98：101-107.

[11] 赵乃刚，邓景顺．粒子群优化算法综述[J]. 科技创新导报，2015，12(26):216-217.

[12] 王迎，张立毅，费腾，等．求解 TSP 的带混沌扰动的模拟退火蚁群算法[J]. 计算机工程与设计，2016，37(4)：1067-1070，1112.

[13] 张雨果，王凯，吕山可，等．基于 Pareto 的地铁施工场地平面布置多目标优化[J]. 土木工程与管理学报，2020，37(5):142-148.

[14] 李伟，阳富强．基于SLP的地铁施工场地安全布局优化方案[J]．中国安全科学学报，2019，29(1)：161-166.
[15] 徐家昕，郭志明，刘杨．基于SLP的施工场地布置优化研究[J]．工程经济，2020，30(1)：28-32.
[16] 陈腾飞，邓中亮，张朝晖．基于改进 A^* 算法的移动机器人路径规划[C]//第十二届中国卫星导航年会论文集——S09用户终端技术，2021-05，南昌：[出版社不详]，2021：29-35.
[17] 杨涛．基于SLP和遗传算法的CR公司车间布局优化研究[D]．北京：北京交通大学，2019.

二三维一体化BIM结构施工图设计方法

赵一静，赵广坡*，康永君，唐　军

（中国建筑西南设计研究院有限公司，四川 成都 610041）

【摘　要】 在我国建筑工程BIM正向设计的推广应用过程中，结构专业BIM正向设计推进阻碍较大。本文通过生产一线设计情况调研，分析当前BIM结构施工图设计痛点及其底层原因，提出二三维一体化BIM结构施工图设计方法，以国产软件CSWADIEasyBIM为载体实现该方法，并在实际工程中进行应用。应用结果表明该方法兼容二维设计习惯和三维建筑信息模型表达，可有效提高设计效率和质量。

【关键词】 结构施工图；BIM；CSWADIEasyBIM；BIM正向设计

1　引言

结构施工图是结构设计最重要的设计成果，是建筑工程从设计到施工的桥梁。它提供了施工过程中所需的详细信息，并确保房屋建筑的安全性。由此可见，结构施工图设计信息表达的准确性和精确度尤为重要。目前，基于平面表达和平法标注的二维图纸是我国房屋建筑领域最为通用的设计表达方式。

近年来，BIM技术在建筑工程领域得到广泛应用，亦为建筑结构设计方法带来新的变革[1]。BIM正向设计通过三维建筑信息模型投影成图，理论上二维图纸出图准确率可达100%，结合三维模型直观展示设计信息，有利于设计团队协同合作及项目各参与方数据共享。但是，由于软件三维构件空间关系裁剪不准确、辅助设计功能弱等原因，结构BIM正向设计在线型表达、平法标注等方面难以满足我国当前二维图纸交付需求，设计师需耗费大量的精力完善出图细节，机械性、重复性工作量极大。

因此，本文针对我国BIM结构施工图设计现状，提出二三维一体化BIM结构施工图设计方法，并在自主研发的结构BIM正向设计软件CSWADIEasyBIM中实现。软件应用实践结果表明，本文所提出方法可有效实现通过二维设计模式输出三维建筑信息模型和基于平法标注的二维图纸设计成果，实现图模一致，不仅解决了BIM结构施工图设计痛点，还显著提升了结构BIM正向设计效率和质量，推动了BIM技术在结构正向设计中的发展和应用。

2　现状分析

2.1　结构施工图设计发展历程

结构施工图设计方法的发展与结构设计模式密切相关。20世纪90年代以后，随着二维CAD制图软件的快速普及，建筑结构设计迅速由“图板＋丁字尺”的手动制图模式转向CAD二维制图模式[2]。与此同时，为减少以往施工图信息表达导致的大量重复性绘图工作，陈青来提出了平法标注法[3]，通过符号、文字注写表达设计信息，结合图集统一规定，有效精简了结构施工图设计信息的表达。由此，我国建筑结构设计行业发生巨变，设计效率大幅提升，CAD设计模式与设计信息二维图纸平法表达方式相辅相成，被广大结构设计人员普遍接受和习惯，并沿用至今。

随着建筑业数字化转型升级和智能建造发展的迫切需求，BIM技术在我国得到大力推广和应用，基

【基金项目】住房和城乡建设部科学技术计划项目（2022-K-067）；中建股份科技研发计划项目（CSCEC-2022-Z-15）；中建西南院科技研发计划项目（R-2022-01-S-A-2023）

【作者简介】赵广坡（1979—），男，正高级工程师，中建西南院数字创新设计研究中心总工程师。主要研究方向为建筑结构、数字化技术等。E-mail：85566393@qq.com

于BIM技术的三维数字化设计成为建筑结构设计的必然发展趋势[4]。目前BIM设计软件以国外软件为主，在我国结构BIM正向设计中的应用情况并不理想。一方面，由于国内外行业环境、工作机制以及设计流程不同，BIM设计时常以逆向设计的方式进行，即先绘制二维图纸，再进行结构模型建模，这种方式不但不能提高结构设计效率，还会加重设计任务，增加设计时间[5,6]，进一步造成图模不一致、BIM数据传递难等一系列问题[7]。另一方面，由于二维平法标注图纸表达为我国特有，国外软件缺乏适配我国出图习惯的相关设计工具/插件，即便部分设计师采用BIM正向设计，仍需耗费大量的时间完善出图细节，设计效率低下。

由此可见，为实现我国BIM正向设计可持续发展，应建立一种兼具我国平法标注法及二维出图习惯的BIM结构施工图设计方法。

2.2 基于BIM技术的结构施工图设计痛点

研究团队深入结构设计一线，展开BIM结构施工图设计调研，调研范围包括结构施工图涉及的所有设计图纸类型，设计痛点主要分为三维建模类和二维出图类，其中三维建模类问题也将进一步引发出图类问题，详细调研情况如表1所示。研究团队对调研情况进行深入分析，将造成上述痛点的原因总结为以下几点：

（1）构件裁剪关系不准确，模型表达准确度差

BIM施工图设计通过三维设计模型自动投影成图，理论上可实现100%图纸准确率。但现有软件的构件裁剪关系不准确，导致成图偏差。一方面，现有BIM软件较难处理异形结构三维剪切关系，需花费较多时间完善出图细节；另一方面现有BIM软件提供的内置构件无法满足设计需求，设计师通常需手动建族，自建族剪切关系也需手动指定裁剪关系，工作量极大。

（2）数据信息关联能力弱，严重依赖人工校对编辑

BIM施工图设计数据信息关联包括构件信息关联和配筋信息关联两类。构件信息关联即梁柱、梁板、墙柱等构件的连接，在模型完善时该连接关系易丢失且不易被察觉，需要设计师手动重定义连接关系。配筋信息关联为计算模型输出的配筋信息在实际构件中的钢筋布置，程序自动生成的钢筋摆放位置往往与设计师需要的钢筋摆放位置存在一定的差异，在程序自动生成配筋后，设计师需手动调整钢筋布置，若后续发生设计修改，之前手动调整的所有钢筋位置信息将会丢失，需要设计师反复调整，工作效率极低。

（3）辅助设计功能/插件缺乏，重复性工作量大

二维施工图设计经过多年发展，已形成大量丰富的辅助设计师出图快捷设计工具/插件，设计师二维设计习惯也由此养成。当二维施工图设计模式转变到三维时，由于现有BIM设计软件大多为国外软件，其固化的设计功能难以满足我国设计需求。尽管已有部分二次开发功能插件，但仍不能从根本上解决上述问题，设计师软件学习使用成本高且绘图细节完善难度大。

BIM结构施工图设计痛点 **表1**

	三维建模类	二维出图类
结构平面图	复杂构件裁剪不正确且不可控，异形结构建模效率低，平面中易出现各种异形线	虚实线表达不准确，处理难度大
	对于弧形结构或者坡顶结构容易造成梁、板、墙剪切关系不准确	线形处理难，达不到出图标准
	模型修改工作量大，例如修改梁高，需重新处理剪切关系，会进一步影响试图深度	注释类标注操作不灵活
	结构大样剖切需建立大样模型，但大样模型建立反过来会影响平面线条表达	BIM设计软件平面绘图功能不足，效率低下
	相同截面梁和厚度板，当需要单独标注截面信息时，梁必须进行断开处理，板必须按梁围成的区域划分为多个板，建模耗费大量的时间	文字线型不规范，导出设置可控性差，不符合设计需求

续表

	三维建模类	二维出图类
梁板墙柱配筋图	易出现集中标注或原位标注信息与梁配筋属性信息不一致的问题	绘图效率低下，需要挨个标注并比对计算书，基本无法绘制施工图
	每个梁族都需要输入配筋信息	缺失计算书导入和对比功能
	不能读取计算结果自动生成，绘制的钢筋不带信息，无法支持后续工程量统计	BIM 设计软件缺乏后处理模块，标注、配筋、修改、校对等都需要人工逐一操作，无法批量化、自动化
	板配筋信息与楼板相互独立，墙柱配筋信息与墙柱构件相互独立，未发挥信息化优势	缺乏快捷修改功能，底图或计算书修改后相关改动较复杂
	无法自动生成配筋大样，需要手动描；无法自动计算配筋相关的信息（配筋率，体积配箍率等）	平法标注表达不方便，文字碰撞无法自动规避
	缺少各类柱大样，缺乏柱子归并功能，缺失便捷易用的柱配筋功能模块	涉及大样的表达不方便，如不规则截面的钢筋布置，需要手绘时，容易出现卡顿，延长工作时间
大样图	剖面视图不能自动拼接，绘制的钢筋不带信息，无法支持后续工程量统计，视图纵深无法进行灵活控制	缺少满足楼梯施工图要求的便捷标注插件
	楼梯与梯梁的剪切关系与实际不符	缺少大样绘制以及钢筋绘制等插件
	基础交接部分几何复杂，BIM 软件中平面表达大部分不满足要求，以建族的方式难以覆盖所有情况	无法绘制放坡线
	基础自带族类型有限，需要手动建模（例如桩、承台、集水坑等）	基础大样无法绘制配筋信息

3 二三维一体化结构施工图设计方法

3.1 关键技术

为解决上述问题，研究团队展开 BIM 结构施工图设计关键核心技术研究（图 1），提出二三维一体化 BIM 结构施工图设计方法，即采用二维设计流程和方法获得三维设计成果，其核心技术如下：

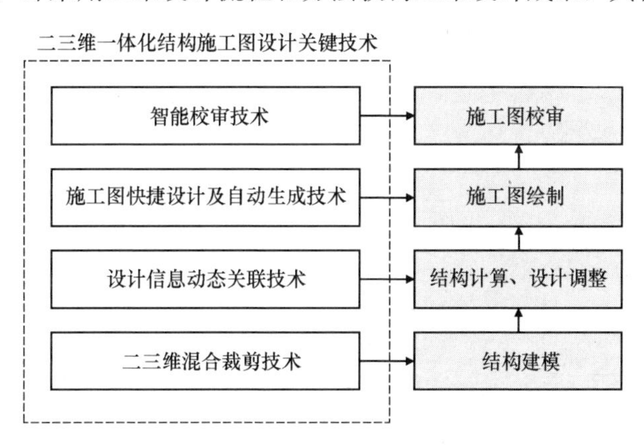

图 1 二三维一体化结构施工图设计关键技术

（1）二三维混合裁剪技术

面向结构设计三维建模和出图过程，建立二三维混合裁剪技术，包括基于面域裁剪法的结构构件裁剪方法、平面与三维实体的相交面求解方法、基于深度比较法的剖面看线的裁剪与生成方法等，以结构构件空间关系为依据，实现三维构件精准裁剪，确保二维投影线型表达准确。

（2）设计信息动态关联技术

面向结构设计三维建模和出图过程，针对梁、柱、墙、板等结构构件设计信息，研发一系列设计信息动态关联方法，如跨楼层楼板钢筋位置传递方法、板配筋图与计算结果支座关联关系判断的配筋方法、基于交线识别的板钢筋动态关联方法等，确保动态设计过程中设计信息的一致性和准确性，避免设计师为同步数据而重复劳动。

（3）施工图快捷设计及自动生成技术

面向施工图绘制，形成 BIM 模型自动成图技术、快速标注技术、智能避让技术、构件级协同技术、基础大样配筋图生成方法、边缘构件详图生成方法等一系列技术。同时兼顾传统二维 CAD 设计习惯，通过百余项快捷设计功能辅助设计师快速完成施工图绘制，专注于设计打磨，提升设计效率和质量。

（4）智能校审技术

面向施工图校审，形成智能校审技术，软件集成规范条文、工程经验及技术措施，建立校审规则库，建立智能校审算法，对图纸进行校审。基于图纸背后的数据库和规则库，校审可一键智能完成，大幅度提升校审效率和质量。

3.2　软件实现

为实现基于二三维一体化 BIM 结构施工图设计方法的应用落地，团队自主研发了结构 BIM 正向设计软件 CSWADIEasyBIM（以下简称 EasyBIM-S），基于参数化基础绘图平台，以数据为核心组织设计流程，实现设计过程类似 CAD，成果是三维建筑信息模型及相关二维图纸等。软件一体化集成了 400 多个功能模块，实现结构平面图自动生成、快捷编辑与智能校审，梁板墙柱配筋图自动生成与智能校审，以及地下室、基础、楼梯、坡道、总说明等的图纸自动生成与智能校审。典型功能介绍如下：

（1）结构平面图（图 2）

该模块由 BIM 模型自动生成各个标高的结构平面图，在保证完整模型信息的同时，借助施工图快捷设计及自动生成技术，提供类似 CAD 快捷流畅的操作模式，用户进行二维视图编辑时无须改变操作习惯，同时提供了自动裁剪、一键降板、一键开洞、一键校审平面关系等一系列智能化工具，兼具二三维设计软件所长。

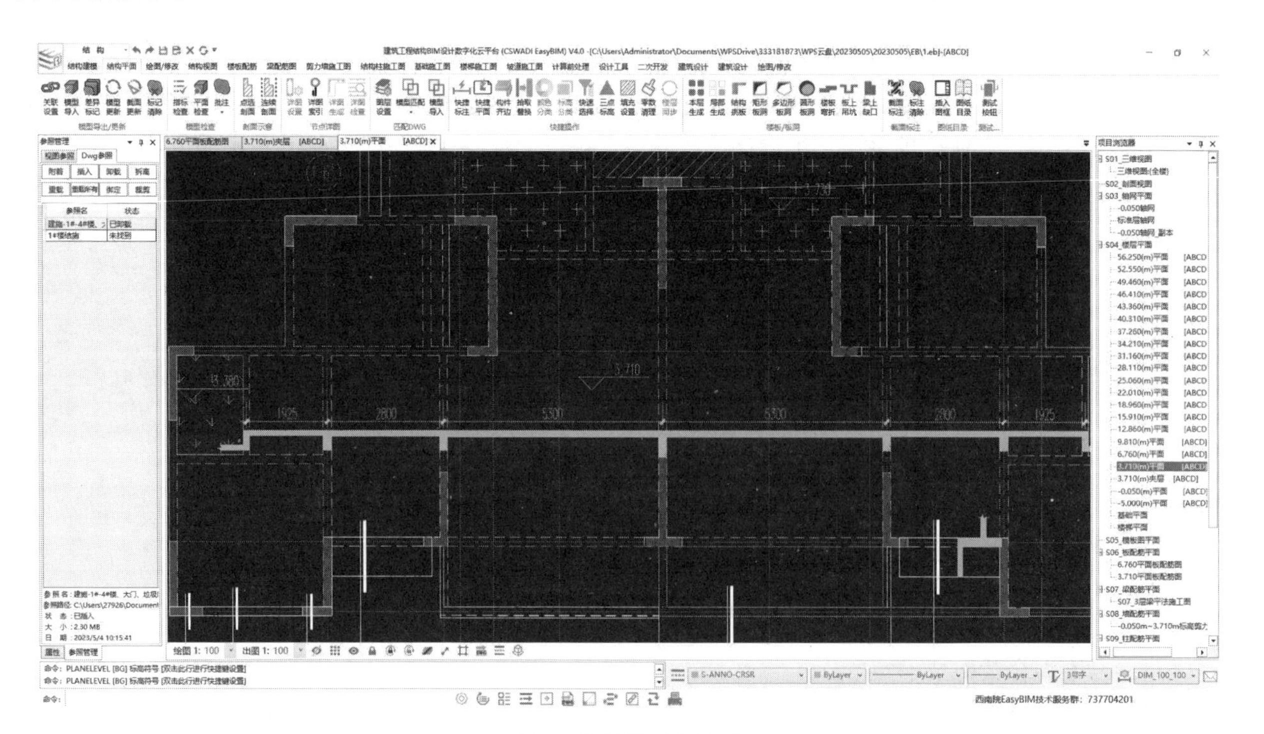

图 2　结构平面布置图

（2）梁板墙柱配筋图（图3～图6）

本模块提供计算书自动读取功能，借助信息动态关联技术，关联构件信息和配筋信息，实现钢筋图元与详图表格、字符的一一映射，确保信息的联动修改。此外，借助施工图快捷设计及自动生成技术，提供详图修正、箍筋自动放样、编号索引、纵筋标注、箍筋标注等一系列智能化设计工具，提高设计效率，使得设计师从重复性工作中解放出来。

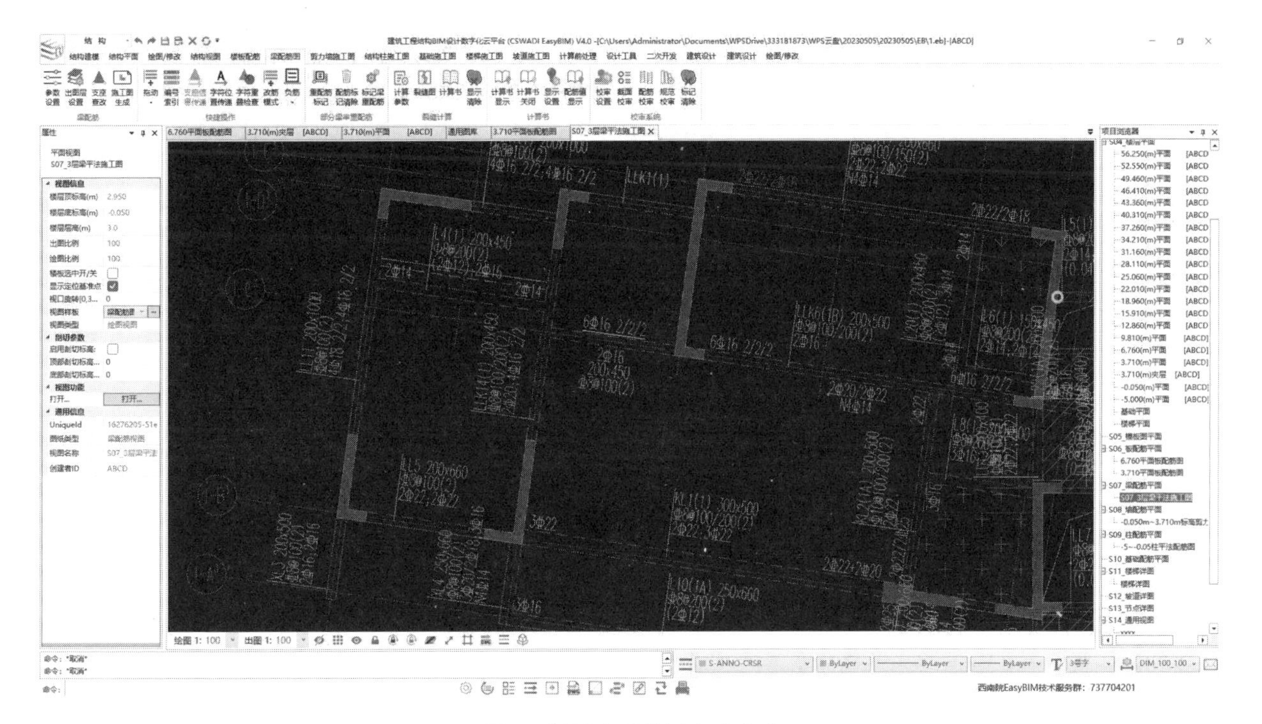

图3　梁平法配筋图自动生成

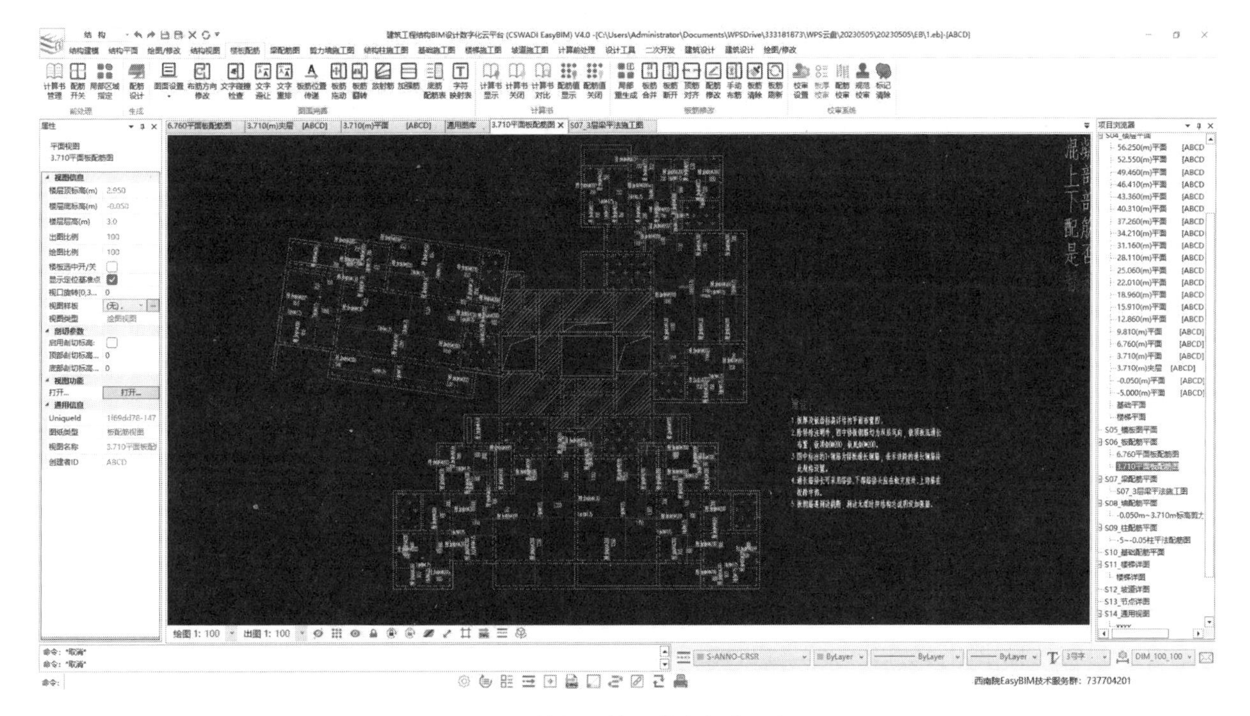

图4　楼板配筋及附注自动生成

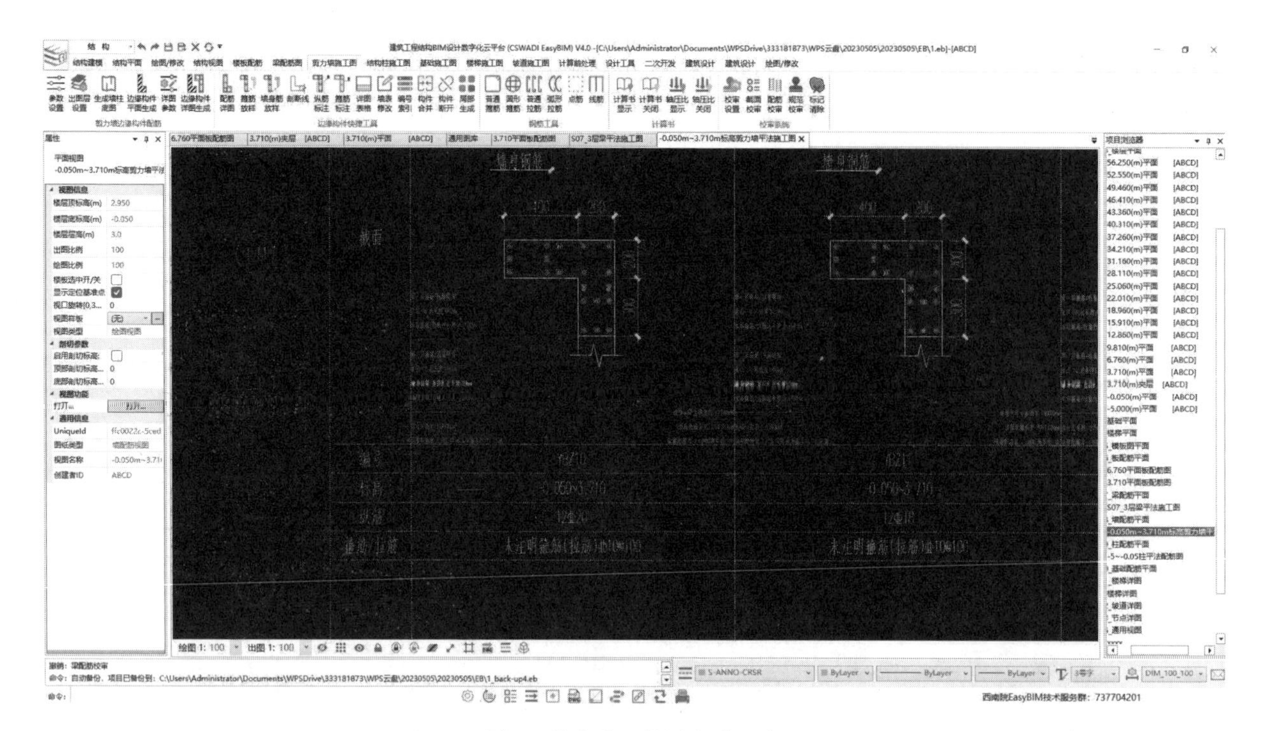

图5　剪力墙配筋图自动生成

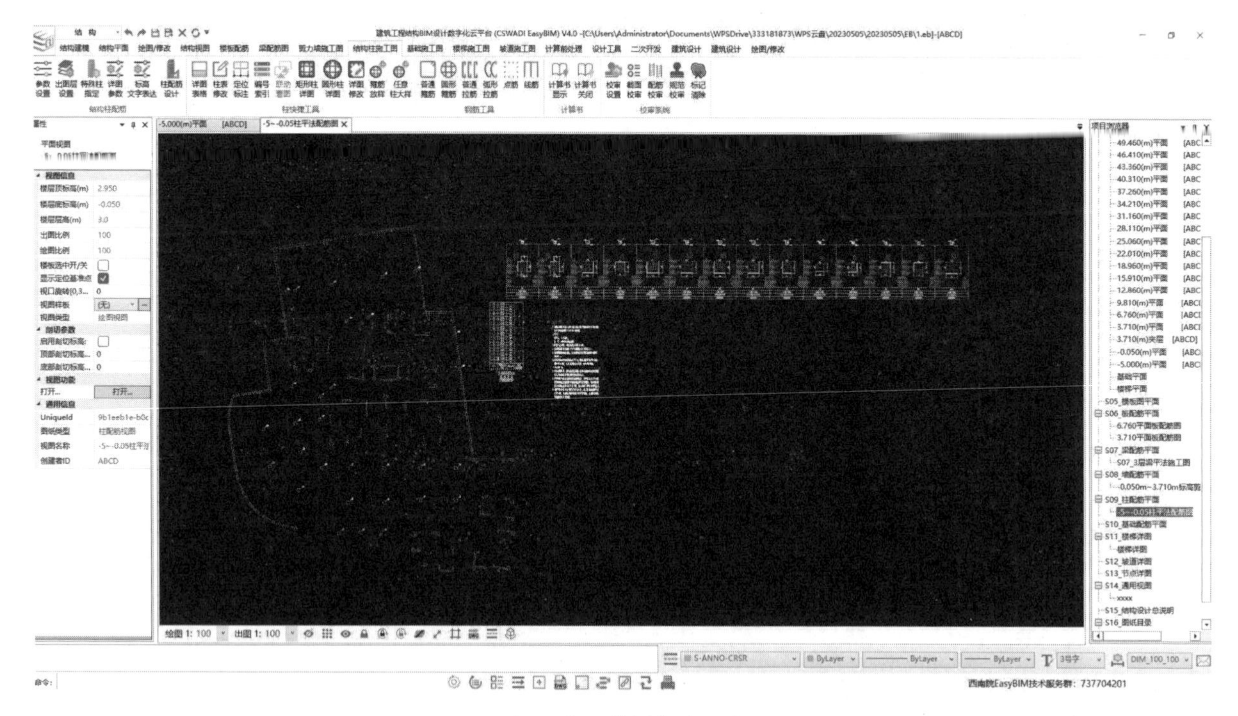

图6　柱配筋图自动生成

（3）大样图（图7～图10）

大样图模块包括楼梯、坡道、墙身节点及基础。通过创建楼梯平面，在平面和三维模型中建立楼梯模型，用户设置楼梯出图参数后，可一键生成完整的楼梯施工详图。通过坡道平面图建模，一键剖切自动生成坡道剖面图及坡道大样，用户仅需在坡道平面中绘制板配筋图和梁配筋图即可完成坡道施工图的绘制。提供墙身节点快速建模及一键剖切生成节点大样功能，用户可直接在墙身节点库中建立节点大样及绘制节点钢筋，软件将根据支座形式自动完善锚固形式。基础模块中，软件可将计算模型的独立基础计算数据导入 BIM 模型，自动生成基础施工图。也可一键布置基础构件，并采用二三维混合裁剪算法自动绘制基础详图和放坡线，大幅度提升设计效率。

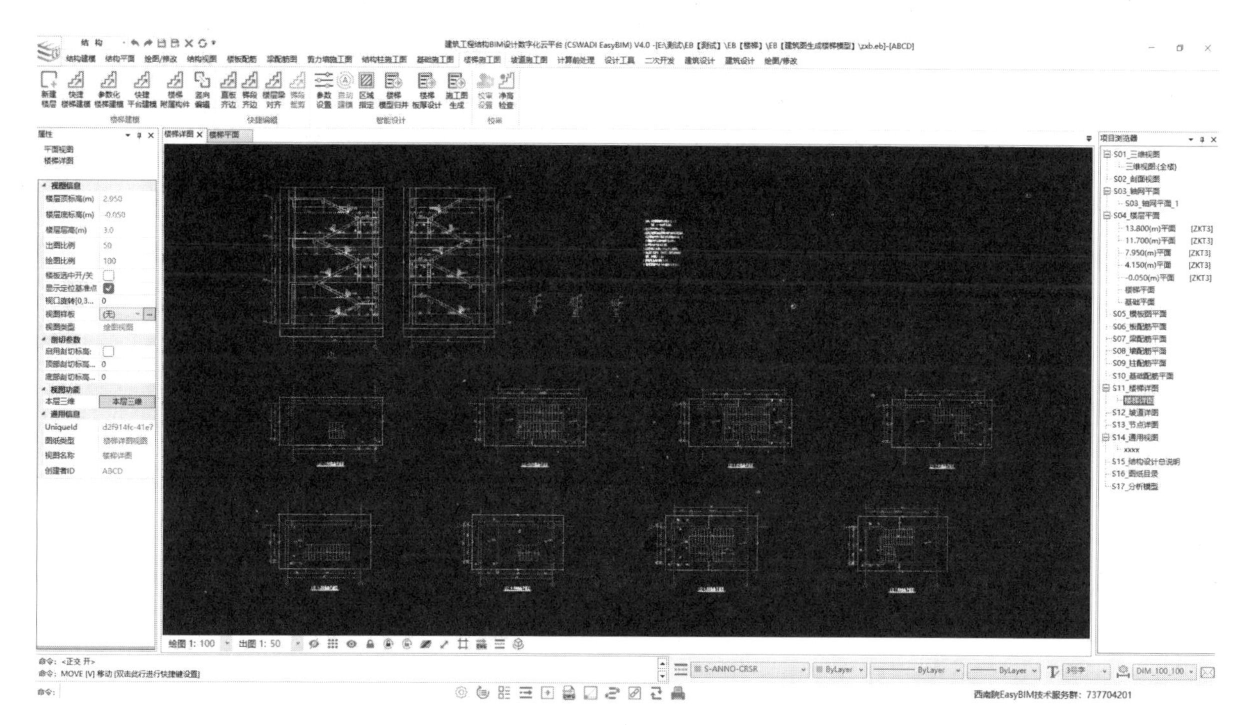

图 7　楼梯详图自动生成

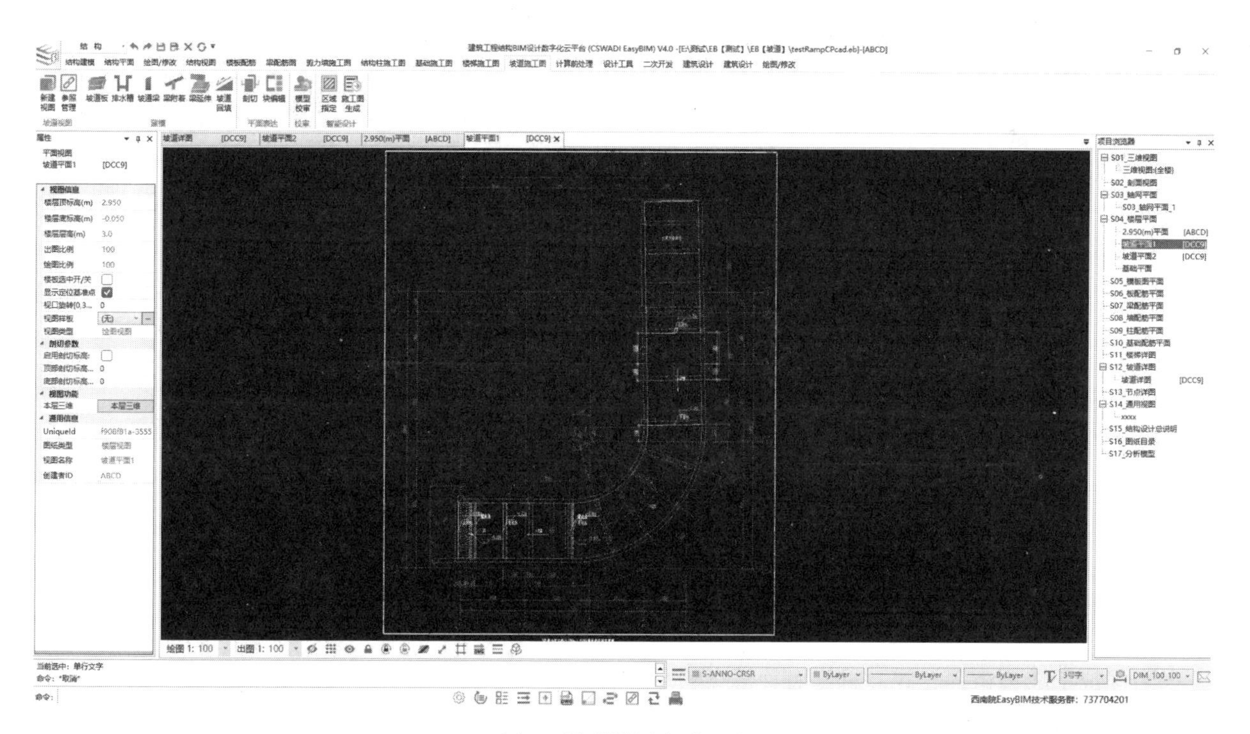

图 8　坡道详图自动生成

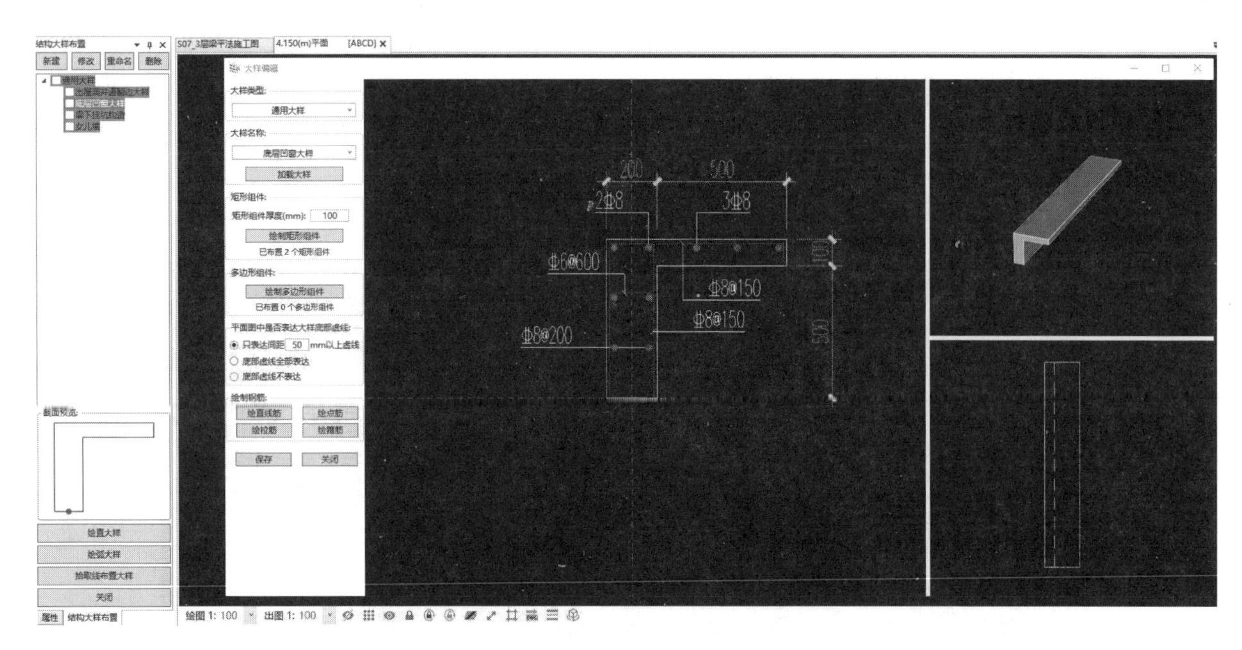

图 9　墙身节点大样参数化生成

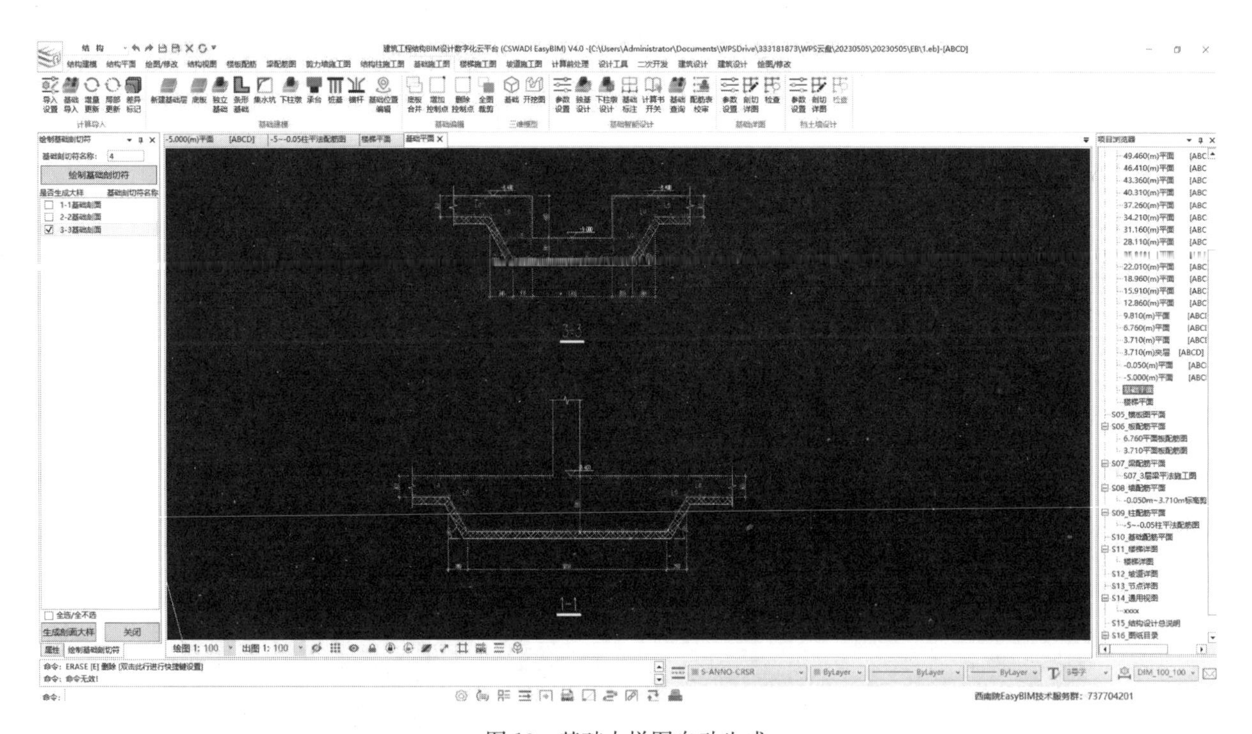

图 10　基础大样图自动生成

4　工程应用

本工程位于成都市锦江区，由住宅及相应的物业管理配套建筑组成，地上包括 4 栋 17 层的高层住宅，地下为两层大底盘地下室。高层住宅采用剪力墙结构，房屋高度 52.55m。

本工程结构设计从初步设计到施工图出图全部采用 EasyBIM-S 软件完成，输出三维结构 BIM 模型如图 11 所示，结构平面图施工图如图 12 所示。此外，研究团队将该方法及软件在中国建筑西南设计研究院有限公司近 100 个项目中亦进行了应用，根据院内结构设计工作分项统计工作量占比，根据项目团队工时计算设计效率提升情况，根据技术领导图纸审定评分计算设计质量提升情况，据此建立评价体系综合评定整体设计效率。通过项目应用结果表明，设计师采用本文所提的方法及软件进行 BIM 正向结构设计，整体设计效率相比传统二维 CAD 设计可提升 30%以上。

图 11 EasyBIM-S 软件建立的三维结构模型

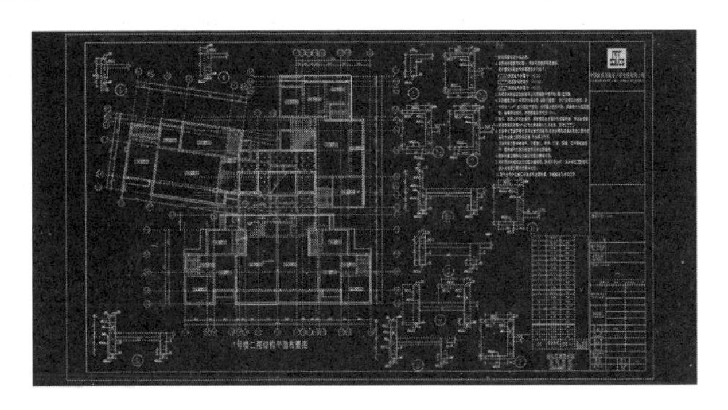

图 12 EasyBIM-S 软件绘制的结构平面图

5 结语

结构施工图设计是结构设计的主要环节，现有 BIM 结构施工图设计与我国长久以来形成的二维设计出图习惯及设计信息表达不符，阻碍了结构 BIM 正向设计的发展。本文对一线 BIM 结构施工图设计痛点进行调研分析，提出二三维一体化 BIM 结构施工图设计方法，从设计需求出发，通过四大关键技术解决三维建模和二维出图痛点问题，以设计软件为载体实现该方法的应用落地，有效提高了 BIM 结构施工图设计质量和效率，将设计师从大量重复性工作中解放出来，显著提升了设计效率和质量。

本文所提的方法在软件载体中可获取完整设计数据信息，创建智能建造数据源头，促进建筑业数字化转型发展。未来可进一步结合人工智能算法、大数据等进行 AI 辅助设计研究，不断挖掘数据价值。

参 考 文 献

[1] 龙辉元．结构施工图平法与 BIM[J]．土木建筑工程信息技术术，2011，3(1)：26-30.

[2] 黄吉锋，杨志勇，马恩成，等．中国建筑科学研究院结构设计软件的发展与展望[J]．建筑科学，2013，29(11)：22-29.

[3] 陈青来，刘其祥，陈幼璠．国家建筑标准设计 96G101 图集简介[J]．建筑技术，1996(9)：626.

[4] 王勇，张建平．基于建筑信息模型的建筑结构施工图设计[J]．华南理工大学学报(自然科学版)，2013，41(3)：76-82.

[5] 史艾嘉，胡庆生．BIM 建筑结构设计方法研究与实现[J]．价值工程，2020，39(10)：229-232.

[6] 秦龙飞，董华林．基于 AutoRevit 的水工建筑物构件正向设计方法及其应用研究[J]．吉林水利，2022(5)：10-15.

[7] 方长建，赖逸峰，康永君，等．建筑工程结构设计 BIM 数据交换 SIM 标准[J]．土木工程与管理学报，2022，39(3)：27-33.

基于高度分区和奇偶量化的BIM数据水印

周倩雯，朱长青*，任　娜

（虚拟地理环境教育部重点实验室（南京师范大学），江苏 南京 210023）

【摘　要】为提高BIM数据数字水印抵抗图元攻击的能力，本文利用BIM数据的垂直稳定性，提出一种基于高度分区和奇偶量化的BIM数据鲁棒水印算法。首先进行BIM数据图元筛选并进行高度分区，随后以局部高度进行水印位映射，以局部范数进行特征值提取，奇偶量化处理后获得嵌入水印的BIM数据。实验表明，本文算法不可感知性优，且对旋转、平移与图元攻击有较强的鲁棒性。因此，算法对BIM数据安全保护具有一定的意义。

【关键词】BIM；数字水印；奇偶量化

1　引言

BIM（Building Information Modeling 建筑信息模型）数据作为数字中国建设的重要数据源，具有精度高、涉密广等特征，随着BIM数据使用日益广泛，在网络技术、计算机技术不断发展的背景下，BIM数据安全面临严峻挑战，传统安全保护方式如安全协议等已无法满足BIM数据保护需求。数字水印技术将水印信息与BIM数据紧密联系[1]，能够实现数据全生命周期的版权认证等作用，对BIM数据安全保护起着愈发重要的作用[2]。

三维模型的鲁棒水印研究已取得较多成果，对BIM数据鲁棒水印具有借鉴意义。已有三维模型鲁棒水印算法可以分为两类，基于频域[3]与基于空域[4]的水印算法。Mohamed以网格中心与突出点建立水印同步关系，通过量化小波系数将水印插入原始三维网格中，此方法能较好地抵抗网格简化攻击。王刚等[4]基于倾斜摄影模型垂直稳定的特性，将点的立面高度排序后，依据相邻点水平距离建立映射机制与水印信息嵌入机制，此方法对平移、裁剪和旋转等常见攻击具有较强的鲁棒性。基于频域的三维模型水印算法对原始数据顶点数量要求较高，难以应用于冗余度低的精细单体BIM数据。而基于空域的水印算法灵活性更高，对原数据定点数量要求相对低，因此更适用于BIM数据。虽然已有基于空域的BIM数据鲁棒水印可较好地保护数据安全，但算法在抗图元攻击等方面仍存在不足[2]。

针对上述问题，本文提出一种基于高度分区与奇偶量化的BIM水印算法，以有意义二值图像为原始水印，并进行了实验验证与系统设计，实验结果表明算法具有良好的鲁棒性与不可感知性，有效解决了现有BIM数据水印抗攻击能力较弱的问题。

2　水印算法

2.1　算法思想

水印嵌入位置的选择影响水印不可感知性与鲁棒性，是BIM数据数字水印的关键问题。相较于三维网格等数据，BIM数据垂直方向性明确，极少在数据使用中发生模型倾斜的情况，因此以BIM数据垂直稳定性设计水印位映射与局部特征提取规则，能够有效提高水印鲁棒性。本文充分考虑此特性，根据模型高度分区，以局部高度设计水印位置映射规则，并以局部图元范数为特征值，通过奇偶量化实现水印信息嵌入。

【基金项目】国家自然科学基金面上项目（42071362，41971338）；“十四五”国家重点研发计划课题子任务（2022YFC3803603）

【作者简介】周倩雯（1998—），女，研究生。主要研究方向为地理信息安全。E-mail：zqw@nnu.edu.cn

2.2 水印置乱

置乱技术可以减少水印信息相关性，保证版权信息的安全性。Arnold 变换计算简单且效果良好，本文以 Arnold 变换作为水印信息置乱方法，变换定义见式（1）。

$$(x',y')=(x,y)\begin{bmatrix}1 & 1\\ 1 & 2\end{bmatrix}\mathrm{mod}N, x,y\in[0,N-1] \tag{1}$$

式中：(x',y')——像素点经过一次变换后的新坐标值；

(x,y)——像素原坐标值。

当原图像每个像素经过变化，即图像完成了一次 Arnold 变换。变换次数作为水印嵌入与提取的密钥 Key 进行保存。

2.3 水印嵌入

水印嵌入流程如图 1 所示。

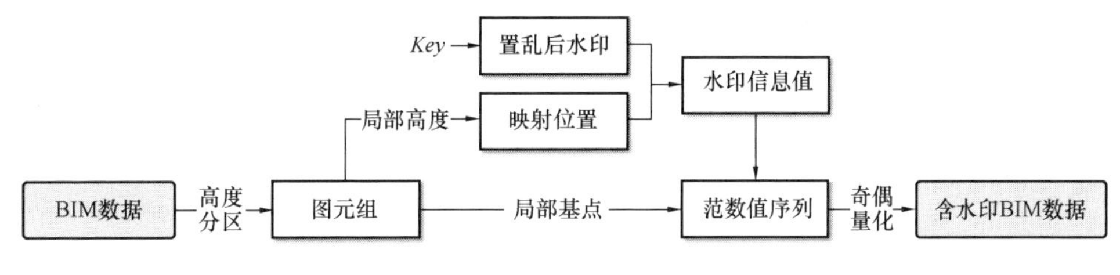

图 1　水印嵌入流程

水印具体嵌入步骤如下：

（1）水印信息置乱。读入原始水印图像，依据式（1）由密钥 Key 进行 k 次 Arnold 置乱，获得去相关性的二值序列 $W_i=\{0,1\}, i\in[1,n]$，水印长度为 n。

（2）高度分区。为提高水印抗图元攻击的能力，首先排除模型内注释等使用率低的图元，将目标图元类型存储入密钥 Key。剩余图元计算中心点坐标 $V_i(x_i,y_i,z_i)$，并根据 $z_{\max}$、$z_{\min}$ 与密钥 Key 划分为 m 个子区 $G_j, j\in[1,m]$，G_j 如式（2）所示。

$$G_j=\left\{V_i \mid z_{\min}+(j-1)\times\frac{z_{\max}-z_{\min}}{m}\leqslant z_i< z_{\min}+j\times\frac{z_{\max}-z_{\min}}{m}\right\} \tag{2}$$

（3）水印位映射。为将各图元组映射至水印序列，将 G_j 图元垂直坐标 $z_i\in[(z_i)_{\min},(z_i)_{\max}]$ 处理为 $z'_i\in[0,(z_i)_{\max}-(z_i)_{\min}]$ 获得局部垂直坐标，并如式（3）所示映射水印位。

$$\mathrm{index}_{i}=(\mathrm{floor}(z'_i)\times k)\mathrm{mod}n \tag{3}$$

式中：index_{i}——图元映射水印位；

k——有效位数；

floor()——向下取整；

mod——取余。

（4）奇偶量化。遍历 G_j 图元中心点，计算局部基点 $V_j^{\ 0}$，并根据式（4）计算各个图元局部范数后，选取量化步长 Δ，在图元范数 ρ_i 中嵌入水印信息 W_{index_i}。量化调制的方法使图元范数在的误差范围 $[-\Delta/2,\Delta/2)$ 内，水印信息仍然能够被正确检测。

$$\rho_i=\sqrt{(x_i-x_j^0)^2+(y_i-y_j^0)^2+(z_i-z_j^0)^2} \tag{4}$$

当图元映射位水印信息值为 0 时，依据式（5）进行图元扰动，当图元映射位水印信息值为 1 时，依据式（6）进行图元扰动。式中 ρ_i 为图元奇偶量化处理后的图元范数值。遍历所有图元后即完成水印嵌入。

$$\begin{cases}\rho'_i=\Delta\times(\dfrac{\rho_i}{\Delta}-0.5), \dfrac{\rho_i}{\Delta}\mathrm{mod}2=1\\[2ex] \rho'_i=\Delta\times(\dfrac{\rho_i}{\Delta}+0.5), \dfrac{\rho_i}{\Delta}\mathrm{mod}2=0\end{cases} \tag{5}$$

$$\begin{cases} \rho_i' = \Delta \times (\frac{\rho_i}{\Delta} + 0.5), \frac{\rho_i}{\Delta} \bmod 2 = 1 \\ \rho_i' = \Delta \times (\frac{\rho_i}{\Delta} - 0.5), \frac{\rho_i}{\Delta} \bmod 2 = 0 \end{cases} \tag{6}$$

2.4 水印检测

水印检测流程如图2所示。

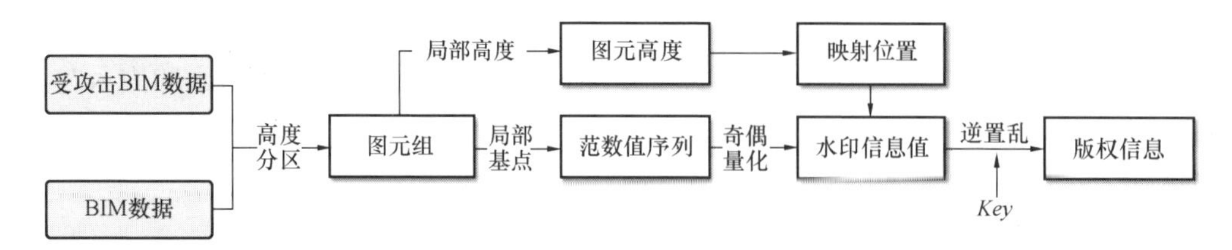

图2 水印检测流程

水印具体检测步骤如下：

(1) 高度分区。基于密钥 Key 排除图元，随后计算中心点坐标 $V_i(x_i, y_i, z_i)$，根据 z_{max} 与 z_{min} 如式(2)所示将图元分为 m 个子区 $G_j, j \in [1, m]$。

(2) 水印位映射。将图元坐标 $z_i \in [(z_i)_{min}, (z_i)_{max}]$ 处理为 $z_i' \in [0, (z_i)_{max} - (z_i)_{min}]$ 获得局部高度，依据式(3)映射水印位。

(3) 奇偶量化。遍历 G_j 图元中心点，计算局部基点 V_j^0，根据式(4)计算各个图元的范数，由密钥获得量化步长 Δ，最后按式(7)获得水印值 W_{index_i}。同一水印位如映射元素多于一个，按多数原则确定。

$$W_{index_i} = \text{floor}\left(\frac{\rho'}{\Delta}\right) \bmod 2 \tag{7}$$

(4) 逆置乱。根据置乱时存储密钥，进行相同次数的逆置乱，获得最终的水印信息。

3 实验与分析

为验证所提算法对于不同BIM数据的适用性，选取建筑模型与结构模型作为实验数据，实验数据如图3所示，基本情况如表1所示。不可感知性与鲁棒性是衡量水印可用性的重要指标，为对算法性能进行定量分析，本文设计不可感知性、几何攻击与图元攻击实验。

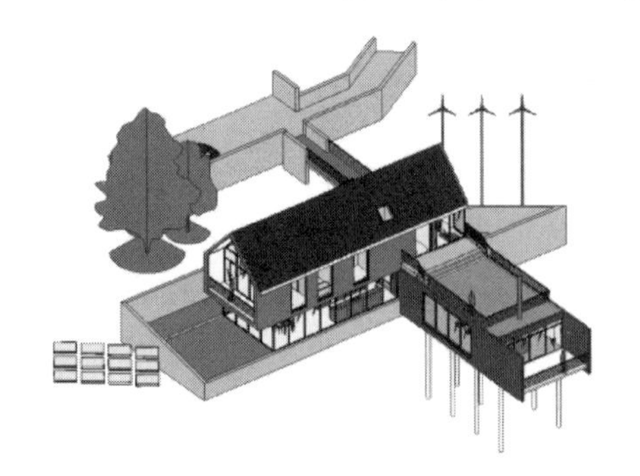
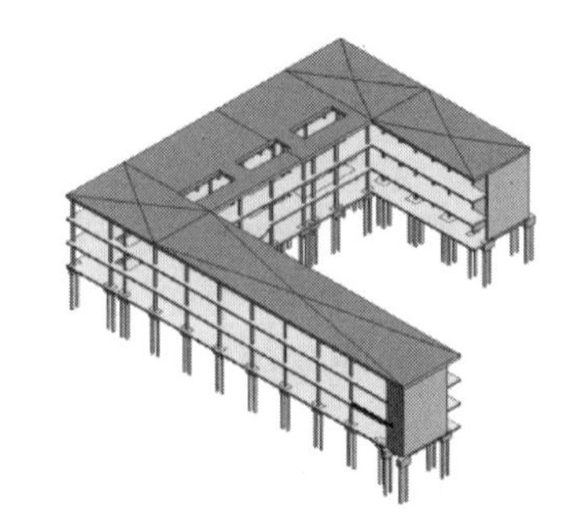

图3 实验数据

实验数据基本情况 表1

实验数据	数据大小 (MB)	图元总数
建筑模型	17.1	470
结构模型	12.4	724

3.1 不可感知性分析

为定量分析水印信息不可感知性，采用Hausdorff距离、信噪比与峰值信噪比PSNR作为评价指标。Hausdorff距离是计算两个点集之间相似程度的一种方法，其数值越小，数字水印不可感知性越优。信噪比与峰值信噪比是衡量含水印数据对原始数据的影响程度的参数，值越大，不可感知性越优。评价结果如表2所示。

实验数据基本情况 **表2**

实验数据	Hausdoff (m)	SNR (dB)	PSNR (dB)
建筑模型	3.14×10^{-4}	114.11	119.15
结构模型	4.69×10^{-4}	102.08	104.39

从表2可知，嵌入水印后BIM数据Hausdoff距离均低于0.0005m，图元扰动范围小，表现出良好的不可感知性。实验数据SNR及PSNR均高于100dB，可认为水印信息嵌入前后BIM数据相似度极高。综上所述，水印对原BIM数据影响小，不可感知性优。

3.2 鲁棒性分析

为验证算法鲁棒性，将检测水印序列与原始水印序列对比，以归一化相关系数（NC）作为正确提取水印的量化指标。根据经验设定阈值0.75，当NC值大于阈值时认为检测到水印信息。

3.2.1 几何攻击

旋转、平移是BIM数据的常见操作方式，不仅使模型坐标变化，还可能引起部分图元的自动删除，导致检测水印图像产生噪点。以60°与50m间隔设计旋转与平移攻击实验，实验结果如表3、表4所示。

旋转攻击结果 **表3**

实验数据	旋转角度（°）				
	60	120	180	240	300
建筑模型	1.00	1.00	1.00	1.00	1.00
结构模型	1.00	0.97	1.00	0.99	1.00

平移攻击结果 **表4**

实验数据	平移距离（m）				
	50	100	150	200	250
建筑模型	1.00	1.00	1.00	1.00	1.00
结构模型	1.00	1.00	1.00	1.00	1.00

从表3、表4可知，除结构模型在旋转120°与240°时检测水印产生了细微噪点，实验数据在不同强度的旋转与平移攻击下，检测水印NC值均为1.00，可完整确认版权信息。这是因为本文算法基于稳定的模型高度进行分区，以局部高度进行水印位映射，以局部图元范数作为特征值，这些规则不会被旋转、平移攻击破坏，因此水印提取不受影响；此外因最终水印序列由多数原则确认，所以旋转、平移导致的局部图元变化对序列影响小。

3.2.2 图元攻击

在BIM数据实际使用中，常发生图元删除与增加的情况。相较平移旋转，这类攻击以单个图元为单位，可能破坏模型局部特征，影响特征值正确计算与水印检测。考虑实际数据使用需求与场景，本文以10%为攻击间隔设计实验，实验结果如表5所示。

由表5分析可知，实验数据在10%以内的图元攻击下水印检测不受影响，NC值为1.00，20%以内的图元攻击NC值高于0.99，攻击强度至40%时检测水印NC值仍高于0.90，远远高于阈值0.75，可以认定完整检测到版权信息。总之，图元的局部变化对算法依赖的局部特征影响小，算法能够抵抗不同强度图元删除与增加攻击，满足日常使用需求。

图元攻击结果 **表5**

实验数据	图元删除（%）				图元增加（%）			
	10	20	30	40	10	20	30	40
建筑模型	1.00	1.00	0.97	0.95	1.00	1.00	1.00	0.98
结构模型	1.00	1.00	0.98	0.93	1.00	0.99	0.94	0.93

4 系统设计

基于前述BIM数据水印算法，进行水印系统的开发，系统基于模块化进行设计，如图4所示。系统包括嵌入与检测两个子模块，以本地BIM数据为输入，进行用户身份合法性验证后可进行水印相关操作。系统管理部分可进行权限管理、用户管理、系统维护与日志查询。

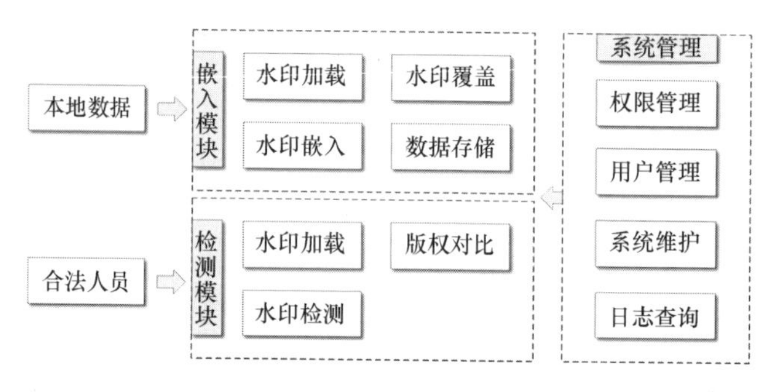

图4 系统模块化设计图

如图5所示，系统可对本地BIM数据进行水印嵌入与检测操作。实验系统运行硬件设备，CPU为i7-12700，显卡Geforce4 MX400，运行内存16G，操作系统为Windows 11。此环境配置可满足软件运行。

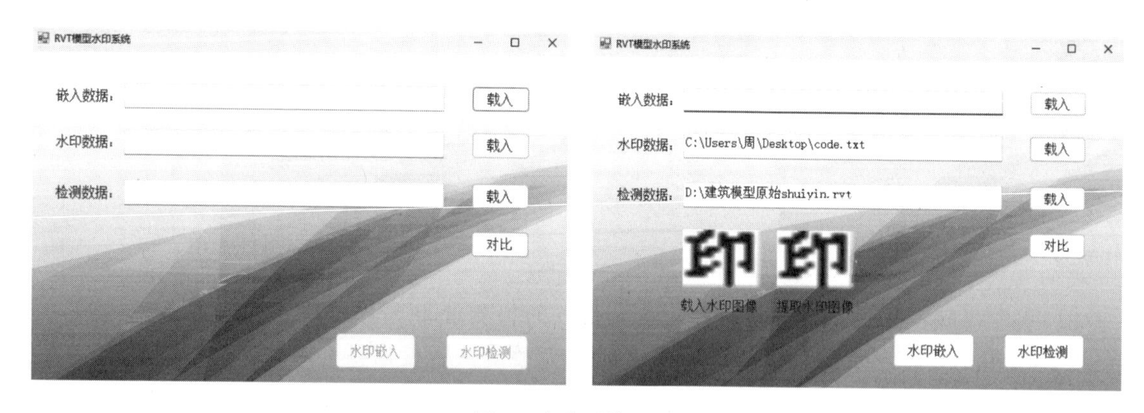

图5 水印系统页面

5 结束语

针对现有BIM数据水印鲁棒性不足的问题，本文提出基于高度分区与奇偶量化的BIM数据鲁棒水印算法，利用模型相对稳定的高度进行图元分区，并利用局部特征进行水印位映射与水印信息嵌入，通过奇偶量化将水印信息与BIM模型紧密联系。实验证明，本文算法兼具不可感知性与鲁棒性，理论实证一致。综上所述，算法为BIM数据安全保护提供了一个高效、有效的方案。此外，基于所提算法的水印系统开发推进了理论成果的实际应用，对BIM数据安全保护具有积极作用。

参 考 文 献

[1] 朱长青，任娜，徐鼎捷．地理信息安全技术研究进展与展望[J]. 测绘学报，2022，51(6):1017-1028.
[2] 景旻，任娜，朱长青，等．一种基于距离分区的BIM模型零水印算法[J]. 北京邮电大学学报，2019，42(5)：100-106.
[3] 蒋美容，张黎明，陈金萍．一种稳健的BIM数据盲水印算法[J]. 测绘地理信息，2021，46(S1)：165-169.
[4] 王刚，任娜，朱长青，等．倾斜摄影三维模型数字水印算法[J]. 地球信息科学学报，2018，20(6)：738-743.

基于图像投影法的建造场景激光点云语义分割

黄　宏，罗　莹，张　澄*

（西交利物浦大学土木工程系，江苏 苏州 215123）

【摘　要】激光扫描能够为建筑物的现状提供一个详尽的三维数字记录。然而，仅具有三维空间信息的点云数据还不足以为实际的建设工程活动提供切实可用的信息。本文针对激光扫描仪的工作特性，利用图像投影法和局部自适应对比度增强技术，结合人工智能算法，实现了自动化高精度的点云语义分割。其平均分割精度达到91.94%，能够满足大部分点云去噪、物体识别等常见的点云应用场景，为智能化工程进度管理和质量管理打下了坚实的基础。

【关键词】语义分割；激光点云；建造场景；图像投影法；人工智能

1　引言

建筑信息模型（Building Information Modeling，BIM）是一种集合了建筑设施的物理和功能性数字信息的系统，为建筑物从设计到拆除的全生命周期提供了可靠的数据支持。然而在建设过程中，由于设计变更或施工误差，导致需要对设计模型进行及时的更新，以确保最终交付的模型能够反映建筑物的实际状态。为了描述建筑工地的最新状况，扫描到BIM（Scan-to-BIM）技术应运而生，它利用三维重建技术来记录目标场景的空间信息。由此，可以对设计的BIM模型（as-designed BIM，AD-BIM）进行实时更新，生成不同施工阶段所对应的BIM模型（as-built BIM，AB-BIM），确保了全生命周期信息的连续性和完整性，同时为建筑工程施工过程提供了一个统一有效的信息化平台。

地面激光扫描仪（Terrestrial Laser Scanner，TLS）是实现三维重建的主要工具之一[1]。它利用连续的激光束测量扫描仪与目标物体表面的距离，生成目标场景的三维点云文件。然而，仅有三维空间信息的点云数据并不足以为实际的建设工程活动提供实用的信息。因此，如何将原始的点云数据集进一步处理为语义丰富的AB-BIM，并与AD-BIM进行自动化比较，对于工程建设的进度管理和质量管理具有重大的潜在应用价值。因此，本文的主要研究目标为如何为点云数据赋予语义信息，实现构件种类及材料的自动识别，增强三维重建的信息化和智能化程度。

2　国内外研究现状

2.1　基于点（point-based）的点云语义分割

近年来基于点的点云语义分割的研究方法已有了显著的发展。这种方法直接在原始点云数据上处理和计算，能够准确地捕获数据的细节和全局特征。其主要优点在于避免了在预处理阶段引入额外的错误，例如在体素化或者投影过程中可能造成的信息损失。

由于点云数据的无序性和复杂性，将深度学习算法直接应用于点云上仍存在许多困难。因此，现有的一些基于点的方法例如PointNet和PointNet++，逐点MLP方法[2,3]，点卷积方法[4,5]，以及基于循环神经网络（RNN）的方法[6]，使用了较为复杂的网络结构，以处理无序的点云输入。这些网络设计的目

【基金项目】江苏省自然科学基金面上项目（BK20201191）

【作者简介】黄宏（1996—），男，博士生。主要研究方向为语义三维重建、语义分割。E-mail：Hong. Huang19@student. xjtlu. edu. cn
罗莹（1999—），女，博士生。主要研究方向为BIM、建筑施工自动化。E-mail：Y. Lo18@student. xjtlu. edu. cn
张澄（1974—），女，副教授。主要研究方向为土木工程信息技术。E-mail：cheng. zhang@xjtlu. edu. cn

标是对输入点进行全局或局部的特征编码，以学习点云的语义信息。这类算法通常可以达到高精度，其中，RFCR[7]作为这一类别中最先进的（State-of-the-Art，SOTA）的神经网络，在Semantic3D上实现了94.3%的总体准确性（Overall Accuracy，OA）和77.8%的平均交并比（mean Intersection over Union，mIoU）。

尽管基于点的方法在点云语义分割任务上已经取得了不错的成果，但它们仍存在一些显著的缺点。首先，由于点云的数据量通常很大，直接在原始点云上进行计算的计算复杂度是很高的，需要消耗大量的计算资源。此外，对于大规模的点云数据，由于内存和计算资源的限制，处理起来更加困难。另外，如何选择合适的点云采样策略，以在保持语义信息的同时减少计算复杂度，也是一大挑战。

2.2 基于图（image-based）的点云语义分割

基于图像的方法主要利用二维卷积神经网络（2-D CNNs）。这种方法将三维点云数据转换为二维深度图或多视图投影图，然后使用2-D CNN进行处理。转化过程中，点云的属性（例如位置、颜色和反射强度）经常被编码为像素的颜色值，并在后续的图像处理步骤中使用。常见的投影方式有两种方法。第一种方法[8]从多个虚拟相机视角将点云数据投影到一个平面上，而第二种方法[9]将点云数据作为以扫描仪为中心的全景图像进行投影。针对地面激光扫描仪所采集的点云数据而言，第二种方法更为高效，因为每个站点的数据都可以处理得到一个独立的全景图像，且不会出现同一像素点上对应两个多个距离值的干扰。

总体来说，基于图的点云语义分割的方法相较于直接处理点云数据的方法来说，计算成本较低，计算效率高。例如，在利用基于图像的方法时[10]，只用了5.13s就处理了Semantic3D测试数据集。此外，由于2-D CNN已在图像处理领域得到广泛应用并取得显著成功，使得这种方法在处理针对点云数据的物体检测、分类和语义分割等任务时，有着较大的应用前景。

3 研究方法

图1展示了基于图像投影法与局部自适应对比度增强的激光点云语义分割主要流程。其主要分为两个阶段：神经网络训练阶段和推理阶段。其主要思想是先以激光扫描的原点为视点，通过针孔相机模型，将点云的三维空间信息投影至二维图像平面。通过旋转虚拟相机的观测角度，构建单视点多视角图像数据集。其投影矩阵如式（1）所示，其中［X_w，Y_w，Z_w］为激光点云的空间三维坐标，［u，v］为其投影后的图像像素坐标，［f_x，f_y，c_x，c_y］为相机模型的内参矩阵，［$r_{11}\cdots r_{33}$］为外参矩阵中的旋转矩阵，［t_x，t_y，t_z］为平移矩阵。

$$\begin{bmatrix} u \\ v \\ 1 \end{bmatrix} = \begin{bmatrix} f_x & 0 & c_x \\ 0 & f_y & c_y \\ 0 & 0 & 1 \end{bmatrix} \begin{bmatrix} r_{11} & r_{12} & r_{13} & t_x \\ r_{21} & r_{22} & r_{23} & t_y \\ r_{31} & r_{32} & r_{33} & t_z \end{bmatrix} \begin{bmatrix} X_w \\ Y_w \\ Z_w \\ 1 \end{bmatrix} \tag{1}$$

其次，再利用局部自适应对比度增强算法（Local Adaptive Contrast Enhancement，LACE），对每个通道在16bit的原始数据上单独进行强化，最后合并成为三通道图像。在LACE算法中，对于图像I中的每一个像素I（x，y），我们首先计算其周围$n \times n$窗口中的均值μ和标准差σ。通常滑窗的大小是5×5或者图像长或宽的八分之一。随后通过均值μ和标准差σ得到增强系数k（x，y），然后将增强系数k（x，y）应用到每一个像素上，得到增强后的图像I′。通过局部增强算法强化后的图像，能够最大限度地保留物体的空间细节，为后续的语义分割打下基础。与此同时，通过将点云标注同时投影至二维平面，构建标注数据集。利用2D神经网络进行训练。此处的神经网络可以是任意的基于图像的语义分割网络，这也体现了该方法的灵活性和普适性。最后，利用训练好的网络模型对后续的点云投影进行推理。再将分割好的图像反向投影回三维空间，从而得到分割好的三维点云数据。

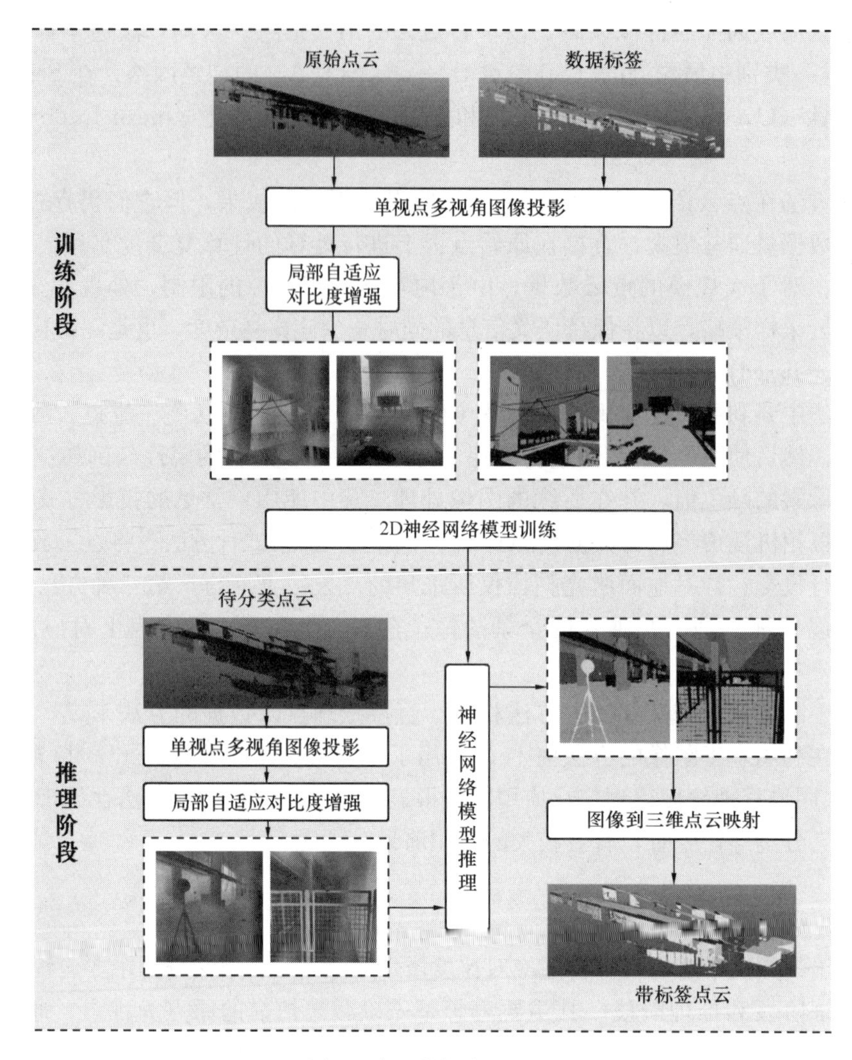

图1 点云分割主要流程

4 案例分析

本研究以现浇钢筋混凝土框架结构的室内建造场景为例，选定的测试区域面积约为3000m²，所使用的扫描设备为Leica ScanStation P40激光扫描仪，一共采集了13站独立扫描的数据。每站采集所使用的激光点云角分辨率均设置为0.018°，单站扫描时长约为3分30秒，单站点云包含约1.4亿个点。在进行图像投影时，虚拟相机的视角场设置为60°，其分辨率设置为512×512。在构建多视角图像数据集时，相机的视角中心设定在激光扫描仪的原心处。通过构建阶梯式旋转矩阵，改变相机视角，使其能够实现对点云数据的全覆盖。同时，相邻两个虚拟相机的重叠率设置为50%，使其在后续的图像反向投影回三维空间时，能够进行更加精准的映射。在LACE算法中，滑窗的大小设置为15×15，其增强系数$k(x, y)$设置为0.03。图2展示了相邻6个相机视图在经过对比度增强后的效果。

图2 单视点相邻多视角虚拟相机视图

每站扫描仪点云可以投影生成65张虚拟相机视图，在本次试验中共采用4站扫描仪数据进行训练学习，其中训练集共208张图像，测试集共52

张图像。mIoU是一个常用的精度度量，用于评估图像分割的性能，其优点是简单并能够提供有代表性的评估。mIoU计算两个集合的交集和并集之比，特别是预测的和真实的图像分割。

采用的神经网络为ConvNeXt[11]，训练所使用的优化器为AdamW[12]，初始学习率设置为0.00003，学习率优化策略为Poly[13]。同时Dropout率设置为0.1，以防止过拟合。本文一共采用两块V100 GPU进行训练，每个GPU分配8张图片，总训练轮数为2万轮。

5 结果与讨论

图3展示了在训练过程中，神经网络的损失和验证集IoU值随训练次数的增加而变化的数据记录。从图3中可知，在训练过程中损失稳步递减，由此可见用于神经网络训练的参数选择的合理性。在图3(b)中展示了验证集IoU值随训练次数增加而增加的趋势图。总体来看，对于常见的建筑构件来说，利用本文提出的方法，可以在顶棚、地面、墙、柱和梁的分割中分别取得96.72%、93.65%、92.63%、90.29%和84.16%的最大IoU的精度，所对应的mIoU为91.94%。

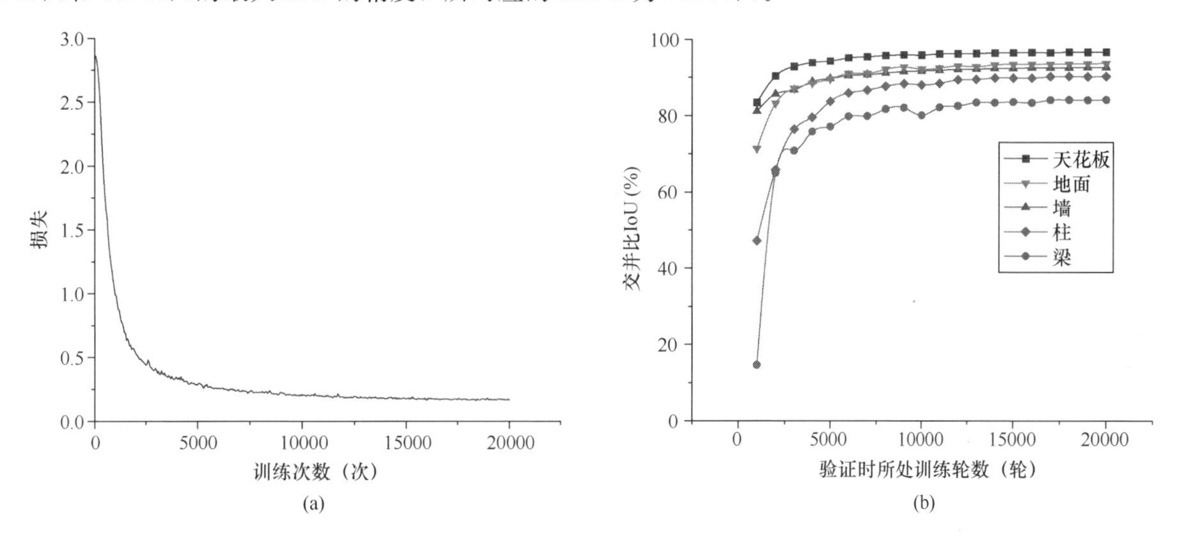

图3 训练过程中(a)函数损失随训练轮数的变化和(b)验证集交并比精度随训练轮数的变化

图4展示了在验证数据上，语义分割的真值和神经网络推理结果的对比，从图4中可以看出，网络推理结果在总体的类别上能够正确地将图像进行识别和分割，但是在边缘细节的处理上，容易和周围像素发生重合。因此如何提升边缘处分割精度是后续的重要研究方向之一。

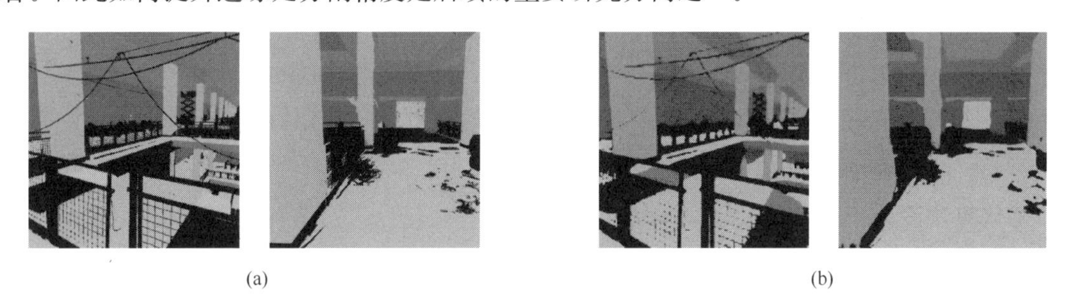

图4 验证数据(a)语义分割真值和(b)神经网络推理结果

6 结论

本文提出了一种语义增强的三维重建方法，能自动识别建筑构件种类及材料。通过将三维点云投影至二维图像上实现降维处理，大幅度降低了传统基于点的点云语义分割的计算量。同时，针对TLS扫描仪的特性，提出了单视点多视角的投影方式，避免了传统随机多视角投影所导致的点云数据重叠等问题。通过案例分析证明了该方法的可行性，且该方法的mIoU精度达到91.94%，能够满足大部分点云去噪、物体识别等常见的点云应用场景。

参考文献

[1] Huang H，Zhang C，Hammad A. Effective Scanning Range Estimation for Using TLS in Construction Projects[J]. Journal of Construction Engineering and Management，2021，147(9)：13.

[2] Qi C R，Yi L，Su H，et al. Pointnet++：Deep hierarchical feature learning on point sets in a metric space[J]. Advances in neural information processing systems，2017，30.

[3] Hu Q，Yang B，Xie L，et al. Randla-net：Efficient semantic segmentation of large-scale point clouds[C]//Proceedings of the IEEE/CVF conference on computer vision and pattern recognition，2020：11108-11117.

[4] Wang S，Suo S，Ma W-C，et al. Deep parametric continuous convolutional neural networks[C] // Proceedings of the IEEE conference on computer vision and pattern recognition，2018：2589-2597.

[5] Mao J，Wang X，Li H. Interpolated convolutional networks for 3d point cloud understanding[C] //Proceedings of the IEEE/CVF international conference on computer vision，2019：1578-1587.

[6] Huang Q，Wang W，Neumann U. Recurrent slice networks for 3d segmentation of point clouds[C] //Proceedings of the IEEE conference on computer vision and pattern recognition，2018：2626-2635.

[7] Gong J，Xu J，Tan X，et al. Omni-supervised point cloud segmentation via gradual receptive field component reasoning [C]//Proceedings of the IEEE/CVF conference on computer vision and pattern recognition，2021：11673-11682.

[8] Lawin F J，Danelljan M，Tosteberg P，et al. Deep projective 3D semantic segmentation[C]//Computer Analysis of Images and Patterns：17th International Conference，CAIP 2017，Ystad，Sweden，August 22-24，2017，Proceedings，Part I 17，2017：95-107.

[9] Cai Y，Fan L，Atkinson P M，et al. Semantic segmentation of terrestrial laser scanning point clouds using locally enhanced image-based geometric representations[J]. IEEE Transactions on Geoscience and Remote Sensing，2022，60：1-15.

[10] Cai Y，Huang H，Wang K，et al. Selecting Optimal Combination of Data Channels for Semantic Segmentation in City Information Modelling (CIM)[J]. Remote Sensing，2021，13(7)：1367.

[11] Liu Z，Mao H，Wu C-Y，et al. A convnet for the 2020s[C]//Proceedings of the IEEE/CVF Conference on Computer Vision and Pattern Recognition，2022：11976-11986.

[12] Loshchilov I，Hutter F. Fixing weight decay regularization in adam [C]//6th International Conference on Learning Representations，Vancouver，BC，Canada，2018.

[13] Mishra P，Sarawadekar K. Polynomial learning rate policy with warm restart for deep neural network[C]//TENCON 2019-2019 IEEE Region 10 Conference (TENCON)，2019：2087-2092.

基于BIM技术的机电工程支吊架及预埋件绿色施工应用研究

李　明，周　婷，杨　婧，王志远

（浙江江南工程管理股份有限公司，浙江 杭州 310000）

【摘　要】 随着机电工程对安全性及耐久性需求的不断提高，支吊架与主体结构采用预埋件的固定方式逐渐推广，本文分析了该方式的优势及实施过程中的难点，提出利用BIM技术进行绿色施工及管理流程，对各关键步骤的实施及要求进行了详细分析，并在浙江省之江文化中心建设工程（设计年限100年）中进行实践，并得出结论：预埋成功率可达96.8%。

【关键词】 BIM技术；支吊架；预埋件；耐久性

1　引言

支吊架的掉落及坍塌事故时有发生，已成为机电安装系统主要安全隐患之一。2018年5月6日常州万达广场地下室空调冷却水管道坍塌，究其原因主要是膨胀螺栓的选用和安装不规范。在一定时间的累积下，由于重力载荷、附加弯矩、冲击载荷的叠加作用，导致支吊架强度不足、膨胀螺栓断裂失效最终引起事故的发生。

近年来，随着建筑对安全耐久性需求的不断提高，《绿色建筑评价标准》GB/T 50378—2019[1]中第4.1.4条条文说明中指出：建筑部品、非结构构件及附属设备等应采用机械固定、焊接、预埋等牢固性构件连接方式或一体化建造方式与建筑主体结构可靠连接，以膨胀螺栓、捆绑、支架等连接或安装方式均不能视为一体化措施。因此机电系统支吊架与建筑主体结构的固定逐渐要求采用预埋件来替代膨胀螺栓。李卫国[2]对预应力复合楼板内的预埋件施工技术进行了分析，介绍了传统深化设计模式下的预埋件施工流程；何毅[3]等对建筑机电工程预埋构件进行了研究分析，并运用BIM技术对机电管线进行深化设计，再根据定位信息预埋螺栓、螺母，最终获得良好的效果。

虽然机电系统支吊架与主体结构固定采用预埋件的方式具有重要实施意义，但在过程中仍存在工作流程及责任不清、预埋件定位准确性不高等难点。其中流程与责任问题主要是指结构设计师一般不对机电工程支吊架及预埋件进行计算，而施工单位仅凭经验进行选型。

BIM技术是建筑信息模型的简称，是当前复杂工程施工中必不可少的技术手段，其可视化、参数化及模拟性等优势可有效解决支吊架设计及预埋件定位等问题，促使支吊架及预埋件在设计施工过程中的信息化与精细化[4]。本文以100年设计年限建筑为例，说明如何利用BIM技术辅助支吊架预埋件的选用与绿色施工，并设置相关工作流程，为类似工程提供参考。

2　项目简介、预埋件实施优势及难点分析

浙江省之江文化中心建设工程是省“十三五”文化基础设施建设的领头项目，集结了浙江省级“四

【课题项目】 杭州市建设科研项目（杭建科验字［2020］110号）

【作者简介】 李明（1989—），男，全过程咨询事业部副总工程师。主要研究方向为BIM技术在全过程工程咨询中的应用。E-mail：1041429078@qq.com

大馆”——浙江省博物馆新馆、浙江省图书馆新馆、浙江省非物质文化遗产馆、浙江省文学馆，还配置有功能全面的公共服务中心设施和大规模中央景观公园。项目总用地面积270亩，总建筑面积32万m^2，其中地上建筑面积约16.8万m^2，地下建筑面积约15.2万m^2，项目效果图如图1所示。

图1　浙江省之江文化中心建设工程效果图

项目各单体设计使用年限均为100年，除主体结构需满足耐久性要求外，人流量密集的文化场馆对机电系统的耐久性也提出了更高的要求，机电系统槽钢支吊架均需采用预埋件的方式。此外，本工程采用全过程工程咨询的管理模式，施工阶段的机电工程BIM深化设计由施工单位实施。

机电系统支吊架采用预埋件与主体结构连接的方式，是指在主体结构混凝土浇筑前，将埋件预先定位在模板后一次浇筑成型，再将支吊架焊接到埋件上的过程。与传统的通过膨胀螺栓固定方式对比，施工及后期的运行均具有较大的优势，分析如下：

（1）预埋件与主体结构融合为一体，是一体化的建造方式，极大地提高了安全性与耐久性。

（2）无须在结构构件中打洞，避免了采用传统电锤打孔对梁内钢筋的影响。

（3）无尘作业，绿色环保，无须高空放线定位，工作效率高。

（4）不受场地限制，避免狭小空间施工困难等问题。

机电管线支吊架埋件预埋，是机电系统及支吊架安装的前置工作，对各实施步骤提出了较高的要求，实施难点如下：

（1）预埋件定位的准确性：预埋件定位的准确性是最大的难点之一，机电系统深化设计能否真正落实于现场是确保支吊架位置准确的重要因素，也是提高预埋件定位准确性的要素之一，而实际管线的深化设计成果往往不能真正落地。

（2）施工时常存在管线施工误差及预埋件预埋时误差。

（3）部分结构构件是装配式预制构件，需在工厂预制阶段预埋相应的埋件。

（4）预埋件设计需要BIM深化设计与结构设计师密切配合，对各方协调提出了更高的要求。

当前BIM技术的机电管线深化设计是BIM技术核心应用点之一，对于需要实施支吊架预埋件的情形，BIM技术仍然是解决难点的重要技术手段。

3　基于BIM技术的支吊架预埋件实施流程

采用本文提出的固定方式对机电系统的深化设计提出了较高的要求。为了确保深化设计的落实效果，需合理调配各方工作流程，明确各方职责。本工程为全过程工程咨询牵头模式，提出了预埋件实施流程如图2所示。其中关键步骤是管线综合、支吊架选型、预埋件定位及施工。

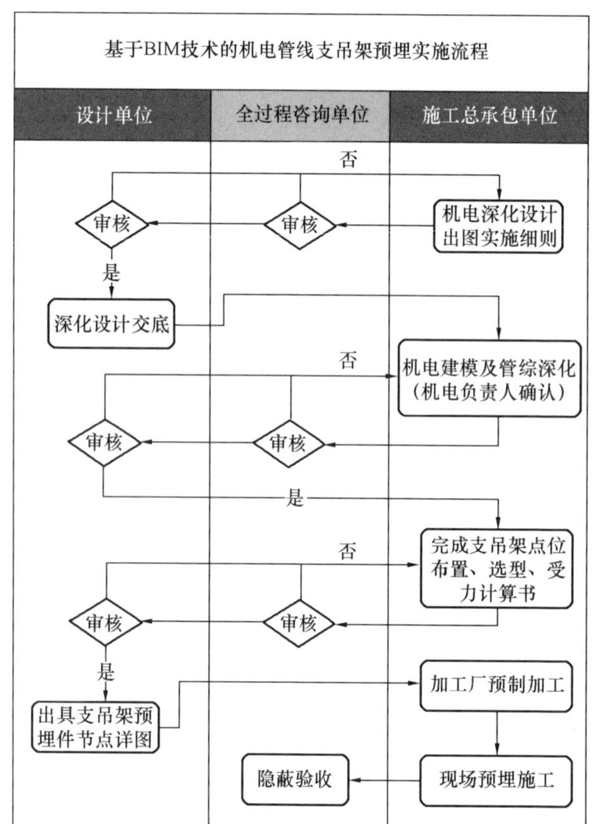

图2　基于BIM技术的机电管线支吊架预埋件实施流程图

在管理流程上，各关键工作一般均由施工单位实施后提交全过程工程咨询单位全面审核，最终提交设计单位审核。其中全过程工程咨询单位重点审核成果的可实施性，设计单位重点审核深化设计能否满足技术规范要求。

4 各阶段的实施要点分析

4.1 基于BIM技术管线深化设计及成果确认流程

通过BIM技术深化设计下的机电管线成果的可实施性，方能保证支吊架选型及定位准确性，进而确保预埋件定位的准确性。考虑到BIM具体实施人员对深化设计成果的现场实施性经验不足、专业技术能力有限，因此本工程增加了深化设计成果必须由机电施工负责人确认的流程，再由全过程工程咨询单位进一步审核可实施性，最终由设计单位机电专业审核管线排布是否满足使用功能及技术规范要求，确保管线深化设计成果能够真正落实。

4.2 支吊架布置与计算

机电管线支吊架布置及计算是传统BIM的应用点，重点是对支吊架的布置、型钢型号的确定以及强度、挠度、稳定性的验算。设计支吊架横担长度及吊杆高度时，应考虑管道在吊杆之间施工的操作便利性、管道保温的要求以及机电管线施工误差等因素，将支吊架的槽钢与管线间距适当放大，按照100mm设置，如图3所示。

4.2.1 支吊架设计模型

以图3支吊架管道布置为例，建立支吊架计算模型如图4所示。支吊架横杆与吊杆均采用8＃槽钢，槽钢材料为Q235。根据BIM管综模型的定位信息，支吊架总跨距$L=2.7\text{m}$，吊杆间距为1.35m，吊杆长度为0.9m，8根管道在此跨距内的重力荷载G1～8均为1.662kN，水平荷载G9～16取0.3倍重力荷载为0.5kN，管道的水平荷载均为活荷载。

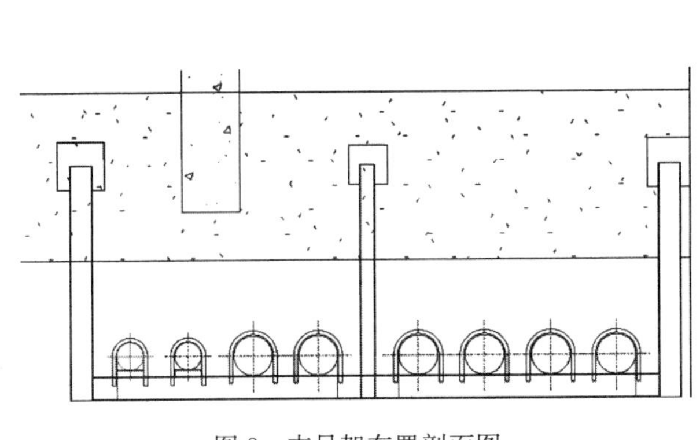

图3 支吊架布置剖面图

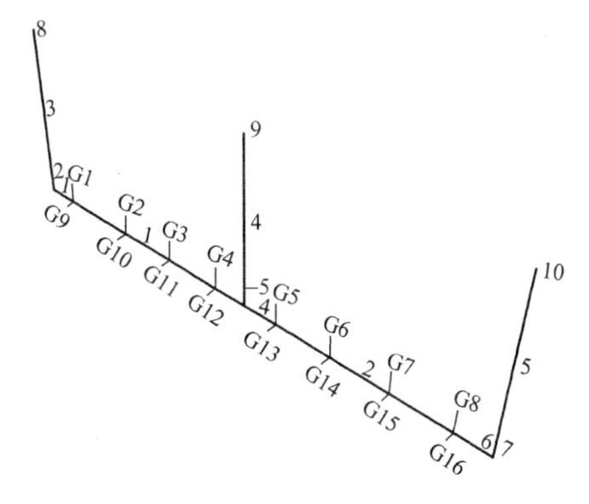

图4 支吊架计算模型

4.2.2 支吊架杆件截面验算

以横杆1为例进行截面验算，横杆1为8＃槽钢，材料为Q235。

（1）压弯强度计算

根据《钢结构设计标准》GB 50017—2017[6]中公式8.1.1-1：

$$\sigma=\frac{N}{A_n}\pm\frac{M_x}{\gamma_x W_{nx}}\pm\frac{M_y}{\gamma_y W_{ny}}\leqslant f \tag{1}$$

式中：N——同一截面处轴心压力设计值（N）；

M_x、M_y——分别为同一截面处对x轴和y轴的弯矩设计值（N·mm）；

γ_x、γ_y——截面塑性发展系数；

γ_m——圆形构件的截面塑性发展系数；

A_n——构件的净截面面积（mm^2）；

W_n——构件的净截面模量（mm^3）。

其中，$\gamma_x=1.05$，$\gamma_y=1.2$，$W_{nx}=25.3\text{cm}^3$，$W_{ny}=5.79\text{cm}^3$；由支吊架计算模型可知，$N=0$，$M_x=$

1549000N·mm，$M_y=229000\text{N}\cdot\text{mm}$。

$\sigma=1549000/1.05\times25300+229000/1.2\times5790=91.26\leqslant215$，满足要求。

（2）抗剪强度计算

根据《钢结构设计标准》GB 50017—2017中公式6.1.3：

$$\tau=\frac{VS}{It_w}\leqslant f_v \tag{2}$$

式中：V——计算截面沿腹板平面作用的剪力设计值（N）；

S——计算剪应力处以上（或以下）毛截面对中和轴的面积矩（mm^3）；

I——构件的毛截面惯性矩（mm^4）；

t_w——构件的腹板厚度（mm）；

f_v——钢材的抗剪强度设计值（N/mm^2）。

其中，$S_x=15.1cm^3$，$S_y=6.59cm^3$，$I_x=101cm^4$，$I_y=16.6cm^4$，$t_w=5mm$；由支吊架计算模型可知，$V_x=4235.65N$，$V_y=671.33N$。$\tau_x=4235.65\times15100/1010000\times5=12.67\leqslant125$，满足要求；$\tau_y=671.33\times6590/166000\times5=5.33\leqslant125$，满足要求。

（3）稳定性计算

根据《钢结构设计标准》GB 50017—2017中公式6.2.3：

$$\frac{M_x}{\varphi_b W_x f}+\frac{M_y}{\gamma_y W_y f}\leqslant1.0 \tag{3}$$

式中：W_y——按受压最大纤维确定的对y轴的毛截面模量（mm^3）；

φ_b——绕强轴弯曲所确定的梁整体稳定系数。

其中，$\gamma_y=1.2$，$\varphi_b=0.91$；$\sigma_w=1549000/0.91\times25300\times215+229000/1.2\times5790\times215=0.466\leqslant1$，满足要求。

（4）挠度计算

根据《室内管道支架及吊架》03S402中第4.3.6条：$f=1.11mm\leqslant L/200=6.75mm$，满足要求。

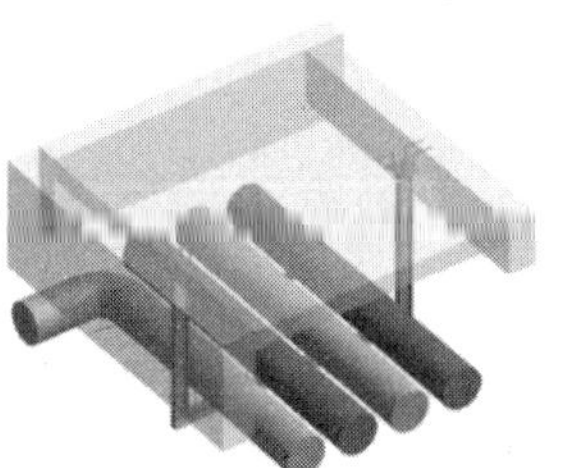

图5　底板预埋件模型与现场实例对比

4.3　支吊架及预埋件模型与现场实际成果展示

底板预埋件模型与现场实例如图5所示，梁上预埋件模型与现场实例如图6所示。模板拆除后支吊架焊接在埋件上，实例如图7所示。

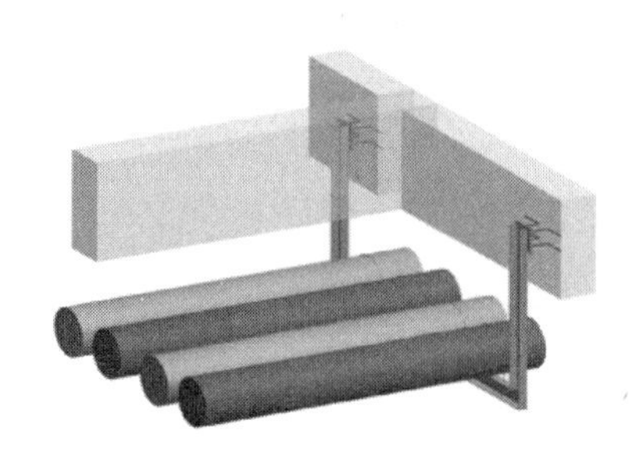

图6　梁上预埋件模型与现场实例对比

图7　支吊架与埋件焊接

从模型与现场实例对比可知，利用BIM技术进行深化设计，再辅助合理的流程，并充分考虑施工工艺，积极消除施工误差，可以达到准确的预埋效果。

5　装配式叠合楼板上预埋件的实施

根据《杭州市人民政府办公厅关于加快推进新型建筑工业化的实施意见》，浙江省之江文化中心采用装配整体式混凝土技术，其中所有竖向构件（柱、剪力墙）及框架梁均采用现浇混凝土，屋顶层梁板柱墙均采用现浇混凝土。核心筒及卫生间等局部范围的水平构件（梁、板）均采用现浇混凝土，楼梯均采用全装配式混凝土楼梯，烟道、风道采用全预制分段装配，其他范围采用钢筋混凝土叠合梁、桁架钢筋混凝土叠合板。

装配式叠合楼板包含两部分，一部分是工厂预制现场安装的预制叠合板，另一部分是由施工现场浇筑。先行安装的预制叠合板既是楼板的组成部分，也是现浇时的模板。因此需要运用BIM技术提前考虑叠合板中的预留预埋。由于装配式建筑构件的存在，部分预埋件位于装配式楼板上，这对于预埋件的定位提出了更高的要求，具体实施步骤如下：

（1）基于BIM的管线综合及支吊架设置

基于BIM的管线综合及支吊架设置详见图2流程，不再赘述。

（2）叠合板模型建立及预埋件定位

根据设计文件对叠合板进行相应的建模，确定支吊架位置确定预埋件定位，并准确定位到叠合板上，如图8所示。

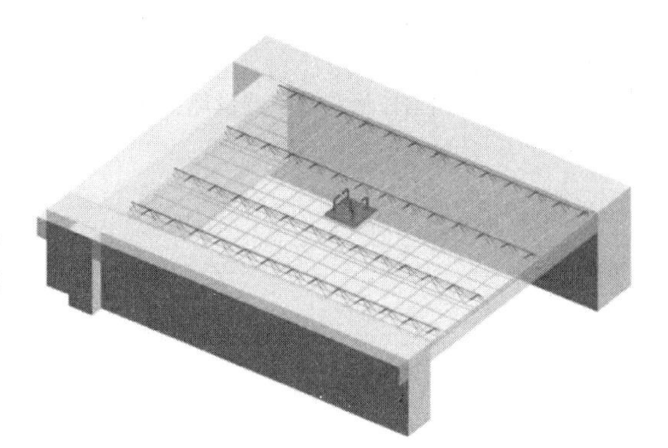

图8 叠合板建模及预埋件定位

（3）叠合板开洞

考虑到预埋件如果直接在预制加工厂埋入叠合板内，会因叠合板施工误差导致预埋件的定位误差。此外，预埋件厚度大于叠合板厚度会对叠合板的运输造成不便。因此，最终方案是将预埋件的定位信息处理到叠合板上，在叠合板上预留预埋件的孔洞，如图9所示。

（4）现场实施

为了实现定位准确，将预留孔洞进行适当放大处理，便于预埋件在孔洞中微调、预埋件在孔洞中的定位便利，如图10所示。

图9 叠合板预留孔洞

图10 预埋件在孔洞中的定位

6 实施成效及结语

（1）考虑到现场实际情况，本工程对承重大的槽钢吊架均采用预埋件预埋方式，而角钢吊架由于重量轻、数量多，并未进行预埋件预埋。通过对本工程的文学馆进行统计发现共预埋了756个埋件，其中有效实施的共732个，预埋成功率达到96.8%，完成了预期目标。

（2）支吊架与主体结构采用预埋件的固定方式，其安全性及耐久性明显优于用膨胀螺栓的固定方式。其中充分利用BIM软件在支吊架中的计算优势，结合结构设计师对计算成果的确认，明确各方责任，最终提高了工程的安全性。

（3）通过合理的工作流程设计及精细化施工，在预埋件准确实施后，大幅度提升后期机电安装工程的工作效率，提高了工程质量并节约了安装工期。

参考文献

[1] 中华人民共和国住房和城乡建设部．绿色建筑评价标准：GB/T 50378—2019[S]. 北京：中国建筑工业出版社，2019.

[2] 李卫国．预应力复核楼板内预埋件施工技术[J]. 建筑工程，2012，5：19-20.

[3] 何毅，郑皓予，等．建筑机电工程预埋构件研究与应用[J]. 安装，2018，10：30-32.

[4] 刘维珩，樊技飞，罗广元．BIM技术在改造中的应用[J]. 工程抗震与加固改造，2021，43(2)：173.

[5] 中华人民共和国住房和城乡建设部．建筑结构可靠性设计统一标准：GB 50068—2018[S]. 北京：中国建筑工业出版社，2019.

[6] 中华人民共和国住房和城乡建设部．钢结构设计标准：GB 50017—2017[S]. 北京：中国建筑工业出版社，2018.

BIM技术在钢箱梁顶推施工的应用研究

陈小虎[1]，李　园[2]，周小飞[1]

（1. 江苏瑞沃建设集团有限公司，江苏　高邮　225600；2. 扬州市市政建设处，江苏　扬州　225100）

【摘　要】 随着城市的快速发展，城市交通日趋复杂化，高架桥作为城市立体交通体系也越来越复杂，高架桥施工方法逐渐多样化，随之而来的施工和工程管理也越来越复杂。工程实践表明，BIM技术为复杂工程建设和管理的信息化开辟了一种全新的方法。运用BIM技术可以形成智能化、可视化施工，提供建筑在建筑构造、信息参数的一一对应，从而达到施工信息全覆盖及动态可视化管理，对保证施工质量、工期和施工过程管理方面具有显著的效益。

【关键词】 钢箱梁顶推；BIM技术；信息化可视；模拟施工

1　引言

随着国家加大市政桥梁工程信息化管理力度，推进"智慧工地"建设，提升市政桥梁建设项目管理信息化水平，BIM技术在工程建设中的应用越来越广泛[1]。高架桥作为城市立交体系的一部分，施工方法复杂化和多样化导致施工和管理越来越复杂，BIM技术的出现为解决复杂工程建设和管理提供了一种全新的模式[2]。

本文根据扬州市开发路东延快速化改造工程的施工情况，通过BIM技术对高架桥上跨G328的钢箱梁顶推施工进行建模，用动态模型模拟分析顶推过程，并提出建设的保护与控制措施。上跨G328的钢箱梁顶推施工，采用BIM技术进行施工管理，并用于指导现场施工和工程管理，确保施工工期和工程建设质量[3]。

2　工程概况

开发路东延快速化改造工程起于运河南路，顺接运河路互通，终点顺接G328，全长约3.5km。工程采用六主六辅的高架式快速路形式，起点顺接运河路互通，主线连续京杭南路，跨越京杭路、秦邮路、明发路和G328。

本标段MRR高架桥第16联上部结构采用连续钢箱梁，钢箱梁断面主要采用单箱双室截面，箱梁顶板宽度12.75m，底板宽度8.3m，钢箱梁两侧悬臂长度2.275m，端部高度0.35m，根部高度0.7m；跨径50＋58m，其平面位于左转的圆曲线上，曲率半径为400m，桥面设单向3%横坡，桥立面位于上坡2.4%、下坡3.39%的R＝3700m凸形竖曲线上。

由于G328是省内的交通要道，交通不能阻断，钢箱梁采用吊车吊装的方式施工给下方的交通流带来一定的危险性。通过借鉴同类工程的施工经验，结合本工程实际施工情况，拟采用顶推施工技术，将钢箱梁荷载分散于整个支架体系，在保证安全的情况下顺利完成钢箱梁顶推施工。

3　工况分析

本项目钢箱梁为上跨G328，G328是江苏苏中地区的一条重要的国省干线，连线了苏中地区各城市，也是江苏沿江大开发战略中的一条重要的沿江交通大动脉，交通保畅要求高。

G328路段为高填方，与坡脚高差达5m，加上钢箱梁桥下净空，钢箱梁如起重吊装高度可达到15m，

【作者简介】 陈小虎（1986—），男，总经理助理/工程师。主要从事项目管理等相关工作。E-mail：754144337@qq.com

危险系数大。

可选施工方案选择面小，而且施工技术要求较高，通过借鉴同类工程的施工经验，结合本工程实际施工情况，拟采用三维步履式顶推施工方案，通过 BIM 技术模拟钢箱梁施工全过程，在保证安全的情况下顺利完成钢箱梁顶推施工。

4 钢箱梁施工 BIM 管理应用

4.1 三维模型建立

在项目设计阶段，针对钢箱梁构件数量多、不同类型交叉碰撞复杂的特点，依据项目施工图纸，采用 PowerCivil 制作线形，Revit 与 Dynamo 建立构件并装配成整体 BIM 模型，通过 BIM 建模与施工图纸对其进行分析和对比，查找施工图纸的错漏碰缺。通过 BIM 的可视化特性模拟钢箱梁顶推完成后的宏观鸟瞰图如图 1 所示，也能分析整个顶推过程中可能出现的安全技术问题及结构分割是否合理，通过更改模型数据，构件各部分可自动调整，方便快捷，指导现场施工如图 2 所示。

图 1 BIM 模拟钢箱梁鸟瞰图

图 2 钢箱梁吊装施工现场

4.2 基于 BIM 的预制构件模拟

通过 BIM 技术，将钢箱梁及其构件进行分割、建模及铺装，模拟安装，优化设计图纸，指导钢箱梁加工制作，主要流程如图 3 所示。

4.3 施工模拟

桥梁施工是一个高度动态的过程，特别是复杂的钢箱梁顶推施工工艺，随着施工难度的不断提高，施工管理也变得越来越困难。为了更好地管理施工过程，减少施工过程中不确定因素的发生，基于 BIM 技术的三维模型模拟了施工各阶段的施工工序，直观地展示了施工进度以及施工计划。下面详细讲述钢箱梁顶推过程中，通过 BIM 施工模拟有效预判风险，避免返工，保证项目落地。

（1）导梁设计：本工程钢箱梁曲线曲率半径为 400m，导梁中心设计长度值 38m，内侧导梁主纵梁的设计长度取值 38m，外侧导梁主纵梁设计长度取值 36m。钢导梁采用 Q235B 钢，工厂分节段制造，现场焊接连接。

（2）起重机吊装：现场吊装前应用 BIM 数字孪生技术还原现场的吊运通道、安装位置及周围环境，并在起重机械试吊前通过 BIM 技术进行可视化

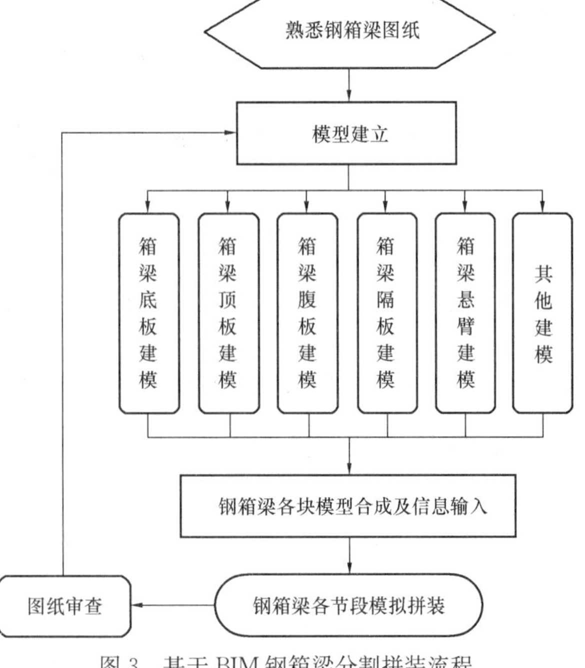

图 3 基于 BIM 钢箱梁分割拼装流程

模拟。

（3）支架安装：支架选用 Φ500 钢管高强度螺栓连接，整体吊装与基础焊接，支架上分布放置竖向 500t 的三维调整步履式千斤顶，如图 4 所示。

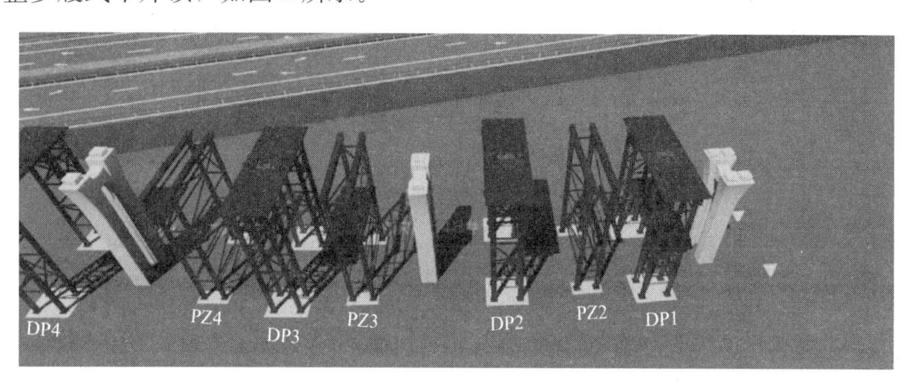

图 4　钢箱梁顶推临时支架安装

（4）拼装钢箱梁：横向从中间向两侧进行钢箱梁吊装，纵向顺序为大桩侧向小桩侧，在 JD1-JD6 主梁前端吊装拼焊 38m 钢导梁及 JD1-JD4 节段进行拼装。

（5）第一次顶推 18m，导梁过 DT1 号临时支架，尾部搭在 PZ2 临时支架上，前段悬挑 20m，进行 JD8-JD9 钢箱梁节段吊装。第二次顶推到 45.5m，导梁过 DT2 号临时支架，尾部搭在 DP2 临时支架上，导梁前段悬挑 12m，完成剩余吊装，全部安装完成后进行整体钢箱梁顶推。第三次顶推，导梁前段到达 DT3 临时支架上，尾部搭在 DP4 临时支架上，尾部悬挑 9.9m。第四次顶推到达钢箱梁设计位置落梁，累计顶推 130m，如图 5 所示。

图 5　钢箱梁模拟顶推过程

（6）调整钢梁线型，拆除钢导梁及顶推系统。

（7）拆除拼装及顶推平台，完成钢箱梁架设。

基于 BIM 技术的钢箱梁顶推施工进度模拟，可以更好地规划和控制施工过程的重难点，提前预测和评估顶推过程中实时纠偏的节点，提前把控节点，并采取相应的措施进行调整和纠偏。这有助于提高施工的效率和准确性，减少风险和降低成本，并实现本工程钢箱梁上跨 G328 顺利落梁。

5 BIM 技术应用的功效分析

本工程受 G328 连续交通流影响，采用顶推滑移施工工艺。为保证施工过程中的安全管理、工期管理、成本控制等要素，项目引进先进的 BIM 技术，对 MRR 高架桥第 16 联顶推施工进行了施工模拟，分析了施工过程中的安全、工期管理要点，对施工部署进行了科学调整，实现了施工动态管理，并取得了较好的效果，总结如下：

（1）安全管理：安全为现场生产的第一准则，特别是本工程涉及步履式三维顶推施工，施工技术难度大，线形控制严格。通过 BIM 技术模拟顶推，实现了施工过程的真实模拟，有助于安全隐患的暴露，从而做到事先预防，及时消除隐患。

（2）场布优化：通过 BIM 技术优化现场布置，预留钢箱梁预拼及存放区、设备存放区、气瓶存放区、应急物资存放区、休息区以及模拟运梁路线，确定运梁通道等。

（3）工期控制：在 BIM 模型中导入施工进度计划，可以按照施工各阶段的要求进行细化，并将拆分好的集合对应于相应的节点，推演加工制作、现场拼装、顶推等各施工过程控制节点；对进度偏差环节进行合理调整，确保实际施工中各工序顺利进行，满足工期需要。

（4）运输管理：从钢箱梁后场加工场地运达至项目现场总计约 65.5km，应用 BIM 技术模拟拆分预制钢箱梁节段数量、重量等，大大提高了运输效率，节约成本。

（5）车流量控制：钢箱梁上跨 G328，国道车流量大，交通疏解难度系数和安全风险大，通过 BIM 技术模拟交通组织，优化交通组织方案，确保车辆安全、高效地通过施工区域，保障钢箱梁上跨 G328 顶推施工顺利完成。

6 结语

本项目施工实施 BIM 技术模拟，一方面可以为工人减轻不必要的工作负担，工序一目了然，节约劳动力；另一方面还可以对施工中可能出现的紧急情况预先告知，保障了工人的人身安全。根据 BIM 软件的各项风险分析，可以有效地降低工程风险，提前预知施工危险，告知预防措施，减少返工费用，经济效益显著。

当前，我国桥梁建设技术正处于快速发展阶段，BIM 技术为高质量工程管理的实现提供了突破口，如何有效利用 BIM 技术解决工程实际管理问题是当前的工作重点。本项目针对我国桥梁施工管理质量发展需求，从 BIM 模型建立、施工方案模拟与优化展开应用实践，对于我国桥梁顶推建设的工程质量管理具有一定的借鉴意义。

参 考 文 献

[1] 潘存瑞，吴星蓉，周磊，魏宏亮．BIM 技术在装配式钢结构建筑设计及施工中的应用[J]. 中国建设信息化，2023（5）：62-65.

[2] 张超．基于 BIM 的装配式结构设计与建造关键技术研究[D]. 南京：东南大学，2016.

[3] 白庶，张艳坤，韩凤，张德海，李微．BIM 技术在装配式建筑中的应用价值分析[J]. 建筑经济，2015，36(11)：106-109.

基于国产自主软件平台的EPC项目BIM正向设计应用实践

王晓岷，李　阳

（合肥工业大学设计院（集团）有限公司，安徽 合肥 230051）

【摘　要】 本文着重论述了国产自主软件平台在安徽省儿童医院新建医技综合楼EPC项目中BIM正向设计的应用实践。为解决医疗类建筑功能复杂、设备系统繁多，且作为EPC模式下概算控制严、项目施工难度大等重难点问题，设计团队依托国产软件平台，通过BIM正向设计的方式实现全专业协同，提升设计质量，高效控制成本，并在设计阶段前置解决特殊施工难题。通过在项目中的深度应用，取得了较显著的经济效益和示范作用，为企业数字化转型积累了宝贵经验。

【关键词】 BIM正向设计；EPC国产自主软件平台协同设计

1　引言

在数字化浪潮下，传统勘察设计企业在经营、生产和管理中面临众多痛点，如高昂的运营成本、低效的工作流程等，严重制约了企业的发展，而在如今建筑业市场下行的大趋势下，为保持竞争优势，数字化技术成为传统勘察设计企业提升竞争力和实现转型发展的关键。EPC作为如今建设项目中常见的运行模式，具有综合性、整体性、集成性和高度专业化的特点。随着我国自主软件研发技术的日渐成熟，已可依托国产软件平台在EPC项目中实现BIM技术正向设计应用的落地实施，从而有效提升项目执行效率，降低风险，并实现时间和成本的控制。本文通过对安徽省儿童医院新建医技综合楼EPC项目中BIM正向设计应用的一系列实施要点的梳理、分析，对国产软件平台在具体项目中的数字化实践所产生的效能进行一定程度的归纳与总结，力图为企业在数字化转型发展中遇到的流程体系建立、标准规范编制和人才培养等众多问题找到可行的解决方案。

2　项目背景

2.1　项目概况

安徽省儿童医院坐落于安徽省合肥市，是省内唯一一所集医疗、教学、科研、预防、保健、康复于一体的三甲儿童专科医院。本项目为安徽省儿童医院望江路院区内新建的医技综合楼，北沿望江东路，西临桐城南路。总建筑面积81534.5m^2，其中地上建筑面积50850m^2，地下建筑面积30684.5m^2，建筑高度82.8m，为一类高层。地下3层为机动车库及人防，地上20层，其中1～5层为医技功能，含11个科室，24间手术室。7～20层为住院病房，共540张床位项目效果图如图1所示。

图1　项目效果图

2.2　项目特点

（1）医疗类建筑，功能复杂，设备系统繁多，本项目涉及暖通、电气、给水排水及各类医疗专项系统共计 60 余种，各专业设计协同难度大，设计质量要求高。

（2）作为 EPC 模式，本项目对概算控制严格，成本管控风险大。

（3）项目周边均为既有建筑，场地严重受限，且施工作业过程中需保证原建筑功能的正常运转，故本项目中需采用逆作法施工，实施难度较大，风险高。

3 应用目标

（1）基于国产软件平台展开 BIM 正向设计，实现全专业协同，提升设计效率和质量。

（2）通过设计算量一体化的应用，实现对项目成本的高效控制。

（3）将本项目施工的特殊重难点做法在设计阶段通过 BIM 技术前置解决，保障后期施工的顺利推进。

4 实施策划

4.1 团队组建

为保障本项目中 BIM 正向设计应用的顺利实施，由集团公司分管领导牵头组建了 30 多人的专业项目实施团队，其中注册一级建筑师 3 人，注册一级结构工程师 2 人，注册设备工程师 3 人，注册造价经济师 1 人，近半数人员具有高级职称，团队全员具备丰富的二三维设计经验，整体技术力量雄厚，如图 2 所示。

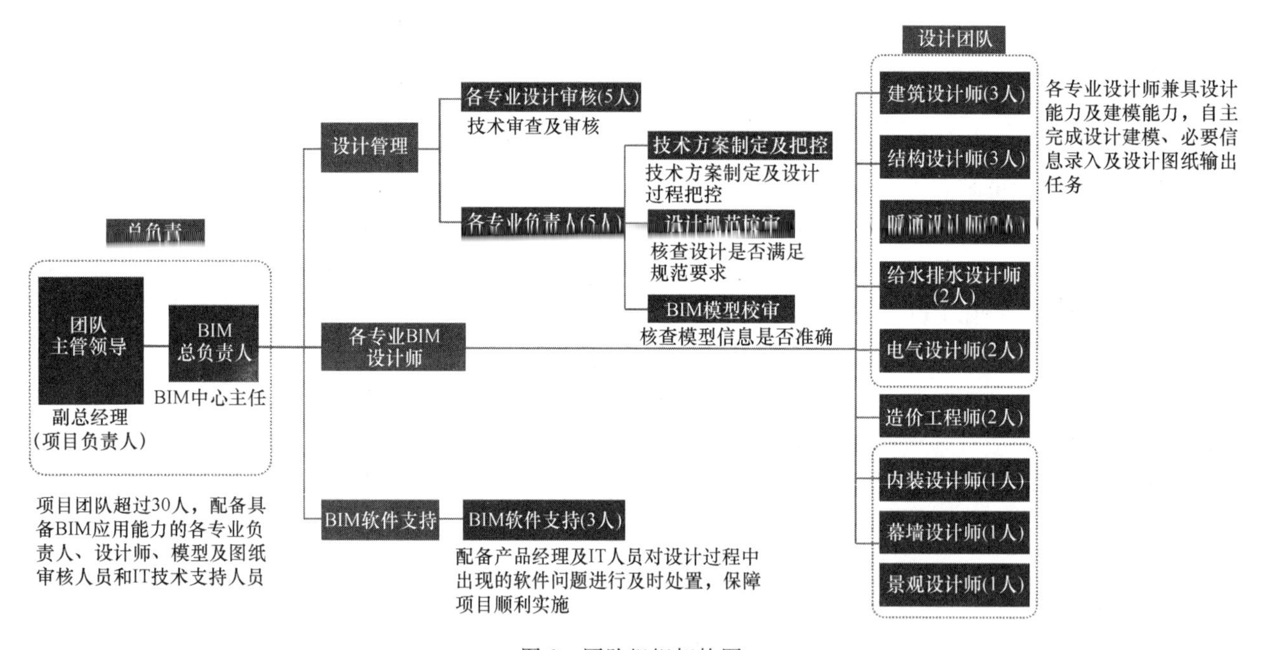

图 2 团队组织架构图

4.2 标准策划

基于项目应用目标，梳理各阶段应用的技术路线和操作流程，制定企业 BIM 正向设计实施标准和 BIM 正向设计操作手册。

4.3 实施保障

在软硬件配置、标准规范制定等多维度为项目实施建立全面的保障体系。利用广联达软件平台中丰富的多样性功能，实现数据的快速传递，一模多用，高效精准。硬件配置充分考虑软件运行的冗余度，满足项目 BIM 正向设计需求。

5 应用要点

5.1 全专业协同（图 3）

项目实施前，通过协同平台对项目人员进行任务分配及进度策划，各专业人员实时交互、共享文件，通过平台管理工具实现精细化管理。设计过程中，通过“云＋端”的工作模式，改变以往文档式协作方式，实现专业间构件级数据协同，实现一处修改、处处更新，极大地提升了协同效率。

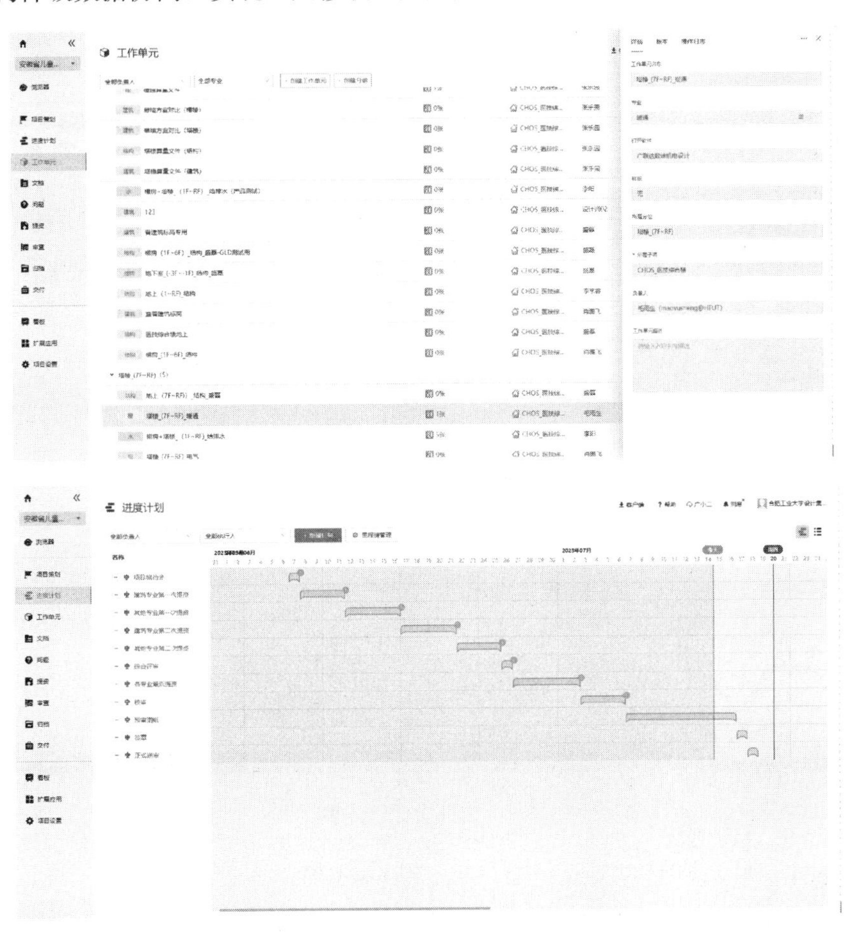

图 3　协同平台任务划分及进度策划

5.2 概算验证辅助

将深化后的 BIM 模型无缝对接广联达算量软件，一键生成算量模型及工程量清单，助力造价工程师对前期初步设计阶段的概算进行验证比对，为 EPC 项目实施过程中的项目管控提供高效准确的经济数据支撑。

5.3 参数化智能辅助（图 4）

针对本项目逆作法施工的特殊性，结构设计中利用 GAMA 软件的智能建模及自动计算功能，对地下结构中格构柱支撑体系、施工车辆及塔式起重机运行的顶板体系进行快速比对、优化设计，从而得到最优的柱截面和梁布置方案。

5.4 材料选型

本项目中，通过数维建筑软件中自带的材料价格信息，配合 BIMQ 一键云算量，对建筑内隔墙选用不同材料的工程造价进行快速比对，为高效进行项目过程中经济性控制决策提供数据支撑。

5.5 方案比选

设计过程中对幕墙方案进行了优化设计，通过对整体玻璃幕墙方案及减少玻璃尺寸、增加窗下墙的两种方案前后进行即时算量和差价快速对比，在保证效果的同时节约幕墙造价约 525 万元。

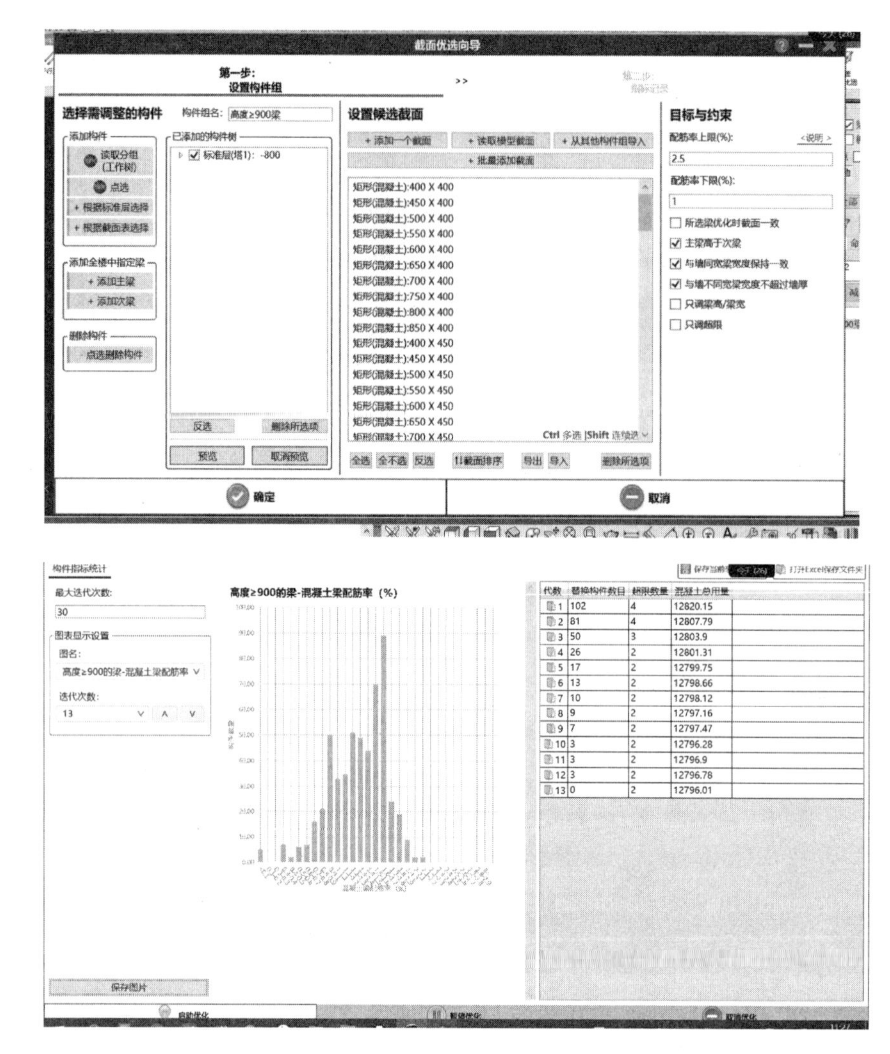

图 4　构件指标统计表

5.6　效果展示（图 5）

在施工图设计深化阶段，通过 BIM 三维渲染技术，及时向业主反馈深化后方案外立面效果与前期方案阶段的差异，从而为业主的变更决策提供及时准确的可视化成果。

图 5　三维渲染效果

5.7　计算分析

在施工图设计过程中，通过广联达计算分析软件自动读取 BIM 模型信息，进行空调负荷、防排烟、风管水力、喷淋管径等专业计算，自动输出计算书，同时计算结果可反向驱动 BIM 模型优化，从而避免了因人工录入可能导致的数据错漏以及不同软件间数据切换降效等一系列问题。

5.8 管线综合

除常规管线综合重点区域外，本项目在手术室、病房、ICU等系统复杂区域结合医疗专项设计进行了专项排布，将各部位净高均控制在业主要求的范围内。

5.9 智能审查（图6）

使用广联达软件平台的智能审查模块对各专业强制性规范指标进行复核审查，筛查出问题共计236条，大大节约了专业内审的时间，有效提升了设计质量。

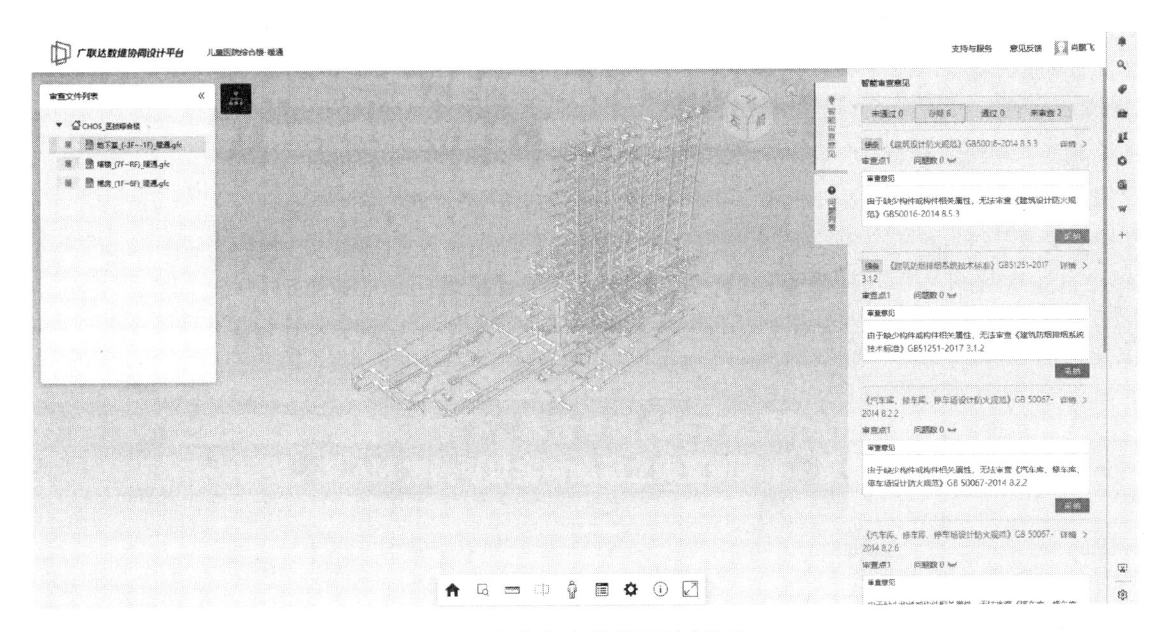

图6 智能审查规范强制性条款

5.10 轻量化协作

通过云端轻量化平台进行多专业模型浏览、属性查看、问题批注等操作，实现了业主、设计、施工、监理等多方在线的同步协作。将各方提出的116条各类意见在平台中完成业务闭环，有效降低了后期变更风险，提升了项目管控能力。

5.11 高效出图（图7）

将企业技术质量的一系列标准内置于项目平台中，利用广联达数维软件高效输出二维图纸后，通过CAD设计软件辅助继续深化以达到施工图出图深度。本项目共计直接输出图纸386张，图纸和模型自动关联并通过平台进行数字化交付。

5.12 施工指导

基于BIM设计模型，针对此项目特殊施工做法——逆作法，利用BIMMake对施工工序、现场场布、复杂钢筋节点等进行了专项模拟和深化。利用无人机GIS系统将项目现场与设计模型进行实时比对，以达到辅助施工质量管控的效果。

6 总结与展望

6.1 经济效益

基于国产化软件平台在项目BIM正向设计中的深度应用，借助丰富的软件功能模块实现了一模多用，相比传统设计方式大大缩减了设计师在建筑性能分析、材料选型、方案比选、概算编制、自校内审等多个环节的工作时间，同时自主输出渲染效果及视频动画亦节约了大量的外包成本，经综合计算，本项目通过BIM正向设计所产生的直接经济效益约10万元（表1），其他如避免设计返工、设计变更、工期延长等不可计算部分的间接经济效益则远超直接经济效益。

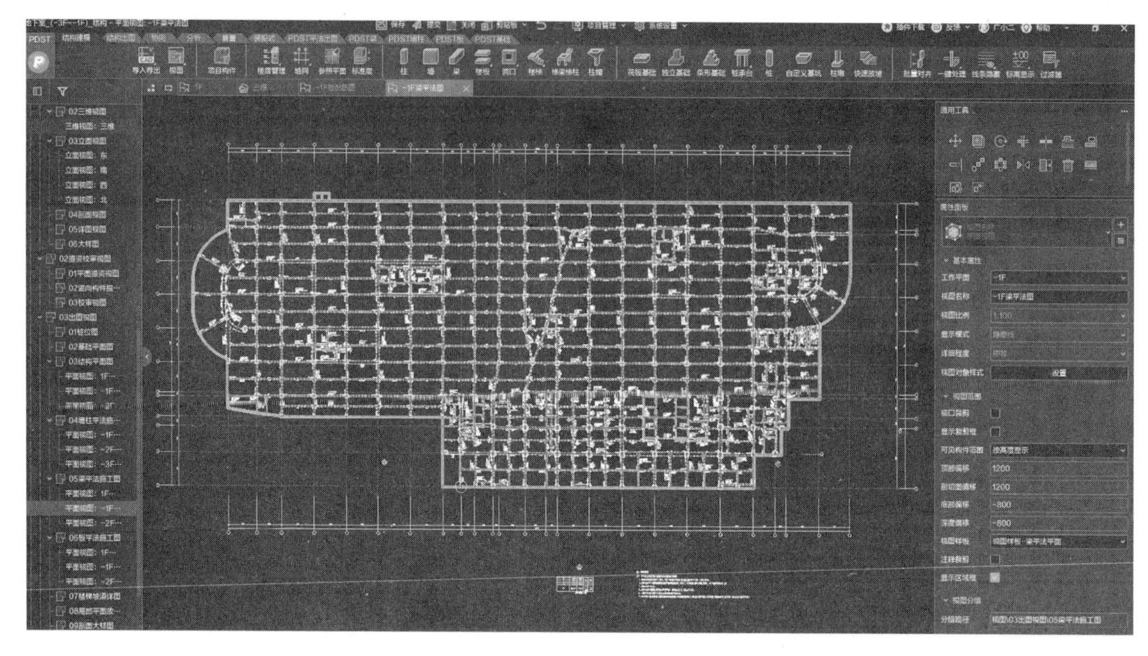

图 7　二维图纸输出

设计效率提升经济效益折算表　　**表 1**

序号	项目	单位	单价（元）	数量			经济效益（元）	备注
				传统	正向	节约		
1	性能分析	工日	1000	7	2	5	5000	
2	设备材料选型	工日	1000	5	1.5	3.5	3500	
3	土建材料选型	工日	1000	4	0.5	3.5	3500	
4	方案比选	工日	800	3	1	2	1600	
5	概算验证辅助	工日	800	16	4	12	9600	仅算量部分
6	计算分析（空调、防排烟）	工日	1000	10	5	5	5000	减少数据多次录入
7	计算分析（风管、喷淋）	工日	1000	11	5	6	6000	模型自动优化
8	智能审查	工日	500	25	10	15	7500	
9	三维效果展示	张	1000	10	0	10	10000	含多次修改
10	动画漫游视频	min	10000	5	0	5	50000	
合计							101700	

注：设计、造价、校审等工日单价（含管理费等）按 1000 元/日、800 元/日、500 元/日计算。

6.2　社会效益

本项目作为基于国产软件平台进行 BIM 正向设计的大型医疗类建筑，其设计过程的顺利实施，对促进国产软件平台的应用落地产生了较好的示范效应，对其可持续发展起到积极的推动作用。通过本项目的实施，为企业在 BIM 正向设计的应用推广积累了经验，建立了较完整的正向数字化设计流程体系，同时培养出一批 BIM 正向设计人才，为企业未来的数字化转型打下坚实的基础。

未来，我们还将依托国产软件平台进一步探索数字化技术的应用领域，提高数字化设计的深度和广度，实现更加全面的数字化转型，让中国的设计师用自己的解决方案完成数字化转型之路！

参 考 文 献

[1]　顾向东．BIM 技术在医院建设项目全生命周期的应用[J]．建筑经济，2018，39(1)：49-52.
[2]　李晓兰．BIM 技术在机电安装工程中的应用[J]．机电信息，2020(26)：90-91.
[3]　杨福如．建筑机电安装工程中 BIM 技术的应用[J]．四川水泥，2020(6)：122.
[4]　徐小杰．EPC 模式下 BIM 技术在装配式建筑中的设计应用[J]．建筑技术开发，2021，48(20)：12-13.
[5]　曾旭东．BIM 技术在建筑设计阶段的正向设计应用探索[J]．西部人居环境学刊，2019，34(6)：119-126.
[6]　王友群．BIM 技术在工程项目三大目标管理中的应用[D]．重庆：重庆大学，2012.

企业级智能建造系统在施工监管中的研究与应用

陆加豪，余芳强，曹　强，叶子青，左　锋

（上海建工四建集团有限公司，上海 201103）

【摘　要】随着施工企业规模的不断扩大，以及项目不断增多、地域不断扩大，给施工企业进行施工监管带来了挑战。通过智能建造技术辅助监管是一种普遍手段，但如何评价智能建造技术是否真的有效，成为当前发展的问题。本文从企业管理人员进行多项目管理的角度出发，利用数字化、信息化技术，研发了一种基于智能建造技术的企业级管理系统。该系统实现了施工现场多方位监测数据的采集与分析，辅助管理人员进行远程项目监管，并在某施工企业全面应用。同时该系统采集了各个功能的使用情况，准确评价各个系统功能是否提升了监管的效果。应用实践表明，该技术有效提高了企业进行跨地域多项目管理的效率和扩大了项目监管范围，显著提升了企业信息化和数字化的建设水平。

【关键词】智能建造；施工监管；企业管理；数字化；

1　引言

智能建造是信息化、智能化与工程建造过程高度融合的创新建造方式[1][2]，《住房和城乡建设部等部门关于推动智能建造与建筑工业化协同发展的指导意见》（建市〔2020〕60 号）明确提出要通过建筑工业化、数字化和智能化的方式大力发展智能建造产业体系[3]。如今，智能建造已经成为当前建筑行业的一个热点话题。越来越多的建筑企业开始采用信息化手段来提高施工质量与加大安全管控力度，使建造活动安全、优质、高效、可持续[4]，如智慧工地平台、装配式预制构件管理平台等系统已经在实践中得到广泛应用[5]。

目前，大部分现有的施工管理平台主要是以项目级平台为主，通过智能化设备和手段进行单项目的管理，辅助现场管理人员监管项目的进度、质量和安全。然而，这些平台不会覆盖企业所有项目，每个项目使用的模块也各不相同，甚至两个项目使用的平台版本也有可能不同。这导致企业面临数据分散、数据结构不一致和数字资产积累困难等问题。

另外，随着建设项目的不断增多、工程建设规模的不断扩大、工艺流程纷繁复杂、地域分布越发广泛，企业对工地监管的难度也在不断增大[6]。从企业的视角来看，企业会对重点项目或关键施工环节进行细节监管，而对一般项目只需要了解项目的整体情况，并结合不定期巡检进行监管[7]。然而，项目级管理平台并不能完全符合企业管理人员的需求。

此外，系统有没有真正有效地为施工监管提供帮助也是企业管理人员所关心的，而以往只通过问卷、调研等方式进行分析，不够全面，不够及时，难以支撑管理系统各个功能的不断优化。

本文旨在开发面向企业管理人员进行施工监管的智能建造系统，以满足建筑企业对工地精细化施工管理的需求，提高施工管理效率。该系统还将为企业管理人员提供客观、全面的数据支撑，更好地进行多个项目的统一管理和协调。

【基金项目】上海市国资委企业创新发展和能级提升项目（2022008）

【作者简介】陆加豪（1997—），男，BIM 研发员。主要研究方向为 BIM 信息化。E-mail：lujiah97@163.com

2 企业级智能建造系统的开发

2.1 架构设计

企业级智能建造系统由边缘层、基础设备层、技术支撑层、系统应用层和展示层组成，如图 1 所示。本系统在边缘层通过各种智能硬件对现场情况进行数据采集，为系统提供数据支撑；基础设备层通过各种网络通信方式将边缘层数据传输到基础设备层进行数据的存储和转发；技术支撑层提供多种服务，包括大数据分析、消息推送等，为系统的顺利运行提供技术支持；系统应用层对处理好的信息进行分类汇总，提供各种交互逻辑，使企业管理人员更轻松地进行分析和决策；展示层是企业管理人员的窗口，智能建造系统可以在多种显示终端中呈现，供用户查看和交互。

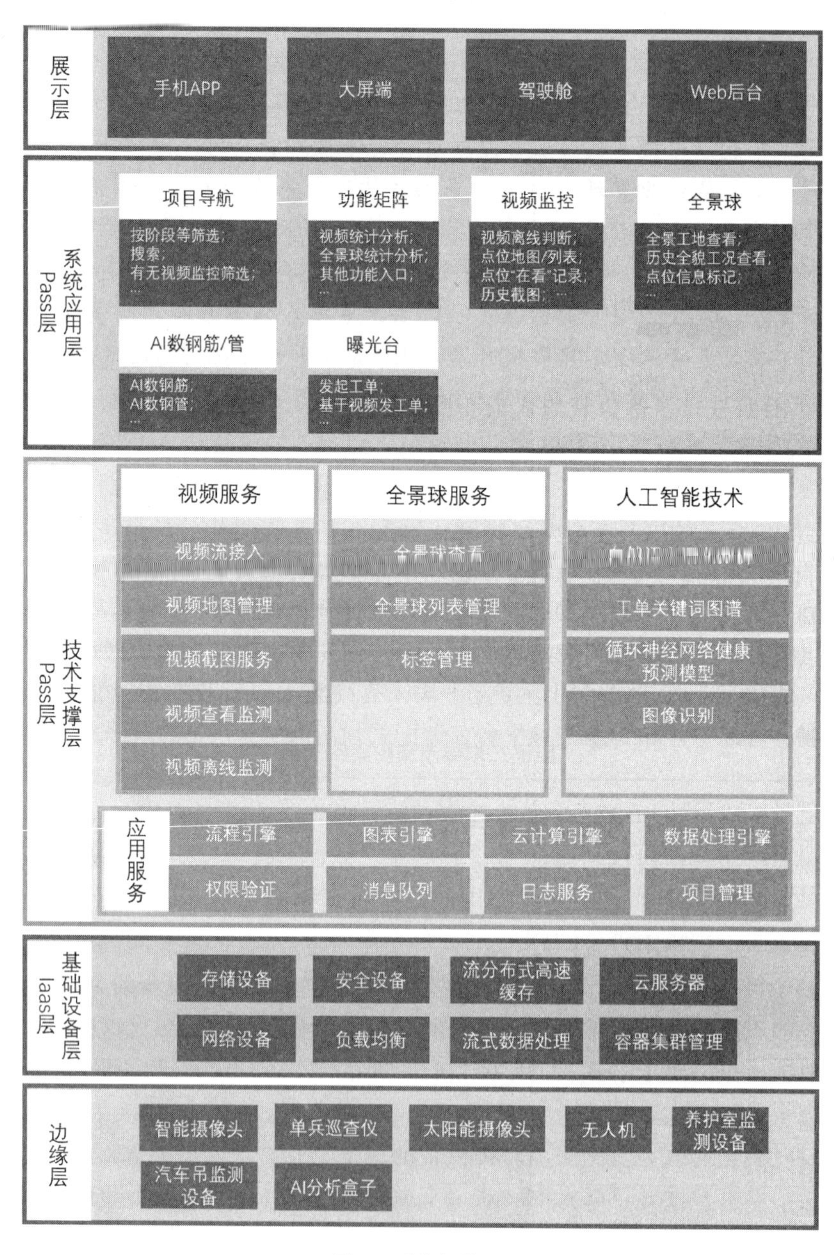

图 1 系统架构图

2.2 系统功能

经过面向各部门与各级领导的需求调研，企业级智能建造系统开发了管控清单、智能高清视频监控、全景球、养护室监测、曝光台、用户行为分析、消息推送等功能模块，这些模块起到以下作用。

2.2.1　项目管控事项清单梳理与管理

管控清单是一个针对项目技术管理的台账，它包含关键环节、管控要点、施工阶段、附件资料等条目。技术部根据项目的特点和要求，制定关键环节及其相应的管控要点。当施工到关键环节时，现场管理人员需要留下影像资料。当项目施工进入关键环节或关键环节有更新时，系统会给企业和分公司领导发送消息推送，领导可以通过高清视频监控或组织人员巡检来及时跟进现场施工情况。

与项目级系统相比，企业级系统可以根据权限加载多个项目的数据。对于企业领导而言，一次能看到多个项目的技术资料，能清晰对比不同项目同一类关键环节的资料的完善程度。

2.2.2　针对管控事项的高清视频监控

对于企业管理人员来说，由于在建项目众多、地域分散，传统的巡检方式存在很大的管理难题。要么投入大量的人力，要么采取“抓大放小”的方式，然而巡查结果也可能只是现场突击整改后的一时面貌。企业级智能建造系统依托 5G＋视频监控技术，实现对施工动态信息即时掌握。用户可以通过手机或计算机实时查看工地监控画面。系统提供了云台控制调整摄像头查看方向与画面大小，有效提高了管理人员远程监管项目的效率，减少对项目监管的盲区和检查不到位等情况。如图 2、图 3 所示，通过塔式起重机上的高清摄像头可以清晰地观察现场作业情况，帮助企业管理人员进行现场巡检。

图 2　高清视频监控

图 3　高清视频监控（左上放大）

以往单项目系统只能查看某个项目的视频监控，对有多项目管理需求的企业领导来说，一个一个项目切换非常麻烦，因此企业级智能建造系统支持多项目视频点位的轮播，也支持一个页面同时播放多个视频点位。比如，当某个企业管理人员通过管控清单了解到有多个项目进入幕墙施工环节，在本系统中他可以同时播放这些项目相应的监控。

2.2.3　针对管控清单的全景球拍摄

视频监控一般安装在塔式起重机或灯架上，能够拍摄到的现场施工情况有限，对于基坑施工、群塔作业、场容场貌等管控环节，企业领导需要了解现场的整体情况，而无人机航拍全景球拍摄最适用于这种场景。因此，系统开发了全景球管理模块，并形成基于无人机航拍技术的施工现场管理机制，要求项目管理人员每周在固定视角进行全景球拍摄，从而使企业管理人员能够在手机或计算机上实时观看工地现场的全景图画面。这种技术方案能够帮助企业全面掌握工地工况，观察整体进度，并进行场容场貌的检查。此外，针对企业领导想要观察项目整体进度变化的需求，系统还开发了不同时期全景球的对比，直观反映了不同时刻现场进度与场容场貌的区别。如图4所示，左右分别展示了同一个项目一周的进度变化。这种技术的应用可以准确掌握现场进度和状态，以便及时调整和优化施工计划。

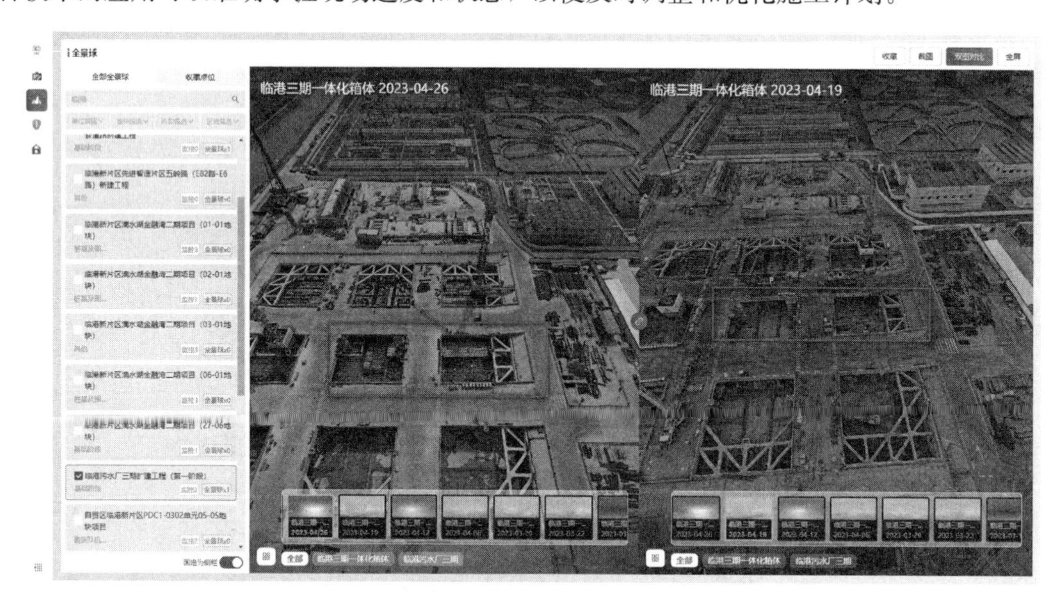

图4　全景球（左右拍摄相差一周）

2.2.4　养护室温湿度监测

除了安装在高处的视频监控与全景球这种大面积的施工监测，系统还在养护室安装了视频监控与温湿度传感器来保障水泥混凝土的质量。

水泥混凝土是一种水硬性材料，而温度和湿度则是对其水化和硬化过程具有重要影响的因素。为了确保水泥混凝土的质量，在养护室中安装温湿度监测仪器，监测养护室的环境条件是否符合标准规范。管理人员可以通过视频监控观察养护室的现场环境情况。如果温湿度异常，系统将通过消息推送服务及时将警报推送给相关的项目管理和企业管理人员，以便及时采取必要的措施。如图5所示，系统将实时监测养护室的温湿度情况，并进行报警推送，以确保水泥混凝土的标准养护环境得到有效保障。

除了上述项目管理人员关注的养护环境的实时数据，本系统还辅助企业领导分析各个项目养护环境异常次数与按时整改情况，汇总多个项目的养护室温湿度异常报警与设备离线报警，形成统计图表。

2.2.5　用户行为分析

通过在系统的App端和网页端设置埋点，收集各个功能模块的用户行为数据，并利用大数据平台生成系统使用分析报告，可以更好地了解用户使用情况，发现问题和优化产品。具体来说，用户行为分析可以帮助企业管理员了解系统的用户注册、激活和项目关注情况等，还可以反映上述各个功能模块的普及和持续使用情况，为研发人员提供系统改进和升级的参考依据，同时也为企业决策者提供数据支持。

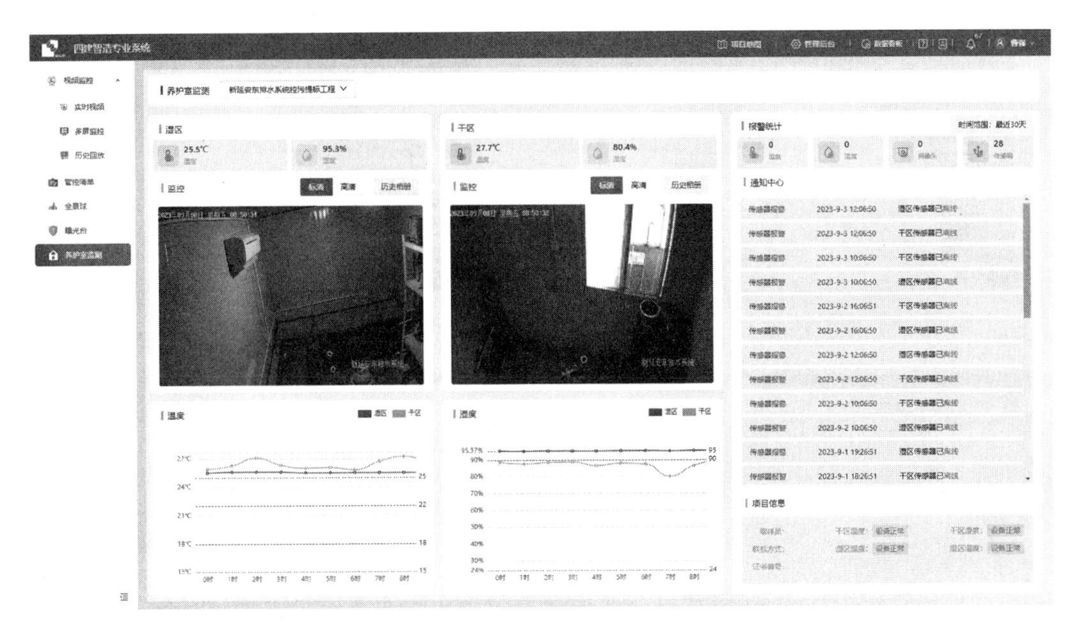

图5　养护室监测

系统每月根据用户行为生成一份报告，反映各级管理人员这个月观看视频监控的次数、全景球的航拍次数、摄像头离线率等，这些数据一定程度上能体现出各级管理人员是否关注自己负责的项目，项目人员也能了解到自己的项目被哪些领导重点关注，无形中也督促了项目完善质量、安全措施。

3　应用案例分析

3.1　案例简介

本案例介绍了基于5G技术开发的企业级智能建造系统（以下简称四建智造专业系统）在全国260多个项目的应用情况。该系统通过智能高清监控摄像机、无人机全景航拍等方式，实现对工地现场的全方位监控和工况分析。通过用户行为分析，企业管理层可以了解四建智造专业系统在集团各部门、各基层单位及项目部的实际推广情况。

为确保该系统的正常运行，企业领导采取了多种措施推进实施，包括制定管理办法、成立领导小组，并在各个部门和基层单位设立专门负责人，明确任务并落实责任。此外，研发部门还整理编制了操作手册，并多次组织培训。根据用户使用情况，每月会进行总结和评价，并形成总结报告，并在企业OA系统中公布。这些措施为系统的稳定运行提供了保障，并有利于企业数字化监管工作的推进和发展。

3.2　系统使用分析与价值

3.2.1　视频监控

目前智能高清视频监控已在全国各地安装了150多个点位，基本实现了视频监控的“应装尽装”。同时，一旦监控点位出现掉线情况，系统会通过消息推送服务及时通知项目管理人员进行维修，因此日常掉线率不超过10%。系统改变了以往各部门定期工地检查覆盖率低的情况，将检查覆盖率提高至90%，同时也降低了各部门检查工作的时间。

此外，基于采集到的用户行为数据，企业级智能建造系统进行了视频监控使用频次分析。如图6所示，第二工程公司总观看人次最多，而该公司的领导也是视频监控观看次数的前十位，企业领导在分配视频监控硬件资源的时候也会参考这些数据。通过了解主要领导和各工程公司观看视频监控的频次，企业可以更好地调整和优化视频监控的管理方式。领导层的支持和参与可以有效地推动视频监控的落地和实施，提高企业整体管理水平。

3.2.2　管控清单

目前系统已有来自250个工程的1716条管控清单，累计上传技术资料5836份，项目技术人员也在积

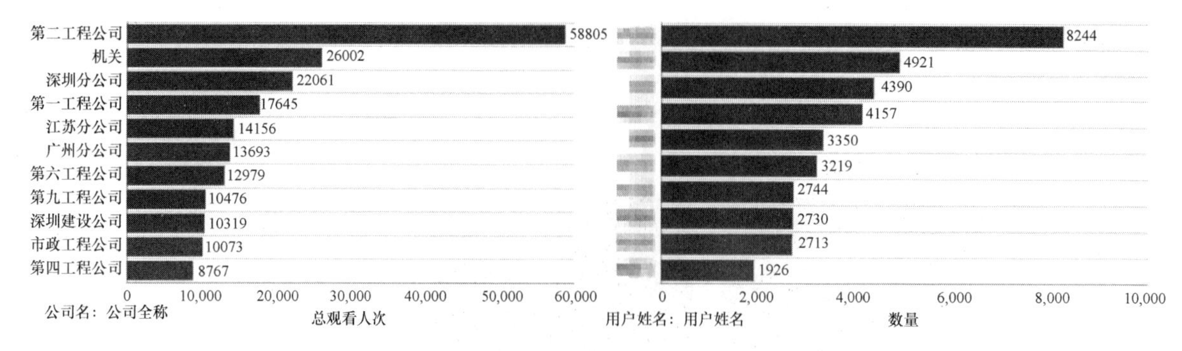

图 6　视频监控观看次数统计

极更新管控清单。每当项目进入关键施工环节时，系统会向企业领导推送通知，之后企业领导会及时安排人员前往现场进行检查或有针对性地进行项目视频监控和全景球的查看，监管现场施工是否满足管控要点。

3.2.3　全景球

全景球已覆盖大部分项目，并保留超过一年的全景球历史图库，成为工地现场的时空历史档案。无人机航拍可以俯瞰整个工地现场，进行场容场貌的检查，也使得每周的航拍间接起到督促现场进行高标准施工的作用。

3.2.4　养护室

系统已在 100 多个项目上安装了温湿度传感器，通过温湿度报警功能通知现场管理人员及时处理水泥混凝土养护环境的异常。同时，企业也将养护室温湿度报警次数的统计作为衡量一个项目水泥混凝土质量管理是否到位的重要参考。

4　结论

经过研究与实践，企业级智能建造系统开发的各个功能模块均为企业的施工监管起到显著的增益效果。其中，管控清单帮助企业领导及时获悉哪些工地进入关键环节的施工；视频监控和全景球能帮助企业进行远程施工监管，扩大了项目监管范围。

用户使用分析则向企业领导展示了系统的实际落地情况，通过数据能更有力地说明研发的功能模块是否能够辅助施工监管，研发人员通过调研积极使用这些功能的用户来不断优化系统。如被积极使用的视频监控已持续更新了 3 个功能点以提升用户体验，而无人问津的曝光台工单则进行了重做，从人工发起工单升级成通过 AI 抓拍违规行为。

下一步将继续对摄像机做 AI 方向的研究，结合项目管控清单的关键环节，研究视频监控画面中管控要点的识别与抓拍。

参 考 文 献

[1]　刘占省，刘诗楠，赵玉红，等．智能建造技术发展现状与未来趋势[J]．建筑技术，2019，50(7)：772-779.

[2]　马智亮．走向高度智慧建造[J]．施工技术，2019，48(12)：1-3.

[3]　廖玉平．加快建筑业转型 推动高质量发展——《关于推动智能建造与建筑工业化协同发展的指导意见》解读[J]．住宅产业，2020，(9)：10-11.

[4]　樊启祥，林鹏，魏鹏程，宁泽宇，李果．智能建造闭环控制理论[J]．清华大学学报(自然科学版)，2021，61(7)：660-670.

[5]　曹强，余芳强，谈骏杰．基于物联网的智慧工地系统研究与应用实践[C]//中国图学学会建筑信息模型(BIM)专业委员会．第六届全国 BIM 学术会议论文集．中国建筑工业出版社，2020：6.

[6]　傅建宏．浅谈建筑工地远程视频监控的应用及前景[J]．建筑施工，2007，191(8)：626-628.

[7]　刘寅，辛佩康，余芳强，等. 无人机施工现场自动巡检技术研究与应用实验[C]//中国图学学会建筑信息模型(BIM)专业委员会. 第八届全国 BIM 学术会议论文集. 中国建筑工业出版社，2022：6.

融合BIM与三维重建的施工进度数字孪生跟踪方法初探

周绍杰[1,3]，潘　鹏[1]，顾栋炼[2]，林佳瑞[1,*]

（1. 清华大学土木工程系，北京 100084；2. 北京科技大学城镇化与城市安全研究院，北京 100083；
3. 北京科技大学土木与资源工程学院，北京 100083）

【摘　要】施工进度是贯穿工程建造全过程的关键指标，对工程管控意义重大。传统施工进度跟踪主要依赖人工记录，耗时耗力，容易出错，难以满足工程高效管控需求。本研究将建筑信息模型（BIM）技术与三维重建技术结合，研究并验证了基于数字孪生的施工进度自动跟踪方法。以当前三维重建设备数据采集为基础，研究首先引入三维点云语义分割模型自动识别主要工程构件，从而实现三维点云与BIM模型的快速配准，以构建施工现场数字孪生模型；同时，提出基于BIM与点云重叠率的施工进度判断方法，实现施工进度的快速提取。最后，以某新建建筑四层场景为案例，验证本研究方法的可行性。

【关键词】施工进度跟踪；BIM；点云配准；点云语义分割；数字孪生

1　引言

在土木工程建设项目中，施工进度的跟踪和管理起着至关重要的作用，高效和准确的施工进度跟踪能够推进工程的顺利进行，反之会影响工程的按时交付和成本控制。但在实际情况中，施工进度往往受到各部门各单位、自然因素、施工技术与管理水平等多方面的影响[1]，对施工进度的准确跟踪提出了更高的要求。

传统的施工进度跟踪以人工为主，需要专门的人员对每日的施工情况进行测量和记录，并且往往基于文本，体现为以下特点：劳动密集、耗时、低效、易错（受到人主观因素的影响）[2]。同时，受到人工统计的限制，传统的施工进度跟踪和报告的平均频率为月度，但建筑施工中任何施工活动的平均持续时间都是以天为单位进行度量的[3]，这都会导致不够高效和不够准确的施工进度跟踪，造成建筑行业的时间浪费和成本超支。

但随着信息化、数字化的快速发展，近年来数字孪生技术被广泛应用于建筑行业的各个领域，解决行业内固有的问题[4]。计算机视觉技术和BIM技术就是其中重要的技术组成，被用于建立与真实世界对应的数字模型，获取动态的建筑信息。因此本研究提出一种融合BIM与三维重建的施工进度数字孪生跟踪方法，实现施工进度的获取。该方法基于施工现场三维重建的点云数据，引入语义分割算法提取主要的工程构件，并在此基础上配准点云模型和BIM模型，而后基于模型重叠率判断各构件的施工进度。最终，本文通过一个真实案例的应用与分析，验证了所提出方法的可行性。

2　研究现状

早期的施工进度跟踪研究可以追溯到2009年Mani Golparvar-Fard等[5]提出的D4AR模型（4-Dimensional Augmented Reality Model）。该研究开展较早，为施工进度自动跟踪理论奠定了思路。Varun Kumar Reja等[6]筛选了2014年后发表的24篇有关施工进度自动跟踪的文献进行荟萃分析（Meta-Analy-

【作者简介】林佳瑞（1987—），男，助理研究员。主要研究方向为智能建造、数字孪生与数字防灾技术。E-mail：lin611@tsinghua.edu.cn

sis)，总结了基于计算机视觉进度跟踪方法的基本流程，如图1所示，包括三个部分：数据的获取与三维重建、计划模型和实际模型的对比，施工进度的量化和可视化。

图1　施工进度跟踪方法的基本流程

大多数与施工进度跟踪相关的研究都围绕上述基本流程展开，在具体的方法上略有不同。杨彬等[7]和Jaehyun Park等[8]采用了图像与BIM进行比较的方法判断施工进度；刘莎莎等[9]和Mani Golparvar-Fard等[10]则基于点云模型体素化的结果来判断不同构件的施工情况；Kevin Han等[11]和Zoran Puko等[12]将现场获取的点云模型转化为BIM构件，逐构件判断施工情况。可以看出，这些方法虽然都基于视觉数据建立虚拟模型，但由于语义信息的缺失或模型的简化，与真实建筑的对应关系较弱，无法达到数字孪生的技术要求。

3　研究方法

本研究所构建的施工进度数字孪生跟踪方法在整体上也遵循上一节中提到的基本流程，但加入了语义分割算法获取点云的建筑语义，一方面构建了与真实建筑更为相似的虚拟模型，另一方面辅助了点云模型与BIM模型的配准以及后续施工进度的推断。图2展示了该方法的完整过程，包括视觉三维重建、点云语义分割、点云跨源配准和构件进度推断4个部分。

在这个过程中，为了克服传统点云配准方法耗时耗力和跨源点云配准精度低的问题，本研究开发了基于语义分割结果的配准算法，快速和准确地配准了重建点云与BIM模型。在此基础上，本研究构建了基于模型重叠率的施工进度判断方法，根据各构件的施工情况获得整体的施工进度。

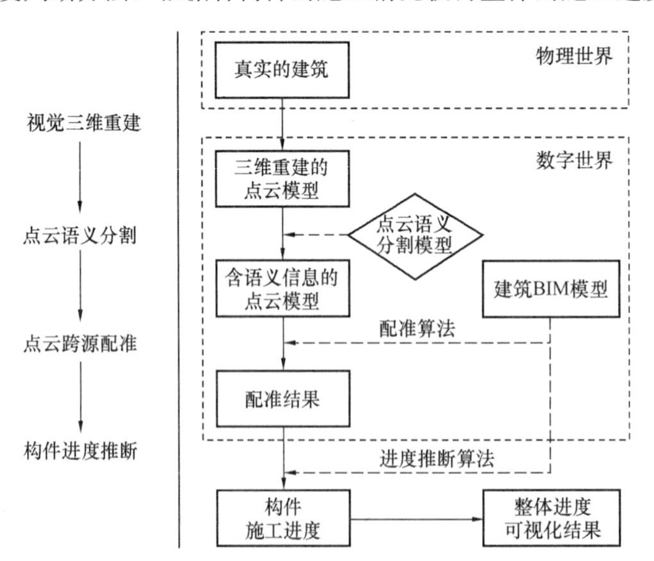

图2　施工进度数字孪生跟踪方法流程

4　案例应用

为了验证所提出方法的可行性，本研究选取某新建建筑四层场景进行案例应用与分析，整个应用过程按上节所述分为4个部分。

4.1 视觉三维重建

本研究采用激光进行三维重建，所使用的设备是四维深时激光相机，该相机搭载3个905nm的激光传感器，点云精度可以控制在±1cm左右。在三维重建过程中，围绕建筑四层的走廊一圈，共选取50个点位进行扫描，最终获得整个建筑四层的PLY点云模型如图3所示，其中包含点30102499个。

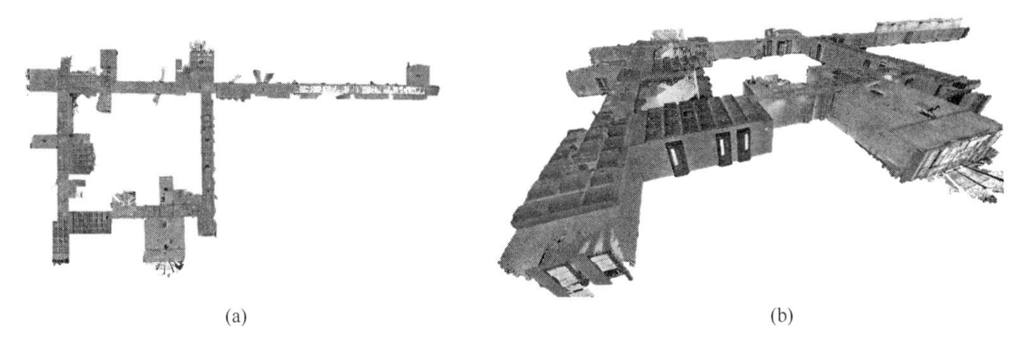

(a) (b)

图3 建筑四层三维重建结果
(a) 俯视图；(b) 整体效果图

4.2 点云语义分割

在上述三维重建的基础上，本研究将利用点云语义分割模型从中提取建筑语义。首先，为了保证算法的适应性，排除尺度大小对模型分割结果的影响，将本文第4.1节中重建的点云模型分割为19个房间尺度的场景。接下来，利用预训练完成的DGCNN（Dynamic Graph Convolutional Neural Network）深度学习模型对各个场景进行语义分割，保存分割结果并可视化。图4展示了其中名为Hall _ 1的场景的语义分割结果。

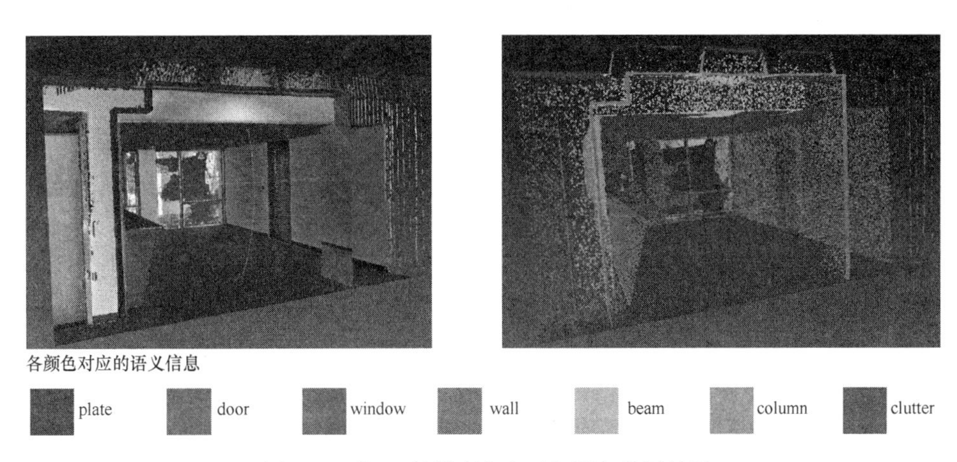

图4 Hall _ 1场景真实点云与语义分割结果

4.3 点云跨源配准

有了语义分割的结果，利用本研究所提出的配准方法可以将点云模型与BIM模型统一到相同坐标系下。这里以Hall _ 1场景为例，整个配准过程如图5所示。首先从语义分割后的点云模型和四层BIM模型中提取相应位置“门”的构件，利用PCA粗配准和ICP精配准实现构件尺度的点云配准，获得变换矩阵T_0，接下来，将该矩阵T_0作为初始变换矩阵输入场景尺度的GICP算法中，实现Hall _ 1场景与四层BIM模型的配准，最终配准结果如图6所示。通过上述方法，可以构建一个包含建筑语义的数字孪生模型，与真实建筑拥有相同的施工状态，可进一步用于施工进度的推断。

4.4 构件进度推断

在场景点云配准的基础上，可以根据两组模型之间的重叠占比判断各个构件的施工状态。本次案例应用选择了4个小场景作为进度推断的测试对象。由于该建筑已经施工完成，所有构件若被判断为“施工

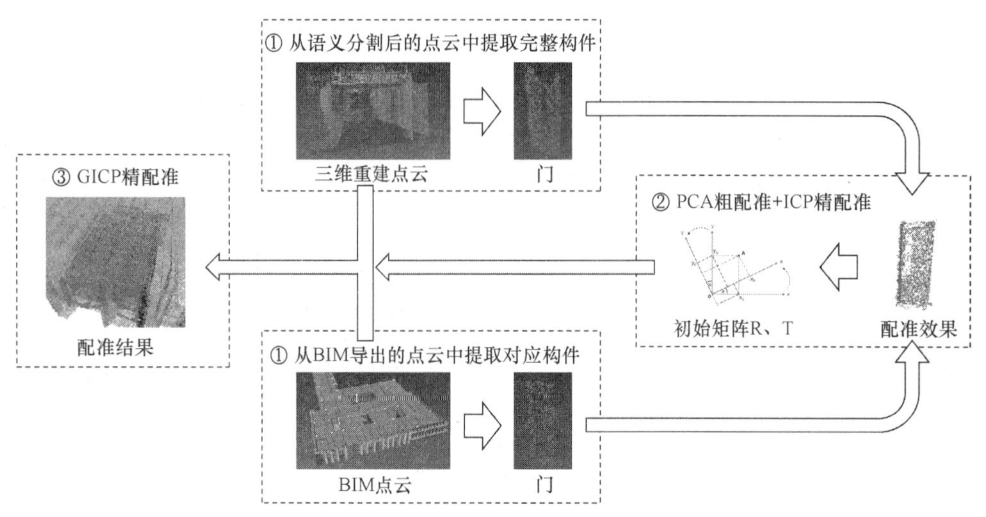

图5 Hall _ 1点云与BIM模型的配准过程

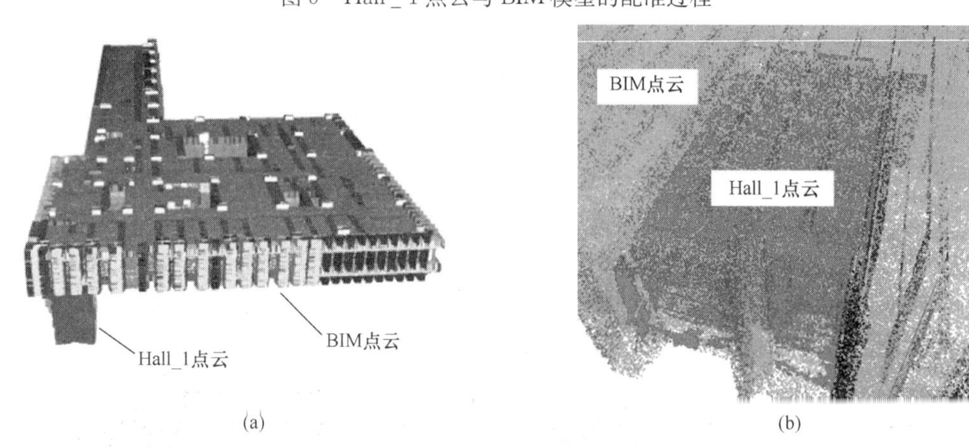

图6 Hall _ 1点云与BIM模型的配准结果

(a) 配准前两组模型的相对位置；(b) 配准后的效果图

完成”则认为判断正确。运行进度判断算法使BIM构件遍历配准后的4个点云场景，可以获得各个构件的施工状态。表1给出了各类构件施工进度判断的正确率，最终所有构件的判断正确率为90.9%。图7和图8则分别展示了算法判定为“施工完成”的构件的可视化结果和这些构件在整个四层BIM模型中的可视化结果。

各类构件施工进度判断正确率 **表1**

	门	窗	墙	梁	柱	板	总数
算法判断施工完成的构件数量（个）	7	4	11	34	8	6	70
理论上施工完成的可见构件数量（个）	7	7	13	36	8	6	77
判断正确率（%）	100	57.1	84.6	94.4	100	100	90.9

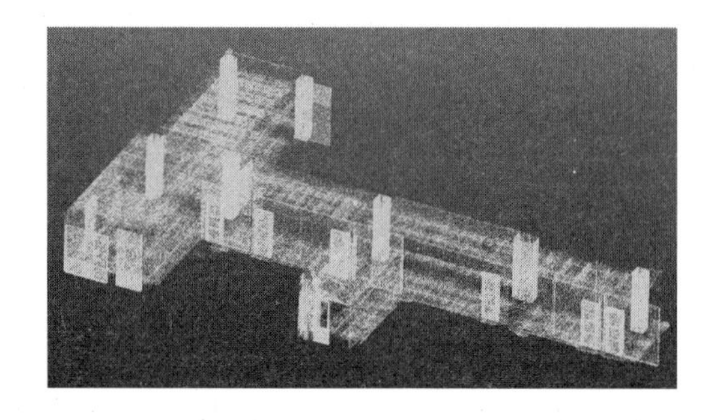

图7 施工完成的构件的可视化结果

图8 施工进度在整体模型上的可视化结果

5 总结

本研究构建了融合 BIM 与三维重建的施工进度数字孪生跟踪方法，将深度学习点云语义分割模型引入传统的施工进度判断过程，并开发了基于分割结果的点云与 BIM 模型的配准算法，构建施工进度的数字孪生模型，同时提出了基于重叠率判断施工进度的方法，完成了对整体进度的提取。最终，基于该方法建立了某新建建筑四层的数字孪生模型，进度判断的正确率为 90.9%，证明了所提出方法的可行性。

参考文献

[1] 周文浩，李永福．建筑施工进度管理的重要性和控制方法分析[J]．房地产世界，2022(5)：149-151.

[2] Teizer J. Status quo and open challenges in vision-based sensing and tracking of temporary resources on infrastructure construction sites[J]. Advanced Engineering Informatics，2015，29(2)：225-238.

[3] Greeshma A. S.，Jeena B. E. Automated progress monitoring of construction projects using Machine learning and image processing approach[J]. Materials Today：Proceedings：International Conference on Advances in Construction Materials and Structure，2022，65(1)：554-563.

[4] Tuhaise V V，Tah J H M，Abanda F H，Technologies for digital twin applications in construction[J]. Automation in Construction，2023，152：104931.

[5] Golparvar-Fard M，Peña-Mora F，Savarese S. Application of D4AR-A 4-Dimensional augmented reality model for automating construction progress monitoring data collection[J]. ITcon，2009(14)：129-153.

[6] Reja V K，Varghese K，Ha Q P. Computer vision-based construction progress monitoring[J]. Automation in Construction，2022，138：104245.

[7] 杨彬，李国梁，张冰涵，等．基于图像识别技术的真实 BIM 4D 施工进度管理技术的研究及其应用[C]//天津大学，天津市钢结构学会．第二十届全国现代结构工程学术研讨会论文集．[出版者不详]，2020：2-8.

[8] Park J，S. M. ASCE，Cai H B，M. ASCE，Perissin D. Bringing Information to the Field：Automated Photo Registration and 4D BIM[J]. Journal of Computing in Civil Engineering，2018，32(2)：04017084.

[9] 刘莎莎，朱庆，汤圣君，等．室内三维点云与 BIM 集成的建筑施工进度监测方法[J]．地理信息世界，2019，26(5)：107-112.

[10] Golparvar-Fard M，Pĕna-Mora F，Savarese S. Automated Progress Monitoring Using Unordered Daily Construction Photographs and IFC-Based Building Information Models[J]. Journal of Computing in Civil Engineering，2015，29(1)：04014025.

[11] Han K，Degol J，Golparvar-Fard M，A. M. ASCE. Geometry- and Appearance-Based Reasoning of Construction Progress Monitoring[J]. Journal of Construction Engineering and Management，2018，144(2)：04017110.

[12] Pučko Z，Šuman N，Rebolj D. Automated continuous construction progress monitoring using multiple workplace real time 3D scans[J]. Advanced Engineering Informatics，2018，38：27-40.

基于再利用视角的专项施工方案案例库构建与检索

刘宇轩，马智亮

（清华大学土木工程系，北京 100084）

【摘　要】房屋建筑施工企业在进行施工组织设计与管理时积累了大量信息，其中专项施工方案含有丰富的经验知识，尤其具有再利用价值。深入研究专项施工方案热点与趋势，并妥善利用既有的专项施工方案，对已有工程或已有解决方案的参考对于解决现有项目遇到的问题意义重大。本研究旨在以脚手架工程为例，构建专项施工方案案例库并探究检索方法。首先，构建脚手架工程专项施工方案本体模型；其次，构建脚手架案例库，提出案例知识表示模型并进行案例相似度计算；最后，提出二阶段法案例检索法构建推理系统。本研究应用二阶段法实现了脚手架专项方案的半自动化案例匹配，为施工方案知识再利用减少时间和人力成本，同时提高案例推荐的准确率。

【关键词】专项施工方案；本体；案例库；CBR；二阶段法；脚手架工程

1　引言

建筑业的高质量发展对施工企业资源管理水平提出了新的要求。知识经济时代，知识再利用作为知识管理的重要组成部分，在提高企业竞争力中发挥愈加重要的作用。施工企业在工程项目施工组织设计与管理时积累了大量与具体工程相关的知识信息，其中房屋建筑工程的专项施工方案尤其具有价值。

梳理专项施工方案热点与趋势以及对既有专项施工方案中蕴藏的知识进行挖掘再利用，对于新项目方案规划设计或解决新项目遇到的问题很有意义。同时，随着信息化技术的发展，施工企业运用计算机技术进行知识信息管理以实现方案的收集、储存、检索、再利用的前景广阔，主要使用案例推理（Case-Based Reasoning，CBR）方法。该方法是人工智能领域中一种基于知识的问题求解和学习方法，注重寻找既有相似案例以解决新问题，过程包含案例表示、案例检索、案例复用和案例修正。

由于专项施工方案的编制具有知识密集性的特点，且技术系统的内容烦琐、知识面广泛，表现出精细和狭窄的特点，专项施工方案编制人员普遍存在实践知识与经验不足的问题，缺乏有效管理和检索方法获取以往有价值的方案知识信息，因此收集专项施工方案形成案例库并利用既有工程方案中的知识解决新方案问题时常面临挑战。即便形成案例库，也受限于专项施工方案的非结构性与复杂性而无法有效检索利用。在这种情况下，编制人员往往难以找到以往相似的工程案例以再利用，或直接生搬硬套以往工程方案，导致新项目专项方案编制质量差、内容不合理、指导效果差。

针对此问题，至今已经有不少学者进行了基于相似度的施工案例检索和再利用方法研究，从而实现利用过去的知识和经验为新工程项目的施工设计提供帮助。例如张永成[1]研究地铁深基坑施工安全专项方案知识重用，提出了一种地铁深基坑专项施工方案的知识元表达；刘赟[2]分析了目前建筑施工突发案例应急处理模式，将施工突发事件历史案例信息进行分类并根据信息来源进行收集，构建建筑施工突发事件本体，以此为基础提出施工突发事件的案例推理模型，基于CBR技术可为问题案例提供相应辅助性处理措施；马佳林[3]、申芳[4]等研究施工过程中的安全管理问题，使用基于案例推理的方法再利用以往项目的

【作者简介】马智亮（1963—），男，教授。主要研究方向为信息技术在土木工程领域的应用。E-mail：mazl@tsinghua.edu.cn

经验；王赛[5]总结出重大建设项目安全风险因素及特征，并采用本体开发工具 Protégé 软件搭建了重大建设项目风险信息知识本体模型，对现有的概念语义相似度算法进行改进。

目前研究在案例检索方面尚未解决专项施工方案的相似度算法问题，同时由于实际工程专项施工方案非格式化内容多，如何对专项施工方案进行案例表示亟待研究。目前检索相似案例的主要方法为逐一手算不同案例间的相似度再进行排序，案例库中案例多时过于烦琐，且会出现检索慢、过程冗杂和匹配度低的问题。进行检索时案例库与本体中储存案例信息格式区别大，不利于知识共享，因此有必要对专项方案案例库构建与检索做出进一步研究。

本文旨在以脚手架工程为例，构建专项施工方案本体模型，建立专项施工方案案例库，探究相似度算法，最后提出二阶段法这一新案例检索方法，并进行验证和讨论。

2 本体模型与案例库构建

2.1 构建本体模型

本研究建立本体目的是为基于本体的专项施工方案检索系统提供支持。为系统建立脚手架工程本体，本研究采用斯坦福七步法，其流程如图 1 所示。另外，本研究使用 Protégé 软件进行本体的半自动化构建。检索顶级本体、在线本体库中的资源以及叙词表等本体数据库中的资源后发现无可复用本体，故从《建筑施工组织设计规范》GB/T 50502—2019《建筑施工脚手架安全技术统一标准》GB 51210—2016、《施工脚手架通用规范》GB 55023—2022 等相关规范、研究论文以及互联网知识中获取领域重要术语，进行抽象后填充进本体的类与类的层次、属性及属性约束关系。基于《施工技术》杂志 2003 年 1 月至 2023 年 1 月所载的脚手架工程案例进行本体的实例创建并进行本体 HermiT 一致性检验后，脚手架工程专项施工方案本体构建完成，可视化结果如图 2 所示。

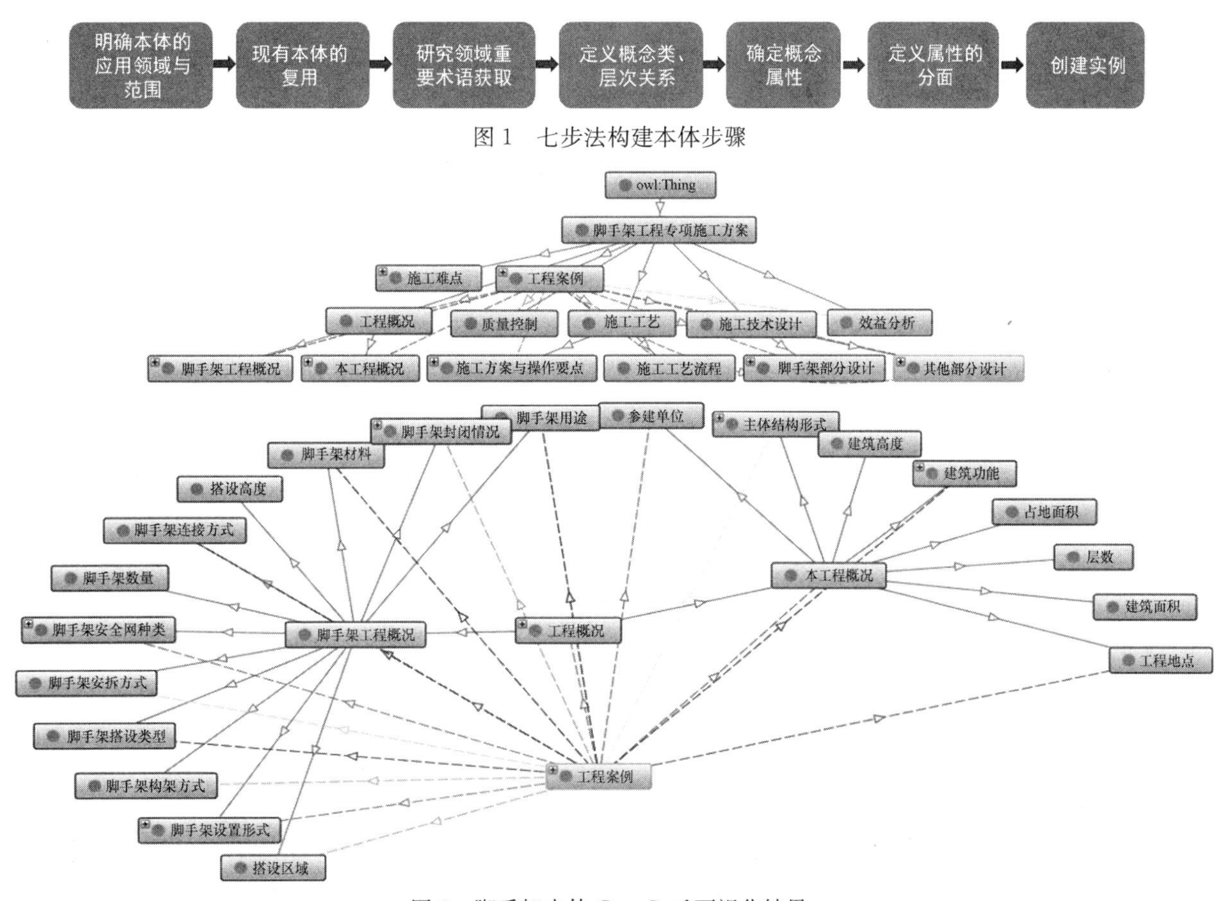

图 1　七步法构建本体步骤

图 2　脚手架本体 OntoGraf 可视化结果

2.2 脚手架案例信息表示

案例库的作用为结构化储存脚手架工程专项施工方案中的知识信息，进行脚手架工程的案例库搭建是实现脚手架工程专项施工方案再利用中案例检索的基础。其中，案例表示是实现脚手架工程案例库构建的第一步。考虑到脚手架工程专项施工方案的复杂性与知识多元性，本文选择以特征向量法为主，结合本体辅以本体表示法对实际脚手架工程案例进行表达。

将本体中概念类总结为描述信息和解决方案信息两类案例表达信息，前者为案例基本概况，也即案例检索的前提，通过对比描述信息可以进行检索以及判断不同案例的相似性；后者包括解决问题的流程和方法，用于指导解决方案设计中存在的具体问题，但在脚手架专项施工方案解决方案信息的特征化表达中存在复杂、图表内容非结构化与内容覆盖不全等问题，用特征向量法描述并不合适。故本文选用脚手架工程的 12 个描述信息作为特征属性进行特征向量法表达。

2.3 脚手架工程案例库构建

在阅读 2003～2023 年《施工技术》杂志中所载有关房屋建筑脚手架工程案例的论文后，笔者依据 12 个特征属性对每一篇论文中不同脚手架的特征属性值进行提取，手动录入 Excel 表格中形成 Excel 案例库以完成案例知识的存储，可在 Excel 中直接进行检索。同时，为便于进行相似案例的匹配工作以实现案例知识再利用，且 Protégé 软件相较于 Excel 具有更强的可扩展性与可维护性，基于 Protégé 软件建立的案例库（以下简称 Protégé 案例库）既能与脚手架本体模型的更新相适应，也满足案例推理的动态存储性能，因此将 Excel 案例库中的案例知识同时以“实例”形式按照本文第 2.1 节中构建的脚手架本体提取概括属性并规范化输入 Protégé 软件中，形成 Protégé 数据库，可使用 DL query、SPARQL query、Snap SPARQL query 等进行检索。

本研究选用 Cellfie 编写 MappingMaster 语言完成 Excel 到 Protégé 的案例批量导入，其过程无须掌握本体建模与 Protégé 相关使用知识，更新 Excel 案例库即能完成对 Protégé 中实例的更新，有利于施工负责人进行案例库管理；且在 Excel 内进行案例的选择与管理，便于转换至 CSV 格式输出至案例推理工具 myCBR 中进行相似度计算。由于手动搭建具体案例存储为 Protégé 实例的方法具有高重复性，工作量巨大且烦琐，使用 Cellfie 简化 Protégé 批量实例导入步骤能大幅度提高 Protégé 案例库构建效率。

Excel、Protégé、myCBR 接受的案例数据文件格式如图 3 所示。Cellfie 可作为连接 Excel 与 Protégé 及 myCBR 的桥梁，打破了三者之间的数据格式障碍，有利于下文中提及的二阶段法案例检索全过程的进行。

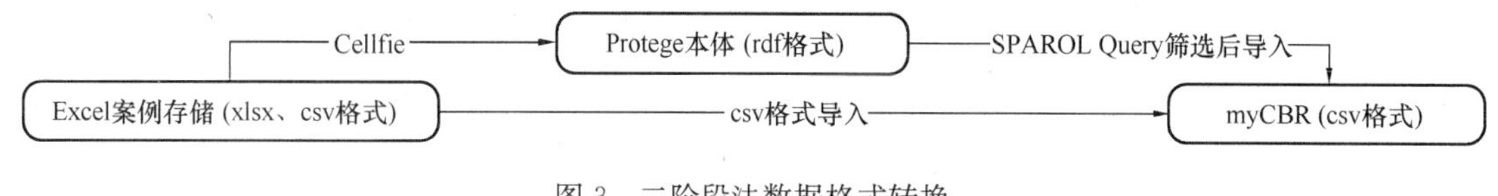

图 3　二阶段法数据格式转换

3　二阶段案例匹配法

3.1 案例相似度计算方法

脚手架工程专项施工方案案例检索即使用某种检索算法从案例库中搜索出与目标案例最合理、最相似、对目标案例最有帮助的案例以辅助新设计，其过程就是一个查找和匹配的过程，核心内容包括检索方法的确定以及相似度算法的设计。

本研究选用 K 近邻算法，依据特征属性结构设置了类别型、概念层次型、数值型三类脚手架专项施工方案的特征属性相似度计算方法，如图 4 所示。同时，为确定不同特征属性权重，选用 SPSS PRO 进行 AHP 层次分析法分析，邀请本研究组的 6 位研究生对判断矩阵进行打分，如图 5 所示。考虑到单人进行 AHP 决策时存在局限性与主观性，故采用多专家群组决策法使用加权几何平均法中的排序向量综合法来综合 6 位研究生的意见。

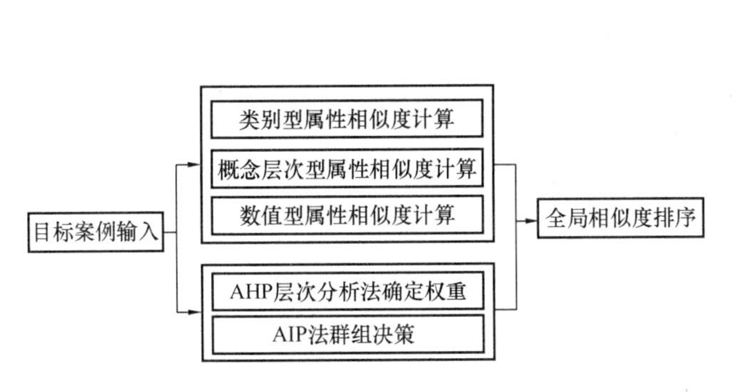

图4　脚手架工程案例检索流程图

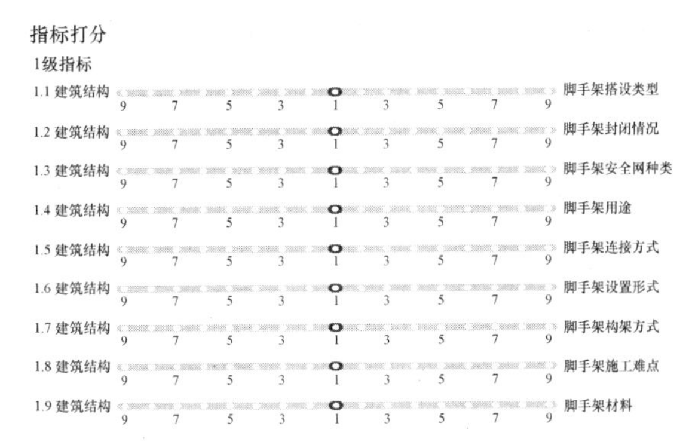

图5　AHP法判断矩阵打分示例

3.2　二阶段法案例检索流程

脚手架案例库中案例数目多，采用人工手算的方式将目标案例的12个特征属性值与案例库中众多案例逐一进行相似度计算比较工作量过大。因此本文提出二阶段检索法引入SPARQL query查询工具，并使用推理工具myCBR将目标案例与案例库中的既有案例进行快速高效的比较，从而半自动化地得到相似度高的推荐案例。该方法将脚手架工程专项施工方案的检索分为两个阶段，阶段一为基于SPARQL query在Protégé案例库进行初步筛选；阶段二为在myCBR中搭建框架并输入阶段一的筛选结果进行案例相似度匹配，流程如图6所示。其优点是，使用SPARQL query进行查询初筛选能限制检索条件，使用约束排除大量不符合要求的案例，提高了案例匹配效率，降低后续相似度的计算量；myCBR工具内部设计了案例局部与整体相似度计算法则，内置基于KNN最近邻等多种匹配策略的检索引擎，能够接受来自SPARQL query的筛选结果并设置算法进行推理；两种工具与Protégé的关联性均较强。

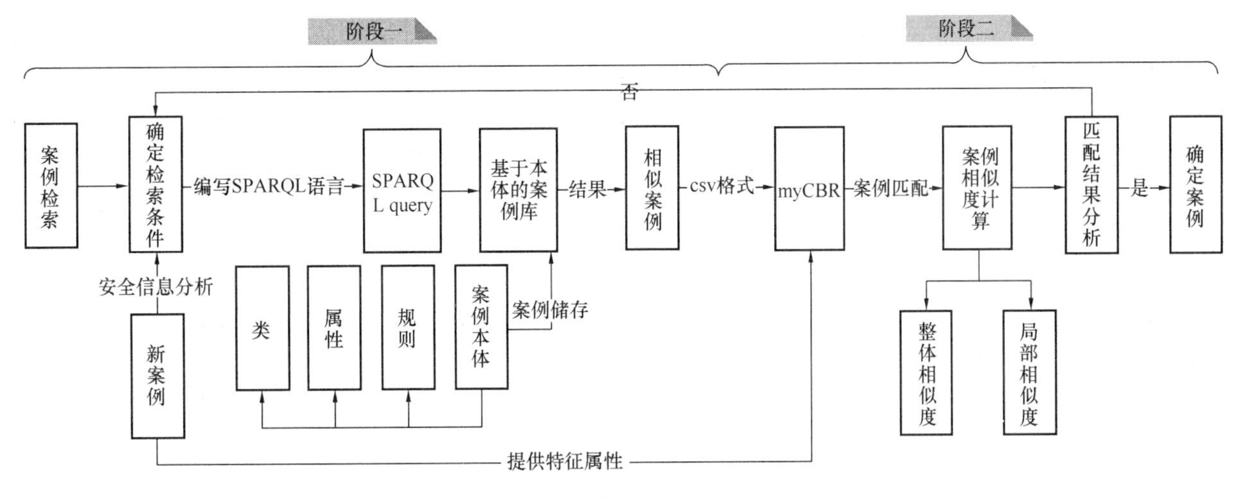

图6　二阶段法流程图

4　检索结果分析与讨论

为检验二阶段法的案例检索效果，本文选定《施工技术》杂志中《附着升降脚手架在超高层建筑施工中的应用》一文的脚手架专项施工方案为目标案例，使用二阶段法进行相似推荐案例的检索。在设置检索要求时，考虑到推荐案例同样需要有高空作业需求，以及《施工脚手架通用规范》GB 55023—2022等规范中对附着式升降脚手架的要求，故限定目标案例为：设置形式为双排脚手架，安全网种类为密目式安全网，且搭设高度大于16m的脚手架工程施工案例。根据本文第3.2节所述二阶段法检索流程进行相似案例的匹配。

阶段一：依据已知条件构造的主谓宾三元组如表1所示，编写SPARQL语言并使用SPARQL Query

进行查询；阶段二：将SPARQL Query初筛选结果以CSV格式导入myCBR并形成推理案例库CaseBase1，如图7所示。在myCBR中输入目标案例的特征属性值与特征属性权重后进行相似度计算。根据计算结果，推理案例库CaseBase1中与目标案例相似度最高的案例为《JWP型附着式升降脚手架在高层建筑施工中的应用》，相似度值为0.54。可以认为《JWP型附着式升降脚手架在高层建筑施工中的应用》为目标案例《附着升降脚手架在超高层建筑施工中的应用》的推荐案例。

根据表2，目标案例和推荐案例的脚手架工程专项施工方案的描述信息（即特征属性）间相似度较高。这些相似之处说明使用二阶段法检索出的案例，能够在一定程度上工程师提供为匹配的脚手架设计方案，辅助脚手架工程专项施工方案设计。另外两者间的解决方案信息（如施工工艺流程等）也具有较高的一致性。如作为附着升降脚手架在脚手架工程专项施工方案的施工流程中均需要进行预埋，并在地面做架体组装，安装支座并吊装，调试电路最后进行升降。在拆除步骤中两个案例均考虑到案例工程的施工难点为高空作业，因此拆除步骤均为从高层往低层拆，且高层架需要人工拆卸、低层架使用塔式起重机辅助拆卸。脚手架均使用环链倒链作为提升设备，只是使用型号有所不同。在脚手架杆件方面均使用普通扣件钢管脚手架与竖向主框架进行搭设。在使用脚手架的经济效益方面，两个案例均有提高安全性、节省材料、经济性的特点。

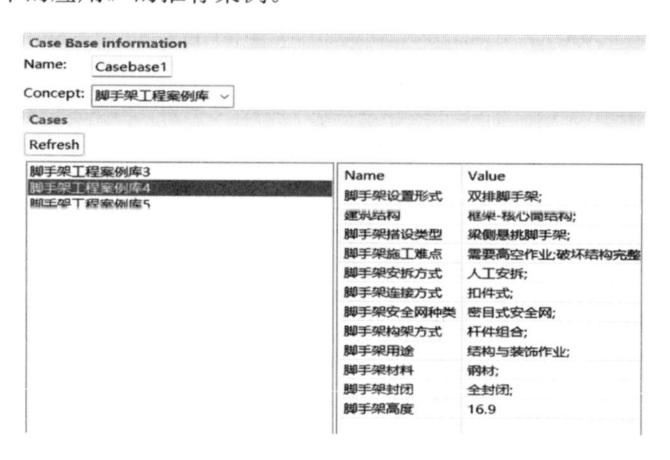

图7　myCBR脚手架工程初筛选案例库

该验证结果说明，二阶段法推荐的既有案例能够为新脚手架工程专项施工方案的设计提供描述信息与解决方案信息的参照。同时相较于逐一计算案例库中每个案件中12个特征属性与目标案例特征属性的相似度，整合SPARQL query及myCBR形成的简易检索系统能够提高检索的效率，降低了时间和人力成本，提高了检索的准确度，解决了案例库检索过程繁杂且慢、案例知识存储格式无法共享导致检索不便的问题。

脚手架案例筛选要求三元组　　表1

Subject（主）	Predicate（谓）	Object（宾）
脚手架案例	has_设置形式	双排脚手架
脚手架案例	has_脚手架安全网种类	密目式安全网
脚手架案例	has_搭设高度	>=16

目标案例与推荐案例描述信息比较　　表2

项	目标案例	推荐案例
建筑结构	框剪结构	框剪结构
脚手架安全网	密目式	密目式
脚手架安拆方式	塔式起重机安拆	塔式起重机安拆
脚手架设置形式	双排脚手架	双排脚手架
脚手架施工难点	建筑结构的破坏、坠人坠物危险等	建筑结构的破坏、施工成本高等
脚手架连接与构架	扣件、杆件	扣件、杆件

5　总结

本研究以脚手架工程为例，将人工智能方向中的本体与案例推理方法引入专项施工方案的储存、检索与再利用中。首先，构建脚手架工程本体，实现了专项施工方案知识的集成、积累、复用和共享。随后，使用特征向量法辅以本体法对脚手架工程专项施工方案进行结构化案例表示，并提出了专项施工方案特征属性的相似度算法，弥补有关专项施工方案检索时案例表示与相似度计算研究的不足。接着，提出二阶段法实现脚手架工程专项施工方案半自动化检索匹配，解决了在案例库内逐一手算案例相似度时烦琐、计算量大、检索过程慢的问题。

本研究构建的专项施工方案案例库及检索方法，可用于在专项施工方案设计过程中为工程师提供既有高相似度案例，以便工程师从中选择有意义的工艺技术并应用于实际新目标案例的方案设计中，从而为施工方案知识再利用减少时间和节省人力成本，同时提高案例推荐的准确率。

参考文献

[1] 张永成．地铁深基坑施工安全专项方案知识重用建模及优化研究[D]．武汉：华中科技大学，2019.

[2] 刘赟．基于本体的建筑施工突发事件案例推理研究[D]．西安：西安建筑科技大学，2014.

[3] 马佳林．基于案例推理的装配式建筑施工安全控制研究[D]．沈阳：沈阳建筑大学，2019.

[4] 申芳．BIM环境下基于本体技术的装配式建筑施工安全风险管理研究[D]．徐州：中国矿业大学，2021.

[5] 王赛．重大建设项目施工安全风险知识检索及案例推理研究[D]．合肥：合肥工业大学，2020.

建筑领域的本体学习研究综述

周俊羽，马智亮

（清华大学土木工程系，北京 100084）

【摘　要】 近年来，本体在建筑领域的应用越来越多，利用自然语言处理、机器学习、信息检索、数据挖掘等领域的各种技术，以自动或半自动的方式构建本体的本体学习研究持续增加。但国内外对建筑领域的本体学习技术未有文献综述。本文经文献调研，从本体建立的关键步骤，即概念抽取和关系抽取两个方面展开讨论，最后总结了领域现存挑战，并展望了发展方向。

【关键词】 本体学习；建筑领域本体；概念抽取；关系抽取

1　引言

建筑领域涉及多专业参与方沟通协作，目前仍然存在信息互操作性差、信息孤岛、信息再利用困难等问题[1]。研究人员从 21 世纪初就在探索用本体（Ontology）来解决这些问题。本体的概念源于哲学，其公认定义[2]是：本体是一个领域中术语及其关系的形式化表示[3]。本体可以促进知识的获取、重用和集成，使人和计算机能够高效获取和处理知识。

建筑领域本体的研究近年来持续增多，这些研究能够促进建筑信息的管理和重用，减少错误和返工，从而提高管理效率。学者对这些研究也进行过综述。Zhou Zhipeng 等[1]介绍了建筑领域本体的应用领域，以及 METHONTOLOGY、SKEM 等手工本体形式化构建方法，并指出建筑领域缺乏自动构建本体的研究。Zhong Botao 等[4]分析了 2007～2017 年建筑领域本体研究热门关键词的演化，从特定领域的本体应用、基于 IFC 和本体的数据集成以及自动合规性检查三个方面进行讨论，最后指出自动化本体构建是未来研究方向之一。

构建本体时，基于分类体系（例如分类编码标准）以及产品和过程模型的人工本体构建是现在常用的方法[5]。但人工创建本体是耗时和易出错的，因此研究者利用自然语言处理（NLP）、机器学习、信息检索、数据挖掘等领域的各种技术以自动或半自动的方式构建本体，这被称为本体学习[6]。本体主要由领域内的概念和概念间的关系组成；本体学习的过程是对应的，始于从领域文本中提取专业术语，然后将术语经过筛选和同义词合并后就可作为本体中的概念，在此基础上，提取这些概念之间的层次关系和非层次关系[7]。

建筑领域对新技术的应用存在滞后，但近年来 NLP、机器学习等技术迅猛发展，建筑领域也开始涌现本体学习的相关研究，本文将对其进行综述，以便研究人员能更便捷高效地建立领域本体。本文用关键词“onotology”并限定在“construction building technology”研究方向，检索 2017 年 1 月至 2023 年 5 月在 Web of Science 数据库收录的文献，从中筛选出本体学习文献 16 篇。因数量较少，因而再针对本体学习的过程，使用关键词“entity recognition”“concept extraction”“relation extraction”检索并筛选相关文献，本文将按照本体学习的过程，分概念抽取和关系抽取两部分对合计 26 篇相关研究文献进行讨论。

2　建筑领域本体学习的概念抽取方法

根据概念抽取的原理[6]，将建筑领域本体学习的概念抽取方法分三类进行介绍：基于统计学的方法、

【作者简介】 周俊羽（1999—），男，博士在读。E-mail：zhou-jy21@mails. tsinghua. edu. cn

马智亮（1963—），男，教授。主要研究方向为信息技术在土木工程领域的应用。E-mail：mazl@tsinghua. edu. cn

基于逻辑的方法和基于机器学习的方法。

此外，这些方法都会涉及自然语言处理技术，因为概念抽取一般都是基于文本的，即通过各种本体学习方法自动或半自动地提取出文本中领域相关的术语（这类任务在自然语言处理领域也被称为命名实体识别，NER），提取的术语可能还需进行筛选、合并等处理，最终得到的术语集合就是领域本体中的概念。这个过程经常涉及几项基本的NLP技术：分词技术，能将句子按统计学或语义学切分成单个词（字）；文本表示技术，能够将词语映射为实数向量，例如词嵌入（Word Embedding），由此，计算机就可以用向量代表词语进行复杂计算和分析；词性标注技术，能为语言材料库（简称语料库）中的词语标注词性，如名词。依赖分析技术，能用单词和其他单词之间的语法关系（例如动词短语）表示句子的结构。

2.1 基于统计学的方法

基于统计学的方法是指利用各种自然语言处理技术，获取文本中领域术语的统计学特征，如词频—逆文档频率（TF-IDF）等，以快速对重要术语进行检索、筛选。

Chi Nai-We[8]基于词频抽取建筑安全领域概念，先手工定义12类顶层概念，再使用开源NLP工具对语料进行词性标注和分词，从高频的二元结构或三元结构的名词短语或动词短语中进行人工筛选，只有约20%被归类至预定义的顶层概念中。Hong Sim-Hee等[9]基于词语—文档特征抽取地震减灾领域概念，从地震工程文档中提取共现次数高的术语，基于术语越重要越能区分不同文档的假设，通过卡方检验排除低相关性术语，最后进行人工筛选。Zhou Yilun等[10]基于词频和词性标注从建筑安全相关规范中提取术语，最后人工筛选术语并将其归纳为建筑构件、设计要素等3类顶层概念。Matthews Jane等[11]通过主题分析抽取建筑返工文档中的原因、结果等概念，用词袋模型进行文本表示，基于文本相似性和词语—文档频率等特征开发了文档主题词提取算法，并人工筛选文档主题词作为本体中的概念。

综上所述，因为不考虑词语的语义且经常忽略词语的上下文关系，基于统计学的方法只能实现半自动抽取概念，且离不开大量的人工校对工作。

2.2 基于逻辑的方法

基于逻辑的方法是指在用自然语言处理技术或统计学方法分析语料的基础上，如词性标注、依赖分析等，找到领域术语在句子中出现时的特定语法结构或上下文规律等，然后用基于规则或模式匹配等逻辑学方法完成概念抽取。

Kim Taekhyung等[12]基于谓词规则在事故案例文档中抽取事故的原因、发生地点、损害等4类概念，先通过分词和词性标注，归纳15564个句子中的谓词，然后手工定义了抽取概念的规则和排除概念的规则，概念抽取精确率可达0.93。Xu Na等[13]经语料依赖分析，手工构造了20条规则从建筑安全管理领域中的文本中抽取概念，抽取精确率达0.8。Ren Ran等[14]基于模式匹配从项目施工过程文档中提取施工步骤有关概念用于进度检查。手工分析施工规范中的语法特征，构造了句法模式并结合谓词词典进行概念抽取和筛选，在施工文档中验证精确率达0.97。Wu Langtao等[15]提出一种基于词缀规则的建筑机电领域命名实体识别方法。利用开源NLP工具进行分词和词性标注，并生成词缀树，根据词缀树的信息熵筛选能有效区分词语的词缀并构造规则，可提取设备、系统等7类概念，精确率约0.81。

综上所述，现有基于逻辑学的方法主要依赖手工制定的规则或模式，且需根据句法和词汇的统计学特征设计，费时费力且手工规则往往只能针对单个领域，难以迁移至其他领域本体的构建，但这些精心设计的规则效果比较稳定，抽取结果比较精确，能处理大量的数据。

2.3 基于机器学习的方法

基于机器学习的方法是指利用机器学习，尤其是近年来在文本处理领域得到大量应用的深度学习技术，基于词嵌入等文本表示技术使计算机隐式地学习术语本身的特征以及术语在句子中的规律，实现概念抽取。此外，在近年来的深度学习语言模型中，位置嵌入技术也越来越重要，即将术语在句子中的上下文关系映射为实数向量。

Zheng Zhe等[16]从建筑防火规范中提取TF-IDF最高的500个词语，然后基于Word2vec词嵌入（一种基于深度神经网络的文本表示技术，词语对应的词向量可以反映语义相似度）进行相似度聚类以合并词语，最后人工筛选所需的概念。Moon Seonghyeon[17]等基于循环神经网络（RNN）和主动学习方法从桥梁检查报告中抽取桥梁构件、损坏原因等4类概念，并针对标记数据缺乏的问题，采用主动学习方法，在无监督训练中估算词语信息熵，挑出对模型结果影响最大的词语并手工标注，再进行有监督的训练，只需要人工1h标注数据就可令模型F1分数达0.78（精确率和召回率的调和平均）。Ko Taewoo[18]等基于条件随机域（CRF）模型对工程变更文件中的变更对象、变更原因等4类概念进行识别，F1分数可达0.961。Jeon Kahyun等[19]提出了一种基于迁移学习，提取含噪文本中建筑报修信息的NER方法。在多语言双向编码预训练语言模型（BERT）上进行参数精调，对包括23类1097个建筑报修概念进行了识别，对于文本中的缩写、错写等问题，采用同义词典进行校正。Moon Seonghyeon等[20]利用概念抽取实现施工规范审查。在Word2Vec词嵌入的基础上手工建立了一个包含208组同义词的同义词典，并训练了一个双向长短期记忆网络（Bi-LSTM）结合CRF模型用于抽取5类相关概念，F1分数为0.93。Tang Shengxian[21]等基于几种NER模型，包括隐马尔可夫模型（hMM）、Bi-LSTM、CRF和Bi-LSTM+CRF，从施工任务描述中识别5类工程量估算概念，经测试效果最好的模型hMM可达F1分数0.88。

综上所述，基于机器学习，尤其是深度学习方法能实现高精确的概念抽取，但是大多数方法都基于分类模型，需要人工定义几类顶层概念作为分类标记并标注大量训练数据后才能实现较好的效果，且术语合并也需要大量的人工。此外，建筑业不同领域的语料数据集和术语词典也缺乏良好维护中的开源资源，研究人员往往需要从零收集和构造数据。

3 建筑领域本体学习的关系抽取方法

本体中的关系可由"（概念，关系，概念）"的三元组结构表示，三元组一般可形成"主谓宾"的短句，所以关系往往也被称作谓词。概念间关系可分为层次关系和非层次关系。层次关系指概念间的上下属关系、交叉包含关系等，表达了概念间的语义层次，例如"是一种（is－a）"，"是一部分（is－part－of）"等。非层次关系表达本体丰富的领域语义，例如属性关系，且不影响本体层次结构。尽管基于逻辑和机器学习的方法也可用于关系抽取，但提取层次和非层次关系的方法在处理文本和难度上有较大的区别，本文按后者进行归纳说明。

3.1 层次关系抽取方法

Xiaojing Zhao[22]等基于句法模式从工程进度计划中提取施工工序的层次关系。先进行词性标注，然后基于词序和词典人工构造句法模式，通过模式匹配抽取句中工序概念的并列关系和包含关系，F1分数达0.91。Li Yuchao[23]等从IFC标准中抽取地铁设计本体所需的层次关系。人工建立本体概念与IFC标准中对应术语的映射关系，从而将IFC术语的层次结构提取到待建本体中。El Asri[24]等基于半结构化数据抽取层次关系。使用建筑机电公司的产品表格，提取既有产品的分类关系并通过关键词匹配与本体中的概念进行绑定。Xu Na[25]等基于规则从建筑安全风险语料中提取并列关系和属于关系。通过词性标注和依赖分析，归纳出16个下位词指示词和8个同位词指示词，建立了4条提取规则，例如"语法依赖中两个概念实体通过下位指示词连接"。Li Xiao[26]等基于隐狄利克雷分布（LDA）的加权分层聚类模型构建装配式构件本体。用构件物流清单和工序文件作为语料，语料中包含预先定义的150多种概念，模型执行聚类任务并建立属于关系，精确率达0.9。

综上所述，层次关系抽取涉及的关系有限，且可能有固定的句法模式或谓词，一些容易处理的结构化或半结构化数据中也可能包含层次关系，采用基于规则的方法或无监督的聚类方法能较容易地实现并列和分类关系的抽取。但对例如包含这样的复杂关系，由于语法结构不定，甚至在文本中以隐式表达，较难抽取，鲜有研究。

3.2 非层次关系抽取方法

Fang Weili[27]基于计算机视觉抽取地铁工程施工本体中的空间关系。先在本体中建立了危险类型、危险对象等相关概念，然后使用带掩码的区域卷积神经网络（Mask R-CNN）识别工程危险图片中危险对象间的空间关系。Wu Chengke[28]等基于深度学习识别建筑项目计划文档中先进工作包（AWP）的关系用于项目管理。先定义工序依赖关系、属性关系等5类关系，后使用Word2vec词嵌入和Bi-LSTM+CRF模型进行有监督的学习抽取关系，精确率达0.9。Zhong Botao[29]等基于句法模式从规范中抽取约束关系，以实现自动合规性检查。人工归纳次序谓词、限制性谓词等形成词典，并根据依赖关系构造句法模式，能从规范中抽取施工次序约束、资源限制约束等关系，精确率可达0.82和召回率可达0.75。Xu Zhao[30]等将温度、湿度、大气压等7个监测指标进行离散化作为本体中的概念，通过关联规则挖掘抽取了24条不同监测指标的影响关系。Wu Langtao[15]等在预定义的7类建筑机电术语间建立了28类关系，然后经依赖分析设计正则规则用于匹配各类关系，精确率达0.75。Ma Zhonggang[31]等预定义了17种概念间的关系，应用CNN（卷积神经网络）有监督地学习桥梁施工方案语料，能抽取短句中的谓词并判断谓词对应哪类关系。Wang Xiyu[32]等基于CNN抽取施工坠落保护领域的关系，并比较了连续词袋（CBOW）和全局词频统计（GloVe）两种词嵌入的效果，后者F1分数达到0.85。Wu Chengke[33]等标注了6000多条施工约束管理本体中的约束关系、次序关系等4种非层次关系，用图神经网络（GNN）和CNN进行有监督的学习，模型将关系增至17000多条，F1分数达0.9。

综上所述，非层次关系语法表达结构和谓词不定，往往需要基于有监督学习的方法，人工定义几类关系作为标注，大量标注数据并训练分类模型才能实现抽取。

4 讨论及展望

现有建筑领域本体学习研究一般使用自然语言处理技术，借助统计学方法构造特征，建立手工规则或模式，以及机器学习技术等多种方法，已在合规性检查、案例推理、知识图谱等应用领域帮助从业者快速建立本体。承接上文从两个方面个总结现有研究的瓶颈如下：

（1）概念抽取方面。统计学方法和逻辑学方法仍需大量人工，抽取效果受人因素影响大。现有研究倾向于使用机器学习方法，但未能解决训练语料获取、有标记数据获取、概念纠错方面的问题。语料方面，大量研究都使用特定的几本国家规范作为语料，这导致本体的知识领域受限，且容易导致模型过拟合，很难面向合规性检查以外的应用。有标记数据获取方面，少量研究已经开始采用小样本训练方法或使用预训练模型减少数据需求，但还有不少先进的少样本机器学习方法没有被融入本领域。概念纠错方面，现有基于规则或术语字典的方法费时费力，概念抽取的效果评估也仅限于精确率等指标。

（2）关系抽取方面。研究数量相比概念抽取少，且层次关系和非层次关系抽取的现有研究主要是直接提取谓词作为关系，其中层次关系涉及谓词更少，也更容易构造手工规则。关系有时不仅以谓词的形式存在，例如，包含关系描述概念整体与部分关系，但语法结构中有时没有对应的谓词，甚至对应概念分布在不同段落，很难提取。此外，基于机器学习的关系抽取也面临与（1）同样的问题。

针对上述问题，展望建筑领域本体学习技术发展：

（1）概念抽取方面。在自然语言处理技术上追新求变，引入小样本训练，使用大预训练模型或大通用语言模型，借助元学习等快速训练或免训练的机器学习方法，从而降低对语料预处理的要求，减少模型训练时间，减少语料需求量和标记样本量的问题。

（2）关系抽取方面。重视语义分析，以依赖分析和词性分析等传统半自动方法为辅，结合新的词嵌入、位置嵌入，甚至图嵌入技术，更便捷高效、全面地提取词语的语义和上下文特征，从而利用半监督或无监督方法实现自动关系抽取。例如，第四代生成式预训练Transformer架构模型（GPT4），基于Transformer架构实现了位置嵌入，使用海量互联网数据进行了预训练，甚至无须精调就能挖掘简单规则（例如词缀规则），实现上下属关系抽取。

本文对26篇国内外建筑领域本体学习文献进行了综述，从概念抽取和关系抽取两个方面总结、讨论了现存问题并展望发展。总之，随着近年来自然语言处理技术的迅猛发展和算力资源的增加，本体学习技术有望进一步改变现有手工为主的低效本体构建方式，加速建筑领域的知识管理和知识重用。

参考文献

[1] Zhou Zhipeng, Goh Y. M, Shen Lijun. Overview and analysis of ontology studies supporting development of the con-

struction industry[J]. Journal of Computing in Civil Engineering. , 2016, 30(6): 1633-1649.

[2] T. R. Gruber. Toward principles for the design of ontologies used for knowledge sharing? [J]. International Journal of Human-Computer Studies, 1995, 43: 907-928.

[3] El-Diraby, Kashif. Distributed ontology architecture for knowledge management in highway construction [J]. Journal of Computing in Civil Engineering, 2005, 131(5): 591-603.

[4] Zhong Botao, Wu Haitao, Heng Li. A scientometric analysis and critical review of construction related ontology research [J]. Automation in Construction, 2019, 101: 17-31.

[5] L. Zhang, R. R. A. Issa. IFC-Based construction industry ontology and semantic web services framework [C]//International Workshop on Computing in Civil Engineering. 2011: 657-664.

[6] Asim M. N, Wasim M. A survey of ontology learning techniques and applications [J]. Database, 2018, 2018. DOI: 10.1093/database/bay101.

[7] Khadir A. C, Aliane H. Ontology learning: Grand tour and challenges [J]. Computer Science Review, 2021, 39. DOI: 10.1016/j. cosrev. 2020. 100339.

[8] Chi Nai-Wen. Gazetteers for information extraction applications in construction safety management [C]//Computing In Civil Engineering 2017: Smart Safety, Sustainability, And Resilience. Reston, Virginia: American Society of Civil Engineers, 2017: 401-408.

[9] Hong Sim-Hee, Lee Seul-Ki, Yu Jung-Ho. Automated management of green building material information using web crawling and ontology [J]. Automation in Construction, 2019, 102: 230-244.

[10] Zhou Yilun, She Jianjun, Huang Yixuan. A design for safety (DFS) semantic framework development based on natural language processing (NLP) for automated compliance checking using BIM: The case of China [J]. Buildings, 2022, 12 (6). DOI: 10. 3390/buildings12060780.

[11] Matthews J, Peter E. D, Porter S. R. Smart data and business analytics: A theoretical framework for managing rework risks in mega-projects [J]. International Journal of Information Management, 2022, 65. DOI: 10.1016/j. ijinfomgt. 2022. 102495.

[12] Kim T, Chi S. Accident case retrieval and analyses: using natural language processing in the construction industry [J]. Journal of Construction Engineering and Management, 2019, 145(3). DOI: 10. 1061/(ASCE)CO. 1943-7862. 0001625.

[13] Xu Na, Ma Ling, Wang Li. Extracting domain knowledge elements of construction safety management: Rule-based approach using Chinese natural language processing [J]. Journal of Management in Engineering, 2021, 37(2). DOI: 10. 1061/(ASCE)ME. 1943-5479. 0000870.

[14] Ren Ran, Zhang Jiansong. Semantic rule-based construction procedural information extraction to guide jobsite sensing and monitoring [J]. Journal of Computing in Civil Engineering, 2021, 35(6). DOI: 10. 1061/(ASCE)CP. 1943-5487. 0000971.

[15] Wu Langtao, Lin Jiarui, Leng Shuo. Rule-based information extraction for mechanical-electrical-plumbing-specific semantic web[J]. Automation in Construction, 2022, 135. DOI: 10. 1016/j. autcon. 2021. 104108.

[16] Zheng Zhe, Zhou Yucheng, Lu Xinzheng. Knowledge-informed semantic alignment and rule interpretation for automated compliance checking [J]. Automation in Construction, 2022, 142. DOI: 10. 1016/j. autcon. 2022. 104524.

[17] Moon S, Chung S, Chi S. Bridge damage recognition from inspection reports using NER based on recurrent neural network with active learning [J]. Journal of Performance of Constructed Facilities, 2020, 34(6). DOI: 10. 1061/(ASCE) CF. 1943-5509. 0001530.

[18] Ko T, Jeong H. D, Lee G. Natural language processing-driven model to extract contract change reasons and altered work items for advanced retrieval of change orders [J]. Journal of Construction Engineering and Management, 2021, 147(11). DOI: 10. 1061/(ASCE)CO. 1943-7862. 0002172.

[19] Jeon K, Lee G. Named entity recognition of building construction defect information from text with linguistic noise [J]. Automation in Construction, 2022, 143. DOI: 10. 1016/j. autcon. 2022. 104543.

[20] Moon S, Lee G, Chi S. Automated system for construction specification review using natural language processing [J]. Advanced Engineering Informatics, 2022, 51. DOI: 10. 1016/j. aei. 2021. 101495.

[21] Tang Shengxian, Liu Hexu, Almatared M. Towards automated construction quantity take-off: an integrated approach to information extraction from work descriptions [J]. Buildings, 2022, 12(3). DOI: 10. 3390/buildings12030354.

[22] Xiaojing Zhao, Ker-Wei Yeoh, Chua, D. K. H. Extracting construction knowledge from project schedules using natural

language processing [C]//The 10th International Conference on Engineering, Project, and Production Management. Singapore, 2020: 197-211.

[23] Li Yuchao, Zhao Qin, Liu Yunhe. Semiautomatic generation of code ontology using ifcOWL in compliance checking [J]. Advances in Civil Engineering, 2021, 50: 1-18.

[24] El Asri H., Jebbor F., Benhlima L. Building a Domain ontology for the construction industry: Towards knowledge sharing [C]//Digital Technologies and Applications: Proceedings of ICDTA 21, Morocco, Switzerland, 2021: 1061-1071.

[25] Xu Na, Chang Hong, Xiao Bai. Relation extraction of domain knowledge entities for safety risk management in metro construction projects [J]. Buildings, 2022, 12(10). DOI: 10.3390/buildings12101633.

[26] Li Xiao, Wu Chengke, Xue Fan. Ontology-based mapping approach for automatic work packaging in modular construction [J]. Automation in Construction, 2022, 134. DOI: 10.1016/j.autcon.2021.104083.

[27] Fang Weili, Ma Ling, Peter E. D. Knowledge graph for identifying hazards on construction sites: Integrating computer vision with ontology [J]. Automation in Construction, 2020, 119. DOI: 10.1016/j.autcon.2020.103310.

[28] Wu Chengke, Wu Peng, Wang Jun. Developing a hybrid approach to extract constraints related information for constraint management [J]. Automation in Construction, 2021, 124. DOI: 10.1016/j.autcon.2021.103563.

[29] Zhong Botao, Wu Haitao, Xiang Ran. Automatic information extraction from construction quality inspection regulations: A knowledge pattern-based ontological method [J]. Journal of Construction Engineering and Management, 2022, 148(3). DOI: 10.1061/(ASCE)CO.1943-7862.0002240.

[30] Xu Zhao, Huo Huixiu, Pang Shuhui. Identification of environmental pollutants in construction site monitoring using association rule mining and ontology-based reasoning [J]. Buildings, 2022, 12(12). DOI: 10.3390/buildings12122111.

[31] Ma Zhonggang, Zhang Siteng, Jia He. A knowledge graph-based approach to recommending low-carbon construction schemes of bridges [J]. Buildings, 2023, 13(5). DOI: 10.3390/buildings13051352.

[32] Wang Xiyu, El-Gohary N, Wang Xiyu. Deep learning-based relation extraction and knowledge graph-based representation of construction safety requirements [J]. Automation in Construction, 2023, 147. DOI: 10.1016/j.autcon.2022.104696.

[33] Wu Chengke, Li Xiao, Jiang Rui. Graph-based deep learning model for knowledge base completion in constraint management of construction projects [J]. Computer-aided Civil and Infrastructure Engineering, 2023, 38(6): 702-719.

基于生成式AI和BIM的施工进度计划自动生成方法

张远航，马智亮

（清华大学土木工程系，北京 100084）

【摘　要】本研究针对传统施工进度管理中的挑战，提出了一种基于生成式人工智能（AI）和建筑信息模型（BIM）的施工进度计划自动生成方法。该方法应用生成式AI模型，基于BIM模型及对应的进度计划数据，自动生成施工进度计划。本文首先进行相关文献综述，然后阐述该方法，接着介绍所收集的数据，最后讨论了该研究面临的问题与挑战，并对下一步的工作方向进行展望。

【关键词】生成式AI；建筑信息模型（BIM）；施工进度管理；自动生成；数据集成

1　引言

在建设工程项目管理中，施工阶段进度管理是项目管理的核心之一。建筑施工项目的成功实施需要有效的施工进度管理。其中，施工进度计划是指导工程进展的关键工具，它确定了各项任务的顺序、持续时间和资源分配，帮助确保项目按时交付，保障工程的质量与安全。传统的施工进度计划编排主要依靠现场工程师和施工技术人员的经验与直觉判断，统筹考虑各种施工工艺，整合各种资源投入而完成。它耗费时间长、操作难度大，甚至编排过程中可能存在结构划分不合理、逻辑关系不清晰等问题，导致最终完成的计划精确度不高。因为合理进行施工进度计划需要准确高效地处理复杂的工程项目信息，所以传统方法往往难以适应快速变化的项目需求。

生成式AI是人工智能领域的重要分支，主要包括生成对抗网络（GAN）[1]、变换器（Transformer）[2]等模型，其最显著的特点是能够通过学习大量数据自主地生成新的内容，如图像、文本等。近年来，随着深度学习技术的飞速发展，生成式AI在各个领域取得了巨大的进展和应用。在自然语言处理领域，生成式AI能够自动生成新闻文章、故事情节、人机对话等内容[3]。在计算机视觉领域，生成式AI能够生成逼真的图像和艺术作品[4,5]。这些成就表明生成式AI具有强大的创造力，为许多领域带来新的突破。

建筑信息模型（Building Information Modeling，BIM）技术是一种数字化建模技术，可以在项目全生命周期内创建、管理和协调项目信息。其中BIM模型提供了丰富的建筑数据，包括构件属性、尺寸、材料、构造细节等，可以为施工进度计划的生成提供更加全面且准确的数据支持。结合BIM技术，生成式AI在施工进度计划自动生成方面也呈现出潜在的应用价值。通过学习已有的项目数据和BIM模型，可以探索应用生成式AI模型预测施工进度，并根据项目特征自动生成施工进度计划的方法。

本研究旨在提出并研究一种基于生成式AI和BIM的施工进度计划自动生成方法，以实现施工进度计划的自动化编制。该方法具备多方面优势，首先，实现了自动化编制进度计划，节省了时间成本。其次，生成式AI模型可根据输入数据灵活调整，适应项目变化，提高计划编制的准确性。此外，整合BIM数据有助于综合考虑资源、工序依赖和约束，优化施工进度，可以为建筑施工领域提供一种高效、精确、可靠的施工进度计划编制方案，为项目的顺利进行提供有力保障。

【作者简介】马智亮（1963—），男，教授。主要研究方向为信息技术在土木工程领域的应用。E-mail：mazl@tsinghua.edu.cn

2 文献综述

本研究着眼于将生成式AI与BIM数据有效结合，并基于两者自动生成施工进度计划，迄今未发现这方面的研究。然而，在与之相关的领域中，国内外学者已经分别围绕生成式AI及BIM的技术应用展开了广泛研究。本章将以系统性的角度，分别对生成式AI在建筑设计领域的应用以及BIM技术在编制施工进度计划中的应用进行综述，为进一步研究生成式AI与BIM相结合在施工进度计划自动生成方面的创新性应用奠定基础。

目前，国内外学者正在积极推进生成式AI模型在建筑设计领域的应用，Newton等利用GAN模型生成和分析特定建筑的2D和3D设计风格，展示了如何通过控制训练数据对现有设计进行模拟，此外，研究还对小型训练数据集进行增强处理，以提高生成设计的视觉质量，为建筑设计中的GAN应用提供了新的解决方案[6]；陆新征等则通过结合物理力学模型和GAN模型，基于剪力墙设计平面图数据及结构力学计算器自动生成剪力墙结构布置方案，实现了对剪力墙住宅结构的智能设计[7]；Regenwetter等提出了深度生成式模型（DGMs）的概念，并分别根据前馈神经网络（NNs）、生成对抗网络（GANs）、变分自编码器（VAEs）等深度强化学习（DRL）框架在工程设计领域的应用进行了综述，为深度生成式模型的应用深入研究提供支持[8]。

随着BIM技术的发展，研究人员也积极将BIM模型与数字技术相结合，实现施工进度计划的自动编制。唐永红等提出了基于协同施工和数据驱动的进度计划生成方法，其能够更好地应对项目的复杂性和不确定性，大幅度提高进度计划生成的自动化程度[9]。Kim等提出了一种基于BIM技术的自动生成施工进度计划的方法，研究应用Open-BIM技术对BIM模型解析并自动提取与施工进度相关的构件、工程量和工序等信息，基于一定的规则与算法，实现了项目施工计划的自动创建[10]。郭红领等则聚焦于将BIM模型与规则推理相结合，以实现施工过程中的资源、材料和人员的自动编排，通过对BIM模型进行解析和数据提取，结合预先定义的规则和逻辑，系统可以自动生成合理且优化的施工进度计划[11]。目前，尽管已有研究在BIM数据提取方向取得初步成果，但尚未彻底解决传统施工进度计划方法中存在的问题。基于此，本研究希望将生成式AI与BIM技术进行有效结合，为建筑行业施工进度计划的生成提供一种创新的解决方案。

3 数据收集及预处理

BIM模型及对应的施工进度数据是生成式AI模型训练和生成计划所必需的关键信息。基于BIM模型可以获取建筑元素的几何信息、构件属性、关系等数据；基于工程进度文件可以获取关于施工活动、任务起始时间、持续时间、工作量等方面的详细数据，其中施工活动的顺序和时序等逻辑关系信息也将得到保留。为将这些数据应用于基于生成式AI的进度计划自动生成，一方面需要采集大量的数据，另一方面需要保证数据质量。

本研究采集的数据源于北京城市副中心行政办公区二期工程多个在建项目。北京城市副中心作为京津冀协同发展的桥头堡，高品质打造疏解非首都功能集中承载地。其行政办公区二期将于2023年底前完成竣工；在工程建设过程中，有关部门积极建设智慧建造管理平台，用以记录各个项目施工阶段模型文件及项目进度文件，数据量大，数据具有较高的质量。

本研究基于已有的项目进度计划数据和BIM模型数据展开研究，并假设工程实际执行进度与项目进度计划基本保持一致。在模型准备阶段，本研究以各项目进度规划模型MS Project文件及Revit模型文件为基础数据进行数据预处理，如图1所示。

数据预处理的过程涉及数据清洗、去噪和标准化等步骤。通过检查数据的完整性，排除重复项、缺失项和异常值，以确保数据的准确性和可靠性。同时，对数据进行标准化处理，以消除数据之间的尺度差异，确保生成式AI模型能够更好地学习和预测。

Revit模型文件中蕴含大量的项目信息，但其文件格式不适宜直接作为模型输入，因此需要对相关

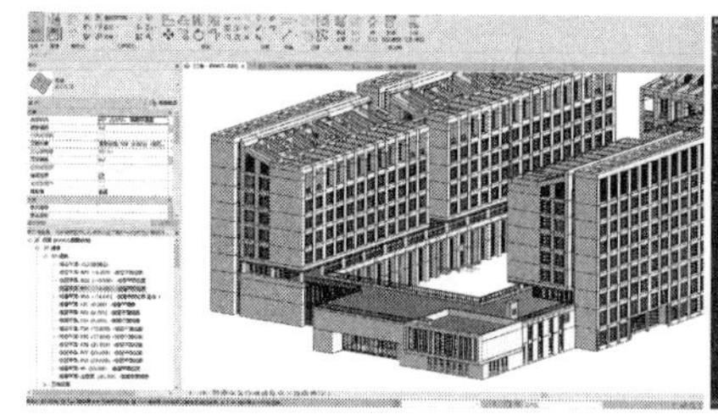

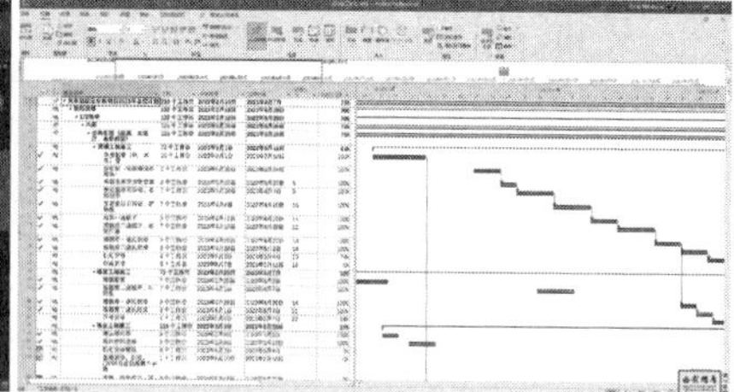

图1　相关项目数据示意图

BIM数据进行提取，这涉及BIM数据的解析和转换，将BIM中的元素和信息与施工活动进行对应。基于现有数据，拟在后续研究工作中建立每个施工活动所关联的构件和材料信息，并与其对应的施工进度计划内容建立关联。此外，还需要将BIM数据转换为适合生成式AI模型的输入格式，包括序列或图形结构，以便于模型的训练和使用。上述工作可望为施工进度计划的自动生成提供全面、准确和高效的数据支持。

4　研究方法

4.1　生成式AI模型选取及工作原理

基于问题背景，本研究选择了生成对抗网络（GAN）作为基础的生成式AI模型。生成对抗网络因其在生成逼真数据方面的卓越表现而受到广泛关注。通过生成器和判别器的对抗学习，GAN能够逐渐生成与真实数据分布相符的数据，在施工进度计划生成方面具有强大的潜力。

选择使用GAN模型的另一个主要原因在于其能够有效地抵抗噪声干扰并生成合适的施工进度计划。GAN由生成器（Generator）和判别器（Discriminator）两个部分组成。其原理是，通过让生成器和判别器相互对抗学习，使得生成器能够生成逼真的数据，而判别器能够准确地区分真实数据和生成数据。生成器的任务是将随机噪声作为输入，并生成类似真实施工进度计划的数据。随着训练的进行，生成器逐渐提高生成数据的质量，使其接近真实施工进度数据的分布；判别器将真实的施工进度计划和生成器生成的计划进行区分。它接收两种类型的数据作为输入，然后输出一个概率值，表示输入数据是真实数据的概率。在训练过程中，判别器不断学习如何区分真实数据和生成数据，从而提高其对于生成数据的辨别能力，如图2所示。

生成式AI模型的训练过程是一个迭代的优化过程。首先，我们将施工进度数据和BIM数据输入生成器，由生成器生成计划。然后将生成的计划和真实的施工进度计划一起送入判别器，判别器将输出一个概率值。我们将使用交叉熵损失函数来度量判别器的预测结果与真实标签之间的差异。

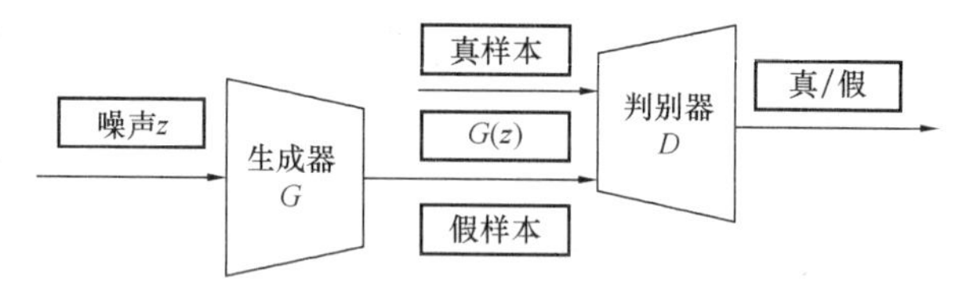

图2　生成对抗网络架构[12]

在训练过程中，我们通过最小化生成器和判别器之间的对抗损失函数来优化GAN模型。生成器的目标是最大化判别器的错误率，从而生成更逼真的计划，而判别器的目标是最小化自己的错误率，提高对生成数据的区分能力。这种对抗学习的过程将使得生成器和判别器不断改进，逐渐达到平衡状态。为了稳定训练过程，我们还将采用批次归一化（Batch Normalization）和梯度惩罚（Gradient Penalty）等优化方法，以确保生成式AI模型的收敛性和可靠性[13]。

4.2　模型训练及优化

为了将已有的BIM数据与进度计划数据用于生成式AI模型的训练和应用，首先需要进行信息编码的准备工作，即从BIM模型及进度计划中提取关键特征，并将其解析为数值向量的表达形式，对于施工活动执行顺序的信息序列，则将其转化为时序数据或图数据，以便于模型学习序列间的关系。通过上述方法，将已有的 BIM 模型与施工进度计划文件集成为初始数据集，并输入生成式 AI 模型进行学习，得到施工进度计划生成模型，随后引入新的 BIM 模型信息对原有模型参数进行更新优化，模型训练及优化流程图如图 3 所示。

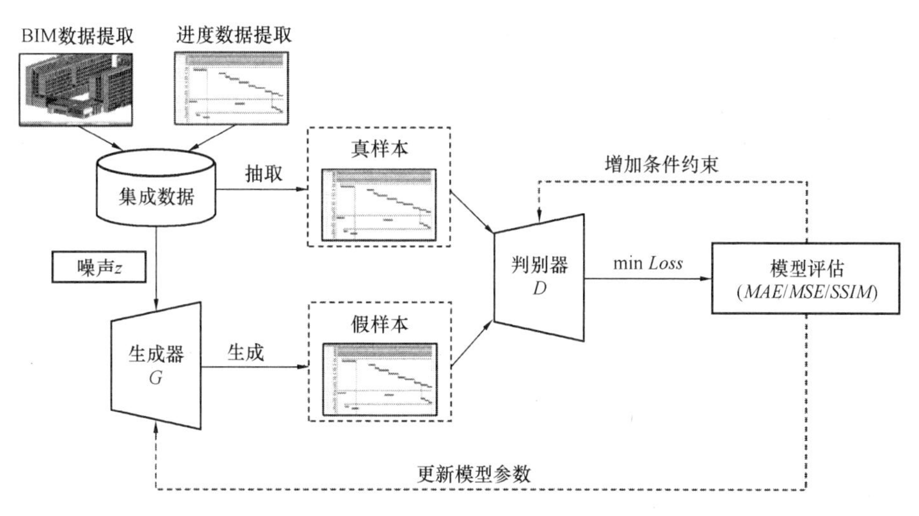

图 3　模型训练及优化流程图

在模型生成器和判别器的训练过程中，我们将 BIM 数据与随机噪声结合，作为模型的输入。生成器利用这些数据生成虚拟样本数据，而判别器则以真实样本数据和虚拟样本数据进行对比学习。每轮训练完成后，我们将使用真实项目的 BIM 数据和施工进度数据对模型进行评估，比较生成的计划与真实计划之间的相似性和准确性，通过常用模型评估指标（MAE、MSE、SSIM 等）来评估集成方法的效果，并根据评估结果对现有模型参数进行优化与更新，同时优化算法判别器，考虑任务的顺序、时间约束、资源分配等因素，生成满足项目要求的施工进度计划；通过多轮迭代训练，将最终经过训练的生成器进行模型部署，输入新的 BIM 数据并生成相应的施工进度计划，并对模型生成结果进行实践验证。

5　问题与挑战

本研究探讨并分析了基于生成式 AI 和 BIM 的施工进度计划自动生成方法。尽管已经完成了研究方法设计，但在具体实施过程中仍然面临一些问题和挑战，未来研究工作应重点突破以下几点，以进一步提升所提出方法的准确性与实用性。

5.1　数据关联与更新

编制施工进度计划需要 BIM 数据和历史进度计划数据，这两者在实际工程中是分离的。但在应用生成式 AI 建立自动生成模型时，需要确保数据之间的关联。这种联系可以通过人工或算法来建立。人工建立费时费力且容易出错，相比之下，通过算法建立联系能够更有效地保证数据的一致性和准确性。研究过程中，我们可以开发匹配算法，自动将 BIM 元素与相应的进度计划关联，从而确保基础集成数据的准确性。此外，在建立数据联系的同时，还需要设计数据更新机制，使模型能够及时响应变化，并根据实际情况进行调整，以保持生成的施工进度计划的准确性和实用性。总而言之，有效处理不同数据源之间的差异，完善基础数据的更新机制，将对模型结果产生关键影响。

5.2　模型更新与泛化

生成式 AI 模型的训练和优化过程涉及诸多因素，其中数据质量、适当的模型架构、参数调整以及合理的训练策略都对最终模型性能产生关键影响。在处理大规模数据集和复杂模型时，模型训练可能需要大量的计算资源和时间，模型训练的过程中应注意计算资源的高效分配。此外，模型的泛化能力也是一个需要考虑的问题。过拟合或欠拟合可能会影响模型在实际情况下的性能表现。因此，需要采取适当的方法来优化模型，以确保其能够在不同情境下都表现良好。综上所述，模型训练和优化是一个充满挑战的过程，需要综合考虑参数调整、模型架构、约束条件和泛化能力等因素。通过解决以上问题，我们可以进一步提升生成式AI模型的生成质量。

5.3 系统集成与验证

系统集成和应用部署是将模型投入实际项目的关键步骤。系统集成旨在将新方法与现有项目管理系统融合，确保生成式AI模型与项目管理系统无缝交换数据。需要将生成的进度计划数据与项目管理系统数据库连接，保障数据完整性和准确性。同时，需要开发接口和数据传输机制，实现信息的实时同步。生成的进度计划应与现有项目管理系统紧密集成，为施工流程提供指导。此外，由于目前验证数据局限于已有的项目信息，在实践中，还应根据实际施工项目应用对模型进行进一步验证，以确保其实际效益。

6 结论与展望

本研究探索了基于生成式AI和BIM的施工进度计划自动生成方法，为施工进度计划的生成提供了一套创新的解决方案。通过文献综述，详细阐述了方法的构想与设计，并介绍了研究进展与方案。目前研究仍在进行过程中。在研究中，我们也意识到该方法在实际应用中可能会面临数据关联调整和模型训练优化等方面的挑战，方法可行性也有待实践验证。

随着BIM技术的不断发展，BIM数据将进一步拓展来源，提升质量，为项目管理提供更加高效的工具支持。未来，我们希望进一步优化模型结构和数据处理方法，拓展数据样本，以适应更多场景的需求，并推广该方法到其他领域，其结果将在后续的论文中进行报告。相信生成式AI和BIM技术的集成将在建筑行业产生深远的影响，为未来智慧城市的发展与建设贡献更多的可能。

参考文献

[1] Qiao F, Yao N, Jiao Z, Li Z, Chen H, Wang H, et al. Geometry-contrastive gan for facial expression transfer[EB/OL]. (2018-02-06)[2018-10-22].

[2] Pontes-Filho S, Liwicki M. Bidirectional learning for robust neural networks[C]//2019 International Joint Conference on Neural Networks (IJCNN), IEEE, 2019: 1-8.

[3] Croce D, Castellucci G, Basili R. GAN-BERT: Generative adversarial learning for robust text classification with a bunch of labeled examples[C]//Proceedings of the 58th Annual Meeting of the Association for Computational Linguistics. 2020: 2114-2119.

[4] Xiong W, Luo W, Ma L, et al. Learning to generate time-lapse videos using multi-stage dynamic generative adversarial networks[C]//Proceedings of the IEEE Conference on Computer Vision and Pattern Recognition. 2018: 2364-2373.

[5] Aldausari N, Sowmya A, Marcus N, et al. Video generative adversarial networks: a review[J]. ACM Computing Surveys (CSUR), 2022, 55(2): 1-25.

[6] Newton D. Generative deep learning in architectural design[J]. Technology | Architecture+ Design, 2019, 3(2): 176-189.

[7] Lu X, Liao W, Zhang Y, et al. Intelligent structural design of shear wall residence using physics - enhanced generative adversarial networks[J]. Earthquake Engineering & Structural Dynamics, 2022, 51(7): 1657-1676.

[8] Regenwetter L, Nobari A H, Ahmed F. Deep generative models in engineering design: A review[J]. Journal of Mechanical Design, 2022, 144(7): 071704.

[9] 唐永红．面向协同施工的建筑工程进度管理研究[J]. 中国住宅建筑，2021(4)：51-52.

[10] Kim H, Anderson K, Lee S H, et al. Generating construction schedules through automatic data extraction using open BIM (building information modeling) technology[J]. Automation in Construction, 2013, 35: 285-295.

[11] 郭红领，叶啸天，任琦鹏，等．基于BIM和规则推理的施工进度计划自动编排[J]. 清华大学学报(自然科学版)，2022，62(2)：189-198.

[12] 李宇．基于结构改进生成式对抗网络的图像转换[D]. 上海：上海交通大学，2019.

[13] 徐东伟，彭航，商学天，魏臣臣，杨艳芳．基于图自编码生成对抗网络的路网数据修复[J]. 交通运输系统工程与信息，2021，21(6)：33-41.

基于数据融合的建筑机器人定位研究综述

李佳益[1]，马智亮[1]，陈礼杰[2]，季鑫霖[2]

（1. 清华大学土木工程系，北京 100084；2. 香港大学土木工程系，香港 999077）

【摘　要】建筑机器人定位是建筑机器人研发的关键技术之一。建筑机器人的定位数据源多，数据融合有利于建筑项目中机器人作业的协同管理，但存在定位数据融合困难、定位数据协同管理困难、定位自动化程度有待提升等问题。已有部分对特定场景探索建筑机器人定位数据融合的研究成果，但尚无针对建筑机器人定位的数据融合相关综述文章。本文将针对24篇文献，按照是否与先验数据融合分成两类进行讨论，为进一步的研究提供参考。

【关键词】数据融合；建筑机器人定位；传感器；先验数据

1　引言

随着人工智能技术在建筑领域的迅速发展，机器人技术作为解决建筑业所面临的从业人员减少和人口老龄化等问题的重要智能建造技术引起了广泛关注。特别是在高度重复性和高危险性的建筑场景中，机器人技术展现出独特的优势和潜力。建筑机器人定位是建筑机器人研发的关键技术之一，用于解决建筑机器人“在哪里?”和“去哪里?”的问题。为了提高定位性能，建筑机器人的定位离不开数据融合。

数据融合概念较早在军事领域被提出，用于战争场景中，通过对多传感器采集的目标对象信息进行关联分析，实现对目标对象位置的推测和身份的识别，从而对战场状况进行推断和评估[1]。建筑机器人定位涉及的数据源种类繁多[2]，然而单一数据源存在精度不足、抗干扰性不强，以及可靠性不足等问题[3]。数据融合可以通过不同数据源的优势互补，改进数据采集和处理方法等，支持机器人的定位和数据共享。一方面，数据融合可以支持机器人定位在多个方面的性能提升，例如精度（定位误差）[4-6]、实时性[7-9]或鲁棒性[10, 11]等。另一方面，通过数据融合，建筑机器人能够更好地协同作业，从而提高整体施工效率和管理水平[30, 31]。然而，目前存在建筑机器人定位数据融合困难、定位数据协同管理和定位自动化程度有待提升等问题[12]。已有部分研究对特定场景下的建筑机器人定位数据融合问题进行了探索，但尚无针对建筑机器人定位数据融合的综述文章。本文将聚焦建筑机器人定位的数据融合模式、方法以及效果，对相关研究成果进行综合性的回顾和总结。

本文的文献检索主要涵盖Web of Science数据库和CNKI数据库。在Web of Science数据库中，检索了关键词“Construction robot”和“Localization”，共得到21篇文献。在剔除与研究主题关联较弱的文献后，筛选出9篇相关文献。在CNKI数据库中，使用关键词“建筑机器人”和“定位”进行检索，共得到35篇文献，在剔除与研究主题关联较弱的文献后，筛选出7篇文献。通过检索已有的16篇相关研究的参考文献和引用文献，我们根据其相关性筛选出8篇文献，从而得到总计24篇相关性较强的文献。根据不同建筑机器人定位主要依赖的数据源不同，分为基于BIM（Building Information Modeling 建筑信息模

【作者简介】李佳益（1990—），女，博士研究生。主要研究方向为信息技术在土木工程中的应用。E-mail：lijiayi22@mails. tsinghua. edu. cn

马智亮（1963—），男，教授。主要研究方向为信息技术在土木工程中的应用。E-mail：mazl@tsinghua. edu. cn

陈礼杰（1993—），男，博士后研究员。主要研究方向为低碳及机器学习在建筑材料中的应用。Email：chenlj@connect. hku. hk

季鑫霖（1997—），男，博士研究生。主要研究方向为低碳材料及机器学习在土木工程中的应用。Email：xinlinji@connect. hku. hk

型）的定位、基于专用标记的定位，以及基于 SLAM（Simultaneous Localization and Mapping）的定位[13]，其中 BIM 数据和专用标记数据属于先验数据。本文将分为“先验数据与传感器实时数据融合”和“多传感器实时数据融合”两种模式，分别对这 24 篇相关文献进行分析和讨论。

2 先验数据与传感器实时数据融合

2.1 基于与 BIM 数据融合的建筑机器人定位

为便于分析 BIM 数据与不同数据源融合的情况，根据用于建筑机器人定位的数据源数量的不同，将其分为两种数据源的融合和两种以上数据源的融合，并进行分析和讨论。

2.1.1 两种数据源的融合

BIM 数据可以与点数据、点云数据、视频数据，以及图像数据等多种数据源融合，用于建筑机器人的定位。关于 BIM 数据与激光测距仪采集的包含距离和角度信息的点数据的融合，文献[14]利用广义分辨率相关数据匹配算法，将工作件 BIM 数据与 2D 激光测距仪采集的点数据匹配，实现了填缝机器人在建筑构件裂缝识别与填充中的精确定位。经验证，机器人定位坐标误差在 0.09mm 范围内，角度误差在 0.82°范围内，但未详细介绍实时性改进情况。除了数据匹配的方法，文献[15]将 BIM 数据从 IFC（Industry Foundation Classes）格式转换为基于机器人操作系统仿真的模拟定义格式，并将其导入喷涂机器人系统，用于提供作业区域边界、中心坐标、起止位置坐标等数据。然后，将机器人导航到指定位置附近，再通过 2D 激光测距仪辅助机器人精确定位。类似的，还有文献[16]将 BIM 数据进行数据格式的转换后，与 2D 激光测距仪数据融合用于机器人定位。将 BIM 数据与激光雷达传感器采集的点云数据进行融合的研究如文献[17]所示，将 BIM 中的语义数据投影到 2D 栅格地图中，作为机器人定位的先验信息。通过将 2D 栅格地图与实时采集的环境数据进行融合，机器人可以获得更准确的环境信息，从而在定位过程中更好地避障和识别结构构件。该方法的定位误差经验证在 53mm 范围内，且机器人可实时自动控制。另外，文献[18]将使用 IfcOpenShell 库和 Voxelization Toolkit 进行体素化的 BIM 数据与激光雷达传感器采集的点云数据进行配准，经过粗配准和 ICP 精配准后，实现了建筑检测机器人在 28m 长的走廊中误差在 30mm 以内的定位，在 60m 长的走廊中误差在 200mm 以内的定位。BIM 数据与图像数据融合相关研究有 Ji 等人[19]提出适用于墙面喷涂或设备检查的机器人室内定位方法，该方法以 BIM 数据中的墙面数据为先验平面数据，通过机器人搭载的 RGB-D 相机进行点云数据采集，通过点云数据和先验 BIM 数据的匹配，实现实时多平面约束下的机器人定位。经验证，采用 BIM 数据作为先验平面的定位误差相比不采用先验平面减小 23.45mm。同样采用 BIM 数据和图像数据融合用于定位的还有文献[13]。文献[20]将 BIM 数据与视频数据融合，提出一种适用于设施检查机器人的室内定位“Align-to-Locate（A2L）”方法，将 BIM 数据转换为点云数据，并通过摄像头采集图像数据用于生成实时点云数据。两种数据源的点云数据经配准得到融合的环境数据，用于矫正机器人的位置和姿态，继而实现机器人定位。经验证，该方法在面积超过 1000m^{2}的建筑内的定位坐标误差在 1070mm 范围内，方向误差在 3.7°范围内，优于已有的其他定位方法。多源点云数据经配准能够提升建筑机器人的定位精度，一方面是因为不同数据源的误差不同，通过坐标系对齐可以消除由于不同坐标系或误差来源引起的空间错位，从而提高整体数据的可靠性；另一方面，通过特征匹配将建筑物的 BIM 数据与现实环境中的实际状态对齐，不仅可以匹配两种数据源的几何数据，还可以将 BIM 数据中的语义数据与实时点云数据进行关联，支持机器人更准确地识别实际环境中的建筑结构、障碍物等。

2.1.2 两种以上数据源的融合

融合的数据源越多，数据处理过程越复杂。BIM 数据可以与激光雷达传感器、惯性测量单元（Inertial Measurement Unit，IMU）、线激光传感器、RGD-B 相机、磁力仪等传感器数据进行融合，用于建筑机器人定位。

文献[21]针对适用于施工、运维、破拆等建筑活动的机器人的定位需求，采用蒙特卡洛采样算法，将 BIM 数据进行预处理以生成点云数据作为先验数据，并通过图像驱动的深度学习技术对实时采集的点云数据进行语义分割，再使用基于特征的配准算法进行全局定位，最后使用卡尔曼滤波算法将连续配准得到的位置跟踪定位数据与IMU的数据进行融合用于定位误差校正，实现了2 mm范围内的定位误差。为解决由于SLAM方法的回环检测导致机器人定位不准确问题，文献[22]将BIM数据融合应用于激光里程计累计定位误差校正，实现了机器人在2mm范围内的精准定位。文献[2]提出用于抹灰机器人室内定位的数据融合方法，第一阶段将BIM数据用于提供2D栅格地图，并通过激光雷达传感器和ICP算法实现5～10cm的定位；第二阶段采用4个线激光测距传感器测量机器人与四周墙面的距离以识别自身位置，实现机器人在2cm范围内的定位；最后，通过RGB-D传感器识别地面参照墨线，实现2mm范围内的精确定位，且机器人导航模块支持机器人的实时定位。除了精度与实时性的提升，该研究方法通过算法改进，提升了机器人定位的有效性和鲁棒性。同样将BIM数据用于创建2D导航栅格地图作为先验数据的，还有文献[23]中的放样机器人，可实现平均定位误差高达7.84mm，能满足大部分放样机器人定位精度的需求。

基于上述文献分析，不同的应用场景即使采用了相同的数据源组合，也会因为数据处理过程各异，使得性能提升也有所差异。例如，在文献[19]和文献[13]中，都探讨了对BIM数据和RGB-D相机采集的图像数据的融合，但在数据处理方式和效果上存在显著的差异。值得注意的是，上述对BIM数据的融合应用都要求BIM数据具备高准确性和有效性。

2.2 基于与专用标记数据融合的建筑机器人定位

基于专用标记的方法将带有编码位置信息的人工标记作为机器人定位过程中的识别对象，为建筑机器人提供参考坐标等先验数据，或用作识别机器人相对位置和方向的特征点。

AprilTag标签是具有独特编码的黑白矩阵图案，通过识别图像可以确定标签类型和方向，以支持机器人定位[25]。文献[24]采用移位去尾法进行AprilTag标签图像灰度化处理，并融入双线性插值降采样方法，以加快整体图像处理的速度。然后，对降采样后的灰度图进行直方图均衡化处理以消除光线不均造成的影响。最后，采用双边平滑和Canny边缘检测技术，进一步增强图像对比度并减少图像噪声的影响，从而实现标签数据的识别并用于机器人在10～20mm的实时定位误差控制。除了AprilTag标签，QR码也可以用于建筑机器人在室内环境中的定位。QR码是一种具有唯一标识符和相应的参考坐标信息的二维码。文献[26]通过RGB相机捕捉QR码图像，采用OpenCV图像处理库扫描图像轮廓以识别QR码，并用ZBar开源条形码阅读算法解码QR码以提取参考坐标信息，然后，用深度传感器捕捉由红外线发射器发射的光点以测量机器人到QR码的距离。最后，根据QR码的参考坐标信息和机器人到QR码的距离数据融合，实现机器人在22.86mm误差范围内的室内定位，但未提及实时性方面的性能提升情况。文献[27]中用到的信号（编码）标记是另外一种专用标记，用于安装在试验台的四个角上，为数据对齐提供参考。Ding等人针对砌筑机器人定位的不确定性和建筑空间的非结构化特征，提出了一种包含机器人定位技术的机器人任务规划方法。首先，对机器人基座和砌筑场地进行信号（编码）标记，用索尼a5100相机拍摄48张图像，通过云连接应用程序进行基于图像的场景建模得到场景模型，并以IFC格式存储。随后，将重建的场景模型导入Rhino软件，依据标记对齐机器人基座坐标与施工场地坐标，依据机器人基座坐标生成砖块放置点位坐标。最后，根据砖块放置点位坐标生成机器人可读取的Rapid控制指令，用于六自由度砌筑机器人机械臂末端定位。经验证，该方法支持误差在37.67mm范围内的定位机器人，但未提及实时性的提升。

根据以上文献分析，基于专用标记的方法为建筑机器人定位提供可靠参考，但建筑施工场景具有复杂性，场景变化导致的标记遮挡、损坏、覆盖等问题可能导致机器人定位失败，另外，专用标记的数据采集和处理过程的准确性和效率有待进一步提升[24,26]。

3 多种传感器实时数据融合

3.1 基于SLAM的建筑机器人定位数据融合

SLAM是机器人在没有先验数据的情况下，利用激光或视觉传感器，在定位的同时构建环境地图的方法，一般分为激光SLAM和视觉SLAM[2]。其中，激光SLAM通常构建2D栅格地图，采集的数据精度高但不能提供建筑三维信息；视觉SLAM构建的3D点云地图能提供三维信息，但精度没有前者高，实时性低，且对算力要求高。

不同传感器的融合可以实现SLAM方法在建筑机器人定位的多阶段性能提升[28]。在SLAM地图构建阶段，IMU数据被用于预测自主打磨机器人的运动状态，同时用于点云数据的去畸变，还能提升里程计的定位精度。在机器人导航阶段，机器人在前一阶段提供的高精度地图基础上，利用激光雷达、声纳和红外传感器感知环境，支持机器人定位和自主打磨作业。该方法主要通过传感器数据之间的互补特性，提升机器人的定位性能，而文献[12]则主要对SLAM算法进行改进，以实现未知环境中机器人的快速精确的定位。

Moura等人[29]认为直接用BIM数据对SLAM地图进行修改或扩展效率不高，继而提出一个将IFC格式的BIM数据转存为状态文件的"BIM-to-pbstream"应用程序。该程序将IFC文件转换为八叉树，生成与真实环境形成映射关系的序列化状态文件，用于搬运机器人定位并用于更新SLAM地图。经验证，该方法实现了误差在100mm范围内的机器人定位。Kim等人[30, 31]通过数据融合实现了无人机和地面机器人的协同工作。无人机用于采集施工现场的图像，构建点云环境地图，并为地面机器人规划最佳数据采集位置。地面无人车通过Hector SLAM算法分析水平激光传感器数据，用于估计机器人在水平面上的初步定位，再进行激光传感器的实时点云数据与无人机所提供点云环境数据的配准，进一步估计地面无人车在地图环境中的定位，从而实现地面无人车在现实环境中的准确定位。

根据前述文献分析，SLAM方法在基于激光雷达传感器或RGB-D传感器数据的基础上，结合IMU数据、里程计传感器数据、相机数据等，能够有效提升机器人定位精度和实时性。然而，目前特征提取、语义分割等数据处理过程的自动化水平仍有待提升。

3.2 基于非SLAM数据融合的建筑机器人定位

部分相关文献由于应用场景的特殊需求，对倾角传感器、力觉传感器等特殊传感器数据进行融合应用。文献[32]中搭载了两块屏幕和两台面向屏幕安装的摄像头的地面标记机器人，通过摄像头捕捉激光定位单元投射到屏幕上的激光线图像，并跟踪激光线绕激光定位单元以相同半径旋转到指定方向。随后，通过测量仪采集机器人与激光定位单元的间距，并沿半径方向移动至准确位置后进行地面标记。文献[33]中的板材安装机器人，利用双轴倾角传感器和激光位移传感器进行姿态调整，并利用结构光视觉传感器和激光位移传感器进行位置调整；然后，利用力传感器识别连接件之间的接触状态，获取待安装板材的位置偏差，并消除偏差。经验证，该机器人的定位误差在2mm范围内。文献[34]中的钻孔机器人机械臂末端安装了视觉和激光测距传感器，通过4个激光测距传感器获取平面法向量，采用单目视觉传感器获取图像以提取孔的准确坐标，最终实现34.2mm范围内的准确定位。

根据以上文献分析，由于建筑施工场景较多，不同应用场景中的建筑机器人定位目标各异，建筑机器人定位融合数据的种类和融合方式也各有不同。

4 结论及展望

根据机器人定位场景需求，通过多数据源之间的互补特性，取长补短，采用不同的模式和方法进行建筑机器人定位数据融合，可以支持建筑机器人定位精度、实时性等性能不同程度的提升。改进数据采集算法和数据匹配算法等可以提高数据融合的效率和准确性。引入深度学习等人工智能技术可以增强定位的自动化和智能化水平，有利于提升定位效能。

(1) 从建筑机器人定位模式来看，本文根据是否有先验数据分为两类进行分析，即先验数据与传感器实时数据融合，以及多传感器实时数据融合。

(2) 从建筑机器人定位的数据融合方法来看，首先，BIM数据与其他传感器数据融合的准确性和效率，会对机器人定位的精度和实时性产生影响；在不同的应用场景中，相同的数据源组合，经过不同的数据处理后，性能的提升会有所差异。其次，基于SLAM的建筑机器人定位方法可以在没有先验数据的情况下进行机器人定位和地图构建。然而在地图构建环节需要进行基于图片或者点云数据的特征提取，手动操作方式耗时且成本高。此外，专用标记可以为机器人定位提供高度准确的数据，但是在施工现场这种复杂多变的环境中，专用标记易于损毁或丢失，可能导致机器人定位失败。在大型或复杂环境中，标记的合理布置难度较大，且传感器和数据处理方式的选择对定位精度具有决定性作用。

（3）从建筑机器人定位的数据融合效果角度来看，根据本文对24篇相关文献的研究成果，明确列出建筑机器人定位误差具体数值的17项研究成果的统计分析，发现总体建筑机器人定位误差的范围较大，定位误差最小可达0.09mm，最大为1070mm。最小定位误差及最大定位误差可能主要受特殊场景因素影响，分别为填缝场景和面积超过1000m^{2}的设备检查场景。取每项研究成果中定位误差最小的数值进行分析发现，有7项研究成果中的建筑机器人定位误差集中在2～7.84mm，特别是2～3mm的定位误差比例较高，且均为3种或者4种定位数据进行融合，数据源涉及BIM数据、激光雷达传感器、2D激光测距仪、线激光传感器、摄像头等。有8项研究成果中的建筑机器人定位误差分散在10～100mm，且定位误差跳跃较大，其中大部分为两种定位数据进行融合，数据源涉及BIM数据、专用标记、RGB-D相机、激光雷达传感器、摄像头等。此外，关于建筑机器人定位实时性提升数据结果分析，尽管基于与BIM数据融合和基于与专用标记数据融合的建筑机器人定位方法中，部分研究成果都在结果验证部分说明所提出的方法能实现建筑机器人实时定位，但很少有研究详细验证实时性并提供具体的定位时长数据。

综上所述，本文针对建筑机器人定位的数据融合研究提出了以下展望：

（1）在BIM数据无错误和缺漏的前提下，通过与SLAM方法进行地图数据融合，对BIM数据进行实时或定期更新方法的研究。SLAM方法可以实时地建立和更新地图，反映了实际环境的变化。通过将SLAM生成的实时地图与BIM数据进行融合生成融合的环境数据，可以及时捕捉建筑物的改变，保持BIM数据的最新状态。

（2）针对SLAM方法进行地图构建的实时性优化问题，在地图构建过程中的特征匹配环节，加强深度神经网络、图神经网络等技术的研究，支持基于图像数据或点云数据特征的自动提取，有利于数据处理实时性的提升，同时还能提升准确性，继而提升建筑机器人定位的精度和实时性。

（3）针对专有标记可靠性低等问题，未来可以改进专有标记的材料和表现形式，并在标记内嵌入更多可用于机器人定位的数据，还可以探索标记识别传感器的改进途径。

参 考 文 献

[1] Steinberg A, Bowman C, White. F. Revisions to the JDL data fusion model[J]. Sensor Fusion, 1999, 3719: 430-441.

[2] 沈明鑫．室内建筑机器人自主定位导航系统的研究与实现[D]. 成都：电子科技大学，2020.

[3] 张毅，杜凡宇，罗元，熊艳．一种融合激光和深度视觉传感器的SLAM地图创建方法[J]. 计算机应用研究，2016，33(10)：2970-2972.

[4] 曹小松，唐鸿儒，杨炯．移动机器人多传感器信息融合测距系统设计[J]. 自动化与仪表，2009，24(5)，4-8．

[5] 杨清梅，王立权，王岚，孟庆鑫．基于数据融合的拱泥机器人定位方法[J]. 哈尔滨工程大学学报，2003，24(4)，363-367.

[6] 宋之卉，赵彦晓．基于卡尔曼滤波模型的多传感器数据融合导航定位建模与仿真[J]. 数字通信世界，2019(9)，62-63.

[7] 王洲，杨明欣，王新媛．基于多传感器融合的多旋翼无人机近地面定位算法[J]. 成都信息工程大学学报，2018，33(3)，261-267.

[8] 李中道，刘元盛，常飞翔，张军，路铭．室内环境下UWB与LiDAR融合定位算法研究[J]. 计算机工程与应用．2021，57(6)，260-266.

[9] 李帅鑫，李广云，王力，杨啸天．LiDAR/IMU紧耦合的实时定位方法[J]，自动化学报．2021，47(6)，1377-1389.

[10] 董伯麟，柴旭．基于IMU/视觉融合的导航定位算法研究[J]. 压电与声光，2020，42(5)，724-728.

[11] 章弘凯，陈年生，代作晓，范光宇．一种多层次数据融合的SLAM定位算法[J]. 机器人，2021，43(6)，641-652.

[12] 李昀泽．基于激光雷达的室内机器人SLAM研究[D]. 广东：华南理工大学，2017.

[13] Zhao X, Cheah C. BIM-based indoor mobile robot initialization for construction automation using object detection[J]. Automation in Construction, 2022, 146.

[14] Lundeen K, Kamat V, Menassa C, McGee W. Autonomous motion planning and task execution in geometrically adaptive robotized construction work[J]. 2019, 100, 24-45.

[15] Kim S, Peavy M, Huang P, Kim K. Development of BIM-integrated construction robot task planning and simulation system[J]. Automation in Construction, 2021, 127.

[16] Pauwels P, Koning R, Hendrikx B, Torta E. Live semantic data from building digital twins for robot navigation overview of data transfer methods[J]. Advanced Engineering Informatics. 2023, 56, 101959.

[17] Ilyas M, Khaw H, Selvaraj N, Jin Y, Zhao X, Cheah C. Robot-assisted object detection for construction automation data and information-driven approach[J]. IEEE-Inst Electrical Electronics Engineers Inc, 2021, 26(6), 2845-2856.

[18] Schaub L, Podkosova I, Schoenauer C, Kaufmann H. Point cloud to BIM registration for robot localization and augmented reality[C]. IEEE International Symposium on Mixed and Augmented Reality, 2022, 25, 77-84.

[19] Ji J, Shan J, Zhao J, Misyurin S, Martins D. Localization on a-priori information of plane extraction[J]. Plos One, 2023, 18(5), 1932-6203.

[20] Chen J, Li S, Lu W. Align to locate registering photogrammetric point clouds to BIM for robust[J]. Building and Environment, 2022, 209, 360-1323.

[21] 陈小伟．基于 BIM 特征的建筑机器人定位建图与环境理解方法研究[D]. 天津：河北工业大学，2022.

[22] 刘今越，陈小伟，贾晓辉，李铁军．BIM 校正累计误差的激光里程计求解方法[J]. 仪器仪表学报，2022，43(1)，93-102.

[23] Zhang Z, Cheng X, Yang B, Yang D. Exploration of indoor barrier-free plane intelligent lofting system combining BIM and multi-sensors[J]. Remote Sensing, 2020, 12 (20), 2072-4292.

[24] 焦传佳．基于 AprilTag 图像识别的移动机器人定位研究[J]. 电子测量与仪器学报，2021，35(1)，110-119.

[25] Halder S, Afsari K, Serdakowski J, DeVito S, Ensafi M, Thabet W. Real-time and remote construction progress monitoring with a quadruped robot using augmented reality[J]. Buildings, 2022, 12 (11), 2075-5309.

[26] Li Z and Huang J. Study on the use of q-r codes as landmarks for indoor positioning preliminary results[J]. IEEE/Ion Position, Location and Navigation Symposium, 2018, 1270-1276.

[27] Ding L, Jiang W, Zhou Y, Zhou C, Liu S. BIM-based task-level planning for robotic brick assembly through image-based 3D modeling[J]. Advanced Engineering Informatics, 2020, 43, 1474-0346.

[28] 郭金迪．面向建筑环境的自主打磨移动机器人研究[D]. 沈阳：东北大学，2020.

[29] Moura M, Rizzo C, Serrano D. BIM-based localization and mapping for mobile robots in construction[C]. IEEE International Conference on Autonomous Robot Systems and Competitions, 2021, 12-18.

[30] Kim P, Park J, Cho Y. As-is geometric data collection and 3D visualization through the collaboration between UAV and UGV[C]. International Symposium on Automation and Robotics in Construction, 2019.

[31] Kim P, Park J, Cho Y, Kang J. UAV-assisted autonomous mobile robot navigation for as-is 3D data collection and registration in cluttered environments[J]. Automation in Construction 2019, 106.

[32] Tsuruta T, Miura K, Miyaguchi M. Mobile robot for marking free access floors at construction sites[J]. Automation in Construction, 2019, 107.

[33] 程志伟．基于力反馈和视觉的板材安装定位研究[D]. 天津：河北工业大学，2012.

[34] Wang W, Chi H, Zhao S, Du Z. A control method for hydraulic manipulators in automatic emulsion filling[J]. Automation in Construction, 2018, 91, 92-99.